Wörterbuch zur Verhaltensbiologie
der Tiere und des Menschen

Wörterbuch zur Verhaltensbiologie
der Tiere und des Menschen

2., völlig neu bearbeitete Auflage

Herausgegeben von Professor Dr. Rolf Gattermann

in Zusammenarbeit mit Dr. Peter Fritzsche,
Dr. Karsten Neumann, PD Dr. Gunther Tschuch,
PD Dr. René Weinandy, PD Dr. Dietmar Weinert.

Zuschriften und Kritik an:
Elsevier GmbH, Spektrum Akademischer Verlag, Verlagsbereich Biologie, Chemie und Geowissenschaften, Dr. Ulrich G. Moltmann, Slevogtstraße 3–5, 69126 Heidelberg

Anschrift des Herausgebers:
Prof. Dr. Rolf Gattermann
Institut für Zoologie
der Martin-Luther-Universität Halle-Wittenberg,
Domplatz 4
06108 Halle, Deutschland

Bibliografische Information Der Deutschen Bibliothek
Die Deutsche Bibliothek verzeichnet diese Publikation in der Deutschen Nationalbibliografie; detaillierte bibliografische Daten sind im Internet unter http://dnb.ddb.de abrufbar.

2. Auflage 2006

Spektrum Akademischer Verlag ist ein Imprint der Elsevier GmbH.

06 07 08 09 10 5 4 3 2 1

Planung und Lektorat: Dr. Ulrich G. Moltmann, Dr. Christoph Iven
Herstellung: Ute Kreutzer
Umschlaggestaltung: SpieszDesign, Neu-Ulm
Titelfotografie: Goldhamster im Labyrinth, © Heidi & Hans-Jürgen Koch/animal-affairs.com
Satz: Mitterweger & Partner, Plankstadt
Druck und Bindung: Krips b.v., Meppel

Printed in The Netherlands

ISBN-13: 978-3-8274-1703-9
ISBN-10: 3-8274-1703-1

Aktuelle Informationen finden Sie im Internet unter www.elsevier.de

Inhaltsverzeichnis

Vorwort

Die stürmische Entwicklung der Verhaltensbiologie hat sich auch in den vergangenen Dezennien beständig fortgesetzt. Die moderne Verhaltensbiologie ist derzeit eine der wichtigsten integrativen Disziplinen innerhalb der Biologie. Durch die anhaltende Zunahme der fachspezifischen Publikationen fällt es immer schwerer, den Überblick zu behalten. Eine Hilfe soll dieses Wörterbuch bieten. Es erklärt die wichtigsten Fachausdrücke der Verhaltensbiologie der Tiere und der biologischen Grundlagen des menschlichen Verhaltens in ihren Zusammenhängen. Das Spektrum reicht von der klassischen Ethologie bis zu den modernen Disziplinen wie Soziobiologie, Verhaltensökologie, Verhaltensphysiologie, Kognitionsforschung, molekulare Verhaltensgenetik, Evolutionsbiologie, Chronobiologie, Bioakustik, Humanethologie, Verhaltenstoxikologie etc. Damit soll allen am Verhalten Interessierten das nötige Grundwissen vermittelt werden, um ihre Beobachtungen besser zu verstehen. Studierenden der Biowissenschaften, Psychologie, Pädagogik, Soziologie, Veterinärmedizin und Landwirtschaft sowie Biologielehrern und Fachwissenschaftlern wird das Wörterbuch schnell und zuverlässig helfen, die umfangreiche verhaltensbiologische Literatur zu verstehen. Verhaltensbiologen liefert es eine Richtschnur zur einheitlichen Verwendung der Fachtermini, um so die Kommunikation zwischen den Experten verschiedener Arbeitsrichtungen zu verbessern.
Die erste Auflage des Wörterbuchs erschien 1993 und war nach kurzer Zeit nicht mehr erhältlich. Besonderer Dank gilt den damaligen Mitautoren Karl Meißner, Ulrich Lundberg, Dieter Wallschläger und Hans-Jürgen Hoffmann. Sie haben den Grundstock mit geschaffen, befinden sich nun im Ruhestand oder mussten sich beruflich abseits der Verhaltensbiologie neu orientieren. Deshalb wurde die zweite Auflage mit einem neuen Autorenteam komplett überarbeitet. Zahlreiche inzwischen veraltete Termini wurden gestrichen; nicht jedoch die historisch wertvollen und im Besonderen solche, die zum Verständnis aktueller Begriffe und Anschauungen sowie der Geschichte der Verhaltensbiologie beitragen. Zu den vielen neuen Fachbegriffen aus der aktuellen Verhaltensbiologie sind verhaltensrelevante Stichworte aus den Randgebieten, neue Abbildungen und ein erweitertes Register der englischen Termini hinzugekommen.
Wie generell in der Biologie, so nimmt auch in der Verhaltensbiologie die Zahl der englischen Begriffe stetig zu. Eine inhaltlich korrekte Übertragung ins Deutsche ist nicht immer möglich, zumal die Soziobiologen sehr häufig phantasievolle, metaphorische Termini nutzen. Wenn sich keine sinnvolle Übersetzung anbot und auch keine in den einschlägigen deutschsprachigen Lehrbüchern zu finden war, wurde der englische Begriff beibehalten.
Auf ein Literaturverzeichnis wird erneut verzichtet. Es würde den Umfang des Wörterbuches sprengen und unvollständig bleiben, da der Aufwand für die Suche nach den Primärquellen für alle Termini kaum zu bewältigen ist. Jedoch, wenn immer möglich, dann werden Autoren, Jahreszahlen und andere Fakten genannt, sodass bei Bedarf mit den modernen Internetsuchmaschinen die Originalquellen aufgespürt werden können.
Es ist uns natürlich bewusst, dass wir mit diesem Wörterbuch nicht allen Erwartungen gerecht werden können. Für hilfreiche Kritiken und Hinweise zur Auswahl der Termini sind wir außerordentlich dankbar (rolf.gattermann@zoologie.uni-halle.de).
Danken möchten wir allen, die zur Erstellung des Manuskripts beigetragen haben. Besonderer Dank gilt Eva-Maria Gattermann für die hilfreichen stilistischen Anmerkungen, die Anfertigung neuer Abbildungen und des Registers sowie Kerstin Kirsche für das mühevolle Korrekturlesen. Dem Team von Elsevier Spektrum Akademischer Verlag Heidelberg danken wir für die Herausgabe unseres Wörterbuchs.

Angersdorf, Silvester 2005

Im Namen der Autoren
Rolf Gattermann

Autorenschlüssel

Prof. Dr. Rolf Gattermann [1], Dr. Peter Fritzsche [2], Dr. Karsten Neumann [3], PD Dr. Gunther Tschuch [4], PD Dr. René Weinandy [5], PD Dr. Dietmar Weinert [6].

AAM → angeborener Auslösemechanismus.
Aasfresser → Nekrophaga.
Abendtyp → Chronotyp.
abergläubisches Verhalten (superstitious behaviour): Ausbildung von Verhaltensweisen durch zufällige Konditionierung. Burrhus Frederic Skinner (1948) experimentierte mit hungrigen Tauben. Sie bekamen unabhängig von ihrem Verhalten alle 15 s Futterkörner aus einem Futterspender (→ Skinner-Box). Nach einer gewissen Zeit entwickelten sechs der acht Versuchstiere merkwürdige Verhaltensweisen, die sie regelmäßig zwischen den Futtergaben ausführten. Ein Vogel drehte sich um die eigene Achse, ein anderer pickte an der Wand neben dem Futterspender, ein dritter stieß mit dem Kopf an eine der oberen Ecken der Versuchskammer, ein vierter warf den Kopf nach hinten und zwei andere wiegten sich hin und her. Diese zufällige Kopplung der bedingten Aktionen mit unbedingten Reizen führte zur Verstärkung, ohne dass tatsächlich ein kausaler Zusammenhang bestand. Menschliches a. V. zeigt sich z. B. im Tragen von Glücksbringern (Talisman), beim „Regentanz" und anderen Ritualen, aber auch durch den Glauben an kausale Beziehungen zwischen bestimmten Verhaltensweisen und Verhaltensfolgen. So rasieren sich Fußballspieler vor großen Spielen nicht oder tragen Prüflinge immer wieder bestimmte Kleidungsstücke etc. [5]
abhängiger Rang, *bedingter Rang* (dependent dominance rank): Aufwertung der aktuellen Rangposition durch den Schutz eines ranghöheren Partners. So übernehmen häufig die Jungen von Primaten den Rang ihrer Mutter. → Grundrang. [1]
Abhören → Eavesdropping.
abiotische Faktoren, *abiogene Faktoren, physikalische Faktoren* (abiotic factors, abiogenic factors, physical factors): alle das Verhalten beeinflussenden nichtbiologischen, unbelebten Umweltparameter wie Klima, Boden, Licht, Temperatur, Feuchte, Niederschläge, Wind etc. → biotische Faktoren. [1]
Ablegen → Abliegen.
Ablehnen (facing away, turning away): in der Kommunikation ein mimischer und gestischer Ausdruck, der das aktuelle Kontaktverhalten unterbricht bzw. beendet oder aufgrund von Erinnerungen grundsätzlich ausschließt. Beim Menschen äußert sich A. z. B. durch Blickvermeiden (→ Wegsehen) und Distanzvergrößerung wie Zurücknehmen des Kopfes oder des Oberkörpers, schnelles Heben der Arme und Hände mit offener, zum Partner zeigender Handfläche und schließlich Entfernen vom Kommunikationspartner. In der Mimik äußert sich A. im Lippen-, Brauen- und Augenschluss bzw. in Stirnfalten. [1]
Ablenkungsverhalten → Beschwichtigungsverhalten, → Verleiten.
Abliegen, *Ablieger* (lying out, hider): typisches Verhalten vieler Huftierjungen und Junghasen während der ersten Lebenstage. Die Jungen entfernen sich nach dem Säugen von der Mutter und legen sich von allein an geschützten Stellen bis zur nächsten Mahlzeit flach auf den Boden, z. B. Oryxantilopen, Kudus und viele Gazellenarten. Beim *Ablegen* folgt das Junge der Mutter geraume Zeit und wird dann von ihr zum Entfernen und Niederlegen aufgefordert, z. B. beim Reh oder Dikdik. Nicht immer ist eine so klare Abgrenzung möglich, sodass beide Begriffe auch synonym verwendet werden. In beiden Fällen warten die Jungtiere (→ Platzhocker) stundenlang, fast bewegungslos auf die Rückkehr der Mutter, die in der Regel den Platz aus der Entfernung ständig überwacht.
A. ist ein Schutzverhalten. Bodenfeinde können aufgrund der Klauendrüsensekrete der Spur der Mutter folgen, nicht aber der des Jungtieres, dessen Klauendrüsen noch nicht funktionstüchtig sind. Zusätzlich sind die Jungen zumeist durch eine tarnende Fellfärbung vor Feinden geschützt. [1]
Ablösungsverhalten *Brutablösung* (relieving behaviour, nest relief, brood relief): ein für Fisch- und Vogelpaare übliches Verhalten der beiden Partner bei der Übernahme der Eier oder Jungen. Das A. ist in der Regel ritualisiert (→ Ritualisation) und dient dem individuellen Erkennen sowie der Verminderung der Aggressivität (→ Beschwichtigungsverhalten). Zum A. gehören artspezifische, zumeist optische oder akustische Ablösesignale, submissive Körperhaltungen und manchmal das Überreichen von aggressionsableitenden Gegenständen

(„Geschenke"). Der Galapagoskormoran *Nannopterum harrisi* beispielsweise bringt beim A. im Schnabel ein Büschel Tang mit, das der andere Partner im Nest übernimmt. [1]

abnormales Verhalten → Verhaltensstörung.

Abrichtung (training): die → Konditionierung und Erziehung von Nutz- und Gebrauchstieren. vgl. → Dressur. [5]

Abschütteln → Totschütteln.

Absetzen → Entwöhnung.

absolute Koordination → Koordination.

absolute Wahl (absolute discrimination): eine Form des Unterscheidungs- oder Diskriminationslernens, in dessen Verlauf sich ein Individuum auf einen ganz bestimmten diskriminierenden Stimulus spezialisiert und lernt, Reize, die sich ähneln, absolut zu unterscheiden. So wählt ein Versuchstier nach einem entsprechenden Training nur bestimmte Töne, während es Töne ähnlicher Frequenz oder Lautstärke ignoriert. → relative Wahl, → Generalisation. [5]

absolutes Gehör, *Tonhöhengedächtnis* (absolute hearing): eine beim Menschen angeborene, jedoch seltene Fähigkeit, einen Einzelton in seiner Höhe mehr oder weniger sicher zu erkennen, ohne dass eine Vergleichsmöglichkeit besteht. Unter 10.000 Erwachsenen besitzt nur etwa einer ein a. G. Wer es nicht besitzt, kann es auch trotz intensiver Bemühungen nicht erwerben. Im Gegensatz dazu kann die Tonhöhenidentifikation mit einem Referenzton erlernt und durch Übung optimiert werden (→ relatives Gehör). Man kann verschiedene Typen des a. G. unterscheiden, z. B. den linearen Typ (primär an der Tonhöhe orientiert) und den polaren oder zyklischen Typ (neigt beispielsweise zum Verwechseln von Oktaven, kann aber den Ton innerhalb dieser genau bestimmen). Neuere Forschungen zeigen, dass vermutlich die meisten Kleinkinder ein a. G. besitzen, es jedoch im Laufe der Entwicklung oft wieder verlieren. Menschen mit bestimmten geistigen Behinderungen (z. B. Williams-Beuren-Syndrom) behalten jedoch offenbar ihr a. G. auch im Alter. [4]

Abstinon → Pheromon.

Abstraktion (abstraction): eine Form des komplexen Lernens, das über das Bilden von Assoziationen (→ assoziatives Lernen) oder das Reagieren auf die Folgen eigenen Handelns hinausgeht, z. B. die Ausbildung einer geistigen Landkarte der Umgebung. Dabei lernt ein Tier aus verschiedenen Reizen ein gemeinsames Merkmal zu erkennen. Ziel der A. ist die vereinfachte Bewertung, Kategorisierung und Klassifizierung für die Anwendung bei Problemlösestrategien (Durchspielen mehrerer Möglichkeiten) und bei der Übertragung auf ähnlich gelagerte Fälle. A. setzt die Erzeugung mentaler Abbilder der Welt sowie die Manipulation derselben voraus. Es handelt sich also um die Fähigkeit, die allgemeinen Erkennungs- und Unterscheidungsmerkmale von Objekten oder verhaltensrelevanten Erscheinungen zu erfassen und dient der Informationsreduktion, dem Ordnen von Gedächtnisinhalten und der Plastizität der Lerninhalte. → Transposition, → Generalisation. [5]

Absturzscheu → Klippenmeideverhalten

Abundanz (abundance): Anzahl der Individuen pro Flächen- oder Raumeinheit. A. ist neben der → Dispersion ein wichtiges Merkmal einer Population. [1]

Abwanderung → Ausbreitung.

Abwehrverhalten → defensives Verhalten.

Acarodomatium → Domatium.

Achtmonateangst → Fremdenfurcht.

ad libitum (ad lib): Futter und Wasser stehen dem Versuchstier „nach Belieben" zur Verfügung und können bei entsprechender Motivation jederzeit aufgenommen werden. [1]

Adaptation, *Adaption, Anpassung, Angepasstheit* (adaptation, adaption): ein vielfältig gebrauchter Begriff, der Anpassungsprozesse in der Evolution (→ evolutionäre A.), Ontogenese und Aktualgenese ebenso beschreibt, wie die resultierende *Angepasstheit* im Körperbau, in der Physiologie und im Verhalten. *Verhaltens-A.* basiert auf genetischer Grundlage und auf der Basis von Lernen, Gedächtnisbildung, Erinnerung und Traditionsbildung. Nicht alle evolutionären Änderungen sind eine Folge von A. Ein wichtiger nicht-adaptativer Prozess ist die → genetische Drift. → Bewältigungsstrategie. [1]

adäquater Reiz → Reiz.

additive genetische Varianz (additive genetic variance): Bestandteil der genetischen Varianz, der auf → additiver Genwirkung beruht. Natürliche Selektion operiert an der additativen genetischen Varianz, da sie maßgeblich die Ähnlichkeit zwischen Eltern und Nachkommen bestimmt (→ Heritabilität). [3]

additive Genwirkung, *additiver Alleleffekt* (additive gene action, additivity, intermediate dominance): Phänomen, bei dem der heterozygote Phänotyp exakt zwischen denen der beiden homozygoten Phänotypen liegt. Die Allele verhalten sich co-dominant. A. G. findet auch zwischen mehreren Genen statt, dabei trägt die Expression jedes einzelnen Allels paritätisch zum Phänotyp bei. Bei a. G. gibt es keine Interaktionen zwischen Allelen (Dominanz) oder verschiedenen Loci (→ Epistasis). Viele Verhaltensmuster enthalten Komponenten, die auf a. G. beruhen. A. G. spielt wahrscheinlich auch eine Rolle bei einer Reihe von humanpathologischen Verhaltensänderungen wie Spielsucht, gesteigerte Aggressivität oder → Aufmerksamkeitsdefizit-Hyperaktivitätssyndrom (ADHS). [3]

Adelphogamie, *Geschwisterbefruchtung* (adelphogamy, sib mating): ein aus der Botanik übernommener Begriff, der die geschlechtliche Fortpflanzung von Geschwistern umschreibt. So kopulieren bei einigen Ameisen und Termiten flügellose Männchen mit ihren Schwestern. [2]

Adelphophagie, *Geschwisterkannibalismus* (adelphophagy, sib cannibalism): das Verzehren von Geschwistern. Beobachtet wird A. z. B. bei Blattschneideameisen der Gattung *Atta*. Sonderfall der A. ist der *Gebärmutterkannibalismus* mit der *Embryophagie* (embryophagy) und die entsprechende → Oophagie. Beim Mexikanischen Hochlandkärpfling *Ameca splendens* und beim Sandtigerhai *Carcharias taurus* frisst der kräftigste Embryo im Uterus alle anderen Eier und Geschwisterembryonen. → Geschwistertötung, → Kainismus. [2]

Adhäsion → Klettern.

ADHS → Aufmerksamkeitsdefizit-Hyperaktivitätssyndrom.

Adoption (adoption): die aktive Annahme und Aufzucht fremder Jungtiere unter natürlichen Bedingungen. Werden den Eltern zusätzlich oder von ihnen unbemerkt andere Junge untergeschoben, so liegt keine A. vor (→ Fremdaufzucht, → Brutparasitismus). A. wurde für Fische, Vögel und Säuger beschrieben. Bei den Fischen sind es z. B. einzelne Buntbarscharten, die fremde Brut annehmen und so dem großen Feinddruck widerstehen können. Unter den Vögeln kommen A. bei in Kolonien lebenden Bodenbrütern vor. Verwaiste und hungrige Jungmöwen verlassen ihren Nestplatz und suchen futterbettelnd in geduckter Körperhaltung Adoptiveltern, was relativ leicht gelingt, wenn diese gleichaltrige Junge haben. Analoges gilt für andere Vögel und Säuger, die ihre Jungen zu Krippen zusammenführen. Dabei kann das eigene Junge nicht immer erkannt werden, sodass in der Regel jedes Jungtier adoptiert und gepflegt wird. Unter den Säugern sind es vor allem die Primaten, Hundeartigen und Schafe, die fremde, verwaiste Junge annehmen. Als Adoptiveltern kommen hauptsächlich ältere Geschwister und „Tanten" infrage (→ Helfer, → Allomutter), in der Regel die nächsten Verwandten (→ Altruismus). Voraussetzung für die A. ist ein ausreichendes Brutpflegeverhalten. Bei den Nutz-, Haus- und Labortieren ist als Folge der Domestikation die A. besonders stark ausgeprägt, sodass selbst artfremde Jungtiere adoptiert werden. [1]

Adressat (addressee): Individuum, an das im Prozess der Kommunikation eine Nachricht gerichtet ist. A. sind häufig arteigene Individuen. Weiter gefasst ist der Begriff des Empfängers (→ Kommunikation), der auch eine vom Sender nicht beabsichtigte Kommunikation einschließt, z. B. das für den Sender nachteilige „Anlocken" von Räubern oder Parasiten durch chemische Substanzen (→ Kairomone) oder andere Signale. [4]

adult (adult): steht für erwachsen und fortpflanzungsreif. → juvenil, → Verhaltensontogenese. [1]

Aeronaut, *Luftplankton* (aeronaut): Kleinstlebewesen, das sich über weite Strecken vom Wind transportieren lässt (→ Verdriftung). Dazu gehören Thripse, Spinn- und Gallmilben sowie zahlreiche kleinere Spinnen. Zwergspinnen z. B. setzen solange einen Faden ab, bis er vom Wind erfasst wird und sie wegträgt. [1]

Affekthandlung → Kurzschlusshandlung.

affektive Störung (affective disorder): eine ernsthafte und meist fluktuierende Beeinträchtigung der Stimmung. Bei unipolarer a. S. sind die Betroffenen beständig übermäßig freudig erregt (Euphorie, Manie) oder niedergeschlagen (Depression), wobei sich diese beiden Stimmungen aber nicht miteinander abwechseln. Dagegen sind bipolare a. S. durch zyklische Episoden von Manie und Depression charakterisiert. In einigen Fällen kann die Störung so gravierend sein, dass sie als affektive → Psychose bezeichnet wird. [5]

afferente Drosselung (afferent throttling, afferent fatigue): Erhöhung der Reizschwelle bei afferenten Nervenfasern oder Zentren aufgrund wiederholter Reizung. Sie führt zu einem vorübergehenden Absinken der Wirksamkeit verhaltensauslösender Reize, wenn sie mehrfach in kurzen Abständen wiederholt werden. Sie ist nicht mit einer Adaptation der Rezeptoren oder einer Ermüdung der Erfolgsorgane verbunden. In der Lernbiologie wurde ein vergleichbares Phänomen unter dem Begriff → Habituation beschrieben. [5]

Afferenz (afference): Gesamtheit aller Erregungen, die von Rezeptoren bzw. Sinnesorganen über Nervenbahnen zum Zentralnervensystem übermittelt werden. Dort kommt es zur A.synthese der optischen, olfaktorischen, akustischen und sonstigen A. → Efferenz. [1]

affiliatives Verhalten *Affiliation, Anschlussverhalten, Kontaktverhalten, freundschaftliches Verhalten* (affiliative behaviour): kooperatives Verhalten, das bei sozial lebenden Individuen vorkommt und Ausdruck einer Kontaktmotivation ist. Die Bereitschaft zu soziopositiven Interaktionen wie Putzen, Sozialspiel und Körperkontakt, die im Kontext von a.V. z.B. zum Anschluss an eine Gruppe erfolgen, ist in sozialen Stresssituationen und bei Unsicherheit hinsichtlich des individuellen sozialen Status erhöht. [5]

affines Signal (affine signal): Signal, das eingesetzt wird, um einer Verringerung des räumlichen Abstandes zwischen zwei oder mehr Individuen zu erzielen. Seine physikalische Natur kann unterschiedlich sein. So können im Dienste der Chemokommunikation von weiblichen Schmetterlingen ausgesendete → Sexualpheromone die arteigenen Männchen über eine große Entfernung erreichen und eine zielgerichtete Annäherung auslösen. Reviergesänge von Sperlingsvögeln ermöglichen es den Weibchen der eigenen Art, im Frühjahr potenzielle Brutpartner aufzufinden. Gegenüber gleichgeschlechtlichen Artgenossen bewirkt der Gesang jedoch, dass eine bestimmte Distanz aufrechterhalten und Brutreviere stabilisiert werden. Visuelle affine Signale des Menschen, z.B. das Lächeln, tragen universellen Charakter. Sie sind über Kulturgrenzen hinaus wirksam (→ Universalien). → diffuges Signal. [4]

Aggregation (aggregation): anonyme offene Gemeinschaft einer Art, die durch äußere, nicht soziale Faktoren (z B. Futter, Temperatur) oder soziale Attraktion (z.B. → Aggregationspheromone) entsteht. [2]

Aggregationspheromon (aggregation pheromone): Sammelbezeichnung für Pheromone, die Artgenossen beiderlei Geschlechts anlocken und zu Ansammlungen führen (gregäres Verhalten). So setzen z.B. männliche Borkenkäfer, die eine Neubesiedlung vornehmen, mit dem Bohrmehl ein A. ab, das sowohl Männchen als auch Weibchen anlockt. Das A. des Khaprakäfers *Trogoderma granarium* wird dagegen von unbegatteten Weibchen abgegeben. Es lockt weitere unbegattete Weibchen an, aber auch Männchen. Dadurch wirkt es gleichzeitig auch als → Sexualpheromon. Ein A., das die Flugaktivität bei Tieren beiderlei Geschlechts erhöht, wird zuweilen auch als *Flyfaktor* (flyfactor) bezeichnet. [4]

Aggressivdrohen → Drohverhalten.

aggressive Mimese → Angriffsmimese.

aggressive Mimikry → Angriffsmimikry.

aggressives Verhalten, *Aggressionsverhalten* (aggressive behaviour): **(a)** angeborenes Angriffsverhalten gegenüber Artgenossen, um diese als Kontrahenten von einem Streitobjekt abzudrängen, abzuschrecken, zu unterwerfen bzw. völlig auszuschalten (→ agonistisches Verhalten). Es ist ein typisches Vielzweckverhalten und wird hauptsächlich zur Selbstverteidigung sowie zum Schutz der Nachkommen, Verwandten und Partner eingesetzt. Weiterhin dient es dem direkten Wettbewerb um Ressourcen wie Nahrung, Geschlechtspartner, Heime und Territorien sowie dem individuellen Statusgewinn (→ Dominanz) und es reguliert soziale Beziehungen (→ Rangordnung). Hauptelemente des a. V. sind → Drohverhalten, → Kommentkampf und → Beschädigungskampf. A. V. kann bei gestörten Umweltbedingungen fehlgerichtet auftreten (→ umorientiertes Verhalten, → Ersatzhandlung), sodass Artgenossen übermäßig beeinträchtigt werden (→ Sozialstress), und zuweilen kann es durch Autoaggression zur Selbstverstümmelung (→ Autotomie) kommen. **(b)** darüber hinaus wird a. V. gegenüber Nicht-Artgenossen zum Beuteerwerb und zur Raubfeindabwehr eingesetzt (→ interspezifisches Verhalten). [1]

Aggressivität (aggressiveness, aggressivity): Maß der Angriffsbereitschaft eines Individuums im Rahmen des agonistischen Verhaltens. Da das aggressive Verhalten ein Vielzweckverhalten ist und im Dienst einer ganzen Reihe von Funktionskreisen steht, unterliegt die A. verschiedensten Auslöse- und Antriebsmechanismen und ist in sehr unterschiedlicher Weise stammes- und individualgeschichtlich angepasst. Einen eigenständigen, einheitlichen Aggressionstrieb kann es demzufolge nicht geben. Ebenso sind alle Versuche, das Zustandekommen der A. aus einer einzigen Ursache zu erklären, gescheitert. Das gilt auch für die sog. klassischen Aggressionstheorien.

Die *Frustrationshypothese* auch *Frustrations-Aggressions-Modell* (frustration aggression model) genannt, stammt von J. Dollard und Mitarbeitern (1939) und ging vom Menschen aus. Sie nahm zwar durchaus verschiedene Arten der Frustration als Ursache der A. an, es ließ sich jedoch nicht belegen, dass jede Frustration zu verstärkter A. führt und dass jede Art von aggressivem Verhalten auf Frustration beruht.

Die *Triebstauhypothese* von K. Lorenz (1963) betonte die stammesgeschichtlichen Wurzeln der A. und postulierte einen angeborenen Zerstörungstrieb, der staubar ist und bei verzögertem Abruf von sich aus hervorbricht, notfalls sogar als Leerlaufhandlung. Dieser ist für Tier und Mensch völlig unbewiesen. Das Gleiche gilt für die dazugehörige Katharsishypothese, die annimmt, dass das Miterleben aggressiver Interaktionen bei Sportwettkämpfen oder im Film eigene A. abbaut.

Die *Reaktionshypothese* von J.P. Scott (1958) leugnete jede Spontanität des aggressiven Verhaltens. Es galt ohne adäquaten Reiz keine A. Erst die Aktivierung von Angst oder Zorn führt zu aggressiven Äußerungen. Deren Ziel besteht einfach darin, die auslösenden Bedingungen zu beseitigen. Die hier angenommene Passivität und Geradlinigkeit stimmt allerdings in vielen Fällen nicht mit der Realität überein.

Die *Lernhypothese* von A. Bandura und R.H. Walthers (1963) sowie R.R. Hutchinson (1972) nahm an, dass Strafreize, ausbleibende Belohnungsreize oder Belohnung aggressiven Verhaltens die A. über Konditionierungsvorgänge bzw. Beobachtungslernen aufbaut. Dabei wird wie in den Milieutheorien allgemein, die angeborene Komponente der A. unterbewertet.

Alle Hypothesen zur A. enthalten zweifellos gewisse Teilwahrheiten. Sie sind jedoch, jede für sich genommen, noch unbefriedigend. (U. Lundberg, 1993). [1]

agonistisches Verhalten (agonistic behaviour): Sammelbezeichnung für alle Verhaltensweisen gegenüber Artgenossen, die das eigene Verhalten störend beeinflussen. A.V. besteht aus zwei gegensätzlichen Anteilen: dem Angriffs- oder aggressiven Verhalten und dem Flucht- oder defensiven Verhalten. Durch beide Strategien lassen sich Störungen beseitigen und notwendige raumzeitliche Distanzierungen aufrechterhalten. Beide Strategien sind ebenbürtig und wertfrei zu betrachten und dürfen nicht anthropomorph mit „mutig und stark“ oder „schwach und feige“ gleichgesetzt werden. Welche Verhaltensstrategie angewandt wird, hängt von der Qualität der Ressource und der jeweiligen Motivation ab. So wird ein hungriges Tier bei der Annäherung von Artgenossen seine Beute vehement verteidigen und ein sattes sie kampflos überlassen.

A. V. basiert auf lebensnotwendigen Ansprüchen hinsichtlich Raum, Nahrung, Fortpflanzungspartner, Betreuung von Nachkommenschaft u. a. und steht im Zusammenhang mit den Funktionskreisen Territorialverhalten, Sexual-, Brutpflegeverhalten u. a. Die Partner können dabei über kürzere oder längere Zeiten eine komplexe Funktionseinheit bilden, in der die Rolle des Angreifers und Verteidigers wechseln.

Offensives und defensives Kämpfen (Annähern, Imponieren, Drohen, Angreifen, Abwehren, Beschwichtigen) sowie Ausweichen (Unterwerfen, Fliehen) sind mit Distanzminderung und Distanzvergrößerung ebenso verbunden wie mit Änderung oder Beibehaltung der Dominanz, auch bei Tötung des Rivalen. Das Herstellen von

Rangordnungen in sozialen Verbänden durch a.V. sichert Stabilität und Ordnung sowie Aktionsräume für das Verhalten der Individuen. Die Handlungselemente und die Bereitschaft zum a.V. sind artspezifisch und werden durch individuelle Erfahrung unter Umständen modifiziert. [1]

Agoraphobie → Phobie.

Aha-Erlebnis → Lernen durch Einsicht.

Akinese, *Katalepsie, Thanatose, Totstellverhalten, Sichtotstellen, Erstarren, Einfrieren* (akinesis, catalepsy, thanatosis, to feign death, freezing): Zustand absoluter Bewegungslosigkeit, der durch äußere Störreize ausgelöst wird und durch übermäßige Kontraktion der Muskulatur zu außergewöhnlichen Körperhaltungen führen kann (→ Schutzverhalten). In der Literatur finden sich immer wieder Versuche, die zahlreichen Begriffe und Phänomene zu klassifizieren, was bisher jedoch nicht zweifelsfrei gelang. Lediglich die Thanatose (Sichtotstellen) lässt sich eventuell abtrennen, denn hier wird die Körperstarre durch erneute Störreize vertieft.
Die Störreize sind artverschieden. Es können Berührungen, Erschütterungen, Lichteinwirkungen, Schallereignisse u.a. sein. Viele Käfer, Wanzen, Schaben, Raupen und Spinnen lassen sich fallen, wenn sie berührt oder ihre Unterlagen in bestimmter Weise erschüttert werden, so entgehen sie Fressfeinden. A. findet sich auch bei Vögeln (z.B. Rohrdommel) und Säugern (z.B. Opossum). Zur A. kann auch das bei Säugern zu beobachtende „Einfrieren" mitten in der Bewegung gerechnet werden. So reagieren beispielsweise Meerschweinchen auf plötzliche Störungen, die nicht sofort beurteilt werden können, mit A. Sie unterbrechen augenblicklich das gerade vollzogene Verhalten und verharren regungslos am Ort, bis die Störung geortet und eingeschätzt ist. [1]

Akklimation (acclimation): Sonderfall der Akklimatisation. Zur A. gehören alle Anpassung eines Individuums, einschließlich der verhaltensbiologischen, an kontrollierte Umweltbedingungen (Labor, Stall, Artgenossen etc.). [1]

Akklimatisation, *Akklimatisierung* (acclimatization): verhaltensbiologische u.a. Anpassung eines Organismus an veränderte Klimabedingungen, z.B. nach Einbürgerung von Exoten. A. ist immer die Anpassung an einen Komplex von Faktoren. → Adaptation, → Akklimation. [1]

Akquisition → Modelllernen.

Akrophase (acrophase): Lage des Maximums einer an eine biologische → Zeitreihe am besten angepassten Kosinus-Funktion (→ Cosinor-Verfahren). Sie wird zur Quantifizierung der → Phasenlage des zugrunde liegenden Biologischen Rhythmus benutzt. Die A. wird üblicherweise als astronomische bzw. kalendarische Zeit angegeben, d.h. in Stunden und Minuten bei Tagesrhythmen sowie in Monaten und Tagen bei Jahresrhythmen. Sie kann aber auch als Phasendifferenz zu einem gewählten Referenzpunkt, z.B. Beginn der Dunkel- oder der Lichtzeit, in Zeiteinheiten oder in Grad (360° ~ eine vollständige Periode) ausgedrückt werden. Das Vorzeichen gibt dann an, ob das Maximum früher als der Referenzpunkt liegt (+) oder später (-). → Bathyphase. [6]

Akrophobie → Klippenmeideverhalten, → Phobie.

Aktion, *spontanes Verhalten, Spontanverhalten* (action, spontaneous behaviour): Sammelbezeichnung für Verhalten, das allein von innen heraus und nicht durch äußere Reize (→ Reaktion) ausgelöst und aufrechterhalten wird. Zur A. gehören auch das Appetenzverhalten und die Leerlaufhandlung. [1]

Aktionsbereich, *Homerange, Aufenthaltsgebiet, Heimgebiet, Wohngebiet, Streifgebiet* (home range): Gebiet, das von einem Individuum oder einer Gruppe mehr oder weniger regelmäßig während der Nahrungsaufnahme, der Paarung und der Jungenaufzucht durchquert wird und den Lebensansprüchen genügt. Im Gegensatz zum → Territorium wird der A. nicht verteidigt. Der A. ist keine fixe Größe, sondern von Jahreszeit, Alter, Geschlecht, Status, Gruppenzusammensetzung etc. abhängig. Manchmal wird zwischen A. und *Aktionsraum* (total range) unterschieden. Dabei beschreibt Letzterer das gesamte Gebiet, das ein Tier im Laufe seines Lebens oder eine Sozietät während der Zeit ihres Bestehens besucht. Beispielsweise gehören zum A. eines Zugvogels neben dem Gebiet, in dem er brütet, auch die benutzten Zugwege und die Überwinterungsgebiete. [1] [5]

Aktionsraum → Aktionsbereich.
aktionsspezifische Energie (action specific energy): veralteter, nur noch selten verwendeter Begriff, dessen Bedeutung besser mit der → Motivation umschrieben wird. [1]
aktionsspezifische Ermüdung (action specific fatigue): eine Form der Ermüdung, die hauptsächlich auf einer Schwellenwertänderung basiert. Aufgrund gerade abgelaufener Verhaltensweisen sind dieselben danach eine zeitlang nicht mehr oder nur noch durch sehr starke Reize auszulösen (→ doppelte Quantifizierung). Beispiele dafür sind das Sexualverhalten und die Nahrungsaufnahme. Interessant ist, dass bei anderen Verhaltensweisen z. B. Fluchtverhalten, Eintragen der Jungen, keine a. E. zu beobachten ist, sie sind unter Umständen bis zur physischen Erschöpfung abrufbar. [1]
Aktionssystem (system of actions): früher gebräuchliche Sammelbezeichnung für alle typischen Verhaltensweisen einer Art, die durch Aktionskataloge beschrieben wurden. Heute entspricht das A. dem Ethogramm bzw. Verhaltensrepertoire. [1]
aktive Vermeidung → Vermeidungslernen.
Aktivierungsniveau (activation level): unspezifischer Erregungszustand, der durch innere und äußere Faktoren beeinflusst wird. Das A. wird gesteuert durch das aufsteigende retikuläre Aktivierungssystem (ARAS, Ascending Reticular Activating System), an dem unter anderem die Formatio reticularis beteiligt ist und das wahrscheinlich für die allgemeine Aktivierung des Organismus verantwortlich ist. Eine Stimulation des ARAS bewirkt eine erhöhte Aktivität des autonomen und motorischen Nervensystems und führt auf diese Weise den Organismus von einem wachen Ruhezustand in einen Zustand erhöhter Aufmerksamkeit. Ein situationsgerechtes Verhalten setzt ein mittleres, sog. optimales A. voraus. Ein zu niedriges A. (z. B. sensorische Deprivation) verhindert seine Entfaltung genauso wie ein zu hohes A. (z. B. Reizüberflutung). → Vigilanz, → Erregung. [5]
Aktivität (activity): **(a)** Sammelbezeichnung für jegliche Art Lebenstätigkeit eines Organismus, wie Stoffwechsel-A., Bewegungs-A., Fortpflanzungs-A. u. a. **(b)** in der Verhaltensbiologie wird A. häufig mit Bewegungs-A. oder Motorik gleichgesetzt. Man versteht darunter das beobachtbare Tätigsein bzw. den der Ruhe oder dem Schlaf entgegengesetzten Zustand des Organismus (A.phase, → Ruheverhalten, → Schlafverhalten, → Vigilanz). Zu jedem Verhalten gehört A. (→ Vielzweckverhalten), die aber konkreter zu bezeichnen ist (z. B. sexuelle A., Fress-A.). Quantifiziert werden die unterschiedlichen A. mithilfe der → Aktographie. [1]
Aktivitätsfeedback (activity feedback): Rückkopplungseffekt des Aktivitätsniveaus auf den suprachiasmatischen Nukleus (SCN). Durch die Induktion zusätzlicher Aktivität z. B. mittels eines Laufrades, verkürzt sich die → Spontanperiode unter Freilaufbedingungen. Andererseits kommt es zu einer Verlängerung, wenn der Zugang zum Laufrad blockiert wird. Das Aktivitätsniveau hat somit einen direkten Einfluss auf den SCN, dem zentralen Schrittmacher des circadianen Systems. Dieser Effekt wird vermutlich durch den mit der Aktivität verbundenen Erregungszustand (Arousal) vermittelt.
Das A. hat auch einen stabilisierenden Effekt auf den SCN und damit auf die → circadianen Rhythmen. Das ist z. B. für ältere Menschen oder auch Personen, die unter → saisonabhängigen Depressionen leiden, von praktischer Bedeutung. Durch erhöhte physische Aktivität könnte deren → Zeitordnung wieder stabilisiert werden. [6]
Aktivitätsschub (burst of activity): kurze Periode erhöhter Aktivität mit nachfolgender Ruhephase. Die meisten Tiere sind innerhalb eines Tages nicht nur einmal aktiv und inaktiv, sondern ihre verschiedenen Aktivitäten treten schubweise und ultradianrhythmisch geordnet auf. Aus der Verteilung der Aktivitätsschübe auf die Tag- und Nachtzeit kann auch auf den → Aktivitätstyp geschlossen werden.
Beispielsweise sind die nachtaktiven Goldhamster während des Tages vier- bis sechsmal etwa alle 2 h für 1–10 min lokomotorisch aktiv. In der Nacht aber werden im Abstand von 5 bis 60 min acht bis zehn A. beobachtet, die jeweils 5–30 min andauern, Futter wird zwei- bis viermal im Abstand von 2–3 h während des Tages und sieben- bis neunmal im Abstand von 5–30

min in der Nacht aufgenommen. Im Gegensatz zur lokomotorischen Aktivität ist die Fress-Schubdauer konstant und beträgt immer 2–3 min. [1]

Aktivitätstyp (activity type): stark vereinfachendes Einteilungsprinzip der Tiere nach der täglichen Verteilung ihrer Aktivitäts- und Ruhezeiten in tag- (licht-, diurnal), nacht- (dunkel-, nocturnal), dämmerungsaktive und ganztägig aktive (nycthemeral animals) Arten. Sie sind dem A. entsprechend den unterschiedlichen Helligkeiten, Temperaturen, Feuchteverhältnissen, Nahrungsbedingungen u. a. morphophysiologisch und in ihrem Verhalten angepasst. *Tagaktive Tiere* (diurnal animals)–viele Insekten, die Mehrzahl der Vögel und Reptilien, einige Säuger–sind z. B. überwiegend optisch orientiert und farbtüchtig. Ihre plakativen Farben dienen hauptsächlich der Kommunikation. *Nachtaktive Tiere* (nocturnal animals)–zahlreiche Würmer, Schnecken und Gliedertiere sowie Eulen und viele Säuger – orientieren und verständigen sich vorwiegend geruchlich oder akustisch. Sie sind oft schlicht und unauffällig gefärbt. Ihr optischer Sinn ist reduziert oder aber durch spezifische Veränderungen (z. B. eine mehr kugelförmige, größere Linse, eine schlitzförmige Pupille sowie eine das schwache Dämmerlicht verstärkende Einrichtung, das Tapetum) leistungsfähiger. Ausschließlich *dämmerungsaktive Tiere* (crepuscular animal) sind selten und aufgrund der Dämmerungsdauer nur in den mittleren geografischen Breiten zu finden. Die Mehrzahl ist während der Abend- und Morgendämmerung (Fledermäuse) und zusätzlich in den mondhellen Nächten aktiv (Insekten, Kaninchen). Eine erhöhte Aktivität während der Dämmerung kann auch bei tag- oder nachtaktiven Tieren auftreten, wenn durch die Übergänge von Licht zu Dunkel und umgekehrt Aktivität induziert wird (→ Maskierung).
Der A. unterliegt altersabhängigen, jahreszeitlichen und anderen Änderungen. So sind neugeborene Mäuse tagaktiv und saugen, wenn die nachtaktive Mutter ihre Ruhezeit im Nest verbringt. Feldmäuse sind in den Sommermonaten nachtaktiv und während der Wintermonate überwiegend am Tage außerhalb des Baues. Wasserbüffel sind in freier Natur dämmerungs- und nachtaktiv, als Nutztiere jedoch tagaktiv. Der Mensch ist tagaktiv, unterscheidet sich jedoch im → Chronotyp. [1]

Aktogramm (actogram, actograph): grafische Darstellung der Aktivität in Abhängigkeit von der Zeit, meist der Tageszeit. Dabei wird die Aktivität der einzelnen Tage untereinander aufgetragen. Um die Anschaulichkeit zu verbessern, wird in jeder Zeile außerdem der jeweils folgende Tag (n+1) rechts neben dem aktuellen Tag (n) dargestellt. Diese Form des A. wird als *Doppelplot* (double plot) bezeichnet. → Zeitreihe. [6]

Aktographie (actography): Methode der Messung und Aufzeichnung von Aktivitäten. Resultat der A. ist das → Aktogramm. Am einfachsten beobachtet und registriert man in einer Strichliste zeitabhängig die interessierenden Aktivitäten. Häufiger werden jedoch technische Einrichtungen verwendet, um Aktivitäten kontinuierlich und über längere Zeiträume indirekt oder direkt zu erfassen. Bei der *indirekten A.* (non-direct actography) werden die vom Tier ausgelösten Boden- oder Wasserbewegungen registriert, z. B. durch Schaukel-, Wipp-, Kreisel-, Vibrations- und Zitterkäfige oder Druckwellen- und Oberflächenwellenmesser. Für die *direkte A.* (direct actography) nutzt man Sender, automatische Videoanlagen, radioaktive Markierungen, Laufräder, Schrittzähler u. a. oder bringt an verschiedenen Stellen des Käfigs, z. B. im Nest oder am Futterplatz, Infrarotlichtschranken, Passiv-Infrarot- oder akustische Detektoren, Thermosonden, induktive oder kapazitive Messwandler, Trittkontakte, Feuchtemesser (z. B. für die Harnabgabe) u. a. an. Bei allen Methoden ist immer kritisch zu prüfen, welche Aktivitäten erfasst werden und inwieweit die Methoden das Verhalten beeinflussen, d. h. rückwirkungsfrei sind. [6]

Aktualgenese (micro genesis): in der Verhaltensforschung die aktuelle Entstehung eines Verhaltens, ohne dass ein Reifungsprozess im Sinne der Verhaltensontogenese vorliegt. Beispiele sind die jahresrhythmisch gesteuerte Entwicklung der Fortpflanzungsbereitschaft oder der Aufbau des Futtereintrageverhaltens. Wenn ein Hamster unerwartet auf Futter stößt, ist er zunächst unentschlossen, um dann intensiv zu hamstern. [1]

akustische Illusion → akustische Täuschung.

akustische Kommunikation (acoustical communication): eine Form der Mechanokommunikation, bei der die Signale in einem gasförmigen oder flüssigen Medium (Luft, Wasser) als longitudinale mechanische Wellen (Schallwellen) übertragen und von entsprechenden Sinneszellen (z. B. gekoppelt an Hörhaare) oder Sinnesorganen (Hörorgane) empfangen werden. Hörorgane bei Arthropoden enthalten meist stiftführende Sinneszellen (Scolopidien), die zu Scoloparien angeordnet sind. Solche Organe sind z.B. Tympanalorgane, Johnstonsche Organe und Chordotonalorgane. Tympanalorgane dienen ausschließlich dem Hörsinn und sind in den Vorderschienen (Ensifera: Laubheuschrecken), am Abdomen (Caelifera: Feldheuschrecken; einige Lepidoptera: Schmetterlinge) oder am Prothorax (einige parasitische Diptera: Fliegen) zu finden. Johnstonsche Organe in den Fühlern (Culicidae: Stechmücken) oder tracheennahe Chordotonalorgane im Inneren mancher Insekten können ebenfalls als Empfänger bei der a. K. dienen. Bei Wirbeltieren sorgen die so genannten Haarsinneszellen im flüssigkeitsgefüllten Innenohr für die Signalaufnahme. Außen- und Mittelohr dienen bei der Kommunikation über Luft unter anderem zur Anpassung an die unterschiedlichen Wellenwiderstände beim Übergang des Luftschalls in das Innenohr, bei Säugern vermittelt durch die drei Gehörknöchelchen.

Erzeugt werden akustische Signale durch Bewegungsgeräusche (Laufen, Fliegen), Fressgeräusche, Klopfgeräusche (Trommeln) oder Knallgeräusche (Explosionen). Spezialisierte Organe zur Signalerzeugung sind → Tymbalorgane, Stridulationsorgane (→ Stridulation) und Stimmerzeugungsorgane. Letztere basieren auf einem Luftstrom, der an einer Verengung durch das Zusammenspiel von elastischen und Strömungskräften Schallschwingungen erzeugt. Stimmerzeugungsorgane sind bei Arthropoden relativ selten, bei Wirbeltieren häufig anzutreffen (Syrinx, Larynx, → Lautbildung).

Durch akustische Signale können Informationen sehr schnell und ohne Sichtkontakt übertragen werden. Die Schallgeschwindigkeit (rund 340 m/s in Luft und 1480 m/s in Wasser) bedingt lediglich geringe Verzögerungen, die allerdings in manchen Kommunikationssystemen und bei der Ortung vom Empfänger ausgewertet werden kann (Fledermäuse) oder berücksichtigt werden muss (Antwortgesang weiblicher Laubheuschrecken). Akustische Signale können Frequenz- und Zeitmuster beinhalten, die unter anderem mittels → Sonagramm analysiert werden können. Angelehnt an das Hörvermögen des Menschen unterscheidet man nach der Frequenz drei Bereiche: → Infraschall, Hörschall und → Ultraschall. [4]

akustische Lokalisation (acoustical localization): Bestimmung der Richtung einer aktiv sendenden Schallquelle (→ Lokalisation) auf der Grundlage des Richtungshörens. Meist dienen Laufzeit- oder Phasenunterschiede zwischen zwei in einem bestimmten Abstand angebrachten Hörorganen zur Ermittlung der Richtung (binaurales Hören). Am besten ausgeprägt ist das Richtungshören bei Eulen (Winkelfehler maximal 1 bis 2°, Hunde 2,5°, Menschen 8°). Der optimale Abstand der Hörorgane liegt bei etwa 1/6 der Wellenlänge des zu lokalisierenden Signals. Spezielle Hörorgane können jedoch auch extrem eng beieinander liegen (Johnstonsche Organe an den Fühlern männlicher Stechmücken) oder nur einzeln vorhanden sein (einige auf Laubheuschrecken spezialisierte parasitische Fliegen) und trotzdem eine, wenn auch nicht so exakte a. L. ermöglichen. A. L. ist wichtig um bei → akustischer Kommunikation die Richtung zum Sender zu bestimmen, z. B. für den Nahrungserwerb vieler nachtaktiver Tiere oder zum Auffinden von Geschlechtspartnern bei Heuschrecken, Fröschen, Singvögeln und einigen Säugetieren. [4]

akustische Nachahmung → Nachahmung.

akustische Ortung → Echoortung.

akustische Täuschung, *akustische Illusion* (acoustical illusion): Wahrnehmung, die nicht dem objektiven Schallereignis entspricht. Die meisten a. T. können heute durch die → Psychoakustik weitgehend erklärt werden. Zu den a. T. gehört unter anderem das Wahrnehmen von Tönen, welche lediglich durch Unzulänglichkeiten in der Mechanik des menschlichen Innenohrs entstehen (→ Differenzton). Mit speziellen Tongemischen, die aus Oktavtönen bestehen, lassen sich Tonleitern, *Shepard-Skala* (Shepard scale), sowie kontinuierlich auf- oder absteigende Tonfolgen erzeugen, *Risset-Skala* (Risset scale), die scheinbar unendlich lange in ein und dieselbe Richtung laufen, sich tatsächlich jedoch nach wenigen Tönen oder nach kurzer Zeit wiederholen. Viele noch nicht restlos erklärbare a. T. betreffen das binaurale räumliche Hören (→ Stereophonie). Im Prinzip ist auch die Kompression akustischer Signale (z.B. in das MP3-Format, → Masking) eine a. T., bei der das Originalsignal erheblich verändert wird, ohne dass die Veränderungen von Menschen bemerkt werden. Das angebliche „Meeresrauschen", welches man in einer großen Schneckenschale hört, ist keine a. T., sondern lediglich eine falsche Interpretation. Das Rauschen kann tatsächlich gehört werden. Es entsteht jedoch durch Turbulenzen im eigenen Blutgefäßsystem. [4]

akustisches Signal (acoustical signal): durch mechanische Schwingungen erzeugte Wellen (Schallwellen) in Luft oder Wasser, bei denen die Moleküle in der Ausbreitungsrichtung schwingen (Longitudinalwellen). Die Signalintensität (Schallintensität) am Empfänger wird in W/m^2 (Leistung pro Fläche) gemessen. Sie ist proportional zum Quadrat des Schallwechseldrucks. Der Proportionalitätsfaktor ist die reziproke Schallkennimpedanz, die nur von Materialkenngrößen des Übertragungsmediums (Luft, Wasser) abhängig ist. Praktischer, schon aufgrund des → Weber-Fechner-Gesetzes, ist die Verwendung des logarithmischen Schallintensitätspegels mit der Maßeinheit Dezibel (dB). Der absolute Pegel ist der zehnfache dekadische Logarithmus der Schallintensität bezogen auf eine Referenzintensität beziehungsweise der zwanzigfache dekadische Logarithmus des Schallwechseldrucks bezogen auf einen Referenzdruck. Für Luft wurde die Referenzintensität auf 1 pW/m^2 (die ungefähre Hörschwelle des Menschen bei einer Frequenz von 1 kHz) festgelegt. Das entspricht einem Referenzschalldruck von 20 μPa. Für Wasser wurde im Gegensatz dazu ein Referenzschalldruck von nur 1 μPa genormt. Dies führt zu der oft verwirrenden Tatsache, dass bei gleichem Schallwechseldruck alle Schallintensitätspegel in Wasser um 26 dB, bei gleicher Schallintensität sogar um 63 dB, höher als in Luft sind. Es ist deshalb unerlässlich, neben der Entfernung von der Schallquelle, bei Schallintensitätspegeln auch den Referenzschalldruck mit anzugeben und zu berücksichtigen. Ausschließlich bei Untersuchungen am Menschen und in der → Psychoakustik finden Maße Anwendung, die an das menschliche Hörvermögen angepasst sind, wie z.B. die Lautstärke als Maß für die Empfindung der Schallintensität. [4]

Alarmpheromon, *Schreckstoff* (alarm pheromone): Pheromon, das bei Störungen oder in gefährlichen Situationen aktiv oder nach Verletzungen passiv freigesetzt wird, um Artgenossen zu warnen oder sie zur Verteidigung zu animieren. A. wurden bisher für Insekten (Ameisen, Bienen, Blattläuse, Wanzen, Fransenflügler), Fische (vor allem Schwarmfische), Kröten (Kaulquappen der Erdkröte) und Mäuse (im Harn) nachgewiesen. Bestimmte Bestandteile der Gifte vieler Wespen und Bienen (Aculeata) wirken ebenfalls als A. Bei einigen Ameisenarten wird das A. aus großen Reservoirs der Mandibeldrüsen versprüht. Es lockt bis zu einer bestimmten Konzentration verteidigungsbereite Arbeiterinnen an, lässt sie jedoch bei weiterem Ansteigen eine gewisse Distanz wahren.

Vermutlich sind viele Substanzgemische, die ursprünglich → Wehrsekrete waren und es meist immer noch sind, bei Insekten im Laufe der Evolution zu A. geworden. [4]

Alarmruf (alarm call): bei Vögeln und Säugern vorkommende Lautäußerungen, die angesichts eines potenziellen Feindes ausgestoßen werden. Nach ihrer Funktion können unterschieden werden:

- *A.*, die bei der Flucht als *Fluchtrufe* (escape calls) ausgestoßen werden;
- *Aufmerksamkeitsrufe* (alert call), welche die Reaktionsbereitschaft anderer Artgenossen erhöhen;
- *Hassrufe* (mobbing call), die in Gruppen gegenüber Feinden hervorgebracht werden (→ Hassen);
- *Notrufe* (→ Distress-Rufe) ergriffener Beutetiere, die entweder Fluchtverhalten auslösen oder andere Artgenossen anlocken, damit diese den Räuber attackieren können;

– *Verleitrufe* (distraction call), mit denen versucht wird, die Aufmerksamkeit eines Räubers auf sich zu ziehen (→ Verleiten);
– *Verteidigungsrufe* (defence call), deren Struktur oft den Lauten von Räubern ähnelt, sodass Fressfeinde verunsichert werden;
– *Warnrufe* (warning call), die unmittelbar auf eine Gefahr aufmerksam machen und bei Artgenossen Fluchtverhalten oder Erstarren auslösen. Bei vielen Arten gibt es spezielle A. für unterschiedliche Feinde. Buchfinken und Erdhörnchen z. B. unterscheiden zwischen Luft- und Bodenfeinden. [4]

Alarmverhalten (alarm behaviour): alle Verhaltensweisen, die Artangehörige vor Raubfeinden warnen. Vom A. der einen Art profitieren oft auch Angehörige einer anderen Art, wenn sie in der Lage sind, die entsprechenden Signale auszuwerten. Die Möglichkeiten des A. sind vielfältig. Kaninchen und Mongolische Rennmäuse beispielsweise schlagen oder trommeln mit den Hinterbeinen auf den Boden, sobald sie Feinde wahrgenommen haben. Degus, Ziesel, Murmeltiere, Präriehunde und zahlreiche Vögel haben artspezifische → Alarmrufe oder zeigen als besondere Form des A. das → Hassen. Mäuse, Kaulquappen, einige Fischarten und viele soziale oder gregäre Insekten setzen bei Gefahr Alarmsubstanzen ab (→ Pheromone). A. muss einerseits wirkungsvoll sein, um andere Individuen zu warnen, sollte andererseits aber nicht eine Lokalisation des Alarmierenden ermöglichen. Deshalb sind Alarmrufe z. B. oft so beschaffen, dass die Richtung zur Schallquelle nur schwer bestimmbar ist, oder es kommen Signale zur Anwendung, die vom Raubfeind nicht wahrgenommen werden können, z. B. durch eine extrem hohe oder sehr tiefe Trägerfrequenz. Vorteilhaft ist auch die Anwendung vibratorischer Signale, weil sie keine große Reichweite haben, schwer zu lokalisieren sind und Luftschall nur in äußerst geringer Intensität erzeugen. Das A. wird oft dem → Warnverhalten zugeordnet. [4]

Allee-Effekt (Allee effect, underpopulation effect): nach Warder Clyde Allee (1931) benannter Effekt, der den Einfluss der Populationsdichte auf Reproduktion und Überlebensfähigkeit von Individuen beschreibt. Der A. besagt, dass Populationsdichte und Populationswachstum positiv korreliert sind. Dementsprechend sinkt in kleinen Populationen die Pro-Kopf-Geburtenrate. Wenn diese einen bestimmten Schwellenwert unterschreitet, kommt es zum Aussterben der Population. Ursachen für den A. sind u. a. eine geringe Chance auf einen Paarungspartner, niedrige Jungenüberlebensrate bei Tieren mit einem kooperativen Brutpflegesystem, ein erhöhtes Prädationsrisiko in kleinen Herden, Kolonien oder Schwärmen. Der A. kann sich auch aufgrund einer steigenden → genetischen Last durch Inzucht oder → genetische Drift einstellen. [3]

Allelochemikalien → chemisches Signal.

Allesfresser → Omnivora.

Allianz (alliance): temporärer Zusammenschluss von Individuen oder Gruppen verschiedener Arten im Sinne des → Mutualismus, bei der die Partner wechselseitigen Nutzen erzielen, z. B. die → Putzsymbiose zwischen riffbewohnenden großen Fischen und Putzerfischen oder Putzergarnelen. [2]

allochthones Verhalten → autochthones Verhalten.

Alloethie (alloethy): ist ein Maß für die Synchronisation zwischen Partnern, das für die Gleichzeitigkeit unterschiedlichen Verhaltens steht. → Synethie. [1]

Allokation (allocation): **(a)** die Zuweisung und Aufteilung von Stoff- und Energiefluss in Individuen und Gruppen. So erfolgt beispielsweise bei laktierenden Weibchen eine *Energie-A.* (energy allocation) der aus der Nahrung gewonnenen Energie auf den eigenen Stoffwechsel und auf die Menge und Konsistenz der zu verteilenden Milch. **(b)** das artspezifische Verhältnis von Energieaufwand für Wachstum, Differenzierung und Überlebensfähigkeit sowie für Fortpflanzung. Manche Arten investieren nur einmalig in die Fortpflanzung (→ Semelparitie), andere mehrfach (→ Iteroparitie). → Ressourcenallokation, → Sex-Allokation. [1] [5]

Allomarkieren, *Fremdmarkierung* (allomarking): Markieren von Artgenossen mit chemischen Signalen. Solche *Geruchsabzeichen* (scent marks) sind bei Säugern vor allem von Hasenartigen und Nagetieren bekannt und bilden die Grundlage für einen → Gruppenduft oder → Nestgeruch. A. ist beim Paarungsverhalten, bei der Jungenaufzucht, bei agonistischen Kontakten und anderen sozialen Verhaltensweisen zu beobachten. Männliche Tiere markieren während der Paarung häufig ihre Weibchen. Dafür nutzen Hamsterratten die Backendrüse und Kaninchen die Kinndrüse. Bei Gleitbeutlern markiert das Männchen sein Weibchen mit den an Stirn und Brust gelegenen Duftdrüsen. Hat das Weibchen den Geruch eines fremden Männchens an sich, so reagiert das eigene aggressiv. Jungtiere werden z. B. bei Kaninchen, Mangusten und Spitzhörnchen mit Drüsensekreten markiert. Bei Mäusen und Ratten werden nach aggressiven Auseinandersetzungen die Unterlegenen mit Harn „beduftet", sie meiden dann den Geruch des Überlegenen (→ Markierungsverhalten). [4]

allomaternale Pflege → alloparentale Pflege.

Allomimese → Mimese.

allomimetisches Verhalten → Stimmungsübertragung.

Allomon (allomone): eine chemische Verbindung, welche als Kommunikationssignal zwischen Nichtartgenossen vermittelt und im Gegensatz zum → Kairomon für den Sender von Vorteil ist. A. werden z. B. in gefährlichen Situationen abgegeben, um einen Angreifer abzuschrecken. So spritzt das Stinktier ein übel riechendes Sekret der Mastdarmdrüsen bis zu 4 m weit gegen einen Feind. Zu den A. gehören auch die Sekrete der Stinkdrüsen vieler Wanzen.
Ein direkt wirksames → Wehrsekret ist primär, entsprechend der Definition, kein A. Es kann sich aber im Laufe der Evolution mit zunehmender Empfindlichkeit des Empfängers für diese Stoffe zusätzlich zu einem A. entwickelt haben. [4]

Allomutter (allomother): Primatenweibchen, das fremde Jungtiere allein aufzieht (→ Pflegeverhalten) oder andere Weibchen bei der Aufzucht unterstützt (→ Helfer). A. sollte den früher verwendeten Begriff *Tante* (aunt) ersetzen, weil ein solcher Verwandtschaftsgrad nur selten gegeben ist. → Amme. [1]

alloparentale Pflege (alloparental behaviour, alloparental care): eine Form des Brutpflegeverhaltens, bei dem die Pflegenden nicht die leiblichen Eltern der Jungen sind. Zu unterscheiden ist zwischen der *allomaternalen Pflege* (allomaternal care) durch ein Weibchen und der *allopaternalen Pflege* (allopaternal care) durch ein Männchen. → Fremdaufzucht, → Allomutter, → Helfer. [1]

allopatrische Artbildung (allopatric speciation): beruht auf der reproduktiven Isolation von Teilpopulationen durch geografische Barrieren. Man kann *vicariant speciation* von *peripatric speciation* unterscheiden. Das Vikarianz-Modell postuliert eine Isolation von ähnlich großen Teilpopulationen in unterschiedlichen Arealen durch geografische (z. B. Verlust von Landbrücken) oder klimatische Prozesse (z. B. eiszeitliche Refugien). Nach dem peripatrischen Modell spaltet sich eine kleine Gruppe von Individuen von der Hauptpopulation ab, z. B. durch die Besiedlung einer Insel oder neuer Habitate. Neumutationen, Drift und Selektion durch unterschiedliche Umweltbedingungen führen dann zu einer Differenzierung der Teilpopulationen. [3]

allothetische Orientierung → ideothetische Orientierung

allotop (allotopic): Sammelbezeichnung für Arten oder Populationen, die in verschiedenen Lebensräumen vorkommen. → syntop. [1]

Alpha, α (alpha): Anteil der Aktivitätszeit am circadianen Ruhe-Aktivitäts-Zyklus, sowohl unter synchronisierten als auch zeitgeberlosen Bedingungen. → Rho, → circadiane Regel. [6]

Alpha-Rho-Verhältnis → circadiane Regel.

Alpha-Tier (alpha animal): Bezeichnung für das an der Spitze einer Rangordnung stehende Tier. Es zeigt bei einer Konfrontation mit Gruppenmitgliedern Dominanz-Verhalten. → Omega-Tier. [1]

alternative Fortpflanzungsstrategie (alternative reproductive strategy, alternative mating strategy, alternative mating behaviour): genetisch determiniertes Fortpflanzungsverhalten, dem mindestens eine Strategie mit identischen Reproduktionserfolg gegenüber steht. Insbesondere variable Umweltbedingungen oder knappe Ressourcen fördern die Herausbildung a. F. Früher als „abnorm" angesehenes Verhalten kann so unter bestimmten Bedingungen Selektionsvorteile haben und zur Entstehung einer → Mischpopulation führen. In der Evolution bildet sich dabei ein Gleichgewicht beider Strategien heraus (→ Evolutionsstabile Strategie). Kleinere Männchen („Jacks") des Pazifiklachses *Oncorhynchus kisutch* werden im Alter von zwei Jahren geschlechtsreif, während große Männchen („Hakennasen") mindestens drei Jahre bis zur Geschlechtsreife brauchen und dabei die doppelte bis dreifache Größe der „Jacks" erreichen. Die „Jacks" verfolgen dabei die a. F. , um sich als Sneaker Zugang zu Weibchen zu erschleichen. Dieser Unterschied in der Morphologie scheint genetisch festgelegt zu sein. [2]

alternative Strategie → Verhaltensstrategie.

Altruismus (altruism, altruistic behaviour): steht für Selbstlosigkeit, Uneigennützigkeit und Unterstützung anderer Individuen auf Kosten der eigenen direkten Fitness. Nachdem die Deutung von A. lange Zeit Probleme bereitete oder eine Interpretation im Sinne der „Arterhaltung" versucht wurde, ergaben sich mit Aufkommen der Soziobiologie andere Erklärungsmöglichkeiten. Obwohl auch hier eigennütziges Verhalten in der Evolution begünstigt wird, steht altruistisches Verhalten in bestimmten Situationen dazu nicht im Widerspruch. A. tritt in zwei Konstellationen auf:

- *Verwandtenselektion* (kin selection): Nach einer → Kosten-Nutzen-Analyse kann unter restriktiven Umweltbedingungen der Verzicht auf eigene Fortpflanzung und die Übernahme von Helferaufgaben für die Erhöhung der inklusiven Fitness vorteilhafter sein. Die Wahrscheinlichkeit dafür ist umso größer je höher der Verwandtschaftsgrad des Helfers zu den Nachkommen des Geholfenen ist. Dieser Umstand wird formal durch die *Hamilton-Ungleichung* (Hamilton's rule) beschrieben:

$K < r \times N$

K = Kosten des altruistischen Verhaltens für den Helfer
r = Verwandtschaftsgrad
N = Nutzen des altruistischen Verhaltens für den Geholfenen.

Der Verlust der direkten Fitness (Kosten) muss also für ein Individuum geringer sein als der Gewinn an indirekter Fitness (Nutzen × Verwandtschaftsgrad). So wäre die inklusive Fitness für einen Altruisten höher, wenn er auf die Aufzucht eines eigenen Kindes verzichtet und dafür drei Neffen oder Nichten das Überleben ermöglicht. Formal: Kosten durch Verlust eines eigenen Kindes:

$K\ (1) \times r\ (0{,}5) = 0{,}5$

Nutzen durch Aufzucht von 3 Neffen oder Nichten:

$N\ (3) \times r\ (0{,}25) = 0{,}75$

$K\ (0{,}5) < N\ (0{,}75).$

– *reziproker Altruismus* (reciprocal altruism, tit for tat): altruistisches Verhalten gegenüber einem nicht verwandten Sozialpartner tritt nur dann auf, wenn früher oder später von ihm oder anderen eine Gegenleistung mit gleichen Kosten erwartet werden kann. Reziproker A. setzt in der Regel individuelles Erkennen voraus. Der simultan hermaphrodite Schriftbarsch *Serranus scriba* produziert sowohl Eizellen als auch Spermien, befruchtet sich aber nicht selbst. Bei der Paarung mit anderen Individuen ist jeder Paarungspartner interessiert, die leicht herstellbaren Spermien abzugeben, während die mit großem Energieaufwand produzierten Eizellen zurück gehalten werden. Eizellen werden deshalb alternierend in kleinen Portionen abgegeben. Gibt einer der Partner keine Eizellen ab, wird die Paarung abgebrochen. Beobachtungen zeigen, dass sich Paare mit bevorzugten Paarungspartnern bilden, die einander „vertrauen".

In der menschlichen Gesellschaft erhöhen altruistische Aktionen die Reputation des Wohltäters. Es wird ein Mechanismus diskutiert, der dafür sorgt, dass man sich gut fühlt, auch wenn völlig Fremde Hilfeleistungen wie Spenden erhalten. Dieser Mechanismus könnte in der Evolution adaptiven Wert haben, da höhere Reputation die Wahrscheinlichkeit Gegenleistungen zu erhalten steigert. Allerdings wird dabei im Sinne der Kosten-Nutzen-Analyse darauf hin gearbeitet, mit möglichst geringem Aufwand die höchstmögliche Anerkennung zu erzielen. Spender sind daher in der Regel bestrebt, ihre Umwelt in gespielter Bescheidenheit über ihre Spenden zu informieren. So sind Studenten der Universität Michigan eher bereit Blut zu spenden, wenn sie dafür eine Anstecknadel erhalten. [2]

AM → Auslösemechanismus.
ambivalentes Verhalten (ambivalent behaviour): Kompromissverhalten, das durch verschiedene, gleichzeitig oder im schnellen Wechsel aktivierte Motivationen verursacht wird (→ Konfliktverhalten). Dabei kann kein den Motivationen entsprechendes Verhalten vollständig ausgeführt werden, sodass es oft beim → Intentionsverhalten bleibt. Häufig besteht a. V. aus völlig entgegengesetzten Elementen, z. B. Angriffs- und Fluchtbewegungen (→ Drohverhalten). [1]
Ambulation (ambulation): eine Messgröße, mit der die Anzahl der im → Open-field durchquerten (durchwanderten) Felder beschrieben wird. [1]
Ameisengast (myrmecophile): ein Tier, das im Ameisennest lebt und von den Insassen nicht attackiert wird. Bekannt sind etwa 3.000 Arten, die fast ausschließlich zu den Arthropoden gehören. Viele nutzen nur die günstigen Wärme- und Feuchtigkeitsbedingungen des Nestes, andere finden Nahrung in der Kolonie oder leben von deren Abfällen wie Leichen und Beuteresten. → Myrmekophilie, → Trophallaxis. [1]
Amensalismus → Parabiose.
Amme, *Ersatzmutter* (wet nurse, foster mother, surrogate mother): Säugerweibchen, das fremde arteigene oder auch artfremde Junge stillt. Leibliche Junge die mitversorgt werden, heißen *Milchgeschwister.* Im weiteren Sinne ist die A. eine weibliche Betreuungsperson die fremde Junge aufzieht (→ Allomutter). In der Rassetierzucht (Hunde, Katzen) wird eine A. regelmäßig genutzt, um überzählige Junge aus großen Würfen gesund aufzuziehen. Beim *Crossfostering* (cross fostering) werden Jungtiere aus Würfen ausgetauscht, hauptsächlich um den Einfluss der Mutter oder der Eltern auf die leiblichen Jungen abschätzen zu können bzw. um zu prüfen, ob auch ohne Lernen Geschwister erkannt werden können (→ individuelles Kennen). → Fremdaufzucht. [1]
Ammenaufzucht → Fremdaufzucht.
Ammenschlaf: Bezeichnung für den Schlaf einer Mutter oder → Amme, der durch die vom Säugling ausgehenden Weckreize sofort unterbrochen wird. Während beispielsweise Straßenlärm oder ähnliches den A. nicht stören, führen kleinste Bewegungen des Säuglings oder Lautäußerungen von geringer Intensität und bis 3.000 Hz zum Erwachen und lösen Zuwendung und Betreuung aus. [1]
Amnesie, *Gedächtnisstörung* (amnesia): Erinnerungslücke mit zeitlicher oder inhaltlicher Begrenzung, verursacht durch Störungen beim Speichern oder Abrufen von zeitlichen und/oder inhaltlichen Erinnerungen (→ Gedächtnis). A. kann auftreten im Zusammenhang mit Unfällen (Schädel-Hirn-Trauma, Gehirnerschütterung), epileptischen Anfällen, Bewusstseinsstörungen, bestimmten Vergiftungen, traumatischen Erlebnissen und langjährigem Alkoholmißbrauch. Bei der *retrograden A.* (rückwirkenden) erfolgt ein Gedächtnisverlust für den Zeitraum vor Eintreten des schädigenden Ereignisses, das Langzeitgedächtnis ist gelöscht bzw. der Zugriff darauf gestört. Neuaufgenommene Information wird dagegen in das Langzeitgedächtnis eingeschrieben und ist auch abrufbar. Bei der *anterograden A.* (vorwärtswirkenden) tritt eine Erinnerungslücke für eine bestimmte Zeit vor einem schädigenden Ereignis auf, bei der jedoch früher in das Langzeitgedächtnis gespeicherte Informationen voll zugänglich sind. Dagegen sind die Betroffenen nicht in der Lage, neue Gedächtnisinhalte zu speichern und die neue Information wird nicht vom Kurzzeit- in das Langzeitgedächtnis überführt, sodass sie nur für Minuten bis Stunden zur Verfügung steht. Die *psychogene* oder *dissoziative A.* ist eine meist unvollständige und selektive Gedächtnislücke, die sich nur auf bestimmte Ereignisse oder Traumata bezieht und psychisch verursacht ist. [5]
Amphitokie, *Deuterotokie* (amphitoky, amphitokous parthenogenesis, deuterotoky, deuterotokous parthenogenesis): Reproduktionsform, bei der aus unbefruchteten Eizellen sowohl Männchen als auch Weibchen hervorgehen. Blattläuse nutzen diese Form der → Parthenogenese, um sich zu bestimmten Zeiten (saisonal) zweigeschlechtlich vermehren zu können. Nach meist mehreren Generationen, die sich über → Thelytokie fortpflanzen, bringen die Weibchen durch A. Männchen und Weibchen hervor, wodurch die ansonsten parthenogenetische Fortpflanzung für eine Generation unterbrochen wird. [4]

Amplexus, *Umklammerung* (amplexus): typischer Bestandteil des Paarungsverhaltens bei Froschlurchen. Dabei sitzt das Männchen auf dem Rücken des Weibchens und umklammert es mit den Vorderbeinen. Sobald sie ablaicht, gibt er in dieser Position seine Spermien ab. Die archaischen Froschlurche umklammern ihre Weibchen in der Lendengegend, die übrigen in der Achselgegend. [1]

Amplitude (amplitude): **(a)** Differenz zwischen dem Gleichwert und der maximalen Auslenkung (Maximum oder Minimum) einer Schwingung. Für → biologische Rhythmen wird die A. häufig mit dem → Cosinor-Verfahren berechnet, indem eine Kosinus-Funktion an die Messwerte angepasst wird. **(b)** im Zusammenhang mit biologischen Rhythmen wird häufig auch die Differenz zwischen dem Maximal- und dem Minimalwert als A. bezeichnet. Hier sollte besser der Begriff der → Schwingungsbreite benutzt werden. [6]

Amplitudenmodulation → Modulation.

Amplitudenspektrum → Frequenzanalyse.

anadrom (anadromous): charakterisiert das Wanderverhalten von Fischen, die gegen den Strom (flussaufwärts) ziehen. A. sind z. B. fortpflanzungsbereite Lachse, Störe und Meerneunaugen. Sie wandern vom Meer die Flüsse aufwärts, um dort abzulaichen. Lachse legen dabei ohne Nahrungsaufnahme über 1.000 km zurück und überwinden durch Sprünge selbst Hindernisse von 2–3 m Höhe. → katadrom. [1]

Androgenisierung (androgenization): Verabreichung hoher Dosen männlicher Sexualhormone (Androgene wie Testosteron, Dihydrotestosteron, Androstendiol) an Weibchen. Während sich A. nach der Geschlechtsreife von Säugetieren nur wenig auf das weibliche Verhalten auswirkt, kann durch A. in der kritischen Differenzierungsphase des Hypothalamus eine völlige Umorientierung des Sexualverhaltens der Weibchen erfolgen (→ Paarungszentrum). Goldhamster *Mesocricetus auratus* haben eine kurze Tragzeit von nur 16 Tagen. Bis etwa zum 8. Lebenstag bewirkt eine einmalige subkutane Testosteron-Applikation bei weiblichen Jungtieren deutliche Veränderungen ihres Verhaltens nach der Geschlechtsreife. Solche Weibchen verhalten sich bisexuell. Gegenüber einem Goldhamstermännchen zeigen sie das weibliche Sexualverhalten. Haben sie Kontakt mit einem östrischen Goldhamsterweibchen, dann verhalten sie sich wie Männchen. Sie reiten auf, vollführen Kopulationsbewegungen und zeigen auch das charakteristische Penisputzen an der richtigen Körperstelle. Weiterhin fehlt den androgenisierten Weibchen der typisch weibliche → infradiane Rhythmus mit einem Maximum der lokomotorischen Aktivität in der Östrus-Phase. [1] [2]

Aneignungsphase → Lernkurve, → Modelllernen.

Anemotaxis, *Windorientierung* (anemotaxis): gerichtete Bewegung zur Raumorientierung, bei der Luftströmungen (Wind) zur Orientierung genutzt werden (→ Taxis). Mithilfe spezieller Sinnesorgane werden Richtung und Stärke der Luftströmung wahrgenommen. Strömungsempfindliche Sinnesorgane befinden sich bei zahlreichen Insekten in den Fühlern (→ Johnstonsches Organ). Die paarungsbereiten Männchen vieler Schmetterlinge nutzen A., um die arteigenen Weibchen zu finden. Die Strategie ist dabei sehr einfach, aber effektiv: wird der Sexuallockstoff (→ Pheromon) eines Weibchens wahrgenommen, dann fliegen die Männchen gegen den Wind (positive A.), anderenfalls „kreuzen" sie quer dazu (Meno-A., → Menotaxis). Ein sicherer Nachweis der A. ist nicht immer einfach, denn in der Luft können auch Reizgefälle (Temperatur-, Feuchte- oder Duftstoffgradienten) entstehen, die ebenfalls eine Orientierung ermöglichen, jedoch keine A. darstellen. [4]

angeborener Auslösemechanismus, *AAM* (innate releasing mechanism): genetisch fixierte, im Laufe der Stammesentwicklung erworbene Verknüpfung zwischen einem → Kennreiz (Schlüsselreiz) und einem spezifischen Verhalten. Der zugrunde liegende sinnesphysiologische und zentralnervöse Filtermechanismus spricht auf bestimmte lebenswichtige Außenreize an, unterscheidet auslösende Reizkombination von den übrigen und aktiviert daraufhin die adäquaten Verhaltensweisen (→ Instinkttheorie des Verhaltens). Der a. A. kann im Laufe der Individualentwicklung verändert und ergänzt werden, er wird dann als ein *durch Erfahrung ergänzter Auslösemechanismus EAAM* bezeichnet. Häufig ist nur das Grundschema angeboren. So picken Hühner zunächst nach allen Flecken einer bestimmten Größe, bis der a. A. durch Erfahrung auf Körner eingeschränkt wird. Der Nachweis eines a. A. kann an isoliert aufgezogenen Tieren (→ Kaspar-Hauser-Versuch) oder durch Attrappenversuche geführt werden. Der a. A. kann auch ersetzt oder erweitert werden, indem die auslösende Reizkonstellation durch Erlernung mit einer Reaktion verbunden wird (→ erworbener Auslösemechanismus). → Auslösemechanismus. [5]

angeborenes Verhalten (innate behaviour): alle Verhaltensweisen, die nicht erlernt werden müssen und für deren Ausführung keine vorherigen Erfahrungen nötig sind. Die für oft hochspezifische motorische Muster (u. a. Futterpicken, Fliegen, Balzen, Putzen, Trinken) erforderlichen Informationsflüsse stehen als genetisch fixierte Programme ab einem bestimmten Entwicklungs- oder Reifestadium zur Verfügung. Es sind Verhaltensweisen, die allen Individuen einer stammesgeschichtlichen Einheit invariabel zur Verfügung stehen und durch Selektion in komplexen Gen-Umwelt-Beziehungen während der Phylogenese manifestiert wurden. Durch Lernen und individuelle Gedächtnisbildung werden manche von ihnen präzisiert oder mit anderen, erlernten Verhaltenseinheiten gekoppelt (→ Angeborenes-Erworbenes). Die zeitweise bestrittene Existenz a. V. ist durch Arthybridisierungen, künstliche Selektion und die direkte Identifikation von Genen, die Verhaltensmuster steuern, zweifelsfrei gesichert.

Typische Beispiele für a. V. sind Taxien, Kinesen oder Reflexe. Dazu zählen aber auch die ersten Flugbewegungen des Kohlweißlings oder die Saugbewegungen eines Säuglings. Ein bemerkenswertes Beispiel für ein komplexes a. V. ist das aus dem Nest werfen der Wirtsvogelnachkommen durch den jungen Kuckuck. Manch a. V. ist über verschieden große Evolutionseinheiten verbreitet und dann nicht nur rassen- oder artspezifisch, sondern gattungs- oder familienspezifisch. Das von Duftstoffen ausgelöste → Flehmen z. B. ist ein mimischer Ausdruck der bei Eseln, Pferden und Zebras vorkommt, der Mäusesprung ist von Füchsen, Hunden und Schakalen bekannt. Die Kopfnickbewegungen der balzenden Männchen nordamerikanischer Zaunleguane *Scelophorus* beispielsweise haben artspezifische Koordinaten, werden in Attrappenversuchen nur vom Weibchen der eigenen Art beantwortet und sind ein wichtiges Element in der Artisolation.

Experimente mit Erfahrungsentzug (→ Deprivation, → Kaspar-Hauser-Versuch) lassen zwischen angeborenem und erlerntem Verhalten besser unterscheiden. Mit dem Entzug hochspezifischer Informationen, mit denen individuelle Erfahrungsbildung z. B. über Versuch- und Irrtum-Lernen, durch Nachahmung oder Absehen möglich wäre, lässt sich zwischen ontogenetischer und phylogenetischer Erfahrungsbildung differenzieren. So bilden sich bei Dorngrasmücken *Sylvia communis* Gesänge auch dann arttypisch aus, wenn sie schallisoliert aufgezogen werden. Arttypisch ist auch der Gesang des Dompfaffs *Pyrrhula pyrrhula*, aber hier braucht das junge Männchen ein Vorbild, von dem es diesen Gesang durch Abhören lernt.

Das a. V. muss nicht immer schon bei der Geburt oder beim Schlüpfen aus dem Ei oder in einer besonderen Lebensphase (wasser- und landlebende Entwicklungsstadien der Amphibien, blattfressende Raupen und blütensaugende Schmetterlinge) nachweisbar sein, es bildet sich oft erst in bestimmten Phasen der Entwicklung aus (→ Reifung). [3]

Angeborenes-Erworbenes, *Erbe-Umwelt* (nature nurture): Verhaltensunterschiede zwischen Individuen können auf genetischer Variabilität (nature) oder differenzierten Umweltbedingungen (nurture) basieren. Tatsächlich ist Verhalten ein Produkt komplexer Gen- und Umweltinteraktionen (Abb.). Viele Verhaltensmuster sind polygen bedingt und besitzen eine kontinuierliche Ausprägungsvariabilität. Es ist daher nur schwer möglich, den Einfluss von Erbe und Umwelt genau zu definieren. Erkenntnisse von genetisch identischen oder nahezu identischen Individuen (Zwillingen, Klone, Inzuchtstämme), die unter unterschiedlichen Umweltbedingungen aufgezogen wurden (und vice versa), haben wesentlich zum Verständnis von Erbe-Umwelt-Einflüs-

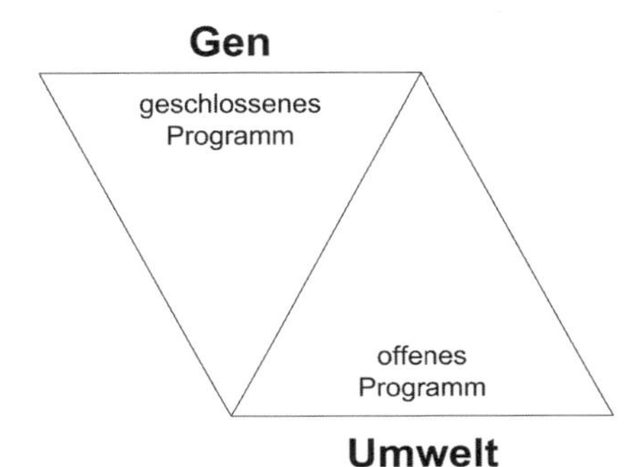

Angeborenes-Erworbenes Verhältnis bei Verhaltensprogrammen. Der genetische Einfluss ist bei geschlossenen Programmen am größten, während offene Programme einen höheren Umwelteinfluss aufweisen. Tatsächlich liegen die meisten Verhaltensweisen zwischen diesen Extremen. [3]

sen beigetragen. Isolationsexperimente (→ Kaspar-Hauser-Versuch) zeigen den genetischen Einfluss durch Ausschluss von Umweltreizen. Allerdings kommt es dabei häufig zu Störungen der normalen Entwicklung, die den eigentlichen genetischen Effekt maskieren. Angeborene Verhaltensweisen besitzen eine hohe Merkmalsstabilität und eine nur geringe individuelle Variabilität. Sie repräsentieren geschlossene Programme ohne großen Umwelteinfluss, z.B. Lachen und Weinen beim Menschen, Gesangselemente bei Singvögeln und Grillen. Sie stellen langfristige Anpassungen an stabile Umweltverhältnisse dar wie auch Fluchtreflex, Nahrungsaufnahme, Nestbau, Balz und Fortpflanzung. Im Gegensatz dazu stehen die offenen Programme mit geringer genetischer Komponente, hoher individueller Variabilität und starker Umweltabhängigkeit. Sie erlauben eine schnelle Reaktion auf kurzfristige Umweltveränderungen wie Intelligenz, Sprache und Lernfähigkeit. Tatsächlich liegen die meisten Verhaltensweisen dazwischen. Experimentell konnte nachgewiesen werden, dass verschiedene Genotypen unterschiedliche Reaktionsnormen vermitteln und damit nicht gleich modifizierbar sind. Mäusestämme reagierten z.B. unterschiedlich auf eine → Umweltanreicherung. Solche genetischen Prädispositionen beeinflussen z.B. die Merk- und Lernfähigkeit. Viele Umwelteinflüsse sind nur zu bestimmten Zeiten voll wirksam. Die Erblichkeit von Intelligenz steigt mit dem Alter der Eltern. Ältere und bereits etablierte Eltern garantieren eine Umwelt, die ihren Neigungen und damit der ihrer Kinder entgegenkommt. Talente, das heißt genetische Dispositionen können somit besser genutzt und entwickelt werden. [3]

Angepasstheit → Adaptation.

angewandte Verhaltensforschung, *angewandte Ethologie, Ethopraxis* (applied behavioural research, applied ethology): Wissenschaftszweig, der sich mit der Umsetzung und Anwendung der Erkenntnisse verhaltensbiologischer Grundlagenforschung für die Praxis der Tierhaltung (→ Nutztierethologie) befasst. Sie wird aber auch für den Menschen (→ Humanethologie) genutzt, etwa bei der Gestaltung der verschiedenen sozialen Bedingungsgefüge oder zur Vermeidung bzw. Therapie von Verhaltensstörungen sowie im Rahmen des Gesundheits- und Umweltschutzes (→ Verhaltenstoxikologie, → Verhaltenspharmakologie, → Verhaltensteratologie). [1]

Angleichungstendenz → Stimmungsübertragung.

Angriffsdominanz → Dominanzgrad.

Angriffshemmung, *Tötungshemmung, Beißhemmung* (attack inhibition, killing inhibition, inhibition of killing, aggressive inhibition): Hemmung des innerartlichen Angriffsverhaltens (→ aggressives Verhalten) wehrhafter Tiere durch das Einhalten gegnerschonender Regeln (→ Kommentkampf) und das Beachten aggressivitätshemmender sozialer Signale (→ Beschwichtigungsverhalten, → Demutsverhalten). Im Allgemeinen wird davon ausgegangen, dass es eine angeborene A. gibt, zweifelsfreie wissenschaftliche Belege fehlen jedoch. Das gilt auch für die angeblich angeborene Tötungshemmung beim Hund und Wolf, die nicht zubeißen, wenn der Artgenosse die ungeschützte Kehle präsentiert. [1]

Angriffsmimese, *aggressive Mimese* (aggressive mimesis): Nachahmung von harmlosen Tieren, Pflanzen oder unbelebten Objekten aus der Umgebung, um von einem potenziellen Beutetier nicht erkannt zu werden. Die A. kann die visuelle Rezeption betreffen (z.B. Gestalt, Färbung und Bewegung), aber auch den Geruch und die Lautgebung. Im Gegensatz zur → Tarnung, durch die der Raubfeind gar nicht erst entdeckt werden soll, bleibt das Tier bei der A. durchaus sichtbar. Es wird jedoch von einem Beutetier nicht als gefährlich eingestuft, wie z. B. die Gottesanbeterin *Mantis religiosa*, die aufgrund ihrer bizarren Körperanhänge, der Stellung der Fangbeine, der grünen, gelben oder braunen Färbung und der starren Körperhaltung eher dem Teil einer Pflanze ähnelt. Innerhalb eines Pflanzenbestandes geht ihre A. in eine Tarnung über. Wie bei der → Mimese ist eine klare Abgrenzung zwischen A. und Tarnung nicht immer möglich. [4]

Angriffsmimikry, *Peckhamsche Mimikry, aggressive Mimikry* (Peckhamian mimicry, aggressive mimicry): Nachahmung von Futterpflanzen, Beutetieren, Geschlechtspartnern oder anderen attraktiven Dingen (Vorbild) durch Pflanzen oder Tiere (Nachahmer) zum Zwecke des Anlockens von Tieren (Opfer). Während die Nachahmer einen Vorteil von der A. haben (z. B. Pollenübertragung oder Anlocken von Beutetieren), werden die Opfer geschädigt oder zumindest genutzt (z. B. gefressen oder als Transportvehikel verwendet), ohne dass sie eine Gegenleistung erhalten. Ein typisches Beispiel für A. sind die Anglerfische der Gattung *Antennarius*. Sie selbst ähneln Schwämmen oder Korallen (Zoomimese, → Mimese) und liegen regungslos auf einem Korallenstock. Der erste Strahl ihrer Rückenflosse entspringt über der Oberlippe und ist zu einer Angel umgebildet. Die „Angelrute" ist dünn und am Ansatz beweglich, das Ende als fleischige Beuteattrappe unterschiedlicher Form ausgebildet. Die Attrappe reicht von einfachen Verdickungen bis hin zu Gebilden, die einem Fisch oder einem Wurm ähneln. Der Anglerfisch kann seine Angel geschickt herumschwenken, sodass der Eindruck einer natürlichen Bewegung entsteht. Kommt ein Fisch in die Nähe der vermeintlichen Beute, dann wird er durch eine rasche Maulbewegung vom Anglerfisch eingesogen. Eine andere Form der A. nutzt der räuberische Säbelzahnschleimfisch *Aspidontus taeniatus* (Abb.). Er ahmt den Putzerfisch *Labroides dimidiatus* in Gestalt, Färbung und Verhalten nach und gelangt auf diese Weise an Putzkunden (→ Putzsymbiose), denen er zum eigenen Nahrungserwerb Haut-, Muskel- und Kiemenstückchen heraus beißt. Eine A. mit Pflanzen als Vorbild zeigen z. B. die farbenprächtigen Fangschrecken der Gattung *Hymenopus*. Sie imitieren Blüten und locken Insekten an, die auf der Suche nach Pollen und Nektar sind. A. durch Pflanzen ist ebenfalls bekannt. Sie besteht beispielsweise in der optischen (Form, Farbe) und oft auch chemischen Nachahmung (Duft, → Pheromone) der Weibchen von Bienen, Hummeln, Wanzen oder Fliegen durch die Blüten von Orchideen der Gattung *Ophrys*. Solche „Weibchenattrappen" locken Männchen der jeweiligen Art an und lösen Kopulationsbewegungen an der Blüte aus. Dabei bleiben Pollenpakete am Körper haften, die von den Männchen zu einer anderen Blüte transportiert und dort auf die Narbe gebracht werden. Die Bestäuber erhalten dafür weder Pollen noch Nektar. [4]

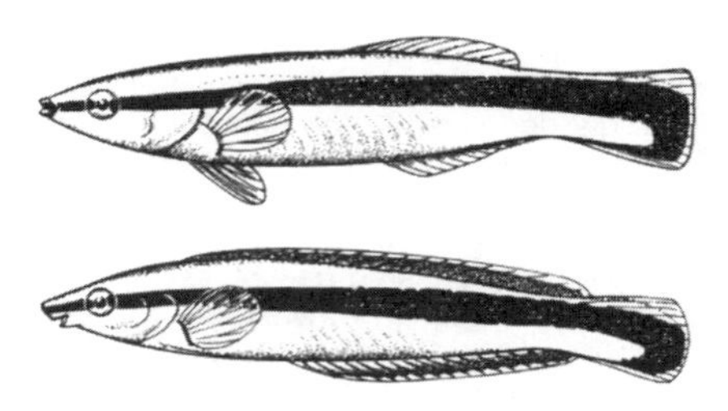

Angriffsmimikry beim Säbelzahnschleimfisch (unten). Aus R. Gattermann et al. 1993.

Angriffsrecht → Dominanzgrad.

Angst (angst, anxiety): eine emotionale Bewertung von Reizen, die höheren Wirbeltieren dazu dient, Gefahren und Schmerzen zu vermeiden. A. ist ein negativer Gefühlszustand. Sie geht mit zahlreichen vegetativen physiologischen Reaktionen wie schnellere Atmung, Herzklopfen, Schwitzen und Zittern, bis hin zum Angstharnen und -koten, sowie mit häufiger auftretendem Übersprungverhalten einher. Im Gegensatz zur Furcht ist in A.auslösenden Situationen die konkrete Gefahr nicht erkennbar und entsprechende Verhaltensprogramme können nicht abgerufen werden. [1] [5]

Angstbeißer (angstbeisser): außerordentlich nervöse Hunde, die übersensibel auf unbekannte Objekte, Geräusche und fremde Menschen reagieren und aus Furcht schnell zuschnappen oder zubeißen (→ Wehrreaktion). Die Ursache ist häufig die mangelnde Sozialisierung mit anderen Hunden und Menschen. [1]
Angstkoten → Defäkation.
Annual-breeder (annual breeder): Tiere, die ganzjährig, d.h. unabhängig von der Tageslänge fortpflanzungsfähig sind. Hierbei handelt es sich um Tiere, die in Regionen mit geringen jahreszeitlichen Änderungen der → Photoperiode sowie der Lebensbedingungen leben. So wird z.B. die Reproduktion des in Äquatornähe lebenden Webervogels *Quelea quelea* nicht photoperiodisch gesteuert. Ebenso pflanzen sich Primaten und auch der Mensch ganzjährig fort. → Seasonal-breeder. [6]
annualer Rhythmus → Jahresrhythmus.
Anogenitalkontrolle (anogenital control): Kommunikationsverhalten der Säugetiere, bei dem durch Aufnahme von Duftstoffen (→ Pheromon) des analen und genitalen Bereichs der soziale und sexuelle Status von Artgenossen ermittelt wird. Häufig sind wie bei katzen- und marderartigen Raubtieren spezielle Analdrüsen ausgebildet und beim schnuppernden Tier ist → Flehmen zu beobachten. [1]
Anogenitalmassage (anogenital licking): eine Form des Mutter-Kind-Verhaltens der Säugetiere. Zahlreiche Neugeborene der Nagetiere, Raubtiere und Paarhufer haben während der ersten Lebenstage Schwierigkeiten mit dem Entleeren von Blase und Darm. Die Mütter nehmen deshalb eine A. vor (Abb.), die den Abgang von Harn und Kot erleichtert, die Durchblutung fördert, das Jungtier sauber hält, die Mutter-Kind-Bindung festigt (→ Prägung) und bei manchen Arten den durch das Säugen bedingten Flüssigkeitsverlust verringert (→ Harnlecken). A. ist angeboren und wird meist während des Säugens durchgeführt. Lämmer und Kälber heben dabei den Schwanz, was wahrscheinlich die A. auslöst. [1]
anonyme Gemeinschaft, *anonymer Verband* (anonymous group): Zusammenschluss von Individuen einer Art, der durch innere Faktoren wie → soziale Appetenz, → Partnerbindung oder → Kooperation und Arbeitsteilung gekennzeichnet ist. In a. G. findet kein individuelles Erkennen statt. Man unterscheidet offene a. G. (z.B. Fischschwarm), bei denen Individuen beliebig abwandern oder hinzukommen können, von geschlossenen anonymen G. (z.B. Insektenstaat), die durch Ausbildung von Gruppenmerkmalen (Gruppenduft) die Aufnahme von neuen Mitgliedern erschweren oder verhindern. [2]

Anogenitalmassage beim Kalb durch die Mufflon-Mutter. Aus R. Gattermann et al. 1993.

anonymer Verband → Sozietät.
Anosmat (anosmatic animals): Säugetier mit stark reduziertem oder vermutlich ganz fehlendem Geruchsvermögen. Zu den Anosmaten gehören die Zahnwale einschließlich der Delphine (→ Riechen). [4]
Anöstrus → Östrus.
Anpaarung (pair formation): Zusammenbringen von Geschlechtspartnern (Zuchttieren) durch den Menschen. Im Gegensatz zur → Paarbildung liegt hier eine gezielte Selektion vor, die natürliche sexuelle Selektion wird umgangen. Grundsätzlich kann zwischen unkontrollierter A. und Linienzucht unterschieden werden. [1]
Anpassung → Adaptation.
Ansammlungsverhalten → epideiktisches Verhalten.
Anschlussverhalten → affiliatives Verhalten.
Ansprüche, *Umweltansprüche* (pretensions): Mindestanforderungen an die Umwelt, die dem Individuum Existenz und ein artgerechtes Verhalten garantieren. Da die → Umwelten artspezifisch verschieden

sind, sind es auch die A. Zu den basalen A. gehören der Stoff-, Energie- und Informationswechsel. Dabei fungiert hauptsächlich die Nahrung als Stoff- und Energieträger. Sie ermöglicht das Wachstum und das Überleben. Ohne Informationsaufnahme aus der Umwelt ist die Einpassung in die reale Umwelt nicht möglich, deshalb müssen neben den *Stoff-A.* und *Energie-A.* auch *Informations-A.* gestellt und befriedigt werden. Der *Raum-A.* ergibt sich primär aus der Körpergröße. Er schließt aber auch Territorien oder Streifgebiete für die Nahrungsbeschaffung, für die Betreuung von Nachkommen u.a. ein. *Zeit-A.* müssen ebenfalls erfüllt sein, sie umfassen Zeiträume der Entwicklungsabschnitte, z.B. die Dauer der Raupenstadien bei Schmetterlingen, ebenso wie Lebenszeiten, Generationsfolgen und Zeit für ein bestimmten Verhalten. Auch *Schutz-A.* müssen generell erfüllt werden, so in Räuber-Beute-Beziehungen, aber auch in Auseinandersetzungen mit Rivalen. Eine besondere Kategorie von Beziehungen zur Umwelt bilden die *Partner-A.*, da hier stets andere Tiere wie Fortpflanzungspartner, Betreuungspartner und Sozialpartner lebensnotwendig sind.

Sind diese A. gar nicht oder nur teilweise gewährleistet, dann treten → Verhaltensstörungen auf oder es muss ein neuer Lebensraum aufgesucht werden (→ Dismigration).

Beim Menschen kommen zu den biologischen A. kulturelle → Bedürfnisse hinzu. Manchmal werden beide Begriffe vertauscht oder synonym verwendet. [1]

Anstarren → Blickkontakt.

ansteckendes Verhalten → Stimmungsübertragung.

Antagonismus → Koevolution.

Anthropomorphismus (anthropomorphism): Vermenschlichung, d.h. die Übertragung menschlicher Eigenschaften und Verhaltensweisen auf Tiere. Enge Kontakte zu Tieren, oberflächliches Beobachten und mangelndes Wissen über Ursachen und Funktionen des Verhaltens führen zu A. wie der „treue" Hund, der „listige" Fuchs, das „dumme" Schwein, die „diebische" Elster, die „fleißige" Biene u.a. Eine solche Übertragung ist unzulässig, denn sie setzt bei Tieren Bewusstsein, Emotionen und Einsichten voraus, die nicht vorhanden sind oder über die bei höheren Wirbeltieren nur spekuliert werden kann. Verhaltensforscher vermeiden deshalb A. Zu den A. gehören auch Begriffe wie Hunger, Durst, Kummer, Müdigkeit u.a., die als Kurzbezeichnung für Sachverhalte verwendet werden, die sonst viel umfangreicher beschrieben werden müssten. → Zoomorphismus. [1]

Antiphonie → Duettgesang.

Antitheseprinzip → Prinzip der Antithese.

antizipatorische Aktivität (anticipatory activity): Aktivitätsschub unmittelbar vor einem erwarteten Ereignis, hauptsächlich der Fütterung. A. A. kann insbesondere bei Tieren beobachtet werden, die über einen längeren Zeitraum zu einer bestimmten Tageszeit gefüttert wurden. Zunächst vermutete man einen Maskierungseffekt, heute weiß man jedoch, dass dieser Aktivitätsschub von einem → fütterungsabhängigen Oszillator generiert und durch die zeitlich limitierte Fütterung synchronisiert wird. → Maskierung. [6]

Antrieb, *Antriebsspannung* (drive): in der Verhaltensbiologie ein veralteter, nur noch selten verwendeter Begriff, dessen Bedeutung besser mit der → Motivation umschrieben wird. [1]

Antwortgesang (answer song): akustische Reaktion der paarungsbereiten Weibchen einiger Heuschreckenarten auf den Lockgesang der Männchen. Der A. wird erst vorgetragen, wenn sich das Weibchen relativ nah am singenden Männchen befindet (→ Lockgesang). Früher nahm man an, dass nur Feldheuschrecken (Caelifera) einen A. produzieren. Seit der Einführung moderner Aufnahmetechniken werden jedoch zunehmend auch Antwortgesänge von Laubheuschreckenarten (Ensifera) bekannt. Häufig ist deren A. jedoch sehr kurz und liegt im Ultraschallbereich. In einigen Fällen führt der als arteigen erkannte A. beim Männchen zu einer positiven → Phonotaxis in Richtung auf das antwortende Weibchen. Zuweilen kommt es auch zum Vortrag besonderer Gesänge durch die Männchen, die in ihrem Aufbau mehr oder weniger vom Lockgesang abweichen. [4]

Aphasie (aphasia): die Beeinträchtigung oder sogar Unfähigkeit, nach bereits abgeschlossenem Spracherwerb Gedanken mittels Sprache auszudrücken oder die Bedeutung von Sprache zu erfassen. Dabei ist dies nicht die Folge von Taubheit oder einfacher motorischer Defizite der Sprechorgane oder des Gehörs. Vielmehr wird diese Sprachstörung durch Hirnschädigungen nach neurologischen Erkrankungen (z. B. Schlaganfall, Schädelhirntrauma, entzündliche Erkrankungen) verursacht, sofern dadurch die linke Gehirnhälfte betroffen ist, die primär das Sprachvermögen steuert. [5]

aphidivor, *aphidiphag* (aphidivorous, aphidiphagous): Tiere, die sich von Blattläusen (Aphidina) ernähren, z. B. Larven der Marienkäfer und Florfliegen. [1]

Aphrodisiakum (aphrodisiac, mounting pheromone): **(a)** Pheromon, das die Kopulationsbereitschaft fördert. In der Regel wird im Verlauf des Sexualverhaltens zuerst das → Sexualpheromon und dann, nach erfolgter Annäherung oder nach Abschluss der Balz, das A. abgegeben. Nicht immer ist eine funktionelle Trennung der beiden Pheromone möglich. Aphrodisiaka werden jedoch oft von Männchen (Schmetterlinge, Schaben und Schweine) freigesetzt, während Sexualpheromone häufig durch die Weibchen abgegeben werden. So stülpt beispielsweise das Männchen des Kaisermantels *Argynnis paphia* eine Drüse zwischen dem 7. und 8. Hinterleibssegment aus und gibt ein A. ab, das beim Weibchen die Kopulationsstellung auslöst.

Bei Goldhamstern wirkt ein im Vaginalsekret enthaltener Stoff als A. Der eigentliche Duftstoff ist allerdings hydrophob und wird deshalb von einem kleinen Protein umhüllt, dem Aphrodisin. Letzteres sorgt dafür, dass der gesamte Komplex wasserlöslich ist und sich im Vaginalsekret verteilen kann. In der Tierzucht kommt ein synthetisches Eber-Spray bei der künstlichen Besamung als A. zum Einsatz.

(b) Stoff, der eingenommen oder über die Haut aufgenommen wird, um eine sexuelle Erregung hervorzurufen. In zoologischen Gärten nutzt man bei Säugern oft die Wirkung pflanzlicher Inhaltstoffe (z. B. Yohimbin) als A. zur Stimulation der Paarungsbereitschaft. Auch für Menschen gibt es zahlreiche Aphrodisiaka mit mehr oder weniger nachgewiesener Wirkung. Am bekanntesten ist das aus der Spanischen Fliege und anderen Ölkäfern der Familie Meloidae gewonnene Cantharidin. Es kann nach Einnahme eine schmerzhafte Dauererektion hervorrufen, aber auch zum Tode führen. Bei geringer Dosierung ist es meist wirkungslos. [4]

apivor (apivorous): Tiere die sich von Bienen ernähren wie der Bienenfresser *Merops apiaster*, der Bienenwolf *Philanthus triangulum* oder die Milbe *Varroa jacobsoni*. [1]

aposematisches Signal, *Warnsignal* (aposematic signal, warning signal): Signal, das einem potenziellen Angreifer zeigen soll, dass das warnende Individuum wehrhaft, ungenießbar oder giftig ist. Der Begriff wurde ursprünglich für optische Warnsignale geprägt, heute jedoch oft auch auf chemische und akustische Signale erweitert (→ Warnverhalten). Die meisten a. S. sind sehr auffällig vor dem relevanten Hintergrund (auch die chemischen und akustischen) oder kommen in der Natur selten vor. Dadurch sind allerdings, insbesondere bei permanenten Signalen, die Kosten für das signalisierende Tier sehr hoch, da es vom potenziellen Angreifer leichter gesehen oder gerochen werden kann. Offenbar ist aber der Nutzen höher. Wahrscheinlich kann der Angreifer das a. S. leichter erlernen und es ist ein sicheres Erkennen schon auf größere Distanz möglich, wodurch eine gefährliche Annäherung vermieden wird. Die Evolution von a. S. stellt sich auch aus Sicht der Spieltheorie problematisch dar. Ein Tier, das z. B. ungenießbar ist, muss erst beschädigt oder gar getötet werden, damit der Fressfeind dem entsprechenden chemischen Stoff ausgesetzt wird (z. B. einem Herzglycosid). Ein a. S. kann sich aus diesem Grunde nur dann ausbilden und verbessern, wenn der eine individuelle Fressfeind auf möglichst viele nahe Verwandte trifft. Tatsächlich zeigen ungenießbare Insekten mit einem a. S. häufig ein → gregäres Verhalten und sind oft r-Strategen (→ r-Selektion), während ungenießbare Insekten mit unauffälliger Färbung oder Tarntracht eher Einzelgänger und K-Strategen sind (→ K-Selektion). Die Weibchen von Insekten mit einem a. S. legen außerdem häufiger ihre Eier in lokalen Clustern ab. Solitär lebende K-Strategen können nur dann ein a. S. oder gar eine Kombination aus mehreren solchen Signalen unterschiedlicher Modali-

täten entwickeln, wenn sie mechanisch besonders gut geschützt sind und sich, meist ohne selbst Schaden zu nehmen, sehr schnell und effektiv mit Giftinjektionen wehren können. Ein Beispiel dafür sind die Vertreter der Familie Bienen- oder Spinnenameisen (Mutillidae), deren Weibchen sehr gewandt und gezielt in alle Richtungen stechen können und ein extrem hartes Außenskelett besitzen. Der starken Panzerung wurde sogar die Flugfähigkeit geopfert, damit die gesamte Brust (Thorax) zu einer harten Box umgebildet werden konnte. Selbst im Hinterleib (Abdomen) wurden bei diesen Tieren die einzelnen Segmente durch Sehnen zu harten Ringen verbunden, obwohl die dadurch fehlende Bewegungsmöglichkeit zwischen oberen und unteren Teilen (Tergiten und Sterniten) den Austausch von Atemgasen behindert.
Ein typisches optisches a. S. ist ein gelbschwarzes Streifenmuster (Faltenwespen), aber auch ein sattes Rot im Kontrast mit schwarzen Flächen, auf denen sich weiße Flecken befinden (Monarchfalter *Danaus plexippus*). Im chemischen Bereich scheinen besonders gestaltete Alkylpyrazine eine wichtige Rolle als a. S. zu spielen, während die akustischen Signale mit warnender Funktion oft sehr geräuschhaft (breitbandig) sind, eine unregelmäßige Zeitstruktur besitzen oder schnell einsetzen und aufhören (Zischen oder Klappern vieler giftiger Reptilien, insbesondere Schlangen). Besitzen mehrere Tierarten ein ähnliches a. S., dann spricht man auch von Müllerscher Mimikry (→ Mimikry). [4]

aposematisches Verhalten → Warnverhalten.

a-posteriori- bzw. **a-priori-Wahrscheinlichkeit** → Information.

Appetenzverhalten, *Appetenz* (appetite behaviour, appetitive behaviour, appetence, appetency behaviour): spontanes, aktives Such- und Orientierungsverhalten, das in der klassischen vergleichenden Verhaltensforschung als Bestandteil des Instinktverhaltens gedeutet wurde. Dabei spielen angeborene Suchprogramme und individuelle Erfahrungen eine bedeutende Rolle. A., d. h. die selektive, für bestimmte Ereignisse, also einen Kenn- oder Signalreiz sensibilisierte Wahrnehmung der Umwelt, tritt dann auf, wenn eine entsprechende → Motivation vorhanden ist. Durch A. wird eine → Endhandlung angestrebt. Tritt diese nicht ein, kann sich A. über lange Zeiträume erstrecken.
Unterschieden werden *A. I*: die ungerichtete, orientierende und allgemeine Suche nach einem bestimmten Reiz wie Nahrung, Nistmaterial, Geschlechtspartner, Schlafplatz usw. Wird dieser Reiz wahrgenommen, löst er das *A. II* aus: die Ausrichtung auf den Reiz hin. Ist beispielsweise beim Wolf die Motivation für die Jagd aktiviert, so spürt er Hunger. Er begibt sich auf die Suche nach Beute (A. I). Dies bedeutet zugleich, dass dem Wolf ein allgemeines mentales Konzept für alle seine möglichen Beutetiere zugeschrieben werden muss. Trifft er auf ein Rudel Hirsche, so schleicht er sich gezielt an ein Tier an und hetzt es (A. II) bis zum Tötungsbiss (Endhandlung). [5]

Apprentissage → Dressur.

Arachnophobie → Phobie.

Arbeiter, Arbeiterin → Ergat.

Arbeitsteilung (division of labour): Die Individuen einer Sozietät übernehmen unterschiedliche Aufgaben und erhöhen so ihre Gesamtfitness. A. reicht von der Übernahme verschiedener Aufgaben der Geschlechter in monogamen Paarungssystemen bis zum → Polyethismus mit morphologischer Spezialisierung in eusozialen Verbänden wie dem Termitenstaat. → Kooperation [2]

arborikol (arboricolous): Bezeichnung für Tiere, die auf Bäumen leben. [1]

Areal, *Verbreitungsgebiet* (area of distribution, range): in der Verhaltensbiologie das Siedlungsgebiet einer Tierart oder Population. [1]

Arenabalz (lek display): Balz in einer → Balzarena. A. ist charakteristisch für Arten ohne feste Paarbindung (→ Polygynie). [1]

arenikol (arenicolous): Bezeichnung für Tiere, die im Sand leben. [1]

Aristogamie (aristogamy): Bezeichnung für Familienverbände von Säugetieren, in denen sich nur das Stammweibchen und das Stammmännchen fortpflanzen. Die Nachkommen bleiben auch nach der Geschlechtsreife im Familienverband und übernehmen als Helfer Aufgaben bei der Brutpflege. Ihre Fortpflanzung wird durch Aggression der Stammeltern bzw. → psychische Kastration unterdrückt. [2]

Arousal → Erregung, → Sensitisierung.
Arrestantien → chemisches Signal.
Arrhenotokie (arrhenotoky, arrhenotokous parthenogenesis): Reproduktionsform, bei der aus unbefruchteten Eizellen ausschließlich Männchen hervorgehen. Diese Form der → Parthenogenese ist bei fast allen Hautflüglern (z.B. Bienen, Wespen, Ameisen) verbreitet, aber auch bei einigen Milben, Käfern, Schildläusen, Mottenschildläusen und Thripsen (Thysanopteren). Die A. führt zu haploiden Männchen. Ein besamtes Weibchen kann über fakultative A. das Geschlecht der Nachkommen beeinflussen, indem es aus einem Spermienvorrat (z.B. einer Spermatheca) die Eier entweder befruchtet oder nicht, sodass sich diploide Weibchen oder haploide Männchen entwickeln (→ Haplodiploidie). Solitärbienen können auf diese Weise hintereinander liegende Brutkammern in einseitig geschlossenen Röhren (z.B. in Schilfhalmen oder Bohrgängen im Holz) so bestücken, dass sich die Männchen näher am Ausgang entwickeln. Dadurch wird sichergestellt, dass die einige Tage eher schlüpfenden Männchen (→ Protandrie) nicht die Puppen der Weibchen zerstören.
Eine besondere Form, die *Pseud-A.* (pseudarrhenotoky), findet sich bei Raubmilben der Familie Phytoseiidae. Hier werden zunächst alle Eizellen befruchtet, einige davon entwickeln sich jedoch durch nachträgliche Elimination des väterlichen Genoms zu haploiden Männchen. [4]
Arrhythmie (arrhythmy): Mangel an Rhythmus oder ungeregelte Bewegung. In der Medizin versteht man darunter eine vorübergehende Unregelmäßigkeit der Herztätigkeit. In der → Chronobiologie spricht man von A., wenn ein erkennbarer Rhythmus fehlt. Speziell für den → Tagesrhythmus kann dies die Folge einer Läsion des → suprachiasmatischen Nukleus oder ungünstiger Umweltbedingungen sein, z.B. Dauerlicht über mehrere Wochen. Auch in frühen Ontogenesestadien sowie im hohen Alter kann ein erkennbarer Rhythmus fehlen. [6]
Artbegriff → Artkonzept.
Arterhaltung → Gruppenselektion.
Arterkennung (species recognition): Austausch von Informationen, die ein Erkennen von Artgenossen erlauben. Dadurch wird die Paarung artgleicher Individuen ermöglicht und eine Kreuzung unterschiedlicher Arten verhindert (→ Balzverhalten). Die Fähigkeit zur A. ist angeboren oder wird durch Prägungsmechanismen erlernt (→ sexuelle Prägung). [1]
Artikulationsmotorik → Signalmotorik.
Artkonzept (species concept): unterschiedliche Vorstellung zur Entstehung diskreter Einheiten innerhalb der Formenvielfalt der Lebewesen und zur Erklärung ihrer Entstehung. Es gibt eine große Anzahl von A., die durch die subjektive Betrachtung und Bewertung bestimmter Merkmale definiert sind. Die beiden ersten, der im folgenden skizzierten A., betrachten die Arten der Lebewesen als vom Menschen anhand von Ähnlichkeitsmerkmalen klassifizierbare Einheiten („species as classes"); die anderen verstehen Arten als stammesgeschichtliche Einheiten („species as individuals").–Das *typologische* oder *morphologische A.* (typological species concept) geht von der Unstetigkeit der Phänotypen der Organismen aus und versucht, das „Idealschema" für jede Art (den Typus) zu definieren, um danach die Individuen zu klassifizieren. Ein solcher Typus repräsentiert das Artschema in vollkommener Weise, während die Individuen dasselbe in manchen Fällen nur annäherungsweise erreichten. Im typologischen Denken ist die natürliche Selektion ein Kampf zwischen den verschiedenen, in sich unveränderlichen Arten. Sie führt zu einem Gleichgewicht in der Natur, in dem jede Art eine bestimmte Funktion ausfüllt. Das typologische A. fußt auf der idealistischen Naturphilosophie Platons (427–347 v.u.Z.) und ist seit Carl v. Linné (1758) ein Hauptinstrument der biologischen Taxonomie.
– Das *nominalistische A.* (nominalistic species concept) ist ein Element des Populationsdenkens. Er stellt den Realitätswert der Individuen über den der Art. Die Art sei eine künstliche Kategorie, eine Erfindung, die dem menschlichen Streben nach Ordnung in der universellen Mannigfaltigkeit der Lebewesen entspringe. Die Bedeutung der Art als Einheit der Evolution wird hier völlig geleugnet (→ Arterhaltung). Der nominalistische Artbegriff geht auf die Naturbetrachtung Wilhelm von Ockhams (1285–1349) zurück. Er fand in der Populationsgenetik Anwendung und wurde jüngst durch die Soziobiologie wieder entdeckt.

– Das *biologische A.* (biological species concept) bzw. der *Artbegriff* (species) von Ernst Mayr (1942, 1963) bezeichnet solche Gruppen von (Teil-)Populationen als Arten, deren Individuen sich untereinander (in bestimmtem Maße) kreuzen, während sie gegenüber Angehörigen artfremder Populationen durch die verschiedensten Isolationsmechanismen am Genaustausch gehindert sind. Biologische Arten sind natürliche Einheiten, d. h. voneinander isolierte Fortpflanzungsgemeinschaften, die jeweils mit wohlabgestimmten Genotypen an eine eigene ökologische Nische angepasst sind. Theodosius Dobzhansky (1950) verstand die biologische Art als umfassendste mendelnde, d. h. sich untereinander kreuzende Population und die Individuen als Teile der Art. Die Gesamtheit der Genotypen der Individuen einer Art bildet einen gemeinsamen Genpool. Das biologische A. ist das am weitesten verbreitete und meist akzeptierte A.

– Das *evolutive A.* (evolutionary species concept) von George Gaylord Simpson (1961) und Edward O. Wiley (1981) beschreibt die Art als Abstammungslinie von Populationen „mit eigener Identität, eigener evolutiver Tendenz und eigenem Schicksal". Dieses Konzept sieht biologische Arten als Zeitgestalten der Phylogenese (Chronospecies).

– Ähnlich angelegt ist das *ökologische A.*, (ecological species concept) welches Arten als eigene Linie oder Gruppe sehr ähnlicher Linien ansieht. Diese Linie ist an eine bestimmte ökologische Nische adaptiert und entwickelt sich unabhängig von anderen Linien. Eine Reihe von A. basiert auf der Gemeinsamkeit genetischer oder phänotypischer Merkmale.

– Das *genetische A.* (genotypic cluster species concept) definiert eine Art als Gruppe genetisch (phänotypisch) unterscheidbarer Individuen mit wenigen oder keinen Hybriden in Überlappungsarealen mit anderen Gruppen. Der Vorteil dieses A. beruht in der theoretisch quantitativen Artabgrenzung über genetische Distanzen.

– Das *Arterkennungskonzept* (recognition species concept) betrachtet eine Art als kleinste mögliche Gruppe biparentaler Organismen mit gemeinsamem Befruchtungssystem.

– *Phylogenetische Artkonzepte* (phylogenetic species concepts) dagegen sehen die Art als ein irreversibles monophyletisches Cluster mit gemeinsamer Abstammung. Innerhalb dieses Clusters gibt es keine weiteren Gruppen. [3]

Aschoffsche Regel (Aschoff's rule): von Jürgen Aschoff in den 1960er Jahren aufgestellte Regel, die besagt, dass sich die Spontanperiode linear in Abhängigkeit vom Logarithmus der Lichtintensität ändert. Bei dunkelaktiven Tieren, die im Dauerdunkel bzw. Dauerlicht gehalten werden, nimmt die Spontanperiode mit steigender Lichtintensität zu, während sie bei lichtaktiven Tieren abnimmt. Die Änderung der Spontanperiode in Abhängigkeit von der Lichtintensität ist eine wichtige Komponente der Zeitgeberwirkung des Licht-Dunkel-Wechsels. → circadiane Regel, → Zeitgeber. [6]

ASL → Sprache.

ASPS → Syndrom der vorgezogenen Schlafphase.

Assortative-mating (assortative mating): beschreibt die Paarungspräferenz zwischen Individuen mit gleichen Merkmalen, *positives A.*, oder unterschiedlichen Merkmalen, *negatives A.* (dissortative mating). A. kann an Hand von Genotypen oder phänotypischen Merkmalen stattfinden, wobei positives A. m. den Homozygotiegrad und negatives A. den Heterozygotiegrad in Populationen erhöht. Es gibt mehrere Modelle die versuchen, die Evolution von positiven A. zu erklären. Eines basiert auf Annahmen der quantitativen Genetik und postuliert die Herausbildung eines Männchensignals bei gleichzeitiger Präferenz der Weibchen für dieses Signal, wobei in beiden Fällen Mutationen in mehreren Genen erfolgen. Ein Beispiel dafür ist die Präferenz für Paarungspartner der eigenen Art. Positives A. m. erfolgt z. B. nach übereinstimmenden Gesangsmustern (Kreuzschnabel), gleicher Farbmorphe (Mäusebussard) oder gleicher Körpermasse (Magellanpinguine). Negatives A. ist z. B. die Partnerwahl nach Geruchskomponenten, die Unterschiede in den MHC-Genotypen signalisieren (u. a. Mensch, Maus). [3]

Assoziation (association): **(a)** anonyme Ansammlung von Individuen einer Art, die durch äußere Faktoren (Nahrung, Temperatur) hervorgerufen wird. **(b)** komplexe Informationsverarbeitung sensorischer und motorischer Systeme → Assoziationssystem. [2]

Assoziationssystem (association system): Gehirnareale, in denen die komplexe Informationsverarbeitung sensorischer und motorischer Systeme stattfindet. Bei Säugern gehören die Formatio reticularis, die Assoziationskerne des Thalamus, das Limbische System und die Assoziationsfelder der Großhirnrinde (Assoziationskortex) dazu. Das A. ist essenziell für alle Leistungen des → Gedächtnisses und neurale Grundlage für → emotionales Verhalten. Daneben dient es vor allem zur Koordination der Leistungen der Hirnnervenkerne und der Formatio reticularis. Es erhält seine Informationen über die Nebenwege der afferenten Bahnen und von den primären sensorischen Projektionsgebieten. Der Assoziationskortex ist phylogenetisch jung (bei der Ratte kaum entwickelt), hat aber in der Evolution eine rasche Zunahme erfahren, mit der eine Verlagerung der Assoziationsvorgänge von subkortikalen in kortikale Strukturen einhergeht. Eine künstliche Reizung der Assoziationsfelder kann komplexe Halluzinationen (z.B. Orchestermusik) hervorrufen. Ausfälle verhindern das Erkennen, z.B. von Gegenständen und Gesichtern, obwohl diese gesehen werden. [5]

assoziatives Lernen (associative learning): Lernen durch bewertete Erfahrung, d.h. es werden Verbindungen zwischen verschiedenen Reizen oder zwischen Reizen und Reaktionen neu gebildet oder verändert. Diese assoziativen Zusammenhänge signalisieren eine kausale Beziehung und führen somit zu neuartiger Bedeutung. Im Gegensatz dazu erfolgt beim *nicht-a. L.* (non associative learning) keine zeitliche Verknüpfung von hinweisenden und bewertenden Reizen. Während → Habituation, → Dishabituation und → Sensitisierung zum nicht-a. L. zählen, basieren alle anderen → Lernformen auf dem a. L. [5]

Ästivation → Sommerschlaf.

astronomische Navigation (astronomical navigation, celestial navigation): → Navigation, bei der die Ermittlung der eigenen Bewegungsrichtung anhand von Himmelskörpern (→ Himmelskompassorientierung) erfolgt, z.B. über die Sonnenposition (→ Sonnenkompassorientierung) bzw. über die Position von Fixsternen oder des Erdmondes (→ Sternorientierung). [4]

Astrotaxis → Sternorientierung.

Asymmetrie (asymmetry): vom spiegelgleichen, bilateralsymmetrischen Bild abweichende morphologische Differenzen im Körperbau, die auf genetischen Defekten, Entwicklungsstörungen oder Krankheiten beruhen bzw. als *fluktuierende A.* (fluctuating asymmetry) zufällig verteilt auftreten. Schon geringfügige A. werden wahrscheinlich als negatives Kriterium beim Partnerwahlverhalten genutzt, denn Heterozygotie, Gesundheit und die Symmetrie im Körperbau korrelieren miteinander. Je genetisch variabler ein Individuum ist, desto gesünder ist es und desto symmetrischer ist sein Körper aufgebaut.

Beim Menschen ist es hauptsächlich die rechte und linke Gesichtshälfte, die aufgrund fluktuierender A. mehr oder weniger geringfügig gegeneinander verschoben sein können und die Attraktivität ausmachen. Auch hier gilt: je symmetrischer desto gesünder und attraktiver. → Attraktivität, → Schönheitsideal, → Lateralität [1]

Atavismus → Verhaltensatavismus.

Attraktantien → chemisches Signal.

Attraktion (attraction): Anziehungskraft, die ein Objekt der belebten und nicht-belebten Umwelt auf ein Individuum ausüben kann. Sofern eine entsprechende Motivation vorliegt, reagiert es auf ein solches attraktives Element mit orientiertem → Appetenzverhalten. A. und Abstoßung bilden die Grundlage sozialer und nichtsozialer Bindungen. [5]

Attraktivität, *Schönheit, sexuelle Anziehung* (attraction, beauty, sex appeal): auf Körperbau, Mimik und Gestik beruhende Ausstrahlung eines Menschen. In allen Kulturen sind Individuen, die als attraktiv beurteilt werden, zugleich schön, sympathisch und sexuell anziehend. Dieser Standard gilt für beide Geschlechter. Die allgemeine A., der Prototyp, ergibt sich aus dem Durchschnitt der Gemeinschaft bzw. der Population, was sich in den bestehenden interkulturellen Unterschieden widerspiegelt. Für eine individuell erworbene A. spricht auch der → Farrah-Effekt, der zeigt, dass in einer Umgebung mit überdurchschnittlich vielen attraktiven Personen, der Anspruch an die A. steigt. → Schönheitsideal. [1]

Attrappe (stimulus model, dummy, surrogate): in der Verhaltensbiologie ein Ersatzobjekt für natürliche Objekte, deren verhaltensauslösende oder verhaltensumstimmende Merkmale experimentell geprüft werden sollen. So lassen sich einfache oder komplexe Merkmalskonfigurationen analysieren, an denen Tiere mittels Auslösemechanismen bestimmte Reize erkennen (→ Kennreize), in Beziehung zu ihrem aktuellen Zustand bewerten und in ihr Verhalten einbeziehen. A. ermöglichen eine Standardisierung der Versuchsbedingungen, die Untersuchung aller Kennreizwirkungen und die Überbetonung von Reizkonstellationen (→ übernormale Attrappe).

A. sind in der Evolution auch natürlicherweise entstanden und lösen in diesen Fällen adäquates Verhalten aus. So stimmen die Blütenform und die Duftstoffe verschiedener Orchideenarten (z. B. Bienen-, Fliegen- und Hummelragwurz) mit Merkmalen der Weibchen bestimmter Insekten überein (→ Angriffsmimikry). [1]

Aufenthaltsgebiet → Aktionsbereich.

Aufmerksamkeitsdefizit-Hyperaktivität-Syndrom, *ADHS* (attention deficit hyperactivity disorder, ADHD): eine sich vor allem bei Kindern zeigende Verhaltensstörung noch unklarer Genese, die mit Konzentrationsstörungen, motorischer Hyperaktivität, gesteigerter Erregbarkeit sowie gestörtem Sozialverhalten einhergeht. Die meisten dieser Symptome können bis in das Erwachsenenalter manifest bleiben. [5]

Aufmerksamkeitsruf → Alarmruf.

Aufmerksamkeitszuwendung → Modelllernen.

Aufsiedlertum → Parabiose.

Aufspießen (impaling): ein besonderes Nahrungsverhalten von Vögeln der Familie der Würger (Laniidae), die große Insekten, kleine Frösche, junge Eidechsen, nestjunge Singvögel oder Mäuse auf Dornen, spitze Zweige und an Stacheldraht aufspießen oder in Astgabeln festklemmen. Angeboren ist wahrscheinlich nur eine Wischbewegung mit dem Schnabel, die durch Lernen zum A. vervollkommnet wird. A. dient dem → Futterhorten, ist aber auch für das Zerkleinern der großen Nahrungsbrocken hilfreich. Da aber etwa die Hälfte der aufgespießten Beute nicht verspeist wird, sondern verrottet, und sie zum anderen nicht versteckt, sondern weithin sichtbar präsentiert wird, kann es auch sein, dass A. der Territoriumsmarkierung und Fitness-Abschätzung dient. [1]

Augenfleck (eye spot): rundliches, vom Untergrund abgehobenes, zumeist mehrfarbig angelegtes, optisch attraktives Muster von augenähnlicher Konfiguration. A. scheinen sowohl der Abwehr als auch der Balz zu dienen. Sie treten bei Vögeln, Fischen und Insekten auf. Bei Schmetterlingen (z. B. Augenfalter) können sie auf allen vier Flügeln vorkommen oder auf das hintere Flügelpaar beschränkt sein (Abb.). A. wurden in der Evolution mehrfach unabhängig in verschiedenen Schmetterlingsfamilien ausgebildet wie bei den Augenfaltern (Satyridae) und Augenspinnern (Saturniidae). Auch die Raupen verschiedener Schmetterlinge, z. B. die des Mittleren Weinschwärmers *Deilephila elpenor,* sind durch A. gekennzeichnet. A. sind häufig verdeckt, wenn die Flügel bei der Nahrungssuche zusammengelegt werden (Tagpfauenauge *Inachis io*) oder wenn die Vorderflügel in der Ruhestellung die Hinterflügel dachziegelartig überlagern (Abendpfauenauge *Smerinthus ocellatus*). Bei Gefahr werden die Flügel dann mehrfach gespreizt oder ruckartig nach vorn gezogen, wodurch die A. auffällig gezeigt werden. Bewegungsformen und Demonstration der Flecken werden bei Schmetterlingen oft als kurzzeitig wirksame Abwehrmechanismen gegen Fressfeinde, insbesondere Vögel, angesehen. A. können auch am hinteren Ende angebracht sein und dazu dienen, einen

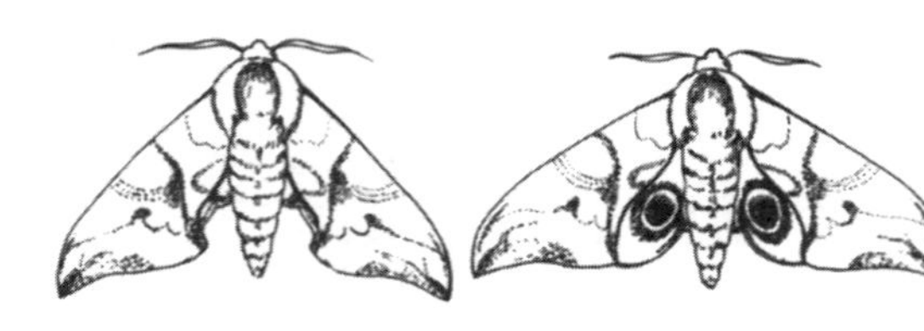

Augenfleck bei einem Schwärmer. Aus R. Gattermann et al. 1993.

Angreifer das Kopfende dort suchen zu lassen, sodass bei einem Angriff weniger empfindliche Köperteile verletzt werden. Solche Muster werden auch als *Kopfmimikry* (head mimicry) bezeichnet. [4]

Augengruß, *Brauenheben* (eye-brow flash, eye-brow raising): menschliches Kommunikationsverhalten, das Blickkontakt erfordert und bei dem aus einem entspannten neutralen Gesichtsausdruck durch Kontraktion der mittleren und seitlichen Teile des Stirnmuskels und des schnellen Brauenhebens (1/16 Sekunde) eine Vergrößerung der Augenregion erfolgt. Zugleich wird der Kopf angehoben, gelächelt und oft auch genickt. Der A. gehört zu den → Universalien und signalisiert bei allen Kulturen Übereinstimmung, Zustimmung und Sympathie. [1]

Augenkontakt → Blickkontakt.

Ausbreitung *Dispersal, Ausbreitungswanderung* (dispersal): **(a)** Verlagerung oder Vergrößerung des Areals einer Population oder Art bzw. **(b)** die dauerhafte Änderung des → Aktionsbereiches eines Individuums. Im Gegensatz zur → Migration sind es bei der A. generationsübergreifende räumliche Veränderungen. Die A. war erfolgreich, wenn sich die Individuen im neuen Gebiet fortpflanzen (effective dispersal).

Eine *passive A.* (passive dispersal) erfolgt durch Wind und Wasser (→ Verdriftung) oder auch Verkehrsmittel (Schiff, Flugzeug, Auto). Zur passsiven A. gehören auch alle vom Menschen vorgenommenen Umsiedlungen und Wiedereinbürgerungen.

Die *aktive A.* (active dispersal) erfolgt durch → Lokomotorik. Ursachen für die aktive A. sind Klimaänderungen, Nahrungsmangel bzw. die Verknappung anderer Ressourcen, aber auch Überbevölkerung, Partnermangel und zu hoher Feinddruck. Zu unterscheiden ist zwischen der *Abwanderung* oder *Natal-dispersal* (natal dispersal), dem Verlassen des Geburts- bzw. Schlupfortes, des Familienverbandes oder einer anderen Sozietät und dem Wechsel des Fortpflanzungsortes, dem *Breeding-dispersal* (breeding dispersal). Das Natal-dispersal ist besonders risikobehaftet, denn die Tiere begeben sich in massive Lebensgefahr (Abb.). So beträgt das Mortalitätsrisiko der jungen Rhesusaffenmännchen nach dem Verlassen der Geburtsgruppe 20–40 %. In der Regel sind es bei höheren Säugetieren und bei vielen Vogelarten fast immer die männlichen Tiere, die abwandern. [1]

Ausdrucksverhalten (expressive behaviour, expression movements): Sammelbezeichnung für Verhaltensweisen, die der Kommunikation dienen, aber auch Stimmungen ausdrücken können. Meist wird A. nur für optische Signale verwendet, obwohl auch die akustischen (→ Gesang), chemischen (→ Pheromone) u.a. Signalformen dazu gehören. A. kann durch auffällige Körperstrukturen wie → Prachtkleider oder → Ornamente unterstützt werden. A. ist zum überwiegenden Teil angeboren (→ Auslöser) wie → Mimik, → Begrüßungs- und → Drohverhalten. [1]

Ausführungsphase → Lernkurve, → Modelllernen.

Ausgangsverhalten, *äußeres Verhalten* (behavioural output): der Teil des Verhal-

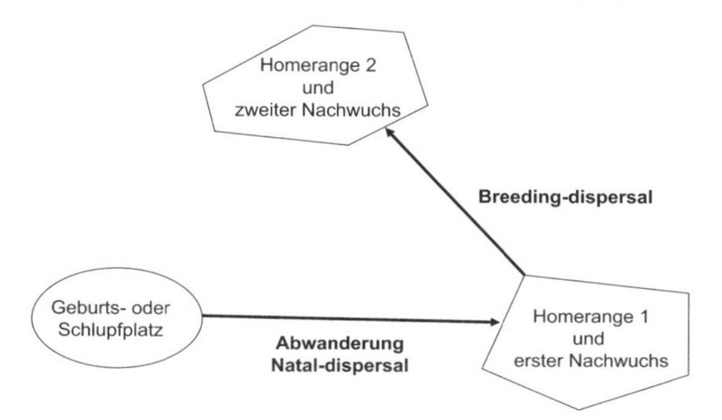

Ausbreitung und Unterschiede zwischen Natal-dispersal und Breeding-dispersal. [1]

tens, der in die Umwelt gerichtet ist und direkt beobachtet werden kann. Zum A. gehören alle äußerlich wahrnehmbaren motorischen Aktionen, Lautäußerungen, Farb- und Formwechsel, Drüsenabsonderungen, elektrische Entladungen etc. Früher wurden A. und Verhalten gleichgesetzt. Die Psychologie bezeichnete A. als äußeres Verhalten. → Eingangsverhalten, → Zustandsverhalten. [1]

Auslese → Selektion.

Auslöschung → Extinktion.

Auslöseeffekt, *releaser Effekt* (releaser effect): Effekt eines von außen auf das Individuum einwirkenden Reizes, der sofort das zu diesem Reiz passende Verhalten auslöst (→ motivierender Effekt). Voraussetzung ist, dass die dazugehörige Motivation groß genug ist, um sich gegen alle anderen Verhaltensfunktionen durchsetzen zu können. [5]

Auslösemechanismus, *AM* (releasing mechanism): ein im Konzept der Instinkttheorie des Verhaltens postulierter neurosensorischer Filter- bzw. Erkennungsmechanismus, der nur auf bestimmte Außenreize (→ Kennreize, → Signalreize) anspricht, die verhaltensauslösenden Reize von den übrigen unterscheidet und dadurch an der selektiven Auslösung einer Verhaltensreaktion wesentlich beteiligt ist. Sofern die entsprechende Motivation vorhanden ist, identifiziert ein Individuum mithilfe des A. zunächst die Reizsituation und wählt dann das situationsgerechte Verhalten aus. Dabei setzt der A. den exogenen Reizen Mindestanforderungen entgegen (→ Schwelle), die die Fehlorientierung des motivierten Verhaltens (→ fehlgerichtetes Verhalten) bzw. seinen Leerlauf bis zu einem gewissen Grad verhindern. Die Variationsbreite dessen, was ein Tier z. B. als Nahrung, Partner, Feind oder Nistplatz annimmt, hängt davon ab, was in der Phylogenese erblich festgelegt und in der Ontogenese durch Lernen verinnerlicht wurde. Man unterscheidet den angeborenen A. (AAM), den durch Erfahrung ergänzten angeborenen A. (EAAM) und den erworbenen A. (EAM). [5]

Auslöser (releaser): veralteter Begriff, der nach Konrad Lorenz (1932) ein angeborenes auffälliges Körpermerkmal oder Verhaltensweise beschreibt, die zu einem angeborenen Auslösemechanismen (AAM) passen „wie ein Schlüssel zum Schloss". A. sind soziale Signale, die der Kommunikation dienen. Da A. zur Instinkttheorie des Verhaltens gehören und sich außerdem teilweise mit dem Begriff des Schlüsselreizes überdecken, sollte das Begriffspaar „Schlüsselreiz und Auslöser" heute durch → Kennreiz und → Signalreiz ersetzt werden. [1]

Außenseiterreaktion (outsider's reaction): aggressives Verhalten von Individuen oder Gruppen (Gruppenaggression) gegenüber fremden oder sich abnorm verhaltenden Artgenossen. A. ist ein Schutzverhalten und basiert u.a. auf der → Xenophobie und → Fremdenfurcht und dient der Wahrung der Gruppenidentität. So werden durch Polyomyelitis gelähmte und sich dadurch anders fortbewegende Schimpansen, die um soziale Kontakte betteln, rigoros von den Gesunden gemieden und vertrieben, eine A., die die Ansteckung reduziert. [1]

äußeres Verhalten → Ausgangsverhalten.

Auswanderung → Emigration.

Ausweichdistanz (withdrawal distance): beschreibt den Abstand, den Rangtiefere gegenüber Ranghöheren einhalten, um sich vor Übergriffen zu schützen oder um eigene Rangposition anzuzeigen. Die A. ist umso größer, je weiter die Rangplätze der Partner differieren. Bei grasenden Hausrindern z. B. beträgt die A. von Kopf zu Kopf 0,5 bis 2 m. → Individualdistanz, → kritische Distanz. [1]

Ausweichobjekt → umorientiertes Verhalten.

Auszuchtdepression (outbreeding depression): die Verringerung der reproduktiven Fitness durch Kreuzung zweier genetisch stark differenzierter Populationen (z. B. Unterarten). Ursache dafür ist u. a. das Aufbrechen adaptiver Genkombinationen. Die Auswirkungen von A. bei der Kreuzung von unterschiedlichen Populationen einer Art sind umstritten und es finden sich nur wenige überzeugende Beispiele bei Tieren. Ein häufig zitiertes Beispiel bildet die Auswilderung von Steinböcken in der Hohen Tatra. Nach Aussterben der autochthonen Population wurden Tiere der gleichen Unterart aus Österreich angesiedelt. Die Population starb nach Einführung weiterer Unterarten aus der Türkei und dem Sinai wieder aus. Hybriden zeigten z. B. stark veränderte Reproduktionszeiten mit Brunft im Herbst und Geburt der Jungen im Februar, was zu einer enormen Jungensterblichkeit führte. Experimente mit Hausmausunterarten haben aber gezeigt, dass der Heterozygotenvorteil bei Hybridpopulation viel stärker war, als die geringfügige A. bei einzelnen Merkmalen. [3]

Autismus (autism): seltene, tief greifende chronische Persönlichkeitsstörung. Zu ihren Symptomen zählen das Ausbleiben der Entwicklung normaler sozialer Beziehungen, gestörte kommunikative Fähigkeiten und stereotype Bewegungen. Die Erkrankten ignorieren alle sozialen Kontakte und leben zurückgezogen und verängstigt in einer emotionalen und geistigen Eigenwelt. Die zugrunde liegenden Ursachen sind unterschiedlich, teilweise unbekannt. Nach neueren Erkenntnissen soll A. die Folge einer Autoimmunerkrankung des Darms sein.

Der milieubedingte kindliche A. war eine der ersten menschlichen Verhaltensstörungen, in deren Analyse Elisabeth und Nikolaas Tinbergen (1972) verhaltensbiologische Denkweisen einbrachten. Damit konnten sie Kindern helfen, die als unheilbar galten. Autistische Kinder verweigern soziale Kontakte, auch zu den Eltern. Sie sind übertrieben ängstlich. Sie vermeiden jeden Blickkontakt, entfernen sogar bei ihren Plüschtieren die Augen und starren häufig ins Leere. Sie fügen sich selber schwere Kratz- und Bisswunden bei, nehmen bizarre Körperhaltungen ein und reagieren auf Umgebungsänderung ängstlich. Sie reden nicht und bleiben in ihrer geistigen Entwicklung zurück. Ursache ist unter anderem der frühkindliche Konflikt zwischen Kontaktbedürfnis und Kontaktangst bei der Begegnung mit Erwachsenen. Beim gesunden Kind überwiegt das Bindungsverhalten. Das autistische Kind kann aufgrund einer Veranlagung oder früherer negativer, angstauslösender Erfahrungen diesen Konflikt nicht bewältigen. Resultat ist ein Dauerkonflikt und eine Blockierung des normalen Sozialverhaltens. → reziprokes Sozialverhalten. [1] [5]

autochthones und **allochthones Verhalten** (autochthonous and allochthonous behaviour): heute nicht mehr genutzte Termini für triebeigenes, situationsgerechtes Verhalten (autochthon) und triebfremdes, nicht situationsgerechtes Verhalten (allochthon) wie → Übersprungverhalten und → Ersatzhandlungen. [1]

Autokommunikation (autocommunication): Erweiterung des Begriffs der Kommunikation auf den Fall, dass Sender und Empfänger in einem Individuum vereint sind. Hierbei findet keine Informationsübertragung zwischen Sender und Empfänger statt. Vielmehr wird die Veränderung des → Signals im Übertragungskanal ausgewertet, um Informationen über die Umwelt zu erhalten. Zur A. zählen unter anderem die → Echoortung und die Auswertung von Feldveränderungen durch die Umwelt bei schwachelektrischen Fischen (→ Elektrokommunikation). [4]

Autokorrelation (autocorrelation): Korrelation einer Zeitreihe mit sich selbst, wobei die Originalreihe und ihr Duplikat schrittweise um jeweils ein Messintervall gegeneinander verschoben werden. Resultat der A. ist eine Zeitreihe, die alle periodischen Komponenten der Originalreihe enthält, jedoch bei einem deutlich verbesserten Signal-Rausch-Verhältnis (→ Rauschen). Aus diesem Grunde wird die A. in der Chronobiologie häufig zur Datenvorbehandlung eingesetzt, nur selten jedoch als Verfahren zur eigentlichen → Frequenzanalyse. → Zeitreihenanalyse. [6]

Autokorrelationsanalyse → Autokorrelation.

Automarkieren, *Selbstmarkierung* (self marking): spezielle Verhaltensweise, bei der Tiere mit Individualerkennung Geruchsstoffe (z. B. Harn, Pheromone) auf dem eigenen Körper verteilen. A. wurde beispielsweise bei Primaten und Raubtieren nachgewiesen. So streift der zu den Lemuren gehörende Katta das Sekret seiner am Ober- und Unterarm befindlichen Drüsenfelder am Schwanz ab, wodurch eine regelrechte Duftfahne entsteht. Dieses Verhalten ist besonders bei Auseinandersetzungen zwischen Gruppenangehörigen zu beobachten. Andere Primaten wie Kapuziner, Loris und Zwergmakis setzen Harn an den Handflächen ab, reiben ihn auch auf die Fußflächen und verteilen so die Geruchsstoffe im Territorium. Männliche Erdmännchen (Schleichkatzen) markieren zuerst einen Gegenstand mit der Analdrüse und reiben dann ihren eigenen Körper daran, um den Geruch auf das Fell zu übertragen (→ Markierungsverhalten). [4]

Automutilation, Autophagie → Autotomie.

Autorhythmometrie (autorhythmometry): beim Menschen die eigenständige Erfassung → biologischer Rhythmen durch zeitbezogenes Sammeln und Auswerten physiologischer (Temperatur, Kreislauf, Hautwiderstand, Urin, physische und mentale Leistungsfähigkeit) und verhaltensbiologischer (Schlaf-Wach-Zeiten, Aktivitäten, soziale Kontakte) Parameter. Nach einfacher oder computergestützter Auswertung der → Zeitreihen können individuelle → Phasenkarten zusammengestellt, der → Chronotyp eingeschätzt und anhand der biorhythmischen Muster der Leistungs- und Gesundheitszustand beurteilt werden. Es lässt sich mit der A. auch überprüfen, wie gut der Organismus nach einem → Transmeridianflug an die neue Zeitzone angepasst ist. [6]

Autotomie, *Selbstverstümmelung, Automutilation, Mutilation, Autophagie* (autotomy, mutilation, autophagy): das Entfernen von eigenen Körperteilen. Die Mechanismen sind vielfältig, die Ursachen z. T. noch unbekannt. Primär ist A. ein Schutzverhalten. In Bedrängnis werden reflektorisch an vorgebildeten (präformierten) Stellen Extremitäten (Krabben, Weberknechte, Insekten), Tentakel (Kopffüßer), Arme (Seesterne) oder der Schwanz (Eidechsen) abgeworfen, um so, zumeist unterstützt durch Eigenbewegungen des autotomierten Körperteils, den Räuber abzulenken. Die abgeworfenen Teile können fast vollständig regeneriert werden.

A. tritt aber auch häufig als Verhaltensstörung bei landwirtschaftlichen Nutztieren und Zootieren auf. Hier äußert sie sich in einem krankhaft gesteigertem Putzen, Kratzen, Nagen oder Beißen an Körperteilen (Extremitäten, Schwanz) oder im Ausreißen von Haaren und Federn. Regenerationen treten nur in Form von Wundheilungen auf. Als Ursachen kommen Ektoparasiten, ungeeignete Umweltbedingungen (Adaptationsschwierigkeiten), Ernährungsstörungen, Frustrationen, Krankheiten u. a. infrage.

Zur A. gehören auch die → Schreckmauser der Vögel und → Emaskulation der Spinnen. [1]

averbale Begriffsbildung (nonverbal conception): Fähigkeit von Tieren und Menschen, mithilfe des Gehirns zu abstrahieren und z. B. Übereinstimmungen zwischen ähnlichen Objekten zu erkennen, ohne sie sprachlich zu belegen. Durch assoziative Lernprozesse werden Ereignisse, Merkmale und Beziehungen klassifiziert, identifiziert, miteinander verknüpft und auf andere Situationen transformiert (→ Generalisation). A. B. kommt bei höheren Wirbeltieren vor und kennzeichnet die vorsprachliche Entwicklung des Menschen. So können die primär optisch orientierten Primaten z. B. zwischen heller und dunkler, größer und kleiner, länger und kürzer, mehr oder weniger, rauer oder glatter, schwerer oder leichter, höher oder tiefer ebenso unterscheiden wie zwischen gleich und ungleich, und das in verschiedenen Graden der Abstraktion. Rhesusaffen erlernen, unter drei vorgelegten Objekten (zwei Kreise, ein Dreieck) das ungleiche Objekt zu wählen (→ Ungleichheitswahl). Bietet man ihnen nach dem Erlernen der Aufgabe andere Objekte (zwei Dreiecke, ein Rechteck), so wählen sie mit hoher Wahrscheinlichkeit spontan das ungleiche Objekt, ebenfalls unabhängig von den räumlichen Beziehungen. Ändert man außerdem die Farbe des Untergrundes, so wählen sie auf dem einen Untergrund das farbungleiche, auf dem anderen das formungleiche Objekt. → Zählvermögen. [5]

averbale Kommunikation → Körpersprache.

averbales Zählen → Zählvermögen.

Aversionsverhalten (aversive behaviour): das Vermeiden von unangenehmen oder gefährlichen Objekten, Situationen und Artgenossen. Grundformen des A. sind Flucht- und Meideverhalten. [1]

Aviophobie → Phobie.

Axillapräsentation (armpit showing, armpit display): menschliche Geste, bei der die Hände hinter dem Kopf verschränkt und die Arme in einem Winkel von etwa 90° seitlich zum Körper gebracht werden. Dadurch werden der Körperumriss vergrößert und die Achselhöhlen geöffnet, sodass eventuell Duftstoffe freikommen. A. wird von beiden Geschlechtern gezeigt. Die Funktion ist strittig, Männer versuchen so Dominanz und Überlegenheit zu signalisieren, bei Frauen kann es ein sexuelles Signal sein, sie zeigen A. häufiger beim → Flirt. [1]

Babbeln → Lallen.
Babymord → Infantizid.
Babysprache (baby talk): Bezeichnung für die Art und Weise, in der Männer, Frauen und Kinder mit Säuglingen sprechen. Besondere Merkmale sind das Hervorheben informationell wichtiger Elemente, das Übertreiben der Satzmelodie, die Änderung von Lautstärke und Sprechgeschwindigkeit, die Betonung durch Verkürzungen im Satzbau (Verwendung grammatikalisch vereinfachter Sprachelemente), die Verwendung von „falschen" Worten aus reduplizierten Silben (z. B. „Wauwau" für Hund, → Lallen, → Onomatopoietikon) und das Anheben der Tonlage gegenüber der Normalsprache um etwa eine Oktave. Das alles fördert die optisch akustische Aufmerksamkeit und die Zuwendung des Säuglings, scheint jedoch keinen großen Einfluss auf die Sprachentwicklung zu haben. Die unbewusste, meist nicht begründbare Verwendung der B. als Ausdruck der Zuwendung ist auch typisch für den Umgang mit schutz- und pflegebedürftigen Erwachsenen. [4]
Backentaschentransport (cheek pouch transport): befördern von fester Nahrung und Nestmaterial in den Backentaschen. Sie sind bei verschiedenen Säugerordnungen unabhängig voneinander ausgebildet worden. Backentaschen sind typisch für alle Hamster, aber kommen auch bei den Meerkatzenverwandten (Cercopithecidae) und bei den Pakas *Agouti* vor. Eine Ausnahme bilden die Backentaschen der amerikanischen Taschenratten (Geomyidae), die von außen her eingestülpt und mit behaarter Haut ausgekleidet sind. In der Regel sind Backentaschen blind endende, dünnwandige, muskularisierte Ausstülpungen der Backenschleimhaut. Sie beginnen im Mundwinkel, verlaufen dicht unter der Haut und reichen bei den Hamstern bis hinter die Schulterblätter.
Als eine Abnormität des → Jungeneintragens ist der B. von jungen Goldhamstern durch die Mutter zu betrachten. Dabei werden bis zu drei Tage alte Junge in die Backentaschen geschoben und im Nest oder an anderen Plätzen mit den Vorderpfoten wieder herausgestrichen. Das geschieht aber nur bei massiven Störungen und unter extremen Belastungsbedingungen in größter Erregung. Nach dem Ausstreichen frisst die Mutter häufig ein oder mehrere Junge. [1]
Badeverhalten (bathing behaviour): Sammelbegriff für Verhaltensweisen, durch die Wasser (→ Wasserbaden), Luft (→ Sonnenbaden), Sand bzw. Staub (→ Staubbaden) oder Ameisen (→ Einemsen) an den Körper bzw. in das Gefieder gebracht werden. B. ist ein typisches Komfortverhalten. Es ist angeboren und äußert sich in arttypischen „Bade"-bewegungen. Sie bewirken, dass die Körperoberfläche gereinigt, getrocknet, entfettet und von Ektoparasiten befreit wird, das Gefieder gelüftet, die Hautdurchblutung und die Funktion der Hautdrüsen verbessert sowie die Bildung von Vitamin D angeregt wird. Es kann auch der Regulation der Körpertemperatur dienen (→ thermoregulatorisches Verhalten). [1]
Balz → Balzverhalten.
Balzarena, *Lek, Balzterritorium, Balzrevier* (courtship arena, lek, display territory): von häufig geschmückten oder sich auffällig verhaltenden Männchen besetzter und zumeist auch verteidigter traditioneller Platz, der nur für die Balz und Kopulation genutzt wird und den Weibchen keinerlei nützliche Ressourcen bietet (→ Arenabalz, → Territorium). B. sind für Ameisen, Libellen, Fische, Frösche, Antilopen und für zahlreiche Vögel bekannt, die alle ohne feste Partnerbindung leben. Die B. wird von den Weibchen aufgesucht (selektive Partnerwahl) und nach der Paarung verlassen, sodass ein Männchen mit mehreren Weibchen kopulieren kann. B. werden an exponierten Stellen errichtet, wie Hügel, Steine, Zweigenden etc., und häufig über viele Jahre genutzt, beim Kampfläufer *Philomachus pugnax* nachweislich über Jahrzehnte. Vogelmännchen nutzen die B. allein (Auerhahn) oder für eine → Gruppenbalz (Birkhahn, Kampfläufer, Kolibris). Die australischen Laubenvögel bauen als B. Lauben aus Gras und Zweigen, säubern den Platz davor von Blättern, Zweigen und Wurzeln und schmücken ihn mit farbigen Beeren, Steinen, Schneckenschalen u. a. Das Männchen wartet vor seiner Laube auf Weibchen, mit denen es dann in der Laube die Kopulation vollzieht. Geschlechtsreife Gazel-

lenböcke verlassen zur Paarungszeit die Gruppe und besetzen eine B., die sie gegen andere Böcke verteidigen und markieren (→ Ausdrucksverhalten). Betreten Weibchen die B., so werden sie durch Drohen möglichst lange darin gehalten (→ Herden), bis die sich anschließende Balz zur Kopulation führt. Männchen ohne B. halten sich oft in der Nähe der B. auf, um aufzurücken, sobald eine frei wird oder um als → Satellitenmännchen doch noch zur Fortpflanzung zu kommen. [1]

Balzflug → Imponierflug.

Balzfüttern, *Paarfüttern, Partnerfüttern, Zärtlichkeitsfüttern, Nistmaterialüberreichen* (courtship feeding, pair feeding, mate feeding, caress feeding, presentation of nest material): die tatsächliche oder scheinbare Übergabe von Futter, Nestmaterial u. a. während der Balz oder Kopulation durch das Männchen an das Weibchen (→ Begrüßungsverhalten). Es dient der Beschwichtigung bzw. Ablenkung oder hilft dem Weibchen bei der Einschätzung der männlichen Fitness. Besonders unter den Vögeln ist das B. weit verbreitet. Es leitet sich wahrscheinlich vom Jungenfüttern ab und soll primär die Aggressivität des Partners dämpfen. So überreichen die Männchen (Seeschwalbe, Schleiereule, Haubentaucher, Sperlinge) während der Balz Fische, Mäuse, Seetang, Wasserpflanzen, Holzstücke, Samenkörner u. a. (Abb.). Viele Singvogelweibchen lösen durch die Nachahmung des Futterbettelns der Jungvögel B. aus. B. kann bei Vögeln und auch Säugern soweit ritualisiert sein, dass gar kein Futter mehr angeboten, sondern nur noch Schnabel- bzw. Mundkontakt aufgenommen wird (→ Schnäbeln, → Kussfüttern). [1]

Balzgesang (courtship song): Gesang männlicher Vögel, der ausschließlich dem Anlocken arteigener Weibchen und zur Vorbereitung der Paarung dient, nicht aber zur Reviermarkierung und -verteidigung. Zuweilen wird unterschieden zwischen dem Werbegesang zum Anlocken und dem B. zur unmittelbaren Paarungsvorbereitung. Im Gegensatz dazu bezeichnet der Begriff → Werbegesang bei Insekten ein akustisches → Balzsignal der Männchen, das die Weibchen zum Einnehmen einer besonderen Paarungsstellung veranlasst. Die zum Anlocken von Weibchen aus großer Entfernung benutzten Laute sind streng genommen kein Balzsignal und werden bei Insekten meist → Lockgesang genannt. [4]

Balzkette (courtship chain): eine häufige Form des Balzverhaltens, bei der die Balzhandlungen der Partner in fester Reihenfolge wechselseitig miteinander verknüpft sind. Ein Partner beginnt die Balz und löst beim anderen eine Folgehandlung aus, die wiederum vom ersten zu beantworten ist usw. Fehlt ein Element in der B. oder erscheint es zur falschen Zeit, dann wird bei einem vorausgehenden Element erneut begonnen, und es kommt doch noch zur Endhandlung, der Kopulation, oder das Balzverhalten wird abgebrochen. B. können mehr (z. B. bei Insekten) oder weniger (z. B. bei Vögeln und Säugern) starr sein. Eine der zuerst ausführlich beschriebenen B. war das Balzverhalten des Dreistachligen Stichlings *Gasterosteus aculeatus* mit dem sog. Zickzacktanz (Abb.). [1]

Balzfüttern bei der Schleiereule. Aus R. Gattermann et al. 1993.

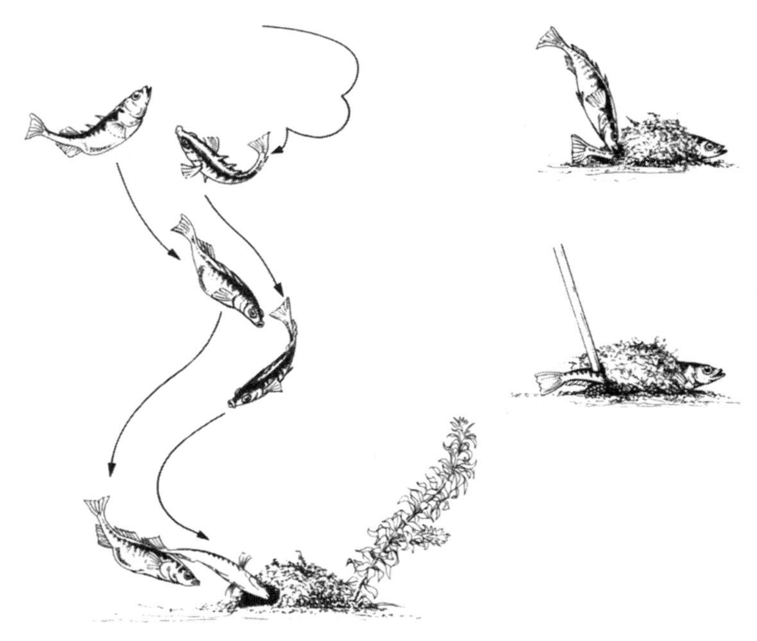

Balzkette des Dreistachligen Stichlings. Mit dem sog. Zickzacktanz führt das Männchen das Weibchen zum Nest und löst durch energische Schnauzenstöße oder Schnauzentriller das Ablaichen aus (rechts oben). Die Schnauzentriller können auch mit einer Stabattrappe imitiert werden (rechts unten). Aus R. Gattermann et al. 1993.

Balzrevier → Balzarena.

Balzsignal (courtship signal): Signal im Nahfeld, das mehr oder weniger unmittelbar der Vorbereitung der Paarung dient. Es kann sich hierbei sowohl um optische, chemische, elektrische, akustische, taktile als auch vibratorische Signale und deren Kombinationen handeln. Die Funktion des B. besteht darin, beim Partner die Paarungsbereitschaft herzustellen, eine besondere Paarungsstellung auszulösen und gegebenenfalls das aggressive Verhalten zu unterbinden. So versetzen z.B. viele Spinnenmännchen das Netz des Weibchens mit einem bestimmten arteigenen Rhythmus in Schwingungen und entgehen somit der Gefahr, selbst als Beute behandelt zu werden. Oft ist eine ganz bestimmte zeitliche Abfolge der Signale notwendig. Man spricht dann von einer Balzsequenz. Bei Säugetieren wird statt B. oft auch der Begriff *Brunstsignal* (rut signal) verwendet. Akustische B. heißen bei Vögeln → Balzgesang und bei Insekten häufig → Werbegesang. [4]

Balzterritorium → Balzarena.

Balzverhalten, *Balz, Paarungseinleitung, Werbeverhalten* (courtship, mating behaviour, sex advertisement): Sammelbezeichnung für alle Verhaltensweisen, die zur Kopulation führen oder führen können (→ Sexualverhalten). B. ist überwiegend angeboren und sorgt für

– die Anlockung und Zusammenführung der Partner mithilfe optischer, akustischer oder chemischer Signale (→ Signalverhalten);

– die Art-, Geschlechts- und Statuserkennung. So wird verhindert, dass es zur Artenkreuzung (Bastardierung) kommt oder dass versehentlich gleichgeschlechtliche, nichtfortpflanzungsfähige oder nichtfortpflanzungsbereite Artgenossen angebalzt werden (→ Fitness). Diese selektive Partnerwahl erfolgt in der Regel durch die Weibchen, die das am leichtesten erreichbare Männchen, den Sieger nach Rivalenkämpfen, das Männchen mit den größten Körperanhängen (Geweihe, Schmuckfedern, Hautlappen u. a., → Ornamente) oder der höchsten Körpermasse, das günstigste Territorium einschließlich des Besetzers (→ Balzarena) oder nach einem Suchbild (→ sexuelle Prägung) wählen;

– die Synchronisation der Partner zur Kopulation. Die physiologische Grobsynchronisation der Fortpflanzungsbereitschaft erfolgt durch → Zeitgeber aus der Umwelt, die Feinabstimmung des Paares jedoch durch das B., insbesondere durch → Balzketten;

– die Überwindung der Aggression und die Reduzierung der Individualdistanz, was besonders für Arten mit solitärer oder territorialer Lebensweise bedeutsam ist.

Besteht in der ersten Phase des B. noch kein Kontakt zum Partner, so spricht man auch von der *Lockbalz*, die nach der Kontaktaufnahme und Kommunikation in die *Paarbalz* oder *Gruppenbalz* übergeht. Das B. der brutpflegenden Arten enthält häufig Elemente der Brutpflege (→ Balzfüttern, → Betteln) oder der Unterordnung. Bestimmte Balzhandlungen werden auch über die Balzzeit hinaus für die → Paarbindung genutzt. Ein dem tierischen B. analoges menschliches Verhalten ist der → Flirt. [1]

Bandbreite (band width): Differenz zwischen zwei Frequenzen (der oberen und der unteren Grenzfrequenz), die einen bestimmten kontinuierlich zusammenhängenden Frequenzbereich bilden, das *Frequenzband* (frequency band). Das geometrische Mittel aus den beiden Grenzfrequenzen heißt *Mittenfrequenz* (center frequency). In der Bioakustik spricht man von einem schmalbandigen Signal, wenn sich die Schallenergie auf einen engen Frequenzbereich konzentriert, und entsprechend von einem breitbandigen Signal, wenn die Energie über einen weiten Frequenzbereich verteilt ist. In der bioakustischen Literatur wird der Begriff breitbandig oft mit „geräuschhaft" gleichgesetzt. Jedoch können auch Laute, die aus menschlicher Sicht „Klangcharakter" haben, breitbandig sein, wenn sie eine starke Frequenzmodulation aufweisen. Die Entscheidung, ob ein Signal breit- oder schmalbandig ist, kann nur nach einer akustischen Spektralanalyse getroffen werden, z. B. anhand eines Leistungsdichtespektrums (→ Frequenzanalyse).

Zur Beseitigung von Störungen werden bei Schallaufzeichnungen oft Bandfilter benutzt. Solche Filter werden häufig nach ihrer B. benannt. *Oktavfilter* (octave filter) z. B. umfassen eine Oktave, also einen Frequenzbereich von der unteren Grenzfrequenz bis zum Doppelten dieser Frequenz. Ein Oktavfilter mit einer Mittenfrequenz von 4 kHz ist deshalb durchlässig für Frequenzen zwischen 2,83 kHz und 5,66 kHz. Seine B. beträgt 2,83 kHz. Bei den schmalbandigeren *Terzfiltern* (3rd octave filter) wird die Oktave in drei Teile unterteilt. Ein solcher Filter umfasst bei 4 kHz Mittenfrequenz nur eine B. von 0,93 kHz. [4]

Barotaxis (barotaxis): gerichtete räumliche Orientierung mithilfe des Luft- oder Wasserdrucks. B. kann zum Aufsuchen und Einhalten bestimmter Wassertiefen oder Flughöhen benutzt werden, aber auch zur Reaktion auf wetterbedingte Luftdruckänderungen. Barorezeptoren zur Wahrnehmung äußerer Drücke beruhen meist auf Luftblasen oder abgeschlossene Gasvolumina, an denen Veränderungen der Größe oder der Dehnung gemessen werden. Der Wasserdruck und damit die Tauchtiefe kann beispielsweise gemessen werden an den Atemöffnungen (Stigmen) des Tracheensystems Luft atmender Wasserinsekten (z. B. Wasserskorpione der Familie Nepidae und Wasserwanzen der Gattung *Lethocerus*) oder an den eigenartigen spatelförmigen Sinnesborsten der Fühler bestimmter Wasserwanzen und Rückenschwimmer (Gattungen *Belostoma* und *Notonecta*), die beim Untertauchen eine Luftblase „einfangen". Über einen Rechts-Links-Vergleich des Wasserdrucks ist mit Barorezeptoren prinzipiell auch → Geotaxis möglich. [4]

Batessche Mimikry → Mimikry.

Bathyphase (bathyphase): Lage des Minimums einer an eine biologische → Zeitreihe am besten angepassten Kosinus-Funktion (→ Cosinor-Verfahren). Die B. wird zur Charakterisierung eines biologischen Rhythmus benutzt, wenn das Minimum zeitlich besser einzugrenzen ist oder eine größere biologische Relevanz aufweist. → Akrophase. [6]

Bauverhalten (building behaviour, burrowing): Sammelbezeichnung für alle Verhaltensweisen, die zu einem Bauwerk führen, das immer eine bestimmte Funktion hat. So sind z. B. Fraßspuren oder Schneckengehäuse keine durch B. entstandenen Bauwerke im Sinne der Verhaltensbiologie. Zum Bauen können körpereigene (Speichel, Klebstoffe, Wachs, Seidenfäden, Federn, Haare u. a.) und körperfremde Materialien (Erde, Steine, Pflanzenteile, Harze u. a.) verwendet werden. B. ist angeboren und oft so perfekt und formstarr, dass man früher dem B. einen „Kunsttrieb" zugrunde legte, z. B. für die zarten und dennoch stabilen Spinnennetze, die exakt und gleichförmig sechseckig gebauten Zellen der Bienenwaben, die riesigen Termitenhügel, die kunstvoll geflochtenen Nester der Webervögel oder die gewaltigen Staudämme und Burgen der Biber. B. ist in der Regel nicht autonom motiviert, denn es muss den unterschiedlichsten Funktionskreisen zugeordnet werden, und entsprechend lassen sich unterschiedliche Bauwerke abgrenzen:
– *Wohnbauten oder Wohnröhren* sind ortsfest und haben immer mehrere Funktionen. Sie bieten Schutz vor extremen Temperaturen, Räubern oder auch vor Feuer, dienen als Futterlager, werden zum Ausruhen oder Fressen aufgesucht und können auch zum Aufziehen der Jungen dienen. Beispiele sind die Erdbaue der Raubtiere und Nager (→ Graben), die Vogelnester (→ Nestbauverhalten) oder die gesponnenen Wohnröhren zahlreicher Spinnen. Die meisten Erdbaue weisen stabile Temperaturen auf, sind kühl und feucht, das erleichtert den Aufenthalt in ariden Gebieten.
– *Schutzbauten* schützen vor Feinden und abiotischen Faktoren (Verletzungen, Witterung) und werden immer wieder neu angefertigt oder mit sich herumgetragen. Beispiele sind die aus Steinen, Pflanzenteilen, kleinen Schneckenschalen usw. zusammengesponnenen Gehäuse der Köcherfliegenlarven, die Verpuppungskokons mancher Insekten oder die von verschiedenen Schmetterlingsraupen zusammengerollten Blätter, die zugleich als Nahrung genutzt werden.
– *Nahrungsbauten* werden zum Fangen (Fallen) und Überwältigen von Beutetieren oder zur Nahrungsaufbewahrung (Vorratskammern u. a.) errichtet. Dazu gehören neben den zum Futterhorten geschaffenen Einrichtungen die vielfältigen und häufig komplizierten, mithilfe der Spinndrüsen hergestellten Fangnetze, Fangtrichter, Schlagnetze, Leimfallen, Lasso– und Klebfäden der Spinnen und Köcherfliegenlarven, aber auch die vom Ameisenlöwen *Euroleon* errichteten Sandtrichter zum Fangen von Ameisen und anderen kleinen Bodenbewohnern.
– *Ruhe– und Schlafbauten* werden nur für diesen Zweck von Vögeln (z. B. Sperlinge) und Säugern (Nager, Menschenaffen) gebaut, um sich vor Feinden, Artgenossen und Witterungseinflüssen (→ thermoregulatorisches Verhalten) zu schützen. Orang–Utans z. B. bauen jeden Abend in den Baumwipfeln ein neues Schlafnest aus geknickten und abgerissenen belaubten Zweigen.
– *Fortpflanzungsbauten* sind die Balzbauten, wie die von den Laubenvögeln errichteten Balzlauben (→ Balzarena) und alle Brutbauten oder Nester, die der Aufbewahrung und Aufzucht der Jungen dienen. Hierzu zählen beispielsweise die Eikokons der Spinnen, die mit einer Raupe als Nahrung und einem Ei gefüllten Brutröhren der Hautflügler, die Schlamm–, Pflanzen– oder Schaumnester der Fische, alle von Reptilien für die Eiablage gegrabenen Löcher und die Nester der Vögel (→ Nestbauverhalten) und Säugetiere, sofern es keine Wohnbauten sind. [1]

Beau-Geste-Hypothese (Beau Geste hypothesis): eine von John R. Krebs 1977 postulierte Hypothese, die das Erlernen weiterer Gesangsstrophentypen durch Imitation und damit eine zunehmende Erweiterung des Repertoirs bei einem Individuum erklären soll. Die Bezeichnung ist auf den bekannten Titelhelden eines mehrfach verfilmten Romans des Schriftstellers Percival C. Wren zurückzuführen: den Fremdenlegionär Michael „Beau" Geste (1924, Filme 1926, 1939 und 1966, deutscher Verleihtitel „Blutsbrüderschaft"). Zusammen mit wenigen Mitstreitern verteidigt er eine Festung durch Vortäuschen einer stärkeren Besatzung, indem er unbesetzte Waffen an verschiedenen Plätzen aufstellen lässt. Vögel mit mehr Strophentypen sollten nach der B. potenzielle Reviereindringlinge besser auf

Distanz halten, weil sie mehrere Rivalen vortäuschen würden. Unterdessen konnte jedoch für viele Vogelarten nachgewiesen werden, dass variabel singende Männchen insbesondere einer Gewöhnung beim Empfänger entgegenwirken (→ Habituation) und damit auch für arteigene Weibchen attraktiver sind (antihabituation hypothesis). Eine ebenfalls diskutierte dritte Hypothese zur Erklärung der Erweiterung des Gesangsrepertoirs ist die *Passworthypothese* (password hypothesis), nach der bestimmte Strophentypen oder imitierte Laute die Zugehörigkeit zu einer bestimmten Gruppe anzeigen sollen. [4]

bedingte Aktion (conditioned action): ein zunächst spontan auftretendes Verhalten wird im Verlauf der operanten Konditionierung durch Belohnung oder Bestrafung vervollkommnet oder verstärkt, wodurch eine → Motivation befriedigt wird. Tiere können auf diese Weise flexibel auf Umweltbedingungen reagieren, z. B. geeignete Nahrung von ungeeigneter unterscheiden oder neue Techniken durch → Versuch und Irrtum Lernen erlernen. Wesentlich ist, dass der Verstärker kontingent, also zeitlich direkt auf das Verhalten folgt, sodass eine neuronale Verknüpfung (→ assoziatives Lernen) erfolgen kann und das jetzt konditionierte (gelernte) Verhalten häufiger gezeigt wird (→ Lernen am Erfolg). Zur Untersuchung von b. A. werden z. B. Labyrinthversuche durchgeführt oder Skinner-Boxen verwendet. Dabei lernt ein Versuchstier, ein bestimmtes Verhalten auszuführen (z. B. einen Hebel zu betätigen), indem es unmittelbar anschließend eine Belohnung (z. B. Futter) erhält. [5]

bedingte Appetenz (conditioned appetence): das zielgerichtete Aufsuchen positiver Reizkombinationen, das sich bei entsprechender Motivation im Verlauf von assoziativem Lernen entwickelt (→ bedingte Aktion, → bedingte Aversion, → bedingte Reaktion). Durch die Assoziation eines ursprünglich neutralen Reizes mit einer darauf folgenden positiven Erfahrung wird dieser zum bedingten Reiz. So suchen hungrige Fische immer nur die Ecke des Aquariums auf, in die Futter gestreut wird. Vögel suchen Futter nur in einem bestimmten roten Futtergefäß, in denen ihnen das Futter immer angeboten wird. Die Aquariumecke bzw. die rote Farbe sind zum bedingten Reiz geworden, der gezielt aufgesucht wird. [5]

bedingte Aversion (avoidance conditioning, conditioned aversion): das Meiden negativer Reizkombinationen, das sich im Verlauf von assoziativem Lernen entwickelt (→ Vermeidungslernen, → bedingte Hemmung). Durch die Assoziation eines anfangs bedeutungsneutralen Reizes mit einer darauf folgenden negativen Erfahrung wird dieser zum bedingten Reiz. Dieses Lernen durch schlechte Erfahrungen (z. B. Schreck, Schmerz, vegetative Störungen) spielt eine wesentliche Rolle bei dem Nahrungserwerb. So lernen Ratten, die sehr verschiedenartige und häufig wechselnde Nahrung aufnehmen, solche zu meiden, die Schmerzen erzeugen. Die b. A. kann als Gegenteil der → bedingten Appetenz aufgefasst werden. [5]

bedingte Hemmung (conditioned inhibition, suppression by punishment): die erlernte Blockierung oder Unterdrückung einer Verhaltensweise, die entgegen der individuellen Erwartung von negativer Verstärkung gefolgt wird. Es ist eine Form des Lernens aus schlechter Erfahrung, wobei ein Individuum, anders als bei der → bedingten Aversion, lernt, eine Verhaltensweise, die zu unangenehmen Konsequenzen führt, zu unterlassen (→ Vermeidungslernen). Erhält beispielsweise eine Ratte bei zufälligem Betätigen eines roten Hebels (neutraler Reiz) einen Stromschlag, so wirkt dieser als Bestrafung und der zuvor neutrale Reiz (roter Hebel) wird dadurch zum bedingten Reiz. Die Ratte lernt, das Drücken des roten Hebels zu unterlassen. [5]

bedingte Reaktion, *konditionierte Reaktion* (conditioned reaction): eine Lernform im Verlauf der → klassischen Konditionierung, bei der eine Assoziation zwischen dem bedingten (konditionierten) Stimulus und dem unbedingten oder unkonditionierten Stimulus gebildet wird. Bei entsprechender Motivation genügt für das Erlernen einer bestimmten Reaktion auf einen bestimmten Stimulus allein das räumliche und zeitliche Zusammentreffen von beiden (→ Kontiguität), es entsteht eine Verknüpfung. Geht der Zusammenhang zwischen dem bedingten und dem unbedingten Stimulus wieder verloren, wird die b. R. abgeschwächt und schließlich ausgelöscht (→ Extinktion). In den meisten Fällen schließen b. R. bedingte Appetenzen und bedingte Aktionen bzw. bedingte Aversionen und bedingte Hemmungen mit ein (→ instrumentelles Lernen). Aufgabe der b. R. ist es, sich durch die Erfassung objektiver Zusammenhänge zwischen Reizen und ihren Folgen optimal den aktuellen Umweltbedingungen anzupassen. [5]

bedingter Reflex, *konditionierter Reflex* (conditioned reflex): durch Lernen erworbener, nicht willkürlich auslösbarer Verhaltensakt auf einen zunächst indifferenten, d. h. unbekannten oder bedeutungslosen Reiz, der das bevorstehende oder gleichzeitige Einwirken eines unbedingten Reizes anzeigt (→ Reflex, → bedingte Reaktion). B. R. unterliegen stammesgeschichtlich angepassten Lerndispositionen und gehören zu den elementarsten Lernformen. Sie sind schon bei niederen Wirbellosen (z.B. Plattwürmer) nachzuweisen und basieren auf Verknüpfungen im Zentralnervensystem (→ konnektionistisches Lernen), die den bedingten Reiz an den unbedingten Reflex koppeln (Abb.) Bei höheren Tieren wie Fischen, Vögeln und Säugetieren erweitern sich b. R. zu → bedingten Reaktionen. [5]

bedingter Reiz, *konditionierter Stimulus* (conditioned stimulus): ein ursprünglich bedeutungsneutraler Reiz wird durch räumliche und zeitliche Verknüpfung zum reaktionsauslösenden Reiz (→ Kontiguität). Durch die darauf erfolgende Assoziation kann der b. R. nach hinreichender Wiederholung im Verlauf der klassischen Konditionierung Letzteren bei der Auslösung der unbedingten Reaktion ersetzen (Reizsubstitution). B. R. sind vor allem solche, die auf

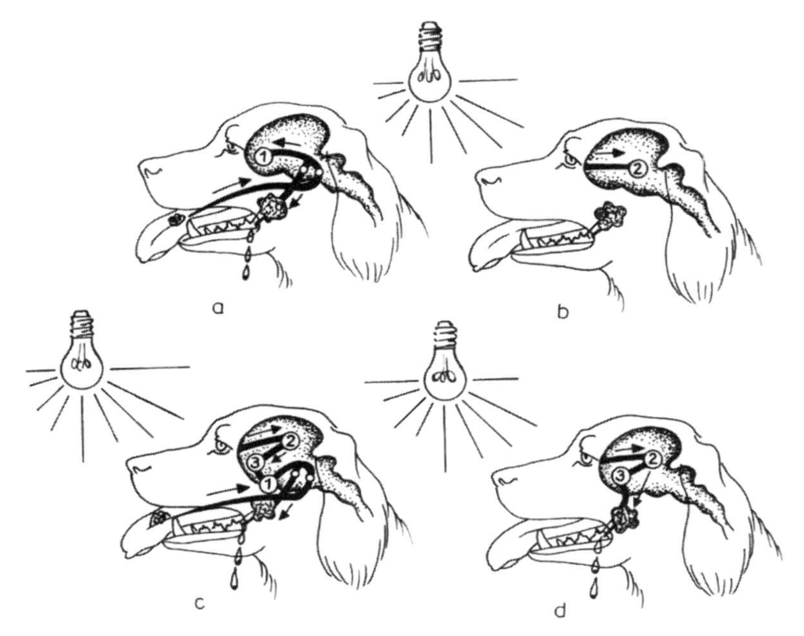

Bedingter Reflex durch ein optisches Signal. (a) Der Anblick und Geschmack des Futters lösen über (1) die Speichelsekretion aus. (b) Das Licht ist noch ein indifferenter Reiz, d.h. zwischen seiner Abbildung im visuellen Kortex (2) und der Speicheldrüse besteht noch keine Verknüpfung. (c) Schließlich kommt es zur Bahnung (3) zwischen den beiden anderen Zentren und (d) der bedingte Reiz vermag in Folge des Lernprozesses auch in Abwesenheit des Futters, den Speichelfluss auszulösen. Aus R. Gattermann et al. 1993.

eine gewisse Entfernung (Anblick, Geräusche, elektrische Impulse) oder noch nach einiger Zeit (Spuren, Duftmarken, Baue) wahrgenommen werden können und so zur Optimierung des nachfolgenden Verhaltens beitragen. In Lernexperimenten hat sich erwiesen, dass auch das Aussetzen oder die merkliche Abschwächung eines indifferenten Reizes, der mit biologisch bedeutsamen Ereignissen und Erscheinungen in Zusammenhang steht, zum b. R. werden kann. Eine besondere Art b. R. ist die Zeit. Tiere und Menschen können recht gut den Zeitpunkt einer unbedingten Reizung schätzen, wenn diese entweder wiederholt zur gleichen Tageszeit oder in gleichmäßigen Abständen erfolgt (→ temporale Konditionierung). Auf regelmäßige Abfolgen verschiedener unbedingter Reize reagiert das Tier mit der Ausbildung von Reflexketten (auch dynamische Stereotypien genannt). Hier übernimmt die Reihenfolge der unbedingten Reize die Funktion des b. R. [5]

Bedürfnisse (requirements, needs): im Gegensatz zu den biologischen Ansprüchen, Anforderungen des Menschen an die Umwelt, die kulturell und gesellschaftlich determiniert sind. Während die biologisch begründeten → Ansprüche zeitlebens existieren und nur vorübergehend fehlen, ist für die materiellen und geistigen B. charakteristisch, dass sie mit einem schnelleren Wechsel von Innovationen verbunden sind und deshalb in kürzeren Zeiteinheiten entstehen, bestehen und vergehen, der Mode unterworfen sind. [1]

Befallsflug → Distanzflug.

Befriedungsgebärden → Beschwichtigungsverhalten.

Begattung → Kopulation.

Begattungsflug (mating flight): Ausflug einer unbefruchteten Königin aus der Elternkolonie, um sich zumeist in der Luft mit mehreren Männchen (Drohnen) zu paaren und danach eine eigene Kolonie zu etablieren. B. kommen bei eusozialen Insekten wie Honigbienen, Ameisen und Termiten vor. → Hochzeitsflug. [1]

Begriffsbildung (conceptualization, concept formation): erlernte Klassifizierung von Merkmalen und Zusammenhängen durch Abstraktion von der Realität. Dieser Prozess reicht von der averbalen Begriffsbildung bis zur Benennung in der menschlichen → Sprache. Ausdruck eines hohen Grades an Bewusstheit sind Zahlbegriffe, Raumbegriffe, Wertkonzepte, Zeichensprachen und der Ich-Begriff. B. ist eine wichtige kognitive Leistung. Sie ist im nichtsprachlichen Verhalten an Einsichtsleistungen und Transpositionen von Lernerfahrungen zu erkennen. [4]

Begrüßungsklappern (stork greeting ceremony): besonderes Begrüßungsverhalten der Störche. Dabei wird der ansonsten als Waffe benutzte spitze Schnabel vom Partner abgewendet, der Kopf weit auf den Rücken gelegt und das charakteristische, laute Schnabelklappern hervorgebracht (Abb.). [1]

Begrüßungsklappern beim Weißstorch. Aus R. Gattermann et al. 1993.

Begrüßungsverhalten, *Grußverhalten* (greeting behaviour): Sammelbezeichnung für Verhaltensweisen, die bei der Begegnung zwischen zwei Partnern zur Beschwichtigung der Aggressionen, zum Einandererkennen und zur Partnerbindung ausgetauscht werden. Dazu werden Futter (auch außerhalb der Balz), Nestmaterial und andere Objekte überreicht (→ Balzfüttern), Körperkontakt aufgenommen (→ Schnäbeln, → Kussfüttern) oder durch besondere

Laute und Gesten (→ Begrüßungsklappern, → Lächeln, → Handheben) entsprechende Absichten kundgetan. [1]

Behalten → Gedächtnis.

Behaltensphase → Modelllernen.

Behaviorismus (behaviorism): Lehre, die Verhalten zu Reiz-Reaktions-Mustern reduziert. Inspiriert von den Versuchen Iwan P. Pawlows zum → bedingten Reflex entwickelten John B. Watson und Burrhus F. Skinner den B. als Theorie der Konditionierung von Verhaltensmustern. Danach ist der Körper eine Art „black box", die mechanisch auf Einflüsse von außen reagiert. Mithilfe von speziellen Käfigen erarbeitete der Psychologe Skinner die Methode der operanten Konditionierung (→ Skinner-Box). Nach Watson wird auch das Verhalten des Menschen von Geburt an durch solche Konditionierungsvorgänge vollständig programmiert. Begriffe wie Gefühl, Bewusstsein, freier Wille sind für den B. nicht zugänglich und werden deshalb negiert. So schlug Watson in seinem Buch „Behaviorism" (1925) folgende Methode zur Konditionierung von Kleinkindern vor: „Eine Tischplatte wird mit Drähten in der Weise versehen, dass das Kind bestraft wird, wenn es nach Gläsern oder einer kostbaren Vase fasst; greift es hingegen nach seinen Spielsachen oder nach anderen Dingen, die es haben darf, so bekommt es keinen elektrischen Schlag". In Skinners Bestseller „Jenseits von Freiheit und Würde" (1972) wird die Abschaffung des autonomen Menschen als „seit langen überfällig" bezeichnet.

Obwohl die Thesen des B. heute als unzulässiger Reduktionismus eingeordnet werden, haben seine Begründer entscheidende Ansätze für Diskussionen geliefert, die bis heute auch mit „Neobehavioristen" weitergeführt werden. Pawlow, Watson und Skinner ist die Einführung naturwissenschaftlicher Betrachtungen und Methoden in die Psychologie zu verdanken. Durch ihre teilweise extremen und pointierten Ansichten wurden wesentliche Denkansätze für die Entwicklung der Verhaltensbiologie geliefert. [2]

Beinigkeit → Lateralität.

Beißhemmung → Angriffshemmung.

Beißkuss (bite kiss): beim Menschen in sexuellen Kontaktsituationen auf Wange, Lippen oder Zunge und andere Körperzonen des Partners gerichtetes Zubeißen (gehemmt-zärtlich, ungehemmt-derb). Der B. setzt Vertrautheit und Zuwendung voraus. → Kuss [1]

Beißordnung → Hackordnung.

Bekräftigung → Verstärkung.

Belastung → Stress.

Belauschen → Eavesdropping.

benthophag (benthophagous): Bezeichnung für Tiere, die ihre Nahrung am Grunde von Gewässern suchen. [1]

Beobachtungslernen → Modelllernen, → Nachahmung.

Bereitschaft → Handlungsbereitschaft.

Beruhigungsgesten (reassurance gestures): neben dem → Beschwichtigungsverhalten eine weitere Möglichkeit zur Beruhigung von Artgenossen. B. werden vor allem ängstlich erregten Tieren zuteil. Dazu wird dem Erregten z. B. bei Schimpansen der Arm um die Schulter oder die Hand auf den Kopf gelegt, bei Elefanten wird er mit dem Rüssel betastet. Zu den B. des Menschen gehören Streicheln, Umarmen, Händehalten und leises Reden. [1]

Beruhigungssaugen *Nuckeln* (comfort sucking, nipple attachment): Saugbewegungen des beunruhigten Säuglings oder Kleinkindes ohne Milchfluss. B. erfolgt an der unbekleideten Brust bzw. am Ersatzobjekt (Nuckel, Daumen u. a.) und zumeist nach Situationen, die Weinen, Furcht, Angst und Bedrohung und schließlich Schutz- bzw. Pflegeverhalten auslösen. Die Beruhigung resultiert zumeist nicht nur aus dem Saugverhalten allein, sondern auch aus einer komplexen Körperkontakt-Situation (→ Mutter-Kind-Bindung). [1]

Beschädigungskampf, *Ernstkampf* (damaging fight, injurious fight): Angriffsverhalten gegenüber Artgenossen unter Einsatz aller Waffen und Kampftechniken bis zur Kampfunfähigkeit oder physischen Ausschaltung des Gegners (→ Kommentkampf). Kampfhandlungen im Kontext des Beuteerwerbs gehören nicht zum B. [1]

Beschwichtigungsverhalten *Befriedungsverhalten* (appeasement behaviour): Signalverhalten, das die eigene Friedfertigkeit anzeigt und agonistische Tendenzen im Verhalten von Partnerindividuen unterbindet, vermindert oder beendet (→ Drohverhalten). Man unterscheidet *Befriedungsgebär-*

den (appeasing gesture, calming signal), die die Aggressivität des Partners hemmen, und *versichernde Gebärden* (reassuring gesture), die den Fluchttendenzen eines unterlegenen Partners entgegenwirken. B. zeigen Geschlechtspartner bei der Kontaktaufnahme, dem Balzverhalten und der Nachwuchspflege, z. B. bei der Brutablösung. Man sieht es auch bei der gegenseitigen Begrüßung miteinander vertrauter Individuen (→ Begrüßungsverhalten). Außerdem benutzen rangniedere Tiere, die eine Rangauseinandersetzung vermeiden wollen oder gerade verloren haben, B. gegenüber Ranghöheren. B. besteht entweder in *Ablenkungsverhalten* oder in → *Demutverhalten*. Zur Ablenkung partnerlicher Angriffstendenzen dienen verbreitet Elemente des kindlichen Verhaltens (wie Futterbetteln und Klagelaute) oder Bestandteile des Sexualverhaltens (wie die weibliche Begattungsaufforderung). Demutverhalten bildet in vielen Merkmalen einen direkten Gegensatz zum Drohverhalten. Es wird in akuten Rangauseinandersetzungen verwendet, in denen Ablenkungsverhalten allein die Aggressivität des Partners nicht zu hemmen vermag. Zum versichernden Verhalten gehören beispielsweise das Abwenden körpereigener Waffen (→ Wegsehen), das Überreichen von „Geschenken" an den Geschlechtspartner (→ Balzfüttern) oder das Berühren des subdominanten Partners mit der Hand (→ Beruhigungsgesten). B. mindert soziale Spannungen und fördert die Ausbildung sozialer Bindungen. Bei den wehrhaften Tierarten ist B. ein wichtiges Element der sozialen Lebensweise. [1]

Besorgtheit → Prüfungsangst.

Bestrafung (punishment): Ereignis, das die Auftretenswahrscheinlichkeit und/oder Intensität einer Verhaltensweise senkt. Dies kann sowohl durch den Entzug einer angenehmen als auch durch den Einsatz einer unangenehmen Verhaltenskonsequenz erreicht werden. Als B. kann beispielsweise der elektrische Schlag bezeichnet werden, den ein Versuchstier erhält, wenn es sich in einem bestimmten Teil seines Versuchskäfigs aufhält (→ Shuttle-Box). [5]

Betrüger (cheater): Individuum, das mit dem Ziel der Erreichung von Vorteilen eine alternative Verhaltensstrategie verfolgt, die der von der Mehrzahl der Individuen einer Population verfolgten Strategie gegenüber steht. Ein gewisser Anteil von B. sollte sich dabei in jeder Population durchsetzen, während ihre einseitige Zunahme individuelle Reproduktionsnachteile zur Folge hat (→ evolutionsstabile Strategie).
Der im Mittelmeer lebende Schriftbarsch *Serranus scriba* ist ein simultaner Hermaphrodit, der aber trotz möglicher Selbstbefruchtung bei der Paarung mit anderen Individuen Geschlechtsprodukte austauscht. Die Spermien und Eier werden ins freie Wasser abgegeben und befruchtet. B. versuchen, dabei in erster Linie die mit geringerem Energieaufwand leichter zu produzierenden Spermien abzugeben, um die Eizellen des Partners zu befruchten. Eine Gegenreaktion besteht darin, dass die Eizellen nur in kleinen Portionen abgegeben werden, kommen keine Eizellen vom Partner, wird die Paarung abgebrochen. [2]

Bettelverhalten, *Futterbetteln* (food begging behaviour): ein vermenschlichter (→ Anthropomorphismus) Begriff für alle Verhaltensweisen, die die Übergabe von Futter auslösen. B. ist primär ein angeborenes Verhalten der Jungtiere, um die Eltern zum Füttern zu veranlassen. Dazu werden charakteristische Bettelstellungen, Bettelbewegungen oder Bettellaute genutzt. Junge Spinnen der Gattung *Coelotes* z. B. streichen mit ihren Vorderbeinen oder Palpen über die Mundwerkzeuge der Mutter, die daraufhin ihre Nahrung abgibt. Viele Jungvögel zeigen Flügelzittern oder Sperren als B. Bei jungen Hunden besteht B. im Anspringen und Lecken der Mundwinkel der Mutter und des Rüden, worauf beide mit Futtererbrechen reagieren. Angeborenes B. kommt aber auch bei erwachsenen Tieren vor. Beispiele sind das → Balzfüttern oder das Futterbetteln unter den Honigbienen. Das B. der Zoo- und Haustiere ist sekundär und ein erlerntes Verhalten (→ operante Konditionierung). Es kann durch den Menschen andressiert sein oder es hat sich mehr oder weniger zufällig von allein herausgebildet (→ abergläubisches Verhalten). [1]

Beuteerwerb, *Beutefangverhalten* (prey catching behaviour): das Finden, Fangen und Fressen der Beute. Die Struktur des B. entspricht der des motivierten Verhaltens. Das *orientierende Appetenzverhalten des B.*

dient dem Entdecken oder Anlocken der Beute und dem Verringern des Abstandes zwischen Räuber und Beute. Der amerikanische Rotreiher *Dichromanassa rufescens* beunruhigt seine Beutefische zunächst, indem er im Wasser umherläuft, um sie anschließend, in Lauerposition, in den Schatten seiner ausgebreiteten Flügel zu locken. Dort sind sie dann in Reichweite des Schnabels, und er kann sie durch Abblenden des einfallenden Lichtes besser erkennen als anderswo. Beim Entdecken der Beute konzentriert sich der Räuber auf spezifische Kennreize und Suchbilder (→ Beuteschema). Das *orientierte Appetenzverhalten des B.* ist die vollständige aktive oder passive Annäherung an die Beute. Dazu muss ein bestimmtes Beuteindividuum ausgewählt werden, bei dem im Sinne des Optimalitätsprinzips Aufwand und Nutzen in einem günstigen Verhältnis stehen (→ optimaler Nahrungserwerb). Erschwerend kommt hinzu, dass die Beute den Angriff des Räubers in den meisten Fällen bemerkt. Das letzte Stück der Annäherung erfolgt meist als Überraschungsangriff, etwa aus einem Hinterhalt oder über die Grenze zwischen zwei Medien, z. B. aus der Luft ins Wasser (Stoßtaucher, Scherenschnäbler) oder umgekehrt (Schützenfisch), als kontrollierter Wettbewerb (Sprint- oder Ermüdungsrennen) oder als kooperative Jagd mit oder ohne Rollenverteilung (→ Kooperation). Die *Endhandlung des B.* besteht zuerst in der Inbesitznahme der Beute durch Aufsammeln oder Überwältigen. Dabei kann die Wirkung der Körperwerkzeuge (Gebisse, Greiffüße, Fangarme, Schnappzungen und Kescher) durch Klebstoffe, Gifte, elektrische Schläge oder durch Netze und Fallen verstärkt sein. Weitere Handlungen sind das Öffnen und Verzehren der Beute und eventuell die Verwahrung von Beuteresten.

Der B. ist ein komplexer Verhaltensablauf, aus dem die Beute versucht auszubrechen (→ Raubfeindabwehr, → Raubtier-Beute-Beziehungen). [1]

Beutefangverhalten → Beuteerwerb.

Beuteschema (prey schema): Gesamtheit der Kennreize einer Beuteart, nach dem das Raubtier seine Beute aufspürt. Das B. „Maus" kann beispielsweise für den Raubfeind ein walzenförmiger Körper von bestimmter Größe sein, der huschende Bewegungen ausführt und einen typischen Geruch aufweist. Häufig gehören zum B. auch der Ort und die Zeit des Auftretens der Beute. → Suchbild. [1]

Bewältigungsstrategie (coping): aktives Bestreben, bereits bestehende oder zu erwartende Belastungen und Stresssituationen emotional und/oder kognitiv zu verarbeiten oder durch adäquates Verhalten zu bestehen. Insbesondere bei sozial lebenden Individuen ist der Erfolg von B. von der sozialen Unterstützung und Sicherheit innerhalb der Gruppe abhängig. Im Gegensatz zur → Adaptation, die passiv und weitgehend ohne Kontrolle des Individuums erfolgt, ist B. ein kontrollierter und häufig auch präventiver Prozess. Hauptsächlich durch Untersuchungen an Spitzhörnchen *Tupaia* ist es möglich, zwischen aktiver und passiver B. zu unterscheiden (Abb.). Bei *aktiver B.* interagieren die Individuen mit der Umwelt, z. B. durch Kämpfe mit Artgenossen, was eine anhaltende Aktivierung des Sympathikus-Nebennierenmark-Systems zur Folge hat, die langfristig zu Schäden des Herz-Kreislauf-Systems führen kann. Diese Strategie ist vor allem bei stabilen Umweltbedingungen von Vorteil. Individuen, die *passive B.* einsetzen, ergeben sich in ihre Lage und zeigen die genau entgegengesetzte Reaktion. Sie sind apathisch und zeigen z. B. Freezingverhalten. Bei ihnen ist die Hypophysen-Nebennierenrindenachse aktiviert und demzufolge die Nebennierenrindenaktivität drastisch gesteigert, das zu einem gesteigerten Abbau von Muskulatur und Fettgewebe, einer Beeinträchtigung der Wundheilung und einer Verminderung der Abwehrkraft des Immunsystems führt. Dennoch kann diese Strategie unter wechselnden und unbekannten Umweltbedingungen erfolgreich sein. [5]

Bewegung → Motorik.

Bewegungsspiel → Spielverhalten.

Bewegungsstereotypie → Stereotypie.

Bewegungstyp (locomotory type): Klassifizierung der Tiere hinsichtlich ihrer Mobilität. Grundsätzlich kann zwischen festsitzenden Tieren (→ sessil), sich länger an einem Ort aufhaltenden Tieren (→ hemisessil) und freibeweglichen Tieren (→ Vagilität, → Lokomotorik) unterschieden werden. [1]

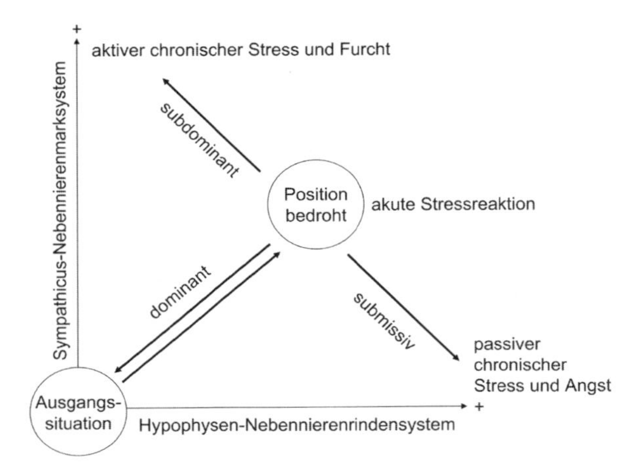

Bewältigungsstrategien in Belastungssituationen (Stress). Wirkt auf ein sozial lebendes Tier eine Bedrohung ein, so sind dominante Individuen in der Lage, durch adäquates und kontrolliertes Verhalten wieder in einen unbelasteten Ausgangszustand zu gelangen. Subdominante Sozialpartner interagieren mit der Umwelt, was mit einer permanenten Aktivierung des Sympathicus-Nebennierenmark-Systems und langfristig mit Herz-Kreislauf-Schäden einhergeht. Werden submissive Tiere dauerhaft bedroht, so ergeben sie sich passiv und zunehmend apathisch in ihre Lage, bei ihnen ist primär die Hypophysen-Nebennierenrindenachse aktiviert und demzufolge die Nebennierenrindenaktivität drastisch gesteigert und die Abwehrkraft des Immunsystems vermindert. Nach D. v. Holst 1994. [5]

Bewusstheit (awareness): ein Regulationsniveau für psychische Prozesse und Handlungen des Individuums, die subjektiv reflektiert werden. Zu diesen geistigen Prozessen gehört die gedankliche Widerspiegelung der objektiven Realität (→ Denken, → Emotion, → Intelligenz). Die B. des Individuums in Bezug auf sich selbst nennt man → Bewusstsein. [5]

Bewusstsein (consciousness): ist Selbsterkenntnis, d.h. die Fähigkeit, über sich, sein Verhalten und seine Umweltbeziehungen nachzudenken, sich zu erkennen und daraus verhaltensbestimmende Einsichten zu gewinnen. B. ist eine spezifische Form inneren unmittelbaren Wissens über sachliche Gegebenheiten, Ereignisse und Zusammenhänge. Als B., das in unterschiedlichen Ansätzen bereits bei Tieren entwickelt ist, werden auch mentale subjektive Zustände bezeichnet, die mit einem bestimmten Erlebnisgehalt und Empfindungen verknüpft sind. Je nachdem, ob sich das B. auf den eigenen Körper, das eigene Ich und seinen Zustand oder den eigenen Sozialverband bezieht, unterscheidet man *Körper-B.*, *Ich-B.* und *Gruppen-B.*. Beim Menschen kommt das *gesellschaftliche B.* in seinen verschiedenen Ausprägungsformen dazu. Nachweismethode für das Ich-B. ist der → Spiegeltest. [5]

Bezugsobjekt (reference object): ein Element der Umwelt, auf das motiviertes Verhalten gerichtet ist. B. sind belebte und unbelebte Objekte, die sich zur Benutzung oder zum Verbrauch eignen, wie Nahrung, Wasser und Nistmaterial, aber auch Geschlechtspartner, Pfleglinge und Eltern, sowie Rivalen, Raubfeinde, Ektoparasiten u.a. Vom B. gehen Kenn- und Signalreize aus, die die Auslösemechanismen der Tiere ansprechen. [1]

Bezugsperson (reference person): eine Person, zu der eine besondere Zuneigung (Bindung) besteht und die eine Orientierungsgrundlage für das eigene Verhalten bietet, beispielsweise die Mutter für das Kind. Grundlage sind individuelle Beziehungen sowie kulturelle bzw. gesellschaftliche Normen. Die Zuwendung findet Ausdruck in Häufigkeit und Intensität von Blickzuwendung und geringer Körperdistanz, in Körperkontakt, Hilfeleistung und Kooperation. [1]

bidirektionale Dominanz → Dominanzgrad.

Bienensprache, *Tanzsprache, Bienentänze* (bee language, dance language, bee dances): besondere Kommunikation der Honigbiene *Apis mellifera* und anderer Arten der Gattung *Apis*, mit welcher Informationen über die Richtung, die Entfernung, sowie über Art (Pollen oder Nektar) und Qualität einer ergiebigen Futterquelle oder einer neuen Unterkunft übermittelt werden. Die B. wurde Anfang des 20. Jahrhunderts von Karl von Frisch in ihren Grundlagen entschlüsselt.

Hat eine Kundschafterbiene eine neue Futterquelle (Tracht) gefunden, so kehrt sie mit Futterproben (Nektar im Honigmagen und Pollen an den Hinterbeinen in den so genannten Pollenhöschen) zum Stock zurück und führt den *Schwänzeltanz* (waggle dance) auf. Dabei beschreibt die Kundschafterin einen Halbkreis, kehrt durch den Kreisursprung geradlinig zum Ausgangspunkt zurück, beschreibt einen weiteren Halbkreis in die andere Richtung, läuft wieder geradlinig zurück usw. Auf diese Weise ergibt sich eine Achterfigur. Auf der Geraden schwänzelt die Biene mehr oder weniger intensiv mit dem Hinterleib. Dabei wird sie ständig von den Empfängern der Information, den Sammlerinnen, in dichtem Abstand verfolgt. Der während des Tanzes an die Stockgenossinnen abgegebene Nektar und der Pollenduft informieren darüber, wonach die Arbeiterinnen suchen müssen. Die Richtung der Geraden zur Schwerkraft gibt bei senkrecht stehender Tanzfläche die Himmelsrichtung als Richtung zur Sonne an (→ Richtungsweisung). Läuft die tanzende Biene auf der Geraden nach unten, so müssen die Sammlerinnen von der Sonne weg fliegen. Tanzt sie nach oben, dann liegt die Tracht direkt in Richtung Sonne. Eine Abweichung nach links oder rechts bedeutet, dass die Tracht in entsprechender Winkelabweichung links oder rechts der Sonne gesucht werden muss. Auf waagerechten Flächen zeigt die Gerade im Tanz direkt die Richtung zur Tracht an. Die Richtung wird immer als theoretische Luftlinie übermittelt (ermöglicht durch → Wegintegration), auch wenn diese z.B. durch einen hohen Berg versperrt ist. Das konnte mit dem so genannten *Schafberg-Experiment* (Schafberg experiment) nachgewiesen werden, benannt nach dem Berg im Salzkammergut, an dem der Versuch erstmalig stattfand. Sowohl die Empfänger als auch der Sender der Richtungsinformation sind außerdem in der Lage, die tageszeitliche Veränderung des Sonnenstandes zu berücksichtigen und können durch Auswertung der Polarisationsrichtung des Lichtes selbst bei teilweise bedecktem Himmel navigieren (→ Polarotaxis). Wie mittels eines harmonischen Radars neuerdings nachgewiesen werden konnte, erfolgt der Flug der Sammlerinnen bei Abwesenheit hoher Berge tatsächlich geradlinig zur Nahrungsquelle, wie es v. Frisch rund 100 Jahre zuvor schon postuliert hatte.

Die Entfernung zur Nahrungsquelle wird während des Rückfluges über den Fluss optischer Muster ermittelt und nicht, wie früher angenommen, durch den Energieverbrauch.

Beim anschließenden Tanz wird die Entfernungsinformation über Flügelvibrationen als akustisches Signal weitergegeben (→ Entfernungsweisung). Eventuell spielen auch die Anzahl der Runden und das Tempo eine Rolle. Im Gegensatz zur Richtung wird die Entfernung als tatsächlich zurückzulegender Weg übermittelt, ebenfalls nachgewiesen durch das Schafberg-Experiment. Bei Entfernungen zur Tracht von unter 100 m wird der Schwänzeltanz zum *Rundtanz* (round dance) abgewandelt, der aus schnell absolvierten engen achtförmigen Kreisen besteht.

Weitere Tänze sind der *Zittertanz* (tremble dance) und der *Schütteltanz* (shake dance), bei denen Informationen vorwiegend mit vibratorischen Signalen über harte Randstrukturen der Waben übertragen werden. Diese Tänze dienen der Rekrutierung von Nestgenossinnen, aber auch zur Hemmung des Nektareintrags bei einem Überangebot im Stock. [4]

Bienentänze → Bienensprache.

Bienenuhr → Zeitsinn.

Big-bang-Fortpflanzung (big bang reproduction): beschreibt das Phänomen, in unregelmäßigen oder in großen Abständen viele Nachkommen zu erzeugen. Dadurch werden die Prädatoren „überschwemmt“, was das Überleben der Beute sichert und eine evolutive Adaptation des Räubers erschwert. Bei der 17-Jahres-Zikade *Magicicada septendecim*, die alle 17 Jahre B. zeigt, verhindert diese Primzahl in der Generationenfolge zusätzlich die Parasitierung. [2]

Bimaturation (bimaturation): zeitlich unterschiedliches Reifen von Organen, Körperfunktionen sowie Verhalten bei Männchen und Weibchen einer Art. So sind die Unterschiede in Wachstum und Reifung bei Schimpansen *Pan troglodytes* eher gering, während Orang Utans *Pongo pygmaeus* eine hohe B. aufweisen. → Protandrie. [2]

bimodal → Muster.

Bin (bin): Intervall bzw. Zeitfenster, in dem Messdaten zusammengefasst werden. Zumeist handelt es sich dabei um diskontinuierlich auftretende oder auch nicht äqudistant (mit unterschiedlichem zeitlichem Abstand) erfasste Aktivitäten oder andere Verhaltensereignisse. So kann z. B. durch die Aufteilung des 24-h-Tages in B. gleicher Dauer und die entsprechende Zuordnung der Messdaten eine Darstellung der tageszeitlichen Änderungen (→ Tagesrhythmus) erfolgen. Auch erfordern einige Verfahren der → Zeitreihenanalyse äquidistante Messwerte. Durch die Zuordnung zu B. kann eine nicht-äquidistante Zeitreihe quasi in eine äquidistante transformiert werden. [6]

Bindung (attachment, bond): besondere, häufig emotionale Beziehung zwischen Individuen oder zu nichtsozialen Umweltelementen. B. können temporär, permanent, freiwillig, aufgezwungen sowie ein- und wechselseitig sein. Sie bestehen, wie im Falle der Mutter-Kind-B., bereits von Geburt/Schlupf (→ Prägung) an oder werden auf der Basis eines artspezifischen → Bindungsantriebes und individueller Erfahrungen ausgebildet. B. im sozialen Kontext sind durch soziopositive Verhaltensweisen wie gegenseitige Fellpflege oder Körperkontakt charakterisiert. B. hemmen aggressive Interaktionen zwischen Gruppenmitgliedern und sind daher essenziell für die Etablierung und Aufrechterhaltung der jeweiligen Gruppenstruktur. B. spezifiziert, an wen man sich im Bedarfsfall wendet (→ Partnerbindung, → Gruppenbindung). Sie hat eine allgemein beruhigende Wirkung und schafft Geborgenheit (→ Gruppeneffekt). Wird die B. gestört, droht der Verlust der sozialen Sicherheit und das gebundene Individuum beginnt, voller Unruhe danach zu suchen (→ Weinen des Verlassenseins). Besonders auffällig sind spezielle B.rituale und Gruppenzeremonien wie Duettgesänge, Begrüßung und Chorheulen im Wolfsrudel, der Tanz der Kraniche und das Triumphgeschrei der Graugänse. Zum experimentellen Nachweis aller Arten von B. sowie ihrer Intensität (intensiv-schwach) dienen Präferenztests sowie die Analyse der Häufigkeitsverteilung der sozialen Verhaltensweisen, z. B. häufiges, lang anhaltendes gegenseitiges Fellpflegen lässt auf eine enge B. schließen. Im nichtsozialen, ökologischen Bereich, existieren ausgeprägte B. an bestimmte Orte und Objekte wie Höhlen, Nistkästen und Lebensräume (→ Ortsbindung, → Objektbindung, → Milieubindung). [5]

Bindungsantrieb, *mutuelle Attraktion* (bonding drive, social drive, mutual attraction): eine heute eher ungebräuchliche Bezeichnung für eine Motivation zum spontanen Aufbau und zur Aufrechterhaltung von Bindungen zwischen Individuen sozialer Tierarten inklusive des Menschen (→ soziale Appetenz). B. kommt z. B. bei Paar-Partnern oder Angehörigen einer Sozietät darin zum Ausdruck, dass das gebundene Individuum in Abwesenheit des Bindungszieles nach diesem sucht und bei längerfristigem Entzug in seiner normalen Entwicklung gestört wird (→ Deprivationssyndrom, → Verhaltensstörung). Kritisch anzumerken ist, dass der B. häufig nicht eigenständig auftritt, sondern Bestandteil anderer Funktionskreise wie der sexuellen Attraktion ist. Einen eigenen B., der keiner anderen Motivation (z. B. Flucht, Sexualität oder Aggression) zu zuordnen ist, hat man jedoch für die Paarbindung beim Triumphgeschrei der Graugans und dem Paarsitzen von Garnelen gefunden. Bezeichnungen wie *Herdentrieb* oder *sozialer Instinkt* stehen für B. [5]

Bindungskopulation → Pseudokopulation.

Bindungstheorie (attachment theory): sozialpsychologisches Konzept, das hauptsächlich von John C. Bowlby und Mary S. Ainsworth in den 1960/70er Jahren entwickelt wurde und die Bindung des Kleinkindes an die Mutter und an andere Bezugspersonen beschreibt. Die B. besagt, dass es ein phylogenetisch erworbenes Bindungssystem gibt. Auf dieser Basis entwickelt sich die individuelle Bindung im Wechsel zwischen dem Verhalten des Kindes und dem Verhalten der Bindungsperson, das sie dem Kind gegenüber zeigt. [1]

Bindungsverhalten (bonding behaviour): eigenständige Motivation im Dienste der Etablierung und Aufrechterhaltung von Bindungen. Als B. gelten das Fremdputzen, der Duettgesang und Beschwichtigungsgebärden. B. stellt ein zentrales Verhaltenselement sozial lebender Individuen dar. [5]

Bioakustik (animal bioacoustics): Lehre vom Schallgebrauch bei Tieren und von der Schallwirkung auf diese. Die B. schließt vor allem folgende Teilgebiete ein:

- die akustische → Kommunikation und das damit verbundene Verhalten,
- Anatomie, Physiologie und Neurobiologie der Erzeugung und Wahrnehmung von Schall,
- die Möglichkeiten und Grenzen der Schallübertragung in der natürlichen Umgebung,
- die Analyse von Fähigkeiten zur → Echoortung (z. B. bei Delphinen und Fledermäusen),
- den Einsatz von Schall zum Monitoring, zur Identifikation und zur Verhaltensanalyse sowie
- die Untersuchung der Wirkung durch den Menschen verursachter Geräusche auf Tiere.

Moderne Computer und digitale Verfahren zur Aufzeichnung und Analyse haben den technischen und finanziellen Aufwand für die nötige Gerätetechnik erheblich reduziert, zumindest wenn die Frequenzen der zu untersuchenden Tierlaute im Hörbereich des Menschen liegen. Große Tierstimmensammlungen in vielen Ländern und allgemein zugängliche Datenträger (z. B. CDs) mit Aufnahmen von Tierstimmen haben der B. zu einer gewissen Gemeinverständlichkeit verholfen. Neben der Beschäftigung mit vergleichenden Untersuchungen der Laute und der Einbeziehung der Ergebnisse in taxonomische Fragestellungen, sowie mit der Einwirkung von Übertragungseigenschaften der jeweiligen Lebensräume auf die Struktur von Lauten, gewinnen zunehmend Untersuchungen zur Lautontogenese bei verschiedenen Tiergruppen und zur Entstehung der Variabilität von Lauten auf verschiedenen Ebenen an Bedeutung.

Die Untersuchung von Lauten im → Ultra- und → Infraschall hat entscheidende Fortschritte gemacht. Wichtige Impulse gehen von der B. für wirtschaftlich relevante Fragestellungen aus, wie beispielsweise für die optimale Tierhaltung oder für das Erfassen von Vorratsschädlingen. Auch im Naturschutz spielt die B. eine entscheidende Rolle, so z. B. bei der Untersuchung der „Verschmutzung" des Meeres durch Schall oder beim passiven akustischen Monitoring von geschützten Tieren. [4]

Bioassay (bioassay): ursprünglich Versuchsanordnung, in der die Toxizität chemischer Substanzen auf Lebewesen untersucht wird. Eines der ersten B. waren in Käfig gehaltene Kanarienvögel, die früher in Kohlebergwerken zur Ermittlung schädlicher Stoffe in der Bewetterung (Lüftung) eingesetzt wurden. Unterdessen wird der Begriff auch erweitert verwendet auf Tests mit chemischen Signalstoffen (Pheromone, Repellents usw.). → Verhaltenstest, → Verhaltenstoxikologie. [4]

Bioindikator (bioindicator): ein biologisches System unterschiedlicher Organisationsformen (Zelle, Gewebe, Organ, Individuum, Population oder Ökosystem), das den Einfluss biologischer, physikalischer und chemischer Faktoren hinreichend empfindlich anzeigt. Im Gegensatz zu technischen Messverfahren, die diese Faktoren getrennt erfassen und nur Konzentrationen und Mengen messen können, integriert ein B. alle Einflüsse und ermöglicht realistischere Aussagen zur Wirkung. Derzeit werden verschiedene Bioindikatoren als Testverfahren in der Wirkstoffforschung (Arznei- und Pflanzenschutzmittel) und kombiniert mit technischen Anlagen als Überwachungssysteme für den Umweltschutz (Biomonitoring) eingesetzt. Erfolgreich wird auch das Verhalten als B. genutzt, so in der → Verhaltenstoxikologie zur Überwachung und auch zum Testen neu entwickelter Substanzen. [1]

Biokommunikation → Kommunikation.

biokulturelle Evolution → kulturelle Evolution.

Biological-market (biological market): alle Interaktionen zwischen Individuen bei denen „Waren“ (Nahrung, Baue, Nester, Geschlechtsprodukte) oder „Dienstleistungen“ (Komfortverhalten, Schutz, Warnrufe, Pollenübertragung) angeboten bzw. ausgetauscht werden. B. können in Systemen wie Reproduktion, Mutualismus und Kooperation gefunden werden. So bieten sich Putzerfische wie *Labroides dimidiatus* in Putzerstationen an, um Putzerkunden von Parasiten zu befreien. [2]

biologische Rangordnung (biological rank ordering): Dominanzbeziehung bzw. hierarchische Ordnung zwischen Vertretern verschiedener, miteinander um Nahrung und Nistplätze konkurrierender Tierarten. An einem gerissenen Zebra fressen zuerst die Löwen, dann folgen die Hyänen und schließlich die Schakale und Geier. Ebenso dominiert der Steinadler den Kolkraben und dieser die Alpendohle oder der Steinbock die Gämse und diese das Reh, der Leopard den Gepard und die Fleckenhyäne die Streifenhyäne. → Rangordnung. [1]

biologische Uhr, *innere Uhr* (biological clock, internal clock): reguliert den zeitlichen Ablauf biologischer Prozesse bei Pflanzen, Tieren und Menschen. B. U. sind endogen und basieren entweder auf oszillierenden Prozessen, wie circadiane, lunare und annuale Uhren, oder auf gerichteten, einer Sanduhr ähnlichen Abläufen, wie Entwicklungs- und Alterungsprozesse. In ihrer Gesamtheit sorgen die zahlreichen biologischen Uhren dafür, dass organismische Prozesse zeitlich koordiniert mit äußeren und/oder inneren Programmen ablaufen (→ Zeitordnung).

Oszillierende b. U. sind selbsterregt, d. h. sie generieren biologische Rhythmen ohne externe Energiezufuhr. Sie bestimmen die Zeitpunkte, wann etwas in Hinblick auf eine bestimmte Phase einer äußeren (Tag-Nacht-, Mond- oder Jahreszyklus) oder inneren Periodik geschieht. Unter den oszillierenden Uhren ist die circadiane Uhr am besten untersucht. Sie regelt eine Vielzahl → circadianer Rhythmen. Circadiane Uhren sind in vielen Körperzellen lokalisiert (→ periphere Oszillatoren). Eine „Zentraluhr“ im Sinne eines zentralen → Schrittmachers befindet sich im Gehirn, → suprachiasmatischer Nukleus des Hypothalamus.

„Sanduhrmechanismen“ kontrollieren die Zeitdauer bis zu einem bestimmten Ereignis wie Geburt und Geschlechtsreife oder Zelltod und Altern. Der genaue Mechanismus ist in vielen Fällen noch unbekannt, jedoch immer mit dem Erreichen bestimmter Schwellenwerte verbunden. Beim Timing von Entwicklungsschritten wie der Geburt oder Geschlechtsreife sind anscheinend hormonelle Sanduhr-ähnliche Mechanismen maßgebend. So ist der Anstieg des Corticotropin releasing Hormons (CRH) bis zu einem Schwellenwert ein wichtiger, die Geburt auslösender Faktor. Zelltod und Altern hängen möglicherweise mit der begrenzten Teilungsfähigkeit somatischer Zellen zusammen, die durch die bei jeder Verdopplung stattfindende Verkürzung der Chromosomenenden bedingt ist. Aber auch die Akkumulation von Zellschäden, die u. a. durch freie Radikale verursacht werden, wirkt lebensbegrenzend.

Oszillierende und Sanduhr-ähnliche b. U. interagieren bei der Regulation biologischer Prozesse. Eindrucksvolle Beispiele sind die Steuerung des Ovarialzyklus (→ infradianer Rhythmus) sowie die Kontrolle des → Schlaf-Wach-Rhythmus. [6]

biologische Zeit (biological time): hypothetisches Maß zur Beschreibung des zeitlichen Verlaufes biologischer Vorgänge. Die Existenz einer b. Z. wurde postuliert, da insbesondere Entwicklungs- und Alterungsprozesse individuell unterschiedlich ablaufen und anhand physikalischer Zeitmaße kaum vergleichbar sind. Man versucht beispielsweise b. Z. in verbrauchter Energie pro Körpermasse zu messen. Auch die Zahl der Herzschläge scheint ein geeignetes Maß zu sein. So dauert das durchschnittliche Alter eines Säugers etwa eine Milliarde Herzschläge, sowohl bei der Maus als auch beim Elefanten. Entsprechende Beziehungen gelten auch für die Atmung und Muskelkontraktionen. → biologisches Alter. [6]

biologischer Rhythmus, *Biorhythmus* (biological rhythm, biorhythm): ein periodisch ablaufender Lebensprozess, der endogen, das heißt angeboren und selbsterregt ist.

B. R. sind für alle Lebewesen und Funktionsebenen, von der zellulären bis zur orga-

nismischen, sowie für Tierpopulationen nachweisbar und somit eine Grundeigenschaft des Lebens. Die Klassifizierung der B. R. kann entsprechend der → Periodenlänge (τ) erfolgen in:
→ Kurzzeitrhythmen mit $\tau < 1$ h,
→ ultradiane Rhythmen mit $\tau < 20$ h,
→ circadiane Rhythmen mit $\tau \sim 24$h,
→ infradiane Rhythmen mit $\tau > 1$ Tag,
→ circannuale Rhythmen mit $\tau \sim 1$ Jahr
sowie
→ circatidale Rhythmen mit $\tau \sim 12{,}4$ h und
→ circalunare Rhythmen mit $\tau \sim 29{,}5$ Tage.
Von besonderem Interesse für die Chronobiologie als auch die Ethökologie sind die b. R., die ein Korrelat in geophysikalischen → Umweltperiodizitäten haben: Tag-Nacht-Wechsel → Tagesrhythmus (circadianer Rhythmus), Mondgezeiten → Gezeitenrhythmus (circatidaler Rhythmus), Mondphasen → Mondrhythmus (circalunarer Rhythmus) sowie Jahreszeiten → Jahresrhythmus (circannualer Rhythmus).
So vielfältig wie die Periodenlängen sind auch die Funktionen der b. R. Sie dienen der Informationsübertragung und -verarbeitung (rhythmische Potenzialänderungen an Nervenmembranen, akustische Signale) und Transportvorgängen (rhythmische Herz- und Darmtätigkeit). Sie realisieren die zeitliche Ordnung der Lebensprozesse innerhalb eines Organismus (innere → Zeitordnung). B. R. die ein Korrelat in geophysikalischen Umweltperiodizitäten haben, dienen der Anpassung an diese regelhaften Änderungen (äußere → Zeitordnung). Darüber hinaus erlauben sie, die Zeitmessung (→ Zeitsinn) sowie die räumliche Orientierung (→ Sonnenkompass).
B. R. mit Periodenlängen, die denen von Umweltperiodizitäten entsprechen, werden durch diese synchronisiert (→ Zeitgeber). Beim Ausfall der Zeitgeber laufen sie frei und es werden die genetisch fixierten, art- und individualspezifischen → Spontanperioden erkennbar. Erst der Nachweis des → Freilaufs unter aperiodischen Umweltbedingungen gilt als Beweis, dass ein b. R. endogen ist.
Umweltperiodizitäten haben nicht nur einen synchronisierenden, sondern auch einen direkten Effekt auf die gemessene Funktion (→ Maskierung). Dadurch kann auch ein b. R. vorgetäuscht werden. Er verschwindet jedoch beim Wegfall der externen Einflüsse.
Ein endogener → Schrittmacher wurde bisher nur für den circadianen Rhythmus nachgewiesen (→ suprachiasmatischer Nukleus, → periphere Oszillatoren). Für die anderen Rhythmen steht der Nachweis noch aus bzw. sind alternative Mechanismen in Betracht zu ziehen. So entstehen bei der Regulation biologischer Prozesse, die über komplexe Rückkopplungsschleifen (→ Regelkreis) erfolgen, Schwingungen mit sehr unterschiedlichen Periodenlängen (→ ultradianer Rhythmus). Höherfrequente Rhythmen können aber auch aus der Überlagerung von zwei oder mehr Rhythmen mit größerer Periodenlänge resultieren (→ circatidaler Rhythmus). Bei Überlagerung von zwei Rhythmen mit unterschiedlicher Periodenlänge kann ein dritter Rhythmus (→ Schwebung) entstehen (→ infradianer Rhythmus). An der Generierung eines biologischen Rhythmus sind aber auch Mechanismen beteiligt, die nach dem Sanduhrprinzip (Kippschwingung) ablaufen (→ Schlaf-Wach-Rhythmus). [6]

biologisches Alter, *physiologisches Alter* (biological age): kennzeichnet den Allgemeinzustand eines Individuums zu einem bestimmten Zeitpunkt seines chronologischen oder kalendarischen Alters anhand physiologischer, morphologisch anatomischer u. a. Merkmale. Das b. A. eines Menschen oder auch einzelner Organe bzw. Funktionen wird mittels umfangreicher Testbatterien ermittelt. Dabei werden zum Vergleich die Ergebnisse von Personen herangezogen, die keinerlei pathologische Symptome aufweisen und zur gleichen Altersklasse gehören. In analoger Weise sollte man das b. A. auch bei Tieren ermitteln, um tierexperimentelle Untersuchungen besser zu standardisieren. Das b. A. kann mit dem kalendarischen Alter übereinstimmen, jedoch auch darunter oder darüber liegen, wobei die interindividuellen Differenzen im Verlaufe des Lebens zunehmen. → biologische Zeit. [6]

Biopsychologie (biopsychology): untersucht die biologischen Grundlagen der Psyche und deren Einfluss auf das menschliche Verhalten. Im Gegensatz zur → Psychobiologie ist sie mehr psychologisch als naturwissenschaftlich orientiert.

Eine klare Abgrenzung beider Disziplinen ist nicht immer möglich. [1]

biopsychosoziale Einheit (biopsychosocial unit): Bezeichnung, mit der die Komplexität der Bedingungen im Verhalten, in der Entwicklung und Existenz des Menschen hervorgehoben werden soll. Insbesondere die Freilanduntersuchungen und Laborbefunde an Primaten, die verhaltensbiologischen Ansätze des Kulturenvergleichs und die Analyse der Verhaltensstrategien im Säuglings- und Kleinkindalter brachten so viele Entdeckungen, dass ganze theoretische Systeme vom Gesellschaftswesen Mensch ad absurdum geführt wurden. Dazu gehörte das lange Zeit in der Pädagogik postulierte Prinzip, nach dem das Neugeborene ein unbeschriebenes Blatt (tabula rasa) sei. Die Individualität ist bereits in den biologischen Programmen mitgegeben und auch unter identischen gesellschaftlichen Entwicklungsbedingungen kann nicht aus jedem alles werden.
Vor allem die besondere Form der sozialgesellschaftlichen Interaktionen und die besondere Qualität des Verhaltens in einer selbst geschaffenen Umwelt kennzeichnen den Menschen – im Vergleich zum Tier – als System mit unverwechselbaren, aber noch nicht ausreichend erforschten Systemeigenschaften und Beziehungsebenen. (Karl Meißner 1993). [1]

Biorhythmik (biorhythmics): Teilgebiet der → Chronobiologie, das sich insbesondere mit den rhythmischen Lebensvorgängen, den → biologischen Rhythmen befasst. Die B. ist eine exakte naturwissenschaftliche Disziplin, die eindeutig von der → Biorhythmologie abzugrenzen ist. [1] [6]

biorhythmische Kenngrößen → Zeitreihenanalyse.

Biorhythmologie (biorhythmology): eine Pseudowissenschaft, die in geschickter Weise die Termini und Erkenntnisse der → Biorhythmik nutzt. Sie behauptet, dass das Leben jedes Menschen hauptsächlich von drei biologischen Rhythmen unterschiedlicher Periodenlänge bestimmt wird: dem physischen Rhythmus mit 23 Tagen, dem emotionalen mit 28 Tagen und dem geistigen mit 33 Tagen. Alle drei Rhythmen werden bei der Geburt in Gang gesetzt, sind unveränderlich und erlöschen erst mit dem Tod. Die erste Halbperiode der Rhythmen soll positive, die zweite negative Auswirkungen haben. Am Tage des Wechsels, dem Nulldurchgang, sind die Betroffenen unaufmerksam, schlaff oder zerstreut. Dramatischer läuft jedoch der Tag ab, an dem alle drei Rhythmen den Nullpunkt schneiden, was jedes Jahr mindestens einmal geschieht. Entsprechende Rechenprogramme oder auch spezielle Biorhythmusrechner sind weit verbreitet. So kann jeder nach der Eingabe des Geburtsdatums sein sog. Biorhythmogramm für Monate und Jahre im Voraus berechnen und „bewerten". Gewisse psychische (Placebo-)Effekte sind nicht in Abrede zu stellen, jedoch gibt es keine wissenschaftlichen Beweise für die Existenz derartiger Rhythmen. Für keinen physiologischen oder verhaltensbiologischen Parameter konnten eindeutig messbare Veränderungen entsprechend der postulierten Periodenlängen nachgewiesen werden. Auch widerspricht die Annahme, dass keinerlei biologische Variabilität sowie keine ontogenetischen Änderungen auftreten, jeglicher biologischen Realität. [1] [6]

Biorhythmus → biologischer Rhythmus.

Biosemiotik → Zoosemiotik.

biotische Faktoren (biotic factors): alle von der belebten Natur ausgehenden Einflüsse auf das Verhalten wie Artgenossen, Konkurrenten, Symbionten, Räuber, Parasiten, Nahrung etc. → abiotische Faktoren. [1]

Biotop, *Habitat, Lebensraum* (biotope, habitat): charakteristischer Wohnort einer Art, der allen Verhaltensansprüchen genügt (→ Ansprüche). → Biozönose, → Ökosystem. [1]

Biotopprägung → Milieuprägung.

Biozönose, *Lebensgemeinschaft* (biocoenosis, community): natürliche Gemeinschaft aus Pflanzen und Tieren. → Ökosystem. [1]

bipar (biparous): Individuen oder Arten, die sich während ihrer Lebenszeit zweimal fortpflanzen. [1]

biparentale Brutpflege (biparental care): von beiden Eltern (Weibchen und Männchen) vollzogene Brutpflege. → kooperative Brutpflege. [1]

Bipedie → Gangart.

biphasisch → Muster.

Biphonation, *Diplophonie* (biphonation): Lauterzeugung durch zwei voneinander unabhängige akustische Systeme. Im Sonagramm ist B. durch unterschiedliche Frequenzmodulationen oder sehr dicht beieinander liegenden Frequenzbändern erkennbar. Bei Vögeln lässt sich B. durch das voneinander unabhängige Arbeiten der beiden Syrinxhälften erklären (→ Lautbildung). B. wird beispielsweise bei Kaiserpinguinen zur akustischen Individualerkennung zwischen Eltern und Jungtieren genutzt. Die B. und ihre Funktion ist darüber hinaus bisher wenig untersucht. Das liegt nicht zuletzt daran, dass B. vom Menschen bei nahe beieinander liegenden Frequenzen nicht wahrnehmbar ist. Eine Komprimierung akustischer Signale (z.B. mit MP3) kann dazu führen, dass die B. gelöscht wird und im Sonagramm nicht mehr nachweisbar ist. Hinweise auf eine Tri- oder Tetraphonation bei der Lautbildung bestimmter Tiere, d.h. drei beziehungsweise vier unabhängige lauterzeugende Systeme, sind ebenfalls bekannt. [4]

bivoltin → multivoltin.

Biwak (biwak): bei vielen Heeresameisen vorkommendes „lebendes Nest“, das Arbeiter mit ihren Körpern bilden und in dessen Mitte sich die Königin und die Brut befinden. [4]

Black-Box-Methode (black box method): eine naturwissenschaftliche Standardmethode zur Untersuchung komplexer, dynamischer Systeme bei der zunächst die innere Struktur als Schwarzer Kasten außer Acht gelassen wird. Die Systemanalysen nach der B. erfolgen von außen, ohne direkt in das Innere des Systems einzudringen, sodass die dynamischen Eigenschaften des Systems unbeeinträchtigt erhalten bleiben (→ Verhaltensphysiologie). So werden in der Verhaltensbiologie die *Eingangs-* (Input) und die *Ausgangsgröße* (Output) beobachtet, beispielsweise unterschiedliche Reizsituationen und die Verhaltensreaktionen. Nach einer genügend großen Zahl von Beobachtungen und unterschiedlichen Reaktionen, kann man auf die innere Struktur bzw. Regulation des Verhaltens schließen. [1]

Blickkontakt *Augenkontakt* (eye contact): eine Form der nonverbalen Kommunikation, die besonders beim Menschen und bei Primaten ausgeprägt ist. Gegenseitiges simultanes Anblicken gilt als Kontaktbereitschaft und ist bedeutsam für die Aufnahme und Bewertung sozialer Kontakte. Während eines Gesprächs besteht zu etwa 60 % der Gesamtzeit B. und zwar beim Zuhörenden häufiger als beim Sprechenden. Zu wenig B. wird als Desinteresse interpretiert. Langer B. oder *Anstarren* (staring at) werden besonders von Fremden als unangenehm und provokant empfunden. Das gilt auch für die interspezifische Kommunikation. So kann z.B. das Anstarren eines fremden Hundes erhebliche Aggressionen auslösen. B. hat beim Menschen in Abhängigkeit von der aktuellen Situation, dem Kulturkreis, aber auch vom Alter und Geschlecht mehrere Funktionen und ist mit unterschiedlichen Verhaltensweisen verbunden. Beim Flirten beispielsweise folgen dem B. Lächeln, Augengruß, Kopfsenken oder -abwenden und erneuter B. Bis die erweiterten Pupillen signalisieren, dass man als attraktiv empfunden wird (→ Pupillenreaktion). Beim Stillen festigt der B. wechselseitig die Mutter-Kind-Bindung. [1]

Blindsehen (blindsight): bei Personen mit blindem Gesichtsfeld die Fähigkeit, Objekte präzise zu ergreifen, die sie nicht bewusst sehen können. B. basiert auf einer Schädigung des primären visuellen Kortex. [5]

Blutsauger (blood-sucking animal, blood-feeding animal): Tiere, die sich als Ektoparasiten vom Blut anderer Arten ernähren z.B. Medizinischer Blutegel *Hirudo medicinalis*, Bettwanze *Cimex lectularius*, Hundefloh *Ctenocephalides canis*, Stechmücke *Culex pipiens* und auch die Vampierfledermaus *Desmodus rotundus*. [1]

Bocken → Östrus.

Bodenbrüter → Nestbauverhalten.

Bodenlaicher → Laichen.

Bodenmulde → Nestbauverhalten.

Bodenpicken → Futterlocken.

Bodenwühler (soil burrower): Tiere, die sich durch den Boden graben wie Regenwürmer, Ameisen, Grabwespen sowie Maulwürfe und andere Kleinsäuger. Ihr Einfluss auf die Bodenqualität und Bodenbildung ist immens. So reicht beispielsweise die Entstehung der fruchtbaren Schwarzerdeböden in Europa bis ca. 10.000 Jahre zurück. Unter den damals herrschenden extremen kontinentalen Klimabedingungen entwickelte sich eine Steppenvegetation. Es waren primär die B. Hamster, Ziesel und Regenwürmer, die große Mengen an pflanzlichen Abfällen in den Boden brachten und um der Kälte auszuweichen, tief in die mineralischen Schichten eindrangen und damit alles durchmischten. Schlussendlich bildeten sich über lange Zeiträume Schwarzerdeböden als Folge biologischer Wechselwirkung zwischen hoher Wühlaktivität der B. und gehemmter mikrobieller Abbauaktivität während des Winters. Die alten Gangsysteme der Kleinsäuger sind noch heute an Bodenprofilen als *Krotowinen* erkennbar. In der Geologie können auch Termiten ein entscheidener Faktor sein, da sie natürliche Schichtenfolgen umkehren können. [1] [4]

Bohrgraben → Graben.

Bourgeois-Taktik (bourgeois tactic, bourgeois reproductive behaviour): Fortpflanzungsverhalten der Männchen, die durch Besitz und Verteidigung von Ressourcen (Territorien, Nahrungsquellen, Nistplätze) Weibchen imponieren und an sich binden. Der B. steht meist als Alternative die Taktik der → Sneaker gegenüber, bei der kleinere Männchen sich in bestehende Territorien einschleichen. Die angewandte Taktik wird offenbar vom Testosteron beeinflusst. Bei Bourgeois-Männchen der Meerechse *Amblyrhynchus cristatus* werden höhere Testosteron-Konzentrationen gemessen als bei Sneakern. Durch Testosteron-Applikation oder Blockierung des Hormons kann die jeweils umgekehrte Taktik provoziert werden. [2]

Brauenheben → Augengruß.

Brautgeschenk → Hochzeitsgeschenk.

Breeding-dispersal → Ausbreitung.

Bruce-Effekt, *Pregnancy-Block-Effekt* (Bruce effect, pregnancy block effect): eine besondere Form des Infantizids, der die männliche Fitness verbessert. H.M. Bruce (1959) fand heraus, dass der Kontakt mit einem stammfremden Männchen bei gerade verpaarten Hausmausweibchen, die Einnistung (Nidation) der bereits vom anderen Männchen befruchteten Eier verhindert. Ursache sind spezielle → Pheromone im Urin des neuen Männchens. Durch den Abbruch der vom Vorgänger induzierten Trächtigkeit können sich die Männchen früher und öfter mit dem neuerworbenen Weibchen paaren. [1]

Brunft → Brunst.

Brunst, *Brunft* (rut, heat): saisonbedingtes Vorherrschen des Sexualverhaltens bei männlichen und weiblichen Säugetieren (→ Östrus). [1]

Brunstsignal → Balzsignal.

Brunstsynchronisation → Zyklussynchronisation.

Brustsuchen (breast seeking): angeborener Bewegungsablauf, mit dem Primatenjunge die Milchquelle aktiv aus eigenem Antrieb suchen (→ Suchautomatismus). Beim Menschen verläuft das B. in den ersten Lebenstagen noch ungerichtet als seitliche Kopfpendelbewegungen, später wird es besonders durch Berührungsreize gerichtet. Dabei führt die Berührung der Mundregion mit der Brustwarze oder mit einer Attrappe, wie dem Sauger der Milchflasche, zur Richtungsänderung des Kopfes, zum Öffnen der Lippen, Umfassen der Brust oder Flasche und anschließenden Saugbewegungen. [1]

Brusttrommeln (breast beating): von Schimpansen und Gorillas oft relativ langsam beginnend und dann in sehr schneller Folge rhythmisch und alternierend mit Fingern und Handflächen gegen die eigene Brust ausgeführte Schläge. Das im Stehen oder Laufen vorgenommene B. ist akustisch (Trommel- und Kehllaute) wie auch optisch (Aufrichten und Fellsträuben) sehr wirksam und Ausdruck der Erregung nach spielerischer oder kämpferischer Auseinandersetzung mit Artgenossen. B. zeigen Männchen und Weibchen. Es wird als ein Drohsignal angesehen, das hauptsächlich der Rangdemonstration dient. → Trommeln. [1]

Brut, *Brüten* (brood, hatch, clutch): **(a)** Sammelbezeichnung für alle aus Eiern geschlüpften Nachkommen oder **(b)** alle Brutpflegehandlungen bis zum Schlüpfen der Jungen, d.h. das kontinuierliche Erwärmen (36 bis 41 °C) und Wenden der Eier sowie das Belüften oder Umhertragen des Geleges (z.B. Spinnen). Die meisten Vogelweibchen und einige Männchen haben für die B. einen oder mehrere Brutflecken. Dies ist eine unbefiederte, reich mit Gefäßen ausgestatte ventrale Hautpartie auf der Vorderseite, mit der Eier und Nestlinge direkt erwärmt werden. Bei den Eier legenden Säugern werden die Jungen entweder in einer Bruttasche (Ameisenigel) oder in einem Nest (Schnabeltier) ausgebrütet. → Brutpflege. [1]

Brutablösung → Ablösungsverhalten.

Brutdichte (breeding density): beschreibt in der Ornithologie die Zahl der Brutpaare pro Flächeneinheit. Sie ist hauptsächlich abhängig vom Lebensraum und Nahrungsangebot und beträgt beispielsweise in unseren Laubwäldern und Parkanlagen 1.500 Brutpaare/km^2 und in Wohn- und Industriegebieten nur 50 Brutpaare/km^2. [1]

Brüten → Brut.

Brutfürsorge, *Brutvorsorge, Nachwuchsvorsorge, Nachwuchsfürsorge* (provision for the brood, brood provisioning, prehatching parental care): ist ein Investment in den Nachwuchs (→ Fitness) und umfasst alle Handlungen vor der Eiablage oder Geburt der Jungen. Dazu gehören z. B. die Wahl einer geeigneten Eiablagestelle (geeignete Temperatur- u. Feuchtebedingungen, Futterpflanzen), aber auch das Aufsuchen des Geburtsortes (Alpensalamander geht zum Gebären ins Wasser), das Schaffen von Schutzeinrichtungen (tertiäre Eihüllen wie Kokons oder Gallerthüllen) oder die Anlage von Nahrungsvorräten für den Nachwuchs (Grabwespen, die zu jedem Ei eine Raupe legen, Pillendreher).
In keinem Fall existieren bei der B. direkte Eltern-Jungen-Beziehungen (→ Brutpflege). [1]

Brutkolonie, *Nistgemeinschaft* (breeding colony, nesting colony): Ansammlung von Vögeln, die in enger Nachbarschaft ihre Gelege ausbrüten und die Jungen aufziehen. Der Zusammenschluss zur B. kann durch äußere Faktoren zustande kommen (→ Aggregation) oder auf sozialer Attraktion beruhen. Letzteres ist der Fall bei den B. der Reiher, Saatkrähen, Kormorane, Webervögel, Prachtfinken u. a., während viele Seevögel B. aus Mangel an geeigneten Nistplätzen bilden. In beiden Fällen werden um die Nester kleine Territorien errichtet (→ Hackabstand). Dadurch steht an einem Ort nur eine begrenzte Zahl an Brutplätzen zur Verfügung. In einer B. bestehen demnach immer soziale Beziehungen und es können alle Vorteile der Kolonie, insbesondere die des schnelleren Erkennens und der gemeinsamen Abwehr von Feinden sowie die Synchronisation des Fortpflanzungsverhaltens (→ Fraser-Darling-Effekt) genutzt werden. [1]

Brutparasit (brood parasite): ein Tier, das elterliche Fürsorgeleistungen anderer ausnutzt, die nicht seine Eltern sind (→ Brutparasitismus). B. sind häufig unter Vögeln (z. B. Witwenvögel) und Insekten (z. B. Kuckuckswespen) zu finden, kommen aber auch bei Fischen vor. So z. B. die Nachkommen des afrikanischen Vielpunkt-Kuckuckswels *Synodontis multipunctatus,* dessen Eltern während des Laichens maulbrütender Cichliden ebenfalls ihre Eier abgeben und befruchten. Die Welseier werden von den Buntbarschweibchen zum Erbrüten mit ins Maul genommen. Nach nur drei Tagen, immer früher als die der Buntbarsche, schlüpfen die jungen Welse und ernähren sich von den Buntbarscheiern. Sie werden vom Buntbarschweibchen gepflegt und sind nach dem Entlassen aus dem Maul sofort selbständig. [1]

Brutparasitismus (brood parasitism, cuckoldry): besondere Form des Parasitismus, bei der die Brutfürsorge oder Brutpflege der eigenen Nachkommen durch fürsorge- bzw. pflegebereite Individuen der eigenen Art (intraspezifischer B.) oder anderer Arten (interspezifischer B.) erfolgt. Sowohl bei Vögeln als auch bei Insekten ist der B. mehrfach unabhängig von anderen Artengruppen entstanden. *Intraspezifischer B.* kommt z. B. bei der Kliffseeschwalbe *Petrochelidon pyrrhonota* vor, die bebrütete Eier im Schnabel zu anderen Nestern transportiert. Häufiger ist der *interspezifische B.,* z. B. beim Europäischen Kuckuck *Cuculus canorus,* der seine Eier (bis zu 20 Stück je Weibchen im Jahr) bei etwa 200 verschiedenen Arten unterbringt. Dabei bevorzugt er einige Arten wie Teichrohrsänger, Bachstelze und Gartenrotschwanz. Seine Eier stimmen in Größe, Färbung und Zeichnung mit den Eiern der Wirtsvogelarten so gut überein, dass sie mit bebrütet werden. Die suchenden Kuckucksweibchen bevorzugen Nester, in denen noch nicht gebrütet wird und fressen oft vorhandene Eier. Die Brutdauer beträgt 12 Tage und ist damit um wenigstens einen Tag kürzer als die der Wirtsarten, sodass zumeist der Kuckuck als erster Vogel schlüpft. Wenige Stunden danach und über einen begrenzten Zeitraum ist er gegen bewegliche Objekte in der Nestmulde (Eier oder geschlüpfte Wirtsvögel) besonders sensibel. Noch blind, stemmt er sich rückwärts schiebend gegen den Nestrand und hebelt dabei alles aus dem Nest. Überlebende Wirtsjunge werden von den Eltern außerhalb des Nestortes nicht versorgt und sterben. Der große Sperrrachen und seine optisch attraktive Färbung regen das Fütterungsverhalten der Wirte an und wirken wie eine übernormale Attrappe. Der Jungkuckuck erhält die gesamte Nahrung, die sonst auf mehrere eigene Nachkommen zu verteilen wäre. Passt er nicht mehr in die Nestmulde, so hält er sich später in der Nachbarschaft auf und wird dort gefüttert. [1]

Brutpflege, *Nachwuchspflege, Jungenaufzucht* (brood care, parental behaviour, parental care, care of young): alle elterliche Verhaltensweisen, die der Entwicklung des eigenen Nachwuchses zugute kommen und deren Fitness maximieren. Wichtige Bestandteile der B. sind das Beschützen, Wärmen, Füttern und Reinigen der Jungen oder Larven. Im Gegensatz zur → Brutfürsorge werden bei der B. Eltern-Jungtier-Beziehungen aufgebaut.

Die Beteiligung der Eltern an der B. ist recht unterschiedlich. Wenn nur ein Geschlecht B. leistet, dann ist es gewöhnlich das Weibchen, weil sein generelles Investment in die Fortpflanzung größer ist. Deshalb dominiert bei den Säugern die *mütterliche B.* (maternal care, uniparental female care). B. gemeinsam (→ biparentale B.) mit dem Männchen (paternal care, uniparental male care) und/oder anderen Artgenossen ist selten. (→ kooperative Brutpflege, → Helfer). Bei den Vögeln beteiligen sich häufiger beide Geschlechter an der B. und nur bei den Hühnervögeln, Entenvögeln, Eulen, Greifvögeln und einigen Singvögeln brüten die Weibchen allein. Bei den Reptilien ist B. sehr selten und kommt nur bei einigen Krokodil- und Schlangenarten (Python) vor. Bei den Amphibien leisten etwa 20 % der Arten B., die besonders variantenreich ist. So wickeln sich die Männchen der Geburtshelferkröte *Alystes obstetricans* die Laichschnüre des Weibchens um ihre Hinterbeine. Die Weibchen der Wabenkröte *Pipa pipa* tragen die Eier auf dem Rücken und die Männchen des Darwin-Nasenfroschs *Rhinoderma darwini* beherbergen oft über 20 Larven in ihren Schallblasen. Bei den Fischen ist die B. auf beide Geschlechter etwa gleichmäßig verteilt. Wirbellose leisten mit Ausnahme der Spinnen und sozialen Insekten wie Bienen, Ameisen, Thripse u. a. keine B. [1]

Brutpflegeaufwand → Elternaufwand.

Brutvorsorge → Brutfürsorge.

Bünning-Hypothese (Bünning hypothesis): eine von Erwin Bünning (1936) aufgestellte und später nach ihm benannte Hypothese. Sie besagt, dass die → photoperiodische Zeitmessung auf circadianen Änderungen der Empfindlichkeit gegenüber Licht beruht. Grundlage waren Experimente unter Kurztagbedingungen mit gezielten Unterbrechungen der Dunkelzeit durch Störlicht. Hierbei konnte zunächst bei Pflanzen und später auch bei Tieren ein Langtag vorgetäuscht werden. Der Effekt war maximal, wenn der Zeitpunkt des Störlichtes in einer festen Relation zum Beginn der Lichtzeit oder der Dunkelzeit, d. h. in einer bestimmten circadianen Phase, erfolgte. Beispielsweise unterbleibt die beim Goldhamster unter Kurztagbedingungen von L:D = 8:16 eintretende Hodenrückbildung, wenn die Dunkelzeit regelmäßig durch eine Stunde Störlicht unterbrochen wird. Entsprechend der B. sollte das Störlicht etwa 6 h nach Beginn der Dunkelzeit, d. h. 14 h nach Beginn der Lichtzeit, gegeben werden. [6]

bürgerliche Dämmerung → Dämmerung.

C

Caecotrophie → Coecotrophie.

Cafeteria-Diät (cafeteria diet): im Gegensatz zur standardisierten Pelletdiät, eine aus Keksen, Schokolade, Bonbons, Rosinen, Schinken, Speck, Käse etc. angebotene, täglich wechselnde Futtermischung. Die C. wird hauptsächlich Nagern zur Untersuchung der → Hyperphagie und Fettsucht verabreicht. [1]

Call → Ruf.

Carnivora, *Zoophaga, Fleischfresser* (carnivorous animals, zoophagous animals): **(a)** Sammelbezeichnung für Tiere, die sich von lebenden Tieren ernähren (→ Nahrungsverhalten). Es sind Räuber und Parasiten. Zu den C. gehören z. B. Hohltiere, Strudelwürmer, Spinnen, Skorpione, Laufkäfer, Knorpelfische, Raubfische, viele Reptilien,

Greifvögel und Zahnwale, aber auch die blutsaugenden Egel, Zecken, Stechmücken, Wanzen und Flöhe sowie die blutleckenden Vampirfledermäuse (Desmodontidae) der Neuen Welt. **(b)** Bezeichnung für die Ordnung der Raubtiere oder Beutegreifer im zoologischen System. [1]

cecidikol (cecidicolous): Sammelbezeichnung für Tiere, die in Gallen leben, ohne sie selber zu erzeugen, wie einige Blattläuse und Ameisen. [1]

Cecidium, *Galle, Pflanzengalle, Cecidie* (cecidium, gall, plant gall): Wachstumsanomalien an Pflanzen, die Tieren Schutz und Nahrung bieten. Im Gegensatz zum → Domatium, werden Cecidien durch Ausscheidungen der Bewohner gebildet, z.B. durch Gallwespen (Cynipidae). [1]

cecidophag (cecidophagous): Tiere, die sich von Pflanzengallen ernähren. [1]

Cepstrum → Frequenzanalyse.

cerophag (cerophagous): Tiere, die sich von Wachs ernähren, wie die Raupen der Wachsmotte *Galleria mellonella*. [1]

Chaseaway-selection (chaseaway selection): beschreibt ein Phänomen, bei dem ein Männchensignal, das auf Weibchen attraktiv wirkt, einen Fitnessnachteil für das Weibchen bewirkt. In diesem Fall stellt sich eine Resistenz des Weibchens gegen dieses Merkmal ein und somit ein Fitnessnachteil für das Männchen. Diese Resistenz wird überwunden, in dem das Männchen ein noch stärkeres Signal entwickelt. Der Prozess setzt sich immer weiter fort (→ Runaway-selection). Solche Interessenkonflikte zwischen Weibchen und Männchen (antagonistische Koevolution) entstehen häufiger bei polygamen Paarungssystemen. In einem monogamen System sind die Interessen beider Partner stärker gekoppelt. [3]

chemisches Signal (chemical signal): gasförmige in Luft verteilte oder in Wasser gelöste chemische Substanzen oder Substanzgemische, die als *olfaktorisches Signal* bzw. *Duftsignal* (olfactory signal) durch Diffusion oder Strömung verbreitet werden oder als *Kontaktsignal* (contact signal) auf Oberflächen aufgetragen sind. Die beteiligten Substanzen werden auch *Semiochemikalien* oder *Infochemikalien* (semiochemicals) genannt. Luftgetragene olfaktorische Signale bestehen meist aus organischen Verbindungen mit hohem Dampfdruck (5–20 Kohlenstoffatome, Molekulargewicht < 300), während Wasser getragene gut wasserlöslich sein müssen. Chemische Kontaktsignale sind in ihrer Zusammensetzung kaum limitiert.
Je nachdem, ob bei der Kommunikation Artgrenzen überschritten werden oder nicht, unterscheidet man interspezifische Semiochemikalien (*Allelochemikalien* oder *Ökomone*) und intraspezifische Semiochemikalien (→ Pheromone). Zu den über Artgrenzen hinweg wirkenden Allelochemikalien zählen → Allomone, → Kairomone und → Synomone. C. S. können je nach ihrer Wirkung auf den Empfänger auch als *Repellentien* (abwehrend), *Attraktantien* (anziehend), *Stimulantien* (bestimmtes Verhalten stimulierend), *Suppressantien* (bestimmtes Verhalten unterdrückend), *Arrestantien* (Bewegung hemmend), *Deterrentien* (abschreckend) usw. bezeichnet werden. Früher wurde der Begriff Semiochemikalien auf intraspezifische c. S. begrenzt. So eng definiert stehen die Semiochemikalien den Allelochemikalien gegenüber und umfassen ausschließlich die Pheromone. [4]

Chemokommunikation (chemocommunication): Informationsübertragung auf der Basis → chemischer Signale. Sie ist entwicklungsgeschichtlich die älteste Art der biologischen Kommunikation und findet sich selbst bei Einzellern und Gameten. Sie lässt sich bei allen Tiergruppen nachweisen. Vorteil der C. ist, dass deren Signale über einen längeren Zeitraum auch bei Abwesenheit des Senders und z. T. über große Entfernungen wirksam sind. Zum Empfang chemischer Signale dienen entsprechende Organellen, Sinneszellen (Sensillen) oder Sinnesorgane (Fühler, Nase, Zunge, Jacobsonsches Organ bzw. Vomeronasalorgan) mit Chemorezeptoren. Oft unterscheidet man zwischen olfaktorischer Rezeption (Riechen) und gustatorischer oder Kontaktrezeption (Schmecken). Erzeugt werden → chemische Signale häufig in speziellen Sekretdrüsen (→ Pheromone, → Allomone). In vielen Fällen dienen aber auch Sekrete mit ursprünglich anderer Funktion (Schweiß), Exkrete (Urin) oder Exkremente (Kot) sowie deren Abbauprodukte als Signale. Nach der Abgabe verändern

sich chemische Signale oft unter dem Einfluss von Sonnenlicht (UV), Sauerstoff und Ozon sowie durch das Wirken von Mikroorganismen.
Im Dienst der C. haben sich viele Verhaltensweisen herausgebildet (→ Duftmarkieren, → Harnmarkieren, → Anogenitalkontrolle, → Flehmen). [4]

Chemotaxis (chemotaxis): gerichtete Ortsveränderung, bei der chemische Reize für die Orientierung genutzt werden. Bei der positiven C. werden die Tiere angelockt, bei der negativen abgeschreckt (→ Repellents). So orientieren sich beispielsweise Nematoden (Fadenwürmer) anhand chemischer Substanzen aus den Pflanzenwurzeln und finden aufgrund der positiven C. ihre Nahrung (Trophotaxis). Echte C. ist in vielen Fällen durch sukzessiven oder sogar simultanen Vergleich von Stoffkonzentrationen sehr gut möglich (witternde Hunde, züngelnde Schlangen), insbesondere wenn die Signalstoffe auf Festkörpern aufgebracht sind und nicht sofort verdunsten beziehungsweise sich im Wasser lösen. Gasförmige chemische Signale in Luft oder lösliche Stoffe in Wasser lassen sich aufgrund der Turbulenzen, die durch Wind oder Wasserströmung, sowie durch Flug- oder Schwimmbewegungen des Senders entstehen, nicht so gut auswerten. Hier kommen oft einfache aber wirksame Strategien zur Anwendung, die mit → Anemotaxis gekoppelt sind und keine echte C. darstellen. [4]

Chi^2-Periodogramm-Analyse → Zeitreihenanalyse.

Chiropterogamie → Zoogamie.

Chirp, *Vers*, *Impulsgruppe*, *Zirp* (chirp): in der Bioakustik eine mehr oder weniger regelmäßig wiederholte Gruppe aus wenigen, mindestens jedoch zwei Schallimpulsen. Die *C.-Rate* (chirp rate) ist die Anzahl der C. pro Zeiteinheit (z.B. pro Sekunde), die *C.-Dauer* (chirp duration) die Zeit von Beginn des ersten bis zum Ende des letzten Schallimpulses und das *C.-Intervall* (chirp interval) die Zeit der Ruhe zwischen zwei aufeinander folgenden C. Die *C.-Periode* (chirp period) ist die reziproke Rate, also die Zeitdauer vom Beginn eines C. bis zum Beginn des nächsten. Manchmal wird der Begriff C.-Intervall auch für die C.-Periode verwendet und die tonlose Zeit zwischen den C. „Inter-C.-Intervall“ (inter chirp interval) genannt. Die Anzahl der Schallimpulse pro C. (sound pulses per chirp) ist oft identisch mit der Anzahl der → Silben pro C., kann aber auch höher sein. [4]

Chordotonalorgan, *Saitenorgan* (chordotonal organ): Sinnesorgan im Inneren von Gliederfüßern (Arthropoden) zur Rezeption mechanischer Signale. Es enthält stiftführende Sinneszellen und gehört deshalb zu den → Scoloparien. Im Gegensatz zum → Tympanalorgan ist ein C. atympanal, steht also nicht über ein Trommelfell (Tympanon) direkt mit der Außenwelt in Verbindung. C. dienen vorrangig der Rezeption von Vibrationen und zum Empfang von Reizen des eigenen Körpers (Druckverhältnisse im Körperinneren, Lagesinn, Stellung von Körperteilen zueinander, → Propriorezeptor). C. können in Rumpfsegmenten (truncale C.), Flügeln (pterale C.), Beinen (pedale C.), Fühlern (antennale C.) oder Mundteilen (orale C.) vorkommen. Spezielle pedale C. sind *Pedalorgane* (pedal organ) bei vielen Insektenlarven, *Subgenualorgane* (subgenual organ) unterhalb des Kniegelenks in den Schienen bei Steinfliegen, Heuschrecken, Schaben und Wespen sowie *Distalorgane* (distal organ) in den Schienen von Schaben, Feldheuschrecken, Gespenstschrecken und Fangschrecken. Distalorgane werden zuweilen als die Vorstufe bei der Evolution pedaler → Tympanalorgane angesehen. In beschränktem Umfange können mit einigen der C. neben → vibratorischen auch → akustische Signale empfangen werden. [4]

Chorgesang, Chorlautäußerung → Gruppenlautäußerung.

Chorheulen → Gruppenheulen.

Chronobiologie (chronobiology): Wissenschaft zur Untersuchung und objektiven Quantifizierung von Phänomen und Mechanismen der biologischen Zeitstruktur. Leben und damit auch Verhalten ist nicht nur räumlich, sondern auch zeitlich strukturiert, wobei lineare und zyklische Komponenten auftreten. Lineare Zeitabläufe sind auf ein bestimmtes Ziel gerichtet und somit zumeist zeitlich begrenzt und irreversibel. Hierbei handelt es sich um Entwicklungs- und Anpassungsprozesse. So lebt ein Tier nur eine bestimmte Zeit, in der es verschiedene Entwicklungsstufen durchläuft

(→ Verhaltensontogenese), die wiederum zeitlich begrenzt sind, wie beispielsweise die Phase der Fortpflanzungsfähigkeit. Immer wiederkehrend, d.h. rhythmisch organisiert, ist es aber zu bestimmten Tages- oder auch Jahreszeiten aktiv bzw. inaktiv (→ biologischer Rhythmus). Damit passt es sich an die abiotischen und biotischen Umweltperiodizitäten an. Bestimmte Verhaltensweisen werden in Zeiten optimaler Umweltbedingungen (Temperatur, Luftfeuchte etc.) und unter Berücksichtigung der Aktivitätsrhythmen von Artgenossen, Beuteorganismen und Räubern realisiert.
Neben der phänomenologischen Beschreibung biologischer Zeitabläufe, insbesondere der rhythmischen, befasst sich die C. vor allem mit den zugrunde liegenden Mechanismen. Von besonderem Interesse sind die Entstehung (Generierung) der unterschiedlichen Zeitprozesse (die Suche nach den sog. → biologischen Uhren, einschließlich der „Lebensuhr"), die Koordination und Synchronisation von internen und externen Zeitstrukturen (→ Umweltperiodizitäten, → Zeitgeber, → Zeitordnung) sowie die ontogenetische und phylogenetische Herausbildung der Zeitordnung. Die C. ist aber nicht nur Grundlagenforschung, sondern zugleich angewandte Forschung, vor allem für die Nutztierethologie (z.B. durch Schaffung chronobiologisch günstiger Kunstlicht- und Fütterungsregime) und für die Humanmedizin (→ Chronomedizin, → Chronotherapie, → Chronopharmakologie, Schichtarbeit u.a.). [6]

Chronobiotikum (chronobiotic): Agens, das in der Lage ist, Parameter eines biologischen Rhythmus, insbesondere dessen Phasenlage zu beeinflussen. Ein C. wirkt direkt auf die → biologische Uhr. Das bekannteste C. ist das → Melatonin. Über entsprechende Rezeptoren im → suprachiasmatischen Nukleus, dem zentralen Schrittmacher des circadianen Systems der Säugetiere, hat es einen direkten, phasenverschiebenden Effekt. Damit kann Melatonin beispielsweise die → Resynchronisation nach einer Zeitgeberverschiebung (→ Jetlag, Schichtarbeit) beschleunigen, vorausgesetzt, es wird zur richtigen Zeit eingenommen. Bei Blinden, die nicht in der Lage sind, ihren Tagesrhythmus über den Licht-Dunkel-Wechsel zu synchronisieren, kann das mithilfe von Melatonin erfolgen. Auch → Schlafstörungen können behandelt werden, wobei der Therapieerfolg nicht in jedem Fall auf der chronobiotischen Wirkung beruht, denn Melatonin ist auch Schlaf fördernd. [6]

Chronogramm (chronogram): ein Zeitkatalog des Verhaltens, der „Wann?" und „Wie lange?" beschreibt. Die zur Aufstellung eines C. notwendigen Messungen und Beobachtungen können in regelmäßigen oder unregelmäßigen Abständen erfolgen; entsprechend unterscheidet man C. mit äquidistanten und nichtäquidistanten Daten. Werden rhythmisch ablaufende Funktionen an einem Organismus über mehrere Perioden registriert, so ist das Resultat ein *longitudinales C.* Dem gegenüber resultiert ein *transversales C.* aus der Messung einer Funktion über eine Periode, aber an verschiedenen Organismen. → Ethogramm, → Topogramm, → Zeitreihe, → Raum-Zeit-System. [1]

Chronomedizin (chronomedicine): Teilgebiet der Medizin, das biologische Rhythmen beim Menschen zum Gegenstand hat. Insbesondere werden Änderungen der biologischen Rhythmen sowie der gesamten Zeitordnung vor, während und nach Funktionsstörungen oder Krankheiten erfasst und analysiert. Auch das rhythmische Auftreten von Krankheiten, etwa zu bestimmten Tages- oder Jahreszeiten wird untersucht. Ziel ist es, die gewonnenen Erkenntnisse für Diagnostik und Therapie nutzbar zu machen. → Chronotherapie, → Chronopharmakologie. [6]

Chronopharmakologie (chronopharmacology): **(a)** Teilgebiet der Pharmakologie, das rhythmische Änderungen von Arzneimittelwirkungen untersucht. So hängen sowohl die Empfindlichkeit der Patienten für bestimmte Wirkstoffe als auch die Aufnahme, Verteilung, Metabolisierung und Eliminierung der Pharmaka durch den Organismus insbesondere von der Tageszeit ab. **(b)** Applikation von Pharmaka unter Berücksichtigung tagesrhythmischer Änderungen. Durch eine Arzneimittelgabe zur Zeit der maximalen Wirksamkeit können die Dosis verringert sowie unerwünschte Nebenwirkungen minimiert werden. → Chronotherapie. [6]

Chronotherapie (chronotherapy): Behandlung von Patienten unter Berücksichtigung biologischer Rhythmen, insbesondere von Empfindlichkeits- und Resistenzrhythmen, um einen maximalen therapeutischen Effekt bei minimalen Nebenwirkungen zu erzielen. → Chronopharmakologie. [6]

Chronotop → Zeitnische.

Chronotoxikologie (chronotoxikology): untersucht die Abhängigkeit der Toxizität von Schadstoffen vom Zeitpunkt der Exposition, insbesondere im Tagesgang. Die Erkenntnisse können im Arbeits- und Umweltschutz sowie in der Schädlingsbekämpfung praktische Anwendung finden. → Verhaltenstoxikologie. [6]

Chronotyp, *circadianer Phasentyp* (chronotype): Klassifizierung von Menschen anhand der täglichen Verteilung ihrer Aktivitäten. Menschen sind überwiegend tagaktiv mit zwei Leistungsmaxima, die jedoch je nach C. früher oder später liegen können (Abb.). *Morgentypen* (morning types) sind sofort nach dem Erwachen hellwach, leistungs- und gesprächsbereit, gehen jedoch relativ zeitig zu Bett. Sie haben meist einen sehr geregelten, starren Tagesablauf und sind wenig anpassungsfähig. *Abendtypen* (evening types) haben Schwierigkeiten beim Aufstehen am Morgen, stecken jedoch spät abends noch voller Tatendrang. Sie sind häufig flexibler und können veränderte Tagesabläufe, Transmeridianflüge und Schichtarbeit besser tolerieren. Die meisten Menschen sind weniger festgelegt, sie gehören zum *Indifferenztyp* (indifferent type).

Der C. ist genetisch determiniert, wird aber auch durch das soziale Umfeld überformt. Aus diesem Grunde war der endogene Charakter des C. lange umstritten. Heute weiß man jedoch, dass sich entsprechend des C. nicht nur die tägliche Verteilung der Aktivitäts- und Leistungsmaxima unterscheidet. Auch die Phasenlage anderer circadianer Funktionen, z.B. des Körpertemperaturrhythmus, koinzidiert mit dem C. In jüngster Zeit konnten Gene (→ Uhrgene) identifiziert werden, die an der Ausprägung des jeweiligen C. beteiligt sind.

Der C. unterliegt einer Altersabhängigkeit. So sind Kinder zunächst sehr früh am Morgen aktiv. Mit zunehmendem Alter verschiebt sich die Aktivität auf spätere Tageszeiten. Jugendliche sind häufig extreme Abendtypen, wobei auch soziale Komponenten, wie z.B. die späten Öffnungszeiten von Diskotheken eine Rolle spielen. Mit dem Ende der Adoleszenz beginnt eine zunehmende Vorverlagerung der Aktivitätszeit. Alte Menschen sind wiederum stärker Morgentypen. Sie stehen sehr früh auf und gehen auch früh zu Bett. Der C. hängt auch vom Geschlecht ab. So sind Frauen eher Morgentypen.

Insgesamt scheint es in unserer modernen Gesellschaft eine Tendenz zum Abendtyp zu geben. Dies hängt nicht nur mit dem Schlafdefizit zusammen, das sich während

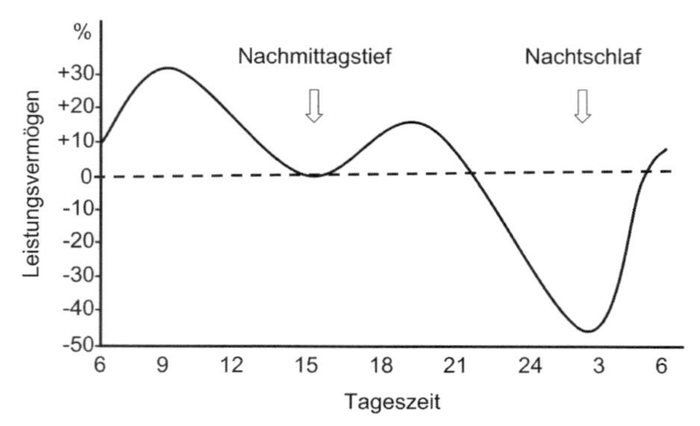

Chronotyp beschreibt die Modifikationen des mittleren Tagesganges der Leistungsfähigkeit des Menschen. So ist die Kurve beim Morgentyp nach links verschoben und beim Abendtyp entsprechend nach rechts. Außerdem kann bei letzteren z. B. das zweite Leistungsmaximum stärker ausgeprägt sein als das erste. [6]

der Arbeitstage akkumuliert und an freien Tagen durch späteres Aufstehen kompensiert wird. Auch ein Defizit an Tageslicht, die Menschen halten sich vorwiegend in künstlich beleuchteten Räumen auf, kann zur Verschiebung beitragen. Selbst ein gut beleuchteter Raum ist im Vergleich zum natürlichen Tageslicht dunkel. Der Mensch benötigt aber sehr hohe Lichtintensitäten zur Synchronisation seiner Tagesrhythmen. Die Disposition zu stärkerer Morgen- oder Abendaktivität hat nichts mit dem → Syndrom der verfrühten Schlafphase bzw. dem der verspäteten Schlafphase zu tun. In beiden Fällen handelt es sich um pathologische Veränderungen im → circadianen System. [6]

circadiane Regel (circadian rule): stellt eine Erweiterung der → Aschoffschen Regel dar und beschreibt das Verhalten circadianer Aktivitätsrhythmen unter zeitgeberlosen Bedingungen. Die c. R. besagt, dass sich außer der Frequenz des freilaufenden Rhythmus (1/Tau) auch die Aktivitätsmenge sowie das Verhältnis von Aktivitäts- zu Ruhezeit (*Alpha-Rho-Verhältnis*) linear in Abhängigkeit vom Logarithmus der Lichtintensität ändert. Bei dunkelaktiven Tieren nehmen die drei Parameter mit zunehmender Lichtstärke ab, bei lichtaktiven Arten dagegen zu. Da Aktivitätsmenge und Alpha-Rho-Verhältnis schwer zu objektivieren sind, beschränkt man sich heute meist auf die Abhängigkeit der → Spontanperiode von der Lichtintensität. → Freilauf. [6]

circadiane Zeit (circadian time, CT): interne, subjektive Zeit eines Organismus unter zeitgeberlosen Bedingungen. Da der circadiane Rhythmus unter diesen Bedingungen mit der ihm eigenen → Spontanperiode freiläuft, ändert sich kontinuierlich seine Phasendifferenz in Bezug zur astronomischen Zeit (Abb.). Hieraus ergibt sich die Notwendigkeit eines neuen Zeitmaßes, das sich zur Quantifizierung der individuellen

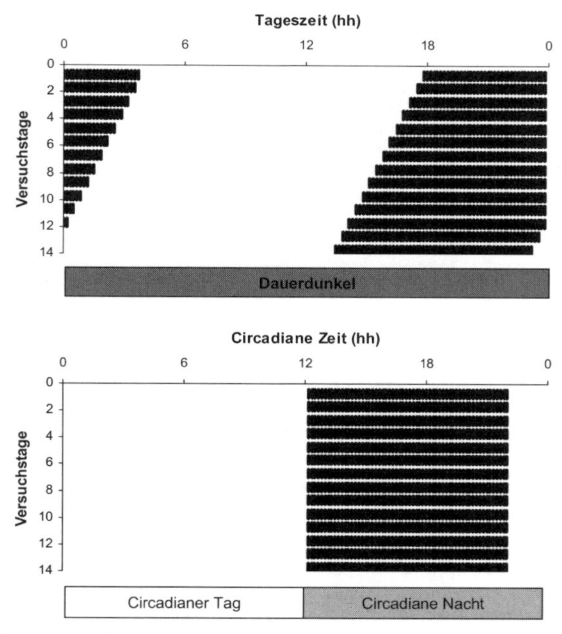

Circadiane Zeit, demonstriert anhand eines im Dauerdunkel frei laufenden circadianen Aktivitätsrhythmus, der gegen die Tageszeit (oben) bzw. circadiane Zeit (unten) dargestellt wurde. [6]

Phasenlage eignet, die c. Z. Sie basiert auf der Spontanperiode, die einem circadianen Tag bzw. 24 circadianen Stunden entspricht. Vereinbarungsgemäß wird der Aktivitätsbeginn tagaktiver Organismen als circadiane Zeit 0 (CT0) definiert, der Aktivitätsbeginn nachtaktiver Organismen als circadiane Zeit 12 (CT12). CT0 entspricht der subjektiven Morgendämmerung und somit dem Beginn des *subjektiven Tages* (subjective day), CT12 der subjektiven Abenddämmerung, d.h. dem Beginn der *subjektiven Nacht* (subjective night). [6]

circadianer Phasentyp → Chronotyp.

circadianer Rhythmus (circadian rhythm): biologischer Rhythmus, der unter konstanten, aperiodischen Umweltbedingungen mit einer Periodenlänge (τ) von etwa einem Tag (20 h $< \tau <$ 28h) fortbesteht. Der Begriff wird auch verwendet, wenn der Rhythmus durch → Zeitgeber mit dem 24-h-Tag synchronisiert ist. Fehlt der experimentelle Nachweis eines → Freilaufes unter konstanten Umweltbedingungen, sollte der Begriff → Tagesrhythmus benutzt werden.

Bei den Säugetieren werden die c. R. vorwiegend im → suprachiasmatischen Nukleus und auch in verschiedenen → peripheren Oszillatoren generiert. Bei anderen Tiergruppen konnten circadiane Schrittmacher in der → Epiphyse (Vögel, Reptilien), den optischen Loben (Insekten) und den Augen (Mollusken, Amphibien) nachgewiesen werden. Da die generierten Rhythmen nur etwa dem 24-h-Tag entsprechen, ist eine Synchronisation durch → Zeitgeber notwendig. Hauptzeitgeber ist der tägliche Licht-Dunkel-Wechsel. [6]

circadianer Tag (circadian day): entspricht einer vollständigen Periode eines unter zeitgeberlosen Bedingungen freilaufenden → circadianen Rhythmus. Er ist somit identisch mit der → Spontanperiode. → circadiane Zeit. [6]

circadianes System (circadian system): Gesamtheit aller Strukturen, die zur Generierung, externen Synchronisation und internen Kopplung circadianer Rhythmen notwendig sind. Die Hauptkomponente des c. S. der Säuger ist ein zentralnervöses Schrittmachersystem im suprachiasmatischen Nukleus (SCN) des Hypothalamus. Weitere Oszillatoren befinden sich in anderen Hirnregionen und Organen (→ periphere Oszillatoren). Die externe Synchronisation mit dem täglichen Licht-Dunkel-Wechsel (→ Zeitgeber) erfolgt unter Beteiligung photosensitiver Ganglienzellen der Retina, deren Axone die Verbindung zum SCN herstellen (→ retinohypothalamischer Trakt, → geniculo-hypothalamischer Trakt). Die peripheren Oszillatoren und die Körperfunktionen werden über neuronale und humorale Signale rhythmisch reguliert und synchronisiert. Darüber hinaus sind vielfältige Rückkopplungsschleifen beteiligt. Beispielsweise haben das rhythmisch sezernierte → Melatonin und auch der Aktivitätsrhythmus (→ Aktivitätsfeedback) einen direkten Effekt auf den SCN, sodass das c. S. wie ein Regelkreis funktioniert. [6]

circadianes Uhrwerk (circadian clockwork): Mechanismus, der die endogenen circadianen Rhythmen in Gang setzt, aufrechterhält und synchronisiert (Abb.). Das Grundprinzip besteht darin, dass so genannte *Uhrproteine* (clock proteins) ihre eigene Expression verhindern, indem sie die aktivierenden Transkriptionsfaktoren inhibieren (negative Rückkopplung). Infolge der Degradation der Proteine wird die Hemmung aufgehoben und die Transkription setzt erneut ein. Dieser Zyklus dauert bei circadianen Uhren immer etwa 24 h und ist weitgehend unabhängig von der Temperatur (→ Temperaturkompensation). Das Grundprinzip des c. U. ist bei allen untersuchten Organismen (von Prokaryoten bis hin zum Säuger) gleich und somit phylogenetisch sehr konservativ. Unterschiede gibt es bezüglich der beteiligten Gene.

Bei Säugern spielen insbesondere die Gene *per1*, *per 2* und *per 3* sowie *cry1* und *cry2* eine Schlüsselrolle. Deren Transkription wird durch die beiden Proteine CLOCK und BMAL1 reguliert. Diese bilden ein Dimer und binden an die E-Box in der Promoterregion der *Per*- und *Cry*-Gene. In der Folge steigt die Konzentration der entsprechenden Eiweiße (PER1, PER2, PER3, CRY1, CRY2) im Zytoplasma und es entstehen PER:CRY-Dimere. Diese wandern in den Zellkern, interagieren mit CLOCK:BMAL1 und stoppen auf diese Weise die Transkription ihrer eigenen Gene. Dadurch sinkt die Konzentration der Uhr-

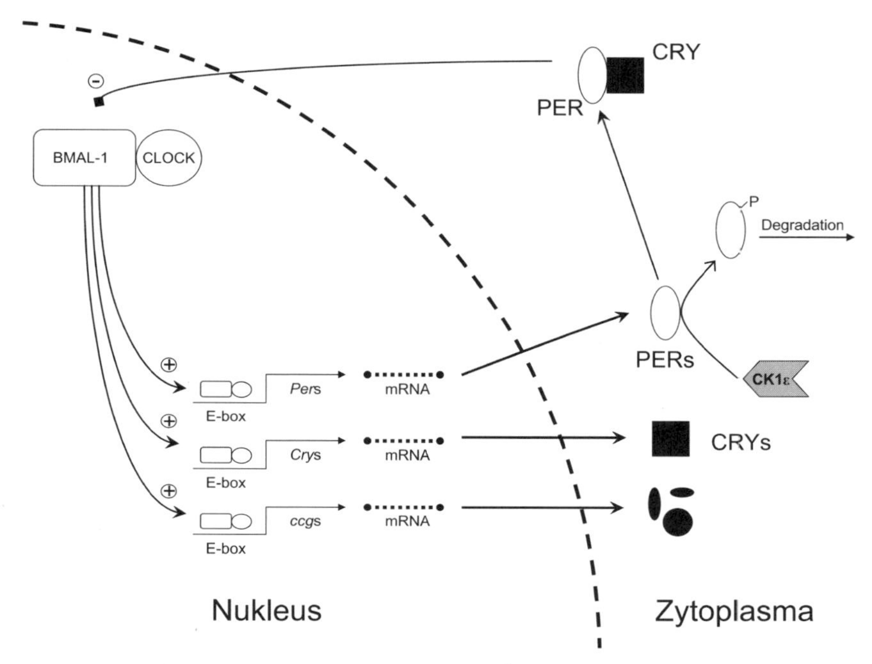

Circadianes Uhrwerk von Säugetieren. Aus Gründen der Übersichtlichkeit wurden nicht alle Gene/Proteine eingezeichnet. So steht *„pers"* für die Uhrgene *per1*, *per2* und *per3*; *„crys"* für *cry1* und *cry2*. Entsprechendes gilt für die Uhrproteine PER1 bis PER3 sowie CRY1 und CRY2. *ccgs* (clock-controlled genes): Output-Gene; CK1ε: Kaseinkinase. [6]

proteine, die Hemmung wird aufgehoben und ein neuer Zyklus kann beginnen. Die Feineinstellung der Periodenlänge erfolgt über ein Enzym, die Kaseinkinase Iε, welches die PER-Proteine phosphoryliert. Das phosphorylierte PER wird abgebaut, ehe es sich mit CRY assoziieren kann. In Abhängigkeit von der Phosphorylierungsrate wird die kritische Konzentration des Dimers, die zum Abschalten der Genexpression nötig ist, früher oder später erreicht. Damit läuft das c. U. entsprechend schneller oder langsamer und die resultierende Periodenlänge ist kürzer bzw. länger. Zum c. U. gehören weitere Gene, die vor allem die Präzision des Uhrmechanismus verbessern.

Die Synchronisation mit dem Tag-Nacht-Zyklus geschieht durch lichtsensitive Zellen in der Netzhaut und den → retino-hypothalamischen Trakt, der die Information zum suprachiasmatischen Nukleus leitet. Dort aktiviert Licht das *per1* und das *per2* Gen, wodurch sich die Konzentrationen von PER1 und PER2 erhöhen. In Abhängigkeit davon, in welcher Phase des circadianen Zyklus dies geschieht, kommt es zu einer → Phasenvorverlagerung oder → Phasenverzögerung.

An den eigentlichen Uhrmechanismus gekoppelt sind so genannte *Output-Gene* (clock-controlled genes). Diese werden ebenfalls über CLOCK:BMAL1 und somit in Phase mit *per* und den *cry* Genen aktiviert. Eines dieser Output-Gene codiert für das Neuropeptid Arginin-Vasopressin, das die elektrische Aktivität der SCN-Neurone stimuliert und Aktivitäten außerhalb der SCN reguliert. [6]

circadiseptaner Rhythmus → circaseptaner Rhythmus.

circalunarer Rhythmus (circalunar rhythm): biologischer Rhythmus mit einer Periodenlänge, die etwa einem Mondzyklus (29,5 Tage) entspricht. Der Begriff hat sich eingebürgert, obwohl es nur spärliche Hinweise auf die Existenz eines solchen Rhythmus gibt. Auch fehlen eindeutige Belege für eine Zeitgeberwirkung (→ Zeitgeber) des Mondlichtes oder der Gravitation des Mondes.
Für einige Tierarten konnte das Fortbestehen von → Mondrhythmen unter Laborbedingungen, d.h. ohne Gezeiten und ohne Mondlicht, gezeigt werden. So wurde der Schlüpfrhythmus bei *Clunio*, einer marinen Mückenart, untersucht. Die Mücken schlüpften wie auch im natürlichen Habitat etwa aller 15 Tage. Dies entspricht eher einem circasemilunaren Rhythmus und koinzidiert mit dem Springflut-Nippflut-Zyklus (→ Gezeitenrhythmus). C. R. könnten aus dem Zusammenspiel circadianer und circatidaler Rhythmen resultieren. Durch die geringe Periodenlängendifferenz zwischen beiden Rhythmen (24 h vs. 24,8 h = 2 Gezeitenzyklen) könnte eine → Schwebung mit $\tau \sim 29.54$ Tage zustande kommen. [6]
circannualer Rhythmus (circannual rhythm): biologischer Rhythmus mit einer Periodenlänge von etwa einem Jahr (± 2 Monate). C. R. wurden konstanten Laborbedingungen insbesondere für die Reproduktion (Hodengröße) und die Mauser der Vögel nachgewiesen. Unter natürlichen Bedingungen erfolgt die Synchronisation der c. R. durch die jahreszeitlichen Änderungen der → Photoperiode. Ein endogener → Schrittmacher konnte bisher nicht lokalisiert werden. Intensiv untersucht wurde der Goldmantelziesel *Spermophilus lateralis*. Jedoch erbrachten weder die Läsion des → suprachiasmatischen Nukleus oder anderer hypothalamischer Kerngebiete, noch die Ektomie verschiedener endokriner Drüsen Hinweise auf eine Uhr. Deshalb wird die Existenz einer circannualen Uhr generell infrage gestellt und man nimmt an, dass c. R. auf komplexen Regelkreisen basieren. → Jahresrhythmus. [6]
circaseptaner Rhythmus (circaseptan rhythm): biologischer Rhythmus mit einer Periodenlänge von etwa 7 (± 3) Tagen. C. R. treten vor allem dann auf, wenn ein Organismus belastet, geschädigt oder überfordert ist. Sie sind nicht mit dem Wochenrhythmus synchronisiert, vielmehr werden sie durch ein spezifisches Ereignis induziert. So kann bei der Gewebsregeneration nach einer Verletzung ein c. R. beobachtet werden. Das Risiko der Abstoßung eines Organtransplantates ist etwa aller 7 Tage erhöht. Bei Kurpatienten können circaseptane Rhythmen durch den Behandlungsbeginn ausgelöst werden. Die Existenz c. R. ist nicht unumstritten. Möglicherweise resultieren sie aus der Überlagerung vorübergehend nicht mit dem 24-h-Tag synchronisierter Rhythmen im Sinne einer → Schwebung. Auf diese Weise können Schwingungen sehr unterschiedlicher Periodenlänge entstehen, darunter auch etwa 7 oder 14 Tage, ein *circadiseptaner Rhythmus* (circadiseptan rhythm). → infradianer Rhythmus. [6]
circatidaler Rhythmus (circatidal rhythm): → biologischer Rhythmus mit einer Periodenlänge, die etwa einem Gezeitenzyklus (12,4 h) entspricht. Die Existenz freilaufender c. R. konnte mehrfach unter Laborbedingungen ohne Gezeitenzyklen nachgewiesen werden. Allerdings hängt die Stabilität des c. R. in hohem Maße vom Lebensraum der Tiere ab, was den experimentellen Nachweis eines endogenen Rhythmus erschwert. Gezeiten können sehr stark hinsichtlich des Tidenhubs variieren. Auch kann der Wechsel von Ebbe und Flut relativ unregelmäßig erfolgen, d.h. der zeitliche Abstand beträgt nicht immer 12,4 h oder der Tidenhub aufeinander folgender Zyklen differiert.
Ob ein distinkter circatidaler Oszillator existiert, wird kontrovers diskutiert. Es wären auch zwei gegeneinander phasenverschobene, auf 24,8 h synchronisierte, circadiane Oszillatoren denkbar. Als Zeitgeber werden verschiedene, mit dem Gezeitenwechsel in Zusammenhang stehende Faktoren diskutiert. → Gezeitenrhythmus. [6]
Clan → Klan.
claustral (claustral): bei eusozialen Insekten (z.B. Hummeln oder Faltenwespen) Gründung einer Sozietät ausschließlich durch eine Königin (*Haplometrose*) oder durch mehrere Königinnen, ohne dass in dieser Phase Arbeiterinnen vorhanden sind. Eine eventuell vorhandene Brutkammer im Holz oder in der Erde wird in diesem Falle auch als *c. Zelle* bezeichnet. [4]

Clock-Gen → Uhrgen.

Clock-Mutante (clock mutant): Individuum, dessen biologische Rhythmen auf Grund einer Mutation in den Uhrgenen verändert sind. Bisher nachgewiesene C. betreffen vor allem Veränderungen der → circadianen Rhythmen.

Zunächst wurde ausgehend vom veränderten circadianen Phänotyp nach Veränderungen in den → Uhrgenen gesucht und es konnten z.B. für die → Tau-Mutante des Goldhamsters und für eine Reihe von → Schlafstörungen beim Menschen Mutationen lokalisiert werden. Heute werden C. gezielt hergestellt. Dabei nutzt man vor allem Mäuselinien, bei denen bestimmte Uhrengene ausgeschaltet oder verändert werden. Das eröffnet neue Einsichten in den molekularen Uhrmechanismus (→ circadianes Uhrwerk) sowie die funktionelle Bedeutung der beteiligten Gene. [6]

Cocktail-Party-Effekt (cocktail party effect): 1953 von E. Colin Cherry geprägter Begriff für die Fähigkeit eines Menschen, sich in einem Umfeld von Hintergrundrauschen und mehreren, Konversation betreibenden Menschen auf einen Sprecher zu konzentrieren. Die Störgeräusche dürfen dabei maximal die zwei- bis dreifache Intensität des Nutzsignals erreichen (9–15 dB Störunterdrückung). Schon damals wurde vorgeschlagen, dass am C. die folgenden Phänomene beteiligt sein könnten:

– räumliches Hören (→ Stereophonie) und die Raumakustik,
– visuelle Signale (Ablesen von den Lippen, der → Gestik, der → Mimik usw.),
– Differenzen in der Sprache (Tonhöhe, Sprechgeschwindigkeit, → Formanten usw.),
– unterschiedliche Akzente und
– Übergangswahrscheinlichkeiten (basierend auf der Sprachdynamik, dem Syntax, dem Gegenstand der Unterhaltung, dem vorher Gesagten usw.).

Trotz intensiver Forschung lässt sich der C. auch heute noch nicht vollständig erklären. Nach wie vor steht jedoch fest, dass binaurales (räumliches) Hören unabdingbar ist.

Bei Tieren ist der C. ebenfalls nachgewiesen. So beträgt die Störunterdrückung z.B. bei Vögeln bis zu 13 dB. Allerdings ist zu berücksichtigen, dass ein begrenztes Lautrepertoire und relativ klare Übergangswahrscheinlichkeiten die Probleme bei der Konzentration auf einen Sender erheblich reduziert. In vielen Fällen lösen Vögel die auftretenden Probleme durch Verschiebungen der Tonhöhe im Gesang. Im Falle der akustischen Ortung (→ Echoortung), z.B. bei Fledermäusen, kann man kaum noch von einem C. sprechen, da der Empfänger das gesendete Signal kennt und lediglich Zeitdifferenzen und spektrale Veränderungen berücksichtigt werden müssen. [4]

Codierung → Kodierung.

Coecotrophie, *Caecotrophie, Weichkotfressen* (caecotrophy): die orale Aufnahme von Blinddarminhalt (Coecotrophe, Weichkot) bzw. Blinddarmkot. C. ist eine Form der → Koprophagie und kommt bei Hasenartigen und Nagern sowie einigen pflanzenfressenden Halbaffen und Beuteltieren vor. Die *Coecotrophe* wird direkt vom After abgenommen und unzerkaut verschluckt. Sie ist im Gegensatz zum Kot (Dickdarminhalt) breiiger, proteinhaltiger, vitaminreicher und wirkt sich förderlich auf die Verdauung aus. Verhindert man die C., so kommt es besonders bei Jungtieren, die schon frühzeitig die Coecotrophe der Mutter aufnahmen, zu Wachstumsstörungen und zur Verminderung der Widerstandskraft. Beim Kaninchen kann C. hauptsächlich während der Ruhezeit (am Tage) und die Kotabgabe während der Aktivitätszeit (in der Nacht) beobachtet werden. Kaninchen, denen der aufsteigende Teil des Dickdarms chirurgisch entfernt wurde, scheiden keine Coecotrophe mehr aus. [1]

Consort-pair (consort pair): temporäre Verbindung zwischen Männchen und Weibchen zur Fortpflanzung. Männchen gehen mit Weibchen im → Östrus Paarbindungen ein, um sie zu decken und möglicherweise zu bewachen, damit Kopulationen mit anderen Männchen verhindert werden. Solche Verbindungen, die einige Tage dauern können, werden beispielsweise bei Schimpansen *Pan troglodytes* und Japanischen Makaken *Macaca fuscata* beobachtet. [2]

Constraints (constraints): Zwänge bzw. Beschränkungen in Physiologie und Verhalten, die Organismen durch biotische oder abiotische Umweltfaktoren auferlegt werden. [2]

Contest-competition (contest competition): beschreibt die direkte Auseinandersetzung zwischen den Individuen im Wettbewerb um Nahrung oder Paarungspartner. Im Gegensatz zu → Scramble-competition sind die Ressourcen nicht gestreut, sodass die Kontrahenten ihre Chancen nicht durch Dispersion verbessern können. Ist beispielsweise der Zugang zu paarungsbereiten Weibchen limitiert, wetteifern die Männchen um Paarungen. In Sozietäten, die durch C. gekennzeichnet sind, bilden sich in der Regel lineare Rangstrukturen heraus. Die Wahrscheinlichkeit für C. steigt mit der Monopolisierbarkeit der Ressource und der Anzahl der Wettbewerber. [2]

Continuous-recording → Recording-rules.

Continuous-resource-Modell → sympatrische Artbildung.

Coolidge-Effekt, *Fremdheitseffekt* (Coolidge effect): bei Säugern und Fischen zu beobachtendes Phänomen, dass ein unbekanntes, sexuell attraktives Weibchen die Zeit für die Wiederherstellung der sexuellen Aktivität des Männchens wesentlich verkürzt. Hat ein Männchen einmal oder mehrmals mit einem Weibchen kopuliert, so führt das zur Gewöhnung und zum Erlöschen des Sexualverhaltens. Trifft es auf ein anderes paarungsbereites Weibchen, so kann es erneut Sexualverhalten zeigen und kopulieren. Der C. sorgt wahrscheinlich für die optimale Verbreitung des eigenen Erbgutes, denn weitere Kopulationen mit dem bekannten Weibchen hätten nicht zu mehr Nachkommen geführt. Der C. kann auch zum Nachweis des → individuellen Erkennens genutzt werden.

Der C. ist nach dem ehemaligen US-Präsidenten Calvin Coolidge (1872–1933) benannt. Einer Anekdote zufolge, soll dessen Gattin bei dem Besuch einer Farm erkundigt haben, wie es möglich sei, so viele Eier mit so wenigen Hähnen zu produzieren. Als ihr der Farmer mitteilte, dass seine Hähne ihrer Pflicht mehrere Dutzend Mal am Tag nachkämen, soll sie betont laut geäußert haben: „Vielleicht könnten Sie das einmal meinem Mann erzählen." Als der Präsident das hörte, erkundigte er sich beim Farmer, ob jeder Hahn dabei jedes Mal dieselbe Henne besteige. „Nein", wurde ihm entgegnet, „Jeder Hahn hat einen ganzen Harem von Hennen". „Vielleicht könnten Sie das meiner Frau sagen!" [1] [5]

Coper (coper): Individuum, das aktiv → Bewältigungsstrategien zur Selbstoptimierung in belastenden Situationen anwendet (→ Stress). Wesentliche Voraussetzung für diese Fähigkeit ist Selbstsicherheit und → Wohlergehen. Bei Kontrollverlust insbesondere hinsichtlich des sozialen Status sind derartige Strategien stark eingeschränkt. In der Psychologie werden C. auch als „Ablenker" bezeichnet, die ihre Familienangehörigen in akuten Schmerzsituationen ablenken und dadurch zur schnelleren Genesung beitragen. [5]

Cosinor-Verfahren (cosinor procedure): mathematisch-statistisches Verfahren der Chronobiologie, bei dem eine Kosinus-Funktion nach der Methode der kleinsten Fehlerquadrate an eine biologische Zeitreihe angepasst wird (Abb.). Mittels verschiedener statistischer Test kann zunächst geprüft werden, ob die Messreihe durch eine Kosinus-Funktion der vorgegebenen Periodenlänge beschrieben werden kann. So sollte die Amplitude signifikant verschieden von Null sein (F-Test). Eine weitere Möglichkeit besteht darin, zu prüfen, ob der prozentuale Anteil von der Gesamtvarianz, der durch die am besten angepasste Kosinus-Funktion beschrieben wird (percent rhythm, PR), signifikant ist. Ein positives Ergebnis bedeutet jedoch nicht, dass dem biologischen Prozess ein Sinus-förmiger Rhythmus zugrunde liegt, sondern nur, dass er mit einer Kosinus-Funktion beschreibbar ist. Damit können die Parameter der Funktion zur Charakterisierung des → biologischen Rhythmus herangezogen werden (→ Mesor, → Amplitude, → Akrophase).

Das C. hat eine sehr weite Verbreitung gefunden, da es einfach zu handhaben ist und biologisch gut zu interpretierende Ergebnisse liefert. Das hat allerdings auch dazu geführt, dass das C. recht unkritisch für biologische Rhythmen jeglicher Form benutzt wird. Man muss sich aber bewusst sein, dass Änderungen in der Kurvenform Amplituden- und Phasenänderungen vortäuschen oder verfälschen können. → Zeitreihenanalyse. [6]

Cross-fostering → Amme.

Crowding → Massensiedlungseffekt.

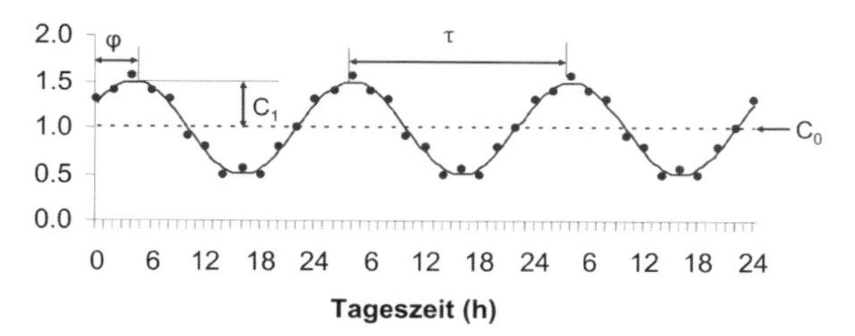

Cosinor-Verfahren zur Anpassung einer Kosinus-Funktion an eine hypothetische Zeitreihe: yi = C0 + C1 cos(ωti + φ)+ ei mit $\omega = 2\pi/\tau$ (y_i-Messwerte, t_i-Zeit, τ–Periodenlänge, C_0–Mesor, C_1–Amplitude, φ- Akrophase, e_i –Fehlerterm). [6]

Cryptic-female-choice (cryptic female choice): Fähigkeit der Weibchen, während oder nach der Kopulation bzw. Besamung männliches Erbgut zu selektieren. C. reicht dabei von Verhinderung der Intromission oder Ejakulation über vorzeitigen Kopulationsabbruch, Entfernung der Spermien nach der Kopulation, Erschwerung oder Verhinderung des Transports der Spermien zu den Speichern oder den Eizellen, Verhinderung der Ovulation bis zum Abort bzw. Resorption der Zygoten oder der Embryonen. So gibt es Hinweise, dass in promiskuitiven Paarungssystemen von Säugetieren nach Verpaarung mit mehr als einem Männchen der Reproduktionstrakt der Weibchen als Teststrecke für die Spermien fungiert, die schnellsten und vitalsten befruchten am Ende des Eileiters die Eizellen. Bei der Melonenqualle *Beroe ovata* können mehrere Spermien von mehreren Männchen die Membran einer Eizelle durchstoßen. Die Spermien werden dann nach Kappen der Schwänze in einer Proteinhülle immobilisiert. Der Kern der Eizelle nimmt nacheinander mit allen Spermien Kontakt auf, wandert aber jeweils wieder zur Mitte zurück. Nach Abschluss der Kontaktaufnahme vereinigt sich der Eizellenkern mit dem Kern einer Samenzelle. [2]

Cryptochrom (cryptochrome): Photopigment, das zunächst nur bei Pflanzen bekannt war und dort an der Synchronisation der circadianen Uhr mit dem täglichen Licht-Dunkel-Wechsel beteiligt ist. Inzwischen konnten C. auch bei Tieren und Bakterien nachgewiesen werden. Dort fungieren sie teilweise noch als circadianes Photopigment, z. B. bei *Drosophila*. Bei Säugetieren sind die C. (CRY1 und CRY2) nicht mehr an der Lichtdetektion beteiligt, sondern sind Teil des → circadianen Uhrwerks. Bei Zugvögeln wurden CRY1 und CRY2 Moleküle in speziellen Zelltypen der Netzhaut nachgewiesen. Dies könnte besonders bei nachts ziehenden Vögeln wie der Gartengrasmücke, die sich am Erdmagnetfeld orientieren, eine Rolle spielen. Es wird vermutet, dass C. ein magnetosensorische Molekül ist, das die magnetische Information in visuelle Signale übersetzt und es dem Vogel daher ermöglicht, das Erdmagnetfeld der Erde zu „sehen“. [6]

Cue (cue): ein Stimulus bzw. Kenn- und Signalreiz, der einer Verhaltensreaktion vorangeht, diese auslöst und gegebenenfalls verstärkt. [5]

Dämmerung (twilight): Zeit zwischen der Taghelligkeit und der Nachthelligkeit. Die D. dauert in unseren Breiten etwa 2 h. Man unterscheidet die helle D. (+2 bis -2° Sonnenhöhe, Licht reicht zum Lesen), die bürgerliche D. (bis -6° Sonnenhöhe, „letztes Büchsenlicht“) sowie die astronomische D. (bis -16° Sonnenhöhe). Unter ökologischem Aspekt ist die *bürgerliche D.* (civil twilight) von besonderem Interesse, da zu dieser Zeit viele dunkelaktive Tiere ihren abendlichen Aktivitätsbeginn haben.
Zunächst wurde vermutet, dass der bürgerlichen D. wegen ihrer hohen Präzision (geringe Unterschiede im Jahresgang sowie

zwischen Tagen mit und ohne Bewölkung) eine zentrale Bedeutung als Zeitgeber zukommt. Auch der Änderung der spektralen Zusammensetzung des Lichtes im Verlaufe der D. wurde eine Zeitgeberfunktion zugesprochen. Ein kausaler Zusammenhang scheint aber eher fraglich, da viele Tiere die D. gar nicht wahrnehmen.
Um den natürlichen Tag-Nacht-Verhältnissen näher zu kommen, wird bei Experimenten unter künstlichem Licht-Dunkel-Wechsel vereinzelt eine Dämmerungsphase eingebaut. Interessanterweise ist die Synchronisation der circadianen Aktivitätsrhythmen unter diesen Bedingungen tatsächlich stabiler. [6]
dämmerungsaktiv → Aktivitätstyp.
Danebenmarkieren, Darübermarkieren → Erwiderungsmarkieren
Dauerdunkel, Dauerlicht → Lichtregime.
Dauerfamilie → Familie.
Daumenlutschen (thumb sucking): typisches Verhalten der Kleinkinder und Primatenjungen, die ihren Daumen oder andere Finger in den Mund stecken und daran saugen. D. hat eine entspannende, beruhigende Wirkung, ist aber ein Verhalten am Ersatzobjekt, dem mehrere Ursachen zugrunde liegen. Es tritt häufig bei Säuglingen auf, die aus der Flasche gefüttert werden. Dabei ist der Milchfluss schneller als eine Nahrungsaufnahme aus der Brust. Deshalb werden Saugbewegungen im Leerlauf und als D. noch längere Zeit fortgesetzt. Häufig tritt D. auch bei Säuglingen, Kleinkindern und Affenjungen auf, die verängstigt sind, keine normalen Mutter-Kind-Bindungen haben oder unter belasteten sozialen Beziehungsfeldern aufwachsen. → Beruhigungssaugen, → Deprivationssyndrom. [1]
DD (DD): Abkürzung für Dauerdunkel, einem → Lichtregime mit konstanter Dunkelheit. [6]
Defäkation, *Koten* (defecation): Abgabe von Kot oder Fäzes, die besonders bei Säugetieren mit speziellen Verhaltensweisen gekoppelt ist. D. ist ein motiviertes Verhalten und äußert sich im zielgerichteten Aufsuchen des Kotplatzes (Nager, Raubtiere, Unpaarhufer, Paarhufer), in einer Geruchskontrolle (Fischotter, Zebra, Lama), im Scharren (Katze, Luchs, Rind, Wildpferd, Moschustier) und in der artspezifischen Körperhaltung (Schwanzabstellen, Krümmen, Kauern, Extremitätenspreizen u.a.), um ein Beschmutzen des Körpers zu verhindern. Nach der D. wird der Ort sofort verlassen, am Kot gewittert (Elefant, Pferdeartige, Hundeartige) oder der Kot wird verscharrt (Katze, Panther, Löwe). Zusammensetzung, Farbe und Geruch des Kotes geben Auskunft über das Verhalten und den Gesundheitszustand des Tieres. Bei Angst z.B. wird ein dünner, ungeformter, aus den oberen Darmbereichen stammender Kot abgegeben (*Angstkoten*).
Bei der D. werden auch Duftstoffe abgesetzt und Territorien markiert (→ Duftmarkierung). Bei neugeborenen Säugern wird die D. durch Anogenitalmassage angeregt. Im Zusammenhang mit der D. stehen die Nesthygiene, die → Koprophagie und die → Coecotrophie. [1]
Defensivdrohen → Drohverhalten.
defensives Verhalten, *Abwehrverhalten* (defensive behaviour): gegen Artgenossen, Raubfeinde (→ Raubfeindabwehr) oder abiotische Gefahren gerichtetes Verhalten zur Verteidigung und zum Schutz des eigenen Lebens, der Nachkommen, der Verwandten und Partner, aber auch der Beute und Territorien. Zum d. V. gehören Meide- und Fluchtverhalten, Beschwichtigungs- und Demutverhalten, aber auch Sichern, Faszinationsverhalten, Warnverhalten und Angriff (→ agonistisches Verhalten). [1]
Dehabituation → Dishabituation.
deklaratives Gedächtnis → Gedächtnis.
Dekodierung → Kodierung.
Demutverhalten, *Demutgebärde* (submissive behaviour, submissive gesture, submission posture): aktive Unterwerfung und Unterlegenheitskundgabe vor oder nach einer Rangauseinandersetzung als Befriedungsverhalten eines rangtieferen Individuums. D. unterdrückt oder beendet die Aggressivität des Ranghöheren (→ Beschwichtigungsverhalten). D. ist in vielfacher Hinsicht das Gegenstück zum → Drohverhalten. Man bezeichnet das Verhältnis zwischen beiden auch als → Prinzip der Antithese. Besteht das Drohverhalten im Sichaufblähen, Spreizen und Zurschaustellen, so verlangt D. Sichkleinmachen, Kopfeinziehen, Ohrenanlegen, Schwanzeinklemmen und Verharren in Bewegungslosigkeit. Es entzieht dem Partner alle kampfauslösenden Signale. Hinzu kommen

versichernde Verhaltensweisen, wie das Abwenden körpereigener Waffen (Zähne, Klauen, Hörner, Geweihe) und Einnehmen von Körperhaltungen, die einen plötzlichen Übergang zum Angriffsverhalten ausschließen (Aufstellen oder Flachhinlegen, Halsdarbieten) sowie Ablenkungsverhalten. D. hat sich besonders bei wehrhaften sozialen Tierarten entwickelt. Sie reduzieren damit das Verletzungsrisiko bei Rangauseinandersetzungen (→ Angriffshemmung) und stabilisieren die Rangordnung. Wo D. nicht ausgebildet ist, wie etwa bei Tauben oder Goldhamstern, kann Gefangenschaftshaltung in Gruppen zu hohen Tierverlusten führen (→ Beschädigungskampf, → Wehrreaktion). [1]

Denken (thinking): alle aktiven kognitiven Prozesse, die dazu dienen, Informationen aus der Umwelt zu erfassen, assoziativ zu klassifizieren und vergleichend zu analysieren (→ Intelligenz). Diese wertende Informationsverarbeitung vollzieht sich als gedankliche Simulation und ist auf das Lösen von Problemen und Situationen gerichtet. D. als ein bewusstes Sich-Befassen mit inneren Bildern oder Vorstellungen von Objekten oder Ereignissen dient damit der individuellen Selbstoptimierung. Als Kriterien des D. können die folgenden definiert werden: (1) das betreffende Individuum hat ein Ziel, (2) es macht sich ein Bild von der Situation, (3) es zeigt lern- und erfahrungsbedingt eine gewisse Flexibilität. Die höchsten Formen des D. sind das Bewusstsein und die Sprache. Arten und Formen des D. der Tiere und Menschen sind sehr unterschiedlich. Auch bei den höchstentwickelten Tieren bleibt es in der Natur wohl beim *unbenannten D.* Erst nach langem Training und nur bei vom Menschen aufgezogenen Menschenaffen (vor allem Schimpansen) gelang es, Gedanken mithilfe von Zeichensprache auszutauschen. Daran wird erkennbar, dass die Denkfähigkeit älter ist als die Sprachfähigkeit und diese wiederum älter als die Sprechfähigkeit. Auch beim Menschen bleibt neben dem *sprachlichen D.*, das im Vordergrund steht, das unbenannte D. erhalten (→ averbale Begriffe). Lernen, D. und Bewusstsein schaffen in Verbindung mit hoch entwickelten Sozialsystemen die Voraussetzung für völlig neue Interaktionsmöglichkeiten mit der Umwelt (→ kulturelle Evolution). [5]

deplazierte Bewegung (displacement activity): in Analogie zum englischen Sprachgebrauch vorgeschlagene Bezeichnung für → Übersprunghandlung. [1]

Deprivation, *Erfahrungsentzug, Reizentzug, Isolationsexperiment* (deprivation, experience deprivation, stimulus deprivation, isolation experiment): Vorenthalten von Erfahrungen jeglicher Art. Wurde früher als Methode genutzt, um Informationen über angeborenes und erworbenes Verhalten zu gewinnen (→ Kaspar-Hauser-Experiment). Von besonderem Interesse war dabei die *soziale D.*, der Entzug von sozialen Erfahrungen während der frühen Lebensphasen, der bei sozial lebenden Arten zu speziellen Verhaltensstörungen führen kann (→ Hospitalismus). [1]

Deprivationssyndrom (deprivation syndrome): Komplex von Verhaltensstörungen, welche durch Vorenthalten oder Entzug bestimmter Erfahrungen während der frühen Ontogenese bedingt sind und das Verhalten zeitlebens kennzeichnen. → Hospitalismus. [1]

deskriptive Verhaltensforschung, *deskriptive Ethologie* (descriptive ethology): neben der experimentellen Verhaltensforschung eine wesentliche Arbeitsform, die durch Beobachten und Beschreiben eine möglichst detaillierte und vollständige Bestandsaufnahme des Verhaltens von Individuen oder Arten vornimmt und daraus Ethogramme zusammenstellt. Alle Verhaltensbeschreibungen sollten objektiv und frei von → Anthropomorphismen sein. → Ethometrie, → vergleichende Verhaltensforschung. [1]

Desorientierung (disorientation): die eingeschränkte Fähigkeit, sich räumlich oder zeitlich zu orientieren. D. ist das Ergebnis eines Informationsverlustes in experimentellen oder natürlichen Situationen durch Ausfall von Rezeptormeldungen, von Informationen aus dem Gedächtnis oder aus der Umwelt (Erblindung, Ertaubung, Amnesie). Auffälliges Kriterium ist die Zunahme oder Intensitätssteigerung von Verhaltenselementen, die zur erneuten Orientierung führen können (→ Raumorientierung). [1]

Despotie (despoty): Form der Rangordnung bei der ein dominantes Tier alle anderen Mitglieder der Sozietät beherrscht. Die unterlegenen Individuen sind dabei gleichrangig. Meist bildet sich jedoch auch unter den subdominanten Individuen eine Rangordnung aus, sodass reine D. eher selten ist. Die Dominanzverhältnisse in den gleichgeschlechtlichen Gruppen männlicher Mäuse oder Meerschweinchen kommen der D. sehr nahe. [2]

Desynchronisation, *Entkopplung* (desynchronization): Verlust der Synchronisation zwischen biologischen Rhythmen innerhalb eines Organismus, die *interne D.* (internal desynchronization), oder zwischen biologischen Rhythmen und periodischer Umwelt, die *externe D.* (external desynchronization). D. tritt auf, wenn Rhythmen mit unterschiedlichen → Spontanperioden frei laufen oder sich die → Phasenbeziehungen ändern.
D. kann nach dem Wegfall bzw. Änderungen des → Zeitgebers (z.B. Dauerlichtbedingungen, Flug über mehrere Zeitzonen, Schichtarbeit) oder bei schweren Belastungen, Erkrankungen sowie in frühen Ontogenesestadien und im hohen Alter auftreten. Durch die Entkopplung der biologischen Rhythmen wird die → Zeitordnung gestört, und es kann zu funktionellen Einschränkungen kommen, die sich beim Menschen durch Unwohlsein, Müdigkeit und verminderte physische und psychische Leistungsfähigkeit bemerkbar machen. → spontane D., → erzwungene D., → Splitting, → Jetlag. [6]

Deterrentien → chemisches Signal.

Detritusfresser → Nekrophaga.

Deuterotokie → Amphitokie.

diadrom (diadromous): Fische, die zwischen Süßwasser und Meer wandern. → anadrom, → katadrom. [1]

Dialekt (dialect): an bestimmte Individuen gebundene, nicht zwischen diesen austauschbare Modifikation eines Verhaltens, das der Kommunikation dient. Sehr eng gefasst erfüllt ein D. außerdem die folgenden Kriterien:
- das Verhalten wird durch Überlieferung erlernt (→ Tradition),
- vom tradierten Verhalten gibt oder gab es mindestens zwei unterschiedliche Modifikationen,
- mehrere Individuen haben einen gemeinsamen D.

Der Dialektbegriff wird insbesondere für variable Lautäußerungen von Vögeln verwendet (→ Gesangs-D., → Ruf-D.), wobei jedoch bei der Anwendung der engen Kriterien Schwierigkeiten auftreten. So liegen tradierten akustischen Signalen von Sperlingsvögeln immer angeborene Strukturen zugrunde, die sich in der Lerndisposition ausdrücken (→ Gesangslernen). Ihr Anteil lässt sich nur durch methodisch komplizierte → Kaspar Hauser Experimente feststellen und ist bei weitem nicht von allen D. singender Arten bekannt. Andere Definitionen beinhalten deshalb eine Erweiterung auf ererbte, also nicht tradierte D., oder sie bezeichnen jede regionale Varietät eines Verhaltens als D. [4]

Dialog → Informationsübertragung.

Diapause → Dormanz.

Dichromat (dichromat): Tier, das Sehpigmente mit zwei unterschiedlichen spektralen Empfindlichkeiten hat und deshalb in der Lage ist, Farben zu unterscheiden, aber noch kein hoch entwickeltes Farbsehen besitzt (→ Sehen). D. unter den Säuger sind z.B. Goldhamster, Hörnchen, Spitzmäuse, die meisten Neuweltaffen, Katzen, Hunde und Huftiere. [4]

dichteabhängige Selektion → natürliche Selektion.

Dichteeffekt → Massensiedlungseffekt.

Dichten (subsong): in der älteren ornithologischen Literatur verwendete Bezeichnung, mit der alle vom Vollgesang abweichenden strophigen Lautäußerungen beschrieben wurden (→ Jugendgesang). [1]

Differenzdressur (differential conditioning): Dressur mit positiven und negativen Verstärkern, d.h. die erwünschten Verhaltensweisen werden belohnt und die unerwünschten bestraft. [1]

Differenzierungshemmung → Spezialisation.

Differenzton (difference tone): Ton, der aus zwei reinen Tönen unterschiedlicher Frequenz entsteht, wenn eine nichtlineare Erzeugung, Übertragung oder Verarbeitung vorliegt (Verzerrung). Haben die beiden Töne eine Frequenz von f_2 und f_1 ($f_2 > f_1$), dann hat der D. beim Vorliegen von quadratischen Verzerrungsanteilen eine Tonhöhe von f_2-f_1. Bei kubischen Anteilen entsteht ein D. mit der Frequenz $2f_1$-f_2. Oft handelt es sich um ganze Kaskaden von Differenztönen, die sowohl bei der Erzeugung (Sender) als auch beim Empfänger entstehen können. Da Schall leitende und verarbeitende Strukturen im Innenohr des Menschen ebenfalls nicht linear arbeiten, entstehen beim Anhören zweier reiner Töne entsprechender Intensität oft D., die nach einiger Übung gut herausgehört werden können. Die D. müssen dazu nicht in dem auf das Ohr treffenden Schall vorhanden sein. Musiker verwenden D. aus ihrem Innenohr ebenso wie D., die von den Musikinstrumenten erzeugt werden, zum Stimmen der Instrumente. In der → Psychoakustik wurden spezielle, mit einem tatsächlichen dritten Ton nahe am D. arbeitende Verfahren entwickelt. Dadurch wird eine Schwebung hervorgerufen, die im Originalsignal nicht vorhanden, aber auch für Ungeübte leicht wahrnehmbar ist (→ akustische Täuschung). Aufgrund des anatomischen Aufbaus muss für eine Vielzahl von Tieren angenommen werden, dass ihre Hörorgane D. hervorrufen. D. können in der Bioakustik jedoch auch als methodenbedingte Artefakte auftreten, welche durch Verzerrungen in der Aufnahme- oder Wiedergabetechnik entstehen. [4]

diffuges Signal (diffuge signal): Signal, das zur Distanzvergrößerung zwischen Individuen dient. Diffug wirkende akustische Signale besitzen oft ähnliche physikalische Parameter (rascher Anstieg der Intensität, breites Frequenzspektrum und vielfache, oft unregelmäßige Wiederholung). Eine wichtige Rolle kommt d. S. im agonistischen Verhalten und bei der Feindvermeidung zu. → affines Signal. [4]

Digigrada → Zehengänger.

Diöstrus → Östrus.

Diplophonie → Biphonation.

Discrete-habitat Modell → sympatrische Artbildung.

Dishabituation, *Dehabituation* (dishabituation): Aufhebung der → Habituation durch starke und bedeutungsvolle Reize. D. wird als einfache, nicht-assoziative Form des Lernens bezeichnet und führt zu einer allgemeinen Zunahme der Reaktionsbereitschaft des Individuums. Allerdings ist die Zunahme der Reaktionsbereitschaft und Reaktionsstärke auf den Kontext bezogen, in dem der dishabituierende Stimulus auftritt. Ein Futterstimulus verstärkt die Verhaltensweisen der Futtersuche, ein schmerzhafter Stimulus die des Schutz- und Fluchtverhaltens. [5]

Diskriminationslernen, *Reizunterscheidungslernen* (discrimination learning, stimulus control): das erfahrungsbedingte Differenzieren von verschiedenen Reizen im Verlauf von Reiz-Reaktions-Assoziationen. Die für dieses Unterscheidungslernen (dieser Reiz bedeutet dies, jener etwas anderes) notwendigen Diskriminationsreize können optische Zeichen und Muster oder Gegenstände (→ visuelle Diskrimination), akustische, chemische oder mechanische Reize sowie Positionen sein (→ räumliche Diskrimination). So können Haustauben bei Futterbelohnung feine Farbunterschiede differenzieren. Sie lernen, dass das Drücken auf die grüne Scheibe (links) mit Futter belohnt wird, was bei der blauen Scheibe (rechts) nicht der Fall ist. Daraufhin betätigen sie nach einigen Versuchsdurchgängen nur noch grün. Da sie ja auch eine Seitenpräferenz aufweisen bzw. rechts vs. links gelernt haben könnten, werden dann die Scheiben ausgetauscht. Die Tauben drücken wieder grün (nun rechts), sie haben also die farblichen Stimuli diskriminiert. Ziel solcher Experimente ist zum einen die Feststellung der Grenzen individueller Unterscheidungsfähigkeit, einschließlich der Bestimmung von Sinnesleistungen wie Farbtüchtigkeit und Hörvermögen, sowie die Untersuchung der Evolution der Lernprozesse. [5]

Dismigration, *Zerstreuungswanderung, Dispersionszug, Explorationswanderung* (dispersal, spacing): ungerichteter, aktiver Ortswechsel ohne Rückkehr. D. zeigen alle nicht an der Fortpflanzung beteiligten Individuen wie selbständige Jungen, nicht verpaarte Adulte oder erfolglose Paare (→ Reviersuche). Sie bewegen sich, zumeist bis zum Beginn der Migration ihrer Art, in einem Streifgebiet außerhalb des Ursprungsgebiets ungerichtet umher. So vagabundieren z. B. Stare und Sperlinge rings um ihre Brutgebiete. D. kann sich über hunderte und sogar tausende Kilometer erstrecken. D. reduziert die Nahrungskonkurrenz im Ursprungsgebiet, dient der Durchmischung und Homogenisierung von Populationen und kann zur Arealerweiterung führen (→ Ausbreitungswanderung). D. können aber auch erfolglos ausgehen (→ Irrwanderung, → Extinktionswanderung). → Migration. [1]

Dispersal → Ausbreitung.

Dispersion (dispersion): **(a)** räumliche Verteilung von Individuen, deren Bauten, Nester etc. oder Aktionsräume in einem definierten Gebiet. Die D. kann zufällig oder inäqual (ungleich verteilt), uniform, homogen oder äqual (mit etwa gleichen Abständen) sowie geklumpt, aggregiert oder kumular (dicht und dünn besiedelte Flächen) sein (Abb.). Die räumliche Verteilung und Dichte (→ Abundanz) von Individuen sind wichtige Charakteristika einer Population. **(b)** durch Warnsignale, Dispersionspheromone etc. ausgelöste Zerstreuung von Individuen. [1]

Dispersionszug → Dismigration.

disruptive Selektion → sympatrische Artbildung.

Disstress → Stress.

Distanzflucht → Fluchtverhalten.

Distanzflug (dispersal flight): beschreibt die Ausbreitung phytophager Insekten, wie Blattläuse, über lange Strecken. Auf den D. folgt der *Befallsflug* (dispersal flight), die Okkupierung der Wirtspflanze. [1]

Distanzregulation (distance regulation): Herstellung und Aufrechterhaltung sozialer Beziehungen als artspezifischer Kompromiss zwischen Annäherungs- und Rückzugstendenz. D. betrifft Individuen (Individualdistanz) und Gruppen (Gruppendistanzen). → Distanztier, → Kontakttier. [1]

Distanztier (distance animal, distance type animal): Tier, das in der Gemeinschaft einen gewissen Individualabstand einhält und Körperkontakt meidet. D. sind Lachse und Hechte, Möwen und Schwalben sowie die meisten Huftiere. Sie sind aber nicht ungesellig, denn viele D. bilden Schwärme oder Herden. Auf der anderen Seite gehören natürlich die solitären Tiere zu den D. In bestimmten Situationen wie beim Sexualverhalten, der Brutpflege sowie bei Regen und Kälte nehmen auch D. Körperkontakt auf. → Kontakttier. [1]

Distress-Ruf, *Disstress-Ruf* (distress call): Notruf, der in höchster Bedrängnis oder bei Unbehagen geäußert wird und Artgenossen zu Hilfeleistungen veranlassen soll. Einen D. geben Tiere ab, die beispielsweise von einem Raubfeind festgehalten werden (→ Alarmruf). Es handelt sich dabei in der Regel um Laute hoher Intensität, die nicht nur Artgenossen alarmieren und zum Verbergen oder zur Verteidigung animieren sollen, sondern auch dazu dienen können, den Angreifer abzuschrecken. Von Menschen nicht wahrnehmbare D. im Ultraschallbereich sind vor allem von nestjungen Nagern bekannt. Sie werden von einem Jungtier geäußert, wenn es beim Eintragen zu fest gepackt wird oder wenn es unterkühlt, hungrig oder längere Zeit ohne Sozialkontakt ist (→ Ruf des Verlassenseins). [4]

Domatium (domatium): von Pflanzen gebildete Kammern, Haarbüschel u. a., die von Tieren, besonders Milben (*Acarodomatium*) und Ameisen (*Myrmecodomatium*) bewohnt werden. Im Gegensatz zu den pflanzlichen Gallen werden Domati nicht durch die Bewohner induziert. [1]

Domestikation (domestication): die durch den Menschen erfolgte züchterische Veränderung des Genpools einer Wildpopulation (Haustierwerdung). Sie führt zur Adaptation an eine vom Menschen determinierte Umwelt. Genetische Faktoren, die die D. wesentlich beeinflussen sind Selektion, Inzucht und genetische Drift. Wichtigster Bestandteil der D. ist die *künstliche Selektion* (artificial selection), wobei meist bewusst auf ein bestimmtes züchterisches Ziel hin-

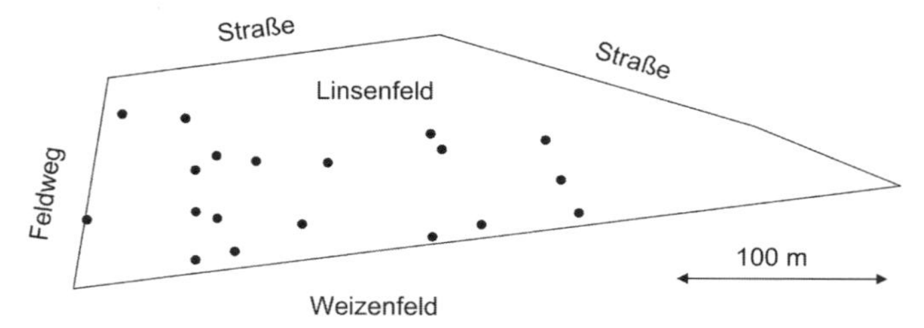

Dispersion der Goldhamsterbaue auf einem 3 ha großen Linsenfeld im Süden der Türkei. [1]

gearbeitet wird wie Fleischmenge, Milchleistung, Wollqualität, Wachsamkeit oder Hüteverhalten. Die künstliche Selektion liefert aber häufig auch unbeabsichtigt erzielte Ergebnisse. Einige pazifische Zuchtlachspopulationen zeigen einen sehr frühen Beginn des Laichverhaltens, der ursprünglich nicht beabsichtigt war. Er beruht darauf, dass rein zufällig Eier von frühen Laichern besonders häufig für die Zucht eingesammelt wurden. Gefangenschaftszucht von Garnelen der Gattung *Pandalus* führte zu einer zufälligen Reduktion des Fluchtverhaltens. Die Tiere zeigten einen extrem erniedrigten Dopaminspiegel. Hybriden aus domestizierten und wilden Garnelen verhielten sich intermediär. Andere Nebeneffekte beruhen dagegen auf der pleiotropen Wirkung von Genen, die auch das züchterische Merkmal beeinflussen. Neben der künstlichen Selektion wirkt aber auch die natürliche Selektion. Hohe Inzuchtgrade können zur Expression rezessiv nachteiliger Allele führen. Manche Verpaarungen sind nicht erfolgreich bzw. liefern unerwünschte Ergebnisse aufgrund von Inkompatibilitäten. Anpassung an eine vormals natürliche Umwelt führt zu einer Formation co-adaptierter Genkomplexe, deren Aufbrechen durch künstliche Zuchtwahl mitunter zu negativen Ergebnissen führt.
Züchtung basiert unter anderem auf Inzucht und führt damit zum Verlust an genetischen Polymorphismen innerhalb von Zuchtlinien. Allerdings ist der Grad genetischer Variabilität abhängig vom jeweils betrachteten Merkmal und den Züchtungsbedingungen. Domestizierte Linien zeigen häufig geringere individuelle Verhaltensvariabilität und weniger komplexe Verhaltensmuster (z. B. Kanarienvogelgesang, allgemeines Explorationsverhalten beim Goldhamster). Domestikation hat zu einer Reihe morphologischer (Hirnmasse) und Verhaltensänderungen geführt (Sexualverhalten, Sozialverhalten, Motorik). Balz- und Brunstverhalten bei Haustieren sind reduziert, sie können viel häufiger zur Paarung veranlasst werden und nehmen für die Spermagewinnung aufgrund von Schwellenänderungen auch Phantome an. Domestizierte Tiere lassen sich in sehr großen Gruppen halten, sind zahmer oder aggressiver (Kampfhähne, Kampffische), adoptieren schneller fremde Jungtiere und bauen oft keine Territorien oder Rangordnungen auf. Änderungen der Motorik betreffen die Art und Weise der Bewegung (z. B. Trabgang der Pferde, Flügelklatschen, Rollen und Purzeln bei Tauben) und ihre Intensität (Rennpferde, Windhunde, aber auch Bewegungsarmut bei Mastschweinen). Interessanterweise sind Ergebnisse über Lernleistungen bei domestizierten Tieren und ihren Wildlinien widersprüchlich, wobei man generell von einer Abnahme des Lernvermögens bei Haustieren ausgeht. Haushunde besitzen aber z. B. kognitive Fähigkeiten, die bei Wölfen nicht vorkommen. [3]

Dominanz (dominance): beschreibt die Überlegenheits-Unterordnungs-Beziehung zwischen Individuen. Dabei misst jedes Individuum dem Partner einen Rang zu und verhält sich über- oder unterlegen. D. ist vom Alter, der Körperkraft, dem Temperament, der sozialen Erfahrung und manchmal auch vom Einfluss Dritter (→ abhängiger Rang) abhängig. Einmal herausgebildet, genügt zur Aufrechterhaltung der D. in der Regel ranganzeigendes Verhalten. Das spart Zeit, Kraft und Risiko.
Das überlegene Individuum zeigt *D.verhalten* (dominance behaviour). Dazu gehören hauptsächlich das → Drohverhalten und das rangklärende → Kampfverhalten, das zumeist als → Kommentkampf ausgeführt wird. Das dominante Individuum verhält sich weitgehend normal. Es nimmt bis auf gelegentliche Rangdemonstrationen keine auffällige Rücksicht auf die Partner. Das unterlegene Individuum äußert *Subdominanzverhalten* (subdominance behaviour). Es unterbricht sein Verhalten und weicht aus, sobald sich der dominante Partner nähert, es zeigt → Demutverhalten, aber auch → Wehrreaktionen, wenn die Möglichkeit zur Flucht fehlt.
Entsprechend der Stärke der D.beziehung lassen sich mehrere → Dominanzgrade unterscheiden. Die höheren davon verlangen individuelles Erkennen. Aus diesem Grunde sind D.phänomene bei Wirbeltieren weit verbreitet, während sie bei Wirbellosen seltener ausgebildet sind. → Rangordnung. [1]

Dominanzgrad (degree of social dominance): Ausdruck für die Stärke der Dominanzbeziehungen zwischen zwei Individuen. Ulrich Lundberg (1986) unterscheidet drei D.:

– *Angriffsrecht* (attack right) oder *unidirektionale Dominanz*, mit einem vollständig determinierten und absoluten Rangverhältnis. Die Dominanz 1. Grades beschreibt eine starke und dauerhafte einseitige, von beiden Partnern geachtete Dominanzbeziehung, in der der Unterlegene die Angriffe des Überlegenen widerstandslos erduldet, während er selber gegen andere, ihm unterlegene Partner durchaus dominant auftreten kann.
– *Angriffsdominanz* (attack dominance) oder *bidirektionale Dominanz*, mit einem teildeterminierten Rangverhältnis. Die Dominanzbeziehung 2. Grades ist eine statistische Dominanzbeziehung zwischen zwei Partnern, von denen der eine gegen den anderen mehr Siege erringt als dieser gegen ihn. Dieser D. weist eine geringere Festigkeit auf als der 1. Grades. Er verändert sich saisonal oder temporär, ja sogar in Abhängigkeit von der Tagesform der Partner.
– *Verdrängung* (supersedence) oder *situationsbedingte Dominanz*. Die Dominanz 3. Grades ist die momentane Dominanz eines Individuums, das sich plötzlich einem anderen nähert und es dadurch verdrängt, im nächsten Augenblick aber wieder von diesem oder einem anderen verdrängt werden kann, ein Verhalten mit häufigem Rangwechsel. [1]

Doppelplot → Aktogramm.

doppelte Qualifizierung (double qualification): ein Grundprinzip der Verhaltensregulation, das besagt: Verhalten wird immer von Angeborenem und Erworbenem bestimmt. [1]

doppelte Quantifizierung (double quantification): ein Grundprinzip der Verhaltensregulation, das besagt, dass die Intensität und Häufigkeit des Verhaltens durch äußere und innere Faktoren bestimmt wird. Dabei können sich beide Faktoren in gewissen Grenzen gegenseitig ersetzen. So genügt bei einer starken → Motivation schon ein schwacher → Kennreiz zur Auslösung des Verhaltens. Je schwächer jedoch die Motivation desto stärker und auch spezifischer müssen die Kennreize sein. Bei einer zu großen Motivation kann das Verhalten auch ohne Kennreize in Gang kommen (→ Leerlaufhandlung). Fehlt die Motivation, dann kann auch der stärkste Kennreiz kein Verhalten auslösen. → psychohydraulisches Modell. [1]

Doppler-Effekt (Doppler effect): Frequenzverschiebung eines Signals durch einen bewegten Sender, Empfänger oder Reflektor. Der Effekt wurde von Christian Doppler (1842) für Licht vorhergesagt und erst später, zunächst für Schall und dann für Licht nachgewiesen. In der Verhaltensbiologie spielt der D. nur bei Schallsignalen eine Rolle. Er wird ausgenutzt bei der → Echoortung, insbesondere von Hufeisennasen (Rhinolophide). Diese Fledermäuse senden relativ lange Ultraschalllaute (Dauer rund 1/40 s) konstanter Frequenz in der Größenordnung von 100 kHz. Der Laut erfährt bei der Reflexion an den bewegten Flügeln eines Beuteinsekts eine Frequenzmodulation (→ Modulation), aus welcher die Fledermäuse Informationen über Flügelschlagfrequenz und Größe der Beute entnehmen können. Um die durch den D. hervorgerufenen, relativ kleinen periodischen Frequenzänderungen in der Größenordnung von 0,1 % wahrnehmen zu können, haben die Fledermäuse eine akustische → Fovea. Zur optimalen Ausnutzung des relativ kleinen Frequenzbereichs der akustischen Fovea müssen die Tiere berücksichtigen, dass sie durch die eigene Bewegung selbst eine Doppler-Verschiebung verursachen. Deshalb senken sie die Frequenz ihres Ortungslautes mit zunehmender eigener Fluggeschwindigkeit ab. [4]

Dormanz (dormancy): beschreibt Entwicklungsverzögerung durch eine Stoffwechselreduzierung bei wirbellosen Tieren, insbesondere Insekten. D. kann in jedem ontogenetischen Stadium (Ei, Larve, Puppe oder Adultus) eintreten. So verharren manche Eier von Feldheuschrecken ein bis zwei Jahre in D., um klimatisch ungünstige Perioden zu überbrücken. Wird die D. durch Außenfaktoren bzw. ungünstige Umweltbedingungen und ohne physiologische Vorbereitung ausgelöst, dann ist es die konsekutive D. oder *Quieszenz* (quiescence). Sie wird beim Einsetzen günstiger Lebensverhältnisse beendet und ist z.B. eine Möglichkeit der → Überwinterung. Im Gegensatz dazu wird die prospektive D. oder *Diapause* (diapause) primär endogen festgelegt. Sie ist genetisch festgelegt, an ein bestimmtes Entwicklungsstadium gebunden und tritt während einer artspezifischen sensiblen Periode ein. Das heißt, sie ist physiologisch vorbereitet und wird durch saisonale Umweltänderungen ausgelöst (→ Jahresrhythmus). [1]

Drang (urge): in der Verhaltensbiologie ein veralteter, nur noch selten verwendeter Begriff, dessen Bedeutung besser mit der → Motivation umschrieben wird. [1]

Dreiecksverhältnis → zirkuläre Dominanz.

Dressage → Dressur.

Dressur (animal training): die Konditionierung von Tieren, insbesondere Zirkustieren, zu einem bestimmten Verhalten. D. verstärkt durch Belohnungen oder Bestrafungen angeborene und erworbene Lerndispositionen. Bei höheren Tieren können → Nachahmung und möglicherweise auch → einsichtiges Lernen eine Rolle spielen. Die D. kann zur Untersuchung der Leistung von Sinnesorganen, der Unterscheidungsfähigkeit, der Lernfähigkeit und der Gedächtnisleistungen von Tieren angewendet werden. In Einzelfällen ist bei einem engen Kontakt zwischen Mensch und Tier *Selbstkonditionierung* oder *Selbst-D.* zu beobachten. Dabei passen die Tiere ihr Verhalten Verstärkern an, die vom Menschen ungewollt wirken (→ temporale Konditionierung, → Ortsprägung, → abergläubisches Verhalten, → Beobachtungslernen). Früher wurde zwischen wissenschaftlicher D. (*Apprentissage*) und Zirkus-D. (*Dressage*) unterschieden. Während bei Letzterer die direkte Beziehung zwischen Mensch und Tier eine große Rolle spielt, wurde sie bei der wissenschaftlichen D. so weit wie möglich vermieden. [5]

Drift → Verdriftung, → genetische Drift, → kulturelle Drift.

Drogenabhängigkeit → Sucht.

Drohdistanz → kritische Distanz.

Drohgähnen, *Wutgähnen* (threat yawning): mimischer Ausdruck bei ranghöheren Primaten, die zur Rangsicherung das Maul langsam und weit öffnen und dabei besonders die obere Zahnreihe entblößen und die Eckzähne vorweisen. Beim Pavian werden gleichzeitig und auffällig die Augen durch die hellen Lider vollständig geschlossen. Das D. kann ungerichtet (ins Leere) oder gerichtet (adressiert) ablaufen. Es ist ein wichtiges optisches Signal zur Aufrechterhaltung einer stabilen Sozialstruktur. [1]

Drohmimik (threat mimic, threat face): Drohverhalten von Säugern unter Einsatz von Gesicht und Kopf. Besonders auffällig ist D. bei Arten mit differenzierter Muskulatur und vielfältigen Kommunikationssignalen wie bei Hunden, Affen und Menschen.
Bei der D. des Menschen sind die Augen fixiert, die Brauen nach unten gezogen, die Lider weit geöffnet, die Mundwinkel abwärts oder nach vorn gezogen, die Zähne der unteren Reihe sichtbar und Stirnfalten ausgeprägt. Diese D. ist von anderer Mimik wie Angst, Ekel, Freude oder Trauer eindeutig zu unterscheiden und in allen Kulturen nachweisbar. [1]

Drohverhalten (threat behaviour): ein Teil des agonistischen Verhaltens zur Distanzregulation zwischen zwei Tieren gleicher oder auch verschiedener Arten. D. sichert die Abstände eines Dritten zum Weibchen, von den Jungen, zur Beute, vom sozialen Verband, vom Ruheplatz u. a. In nichtanonymen Verbänden (Herden, Horden) erhöht es – im Gegensatz zum aggressiven Verhalten – die Wahrscheinlichkeit für die Erhaltung einer bestehenden sozialen Hierarchie, z. B. in einer Gänseschar. D. führt zu Fluchtverhalten (Vergrößerung der Distanz) oder Kampfverhalten (Verringerung der Distanz) oder zur Umstimmung und Unterordnung (Verringern der Distanz im Sexualverhalten). D. ist arttypisch, generell sind daran Lautgebung (Drohlaute), Mimik (→ Drohmimik) und Änderungen der Körperhaltung (Drohhaltung) beteiligt. Typische Elemente des D. sind Breitseitstellen, Aufrichten, Anblicken, besondere Schwanzbewegungen und -haltungen, Körperzittern, Haaraufrichten und Federsträuben, Stampfen oder Schlagen mit den Extremitäten, Körperheben und -senken (Ducken), Kopfheben und -senken, Anlegen, Aufstellen und Senken der Ohren, Augenöffnen, Pupillenänderung, Zähnezeigen, Fauchen, Zischen oder Knurren, Demonstrieren von Stirnwaffen (Geweih, Gehörn), sowie bei Fischen Umfärben oder Flossenspreizen. Häufig werden diese Bewegungen nur im Ansatz (→ Intentionsbewegungen) ausgeführt. So drohen Stichlinge an Reviergrenzen durch Absenken des Vorderkörpers aus der normalen Schwimmhaltung oder Gänse mit spezifischen Halsstellungen.
Bei einigen Säugern kann zwischen aggressivem und defensivem D. unterschie-

Drohverhalten beim Goldschakal. Oben: neutrales Gesicht, Mitte: Aggressivdrohen, unten: Defensivdrohen in jeweils zunehmender Intensität. Aus R. Gattermann et al. 1993.

den werden (Abb.). *Aggressivdrohen* (offensive threat) signalisiert höchste Angriffsbereitschaft und äußert sich beispielsweise beim Hund in einem steifen, hölzernen Gang, im Sträuben der Haare, im Anheben des Schwanzes über die Rückenlinie, im Aufstellen der Ohren, dabei sind die Mundwinkel kurz und rund, die Zähne nur im vorderen Bereich gebleckt. *Defensivdrohen* (defensive threat) erfolgt beim Zurückweichen und Verteidigen. Das Fell des Hundes ist gesträubt, aber der Schwanz eingekniffen, die Ohren liegen eng am Hinterkopf, die Mundwinkel sind lang und spitzwinklig, die Zähne bis zu den Backenzähnen entblößt. → Imponierverhalten, → Demutverhalten. [1]

Duettgesang, *Paargesang* (duetting, vocal duet, pair song): Vereinigung der Lautmuster von zwei Gesangspartnern (in der Regel eines Paares) zu einer Gesamtstruktur, in der oft die Einzelgesänge kaum noch zu unterscheiden sind. Nach neueren Versuchen einer Definition spricht man von einem D., wenn sich entweder beide Partner häufig abwechseln oder wenn die zeitliche Variation der Intervalle zwischen den Gesangsteilen beider Partner gering ist oder wenn beide Bedingungen gleichzeitig erfüllt sind. Am einfachsten lässt sich feststellen, was kein D. ist. Wird der von vielen Insekten und Wirbeltieren vorgetragene Sologesang auch zuweilen im Wechsel oder in fester zeitlicher Phasenbeziehung mit einem meist gleichgeschlechtlichen Artgenossen vorgetragen, dann spricht man oft von einem → Wechselgesang (manche Insekten und Wirbeltiere). Antwortmuster bei Gesängen zwischen zwei rivalisierenden

Männchen werden ebenfalls vom D. unterschieden und heißen, insbesondere bei Vögeln, häufig → Kontergesang. Was ein D. im strengen Sinne ist, lässt sich auch deshalb so schwer definieren, weil es erhebliche artspezifische Unterschiede gibt: der D. kann geschlechtsspezifische Gesangselemente enthalten oder auch nicht, die Gesangsstrophen können überlappend als *simultanes Duett* (synchronous duetting) oder alternierend als *Antiphonie* (antiphonal duetting) vorgetragen werden. Die Einleitung des D. kann entweder vorwiegend durch das Männchen oder das Weibchen erfolgen, der Anteil am Gesang kann bei jedem der Geschlechter zwischen 10 und 90 % liegen, und nicht zuletzt kann auch die zeitliche Präzision sehr unterschiedlich sein. Beim hoch entwickelten D. werden die typischen Gesangsteile ausschließlich dann vorgetragen, wenn beide Partner anwesend sind. Duette unterschiedlicher Paare können gleich sein. Es gibt aber auch Unterschiede, die bis zu → Dialekten führen können. In einigen Fällen antworten die Partner einander nicht mit den gleichen Lautmustern, sondern mit anderen, jedoch ganz bestimmten Mustern. Solche Duettgesänge lassen sich überwiegend bei tropischen Vögeln und Säugetieren beobachten, die unübersichtliche Lebensräume bewohnen. Wesentliche Voraussetzungen für die Ausbildung eines D. sind die „ansteckende" Wirkung des Singens, die Fähigkeit des Transponierens in andere Tonlagen, die Fähigkeit, Elementfolgen als Einheit zu behandeln und Elemente oder Phrasen als Teile einer größeren Gesamtstruktur zu erkennen, sowie sie gegebenenfalls zu vervollständigen, falls nur Teile davon angeboten werden. Die letzten drei Merkmale gelten als Bestandteile der Gestaltwahrnehmung und deuten auf einen hohen Grad der Informationsverarbeitung im Gehirn einiger Vogelarten hin. Welchen Vorteil ein D. im Laufe der Evolution hatte, ist noch umstritten, zumal verwandte Arten in ähnlichen Lebensräumen oft ohne ihn auskommen. Mögliche Erklärungen wären ein besseres „Austesten" des jeweiligen Partners oder ein „Erproben" der Partnerschaft. Hauptsächlich diskutiert werden derzeit jedoch zwei andere Hypothesen zur Entstehung des D.: zum einen vermutet man ein gegenseitiges Signalisieren der Paarbindung und zum anderen ein gemeinschaftliches Anzeigen, dass das Paar gewillt ist Ressourcen (z. B. das Revier) zu verteidigen. [4]

Duftmarkieren (scent marking): Verhaltensweisen im Dienst der Chemokommunikation, die dem Markieren des eigenen und des Körpers von Sozialpartnern sowie dem Kenntlichmachen von Spuren und Revieren mithilfe von Duftstoffen dienen. Meist sind die zum D. verwendeten → Pheromone mittel- oder schwerflüchtig, damit die Markierung lange erhalten bleibt. Viele Säuger markieren ihr Streifgebiet oder ihr Revier durch D. (Abb.). Als Substanzen können Drüsensekrete, Urin und Kot, der zusätzlich durch Darmbakterien spezifiziert oder verändert sein kann, dienen. Der Duftstoff wird an auffälligen Objekten abgerieben (bei Hirschen z. B. Zweige und Baumstämme), durch Spritzen oder schnelle Schwanzbewegungen in die Umwelt geschleudert (Katzenartige, Flusspferde) oder am eigenen Körper durch Reiben und Wälzen verteilt (Katzenartige, Schweine). Unter Umständen können dabei auch körperfremde Substanzen, wie Aasgeruch, zum D. genutzt werden (Braunbär). [4]

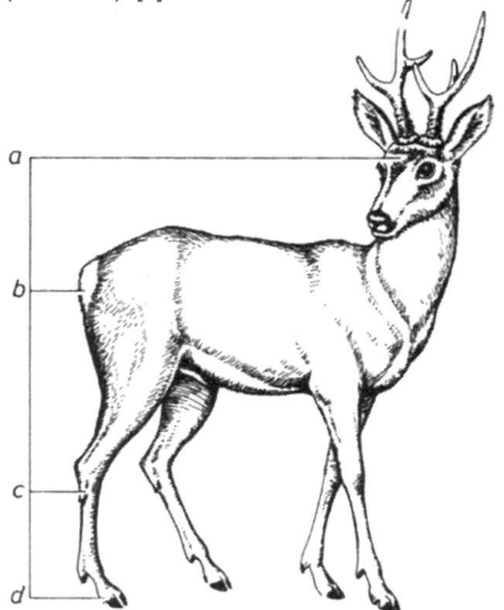

Duftmarkieren beim Rehbock mit Duftdrüsen auf der Stirn (a), am Spiegel (b), an den Fersen (c) und zwischen den Hinterhufen (d). Aus R. Gattermann et al. 1993.

Duftschuppen, *Androkonien* (scent scales, androconia): spezialisierte Schuppen (modifizierte Chitinborsten) auf den Flügeln oder am Körper (oft auch an den Extremitäten) mancher Schmetterlinge. D. kommen hauptsächlich bei Männchen vor. Sie stehen meist in so genannten Duftorganen (Androkonienfelder) zusammen und sind mit Drüsenzellen verbunden. Auf diese Weise kann das Sekret über eine große Oberfläche verteilt und in die Luftströmung zur Anlockung oder zur Synchronisation des Partners während der Balz abgegeben werden. Die von D. abgegebenen Duftstoffe (→ Pheromon) verändern den Zustand des Empfängers (meist des Weibchens) und lösen bestimmte Verhaltensweisen aus. Sie fungieren innerhalb der → Kommunikation als hoch spezifische Signale. Bei manchen Arten stoßen die Männchen mit Duftstoffbuketts beladene D. ab, die dann die Weibchen auf chemischem Wege stimulieren und für die Kopulation einstimmen. Beim Ockerbindigen Samtfalter *Hipparchia semele* tragen die Vorderflügel der Männchen auf der Innenseite Duftschuppenfelder. Ihre Berührung mit den Antennen erhöht beim Weibchen die Kopulationsbereitschaft und garantiert den angeborenen Ablauf der Balzbewegungen bis zur Begattung und Übertragung der Spermien. [4]

Duftsignal → chemisches Signal.

Duftspur, *Duftstraße* (olfactory trail, odour trail): durch spezielle Pheromone markierter Weg, der Artgenossen die Orientierung erleichtert oder erst ermöglicht. D. sind vor allem bei Staaten bildenden Insekten wie Termiten, Ameisen und einigen Bienenarten verbreitet und dienen als Wegweiser zu Nahrungsquellen und helfen beim Zurückfinden zum Nest. Sammlerinnen einiger sozialer Arten der stachellosen Bienen (Meliponinae) setzen in kurzen Abständen ein Mandibelsekret auf dem Boden ab und weisen so Neulingen den Weg zu den Futterplätzen. Das *Spurpheromon* (trail pheromone) der meisten Ameisenarten ist relativ flüchtig, je nach Witterung innerhalb weniger Minuten wirkungslos und muss von nachfolgenden Arbeiterinnen ständig erneuert werden. So wird gesichert, dass Futter suchende (fouragierende) Artgenossinnen nicht eine eventuell schon ausgebeutete Quelle aufsuchen. Manche Spurpheromone sind allerdings erst dann voll wirksam, wenn sie durch die Einwirkung von Ozon und Sonnenlicht chemisch verändert wurden, was bei vielen Experimenten bisher nicht berücksichtigt wurde. Manche Ameisen sind für ihre D. sehr empfindlich. Bei der Blattschneiderameise der Gattung *Atta* würden 0,33 mg des Spurpheromons ausreichen, um eine Ameisenstraße rund um die Erde zu legen.

D. sind auch für Säugetiere bekannt. Beispielsweise orientieren sich die nachtaktiven Plump-Loris der Gattung *Nycticebus* bei völliger Dunkelheit anhand von Harnspuren. Wahrscheinlich legen auch tagaktive Primaten D., denn Brüllaffen, die hinter der Gruppe zurückbleiben, finden ohne visuellen und akustischen Kontakt wieder Anschluss. [4]

Duftstoff, *Riechstoff* (odourous substance): flüchtige Substanz, die im gasförmigen Zustand mithilfe des Geruchsinns über eine mehr oder weniger große Entfernung wahrgenommen werden kann. Der Begriff D. kann auch für das Leben unter Wasser erweitert werden. Die D. müssen dann wasserlöslich sein. Anhand von D. kann z. B. die Nahrung (Beute oder Futterpflanze), eine geeignete Pflanze zur Eiablage (Schmetterlinge und viele andere herbivore Insekten) oder das Laichgewässer (Lachs, Erdkröte) erkannt werden. Im engeren Sinne ist ein D. ein → chemisches Signal. [4]

Duftstraße → Duftspur.

Dulosis, *Sklavenhalterei* (dulosis, slavery): Form des Sozialparasitismus einzelner Ameisenarten. Sie dringen in die Nester anderer Arten ein, rauben Larven und Puppen und ziehen sie dann im eigenen Nest auf. Der so entstandene Misch- oder Sklavenstaat wird *Dulobium* genannt. Manche Arten sind völlig auf „Sklavenarbeiterinnen" angewiesen (*obligatorische D.*). Amazonasameisen *Polyergus* haben keine eigenen Arbeiterinnen, sie können sich aufgrund ihrer großen säbelförmigen Mandibeln nicht selbst ernähren und sind auch nicht fähig, ein Nest zu bauen. Deshalb betreiben sie D. bei *Formica* Arten und lassen alle diese Tätigkeiten von Artfremden verrichten. Bei der *fakultativen D.* kommen Raubzüge nur gelegtlich vor, so z. B. bei *Raptiformica*. [1]

Dungfresser → Koprophagie.

dunkelaktiv → Aktivitätstyp.
Dunkelzeit → Lichtregime.
durch Erfahrung ergänzter angeborener Auslösemechanismus, *EAAM* (innate releasing mechanism modified by experience, IRME): Ergänzung der von Geburt an verfügbaren angeborenen Auslösemechanismen (AAM) durch Erfahrungen und Lernprozesse im Verlauf der Individualentwicklung. Dadurch kann sich ein Individuum jeweils angemessen verhalten, indem es beispielsweise wirksame Reize erkennt und von den unwirksamen zu unterscheiden lernt (→ Habituation, → bedingte Reaktion, → bedingte Appetenz). Auf diese Weise wird der AAM zum EAAM ausdifferenziert, ohne dass der AAM dabei verloren geht (→ erworbener Auslösemechanismus). Beispielsweise lernen Hühner, obwohl sie angeborenermaßen nach körnigen und wurmförmigen Objekten am und im Boden picken, erst nach und nach, Nahrung von Ungenießbarem zu unterscheiden. [5]
Durchzügler (migratory animals): Tiere, die sich auf der Wanderung befinden und nur kurze Zeit im Gebiet aufhalten, ohne dass es zu einer Ansiedlung oder Vermehrung kommt (→ Migrationsverhalten). [1]
Dyade (dyad): eine Zweiergruppe die auf sozialen Beziehungen basiert, z. B. Mutter-Kind-D., Alpha-Omega-D. *Dyadische Interaktionen* werden beispielsweise bei der Errichtung von Rangordnungen beobachtet. Innerhalb einer größeren sozialen Gruppe existieren häufig mehrere zweier Beziehungen. Sie lassen sich nach $x = n(n-1)/2$ berechnen, d.h. bei 30 Gruppenmitgliedern treten maximal 435 D. auf. → Encounter.[1]
dynamischer Stereotyp (dynamic stereotyp): eine regelmäßige konstante Folge bedingter Reize löst kettenförmige, zeitlich-räumlich identische Verhaltensreaktionen aus (→ Dressur). Dieser Reaktionstyp bleibt auch bei gewissen Änderungen der Reizkombination erhalten. Erklärt wird der d. S. mit der räumlichen und zeitlichen Struktur der Reaktionsmuster im Gehirn. [5]

EAAM → durch Erfahrung ergänzter Auslösemechanismus.
EAM → erworbener Auslösemechanismus.
Eavesdropping, *Belauschen*, *Abhören* (eavesdropping): Eindringen in ein Kommunikationssystem durch einen weiteren Empfänger, für den das gesendete Signal nicht bestimmt ist. Das E. besteht aus dem Sammeln und dem darauf folgenden Ausnutzen von Informationen. Der Begriff E. wird vorrangig für das Belauschen einer akustischen Kommunikation durch arteigene oder artfremde Tiere verwendet, zuweilen aber auch auf andere Signalmodalitäten erweitert z. B. auf visuelle und chemische. E. kann ein entscheidender Kostenfaktor für den Sender eines Signals sein. [4]
Echoortung, *Echoorientierung* (echo localization): Ortung durch selbst ausgesandte Schallwellen. Ausgewertet werden können Richtung, Intensität (Entfernung und Größe des Objektes), Laufzeit (Entfernung), Veränderungen im Schallspektrum (Beschaffenheit, Lage, Form und Größe des reflektierenden oder streuenden Objektes) und Frequenzverschiebungen (Geschwindigkeit, z. B. Frequenzmodulation durch den Flügelschlag eines Beuteobjektes aufgrund des → Doppler-Effektes). Die optimale zeitliche Dauer, Wellenlänge oder spektrale Zusammensetzung des zur E. verwendeten → akustischen Signals ist nicht für alle der genannten Zwecke gleich. Deshalb setzen viele der mit Ultraschall ortenden Fledermäuse und Delphine zweckgebunden unterschiedliche oder auch sehr komplexe Signale zur E. ein (Abb.). E. beschränkt sich nicht nur auf Frequenzen im → Ultraschall. Auch → Hörschall ist gegebenenfalls geeignet (z. B. südamerikanische Fettschwalme, asiatische Salangane, *Rousettus*-Flughunde, Wanderratten). E. wird im erweiterten Sinne auch zuweilen der Kommunikation zugeordnet (→ Autokommunikation). Die Bestimmung der Richtung einer aktiv sendenden Schallquelle sollte nicht als E. bezeichnet werden, sondern als → akustische Lokalisation. [4]
EE → Evolutionäre Erkenntnistheorie.
effektive Populationsgröße (effective population size): Sammelbezeichnung für alle tatsächlich an der Reproduktion beteiligten

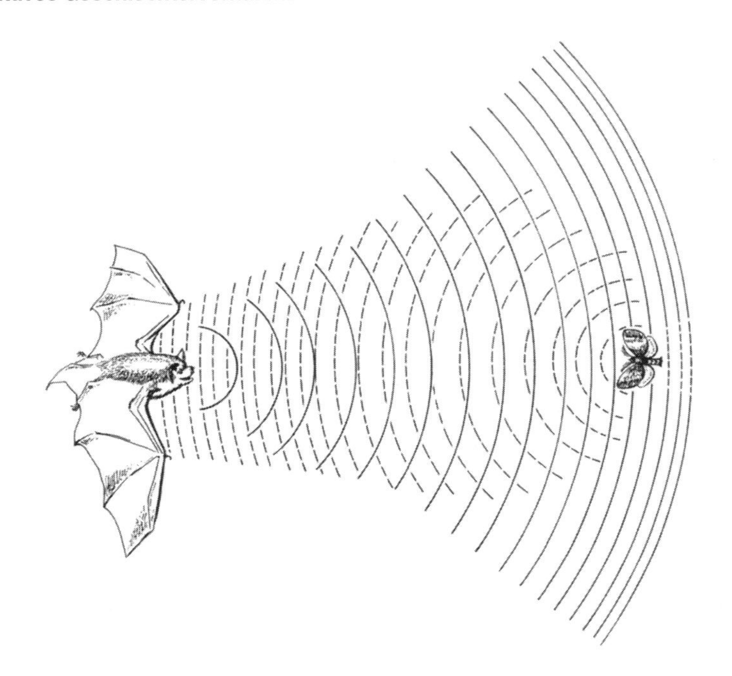

Echoortung bei Fledermäusen. Aus R. Gattermann et al. 1993.

Individuen. Sie hat die gleiche Auswirkung auf Inzucht und genetische Drift wie die natürliche Populationsgröße und ist häufig bedeutend kleiner als die Letztere. Die e. P. wird u. a. durch das aktuelle Geschlechterverhältnis, Paarungssystem, den Überlappungsgrad der Generationen, Familiengrößen etc. bestimmt. [3]

effektives Geschlechterverhältnis → operationales Geschlechterverhältnis.

Effektor (effector): Bezeichnung für Erfolgsorgane des Körpers wie Muskeln, Drüsen, Exkretionsorgane, periphere Kreislaufabschnitte sowie die eventuell vorhandenen elektrischen Organe, die als Antwort auf ein entsprechendes sensorisches Signal eine nach außen hin wirkende Aktion initiieren. Das Zusammenspiel der E. mit den dazugehörenden Konstitutionselementen (Körperwerkzeuge, Schutzpanzer, Erscheinungsbilder, Körpermasse u. a.) schafft Gebrauchs- und Signalsysteme, die es dem Organismus erlauben, gegenüber der Umwelt wirksam zu werden und diese zu manipulieren (→ Verhaltensregulation, → Ausgangsverhalten). [5]

Efferenz (efference): Gesamtheit aller Erregungen, die vom Zentralnervensystem über Nervenbahnen zu den einzelnen Organen bzw. den Effektoren des Verhaltens übergehen (→ Afferenz). [1]

EFM → Familie.

Egoismus, *Eigennutz* (egoism, selfishness): in der Verhaltensbiologie die Steigerung der individuellen Fitness auf Kosten anderer. In der Soziobiologie wird E. der Gene als die eigentliche Triebfeder der Evolution angesehen. Danach sind die Individuen als kurzzeitiger Transporteur ihrer Gene bestrebt, soviel Erbinformation als möglich in die nächste Generation zu bringen. Sie müssen sich dazu mit Artgenossen, Individuen anderer Arten sowie abiotischen Umweltfaktoren auseinandersetzen bzw. arrangieren. So stehen Kooperation oder Altruismus auf individueller Ebene nicht im Gegensatz zum E., sondern ermöglichen die Maximierung der Gesamtfitness unter den gegebenen Umweltbedingungen. [2]

Ehe (marriage): in der klassischen Verhaltensforschung übliche Bezeichnung für eine dauerhafte Partnerbindung zwischen Männchen und Weibchen, für die heute der neutralere Begriff der Paarbindung verwendet wird. [1] [2]

ehrliches Signal (honest signal): ein Signal, welches unverfälschte Informationen über die Eigenschaften des Senders an den Empfänger überträgt. Im Konflikt zwischen Sender und Empfänger ist anzunehmen, dass der Sender versuchen wird, den Empfänger im eigenen Interesse zu manipulieren. Dennoch muss ein Signal zuverlässig und ehrlich sein, damit die gewünschte Antwort auch später noch hervorgerufen und das Signal seine Funktion erfüllen kann. Welche Prozesse die Ehrlichkeit eines Signals erhalten und Betrug weitgehend verhindern, war und ist ein zentraler Forschungsgegenstand der Biokommunikation. Im koevolutionären Kampf zwischen Sendern und Empfängern tritt Täuschung und Betrug häufig auf. Männchen können z.B. *sensorische Fallen* (sensory traps) nutzen, um Weibchen zur Paarung zu verführen. Solche „Fallen" sind oft nachgeahmte Signale, auf die Weibchen in einem anderen Kontext antworten würden, z.B. Beute- oder Futterreize. Beispielsweise ahmen die Männchen einiger mexikanischer Fischarten der Unterfamilie Goodeinae mithilfe eines gelben Bandes auf der Schwanzflosse nahrhafte Würmer oder Insektenlarven nach, um Weibchen anzulocken. Die Berechnung der Kosten und Nutzen für beide Partner stellt für die Forschung nach wie vor eine große Herausforderung dar. Das reicht bis hin zu der Frage, wie es überhaupt zur Evolution ehrlicher Signale kommen konnte. [4]

Ei-Einrollbewegung (egg rolling): angeborenes Verhalten zahlreicher bodenbrütender Vögel (Enten, Gänse, Hühnervögel, Kraniche, Straußenvögel und Watvögel), um aus dem Nest geratene Eier zurückzurollen (→ Erbkoordination). Graugänse greifen über das Ei und rollen es mit der Unterseite des Schnabels sorgfältig balancierend ins Nest (Abb.). Konrad Lorenz und Nikolaas Tinbergen (1938) konnten nachweisen, dass dieses Verhalten auch im Leerlauf abläuft, wenn das Ei entfernt wird, sobald die Gans zum Einrollen angesetzt hat (→ Leerlaufhandlung). [1]

Eiflecken (egg spots): bei afrikanischen Buntbarschen (Cichlidae) auf der Afterflosse vorkommende eiförmige Flecken, die in Größe und Färbung mit natürlichen Eiern der betreffenden Arten sehr gut übereinstimmen. Sie sind beim männlichen Geschlecht stärker ausgebildet und vor allem bei maulbrütenden Arten sehr auffällig. Bei der Paarung nimmt das Weibchen die austretenden Eier sehr schnell ins Maul. Das Männchen demonstriert in der Nähe des Weibchens mit gespreizter Afterflosse seine E. und gibt zugleich die Spermien ins Wasser ab. Wenn das Weibchen nun nach diesen Ei-Attrappen schnappt, werden die Eier im Maul befruchtet. [1]

Eigendressur → Selbstdressur.

Eigennutz → Egoismus.

Einander-Lausen → Fremdputzen.

Eindringling → Intruder.

Einehe → Monogamie.

Einemsen (anting): ein bei Singvögeln zu beobachtendes Komfortverhalten. Beim aktiven E. (z.B. Star) werden Ameisen in den Schnabel genommen und über die Federn gerieben. Dabei nehmen die Vögel die

Ei-Einrollbewegung der Graugans. Aus R. Gattermann et al. 1993.

merkwürdigsten Positionen ein, um auch alle Körperpartien zu erreichen. Beim passiven E. (z.B. Drossel) vollführt der Vogel Badebewegungen über Ameisenstraßen oder -nestern und verteilt so Ameisen im Gefieder. Die Funktion des E. ist unbekannt, möglicherweise werden mit dem Ameisensekret die Federn gereinigt, Hautrezeptoren erregt oder Ektoparasiten vertrieben. [1]

Einfrieren → Akinese.

Eingangsverhalten (behavioural input): veralteter Sammelbegriff für die verhaltensrelevante Informationsaufnahme. → Ausgangsverhalten, → Zustandsverhalten. [1]

Ein-Männchen-Einheit (one-male unit): Paarungssystem bei Primaten, bei dem ein Männchen ein oder mehrere Weibchen kontrolliert, sich mit ihnen paart sowie Paarungen mit anderen Männchen verhindert. So halten sich die Weibchen des Mantelpavians *Papio hamadryas* die meiste Zeit in der Nähe „ihres" Männchens auf und lassen ihm auch den größten Anteil des → Fremdputzens zukommen. → Zwei-Mann-Team. [2]

Einmieter → Inquilin.

Einmietertum → Parabiose.

Einsicht (insight): das Erfassen verhaltensrelevanter Zusammenhänge und Beziehungen mittels Denken, durch das ein gewisses Maß an Voraussicht (Planung) ermöglicht. Im Gegensatz zum Erkenntnisgewinn durch Erfahrung beruht E. auf der Neukombination bereits vorhandener, aber zunächst unabhängiger Gedächtnisinhalte und führt zum plötzlichen Entdecken neuer Verhaltensmuster oder Lösungen für Probleme. [5]

Einsichtslernen, *Planhandlung, Aha-Erlebnis* (learning by insight, aha experience): die spontane Aneignung oder Umstrukturierung von Wissen, das auf Nutzung der kognitiven Fähigkeiten beruht. E. basiert auf dem Erkennen und Verstehen eines Sachverhaltes, des Sinns und der Bedeutung einer Situation. Dies ermöglicht die Ausbildung primär neukombinierter Verhaltensweisen zur Lösung neuartiger Probleme durch das Erfassen der zugrunde liegenden Ursache-Wirkung-Zusammenhänge (→ Denken). Nach erfolgreicher Anwendung kann diese Erkenntnis dann ohne vorheriges Ausprobieren auf ähnliche Situationen übertragen werden. E. ist die höchste Lernform der Tiere. Sie befähigt zu Planhandlungen, Erfahrungstransfer (→ Lernen-Lernen, → Transposition) und Werkzeuggebrauch. Besonders eindrucksvolle Beispiele der einsichtigen Beherrschung von Mittel-Zweck-Ziel-Relationen sind die Lernleistungen von Schimpansen im Umgang mit andressierten Zeichen- und Symbolsprachen (Abb.). So war es möglich, den Tieren komplexe Verhaltensanweisungen (Gebote und Verbote) zu geben und Fragen zu stellen. Die Versuchstiere erlernten mehrere hundert Begriffe, erfanden auch neue „Wörter", konnten Bitten stellen und „Versprechungen" machen und gaben sogar Teile ihrer erworbenen Fähigkeit an die Artgenossen weiter. Ein klassisches Beispiel des E. sind die sog. Kistenversuche Wolfgang Köhlers (1914). Bei den ersten Experimenten wurden sechs junge Schimpansen in einen Versuchsraum mit glatten Wänden geführt, in dem in einer Ecke zwei Meter über dem Fußboden eine Banane angebracht war. In der Mitte des Raumes befand sich eine oben offene Kiste. Alle Tiere versuchten zunächst, die Frucht springend zu erreichen. Ein Tier gab dies jedoch nach kurzer Zeit auf, blieb nach kurzer unruhiger Begehung des Raumes plötzlich vor der Kiste stehen, schob sie in Richtung Ziel, stieg dann auf sie und gelangte so an die Banane. [5]

Eintragen, *Jungeneintragen* (retrieving, carrying in): angeborenes Verhalten und eine Form des Jungentransports, bei dem Jungtiere vorsichtig mit den Zähnen gepackt und in das Nest oder eine neue Behausung transportiert werden. Es kann vor allem bei Nagetieren, bei manchen Raubtieren und in Einzelfällen bei Greifvögeln (Wiesenweihe) beobachtet werden. E. gehört zum Verhaltensrepertoire der Mutter, kann aber auch von Männchen und Geschwistern ausgeführt werden. Eingetragen werden alle aus dem Nest gefallenen, an den Zitzen hängend herausgeschleppten oder von selbst herausgekletterten Jungen. Bei Störungen wird der gesamte Wurf durch E. in ein neues Versteck transportiert. Die Jungen nehmen zur Erleichterung des E. häufig eine Tragestarre ein.

Fälschlicherweise wird E. mit dem Futterhorten bzw. Futtereintragen gleichgesetzt. Beide Verhaltensweisen sind hinsichtlich

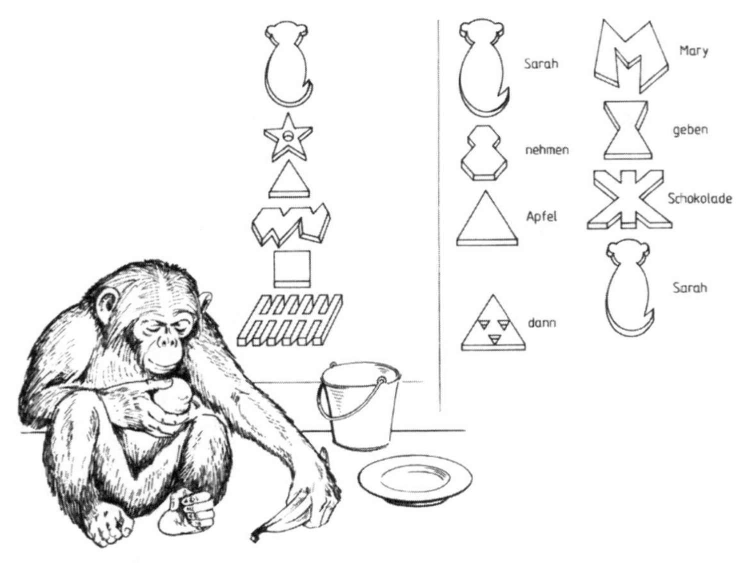

Einsichtslernen bei der Schimpansin Sarah, die die Bedeutung von Plastiksymbolen erkennt. Sie befolgt die linke Anweisung und legt den Apfel in den Eimer und die Banane auf den Teller. Um Schokolade von ihrer Trainerin Mary zu erhalten, muss sie das Symbol für den Apfel wegnehmen (rechts). Aus R. Gattermann et al. 1993.

Motivation, Ablauf, Ermüdbarkeit etc. voneinander zu unterscheiden. So tragen Goldhamsterweibchen ohne motivationelle Ermüdung pausenlos Jungtiere ins Nest, wenn sie vom Experimentator immer wieder herausgenommen werden und sie transportieren lebende Jungtiere nicht wie Futter in den Backentaschen (→ Backentaschentransport). [1]

Einzelgänger (loner): zeitweilig oder dauerhaft ungesellig lebendes Individuum, wie es charakteristisch für solitäre Arten ist. E. kommen aber auch bei sozial lebenden Tieren vor. So sondern sich häufig alte Männchen von der Herde oder Gruppe ab, um einzeln zu leben (Elefanten, Büffel, Löwen, Wölfe). [1]

Einzelrevier → Territorium.

Eiparasit (egg parasite): Parasiten oder Raubparasiten, deren Larven sich in den Eiern der Wirte entwickeln, wie die Schlupfwespen der Gattung *Trichogramma*. [1]

Ektohormon → chemisches Signal.

ektotherm (ectothermic): Tiere, deren Körpertemperatur etwa der Umgebungstemperatur entspricht und die von der Umgebung erwärmt oder abgekühlt werden. Im Gegensatz zu den → endothermen Tieren können sie vergleichsweise wenig Stoffwechselwärme bilden und sind thermisch schlecht isoliert. E. sind die meisten Wirbellosen, Fische, Amphibien und Reptilien. Thermoregulatorisches Verhalten ist neben physiologischen Mechanismen (z.B. Umlenken des Blutflusses zur Haut zur Wärmeabgabe oder -aufnahme) die primäre Möglichkeit, ihre Körpertemperatur zu kontrollieren. Eine Eidechse nimmt deshalb solange ein Sonnenbad, bis sie eine Temperatur erreicht hat, die eine effiziente Funktion des Stoffwechsels und der Muskulatur ermöglicht. Im Allgemeinen besteht die wirkungsvollste thermoregulatorische Maßnahme darin, einen Ort mit geeignetem Mikroklima aufzusuchen. → thermoregulatorisches Verhalten [5]

Ektozoon → Epizoon.

Elaboration (elaboration): wörtlich „Ausarbeitung“, bezeichnet in der Psychologie vertiefte Informationsverarbeitungsprozesse, mit deren Hilfe neues Wissen dauerhaft angeeignet werden kann. Ziel der E. ist es, dass sich im Gedächtnis ein Netzwerk aus redundanten Verknüpfungen bildet, das ein späteres Abrufen der gespeicherten Information erleichtert und die Gefahr des Vergessens verringert. Nach manchen Autoren sind die beiden wichtigsten E.formen das sprachliche und das anschauliche Verarbeiten. Bei der sprachlichen E. werden oft zwei Komponenten unterschieden: die semantische Komponente, die darauf abzielt, zusätzliche Bedeutungszusammenhänge zur Eingliederung der Information zu entdecken oder herzustellen, und die regulative Komponente, die den Ablauf kognitiver Prozesse durch „inneres Sprechen“ steuert. Die anschauliche E. besteht in der Erzeugung bildhafter Vorstellungen, die dem anzueignenden Wissen entsprechen und zugeordnet werden können. Die Verbindung beider E.formen ist anscheinend vorteilhaft und deshalb erstrebenswert. [4]

Elasis, *Entfernungsorientierung*, *Zielorientierung*, *Translationsorientierung* (elasis): Begriff zur Bezeichnung der Fähigkeit, Entfernungen abschätzen zu können. Dabei ist zwischen einer Schätzung ohne und mit Absolvieren der gesamten Strecke zu unterscheiden. Die E. naher Objekte (z.B. Landmarken, Beute) kann durch räumliches Sehen, kleine Ortsveränderungen oder durch das einäugige Scharfstellen (Akkomodation) auf das Objekt mit dem optischen System des Auges erfolgen. Letzteres ist für Chamäleons nachgewiesen, welche über die Akkomodation auch ohne jede vorherige Ortsveränderung sehr genau die Entfernung zu einem Beutetier messen können, bevor sie gezielt zum „Zungenschuss“ ansetzen. Bei großen Entfernungen muss der Weg immer vorher absolviert werden. Viele Tiere können während des Schwimmens, Laufens oder Fliegens die zurückgelegte Entfernung relativ gut schätzen. Die E. ist bei einigen Methoden der → Navigation eine wichtige Voraussetzung. [4]

elektrisches Organ (electric organ): Organ zur Erzeugung elektrischer Felder, welche zum Beutefang, zur Verteidigung oder als Signale zur Kommunikation oder Elektroortung verwendet werden. E. O. haben sich bei Fischen mehrfach unabhängig voneinander entwickelt und bestehen meist aus umgewandelten Muskelfasern, den so genannten elektrischen Platten, Elektroplatten bzw. *Elektrozyten* (electrocyte), die nicht mehr kontrahieren können. Die Elektrozyten werden, gesteuert über motorische Endplatten, einseitig aktiviert und erzeugen dabei eine Potentialdifferenz von etwa 0,14 V. Durch Reihenschaltung von bis zu 6000 Elektrozyten kann die elektrische Spannung entlang des Fisches fast 1 kV erreichen. Eine zusätzliche Parallelschaltung erhöht die Stromstärke auf bis zu 50 A. Die gesamte Elektrozyten-Batterie wird als Elektroplax bezeichnet. Starkelektrische Fische, die Organe hoher Spannung und Stromstärke besitzen, sind Zitteraale (*Electrophorus*, Süßwasser, Südamerika), Zitterwelse (*Malapterurus*, Süßwasser, Afrika) und Zitterrochen (*Torpedo*, Meer). Sie benutzen ihre Entladung zur Verteidigung und zum Beutefang. Unter den im Meer lebenden Knochenfischen wurde bisher nur bei Mönchsfischen (Himmelsgucker, Uranoscopidae) ein e. O. gefunden. Schwachelektrische Fische erzeugen Spannungen von nur wenigen Volt und verwenden die erzeugten Felder zur → Elektroortung und zur → Elektrokommunikation. Zu den schwachelektrischen Fischen gehören viele Meeresrochen sowie zwei Gruppen tropischer Süßwasserfische: die Neuwelt-Messerfische (Gymnotiformes) und die afrikanischen Nilhechte (Mormyriformes). Zitterrochen besitzen parallel neben dem e. O. für starke elektrische Felder auch ein e. O. für schwache Entladungen. Der Zitteraal, ebenfalls ein Vertreter der Messerfische, besitzt neben dem starkelektrischen Hauptorgan sogar zwei weitere e. O.: das schwachelektrische *Sachssche Organ* (Sachs organ) und das *Huntersche Organ* (Hunters organ). Letzteres kommt parallel zum Hauptorgan zum Einsatz. Bei einer Familie der Neuwelt-Messerfische, den Schwanzflossen-Messeraalen (Apteronotidae), ist das e. O. im Gegensatz zu den Organen der anderen elektrischen Fische nicht aus Muskelgewebe, sondern aus Nervenzellen hervorgegangen. [4]

elektrisches Signal (electric signal, electric organ discharge, EOD): durch elektrische Organe hervorgerufene zeitliche Veränderungen elektrischer Felder im Süß- oder Meerwasser. Die Signalintensität (Feldstärke) am Empfänger wird in V/m gemessen. In Abhängigkeit von der Leitfähigkeit des umgebenden Mediums muss der Sender eine unterschiedlich hohe elektrische Leistung zur Erzeugung und Aufrechterhaltung des Feldes beitragen. Zur besseren Ankopplung an das Medium haben insbesondere schwachelektrische Süßwasserfische eine auffällig gestreckte Körperform. Das → elektrische Organ erstreckt sich meist längs der Körperachse. Je nach Aufbau der Elektrocyten erzeugt eine durch das Nervensystem gestartete elektrische Entladung, gemessen zwischen Kopf und Schwanzende, unterschiedliche elektrische Spannungsimpulse. Pro Entladung entsteht entweder ein einziger negativer Impuls (negativ monophasisch, z. B. bei Rochen) oder ein einziger positiver (positiv monophasisch, z. B. Sachssches Organ beim Zitteraal), oder ein positiver gefolgt von einem negativen (biphasisch, bei einigen Neuwelt-Messerfischen). In seltenen Fällen (bei manchen Nilhechten) gibt es auch triphasische Entladungen, die mit einem negativen Impuls beginnen.
Die meisten schwachelektrischen Fische senden e. S. kontinuierlich. Man unterscheidet nach den Entladungsmustern zwei Klassen: „Wellenfische“ (Nilhechte der Gattung *Gymnarchus* und Neuwelt-Messerfische der Familien Apteronotidae und Sternopygidae) und „Pulsfische“ (die restlichen Nilhechte und Messerfische). Pulsfische produzieren sehr kurze multiphasische Entladungen von kurzer Dauer (1–3 ms), die variabel 50–100 Mal in der Sekunde wiederholt werden. Wellenfische haben etwas längere Impulse (3–5 ms), die sich 300–1700 Mal pro Sekunde wiederholen und damit eine kontinuierliche Schwingung des elektrischen Feldes hervorrufen. [4]

Elektrokommunikation (electrocommunication): eine Form der Kommunikation, bei der elektrische Signale im Wasser übertragen und von entsprechenden Sinneszellen oder Sinnesorganen empfangen werden. E. ist umfassend untersucht beim agonistischen Verhalten und beim Paarungsverhalten einiger Arten schwachelektrischer Süßwasserfische aus Südamerika und Afrika. → elektrisches Organ. [4]

Elektrolokalisation (passive electrolocation, electrolocation): passives Finden von Beutetieren durch das Aufspüren elektrischer Felder. Jedes Tier erzeugt elektrische Wechselfelder, z. B. durch Muskelkontraktionen oder Nerventätigkeit. Haie und Rochen sind in der Lage, verborgene Fische anhand ihrer elektrischen Felder zu lokalisieren. So finden Haie eine eingegrabene Scholle auch ohne jedes Geruchssignal. Sie verfehlen die Scholle jedoch, wenn sich diese in einem elektrisch isolierenden Gehäuse befindet. E. ist bisher nur wenig untersucht. Sie wird jedoch bei allen Tieren vermutet, die Elektrorezeptoren besitzen (→ Elektrorezeption). [4]

Elektroortung, *Elektroorientierung* (active electrolocation, electrolocation): unter Wasser stattfindende Ortung durch selbst ausgesandte elektrische Felder. Mit anschließender → Elektrorezeption können Veränderungen im Feld registriert werden. Damit ist es möglich, Form und Größe von Hindernissen (z. B. Steine mit geringer elektrischer Leitfähigkeit) oder Tieren (z. B. Beutetiere) zu erkennen. E. wird im erweiterten Sinne auch der Kommunikation zugeordnet (→ Autokommunikation). Die alleinige passive Registrierung elektrischer Felder sollte nicht als E. bezeichnet werden, sondern als → Elektrolokalisation. [4]

Elektrorezeption (electroreception): Wahrnehmung elektrischer Reize und Signale. Aufgrund der hohen Leitfähigkeit im Zellinneren und im Körper ist E. bei Landtieren nur bei sehr hohen elektrischen Feldstärken möglich, wie sie z. B. in der Atmosphäre bei Gewitterlagen entstehen. Unter Wasser ist E. schon bei sehr kleinen elektrischen Feldstärken von rund 100 nV/m möglich. E. ist bei Fischen sehr früh entstanden (→ Verhaltensfossilien) und weit verbreitet, bei den „modernen“ Knochenfischen allerdings relativ selten zu finden. Knochenfische mit E. sind, neben den schwachelektrischen Fischen (→ elektrisches Organ), lediglich Welse (Siluriformes) und Vertreter der Altwelt-Messerfische (Notopteridae). Neben den Fischen sind auch die Larven von Salamandern, adulte aquatische Salamander und Schnabeltiere zur E. in der Lage. E. bei Fischen erfolgt im einfachsten Falle mit ampullären oder tubulären Organen. *Ampulläre Organe* (ampullary receptor organ) sind beispielsweise die *Lorenzinischen Ampullen* (ampulla of Lorenzini) der Haie und Rochen, die sich zu Hunderten im Kopfbereich der Tiere finden. Die Poren sind die Mündungen der Ausführkanäle der mit Gallerte gefüllten Ampullen. Die aus Haarzellen hervorgegangenen elektrosensitiven Zellen liegen am Boden der Ampullen und können einen Spannungsabfall über die Haut registrieren. Lorenzinische Ampullen sind Gleichstromdetektoren. Im Gegensatz dazu können *tubuläre Organe* (Tubulusorgane) aufgrund der Isolation der Sinneszellen zum Wasser nur Wechselstrom ab einer bestimmten Frequenz auf kapazitivem Wege empfangen (Hochpassfilter). Während Neuwelt-Messerfische (Gymnotiformes) nur *Tubulusorgane* (tuberous receptor organ) besitzen, sind die Verhältnisse bei den afrikanischen Nilhechten (Mormyriformes) wesentlich komplizierter. Sie besitzen so genannte *Knollenorgane* (knollenorgan) als Wechselstromdetektoren und *Mormyromasten* (mormyromast), die mit ihren A- und B-Zellen getrennt Gleichstrom- und Wechselstromkomponenten aufnehmen. E. dient der → Elektrolokalisation, bei schwachelektrischen Fischen (→ elektrisches Organ) auch zur → Elektroortung und → Elektrokommunikation. Die hochempfindlichen Lorenzinischen Ampullen könnten darüber hinaus zur Messung des Erdmagnetfeldes oder von Meeresströmungen eingesetzt werden (→ Magnetfeldorientierung). [4]

Elektrostimulation → Hirnreizung.

Elektrotaxis → Galvanotaxis.

Element → Gesang.

Elternaufwand, *Brutpflegeaufwand*, *elterliche Investition* (parental investment): umfasst Zeit und Energie, aber auch Risiken, die ein Elter in die Brutpflege eines eigenen Jungtiers investiert. Im weitesten Sinne beginnt der E. mit dem Herrichten des Nestes, Baues und des Territoriums, der Bildung von Spermien und Eizellen, dem Bebrüten der Eier bzw. der Trächtigkeit, der Laktation und der Pflege bis zur Selbständigkeit und Entwöhnung der Nachkommen. E. verbessert die Überlebenschancen und den späteren Fortpflanzungserfolg des gegenwärtigen Jungtieres, auf Kosten zukünftiger Nachkommen (→ Eltern-Jungtier-Konflikt). E. mindert die direkte Fitness der Elter, erhöht jedoch die des Nachwuchses und damit auch die indirekte Fitness der Elter. Der E. ist geschlechtsspezifisch, Weibchen investieren in der Regel mehr Zeit und Energie und tragen auch das größere Risiko (→ Geschlechterkonflikt). [1]

Elternfamilie, *Patrogynopädium* (parental family): Sozietät, die aus Vater und Mutter und ihren direkten Nachkommen besteht, wobei beide Elternteile sich an der Brutpflege beteiligen. Die E. bewohnt in der Regel ein Revier, das vorzugsweise vom Vater nach außen verteidigt wird. E. sind charakteristisch für monogame Paarungssysteme der Vögel sowie für einige Säugetiere (Biber, Alpen-Murmeltier, Krallenaffen) und auch verschiedene Fischarten (Buntbarsche wie *Symphysodon discus* und *Pterophyllum scalare*).

Bei einer Arbeitsteilung in der E. (Vater: Revierverteidigung oder Nahrungsbeschaffung, Mutter: Brüten oder Füttern) wird auch von einer *Vater-Mutter-Familie* gesprochen. → Familie. [2]

Elternhocker → Tragling.

Elterninvestment → Elternaufwand.

Eltern-Jungtier-Konflikt (parent-offspring conflict): ein natürlicher Konflikt zwischen den Nachkommen und den Eltern. Er besteht im Hinblick auf die Menge des elterlichen Pflegeaufwandes. Investieren die Eltern zu wenig in die Brutpflege, dann sterben die Jungen oder sie kommen nicht zur Fortpflanzung. Dauert die Brutpflege zu lange, dann fallen unter Umständen ein oder mehrere Gelege bzw. Würfe pro Saison aus. In jedem Fall sinkt die direkte Fitness der Eltern.

Die Jungtiere beanspruchen von ihrem Elter in der Regel mehr Pflege als diese bereit zu geben sind. Deshalb müssen Nachkommen häufig durch aggressives Verhalten der Eltern entwöhnt werden. Jedes einzelne Jungtier versucht auf Kosten seiner Geschwister für sich einen größeren Anteil elterlicher Zuwendung in Anspruch zu nehmen (→ Geschwisterkonflikt). Da der Verwandtschaftsgrad zwischen dem Elter und allen Jungtieren identisch ist, werden unterschiedliche Investitionen vermieden. [1]

Emaskulation (emasculation): Spezialfall der Kastration, die hier durch Verhalten herbeigeführt wird. So verlieren beispielsweise Spinnenmännchen häufig bei der Kopulation ihre „Geschlechtsorgane“ (Taster), weil sie vom Weibchen oder von ihnen selbst entfernt werden. So bewirkt die frühzeitige E. eines Tasters bei den Männchen der Eintasterspinne *Echinotheridion gibberosum* ein schnelleres Wachstum, verbunden mit dem früheren Eintritt in die Geschlechtsreife. Der verbleibende Taster wird während der Kopulation entfernt und verbleibt in der weiblichen Geschlechtsöffnung. So werden Spermientransfer gesichert und Paarungen mit anderen Männchen verhindert. [1]

Embryophagie → Adelphophagie.

Emergenz (emergence): bei im wasserlebenden Insektenlarven Schlupf der Adulten und Übergang zum Luftleben, z. B. bei Libellen. [1]

Emigration, *Auswanderung* (emigration): Verlassen eines Gebietes aufgrund widriger Lebensbedingungen wie Nahrungsmangel, Witterung, Überbevölkerung, Feinddruck etc. → Immigration, → Migration, → Dismigration. [1]

Emotion, *Empfindung* (emotion): ein individuell unterschiedlich ausgeprägter psychophysiologischer Prozess der Anteilnahme und Erregbarkeit, der durch die Bewertung eines Objekts ausgelöst wird und mit physiologischen Veränderungen, spezifischen Kognitionen, subjektivem Gefühlserleben und einer Veränderung der Verhaltensbereitschaft einhergeht. E. als bewusstes Empfinden sind an das Vorhandensein eines gewissen Grades von Bewusstsein und Subjektivität gebunden und treten beim Menschen und bei höheren Tieren auf. Sie können auch Ausdruck eines unspezifischen Ab- oder Hinwendungsverhaltens sein. Da die E. den subjektiven Zustand betrifft, ist eine klare wissenschaftliche Definition schwierig, was zu großen Hindernissen bei der Erforschung der neuro- und verhaltensbiologischen Grundlagen führt. E. haben enge Beziehungen zu den vegetativen Körperfunktionen (→ psychophysische Kovarianz) sowie zum Gedächtnis. E. wird in mindestens drei Komponenten untergliedert: (1) die Reizbewertung, (2) die emotionale Reaktion, die sich auf der Verhaltensebene, der Ebene autonomer Antworten oder der endokrinen Ebene abspielen kann, sowie (3) die subjektive Erfahrung (Gefühl). E. widerspiegeln und beeinflussen z. B. innere und äußere Ungleichgewichte (Motivationen) wie Hunger – Völle, Müdigkeit – Unruhe, Leid – Wohlbefinden, Lust–Unlust, Angst (Wut) – Freude, Misserfolg (Enttäuschung) – Erfolg (Befriedigung), darunter im Besonderen auch soziale Beziehungen (Sexualgefühle, Mutterliebe, Neid, Eifersucht und Hass). [5]

emotionales Verhalten (emotional behaviour): Verhalten, das im Gegensatz zum → kognitiven Verhalten gefühlsbestimmt ist (→ Emotion). → Kurzschlusshandlung. [5]

Empfänger → Kommunikation.

Empfindlichkeitsrhythmen → Chronotherapie.

Empfindung → Emotion.

Encodierung → Kodierung.

Encounter (encounter): die Begegnung bzw. das Aufeinandertreffen von Individuen in Testsituationen wie dyadischer, hexadischer oder polyadischer E. Durch die Analyse der sozialen Interaktionen in diesen E. können z. B. Aussagen zur Rangordnung getroffen werden (→ Dyade). Beim Menschen werden E. in *Selbsterfahrungsgruppen* (encounter group) zur Psychotherapie genutzt. [5]

endemisch (endemic): Arten, die in natürlich abgegrenzten Gebieten oder geographischen Regionen vorkommen (Insel, Gletschersee, Kontinent etc.). [1]

Endhandlung (consummatory action, end act): in der klassischen Verhaltensforschung das angestrebte Ziel spontanen, aktiven Such- und Orientierungsverhaltens als Bestandteil des Instinktverhaltens. Der E. zugrunde liegt eine entsprechende Handlungsbereitschaft (→ Motivation) sowie die Auslösung der weitgehend formstarren angeborenen Handlungssequenz durch spezifische Reizmuster (→ Schlüsselreiz). Beispiele dafür sind die Aufnahme von Nahrung nach erfolgreicher Nahrungssuche, das Verbauen von Nistmaterial sowie Kopulations- oder Brutpflegeverhalten im Funktionskreis der Reproduktion. Durch E. werden innere und äußere Ungleichgewichte des Organismus beseitigt (→ Homöostase) und Motivationen befriedigt, sodass es zeitweilig zu einer Unterbrechung des jeweiligen Appetenzverhaltens kommt. Ein Tier, das erfolgreich Nahrung erbeutet hat, ist danach nicht mehr futtermotiviert und daher für eine bestimmte Zeit auch nicht mehr bereit zur Nahrungssuche. Die E. erfolgt jedoch auch dann, wenn sie nicht zum Erfolg führt z. B. → Ei-Einrollbewegung. [5]

endogen (endogenous): Bezeichnung für allein durch innere Faktoren verursachtes Verhalten, im Gegensatz zum exogenen oder extrinsischen Verhalten. Synonym verwendet werden die Begriffe spontan und intrinsisch (in der Psychologie). In der Chronobiologie und in anderen Wissenschaftsdisziplinen werden e. Faktoren angeboren gleichgesetzt, z. B. sind e. biologische Rhythmen angeboren (→ biologischer Rhythmus). Verhaltensbiologen bevorzugen den Begriff → spontanes Verhalten, da e. Verhalten auch auf gespeicherten Erfahrungen (Lernen) basieren kann. [1]

endogener Rhythmus → biologischer Rhythmus.

endokrinologische Ethologie → Ethoendokrinologie.

Endoparasiten → Parasitismus.

endotherm (endothermic): Tiere, die ihre Körperwärme unabhängig von der Umgebungstemperatur durch körpereigene Wärmebildung konstant halten können. E. sind alle Vögel und Säugetiere sowie manche terrestrischen Reptilien und einige Insekten, die ihre Körpertemperatur auch in kalten Klimazonen auf einem Niveau deutlich über der Umgebungstemperatur stabilisieren. Sie können Lebensräume besiedeln, die für die meisten → ektothermen Tiere zu kalt sind. Dafür müssen sie aber einen hohen Preis zahlen, denn ihr Energieumsatz ist 8–10mal so hoch wie der eines gleich großen ektothermen Tieres. → thermoregulatorisches Verhalten. [5]

Endozoon (endozoon): ein Tier, das ständig im Inneren eines anderen lebt (z. B. Spul- und Bandwürmer). → Epizoon. [1]

Endwirt (final host, definitive host): Tier, in dem ein Parasit mit → Wirtswechsel geschlechtsreif wird. [1]

Energieallokation → Allokation.

Energieansprüche → Ansprüche.

Engramm, *Gedächtnisspur* (engram): ein alter und inzwischen wenig gebräuchlicher Begriff, unter dem man heute im weitesten Sinne die mehr oder weniger dauerhaften strukturellen Veränderungen im Gehirn versteht, in denen die Resultate von Lernprozessen gespeichert sind. Es handelt sich also um die materielle Repräsentation von Lernerfahrungen auf neuronaler Ebene durch die „Einschreibung“ von Information in das Gedächtnis. Die ursprünglich auf Plato und Aristoteles zurückgehende Idee einer eingravierten Gedächtnisspur („Siegelabdruck in Wachs“) als überdauernde Abbilder oder Niederschriften vergangener Erlebnisse wird aber inzwischen als zu statisch angesehen, da das Gedächtnis vielmehr auf einem Wechselspiel zwischen verschiedenen Nervenimpulsen basiert und sich durch eine hohe Plastizität auszeichnet. [5]

Enhancement (enhancement): Verbesserung oder Steigerung z. B. der Aufmerksamkeit. Diese wird auf einen bestimmten Stimulus gelenkt, in dessen Nähe sich ein Artgenosse befindet. Bei Ratten lässt sich so eine Futterpräferenz herstellen, wenn ein Artgenosse diese Nahrung zu sich genommen hat. Durch *lokales E.* (local enhancement) lernen Tiere von Artgenossen, dass bestimmte Futterquellen attraktiv sind, sodass lokal begrenzt neue Technologien entwickelt werden. Ein Beispiel hierfür ist das „Kartoffelwaschen“ der Stummelschwanzmakaken *Macaca fuscata* im Norden Japans (→ Nachahmung). [5]

Enrichment → Umweltanreicherung.

Entbehrungserlebnis → Frustration.

Enterorezeptor → Rezeptor.

Enterozoon (enterozoon): im Darmkanal seines Wirtes lebender Parasit. [1]

Entfernungsorientierung → Elasis.

Entfernungsweisung (distance indication): besondere Fähigkeit von Honigbienen, Artgenossinnen Informationen über die Entfernung einer Futterquelle oder einer neuen Behausung zu übermitteln (→ Bienensprache). [4]

Enthemmungshypothese → Übersprungverhalten.

Entkopplung → Desynchronisation, → Kopplung.

Entökie → Parabiose.

Entomochorie (entomochory): Verschleppung bzw. Ausbreitung von Pflanzensamen durch Insekten. → Zoochorie. [1]

Entomogamie, *Entomophilie* (entomogamy, entomophily): Bestäubung von Blüten durch Insekten. Neben der Bestäubung durch Wind (Anemogamie) ist die E. die wichtigste Form der Fremdbestäubung (Allogamie) bei Blütenpflanzen. Die bestäubenden Insekten stammen hauptsächlich aus den Ordnungen Hymenoptera (Bienen, Hummeln, Wespen), Diptera (Mücken, Schnaken, Fliegen), Lepidoptera (Schmetterlinge), Coleoptera (Käfer) und Thysanoptera (Fransenflügler). Die Pflanzen locken potenzielle Bestäuber an, indem sie Nahrung bereitstellen (übergroße Mengen an Pollen oder speziellen Nektar), einen besonderen Schutz oder Ruheraum anbieten (z. B. Orchideen der Gattung *Serapias*) oder gar Sexualpartner vortäuschen (Sexualtäuschblumen, z. B. Orchideen der Gattung *Ophrys*). Auf große Entfernungen können sowohl optische (große Blüten, für Insekten auffällige Farbgebung, besonders im Bereich des → Ultravioletts) als auch chemische Signale (Verwesungsgeruch zum Anlocken von Fliegen, Imitation von Sexuallockstoffen, → Pheromone) wirken. Bei den „Kesselfallenblumen" gelangen kleine Insekten meist durch Abrutschen auf glatten Pflanzenoberflächen in eine kesselförmige Erweiterung der Blüte (z. B. Osterluzei) oder des Hüllblatts, der Spatha (z. B. Aronstab), und werden dort durch Reusenhaare so lang am Verlassen gehindert, bis die Bestäubung vollzogen ist. Einige Schwalbenwurzgewächse haben spezielle Klemmfallen, in denen sich Insekten mit den Beinen oder Mundwerkzeugen verfangen können. Beim Befreien ziehen sie dann mit den entsprechenden Körperteilen die klebrigen Klemmkörper zusammen mit den die Pollen tragenden Behältnissen heraus. Viele Blüten haben auch spezielle mechanische Vorrichtungen zum sicheren Absetzen und Aufnehmen der Pollen (z. B. Klappmechanismen). Fremdbestäubung durch Insekten und andere Tiere wird oft zusammengefasst als → Zoogamie bezeichnet. [4]

entomophag → insektivor.

Entomophilie → Entomogamie.

Entwicklungspsychologie (developmental psychology): Wissenschaft von der ontogenetischen Entwicklung des Menschen aus Sicht der Psychologie. Von besonderem Interesse für die Verhaltensbiologie sind z. B. die Ergebnisse zur Reifung der unterschiedlichen Verhaltensweisen, die Sprachentwicklung, die Eltern-Kind-Interaktionen und die Sozialisierung. → Verhaltensontogenese. [1]

Entwöhnung (weaning): bei Tieren mit Brutpflegeverhalten die Lösung der festen Mutter-Kind-Bindung, insbesondere das Verweigern von Milch oder Futter (→ Eltern-Nachkommen-Konflikt). Die E. ist unter natürlichen Bedingungen immer eine wechselseitige Verhaltensanpassung und ein längerfristiger Prozess, der von den Eltern ausgeht und bei dem die Selbstständigkeit der Jungen allmählich zunimmt. Bei Tieren in menschlicher Obhut erfolgt die E., hier *Absetzen* genannt, aus ökonomischen Gründen sehr abrupt, was häufig zu Verhaltens- und Ernährungsstörungen führt. [1]

Environmentalismus → Milieutheorie.

EPC → Extrapair-copulation.

EPF → Extrapair-fertilization.

epideiktisches Verhalten, *Ansammlungsverhalten* (epideictic behaviour, epideictic play): alle Verhaltensweisen, die der Abschätzung der Populationsdichte dienen, wie beispielsweise vagabundierende Starenschwärme oder Mückenschwärme. E. V. soll die Populationsdichte bzw. Reproduktionsrate regulieren. [1]

epigame Merkmale (epigamic features): sowohl auffällige morphologische und farbliche Strukturen als auch Verhaltensweisen (Balzfüttern, Gesang) von Männchen, die ihnen Vorteile in der Reproduktion verschaffen (→ female choice). Nach der → Gute-Gene-Hypothese werden e. M. in der sexuellen Selektion herausgebildet. Sie stehen oft im Widerspruch zur natürlichen Selektion, da sie energetisch aufwendig sind, die Fortbewegung behindern oder ihre Träger für Prädatoren auffällig erscheinen lassen. Männchen unterliegen so einem → Trade-Off zwischen reproduktiver Fitness und Prädatorenrisiko (Abb.).

Weibliche Stichlinge *Gasterosteus aculeatus* bevorzugen gesunde Männchen, die sie an der intensiven Rotfärbung der Bauchunterseite erkennen. Nachweislich besteht ein Zusammenhang zwischen der Intensität dieser Färbung und ihrer → Parasitenlast. Andererseits werden intensiv rot gefärbte Stichlinge mit höherer Wahrscheinlichkeit von Forellen erbeutet. [2]

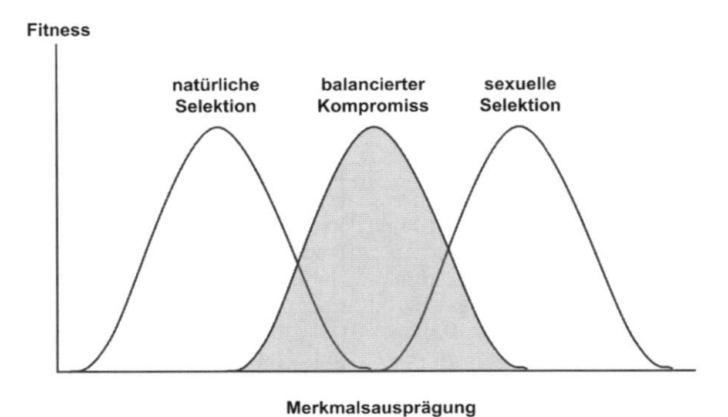

Epigame Merkmale bilden einen Kompromiss (mittlere Kurve) zwischen sexueller Selektion, die auf eine stärkere Ausprägung des Merkmals selektiert (rechte Kurve) und natürlicher Selektion (linke Kurve), die Träger auffälliger Merkmale z. B. Opfer von Räubern werden lässt. Nach E. Voland 2000. [2]

epigames Verhalten (epigamic behaviour): Sammelbezeichnung für alle Verhaltensweisen, die zum Sexualverhalten gehören. [1]

Epigenetik (epigenetics): beschäftigt sich mit der stabilen Weitergabe von veränderten Genexpressionsmustern, die nicht auf DNA-Sequenzunterschieden basieren. E. Veränderungen finden vor allem in Frühstadien der Embryogenese statt → Imprinting. Es gibt aber auch Hinweise dafür, dass pränatale und postnatale Umwelteinflüsse (Nahrung, mütterliche Brutpflege etc.) eine anhaltende Phänotypenveränderung hervorrufen können. Cross-fostering Experimente bei Ratten mit unterschiedlicher Stresstoleranz ergaben, dass die Nachkommenschaft das Stressverhalten ihrer Pflegeeltern aufwies. Formen der epigenetischen Genregulation sind z.B. Methylierung und Acetylierung von Histonen. [3]

epimeletisches Verhalten, *Pflegeverlangen* (epimeletic behaviour): Sammelbezeichnung für Pflegeverhalten gegenüber unselbstständigen Jungtieren oder auch erwachsenen Partnern, z.B. Fremdputzen. → et-epimeletisches Verhalten. [1]

Epiphyse, *Zirbeldrüse* (pineal gland): neuroendokrine Drüse der Wirbeltiere, die sich als dorsale Ausstülpung aus dem Zwischenhirndach entwickelt. Die E. synthetisiert → Melatonin. Mit Ausnahme der Säuger ist die E. lichtempfindlich und an der photischen Synchronisation der circadianen Rhythmen beteiligt. Bei Reptilien und Vögeln sind die Pinealozyten sogar in der Lage, circadiane Rhythmen zu generieren. Die E. fungiert bei diesen Tieren als circadianer → Schrittmacher und steuert neben der circadianen Melatoninproduktion viele andere Tagesrhythmen wie Aktivität, Nahrungsaufnahme und Körpertemperatur. Bei Säugern werden die E. und der circadiane Melatoninspiegel vom → suprachiasmatischen Nukleus gesteuert. Unabhängig vom → Aktivitätstyp erfolgt die Melatoninproduktion und Sekretion immer während der Nacht bzw. Dunkelzeit. [6]

Episit → Räuber.

Episitismus (episitism): räuberische Lebensweise, bei der das Raubtier (Episit) artfremde Tiere (Beute) durch spezielle Verhaltensweisen unmittelbar nach dem Fangen tötet (→ Raubtier-Beute-Beziehung). E. wird dem Parasitismus gegenübergestellt, bei dem der Parasit seinen Wirt nur schädigt oder allmählich tötet. [1]

episodisches Gedächtnis → Gedächtnis.

Epistasis (epistasis): Wechselwirkung zwischen Allelen verschiedener Gene bei der Ausprägung eines Phänotyps. Dabei maskiert ein Gen die Expression eines anderen Gens. So wird das olfaktorische Verhalten bei *Drosophila* stark durch epistatische Wechselwirkungen mehrerer Gene auf der Transkriptionsebene bestimmt. Auch das Nahrungssuchverhalten der Honigbiene beruht auf epistatischer Geninteraktion. [3]

Epitokie (epitoky): besondere Form der Fortpflanzung bei einigen Arten der Borstenwürmer (Polychaeta), an der nur Abschnitte kompletter Tiere beteiligt sind. Bei der E. bilden sich frei im Wasser schwimmende (pelagische) Formen aus Bestandteilen des gesamten Tieres (z.B. Familie Nereidae) oder aus dem Hinterende (Familien Eunicidae und Syllidae) der ansonsten in Riffspalten lebenden Würmer. E. ist häufig verbunden mit Schwarmverhalten, das vom Mondzyklus abhängt (→ Gezeitenrhythmus). [4]

Epizoon, *Ektozoon* (epizoon, ectozoon): ein Tier, das ständig auf anderen lebt (z.B. Mallophagen). → Endozoon. [1]

Epökie → Parabiose.

EPP → Extrapair-paternity.

EPY → Extrapair-young.

Erbe-Umwelt → Angeborenes-Erworbenes.

Erbgedächtnis → angeborenes Verhalten.

Erbkoordination, *Instinktbewegung* (fixed action pattern): angeborene, relativ formstarre Bewegung oder Verhaltensweise. Sie entspricht oder ist häufig Bestandteil einer Endhandlung wie das Schnabelsperren bei jungen Singvögeln, das Aufstellen des Federrades beim Pfau, das Flossenspreizen bei drohenden Kampffischen oder das Ei-Einrollen bei der Graugans. E. wurden zur vergleichenden Verhaltensforschung genutzt. Der Begriff der E. gehört zur Instinkttheorie des Verhaltens. [1]

Erbmotorik → Motorik.

Erfahrung (experience): Prozess der Gewinnung von verhaltensrelevanten Erkenntnissen über objektive Zusammenhänge und Beziehungen durch aktive Informationsaufnahme bzw. Wahrnehmung oder das Resultat eines solchen Prozesses. Das Sammeln von E. erfolgt beim Lernen, beim Werkzeuggebrauch, beim Erkundungs-, Neugier- und Spielverhalten und ist abhängig von den angeborenen Fähigkeiten eines Individuums sowie den äußeren Anregungen und Umweltbedingungen. → kognitive Leistungen, → Einsicht. [5]

Erfahrungsentzug → Deprivation.

Ergat *Arbeiter, Arbeiterin* (worker): nicht reproduzierendes Tier in einer eusozialen Sozietät. [4]

Ergatomorphie (ergatomorphism): morphologische Ähnlichkeit zwischen Geschlechtstieren und Arbeitern bzw. Arbeiterinnen bei eusozialen Insekten. [4]

ergotrop (ergotropic): Bezeichnung für den allgemeinen Zustand eines Wirbeltieres, der durch eine Aktivierung des sympathischen Nervensystems bedingt ist (→ trophotrop). Er garantiert die optimale allgemeine Leistungsfähigkeit des Organismus und wird während der Aktivitätszeit aufgebaut. [1]

Erinnern → Gedächtnis.

Erkundungsverhalten, *Explorationsverhalten* (exploratory behaviour): ein multifunktionelles Suchverhalten, das der Orientierung im eigenen Lebensraum und darüber hinaus dient (→ Territorialverhalten, → Exkursion). Im Gegensatz zum Appetenz- oder Aversionsverhalten ist E. nicht auf eine bestimmte Art von erwarteten und bekannten Reizen (Nahrung, Räuber etc.), sondern auf unerwartete und unbekannte Reize gerichtet. Der Informationsgewinn erfolgt beim E. im Gegensatz zum → Neugierverhalten ohne größere Manipulationen.
Zur Untersuchung des *freien E.* oder *erzwungenen E.* werden unter anderem der Open-field-Test und der Labyrinthversuch genutzt. [1]

erlernte Hilflosigkeit (learned helplessness): ein Zustand, der sich einstellt, wenn als negativ empfundene Reizkonstellationen für die betroffenen Individuen nicht kontrollierbar sind. In einer Vielzahl von Experimenten mit Tieren und Menschen konnte die Bedeutung dieses Phänomens nachgewiesen werden. Individuen, die in der Vergangenheit feststellen mussten, dass trotz aller ihrer Anstrengungen keine Veränderung negativer Umweltbedingungen zu erreichen war, resignieren auch in neuen Situationen, in denen eigentlich Kontrollmöglichkeiten vorhanden sind. Sie schätzen ihre Bewältigungsfähigkeit offensichtlich sehr gering ein und haben gelernt, negativen Reizen gegenüber hilflos ausgeliefert zu sein. Psychologen übertrugen diese Erkenntnisse auf menschliche Verhaltensweisen und erstellten so einen Zusammenhang zwischen Hilflosigkeit, Angst, Depression und Apathie. [5]

Ermüdung, *spezifische Ermüdbarkeit* (fatigue, specific fatigue): Abnahme der Handlungsbereitschaft. Nachlassen oder Ausbleiben von Verhaltensweisen nach einer wiederholten Reizdarbietung oder im Allgemeinen einer Verminderung der körperlichen und geistigen Fähigkeiten nach entsprechenden Anstrengungen. Dafür gibt es zwei Ursachen. Bei der *motorischen E.* (motor fatigue) können kurz- oder langzeitig die spezifischen Energiequellen erschöpft sein und das vollständige Verhalten ist erst nach deren Regeneration abrufbar. Andererseits kann die Ursache allein die Gewöhnung an die Reizsituation sein, dann ist nach einer geringfügigen Änderung des Reizes sofort das komplette Verhalten beobachtbar. Diese *reizspezifische* oder *zentrale E.* (stimulus specific fatigue, central nervous fatigue) ist ein Lernvorgang, der heute besser mit dem Begriff → Habituation gekennzeichnet wird. Von beiden Formen ist die aktionsspezifische E. abzugrenzen, die primär auf einer Schwellenwertänderung beruht. [1]

Ernstkampf → Beschädigungskampf.

Erotisierungszentrum → Paarungszentrum.

Erregung (arousal, stimulation excitation): **(a)** allgemeine Aktivierung des Organismus. Dieser Zustand gesteigerter Aufmerksamkeit, Ansprechbarkeit und Reaktionsbereitschaft gegenüber Außenreizen aller Art (→ Vigilanz, → Emotion, → Prüfungsangst) ist mit vielfältigen zentralnervösen und physiologischen Veränderungen des Individuums verbunden. Der Grad der E. kann durch die Beeinflussung des → Aktivierungsniveaus die Auslösbarkeit von Verhaltensweisen mitbestimmen.

(b) Zustandsänderung im Organismus, die durch einen Reiz oder durch eine E. selbst verursacht wird. In Tieren mit einem Nervensystem ist E. erfassbar durch biochemische (Neurotransmitter, Neuromodulatoren, Hormone) oder elektrische Erscheinungen (Aktionspotenziale). Mithilfe der Elektrophysiologie können von ganzen Neuronen-Gruppen so genannte *E.muster* (excitation pattern) abgeleitet werden, die meist in enger Beziehung zur Wahrnehmung oder zum Verhalten stehen. Selbst erregte Systeme sind z.B. der Herzschlag der Wirbeltiere oder der Flügelschlag von Insekten mit indirekter Flugmuskulatur (→ Fliegen). [4] [5]

Erröten (blush, flush): emotionales menschliches Verhalten, das auf einer plötzlichen Erweiterung der peripheren Blutgefäße der Halsregion und des Gesichts beruht und willentlich schwer zu unterdrücken ist. Errötende nehmen dabei innerhalb von Sekunden einen Temperaturanstieg wahr, der etwa 1 °C beträgt und ungefähr eine halbe Minute anhält. E. tritt bei Verlegenheit, Scham, Scheu, Peinlichkeiten und beim → Flirt auf, kann aber auch bei Zorn und Ärger beobachtet werden. Besonders häufig erröten Pubertierende. In Ausnahmefällen kann das primär bei Hellhäutigen Errötungsangst, *Erythrophobie* (erythrophobia), auslösen. [1]

Ersatzhandlung (substitute activity): eine Verhaltensweise, die beim Fehlen der natürlichen Bezugsobjekte auf Ausweichobjekte gerichtet ist. Beispiele sind das Beutefangspiel der Hauskatze mit dem Wollknäuel, das Daumenlutschen bei menschlichen Säuglingen und eventuell auch der Freizeitsport des Menschen zum Ausgleich seiner Bewegungsarmut. E. treten beim Motivationsstau und dem Ausbleiben der natürlichen Bezugsobjekte auf oder wenn Fehlprägungen vorliegen. E. gehören zum fehlgerichteten Verhalten. Sie dürfen nicht mit umorientiertem Verhalten und Übersprunghandlungen verwechselt werden. Eine Variante, die zu den Verhaltensstörungen überleitet, sind die → Stereotypien, die bei in Gefangenschaft gehaltenen Tieren auftreten können. [5]

Ersatzobjekt (substitute object): Objekt, das normalerweise kein Verhalten auslöst, jedoch als Folge einer Schwellenerniedrigung zum Auslöser wird. E. sind beispielsweise für Bullen gebaute Phantome zur Spermagewinnung, der Putzlappen für das Beutefangverhalten des Hundes oder der Nuckel für den Säugling (→ Beruhigungssaugen). Das E. darf nicht mit dem Ausweichobjekt gleichgesetzt werden, auf das das → umorientierte Verhalten gerichtet ist. [1]

Erstarren → Akinese.

Erwerbgedächtnis → angeborenes Verhalten.

Erwerbkoordination (acquired behaviour pattern): erlernte Bewegungsfolge, die der Erbkoordination gegenübergestellt wird. E. sind beispielsweise Bettelbewegungen der Zootiere oder Tanzen und Stricken beim

Menschen. Es ist zu beachten, dass die meisten E. auch Erbkoordinationen einschließen. [1]

Erwerbmotorik → Motorik.

Erwiderungsmarkieren (counter marking): Anbringen von Duft- oder optischen Marken in unmittelbarer Nähe durch mindestens zwei Artgenossen. E. ist bei Säugern weit verbreitet, etwa bei Hunden, die dafür prominente Stellen wie Laternenpfähle, Hausecken, große Steine u.a. nutzen. Bei Wildpferden setzt der ranghöhere Hengst seinen Kot über den des rangniederen ab. E. kann untergliedert werden in *Darübermarkieren* (over marking) und *Danebenmarkieren* (adjacent marking). Immer wenn die Männchen der Goldhamster oder der amerikanischen Wiesenwühlmaus *Microtus pennsylvanicus* auf eine fremde Duftmarke treffen, dann markieren sie darüber. Die Weibchen erkennen zweifelsfrei die obere Duftmarke und präferieren diese Männchen als Fortpflanzungspartner. [1]

erworbener Auslösemechanismus, *EAM* (acquired releasing mechanism, ARM): ein Auslösemechanismus, der nach bestimmten Erfahrungen einen angeborenen Auslösemechanismus (AAM) ersetzt oder erst durch Lernen erworben wird. Der Ausdruck EAM sollte nur dann verwendet werden, wenn experimentell festgestellt werden konnte, dass in dem untersuchten ontogenetischen Stadium des Individuums die Reaktion nicht mehr über einen AAM ausgelöst werden kann (→ durch Erfahrung ergänzter angeborener Auslösemechanismus).
Ein dem EAM entsprechendes Konzept hatte K. Lorenz (1935) als *erworbenes Schema* (acquired scheme) beschrieben. Als Beispiel dafür nannte er die Nachfolgeprägung, bei der ein zeitweilig aktiviertes, relativ unspezifisches angeborenes Schema des Artgenossen durch einen schnellen, irreversiblen Lernprozess in ein merkmalreiches und individuell verschiedenes erworbenes Schema umgeformt wird. Dabei verliert das angeborene Schema seine ursprüngliche Wirksamkeit. Als Beweis dafür kann z.B. die Fehlprägung von Gänsen auf den Menschen gelten. [5]

erworbenes Schema → erworbener Auslösemechanismus.

Erythrophobie → Erröten.

erzwungene Desynchronisation (forced desynchronization): experimentelles Paradigma zur → Desynchronisation von zwei normalerweise → gekoppelten Oszillatoren mittels artifizieller Zeitgeberbedingungen. So kann man Versuchspersonen beispielsweise einen 27-h-Schlaf-Wach-Rhythmus „aufzwingen" (Abb.). Der Körpertemperaturrhythmus würde unter diesen Bedingungen mit der ihm eigenen → Spontanperiode von > 24 h freilaufen, da eine → Zeitgeberperiode von 27 h außerhalb des → Mitnahmebereiches liegt. Mithilfe dieses experimentellen Paradigmas kann man die endogene Komponente des Temperaturrhythmus, frei von maskierenden Einflüssen des Schlaf-Wach-Rhythmus erfassen und charakterisieren. → spontane Desynchronisation. [6]

erzwungene Monogamie → Monogamie.

ESS → Evolutionsstabile Strategie.

Estivation → Ästivation.

et-epimeletisches Verhalten (et epimeletic behaviour): besonderes Verhalten pflegebedürftiger Jungtiere oder in Not geratener erwachsener Partner, das andere Individuen zu Pflegeleistungen oder Hilfestellungen veranlasst. Dazu zählen beispielsweise Futterbetteln, Putz- und Spielaufforderungen, Not- und Suchrufe u.a. → Distress-Ruf, → Weinen des Verlassenseins, → epimeletisches Verhalten. [1]

Ethoendokrinologie, *Verhaltensendokrinologie, endokrinologische Ethologie* (ethoendocrinology, behavioural endocrinology): Wissenschaftsdisziplin, die Methoden und Erkenntnisse von Verhaltensbiologie und Endokrinologie zusammenführt und sich mit den Wechselbeziehungen zwischen Hormonen und Verhalten beschäftigt. Das Hormonsystem, die Gesamtheit aller endokrinen Drüsen, ihrer Hormone sowie der neurosekretorischen Zellen und ihrer Neurosekrete, ist neben dem Nervensystem ein zweites intraorganismisches System der Informationsübermittlung und der Steuerung und Regelung der Lebensfunktionen, einschließlich des Verhaltens. Es arbeitet langsamer, ist aber in seiner Wirkung dauerhafter und wird deshalb hauptsächlich für die Organisation und Aufrechterhaltung langfristiger Verhaltensänderungen genutzt (Fortpflanzungsverhalten, Aggressionsverhalten). Zu den Methoden der E. gehören

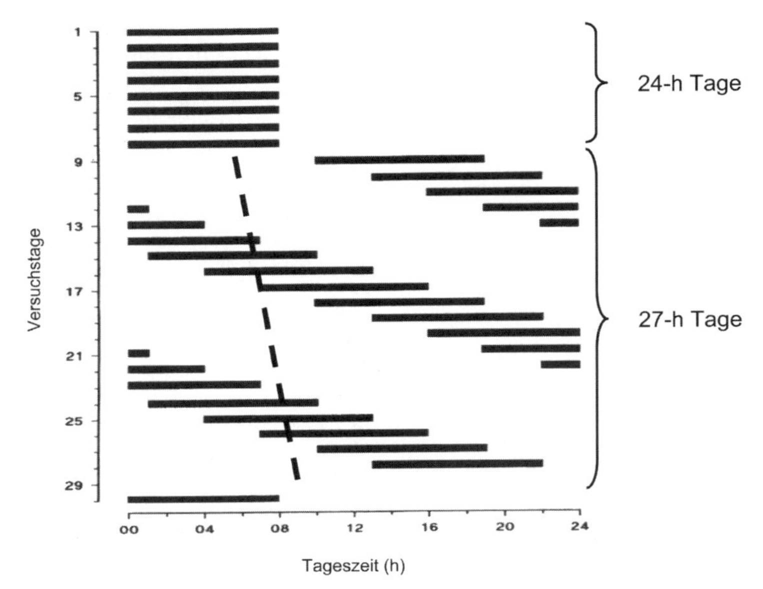

Erzwungene Desynchronisation in einem Experiment bei dem die Probanden zunächst einen normalen 24-h-Tag mit 8 h Schlaf während der Nacht (dunkle Balken) hatten. Ab Versuchstag 9 werden die Schlafdauer um 1 h und die Wachzeit um 2 h verlängert. Die Folge ist ein 27-h-Tag, wobei die zeitliche Relation von Schlafen zu Wachen gleich bleibt (1:3). Die innere Uhr läuft unter diesen Bedingungen mit einer Spontanperiode von etwas über 24 h frei, was anhand der Verschiebung des Temperaturminimums (gestrichelte Linie) deutlich wird. Nach J. Waterhouse et al. 1999. [6]

die operative Entfernung (Exstirpation) einzelner Hormondrüsen (→ Kastration, → Sterilisieren), die Hormonbehandlung, einschließlich der Hormonsubstitution (→ Paarungszentrum), die Blockierung einzelner Hormonwirkungen durch Antihormone oder die Messung und Lokalisation geringster Hormonkonzentrationen. Am besten untersucht ist die hormonale Steuerung des Sexual-, Brutpflege- und Aggressionsverhaltens der Säugetiere. So sorgen die männlichen Sexualhormone, die Androgene mit dem Testosteron, für die Herausbildung der primären (Gonaden) und sekundären männlichen Geschlechtsmerkmale (z. B. Geweih, Kamm, Mähne, Prachtkleider und Körpergröße) und für den Ablauf des männlichen Sexualverhaltens und Kampfverhaltens. Unter den weiblichen Sexualhormonen sind es hauptsächlich die Östrogene (Follikelhormone), die die primären und sekundären weiblichen Geschlechtsmerkmale (Milchdrüsen, Färbung, Körperbau u. a.) und das weibliche Sexualverhalten beeinflussen. Dazu kommen die Gestagene (Gelbkörper- oder Schwangerschaftshormone) mit dem Progesteron, die von Gelbkörpern und von der Plazenta (Mutterkuchen) gebildet werden und die Trächtigkeit aufrechterhalten und gemeinsam mit anderen Hormonen (z. B. dem Prolactin der Hypophyse) die Milchsekretion und das Brutpflegeverhalten in Gang setzen und aufrechterhalten. Bei der weiblichen Lachtaube *Streptopelia roseogrisea* beispielsweise löst männliches Balzverhalten eine Östrogenfreisetzung aus. Das bewirkt verstärktes Nestbauverhalten. Kurz nach Brutbeginn vergrößert sich unter dem Einfluss einer vermehrten Prolactinsekretion der Kropf, der später die zur Fütterung der Jungen notwendige Kropfmilch produziert.

Mit dem Prolactinanstieg nimmt die Fütterungsbereitschaft zu, die Sekretion der Sexualhormone wird unterdrückt und das Sexualverhalten gehemmt. [1] [5]

Ethogenese → Verhaltensontogenese

Ethogramm, *Aktionskatalog, Verhaltensinventar, Verhaltensrepertoire* (ethogram, behavioural inventary, behavioural repertoire): ursprünglich der qualitative Verhaltenskatalog eines Individuums oder einer Art (Abb.).

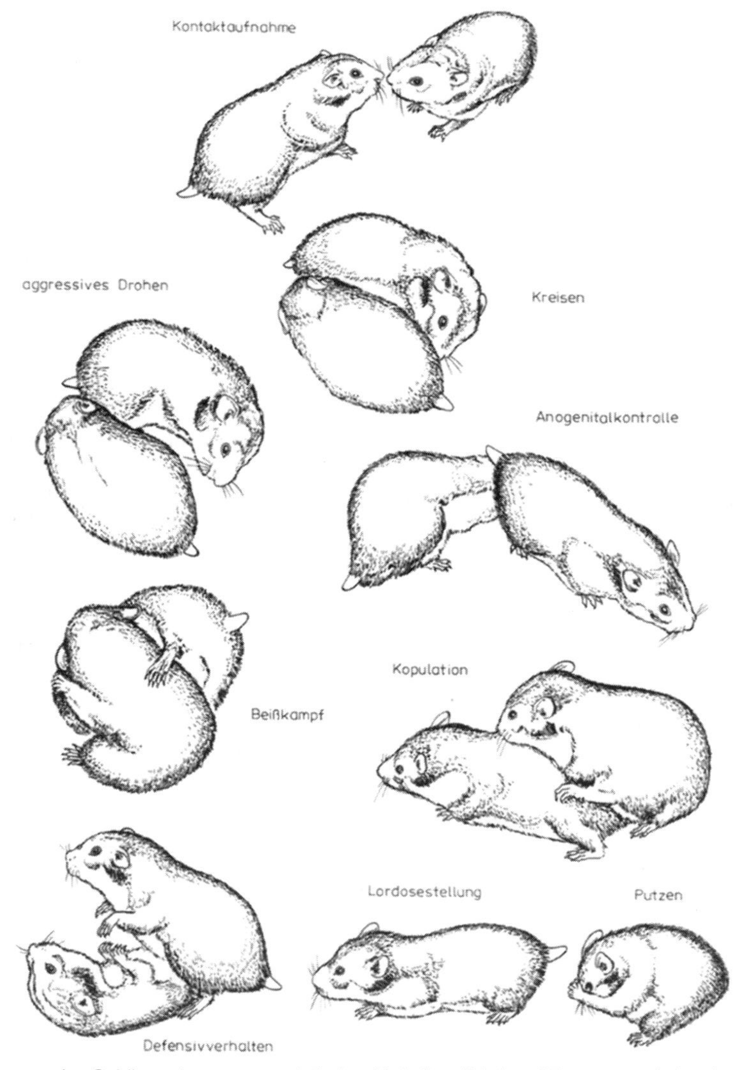

Ethogramm des Goldhamsters zum agonistischen Verhalten (links) und Paarungsverhalten (rechts). R. Gattermann 1990.

In umfassenderem Sinne ist jedoch der zeitliche (→ Chronogramm) und räumliche (→ Topogramm) Aspekt des Verhaltens mit eingeschlossen. Die zeitliche Einordnung des Verhaltens lässt eine Untersuchung der Zusammenhänge einzelner Verhaltensweisen zu, die sich in einer → Sequenzanalyse widerspiegelt.
Die Erstellung von E. beginnt mit einer qualitativen Beschreibung bzw. Kategorisierung der auftretenden Verhaltensweisen. Nach Festlegung der Beobachtungszeit erfolgt dann die genaue Protokollierung des Verhaltens. In Abhängigkeit von den zur Verfügung stehenden Möglichkeiten (direkte Beobachtung, Videoaufnahmen) und der gewünschten Genauigkeit werden methodisches Vorgehen (→ Sampling-rules) und zeitlicher Rahmen (→ Recording-rules) festgelegt. Für die Datenaufnahme stehen verschiedene Hilfsmittel zur Verfügung. Neben der schriftlichen Fixierung können Beobachtungsdaten z. B. auf Band gesprochen werden, wodurch eine durch das Protokollieren bedingte Unterbrechung vermieden wird. Komfortabler sind Film- bzw. Videoaufnahmen, die eine wiederholte und detailliertere Analyse ermöglichen. Eine sehr genaue zeitliche Zuordnung wird durch die computergestützte Eingabe und Auswertung der Beobachtungsdaten erreicht. Moderne Beobachtungssoftware ermöglicht dabei die zeitliche Verknüpfung der Beobachtungsdaten mit digitalen Videoaufnahmen des Verhaltens, die sich dank fortgeschrittener Kompressions- und Speichertechniken einfach archivieren lassen. Für die Vor-Ort-Protokollierung steht spezielle Software auch für Handheld- oder Pocket-PCs zur Verfügung. → Chronogramm, → Topogramm, → Raum-Zeit-System. [2]

Ethökologie, *Verhaltensökologie, Ökoethologie* (behavioural ecology, eco-ethology): **(a)** eine Arbeitsrichtung der Verhaltensforschung, die sich hauptsächlich mit der Funktion des Verhaltens bei der Einpassung in die aktuelle Umwelt beschäftigt. Sie ist ein Bindeglied zwischen Verhaltensbiologie und Ökologie und stimmt in vielem mit der klassischen Autökologie der Ökologen überein. Berührungspunkte gibt es auch mit der → Chronobiologie, die sich u. a. mit dem Wechselspiel Organismus–periodische Umwelt befasst.
(b) eine verhaltensbiologische Disziplin, die ihren Ursprung in der → Soziobiologie hat und sich mit dem Überlebenswert des Verhaltens befasst. Im Besonderen untersucht sie, wie die von der ökologischen Umwelt ausgeübten Selektionsdrücke ein bestimmtes Verhalten gegenüber einem anderen besonders begünstigen. Dazu werden zum einen Verhaltensunterschiede zwischen Arten analysiert, die sich in ihrer Ökologie unterscheiden, um so mehr über die adaptive Bedeutung einzelner Verhaltensweisen zu erfahren. Zum anderen wird die Variabilität des Verhaltens auf der Ebene des Individuums untersucht, denn in der Regel kann sich ein Tier zwischen mehreren Verhaltensmöglichkeiten entscheiden und wird entsprechend dem Optimalitätsprinzip Kosten und Nutzen abwägen. Aus der Kenntnis der Entscheidung lassen sich Hypothesen formulieren, die dann durch Freilandbeobachtungen und Experimente überprüft werden können. Hauptverdienst der E. ist die Hervorhebung der ökologischen Grundlagen des Verhaltens sowie seiner stammesgeschichtlichen Entwicklung unter bestimmten ökologischen Bedingungen. Durch den Einsatz mathematischer Methoden und Modellierungen leistet die E. einen wichtigen Beitrag zur Quantifizierung des Verhaltens (→ Ethometrie) und regt zu neuartigen verhaltensbiologischen Untersuchungen im Freiland an. [1] [6]

Ethologie (ethology): vom griechischen ethos (Verhalten, Sitte oder Gewohnheit) abgeleiteter Begriff, der im 19. Jahrhundert zur Beschreibung aller Lebensgewohnheiten diente und heute vergleichbar mit der Ökologie oder der allgemeinen Biologie einer Art ist. Oskar Heinroth nutzte 1911 zum ersten Mal den Begriff für seine vergleichenden Verhaltensforschungen an Entenartigen und so stand in den folgenden Jahrzehnten E. für die Vergleichende Verhaltensforschung. Diese klassische E. hat sich weiterentwickelt und verbreitert, sodass heute E. als Synonym für die → Verhaltensbiologie verwendet wird. [1]

ethologische Isolation → Verhaltensisolation.

ethologische Resistenz, *Verhaltensresistenz* (behaviouristic resistance): veralteter Begriff für eine Form des Vermeidungslernens gegenüber Giften, das sich auf die gesamte Gruppe oder Population bezog. Der Begriff war nicht glücklich gewählt, denn Resistenz ist im ursprünglichen Sinn eine genetisch bedingte Widerstandsfähigkeit gegen Parasiten oder Umweltfaktoren. [1]

ethologische Sterilität → Verhaltenssterilität.

ethologischer Funktionstest → Verhaltenstest.

Ethomedizin, *Verhaltensmedizin* (behavioural medcine): eine neue Richtung der Humanmedizin, die Erkenntnisse und Methoden der Verhaltensbiologie nutzt, die für die Erhaltung des Wohlbefindens und der Gesundheit, für die Erforschung, Verhütung, Diagnose und Therapie von Krankheiten sowie für die Rehabilitation von Bedeutung sind. → Deprivationssyndrom, → Verhaltensstörung. [1]

Ethometrie (ethometry): die quantitative Erfassung des Verhaltens von Individuen oder Tiergruppen unter definierten inneren und äußeren Bedingungen. Ethogramm, → Recording-rules, → Sampling-rules, → Aktographie. [2]

Ethomimikry → Verhaltensmimikry.

Ethoparasit (etho-parasite): ein Tier, dass das Verhalten anderer Tiere ausnutzt, ohne sie zu töten. Beispiele für E. finden sich beim → Brutparasitismus, → Sozialparasitismus und → Kommensalismus. [1]

Ethopathie (ethopathy): eine angeborene oder organisch bedingte pathologische Verhaltensstörung, die sich im Gegensatz zu den milieubedingten Verhaltensstörungen gar nicht oder nur sehr schwer therapieren lässt. E. werden durch Mutationen (→ Verhaltensmutation) verursacht und treten besonders bei fehlendem Selektionsdruck oder im Zuge der Domestikation auf. Wie bei den Tieren, so wird auch beim Menschen für zahlreiche Verhaltensstörungen eine genetische Komponente vermutet. Neben dieser genetischen Prädisposition sind jedoch in der Regel auch Umweltfaktoren beteiligt, sodass sich eine E. nicht immer eindeutig diagnostizieren lässt. [1]

Ethopathologie (ethopathology): Lehre von den Ursachen, Verläufen, Erkennungsmerkmalen und Behandlungsmöglichkeiten des gestörten Verhaltens. → Verhaltensstörung, → Ethopathie. [1]

Ethophysiologie → Verhaltensphysiologie.

Ethopraxis → Nutztierethologie, → angewandte Verhaltensforschung.

Ethosoziologie → Sozioethologie.

Ethospezies (ethospecies): Tierarten bzw. Evolutionseinheiten, die sich fast nur in ihrem Verhalten voneinander unterscheiden. Während der Evolution unterliegen alle Merkmale, die in einem Genpool präsent sind, der Einwirkung von Evolutionsfaktoren. Das gilt nicht nur für morphologische Merkmale, sondern in grundsätzlich gleicher Weise auch für alle Merkmale, die das Verhalten oder die physiologischen Funktionsparameter betreffen (→ Verhaltensphylogenese).

Die von Nordamerika bis Brasilien vorkommenden Wiesenstärlinge existieren als noch nicht völlig abgegrenzte Evolutionseinheiten in einer Ostform (*Sturnella magna*) und einer Westform (*Sturnella neglecta*), die in Gestalt und Färbung kaum unterscheidbar sind. Die Weibchen erkennen die Männchen der eigenen Fortpflanzungsgemeinschaft eindeutig am Gesang. Nur ein bestimmter Ruf des Männchens liefert die Informationen, die das Weibchen für die Einleitung seines Kopulationsverhaltens benötigt. Auch bei den einheimischen Rohrsängern und Laubsängern sind z.B. die Gesänge stärker voneinander verschieden als Körpergröße und Gefiederfärbung. Feldheuschrecken der Gattung *Chorthippus* nutzen denselben Biotop und sind morphologisch wenig verschieden voneinander. Bei der Annäherung der Partner im Pflanzendickicht sind die Tiere optisch kaum, aber akustisch gut zu orten. Die Weibchen entscheiden sich in Wahlsituationen immer nur für Männchen mit einem bestimmten Lautmuster und bilden mit ihnen zwei getrennte Fortpflanzungseinheiten, die als *C. biguttulus* bzw. *C. brunneus* bezeichnet werden. Bei mehreren australischen und nordamerikanischen Amphibienarten nächster Verwandtschaft dienen die Balzrufe der eindeutigen Arterkennung und damit der Isolation durch Verhaltensbarrieren; morphologisch stimmen die Arten überein. Von den stärker verschiedenen Lautstrukturen bei sympatrischen Arten (die im selben Gebiet vorkommen) und den weniger verschiedenen Merkmalen bei allopatrischen Arten (die nicht im selben Gebiet vorkommen) lässt sich auf den vorhandenen Selektionsdruck zur Ausbildung von größeren Unterschieden schließen. → Reinforcement. [3]

eulektisch (eulectic): alle Tiere, die mittels ihrer Mundwerkzeuge und anderer Körperteile Blüten bestäuben können, wie die Schmetterlinge mit ihren Rüsseln oder die Kolobris. [1]

euryphag (euryphagous): Tiere, die hinsichtlich der Nahrungsaufnahme kaum wählerisch sind. → stenophag. [1]

eusozial → Sozietät.

Eusozialität (eusociality): Sozietäten in denen nur wenige Individuen sich fortpflanzen, während die anderen Helferaufgaben bei der Aufzucht der Nachkommen übernehmen (→ Helfer). Weitere Merkmale der E. sind das Zusammenleben von mindestens zwei Generationen, Kooperation und Arbeitsteilung, Polyethismus und Kastenbildungen. In der Regel sind die Individuen eines eusozialen Verbandes mehr oder weniger miteinander verwandt, sodass die Investition in indirekte Fitness den Verzicht auf eigene Fortpflanzung kompensiert. E. ist innerhalb der Insekten besonders bei einigen Hautflüglern (Hymenoptera) und Fransenflüglern (Thysanoptera) anzutreffen, bei denen die Männchen haploid sind (→ Haplodiploidie).

Außerdem scheinen ungünstige Lebensbedingungen E. zu fördern. Insbesondere ein aufwendiger Nestbau, verbunden mit großen Risiken bei der Abwanderung, befördern offenbar E. auch in durchgängig diploiden Sozietäten wie denen der Termiten oder der Nacktmulle. Nacktmulle *Heterocephalus glaber* leben unterirdisch in einem komplexen Gangsystem in Kolonien mit bis zu 300 Individuen. Ein Stammweibchen paart sich mit bis zu drei Männchen und produziert Nachkommen, während die anderen Weibchen der Kolonie nicht ovulieren und als Helfer fungieren. Andere Mullarten wie Damaraland-Graumull *Cryptomys damarensis* oder Sambischer Graumull *Cryptomys anselli* haben eine ähnliche Sozialstruktur.

Für die Evolution der E. in diesen Säugetier-Sozietäten existieren mehrere Erklärungshypothesen. Einerseits verlangt das im harten Boden aufwendig gebaute, nach außen abgeschlossene Nest mit den darin gespeicherten Futtervorräten eine gemeinsame Instandhaltung und Verteidigung („Festungsmodell"), andererseits leben die Tiere in Trockengebieten, in denen die Nahrungsquellen (hauptsächlich Pflanzenknollen) weit verstreut sind, sodass kooperative Nahrungssuche erfolgversprechender ist („Kooperationstheorie"). Nach der „Reproduktionstheorie" befördern die lange Trage- (Graumull 90 Tage) und Laktationszeit sowie die langsame Entwicklung der Jungen die E. Das Stammweibchen ist wegen seiner Körperfülle nicht in der Lage, die Gänge

Eusozialität und Index reproduktiver Arbeitsteilung: Lifetime-Reproduktionserfolg (LR) der Weibchen in der Sozietät. Beim Index 0 ist der LR aller Individuen gleich, beim Index 1 ist die Reproduktion auf ein Weibchen beschränkt. Nach P. Sherman et al. 1995. [2]

0 ——	Index reproduktiver Arbeitsteilung		—— 1
Riefenschnabelani *Crotophaga sulcirostris* Eichelspecht *Melanerpes formicivorus* Präriehund *Cynomys ludovicianus* Tüpfelhyaene *Crocuta crocuta*	Florida-Buschhäher *Aphelocoma coerulescens* Pantherzaunkönig *Campylorhynchus nuchalis* Stenogastrinae-Wespen Holzbienen *Xylocopa sulcatipes* Soziale Spinnen *Anelosimus eximius*	Zwergmanguste *Helogale parvula* Nacktmull *Heterocephalus glaber* Afrikanischer Wildhund *Lycaon pictus* Schmalbienen *Augochlorella striata* Feldwespen *Polistes fuscatus* Feuchtholz-Termiten *Zootermopsis nevadensis*	Pilz züchtende Ameisen *Atta* Faltenwespen *Vespula* Hügel bauende Termiten *Macrotermes* Blasenläuse *Pemphigus* Honigbienen *Apis mellifera*

zu durchqueren und muß deshalb durch andere Koloniemitglieder versorgt werden. Obwohl auch solitär lebende Mullarten existieren, scheint das Zusammentreffen mehrerer Faktoren nach der → Kosten-Nutzen-Analyse das Abwanderungsverhalten der Familienmitglieder zu hemmen und somit die Grundlagen der E. zu legen. [2]

Eustress → Stress.

Evasion (evasion): das Verlassen der ursprünglichen Siedlungsgebiete und nachfolgend die Besiedelung neuer Lebensräume durch Populationen, was z. B. durch hohe Populationsdichten bei gleichzeitigem Nahrungsmangel ausgelöst werden kann. → Invasionsverhalten. [5]

evolutionäre Adaptation (evolutionary adaptation): die durch Selektion erfolgte erbliche Anpassung an eine bestehende Umwelt. Viele Verhaltensweisen wirken sich positiv auf das Überleben des Individuums oder besser seiner Gene aus. Sie besitzen unter den gegebenen Umweltbedingungen einen positiven Selektionswert. Gene (Allele), die solche Verhaltensweisen steuern oder eine Voraussetzung dafür bilden, verbreiten sich und bewirken die e. A. Der Mensch hat sich z. B. während seiner Evolution vor allem an ein Leben in kleinen Jäger- und Sammlergruppen angepasst. Viele seiner Verhaltensweisen stehen heute im Widerspruch zur modernen globalen Massengesellschaft. → kulturelle Evolution. [3]

Evolutionäre Erkenntnistheorie, *EE* (evolutionary epistemology): besagt, dass Fähigkeit und Form des Erkenntnisgewinns Produkte der biologischen Evolution sind. Der kognitive Apparat (Gehirn, Sinnesorgane) sowie die Art und Weise des Erkenntnisgewinns (z. B. Denkstrukturen) entwickelten sich durch Selektion als Anpassung an Umweltprozesse. Dementsprechend wird nur ein Ausschnitt (Mesokosmos) der objektiven Realität, in einer für das Überleben notwendigen Art und Weise abgebildet (→ Umwelt). Über diesen selektierten Bereich hinaus arbeitet der Erkenntnisapparat wenig zweckmäßig und fehlerhaft. Objektive Realität und deren Wahrnehmung sind nicht deckungsgleich. Eine absolute Erkenntnis ist nicht möglich. Die individuelle Erkenntnis ist ein Produkt subjektiver Verarbeitung, die durch phylogenetisch selektierte Mechanismen bestimmt wird. Alle Erfahrung und Vernunft wird in der EE durch das Zusammenspiel phylogenetischer und kultureller Evolution sowie ontogenetischer Selektions- und Lernprozesse erklärt. Kein Individuum beginnt den Erkenntnisgewinn als tabula rasa, als unbeschriebenes Blatt, sondern besitzt a priori ein phylogenetisches „Vorwissen". Beweise hinsichtlich einer genetischen Prädisposition für Grammatik- und Sprachverständnis, Persönlichkeit und Lernfähigkeit unterstützen die EE in dieser Aussage. Obwohl die biologische Grundlage des kognitiven Systems unbestritten ist (evolution of epistemological mechanisms = EEM), wird die Anwendung selektionistischer Modelle auf die Entwicklung menschlichen Wissens und kultureller Normen (evolutionary epistemology of theories = EET) heftig umstritten (→ Meme). [3]

Evolutionspsychologie (evolutionary psychology): Teilgebiet der Psychologie, das sich mit der Erforschung des menschlichen Geistes (Psyche) befasst und primär Erkenntnisse und Prinzipien der evolutionären Biologie nutzt. Einbezogen werden dabei das Erleben und komplexe menschliche Verhaltenweisen. So beschäftigt sich die E. auch mit Fragen nach den ultimativen Zielen von Verhalten, z. B. ist Eifersucht evolutionär bedingt? [5]

Evolutionsstabile Strategie *ESS* (evolutionarily stable strategy, unbeatable strategy): Verhaltensstrategie, die von der Mehrzahl der Individuen einer Population verfolgt wird und von keiner alternativen Strategie übertroffen werden kann. Ist es z.B. möglich zwischen zwei Strategien zu wählen, setzt sich in der Evolution die Strategie durch, die eine maximale Fitness ergibt und am häufigsten an die Nachkommen weitergegeben wird.

Die Durchsetzungswahrscheinlichkeit einer Strategie lässt sich mithilfe der Spieltheorie beschreiben. Ein Beispiel ist das *Gefangenen-Dilemma* (prisoner's dilemma). Zwei Angeklagte werden in Einzelhaft untergebracht und eines Verbrechens angeklagt. Sie werden separaten Verhören unterzogen. Dort haben sie die Möglichkeit zu schweigen (Kooperation) oder zu gestehen (Verrat). Im letzteren Fall können sie gemeinsam die Schuld übernehmen oder sie dem jeweils anderen zuschieben. Die Fol-

		Angeklagter B	
		Kooperation (K)	Verrat (V)
Angeklagter A	Kooperation (K)	1 Jahr Gefängnis für beide (O1)	Freispruch für B 5 Jahre Gefängnis für A (O2)
	Verrat (V)	Freispruch für A 5 Jahre Gefängnis für B (O3)	2 Jahre Gefängnis für beide (O4)

Evolutionsstabile Strategie: Auszahlungsmatrix am Beispiel des Gefangendilemmas (Erläuterungen siehe Text). [2]

gen des Verhaltens der Angeklagten lassen sich mit folgender Auszahlungsmatrix verdeutlichen (Abb.):
O1...O4: Option 1 ... Option 4
Für den Angeklagten A (bzw. entsprechend für Angeklagten B) gilt also
$O3 > O1 > O4 > O2$
sowie $O1 > (O2 + O3)/2$
(> bedeutet bessere Strategie, da geringere Strafe) wonach folgt, dass für beide Kooperation besser als Verrat ist, da O1 die geringste Strafe ergibt. Dies gilt aber nur, wenn beide Angeklagte diese Option wählen. Das Dilemma ist nun, dass man ist sich der Kooperation des Anderen nie sicher sein kann, da für ihn eine hohe Motivation zum Verrat besteht. Verrat bringt die geringste Strafe mit sich, falls der Andere kooperiert (O3 > O1). Da aber auch O4 > O2 gilt, ist es immer von Vorteil Verrat zu wählen, selbst wenn der Andere auch diese Strategie benutzt.
Die Strategie Verrat ist also der Kooperation überlegen und würde sich in der Evolution durchsetzen.
Das lässt sich formal beschreiben mit
$F(V) = (1-p)*E(V,V) + p*E(V,K)$
$F(K) = (1-p)*E(K,V) + p*E(K,K)$
Wenn Verrat (V) einen ESS ist, gilt $E(V,V) > E(K,V)$.
F: Fitness der Strategie V = Verrat bzw. K = Kooperation, p: Häufigkeit der Strategie K (wobei $p << 1$), E: erwartete Fitness, wenn die Strategien konkurrieren. → evolutionsstabiles Gleichgewicht [2]

evolutionsstabiles Gleichgewicht (evolutionary stable state): Zustand in der Population, der durch die Existenz zweier oder mehrerer Verhaltensstrategien mit gleichem Ziel charakterisiert ist (Abb.). Die Zunahme einer Strategie durch die steigende Anzahl von Individuen die diese anwenden, führt aber zu Fitnessnachteilen und bevorteilt die alternative Strategie. Es besteht also ein durch Selektionsvor- und -nachteile ausbalanciertes Verhältnis der Verhaltensstrategien in der Population (häufigkeitsabhängige Selektion).
Ein viel zitiertes Beispiel ist das Verhältnis von Beschädigungskämpfern (sog. Falken) und Kommentkämpfern (sog. Tauben). Vorteile für „Tauben" nach Zunahme der „Falken" sind dabei nicht Folge der Arterhaltung, wie in der klassischen Ethologie angenommen, sondern lassen sich mit individuellen Nachteilen der „Falken" erklären. Das so entstehende Gemisch von Verhaltensstrategien mit gleichem Ziel relativiert die Begriffe „arttypisches Verhalten" oder „Normalverhalten".
Solche Wechselwirkungen der Strategien lassen sich ausgehend von J. Maynard Smith (1974) durch spieltheoretische Ansätze oder Computersimulationen simulieren und untermauern (→ Spieltheorie). [2]

evolutives Artkonzept → Artkonzept.

Exkursion (excursion, sally): Ausflug eines Individuums über die Grenzen seines Aktionsraumes hinaus mit anschließender Rückkehr. → Dismigration. [1]
Exodus-Ruf → Führungslaut.
exogen (exogenous): Bezeichnung für allein durch äußere Faktoren verursachtes Verhalten, im Gegensatz zum endogenen, intrinsischen oder spontanen Verhalten. [1]
Exoparasiten → Parasitismus.
Expansion (expansion): **(a)** Vergrößerung des Verbreitungsgebietes (Areals) einer Population, Art oder Gattung. Bekannt ist die E. der Türkentaube *Streptopelia decaocto,* die sich seit Anfang der 1940er Jahre vom Südosten her kommend über den Balkan nach Mitteleuropa ausgebreitet hat und heute in allen Bereichen der gemäßigten Klimazone Europas heimisch ist. → Invasionsverhalten. **(b)** → Lallen. [1]
experimentelle Verhaltensforschung, *experimentelle Ethologie* (experimental ethology): neben der deskriptiven Verhaltensforschung eine der beiden wesentlichen Arbeitsformen der Verhaltensforschung, um mit experimentellen Methoden die Ursachen des Verhaltens von Tieren und Menschen zu ergründen. Die e. V. nutzt alle geeigneten naturwissenschaftlichen Verfahren (z.B. Elektrostimulation, Datenerfassung, Statistik etc.), hat aber auch spezifische Methoden entwickelt, wie Attrappenversuch, Deprivation, Verhaltenstests, Labyrinth, Skinner-Box oder Recording-rules und Sampling-rules. [1]
Exploitation (exploitation): beschreibt die Übernutzung einer Ressource durch zu große Konkurrenz zwischen Individuen oder Populationen verschiedener Arten. E. ist eine Form der → Konkurrenz. [1]
Explorationsmotorik (motoric exploration, motoric location): alle Erkundungs- oder Wahrnehmungsbewegungen wie Augen-, Ohren- und Vibrissenbewegungen, seitliche Kopfbewegungen, aber auch Tasten und Schnüffeln. [1]
Explorationsverhalten → Erkundungsverhalten.
Explorationswanderung → Dismigration.
Explosion (explosion): chemische Reaktion mit plötzlichem Anstieg der Temperatur und des Druckes. E. werden von den meist unter 10 mm großen Bombardierkäfern (Laufkäfer der weltweit über 600 Arten umfassenden Unterfamilie Brachininae, z.B. *Brachinus explodens*) gezielt zur Abwehr eingesetzt. Die dabei entstehende hohe Temperatur (ca. 100 °C) und das chemische Reaktionsprodukt (*p*-Benzochinon) wirken direkt schädigend auf den Angreifer. Der durch den Druckanstieg erzeugte Knall (akustisches Signal) und die plötzlich auf-

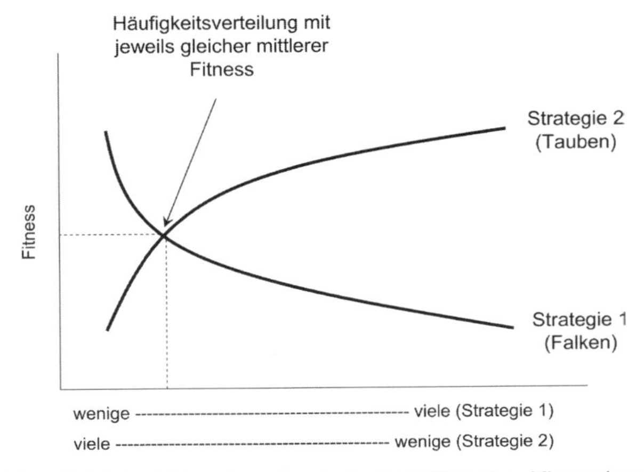

Evolutionsstabiles Gleichgewicht zweier entgegengesetzter Strategien. Mit zunehmender Individuenzahl nimmt die Fitness für die Anwender einer Strategie ab. Ein Gleichgewicht wird erreicht, wenn beide Strategien etwa gleiche Fitnessvorteile erreichen (punktierte Linien). Nach E. Voland 2000. [2]

tauchende dunkel gefärbte Wolke (optisches Signal) verursachen darüber hinaus eine → Schreckreaktion. Wahrscheinlich lösen die bei der E. entstehenden thermischen, chemischen, optischen und akustischen Signale auch → Meideverhalten aus. Die Bombardierkäfer besitzen eine spezielle Knalldrüse im Hinterleib, in deren Reservoir sie ein selbst synthetisiertes Gemisch aus einem phenolischen Substrat (Hydrochinon) und Wasserstoffperoxid sammeln. Zum Auslösen der E. wird das Gemisch in die an der Hinterleibsspitze gelegene Explosionskammer geleitet, in der es unter Einwirkung von Enzymen (Katalase und Peroxidase) zu einer heftigen Reaktion kommt. Die Käfer sind in der Lage, die ätzende Giftwolke sehr genau in Richtung auf den Angreifer hin zu lenken. Der stark reizende Dampf führt bei Wirbeltieren zu Schädigungen der Augen und der Schleimhäute und ist damit selbst gegen relativ große Angreifer eine effektive Waffe. [4]

Exterorezeptor → Rezeptor.

Extinktion, *Auslöschung* (extinction): das Erlöschen einer bedingten Reaktion (→ Konditionierung) durch die Entkopplung des bedingten vom unbedingten Reiz. Dadurch wird das erlernte Verhalten nicht weiter verstärkt, seine Auftretenswahrscheinlichkeit sinkt und die konditionierte Reaktion wird wieder rückgängig gemacht. Wird beispielsweise ein Lichtsignal nicht mehr durch einen nachfolgenden Stromstoß bekräftigt, so bleibt sehr schnell das → Meideverhalten aus. Die betreffenden Verhaltensweisen können aber bei Wiedereinsetzen der Verstärkung schnell, gelegentlich sogar sofort wieder reaktiviert werden. E. als aktiver Prozess in Folge ausbleibender Belohnungen kann daher nicht mit dem weitaus mehr Zeit in Anspruch nehmenden und als Folge der verstrichenen Zeit auftretenden → Vergessen gleichgesetzt werden. Vielmehr ist E. ein Spezialfall des Umlernens. Das lernende Individuum muss die nachträglich eingetretene Unabhängigkeit bedingter Reize oder bedingter Aktionen von den Verstärkern erfassen. Dadurch wird der ursprüngliche Lernvorgang nach und nach aufgehoben und schließlich ersetzt. E. kann durch negative Verstärkung beschleunigt werden. Beim Abschwächen und Auslöschen erlernter Assoziationen wird erkennbar, dass es mehrere Lernmotivationen gibt. So führt eine Unterbrechung der E.versuche (etwa von einem Versuchstag zum nächsten) zu einer spontanen Erholung der Lernleistung, ohne dass eine Verstärkung erfolgt. → Lernkurve. [5]

Extinktionswanderung, *Irrwanderung* (exodus): führt in lebensfeindliche Gebiete und hat unter Umständen den völligen Verlust der Wanderpopulation zur Folge. Bekannt sind der Untergang der riesigen Schwärme von Wanderheuschrecken im Atlantik oder die E. der Berglemminge. [1]

extraintestinale Verdauung (extraintestinal digestion): Verdauung der Nahrung außerhalb des Körpers. Spinnen, einige Lauf- und Aaskäfer u. a. geben ihre Verdauungssekrete aus dem Darm auf die Nahrung und nehmen nach einiger Zeit die so verdaute Nahrung auf. [1]

Extrapair-copulation, *EPC, Seitensprung* (extrapair mating, extrapair copulation): alle Kopulationen, die außerhalb der Paarbindung stattfinden. EPC ist eine Begleiterscheinung der → Monogamie, die für Männchen einen hohen adaptiven Wert besitzt (→ Polygynie). Für EPC als Strategie der Weibchen werden drei Erklärungshypothesen favorisiert: (1) Fertilitätssicherung, die Paarung mit mehreren Männchen erhöht die Wahrscheinlichkeit einer erfolgreichen Befruchtung (fertility insurance hypothesis), (2) Begünstigung der Spermienkonkurrenz (→ sperm competition) und (3) Nahrungsvorteile, sie erhalten mehr → Hochzeitsgeschenke oder können in den Revieren der Männchen Nahrung sammeln. So wurde bei Arten mit geringer Spermienzahl wie Taufliegen der Gattung *Drosophila* beobachtet, dass multiple Paarungen mehr befruchtete Eizellen erbringen. Bei der viviparen Kreuzotter *Vipera berus* ist der Anteil der totgeborenen Jungen negativ korreliert mit der Anzahl der Paarungspartner. Bienenweibchen der Art *Anthidium maculosum* paaren sich mit mehreren Männchen und bekommen so Zugang zu Pollen und Nektar in deren Territorien. [2]

Extrapair-fertilization, *EPF* (extrapair fertilization): Befruchtung von Eizellen monogam reproduzierender Weibchen mit Spermien fremder Männchen. → Extrapair-copulation. [2]

Extrapair-paternity, *EPP* (extrapair-paternity): Vaterschaften bei Nachkommen monogam reproduzierender Paare, die nicht vom assoziierten Partner stammen. Bei den 95 % der monogam lebenden Vögel konnte bei 13 % der Arten EPP nachgewiesen werden. → Extrapair-copulation. [2]

Extrapair-young, *EPY, Kuckuckskinder* (extrapair young): Jungtiere einer monogamen Verpaarung, die aus der → Extrapair-copulation eines Elters hervorgehen. [2]

extrinsisch (extrinsinc): „von außen her" verursachtes Verhalten, im Gegensatz zum → intrinsischen oder → exogenen Verhalten. → Reaktion. [1]

extrinsische postzygotische Isolation → Verhaltenssterilität

Fächeln (fanning): **(a)** bei der Honigbiene ein thermoregulatorisches Verhalten sowie eine Form der Kommunikation und Orientierung. An heißen Tagen versammeln sich zahlreiche Bienen zu sog. Fächelkolonnen und erzeugen mit den Flügeln einen kühlenden Luftstrom bis in das Stockinnere. Dabei sind die Hinterbeine breit gestellt, die Fühler gesenkt und der Hinterleib in waagerechter Haltung. Beim *Sterzeln* (fanning with scent organ exposed) am Stockeingang werden die Fühler abgespreizt, der Hinterleib aufgerichtet, die Duftdrüse am Ende des Hinterleibs ausgestülpt und die Flügel bewegt, um anfliegenden Stockangehörigen mithilfe des Duftstromes die Orientierung zu erleichtern.

(b) bei einigen Fischen mit Brutpflegeverhalten (z.B. Stichlinge) wird F. mit den Brustflossen über dem Gelege vollführt, um durch einen ständigen Wasserstrom die notwendige Sauerstoffzufuhr zu gewährleisten. [1]

fakultatives Lernen (facultative learning): alle Lernprozesse, die das Verhaltensrepertoire eines Individuums erweitern, aber im Gegensatz zum → obligatorischen Lernen nicht lebensnotwendig sind. F. L. ist von der artspezifischen Lerndisposition abhängig, basiert auf dem Neugier- und Spielverhalten und gestattet eine immer bessere Anpassung an die Umwelt. Zum f. L. gehören auch alle Tierleistungen in Konditionierungs- und Dressurversuchen. [1]

Fallensteller (trapper): Räuber, die für den Beutefang Fangeinrichtungen nutzen. Typische F. sind die Netzspinnen oder der Ameisenlöwe, die Larve der Ameisenjungfer *Euroleon nostras*. [1]

Familie (family, rearing system): Gemeinschaft, in der ein oder beide Elternteile sowie gelegentlich auch die älteren Geschwister die Nachwuchspflege ausüben. Die F. sichert das Überleben unselbständiger und pflegeabhängiger Nachkommen und optimiert den Elternaufwand. Sie bietet auch die Möglichkeit der direkten und indirekten Informationsweitergabe von einer Generation zur nächsten (→ Tradition). In der → Elternfamilie teilen sich Vater und Mutter die Nachwuchspflege, während in der → Mutterfamilie und → Vaterfamilie nur ein Elternteil dafür sorgt. Zur *Kernfamilie* (nuclear family) gehören Mutter, Vater und mindestens ein Kind. Kommen zu dieser Gemeinschaft noch ältere Nachkommen oder andere Verwandte hinzu, dann ist es eine → *Großfamilie* (extended family) oder → Sippe. F. können nur für eine Fortpflanzungsperiode, *Saisonfamilie* (seasonal family), oder zeitlebens bestehen, *Dauerfamilie* (permanent family).

Die Familienmitglieder können verschiedenen Kategorien zugeordnet werden. So lassen sich beispielsweise alle adulten Mitglieder der in F. lebenden Mongolischen Wüstenrennmaus *Meriones unguiculatus* in drei Kategorien einteilen. Die *integrierten Familienmitglieder* (integrated family members, IFM) leben zeitlebens in ihrer F., werden von anderen F.mitgliedern nicht angegriffen und pflanzen sich nicht fort. Die *verstoßenen Familienmitglieder* (expelled family members, EFM) versuchen sich fortzupflanzen, werden aber durch aggressives Verhalten aus der F. hinausgedrängt. Das Reproduktionsmonopol besitzen die *Stammtiere* (founder pair animals, FPA). Sie haben die F. begründet und sie attackieren die anderen Familienmitglieder. [1] [5]

FAO → fütterungsabhängiger Oszillator.

Farbwechsel (colour change): Fähigkeit, die Körperfärbung zu verändern. Der F. ist im Tierreich weit verbreitet und wird durch exogene und endogene Faktoren ausgelöst. Er hat Signal- und Schutzfunktion und zeigt den jeweiligen Zustand des Individuums an (→ optische Kommunikation). Kräftige Farben signalisieren Territoriumsbesitz, Balz- und Laichbereitschaft, schwächere Färbungen erleichtern das Verbergen (→ Schutzfärbung). Auch bei Erregung, Hunger und Erkrankungen kommt es zu ganz spezifischem F. Zu unterscheiden ist zwischen einem langsam verlaufenden, länger anhaltenden *morphologischen F.* (morphological colour change), z.B. die Winterfellfarbe des Hermelins (→ Saisontracht), und einem schneller erfolgenden, kurz anhaltenden *physiologischen F.* (physiological colour change), z.B. → Erröten. Die am F. beteiligten Farbstoffe (Pigmente) befinden sich in speziellen reichverzweigten Pigmentzellen, den Chromatophoren. Es sind hauptsächlich rote, weiße, gelbe, schwarzbraune und irisierende Pigmente, die in unterschiedlichen Verhältnissen miteinander vermischt werden. Beim morphologischen F. werden Pigmente oder Chromatophoren auf- und abgebaut, beim physiologischen F., der nervös und hormonal gesteuert wird, kommt es zu Pigmentverschiebungen. Eine Verteilung der Pigmente bis in die Verzweigungen der Pigmentzellen führt zu kräftiger Körperfärbung, während die Konzentration im Zentrum der Zelle die Tiere blasser erscheinen lässt. → Prachtkleider. [1]

Farrah-Effekt (Farrah effect): in einer Umgebung mit überdurchschnittlich vielen attraktiven Menschen wird der Anspruch an → Attraktivität erhöht. Der F. ist nach der sehr attraktiven amerikanischen Schauspielerin Farrah Fawcett-Majors benannt. Er ist ein Beweis dafür, dass Attraktivität und Schönheitsideal erworben sind und der jeweiligen Situation angepasst werden können. So kann beispielsweise der erste Eindruck von einem potenziellen Partner negativ beeinflusst werden, wenn kurz zuvor Poster, Magazine, Filme oder Fernsehsendungen mit sehr attraktiven Individuen angeschaut wurden. [1]

Fäzes, *Faezes, Kot, Exkremente* (feces, excrements): aus dem Darm ausgeschiedene unverdaute Nahrungsbestandteile u.a., die unter Umständen nochmals aufgenommen werden können (→ Koprophagie, → Coecotrophie). F. des Menschen werden auch *Stuhl* (stool) genannt. [1]

Federpicken, *Federausreißen, Federfressen* (feather pecking behaviour, feather plucking or pecking): Verhaltensstörungen der Vögel (Hühner, Papageien), die besonders häufig bei Mangel an adäquaten Nahrungsobjekten und falschen Haltungsbedingungen auftreten. Beim F. werden die eigenen Federn oder die der Artgenossen ausgerissen (*Pterotillie*) und häufig auch gefressen (*Pterophagie*). Bei Hühnern wird F. als fehlgeleitetes Futterpicken interpretiert. F. tritt viel seltener auf, wenn Möglichkeiten zum Futterpicken und Scharren gegeben sind. [1]

Federsträuben, *Gefiedersträuben* (feather ruffling, shuffling, ruffling): ursprünglich ein thermoregulatorisches Verhalten zum Schutz gegen das Sinken der Körpertemperatur, denn durch das Aufplustern wird die isolierende Lufthülle zwischen den Federn vergrößert. Ansonsten beschränkt sich das F. auf einzelne Partien des Gefieders, um den Körper scheinbar zu vergrößern bzw. besser zur Schau zu stellen. Beim Drohverhalten werden z.B. die Kopffedern (Hahn) aufgerichtet, bei der Balz die Rücken- (Pfau) oder Halsfedern (Kampfläufer) und im Zusammenhang mit der sozialen Körperpflege die Nackenfedern (Papagei). [1]

Federwild → Wild.

Fegen (antler-rubbing): primär eine Gebrauchshandlung der Hirsche, um durch Scheuern und Schlagen an Zweigen, Büschen und Stämmen den Bast vom Geweih zu entfernen. Bei einzelnen Arten ist das F. auch Bestandteil des Imponierverhaltens (*Imponierfegen*) und wird intensiv in Gegenwart eines Rivalen vollzogen. [1]

fehlgerichtetes Verhalten (redirected behaviour): Sammelbezeichnung für alle Verhaltensweisen, die nicht auf natürliche Bezugsobjekte gerichtet sind. Dazu gehören das Abreagieren an Ersatzobjekten (→ umorientiertes Verhalten, → Ersatzhandlungen) oder ins Leere gerichtetes Verhalten (→ Leerlaufhandlungen). F. V. kann sich nur unter bestimmten Umweltbedingungen zu einer echten Verhaltensstörung manifestieren. [1]

Fehlprägung (misimprinting, erroneous imprinting, inappropriate imprinting): Störung bzw. Ausfall von Prägungen oder prägungsähnlichen Vorgängen durch das Fehlen der erforderlichen Bezugsobjekte (→ Objektprägung) oder Vorbilder (→ Gesangslernen). Da Prägungen obligatorische Lernvorgänge sind, kommt es zu entwicklungsbedingten Verhaltensstörungen, wenn die zur Ergänzung der erblichen Verhaltensprogramme passenden Reize oder Situationen während der sensiblen Phasen ausbleiben. In der Natur spielt das kaum eine Rolle. Dort sind in aller Regel die „richtigen" Reize zur rechten Zeit verfügbar. Anders ist es bei der Aufzucht von Wirbeltieren durch den Menschen. Hier bereitet es manchmal größte Schwierigkeiten, F. zu vermeiden. Als besonders problematisch erweist sich in diesem Fall die Unumkehrbarkeit des Prägungslernens.

Sexuelle F. (sexual misimprinting), z.B. bei Handaufzuchten durch den Menschen, können die Bemühungen um den Artenschutz bei vom Aussterben bedrohten Tieren erheblich beeinträchtigen, denn gerade die sexuelle Prägung zeichnet sich durch hohe Stabilität bis hin zur Unumkehrbarkeit aus. Sexuell auf Hausentenweibchen fehlgeprägte Stockentenerpel richten ihr Sexualverhalten auch dann auf diese, wenn wildfarbene Weibchen zur Verfügung stehen. Auf Stockentenmännchen fehlgeprägte Erpel lassen sich auch in Anwesenheit arteigener Weibchen nicht von ihrer homosexuellen Bindung abbringen. Auf Japanische Mövchen *Lonchura striata* sexuell fehlgeprägte Zebrafinkenmännchen *Taeniopygia guttata* lernen später zwar, sich in Abwesenheit der Stiefartgenossen mit arteigenen Weibchen zu paaren und Junge aufzuziehen, vernachlässigen diese aber sofort wieder, wenn ihnen weibliche Mövchen zur Wahl stehen. [1]

Feind (enemy): allgemeine Bezeichnung für einen Räuber (Fressfeind) oder einen Parasiten. Artgenossen mit entsprechend negativem Einfluss werden → Rivalen genannt. [1]

Feindablenkung → Verleiten.

Feindanpassung → Schutzverhalten.

Feinddruck (enemy pressure): Einfluss der Feinde (Räuber und Parasiten) auf das Verhalten und die Qualität des Lebensraumes. Der F. ist in extremen Lebensräumen geringer. → Räuberdruck, → Parasitenlast. [1]

Feindschema (predator releaser): angeborenes bzw. durch Erfahrung erworbenes Muster der Merkmale eines Raubfeindes. Beutetiere können häufig vom Verhalten des Räubers auf seine Gefährlichkeit schließen und zwischen angriffsbereiten und gesättigten Raubfeinden unterscheiden. [1]

Fekundität (fecundity): beschreibt die individuelle Fruchtbarkeit, d.h. die Zahl der Nachkommen eines Jahres oder einer Altersklasse pro Individuum. → Natalität. [1]

Fellsträuben → Haarsträuben.

Female-choice → Weibchenwahl.

Fernfeld (far field): akustisches Signal in einer großen Entfernung zur Quelle. In einem Abstand vom Sender, der groß gegenüber der Wellenlänge und den Abmessungen der Schallquelle ist, sind Schallwechseldruck und Schallschnelle (Geschwindigkeit der schwingenden Moleküle) phasengleich. Der Schalldruck verringert sich umgekehrt proportional zum Abstand, die Schallintensität umgekehrt proportional zum Abstandsquadrat. Jede Verdopplung des Abstandes führt deshalb zu einer Verringerung des Schalldruckpegels um 6 dB. → akustisches Signal, → Hören. [4]

Fernorientierung (distant orientation): Raumorientierung, bei der das Ziel des Verhaltens nicht mit den Sinnesorganen wahrgenommen werden kann. Das Ziel kann wenige Meter oder Tausende von Kilometern entfernt sein, man denke nur an eine Ameise auf dem Weg zum Nest oder an Seevögel wie Pinguine, Tordalken und Lummen, die nach dem Fischfang für die Jungen über weite Strecken zur Brutkolonie und zum eigenen Brutplatz zurückkehren, oder an die weiträumigen Tierwanderungen. → Nahorientierung. [1]

Fertilität (fertility): Furchtbarkeit bzw. Fähigkeit zur geschlechtlichen Fortpflanzung im Gegensatz zur *Infertilität* (infertility). → Sterilität, → Natalität, → Fekundität. [1]

Fetozid, *induzierter Abort* (feticide, induced abortation): Abtöten oder Abtreiben von Nachkommen im Mutterleib als eine Möglichkeit des → Cryptic-female-choice. Der Nachweis ist schwierig, F. ist aber immer dann zu vermuten, wenn die regelmäßigen Intervalle zwischen den Geburten einmalig verlängert sind, z.B. weil ein neues Männchen die Gruppe übernommen hat oder das Weibchen vergewaltigt worden ist. → Infantizid [1]

Filterung → Reizfilterung.
Filtrierer → Partikelfresser.
Fingerprinting → Verwandschaftsanalyse.
Fission-fusion (fission fusion): Aufteilung einer Sozietät in mehr oder weniger eigenständige Kleingruppen. So teilt sich die Horde der Schimpansen *Pan troglodytes* zur Nahrungssuche in Untergruppen auf, findet sich aber zur Nachtruhe wieder zusammen. [2]
Fitness (fitness): ist das Maß für den Reproduktionserfolg eines Individuums und steht immer für *reproduktive F.* Streng genommen ist nicht die Anzahl der direkten Nachkommen, sondern die Anzahl der Enkel zu bewerten, denn Kinder erbringen nur dann eine Fitness-Steigerung, wenn sie selbst wieder Gene in die nachfolgende Generation weitergeben. Die *Gesamtfitness* (inklusive Fitness) eines Individuums resultiert aus der direkten und der indirekten F. Die *direkte F.* umfasst den individuellen Reproduktionserfolg während des gesamten Lebens, die → Life-history oder *Lifetime-Fitness* (lifetime fitness). Mit der *indirekten F.* wird der Anteil eines Individuums am Reproduktionserfolg seiner Verwandten gemessen (→ kin selection).
In bestimmten Situationen kann nach einer Kosten-Nutzen-Abwägung der Verzicht auf direkte F. bis hin zur Selbstaufgabe eine größere Gesamt-F. bedeuten (→ Hamiltonsche Regel, → Altruismus). Solch eine Selbstaufopferung wird bei Termiten der Art *Globitermes sulphureus* beobachtet, die als „wandernde Bomben" ihren Feinden Sekrete nach „Explosion" des gesamten Körpers entgegen schleudern. Solches Verhalten ist selektiv begünstigt, wenn dadurch mehr als zwei Geschwistern oder mehr als vier Nichten oder Neffen ein Fortpflanzungserfolg ermöglicht wird. In diesem Sinne ist das Konzept der Gesamt-F. die Voraussetzung der Entstehung von → Eusozialität. [2]
Flaschenhals (bottleneck): negative Größenschwankung einer Population in einem Habitat. Ein F. (Habitatverlust, Krankheit, verstärkte Prädation) führt zu einer Reduktion der genetischen Variabilität und erhöhtem Inzuchtgrad (F.effekt). Durch die Verkleinerung des Genpools unterliegen Populationen während und unmittelbar nach dem F. einer verstärkten Driftwirkung. Ein rapides Wachstum der Population nach einem F. kann dieser Drift entgegenwirken. Der moderne Mensch ging während seiner Entwicklung durch mehrere F. Diese könnten zur Anreicherung wichtiger neutraler Mutationen geführt haben, die dem modernen Menschen später einen wichtigen Selektionsvorteil lieferten. Das humane FOXP2-Gen enthält funktionelle Mutationen, die erst seit etwa 200.000 Jahren häufiger in der menschlichen Population auftreten. Dieses Gen spielt eine essenzielle Rolle bei der Ausbildung von Hirnbereichen, die für Sprache und Grammatik verantwortlich sind. [3]
Flehmen (flehmen, lip curl): typisches Verhalten zur Wahrnehmung chemischer Signale. Dabei wird der Kopf zurückgelegt und bei geöffnetem Maul, hochgezogener Oberlippe und verschlossenen Nasenöffnungen Luft eingesaugt. F. wird bei der → Anogenitalkontrolle und beim → Harnprüfen gezeigt. Es ist typisch für Huf- und Raubtiere, die so den Sexualstatus ihrer Partner prüfen (Abb.). Der beim F. erzeugte Luftstrom wird an einem speziellen Riechorgan vorbeigeführt (→ Vomeronasalorgan). Stammesgeschichtlich lässt sich das F. auf das Züngeln der Reptilien zurückführen, die mit der gespaltenen Zunge Duftstoffe in das paarige Jacobsonsche Organ transportieren. [1]
Fleischfresser → Carnivora.
Flickerfusionsfrequenz → optische Täuschung.
Fliegen (flying): vom Boden losgelöste Fortbewegung in der Luft, die als aktives (Kraft-F.) und passives F. (→ Gleiten) erfolgen kann. Dabei muss neben dem Vortrieb ein dynamischer Auftrieb für fast das gesamte Körpergewicht erzeugt werden, denn der statische Auftrieb ist in Luft zu gering. Aktives F. hat sich bei Tieren im Laufe der Evolution vier Mal unabhängig voneinander entwickelt. Zunächst beherrschten für rund 100 Millionen Jahre ausschließlich Insekten den Luftraum. Dann kamen vor etwa 220 Millionen Jahren die Reptilien mit den Flugsauriern (Pterosauria) dazu, danach die Vögel vor etwa 150 Millionen Jahren und zuletzt, nach dem Aussterben der Flugsaurier, die Säuger mit den Fledermäusen (Chiroptera) vor etwa 60 Millionen Jahren.

Flehmen bei Paarhufern, Unpaarhufern und Raubtieren. Aus R. Gattermann et al. 1993.

Bei den Insekten entwickelte sich zunächst an jedem der drei Brustsegmente des Thorax ein Paar flügelähnlicher Fortsätze. Heutige Insekten haben höchstens noch zwei Paar Flügel. Die besten aktiven Flieger haben allerdings nur noch ein Flügelpaar (z. B. Fliegen, Zweiflügler: Diptera) oder sie koppeln Vorder- und Hinterflügel mit Haken- oder Borstenmechanismen (z. B. Wespen und Bienen, Hautflügler: Hymenoptera). Während viele Insekten nur 10 bis 100 Mal pro Sekunde mit ihren Flügeln schlagen, kann die Schlagfrequenz mit einer selbst erregten indirekten Flugmuskulatur, die nicht direkt an den Flügeln angreift, bis zu 300 (einige Wespen) oder gar 1.000 Hz (kleine Pilzmücken) erreichen. Manche Insekten können über längere Strecken Fluggeschwindigkeiten von bis zu 5 m/s (18 km/h) halten, so z. B. Schwärmer wie das Taubenschwänzchen *Macroglossum stellatarum*, subalpine Fliegen bei ihren Suchflügen und Faltenwespen (Vespidae). In einzelnen Fällen werden bis zu 11 m/s (rund 40 km/h) erreicht, kurzzeitig von der Großen Königslibelle *Anax imperator* und auch auf längeren Streckenflügen von der Hornisse *Vespa crabro*. Wanderungen über Entfernungen von bis zu 5.500 km (Distelfalter *Cynthia cardui*) und ununterbrochene Flüge bis 350 km (Wüstenheuschrecke *Schistocerca gregaria*) sind keine Seltenheit. Manche Insekten können rückwärts fliegen, komplizierte Wendemanöver vollführen und längere Zeit im Schwirrflug an einer Stelle verharren, z. B. Libellen (Odonata), Schwebfliegen (Syrphidae) und Schwärmer (Sphingidae).

Ganz besonders interessant ist, dass auch Insekten mit Körperlängen von 0,2 bis 1 mm noch fliegen können. Da sie mit sehr kleinen Reynolds-Zahlen zu tun haben (→ Schwimmen), sind bei solchen Tieren oft keine flächigen, sondern federförmige Flügel ausgebildet und das sogar in drei Insektenordnungen unabhängig voneinander: bei allen Fransenflüglern oder Thripsen (Thysanoptera), manchen Käfern (Federflügler: Ptiliidae) und Hautflüglern (einige Zwergwespen der Familien Mymaridae und Trichogrammatidae).

Ebenso wie Insekten zeigen auch Vögel mannigfaltige Formen des aktiven F. Zu denken ist an das Rütteln der Turmfalken, den Schwirrflug der Kolibris, den Sturzflug vieler Greifvögel beim Beutefang, den lautlosen Flug der Eulen, die unterschiedlichen Balzflüge sowie die zuweilen komplizierten Start- und Landemanöver, die auf dem Wasser und an Land stattfinden. [4]

Flirt (flirt): angeborenes Balzverhalten, das in allen Kulturen etwa gleich abläuft und der ersten Annäherung zweier Menschen dient. F. wird bei hetero- und homosexuellen Beziehungen eingesetzt. Wichtige Elemente sind der Augengruß, das Lächeln, der Hair-Flip, das Necken, das Imponiergehabe, die Verlegenheitsgebärden und die entsprechende Körpersprache sowie der Kuss und das Kussfüttern. [1]

Floater (floater): Tiere, die aufgrund von Ressourcenmangel (Raum) kein Territorium besetzen können. [1]

florikol (floricolous): Tiere, die ständig auf Blüten oder im Blütenboden leben. [1]

Fluchtdistanz (flight distance, escape distance): Abstand, auf den ein Tier einen Raubfeind oder den Menschen bzw. einen aggressiven oder ranghöheren Artgenossen heran lässt, ohne sich zurückzuziehen. → Individualdistanz, → kritische Distanz. [1]

Fluchtruf → Alarmruf.

Fluchtverhalten (escape behaviour): Ortswechsel zur → Gefahrvermeidung. F. wird primär gegenüber Raubfeinden und dominanten Artgenossen sowie näher kommenden abiotischen Gefahren (Feuer, Wasser) eingesetzt. Zu unterscheiden ist zwischen der *Zielflucht* zu einem sicheren Rückzugsort (Bau, Versteck, in die Luft fliegen, ins Wasser gehen) und der Zwischenraum schaffenden *Distanzflucht*. [1]

Flugbalz → Imponierflug.

Fluggeräusch (flight noise, flight sound): unvermeidbare Schallabstrahlung während der Flugbewegungen, zuweilen auch als akustisches Signal dienend und eventuell durch besonderes Verhalten oder spezielle Strukturen verstärkt. Von verschiedenen Vogelarten wird der Luftwiderstand zur Lautproduktion genutzt. Bekassinen z. B. vollführen im Brutrevier Sturzflüge mit abgespreizten äußeren Schwanzfedern. Das dabei entstehende weithin hörbare „Meckern" brachte dieser Vogelart im Volksmund den Namen Himmelsziege ein. Männliche Stechmücken erkennen die arteigenen Weibchen am charakteristischen F. (→ Johnstonsches Organ). Mehr oder weniger auffälliges *Flugschnarren* (crepitation) ist Bestandteil des Balzverhaltens der Männchen einiger Feldheuschreckenarten, z. B. der gefleckten Schnarrschrecke *Bryodema tuberculata*. Viele flugfähige Insekten, insbesondere Hautflügler, erzeugen am Boden mit ihrer Flugmuskulatur ein *Schnarren* (buzz) ohne die Flügel aufzustellen. Diese Signale werden oft als Wehrsignal verwendet, dienen manchmal aber auch der innerartlichen Kommunikation (→ Bienensprache). [4]

Fluggesang → Gesang.

Flugschnarren → Fluggeräusch.

fluktuierende Asymmetrie → Asymmetrie.

Flyfaktor → Aggregationspheromon.

Fokus-Tier-Methode → Sampling-rules.

Folgeverhalten → Tandemlauf.

Folgewanderung → Migration.

folivor (folivorous, phyllophagous): Tiere, die Blätter fressen. [1]

Formant (formant): 1929 von dem Akustiker Karl Erich Schumann geprägter Begriff zur Beschreibung von Tonveränderungen, die durch das Mitschwingen von Resonanzstrukturen hervorgerufen werden und dadurch den Klang „formen". F. fallen insbesondere im → Spektrogramm von Säugerlauten als Frequenzbereiche mit angehobener Intensität auf. Töne in der Nähe von Resonanzfrequenzen (z. B. des Hohlraums des Nasen-Rachen-Raums) werden in einer höheren Intensität abgegeben (Resonanzfilter). Angenommen, die Resonanzstruktur bleibt, wie bei Musikinstrumenten, in ihrer Form unverändert, dann wäre die Resonanzfrequenz ebenfalls konstant. Die Lage der F. ist in diesem Falle unabhängig von der im Kehlkopf erzeugten Tonhöhe in einem konstanten Frequenzbereich. Da Säuger aber ihre Resonanzstrukturen aktiv verändern können, sind die Verhältnisse in der Bioakustik wesentlich komplizierter. [4]

Formation (formation): beschreibt räumliche Gruppenstrukturen, die linear oder clusterförmig sein können, wie Staffel, Keil, Reihe, Kreis oder wie zirkuläre Cluster, Kolonnen- und Schlangencluster. → Synlokation, → soziale Konsistenz. [1]

formstarres Verhalten: ältere Bezeichnung für **(a)** angeborenes und erworbenes stereotypes Verhalten oder **(b)** angeborene Erbkoordinationen. [1]

Fortbewegung → Lokomotorik.

Fortpflanzungsrate, *Reproduktionsrate* (reproductive rate): die von einem Individuum über einem bestimmten Zeitraum erzeugte Nachkommenzahl. → Life-history. [1]

Fortpflanzungsrevier → Territorium.

Fortpflanzungsstrategie (mating strategy, reproductive strategy): genetisch determiniertes Verhaltensprogramm, das einem Organismus ermöglicht, Investitionen in die Fortpflanzung verschiedenen Verhaltens-Phänotypen (Taktiken) zuzuordnen. Über endogene Mechanismen (Motivationen, Erfahrungen etc.) werden die aktuellen Umweltbedingungen ausgewertet und die passende Taktik angewendet. Die Benutzung und Zuordnung der Begriffe Strategie und Taktik erfolgt jedoch nicht einheitlich, sodass beispielsweise eine Trennung von Fortpflanzungsstrategien und Fortpflanzungstaktiken oft nicht möglich ist. Dabei kommt erschwerend hinzu, dass der Nachweis der genetischen Bestimmtheit der entsprechenden F. oft fehlt. [2]

Fortpflanzungssystem (mating system): Form des Fortpflanzungsverhaltens bzw. der Partnerbeziehungen während der Reproduktion. Neben der Beschreibung des vorhandenen → Paarungssystems umfasst das F. alle Verhaltensweisen der → Brutfürsorge und → Brutpflege. Der Begriff wird allerdings oft synonym zu → Paarungssystem verwendet. [2]

Fortpflanzungstaktik (mating tactic): Verhalten, das ein Tier nach Vorgabe der genetisch determinierten Strategie anwendet. Tiere können eine gemischte → Fortpflanzungsstrategie verfolgen, die in unterschiedlichen Taktiken ein und desselben Individuums besteht. Dabei werden im Wesentlichen drei Taktiken unterschieden, die → Bourgeois-, → Parasiten- und → Kooperationstaktik. So können sich z. B. Grasfrösche *Rana temporaria* mit einem Weibchen verpaaren oder frisch abgelegten Laich anderer Verpaarungen zusätzlich befruchten und durch → Spermienkonkurrenz einen Teil des Geleges befruchten. [2]

Fortpflanzungsverhalten (reproductive behaviour): alle Verhaltensweisen, die mit der Reproduktion der Individuen in Zusammenhang gebracht werden können. Bestandteile des F. sind Sexualverhalten mit Partnersuche, Balz und Kopulation bzw. Abgabe der Gameten sowie das → Brutpflegeverhalten, das auch die Brutfürsorge einschließt. [2]

fossorisch (fossorial): Säugetiere, die in Bausystemen unterirdisch leben und auch ihr Futter unterirdisch suchen, wie Maulwürfe und Nacktmulle. → subterran, → hypogäisch. [1]

Founder-Effekt → Gründereffekt.

Fouragieren → Nahrungserwerb.

Fourier-Analyse → Frequenzanalyse, → Zeitreihenanalyse.

Fovea (fovea): ursprünglich Bezeichnung für die Region des schärfsten Sehens im Auge von Wirbeltieren (Sehgrube, F. centralis). Der Begriff F. wird heute zunehmend erweitert auf andere Sinnesorgane angewandt, so etwa auf die *taktile F.* (tactile fovea) des Sternmulls, die *elektrische F.* (electric fovea) schwachelektrischer Fische oder die *akustische F.* (acoustic fovea) von Fledermäusen. Die akustische F. ist die räumliche Überrepräsentation eines engen Frequenzbereichs entlang der Längsausdehnung der Gehörschnecke. Dort bilden z. B. Hufeisennasen (Rhinolophidae) mit rund 25% der Haarsinneszellen einen Hörbereich ab, der nur 10 % einer Oktave umfasst. Auf diese Weise sind die Tiere in der Lage, in den empfangenen Echos ihrer Rufe kleine Frequenzänderungen von weniger als 0,1% wahrzunehmen, während sie in anderen Frequenzbereichen keine so gute Auflösung erzielen. Diese hohe Frequenzauflösung ist zur Auswertung von Dopplersignalen nötig (→ Echoortung, → Doppler-Effekt). [4]

FPA → Familie.

Fraser-Darling-Effekt (Fraser Darling effect): die gegenseitige Synchronisation des Fortpflanzungsverhaltens in Vogelkolonien. Der Effekt ist nach dem englischen Zoologen F. Fraser Darling benannt, der 1938 postulierte, dass eine zeitgleiche Eiablage und Jungenaufzucht von Vorteil ist. Die Gesamtzeit für die Brut und Aufzucht ist geringer, Raubfeinde werden eher erkannt und da diese täglich nur eine bestimmte Menge Futter aufnehmen, können sie den plötzlichen Überfluss an Eiern und Küken nicht vollständig ausnutzen. Gefährdet sind in solchen Kolonien vor allem die am Rand brütenden Paare. Nachweislich ist der Bruterfolg im dichtbesiedelten Zentrum größer. [1]

Fratrizid → Geschwistertötung.

Freibrüter → Offenbrüter.

Freilaicher → Laichen.

Freilauf (free run): zeigt ein biologischer Rhythmus unter aperiodischen, zeitgeberlosen Umweltbedingungen. Dieses Phänomen wurde insbesondere für Tagesrhythmen, aber auch für Jahres- und Gezeitenrhythmen nachgewiesen. Da keine Synchronisation durch die relevanten Umweltperiodizitäten erfolgt, läuft der Rhythmus mit der ihm eigenen → Spontanperiode frei. Diese weicht in der Regel von der unter synchronisierten Bedingungen beobachteten Periode ab, sodass der Rhythmus entweder schneller oder langsamer läuft (Abb.). Somit kommt es zu einer kontinuierlichen → Phasenverschiebung in Bezug zur astronomischen Zeit. → circadiane Zeit. [6]

Freilaufperiode → Spontanperiode.

Fremdaufzucht, *Ammenaufzucht* (cross fostering, foster raising): künstliche, vom Menschen geschaffene Bedingungen der Aufzucht von Jungtieren durch nichtnatürliche Eltern (→ Adoption, → Amme). Gehören die Stiefeltern einer anderen Tierart an, so spricht man von *interspezifischer F.* (cross species rearing); bei der *Handaufzucht* (hand raising) werden die Jungtiere vom Menschen aufgezogen. F. erfordert Individuen mit einem ausgeprägten Brutpflegeverhalten, das sind in der Regel solche, die gerade eigenen Nachwuchs betreuen. F. wird genutzt, um

- verwaiste oder verlassene Jungtiere am Leben zu erhalten;
- in der experimentellen Verhaltensbiologie durch Erfahrungsentzug artspezifische soziale Informationen auszuschließen und Lernprozesse während der frühen ontogenetischen Entwicklung zu erfassen, damit angeborene und erworbene Verhaltensanteile abgegrenzt werden können;
- exakt vorgeburtliche (pränatale) Schädigungen zu erfassen (→ Verhaltensteratolo-

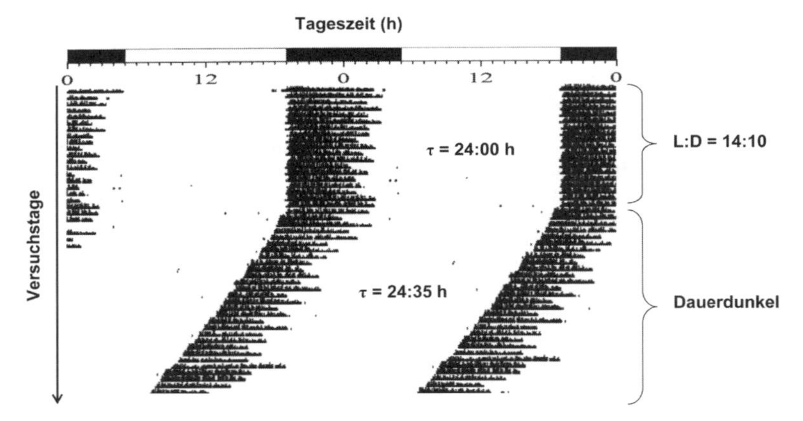

Freilauf des Tagesrhythmus der Laufradaktivität eines Goldhamstermännchens. Nachdem der Rhythmus zunächst mittels eines Licht-Dunkel-Wechsels (L:D = 14:10 h) auf 24 h synchronisiert war, lief er unter Dauerdunkelbedingungen frei. Der Aktivitätsbeginn erfolgte mit jedem Tag früher, im dargestellten Beispiel etwa 25 min, was einer Spontanperiode von 23:35 h entspricht. [6]

gie). Dazu werden die Jungen von Mäuse-, Ratten- oder Goldhamsterweibchen, die während der Trächtigkeit behandelt wurden, sofort nach der Geburt unbehandelten Weibchen untergeschoben und so nachgeburtliche (postnatale) Effekte über die Milchaufnahme ausgeschlossen;
– bei der Zucht von Hochleistungstieren in kürzester Zeit möglichst viele Nachkommen zu erhalten. Embryonen dieser Tiere werden anderen Weibchen eingepflanzt (Embryotransfer), die dann fremde Junge zur Welt bringen und aufziehen.
Die F. ist nicht ganz problemlos, denn häufig treten → Deprivationssyndrome und → Fehlprägungen auf. [1]

Fremdenfurcht, *Fremdeln, Achtmonateangst* (fear of strangers): angeborenes Schutz- und Bindungsverhalten bei Kleinkindern, dass sich in der spontanen Ablehnung unbekannter Erwachsener äußert. F. reift um den achten Lebensmonat voll aus. Zuvor reagiert das Baby mit Lächeln auf fremde Personen, die sich ihm zuwenden. Bei der F. wird der Blickkontakt durch Blicksenken, Bedecken des Gesichtes, Abwenden des Kopfes oder sich bei einer bekannten Person verstecken. Erzwingt der Fremde Körperkontakt, so reagiert das Kleinkind mit Schreiweinen. F. geht beim gesunden Kleinkind im Alter von etwa 24 Monaten verloren. Zeitlebens bleibt eine gewisse → Xenophobie erhalten. → Außenseiterreaktion. [1]

Fremdenscheu → Xenophobie.

Fremdheitseffekt → Coolidge-Effekt.

Fremdmarkierung → Allomarkieren.

Fremdputzen, *soziale Körperpflege, Gefiederkraulen, Lausen, Einander–Lausen* (allogrooming (mammals), allopreening (birds), nibble preening, social grooming, social preening, delousing): soziales Verhalten der Vögel und Säuger, das primär dem Aufrechterhalten von Sozialstrukturen und nicht der Körperpflege dient (→ Putzverhalten).
Ursprünglich wurden durch gegenseitiges F. sonst schwer zugängliche Körperpartien von Schmutz und Parasiten befreit (Abb.). Abgeleitetes F. ist ritualisiert, wird aber noch immer überwiegend auf derartige Körperstellen gerichtet. F. kann einseitig, wechselseitig oder gleichzeitig stattfinden. Dabei werden häufig artspezifische Putzaufforderungsstellungen und Putzhaltungen eingenommen. Vögel z. B. nutzen zum F. den Schnabel, Rinder die Zunge, Pferde die Zähne und Affen die Hände. Letztere durchkämmen beim „Lausen“ das Fell von Ranghöheren, zeigen damit ihre Subdominanz an (→ Rangordnung) und stecken alle gefundenen Hautschuppen und Futterkrümel in den Mund. Auch beim Menschen festigt symbolisches Lausen, Über–die–Haare–Streichen und ähnliches die Bindung. [1]

Fremdputzen beim Pferd. Die Artgenossen putzen vor allem die Körperpartien, die der Geputzte nicht erreichen kann (dunkler gezeichnet). Aus R. Gattermann et al. 1993.

Fremdsaugen, (allosuckling, cross suckling): ein Phänomen, das bei landwirtschaftlichen Nutztieren (Ferkel und Kälber) und hoher Gruppendichte auftritt. Die sog. *Milchräuber* nehmen zusätzliche Milch von fremden Müttern auf, ohne dass sie erkannt bzw. daran gehindert werden. Unter natürlichen Bedingungen tritt F. sehr selten auf (<1%), während bei der Gruppenhaltung von Sauen bis zu 30 % der Ferkel regelmäßig F. vollziehen. → Verhaltensstörung. [1]

Frequenz, *Rate* (frequency, rate): Häufigkeit eines periodisch wiederkehrenden Ereignisses in einer vorgegebenen Zeiteinheit (z. B. pro Sekunde, Stunde, Tag oder Jahr). Die internationale Maßeinheit der F. ist das Hertz (1/s), abgekürzt Hz. **(a)** In der Bioakustik beispielsweise entspricht eine → Trägerfrequenz von 1 kHz 1000 Druckschwingungen pro Sekunde. Bei Zeitmustern (→ Modulation) niedriger Frequenz (→ Silbe, → Chirp, → Trill) verwendet man oft den Begriff „Rate“ (z. B. Silbenrate), um

Verwechslungen mit der Trägerfrequenz zu vermeiden. **(b)** in der Chronobiologie wird zur Charakterisierung der → biologischen Rhythmen die reziproke F., das heißt die → Periodenlänge, bevorzugt. [4] [6]

frequenzabhängige Selektion → natürliche Selektion

Frequenzanalyse, *Spektralanalyse* (frequency analysis, spectral analysis): eine Methode zur Analyse zeitlich periodischer Vorgänge (Rhythmen, Schwingungen), angewendet z.B. in der Bioakustik und in der Chronobiologie. Bei der F. werden die irrelevanten (→ Rauschen) von den relevanten, eventuell verdeckten systematischen Komponenten möglichst optimal getrennt. Die Zerlegung erfolgt oft mittels mathematischer Reihenentwicklung in Teilschwingungen bestimmter Form und Frequenz, durch Anpassung an bekannte Kurvenformen, dem *Fitting* (fitting), oder durch *Autokorrelation* (autocorrelation), der zeitlichen Verschiebung der Messwertreihe gegen sich selbst und der Berechnung der Korrelation. Das Ergebnis der F. ist meist eine Darstellung der Amplitude (Schwingungsweite), der Korrelation oder der Intensität als *Leistungsspektrum* oder *Leistungsdichtespektrum* (power spectrum), in Abhängigkeit von der Frequenz als *Frequenzspektrum* (frequency spectrum) oder der dazu reziproken Periodendauer als → Periodogramm. Bei der Ermittlung der Leistung oder der Leistungsdichte geht die Information über Phasenbeziehungen zwischen Perioden unterschiedlicher Frequenz verloren, was in der Bioakustik oft unerheblich ist, für die Chronobiologie jedoch einen entscheidenden Nachteil darstellt. Das am häufigsten angewandte Zerlegungsverfahren ist die *Fourieranalyse* (Fourier analysis), bei der die Teilschwingungen harmonische Sinus- und Kosinusfunktionen sind. F. muss immer einen bestimmten Zeitabschnitt erfassen, der wenigstens die Periodenlänge des Anteils mit der niedrigsten Frequenz überdecken sollte. Eine weitere Verlängerung des analysierten Zeitabschnitts verbessert die Genauigkeit (Auflösung) im Frequenzbereich. Allerdings muss die zu untersuchende Frequenz in diesem Bereich relativ unverändert bleiben. Kürzere Zeitabschnitte verursachen zunehmend Fehler durch das plötzliche Ein- und Aussetzen der zu untersuchenden Größe. Um solche methodenbedingte Artefakte zu vermeiden, sind für bestimmte Zwecke optimal geformte Fensterfunktionen (z.B. Blackman, Bartlet, Flat-Top, Hamming, Hanning, Kaiser-Bessel) entwickelt worden. Sie blenden das Zeitsignal allmählich ein und aus: *gefensterte Fourier-Analyse* (windowed Fourier analysis). Zur Ermittlung der Frequenz der Grundschwingung aus einer Reihe von Oberschwingungen kommt in der Bioakustik häufig ein Verfahren zur Anwendung, das in der Erdbebenforschung entwickelt wurde: die *Cepstrum-Analyse* (cepstrum analysis, cepstral analysis). Sie ist im Prinzip eine doppelte Fourier-Analyse, bei der das Spektrum des logarithmischen Leistungsdichtespektrums ermittelt wird. Das Ergebnis liefert, bedingt durch die Rücktransformation, auf der Abszisse keine Frequenz, sondern wieder eine Zeit, die so genannte *Quefrency* (quefrency). → Zeitreihenanalyse. [4]

Frequenzband → Bandbreite.

Frequenzmodulation → Modulation.

Freßfeind → Räuber.

Fressgemeinschaft → Symphagium.

Freundschaft (friendship, amicable behaviour): freiwillige, wechselseitige, soziopositive und nicht-sexuell motivierte Bindung zwischen nicht-verwandten Individuen. Sie ist primär dyadisch, kann sich aber auch auf mehrere Partner beziehen. F. ist an der Bevorzugung eines Partners innerhalb der Gemeinschaft erkennbar. F. kann auch zwischen Artfremden als interspezifische Bindung aufgebaut werden. [1]

freundschaftliches Verhalten → affiliatives Verhalten.

Frotzeln → Necken.

frühontogenetische Anpassung → Kainogenese.

Frustration, *Entbehrungserlebnis* (frustration): emotionaler Zustand der Enttäuschung. F. entsteht durch Ohnmacht, die Behinderung von Handlungsmöglichkeiten und Erfolgen, sowie durch das Nichterreichen eines angestrebten Zieles. Entgegen einer vorliegenden Erwartungshaltung können dadurch die den jeweiligen Verhaltensweisen zugrunde liegenden Motivationen nicht befriedigt werden und die Zielreaktion wird blockiert. Ursache der F. können eigenes Unvermögen, die Unlösbarkeit anstehender Probleme, Übervorteilung oder Belohnungsentzug durch dominante Partner bzw. der ständige Entzug (→ Deprivation) bestimmter lebensnotwendiger Umweltbedingungen sowie permanente Gewaltandrohung und Kontrollverlust sein. Auch ein unsystematischer Wechsel von Belohnung und Bestrafung und die zeitliche Verzögerung von Befriedigungszuständen gelten als F.bedingungen. Sehr häufig folgt der F. eine → Aggression (Frustrations-Aggressions-Hypothese). Je nach Temperament kann ein Individuum auf F. aber auch depressiv (Unlust) oder regressiv (Rückfall in infantile Verhaltensmuster) reagieren. Andauernde F. führt in der Regel zu → Verhaltensstörungen. [5]

Frustrations-Aggressions-Modell → Aggressivität.

Führungslaut (call note): hauptsächlich von Vögeln bekannter, bei der Aufzucht der Jungen von der Mutter oder dem Vater geäußerter Ruf, der die Jungen zum Folgen veranlasst. F. treten vor allem bei → Nestflüchtern auf. Sie werden beispielsweise von Stockenten schon vor dem Schlupf der Küken geäußert, wodurch eine akustische Prägung erfolgt und die Küken noch im Ei die Stimme ihrer Mutter kennen lernen. Bei einigen Entenarten und Hühnervögeln wurde ein besonderer *Exodus-Ruf* (exodus call) nachgewiesen, der die Küken zum Verlassen des Nestes bewegt. [4]

fungikol (fungicolous): Tiere, die in oder auf Pilzen leben wie zahlreiche Mücken, Fliegen, Käfer oder Schnecken. [1]

fungiphag, *fungivor* (fungiphagous, fungivorous): Tiere, die sich von Pilzen ernähren. [4]

Funktionserweiterung (extension of function, expansion of function): eine während der stammesgeschichtlichen Entwicklung erfolgte Übernahme zusätzlicher Funktionen eines Verhaltens. So wurde beispielsweise bei einigen Vogelarten aus der Futterübergabe an die Jungen das Balzfüttern, das nicht so sehr der Ernährung, als vielmehr der Paarbindung dient. [1]

Funktionskreis (functional behaviour system, functional cycle): von Jakob Johann Baron von Uexküll (1909) geprägter Begriff für die Art des Zusammenhanges zwischen Organismus und Umwelt. Revolutionär an von Uexkülls Ansatz war, dass die Umwelt von Organismen gestaltetet wird. Die Umwelt des Organismus spiegelt sich in seiner Innenwelt, diese wiederum gliedert sich in eine Merkwelt und eine Wirkwelt. Der Organismus ist darin das funktionell zielgerichtet handelnde Subjekt, das mit den Merk-(Sinnes-)organen und Wirkorganen (Verhalten) auf seine Umwelt einwirkt, um Umweltansprüche zu befriedigen. Als die wichtigsten F. nannte v. Uexküll den Kreis des Mediums (Orientierung im Raum, allgemeine Bewegungsweisen), den Kreis der Nahrung, den Kreis des Feindes und den Geschlechtskreis (Sexualverhalten und Jungenaufzucht). Heute meidet man den Begriff F. oder fasst darunter Verhaltensweisen, die sich nach Zweck, Motivation oder Bezugsobjekt unterscheiden: F. der Nahrungsaufnahme, F. der Körperpflege, F. der Jungenaufzucht etc. (Abb.). Eine allgemein anerkannte Zusammenstellung der F. gibt es nicht. [1]

Funktionswechsel (change of function): Änderung der Funktion eines Verhaltens. Der F. kann während der Individualentwicklung (ontogenetischer F.) oder im Verlauf der Stammesgeschichte (phylogenetischer F.) erfolgen. So kann das Bettelverhalten der Jungtiere später Bestandteil der Balz sein, oder durch Futterlocken werden nicht mehr Küken, sondern nach der Ritualisation dieses Verhaltens geschlechtsreife Weibchen angelockt. [1]

Furcht (fear): eine mit negativen Emotionen einhergehende Stimmung höherer Wirbeltiere beim Erkennen von Gefahren. Im Gegensatz zur → Angst verfügt das Individuum hier über adäquate Verhaltensprogramme (z. B. Flucht oder Angriff) und kann entsprechend reagieren. Die mit der F. verbundenen vegetativen physiologischen Reaktionen laufen kontrolliert ab, spontanes Harnen und Koten treten viel seltener auf. Die Ratte beispielsweise zeigt Angst in unbekannter Umgebung und setzt dort unkontrolliert Harn und Kot ab. Das geschieht nicht beim Erkennen eines Hundes; die Ratte hat dann F. und greift an oder flieht. [1]

Futterbetteln → Betteln.

Futterhorten, *Futterverstecken, Futtereintragen, Vorratshaltung, Hamstern* (food hoarding, food storing, food hidding, hoarding, prey storing): angeborenes und weit verbreitetes Sammeln und Anlegen von

Funktionskreise für den Rotfuchs (a): Erkundungsverhalten (Wittern), (b): stoff- und energiewechselbezogenes Verhalten (Fressen), (c): Körperpflege (Sich-Beknabbern), (d): Komfortverhalten (Sich-Strecken), (e): Bauverhalten (Scharren), (f): Ruheverhalten (Niederlegen), (g): Sexualverhalten (Anogenitalwittern), (h): Territorialverhalten (Markieren), (i): Pflegeverhalten (Säugen), (k): Kampfverhalten (Gegeneinanderstellen) und (l): Spielverhalten (Schwanzziehen). Aus R. Gattermann et al. 1993.

Nahrungsvorräten für Zeiten des Mangels. So können Honigbienen (Honig) und Ernteameisen (Getreide) gewaltige Vorräte anlegen. Spechte, Krähen, Häher, Kleiber u. a. verstecken ihr Futter (Samen) in Ritzen und Spalten von Bäumen und Mauern oder vergraben es im Boden. Würger spießen Insekten, Mäuse u. a. Beutetiere auf Dornen oder klemmen sie in Astgabeln ein. Alle diese Verstecke werden mehr zufällig durch intensives Suchen im Territorium wieder gefunden, aber auch im Gedächtnis behalten. Das gilt auch für Hundeartige (Füchse), die Beutereste vergraben. Dieses zerstreute F. wird *Scatter-hoarding* (scatter hoarding) genannt. Die übrigen futterhortenden Säuger legen Vorräte an einem Platz, im Bau oder unweit davon an. F. als *Larder-hoarding* (larder hoarding). So sammeln Maulwürfe für den Winter Regenwürmer und Insektenlarven ein. Charakteristisch ist F. aber für die Nager (Ratten, Rennmäuse, Hörnchen, Biber) und vor allem für Vertreter der Familie der Hamster, bei denen das Verhalten auch Hamstern genannt wird. Sie verfügen über geräumige Backentaschen zum Transportieren der Nahrung. Der Vorrat kann beim Feldhamster *Cricetus cricetus* 15 kg und mehr betragen. F. ist geschlechtsspezifisch (bei Weibchen ausgeprägter), von der Jahreszeit (im Herbst intensiver) und anderen Faktoren (Ernährungszustand, Angebot) abhängig. F. garantiert eine stabile Körpermasse. Während alle untersuchten Säuger nach kurzzeitigem Futterentzug mehr fressen, um den Körpermasseverlust zu kompensieren, sind Hamster dazu nicht in der Lage. Sie fressen immer die normale Menge und tragen den Rest ein. Nahrungsmangel ist in ihrem Verhaltensrepertoire nicht vorgesehen. F. ist vom → Eintragen zu unterscheiden. [1]

Futterlocken, *Bodenpicken* (food calling, tid–bitting, ground pecking): Verhalten der Hühnervögel, das aus dem Schnabelpicken auf dem Boden und der Abgabe von Tuck-Tuck-Lauten besteht. F. wird von der Henne genutzt, um ihre Küken anzulocken und vom Hahn, als ritualisiertes F., um bei der Balz die Hennen herbeizurufen. [1]

Füttern → Futterübergabe.

Futterraub → Kleptobiose.

Futtertradition (feeding tradition): auf nachfolgende Generationen bezogene Weitergabe eines bevorzugten Nahrungsverhaltens. F. basiert auf Lernen von Artgenossen durch → Nachahmung oder → Prägung und findet sich bei Vögeln und Säugern. So lernen Austernfischer beim Altvogel wenigstens eine der zum Muschelöffnen geeigneten Methoden. Junge Geparde lernen unter Führung der Mutter die erfolgreichsten Jagdweisen und die Jagdobjekte kennen. Da im weiteren Verbreitungsgebiet der Art das potenzielle Beutespektrum unterschiedlich zusammengesetzt ist, ergeben sich lokal begrenzte Spezialisierungen. Die Jungtiere passen ihr Beute- und Tötungsverhalten (Anschleichen, Jagen, Festhalten, Tötungsbiss) an die Beutearten an, die im jeweiligen Lebensraum vorkommen. Zu den F. gehören auch das Termitenangeln der Schimpansen und das Süßkartoffelwaschen der japanischen Rotgesichtmakaken, *Macaca fuscata*. [1]

Futterübergabe, *Nahrungsaustausch* (feeding ceremonies, food dispensing, food exchange, food transmission): **(a)** Bestandteil des *Fütterns* (allofeeding) der Jungen, **(b)** ritualisiertes Verhalten, das hauptsächlich der Paarbildung dient und sich als Balzfüttern, Begrüßungsverhalten, Mund-zu-Mund-Füttern oder Kussfüttern äußert und **(c)** wesentliche Voraussetzung für das Aufrechterhalten von Tierstaaten (→ Trophallaxis). [1]

fütterungsabhängiger Oszillator, *fütterungssynchronisierbarer Oszillator, FAO* (food entrainable oscillator, FEO): circadianer Oszillator, der durch eine zeitlich limitierte (zeitrestriktive) Fütterung synchronisiert wird. Die Existenz eines FAO wurde auf der Basis experimenteller Befunde postuliert. Werden Tiere nur zu einer bestimmten Zeit, bevorzugt während ihrer Ruhephase, gefüttert, zeigen sie nach einigen Tagen oder Wochen eine erhöhte Aktivität unmittelbar vor der Fütterungszeit (→ antizipatorische Aktivität). Dieser Aktivitätsschub bleibt auch nach dem Übergang zu ad libitum Fütterung erhalten und läuft unter zeitgeberlosen Bedingungen frei. Die genannten und eine Vielzahl weiterer Befunde weisen eindeutig auf die Existenz eines FAO hin. Über seine Lage ist aber kaum etwas bekannt. Mit hoher Wahrscheinlichkeit befindet er sich außerhalb des → suprachiasmatischen Nukleus (SCN), da selbst bei SCN-läsionierten Tieren ein durch Futter synchronisierbarer, antizipatorischer Aktivitätsschub zu beobachten ist. Auch wird die Rhythmik des SCN durch eine zeitrestriktive Fütterung nahezu nicht beeinflusst. Andererseits ist eine Reihe → peripherer Oszillatoren durch Futter synchronisierbar. Die Existenz eines FAO ist von adaptiver Bedeutung, da die Nahrungsressourcen unter natürlichen Bedingungen meist begrenzt sind. So kann ein Tier die für Verdauung und Stoffwechsel wichtigen Funktionen auf die Zeit der Nahrungsaufnahme synchronisieren, ohne die gesamte Zeitordnung zu reorganisieren. Die Tiere bleiben in ihrem Verhalten an den täglichen Licht-Dunkel-Wechsel adaptiert und in der für sie optimalen Zeitnische. Ein anderes Beispiel ist von Mäusesäuglingen bekannt. Sie werden vorwiegend während der Lichtzeit gesäugt und passen ihre Stoffwechselrhythmen darauf an. Sobald sie selbständig werden und ihr Nest verlassen, sind sie wie adulte Mäuse während der Dunkelzeit aktiv. [6]

Futterverstecken → Futterhorten.

Gähnen (yawning): ein stereotypes Verhalten der Wirbeltiere, bei dem Maul oder Mund weit geöffnet werden, begleitet von einem tiefen Ein- und einem kurzen Ausatemzug. G. wird bei Fischen, Reptilien, Vögeln und Säugern beobachtet. Die physiologischen Mechanismen sind weitgehend unbekannt, der Sauerstoff- bzw. Kohlendioxidgehalt des Blutes löst nicht wie irrtümlich angenommen G. aus. Bei Ratten wird G. durch cholinerge Substanzen gefördert und durch dopaminerge ge-

hemmt. Bei der Mehrzahl der Tiere ist G. ein Übersprungverhalten in Konfliktsituationen. Bekannt ist auch das Drohgähnen der Primaten.
Menschen gähnen besonders intensiv jeweils eine Stunde vor dem Einschlafen und nach dem Erwachen. Dabei dauert jedes G. 4 – 6 s und die Abstände betragen etwa 70 s. Ungeklärt ist, weshalb das Darandenken G. auslöst. Nicht zu unterschätzen, ist die Signalfunktion des G. Es zeigt Schläfrigkeit, Ermüdung oder Langeweile an und synchronisiert durch „Anstecken" oder Stimmungsübertragung das Verhalten einer Gruppe. [1]
Galle → Cecidium.
Galopp → Gangart.
Galvanotaxis, *Elektrotaxis* (galvanotaxis): Fähigkeit, sich in elektrischen Feldern zu orientieren (→ Taxis). Einzeller, Fadenwürmer (Nematoda), Seeigel (Echinoidea) und frei schwimmende Strudelwürmer (Planarien: Turbellaria) richten sich in Gleichspannungsfeldern aus und schwimmen oder kriechen nach einer Umpolung in entgegengesetzter Richtung. Ebenso richten sich viele Fische im elektrischen Gleichfeld aus und schwimmen je nach Art mehr oder weniger schnell auf die Anode (positiver Pol) zu. G. wird deshalb in der Elektrofischerei ausgenutzt, obwohl es bei dieser Methode vorrangig auf eine Narkose der Fische durch den elektrischen Strom ankommt. Auch Pantoffeltierchen *Paramecium* schwimmen immer auf die Kathode (negativer Pol) zu. G. ist hier jedoch eine Zwangsbewegung, denn das elektrische Feld bestimmt die Schlagrichtung der Cilien. Das Schnabeltier *Ornithorhynchus* und zahlreiche Fischarten können mithilfe der G. über hochempfindliche Organe Nahrungstiere anhand ihrer elektrischen Signale finden (→ Elektrorezeption). [1] [4]
Gangart (locomotory pattern, gait): angeborene Koordination der Extremitäten zur Fortbewegung auf festem Untergrund. Diese Möglichkeiten der Fortbewegung sind außerordentlich vielfältig. Dabei wirken die Beine als Hebel und werden immer so eingesetzt, dass einige den Körper abstützen, sie fußen, und andere in Fortbewegungsrichtung gebracht werden, sie schwingen. So kann zwischen einer *Stemmphase* (stance) und einer *Schwingphase* (swing) unterschieden werden. Bei der ursprünglichen G. der Insekten, dem *Schreiten* (stride), fußen immer drei Beine in Form eines Stützdreiecks und drei schwingen, d.h. es werden das Vorder- und Hinterbein der einen Seite und das Mittelbein der anderen Seite fast gleichzeitig bewegt, während die anderen fußen. Bei den Vierfüßern stellt das Verhältnis von Extremitäten, die den Boden berühren, zu den schwingenden Extremitäten, einen Kompromiss zwischen der Stabilität des Körpergleichgewichts und der Fortbewegungsgeschwindigkeit dar; je schneller sie sind, desto weniger Beine fußen. Dem entsprechend verfügen z.B. die Säuger über folgende G.:
– *Schritt* oder *Kreuzgang* (diagonal gait): die ursprünglichste und langsamste G., bei der immer nur ein Bein schwingt. Der Einsatz der Beine erfolgt kreuzweise, d.h. rechtes Vorderbein–linkes Hinterbein–linkes Vorderbein–rechtes Hinterbein usw. Diese G. ist die häufigste und z.B. bei Elefant, Maus und Igel zu beobachten;
– *Trab* (trot): die diagonal gegenüberliegenden Beine fußen oder schwingen gleichzeitig. Diese G. ist typisch für wald- und gebirgsbewohnende Raubtiere;
– *Passgang* (pace): die Beine einer Seite schwingen und fußen gleichzeitig. Passgang ist die normale G. der Giraffen, Kamele, Antilopen und Großkatzen.
– *Galopp* (gallop): die schnellste G., die aus mehreren Sprüngen mit abwechselnder Ein- und Zweibeinstütze besteht, hauptsächlich eine G. der Steppenbewohner. Kleine Säuger wie Hunde, Katzen und Hasen springen dabei von den Hinterbeinen auf die Vorderbeine und die Vorderbeine werden schon vom Boden gelöst, bevor die Hinterbeine ihn vollständig berühren.
Die *Bipedie* (bipedy), eine Fortbewegung auf zwei Beinen ist mehrfach konvergent bei einigen, zumeist ausgestorbenen Reptilien, bei Vögeln und Säugern entstanden. Die G. des Menschen besteht aus dem Gehen und Laufen. Beim *Gehen* (walking) trägt ein Bein (Stützbein) den Körper und schiebt ihn nach vorn, während das andere (Schwingbein) vorwärts bewegt wird. Beim Wechsel von Stütz- und Schwingbein berühren beide kurzzeitig den Boden. Beim *Laufen* (running) setzt nur der Fußballen auf und der Fuß wird vom Boden gelöst, bevor

der andere ihn berührt. Die Zuordnung der Armbewegungen zeigt an, dass es sich dabei um eine Kreuzgangkoordination handelt.
Bei Säugetieren unterscheidet man in Abhängigkeit von der Fußmorphologie Sohlen-, Zehen- und Zehenspitzengänger. [1]
Gauntlet-behaviour, *Spießrutenlaufen* (gauntlet behaviour): eine Fortpflanzungstaktik von Krötenmännchen der Arten *Bufo bufo, B. calamita* und *B. americanus.* Die Männchen warten dabei in einiger Entfernung vom Laichgewässer auf die Weibchen, um sie zur Paarung abzufangen. Sie kommen damit den rufenden Männchen im Laichgewässer zuvor. [2]
Gebärdensprache → Gestik, → Sprache.
Gebärmutterkannibalismus → Adelphophagie.
Gebrauchshandlung, *Gebrauchsverhalten*: alle Verhaltensweisen, die ausschließlich im Dienst des eigenen Körpers stehen. Sie dienen nicht zur Informationsübertragung und erfordern auch nicht die Anwesenheit eines anderen Individuums (→ Signalhandlungen). Beispiele für G. sind Verhaltensweisen wie Nahrungsaufnahme, Fortbewegung, Körperpflege, Schlafen u. a. [1]
Geburtenrate, Geburtenziffer → Natalität.
Geburtshilfe (maternity benefit): Unterstützung für die Gebärende und das Kind bzw. Jungtier unter der Geburt und in der Zeit unmittelbar davor und danach. Aus dem Tierreich ist G. nur von Primaten, Elefanten und Stachelmäusen bekannt und wird dort offensichtlich nur von Weibchen ausgeführt. Beim Kurzschwanzhamster *Phodopus campbelli* soll das Männchen aktive Geburtshilfe leisten, in dem es das Fruchtwasser aufleckt, die Jungen aus dem Geburtskanal zieht und sie von den Resten der Fruchtblase befreit. [1]
Gedächtnis (memory): eine Struktur des Zentralnervensystems (ZNS), in der Informationen aus der Umwelt und individuelle Erfahrungen, die Lernprozessen zu Grunde liegen, verarbeitet und relativ dauerhaft gespeichert werden. Die Hauptleistungen eines G. sind das *Behalten* (retention), das *Erinnern* (recall, remembering), das *Wiedererkennen* (recognition) und das *Vergessen* (forget). Das G. ist an der Verhaltensregulation und Organisation der Organismus-Umwelt-Beziehungen maßgeblich beteiligt. Es ermöglicht die Identifikation, Bewertung und emotionale Widerspiegelung verhaltensrelevanter Informationen und sorgt für die Auswahl und Zusammenstellung geeigneter Verhaltensstrategien. Nach der Speicherdauer lassen sich mindestens zwei G.systeme unterscheiden. Das *Kurzzeit-G.* (short term memory) speichert die Information im Minutenbereich (z. B. beim Wählen einer bisher unbekannten Telefonnummer). Es ist in seiner Kapazität begrenzt, sehr störanfällig und dient der Gedächtniskonsolidierung. Nach weiterer Informationsverarbeitung kann eine Übernahme in das *Langzeit-G.* (long term memory) erfolgen. Dessen Speicherkapazität ist nahezu unendlich und seine G.inhalte werden in der Regel lebenslang gespeichert. Das Langzeit-G. setzt sich aus mehreren Systemen zusammen und speichert eine Vielzahl unterschiedlicher Inhalte. Man unterscheidet daher zwei Hauptfunktionen: (1) das *deklarative* oder auch *explizite G.* (declarative memory), für das innerhalb des Gehirns der Hippokampus von wesentlicher Bedeutung ist. Hier befinden sich G.inhalte, die bewusst abgerufen und sprachlich mitgeteilt werden können. Es handelt sich dabei zum einen um Fakten, generelle Zusammenhänge sowie allgemeine Informationen und Daten, die man bewusst erlernt hat (z. B. „Wie heißt die Hauptstadt von England?"). Dieses kontextunabhängige Faktenwissen ist nicht in Raum und Zeit eingeordnet. Es wird als *semantisches G.* (semantic memory) bezeichnet. Zum anderen zählen zum deklarativen G. Ereignisse und individuelle Erlebnisse, die zeitlich und räumlich organisiert und geordnet sind und durch einen bestimmten Kontext identifiziert werden. Es handelt sich um das *episodische G.* (episodic memory) und dient als „persönliches Gedächtnis" der Speicherung und Erinnerung von persönlichen Lebensereignissen und damit als Referenz der eigenen Geschichte. Es umfasst vor allem auch emotional-limbische Anteile, was die intensiven Erlebnisse bei Erinnerungen an angstvolle Erfahrungen wie z. B. an einen Unfall oder einen Überfall erklärt. (2) das *nichtdeklarative* oder *implizite G.* (non-declarative memory), primär ein motorisches Gedächtnis ohne Bewusstmachung des eigentlichen Inhaltes und seiner Bedeutung. Es ist ein

Sammelbegriff für die dauerhaften Lernleistungen, die verschiedene motorische und kognitive Systeme zustande bringen und ist durch nicht-bewusste Verhaltensänderung charakterisiert. Es lässt sich in das *prozedurale G.* (procedural memory) und in das *Priming-System* (priming system) untergliedern. Das prozedurale G. wird auch als Fertigkeitswissen bezeichnet und dient der Speicherung von motorischen Routineprozeduren. Es umfasst erlernte Bewegungsabläufe und Handlungsstrategien (z.B. Fahrradfahren, Musikinstrument spielen, Stricken, Treppensteigen, Krawatte binden u.a.). Das Priming-System gestattet die unbewusste, aber streng kontextbezogene Erinnerung an bestimmte Reize oder an einen Sinneseindruck, dem man schon einmal ausgesetzt war. Durch diesen Prozess der Informationserinnerung ohne bewusste Reflexion wird die Rekapitulation von ähnlich erlebten Situationen oder früher wahrgenommenen Reizmustern erleichtert. [5]

Gedächtnisspur → Engramm.

Gedächtnisstörung → Amnesie.

Gedrängeeffekt → Massensiedlungseffekt.

Gefahrvermeidung (avoidance of danger): individuelles Schutzverhalten, das als aktive G. im Fluchtverhalten oder im Beharren am Ort (Sichdrücken) und als passive G. in der Akinese oder Mimikry besteht. [1]

Gefangenen-Dilemma → Evolutionsstabile Strategie.

Gefangenschaftserscheinung (captivity releated phenomenon, captivity degeneration): von Konrad Lorenz (1932) und anderen Verhaltensforschern gewählte Sammelbezeichnung für alle gefangenschaftsbedingten Verhaltensänderungen und Verhaltensstörungen von Wildtieren. [1]

Gefiederkraulen → Fremdputzen.

Gefiedersträuben → Federsträuben.

Gefühl, *Fühlen* (feel, feeling): komplexes psycho-physisches Grundphänomen des bewussten subjektiven Erlebens einer Erregung oder Beruhigung (→ Emotion), z.B. Angst, Ärger, Liebe, Freude, Mitleid oder Ekel. G. hängt eng mit der Tätigkeit des autonomen Nervensystems zusammen und wird von gesteigerter Wahrnehmung eines Objekts oder einer Situation begleitet. Mit dem G. gehen weit reichende physiologische Veränderungen einher wie die Änderung der Puls- und Atemfrequenz. [5]

Gegendrehverhalten → Winkelsinn.

Gegenstandsgebrauch → Werkzeuggebrauch.

Gehen → Gangart.

Geist → Psyche.

gekoppelte Oszillatoren (coupled oscillators): schwingungsfähige Systeme, zwischen denen eine Energieübertragung stattfindet. G. O. sind in der belebten Natur sehr weit verbreitet. Beispiele sind die Schrittmacherzellen des Herzens oder die neuronalen Netzwerke des Zentralnervensystems, die rhythmisch-periodisches Verhalten wie Atmen, Laufen, Kauen etc. steuern. G. O. können auch in verschiedenen Organismen lokalisiert sein, wie es beim unisonen Zirpen von Grillen oder synchron blinkenden Glühwürmchen zu beobachten ist. Auch biologische, insbesondere → circadiane Rhythmen verhalten sich untereinander sowie zur periodischen Umwelt wie g. O. und folgen der → Theorie der gekoppelten Oszillatoren. Diese besagt z.B., dass sich die Phasendifferenz zwischen zwei g. O. aus dem Verhältnis ihrer Eigenfrequenzen ergibt. Tatsächlich zeigen Tiere, die sich in ihrer → Spontanperiode unterscheiden, jedoch unter der gleichen Zeitgeberperiodik von 24 h leben, Unterschiede in ihrer Phasenlage. Das Tier mit der kürzeren Periodik wird früher aktiv. Auf diese Weise wurde auch die → Tau-Mutante beim Goldhamster entdeckt. Es handelte sich dabei um ein Tier mit stark vor verlagertem Aktivitätsbeginn. → Schwebung. [6]

Gemeinschaft (community): Gruppierung von Tieren oder Menschen, die durch Attraktantien aus der Umwelt oder durch soziale Anziehung entsteht. Im Ersteren Fall bestehen keine sozialen Bindungen zwischen den Individuen (→ Assoziationen), während durch soziale Affinität entstandene G. als → Sozietäten bezeichnet werden. Darüber hinaus kann eine *homotype G.* (homotypic community), die aus Individuen einer Art oder Altersgruppe besteht, von der *heterotypen G.* (heterotypic community), zu der Individuen verschiedener Arten oder unterschiedlichen Alters gehören, unterschieden werden. [2]

Gemeinschaftsbalz → Gruppenbalz.

Gemeinschaftsjagd → Gruppenjagd.

gemischte Gruppe (mixed species group): eine aus Individuen verschiedener Arten bestehende, also heterotype, lockere Gemeinschaft. → Allianz. [2]

Genegoismus (gene selfishness): Eigenschaft der Gene bzw. Replikatoren, sich unter Konkurrenzbedingungen eigennützig zu verhalten. Egoismus zählt nach Richard Dawkins (1978) neben Langlebigkeit (Stabilität), Fruchtbarkeit und Kopiergenauigkeit zu den Hauptmerkmalen jedes, der natürlichen Selektion unterliegenden lebenden Systems. Nach der *G.hypothese* (selfish gene theory) bildeten sich bei der Entstehung des Lebens im Urozean zunächst einfache organische Moleküle, die noch nicht zur Vervielfältigung (Reproduktion) befähigt waren, aber schon einer Selektion unterlagen, indem die stabileren unter ihnen sich nach und nach anreicherten. Irgendwann und höchstwahrscheinlich nur ein einziges Mal entstand ein organisches Molekül, das in der Lage war, unter Verwendung chemischer Bausteine aus dem umgebenden Medium identische Kopien seiner selbst herzustellen. Das war der erste → Replikator. Mit ihm entstand eine neue Art von Stabilität (Selbstvervielfachung) und damit ein bedeutender neuer Selektionsvorteil. Während der Reproduktion schlichen sich unvermeidlich hin und wieder Fehler ein. Die höchste Fitness besaßen fortan jene Molekülarten mit einer noch größeren Langlebigkeit, Fruchtbarkeit und Kopiergenauigkeit. Früher oder später kam es unter den sich vermehrenden Molekülen zur Konkurrenz um die Bausteine. Unter dieser Bedingung waren solche überlegen, die entweder Nährstoffe sammeln, bevorraten und gegenüber Konkurrenten verteidigen konnten oder solche, die ihre Rivalen direkt schädigten, indem sie sie z.B. aufzehrten. Konkurrenten waren jeweils alle nicht identischen (nichtverwandten) Molekülarten. Dabei musste die Stärke der Konkurrenz in dem Maße zunehmen, wie der Verwandtschaftsgrad abnahm (→ genetische Theorie des Sozialverhaltens). Im Zuge der Evolution bildeten sich Allianzen von Genen, die Phänotypen bildeten, die eine noch höhere Vermehrungseffizienz ihrer Genkopien ermöglichten. Im Gegensatz zu „nackten“ Replikatoren können komplizierte Phänotypen (Individuen) relativ schnell auf Umweltveränderungen reagieren und gleichzeitig neue Nischen mit neuen Ressourcenquellen erschließen. Tausende Replikatoren (Gene) bilden heute Individuen und diese wiederum bilden soziale Verbände, Populationen, Arten und Lebensgemeinschaften. Auf alle diese übertragen die Gene ihre Haupteigenschaften, darunter die, sich unter Konkurrenzbedingungen egoistisch zu verhalten. Gene müssen also egoistisch sein, und oftmals herrscht da, wo es Altruismus zu geben scheint, in Wahrheit Eigennutz. Unterstützung für die G.theorie kommt auch aus der Molekularbiologie. Der größte Teil der Genome von eukaryotischen Organismen besteht aus so genannter parasitärer DNA, die nicht funktionell ist und nur der eigenen Replikation dient (transponible Elemente, Satelliten-DNA). Eine ganze Reihe von Genen scheint nur im eigenen Interesse (maximale Kopienzahl) zu handeln, auch auf Kosten anderer Gene (und des Individuums). Dazu gehören z.B. meiotic drive-Gene, MEDEA-Gene und geschlechtsderminierende Gene. *MEDEA-Gene* (maternal effect dominant embryonic arrest genes) verhindern gezielt die Entwicklung von Embryonen, die nicht solche Gene tragen (z.B. beim Reismehlkäfer *Tribolium*). Die postulierten Genallianzen stellen sich heute mehr als Wettrüsten zwischen egoistischen Genen und Supressor-Genen dar, die im eigenen Interesse die überproportionale Vermehrung der Ersteren verhindern (→ genomischer Konflikt).

Die *G.hypothese* ist eine konsequente Erweiterung der genetischen Theorie des Sozialverhaltens und gehört wie diese zu den Kernstücken der Soziobiologie. [3]

Generalisation (generalization): Fähigkeit, eine ursprünglich an einen bestimmten Reiz gebundene Reaktion auch auf ähnliche Reize folgen zu lassen. Durch die G. können zuvor erlernte Reaktionen und Verhaltensweisen auf neue Situationen angewandt werden, die denen beim Erlernen ähnelten. G. setzt in der Regel → klassische Konditionierung voraus. Der Transfer der konditionierten Reaktion auf Reize, die nie im Zusammenhang mit dem ursprünglichen unkonditionierten Stimulus aufgetreten sind, ist umso leichter, je ähnlicher sich die Reize sind. Beispielsweise lässt sich der bedingte Speicheldrüsenreflex auf einen 1.000 Hertz

Ton aus der Lernphase auch durch 1.200 oder 600 Hertz Töne auslösen. Allerdings nimmt die Stärke der Speichelsekretion mit zunehmendem Abstand des Prüfreizes vom eigentlichen bedingten Reiz ab (*G.dekrement*). Der Gesamtverlauf der Reaktionsstärke über ein durch den bedingten Reiz vorgegebenes Reizkontinuum nennt man *G.gradient*. [5]

Generalisten (generalists): alle Tiere, die in ihrem Verhalten und ihren Ansprüchen an die Umwelt relativ wenig spezialisiert sind und breite ökologische Nischen besetzen, im Gegensatz zu den → Spezialisten. G. sind primär das Resultat eines überwiegend intraspezifischen (innerartlichen) Selektionsdruckes. Der vollkommenste G. ist der Mensch, der nach Konrad Lorenz „auf das Nichtspezialisiertsein spezialisiert ist". [1]

Generation (generation): Abschnitt im Entwicklungszyklus einer Art. Alle Nachkommen, die in gleichem Abstand zu einem gemeinsamen Vorfahren stehen, gehören zu einer G. So sind die Bezeichnungen Großeltern, Eltern, Kinder, Enkel, Urenkel usw. jeweils einer G. zuzuordnen. [2]

Genetic-imprinting, *genetische Prägung* (genetic imprinting): die unterschiedliche Expression von paternalen und maternalen Allelen durch epigenetische Modifikation. Es gibt eine Reihe von Befunden, die belegen, dass das G. X-chromosomaler und autosomaler Gene die Ausprägung von Verhaltensweisen und kognitiven Leistungen beeinflusst. Fehlerhaftes G. steht in Zusammenhang mit humanen Erkrankungen wie Autismus, Angelman-Syndrom oder Prader-Willi-Syndrom, welche starke Verhaltensänderungen zeigen. Methylierung gilt als ein wesentlicher Mechanismus des G. Es verhindert das natürliche Vorkommen von Parthenogenese bei Säugetieren, da sich aus der Fusion zweier mütterlicher Genome keine lebensfähigen Embryonen entwickeln. G. ist ein weiteres Argument für einen bestehenden genomischen Konflikt aufgrund egoistischer Geninteressen. Eine Theorie für die Evolution des G. geht von einer starken Selektion auf geschlechtsspezifische Merkmale aus. Direkter Selektionsdruck auf ein geschlechtsspezifisches Merkmal, sollte das Abschalten desjenigen Allels fördern, welches vom elterlichen Geschlecht ohne Selektionsdruck für dieses Merkmal kommt. Im Falle sexuell antagonistischer Selektion sollte eine dimorphe Form des G. gefördert werden. Dabei exprimiert jedes Geschlecht nur das Allel, welches vom Elter mit dem gleichen Geschlecht vererbt wird. [3]

genetische Ähnlichkeitstheorie (genetic similarity theory): Modell, das die Evolution von Sozialverhalten aus genetischer Sicht erklärt. Um eine maximale Verbreitung zu erreichen, sollte ein Allel auch die Vermehrung seiner Kopien in anderen Individuen unterstützen. Darüber hinaus wird postuliert, dass Individuen innerhalb einer Gruppe genetisch ähnlicher sind als Individuen zwischen zwei Gruppen. Deshalb wird ein Individuum seine eigene Gruppe vorrangig unterstützen. Extrembeispiele dafür bilden z.B. die Staaten eusozialer Insekten. Bei der Eidechse *Uta stansburiana* zeigen unterschiedliche Farbvarianten verschiedene Reproduktionsstrategien. Die blaue Morphe zeigt → Mate-guarding und ist subdominant gegenüber den territorialen, orangenen Morphen. Blaue Tiere haben eine deutlich erhöhte Fitness, wenn sie in der Nähe ihrer eigenen Farbvariante verbleiben. Dabei sind benachbarte Tiere nicht unmittelbar miteinander verwandt. Das soziale Appetenzverhalten wird von einem Farblocus bestimmt und bewirkt eine erhöhte Kopplung mit anderen Genen z.B. für Dispersionsverhalten. → Verwandtschaftstheorie, → Verwandtenselektion, → Altruismus. [3]

genetische Bürde → genetische Last.

genetische Distanz (genetic distance): quantifiziert den Unterschied in der Allelfrequenz zwischen Populationen. Bei g. D. = 0 sind beide Populationen identisch. Es existiert eine Reihe von g. D., die auf unterschiedlichen Voraussetzungen basieren. Eine der bekanntesten ist die *Standarddistanz nach Nei* (Nei's standard genetic distance). Sie zeigt einen linearen Anstieg über die Zeit, vorausgesetzt die untersuchten Marker verhalten sich neutral und jede Mutation führt zu einem neuen Allel. Die g. D. zwischen Individuen ist ein wichtiges Maß zur Aufklärung von Verhaltensmechanismen wie kooperative Brutpflege, Altruismus, Partnerwahl und Verwandtenselektion. → genetische Übereinstimmung. [3]

genetische Diversität (genetic diversity): das Ausmaß genetischer Variabilität einer Population. Ursprung der g. D. sind Mutationen. Mechanismen wie Rekombination und Migration bringen bereits vorhandene Mutationen in einen neuen genetischen oder geografischen Kontext. Sie produzieren per se keine neuen genetischen Varianten. G. D. ist eine wesentliche Grundlage von Verhaltensunterschieden. Gleichzeitig basieren viele Verhaltensweisen wie z.B. Partnerwahl auf genetischen Unterschieden zwischen potenziellen Sexualpartnern. [3]

genetische Drift (genetic drift): die zufällige Änderung von Allelfrequenzen in einer geschlossenen endlichen Population. G. D. hat, im Gegensatz zu Mutation und Selektion, einen gleichzeitigen Effekt auf alle Loci des Genoms. Die Auswirkungen der g. D. sind in kleinen Populationen viel stärker wirksam als in großen Populationen. Die g. D. wird als ein Faktor für Verhaltensisolation angesehen, dabei kommt es in Teilpopulationen zu zufälligen Unterschieden in der Häufigkeitsverteilung von Allelen für Partnerpräferenzen und Ausbildung epigamer Merkmale. → Flaschenhals, → Gründereffekt, → kulturelle Drift. [3]

genetische Kompatibilität, *genetische Inkompatibiliät* (genetic compatibility, genetic incompatibility): besagt, dass bestimmte Allelkombinationen an einem Gen oder verschiedenen Genen einen Selektionsvorteil über die Kombination anderer Allele haben. Ein Partner AA stellt eine optimale genetische Wahl für einen Partner BB dar, ist aber relativ ungeeignet für Partner CD. Die g. K. könnte eine wichtige Rolle bei der Evolution von Partnerpräferenzen haben. Eine Partnerwahl entsprechend der genetischen Passfähigkeit kann das hohe Maß an genetischer Variabilität in Populationen erklären. G. K. wird als evolutionäre Triebkraft für die Herausbildung von Polyandrie gesehen, denn die Verpaarung eines Weibchens mit mehreren Männchen erhöht die Wahrscheinlichkeit, Nachkommen mit überlegenen Allelkombinationen zu produzieren. Das Prinzip der g. K./Inkompatibilität trägt auch nicht-additiven genetischen Effekten Rechnung, die durch die Konkurrenz maternaler und paternaler Gene entstehten. Ein Beispiel für Kompatibilität/Inkompatibilität ist z.B. die Präferenz für Partner der eigenen Art zur Vermeidung von Hybridsteriliät bei interspezifischen Kreuzungen. [3]

genetische Last, *genetische Bürde* (genetic load): die Belastung einer Population durch nachteilige Allele bzw. der Verlust an genetischer Fitness im Vergleich zur maximal möglichen Fitness in einer Population. Mechanismen, durch die nachteilige Allele in einer Population verbleiben, sind das Selektions-Mutations-Gleichgewicht und der → Heterozygotenvorteil. Eine Studie an Guppys *Poecilia reticulata* ergab für die betrachtete Population ein hohes Maß an Inzuchtdepression für das Farbmuster und Balzverhalten. Der Fitnessverlust der Guppymännchen kann teilweise mit einer erhöhten g. L. erklärt werden. Sie kann auf der direkten Kopplung nachteiliger Allele mit sexuell-selektierten epigamen Merkmalen beruhen oder/und auf → epistatischer Genwirkung. Da viele dieser epigamen Signale z.B. durch Y-chromosomale Gene bestimmt sind, werden nachteilige Allele auch nur in Männchen exprimiert und selektiert. Nachteilige X-chromosomale oder autosomale Allele mit einem Einfluss auf die Ornamente oder das Balzverhalten verbleiben in den Weibchen, da sie nur in Interaktion mit Y-chromosomalen Genen wirksam werden. [3]

genetische Monogamie → Monogamie.

genetische Prägung → Genetic-imprinting.

genetische Übereinstimmung (genetic similarity): Quantifizierung der Übereinstimmung in der Allelfrequenz zwischen Individuen oder Populationen. Bei einer genetischen Ü. von S = 0 zeigen beide Populationen keine Gemeinsamkeiten und bei S = 1 sind beide identisch. → genetische Distanz. [3].

genetischer Konflikt → genomischer Konflikt.

genetisches Artkonzept → Artkonzept

Genfluss (gene flow): Austausch von Allelen zwischen Populationen. Er ist an das natürliche Migrationsverhalten sowie geografische, klimatische und ökologische Migrationsbedingungen (Populationsdichten, Habitatstruktur, Prädatoren) gekoppelt. G. wirkt der Differenzierung von Populationen entgegen und erhöht deren → genetische Diversität. [3]

Genfrequenz (gene frequency): Die G. oder besser Allelfrequenz, ist die anteilige Häufigkeit eines Allels an der Gesamtheit der Allele in einer Population an einem bestimmten Locus (0–1 bzw. 0–100 %). [3]

Geniculo-hypothalamischer Trakt, *GHT* (geniculohypothalamic tract): indirekte Projektion von der Retina zum suprachiasmatischen Nukleus (SCN). Der GHT wird von Axonen spezieller retinaler Ganglienzellen gebildet und führt zu Zellen des *intergeniculate leaflet* (IGL), einer schmalen Zellreihe zwischen dorsalen und ventralen Anteilen des Corpus geniculatum laterale im Thalamus. Im IGL wird wahrscheinlich die photische Zeitgeberinformation mit nicht-photischen Inputs, die über den Nukleus Raphe kommen, integriert und zum SCN weitergeleitet. Als Transmitter sind vor allem γ-Aminobuttersäure (GABA) und Neuropeptid Y beteiligt. → Retino-hypothalamischer Trakt. [6]

Genitalpräsentieren (genital presentation, genital display): ein bei Primaten und beim Menschen nachweisbares Vorzeigen der äußeren Geschlechtsorgane (→ Wachesitzen, → Phallusdrohen) in spezifischen Situationen des Soziallebens. Das G. wird als Verhalten angesehen, das als Signalhandlung vom Sexualverhalten (Primärfunktion) abgeleitet und dem Schutzverhalten (Funktionen nach außen) sowie dem Sozialverhalten (Funktionen nach innen) zugeordnet ist. Im Sozialverhalten wird damit die Regulation von Beziehungen durch Drohen, Imponieren, Rangzuweisen u. a. garantiert.
Unter den Neuweltaffen (Zentral- und Südamerika) präsentieren männliche Krallenäffchen (z. B. *Cebuella, Hapale*) mit dem Anheben des Schwanzes einen kräftig eingefärbten und damit optisch auffälligen Hodensack. Die im südlichen Afrika verbreitete Grüne Meerkatze *Cercopithecus aethiops* demonstriert die attraktiven Genitalien in Sitzhaltung, und von den asiatischen Schlankaffen (*Nasalis*) ist das Sitzen mit aufgerichtetem Penis bekannt. Weibliche Mantelpaviane *Papio hamadryas* beschwichtigen in sozialen Konflikten durch Vorweisen der Anogenitalregion, die durch rote Schwellkörper auffällig ist. Das G. bedeutet hier Grüßen oder auch Paarungsaufforderung und kann bei frei lebenden Mantelpavianen und Makaken auch zur Sicherung der Rangplätze genutzt werden.
In kulturellen Traditionen des Menschen ist G. mehrfach belegt, z. B. als *Phalluspräsentieren* unter Verwendung optisch attraktiver Penisstulpen (Abb.) oder als Vorzeigen der Schamregion bzw. der äußeren weiblichen Genitalien (Vulva). Irenäus Eibl-Eibesfeldt (1972) konnte bei halbwüchsigen Buschmädchen zwei Formen des G. beobachten: Beim *Schampräsentieren* (vulva presentation) werden dem zu Verspottenden durch Vorbeugen des Oberkörpers Gesäß und Vulva entgegengehalten (→ Gesäßweisen); das *Schamweisen* (pubic presentation) erfolgt aufrecht und in Frontalstellung mit der nach vorn gestreckten Schamregion. [1]

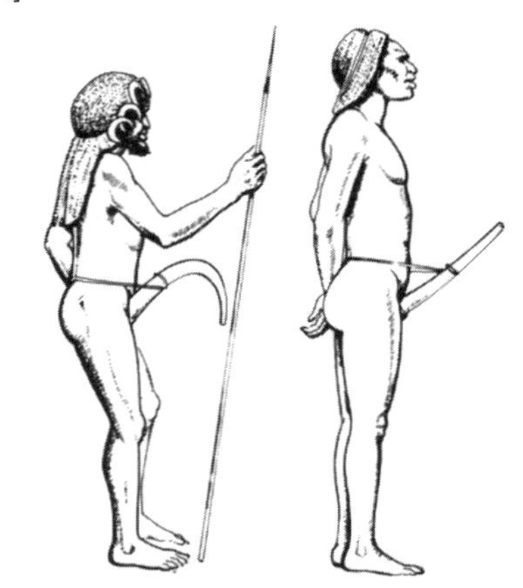

Genitalpräsentieren mittels unterschiedlicher Penisstulpen der Papuas. Aus R. Gattermann et al. 1993.

genomischer Konflikt, *genetischer Konflikt* (genomic conflict, genetic conflict): ein Phänomen, bei dem die überproportionale Verbreitung eines egoistischen Allels zur Selektion eines weiteren antagonistischen Allels an einem anderen Locus im gleichen Individuum führt. Konfliktgene sind → egoistische Gene, die nur ihre eigene Replikation befördern (z. B. Meiotic-drive-Gene, MEDEA-Gene) und dabei die Verbreitung anderer Gene einschränken oder verhindern. Ihnen wirken → Modifikatorgene und Supressor-Gene entgegen. Ausdruck des g. K. sind z. B. zytoplasmatische Inkompatibilität (*Wolbachia* in Dipteren, Lepidopteren, Coleopteren, → Thelytokie) und → Meiotic-drive. Zum g. K. gehört auch der Antagonismus zwischen sexdeterminierenden Genen im heterogametischen Geschlecht (z. B. X-chromosomales DAX-Gen und Y-chromosomales SRY-Gen). Der Konflikt zwischen X und Y führte zur Verkleinerung des Y-Chromosoms und zur Verlagerung vieler vorher Y-codierter Gene auf Autosomen. G. K. wird als Ursache für die Evolution von geschlechtlicher Fortpflanzung und für das Partnerwahlverhalten diskutiert. [3]

Genotypenfrequenz (genotype frequency): Die Häufigkeit eines bestimmten Genotyps im Verhältnis zur Gesamtheit der vorhandenen Genotypen in einer Population am betrachteten Locus. G. ist der Quotient aus der Anzahl von Individuen mit dem entsprechenden Genotyp und der Gesamtzahl an Individuen (0–1 bzw. 0–100 %). [3]

Genpool (genepool): theoretisch die Gesamtheit aller Gene/Allele, die in einer großen, panmiktischen Population ausgetauscht werden. Viele natürliche Populationen ergeben keinen gemeinsamen G., sondern zerfallen in relativ isolierte Untereinheiten. Grund dafür sind u. a. Mate-choice, unterschiedliche Paarungssysteme, Fragmentierung und Migrationsverhalten. [3]

Genselektion (gene selection): unterschiedliche Vermehrung von Genen im Zuge der natürlichen Selektion. Nach der Hypothese des Genegoismus sind die Haupteigenschaften eines biotischen Replikators Langlebigkeit, Fruchtbarkeit, Kopiergenauigkeit und Egoismus. Nach Richard Dawkins (1978) vereint das Gen alle diese Eigenschaften in sich und ist somit der einzige wesensbestimmende Mechanismus der natürlichen Selektion. Auch Verwandtschafts- und Individualselektion seien im Grunde genommen G. Andere Soziobiologen erkennen in Anlehnung an Charles Darwin (1859) das Individuum als Grundeinheit der Selektion an.

Es gibt aber eine Reihe von Verhaltensweisen, die keinen Reproduktionsvorteil für das jeweilige Individuum bringen und damit keine Maximierung der inklusiven Fitness. Fische fallen immer wieder auf die Beuteattrappen von Anglerfischen herein. Singvögel ziehen Kuckucksjunge auf. Ein solches Verhalten erklärt sich durch unterschiedliche Selektionsdrücke auf die jeweiligen Genpools der Räuber-Beute- und Wirt-Parasiten-Kombinationen. Helfersysteme und → Altruismus lassen sich nicht mit dem Reproduktionserfolg einzelner Individuen begründen, aber mit der Verbreitungseffizienz von Genen, die solche Verhaltensweisen steuern. [3]

geophag (geophagous): Tiere, die Erde, Schlamm oder Sand fressen und sich von darin befindlicher Nahrung ernähren wie Regenwürmer oder Seegurken. → Substratfresser. [1]

geophil (geophilic, geophilous): Tiere, die im Boden leben oder einen Teil ihrer Entwicklung im Boden durchlaufen wie die Larven zahlreicher Insekten. [1]

Geotaxis, *Gravitaxis*, *Schwerkraftorientierung* (geotaxis): räumliche Orientierung mithilfe der Schwerkraft der Erde. Bei der negativen G. erfolgt die Orientierung entgegen der Schwerkraft, bei der positiven (z. B. Boden- und Tiefseebewohner) mit der Schwerkraft. Die G. ist meist angeboren, aber zeitlich variabel. Beispielsweise zeigen Erdkröten im Experiment fast das ganze Jahr über eine negative, im Frühjahr, zur Zeit des Ablaichens, jedoch eine positive G. Ebenso verhalten sich zahlreiche Insekten, die nach dem Verlassen der Winterverstecke mit negativer G. und im Herbst, vor dem Überwintern, mit positiver G. reagieren. Bei Amphibien, die im Boden vergraben ruhen (z. B. die Knoblauchkröte *Pelobates fuscus*), wechselt das Vorzeichen alle 24 h: morgens graben sie sich ein, abends verlassen sie das Erdreich. G. wird in den meisten Fällen durch → Propriorezeptoren ermöglicht. Unter Wasser können auch bilateral-symmetrisch angebrachte Rezeptoren für Druckdifferenzen (→ Barotaxis) Informationen zur Schwimmlage liefern, z. B. die siebförmigen Atemöffnungen (Stigmen) ausgewachsener Wasserskorpione (Nepidae), die in drei Paaren auf der Bauchseite zu finden und mit großen Sinnesplatten ausgerüstet sind. Eine → Gleichgewichtslage kann unter Wasser und beim Segelflug allein durch geeignete Massenverteilungen und den Auftrieb auch ohne G. eingehalten werden. [4]

gerichtete Selektion → natürliche Selektion.

Gerontophagie (gerontophagy): das Auffressen altersschwacher, nicht mehr reproduktiver Weibchen durch ihre Nachkommen. G. wurde bei sozialen Spinnenarten wie *Stegodyphus mimosarum* und *Stegodyphus dumicola* beobachtet. → Matriphagie. [2]

Geruchsabzeichen → Allomarkieren.

Geruchsprägung, *olfaktorische Prägung* (olfactory imprinting): ein → prägungsähnlicher Vorgang, der sich hauptsächlich über Duftstoffe vollzieht. G. ist typisch für junge Mäuse, Ratten, Meerschweinchen u. a. Säuger. Sie werden so auf den Art– oder Gruppenduft geprägt. Auch Lachse und Erdkröten nehmen während einer sensiblen Jugendphase charakteristische chemische Bestandteile ihrer Heimatgewässer wahr und finden dann als geschlechtsreife Tiere zum Laichen zurück. G. ist wahrscheinlich auch beim Erkennen von Futterpflanzen, Beutetieren oder schädlichen Substanzen nach einem Lernprozess beteiligt, jedoch muss dabei zwischen G. und einem Ein-Versuchs-Lernvorgang unterschieden werden. [1]

Gesang (song): komplexe, meist aus Untereinheiten zusammengesetzte Lautäußerung von Vögeln, aber auch von anderen Wirbeltieren und Gliederfüßern (Arthropoda, z. B. Insekten). Der G. hat unterschiedliche Funktionen. Er dient z. B. zum Anlocken eines Geschlechtspartners (→ Lock-G.), zur Reviermarkierung (→ Revier-G.), zum Vertreiben von Rivalen (→ Rivalen-G.) oder zur Synchronisation von Geschlechtspartnern (→ Balz-G. bei Vögeln, Werbe-G. bei Insekten). Gesänge, die auf große Distanz wirken (Lockgesänge, Reviergesänge), sind in der Regel artspezifisch und dienen als Isolationsmechanismus. In Abhängigkeit von der zeitlichen Anordnung des G. und seiner Beantwortung, aber auch dem Geschlecht der beteiligten Partner, unterscheidet man → Antwort-G., → Wechsel-G., → Konter-G. und → Duett-G. Bei vielen Vogelarten durchläuft die Entwicklung des G. im Verlauf der Ontogenese oder im Zusammenhang mit jahreszeitlichen Fortpflanzungszyklen mehrere Stadien, die z. B. als → Jugend-G. und in der voll differenzierten Form als → Voll-G. bezeichnet werden. Ein während des normalen Fluges vorgetragener G. heißt *Fluggesang* (flight song), während man bei visuell auffälligen Flügen (Schauflug) mit ausholenden, langsamen Flügelschlägen und anderen Besonderheiten von einem *Singflug* (song flight) spricht. Zur Beschreibung eines G., insbesondere anhand eines → Sonagramms, werden bei Vögeln bestimmte, nicht immer eindeutig definierte Klassifikationen verwendet. Häufig verwendete Begriffe für Untereinheiten des G. sind:

Strophe (strophe, song bout): zusammenhängende Folge von Elementen, Silben, Phrasen oder Motiven, die durch eine längere Pause von der nächsten abgesetzt ist (bei anderen Wirbeltieren und bei Gliederfüßern sind im Falle von Silbenfolgen die Begriffe Vers, → Chirp und → Trill eingeführt worden);

Strophentyp (type of strophe): Strophenvariante, die in ihrem ganzen Verlauf beziehungsweise an ihrem Beginn oder Ende aus einer typkonstanten Elementfolge besteht. Viele Singvögel verfügen über mehrere Strophentypen, zum Teil mit unterschiedlicher Funktion;

Phrase (phrase): meist rhythmische Folge von typgleichen Elementen oder Silben. Bei einigen Arten wird auch der von Kanarienzüchtern gebrauchte Begriff *Tour* (tour) verwendet;

Motiv (motif): zusammenhängende Folge von mehreren typverschiedenen Elementen, Silben oder Phrasen;

Silbe (syllable): zusammenhängende Folge von wenigen typverschiedenen Elementen, die oft mit dem Gehör als eine Einheit wahrgenommen werden, auf Sonagrammebene zwar in Elemente zerlegbar, jedoch nicht scharf gegen das Motiv abzugrenzen sind (bei anderen Wirbeltieren und bei Gliederfüßern ist der Begriff der → Silbe schärfer definiert);

Element (element): kleinste, durch Intervalle begrenzte Einheit von Lautäußerungen, die im Sonagramm in der Regel durch eine zusammenhängende Struktur erkennbar sind. In bestimmten Fällen, z. B. an Stellen mit starker → Amplituden- oder → Frequenzmodulation, können Elemente auch Unterbrechungen aufweisen, die jedoch eine Dauer von 10 ms nicht überschreiten. Das Element entspricht meist einem → Schallimpuls. [4]

Gesangsattrappe → Lautattrappe.

Gesangsdialekt (song dialect): Gesangsvariante innerhalb einer Vogelart, die nicht nur von einem, sondern von mehreren Individuen hervorgebracht werden. Ein G. kann beispielsweise einen bestimmten Strophentyp enthalten, der in einem anderen G. nicht vorkommt. Einzelne Strophentypen können außerdem akustisch verändert sein oder unterschiedlich häufig vorgetragen werden. Gleichartige G. kommen entweder in größeren geschlossenen Gebieten vor oder sind über inselartige Areale mosaikartig verteilt (→ Dialekt). Die zeitliche Konstanz der Dialektgebiete wird durch ähnliche Selektionskriterien bestimmt, wie man sie für angeborene Merkmale kennt. Für einige Arten (z.B. Ortolan und Grauammer) wurde der Nachweis erbracht, dass der Bekanntheitsgrad des G. für die Weibchen ein wichtiges Kriterium bei der Partnerwahl darstellt. [4]

Gesangslernen (song learning): komplexe Lernleistung zum Erwerben des artspezifischen Gesangs bei Singvögeln, Papageien und Kolibris. Die Weitergabe akustischer Lautstrukturen erfolgt durch die Weitergabe von Mustern über Generationen hinweg (→ Tradition). Zebrafinken-Männchen z.B. lernen den Gesang vom Vater, den sie zu einer Zeit hören, in der sie selber noch nicht singen. Isoliert man sie kurz bevor sie singen, so entwickeln sie trotzdem arttypische Laute, die aber nicht dem väterlichen Dialekt entsprechen. Voraussetzung für das G. ist die Fähigkeit zur Nachahmung von Lautmustern, die bei Artgenossen und z. T. auch bei Artfremden oder aus der weiteren Umwelt wahrgenommen werden. Die Grundlage für das Erkennen der Muster bildet eine angeborene Disposition. Die Existenz von ursprünglich angenommenen sensiblen Phasen in denen ausschließlich gelernt wird (→ Gesangsprägung), konnte endgültig nur für einige Arten bestätigt werden. Viele Arten sind bei entsprechendem Lerndefizit (Fehlen von arteigenen oder variantenreichen Vorbildern, Auftreten neuartiger Vorbilder) in der Lage, über mehrere Jahre hinweg neue Strophentypen zu erlernen.
G. verläuft in zwei Phasen. In der ersten Phase werden Gesänge von Vorbildern aufgenommen und gespeichert, in der zweiten wird die gespeicherte Information in die Motorik des eigenen Stimmapparates umgesetzt. Der so erzeugte Gesang wird mit dem gespeicherten Vorbild verglichen und nach und nach in Übereinstimmung gebracht. [4]

Gesangsprägung (vocal imprinting): Vorgang, bei welchem die Jungtiere zahlreicher Vogelarten die Stimmen ihrer Eltern erlernen. Sie reagieren dann nur noch auf deren Lautäußerungen z.B. mit Sperren beim Füttern oder Drücken bei Gefahr. Eine Individualerkennung der Eltern durch die Jungvögel ausschließlich anhand akustischer Signale ist z.B. für die Weißkehlammer *Zonotrichia albicollis* nachgewiesen. Ob der G. ein echter Prägungsvorgang (→ Prägung) zugrunde liegt, ist für die meisten Vogelarten noch umstritten und muss genauer untersucht werden (→ Gesangslernen). [4]

Gesangsrepertoire (song repertoire): bei Vögeln Gesamtheit der Lautäußerungen einer Art oder eines Individuums. Die meisten Singvogelarten haben ein G., das mehrere Strophentypen beinhaltet. Diese können jedoch individuelle oder gruppenspezifische Merkmale tragen (→ Gesangsdialekte). In wenigen Fällen haben bestimmte Strophentypen eine von den anderen abweichende Funktion oder sind an andere Adressaten gerichtet (z.B. ausschließlich an Männchen oder Weibchen). Individuen mit einem reichen G. werden häufig von Weibchen bevorzugt. Handelt es sich nicht um Vögel, sondern um andere Tiere, dann spricht man nicht von einem G., sondern von einem → Lautrepertoire, selbst dann, wenn einige der Lautäußerungen Gesänge genannt werden. [4]

Gesäßweisen (buttocks display): **(a)** demonstratives Vorzeigen der zumeist unbedeckten Gesäßregion gegenüber anderen Menschen. Es ist in fast allen Kulturkreisen zu finden und hat die aggressive Funktion des Verspottens, Verhöhnens und Herausforderns. **(b)** Paarungsaufforderung oder Beschwichtigungsverhalten bei vielen Primaten (Abb.). → Genitalpräsentieren. [1]

Geschisterverband → Sympaedium

Geschlechterkonflikt (sexual conflict): basiert auf dem unterschiedlichen Investment, das Männchen und Weibchen zur Fortpflanzung (Sexualverhalten und Brutpflege) aufbringen. Das beginnt bereits mit der Bildung von Ei- und Samenzellen. Letztere werden mit geringen Aufwand schnell und in großer Zahl produziert, während Eizellen aufgrund ihrer Größe und des Vorrats an Nährstoffen in geringerer Zahl und viel

Gesäßweisen beim Pavian als weibliche Paarungsaufforderung (links) oder zur Beschwichtigung (rechts). Aus R. Gattermann et al. 1993.

aufwendiger zu bilden sind. Das Missverhältnis potenziert sich insbesondere bei den Säugetieren, durch die Gravidität und Laktation.
Beide Geschlechter müssen ihre Fitness maximieren. Der G. besteht darin, dass Männchen bestrebt sind, sich mit vielen Weibchen zu paaren und sich nicht an der Jungenaufzucht zu beteiligen, weil sie selten eine Vaterschaftsgewissheit haben. Weibchen können nicht so viele Nachkommen haben, sie müssen den besten Fortpflanzungspartner finden (→ Gute-Gene-Hypothese) und Männchen an der Brutpflege beteiligen.
Nach neuen Erkenntnissen setzt sich der G. auch nach der Befruchtung mit der Selektion väterlichen Erbgutes fort. Väterliches und mütterliches Erbmaterial durchmischen sich nicht unmittelbar. Sie bleiben während der ersten Zellteilungen räumlich getrennt und erst allmählich findet eine graduelle Durchmischung und Exprimierung statt. Die befruchtete Eizelle demethyliert kurz nach der Befruchtung aktiv das männliche Genom, während das weibliche Genom einen Schutzmechanismus gegen diese frühe aktive Demethylierung entwickelt hat. Die Folge soll ein unterschiedliches Zugriffsrecht auf die genetische Information sein. → Partnerwahl. [1] [2]

Geschlechterverhältnis (sex ratio): Zahlenverhältnis von Männchen und Weibchen in einer Population. Bei den meisten Tierarten findet man ein G. von 50:50. Dies stellt ein evolutionsstabiles Gleichgewicht dar. Gibt es Abweichungen davon, führt natürliche (stabilisierende) Selektion relativ schnell wieder zu einem paritätischen G. Ein Verhältnis von 50:50 erscheint im ersten Moment überraschend, da Männchen in der Lage sind, mehr als ein Weibchen zu befruchten. Bei Seeelefanten sind ungefähr 4 % der Männchen an 88 % der Kopulationen beteiligt. Dieser angebliche Widerspruch lässt sich mit dem folgenden theoretischen Beispiel auflösen. Ein Männchen kann 10 Weibchen befruchten. Jedes Weibchen bekommt 10 Junge. Ein Weibchen, das 10 Söhne bekommt, erhält 100 Enkel. Ein Weibchen, das 10 Töchter bekommt, wird aber auch nur 100 Enkel haben. Die Eigenschaft viele Töchter zu produzieren, bietet keinen Vorteil über die Eigenschaft viele Söhne zu produzieren. Trotzdem gibt es einige Mechanismen, die eine Anpassung des Geschlechterverhältnisses an bestimmte Umweltbedingungen ermöglichen → Sex-Allokation.
Das G. kann während der Ontogenese einigen Wandlungen unterliegen. Das *primäre G.* (primary sex ratio) entspricht dem Männchen-Weibchen-Verhältnis zum Zeitpunkt der befruchteten Eizellen. Das *sekundäre G.* (secondary sex ratio) beschreibt den Zustand bei der Geburt. Es kann vom primären G. z.B. durch intrauterine Geschwisterkonkurrenz abweichen (→ Siblizid). Das → *operationale G. (operational sex ratio)* beschreibt das Verhältnis von

Männchen zu Weibchen, die tatsächlich an der Reproduktion teilnehmen.
Ein anderer Mechanismus, der das G. mitunter dramatisch verändert, ist der genomische Konflikt egoistischer Gene. So bewirken X-chromosomale → Meiotic-drive-Gene z. B. das Absterben von Gameten, die das Y-Chromosom tragen. [3]

Geschlechtsdetermination *Geschlechtsbestimmung* (sex determination): Faktoren, die das Geschlecht bzw. das Sexualverhalten eines Individuums bestimmen. Das *genetische* oder *chromosomale Geschlecht* (genetic sex) wird durch *genotypische G. (genetic sex determination, genotypic sex determination)* festgelegt. Dabei ist die Chromosomenkonstellation in der Zygote Ausgangspunkt der geschlechtsspezifischen Entwicklungsvorgänge. Oft gibt es zwei unterschiedliche Geschlechtschromosomen, die sowohl bei weiblichen als auch bei männlichen Tieren immer als Paar auftreten. In Abhängigkeit von der Art kann männliche (fast alle Säugetiere, die meisten Vertebraten und Insekten; XX = weiblich und XY = männlich) oder weibliche Heterogametie (Vögel, einige Reptilien, Fische und Schmetterlinge; ZW = weiblich und ZZ = männlich) beobachtet werden. Weibliche und männliche Schnabeltiere haben sogar 10 Geschlechtschromosomen, die in XXXXXXXXXX- oder XYXYXYXYXY-Ketten vorliegen. Häufig gibt es nur ein einziges Geschlechtschromosom, das einzeln oder mehrfach auftreten kann (bei vielen Insekten: XX = weiblich und X0 = männlich; bei einigen Schmetterlingen auch Z0 = weiblich und ZZ = männlich). Das Geschlecht wird entweder durch das Vorhandensein eines bestimmten Chromosoms festgelegt (Y oder W, z. B. bei Säugern oder Vögeln), oder durch das Verhältnis aus der Anzahl der Geschlechtschromosomen (X oder Z) zur Anzahl der restlichen Chromosomen (Autosomen). Letzteres kommt auch dann vor, wenn ein Y-Chromosom (z. B. bei *Drosophila*) oder ein Z-Chromosom existiert (z. B. bei vielen Schmetterlingsarten).
Bei Wirbeltieren wird darüber hinaus dem genetischen Geschlecht das gonadale und somatische gegenübergestellt. Das *gonadale Geschlecht* (gonad sex) bestimmt die primären Geschlechtsmerkmale (Hoden und Ovarien). Die sekundären Geschlechtsmerkmale einschließlich des Verhaltens sind vom *somatischen* oder *psychischen Geschlecht* (somatic sex, psychic sex) abhängig. Androgenmangel oder Überschuss in der kritischen Differenzierungsphase des Hypothalamus (→ Paarungszentrum) kann zu einem Sexualverhalten führen, das dem genetischen Geschlecht nicht entspricht. So führt die durch pränatalen Stress ausgelöste Überproduktion von Androgenen bei Meerschweinchen-Müttern zu einer Maskulinisierung des Verhaltens ihrer Töchter. Bei Säugetieren mit kurzer Tragezeit wie dem Goldhamster hat eine einmalige Gabe von Testosteron bis fünf Tage nach der Geburt männliches Sexualverhalten der ausgewachsenen Weibchen zur Folge. Weiterhin kann bei Mehrlingsgeburten, z. B. beim Gerbil *Meriones unguiculatus* oder bei Hausschweinen, die Lage weiblicher Embryos im Uterus Konsequenzen für ihr Sexualverhalten nach der Geschlechtsreife haben. Liegen genetisch weibliche Embryos im Uterus zwischen zwei benachbarten männlichen, unterscheiden sie sich in ihrem Verhalten als Adulttiere vom Verhalten anderer Weibchen.
Bei der *phänotypischen G. (environmental sex determination)* wird das Geschlecht durch Umweltfaktoren wie Temperatur, Nahrungsangebot, Photoperiode, pH-Wert oder Sozialpartner bestimmt. So verschieben niedrige Temperaturen das Geschlechterverhältnis bei vielen Schildkröten in männliche Richtung, während bei Alligatoren und einigen Eidechsen mehr Männchen nur bei höheren Temperaturen auftreten. Das Geschlecht des Fadenwurms *Mermis nigrescens*, der juvenil in der Leibeshöhle von Insekten parasitiert, hängt von den Ressourcen des Wirtes ab. Wenige Tiere in großen Insekten werden zu Weibchen, in kleineren Wirten mit vielen Parasiten entstehen mehr Männchen. Beim Igelwurm *Bonellia* entstehen Weibchen, wenn sich die Larven auf festem Untergrund niederlassen. Haben die Larven hingegen Kontakt mit adulten Weibchen, so werden sie zu Zwergmännchen, die sich am oder im Weibchen ansiedeln. Als weitere Möglichkeit der G. kann → Haplodiploidie angesehen werden.
Während bei der G. die Individuen ihr Geschlecht in der Regel zeitlebens beibehal-

ten, kann bei einigen Arten, insbesondere bei Meeresfischen, ein Geschlechtswechsel in der Ontogenese stattfinden (sukzessiver → Hermaphoditismus). [2] [4]

Geschlechtspartnerprägung → sexuelle Prägung.

Geschlechtspartnerwahl → Partnerwahl.

Geschlechtsrollenzentrum → Paarungszentrum.

geschlossener Verband → Sozietät.

Geschwisterarten (sibling species, sister species): Arten, die sich morphologisch kaum unterscheiden, aber reproduktiv voneinander isoliert sind. Beispiele dafür sind z. B. Waldbaumläufer *Certhia familiaris* und Gartenbaumläufer *Certhia brachydactyla*. Häufig finden sich Verhaltensunterschiede zwischen G. wie z. B. Gesang, Balzverhalten, Flugzeiten etc. [3]

Geschwisterbefruchtung → Adelphogamie.

Geschwisterkannibalismus → Adelphophagie.

Geschwisterkonflikt (sibling conflict): Auseinandersetzungen zwischen Geschwistern aufgrund der Forderung jedes Jungtiers maximale Brutpflege von den Eltern zu erhalten. Eltern sollten in der Versorgung ihrer Jungtiere keinen Unterschied machen, da sie mit ihnen den gleichen Verwandtschaftsgrad aufweisen. Jungtiere könnten nach der Geschlechtsreife durch direkte Fitness ihren gesamten Genotyp an die nächste Generation weitergeben, während sie, genetische Monogamie der Eltern vorausgesetzt, an der Reproduktion ihrer Geschwister durch indirekte Fitness nur zur Hälfte beteiligt wären. Jedes Junge ist also bestrebt, die Ressourcen der Eltern auf Kosten seiner Geschwister für sich zu beanspruchen. Dies kann bis zur → Geschwistertötung führen. Bei Geschwistern mit multipler Vaterschaft ist aufgrund geringerer genetischer Übereinstimmung der G. noch ausgeprägter. Bei Tüpfel-Hyänen *Crocuta crocuta* sind die Zwillinge von zwei Vätern wesentlich aggressiver zueinander und es kommt häufiger zu Todesfällen als bei Zwillingen, die den gleichen Vater haben. [2]

Geschwistertötung, *Fratrizid, Siblizid* (fratricide, siblicide): das gegenseitige Töten bei Geschwistern, das für Insekten, Fische, Vögel und Säuger nachgewiesen ist. Beispielsweise kann die zuerst ausschlüpfende Bienenkönigin alle übrigen noch in den Weiselzellen verbliebenen Königinnen abstechen. G. ist nur ganz selten ein aktives Töten durch das Beibringen von Verletzungen, zumeist werden die schwächeren Geschwister beim Füttern oder Säugen abgedrängt und verhungern allmählich (Singvögel, Schweine, Nager u. a.). G. verhindert das vorzeitige Ausschöpfen von Nahrungsressourcen durch ein zu starkes Anwachsen der Population. In jedem Fall verbessert es die Überlebenschancen und den Fortpflanzungserfolg der verbliebenen Nachkommen.

Zahlreiche Vogelarten, z. B. Pinguine, Pelikane, Reiher und Greifvögel, regulieren ihre Vermehrungsrate nach dem jeweiligen Nahrungsangebot (Krebstiere, Insekten, Fische, Nager). Dazu bebrüten sie nicht selten unterschiedlich große Gelege oder sie beginnen schon nach der Ablage des ersten Eies mit dem Brüten. Die Jungen schlüpfen dann entweder in Abständen nacheinander oder sie weisen beim Schlupf deutliche Entwicklungsunterschiede auf. Die kleineren und schwächeren von ihnen dienen gewissermaßen als Reproduktionsreserve. Sie überleben nur, wenn es die Ernährungslage zulässt. Überzählige Jungtiere aber werden von den Eltern vernachlässigt oder sterben durch G. → Geschwisterkonflikt. [1]

gesellig → sozial.

Geselligkeitsbedürfnis → soziale Appetenz.

Gesellschaftsbalz → Gruppenbalz.

Gesetz der Auswirkung (law of effect): von Edward Lee Thorndike (1911) im Zusammenhang mit dem Begriff „Verstärkung" in die Lerntheorie eingeführt, besagt, dass Lernen eine Folge der Konsequenz des Verhaltens ist. Ein Verhalten, auf das verstärkende Konsequenzen (Belohnungen) folgen, wird mit hoher Wahrscheinlichkeit wiederholt. Durch negative Verstärker oder durch Bestrafungen wird es dagegen aus dem Verhaltensrepertoire weitgehend eliminiert oder zumindest abgeschwächt → Verstärkung, → Extinktion, → Lernen am Erfolg.[5]

Gesichtverbergen (hiding the face): angeborene Geste der Verlegenheit und Unsicherheit im menschlichen Verhalten, bei der eine Hand oder beide Hände das Gesicht bedecken. Dabei ist das Gesicht unter Beibehalten des Blickkontakts nur im Mund- und Wangenbereich bedeckt, häufig wird der Blickkontakt ambivalent unterbrochen. Bei voller Intensität wird der Kopf gesenkt und das ganze Gesicht für längere Zeit verborgen. Es kommt bei allen Kulturen vor und auch bei Blindgeborenen, die dieses Verhalten nicht absehen können (→ Universalien). [1]

Gestik, *Gebärdensprache* (gesture): alle Haltungen und Bewegungen der Extremitäten und der Körperanhänge (Ohren, Schwanz), die der nonverbalen Kommunikation dienen und den internen Zustand wiedergeben (→ Körpersprache). Charakteristisch sind unterschiedliche Stellungen der Ohren bei defensiv oder offensiv drohenden Eichhörnchen und Pferden, die Schwanzhaltungen bei Hunden, Füchsen oder Wölfen, die Gruß- und Abwehrgesten bei Primaten. [1]

Gewöhnung → Habituation.

Gezeitenrhythmus, *Tidenrhythmus* (tidal rhythm): biologischer Rhythmus mit Periodenlängen von etwa 12 Stunden oder 15 Tagen. Gezeiten entstehen durch die Anziehungskraft des Mondes, seine Bewegung um die Erde und durch die Rotation der Erde um ihre eigene Achse. Insbesondere in den großen Weltmeeren ändern sich dadurch etwa aller 6,2 h die Lebensbedingungen beträchtlich.

Die Tiere der Gezeitenzonen haben sich in ihrem Verhalten dem Gezeitenwechsel angepasst. So sind Krebse, Muscheln, Meeresringelwürmer, Fische, Vögel u. a. während der Ebbe aktiv, auf Nahrungssuche oder mit der Fortpflanzung beschäftigt. Während der Flut sind sie inaktiv und halten sich zumeist in Schlupfwinkeln auf. Bei den meisten der an die Gezeitenzonen angepassten Tiere bleibt der G. nach ihrer Verfrachtung ins Labor erhalten. Der G. ist somit endogen und keine einfache Reaktion auf die sich periodisch ändernde Umwelt (→ circatidaler Rhythmus).

Zusätzlich, durch die Gravitation der Sonne, kommt es alle 14,7 Tage bei Voll- und Neumond zur Springflut, die mit der Nippflut alterniert (*Spring-Nipptiden-Zyklus*). Auch an diese → Umweltperiodizität sind die Tiere angepasst. So schlüpfen Männchen und Weibchen der marinen Mücke *Clunio marinus* nur an den Tagen unmittelbar nach Voll- bzw. Neumond. An der Festlegung des Schlupfzeitpunktes und der Synchronisation zwischen den Geschlechtern sind aber auch andere → biologische Rhythmen beteiligt. So schlüpfen die Tiere immer während des abendlichen Niedrigwassers (circadianer und circatidaler Rhythmus). Dies ist ein eindruckvolles Beispiel für das Zusammenspiel verschiedener biologischer Rhythmen.

Analoges gilt auch für den an der kalifornischen Südküste lebenden Grunion-Fisch *Leuresthes tenuis*, der das Hochwasser der Springflut nutzt, um sich zum Paaren und Laichen auf den Sandstrand spülen zu lassen. Er berücksichtigt aber noch andere Umweltperiodizitäten. So erfolgen Ablage und Besamung der Eier zwischen März und September. Zu dieser Jahreszeit dauert die Entwicklung etwa 10 Tage, sodass die frisch geschlüpften Fische bei der nächsten Springflut ins Meer gespült werden können. Des Weiteren werden die Eier nachts und etwa 3 h nach der höchsten Flut abgelegt. Damit ist zum einen ein besserer Schutz vor Räubern gegeben. Außerdem wird verhindert, dass die Eier mit der nächsten Flut wieder frei gewaschen werden. Durch dieses komplexe Zusammenspiel verschiedener biologischer Rhythmen wird nicht nur das Zusammentreffen der Geschlechtspartner gewährleistet, sondern es werden auch die Überlebenschancen der befruchteten Eier maximiert.

Ein weiteres Beispiel für ein so exaktes Timing des Fortpflanzungsverhaltens liefert der in der Südsee lebende Palolowurm *Eunice viridis*. Die mit Spermien und Eiern prall gefüllten Hinterteile werden immer zur Zeit des letzten Mondviertels im Oktober oder November, einige Stunden nach Mitternacht beginnend, zwei bis drei Tage lang abgestoßen. [6]

Gleichgewichtslage (trimmed attitude): räumliche Vorzugslage des Körpers bezüglich der Schwerkraft, die nach einer Störung wieder hergestellt wird. Dies kann entweder passiv oder aktiv geschehen. Die G. stellt sich z. B. bei vielen Wasserkäfern ganz automatisch durch den Auftrieb ein, den der Luftvorrat unter den Flügeldecken hervorruft. Passiver Flug (Segelflug, → Fliegen) erzeugt bei entsprechender Flügelstellung ebenfalls automatisch eine stabile horizontale Fluglage. In vielen anderen Fällen wird die G. durch → Propriorezeptoren kontrolliert und aktiv ausgeglichen. Wenn der Einsatz des statischen Sinnes nicht möglich ist, wie z. B. bei vielen Fluginsekten aufgrund der großen Vibrationen, kommt meist der visuelle Sinn zum Einsatz. Neuere Untersuchungen legen nahe, dass die oft im Dreieck oder als Paar angeordneten Einzelaugen (Ocellen) auf dem Kopf vieler Fluginsekten als Horizontdetektoren zur Stabilisation der Fluglage dienen. Zum Einhalten der G. kombinieren auch Menschen ihren statischen Sinn mit visuellen Sinneseindrücken. Passen beide Eindrücke nicht zueinander, kann daraus Unwohlsein („Seekrankheit") resultieren. [4]

gleichwarm → thermoregulatorisches Verhalten.

Gleitflug, *Segelflug* (gliding flight): vom Boden losgelöste Fortbewegung in der Luft, bei dem Flügel, Flossen oder Flughäute als nahezu unbewegliche Tragflächen genutzt werden. G. ist, außer bei einigen der auch zum aktiven Flug (→ Fliegen) fähigen Insekten, bei vielen Vögeln, bei etwa 150 Arten aus allen weiteren Landwirbeltierklassen (Tab.) sowie bei rund 40 Arten der Knochenfische (Osteichthyes) entwickelt. Die Fliegenden Fische (Familie Exocoetidae) erzeugen die zum G. notwendigen Geschwindigkeiten unter Wasser mithilfe der Schwanzflosse und können bei günstigen Windbedingungen Strecken von bis zu 400 m zurücklegen, üblich sind etwa 1,5 m Höhe und 100 m Weite.

Gleitflieger unter den Amphibien, Reptilien und Säugern springen von Bäumen, Felsen usw. und lassen sich dann zu Boden gleiten. Sie können innerhalb der aerodynamischen Möglichkeiten durch Steuermechanismen Richtung, Vortriebs- und Sinkgeschwindigkeit bestimmen. Manche Vögel können für den G. Luftbewegungen, insbesondere Aufwinde, geschickt ausnutzen. Damit ist es beispielsweise einem Kondor oder einem Albatros möglich, sich stundenlang ohne größere Flügelbewegungen in der Luft zu halten. [4]

Gonopodium (gonopodium): männliches Begattungsorgan lebendgebärender Zahnkarpfen (Poeciliidae), das aus der umgewandelten Afterflosse gebildet wird. Dazu bilden der dritte, vierte und fünfte Strahl der Afterflosse eine muskulöse Verlängerung des Samenleiters, mit der die Spermien in die Geschlechtsöffnung der Weibchen eingebracht werden. Spezielle Ausformungen der G.spitze unterstützen die Paarung und werden zur Artbestimmung genutzt. → Gynogenese. [2]

Graben (digging, burrowing): eine Form der Fortbewegung und des Bauverhaltens im Erdreich. Unterschieden werden *Bohr-G.* (Bohrmuschel, Regenwürmer), *Mund-G.* (Erdbienen, Eisvogel), *Schaufel-G.* (Maikäfer, Maulwurf, Schaufelfußkröten) und *Scharr-G.* (Fuchs, Kaninchen, Uferschwalbe).

Hamster u. a. Nager errichten ihre Baue durch Scharr-G. Die Vorderbeine lockern den Boden, schieben ihn nach hinten unter den Bauch, von dort wird er durch die

Zusammenstellung der Landwirbeltiere, die zum **Gleitflug** befähigt sind. [4]

Klasse	Familie	Gattung und Artenzahl		Deutscher Name
Amphibien	Rhacophoridae	*Rhacophorus*	~ 60	Flugfrösche
Reptilien	Agamidae	*Draco*	~ 20	Flugdrachen
Säuger	Petauridae	*Petaurus*	4	Gleitbeutler
	Pseudocheiridae	*Petauroides*	1	Riesengleitbeutler
	Acrobatidae	*Acrobates*	1	Zwerggleitbeutler
	Anomaluridae	*Anomalurus*	9	Dornschwanzhörnchen
		Idiurus	3	Gleitbilche
	Sciuridae	15 Gattungen	> 40	Gleit- oder Flughörnchen
	Cynocephalidae	*Cynocephalus*	2	Riesengleiter (Pelzflatterer)

Hinterbeine von Zeit zu Zeit ausgeworfen. Ist das Tier im Boden, so formt es den Gang durch schlängelnde Bewegungen (*Schwimm-G.*) aus. Sehr festes Erdreich, Wurzeln und andere Hindernisse werden mit den Zähnen bearbeitet. → Wühlen. [1]

Gradation *Massenvermehrung* (mass reproduction, mass spread, outbreak): dynamischer Prozess, der durch einen zyklischen, explosionsartigen Anstieg der Individuenzahlen innerhalb einer Population gekennzeichnet ist. G. als Massenvermehrungen erzeugen Fluktuationen, die das normale Ausmaß ihrer Schwankungen deutlich überschreiten. Sie sind von einem sehr günstigen Witterungs- und Nahrungsangebot abhängig und oft vorhersagbar. Besonders gestörte oder künstlich veränderte Ökosysteme sind gegenüber den Massenvermehrungen von r-Strategen anfällig. In diesem Zusammenhang sind Populationszyklen vieler Insektenarten und Kleinsäuger von Interesse, die regelmäßige Massenvermehrungen zur Folge haben. So kann es in Feldmaus-Populationen im Abstand von einigen Jahren zu exponentiellen Wachstumsraten und nachfolgend zu Bestandsgipfeln kommen, was als *Progradation* bezeichnet wird. Auf Grund verschiedener Faktoren, wie vermehrtes Auftreten von Fressfeinden, geänderte Witterungsbedingungen und Nahrungsmangel, kann die Massenvermehrung anschließend wieder zusammenbrechen und die Populationsdichte oft unter den lokalen Mittelwert dieser Art sinken, was als *Retrogradation* bezeichnet wird. Bei Fressfeinden, die auf die G. ihrer Beute ebenfalls mit gesteigerter Reproduktion reagiert haben, führt dies oft zum Verlassen eines Gebietes (→ Evasion, → Invasionsverhalten). [5]

Gradienten-Speziation → parapatrische Artbildung.

gramnivor (gramnivorous): Tiere, die sich von Gräsern ernähren. [1]

granivor (granivorous): Tiere, die sich von Samen ernähren. → karpophag. [1]

Gravitaxis → Geotaxis.

gregär (gregarious): Tendenz zur Gruppen-, Schwarm- oder Herdenbildung von Organismen einer Art. In der gregären Phase der Wanderheuschrecke *Locusta migratoria* entwickeln diese eine soziale Appetenz und bilden so die großen Schwärme. Gregäre Parasiten wie Raupenfliegen der Familie Tachinidae besiedeln zu mehreren einen Wirt. [2]

Gregärparasitismus (gregarious parasitism): parasitische Insektenweibchen, die mehrere Eier im Wirt ablegen. → Solitärparasitismus. [1]

Greifreflex, *Handgreifreflex, plantarer Greifreflex, Klammerreflex* (grasp reflex): durch Berührungsreize ausgelöste, angeborene geordnete Beugebewegungen von Fingern oder Zehen, mit denen Objekte umfasst werden. Der G. dient hauptsächlich zum Festhalten beispielsweise im Fell der Mutter (Abb.). Wie bei allen → Bewegungsautomatismen erlischt der G. mit zunehmender Reifung der stammesgeschichtlich jüngeren Hirnstrukturen. Beim Menschen ist Handgreifreflex bis zum 5./6. Lebensmonat und der Zehengreifreflex bis zum 11./12. Lebensmonat nachweisbar. [1]

Grenzzyklus (limit cycle): beschreibt das Verhalten eines idealisierten (reibungsfreien) schwingenden Pendels, das in gleichen Zeitabständen zum selben Punkt im Raum zurückkehrt. Stellt man diese Bewegung im Phasenraum dar, d.h. mit den Koordinaten Ort und Geschwindigkeit, ergibt sich eine kreisförmige Bahn (Trajektorie, Orbit). Selbst nach einer Störung kehrt das Pendel immer wieder auf diese Bahn, dem so genannten G. zurück. Auch ein gewöhnliches Uhrenpendel sowie die oszillierenden → biologischen Uhren zeigen dieses Verhalten, da sie durch konstante Periodenlänge und Amplitude charakterisiert sind. Somit kann eine Reihe biorhythmischer Phänomene, z.B. die Phasenantwort auf einen Lichtreiz (→ Phasenantwortkurve) mithilfe der Theorie des G. erklärt werden. [6]

Großfamilie → Familie.

Grubenorgan (pit organ): Sinnesorgan, das sich in einer Grube befindet, welche sich nach außen hin öffnet, aber häufig teilweise oder ganz von einer Membran oder Schuppe überdeckt ist. Als G. werden bezeichnet: **(a)** Sinnesorgane, die bei Haien neben dem → Seitenliniensystem liegen und nicht mit diesem durch Kanäle verbunden sind. Die Funktion dieser G. ist allerdings noch ungeklärt. Es wird über einen elektrischen (→ Elektrorezeption) oder chemischen Sinn (Schmecken) spekuliert, aber auch über die

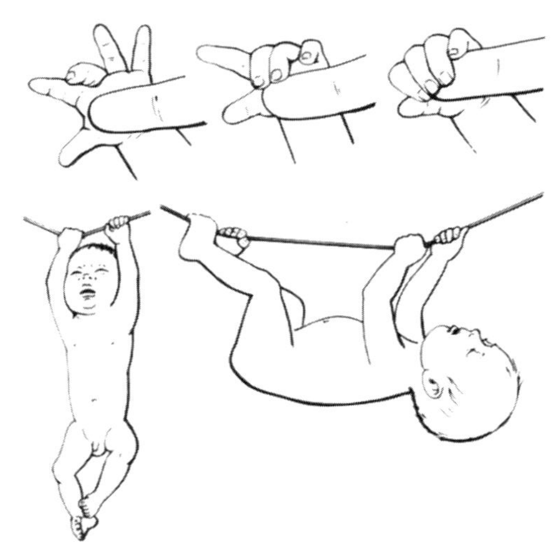

Greifreflexe beim menschlichen Säugling, dabei werden die Finger in fester Reihenfolge geschlossen (oben). Aus R. Gattermann et al. 1993.

Rezeption für, im Vergleich zum Seitenliniensystem, hochfrequente Druckänderungen. **(b)** Sinnesorgane von Landtieren (z. B. Grubenottern, einige Riesenschlangen und Prachtkäfer), die dem richtungsempfindlichen „Sehen" von infraroter Wärmestrahlung dienen (→ Infrarot). [4]

Grünbarteffekt (*greenbeard effect*): Mechanismus, bei dem ein altruistisches Allel seine eigenen Kopien in einem anderen Individuum erkennt und deren Verbreitung in nachfolgende Generationen unterstützt. Die Erkennung erfolgt unabhängig vom generellen Verwandtschaftsgrad. Der G. setzt eine komplexe Genwirkung voraus. Es muss die Herausbildung eines Signals für die Präsenz der eigenen Genkopie steuern (Merkmal = hypothetischer Grünbart). Dieses Signal muss erkannt und eine Verhaltenspräferenz für dessen Träger ausgebildet werden. Grünbart-Allele sind selten und der Effekt wird häufig durch das Zusammenwirken multipler, enggekoppelter Allele bewirkt, z. B. der gp-9 Locus bei der Ameise *Solenopsis invicta*. In einfach organisierten Organismen kann ein G. auch durch ein einzelnes Gen ausgelöst werden, beispielsweise das *csA*-Gen beim Schleimpilz *Dictyostelium discoideum*. [3]

Grundantrieb (basic drive): nicht mehr gebräuchliche Bezeichnung für einen der drei angeborenen lebensnotwendigen und arterhaltenden Antriebe wie Nahrungstrieb, Schutztrieb und Fortpflanzungstrieb. [1]

Gründereffekt, *Founder-Effekt* (founder event): Auswanderung einer kleinen Gruppe von Individuen führt zur Neugründung einer Population. Der G. ist mit drastisch veränderten Allelhäufigkeiten und einer Homozygotenerhöhung in der Neupopulation im Vergleich zur Ausgangspopulation verbunden. Modellierungen und Experimente haben gezeigt, das G. relativ schnell zu Verhaltensänderungen (z. B. Paarungsverhalten) führen können. → Flaschenhals, → genetische Drift. [3]

Grundkoordination (basic movement coordination, basic movement pattern): **(a)** spezielle artspezifische Körperhaltungen und Bewegungen, die immer im Zusammenhang mit einem bestimmten Verhalten auftreten, z. B. die Stellung bei der Harn– und Kotabgabe (→ Rahmenhandlung).
(b) zentralnervöse Abstimmung der Gesamtmotorik, wie sie beispielsweise für die Fortbewegung notwendig ist (→ Motorik). [1]

Grundmuster → Mittelwertschronogramm.

Grundrang (basic dominance rank): charakterisiert die aktuelle Rangposition eines Individuums. Der G. kann durch andere Gruppenmitglieder aufgewertet werden (→ abhängiger Rang). [1]

Gruppe (group): Eine Ansammlung von Individuen, die in zeitlicher oder räumlicher Beziehung zueinander stehen. G. können sich zufällig, durch Wirkung äußerer Faktoren (→ Aggregation) oder durch soziale Attraktion bilden. [2]

Gruppe Gleichgestellter (peer group): Gruppen mit unverwandten Mitgliedern ähnlichen Alters, meist auch ähnlichem sozialen Status und gleichen Geschlechts. Besonders im Juvenilstadium findet die Orientierung der Individuen an Gruppenstandards stärker an Mitgliedern ähnlichen Alters als an den eigenen Eltern statt. Auch adulte bzw. erwachsene Tiere oder Menschen werden stärker durch die Gruppenmitglieder, also Individuen der unmittelbaren Umgebung, beeinflusst. [5]

Gruppenbalz, *soziale Balz, Gemeinschaftsbalz, Gesellschaftsbalz* (communal courtship, communal mating, group mating, group courtship): eine Form des Balzverhaltens, die im Gegensatz zur Paarbalz von mehr als zwei Tieren vollführt wird. Für die G. können sich einmal mehrere Männchen zusammenfinden und gemeinsam um die Weibchen werben, wie das z. B. die zu Schwärmen vereinten tanzenden Mückenmännchen oder die Kampfläuferhähne (→ Balzarena) tun. Durch das synchrone bzw. ohne Unterbrechungen ablaufende Balzverhalten werden entsprechend dem Prinzip der Reizsummation die Weibchen angelockt.

Zum anderen können sich Männchen und Weibchen zur G. vereinen, um sich zu synchronisieren, damit möglichst viele Artgenossen zur gleichen Zeit fortpflanzungsbereit sind und eine Brutkolonie bilden können (→ Fraser-Darling-Effekt). Beeindruckend ist z. B. die G. der Flamingos, bei der bis zu Hunderte von Individuen gemeinsam auffällige Putz- und Streckbewegungen vollführen, oder die der Kraniche mit ihren imposanten Tänzen. → Balzverhalten. [1]

Gruppenbindung (group cohesion, social cohesion): soziale Bindung zwischen einem Individuum und der Sozietät. G. wird durch verschiedene Faktoren wie kollektive Aggression der Gruppe oder Sozialspiel gefördert. Nach der *Gruppenbindungs-Hypothese des Spiels* (social cohesion hypothesis of play) ist eine der adaptiven Funktionen von Sozialspiel, die Beziehung zwischen den am Spiel beteiligten Gruppenmitgliedern zu festigen und damit die G. insgesamt zu stärken. [2]

Gruppendistanz (group distance): beschreibt den Abstand, den soziale Gemeinschaften wie Gruppen, Familien, Rudel, Herden, Schwärme etc. untereinander einhalten. → Individualdistanz. [1]

Gruppenduft, *Sippenduft, Sozialduft* (group odour, nestmate odour, community odour, group scent, social odour, clan odour): spezifischer Geruch einer Gemeinschaft sozialer Säugetiere oder Insekten. Er ermöglicht das Unterscheiden arteigener fremder Tiere von Gruppenangehörigen. Gruppenfremde Gerüche lösen aggressive Verhaltensweisen aus. Ein G. entsteht durch gegenseitige Geruchsmarkierung (→ Allomarkieren), kommt aber auch schon durch engen Körperkontakt und Übereinanderkriechen zustande. Der G. kann auch der Umgebung anhaften, wodurch der Nestgeruch entsteht. Bei sozialen Insekten (z. B. Ameisen) bildet ein Gemisch aus mehr oder weniger flüchtigen Kohlenwasserstoffen auf der Körperoberfläche den G. Die Nestgenossinnen erkennen sich offenbar am Vorhandensein einer bestimmten Anzahl an Kohlenwasserstoffen, gemäß der *Strichcode-Hypothese* (bar code hypothesis). Eventuell werden auch die Konzentrationsverhältnisse zwischen bestimmten Verbindungen ausgewertet. Möglicherweise erfolgt auch eine zusätzliche Erkennung fremder Tiere der gleichen Art anhand bestimmter Kohlenwasserstoffe oder anderer Substanzen, die nicht zum spezifischen G. gehören. [4]

Gruppeneffekt, *sozialer Effekt* (group effect, social effect): Sammelbezeichnung für die individuellen Vorteile der Gruppenbildung. Sie bestehen beispielsweise in besserer Erschließung von Ressourcen und verringerter interindividueller Aggression. Insgesamt kann der G. zu erhöhter individueller Fitness führen. Beispiele sind die bessere Mastleistung bei Schweinen in Gruppenhaltung, die aufeinander abgestimmten Bewegungen eines Fischschwarmes, das gemeinsame Vertreiben von Raubfeinden (→ Hassen), die Gruppenjagd, die Angleichung der Fortpflanzungsstimmung in Vogelkolonien (→ Fraser-Darling-Effekt) oder auch die Weitergabe des

Süßkartoffelwaschens bei japanischen Makaken (→ Futtertradition). [1] [2]

Gruppengesang → Gruppenlautäußerung.

Gruppenheulen, *Chorheulen* (chorus howling, group howling): Form der Gruppenlautäußerung, die allen *Canis* Arten (Wolf, Kojote, Schakale, Haushund) eigen ist. Am G. beteiligen sich alle Angehörigen eines Familienverbandes (Rudel). Das Heulen ist ein lang gezogener Laut, der bei Wölfen bis zu 24 s dauern kann. Ein Heulkonzert ist in der Regel mehrere Minuten lang (bis zu 15 min) und ertönt besonders häufig während des Winters kurz vor und nach der Fortpflanzungszeit (Ranz) und im Hochsommer, nachdem die Welpen die Höhle verlassen haben. Das G. dient in erster Linie dem Zusammenhalt des Familienverbandes. Es kann entweder spontan, ohne sichtbare äußere Ursache erfolgen, oder durch das Heulen eines Rudelangehörigen aus größerer Entfernung ausgelöst werden. Wölfe, Schakale und Kojoten antworten jedoch auch auf Heulimitationen und andere, dem Heulen ähnliche Laute, z. B. auf Sirenentöne. [4]

Gruppenjagd, *Gemeinschaftsjagd* (group predation): mehr oder weniger kooperatives und arbeitsteiliges Vorgehen einer Gruppe von Individuen der gleichen Art beim Nahrungserwerb. Voraussetzung für die G. ist die Kommunikation bzw. Abstimmung unter den Individuen. Während Arbeitsteilung bei der G. von Treiberameisen, Pelikanen und Kormoranen eher selten ist, treiben sich Wölfe, Löffelhunde, Löwen u. a. die Beute gegenseitig zu. Bei der kooperativen Elchjagd umstellen Wölfe die Gruppe und greifen bevorzugt von der Seite oder von hinten an, um einzelne Tiere zu verletzen, zu schwächen und zur Flucht zu bewegen. Die Elche versuchen ihren Standort beizubehalten und wenden sich immer dem Angreifer zu. Dadurch ändern sich laufend die Konfrontationssituationen und die Rollenverteilung unter den Wölfen. [2]

Gruppenkohäsion → Synlokation.

Gruppenlautäußerung, *Chorlautäußerung*, *Gruppengesang*, *Chorgesang* (group song, communal song, chorus sound, chorusing): gemeinsame Lautgebung von mehreren Individuen einer Art. Bisher existiert noch keine einheitliche Klassifizierung für dieses recht heterogene Verhalten. G. sind weit verbreitet und bei Insekten (Zikaden, Heuschrecken), Amphibien, Vögeln und Säugern anzutreffen. Man kann zumindest zwei grundsätzliche Formen unterscheiden: (1) eine G. der Angehörigen eines sozialen Verbandes und (2) eine G. männlicher Tiere zur Fortpflanzungszeit. Im ersten Fall dient die G. dem Zusammenhalt des sozialen Verbandes, der Synchronisation der Aktivitäten (→ Gruppenheulen) und auch der Territorialmarkierung. Diese Form ist hauptsächlich bei Säugetieren zu beobachten (viele Primaten, Hundeartige). Dabei treten oft verschiedene Formen der Abstimmung der individuellen Lautgebung auf, wie das gleichzeitige Einsetzen und die Angleichung der Frequenzmodulation. Als Sonderform sind gemeinsame Lautäußerungen von benachbarten Verbänden im Interesse der gegenseitigen Abgrenzung der Gruppenterritorien zu beobachten.

Die G. der Männchen dienen in erster Linie dem Anlocken von Weibchen zur Paarungszeit, aber auch der Abgrenzung von Territorien, wie bei den Chorgesängen von Heuschrecken, Zikaden oder Fröschen. Dabei ist eine gegenseitige Stimulation zu beobachten. [4]

Gruppenselektion (group selection): das bevorzugte Überleben, Reproduzieren und Ausbreiten von Gruppen mit speziellen Anpassungsmechanismen, die dem Fortbestand der Gruppe als Ganzes dienen und dabei in bestimmten Fällen die Interessen der Individuen beschränken (→ Eignungsbeschränkung). G. ist demzufolge neben der Individualselektion ein weiterer Faktor der natürlichen Selektion. Als Gruppen im Sinne dieser Definition lassen sich soziale Verbände, Lokalpopulationen (Deme), Artpopulationen (Arten) und Lebensgemeinschaften (Biozönosen) verstehen.

Einer der Grundgedanken des G.konzeptes besagt, dass eine Darwinsche Selektionstheorie zwar höchstmögliche individuelle Eignung erklären kann, nicht aber Anpassungen zum Wohle der Art, die das Individuum einschränken. Dazu bedarf es einer Erweiterung des Darwinismus.

Zum Begründer der G.theorie wurde Vero C. Wynne-Edwards (1962), für den nicht nur das Individuum, sondern auch die Gruppe eine Einheit der natürlichen Selektion war, die Anpassungen zum eigenen

Wohl hervorbringt. Der Hauptmechanismus ist ein Wechselspiel zwischen Sozialverhalten und Geburtenkontrolle, das nach dem Prinzip der negativen Rückkopplung erfolgt. Seine Wirkung besteht in der Optimierung der Populationsdichte in Bezug auf die vorhandenen Ressourcen des Lebensraumes. Gruppen mit Populationsbeschränkung haben einen Selektionsvorteil, wogegen Populationen ohne Beschränkung der Individuenzahl die Tragekapazität ihres Lebensraumes überschreiten und aussterben. Die Soziobiologie interpretiert so genanntes gruppenmotiviertes Verhalten als ein Gleichgewicht egoistischer Interessen. Optimale Populationsdichten oder Gelegegrößen entstehen, da zu große Würfe oder Gelege auf lange Sicht einen Selektionsnachteil besitzen (z. B. zu geringe Nachkommenzahl gegenüber anderen oder Verlust von Nachkommen aufgrund von Nahrungsmangel). Es besitzen also Allele einen Vorteil, die mittlere Nachkommenzahlen garantieren. Die Erhaltung der Gruppe im Sinne der *Arterhaltung* (preservation of species) ist somit eine Konsequenz der Fortpflanzung und nicht deren Funktion. G. wird heute weitestgehend abgelehnt, wird aber mitunter bemüht, um menschliches Sozialverhalten zu erklären. [3]

Gruppenstruktur, *Sozialstruktur* (group structure, social structure): Zusammensetzung (Geschlecht, Alter, Verwandtschaftsgrad etc.) und funktionelle Beziehungen (Bindungen, Interaktionen, Rangordnung, Kooperation, Arbeitsteilung etc.) einer Sozietät. Die G. wird mit den Methoden der → Soziometrie ermittelt und als → Soziomatrix oder → Soziogramm dargestellt. [2]

Gruppensynchronisation → Verhaltenssynchronisation.

Gruppenterritorium (group territory, communal territory): Areal, das von einer Sozietät bewohnt und gegen einzelne Konkurrenten oder andere Gruppen verteidigt wird. G. werden besonders in → eusozialen Verbänden, wie den Kolonien der Nacktmulle oder Insektenstaaten abgegrenzt. Im Zuge der Arbeitsteilung bzw. des Polyethismus übernehmen zum Teil morphologisch spezialisierte Individuen, wie die Soldaten mancher Termiten, die Verteidigung des G. [2]

Grußverhalten → Begrüßungsverhalten.

Gurren → Lallen.

Gute-Gene-Hypothese (good genes hypothesis): die Ansicht, dass mit der Partnerwahl ein direkter genetischer Nutzen verbunden ist. Entsprechend der G. wählen Weibchen einen Partner mit hoher genetischer Qualität, um die Fitness (Überlebenswahrscheinlichkeit oder Attraktivität) ihrer Nachkommen zu maximieren. Anzeichen für eine hohe Qualität des Männchens sind attraktive Territorien, anhaltende Gesänge, eine aufwendige Balz oder extreme epigame Merkmale (→ Handicap-Prinzip). Laubfroschweibchen der Gattung *Hyla* bevorzugen Männchen mit langen Rufreihen gegenüber Männchen mit kürzeren Sequenzen. Verpaarungen mit den länger rufenden Männchen ergeben Nachkommen mit einer höheren Überlebenswahrscheinlichkeit. Bei Stielaugenfliegen *Cyrtodiopsis* indiziert ein möglichst weiter Augenabstand beim Männchen die Trägerschaft eines meiotic drive Supressor-Gens auf dem X-Chromosom. Weibchen bevorzugen Männchen mit großem Augenabstand, da der Supressor ein X-chromosomales Meiotic-drive-Gen unterdrückt, welches das Geschlechterverhältnis in der Nachkommenschaft zu Gunsten der Weibchen verschiebt. Eine größere Zahl männlicher Nachkommen bedeutet einen höheren Reproduktionsanteil in der folgenden Generation. Es gibt aber auch Befunde die gegen die G. sprechen, wie reziproke → Extrapair-copulation, oder die Wahl von Farbmorphen, mit geringerer Fitness (z. B. Mäusebussard). Alternative Erklärungsversuche für Partnerwahl sind → Heterozygotenvorteil und → genetische Kompatibilität. [3]

Gynandromorphismus (gynandromorphism): das Auftreten männlicher und weiblicher Merkmale bei einem Individuum, wobei im Gegensatz zur → Intersexualität männlich und weiblich determinierte Körperzellen beobachtet werden. So treten beispielsweise bei Schmetterlings-Gynandern mosaikartig abgegrenzte männliche und weibliche Bereiche im Körper auf. [2]

Gynogenese (gynogenesis): spermienabhängige Form der Parthenogenese, bei der die Teilung der Eizellen durch Spermien aktiviert werden muss. Beispielsweise erhalten die Weibchen des Amazonenkärpflings *Poecilia formosa* über das → Gonopodium der Männchen verwandter Arten Spermien.

Ein Spermium dringt zwar in die Eizelle ein, es kommt jedoch nicht zur Kernverschmelzung, sodass keinerlei genetisches Material ausgetauscht wird. → Parthenogenese, → Mate-copying. [2]

Gynopädium → Mutterfamilie.

Haareausreißen, Haarrupfsucht → Trichotillomanie.

Haarsträuben, *Fellsträuben* (piloerection): das Aufrichten der Haare oder des Pelzes. H. ist in erster Linie eine Form des thermoregulatorischen Verhaltens, denn mit der Vergrößerung der isolierenden Lufthülle zwischen den Haaren wird weniger Körperwärme abgestrahlt. Während aggressiver Auseinandersetzungen werden bestimmte Fellpartien zur optisch wirksamen Vergrößerung aufgerichtet, z.B. die Nackenhaare des Hundes beim Drohen. Andererseits kann längeranhaltendes H. auch ein Zeichen für schweren Stress sein (→ Schwanzsträuben). [1]

Haarwild → Wild.

Habitat → Biotop.

Habituation, *Gewöhnung, reizspezifische Ermüdung* (habituation, stimulus habituation): ist die Abnahme von Reaktionen auf wiederholt angebotene gleichartige Reize. H. wird als einfache, nicht-assoziative Form des Lernens zur Unterscheidung von aktuell bedeutsamen und bedeutungsneutralen Reizen bezeichnet (assoziatives Lernen). H. ist die phylogenetisch älteste Lernform. Sie ist von universeller Bedeutung und im gesamten Tierreich sowie beim Menschen verbreitet. So lassen sich Rehe am Bahndamm durch vorbeifahrende Züge nicht stören und zeigen Einzeller keine Schreckreaktion auf wiederholte mechanische Reize.

Die H. ist charakterisiert durch (1) ihre Stimulusspezifität, d.h. die Abnahme der Reaktion des Tieres ist auf einen bestimmten, wiederholten Stimulus beschränkt; (2) die Abhängigkeit von der Reizwiederholung, die H. ist um so stärker, je häufiger der Reiz wiederholt wird; (3) die spontane Erholung, d.h. nach einer Periode ohne habituierenden Reiz ist die Reaktion wieder stärker; (4) die → Dishabituation sowie (5) den Ersparniseffekt, sodass sich bei wiederholten Serien von habituierenden Reizen die H. schneller einstellt. [5]

Hackabstand (peck distance): in Vogelkolonien der Abstand zwischen den Nestern, der mindestens so groß ist, dass sich benachbarte Brutpaare nicht mit dem Schnabel verletzen können. → Brutkolonie. [1]

Hackordnung (peck order): früher üblicher Begriff für die Rangordnung der Hühner, die diese durch Schnabelhacken ausfechten. Die H. ist in der Regel eine lineare Rangordnung, in der ein Huhn die Positionen von etwa 30 anderen erkennen kann. Analog wird die Rangordnung der Säugergruppen, wie Wolfsrudel, Mäusegruppen u.a., *Beißordnung* (bite order) genannt. [1]

Haftlaicher → Laichen.

Haidinger-Büschel, *Haidingersches Büschel* (Haidinger's brush): farbige, sehr kontrastarme Erscheinung beim Betrachten vollständig linear polarisierten Lichtes mit dem menschlichen Auge (→ polarisiertes Licht). Das durch den Mineralogen Wilhelm Haidinger erstmals 1844 beschriebene Phänomen ermöglicht vielen Menschen nachweislich die Bestimmung der Polarisationsrichtung des Lichtes mit dem bloßen Auge. Um die schwache Erscheinung sicher wahrnehmen zu können, ist allerdings einige Übung erforderlich. Der Effekt ist auf den Bereich des Zapfensehens (gelber Fleck, Macula) beschränkt. Ein ähnliches Phänomen scheinen Zugvögel und Tauben auszunutzen, um polarisiertes Licht zur → Sonnenkompassorientierung auswerten zu können. [4]

Hair-Flip (hair flip): beschreibt das Zurückwerfen, Zurechtstreichen oder Durchfahren der Haare bei Frauen und Männern. Es wird häufig von Frauen beim → Flirt als Zeichen der Zustimmung und Bereitschaft zur Fortsetzung der Kommunikation eingesetzt. [1]

Hakenschlagen → proteisches Verhalten.

HALO → Zeitgeberzeit.

Hamilton-Ungleichung → Altruismus.

Hamstern → Futterhorten.

Handaufzucht → Fremdaufzucht.

Handgreifreflex → Greifreflex.

Handheben (hand raising): mit angehobenem und gewinkeltem Arm ausgeführte Grußformel des Menschen, bei der die offene Handfläche in Höhe des Kopfes oder weiter angehoben in Richtung des Begrüßten weist. H. ist ein Distanzgruß in nichtverbaler Kommunikation bei Annäherung oder unvermittelter Begegnung mit Fremden bzw. noch nicht erkannten Personen. Das bei vielen Völkerschaften und in sehr verschiedenen Kulturkreisen verbreitete Verhalten hat mehrere Funktionen: es unterbindet aggressives Verhalten (beschwichtigt), stellt Bindungen her und erhält vorhandene Bindungen. (Karl Meißner 1993). [1]

Haplometrose → claustral.

Handicap-Prinzip (handicap principle): Theorie für den Ursprung von energieaufwendigen Verhaltensmustern (z.B. Balzspiele) oder der Präsentation extremer epigamer Merkmale (Schwanz des Pfaus). Der Besitz eines kostspieligen sexuell selektierten Merkmals identifiziert den Träger als besonders geeigneten Paarungspartner. Er besitzt besonders → gute Gene bzw. Allele, die es ihm ermöglicht haben, trotz eines aufwändigen Merkmals zu überleben. [3]

Händigkeit → Lateralität.

Handling (handling): das Anfassen (Handhaben) von Versuchstieren durch den Pfleger oder Experimentator, wie es z.B. beim Säubern, Umsetzen, Wiegen, Probenentnehmen, Spritzen u.a. notwendig ist. H. löst Stress und damit eine Vielzahl von physiologischen Reaktionen und Verhaltensänderungen aus, die bei allen Experimenten beachtet werden müssen. Andererseits erfolgt nach mehrfachem H. eine Adaption, die Tiere lassen sich besser handhaben und die Streuung der Messwerte ist geringer.

Ein regelmäßiges H. führt bei nestjungen Säugern zur schnelleren Entwicklung, früheren Geschlechtsreife, höheren Aktivität im Open-field und zum stärkeren Futterhorten. Bei Vögeln kann H. das Flüggewerden beschleunigen. Auch menschliche Frühgeburten entwickeln sich körperlich schneller, wenn sie im Inkubator regelmäßig H. erhalten. [1]

Handlungsangleichung → Stimmungsübertragung.

Handlungsbereitschaft, *Bereitschaft* (responsivenes, readiness, drive): in der Verhaltensbiologie ein veralteter, nur noch selten verwendeter Begriff, dessen Bedeutung besser mit der → Motivation umschrieben wird. [1]

Handlungskette, *Reaktionskette* (action chain, reaction chain): in der Instinkttheorie ein durch Schlüsselreize ausgelöstes genetisch festgelegtes und stets in gleicher Weise ablaufendes Verhalten, das aus aufeinander folgenden Verhaltenselementen besteht, die von den Partnern wechselseitig ausgelöst werden. H. sind typisch für das Sexualverhalten (→ Balzketten) und den Kommentkampf. Sie dienen der Art-, Individual- und Statuserkennung und helfen, Irrtümer zu reduzieren. [1]

Hängenest → Nestbauverhalten.

Haplodiploidie (haplodiploidy): Vorkommen haploider Männchen und diploider Weibchen innerhalb einer Art (→ Parthenogenese). H. führt zu spezifischen Verwandtschaftsverhältnissen und fördert das Entstehen eusozialer Verbände. So leben beispielsweise in den Staaten der Honigbiene neben einer reproduktiven, diploiden Königin und diploiden Arbeiterinnen auch haploide Männchen (Drohnen), die sich aus unbefruchteten Eiern entwickeln (Abb.). Dadurch ist theoretisch der Verwandtschaftsgrad (r) der Arbeiterinnen (→ Superschwestern) untereinander mit r = 0,75 größer als zu ihrer Mutter (r = 0,50) oder zu ihren Brüdern (r = 0,25). Da etwaige Nachkommen der Arbeiterinnen nur zu 50 % mit ihnen verwandt wären, erscheint es für sie sinnvoller, ihre Schwestern zu pflegen und dadurch ihre inklusive Fitness zu verbessern. In der Praxis paart sich allerdings eine Bienenkönigin während des Hochzeitsflugs mit bis zu 19 Drohnen, was den Verwandtschaftsgrad der Arbeiterinnen weit unter r = 0,75 senkt (→ Point-of-no-return). [2]

haptische Kommunikation → Kommunikation.

Harem (harem): Bezeichnung für die Gesamtheit der Weibchen eines Männchens im Paarungssystem → Polygynie. [2]

harmonische Frequenz → Oberton.

Harnen → Miktion.

Harnlecken → Harntrinken.

Harnmarkieren, *Urinmarkieren* (urine marking): eine spezielle Form des Duftmarkierens (→ Chemokommunikation) unter Verwendung von Urin (Harn) als Botenstoff. H. ist bei Säugetieren weit verbreitet und dient hauptsächlich der Abgrenzung von Territorien und der Sexualpartnerfindung. Beispielsweise urinieren Totenkopfäffchen *Sai-*

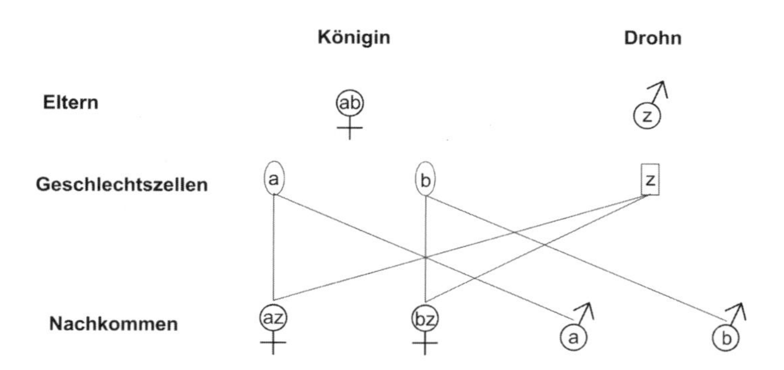

Verwandtschaftsgrad zwischen

Töchter

	az	bz	Summe
az	1	0,5	1,5
bz	0,5	1	1,5

r = 3:4 = 0,75

Söhne

	a	b	Summe
a	1	0	1
b	0	1	1

r = 2:4 = 0,5

Töchter und Söhne

	a	b	Summe
az	0,5	0	0,5
bz	0	0,5	0,5

r = 1:4 = 0,25

Königin und Nachkommen

	az	bz	a	b	Summe
ab	0,5	0,5	0,5	0,5	2

r = 2:4 = 0,5

Haplodiploidie bei Hymenopteren führt zu spezifischen Verwandtschaftsverhältnissen (r) und fördert das Entstehen eusozialer Verbände. Aus R. Gattermann et al. 1993.

Harnmarkieren bei Hund und Katze. Aus R. Gattermann et al. 1993.

miri auf Hände und Füße, um so zur Territoriumsmarkierung Duftmarken in den Bäumen zu hinterlassen. Im Unterschied zu den Bewegungsabläufen beim gewöhnlichen Harnen (Miktion) fallen beim H. besondere Verhaltensweisen auf (→ Harnspritzen). So bewegen sich z. B. männliche Katzen beim H. rückwärts an das Objekt heran, zeigen heftiges Zittern in der Analgegend und geben bei steil nach oben gerichtetem Schwanz einen dünnen Harnstrahl ab (Abb.). Im Gegensatz zum normalen Harn enthält dieser Pheromone mit Informationen über den sexuellen Status und die Individualität. [1]

Harnprüfen, *Urinprüfen* (urine sampling): bei zahlreichen Säugermännchen die Geruchskontrolle des Urins (Harns) der Weibchen, um die Paarungsbereitschaft zu beurteilen. Männliche Antilopen, Pferde, Schweine u. a. nähern sich den harnenden Weibchen, wittern am Harn oder lassen sich ihn über die Nase laufen, um die darin enthaltenden Duftstoffe bzw. Pheromone aufzunehmen. Häufig kann dabei auch → Flehmen beobachtet werden. [1]

Harnspritzen, *Urinspritzen* (urine spraying, spraying behaviour, enurination): die stoßweise Harnabgabe bei Säugetieren, die unterschiedliche Funktionen erfüllt und sich vom gewöhnlichen Urinieren (Miktion) unterscheidet. Unterschiedlich ist wahrscheinlich auch die Zusammensetzung des Harns, insbesondere der Anteil an Pheromonen. Hunde u. a. markieren in bekannter Art durch H. ihr Revier. Männliche Kaninchen springen während der Balz über das Weibchen und bespritzen es dabei mit Urin. Ebenso harnen sich die Rammler einer Kolonie wechselseitig an, wahrscheinlich um Gruppenangehörige zu kennzeichnen (Duftmarkieren). Solches H. wurde auch für Hasen, Meerschweinchen, Maras, Baumstachler und Wildschweine nachgewiesen. Nichtpaarungsbereite Weibchen der Hasen, Kaninchen und Maras zeigen H., hier jedoch, um die Männchen abzuwehren. [1]

Harntrinken, *Harnlecken, Urintrinken, Urinlecken* (urine intake, urine licking): die Aufnahme von eigenem und fremdem Urin (Harn) mit unterschiedlicher Funktion. H. wird bei Säugern, vor allem unter den Pflanzenfressern (Paarhufer, Nagetiere, Primaten) und vereinzelt auch Raubtieren (z. B. Hund, Tiger, Eisbär), beobachtet, die die im Harn enthaltenen Salze, Vitamine, Enzyme u. a. sowie das Wasser erneut verwerten. Die Mütter der Nesthocker lecken den nach Anogenitalmassage bei ihren Jungtieren austretenden Urin sofort auf. Sie decken so einen Teil ihres Flüssigkeitsbedarfs und können dadurch länger im Nest bleiben und sich mehr um die Jungen kümmern. Weitere soziale Funktionen des H. sind bei Hundeartigen zu beobachten. Hunde- und Wolfswelpen legen sich zum Zeichen der Unterordnung auf den Rücken und geben Urin ab, den die geschlechtsreifen Männchen und Weibchen auflecken. Gibt aber die ranghöchste Wolfsfähe Urin ab, dann darf nur der Leitwolf davon lecken. [1]

Hassen (mobbing): spezifisches Verhalten von Vögeln gegenüber Luft- und Bodenfeinden. Ursprünglich nahm man an, dass es sich bei H. um ein ausschließlich angeborenes Verhalten handelt. Neuere Untersuchungen weisen jedoch auch auf Lerneffekte hin. Die bekannteste Hassreaktion ist das Versammeln von verschiedenen Singvogelarten am Schlafplatz einer Eule (z. B. einem Sperlingskauz), verbunden mit Hasslauten oder gelegentlichen Attacken. H. wird oft auch schon beim Ertönen von Rufen eines Raubfeindes ausgelöst. Oft wiederholte Hassrufe, die eine übereinstimmende Struktur haben und selbst über Artgrenzen wirksam sind, führen zur Bildung umfangreicher Hassgesellschaften. Es wird vermutet, dass das H. Informationen über potenzielle, wenn auch aktuell nicht wirksame, Feinde vermittelt. Eine weitere Funktion des H. könnte die Störung des Raubfeindes sein. [4]

Hasslaut, Hassruf → Alarmruf.

Häufigkeitsvertärkung → Verstärkungsregime.

Hauptgen (major gene): ist ein Gen, das ein quantitatives Merkmal überwiegend beeinflusst. Ein solches H. ist z. B. das Pheromon-Bindungs-Protein Gp-9. Es determiniert die Erkennung von Königinnen durch Arbeiterinnen bei Feuerameisen *Solenopsis* und steuert damit komplexe soziale Verhaltensweisen. [3]

Haustierethologie → Nutztierethologie.

Hecheln (panting): eine Form des thermoregulatorischen Verhaltens zur Abgabe überschüssiger Wärme. Es kann bei zahlreichen Vögeln und unter den Säugern bei Raubtieren und Wiederkäuern beobachtet werden. Dabei atmen die Tiere bei geöffnetem Mund flacher und mit höherer Frequenz (Hyperventilation). Die Einatemluft wird bereits in den oberen Luftwegen mit Wasserdampf gesättigt und kann so den gut durchbluteten Schleimhäuten des Nasen-, Mund- und Rachenraumes Verdunstungswärme entziehen. Diese Abkühlung kann durch vermehrte Speichelsekretion und die heraushängende Zunge verbessert werden. Ein H. von über 2 h Dauer wird vermieden, denn das kann zu umfangreichen Stoffwechselstörungen führen (respiratorische Alkalose). [1]

Heim, *Kernzone* (home, core area): Ort größtmöglicher Geborgenheit im Zentrum eines Territoriums oder Heimbereiches. Das H. kann sein ein Bau, Nest, Unterschlupf etc. Es dient als Schlafplatz, Zufluchtsort, Vorratslager oder Stätte der Jungenaufzucht. [1]

Heimatprägung → Milieuprägung.

Heimfindevermögen (homing ability, homing): Fähigkeit, einen bestimmten Ort wiederzufinden. Die dabei erbrachten Leistungen sind beachtlich, man denke nur an Zugvögel oder an Brieftauben, deren H. für den Wettkampf genutzt wird. Voraussetzungen für H. sind eine Orts- und Partnerbindung (Heim, Territorium, Geschlechtspartner), eine entsprechende Motivation (Wanderung, Zugunruhe, Paarung) und eine Orientierung in Raum und Zeit. [1]

Heimgebiet → Aktionsbereich.

Helfer (helper): Individuen, die innerhalb einer Sozietät zeitlebens oder unterschiedlich lange Zeiträume nach der Geschlechtsreife auf eigene Fortpflanzung bzw. direkte Fitness verzichten und Verwandte bei der Brutpflege unterstützen. Entsprechend der → Kosten-Nutzen-Analyse wandern Nachkommen nicht ab und versuchen als *primäre H.* ihre indirekte Fitness zu erhöhen. Die Motivation zum Helfen steigt mit höherem Verwandtschaftsgrad und ist am stärksten in eusozialen Verbänden ausgeprägt. Zusätzlich gewinnen H. Erfahrungen bei der Jungenaufzucht oder melden ihre Anwartschaft als auf günstige Nistplätze bzw. Ressourcen an, um sie zur nächsten Brutsaison von ihren Inhabern zu übernehmen (→ Hopeful-reproductives). Letzteres erklärt auch das Helfen durch nichtverwandte Individuen, wie sie beispielsweise beim Graufischer *Ceryle rudis* als so genannte *sekundäre H.* beobachtet wurden. [2]

Helfer bei den Carnivoren. [2]

Familie	Artenzahl	Arten mit Helfern	Beispiel
Hunde (Canidae)	35	9	Rotfuchs *(Vulpe vulpes)*, Schakal (*Canis mesomelas, C. aureus*) Koyote (*Canis latrans*) Wolf (*Canis lupus*) Dingo (*Canis dingo*) Rothund (Cuon alpinus) Afrikanischer Wildhund (*Lycaon pictus*)
Katzen (Felidae)	35	2	Hauskatze *(Felis catus)* Löwe (*Panthera leo*)
Hyänen (Hyaenidae)	4	1	Braune Hyaene *(Hyaena brunnea)*
Schleichkatzen (Viverridae)	67	31	Zwergmanguste *(Helogale parvula)* Streifenmanguste (*Mungos mungo*) Surikate, Erdmännchen (*Suricata suricatta*)
Kleinbären (Procyonidae)	18	1	Südamerikanischer Nasenbär *(Nasua nasua)*

Heliotaxis (heliotaxis): Orientierung nach der Sonne. → Taxis, → Phototaxis, → Astrotaxis. [1]
hemerophobe Tiere → Kulturflüchter.
hemisessil (hemisessile): Tiere, die längere Zeit an einem Ort leben und sich nur bei Störungen oder zur Fortpflanzung fortbewegen, wie Nesseltiere, Röhrenwürmer und Muscheln. → sessil, → Vagilität. [1]
Hemmlaut → Unterlegenheitslaut, → Kontoid.
Hemmstoff (inhibitor, repressor): ein Pheromon oder eine andere chemische Substanz, welche die Entwicklung von Artgenossen oder Nichtartgenossen verzögert oder verhindert. Die Königin der Honigbiene *Apis mellifera* z. B. gibt einen H. ab, der *Königinnsubstanz* (queen substance) genannt wird und bei den übrigen Weibchen des Volkes das Ausreifen der Geschlechtsorgane verhindert. Analoge H. sind auch für Ameisen und Termiten Voraussetzung für die Kastenbildung. Ebenso können Kaulquappen und zahlreiche Fische H. absetzen. Bei einer Massenvermehrung ist die Konzentration der H. im Wasser so hoch, dass die Mehrzahl der Artgenossen langsamer wächst. Erdkrötenkaulquappen scheiden sogar einen interspezifischen H. aus, der das Wachstum anderer Arten hemmt und diese unter Umständen zugrunde gehen lässt. Vielfältige H. regulieren auch die Besiedlung von Riffen durch sessile Tiere.
Häufig werden auch Hormone als H. eingesetzt. Die Asselspinne *Pycnogonum littorale* nutzt ein Häutungshormon (Ecdyson) in hoher Konzentration als Wehrsekret gegen räuberische Krabben. Eine Krabbe, die solche Asselspinnen frisst, wird durch schnell aufeinander folgende Häutungen geschwächt und kann keine Nahrung mehr aufnehmen, solange ihre Mundwerkzeuge noch nicht wieder ausgehärtet sind. Spezifische Häutungs- und Juvenilhormone sowie deren Analoga und Antagonisten werden auch von Pflanzen als Fraßschutz gegen Insekten eingesetzt. Je nach verwendetem Hormon wird die Entwicklung verzögert, zuweilen aber auch anfänglich (z. B. in Larvenstadien) beschleunigt, um letztendlich die Ausbildung fortpflanzungsfähiger Vollinsekten zu behindern. [4]
Hemmung, *Inhibition* (inhibition): die Blockierung von Verhaltensweisen durch äußere oder innere Ursachen; beispielsweise die H. aggressiven Verhaltens durch Beschwichtigungsverhalten oder die Tötungs-H. Bei einer wechselseitigen H. von internen Verhaltensbereitschaften kann → Übersprungverhalten auftreten. Hemmt ein Individuum ein bestimmtes Verhalten eines anderen, so spricht man von *sozialer H.* [1]
Herbivora, *Phytophaga, Pflanzenfresser* (herbivorous animals, phytophagous animals, plant feeder): Sammelbezeichnung für Tiere, die sich von lebenden Pflanzen ernähren. Sie sind in ihrer Morphologie (z. B. Mundwerkzeuge, Wiederkäuermagen), Ernährungsphysiologie (z. B. Spektrum der Verdauungsenzyme) und im Verhalten angepasst. H. fressen im Gegensatz zu den räuberischen Carnivora häufiger und müssen relativ große Mengen aufnehmen. Zahlreiche H. sind spezialisiert auf einzelne Pflanzenarten oder Teile, z. B. auf Blütenstaub oder Nektar (Bienen, Schmetterlinge), fleischige Früchte (Tukane, Fruchttauben), Samen (Finken), Holz (Käferlarven), Baumsaft (Hirschkäfer), Blätter bestimmter Pflanzen (Koala, Blattwespenlarven), Pflanzensäfte (Blatt- und Schildläuse) oder Wurzeln (Fadenwürmer). Rinder fressen auf der Weide Pflanzen fast aller Arten, Ziegen sind sehr wählerisch. → Pflanzensaftsauger [1]
Herbstgesang (autumn song, fall song): in einer zweiten Gesangsperiode außerhalb der Brutzeit (in unseren Breiten meist im Herbst) von einigen Vogelarten geäußerter Gesang. Der H. zeichnet sich oft durch eine höhere Variabilität aus (z. B. beim Gartenrotschwanz). Wahrscheinlich besteht ein Zusammenhang mit der Erhöhung des Sexualhormonspiegels nach der Mauser. Ein typischer H. wird auch von anderen Verhaltenselementen der Revierverteidigung begleitet. [4]
Herde (herd): anonyme, offene Sozietät bei Säugetieren wie Huftiere, Elefanten und Wale. Die Koordination der H. wird meist von einem oder mehreren Leittieren übernommen. [2]
Herden → Mate-guarding.
Herdentrieb → Bindungsantrieb.
Heritabilität (heritability): ist der Anteil der Varianz eines Phänotyps (z. B. Verhalten) innerhalb einer Population, der durch die ge-

notypische Variabilität der Individuen bestimmt wird. Mit anderen Worten H. ist der Anteil der phänotypischen Varianz, der auf die Nachkommen vererbt wird. Die H. errechnet sich als $H^2 = V^G/V^P = V^G/(V^G+V^E)$. Dabei sind V^G die Varianz eines Merkmals entsprechend des individuellen Genotyps, V^P die Gesamtvarianz eines Phänotyps in einer Population und V^E die umweltbedingte Varianz des Merkmals. Die H. eines Merkmals ist aber nicht konstant. Umweltveränderungen, Änderungen in der genotypischen Zusammensetzung einer Population und auch das steigende Alter der Individuen können den Grad der H. eines Phänotyps verändern. [3]

Hermaphroditismus, *Hermaphrodismus* (hermaphroditism, hermaphrodism): Produktion von Eizellen und Spermien in einem Individuum.

- *Simultan-H.* (simultan hermaphroditism): Die Geschlechtsprodukte sind gleichzeitig vorhanden und die Eizellen können mit eigenen (Selbstbefruchtung) oder fremden Spermien (Fremdbefruchtung) verschmelzen. Simultan-H., kommt bei vielen Meeresfischen vor, können neue Habitate schneller erobern, da die Suche nach Paarungspartnern vereinfacht ist.
- *Sukzedan-H., konsekutiver H.* (sequential hermaphroditism): Eizellen und Spermien werden nacheinander produziert. Beim *proterandrischen H.* oder der *Proterandrie* (proterandric hermaphroditism, proterandry) sind die Individuen wie die des Anemonenfisches *Amphiprion bicictus* zuerst männlich und werden mit zunehmender Größe weiblich, da nach der Größe-Fruchtbarkeits-Hypothese ihr Fortpflanzungserfolg steigt. Bei starker intrasexueller Konkurrenz wird *proterogyner H.* oder *Proterogynie* (protogynic hermaphroditism, protogyny) beobachtet. So sind Blauköpfe *Thalassoma bifasciatum* zuerst weiblich und erhöhen später ihren Fortpflanzungserfolg als kräftige Männchen (Abb.). → Zwitter, → Intersexualität. [2]

Heterogamie (heterogamy): eine menschliche Fortpflanzungsstrategie, bei dem der Partner nicht nach sozialen Kriterien gewählt wird. → Homogamie. [1]

Heterogonie → Parthenogenese.

Heterothermie (heterothermia): eine Form der Körpertemperaturregulation bei einigen kleinen Nagetieren, Vögeln und Insektenfressern, die zwischen gleich- (homoiother-

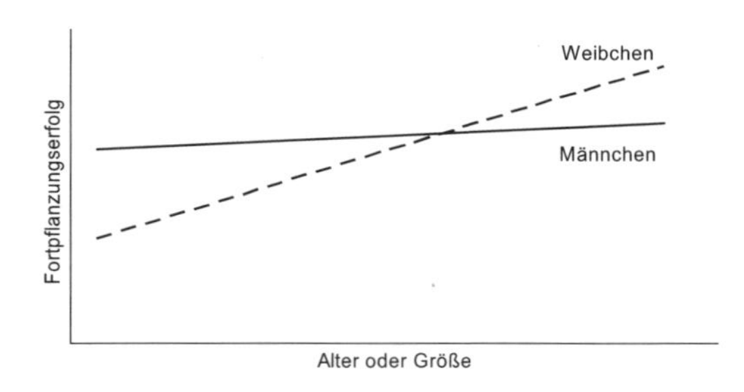

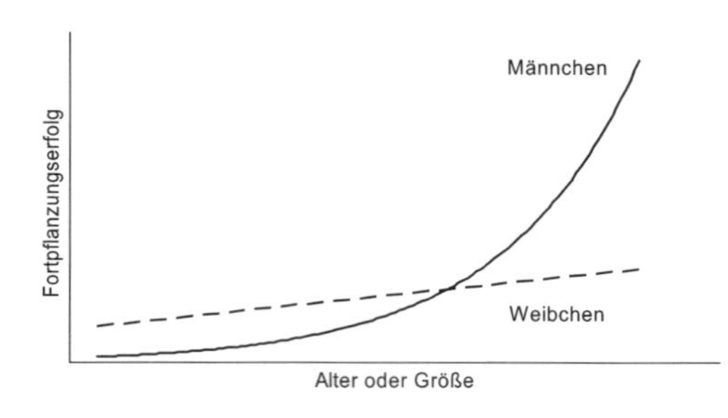

Hermaphroditismus: Beim proterandrischen H. (oben) steigt der Fortpflanzungserfolg als Weibchen mit zunehmender Größe, während beim proterogynen H. (unten) durch die intrasexuelle Konkurrenz größere Männchen Vorteile haben. Nach J.R. Krebs und N.B. Davies 1996. [2]

mer) und wechselwarmer (poikilothermer) Regulation wechseln können und große Schwankungen der Körpertemperatur aufweisen. H. trifft jedoch nicht für den → Torpor bzw. Winterschlaf zu, denn hier wird die Körpertemperatur kontrolliert abgesenkt und folglich bleiben diese Tiere immer endotherm. → thermoregulatorisches Verhalten. [5]

heterotype Gemeinschaft → Gemeinschaft.

Heterozygotenvorteil → Überdominanz.

Hexenkreise → Paarungskreisen.

Hibernakulum, *Winterquartier* (hibernaculum, winter lodge): geschützter Ort für die Überwinterung. Die Möglichkeiten sind vielfältig. H. kann ein einfaches, frostfreies Versteck (Insekten, Amphibien) oder ein aufwendig angelegter Winterbau (Hamster, Ziesel) sein. [1]

Hierarchie → Rangordnung.

Hierarchie der Antriebe, *Instinkthierarchie* (hierarchical system of drives, instinct hierarchy): in der Instinkttheorie ein veraltetes Ordnungsprinzip, das auf der Tatsache beruht, dass Funktionskreise wie Nahrungserwerb, Fortpflanzung, Schutz und Verteidigung, aber auch das Wanderverhalten bei vielen Tierarten mehr als eine Teilhandlung umfassen. Um situationsgerecht und planvoll handeln zu können, müssen die einzelnen Verhaltensweisen durch die H. d. A. sinnvoll aufeinander abgestimmt und dann je nach ihrer Rangposition ausgeführt werden (→ Zentralhierarchie). Das Auslösen eines Instinktverhaltens einer bestimmten Stufe in der Instinkthierarchie hat zur Folge, dass auch alle in der Hierarchie darunter liegenden angeregt werden. So können hormonelle Signale bei einer Tigerin den Fortpflanzungsinstinkt auslösen, wodurch darunter liegende Verhaltensmuster wie Paarungsverhalten und Brutpflegeverhalten initiiert werden. Diese Stufe wird komplett aktiviert und aktiviert selbst wiederum die Instinkte einer Stufe tiefer. [5]

Himmelskompassorientierung (sky compass orientation): Verfahren der Richtungsbestimmung und damit verbundene Orientierung der eigenen Bewegungsrichtung an Himmelskörpern wie Sonne, Mond und Sterne. Dabei werden nicht nur in Raum und Zeit variable Größen (z.B. Ort und Zeitpunkt des Sonnenstandes über dem Horizont) verwendet, sondern es ist die Orientierung zu verschiedenen Zeiten an verschiedenen Himmelskörpern möglich. Der Strandfloh *Talitrus saltator* flüchtet immer zum Wasser und kann sich dabei nachts nach dem Mond orientieren, am Tage aber nach der Sonne. Wandernde Fische und Vögel können sich nach Sternen und nach dem Sonnenstand richten. Es ist nicht bekannt, ob für die → Sternorientierung und → Sonnenkompassorientierung dieselben physiologischen Grundlagen genutzt werden. [4]

Hirnreizung, *Elektrostimulation* (brain stimulation, electrical stimulation): eine Methode der Verhaltensforschung, bei der durch schwache Stromstöße bestimmte Hirnareale erregt werden, um so Einblicke in die zentralnervöse Steuerung des Verhaltens zu bekommen. Für die H. führt man sehr feine, bis an die Spitze isolierte Elektroden in den zu untersuchenden Hirnabschnitt ein, schaltet den Reizstrom zu und beobachtet das ausgelöste, zumeist komplexe Verhalten. So lassen sich Schlaf, Angst, Harnabgabe, sexuelle Handlungen, Aggressionen u.a. auslösen. Die Effekte können sofort oder mit zeitlicher Verzögerung auftreten. Beispielsweise ist eine Reizung des lateralen Hypothalamus der Katze ohne akute Effekte, führt aber nach 24 h zu einer extrem gesteigerten Futteraufnahme. Nicht in jedem Fall ist das stimulierte Hirnareal der Ursprungsort des induzierten Verhaltens. Seine Erregung löst möglicherweise nur in anderen Regionen spezifisches Verhalten aus (Motivation). Bei manchen H. werden den Versuchstieren Elektroden implantiert, mit denen sie sich selbst reizen können, indem sie z.B. über Hebel das Reizstromgerät ein- und ausschalten (intrakranielle Selbstreizung, intracranial self stimulation). Von der spontanen Hebeldruckrate hat man im Limbischen System und Hypothalamus der Säugetiere auf sog. Straf- und Lustzentren schließen können. War die Elektrode im Lustzentrum implantiert, so lösten z.B. Ratten in kurzer Zeit bis zur völligen Erschöpfung über 1.000 Stromstöße aus. Die elektrische Reizung scheint sowohl Motivationszustände auszulösen als auch als Verstärker im Lernexperiment zu wirken. [5]

Hitze → Östrus.

Hochbrüter → Nestbauverhalten.

Hochzeitsflug (nuptial flight): Bestandteil des Sexualverhaltens einiger Insekten, bei dem Männchen und Weibchen gemeinsam zur Balz aufsteigen und während des Fluges oder unmittelbar danach die Kopulation vollziehen. Imposante H. zeigen die staatenbildenden Ameisen und Honigbienen, deren Geschlechtstiere zu Hunderten ausschwärmen. Nach dem H. kehren die begatteten Weibchen nicht zurück, sondern gründen eigene Staaten. → Begattungsflug. [1]

Hochzeitsgeschenk, *Brautgeschenk* (nuptial gift): vom Männchen vor oder während der Balz überreichte Nahrung oder Nistmaterial, die das aggressive Verhalten des Weibchens reduzieren, aber vor allem einen optimalen Samentransfer garantieren und weitere Paarungen mit anderen Männchen verhindern soll. Manche Insektenmännchen – z. B. *Bittacus apicalis*, ein Vertreter der Mückenhafte – bieten zur Ablenkung Beute an, und während das Weibchen frisst, wird die Kopulation vollzogen. Ist die Beute zu klein, bzw. das Weibchen nicht lange genug beschäftigt, so kann nicht der gesamte Samenvorrat übertragen werden. Wahrscheinlich schließen auch bei anderen Arten die Weibchen von der überreichten Nahrung auf die Fitness des Partners. Wie bedeutsam ein H. sein kann, zeigt das Beispiel der Tanzfliegen Epididae (Abb.). Die Männchen der carnivoren Arten überreichen Beutetiere, die der nektarfressenden Art *Hilara sarator* können keine Beute mehr schlagen, sie präsentieren als Beuteersatz selbst gefertigte Seidenballons. → Balzfüttern. [1]

Hochzeitskleid → Prachtkleid.

Höhenangst → Klippenmeideverhalten.

Höhlenbrüter → Nestbauverhalten.

Holophrase (holophrase): in der menschlichen Sprache ein einziges Wort, das einen ganzen Satz repräsentiert. H. stehen in der kindlichen Entwicklung am Beginn des Spracherwerbs nach dem → Lallen und tauchen erstmals im Alter von 10 bis 12 Monaten auf. Das Wort „Ball!" z. B. wird im entsprechenden Kontext von den Eltern durchaus richtig als „Hol' mir den Ball!" verstanden. [4]

Home-range → Aktionsbereich.

Homogamie (homogamy, positive assortative mating): ist beim Menschen die bevorzugte Fortpflanzung mit Partnern, die einer gemeinsamen Gruppe entstammen, die sich von anderen abgrenzt. Das heißt, beide sind standesgemäß, gehören einer Konfession an, haben den gleichen sozialen Status, das gleiche Bildungsniveau etc. Damit soll die Beständigkeit der Gruppe gesichert werden. Nachteile können sich durch den Anstieg des Inzuchtgrads ergeben. H. lässt sich auch bei Primaten nachweisen. So kopulieren ranghohe Männchen bevorzugt mit ranghohen Weibchen. → Heterogamie. [2]

homoiotherm → thermoregulatorisches Verhalten.

Homologie (homology): im Vergleich ermittelte Ähnlichkeiten morphologischer Merkmale oder Verhaltenseinheiten verschiedener Arten, die auf die gleiche stammesgeschichtliche Herkunft schließen lassen.
Zuerst wurden als H. morphologische Strukturen gleicher stammesgeschichtlicher Herkunft bezeichnet, die innerhalb der

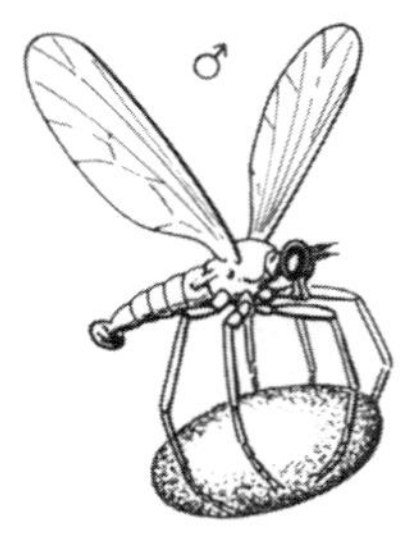

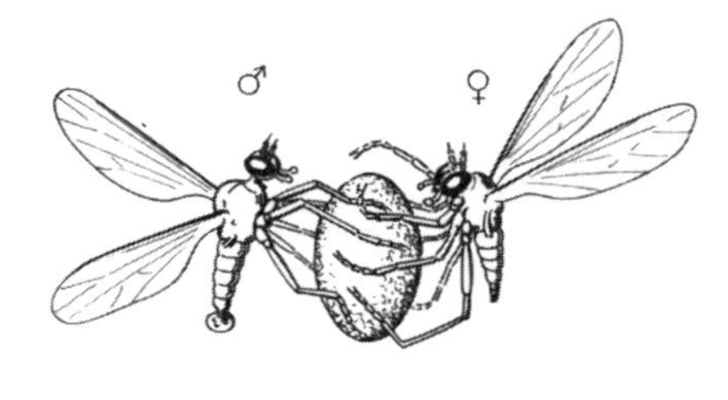

Hochzeitsgeschenk bei einer Tanzfliege, die als Beuteersatz selbst gefertigte Seidenballons überreicht. Aus R. Gattermann et al. 1993.

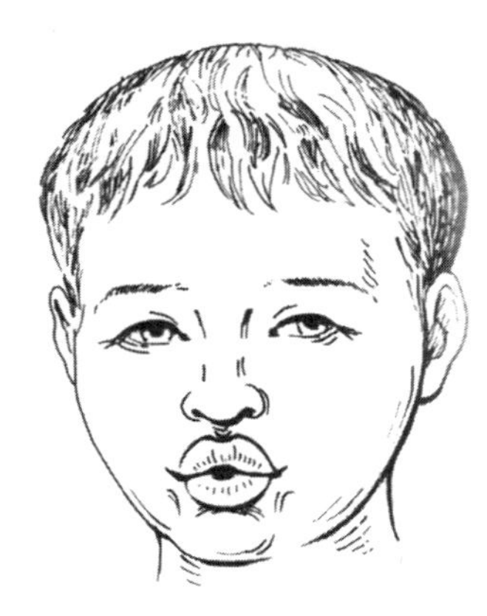

Homologie (Erbhomologie) im Mundspitzen. Aus R. Gattermann et al. 1993.

vergleichenden Anatomie und Morphologie ermittelt wurden. Erst Ende der 1950er Jahre wurden mit derselben Methodik Verhaltensstrukturen gleicher Herkunft im Rahmen der Vergleichenden Verhaltensforschung und Verhaltensmorphologie untersucht und für die Aufklärung stammesgeschichtlich bedingter Verwandtschaftsverhältnisse genutzt. Aus der Verhaltensanalyse konnte abgeleitet werden, dass als Informationsspeicher nicht nur das Erbgedächtnis (Genom), sondern auch das Erwerbgedächtnis (Gedächtnis) geeignet ist. Deshalb wird zwischen phylogenetischer H. (Erb–H.) und Traditions–H. (Erwerb–H.) unterschieden (Abb.). [1]

Homonomie (homonomy): artspezifische morphologische Strukturen oder Verhaltenseinheiten, die im Verlauf der Evolution aus anderen Merkmalseinheiten derselben Art ausdifferenziert oder in jeweils spezifischen Funktionskreisen eingesetzt werden. So sind beim Weidenlaubsänger das Wispern der Jungvögel und der Angriffstriller erwachsener Tiere homonome Merkmale, die in der Individualentwicklung durch Zwischenstadien miteinander verbunden sind. Rotfüchse scharren vor dem Niederlegen zum Ruhen, beim Herstellen eines Bausystems, beim Vergraben der Beute und im Konflikt während innerartlicher Auseinandersetzungen. Beim Schwarzspecht sind das Hämmern, Zimmern, Trommeln und Ablösungsklopfen homonome Merkmale, die in den vier Funktionskreisen Nahrungserwerb, Höhlenbau, Fortpflanzung und Brutpflege eingesetzt werden. In gleicher Weise sind Fressbeine und Laufbeine des Flusskrebses oder die Sing– und Laufbewegungen der Feldheuschrecken einander homonom. (Karl Meißner 1993). [1]

Homöostase (homeostasis): die komplexe Selbstregulation des inneren Milieus eines dynamischen Systems. H. bezeichnet die Fähigkeit, sich durch Rückkopplung selbst innerhalb gewisser Grenzen in einem stabilen Zustand zu halten. Jedes Lebewesen stellt ein offenes System dar und tauscht mit seiner Umwelt Energien, Stoffe und Informationen aus. Dabei muss es zur Aufrechterhaltung der inneren Gleichgewichte die zu seinem Überleben notwendigen inneren Bedingungen – z. B. bei Warmblütern die Körpertemperatur – selbsttätig regulieren und konstant halten (→ Verhaltensregulation). Dabei sind die jeweiligen Sollwerte nicht unveränderlich, sondern stellen jeweils optimale Anpassungen an die Umwelt dar und werden durch endogene und exogene Faktoren beeinflusst. Sie ändern sich beispielsweise rhythmisch im Verlauf eines Tages oder eines Jahres und unterliegen aktuellen Motivationen. H. gewährleistet damit den Fortbestand eines Systems, welches sich sonst zum Beispiel durch ungehemmtes Wachstum, Überstrukturierung und nicht mehr beherrschbare (selbst erzeugte) Komplexität überfordern würde. [5]

homosexuelles Verhalten, *Homosexualität* (homosexual behaviour, homosexuality): eine Form des Sexualverhaltens, die ausschließlich oder überwiegend zwischen gleichgeschlechtigen Individuen einer Art vollzogen wird. Stabiles h. V. kommt beim Menschen und auch bei anderen Säugern mit einer Häufigkeit von etwa 5 % vor. Beim Fehlen heterosexueller Partner steigt der Anteil, so beobachtet in Gefängnissen, bei strenger Kasernierung und bei Hirten, die fast das ganze Jahr über in den Bergen verweilen, sowie bei Nutztieren in eingeschlechtiger Gruppenhaltung. Der biologische Sinn könnte im Erhalt der Paarungsbereitschaft bestehen bzw. in der Fitnessmaximierung von Verwandten, denn sie werden auch von Homosexuellen vielfältig unterstützt. Außerdem kann dem scheinbar h. V. auch eine ganz andere Funktion zukommen, wie bei den Zwergschimpansen oder Bonobos (→ Pseudokopulation). Als eine Ursache für h. V. wird eine hormonelle Entwicklungsstörung während der sensiblen Phase der funktionellen Hirnentwicklung in Betracht gezogen (→ Paarungszentrum). H. V. ist demnach nicht als krankhaft zu betrachten und auch keiner Therapie zugänglich. Korrekturversuche an männlichen und weiblichen Homosexuellen beruhen auf Unkenntnis der Zusammenhänge und lösen unter Umständen schwere soziale und psychische Konflikte aus. [1]

homotype Gemeinschaft → Gemeinschaft.

Honigtau (honeydew): ein zuckerhaltiger flüssiger Kot, der von Phloem-saugenden Insekten wie Blattläuse, Schildläuse und Zikaden ausgeschieden wird. Sie nehmen durch den hohen Druck in den Siebröhren zuviel Flüssigkeit auf und scheiden sie als H. aus. H. ist reich an Disacchariden und Vitaminen und wird vor allem von Ameisen, aber auch Bienen als Nahrung eingetragen. → Trophobiose. [1]

Hopeful-reproductives (hopeful reproductives): Individuen einer Sozietät, die nach der Geschlechtsreife zunächst auf eigene Fortpflanzung verzichten und als → Helfer bei der Brutpflege fungieren. Dadurch verbessern sich ihre Chancen, in der nächsten Brutsaison den Nistplatz bzw. den Zugang zu Ressourcen von deren Inhabern zu übernehmen. [2]

Hoppeln (hopping): verlangsamter Galopp der Hasen und Kaninchen (→ Gangart). [1]

Horde (band): individualisierte, geschlossene Sozietät von Primaten mit variierender Individuenzahl. Beim Schimpansen *Pan troglodytes* wandern H. von bis zu 100 Tieren beiderlei Geschlechts Nahrung suchend durch den Lebensraum. Die H. teilen sich zeitweise in kleinere Untergruppen auf → Fission-fusion. Die H. wird häufig von alten, erfahrenen und starken Männchen geführt. [2]

Hören (hearing): Wahrnehmung von akustischen Reizen und Signalen mittels einzelner Rezeptoren oder ganzer Sinnesorgane. Im akustischen → Nahfeld können hierfür bei Frequenzen bis zu etwa 1 kHz Partikeldetektoren eingesetzt werden, die mit den Luftmolekülen schwingen (z. B. Hörhaare bei Raupen oder Fühler von Stechmückenmännchen, → Johnstonsches Organ). Um eine optimale Ankopplung zu erreichen, müssen Partikeldetektoren in Luft sehr lang und dünn sein oder fein gefiedert. In Wasser lassen sich Partikeldetektoren aufgrund ähnlicher Dichten des Mediums und des Detektors wesentlich einfacher realisieren. Einige Fische können im Nahfeld niederfrequenten Schall auch mittels so genannter Otolithen (Statolithen) im statischen Teil ihres Gleichgewichtsorgans (Sacculus) hören. Im → Fernfeld können in Luft und Wasser nur noch Druckschwingungen registriert werden. Druckdetektoren sind z. B. → Tympanalorgane und die Ohren vieler Wirbeltiere. Empfindliche Druckdetektoren unter Wasser erfordern die Ankopplung an eine komprimierbare Gasblase. Das kann bei Fischen neben separaten Bläschen auch die Schwimmblase sein, die über spezielle fingerförmige Fortsätze, Knochen oder durch den Kontakt mit dem Schädelknochen ihre Schwingungen zum Gleichgewichtsorgan überträgt. An Land lebende Wirbeltiere sind dagegen mit dem Problem der Ankopplung der Schwingungen der Luftmoleküle (große Amplitude, aber geringe Druckänderungen) an das Innenohr, das im Inneren hauptsächlich Wasser enthält (kleine Amplitude, große Druckänderungen), konfrontiert. Das Ankopplungsproblem ist am besten gelöst bei Säugern, die im Mittelohr über Gehörknöchelchen eine Impedanzwandlung vornehmen.

Im Innenohr erfolgt danach eine frequenzabhängige räumliche Abbildung entlang der Basilarmembran, in der die so genannten Haarsinneszellen eingelagert sind. Mithilfe zweier Hörorgane, die im günstigsten Falle einen Abstand von etwa einem Sechstel der Wellenlänge haben, ist biaurales H. möglich. Die Auswertung der Richtungsinformation kann durch akustische Kopplung der beiden Organe, durch die Auswertung von Unterschieden in der Amplitude, der Laufzeit, der Phase oder des Schallspektrums erfolgen. Je nach Tierart kann sich der Empfindlichkeitsbereich beim H. auch in Frequenzbereiche erstrecken, die für den Menschen nicht hörbar sind (→ Infraschall, → Ultraschall). [4]

Hörschall (audible sound): Schall mit Frequenzen im Hörbereich des Menschen, das heißt von 16 Hz bis 20 kHz. Signale mit Frequenzen unterhalb oder oberhalb des H. bezeichnet man als → Infraschall oder → Ultraschall. [4]

Hospitalismus *soziale Deprivation* (hospitalism, social deprivation): in der Verhaltensbiologie eine bei Menschen und Primaten durch mangelnde soziale Zuwendung während der frühen Kindheit ausgelöste Verhaltensstörung, die auch als Deprivationssyndrom bezeichnet wird. h. zeigt sich meistens nach längerem Aufenthalt in Krankenhäusern, Heimen und Kinderkrippen, wenn der Kontakt zur Mutter bzw. Bezugsperson abgerissen ist und eine entsprechende Zuwendung durch das Pflegepersonal fehlt.

Junge Rhesusaffen, die ohne Mutter oder nur mit einer Mutterattrappe aufwuchsen, spielten später allein, seltener und wenig intensiv, Spiele mit Partnern waren gehemmt, ebenso das primatentypische Erkundungsverhalten im Open-field. Neben langdauernder motorischer Inaktivität (Sich-umfassen, Nur-dasitzen) traten körperbezogene Stereotypien auf (ruheloses Schaukeln, Sich-kratzen u. a.). Die geschlechtsreifen männlichen Tiere waren in sozialen und sexuellen Kontakten stärker aggressiv, ihr Paarungsverhalten mit normal aufgewachsen Weibchen blieb unzureichend synchronisiert. Mutterlos herangewachsene Weibchen hatten nur schwache Bindungen an die eigenen Kinder und pflegten und betreuten den Nachwuchs unzureichend. Je länger die soziale Isolation andauerte, um so weniger konnten die Verhaltensstörungen beim Umsetzen in Gruppen sozial aufgewachsener Rhesusaffen kompensiert werden, die Einordnung in einen sozialen Verband wurde zunehmend schwieriger. Bei älteren Tieren, die ihre Jugendphase in sozialer Isolation verbringen mussten, blieben die Störungen irreversibel und therapieresistent erhalten. [1]

Huddling (huddling): ein spezielles wechselseitiges Kontaktsuchverhalten junger Nesthocker zur Thermoregulation. In den ersten Lebenstagen, beim Goldhamster sogar bis zur zweiten Lebenswoche, können diese Jungen keine endogene Wärme produzieren. Sie verfügen aber von Geburt an über eine ausgezeichnete Thermotaxis und können sehr schnell eine Wärmequelle lokalisieren und aufsuchen. So finden sich alle Jungen eines Wurfes zusammen und sie bilden das typische Wurfknäuel, um sich gegenseitig aufzuwärmen. H. ist primär von der Umgebungstemperatur abhängig, je kälter, desto intensiver. Es hat aber auch eine soziale Funktion, denn auch bei komfortablen Umgebungstemperaturen bilden die Jungen den typischen Wurfknäuel, wenngleich er etwas aufgelockerter erscheint. [1]

Hudern (gathering under the wings): ein spezielles Brutpflegeverhalten der Vögel. Dazu werden die Jungen vom Altvogel zum Wärmen und Schützen vor Unwetter, aber auch der Sonne, unter die abgestellten Flügel und zwischen das geplusterte Bauchgefieder genommen. Zum H. gehört auch das Schutzsuchen der jungen Lappentaucher im Rückengefieder der Eltern. [1]

Hüllkurve → Modulation.

Humanethologie, *Verhaltensbiologie des Menschen* (human ethology, human behavioural biology): eine um 1965 entwickelte Wissenschaftsdisziplin, die auf der Grundlage der Vergleichenden Verhaltensforschung aus der Tierethologie entstand und die stammesgeschichtlichen (biologischen) Grundlagen des Menschseins erforscht.

Vor allem die bahnbrechenden Entdeckungen zum Verhalten von Primaten und insbesondere der Menschenaffen in ihren natürlichen Lebensräumen zeigten, dass den Menschen sowohl eine artspezifische (*Homo sapiens*) als auch eine ordnungsspezifische (primatenhafte) Organisation kennzeichnet, die durch die Dimensionen der Evolution verursacht sind. Sie bestimmen einerseits die Aktivitäten des sozial-gesellschaftlichen Wesens mit, andererseits machen sie diese Aktivitäten überhaupt erst möglich. Das Studium der Verhaltensontogenese im Säuglings- und Kleinkindstadium belegt, wie die biologisch bedingten Reifungs-, Lern- und Differenzierungsprozesse unter natürlichen und gesellschaftlichen Entwicklungsbedingungen das eigenständige Verhalten in der Organismus-Umwelt-Beziehung entstehen lassen. Der → Kulturenvergleich ist eine grundlegende Forschungsmethode der H. Er führte zu der Erkenntnis, dass sowohl in den nichterlernten motorischen Grundmustern, in den Erkennungsleistungen des Nervensystems und in den zugeordneten Antrieben des Verhaltens als auch in der Art der sozialen Interaktionen und in den Formen des Lernens kulturell überformte, aber nicht kulturell verursachte Übereinstimmungen im Verhalten (z.B. → Universalien) vorliegen. Blind oder blind und taub Geborene und zu späterer Zeit erblindete oder ertaubte Menschen liefern weitere Informationen. Der stammesgeschichtlich-vergleichende Ansatz ist inzwischen in einem komplexen Feld wissenschaftlicher Analysen und in Wechselwirkungen mit anderen Humanwissenschaften wie → Psychologie, → Psychobiologie, → Evolutionspsychologie, → Psychogenetik, → Psychoakustik, → Psychoneuroimmunologie, → Humansoziobiologie und → Ethomedizin, aber auch der Anthropologie, Ethnologie etc. aufgehoben. Deshalb wird anstelle von H. zunehmend die Bezeichnung *Verhaltensbiologie des Menschen* verwendet. [1]

Humansoziobiologie (human sociobiology): eine Teildisziplin der Soziobiologie, die sich ausschließlich mit der Erforschung der evolutionsbiologischen Grundlagen menschlichen Sozialverhaltens befasst. Die Entwicklung und Aufrechterhaltung des menschlichen Sozialverhaltens und der komplexen Kulturen sind im Prozess der Evolution durch natürliche Selektion entstanden; der Rahmen dafür scheint genetisch vorgegeben. Deshalb versuchen die Humansoziobiologen die genetische Natur des menschlichen Sozialverhaltens zu entschlüsseln. Dem entsprechend ist es ihr Ziel, die biologischen Grundlagen solcher sozialer Erscheinungen wie Inzesttabu, Vergewaltigung, Sexismus, Rassismus und Ausländerfeindlichkeit, Ethik, Moral und Religion zu ergründen. → kulturelle Evolution. [1]

Hüpfen → Springen.

Hüpfscharren → Scharren.

Hüteverhalten (guarding behaviour): **(a)** dient der Bewachung und dem Schutz der Jungen (→ Kindergarten). **(b)** manchmal auch synonym verwendet für → Mate-guarding. [1]

hydrophil (hydrophilous): Tiere, die sich bevorzugt im oder am Wasser aufhalten. → hydrophob. [1]

hydrophob (hydrophobic): Tiere, die das Wasser meiden. → hydrophil. [1]

Hydrotaxis (hydrotaxis): die Fähigkeit, Wasser als Orientierungsreiz wahrzunehmen. Positive H. ermöglicht ein gerichtetes Aufsuchen von Wasser zum Verbergen, Ablaichen, Trinken usw., negative H. verhindert Ertrinken. In den meisten Fällen liegt keine echte H. vor. Die zunehmende Nähe von Wasser kann durch das Ansteigen der Luftfeuchtigkeit wahrgenommen werden (→ Hygrotaxis). Fliegende hydrophile Insekten (z.B. Wasserkäfer) erkennen neue Lebensräume aus der Luft über horizontal polarisiertes Licht (→ Polarotaxis). Das Aufsuchen von Wasserstellen in trockenen Gebieten erfolgt meist aus dem Gedächtnis anhand von → Landmarken. Andere Phänomene sollen angeblich die H. von Wünschelrutengängern erklären und werden oft auch Tieren zugeschrieben. Dazu gibt es jedoch weder wissenschaftlich fundierte Nachweise, noch halten entsprechende Erklärungsversuche den heutigen Kenntnissen in Physik und Physiologie stand. [4]

hygrophil (hygrophilic): Tiere, die sich bevorzugt an feuchten Stellen aufhalten. → hygrophob. [1]

hygrophob (hygrophobic): Tiere, die Nässe meiden. → hygrophil. [1]

Hygrotaxis (hygrotaxis): gerichtete räumliche Orientierung, bei der die Luftfeuchtigkeit als Umweltreiz dient. Bodenbewohner z.B. nutzen die H. zum Auffinden des artspezifisch bevorzugten Feuchtebereichs (→ Präferenz). Hygrorezeptoren finden sich bei vielen Insekten als spezielle Sensillen auf den Fühlern, aber auch an anderen Stellen. Die Weibchen mancher Insekten haben Hygrorezeptoren auf Anhängen am Hinterleibsende (Cerci) oder auf dem Legeapparat, um eine optimale Feuchtigkeit des Substrats für die Eiablage zu gewährleisten. [4]

Hyperparasitismus (hyperparasitism): eine Form des Parasitismus bei der der Parasit parasitiert wird. So legen Erzwespen der Gattung *Mesochorus* ihre Eier in Raupen des Kohlweißlings, die bereits von der Kohlweißlingsraupenwespe *Apanteles glomeratus* parasitiert worden sind. [1]

hypogäisch (hypogaeic): unterirdisch lebend. Der Begriff wird meist auf Nester eusozialer Insekten angewandt, wenn keine Bauten oberhalb der Erde angelegt werden. → subterran, → fossorisch. [4]

Hysterese (hysteresis): asymmetrische Antwort der Herzfrequenz auf eine sich ändernde Körpertemperatur. H. tritt z. B. bei Galapagos-Meerechsen *Ambylyrhynchus cristatus* auf. An Land nehmen die Echsen beim Sonnenbaden Wärme auf. Die Erweiterung der Blutgefäße in der Haut und ein beschleunigter Herzschlag sorgen für die Erwärmung des Blutes und einen schnellen Wärmetransport in alle Körperteile. Beim Tauchen zur Nahrungsaufnahme wird die Wärmeabgabe aktiv durch eine Verlangsamung des Herzschlags und Verengung der Blutgefäße in der Haut verzögert. Dabei erfolgen diese beiden Maßnahmen, die den Blutfluss zur Körperoberfläche vermindern, rascher als im Falle der Erwärmung. So kühlen die wechselwarmen Echsen im kalten Meerwasser langsamer aus und können länger Nahrung suchen. [5]

I

Ich-Bewusstsein → Bewusstsein

ichthyophag, *piszivor* (ichthyophageous, piscivorous): Tiere, die Fische fressen. [1]

ideothetische Orientierung, *ideothetische Navigation* (ideothetic orientation, ideothetic navigation): Orientierung oder Navigation ohne richtende Außenreize. Fledermäuse beispielsweise fliegen in bekannter Umgebung oft ideothetisch und verzichten dabei auf Echoortung. Das kann zu dem zunächst erstaunlich anmutenden Phänomen führen, dass die Tiere z. B. in der Nähe ihres Sommerquartiers gegen ein geschlossenes Scheunentor fliegen, welches bisher ständig offen stand. Der Gegensatz zur i. O. werden bei der *allothetische Orientierung oder Navigation* (allothetic orientation, allothetic navigation) richtende Außenreize genutzt. Ideothetik und Allothetik werden von Tieren und Menschen häufig kombiniert eingesetzt, wobei je nach Situation eine der beiden Formen überwiegt. [4]

Idiosynkrasie (idiosyncrasy): in der Verhaltensbiologie ein besonderes Verhaltensmerkmal, das spezifisch für ein Individuum oder eine Gruppe ist. I. wird beispielsweise für das → individuelle Erkennen benötigt. [1]

IFM → Familie.

Illusion : → akustische Täuschung, → optische Täuschung.

Illusionsspiel → Spielverhalten.

Imitation (imitation): **(a)** in der Bioakustik der Einbau von Gehörtem aus der Umwelt in das eigene Lautinventar, bekannt beispielsweise von Singvögeln und Papageien. Dabei kann es sich sowohl um Laute aus der belebten als auch aus der unbelebten Natur handeln. Einige Singvogelarten in städtischer Umgebung imitieren selbst einfache und häufig wiederkehrende Standardklingeltöne von Handys. Die Fähigkeit zur I. ist angeboren und reicht über das → Gesangslernen hinaus, bei dem nur arteigene Vorbilder akzeptiert werden. In der älteren Literatur wird anstelle von I. oft der Begriff → Spotten verwendet. Ein Vogel, der imitiert, wird nach wie vor meist *Spötter* (mocker) genannt, nicht zu verwechseln mit den deutschen Artnamen, in denen der Begriff ebenfalls oft vorkommt (der Blassspötter z. B. imitiert nicht, dagegen ist das Blaukehlchen ein ausgezeichneter Spötter). Die Fähigkeit zur I. ist nicht auf eine bestimmte sensible Periode beschränkt, sondern bleibt wahrscheinlich lebenslang erhalten. Das Gesangsrepertoire ist deshalb eine Widerspiegelung des gesamten Lautmilieus (→ Melotop) des Spötters in der Brut- und Überwinterungszeit. So imitiert der Gelbspötter z. B. Vogelgesänge aus seinem afrikanischen Winterquartier. **(b)** → Nachahmung. [4]

Immerverstärkung → Verstärkungsregime.

Immigration, *Einwanderung* (immigration): Einwandern in ein neues Gebiet. → Emigration, → Migration, → Dismigration [1]
implizites Gedächtnis → Gedächtnis.
Imponieren → Imponierverhalten.
Imponierfegen → Fegen.
Imponierflug, *Schauflug, Balzflug, Flugbalz* (display flight, nuptial flight, courtship flight, aerial courtship): ein Imponierverhalten der Vögel offener busch- und baumarmer Landschaften, in denen auch → Singwarten fehlen. Hier zeigen beispielsweise Singvögel (Baumpieper, Feldlerche), Greifvögel (Mäusebussard, Habicht) und Kolibris auffällige Flüge, die der Balz und außerhalb der Zeit der Paarbildung auch der Reviermarkierung dienen. Manche Singvögel singen während des I., dann wird er als *Singflug* (song flight) bezeichnet (Abb.). [1]

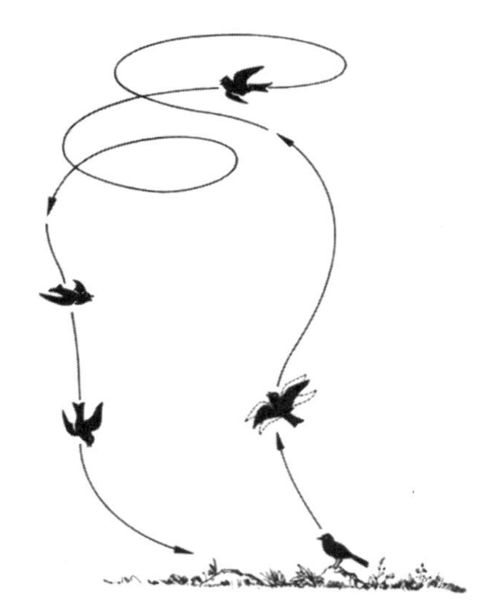

Imponierflug bzw. Singflug der Feldlerche. Aus R. Gattermann et al. 1993.

Imponierverhalten, *Imponieren* (display behaviour, charging display, epigamic display): Ausdrucksverhalten der Wirbeltiere zum gleichzeitigen Drohen gegenüber Rivalen und Anlocken von Partnern (→ Drohverhalten, → Balzverhalten). Es kann aber auch imponiert werden, wenn nur einer der Adressaten anwesend ist. Im Gegensatz zum Drohverhalten löst I. weder Flucht- noch Angriffsverhalten aus. Beim I. wird durch Flossenspreizen, Flügelabstellen, Entfalten oder Aufblasen von Hautfalten, Fell- oder Federnsträuben der Körper optisch vergrößert und durch das ZurSchau-Stellen der männlichen Geschlechtsorgane (→ Genitalpräsentieren) oder Ornamente (Geweih, Gehörn, Zähne und Schnabel) der Rang demonstriert (Abb.). Zur Verstärkung können Imponierlaute und auffällige Bewegungen als *Imponierlaufen* (display running), *Imponierschwimmen* (display swimming) oder → Imponierflug hinzukommen. Häufig überlagern sich beim I. Furcht und Abwehr (→ ambivalentes Verhalten).
Typisch menschliches I. äußert sich z. B. in den verschiedenen Formen des Angebens, als Fest- und Kriegsbemalung der Naturvölker oder auch in Militärparaden und den entsprechenden Uniformen. [1]
Impulsgruppe → Chirp.
Imstichlassen (desertion): das Aufgeben von Eiern oder Jungtieren, das bei zu großem Feinddruck, zu häufigen Störungen durch Menschen, ungenügend entwickeltem Brutpflegeverhalten, Partnerverlust, Witterungsunbilden und Nahrungsmangel auftritt. So hört in 50 % aller Beobachtungen das Waldkauzweibchen mit dem Brüten auf, wenn das Männchen nicht ausreichend Futter herbeischafft.
Das I. von Nachkommen mit geringen Überlebenschancen bietet schneller die Möglichkeit für eine erneute Aufzucht unter günstigeren Bedingungen. → Infantizid, → Fitness. [1]
Indifferenztemperatur → thermisches Präferendum.
Indifferenztyp → Chronotyp.
Individualdistanz, *Individualraum* (individual distance, individual space): beschreibt den Abstand, den die Individuen einer Gemeinschaft untereinander einhalten. So sitzen z .B. Möwen auf einem Geländer, Schwalben auf einer Elektroleitung in etwa gleichem Abstand, ebenso gleichmäßig sind die Nester in Brutkolonien verteilt. Manche Tiere meiden Körperkontakt, andere suchen ihn (→ Distanztier, → Kontakttier). Die I. kann als Minimal- oder Maximaldistanz beschrieben werden. Der minimale oder Mindestabstand der gegenüber einem

Imponierverhalten beim männlichen Schimpansen. Aus R. Gattermann et al. 1993.

aggressiven, ranghohen oder fremden Artgenossen eingenommen wird, ist die → Ausweichdistanz, während die → Sozialdistanz den maximalen Abstand beschreibt, den sich ein Individuum von der Gemeinschaft entfernt. → kritische Distanz, → Gruppendistanz, → Fluchtdistanz. [1]

individualisierter Verband → Sozietät.

Individualselektion (individual selection): Auslese von Individuen anhand ihrer Überlebens- und Vermehrungsfähigkeit (→ Fitness). Sie wird häufig als die Hauptform der natürlichen Selektion angesehen. Ein spezieller Aspekt ist die Geschlechtspartnerwahl (sexuelle Selektion). Es wird immer wieder die Frage diskutiert, ob es neben der I. noch andere Selektionsfaktoren gibt. Viele Verhaltensweisen lassen sich nicht mit dem Prinzip der Maximierung der inklusiven Fitness eines Individuums erklären wie Helfersysteme, Altruismus, Aufziehen von Brutparasiten. In diesen Fällen kann das Verhalten nur über den Ausbreitungserfolg bestimmter Gene und Gengruppen erklärt werden. Aus diesem Grund sehen Populationsgenetiker und Soziobiologen das Gen als Grundeinheit der natürlichen Selektion an (→ Genselektion). Dagegen nimmt die Synthetische Evolutionstheorie als Ergebnis der natürlichen Selektion auch eine Anpassung auf der Ebene der Art an (→ Gruppenselektion). [3]

individuelles Kennen, *persönliches Kennen* (individual recognition): Fähigkeit, den Partner (Artgenosse oder Nichtartgenosse) anhand individueller Merkmale zu erkennen. Das können überwiegend visuelle Merkmale (Vögel), Lautmerkmale (Vögel und Primaten) oder geruchliche Merkmale (Säuger, Fische und Krebse) sein.

Dass Goldhamster zwischen Individuen unterscheiden können, zeigt der → Coolidge Effekt. Sobald Goldhamsterweibchen die Verpaarung mit einem Männchen beendet haben, lehnen sie weitere Verpaarungen mit diesem Männchen ab, sind aber durchaus bereit, sich mit einem zweiten und dritten

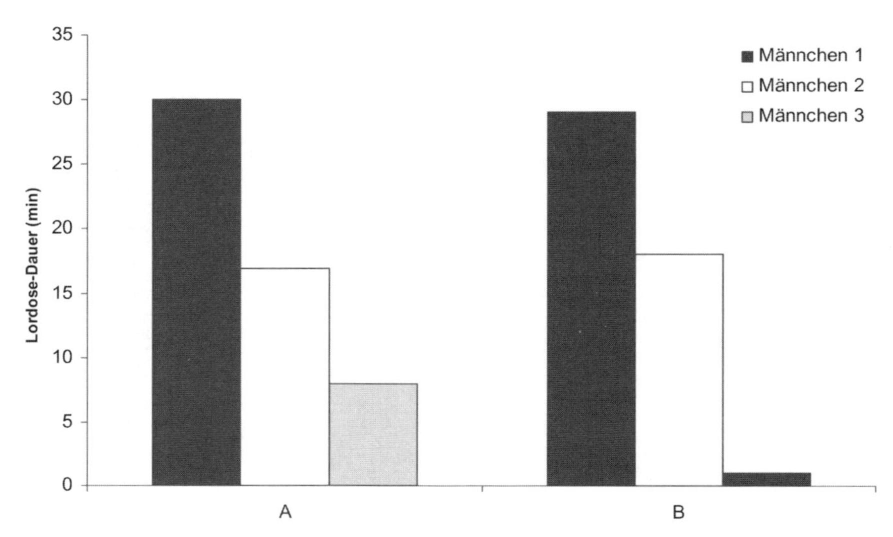

Individuelles Kennen nachgewiesen anhand des Coolidge Effekts bei Goldhamsterweibchen gemessen an der Lordosedauer. Die Weibchen konnten sich solange sie wollten mit einem Männchen paaren (M1). Sobald die Paarung abgeschlossen war, wurde ein neues Männchen (M2) angeboten. Zum Abschluss erhielten die Weibchen wiederum ein neues Männchen (M3) oder das bekannte Männchen (M1). Nach G.L.L. Lester und B.B. Gorzalka 1988. [1]

Männchen zu paaren (Abb.). I. K. ist notwendig für die Aufrechterhaltung von Rangordnungen, Paarbindungen, Elternfamilien und Territorien. [1]

induzierter Abort → Fetozid.

infantile Lautäußerung (infantile sound): charakteristische Lautäußerungen junger Säugetiere. I. L. können nur während der Jugendphase vorhanden sein (i. L. im engeren Sinne). Als Beispiel seien die quarrenden Laute von Hundeartigen genannt. I. L. können aber auch im Verlaufe der Ontogenese abgewandelt und in das Repertoire der Erwachsenen übernommen werden (→ Unterlegenheitslaut). Die häufigste Form der i. L. sind → Distress-Rufe, welche die Jungtiere bei Hunger, Kälte oder Verlust von sozialen Kontakten äußern. Häufig zeichnen sich i. L. durch eine hohe Frequenz und durch eine nur geringe Frequenzmodulation aus. [4]

Infantilismus, *Regressionsverhalten* (infantilism, behavioural regression): Auftreten von nicht altersgemäßen, kindlichen Verhaltensweisen bei erwachsenen Tieren und Menschen. Infantilismen gehören zum Sexualverhalten und zu den Beschwichtigungsgebärden oder treten z. B. bei bestimmten Erkrankungen des Zentralnervensystems, der Leber und des Herzens und besonders häufig im hohen Alter auf.
Bei der Balz zeigen viele Vogelweibchen das Futterbettelverhalten der Jungen. Die Böcke von Gämse und Damhirsch äußern während der Paarungseinleitung kindliche Laute. Auch zum Flirt gehört I. Unterlegene Tiere setzen infantile Verhaltensweisen zum Beschwichtigen ein. Dabei legen sich geschlechtsreife Hunde in Welpenmanier auf den Rücken, harnen und geben zusätzlich Welpenlaute ab.
Besonders im Alter können aufgrund von Abbauprozessen im Gehirn wieder kindliche Verhaltensweisen auftreten. Altersschwache, gekäfigte Dorn- und Gartengrasmücken hören allmählich mit dem selbstständigen Futterpicken auf und zeigen dafür häufiger ein lautloses Sperren, das später durch Bettelgeschrei unterstützt wird. Dieser Abbau des Verhaltensrepertoires von „hinten nach vorn", das heißt entgegen der Reihenfolge des Auftretens in

der Ontogenese, wird auch bei anderen Arten und besonders bei alten Menschen mit Hirnerkrankungen beobachtet. So zeigen Patienten, die an der Alzheimerschen Krankheit leiden, unter anderem nach Berührung der Lippen die typischen Kopfpendel- und Saugbewegungen des Säuglings. [1]

Infantizid, *Kindestötung, Babymord* (infanticide, infant killing): das Töten von Nachkommen (Embryonen, Feten, Jungtiere) durch Artgenossen. I. ist weit verbreitet, sehr vielfältig und nur in seltenen Fällen eine Verhaltensstörung. Bei Tieren ohne Brutpflegeverhalten werden die Nachkommen häufig als Beute betrachtet, getötet und aufgefressen (Kannibalismus). Ebenso kann es den Jungtieren ohne elterlichen Schutz ergehen. In Einzelfällen können bei Nahrungsmangel die Jungen auch von ihren Eltern getötet werden (Kronismus). Aber auch Nestgeschwister töten einander (Geschwistertötung, Kainismus), um ihre eigenen Überlebenschancen zu verbessern.
I. kann auch Bestandteil der Fortpflanzungsstrategie sein. So attackieren und töten manchmal Löwen- und Affenmännchen (Languren, Gorillas, Schimpansen), die einzelne Weibchen oder Weibchengruppen übernommen haben, alle vom Vorgänger stammenden Jungen. Da nun das Säugen und die damit einhergehende Unfruchtbarkeit (Laktationssterilität) entfallen, sind die Weibchen schneller paarungsbereit, sodass das neue Männchen sein Erbgut früher und häufiger weitergeben kann. Auch die Lemmingmännchen verletzen die Jungen fremder Männchen und verbessern so ihre Fortpflanzungschancen. Befruchtete Hausmausweibchen, denen ein neues Männchen zugesellt wird, können die Trächtigkeit abbrechen (→ Bruce-Effekt). Dominante Wildhundweibchen töten häufiger die Jungen der rangniederen Weibchen. Auch bei Ratten ist der I. von der Ranghöhe abhängig. Er tritt regelmäßig nur bei rangniederen Weibchen auf.
I. muss nicht immer ein zielgerichtetes Töten sein. Die Jungen können auch durch Imstichlassen, Verhungern, z. B. wenn nicht-säugende, zumeist dominante Affenweibchen Junge rauben und nicht wieder hergeben, oder als Folge eines Unfalls bei Auseinandersetzungen zwischen geschlechtsreifen Artgenossen sterben.
In menschlichen Kulturen galt aktiver I. schon immer als Verbrechen und wird wahrscheinlich durch das angeborene tötungshemmende Kindchenschema verhindert. In Einzelfällen setzte man Neugeborene aus, um die Gruppengröße nicht übermäßig anwachsen zu lassen. [1]

Infantophagie → Kronismus.

Infochemikalien → chemisches Signal.

Information (information): ist die Abweichung der räumlichen oder zeitlichen Verteilung eines Signals oder eines Umweltreizes vom statistischen Mittel (Rauschen, Hintergrund usw.). Dabei spielen Inhalt und Bedeutung der I. zunächst keine Rolle. In der Biokommunikation wird der Begriff I. oft mehr eingeschränkt und auf den möglichen Nutzen für einen potenziellen Empfänger bezogen. Da sich der Gehalt der I. schwer quantifizieren lässt, wird zur Charakterisierung häufig die *Datenmenge* (amount of information) mit der Maßeinheit Bit (binary digit) verwendet. Die Datenmenge entspricht dem Logarithmus dualis des Quotienten aus zwei Wahrscheinlichkeiten: der *a-posteriori-Wahrscheinlichkeit* (a posteriori probability) und der *a-priori-Wahrscheinlichkeit* (a priori probability). Damit wird die Veränderung der Wahrscheinlichkeit berechnet, mit der ein Empfänger einen gegebenen Sachverhalt vor (a priori) und nach (a posteriori) der Aufnahme eines Signals oder eines Umweltreizes richtig bewertet. Sind beide Wahrscheinlichkeiten gleich, dann ist der Quotient 1 und demzufolge der Logarithmus 0. Der Empfänger erhält dann keine I. Die Datenmenge eines Signals in einem *Signal-Set* (signal set) kann im Idealfalle dem Zweier-Logarithmus der Anzahl der Alternativen entsprechen. Voraussetzung dafür sind diskrete Alternativen, die alle perfekt und eindeutig Zuständen zugeordnet sind, die gleich wahrscheinlich sind und sich gegenseitig ausschließen. Zwei Alternativen würden in diesem Falle eine Datenmenge von 1 Bit erfordern.
Eine Erhöhung der Datenmenge vergrößert den Informationsgehalt und damit den Nutzen der I., da der Empfänger dann eine größere Chance hat, die richtige Entscheidung zu treffen. Allerdings erhöhen sich mit der Datenmenge auch die Kosten für die Kommunikation, sowohl für den Sender als auch für den Empfänger. Deshalb gibt es

für jede Situation eine optimale Datenmenge, die bei einer Kommunikation ausgetauscht werden sollte. Diese Datenmenge ist üblicherweise kleiner als jene, die nötig wäre, um alle Unsicherheiten beim Empfänger restlos zu beseitigen. [4]

Informationsaggregation (aggregation of information): eine Möglichkeit der Informationsbildung über die Umwelt durch einfaches Sammeln der Information ohne Rückwirkung. I. ist die stammesgeschichtlich älteste Form des → Informationswechsels. So werden durch die I. Nahrung, Feinde, günstige Lebensbedingungen, Unterschlupfmöglichkeiten usw. erkannt. I. kann sowohl der Informationsbildung über die unbelebte Umwelt und artfremde Individuen, als auch der über das Verhalten von Artgenossen dienen. [4]

Informationsansprüche → Ansprüche.

Informationsaustausch → Kommunikation.

Informationsübertragung, *Nachrichtenübertragung* (information transmission): im Zusammenhang mit der Kommunikation gebrauchter Begriff, der eine Kopplung von Sender und Empfänger zur Übertragung von Nachrichten beschreibt. Die dabei mitgeteilte Information oder → Nachricht kann durch verschiedene Formen der Kodierung über einen geeigneten Kanal übertragen werden.

Nach Anzahl der beteiligten Partner und der Richtung der I. unterscheidet man eine *unidirektionale I.*, die Nachrichten werden zwischen zwei Individuen nur in einer Richtung übertragen, auch *Monolog* (monologue) genannt, eine *bidirektionale I.*, ein wechselseitiger Nachrichtenaustausch zwischen zwei Organismen, auch Dialog (dialogue) genannt und eine *multidirektionale I.*, der Nachrichtenaustausch zwischen mehr als zwei Organismen. Auf der Grundlage der Kopplung ist eine mathematische Berechnung der übertragenen Informationsmenge möglich (Informationsmetrik). [4]

Informationswechsel (information exchange): der Informationsfluss zwischen Organismus und Umwelt, der neben dem Stoff- und Energiewechsel eine Grundvoraussetzung für das Verhalten ist. Der I. umfasst alle Prozesse der Informationsaufnahme, -verarbeitung und -abgabe und steht damit für die älteren Begriffe Reizbarkeit oder Irritabilität als ein wichtiges Charakteristikum des Lebens. Die Informationen kommen in Form von Reizen aus der Umwelt oder aus dem Körperinneren. Sie werden von Rezeptoren aufgenommen und eventuell auch bearbeitet (z. B. gefiltert), bei vielen Tieren in einem Nervensystem bewertet und eventuell gespeichert und können gegebenenfalls zu einem in die Umwelt gerichteten Verhalten führen oder einen inneren Zustand des Organismus ändern. [4]

infradianer Rhythmus, *Infradianrhythmik* (infradian rhythm, infradian rhythmicity): biologischer Rhythmus mit einer Periodenlänge deutlich über 24 h (> 28 h), der nicht durch Zeitgeber synchronisiert wird. In der Regel handelt es sich um mehrtägige Rhythmen, die ein breites Spektrum sowohl hinsichtlich der Periodenlänge als auch ihrer Genese umfassen. Die Sexualzyklen, wie z. B. die 4- bis 7tägigen Ovarialzyklen der Kleinsäugerweibchen und der 28–Tage–Menstruationszyklus der Frau resultieren aus dem Zusammenspiel homöostatischer und circadianer Regulationsmechanismen. Die Zyklusdauer wird zunächst durch den Zeitbedarf für die Entwicklung des Graafschen Follikels und der damit verbundenen Ausschüttung von Östradiol bestimmt. Da zumindest für Kleinsäuger nachgewiesen wurde, dass der Eisprung zu einer bestimmten Tageszeit und zwar gegen Ende der Dunkelzeit stattfindet (circadiane Regulation), beträgt die Zyklusdauer schließlich ein geradzahliges Vielfaches von 24 h bzw. der Spontanperiode unter Freilaufbedingungen.

Mehrtägige Rhythmen können auch aus der Überlagerung von zwei Rhythmen mit unterschiedlicher Periodenlänge entstehen. Dabei hängt die Periodenlänge der resultierenden Schwingung einzig von der Differenz der sich überlagernden Rhythmen ab, das könnte die große Vielfalt infradianer Rhythmen erklären. Auf diesem Prinzip können auch periodische Erkrankungen und → circaseptane Rhythmen beruhen.

Der → Mondrhythmus und Springflut-Nippflut-Rhythmus (→ Gezeitenrhythmus) gehören nicht zu den infradianen Rhythmen i.e.S., denn sie werden durch geophysikalische → Umweltperiodizitäten synchronisiert. [6]

Infrarot, *IR* (infrared): langwelliges Licht, das von Menschen nicht mehr wahrgenommen werden kann. I.-Strahlung umfasst Wellenlängen von etwa 780 nm bis 1 mm (Grenze zur Mikrowellenstrahlung). Mit Sehorganen kann nur der Bereich bis etwa 1400 nm, auch *nahes I.* (NIR, IR-A) genannt, erfasst werden, da bei noch größeren Wellenlängen die Absorption durch das in den Organen und Zellen enthaltene Wasser stark ansteigt. Einige Fische sind in der Lage, nahes I. wahrzunehmen. Als Quelle für I.-Strahlung kommt nicht nur die Sonne infrage, sondern auch die Wärmestrahlung von Körpern. Sinnesorgane zur Detektion warmer Körper sind luftgefüllte (Vermeidung der Absorption) grubenartige (Richtungsempfindlichkeit) Gebilde mit thermischen Rezeptoren. So können einige Schlangen wie Grubenottern mit ihren Grubenorganen die Richtung von Wärmequellen (Säuger, Vögel) bestimmen und damit ihre Beute lokalisieren. Kiefernprachtkäfer (Buprestidae) lokalisieren mit entsprechenden I.-Sinnesorganen Waldbrände. Sie finden sich in deren Nähe zur Paarung ein und legen ihre Eier in frisch verbrannter Baumrinde ab, in der sich dann die Larven entwickeln. [4]

Infraschall, *Infraschalllaute* (infrasound): Schall (→ akustisches Signal) mit Frequenzen unterhalb der menschlichen Hörgrenze (<16 Hz). I. ist auch Bestandteil vieler hörbarer Signale. I.-Laute haben eine sehr große Reichweite. Allerdings ist eine optimale Abstrahlung der Schallenergie nur bei großen Tieren gewährleistet oder auch dann, wenn die Schallabstrahlung über sich rhythmisch verändernde Volumina erfolgt (akustischer Monopol). Eine → akustische Lokalisation ist aufgrund der großen Wellenlängen (>20 m in Luft) kaum möglich. Die Wahrnehmung von I. und von seismischen Vibrationen ist für einige Tiere (z. B. Haustauben) belegt. Elefanten nutzen I. auch zur → akustischen Kommunikation. [4]

inklusive Fitness → Fitness.

innere Uhr (internal clock): umgangssprachlicher Begriff für die Gesamtheit der endogenen Mechanismen, die die circadianen Rhythmen antreiben und die Systemzeit eines Organismus definieren. → biologische Uhr. [6]

inneres Verhalten → Zustandsverhalten.

Innovation (innovation): jede signifikante Änderung des Ist-Zustands durch die Einführung, Übernahme, Aneignung und erfolgreiche Verwendung einer Neuerung. Sie ist damit eine Konsequenz von Lernvorgängen und stellt die Voraussetzung für die individuelle Fähigkeit zur Veränderung und/oder Anpassung an veränderte Lebensbedingungen dar. [5]

Inquilin, *Einmieter* (inquiline): Tier, das bei Pflanzen Wachstumsanomalien (→ Gallen) erzeugt oder Fraßgänge (z. B. Minen) anlegt, um darin zu leben (Gallwespen, Gallmilben, Minierfliegen, Miniermotten u. a.). Inquilien halten sich aber auch in Bohrgängen oder Nestern anderer Arten auf, ohne diese zu schädigen (→ Parabiose). Das Verhalten solcher Einmieter wird als *Inquilinismus* (inquilinism) bezeichnet. [1]

Inquilinismus → Inquilin, → Sozialparasitismus.

insektivor, *entomophag* (insectivorous, entomophagous): Tiere, die sich von Insekten ernähren, wie beispielsweise Spinnen, räuberische Insekten, Vögel und einige Säugetiere. [1]

Instantaneous-sampling → Recording-rules

Instinkt (instinct): nicht eindeutig definierter und daher heute ungebräuchlicher Begriff für angeborene Verhaltensweisen, die spontan und vollkommen ohne Erfahrung schon beim erstmaligen Ausführen von Geburt an beherrscht werden. Die bekannteste I.definition stammt von Nikolaas Tinbergen (1951). Er verstand unter I. einen hierarchisch organisierten nervösen Mechanismus, der auf bestimmte vorwarnende, auslösende und richtende innere oder äußere Impulse anspricht und sie mit wohlkoordinierten, lebens- und arterhaltenden Bewegungen beantwortet. Heute wird I. meist durch angeborenes Verhalten ersetzt, wobei sich gezeigt hat, dass für die allermeisten komplexen Verhaltensweisen sowohl angeborene als auch erworbene Elemente wesentlich sind. → Instinkttheorie des Verhaltens. [5]

Instinktbewegung → Erbkoordination.

Instinkt-Dressur-Verschränkung (instinct learning intercalation): heute nicht mehr gebräuchlicher Begriff, der nach K. Lorenz (1935) das Ergebnis des Hineinlernens in angeborene Verhaltensstrukturen beschrieb (→ Prägung, → obligatorisches Lernen). Der Begriff der I. milderte die Überbetonung des Angeborenen in der Instinkttheorie des Verhaltens, konnte sie jedoch nicht vor dem Niedergang bewahren. [5]

Instinkthierarchie → Hierarchie der Antriebe.

Instinkttheorie des Verhaltens (instinct theory of behaviour): die in den 1930er Jahren formulierte physiologische Theorie der Instinktbewegungen ist das erste umfassende Gesamtkonzept tierischen Verhaltens und damit ein Meilenstein der Erkenntnisgeschichte. Sie beschrieb das Verhalten als zentralnervös gesteuertes artspezifisches, adaptives Zusammenspiel antriebsgerechten Appetenzverhaltens, angeborener Auslösemechanismen und formstarrer Endhandlungen. Obwohl letztlich experimentell nicht eindeutig zu belegen, wurden auf ihrer Basis anschauliche Modelle konstruiert, die den Anstoß für neue Fragestellungen und Experimente gaben und der Verhaltensbiologie ein hohes Ansehen verliehen und neuen Teildisziplinen den Weg bereiteten. Da die Betonung dieser Theorie jedoch einseitig auf dem angeborenen Charakter des Verhaltens lag, ergaben sich Probleme, die schließlich dazu führten, dass immer mehr Autoren den Instinktbegriff zu vermeiden suchten. Sie ist heute als eigenständige Theorie überholt. [5]

Instrumentalverständigung (instrumental communication): spezielle Form der akustischen Kommunikation unter Verwendung eines körperfremden Substrats (Instrument) oder spezieller körperfremder Hilfsmittel. Als Substrat dienen in der Regel feste Unterlagen mit guter Resonanz, z. B. Holz oder trockene Blätter. Bekannt sind Formen der I. bei Insekten. Bücherläuse (Psocoptera) und Steinfliegen (Plecoptera) schlagen mit dem Hinterleib auf ein Substrat, einige Termiten und die Vertreter der Poch- oder Klopfkäfer mit dem Kopf (Anobiidae, Totenuhr) und manche Heuschrecken mit den Beinen (Fußtrommeln der Eichenschrecke *Meconema*). Perkussionslaute treten unter den Vögeln bei Spechten auf (→ Trommellaut).

Grillen der Gattung *Oecanthus* schneiden sich gut an ihre Flügelform angepasste Aussparungen oder Öffnungen in Blätter. Sie halten dann beim Vortrag ihres Lockgesanges die Flügel dicht an das Blatt und verbessern damit die Schallabstrahlung. Durch diese Nutzung speziell zurechtgeschnittener Blätter als akustische Baffles (Schallwand) sind die Tiere in der Lage, tiefe Schallfrequenzen besser abzustrahlen. Ohne Hilfsmittel wäre dies aufgrund ihrer geringen Größe nicht effektiv. Maulwurfsgrillen, *Gryllotalpa,* errichten ihre Bauten im Bodengrund so, dass sie sowohl der Resonanzverstärkung als auch als akustisches Baffle dienen. Darüber hinaus graben einige Arten ihre Gänge in der Form zweier Hornstrahler und sorgen damit für eine optimale Schallabstrahlung nach außen. [4]

instrumentelle Konditionierung, instrumentelles Lernen → operante Konditionierung.

Intelligenz (intelligence): kognitive und psychische Fähigkeit zur Einsicht, zu plan- und sinnvollem Denken sowie zum Erkennen von Zusammenhängen und Finden von optimalen Problemlösungen. Zu den essenziellen Merkmalen der I., die in geeigneten Verhaltensexperimenten gemessen und überprüft werden können, zählen unter anderem Konzentration, Kreativität, Gedächtniskapazität, Lernfähigkeit, Qualität und Geschwindigkeit der Lösung neuartiger (d. h. nicht routinebestimmter) Aufgaben, Sensibilität, Auffassungsgabe, sowie die Komplexität und Anpassungsfähigkeit von Verhaltensstrategien. Nach neuerer Auffassung wird davon ausgegangen, dass sich das angeborene I.-Potenzial im Verlauf der Ontogenese nach bestimmten Gesetzmäßigkeiten durch erworbene Anteile weiterentwickelt, wobei der Umwelteinfluss von zentraler Bedeutung ist, wie sich allein schon anhand der Sprachentwicklung nachweisen lässt. → kognitive Leistungen, → Denken. [5]

Intentionsbewegung (intention movement): „unvollendetes Verhalten", das Signalbedeutung hat, den Motivationszustand anzeigt und Artgenossen beeinflussen soll (→ Stimmungsübertragung). Somit sind I. immer adressiert. Häufig wird die Signalwirkung der I. durch → Ritualisation verstärkt. I. sind beispielsweise das Greifen und Fallenlassen von Nestmaterial als Aufforderung zum gemeinsamen Nestbau. Viele Vögel zeigen durch Einknicken der Laufgelenke (Knicksen) ihre Flugbereitschaft an, ein Signal für den gemeinsamen Abflug des Schwarms. [1]

Interorezeptor → Rezeptor.

Intersexualität (intersexuality): Auftreten von Merkmalen, die nicht dem chromosomalen Geschlecht entsprechen bzw. das Vorkommen männlicher und weiblicher Merkmale in Morphologie oder Verhalten bei einem Individuum. Im Gegensatz zum → Hermaphroditismus können aber nicht beide Gametenformen gebildet werden. Bei Säugetieren können fehlende oder überzählige Geschlechtschromosomen oder hormonelle Fehlentwicklungen bei der → Geschlechtsdetermination zu I. führen. Beim Menschen sollen etwa 1 % der Neugeborenen I. zeigen. [2]

Intersexualität → Hermaphroditismus.

interspezifische Territorialität (interspecific territoriality): Verteidigung eines → Territoriums gegen artfremde Konkurrenten mit ähnlichen Umweltansprüchen (→ Syntopie), wie das beispielsweise bei Fröschen, Eidechsen, Spechten, Krähen, Rohrsängern, Goldhähnchen und Spitzmäusen zu beobachten ist. [1]

interspezifisches Verhalten, *zwischenartliche Beziehungen* (interspecific behaviour): Sammelbezeichnung für alle Verhaltensweisen zwischen artfremden Tieren (im Gegensatz zum intraspezifischen Verhalten). Voraussetzungen sind eine Reihe von morphologischen, physiologischen und verhaltensbiologischen Anpassungen auf beiden Seiten. Die Partner müssen je nach Art des i. V. einander erkennen, in Kontakt treten und keiner darf den anderen ausrotten (→ Allomone, → interspezifische Territorialität). Im Verlauf der Koevolutionen haben sich die unterschiedlichsten Formen des interspezifischen V.s entwickelt. Eine Klassifizierung kann nach dem Nutzen bzw. Schaden für die Beteiligten erfolgen:

– einer der Partner wird geschädigt oder getötet: → Parasitismus, → Raubparasit und Episitismus,

– einer der Partner hat Nutzen, der andere nimmt keinen Schaden: → Parabiose, → Phoresie und → Kommensalismus,

– beide Partner profitieren: → Mutualismus und → Symbiose. [1]

Intervall (interval): in der Bioakustik Zeit der Ruhe zwischen zwei Schallimpulsen oder zwischen zwei größeren Einheiten, beispielsweise zwischen zwei → Chirps. In einigen Fällen wird der Begriff I. fälschlich auch für die Periodendauer verwendet (→ Periode). Bei sehr kurzen → Schallimpulsen und kleinem → Tastverhältnis ist dies unproblematisch, da Periode und I. in diesem Falle annähernd gleich sind. [4]

Intervallverstärkung → Verstärkungsregime.

intrakranielle Selbstreizung (intracranial self stimulation): eine vom Versuchstier induzierte elektrische Stimulation in bestimmten Hirnarealen. I. S. ist ein besonders gut untersuchtes Beispiel für die neuronale Repräsentation positiv bewerteter Zustände. Es wurde 1954 von J. Olds und P. Milner bei Hirnreizungsexperimenten entdeckt. Frei bewegliche Ratten, in deren Gehirn Elektroden dauerhaft implantiert waren, konnten durch Wahl des Aufenthaltsorts in der Versuchsapparatur oder durch bestimmte Handlungen selbst eine elektrische Hirnreizung auslösen. Ratten mit Elektroden im Septum reizen sich selbst bis zur völligen Erschöpfung, während Reizung über Elektroden im Mittelhirn der Ratte zur Vermeidung führt. Da die Verhaltensänderungen in nichtmotorischen Zentren (z. B. im Septum) ausgelöst werden können, ist der Reizstrom nicht direkt für die motorischen Veränderungen verantwortlich. Aufgrund dieser Experimente nahm man die Existenz von Aversionszentren und von Zentren der Freude an. I. S. verschwindet schnell, falls nicht ein natürlicher Motivationszustand wie Hunger oder Durst vorliegt. Die elektrische Reizung scheint sowohl Motivationszustände auszulösen als auch als Verstärker im Lernexperiment zu wirken. [5]

intraspezifisches Verhalten (intraspecific behaviour): alle Verhaltensweisen zwischen Artgenossen, im Gegensatz zum → interspezifischen Verhalten. [1]

intrinsisch (intrinsic): von innen her verursachtes Verhalten. Dafür wird besser der Terminus → Aktion verwendet. [1]

intrinsische postzygotische Isolation → Verhaltenssterilität.

Intruder, *Eindringling* (intruder): Individuum, das unaufgefordert in ein Territorium eindringt oder beim Experimentieren hineingesetzt wird. Diese I.-Tests, bei denen fremde Individuen in die Heimbereiche von Artgenossen eingesetzt werden, sollen Aufschluss über die Rangordnung oder Verteidigungsbereitschaft des → Residenten geben. [2]

Invasionsverhalten (invasion behaviour): unregelmäßige Auswanderung in neue Gebiete von Tieren zu Zeiten des Populationsüberschusses oder Nahrungsmangels. I. darf nicht mit der regelmäßigen Migration verwechselt werden, denn ein Rückzug findet beim I. in der Regel nicht statt (→ Emigration).

Bekannt sind vor allem die Invasionsvögel, die aus Taiga, Tundra, asiatischen Steppen und anderen Gebieten bis in mitteleuropäische Breiten vordringen können. Beeindruckend ist das I. des Berglemmings *Lemmus lemmus,* der in großer Zahl auswandert und dabei zugrunde geht. Die Tiere stürzen sich aber nicht – wie häufig berichtet wird – in selbstmörderischer Absicht ins Wasser, sondern versuchen schwimmend Wasserhindernisse zu durchqueren. Gefürchtet ist das I. der Wanderheuschrecken *Locusta migratoria* u. a. Arten. Sie bilden Schwärme von Millionen bis Milliarden Tieren, von denen einzelne über 2.000 km im Nonstopflug zurücklegen, sodass nordafrikanische Arten bei günstigen Windverhältnissen auch Mitteleuropa erreichen können. Normalerweise leben die Tiere in der Einzelphase (Solitaraphase) ziemlich ortsfest und einzeln. Die Weibchen legen die Eier weit verstreut ab und es schlüpfen aufgrund schlechter ökologischer Bedingungen sowie unter dem Einfluss von Parasiten und Krankheiten relativ wenig Larven aus. Sobald die Weibchen infolge äußerer Bedingungen zusammengedrängt werden, legen sie ihre Eier auf engem Raum ab, und wenn dann sehr viele Larven schlüpfen, kann sich die Schwarmphase (Gregariaphase) ausbilden. Diese Tiere sind gesellig, zeigen I. und vernichten bei ihrer Emigration alles Fressbare. [1]

Invasionsvogel (invasion bird): Vogelart, die unregelmäßige Wanderungen ohne einen festen Zielort unternimmt (→ Invasionsverhalten). Ursachen dafür sind ungünstige Witterungsbedingungen, Nahrungsmangel oder eine zu hohe Populationsdichte im Heimatgebiet. Als typische mitteleuropäische I. kommen aus der Taiga: Tannenhäher, Seidenschwanz, Fichten- und Kiefernkreuzschnabel, aus der Tundra: Rauhfußbussard und Schneeeule und aus den Steppengebieten Asiens: Steppenhuhn, Steppenweihe, Rotfußfalke und Rosenstar. → Standvogel, → Strichvogel, → Zugvogel. [1]

Inversion, *Phasenumkehr* (inversion): in der Chronobiologie eine Phasenverschiebung von biologischen Rhythmen oder Zeitgeberperiodizitäten um 180°. Mittels I. einer → Umweltperiodizität kann geprüft werden, ob diese als → Zeitgeber wirksam ist. Um z. B. nachzuweisen, dass der Licht-Dunkel-Wechsel der Hauptzeitgeber für circadiane Rhythmen ist, stellt man unter Laborbedingungen das Lichtregime um, sodass es am Tage dunkel und während der Nacht hell ist. Nach einigen Tagen (→ Transient) sollte die ursprüngliche Beziehung zum Lichtregime wieder hergestellt sein. Dunkelaktive Tiere sind nunmehr am „Tage" und lichtaktive während der „Nacht" aktiv.

Eine I. des Lichtregimes wird auch bei verhaltensbiologischen Experimenten praktiziert. Da die Mehrzahl der Labortiere nachtaktiv ist, fällt die normale Arbeitszeit mit der Ruhephase der Tiere zusammen. Durch die Verwendung so genannter „Inverstiere" können die Experimente während der Aktivitätszeit stattfinden, ohne den Arbeitsablauf zu ändern. Es ist jedoch Vorsicht geboten, da mit dem Lichtregime nur der Hauptzeitgeber invertiert wurde. Eine Beeinflussung der Tiere durch andere Umweltperiodizitäten kann nicht völlig ausgeschlossen werden. Das betrifft neben geophysikalischen Faktoren auch die mit dem Arbeitsablauf im Tiertrakt verbundene Geräuschkulisse.

Eine I. biologischer Rhythmen kann im Verlauf der frühen postnatalen Ontogenese z. B. bei Mäusen und Ratten beobachtet werden. Diese werden von ihren Muttertieren vorwiegend während der Lichtzeit gesäugt. Deshalb sind der Tagesrhythmus der Nahrungsaufnahme sowie entsprechende Stoffwechselrhythmen im Vergleich zu adulten Tieren um etwa 12 h phasenverschoben. Mit der Reifung der lokomotorischen Aktivität und der eigenständigen Futtersuche, sind die Jungen vorwiegend nachts aktiv. Damit kommt es auch zu einer allmählichen I. der Stoffwechselrhythmen, was einige Wochen in Anspruch nimmt. [6]

Inzesttabu, *Inzestvermeidung* (incest tabu, incest avoidance): beim Menschen eine soziale Regel, die den Geschlechtsverkehr zwischen Verwandten verbietet. Das I. existiert in nahezu allen bekannten menschlichen Gesellschaften. Obwohl eine endgültige anthropologische Erklärung noch aussteht, sind biologische Wurzeln des I. als Vermeidung von Inzuchtdepressionen wohl nicht auszuschließen.
Bei Säugetieren wie dem Graumull *Cryptomys anselli* verhindert individuelles, olfaktorisches Erkennen die Paarung der Männchen mit den Arbeiterinnen (ihren Schwestern) der Kolonie. Werden adulte Tiere beider Geschlechter alternierend aus der Kolonie entfernt und voneinander über einen längeren Zeitraum (> 14 Tage) isoliert, „vergessen" sie den Geruch des jeweils anderen und paaren sich. [2]
Inzucht (inbreeding): Zeugung von Nachkommen durch Individuen mit gemeinsamer Abstammung (z. B. Geschwister- oder Eltern-Nachkommen-Paarungen.). I. ist insbesondere ein Problem in kleinen geschlossenen Populationen. I. führt zur Reduktion der genetischen Variabilität und zu einer Erhöhung der Anzahl homozygoter Genloci. Der Verlust adaptiver Allele schränkt die Fähigkeit des Individuums ein, sich auf veränderte Umweltbedingungen einzustellen. Ein Problem der I. ist das mögliche Auftreten von I.depression. Der erhöhte Homozygotiegrad kann zur Expression nachteiliger, rezessiver Allele führen und zu negativen Effekten vorher ausbalancierter überdominanter Loci. Negative Konsequenzen von I. sind z. B. Abnahme der Fertilität, geringe Vitalität der Nachkommen und schlechtere Immunkompetenz. Viele I.defekte sind maskiert und treten erst in einer entsprechenden Umweltsituation, z. B. bei Konkurrenz auf. I. wird deshalb durch zahlreiche biologische Schranken unterdrückt. Allerdings wird z. B. für natürliche Populationen der Hausmaus aufgrund der geringen Populationsgröße, der Paarungsdominanz des Alpha–Männchens und des fehlenden Austausches mit anderen Populationen ein relativ hoher I.grad angenommen. Beim Menschen ist bereits aus dem Altertum das Verbot der I. bekannt (→ Inzestvermeidung).
Für die experimentelle Verhaltensforschung stellt die I. eine wesentliche Methode zur Untersuchung und Standardisierung des Einflusses genetischer Faktoren dar. Die Individuen eines I.stammes sind genetisch nahezu identisch, so wie die eineiigen Zwillinge. Alle zwischen den verschiedenen I.stämmen bestehenden qualitativen und quantitativen Verhaltensunterschiede müssen als genetisch bedingt angesehen werden. Die große Reproduzierbarkeit der Verhaltensunterschiede eröffnet auch gute Möglichkeiten für die Erforschung der neurobiologischen Grundlagen des Verhaltens. Ein Maß der Inzucht ist der → Inzuchtkoeffizient. [3]
Inzuchtdepression → Inzucht.
Inzuchtkoeffizient (inbreeding coefficient): ist die Wahrscheinlichkeit, dass zwei Allele an einem Locus gleicher Abstammung sind. I. ist abhängig vom Verwandtschaftsgrad der Eltern und erhöht die Homozygotie in einer Population. Der errechnete I. auf der Basis der Verwandtschaft der Elterngenerationen beruht allein auf deren Abstammungsverhältnissen. Der I. einer Vollgeschwisterpaarung ist z. B. 1/4. Angenommen beide Großeltern sind unverwandt und besitzen die Genotypen A1A2/A3A4. Die Wahrscheinlichkeit, dass die nachfolgenden Eltern jeweils homozygot für ein Allel werden ist 0 (I=0). Es sind nur vier Allelkombinationen möglich A1A3, A1A4, A2A3, A2A4. Bei einer Weiterverpaarung der Vollgeschwister ergibt sich nun eine Wahrscheinlichkeit von ¼, dass ein Nachkomme zwei gleiche Allele erbt (I=1/16+1/16+1/16+1/16=1/4).
Der in der Züchtung gebräuchliche I. ist nicht immer identisch mit dem tatsächlichen Inzuchtgrad einer Population, da dieser von der Allelverteilung (Häufigkeit eines Allels) innerhalb der betrachteten Population abhängt. → Verwandtschaftskoeffizient [3]
irregulärer Schlaf-Wach-Rhythmus → Schlafstörung.
Irritabilität → Reizbarkeit, → Informationswechsel.
Irrwanderung → Extinktionswanderung.
Isolationsexperiment → Deprivation.
isolierte Aufzucht → Kaspar-Hauser-Versuch.
Iteroparitie, *Iteroparie* (iteroparity, iteropary): artspezifische Fortpflanzungsstrategie, bei der sich die Individuen im Leben zwei-

mal oder mehrmals fortpflanzen. Die Individuen iteroparer Arten müssen deshalb auch in Überlebensfähigkeit investieren (→ Allokation). In Populationen mit starkem Räuberdruck investiert der Guppy *Poecilia reticulata* mehr in die Fortpflanzung und wird schon mit geringerer Körpermasse geschlechtsreif als in Gewässern mit wenig Räuberdruck. → Semelparitie. [1] [2]

Jacobsonsches Organ → Vomeronasalorgan.
Jagdspiel (hunting game, mock hunting): Spielverhalten junger Säuger, insbesondere Raubtiere, die an Ersatzobjekten wie Steinen, Stöcke, Wollknäuel, Lappen oder auch an Artgenossen, Geschwistern und Eltern das Beutefangverhalten üben. [1]
Jäger → Räuber.
Jahresmuster → Muster.
Jahresrhythmus *Jahresrhythmik, annualer Rhythmus, saisonaler Rhythmus* (annual rhythm, seasonal rhythm): biologischer Rhythmus mit einer Periodenlänge von etwa einem Jahr. Den Jahresrhythmen liegen → circannuale Rhythmen zu Grunde, die sich im Verlaufe der Phylogenese in Anpassung an den jahreszeitlichen Wechsel der Umweltbedingungen herausgebildet haben. Die jahreszeitlichen Änderungen der Lebensbedingungen sind vor allem in mittleren und hohen geografischen Breiten recht drastisch und erfordern tief greifende Änderungen im physiologischen Zustand. Diese äußern sich in Phänomenen wie Winterschlaf, Vogelzug, Mauser und Fellwechsel, Geweihwechsel und periodischen Fortpflanzungszeiten. Dabei ist es von Vorteil, dass dem J. ein endogener Rhythmus zu Grunde liegt. Dadurch sind die Tiere in der Lage, nicht nur auf saisonale Änderung der Umweltbedingungen zu reagieren, sondern sich rechtzeitig darauf vorzubereiten. Eindrucksvolles Beispiel ist die Stoffwechselumstellung bei Kleinsäugern. Rechtzeitig bevor das Futterangebot zurückgeht, wird ab dem Spätsommer ein beträchtlicher Teil der aufgenommenen Nahrung in Fettreserven für den Winter umgewandelt.

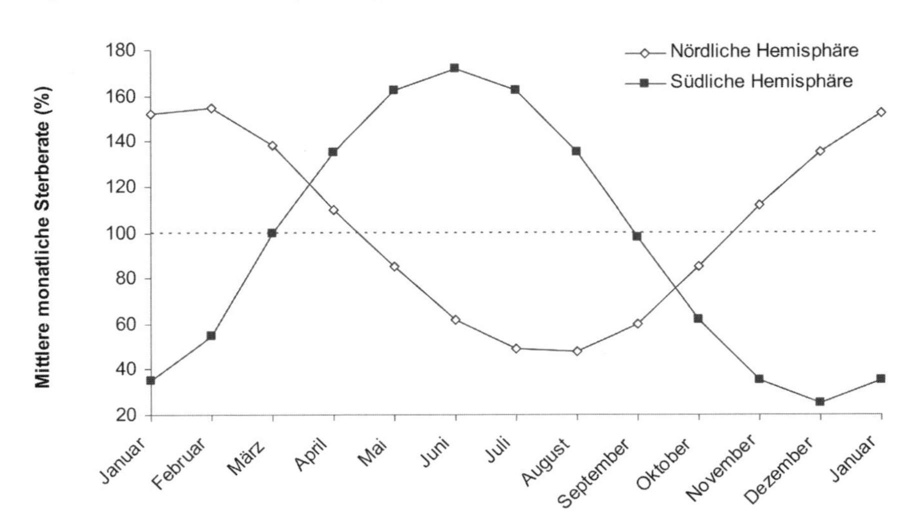

Jahresrhythmus am Beispiel der Sterblichkeit in Folge von Erkrankungen der Atmungsorgane mit einem nahezu inversen Verlauf auf der Nord- bzw. der Südhalbkugel. Dargestellt sind die an die Originalwerte angepassten Kosinus-Funktionen. Wie in vielen anderen Beispielen auch, ist nicht eindeutig zu entscheiden, inwieweit die beobachteten Änderungen Ausdruck eines endogen bedingten Jahresrhythmus sind oder ob es sich um saisonale Variationen handelt, die durch Umweltänderungen induziert wurden. Nach A. Reinberg 1989. [6]

Primärer Zeitgeber ist der jahresperiodische Wechsel der Tag-Nacht- bzw. der Licht-Dunkel-Relation. Dieses photische Zeitgebersignal gelangt vom Auge über den retino-hypothalamischen Trakt und den → suprachiasmatischen Nukleus zur → Epiphyse. Diese synthetisiert und sezerniert während der Dunkelzeit → Melatonin, wobei die Länge des nächtlichen Melatoningipfels mit der Länge der Nacht korreliert. Somit können über den Tagesrhythmus des Melatonins die Information über jahreszeitliche Änderungen der Tag-Nacht-Relation weitergegeben und physiologische Funktionen sowie Verhaltensweisen entsprechend gesteuert werden. Nach der chirurgischen Entfernung der Epiphyse bleiben beispielsweise beim Dsungarischen Hamster *Phodopus sungorus* die Rückbildung der Gonaden und der Fellwechsel vor dem Winter aus.
Auch beim Menschen sind Jahresrhythmen zu beobachten. Beispiele hierfür sind die saisonale Verteilung der Geburten, Erkrankungen und Sterbefälle (Abb.). Aber auch Stoffwechsel und Leistungsfähigkeit ändern sich im Verlaufe des Jahres. In den hochentwickelten Industrienationen wird ganzjährig Leistungsbereitschaft gefordert. Außerdem werden die jahreszeitlichen Änderungen der Photoperiode durch die künstliche Beleuchtung nur unzureichend wahrgenommen, d.h. die Jahresrhythmen werden weitgehend ignoriert bzw. maskiert (→ saisonale Variation). [6]
Jahresuhr (annual clock): endogener Mechanismus, der jahresrhythmische Phänomene wie Winterruhe, Mauser oder Migration steuert. Über Funktionsweise und Lokalisation der J. ist nichts bekannt. Möglicherweise werden die endogenen Jahresrhythmen gar nicht über eine distinkte Uhr gesteuert, wie sie etwa für die circadianen Rhythmen existiert (→ suprachiasmatischer Nukleus), sondern die Jahresrhythmen resultieren aus den Interaktionen verschiedener Rhythmen. → circannualer Rhythmus. [6]
Ja-sagen → Kopfschütteln.
Jetlag (jet lag): Syndrom, das infolge einer plötzlichen Zeitverschiebung, meist nach einem Transmeridianflug, auftritt. Analoge Phänomene können sich bei Schichtarbeit einstellen. J. äußert sich u.a. in Unwohlsein, Müdigkeit während des Tages, → Schlafstörungen während der Nacht, verminderte Leistungsfähigkeit, Appetitlosigkeit und Reizbarkeit. Die Ursache liegt darin, dass sich die → innere Uhr eines Menschen nicht sofort an eine neue Zeitzone anpassen kann, sodass eine Diskrepanz zwischen Ortszeit und Körperzeit besteht. Die Dauer der Anpassungsphase hängt von der Zahl der überflogenen Zeitzonen sowie der Richtung ab. Ein Ost-West-Flug, z.B. von Berlin nach New York, wird in der Regel besser verkraftet als ein West-Ost-Flug, z.B. von Berlin nach Hongkong. Dabei verschwinden die mit dem Essen verbundenen Probleme früher, Schlafstörungen sowie verminderte Konzentrationsfähigkeit bleiben länger erhalten. Es treten jedoch erhebliche interindividuelle Unterschiede auf. Auch nimmt der Zeitbedarf mit dem Alter zu.
Eine Minimierung der J.-Symptome gelingt am besten durch bewusste Einpassung in das soziale Umfeld des Zielortes. Man sollte sich so viel wie möglich im Freien körperlich aktiv bewegen und die ortsüblichen Essenszeiten einhalten. Eine Beschleunigung der Resynchronisation kann durch bewusstes Vermeiden oder Aufsuchen von grellem Sonnenlicht in Übereinstimmung mit der → Phasenantwortkurve erfolgen. Unterstützend kann → Melatonin wirken, da es im Unterschied zu üblichen Schlafmitteln nicht nur Schlaf fördernd wirkt, sondern auch einen phasenverschiebenden Effekt auf die innere Uhr hat. Eine prospektive Einstimmung auf die zu erwartende Zeitzone, etwa durch schrittweise Verlagerung der Schlafenszeit, ist von zweifelhaftem Erfolg. → Desynchronisation. [6]
Johnstonsches Organ (Johnston's organ): mechanisches Sinnesorgan in den Fühlern vieler Insekten zur Messung der Fühlerauslenkung. Es befindet sich im zweiten Fühlerglied (Pedicellus) und ist aus stiftführenden Sinneszellen (Scolopidien) zusammengesetzt (→ Scoloparium). Bei männlichen Stechmücken der Gattung *Culex* dient das J. O. im → Nahfeld auch zum Empfang und zur Lokalisation von → akustischen Signalen (→ Hören). Das akustische Signal ist in diesem Falle der Flügelschlag der arteigenen Weibchen. Um Störungen durch den eigenen Flügelschlag zu vermei-

den, haben Männchen und Weibchen der gleichen Art unterschiedliche Schlagfrequenzen. Obwohl das J. O. zuweilen auch als ein spezialisiertes → Chordotonalorgan angesehen wird, kann sich im Inneren des J. O. zusätzlich noch ein separates antennales Chordotonalorgan befinden. [4]

Jugendgesang (juvenile song): leiser, kontinuierlicher Gesang der Jungvögel, der aus meist undifferenzierten, geräuschhaften Elementen geringer Typenzahl besteht. Der J. dient wahrscheinlich dem motorischen und sensorischen Training des Stimmapparats und der ihm übergeordneten zentralnervösen Strukturen. In der älteren ornithologischen Literatur wird der J. oft als „Dichten" bezeichnet. Mit diesem Begriff wurde allerdings auch jede andere Abweichung vom → Vollgesang bezeichnet, z. B. auch der → Subsong. J. kann auch als spezifische Form des Spielverhaltens angesehen werden. [4]

Jungeneintragen → Eintragen.

Jungenfressen → Kronismus.

Jungentransport (transport of young): alle Verhaltensweisen zum Befördern der Jungen durch die Mutter oder den Vater oder anderer Erwachsener (Geschwister, Tanten etc.) innerhalb oder außerhalb des Körpers. Im Maul, Beutel oder in Hautausstülpungen werden beispielsweise die Jungfische der Maulbrüter, junge Kängurus und die Kaulquappen tropischer Frösche und Kröten transportiert. Backentaschen werden aber nicht für den J. genutzt (→ Backentaschentransport). Am oder auf dem Körper lassen sich die Nachkommen zahlreicher Spinnen, Skorpione sowie Koalas, Faultiere, Ameisenbären und Primaten (→ Tragling) befördern. Die Küken der Schwäne und Haubentaucher klettern bei Gefahr oder Ermüdung auf den Rücken der schwimmenden Altvögel. Spitzmäuse nutzen zum J. den Tandemlauf. Bei anderen Säugern verfallen die Jungen beim J. häufig in eine → Tragstarre. [1]

Junggesellenverband (bachelor group): Sozietät, in der sich nicht fortpflanzungsfähige Männchen verschiedener Arten wie Huftiere, Wale, Robben, Löwen und einigen Primaten nach der Geschlechtsreife zusammenschließen. [2]

juvenil (juvenile): Entwicklungsabschnitt zwischen Geburt oder Schlupf bis zur Geschlechtsreife. → adult, → Verhaltensontogenese. [1]

Juvenilanpassung → Kainogenese.

Kainismus (cainism): das Töten und Einanderfressen bei Nestgeschwistern und somit eine Form der → Geschwistertötung. K. wurde bei einigen Greifvogel- und Eulenarten beobachtet. Ihre Jungen schlüpfen in mehrtägigem Abstand und die schwächeren können von ihrem älteren Geschwister ständig attackiert und beim Füttern abgedrängt werden, sodass sie sterben und manchmal gefressen werden. Obligatorisch scheint der K. für einige Adler (z. B. Schrei- und Steinadler) zu sein, bei denen zwei Junge schlüpfen, aber nur eins ausfliegt. Fakultativer K. kann bei anderen Greifvögeln (z. B. Bussard und Habicht) als Reaktion auf Nahrungsmangel oder zu viele Nestgeschwister auftreten. [1]

Kainogenese, *Känogenese, Juvenilanpassung, frühontogenetische Anpassung* (cenogenesis, early ontogenetic adaptation): alle Sonderanpassungen der Jungtiere im Körperbau, in den Körperfunktionen und im Verhalten. Sie resultieren aus der besonderen Lebensweise der Nachkommen. Die meisten K. kommen bei Tieren vor, die im Verlauf ihrer Entwicklung ein Larvenstadium durchlaufen, z. B. holometabole Insekten (Schmetterlinge, Käfer, Fliegen u. a.), zahlreiche Würmer oder die Neunaugen und Amphibien. Schmetterlingsraupen fressen mit ihren kauenden Mundwerkzeugen Pflanzenteile, die sie überwiegend kriechend erreichen. Die geschlechtsreifen Schmetterlinge fliegen von Blüte zu Blüte und nehmen mit dem Saugrüssel Nektar auf. Larven der Neunaugen *Petromyzon* und *Lampreta* bohren sich in den Sand oder Schlamm ein und ernähren sich als Strudler, die erwachsenen Tiere schwimmen frei und leben räuberisch. Als K. sind z. B. auch das Sperren der Jungvögel, das ausgeprägte Spielverhalten der Säugerjungen oder auch einzelne Verhaltensweisen des Schutzes zu werten. Küken der Nestflüchter pressen sich bei Gefahr an den Boden (Drücken), während erwachsene Vögel davonfliegen. [1]

Kairomon (kairomone): flüchtige chemische Verbindung, die als Kommunikationssignal zwischen Nichtartgenossen vermittelt und im Gegensatz zum → Allomon für den Empfänger von Vorteil, für den Sender jedoch von Nachteil ist. Durch die K. finden Parasiten ihre Wirte und Räuber ihre Beute, im erweiterten Sinne auch Pflanzenfresser ihre Nahrung. Blut saugende Insekten und Zecken nutzen oft Kohlendioxid als K., um Wirbeltiere zu finden. Je nach Art spielen aber auch zusätzlich Stoffe, wie Milchsäure, Oktenol (1-Octen-3-ol) und Ammoniak eine wichtige Rolle. K. sind jedoch meist nur eine Komponente der Trophotaxis. Häufig spielen dabei auch visuelle und thermische Signale eine Rolle. Parasiten phytophager Insekten können ihre Wirte außer durch K. auch durch → Synomone finden. [4]

Kältestarre → Winterstarre.

Kampfspiel (play fighting): Spielverhalten zwischen Jungtieren, die ohne Ernstbezug Verhaltenselemente aggressiver Auseinandersetzungen trainieren, die sie dann im Erwachsenenalter einsetzen. [1]

Kampfverhalten → agonistisches Verhalten.

Kannibalismus (cannibalism): das Töten und Fressen von zumeist schwächeren Artgenossen. K. ist eine Form der Nahrungsaufnahme und für Vertreter fast aller Tierstämme nachgewiesen, u. a. bei Einzellern, Fadenwürmern, Egeln, Krebsen, Tausendfüßern, Fischen, Reptilien, Vögeln, Nagern, Raubtieren und Primaten, unabhängig davon, ob sie Pflanzen- oder Fleischfresser sind. Bei einzelnen Spinnen und Insekten fressen die Weibchen ihre Männchen während oder nach der Paarung auf. So kommt es bei der Gottesanbeterin vereinzelt vor, dass das Weibchen während der Paarung das Männchen vom Kopf her auffrisst. Dadurch wird ein im Unterschlundganglion gelegenes Hemmzentrum zerstört, sodass das männliche Sexualverhalten intensiver abläuft.

K. wird hauptsächlich bei Nahrungsmangel und Übervölkerung (sozialer Streß) beobachtet. Er verbessert die eigene Ernährungsgrundlage und dient zum Regulieren der Populationsdichte. Beispielsweise werden bei amerikanischen Schaufelfußkröten, die in kurzzeitig bestehende Regenwassertümpel ablaichen, bei fallendem Wasserstand die Hornkiefer der kräftigsten Kaulquappen umgewandelt. Aus den Pflanzenfressern werden Fleischfresser, deren Chancen, das Metamorphosestadium zu erreichen, enorm steigen.

K. ist nur in seltenen Fällen als Verhaltensstörung zu betrachten, z. B. wenn kinderlose Schimpansenweibchen Neugeborene rauben und auffressen, oder die Eltern ihre eigenen Jungtiere verzehren. Eine klare Abgrenzung ist nicht immer einfach.

Auch für frühe Kulturen des Menschen (Steinzeit, Eisenzeit) konnte K. nachgewiesen werden, der aber nicht der Ernährung diente, sondern wahrscheinlich immer Bestandteil religiöser Handlungen war.

Besondere Formen des K. sind das Auffressen von Familienangehörigen (→ Syngenophagie, → Kainismus, → Kronismus) sowie das Töten von Jungen (→ Infantizid) und Geschwistern (→ Adelphophagie mit Embryophagie und Gebärmutterkanibalismus, → Geschwistertötung). [1]

Känogenese → Kainogenese.

kanonisches Lallen → Lallen.

karpophag, *frugivor* (carpophagous, frugivorous): Tiere, die sich von Früchten und Samen ernähren. → granivor. [1]

Karpose (carposis): früher benutzte Bezeichnung für eine Form des interspezifischen Verhaltens, die heute durch Parabiose und Kommensalismus konkreter gefasst ist. [1]

Karzinophobie → Phobie.

Kaspar-Hauser-Versuch, *isolierte Aufzucht* (Kaspar Hauser experiment, rearing in isolation): eine verhaltensbiologische Methode, bei der Tiere so aufgezogen werden, dass sie bestimmte Erfahrungen während ihrer Entwicklung nicht machen können. K. sollen Aussagen über (angeborene) Reifungs- und (erworbene) Lernanteile am Verhalten ermöglichen. Dazu werden die Tiere von Geburt oder Schlupf an unter Erfahrungsentzug und meist ohne Kontakt zu Artgenossen aufgezogen. Später wird ihr Verhalten mit dem normal aufgewachsener Artgenossen verglichen. Ist das Verhalten in seinen Elementen und Sequenzen weitgehend identisch, so gilt es als angeboren. Vorsichtiger ist zu interpretieren, wenn Abweichungen auftreten. Dann kann es sein, dass das entsprechende Verhalten erlernt werden muss, oder aber, Isolation und Entzug haben die Verhaltensentwicklung gestört (→ Deprivationssyndrom). Nach der Art des Erfahrungsentzugs unterscheidet man akustische Kaspar–Hauser (z. B. Vögel, die ertaubt wurden, um artspezifische Gesangsmerkmale abzugrenzen), optische Kaspar–Hauser (erblindet), olfaktorische Kaspar–Hauser (bestimmte Düfte werden vorenthalten) und vor allem soziale Kaspar–Hauser (kein Kontakt zu Artgenossen). Mit Menschen verbieten sich K., jedoch gibt es natürliche Kaspar–Hauser, die taubblind geborenen Kinder. Ihr Verhalten beweist, dass z. B. Lächeln, Weinen, Wutreaktionen u. a. angeboren sind.

Der K. ist nach einem 16– bis 17jährigen jungen Mann benannt, der am 26. Mai 1828 in Nürnberg aufgefunden wurde. Er war geistes- und verhaltensgestört und nahm nur Wasser und Brot an. Ein pensionierter Gymnasialprofessor übernahm seine Erziehung und lehrte ihn Lesen, Schreiben, Rechnen und Reiten. Später konnte Kaspar Hauser berichten, dass er total isoliert in einem 2 m × 1,5 m großen Kellerverlies bei Wasser und Brot aufgewachsen war, auf Stroh geschlafen und ihm nur zwei hölzerne Pferde und ein Holzhund zum Spielen zur Verfügung gestanden hatten. Ein oder zweimal wöchentlich kam ein Mann, der ihn versorgte, aber nicht mit ihm sprach. Als Kaspar Hauser begann, seine Selbstbiographie zu schreiben, war er mehreren Attentaten ausgesetzt und starb am 14. Dezember 1833 an den Folgen eines Messerstiches. [1]

Kaste (caste): Gruppe von Individuen semi- und eusozialer Tierstaaten oder Kolonien, die aufgrund funktioneller oder morphologischer Unterschiede im Zuge der → Arbeitsteilung bestimmte Funktionen erfüllen (→ Polyethismus). Neben der Unterscheidung einer *reproduktiven K.* und *nichtreproduktiven K.* wird der Begriff auch auf weitere Spezialisierungen innerhalb der Gruppenmitglieder verwendet. So können ähnlich dem Nacktmull *Heterocephalus glaber* (→ Polyethismus) beim Graumull *Cryptomys anselli* neben der K. „reproduktive Tiere“ (Stammweibchen und Stammmännchen) auch die K. „Arbeiter“ (worker), „Gelegenheitsarbeiter“ (casual worker) und „Verteidiger“ (rare worker) unterschieden werden. Worker halten durch Graben der Gänge das Bausystem instand, casual worker sind auf Eintragen von Nistmaterial und Futter spezialisiert und rare worker explorieren in den Gängen, um die Gruppe im Notfall zu verteidigen. Anders als bei Termiten, wo die K.zugehörigkeit normalerweise zeitlebens beibehalten wird, können die Arbeiter in den eusozialen Kolonien der Mulle ihr Verhalten und damit ihre K.zugehörigkeit im Laufe ihres Lebens ändern. [2]

Kastration (castration): Entfernen bzw. Funktionshemmung der Gonaden bei Männchen und Weibchen. Im Gegensatz zur → Sterilisation kommt es bei den Kastraten durch den Ausfall an Sexualhormonen zu umfangreichen Änderungen im Körperbau, im Stoffwechsel und im Verhalten. Sie sind kaum aggressiv und ruhiger (Wallach), setzen schneller Masse an (Kapaun, Borch, Ochse), haben eine veränderte Stimmlage und Psyche (Eunuche), besitzen keine sekundären Geschlechtsmerkmale (Kamm und Kopflappen beim Kapaun, Mähne beim Löwen) und zeigen kein Sexualverhalten, wenn die K. vor dem Eintritt der Geschlechtsreife erfolgte. Werden Adulte kastriert, dann zeigen sich die K.effekte nicht schlagartig, sondern die Veränderungen vollziehen sich über Monate oder Jahre. Zuerst fällt die Fähigkeit zur Kopulation aus, dann entfällt das Balzverhalten und schließlich besteht keinerlei sexuelles Interesse für den andersgeschlechtlichen Partner. Die K.effekte lassen sich bei Männchen und Weibchen unter Umständen durch entsprechende Hormoninjektionen kompensieren.

K. werden hauptsächlich bei Haus– und Nutztieren durch Operationen, Bestrahlungen oder Verabreichung von Antihormonen vorgenommen. Bei manchen sozialen Tieren kann es auch zur → psychischen K. kommen. Manche Spinnen „kastrieren“ sich selbst (→ Emaskulation). [1]

katadrom (catadromous): charakterisiert das Wanderverhalten von Fischen, die mit dem Strom (flussabwärts) ziehen (→ anadrom). K. ist z. B. der Europäische Aal, der in den Flüssen heranwächst und im Alter von 5 bis 15 Jahren seine Laichwanderung zur 5.000 bis 7.000 km entfernten Sargassosee unternimmt, wo alle Aale nach dem Ablaichen verenden. Während der Wanderung wird keine Nahrung aufgenommen, bilden sich die Verdauungsorgane zurück und entwickeln sich die voluminösen Geschlechtsorgane. [1]

Katalepsie → Akinese.

kavernikol (cavernicolous): Tiere, die Höhlen bewohnen. [1]

Kennreiz (sign stimulus): Außenreiz oder Reizkombination mit informativem Charakter, der bzw. die ein bestimmtes Verhalten auslösen, verändern und richten kann (Auslöse-Effekt). Im Gegensatz zu → Signalreizen werden K. nicht gesendet, sondern vom Empfänger entweder aktiv gesucht (Appetenzverhalten) oder beiläufig aufgenommen und nur vom Empfänger mit Bedeutung belegt. Neben der auslösenden Wirkung können K. auch die Orientierung einer Verhaltensweise oder die Motivation eines Individuums beeinflussen. Im Gegensatz zu dem früher verwendeten Begriff des Schlüsselreizes ist der des K. weder durch die Reflex- noch durch die Instinkttheorie des Verhaltens vorbelastet. [5]

keratophag (keratinophagous): Tiere, die sich von Hornsubstanzen wie Haare, Federn und Epidermiszellen ernähren, z. B. Mallophagen, die als „Federlinge" auf Vögeln und als „Haarlinge" auf Säugern leben. [1]

Kernfamilie → Familie.

Kernzone → Heim.

Kettenreflex, *Reflexkette* (chain reaction): ein um die Jahrhundertwende postuliertes Prinzip der Kopplung von Reflexen zu K., bei denen jeder Reflex einen weiteren verursacht. So sollten insbesondere die komplizierten Laufbewegungen auf K. beruhen, indem eine Bewegungsphase die nachfolgende reflektorisch auslöst. Auch alle Instinkte und psychischen Vorgänge wollte man auf einfache angeborene und bedingte Reflexe zurückführen (→ Reflextheorie des Verhaltens). [1]

Kinästhetik, *Kinästhesie* (kinaesthesis): ist die Wahrnehmung von Bewegungen und Körperlagen, die über → Propriozeptoren und den Gleichgewichtssinn vermittelt werden. [1]

kinästhetisches Lernen (kinaesthetic learning): Erlernen von Bewegungsabläufen durch bewusste Bewegungswahrnehmung und Erfahrungen über Muskelspannung, Gelenkstellung, Körperposition sowie die Stellung einzelner Körperteile zueinander. Die Speicherung komplexer Abfolgen von Bewegungs- und Körperlageempfindungen und das Muster der dafür nötigen Muskelaktionen erfolgt im motorischen Gedächtnis und kann bei Bedarf wieder aufgerufen werden; z. B. der Bewegungsablauf der Schreibhand beim Schreiben einzelner Schriftzeichen, bestimmter Schriftzeichenfolgen oder auch ganzer Wörter. Hauptelement der Verstärkung ist bei diesem Lernprozess der Erfolg einer Verhaltensaktion. Bei der Dressur sowie im Ballett- und Sportunterricht wird das k. L. erzwungener Bewegungsabläufe als *Putting through Methode* bezeichnet. [5]

Kindchenschema (child schema, baby schema): Gesamtheit der Merkmale (Kennreize) des menschlichen Säuglings und Kleinkindes, die emotional sehr wirksam sind und Lächeln, Zuwendung, Betreuung, Pflegeverhalten und Ansprechen in höheren Stimmlagen auslösen. Zum K. gehören

Kindchenschema. Aus R. Gattermann et al. 1993.

ein relativ großer Kopf im Verhältnis zum übrigen Körper, ein großer Hirnschädel im Verhältnis zum Gesichtsschädel, eine hohe und gewölbte Stirn, im Gesicht vergleichsweise tief angeordnete große Augen, Pausbäckchen, relativ kurze Extremitäten von elastischer Konsistenz und täppische Bewegungsabläufe. Auf die Kombination dieser Merkmale spricht ein angeborener Auslösemechanismus an. Das K. ist nicht nur bei den Bezugspersonen, sondern auch bei fremden Personen wirksam und es funktioniert in allen Kulturkreisen. Das belegen u. a. entsprechende Versuche mit → Attrappen. Entsprechende Reaktionen lösen auch Jungtiere aus, die dem K. entsprechen. Darauf machte schon K. Lorenz aufmerksam (Abb.). Nach dem K. werden auch Puppen und Spieltiere gestaltet und es wird in vielfältiger Weise in der Werbebranche genutzt. [1]

Kinderfamilie → Sympaedium.

Kindestötung → Infantizid.

Kinese, *Kinesis* (kinesis): durch einen Reiz verursachte ungerichtete Bewegungen zur Orientierung im Raum (Gegensatz → Taxis). Die Änderung der Reizintensität bewirkt lediglich eine Änderung der Fortbewegungsgeschwindigkeit *Ortho–K.* (ortho–kinesis) oder der Fortbewegungsrichtung *Klino–K.* (klino–kinesis). Ortho- und Klino-K. werden oft gleichzeitig eingesetzt. Viele Wirbellose z. B. bewegen sich bei einer Verschlechterung der Lebensbedingungen (Hitze, Austrocknung usw.) mehr und ändern ständig ihre Bewegungsrichtung, bis sie geeignete Bedingungen vorfinden. Strudelwürmer vollführen im Hellen zahlreiche Wendungen, kriechen mit abnehmender Helligkeit immer längere Strecken geradeaus und gelangen so sicher ins Dunkle. [1] [4]

Kitzeln (thickling): leichte Berührungen des Körpers, die unfreiwilliges Lachen und Zuckungen auslösen. K. löst bei Menschen und Menschenaffen Wohlbehagen aus. Es kann aber auch als Folter eingesetzt werden und es führt zu Unbehagen, wenn z. B. ein Fremder ein Kind ohne Vorwarnung kitzelt. K. in seiner hauptsächlichen, Vergnügen bereitenden Funktion setzt Vertrautheit voraus. K. hat eine soziale Funktion, es dient der Partnerbindung und Festigung (Eltern-Kind, Flirt). K. ist nur wirksam, wenn der genaue Ort und der Zeitpunkt der Berührung nicht vorhersagbar sind. Deshalb funktioniert Selbst-K. nicht. [1]

Klammerreflex → Greifreflex.

Klan, *Clan* (clan): Gruppe mehr oder weniger miteinander verwandter Individuen, die sich auf eine gemeinsame, meist matrilineare Abstammung zurückführen lässt. So bilden gemeinsam jagende Individuen der Tüpfelhyäne *Crocuta crocuta* einen K., in dem die Weibchen dominieren. Beim Menschen wird der Begriff auch für eine Gruppe gebraucht, die einem gemeinsamen Leitbild oder einer gemeinsamen Idee verbunden ist. [2]

klassische Konditionierung, *Pawlowsche Konditionierung* (classical conditioning, Pavlovian conditioning): eine assoziative Lernform, in deren Verlauf es zur Ausbildung bedingter Reflexe oder bedingter Reaktionen kommt. Durch die Verknüpfung zwischen dem bedingten (konditionierten) Stimulus und dem unbedingten (unkonditionierten) Stimulus, die in einem engen räumlichen und zeitlichen Bezug stehen müssen (→ Kontiguität), ruft ein ursprünglich neutraler Reiz eine Reaktion hervor, die vorher nur durch einen unbedingten Reiz ausgelöst wurde. Ivan P. Pawlow führte dazu zu Beginn des 20. Jahrhunderts seine inzwischen klassischen Experimente durch. Ein hungriger Hund reagiert mit einer Speichelsekretion (unkonditionierte Reaktion), wenn man ihm Fleischpulver in das Maul bläst (unbedingter Reiz). Wird dieser unbedingte Reiz wiederholt kurz nach dem Ertönen einer Klingel gegeben (dem bedingten Reiz), dann kommt es zur Reizsubstitution und der Klingelton allein löst den Speichelfluss aus (die nun konditionierte Reaktion). Typischerweise ist der Erfolg dieser sich als Folge einer zeitlichen Verbindung von bedingtem und dem unbedingtem Stimulus einstellenden Assoziation unabhängig vom Verhalten des Tieres. Allerdings ist es wichtig, dass das Tier für den unbedingten Stimulus motiviert, also z. B. hungrig ist, wenn jener eine Futterbelohnung darstellt. Der zeitliche Bezug von bedingtem und unbedingtem Stimulus ist ein derart charakteristischer Parameter der k. K., dass er als die wesentliche Größe für den Informationsgewinn betrachtet wird. → operante Konditionierung, → sensorisches Lernen. [5]

Klaustrophobie → Phobie.

Kleptobiose, *Kleptoparasitismus, Futterraub* (cleptobiosis, kleptobiosis, cleptoparasitism, kleptoparasitism, food theft, food robbing, food stealing): Diebsvergesellschaftung, bei der die Individuen der Diebsart Anteile der Nahrungsvorräte oder Baumaterialien der Wirtsart in ihren Besitz bringen. Beispielsweise stehlen Diebsameisen aus Nestern anderer Arten Vorräte. Schmarotzerraubmöwen ernähren sich zeitweilig von geraubten Jungvögeln anderer Arten. Findet die K. im Verborgenen statt, dann spricht man auch von einer *Lestobiose* (lestobiosis). [4]

Kleptogamie (kleptogamy, sneaky mating): eine besondere Reproduktionsstrategie von Männchen, die sich Kopulationen erschleichen (→ Sneaker). [1]

Kleptomanie (kleptomania): beschreibt das Stehlen von Nist- und Baumaterial, wie es regelmäßig in Vogelbrutkolonien vorkommt. Dazu gehört auch das „diebische" Verhalten der Elster. Der in Australien lebende Seidenlaubenvogel *Ptilonorhynchus violaceus* schmückt seine Balzlaube mit bunten Gegenständen. Besonders begehrt sind blaue Papageienfedern. Untersuchungen mit markierten Federn bewiesen, dass sie regelmäßig gestohlen werden und durchschnittlich alle zehn Tage den Besitzer wechseln. Beim Menschen ist K. eine psychische Störung, die charakterisiert ist durch zwanghaftes Stehlen von Dingen, die nicht zum persönlichen Gebrauch oder der Bereicherung dienen. [1]

Kleptoparasitismus → Kleptobiose.

Klettern (climbing): Fortbewegung im Kontakt mit einem Substrat, welche mit einer Höhenveränderung verbunden ist. Beim Klettern an glatten Flächen muss auch im Ruhezustand ständig dafür gesorgt werden, dass der Beinkontakt zum Substrat nicht abreißt. Andererseits müssen die Beine auch wie beim Laufen in geeigneten zeitlichen Mustern vom Substrat gelöst werden. Das Anhaften an der Substratoberfläche erfolgt meist durch Unterdruck (wie bei einem Saugnapf) oder durch *Adhäsion* (adhesion), bei rauen Oberflächen auch mittels kleiner Häkchen. Besonders gut funktionierende Haftlappen finden sich an den Füßen vieler Insekten und Spinnentiere in Form von Arolia und Pulvilli. Unter den Wirbeltieren fallen besonders die Vertreter der Geckos auf, welche trotz ihres recht hohen Gewichts sogar noch an der Zimmerdecke laufen können. Jeder ihrer Finger ist mit mehreren Millionen aus Keratin bestehenden Borsten bestückt, die sich ihrerseits wiederum in mehrere hundert, etwa 200 Nanometer große Substrukturen auflösen. Solche Nanostrukturen sind in der Lage, über Adhäsion einen guten Kontakt mit einer großen Bandbreite an Oberflächen herzustellen. Andere Wirbeltiere verfügen über Haftpaletten (Laubfrosch), Haftschwielen (Halbaffen), Kletterfüße (Papageien), sehr lange Krallen (Faultier) oder Hände und Füße mit opponierbaren Daumen und Großzehen. [4]

Klinokinese → Kinese.

Klinotaxis (klinotaxis): durch einen Reiz verursachte und auf dessen Quelle oder von dieser weg gerichtete räumliche Orientierung, die auf einem sukzessiven Vergleich der Reizintensitäten an unterschiedlichen Orten und eine anschließende Richtungsänderung bei der weiteren Fortbewegung beruht (im Gegensatz zur → Orthotaxis). Hierzu sind Ortsveränderungen nötig, die mit dem gesamten Körper oder nur mit dem die Rezeptoren oder Sinnesorgane tragenden Körperteil erfolgen können. Zur K. reicht ein einzelnes richtungsunempfindliches Sinnesorgan aus. Die Höhe der an unterschiedlichen Orten registrierten Reizintensität muss allerdings zum Zwecke des Vergleichs gespeichert werden. Ein Beispiel für K. sind die Larven der Schmeißfliegen *Calliphora.* Sie suchen zur Verpuppung dunkle Räumlichkeiten und pendeln dazu ständig mit ihrem Vorderkörper hin und her. Bleibt die mit den Photorezeptoren am Kopf wahrgenommene Lichtintensität bei der Bewegung unverändert, kriecht die Larve geradeaus weiter. Bei unterschiedlichen Intensitäten wendet sie sich der dunkleren Seite zu. K. ist aber nicht nur auf einfache optische Orientierung (Photo-K.) beschränkt. Sie wird auch dann angewendet, wenn der Reiz keine gerichtete vektorielle Größe ist (wie die Schwerkraft oder das Erdmagnetfeld), sondern eine skalare (wie die Temperatur oder die Konzentration eines chemischen Stoffes), und darüber hinaus das Reizgefälle (räumlicher Gradient) für eine → Tropotaxis zu klein ist. Chemotaxis, die auch bei Windstille oder in ruhendem Wasser funktioniert, ist daher fast immer auch K. [4]

Klippenmeideverhalten, *Absturzscheu, Klippenangst* (cliff avoidance): ein angeborenes Schutzverhalten der höheren Wirbeltiere; sie weichen vor Abgründen und Klippen zurück und schränken so die Absturzgefahr ein, die zu Verletzungen führen könnte. K. ist nach einem kurzen Reifungsprozess (beim Goldhamster um den 10. Lebenstag) nachweisbar. Dabei wird bei Säugern der Abgrund mit den Augen (Nestflüchter) oder Vibrissen (Schnurrhaare bei Nesthockern) wahrgenommen.

Die *Höhenangst* oder *Akrophobie* (fear of falling, acrophobia), von der viele Menschen betroffen sind, hat ihre Wurzeln wahrscheinlich in einem zu stark ausgebildeten K. [1]

Kluger-Hans-Fehler (Clever Hans error): nach einem „rechnenden" Pferd benannt, das um 1900 in Berlin beachtliches Aufsehen erregte. Der Kluge Hans wurde über vier Jahre von einem Schulmeister, Herrn von Osten, trainiert, sodass er Musikstücke und Münzen erkennen und einfache Rechenaufgaben fehlerfrei lösen konnte. Er antwortete durch Kopfschütteln, Nicken und vor allem durch Stampfen mit dem rechten Vorderfuß. Der K. bestand darin, dass Trainer und einzelne Wissenschaftler nicht an den geistigen Fähigkeiten des Tieres zweifelten. Erst durch umfangreiche Experimente konnte nachgewiesen werden, dass das Pferd das Ergebnis feinsten Gesichts- und Körperbewegungen (→ Intentionsbewegungen) des Trainers entnahm und daraufhin sein Klopfen einstellte. Diese Bewegungen werden vom Trainer, der mitrechnet und mitzählt, unbewusst vollzogen und sind für uns Menschen mit schlechteren optischen Kommunikationsmöglichkeiten oft gar nicht wahrnehmbar. Seither hat es immer wieder sog. rechnende oder denkende Pferde, Hunde, Delphine u.a. Tiere gegeben, deren unerklärliche Fähigkeiten auf dem K. beruhen, alle Versuche scheiterten, sobald der optische Kontakt zum Trainer unterbunden wurde. [1]

Kniesehnenreflex, *Patellarsehnenreflex* (knee jerk): allgemein bekannter Reflex des Menschen, bei dem sich Effektor (4köpfiger Oberschenkelstreckermuskel) und Rezeptoren (Muskelspindeln) in ein und demselben Organ befinden (Eigenreflex). Der K. weist eine kurze Reflexzeit von 10–20 ms und geringe Ermüdbarkeit auf; er fängt nach dem Sprung den Körper ab. Beim Aufsprung werden der Oberschenkelmuskel gedehnt und dadurch die Muskelspindeln erregt. Die Erregung gelangt zum Rückenmark, wird auf efferente Bahnen umgeschaltet und löst die Kontraktion des Muskels aus. Dadurch wird das Kniegelenk gestreckt, die Wucht des Aufpralls gemindert und es kann schnell die normale aufrechte Körperhaltung eingenommen werden. Ebenso lässt sich der K. durch einen Schlag gegen die Kniesehne unterhalb der Kniescheibe (Patella) auslösen und für diagnostische Zwecke nutzen. [1]

Kodierung, *Codierung, Encodierung* (coding, encoding): Verschlüsseln einer Information nach einer besonderen Vorschrift, die oft nur dem Sender und dem Adressaten bekannt ist. In einer *perfekten K.* (perfect coding) ist jedem zu kodierenden Zustand genau ein Signal zugeordnet (eineindeutige Zuordnung). Die K. kann aber auch *nicht eindeutig* (not unique coding), ein Signal für mehrere Zustände, *nicht spezifisch* (nonspecific coding), mehrere Signale für einen Zustand, oder sogar beides sein. In allen drei Fällen, die in der Natur regelmäßig vorkommen, spricht man von einer *nicht perfekten K.* (imperfect coding). Die Aufgabe des Empfängers besteht nun darin, aus dem oft nicht perfekt kodierten Signal eine möglichst sichere Information zu erhalten. Dieser Prozess wird *Dekodierung* (decoding) genannt, und ist nur bei einer perfekten K. eine einfache Umkehrung der K. In allen anderen Fällen ist es sinnvoll, eine spezielle optimale Methode zur Dekodierung zu entwickeln.

Bei der K. gibt es noch weitere besondere Formen. Eine wichtige Form ist die *Redundanz* (redundancy). Sie zeichnet sich dadurch aus, dass mehr Signale gesendet werden, als Zustände beim Sender kodiert werden müssen. Dies ermöglicht die Korrektur von Fehlern durch Probleme bei der Übertragung (undeutliches Senden, Rauschen, schlechter Empfang). Eine redundante K. liegt z.B. bei dominanten männlichen Pferden vor, die ihren Status sowohl durch entsprechende Laute als auch durch den individuellen Duft ihrer Ausscheidun-

gen anzeigen. Manchmal kommt es auch zu einer *Selektion* (selection) von Signalen beim Empfänger, wenn nicht alle für das Individuum wichtig sind. So etwas kommt z. B. bei den Gesängen der männlichen Coqui-Frösche *Eleutherdactylus coqui* vor, die abwechselnd spezielle Laute zum Anlocken von Weibchen und andere Laute zum Fernhalten von rivalisierenden Männchen äußern. Darüber hinaus kann der Empfänger auch kategorisieren (also die vorhandenen Signale weniger genau auswerten, indem er z. B. aus vielen Alternativen nur eine Ja-Nein-Information herausfiltert) oder aus nur ganz wenigen Signalen viel mehr Information erhalten, als möglich ist, wenn ihm der Kontext bekannt ist (z. B. die Vorgeschichte, die Tages- oder Jahreszeit).
Werden Signalelemente zu größeren Einheiten zusammengesetzt, z. B. akustische Signale zeitlich hintereinander, dann ist die Anzahl der möglichen alternativen Signale so groß, dass meist ein bestimmter Syntax dafür sorgen muss, dass nur wenige Kombinationen tatsächlich „erlaubt" sind (→ Zoosemiotik). Anderenfalls könnte es beim Empfänger leichter zu Fehlinterpretationen kommen. [4]

Koevolution (coevolution): die reziproke Interaktion zwischen zwei Arten, bei der jeder evolutionäre Schritt der einen Art einen Selektionsdruck für die weitere Evolution der anderen Art bedeutet. Es kommt entweder zur Herausbildung einer Koexistenz zum gegenseitigen Nutzen (→ Mutualismus) oder zu einem *Antagonismus* (antagonism). Ein Beispiel für Mutualismus ist die morphologische und zeitliche Koadaptation von Blüten und Bestäubern. Formen antagonistischer K. sind u. a. Parasit-Wirt-Beziehungen (→ Parasitismus, → Rote-Königin-Effekt) oder Räuber-Beute-Verhältnisse (→ Räuber-Beute-System). Typische Beispiele für K. kommen von Arten, die eine gemeinsame ökologische Nische besiedeln (→ Symbiose). Prinzipiell besteht aber ein komplexes Zusammenwirken zwischen Arten in einem Lebensraum. Eine evolutive Veränderung stellt damit eine kumulative Antwort auf den Druck durch eine Vielzahl von Arten dar und löst selbst Druck auf mehrere Arten aus. [3]

Kognition (cognition): Bezeichnung für alle Vorgänge oder Strukturen, die auf der Grundlage der Leistungsfähigkeit und Funktionalität des Gehirns mit dem überwiegend intellektuellen und verstandesmäßigen Gewahrwerden und Erkennen zusammenhängen (z. B. Vorstellung, Gedächtnis, Erinnerung, Wissen, Denkprozesse, Aufmerksamkeit, Urteilsfähigkeit, Lernfähigkeit, Abstraktionsvermögen, Rationalität, aber auch Vermutung, Erwartung, Planung und Problemlösung). Aktuell wird K. mehr und mehr von geistigen Fähigkeiten abgegrenzt, um den qualitativen Unterschied zwischen Gehirn und Geist herauszustellen. [5]

kognitive Ethologie (cognitive ethology): Forschungsrichtung innerhalb der Verhaltensbiologie, die sich hauptsächlich mit dem Vergleich mentaler und emotionalen Fähigkeiten sowie den kognitiven Leistungen von Tieren befasst. K. E., auch als Verhaltensforschung des Denkens bezeichnet, untersucht die zugrunde liegenden Prozesse aus einer evolutionären und ökologischen Perspektive. Da dies Aspekte tierischen Bewusstseins wie das subjektive Erleben einschließt, wird der methodische Ansatz dieser Disziplin unter Verhaltensbiologen kontrovers diskutiert. [5]

kognitive Landkarte → Raumbegriff.

kognitive Leistung (cognitive performance): Elementarfunktion des Erkenntnisgewinns im Zusammenhang mit Assoziationsfähigkeit, Lernen, Denken, Kommunikation, Werkzeuggebrauch, Erkundungs-, Neugier-, Spiel- und Problemlösungsverhalten sowie die Entwicklung individueller Bewusstheit. Sie erfolgen in aktiver Auseinandersetzung mit der Umwelt und dienen wesentlich der optimalen Anpassung an diese. Zu den k. L. gehören zeitliche und räumliche Orientierung, Beobachtung, Wahrnehmung, Identifikation, Abstraktion, Weitergabe von Erfahrungen, Generalisation, Diskrimination, Bewertung, Erinnern, Vorstellen, Transposition, Strategiebildung, Voraussicht, Planung sowie Versuch und Irrtum. Die im Test nachzuweisenden qualitativen und quantitativen Merkmale und Eigenschaften der k. L. kommen in der Intelligenz zum Ausdruck. [5]

kognitives Verhalten (cognitive behaviour): alle aktiven Handlungen, durch die ein Individuum Kenntnis von seiner Umwelt und sich selbst erhält. Dazu gehören Denken, Lernen, Assoziationen, Gedächtnis, Kommunikation, Erkundungs-, Neugier- und Spielverhalten. [5]

Kohorte (cohort): Zusammenschluss von gleichgeschlechtlichen, in der Regel nicht miteinander verwandten Tieren einer Altersstufe. So bilden die nicht fortpflanzungsfähigen Männchen einiger Huftiere (Rothirsch, Gnu) nach der Geschlechtsreife → Junggesellenverbände. [2]

Koitus → Kopulation.

Kolonie (colony): Gruppe von Individuen der gleichen Art, die in einem gemeinsamen Areal zusammen lebt. Die Mitglieder der K. können dabei unterschiedliche soziale Beziehungen haben. So wird der Begriff sowohl für Tierstöcke miteinander verwachsener mariner Organismen angewandt als auch für Brutkolonien von Vögeln (Möwen, Reihervögel usw.). Als K. werden auch eusoziale Verbände von Insekten (Faltenwespen) oder Säugetieren (Nacktmull) bezeichnet, bei denen mehrere Generationen eng verwandter Individuen eine Brutstätte bzw. ein Nest besiedeln. [2]

Komfortverhalten (comfort behaviour): ältere Sammelbezeichnung für alle Verhaltensweisen im Dienst der Behaglichkeit und der Bequemlichkeit. Dazu gehören die Körperpflege (Putzen, Baden, Sichschütteln, Sichkratzen u. a.) sowie alle Streckbewegungen und das Gähnen (Abb.). [1]

Kommensalismus (commensalism): eine Form des interspezifischen Verhaltens, bei dem sich einer der Partner, der *Kommensale* oder Mitesser, von der Nahrung des anderen miternährt, ohne ihn zu schädigen. So halten sich manche Strudelwürmer an den Mundwerkzeugen der Krabben auf. Milben und Springschwänze (Collembolen) lauern auf dem Kopf von Ameisen und Termiten auf Futter. Kleinere Fische schwimmen regelmäßig unter den größeren Raubfischen, um absinkende Beutereste zu verzehren. Schneehühner suchen im Winter die Nähe der Rentiere und finden ihr Futter in der von den Rentieren freigelegten Vegetation. Von der Beute eines Löwen leben auch Schakale, Hyänen und Geier. Dieses Beispiel leitet aber schon zur → Fressgemeinschaft über, die vom K. abzutrennen ist. [1]

Kommentkampf, *Turnierkampf* (ritualized fight): ritualisiertes Kampfverhalten zwischen Artgenossen, das nach artspezifischen Regeln abläuft und schwere Verletzungen oder Todesfälle ausschließt. K. dient dem gegenseitigen Abschätzen und

Komfortverhalten der Taube: im Wasser baden, Gefieder ausschütteln, Gefiederpflege, Sich-Strecken nach oben und seitlich sowie Sich-Sonnen (von links oben nach rechts unten). Aus R. Gattermann et al. 1993.

Kräftemessen. Im Gegensatz zum → Beschädigungskampf werden beim K. die eigentlichen todbringenden „Waffen“ nicht eingesetzt. Schafböcke rammen ihre Gehörne mit lautem Knall zusammen und stoßen sie nicht in die Flanke des Kontrahenten. Giraffen schlagen mit Hals und Kopf aufeinander ein, vermeiden aber Huftritte. Wespen und Hornissen beknabbern sich mit den Mundwerkzeugen und setzen beim K. nicht ihre Giftstachel ein. Auch Kreuzotter- und Klapperschlangenmännchen ringen miteinander, ohne ihre Giftzähne einzusetzen (Abb.). Der Verlierer respektiert das Ergebnis eines K., er weicht aus oder ordnet sich unter. Etwaige Verletzungen oder Todesfälle sind Unfälle oder kommen vor, wenn der K. zu einem → Beschädigungskampf eskaliert. [1]

Kommentkampf zweier Klapperschlangenmännchen bei dem die todbringenden Giftzähne nicht eingesetzt werden. Aus R. Gattermann et al. 1993.

kommunal → Sozietät.

Kommunikation, *Biokommunikation, Nachrichtenaustausch, Informationsaustausch, Verständigung* (communication): jede Veränderung in einem Empfänger (Perzipient oder Rezipient), die durch ein → Signal hervorgerufen wird. Nach Übertragung des Signals über einen Kanal wird es vom Empfänger decodiert (entschlüsselt) und bewertet. Die K. kann im Bereich des Kanals durch die unterschiedlichsten Umwelteinflüsse gestört und damit erschwert werden (→ Rauschen, → Dämpfung). Alle Verhaltensweisen, die der Signalerzeugung dienen, werden → Signalhandlungen genannt.

Biokommunikation als Teilgebiet der Verhaltensbiologie befasst sich mit der K. zwischen Individuen der gleichen Art (*intraspezifische K.*) oder unterschiedlicher Arten (*interspezifische K.*). Nach den beteiligten Sinnesorganen im Empfänger unterscheidet man chemische K. (→ Chemokommunikation), visuelle oder → optische K., → akustische K., → vibratorische K, → taktile K., elektrische K. (→ Elektrokommunikation) und thermische K. Werden die Signale durch Berührung übertragen, spricht man auch von haptischer K. (vibratorische, taktile und teilweise auch thermische K.).

Neben der oben genannten gibt es auch Definitionen für biologische K. mit weiter gehenden Einschränkungen. So muss nach einer der Definitionen die Bereitstellung der Information dem Sender nutzen (Kriterium 1). Dies schließt jedoch beispielsweise → Kairomone als Signale für die K. aus. Andere Definitionen verlangen, dass der Zugang zu der bereit gestellten Information dem Empfänger einen Nutzen bringt (Kriterium 2). Manche Autoren sprechen von K., wenn mindestens eins der beiden Kriterien erfüllt ist. Strittig ist der Begriff → Autokommunikation, bei der Sender und Empfänger des Signals in ein und demselben Individuum konzentriert sind. [4]

Kompassorientierung (compass orientation): Ermittlung einer absoluten geographischen Richtung (Himmelsrichtung). K. kann direkt über → Magnetfeldorientierung oder indirekt unter Verrechnung mit Zeitdaten über → Himmelskompassorientierung erfolgen. [4]

Kompatibilität → genetische Kompatibilität.

Kompromiss → Trade-off.

konditionale Strategie (conditional strategy): ermöglicht die Anwendung verschiedener Taktiken in Abhängigkeit von den vorhandenen Bedingungen. Zur Durchsetzung der k. S. in der Evolution und Ausbildung einer → evolutionsstabilen Strategie müssen Individuen mit dieser Strategie eine höhere Fitness aufweisen als solche mit einer davon abweichenden Strategie. Individuen, die bei wenig Erfolg versprechenden Territorialkämpfen in der Lage sind, eine subordinate Taktik anzunehmen, sollten in der Evolution gegenüber beharrlich kämpfenden, aber erfolglosen Individuen bevorteilt werden. Männliche Skorpionsfliegen *Panorpa* wenden in Abhängigkeit von der Konkurrenz bzw. der zur Verfügung stehenden Ressourcen drei verschiedene Taktiken an, um erfolgreiche Paarungen zu erreichen. Stehen tote Insekten zur Verfügung, so monopolisieren sie diese als Nahrungsquellen für Weibchen und haben damit den größten Fortpflanzungserfolg. Kleinere Männchen, die im Kampf um Insekten unterlegen sind, bieten den Weibchen mit mittlerem Erfolg ein Speicheldrüsensekret als Nahrung an. Eine dritte Männchengruppe versucht, mit allerdings noch weniger Erfolg, Kopulationen zu erzwingen. Stehen genügend tote Insekten als Nahrungsquelle zur Verfügung oder werden die Männchen, die sie verteidigen entfernt, schwenken die vorher Sekret produzierenden Männchen zur Verteidigung der Insekten um, während die dritte Männchengruppe zu den verlassenen Sekrethügeln wechselt. [2]

konditionierte Reaktion → bedingte Reaktion.

konditionierter Reflex → bedingter Reflex.

konditionierter Stimulus → bedingter Reiz.

Konditionierung (conditioning): das schrittweise Erlernen eines bestimmten Reiz-Reaktions-Musters. K. ist ein Prozess, in dessen Verlauf zwischen einer Verhaltensweise und einem neuen Reiz eine Assoziation hergestellt wird. Bei dieser grundlegenden Lernform folgt auf einen bestimmten Reiz, der dann als Verstärker wirkt, beim Organismus regelhaft eine bestimmte Reaktion. Die beiden häufigsten experimentellen Konditionierungsformen sind die → klassische K. und die → operante (instrumentelle) K. einschließlich der → Dressur. [5]

Konfusionseffekt (confusions effect): beim Räuber-Beute-Verhalten eine Schutzanpassung der Beutetiere, die in Schwärmen oder Herden zusammenleben, wie Fische und Huftiere. Der Räuber hat durch die Vielzahl der sich bewegenden Beutetiere Schwierigkeiten, ein einzelnes Tier zu fixieren und zu überwältigen. Der K. ist von der Gruppendichte und Gruppenzusammensetzung abhängig; je kleiner die Abstände zwischen den Individuen und je einheitlicher die Gruppenangehörigen, umso größer ist die Konfusion. Der Räuber jagt immer dort, wo er den K. schnell überwindet und in kürzester Zeit zum Erfolg kommt. Wenn möglich, wird er kleinere und weniger dichte Gruppen bevorzugen und nicht im Zentrum, sondern am Rand der Gruppe jagen. Gelingt es ihm, ein einzelnes Tier zu isolieren, so hat er den K. vollständig überwunden. [1]

Konglobation (conglobation): durch äußere Faktoren hervorgerufene Ansammlung von Individuen ohne jegliche Beziehung zueinander. K. werden z.B. von durch Licht angelockten Fluginsekten gebildet. [2]

Königin → Stammweibchen.

Königinsubstanz → Hemmstoff, → Pheromon.

Konkurrent → Rivale.

Konkurrenz (competition): Wettbewerb von Individuen um Ressourcen wie Nahrungsquellen, Raum oder Paarungspartner. K. innerhalb der Art wird *intraspezifische K.* (intraspecific competition) und zwischen den Arten *interspezifische K.* (interspecific competition) genannt. In Abhängigkeit von der räumlichen Verteilung wird → Scramble competition von → Contest competition unterschieden. Nur bei Letzterer kommt es zu direkten Auseinandersetzungen zwischen den Individuen. K. und → Kooperation sind die Hauptmechanismen des Sozialverhaltens. [2]

konnektionistisches Lernen (connectionistic learning): elementarste Form des assoziativen Lernens durch das Verknüpfen von Reizen und Reaktionen. Während das Individuum beim → Versuch und Irrtum Lernen, → Beobachtungslernen und → Einsichtslernen eigene Initiative entwickelt, kommt die Verknüpfung von Signalen, Erfahrungen und Bewegungsabfolgen mit Verstärkern beim k. L. allein durch das Zentralnervensystem zustande, dass die Informations- und Verhaltensprozesse untereinander verknüpft. So entstehen z.B. bedingte Reflexe oder elementare Lerneinstellungen. Eine Sonderform des k. L. ist das Prägungslernen. Alle anderen Lernformen sind reversibel. [5]

Konnexion (connection): vorteilhafte Beziehung zwischen Individuen, die beispielsweise in der Übergabe von Nahrung (→ Trophallaxis) bestehen kann. [2]

Konstruktionsspiel → Spielverhalten.

Kontaktkommunikation (contact communication): Kommunikation, die im unmittelbaren physischen Kontakt der Partner erfolgt. Hierbei spielen neben taktilen Signalen (→ taktile Kommunikation) auch chemische (→ Chemokommunikation) eine wichtige Rolle. K. tritt vor allem beim Sexual- und Pflegeverhalten auf. Zur K. gehören z. B. der ritualisierte Laufschlag vieler Huftiermännchen beim Umwerben eines Weibchens, der Schnauzenkontakt beim Futterbetteln der Hundeartigen (→ Bettelverhalten), das Schnabelpicken beim Futterbetteln von Möwenküken oder das gegenseitige Beriechen oder Belecken bei vielen Säugern. [4]

Kontaktscheu (contact avoidance): **(a)** bei Tieren die strenge Einhaltung einer Individualdistanz, um Körperkontakt zu vermeiden (Distanztiere). **(b)** beim Menschen eine Verhaltensstörung, die unter anderem eine Folge sozialer Isolation sein kann (→ Hospitalismus). [1]

Kontaktsignal → chemisches Signal.

Kontaktspiel → Spielverhalten.

Kontakttier (contact type animal, contact animal): Tier, das zu seinen Partnern Körperkontakt aufnimmt und Körperkontakt gestattet, z. B. beim Spielverhalten, bei der gegenseitigen Körperpflege und vor allem beim Ruhen. K. sind Aale und Welse, die meisten Papageien, viele Nagetiere, Schweine, Flusspferde und alle Affen. → Distanztier. [1]

Kontaktverhalten (contact behaviour): Verhalten der Tiere, denen eine Individualdistanz fehlt und die größtmögliche Körperberührung suchen, wie es bei Kontakttieren und Traglingen oder beim Paarsitzen und Pod zu beobachten ist. Junge Tiere streben K. vor allem als Schutz vor Auskühlung an (→ Huddling). → affiliatives Verhalten. [1]

Kontergesang (counter singing): spezielle Form des Gesangs, bei der die häufig gleichgeschlechtlichen Gesangspartner im Verlauf des Informationsaustausches einander mit meist ähnlichen oder gleichen Lauteinheiten antworten. K. dient oft der Distanzregulation zwischen Nachbarn mit ähnlichem Gesangsrepertoire und ist von vielen Drosselvogelarten (Nachtigall, Sprosser, Gartenrotschwanz, Amsel) bekannt. Bei der Nachtigall *Luscinia megarhynchos* bildet sich das Gesangsrepertoire für den K. in drei Stufen heraus: in einer ersten wird von einem Artgenossen mit sozialem Bezug gelernt (in der Regel vom Vater), in einer zweiten wird dieses Repertoire durch eigene Neukombinationen ergänzt und in einer dritten Phase werden Gesangsteile von Männchen aus benachbarten Revieren übernommen. [4]

Kontiguität (contiguity): strenger räumlicher und zeitlicher Zusammenhang von Reizen und Verhaltensweisen zu Verstärkern und lernwirksamen Erfahrungen. Durch die dadurch entstehende assoziative Verknüpfung zwischen Verhalten und nachfolgender Konsequenz ist K. eine wesentliche Voraussetzung für hohe Lernleistungen. [5]

Kontoid, *Hemmlaut* (contoid): im Gegensatz zum *Öffnungslaut* (vocoid) Bestandteil einer Stimme, bei dem die Lautbildung nach oder während der Überwindung eines im Luftstrom befindlichen mechanischen Widerstandes erfolgt. In der menschlichen Sprache ist es meist ein Konsonant, z. B. ein Verschlusslaut, Reibelaut oder Nasallaut. Die Begriffe Konsonant und K. sind allerdings nicht synonym. [4]

Konvergenztheorie (convergent theorie): die unabhängige, aber ähnliche phylogenetische Entwicklung von Eigenschaften, Verhaltensweisen oder Körpermerkmalen bei verschiedenen, nicht verwandten Arten (→ Analogie) in Anpassung an gleiche oder ähnliche Umweltbedingungen (→ Adaptation). So entwickelten sich z. B. für die hohe Laufgeschwindigkeit von Pferden und Straußen wenige, aber kräftige Zehen, während die übrigen Zehen sich zurückbildeten (der Pferdehuf ist der verstärkte Mittelfinger; Strauße haben nur zwei Zehen, während Vögel im allgemeinen vier Zehen besitzen). Ein weiteres Beispiel für Konvergenz ist die Stromlinienform des Körpers bei Fischen, Delphinen und Pinguinen. Die Fähigkeit zum „Flug auf der Stelle“, die sich bei vielen Insekten- und Vogelarten herausgebildet hat, ist ebenfalls das Resultat konvergenter Entwicklungen. [5]

Kooperation (cooperation): gemeinsames Handeln von mehreren Individuen bei der

Lösung einer Aufgabe, die im Interesse aller Beteiligten ist. Der Erfolg der K. als Summe des Energieaufwands aller Beteiligten geteilt durch die Anzahl der Beteiligten, ist dabei geringer, als die investierte Energie des unabhängig handelnden Einzelwesens. K. im engeren Sinne schließt kein altruistisches Handeln ein und sollte deshalb besser dem → Mutualismus zugeordnet werden. Allerdings ist die Grenze zum reziproken Altruismus bzw. Nepotismus nicht immer eindeutig zu ziehen. So steigt die Bereitschaft zur K. sowie die Akzeptanz von Nachteilen bei ungleicher Verteilung des durch K. erzielten Fitnessgewinns mit zunehmendem Verwandtschaftsgrad der Kooperierenden. So sind die Anzahl der Kopulationen und Nachkommen zwischen den Löwenmännchen *Panthera leo*, die gemeinsam ein Weibchenrudel erobern und verteidigen, in der Regel ungleichmäßig verteilt. Aufgrund hoher Verwandtschaft der Männchen verzichten sozial unterlegene Männchen auf eigene Fortpflanzung, steigern aber ihre indirekte Fitness durch das kooperative Handeln.
K. ist eine Basis des Sozialverhaltens. Die Form der K. und ihre Ausprägung sind unterschiedlich und können anhand der Aufgabenteilung (→ Rolle bzw. → Arbeitsteilung) zwischen den K.partnern differenziert werden. Die niedrigste Form der K. ist die *Gleichandlung ohne Aufgabenteilung* wie die Synchronisation und Stimmungsübertragung. Ihr Nutzen liegt in der Aufrechterhaltung des Zusammenhalts einer Sozietät und in gegenseitiger Stimulation (Gruppeneffekte) oder auch in der Verbesserung der Überlebenswahrscheinlichkeit (→ Verdünnungseffekt). Die *fakultative K.* (facultative cooperation) ist nicht lebensnotwendig und die K.partner kooperieren nur zeitweilig. Im einfachsten Fall gibt es keine Rollenspezialisierung. Ein Beispiel ist die koordinierte Simultanjagd der Pelikane, die auf dem Wasser eine Treiberkette bilden und sich auf diese Weise gegenseitig günstige Fangbedingungen schaffen. Dabei handelt jedes Individuum das ganze Spektrum der Beutefanghandlungen ab. Ein weiteres Beispiel ist das gegenseitige Sichwärmen bei → Kontakttieren. Zur höheren Form gehört die Rollenspezialisierung wie beim Zusammenwirken von Treiber und Fänger bei der Gruppenjagd oder Putzer und Geputztem bei der Putzsymbiose. Dabei kann die K. mit austauschbarer oder vorbestimmter Rollenverteilung erfolgen. Auf einer festgelegten K. beruht auch das Zusammenspiel von Schwarzkehl-Honiganzeiger *Indicator indicator* und Honigdachs *Mellivora ratel* in Afrika. Der Honiganzeiger ernährt sich mit Vorliebe vom Wachs der Bienen. Um in dessen Besitz zu gelangen, führt er mithilfe auffälliger Signalhandlungen Honigdachse herbei, die die Erd- oder Baumhöhlen öffnen und sich hauptsächlich an den Honig halten, während das Wachs und Teile der Brut dem Vogel als Nahrung verbleiben. Die höchste Form ist die *obligatorische K.* (obligate cooperation), eine lebensnotwendige K., die zeitweilig, etwa beim Fortpflanzungsverhalten, oder dauerhaft sein kann. Letzteres trifft für die echten → Symbiosen und für die K. in Tierstaaten und Tierstöcken zu. [1] [2]

Kooperationstaktik (cooperative tactic, cooperative reproductive behaviour): Fortpflanzungstaktik, bei der Männchen keine Ressourcen monopolisieren, sondern versuchen, als → Satellitenmännchen mit anderen zu kooperieren, die bereits über solche Ressourcen verfügen (Bourgeois-Männchen). Die Bourgeois-Männchen profitieren von der Beteiligung der Satellitenmännchen an der Verteidigung des Territoriums oder der Anlockung von Weibchen. Den Bourgeois-Männchen entgehen durch die Anwesenheit der Satellitenmännchen zwar einige Paarungen, dieses Manko wird aber offenbar durch die erhöhte Attraktion kompensiert. [2]

kooperative Brutpflege (cooperative breeding): **(a)** gemeinsame Jungenaufzucht bei der die Mutter vom Vater und/oder anderen Artgenossen unterstützt wird, die sich nicht selber fortpflanzen (→ Helfer). K. B. kann bei über 300 Vogel- und etwa 120 Säugerarten beobachtet werden. Vereinzelt tritt sie noch bei Fischen (Cichliden) und Wirbellosen (soziale Insekten) auf. K. B. verbessert die Überlebenschancen der Jungen und steigert die direkte Fitness der Eltern und indirekte Fitness der Helfer. **(b)** gelegentlich wird k. B. auch synonym mit → alloparentaler Pflege verwendet. [1]

kooperative Monogamie → Monogamie.

Koordination (coordination): **(a)** die aufeinander abgestimmte Bewegung der Extremitäten oder **(b)** die Kopplung von → biologischen Rhythmen.
Die K. der Cilienbewegung beim Pantoffeltierchen, der Beinbewegungen des Tausendfüßers, der Flossenbewegung beim Fisch, der verschiedenen Gangarten der Säugetiere, der Arm- und Beinbewegungen des Menschen u.a. basiert auf motorischen Programmen, die bei den Säugern im extrapyramidalen System zu finden sind. Erste umfangreiche Untersuchungen zur K. führte Erich v. Holst (1939) bei Fischen zur Abstimmung der Bewegungsrhythmen von Brust- und Rückenflossen durch. Er fand den Magneteffekt und unterschied zwischen der relativen und absoluten K. Bei der *relativen K.* kommt es zur gegenseitigen Annäherung der Phasen und Periodenlängen zweier Rhythmen und bei der *absoluten K.* zur völligen Übereinstimmung. Im ersten Fall ist die K. instabil, es sind immer wieder zusätzliche Bewegungen bzw. Phasensprünge notwendig, um annähernd in Phase zu gelangen. Dem gegenüber ist die absolute K. stabiler. Analoges lässt sich für biologische Rhythmen gleicher oder unterschiedlicher Periodenlänge belegen, so z.B. für die K. der Atem-, Herz-, Saug- und Bewegungsfrequenz. Am stabilsten sind dabei immer die ganzzahligen Kopplungsverhältnisse (1:1, 1:2 usw.). [1]
Kopfkratzen (head scratching): typische Gebrauchshandlung der Tetrapoda, die bei Amphibien, Reptilien und Säugern rhythmisch mittels Hinterbein oder Vorderbein und bei Vögeln nur mit den hinteren Extremitäten ausgeführt wird, um durch Fremdkörper oder Parasiten ausgelöste Juckreize zu beseitigen. Beim Menschen ist K. auch in Konfliktsituationen und beim Lösen von komplizierten Problemen zu beobachten. Hier wird K. als Übersprungbewegung interpretiert. [1]
Kopfpendeln → Suchautomatismus.
Kopfschütteln, *Kopfnicken* (head shaking, head nodding): typische Kopfbewegungen der Vögel und Säuger, die hauptsächlich in Verbindung mit dem *Körperschütteln* (body shaking) als Gebrauchshandlung dum Abschleudern von Wasser, Sand, Parasiten oder Fliegen dienen soll. Des Weiteren kann K. als Signalhandlung bei der Balz (Entenvögel) oder dem Territorialverhalten (Anolis) eingesetzt werden.
Beim Menschen hat K. primär eine Signalfunktion. Zu unterscheiden ist zwischen dem verneinenden oder ablehnenden K. bei geschlossenem Mund und dem bejahenden Kopfnicken. K. als Ablehnung ist angeboren, auch blind und taub Geborene zeigen K. situationsgerecht. Es leitet sich wahrscheinlich von der Nahrungszurückweisung ab, denn schon Babys weisen durch Abwenden des Kopfes von der Brust oder dem vorgehaltenen Löffel die Nahrung zurück. Dieses angeborene Kopfwegdrehen wird als Signalhandlung mehrfach wiederholt und bedeutet *Nein-sagen.* Das durch Kopfnicken geäußerte *Ja-sagen* basiert wahrscheinlich auf der angeborenen Demutsgeste des Nach-Unten-Blickens. Ausnahmen lassen sich in Griechenland, Italien („Stiefelabsatz"), Bulgarien und zum Teil auch in Indien finden. [1]
Kopfschwenken (head swaying): **(a)** ein besonderes Drohverhalten bei verschiedenen Spechtarten, bei dem sich aggressives vertikales und weniger aggressives horizontales K. unterscheiden lässt. **(b)** synonym für die Verhaltenstörung → Weben. [1]
Koppelnavigation (dead reckoning navigation): Navigation, bei der die Bestimmung der eigenen Position laufend durch die Ermittlung von Richtung (Kurs), Geschwindigkeit und Zeit erfolgt. Neben der fortgesetzten Akkumulation von Fehlern sind Abweichungen bei der Ermittlung der tatsächlichen Geschwindigkeit und Bewegungsrichtung „über Grund" große Probleme bei der K. Besonders beim Fliegen oder Schwimmen können starke Luft- oder Wasserströmungen die Genauigkeit der K. erheblich verringern. K. muss deshalb oft durch andere Navigationsarten ergänzt werden, beispielsweise durch → Sichtnavigation oder → terrestrische Navigation. [4]
Kopplung (coupling): Wechselwirkung zwischen zwei oder mehreren eigenständigen Systemen, z.B. Oszillatoren. Die Stärke der K. wird als Kopplungsgrad bezeichnet. In der Chronobiologie wird der Begriff der K. auf das Verhalten → biologischer Uhren, sowohl untereinander als auch in Bezug zu externen Periodizitäten, angewandt. Kriterium für einen hohen Kopplungsgrad sind

vor allem harmonische, d.h. ganzzahlige Frequenzverhältnisse sowie feste Phasenbeziehungen. Zu einer vorübergehenden *Entkopplung* (uncoupling) biologischer Rhythmen von der periodischen Umwelt (→ Zeitgeber) kann es beispielsweise nach einem Transmeridianflug oder bei Schichtarbeit kommen. Im Alter kann die abnehmende Fähigkeit sich an äußere Periodizitäten anzupassen, zu einer dauerhaften Entkopplung führen. [6]

Koprophagie, *Kotfresser, Dungfresser* (coprophagy, dung feeder): orale Aufnahme von eigenem Kot als *Autokoprophagie* (autocoprophagy, refection) oder fremdem Kot. Zu unterscheiden ist zwischen der Ernährung durch K., wie das bei Fadenwürmern, Milben, Käfern u.a. geschieht, die Pflanzenfresserkot verwerten, und der gelegentlichen K., einem Verhalten, das hauptsächlich bei Säugern in Gefangenschaft zu beobachten ist, denn unter natürlichen Bedingungen kommen die meisten mit ihrem Kot kaum in Berührung. K. ist bei Zoo- und landwirtschaftlichen Nutztieren in der Regel als Verhaltensstörung einzustufen. So massieren Mastschweine die Analregion des Partners solange mit der Rüsselscheibe, bis er Kot absetzt, der gierig verschlungen wird. K. kommt auch als schwere Perversion bei schizophrenen Menschen vor.

In anderen Fällen ist die Disposition zur K. angeboren und gehört zum artspezifischen Verhaltensrepertoire insbesondere der Jungtiere. Viele fressen beim Erlernen des artspezifischen Nahrungsspektrums arteigenen und artfremden Kot. Eine andere Funktion hat die K. bei jungen Nagern und Fohlen; sie beknabbern als erste feste Nahrung die Kotpillen der Mutter bzw. fressen die Kotballen von erwachsenen Tieren. In beiden Fällen enthält der Kot Mineralien, Vitamine und Bakterien, die für die Ernährung und besonders für den Aufbau der eigenen Darmflora benötigt werden.

Neben der K., der Aufnahme von Dickdarminhalt (dem Kot), existiert die → Coecotrophie, das Verzehren von Blinddarminhalt. [1]

koprophil *Koprozoon* (coprophilous, coprozoon): Tier, das im bzw. vom Dung lebt wie diverse Fadenwürmer, Dung- und Kotfliegen (Sphaeroceridae, Scathophagidae) oder der Heilige Pillendreher *Scarabaeus sacer.* [1]

koprophob (coprophobic): Tiere, die Kot meiden, z.B. Weidetiere, die nicht in der Nähe von Dunghaufen grasen. [1]

Koprozoon → koprophil.

Kopulation, *Begattung* (copulation, mating): in der Verhaltensbiologie die Endhandlung des Sexualverhaltens, die in der Vereinigung von Individuen unterschiedlichen Geschlechts zum Zwecke der Besamung (Spermienübertragung) und Befruchtung (Verschmelzung von Ei- und Samenzelle) besteht. Die K. setzt entsprechende Organe voraus, die in der Regel beim Männchen Penis und beim Weibchen Vagina (Scheide) genannt werden. Sie kommen bei Würmern, Schnecken, Insekten, Haien, Schildkröten, Schlangen, Entenvögeln und Säugern vor und sind oft kompliziert, nach dem Schloss-Schlüssel-Prinzip aufgebaut, wodurch erfolgreiche K. mit artfremden Individuen verhindert werden. Tiere ohne K.organe pressen die Kloaken aufeinander (Vögel), bilden Flossen zum „Penis“ um (Pterygopodium der Knorpelfische oder Gonopodium der Zahnkärpflinge), nutzen einen „Arm“ zur Spermienübertragung (einzelne Kopffüßer) oder finden sich im Wasser zu Paaren bzw. größeren Gruppen zusammen und stoßen gleichzeitig ihre Geschlechtsprodukte aus. Dieses mit einer äußeren Befruchtung einhergehende Verhalten wird als *Paarung* (pairing) bezeichnet. Zur Erleichterung der K. werden auch Klammerorgane ausgebildet (z.B. Saugnäpfe an den Vorderbeinen der Gelbrandkäfer, umgewandelte Antennen bei Kleinkrebsen, Brunftschwielen an der Vorderextremität der Frösche) und bestimmte artspezifische Körperhaltungen eingenommen (z.B. → Lordose). Beim Menschen wird die K. auch *Koitus* (coiton, coitus) genannt und sie hat neben der Begattung noch weitere Funktionen (→ Pseudokopulation). [1]

Kopuline (copuline): Pheromone im Scheidensekret der Frau. Es sind Fettsäuren, deren Konzentration sich in Abhängigkeit vom Menstruationszyklus verändert. K. sind vor allem an den empfängnisbereiten Tagen erhöht und bewirkt beim Mann eine gesteigerte Testosteronbildung und eine erhöhte Paarungsbereitschaft. [5]

Kormus → Tierstock.

Körperhaltung → Körpersprache.
Körperpflege (grooming (mammals); preening (birds)): alle auf die Körperoberfläche bezogenen Verhaltensweisen der Reinigung. Die K. dient dem Entfernen von Fremdkörpern (Staub, Wasser, Hautschuppen, Nahrungsresten, Sämereien, Parasiten) durch Putzen, Kratzen, Scheuern, Wälzen etc., der Pflege und Ordnung der Federn und Haare (Einfetten, Staub-, Sand-, Schlamm- und Wasserbaden) sowie der Pflege und Sensibilisierung von Antennen und Mundwerkzeugen.
Die K. bezieht sich primär auf den eigenen Körper (autogrooming, autopreening) wie Sichputzen, Sichlecken, Sichschütteln und Sichlausen. Daraus leiten sich in der Evolution das → Fremdputzen ab, die intraspezifische K. bei Artgenossen. Interspezifische K. findet in → Putzsymbiosen statt. → Putzverhalten. [1]
Körperschütteln → Kopfschütteln.
Körpersprache, *nonverbale Kommunikation, averbale Kommunikation* (body language, nonverbal communication): Sammelbezeichnung für die menschliche Kommunikation mithilfe von *Körperhaltung* (posture) und Körperfärbung sowie Gliedmaßenbewegung (→ Gestik) und Gesichtsausdruck (→ Mimik). Diese Möglichkeiten sind überwiegend angeboren und werden als Universalien auch von Angehörigen unterschiedlicher Kulturen richtig interpretiert. Beispiele sind das Ablehnen, Lächeln, Wegsehen, Weinen und der Flirt.
K. kann auch den physischen, psychischen und emotionalen Zustand sowie die soziale Position eines Individuums signalisieren. Die K. wird aber in der Regel zur Verstärkung oder Abschwächung der Sprache genutzt. → Ausdrucksverhalten. [1]
kortikol (corticolous): Tiere, die in der Baumrinde leben. [1]
Kosmopolit (cosmopolitian species): Art, die weltweit verbreitet ist, wie die Stubenfliege *Musca domestica* oder die Wanderratte *Rattus norvegicus*. [1]
Kosten-Nutzen-Analyse, *Optimalitätsprinzip* (cost benefit analysis): Abwägen von Verhaltensstrategien mit dem Ziel maximal möglichen Fitnessgewinns. Verhalten dient der Optimierung, verursacht aber auch Kosten (Zeit und Energie). Nach dem Optimalitätsprinzip muss das Verhältnis von Nutzen zu Kosten > 1 sein, damit das Verhalten adaptiv ist und von der Selektion gefördert wird. Auf der Basis der K. entwickeln Tiere und Menschen entsprechende Verhaltensstrategien. So ist beispielsweise nach der K. zu entscheiden, ob eine kleinere Beute (wenig Nahrung, geringes Verletzungsrisiko) oder größere Beute (mehr Nahrung, aber auch größeres Risiko) geschlagen wird, ob ein Weibchen das sich zuerst anbietende Männchen als Paarungspartner wählt oder auf weitere wartet, die evtl. nicht kommen usw. Weiterhin ist die Erhöhung direkter Fitness durch eigene Fortpflanzung bei Mangel an Paarungspartnern oder Ressourcen erschwert. Nach der K. setzt sich dann die zeitweise oder lebenslange Unterstützung von Verwandten (Steigerung der inklusiven Fitness) durch. [2]
Koten → Defäkation.
Kotfressen → Koprophagie.
Krankheitsverhalten (sickness behaviour): beschreibt das besondere Verhalten eines kranken oder verletzten Individuums. K. basiert auf Verhaltensänderungen, die letztlich der Heilung bzw. der Herstellung des Ausgangzustandes dienen. K. kann aber auch als Indikator für Krankheiten oder Verletzungen genutzt werden, um eine effektive Therapie anzusetzen.
Menschliches K. ist nicht nur von der Art und dem Schweregrad der Krankheit oder Verletzung abhängig, sondern auch von der persönlichen Einstellung. Manchmal stehen das subjektive Krankheitserleben und das daraus resultierende K. in keinem angemessenen Verhältnis zu den medizinischen Befunden. → Wohlbefinden. [1]
Kratzmarkieren (scratching): optisches und olfaktorischen Kennzeichnen senkrechter und auch waagerechter Objekte. K. ist typisch für Katzenartige, die über Kratzspuren und Pheromonen aus den Pfotendrüsen hauptsächlich an Bäumen ihr Territorium markieren. Ein Verhalten, dass die Hauskatze auch an Polstermöbeln und tapezierten Wänden vollziehen kann. [1]
Kreuzgang → Gangart.
Krippe, *Kindergarten* (creche, kindergarten): **(a)** Bezeichnung für eine Anzahl gleichaltriger Jungtiere verschiedener Eltern, die sich mit oder ohne Aufsicht durch Wächter innerhalb einer größeren Sozietät,

z. B. einer Brutkolonie, zu Untergruppen vereint, während die Eltern auf Nahrungssuche sind. Die Wächterfunktion übernehmen gerade anwesende Eltern, verpaarte oder unverpaarte Nichteltern bzw. Eltern, die ihren eigenen Nachwuchs verloren haben. Die Wächter leiten die Jungen und warnen und beschützen sie vor Raubfeinden. Fütterungen erfolgen meist nur durch die eigenen Eltern. Zu den krippenbildenden Tierarten zählen z. B. Eiderenten, Flamingos, Pelikane, Seeschwalben und viele Meeressäuger (→ Schule). Bei Pinguinen erlaubt die Krippenbildung beiden Elternteilen gleichzeitig auf Nahrungssuche zu gehen, um den hohen Nahrungsbedarf der schnellwüchsigen Küken decken zu können.

(b) Einrichtung, in der Kleinkinder halb- oder ganztägig fremdbetreut und gebildet werden. [1] [2]

kritische Distanz, *Verteidigungsdistanz, Drohdistanz, Wehrdistanz,* (critical distance): Abstand, bei dessen Unterschreitung ein Tier zur aggressiven Selbstverteidigung übergeht. Dabei ist es unerheblich, ob es durch einen Artfremden (Räuber) oder Artgenossen (Ranghöheren) bedrängt wird. Die k. D. ist dabei geringer als die → Fluchtdistanz der Beute oder die → Ausweichdistanz des Rangtieferen.

Bei wehrhaften Arten beginnt die kritische Reaktion meist mit Drohverhalten, deshalb wird die k. D. auch *Drohdistanz* genannt. Weicht der Kontrahent nicht zurück, dann wird auch die *Wehrdistanz* unterschritten und es kommt zur Auseinandersetzung. Somit ist die Wehrdistanz kleiner als die Drohdistanz. [1]

kritische Periode → sensible Phase.

kritische Photoperiode → Photoperiode.

kritische Reaktion → Wehrreaktion.

Kronismus, *Jungenfressen, Infantophagie* (kronism, infantophagy): bei Arten mit Brutpflegeverhalten das Töten, An- und Auffressen der eigenen Jungen durch die Eltern. Als Ursachen kommen ein noch mangelhaft ausgebildetes Brutpflegeverhalten bei jungen Müttern bzw. Eltern sowie Nahrungsmangel, Störungen und Sozialstress infrage. K. tritt nicht nur bei Tieren in Menschenobhut, sondern auch unter Freilandbedingungen auf. So ist bekannt, dass jüngere Weißstorchmännchen kleine Nestlinge angreifen und auffressen können. Ebenso wird K. für einige Greifvogel- und Eulenarten beschrieben, die bei Beutemangel ihre Jungen fressen. Dabei ist nicht geklärt, ob die Jungen verhungert sind oder getötet wurden.

Das Fressen von totgeborenen, gestorbenen und ausgekühlten Jungen ist kein K., denn die Nachkommen werden als Nahrung behandelt. → Infantizid. [1]

Krotowinen → Bodenwühler.

kryptisches Verhalten → Tarnung.

K-Selektion, *K-Strategie* (K-selection, K-strategy): Form der natürlichen Selektion, die Merkmale (bzw. Gene) befördert, welche das Überleben unter stabilen Umweltbedingungen gewährleisten (→ r-Selektion). Die Tragekapazität der Habitate (K) wird voll ausgeschöpft. Wesentliches Merkmal der K. ist deren Konkurrenzfähigkeit um limitierte Ressourcen. Die Populationsgrößen sind relativ stabil und das Populationswachstum nahe Null, wenn das Maximum der Tragekapazität eines Lebensraumes erreicht ist. Unter diesen Bedingungen entwickelt sich eine Reproduktionsstrategie, die weniger auf Quantität (große Anzahl von Nachkommen), dafür umso mehr auf Qualität (optimale Ausnutzung der vorhandenen Ressourcen) gerichtet ist.

K-Strategen (K-strategists), d. h. Lebewesen, die aus K. hervorgegangen sind, haben eine vergleichsweise geringe Vermehrungsrate. Sie erreichen die Geschlechtsreife erst verhältnismäßig spät und ziehen je Saison in der Regel nur ein oder zwei Jungtiere auf und das nicht selten im Abstand von mehreren Jahren. Da die Jungen lange und intensiv betreut werden, ist der Elternaufwand sehr hoch. Im Gegensatz zu r-Strategen erreichen K-Strategen ein hohes Lebensalter. Die Kehrseite der K. besteht darin, dass überraschend oder vorübergehend auftretende Expansionsmöglichkeiten nicht oder nur sehr zögernd genutzt werden können. In dieser Hinsicht ist sie der r-Strategie unterlegen.

Typische K-Strategen sind Meeresvögel wie Pinguine und Albatrosse sowie viele Großsäuger, darunter die Wale und Robben, die meisten Huftiere und die Primaten, einschließlich des Menschen. [3]

Kuckuckskinder → Extrapair-young.

Kugelnest → Nestbauverhalten.

kulturelle Drift (cultural drift): nicht genetische Veränderung von Verhaltensmerkmalen mit isolierender Wirkung auf Teilpopulationen z. B. durch Lernen. [3]

kulturelle Evolution (cultural evolution): die Entwicklung der Anpassung des Menschen an die natürliche und nichtnatürliche Umwelt durch Informationsweitergabe mittels Tradition im Prozess organisierter sozialer Tätigkeit (Arbeit). Die k. E. beeinflusst in unterschiedlichem Maße die biologische Evolution. Sie basiert auf der Weitergabe der eigenen genetischen Informationen von einer Generation auf die nächste, während bei der kulturellen E. die Informationen immer schneller und globaler übertragen werden können (Abb.). Neben der biologischen Evolution entwickelten sich seit der Gattung *Homo* kulturelle Techniken, die ihm erlaubten, erfolgreicher in der Nahrungsbeschaffung und im Kampf gegen Feinde zu sein. Vor etwa 40.000 Jahren in der späten Altsteinzeit hat die k. E. immer mehr an Bedeutung zugenommen und die natürliche Selektion durch kulturelle Erfindungen verändert. Biologische Evolution und k. E. verschmelzen zur unbeschränkten *biokulturellen Evolution* (biocultural evolution), die auf einer Anpassung an eine Umwelt erfolgt, die der Mensch zunehmend verändert. [1]

kulturelle Pseudospeziation (cultural pseudospeciation): die Tendenz zur Abgrenzung und Differenzierung aufgrund kulturell bedingter Innovationen innerhalb ursprünglich einheitlicher menschlicher Gesellschaften. Durch die Betonung von Unterschieden und dem Beharren auf dem Eigenen kommt es zur Bildung von neuen Einheiten, die der biologischen Artbildung analog ist. K. P. basiert auf theoretischen Konzepten wie Weltanschauung (Philosophie), Religion oder politische Programme. Diese Konzepte und Wertesysteme können als Schrittmacher fungieren und durch Traditionsbildung stabilisiert werden. Diese kulturelle Ritualisation vergrößert die Unterschiede zu anderen Gruppen und verstärkt die Abgrenzung. K. P. hat es dem Menschen gestattet, sich rasch in sehr verschiedene Lebensräume einzunischen. [5]

Kulturenvergleich (cross cultural studies): neben dem Tier-Mensch-Vergleich, unter besonderer Berücksichtigung der Primaten, ein grundlegendes Verfahren in der → Humanethologie. Der K. wird vor allem zur Analyse und Bestimmung von Gemeinsamkeiten und Unterschieden im Verhaltensrepertoire verschiedener rezenter Kulturkreise eingesetzt. Die Populationen repräsentieren spezifische Kulturen mit verschiede-

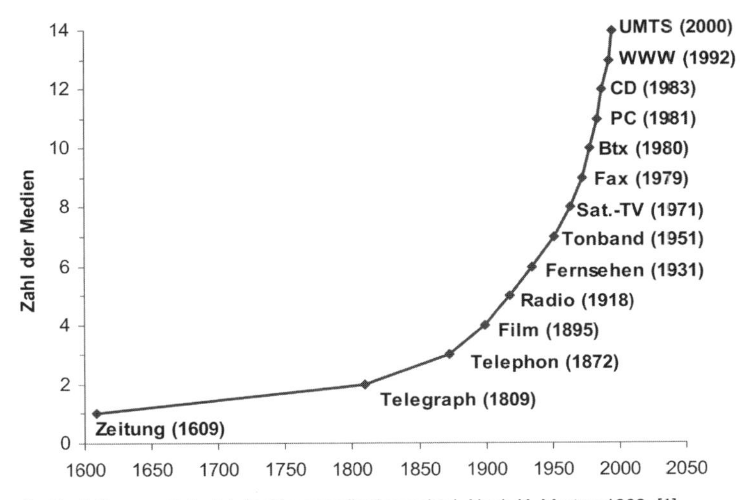

Kulturelle Evolution am Beispiel der Kommunikationsmittel. Nach K. Merten 1999. [1]

nen Wirtschaftsformen und gelten zugleich als Modelle für Kulturstufen, die in menschlichen Sozialsystemen derzeit vorkommen oder für die Vergangenheit nachweisbar sind. Die interdisziplinäre Zusammenarbeit wird von Verhaltensforschern, Linguisten, Völkerkundlern und Ethnomedizinern betrieben.

Der K. ist primär auf die Ermittlung stammesgeschichtlicher Anpassungen in der Verhaltensorganisation bezogen. Er führte zur Entdeckung von → Universalien, die in allen Kulturkreisen vorkommen. Der K. schließt das Verhalten Neugeborener ebenso ein wie Eltern-Kind-Beziehungen, Geschwisterbeziehungen, soziale Beziehungen zwischen verschiedenen Generationen und zwischen den Geschlechtern. Auch Formen des Grüßens, der Mimik und Gestik in speziellen Situationen, der Konfliktlösung, des Flirts, der Ablehnung und Zustimmung u.a. werden in den K. einbezogen. [1]

Kulturethologie (cultural ethology): ein von Otto Koenig (1970) bezeichnetes Gebiet der Humanethologie, das sich mit der kulturellen Entwicklung und den Tradition des Menschen befasst. Dabei werden biologisch bestimmte Grundfunktionen des Verhaltens im sozialen Verband (Rangdemonstrationen, Imponieren, Drohen, Grüßen u.a.) mit kulturell-gesellschaftlich bestimmten Sachverhalten in Beziehung gesetzt. Koenig hat sich vor allen mit der Kulturgeschichte der militärischen Uniformen beschäftigt. Andere suchen beispielsweise im Wandel der der Mode oder in der Geschichte der Werbung nach Hinweisen für die biologische Begründbarkeit kultureller Entwicklungen. Zum anderen beschäftigt sich die K. aber auch mit dem Einfluss der kultuerellen Entwicklung auf den Fortgang der Evolution des Menschen. [1]

Kulturflüchter, *hemerophobe Tiere* (hemerophobic animals, non-synanthropic animals): Tiere, die durch den Einfluss des Menschen in ihrer Siedlungsdichte zurückgehen und auf ihre ursprünglichen Lebensräume zurückgedrängt werden. Dazu gehören die meisten der gefährdeten oder vom Aussterben bedrohten Arten. → Kulturfolger. [1]

Kulturfolger, *synanthrope Tiere* (commensals of civilization, synanthropic animals): Tiere, die ihre ursprünglichen Lebensräume verlassen haben, um in der näheren Umgebung des Menschen zu leben. Bekannte K. sind Hausmaus, Haus- und Wanderratte, Haussperling, Amsel, Mauersegler, Rauch- und Mehlschwalbe, Weißstorch, Bettwanze, Stubenfliege, Küchenschabe und Heimchen. Ursachen für dieses Verhalten können ein besseres Nahrungsangebot, günstigere Vermehrungschancen, mehr Schutz vor natürlichen Feinden durch die Nähe des Menschen oder Veränderungen im ursprünglichen Lebensraum sein.

K. sind natürlich auch in ihrem Verhalten den neuen Bedingungen wie verändertes Klima, Kunstlicht, andere Schallpegelwerte, neue Nahrung u.a., angepasst. So leben und vermehren sich Hausmäuse sowohl in Kühlhäusern, als auch in Heizungsanlagen erfolgreich. Mauersegler, Schwalben und Weißstörche nutzen nicht mehr Felsen oder Bäume als Nist- oder Horstplatz, sondern Häuser, Ställe, Schuppen, Schornsteine und Dächer. Das Heimchen *Acheta domestica* lebt nicht wie im Mittelmeergebiet im Freien, sondern besiedelt die Häuser. → Kulturflüchter. [1]

Kumpan (companion): von Konrad Lorenz (1935) geprägter, heute nicht mehr benutzter Terminus für Partner. [1]

künstliche Selektion → Domestikation.

Kurzschlusshandlung, *Affekthandlung* (emotional behaviour): eine schnelle, ohne Einsicht in die Zusammenhänge und unüberlegt vollzogene Handlung. Ursache ist eine allzu starke → Motivation oder → Emotion. K. kommen beim Menschen und bei Säugetieren vor. [1]

Kurztag (short day): künstliches Lichtregime (L:D-Wechsel) oder Photoperiode mit einer Dunkelzeit > 12 h und einer kürzeren Lichtzeit. Die physiologischen und verhaltensbiologischen Reaktionen auf den K. sind artspezifisch (→ Kurztagtier). → Langtag. [1]

Kurztagtier (short day breeder): Tiere, die an den kurzen Tagen der Wintermonate reproduktiv aktiv sind. Zu den K. gehören z.B. winteraktive Gliederfüßer (Arthropoda) und das Schaf. Bei den Säugetieren ist das auslösende Signal die im Herbst zunehmende Melatoninproduktion in der → Epiphyse. Im Unterschied zu den → Langtagtieren wirkt Melatonin bei den K. gonadotrop. [6]

Kurzzeitgedächtnis → Gedächtnis.

Kurzzeitrhythmen (short term rhythms): Sammelbezeichnung für biologische Rhythmen mit Periodenlängen im Minuten-, Sekunden- oder Millisekundenbereich, wie Atem- und Herzrhythmen, Pupillenunruhe, Aktionspotenziale der Nervenzellen, EEG-Wellen, aber auch Kaubewegungen und Laute. Alle K. sind endogen und werden nicht unmittelbar durch externe Zeitgeber synchronisiert. Über das Zusammenwirken der K. untereinander und mit niederfrequenteren biologischen Rhythmen ist wenig bekannt. Möglicherweise sind sie Bestandteil der Zeitordnung lebender Systeme, indem Rhythmen unterschiedlichster Frequenzordnung von Sekunden-, über Minuten- und Stundenrhythmen bis zu Tagesrhythmen und darüber hinaus ineinander greifen. [6]

Kuss (kiss): eine charakteristische Form menschlichen Verhaltens, bei der ein anderes Individuum oder ein Gegenstand mit den Lippen berührt wird. K. ist ein uraltes Zeichen der Liebe, Freundschaft und Ehrerbietung. Im engeren Sinn ist es der *Mund-K.* (mouth kiss) Mund-zu-Mund-Kontakt als Ausdruck von Zärtlichkeit zwischen Eltern und Kindern sowie zwischen Sexualpartnern. Der K. ist Bestandteil des Bindungsverhaltens und festigt bestehende Bindungen. In allen Kulturkreisen ist er als *Zungen-K.* (tongue kiss, French kiss) mit Lippenöffnen, Zungenschieben und Saugbewegungen fester Bestandteil des Sexualverhaltens und wird ebenso wie der → Beißkuss selten in der Öffentlichkeit vollzogen. Diese Form des K. lässt sich vom → Kussfüttern ableiten. Der wenig intime *Wangen-K.* (cheek kiss) wird auch in der Öffentlichkeit bei der Begrüßung von Bekannten gezeigt. Es ist ein umorientierter Mund-K. [1]

Kussfüttern (kiss feeding): einseitiges oder wechselseitiges Austauschen von Nahrung oder kleinen Objekten mittels Zunge und Lippen bei Mund-zu-Mund-Kontakt. K. kommt bei verschiedenen Primaten vor und ist ein charakteristisch universelles menschliches Verhalten. Basis ist das → Mund-zu-Mund-Füttern, bei dem Mütter ihren Babys Vorgekautes in den Mund schieben. Davon ableiten lässt sich das K. zwischen Erwachsenen als Zeichen der Zuwendung (→ Flirt). [1]

Labyrinthversuch (maze experiment, labyrinth experiment): eine Methode der operanten Konditionierung, die 1899 von W.S. Small in die Verhaltensforschung eingeführt wurde. Vorbild für das von ihm benutzte Labyrinth war der berühmte Irrgarten des Hamton-Court-Palastes bei London.

Ein Labyrinth besteht aus drei (T-Labyrinth und Y-Labyrinth) oder mehreren Gängen (Tief- und Tischlabyrinth) oder Stegen (Hochlabyrinth), von denen nur einer zum Ziel führt und alle anderen blind enden. Daneben gibt es auch Labyrinthe mit horizontalen und vertikalen Wegen oder mit Schwimm- und Sprungstrecken. Für den L. wird das Tier mehrmals in das Labyrinth gesetzt und beobachtet, wie es zum Ausgang findet. Dort wird es mit Futter, Wasser oder Zurücksetzen in den vertrauten Käfig belohnt (→ Bekräftigung). Der nachzuweisende Lernerfolg (→ Lernkurve) lässt sich anhand der für jeden Lauf benötigten Zeit und der gemachten Fehler beurteilen. Fehler sind das Zurücklaufen zum Start und das Aufsuchen von Blindgängen.

Im L. wurden Vertreter fast aller Tierstämme unter den verschiedenartigsten Bedingungen (Belohnung, Bestrafung, Läsionen des Zentralnervensystems, Blendung, Pharmaka) getestet. [1]

Lächeln (smiling): Ausdrucksverhalten des Menschen, das der Mutter-Kind-Bindung, aber auch der Begrüßung sowie der Beschwichtigung und Entschuldigung (Verlegenheits-L.) dient. L. ist angeboren, denn es tritt auch bei taubblindgeborenen Kindern und in unvollständiger Weise bereits vor der Geburt auf. Im Alter von etwa sechs Wochen lächeln Säuglinge häufiger. Zuerst wird jedes Gesicht, Plüschtier u.a. in gleicher Weise angelächelt, und erst allmählich lernen sie zwischen Bezugspersonen und Fremden zu unterscheiden (→ Fremdenfurcht). L. gehört zu den Universalien des Verhaltens. Strittig ist, ob es eigenständig oder die Vorstufe zum Lachen ist. [1]

Lachen (laughing): menschliches Ausdrucksverhalten, das in allen Kulturkreisen vorkommt (→ Universalien). Es wird im Beisein anderer bei entsprechend positiver Stimmung („sich lustig machen") oder als ritualisiertes aggressives Verhalten (Ausla-

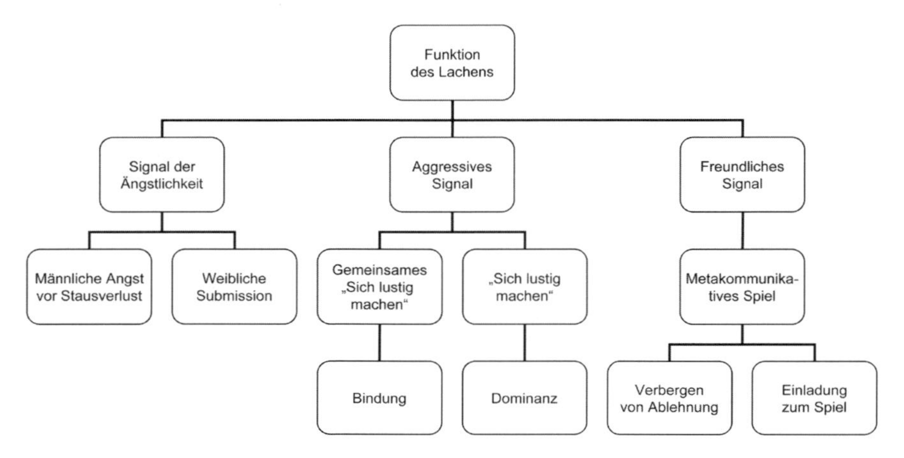

Lachen und seine Funktionen. Nach K. Grammer und I. Eibl-Eibesfeldt 1989. [1]

chen) geäußert (Abb.). Es kann aber auch zum Verbergen von Unsicherheit und Ängstlichkeit dienen. Am häufigsten tritt L. in Flirt- und Spielsituationen auf („alles was ich tue ist nur Spiel"). L. kann auch durch → Kitzeln ausgelöst werden. Beim L. der Schimpansen handelt es sich wahrscheinlich um eine Homologie. [1]

Lageorientierung → Taxis.

Laichen (spawning): bei Fischen und Amphibien das Absetzen von Eiern und Sperma ins Wasser. Dabei setzen *Bodenlaicher* ihren Laich am Boden ab, *Haftlaicher* kleben ihre Eier an feste Gegenstände und *Freilaicher* geben den Laich ins freie Wasser oder in Pflanzenbestände ab. [1]

Lallen (babbling): Lautäußerungen des menschlichen Säuglings, die in der Übergangsphase zwischen dem Beginn der ersten stimmhaften Lautbildungen und der sich ausprägenden Wortsprache auftreten. Die Lallphase beginnt obligatorisch im zweiten bis dritten Lebensmonat mit silbenähnlichen Verbindungen wie dem *Gurren* (cooing, gooing) und der Nachahmung von Vokalen. In dieser Zeit schließt das Repertoire verschiedenartige Elemente ein, die umfangreicher sind, als das Lautinventar jeder einzelnen menschlichen Sprache. Nach einer Übergangsphase der *Expansion* (expansion) setzt etwa ab dem sechsten Monat das so genannte *kanonische L.* (canonical babbling) ein. Der Säugling bildet durch Reduplizieren von Silben (z. B. dadadada) wort- oder satzähnliche Lautäußerungen. Zeitgleich oder später kommen auch Verbindungen unterschiedlicher Silben (z. B. daba) dazu. Das L. passt sich in dieser Zeit dem Kanon der gehörten Sprache ein. Dabei verliert der Säugling die Fähigkeit zur Erzeugung und auch die zur Unterscheidung von Lauten, die in der Umgebung nicht gesprochen werden. L. ist typisch für soziale Kontaktsituationen, Erkundungsverhalten und Spielsituationen mit Gegenständen. Nicht nur akustische, sondern auch andere soziale Interaktionen mit der Mutter formen in dieser Zeit nachweislich das L. und fördern die Sprechentwicklung erheblich. Hierbei gibt es Parallelen zum → Gesangslernen bei manchen Singvögeln. Zum L. regen besonders Objekte an, mit denen rhythmisch Geräusche erzeugt werden können oder Erwachsene, die in Zuwendung Lautäußerungen des Säuglings aufnehmen und wiederholen, wobei ganze Lalldialoge entstehen können. Dadurch wird sowohl die Entwicklung differenzierter Fähigkeiten zum Sprechen und Hören als auch die der zugeordneten Hirnleistungen besonders unterstützt. Danach werden, meist etwa ab dem zehnten bis zwölften Monat, erste Worte gesprochen und die Phase des L. ist beendet. [4]

Landmarke (landmark): auffälliges Objekt im Gelände, das zur optischen Orientierung in bekannter Umgebung genutzt wird. L. können freistehende Bäume, einzelne Büsche, große Steine, Häuser, Wege, Waldränder oder bei kleineren Tieren auch kleine Steine, Zapfen, Stöcke u. a. sein. Bodenbrüter finden so ihr Nest, Tauben ihren Schlag und Bienen die verschiedenen Futterplätze. Legt man z. B. um das Nest des Bienenwolfs *Philanthus triangulum* Kiefernzapfen, dann nutzt sie dieser Hautflügler zur Orientierung (Abb.). Werden die L. in gleicher Weise neben das Nest gelegt, so sucht er den Nesteingang am falschen Ort. → Objektorientierung. [1]

Langtag (long day): künstliches Lichtregime (L:D-Wechsel) oder Photoperiode mit einer Lichtzeit > 12 h und einer kürzeren Dunkelzeit. Die Wirkung des L. auf Physiologie und Verhalten ist bei den einzelnen Arten recht unterschiedlich → Kurztag. [1]

Langtagtier (long day breeder): Tiere, die an den langen Tagen während der Sommermonate reproduktiv aktiv sind. L. benötigen für ihre Fortpflanzung und Entwicklung eine bestimmte Zahl von → Photoperioden mit längerer Licht- als Dunkelzeit. Zu den L. gehört die Mehrzahl der einheimischen Arten. Zahlreiche Insektenlarven (z. B. Raupen) benötigen über 18 h Licht am Tag (Langtag), um sich entwickeln zu können, ansonsten kommt es zur Diapause. Bei vielen Vögeln aber auch Kleinsäugern, wie dem Goldhamster und dem Dsungarischen Hamster, entwickeln sich die Gonaden im Frühjahr unter dem Einfluss zunehmender Tageslänge. Auslösendes Signal ist die abnehmende Melatoninproduktion der → Epiphyse, verursacht durch die länger werden-

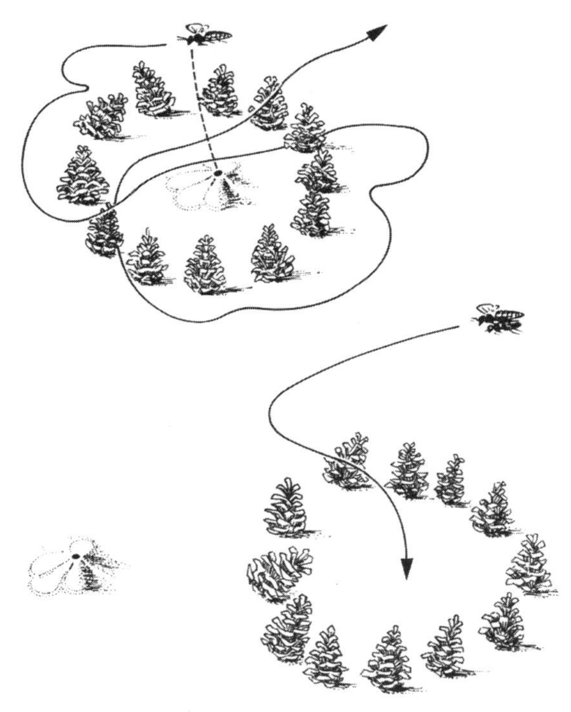

Landmarken und Orientierung beim Bienenwolf. Er findet den Nesteingang anhand der Zapfen, denn sobald ihre Lage verändert wird, sucht er an der falschen Stelle (unten). Aus R. Gattermann et al.1993.

den Tage bzw. kürzeren Nächte. Im Unterschied zu den → Kurztagtieren wirkt Melatonin bei den L. anti-gonadotrop. Hühnerhalter verzögern das Nachlassen der Legeleistung im Herbst und Winter durch zusätzliche Beleuchtung in den Ställen. [6]

Langzeitgedächtnis → Gedächtnis.

Larder-hoarding → Futterhorten.

Larvalparasitismus (larval parasitism): es werden nur die Larven pararasitiert. L. kommt vor allem bei Insekten z. B. den Schlupfwespen und Raubfliegen vor. [1]

Läsionsexperiment (lesion experiment): wissenschaftlicher Versuch, der auf einer begrenzten Schädigung, Verletzung oder Störung bestimmter Hirngebiete durch mechanische Methoden, Neurotoxine (Nervengifte) oder Elektrokoagulation basiert. Er soll anhand der so verursachten Verhaltensstörungen und Ausfallsymptome Aufschluss über die Funktion der betroffenen Hirnregion geben. So wurde mithilfe von L. die circadiane Uhr im → suprachiasmatischen Nukleus lokalisiert.
Die Zuordnung bestimmter Verhaltensweisen zu einzelnen Hirnabschnitten ist jedoch recht grob und hat für die Verhaltensbiologie nicht die erwarteten Einsichten erbracht. Erst durch die Kopplung mit anderen Methoden (z. B. Elektrostimulation) ließen sich beispielsweise für das Nahrungs-, Aggressions- und Sexualverhalten der Säuger verantwortliche Hirnareale nachweisen. Für den Menschen werden solche Erkenntnisse im Zusammenhang mit lebensnotwendigen chirurgischen Eingriffen oder durch Untersuchungen an Personen mit einer gestörten Verbindung zwischen den beiden Hirnhälften (split brain) gewonnen (→ Lateralität). [5] [6]

Lästling (nuisance): Artfremde, die sich störend und belastend auf das Verhalten auswirken. [1]

latentes Lernen, *inzidentelles Lernen* (latent learning): das beiläufige Einspeichern bedeutungsneutraler Eindrücke, die im Moment keine Konsequenzen besitzen, aber möglicherweise später, im Bedarfsfalle eine verhaltensändernde Wirkung entfalten können. L. L. bezieht sich auf alles Lernen, das sich zum Zeitpunkt seines Ablaufes nicht im Verhalten manifestiert (z. B. bei fehlender Verstärkung). Es ist ein Lernen ohne Belohnung. L. L. kann auch als Lernen auf Vorrat bezeichnet werden, das nicht geübt zu werden braucht und daher nicht unmittelbar erkennbar ist, jedoch unter günstigen Umständen durch Verhaltensänderungen nachgewiesen werden kann. So werden etwa durch Beobachtung Einstellungen oder Vorurteile von den Eltern übernommen, die häufig erst im Erwachsenenalter „zum Vorschein" kommen. Lässt man hungrige Laborratten mehrere Tage ein Labyrinth erkunden, ohne Futter oder Wasser anzubieten, dann lernen sie anschließend deutlich schneller das Labyrinth fehlerfrei zu durchlaufen, um am Ziel angebotenes Futter zu bekommen, als unerfahrene Kontrolltiere. Bekommen Laborratten optische Muster wie Kreis und Dreieck schon in der Nestbox präsentiert, dann lernen sie in einer späteren Altersstufe diese schneller zu unterscheiden, als Tiere, denen diese Reize völlig neu sind. [5]

Lateralität, *Seitigkeit* (laterality): Sammelbegriff für angeborene funktionelle Asymmetrien bei Tier und Mensch, die sich in Organfunktionen und im Verhalten äußern. Am bekanntesten ist die Bevorzugung der rechten oder linken Hand bei Rechts- bzw. Linkshändern, wie sie für Menschen und am Boden lebende Primaten typisch ist. *Händigkeit* (handedness, handpreference) oder *Beinigkeit* (footedness, footpreference) wurde auch für Ratten, Mäuse, Goldhamster, Katzen, Papageien u. a. Tiere beschrieben.
Unter den Menschen ist die Mehrzahl ausgesprochene Rechtsseiter (65–75 %). Stabile Linksseiter sind selten (3–5 %) und unter den Frauen außerordentlich selten. Alle übrigen sind labil in ihrem L.verhalten und werden als Nichtrechtsseiter charakterisiert. L. zeigt sich auch in der unterschiedlichen Ausbildung der rechten und linken Gesichtshälfte.
L. kann auch bei Kaubewegungen (Wiederkäuer), beim Sehen (Äugigkeit), beim Hören (Ohrigkeit) oder bei Körperbewegungen u. a. beobachtet werden. Nicht selten treten Ungleichheiten in der L. auf (Seitigkeitsdiskordanzen), dann sind z. B. Rechtshänder nicht auch Rechtsbeiner, sondern Linksbeiner u. ä. Die biologische Bedeutung der L. ist unklar. Die Ursache ist unter anderem in der Gehirn-L. (Hemisphärendominanz) zu suchen. So kontrolliert die rechte

Hemisphäre vor allem die räumlichen Vorstellungen und Fähigkeiten, die Emotionalität, das nichtverbale Gedächtnis, die Musikempfindung, während die linke Hemisphäre haupsächlich für die Sprachlaute, das verbale Gedächtnis, sowie für das Sprechen, Schreiben, Lesen und Rechnen zuständig ist. → Assymetrie, → Split-brain-Versuche. [1]

Lauerjäger → Räuber.

Laufen → Gangart.

Läufigkeit → Östrus.

Laufrad, *Lauftrommel* (running wheel): eine Methode der Aktographie, die schon 1898 von C.C. Stewart eingeführt wurde, um die Laufaktivität bei kleinen Versuchstieren zu messen. Dabei können die Tiere das L. nach Belieben betreten, oder sie befinden sich ständig in einer Lauftrommel. Besonders Goldhamster, Mäuse, Ratten und Eichhörnchen nutzen in Gefangenschaft das L., um ihr tägliches „Aktivitätssoll" abzureagieren (→ Laufradaktivität). Diese spontane L.leistung (Umdrehungen/Zeit) widerspiegelt den Gesundheitszustand der Versuchstiere, der sich somit täglich beurteilen lässt, ein Vorteil, den z.B. die → Verhaltenstoxikologie nutzt. [1]

Laufradaktivität (running wheel activity): die im Laufrad abgeleistete lokomotorische Aktivität. L. und normale Lokomotorik auf festem Boden sind aufgrund unterschiedlicher Körperhaltungen und mechanischer Gegebenheiten nicht direkt vergleichbar. Im Laufrad werden die horizontalen Laufbewegungen am Boden in Rotationsbewegungen umgesetzt. Werden die Umdrehungen des Laufrades auf die Strecke umgerechnet, dann läuft z.B. ein adultes Goldhamstermännchen jede Nacht 4 bis 10 km, Strecken, die im natürlichen Lebensraum nicht erreicht werden.

Es existiert keine einheitliche wissenschaftlich begründete Theorie zur Motivation und Funktion der L. Es ist kein natürliches Verhalten, denn Laufräder sind in der natürlichen Umwelt nicht vorhanden. Die L. ist ein hoch motiviertes eigenständiges Verhalten, das Merkmale einer Stereotypie aufweist. Goldhamster benutzen das Laufrad sehr gern, werden aber nicht süchtig, die Selbstkontrolle geht zu keiner Zeit verloren (→ Sucht). So reduzieren Goldhamsterweibchen die L., sobald sie Junge zu versorgen haben. Zum anderen konnte nachgewiesen werden, dass Goldhamster mit Laufradzugang schwerer und größer werden, indem sie mehr Muskel- und Fettmasse ansetzen. Größere Vor- und Nachteile der L. sind nicht erkennbar. → Aktivitätsfeedback. [1]

Laufsäugling (follower): Jungtiertyp bei Säugetieren, der bei der Geburt schon über ein umfangreiches Verhaltensrepertoire verfügt, dessen Sinnesorgane weitgehend funktionstüchtig sind und dessen Motorik gut entwickelt ist, sodass er bereits nach wenigen Stunden der Mutter folgen kann. L. sind → Nestflüchter. Man findet sie vor allem bei Huftieren der offenen Landschaften (Pferde, Gnus und Rinder), aber auch beim Meerschweinchen. [1]

Laufscharren → Scharren.

Laufschlag (foreleg kick): angeborener Bestandteil des Sexualverhaltens der Gazellen, bei dem der Bock nach einer Phase des Treibens von hinten mit gestrecktem Vorderlauf nach dem Weibchen, meist zwischen dessen Hinterbeine, schlägt und es dann zur Kopulation anspringt, die im Stehen oder Laufen vollzogen wird (Abb.). [1]

Laufschwimmen → Schwimmen.

Lauftrommel → Laufrad.

Lausen → Fremdputzen.

Laut → Ruf.

Lautattrappe, *Gesangsattrappe* (vocal stimulation, sound stimulation, synthetic song): bei bioakustischen Untersuchungen verwendetes, auf Speichermedien festgehaltenes (offline) oder elektronisch erzeugtes (online) Gesangs- oder Lautmuster zur Erforschung von Verhaltensreaktionen. L. können natürlich (meist Aufzeichnungen arteigener Laute oder Gesänge), modifiziert (z.B. durch Umstellung von Elementen, Veränderung von Frequenzen) oder synthetisch sein (komplett elektronisch oder am Computer erzeugte künstliche Laute oder Gesänge). Die Reaktion des Versuchstiers im Attrappenversuch wird in vorher festgelegte Antwortklassen eingeteilt und sowohl qualitativ als auch quantitativ bewertet. [4]

Lautbildung, *Vokalisation*, *Phonation* (vocalization, sound production, phonation): Produktion von Lauten für die akustische Kommunikation. Die Mechanismen der L. sind sehr vielgestaltig und besonders bei

Laufschlag bei der Thomsongazelle als ein Element des männlichen Sexualverhaltens. Aus R. Gattermann et al. 1993.

Gliederfüßern (→ akustische Kommunikation) und Wirbeltieren verbreitet. Knochenfische erzeugen Laute über spezielle Muskeln an der Schwimmblase (z. B. Umberfische der Familie Sciaenidae) oder mithilfe von Schlundzähnen, Zähnen, Kiefern oder Flossen. Bei den Landwirbeltieren erfolgt die L. zum größten Teil unter Ausnutzung des Luftstromes, der an speziellen schwingungsfähigen Strukturen vorbei streicht („echte Stimmen"). Die entsprechenden Strukturen sind bei Amphibien, Reptilien und Säugern der obere Kehlkopf (Larynx) und bei Vögeln der untere Kehlkopf (Syrinx). Bei der L. über echte Stimmen spielen auch nachgeschaltete Resonanzstrukturen eine große Rolle (z. B. Schallblasen bei Fröschen, Luftsäcke an der Luftröhre einiger Vögeln, Nasen-Rachen-Raum bei Säugern, → Formant). Bei Vögeln gibt es unterschiedliche Syrinx-Typen. Während sich die in den Luftstrom eingewölbte Membranen bei Hühnervögeln ganz unten seitlich an der Luftröhre befindet, liegen sie bei den meisten anderen Vögeln direkt unter dem Abzweig (Singvögel) oder weiter davon entfernt in den beiden Lungenästen (Nachtschwalben, Kuckucksvögel und Pinguine). Durch die Aufteilung in zwei lauterzeugende Systeme kann es besonders bei den zuletzt genannten Vögeln und bei den Singvögeln zu einer → Biophonation kommen. Neben echten Stimmen entstehen bei Wirbeltieren auch Laute durch Aneinandereiben von Körperstrukturen (z. B. Schuppenrasseln bei Klapperschlangen, Rasseln der Stacheln beim Stachelschwein), durch Klopfen auf ein Substrat (Trommeln der Spechte und Hasenartigen, Hufstampfen bei Huftieren, → Instrumentallaut) oder durch Bewegungsgeräusche (→ Fluggeräusch), die durch bestimmte Strukturen oder ein besonderes Verhalten auch verstärkt hervorgebracht werden können. [4]

Lautheit → Psychoakustik.

Lautrepertoire (vocal repertoire): Gesamtheit der Lautäußerungen einer Tierart oder eines Individuums. Bei Vögeln wird das L. meist → Gesangsrepertoire genannt. In der Anfangsphase der Bioakustik war man bestrebt, das L. durch eine konkrete Zahl von Lautformen zu beschreiben. Häufig treten jedoch zwischen einzelnen Lauten Übergangsformen auf. Das führte dazu, dass verschiedene Autoren für eine Tierart unterschiedliche Anzahlen an Lautformen herausfanden. Es ist deshalb besser, funktionelle Klassen abzugrenzen (z. B. Hemmlaute oder Kontaktlaute). Innerhalb dieser Klassen finden sich dann häufig fließende Übergänge zwischen einzelnen Lautformen. [4]

Lautsprache → Sprache.

Lautstärkepegel → Psychoakustik.

LD (LD): Abkürzung für ein → Lichtregime, bei dem Licht und Dunkel alternieren. [6]

Lebensgemeinschaft → Biozönose.

Lebensgeschichte → Life-history.

lebenslange Monogamie → Monogamie.

Lebensraum → Biotop.

Lecker → Säftesauger.

Lee-Boot-Effekt (Lee-Boot effect): beschreibt die Pheromon-abhängige Veränderung des Östruszyklus von in Gruppen gehaltenden Mäusen, erstmals beschrieben von S. van der Lee und L.M. Boot (1955). In kleinen Gruppen (n = 4) nimmt die Häufigkeit der → Pseudogravidität zu und in großen Gruppen (n = 30) kommt es zum Anöstrus (→ Östrus). [1]

Leerlaufhandlung (vacuum activity): innerhalb der klassischen vergleichenden Verhaltensforschung eine von Konrad Lorenz beschriebene Instinktbewegung, die von einem angeborenen Auslösemechanismus in Gang gesetzt wird, ohne dass der Beobachter einen Schlüsselreiz nachweisen kann. L. treten auf, wenn sich bei Ausbleiben der zu einem bestimmten motivierten Verhalten gehörenden auslösenden Situation Antriebsstau und extreme Schwellenerniedrigung (→ Schwellenwertänderung) ergeben, sodass das betreffende Verhalten schließlich ohne Bezugsobjekt ins Leere abläuft. Lorenz gut gefütterter und von Hand aufgezogener Star, der nie Insekten zu fangen bekam, flog dennoch von Zeit zu Zeit auf, schnappte nach „Nichts" und führte, zur Sitzstange zurückgekehrt, die Tötungsbewegung und das Schlucken aus, ohne wirklich etwas erbeutet zu haben. L. gehören zum fehlgerichteten Verhalten. Ähnlich wie Ersatzhandlungen und umorientiertes Verhalten verbrauchen L. ein gewisses Maß an Handlungsbereitschaft und reduzieren so biologisch unbefriedigte Motivationen. [5]

Leichenfresser → Nekrophaga.

Leistungsdichtespektrum → Frequenzanalyse.

Lek → Balzarena.

Lek-Polygynie → Polygynie.

Lerndisposition (learning disposition): individuelle Basis für den Lernprozess. Im Verlauf der Stammes- und Individualgeschichte werden die Voraussetzungen für die L. genetisch fixiert und durch erworbene Anteile modifiziert. Individuen lernen daher in einem biologisch vorgegebenen Rahmen, wobei das Ausmaß der L. für jede Tierart und auch innerhalb derselben verschieden ist. So fällt es Nagetieren, die sich unterirdische Gangsysteme bauen, vergleichsweise leicht, räumliche Diskriminationsaufgaben oder Labyrinthe zu erlernen. Bienen haben andererseits eine besondere Veranlagung zur Farbdressur. L. ist immer im Zusammenhang mit optimaler Anpassung an die Umwelt und dem jeweilig herrschenden Selektionsdruck zu sehen. [5]

Lerndurchgang, *Lernabschnitt* (trial): einzelne Auseinandersetzung des lernenden Individuums mit der Lernsituation während eines Lernexperiments (→ Konditionierung). Da die meisten Lernformen ein mehrmaliges Erleben der Verstärkung und Übung verlangen, gliedert sich der Lernprozess in der Regel in mehrere Durchgänge. Ausnahmen ergeben sich beim Lernen durch Beobachtung und Nachahmung, beim Lernen Lernen und beim Einsichtslernen. Hier kommt die richtige Lösung im Idealfall sofort oder nach nur einem L. Neben der Lernsituation selbst hat auch die Pause zwischen den einzelnen Durchgängen Einfluss auf die Lernleistungen. [5]

Lernen (learning): beschreibt die Fähigkeit, Verhalten aufgrund individueller Erfahrung so zu ändern, dass es neuen Situationen besser angepasst ist. Diese Veränderungen können die Häufigkeit, Intensität und Dauer und die Orientierung der Verhaltensweisen betreffen. L. basiert auf dem Informationsgewinn aus der Umwelt und vollzieht sich im Wechselspiel mit dieser sowie innerhalb eines stammes- und individualgeschichtlich vorgegebenen Rahmens (→ Lerndisposition). Es beruht im Wesentlichen auf der aktiven oder passiven Aufnahme, Verarbeitung und Speicherung verhaltensrelevanter Informationen in einem → Gedächtnis. L.

erfolgt in der Regel schrittweise (→ Lernkurve) und ist mit wenigen Ausnahmen (→ Prägung) ein umkehrbarer Prozess (→ Vergessen).
Auf eine durch L. erfolgte Veränderung des Verhaltens kann man experimentell schließen, wenn ein systematischer Zusammenhang zwischen der zurückliegenden Erfahrung und dem aktuellen Verhalten festgestellt wird. Erfahrung bedeutet in diesem Zusammenhang die Wirkung von gemeinsam oder nacheinander auftretenden Ereignissen, die durch den Lernvorgang miteinander verbunden und die damit in eine Ursache-Wirkungs-Beziehung gebracht werden, die auch nach langem Zeitintervall als Gedächtnis zur Verhaltenssteuerung zur Verfügung stehen. Ereignisse in diesem Zusammenhang sind nicht nur äußere Reize, sondern auch das Verhalten und die inneren Zustände des Individuums. L. bei höheren Wirbeltieren ist durch aktive Lernbereitschaft (Neugier, Spielverhalten, Werkzeuggebrauch), soziale Anregung (Lernen durch Beobachtung und Nachahmung, Traditionen) charakterisiert und kann durch ein hohes Maß an Bewusstheit (Denken, Einsicht) gefördert werden.
Von den lernbedingten Veränderungen des Verhaltens sind solche zu unterscheiden, die auf Wachstum, Reifung oder Alterung, Nahrungsmangel, Krankheit, Hormone, Pharmaka, Noxen etc. zurückgehen. Man unterscheidet einfaches → nicht assoziatives L. von → assoziativem Lernen. [5]
Lernen am Erfolg (conditioning by reinforcement): setzt eine aktive Beteiligung des Tieres voraus (→ Verstärkung). Die eigenen Aktionen werden zur Lösung von Aufgaben eingesetzt und führen zu Bewertungen (z. B. Futterbelohnung). Das Tier lernt die Beziehung zwischen eigener Aktion, Bewertung und die darauf hinweisenden Stimuli, das Verhalten wird somit zum Instrument des Erfolgs (→ operante Konditionierung). Im Gegensatz zum → Versuch-und-Irrtum-Lernen muss es aber nicht in jedem Fall und von Anfang an ein aktiver (intentionaler) Lernprozess sein, denn ein lernbereites Individuum lernt auch aus Zufallserfolgen. → Gesetz der Auswirkung, → Neugier. [5]
Lernen durch Einsicht → Einsichtslernen.
Lernen Lernen (formation of learning sets): betrifft methodische Aspekte des Lernens und die Übertragung von Lernerfahrungen auf neue Probleme des gleichen Typs. Der Begriff stammt von Harry Frederick Harlow (1949), der Rhesusaffen mit Serien von mehreren hundert visuellen Diskriminationsaufgaben testete. Dabei war zu beobachten, dass die Lernleistung der Tiere im jeweils zweiten Durchgang eines Tests nach etwa 100 erfolgreichen Diskriminationen signifikant über der Spontanleistung lag. Die Affen hatten das Lösungsprinzip also offenbar erkannt und mussten nun im ersten Durchgang eines jeden Tests nur noch feststellen, welcher der beiden Reize die Belohnung anzeigte. [5]
Lernkriterium (criterion of learning): statistischer Grenzwert der Lernleistung, von dem ab eine signifikante Abweichung von der Spontanleistung des Individuums im Sinne der Lernaufgabe festzustellen ist. Durch das L. können Könner von Nichtkönnern unterschieden werden. Der genaue Wert ist variabel und hängt von der jeweiligen Testaufgabe ab, häufig nutzt man als L. eine Schwelle von ca. 70 % Richtigwahl. [5]
Lernkurve (learning curve): Darstellung eines Lernprozesses anhand von Leistungen oder Fehlern im Zeitverlauf (Abb.). Die L. gliedert sich in vier Abschnitte:
– *Spontanphase* (auch Null- oder Bestimmungsphase): beschreibt den Zustand vor Beginn des Lernprozesses. Die Untersuchung dieser Phase ist notwendig, um die individuelle Lerndisposition zu bestimmen und die spätere Lernleistung beurteilen zu können;
– *Lernphase* (auch Akquisitions- oder Erwerbsphase): Steigerung der Lernleistung gemessen anhand der Abnahme der ermittelte Fehler oder der benötigten Zeit. Hier erfolgt die adaptive Veränderung des individuellen Verhaltens unter dem Einfluss der Verstärkung. Dies muss allerdings nicht kontinuierlich geschehen, sondern es kann durchaus vorkommen, dass z. B. die benötigte Zeit im Verlauf der Versuchsdurchgänge kurzfristig einen höheren Wert annimmt, danach allerdings weiter abnimmt. Wenn das Lernen schubartig geschieht, kann sich die Lernphase in mehrere Abschnitte gliedern, die dann *Akquisition* und *Schärfung* (aquisition, sharpening) genannt werden;

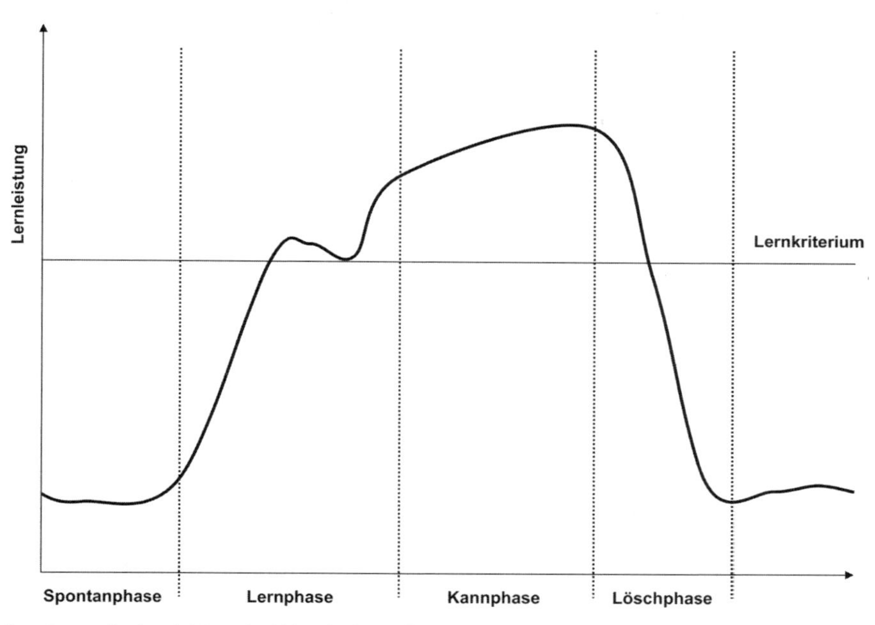

Lernkurve der Lernleistung im Zeitverlauf. Die Spontanphase beschreibt den Zustand vor Beginn des Lernprozesses. In der Lernphase nimmt die Lernleistung unter dem Einfluss der Verstärkung zu und erreicht das Lernkriterium, ein statistischer Grenzwert, ab dem eine signifikante Abweichung von der Spontanleistung des Individuums im Sinne der Lernaufgabe festzustellen ist. Daran schließt sich die Kannphase an, in der keine messbare Verbesserung der Lernleistung mehr auftritt. Die Löschphase beschreibt die Rückbildung des Lernprozesses nach Wegfall der Verstärkung. Aus R. Gattermann et al. 1993.

– *Kannphase* (auch Erhaltungsphase): ist das Plateau der L. oberhalb des Lernkriteriums, es tritt hier keine messbare Verbesserung der Lernleistung mehr auf. Dies muss jedoch wiederum nicht bedeuten, dass stets die exakt gleiche Zeit benötigt wird, vielmehr streuen die Messergebnisse um einen bestimmten Wert. Es ist möglich, dass die Kannphase durch eine zweite oder dritte Lernphase unterbrochen wird;
– *Löschphase* (auch Extinktions- oder Abschwächungsphase): beschreibt die Rückbildung des Lernprozesses nach Wegfall der Verstärkung (→ Extinktion, → Vergessen, → Umlernen). Der Verlauf der Auslöschung hängt unter anderem vom vorherigen Verstärkungsregime ab. [5]

Lernleistung (learning performance): Grad der individuellen Anpassung des lernspezifischen Verhaltens an das Verstärkungsregime. Wesentliche Voraussetzungen für die L. sind die genetische Lerndisposition, der individuelle Entwicklungsstand, eventuell bereits vorliegende Erfahrungen sowie die aktuelle Motivation. Darüber hinaus wird die L. natürlich auch von der Art des jeweiligen Tests bzw. der zu lösenden Aufgabe beeinflusst. [5]

Lerntypen (types of learning): die qualitativ unterschiedlichen Niveaus der Lernarten, die sich danach unterscheiden, in welchem Maße das lernende Individuum ein Lernproblem erkannt hat und inwieweit es sich aktiv an der Problemlösung beteiligt. Habituation, Dishabituation und Sensitisierung werden als einfache, nicht-assoziative L. bezeichnet, bei denen keine zeitliche Zuordnung oder Paarung (Assoziation) von hinweisenden und bewertenden Reizen erfolgt. Zu den assoziativen L. wird die →

klassische (Pawlowsche) Konditionierung gezählt, bei der ein neutraler mit einem bedeutungsvollen Stimulus gepaart wird. Die → operante oder instrumentelle Konditionierung ist ebenfalls eine Form assoziativer L., setzt aber eine aktive Beteiligung des Individuums voraus, da hier die eigenen Aktionen zu bewertenden Stimuli führen. Den höheren und komplexen assoziativen L. wie Orientierungslernen, Lernen durch Beobachtung und spielerisches Lernen ist gemeinsam, dass die Motivationen und bewertenden Ereignisse nicht äußere Stimuli, sondern innere Zustände wie Erwartung oder Neugierde sind. Ein besonderer L. ist das → Prägungslernen, eine bei Wirbeltieren und Arthropoden weit verbreitete und genetisch weitgehend determinierte Form des schnellen Lernens während sensitiver Phasen der frühen Entwicklung. Als höchster Lerntyp kann das bislang nur für Primaten und Menschen nachgewiesene → Einsichtslernen bezeichnet werden, bei der eine raum-zeitliche oder logische Beziehung zwischen mehreren Stimuli gebildet wird. Es ermöglicht die Lösung komplexer Aufgaben ohne Ausprobieren durch „Nachdenken". [5]

Lestobiose → Kleptobiose.

Leuchtsignal (flare signal): auf Biolumineszenz beruhende Form der optischen Kommunikation, meist bei nachtaktiven oder in dunkler Umgebung lebenden Tieren wie Tiefsee- oder Höhlenbewohner. L. sind im Tierreich weit verbreitet und können durch spezielle Leuchtorgane oder durch symbiotische Mikroorganismen erzeugt werden. Biolumineszenz ist meist verbunden mit einem bestimmten Stoff, häufig Luciferin genannt, der unter Anwesenheit eines Enzyms (Luciferase) und unter Verbrauch von Sauerstoff und Energie (ATP) in einen angeregten Zustand versetzt wird. Aus diesem angeregten Zustand heraus kann je Molekül ein Photon erzeugt werden. Luciferine sind chemisch völlig unterschiedlich aufgebaut und gehören verschiedenen Substanzklassen an. Das so genannte Photinus-Luciferin der wohlbekannten Leuchtkäfer oder „Glühwürmchen" aus Mitteleuropa (Gattungen *Lampyris, Phausis*) und Nordamerika (Gattung *Photinus*) erzeugen grünliches Licht (Wellenlänge 562 nm). Der Wirkungsgrad bei der Lichtproduktion liegt bei 88 %. Selbst innerhalb der Familie der Leuchtkäfer gibt es strukturell unterschiedliche Luciferine, so z. B. das bei den bisher untersuchten japanischen Leuchtkäfern der Gattung *Luciola* gefundene Luciopterin.
Manche Leuchtkäfermännchen senden artspezifische Blinkmuster mit langen und kurzen Lichtblitzen. Paarungsbereite Weibchen antworten auf diese Signale mit wiederum eigenen Blinkmustern. In einigen Fällen konnte auch gefunden werden, dass Weibchen Blinksignale anderer Leuchtkäferarten fälschen, um fremde Männchen als Beute anzulocken.
Manche Fische, die tagsüber in mittleren Tiefen oder an der Wasseroberfläche schwimmen, leuchten nach unten um ihre Silhouette vor tiefer schwimmenden Raubfischen zu verbergen. Einige Tiefseefische (z. B. Anglerfische) locken mit Leuchtorganen an bewegten Körperteilen Beute an. Die Funktion vieler anderer L. ist jedoch noch weitgehend unbekannt. [4]

lichenophag, *lichenovor* (lichenophagous, lichenovorous): Tiere, die sich von Flechten ernähren. [1]

lichtaktiv → Aktivitätstyp.

Lichtregime, *Licht-Dunkel-Wechsel* (lighting regimen): beschreibt die für chronobiologische Experimente verwendeten, zumeist artifiziellen Lichtverhältnisse. Künstliche L. werden gegenüber dem natürlichen Hell-Dunkelwechsel bevorzugt, da sie ein hohes Maß der Standardisierung gewährleisten. Zudem werden saisonale Änderungen der → Photoperiode, der Dauer der Dämmerungsphasen etc. ausgeschlossen.
Um eine optimale intra- und interindividuelle Synchronisation der circadianen Rhythmen zu erreichen, werden Licht-Dunkel-Zyklen als → Zeitgeber benutzt. Die größte Zeitgeberstärke hat dabei ein L. mit jeweils 12 h Licht und Dunkel (L:D =12:12 h). Es ist jedoch zu berücksichtigen, dass 12 h Licht pro Tag für einige Spezies unterhalb der → kritischen Photoperiode liegen kann. In diesen Fällen bietet sich ein L. mit 14 h Licht und 10 h Dunkelheit an (L:D = 14:10 h). Die Zeitgeberstärke eines LD-Wechsels hängt auch von der Differenz der Lichtintensität ab. Mit zunehmender Hell-Dunkel Differenz nimmt jedoch auch der → Maskierungseffekt zu. Die optimale Lichtstärke

ist speziesabhängig und liegt für die üblichen Labornager bei 100–150 lx.
Unter Laborbedingungen werden meist LD-Zyklen ohne Dämmerungsphasen, d.h. mit abrupten Übergängen zwischen den Licht- und Dunkelzeiten verwendet (Rechteckförmiges L.). Zur Untersuchung photoperiodischer Phänomene wird die zeitliche Relation der Licht- und Dunkelphasen variiert (z.B. Kurztag, Langtag). Von 24 h abweichende, adiurnale L. werden zur Untersuchung des → Mitnahmebereichs circadianer Rhythmen eingesetzt.
Um die Zeitgeberwirkung des L. auszuschalten, verwendet man *Dauerlicht- LL* (constant light) oder *Dauerdunkelbedingungen DD* (constant darkness). Unter diesen Bedingungen können die Eigenschaften des endogenen Rhythmus wie Stabilität der → Spontanperiode und ihrer Abhängigkeit von der Lichtintensität sowie die phasenverschiebenden Effekte von Licht- und Dunkelpulsen gut untersucht werden (→ Phasenantwortkurve). [6]

Licht-Rücken-Orientierung, *Lichtrückenreflex* (dorsal light orientation, dorsal light response): räumliche Orientierung bei Wasserorganismen, die für Ringelwürmer, Krebse, Insekten und Fische nachgewiesen wurde. In Gewässern fällt das Licht immer von oben ein. Die Tiere nutzen diese Gesetzmäßigkeit zur Lageorientierung und wenden ihren Rücken dem Licht zu bzw. den Bauch wie der Rückenschwimmer *Notonecta*. Die L. ermöglicht auch in stark bewegtem Wasser eine exakte Positionsbestimmung, wenn die Schweresinnesorgane versagen.
Fast alle Wasserorganismen nutzen aber dennoch Schwerkraft und L., was Erich v. Holst (1948) durch Experimente mit schräg einfallendem Licht für Fische nachweisen konnte. Dabei nimmt das Versuchstier eine vom Einfallswinkel des Lichtes abhängige Schrägstellung ein, die als Kompromiss aus der Verrechnung von Schwerkraft, Lichteinfallswinkel und Lichtintensität resultiert. Werden die Schweresinnesorgane operativ entfernt, dann schwimmen Fische und auch Krebse bei einer Beleuchtung von unten sogar in Rückenlage. Die L. ist kein einfacher Reflex, sondern ein kompliziertes Verhalten, denn die Bewertung des Lichtes ist z.B. bei Fischen vom physiologischen Zustand abhängig, hungrige Fische reagieren stärker als gesättigte. [1]

Lichttherapie (light therapy, bright light therapy): Behandlung mit dem Licht heller Therapielampen oder auch mit Sonnenlicht, die insbesondere bei Krankheiten oder Beeinträchtigungen des Wohlbefindens, denen eine Störung → circadianer Rhythmen zu Grunde liegt, angewandt wird. Die L. nutzt den direkten Effekt des über die Augen aufgenommenen Lichtes auf den → suprachiasmatischen Nukleus, dem zentralen Schrittmacher des circadianen Systems.
Vor allem saisonabhängige Depressionen (→ Winterdepression) können sehr erfolgreich mit hellem Licht behandelt werden. Die empfohlene Dauer einer L. beträgt 2 Wochen bei einer täglichen Behandlung über 2 h (2.500 Lux) oder 40 min (10.000 Lux). Bereits nach etwa vier Tagen geht es den Patienten deutlich besser. Schlaf, Stimmung und Antrieb werden normalisiert, die depressiven Symptome nehmen deutlich ab oder verschwinden. Der Effekt beruht wahrscheinlich vorwiegend auf einer Korrektur bzw. Stabilisierung der externen und internen Phasenbeziehungen circadianer Rhythmen. Dies trifft auch auf die Behandlung von → Schlafstörungen zu, z.B. bei älteren Menschen mit unregelmäßigem Schlaf-Wach-Muster.
Bei Wiederauftreten der Symptome kann die L. wiederholt werden. Durch die L. hervorgerufene Schäden oder ernste Nebenwirkungen sind bisher nicht bekannt.
Auch bei gesunden Personen, die nicht unter saisonabhängigen Depressionen leiden, führt eine L. zu einer allgemeinen Besserung der Befindlichkeit. Eine positive Wirkung wurde selbst bei der Behandlung des prämenstruellen Syndroms und der Bulimie beobachtet. Ebenso wird bei Schichtarbeitern helles Licht zur Leistungssteigerung eingesetzt. [6]

Lichtzeit → Lichtregime.

Life-history, *Lebensgeschichte* (life history): beschreibt den kompletten Reproduktionserfolg eines Individuums. Ultimates Ziel ist die Erreichung maximaler → direkter Fitness (lifetime fitness). Unter Berücksichtigung der beschränkten Verfügbarkeit von Ressourcen (Nahrung, Paarungspartner, Nistplätze usw.) existieren verschiedene

Strategien zur Optimierung des Fortpflanzungserfolgs. Eine Strategie beinhaltet dabei Kompromisse (trade-offs) die sich in unterschiedlicher Ausbildung von L.-Merkmalen niederschlagen. Diese Merkmale, die eine genetische und eine physiologische Komponente aufweisen, sind beispielsweise Lebensdauer, Zeitpunkt der ersten Fortpflanzung, Häufigkeit der Fortpflanzung, Anzahl und Größe der Nachkommen sowie Investition in Brutfürsorge oder Brutpflege. [2]

Lifetime-fitness → Fitness.

limikol (limicolous): Tiere, die überwiegend im oder auf dem Schlamm leben, wie zahlreiche Würmer oder auch die Sumpfvögel (Limocolae) wie Wattvögel, Schlammläufer und Regenpfeifer. [1]

lineare Rangordnung, *lineare Hierarchie* (linear rank order, linear hierarchy): Rangordnung, in der es genauso viele Rangplätze wie Gruppenmitglieder gibt und jedes von ihnen allen Partnern mit geringerem Dominanzwert überlegen ist. So dominiert Tier A über B, B über C, C über D usw. Ein typisches Beispiel ist die Hackordnung der Hühner. → Despotie, → zirkuläre Dominanzbeziehung. [1]

lipostatische Regulation (lipostatic regulation): Kontrolle der Nahrungsaufnahme und damit der Körpermasse über die Größe der Fettdepots. Als lipostatische Feedback-Signale fungieren Metabolite wie freie Fettsäuren und Glycerin sowie Hormone wie Insulin und Leptin. Aktuelle Untersuchungen deuten daraufhin, das l. R. sowohl bei Säugetieren (Hausmaus *Mus musculus*) als auch bei Fischen (Lachs *Salmo salar*) vorkommt. [5]

LL (LL): Abkürzung für Dauerlicht, einem → Lichtregime mit konstanter Beleuchtung. [6]

Lockbalz → Balzverhalten.

Lockgesang (calling song, attracting song): akustisches Signal von Insektenmännchen, mit dem arteigene Weibchen zum Zwecke der Paarung angelockt werden sollen. Die Lockgesänge mancher Insektenarten sind sehr gut untersucht, insbesondere bei einigen Heuschreckenarten (Saltatoria), Singzikaden (Cicadidae) und Wasserwanzen (Corixidae). Der L. wird „spontan" geäußert (→ Spontangesang) und bewirkt eine Annäherung der paarungsbereiten Weibchen mittels → Phonotaxis. Er zeichnet sich oft durch einige spezielle Lautparameter aus, die während des gesamten Gesangs kaum variieren und sich selbst bei einer Erhöhung der Körpertemperatur von 20 auf 30 °C höchstens um einen Faktor zwischen 0,75 und 1,5 verändern.

Bei der heimischen Feldgrille *Gryllus campetris* z.B. besteht der Lockgesang aus → Chirps, die 3 – 4 → Schallimpulse mit einer sehr reinen → Trägerfrequenz von 4,5 kHz enthalten (Abb.). Die Schallimpulsrate liegt bei 30/s und ist sehr stabil, während die Chirprate stark streut, sehr temperaturabhängig ist und zu Beginn des L. noch ansteigt („Einsingen"). Die maximale Chirprate liegt bei 4/s. Untersuchungen haben gezeigt, dass bei den Feldgrillen die Schallimpulsrate neben der Trägerfrequenz der wichtigste Parameter ist, an dem die arteigenen Weibchen ihre Männchen erkennen. Dagegen dürfen Chirprate und Schallimpulsbreite sowie das damit verbundene → Tastverhältnis in weiten Bereichen variieren. Bei den Grillen endet der L., sobald ein Weibchen auf Fühlerkontakt herangekommen ist. Das Männchen beginnt dann einen → Werbegesang, der die Paarung einleitet. Wird der Ankömmling als Männchen erkannt, dann kommt es oft zu einem → Rivalengesang, dem ein Kampf folgen kann.

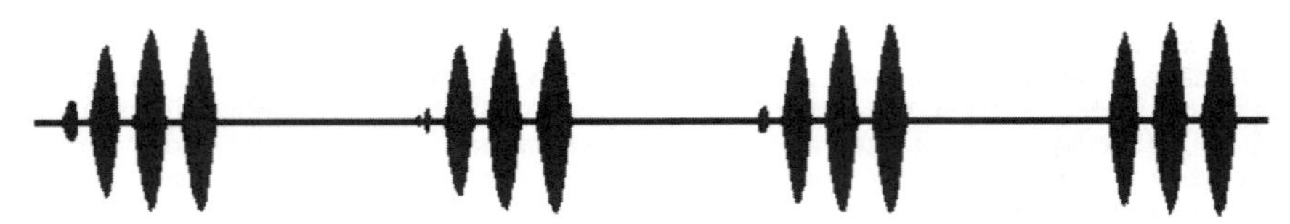

Lockgesang eines Feldgrillenmännchens als Oszillogramm (Länge des gesamten Ausschnitts: 1 s). Der Gesang besteht aus 4 Chirps, die je 3–4 Schallimpulse enthalten. [4]

Bei vielen Heuschrecken beeinflusst der L. außerdem die Lautaktivität anderer Männchen und deren territoriale Verteilung. Häufig rufen gemeinsam singende Gruppen → Wechselgesänge hervor. Da der L. artspezifisch ist und häufig dargeboten wird, kann er in der Ökologie zur akustischen Arterkennung und Bestandserfassung auf große Entfernung genutzt werden. Auch bei einigen Vogelarten wird der Begriff L. gelegentlich verwendet, wenn der Gesang ausschließlich dem Anlocken weiblicher Tiere dient. Meist hat sich dafür jedoch der Begriff → Balzgesang durchgesetzt. [4]

Logophobie → Phobie.

Lokalisation (localization): im Gegensatz zur → Ortung das Ermitteln von Richtung und/oder Entfernung eines Senders. So ist z.B. das Richtungshören, also das Feststellen der Richtung einer aktiven Schallquelle, eine → akustische L. und keine Ortung. [4]

Lokomotorik, *Lokomotion, Fortbewegung, lokomotorische Aktivität* (locomotor behaviour, locomotion, locomotor activity): Sammelbezeichnung für Bewegungen mit Ortswechsel (Gegensatz → Topomotorik). Zur L. werden Gliedmaßen genutzt, die auf dem Land, im Wasser und in der Luft den zur Fortbewegung notwendigen Vorschub erzeugen. Die wichtigsten Formen sind Laufen, Kriechen, Klettern, Springen, Graben, Wühlen, Schwimmen, Schlängeln, Gleiten und Fliegen. [1]

Lombard-Effekt (Lombard effect): Erhöhung der Schallintensität bei Tierlauten oder bei der menschlichen Stimme als Reaktion auf das Einsetzen störender Geräusche. Der Effekt wurde erstmals 1911 von Etienne Lombard beim Menschen beschrieben und konnte inzwischen auch für Tiere nachgewiesen werden. Nachtigallen erhöhen den absoluten Schallintensitätspegel (→ akustisches Signal) ihres Gesangs von 74 auf bis zu 84 dB, wenn sie mit lauter werdendem weißem → Rauschen konfrontiert werden. Das entspricht nach menschlichem Empfinden etwa einer Verdopplung der Lautstärke. Der Begriff L. wird neuerdings in der → Psychoakustik auch auf weitere Veränderungen (z.B. in der Tonhöhe) der menschlichen Sprache als Anpassung an Umgebungsgeräusche erweitert. [4]

Longitudinalstudie, *Longitudinalprofil* (longitudinal study, longitudinal sampling): Untersuchung eines Individuums oder einer Gruppe über einen bestimmten Zeitraum. In der → Chronobiologie erfolgt die Messwerterfassung zumeist über mehrere Zyklen eines interessierenden Rhythmus. Anschauliches Beispiel ist die kontinuierliche Registrierung der lokomotorischen Aktivität über mehrere Tage. Die Untersuchung kann aber auch über einen längeren Zeitraum erfolgen, z.B. um den Alterungsprozess zu charakterisieren. → Transversalstudie, → Zeitreihe. [6]

Lordose (lordosis): Paarungsstellung vieler Säugerweibchen. Dabei ist der Körper gestreckt, der Rücken durchgedrückt, der Kopf gesenkt, das Hinterteil bei durchgedrückten Beinen leicht angehoben und der Schwanz nach oben abgestellt. Die L. wird zur Zeit des Östrus eingenommen und erleichtert die Kopulation. [1]

Lorenz-Plot, *Phasenraumdarstellung* (Lorenz plot, phase space display): nach dem Meteorologen Edward N. Lorenz (1963) benannte würfelförmige dreidimensionale graphische Darstellung der Zeitabstände zwischen drei aufeinander folgenden, sich rhythmisch wiederholenden Ereignissen. Bei konstanter Rate (→ Frequenz) liegen die Messergebnisse alle auf einem Punkt der Raumdiagonale und alle drei Koordinaten sind gleich der Periodendauer (→ Periode). Langsame Änderungen ergeben eine gerade Linie auf der Raumdiagonalen, zufällige Änderungen eine unstrukturierte Punktwolke. Alle anderen Strukturen, z.B. nicht auf der Raumdiagonale liegende Geraden, spezielle Kurven oder regelmäßige unsymmetrische Abweichungen von der Raumdiagonale lassen auf komplexere nichtlineare Prozesse bei der Entstehung des Rhythmus schließen. L. finden sowohl in der Chronobiologie als auch in der Bioakustik Anwendung. [4]

Luftplankton → Aeronaut.

Luftspiegelung → optische Täuschung.

Lunarorientierung, *Mondorientierung* (lunar orientation): Kompassorientierung nach dem Stand des Mondes. Sie wurde zuerst beim Strandfloh *Talitrus saltator* entdeckt. Er verfügt über einen Mondkompass und kann die zum Wasser führende Fluchtrichtung auch nachts ermitteln. Der afrikani-

sche Pillendreher *Scarabaeus zambesianus* nutzt das polarisierte Mondlicht zur Orientierung. [1]
Lunarrhythmus → Mondrhythmus.

Mach-mit-Verhalten → Stimmungsübertragung.
Machsche Streifen → optische Täuschung.
Magneteffekt (magnet effect): beschreibt die Kopplung und wechselseitige Beeinflussung von biologischen Rhythmen annähernd gleicher Frequenz (→ Koordination, → Mitnahme). [1]
Magnetfeldorientierung, *Magnetotaxis* (magnetic field orientation, magnetotaxis): angeborene Raumorientierung anhand des Magnetfeldes der Erde oder an anderen Magnetfeldern. Das Erdmagnetfeld ist ständigen Änderungen unterworfen und wird außerdem, z. B. durch Erzlagerstätten örtlich stark beeinflusst. Der im physikalischen Sinne magnetische Südpol liegt derzeit in der Nähe des geodätischen Nordpols der Erde. Die zeitlichen und örtlichen Abweichungen der horizontalen Komponente des Magnetfeldes zur geodätischen Nordrichtung nennt man Missweisung (Deklination). Die vertikale Komponente (Inklination) ist am Äquator fast Null und an den magnetischen Polen maximal und entgegengesetzt gepolt. Die Inklination könnte z. B. von Walen zur groben Bestimmung der geographischen Breite benutzt werden. Honigbienen und Zugvögel können Magnetfelder auf direktem Wege registrieren, vermutlich über Rezeptoren, die mit biogenem Magnetit arbeiten. Faltenwespen nutzen vermutlich magnetische Materialien im Stiel ihrer Nester zur Orientierung beim Bau. Im Meerwasser wäre es auch möglich, Magnetfelder indirekt zu messen. Ein schwimmendes Tier induziert durch seine Bewegung eine elektrische Spannung zwischen Rücken und Bauch für die horizontale Komponente des Erdmagnetfeldes und zwischen links und rechts für die vertikale Komponente. Die elektrischen Sinnesorgane von Rochen und Haien sind so empfindlich, dass sie solche Spannungen registrieren könnten. Außerdem erzeugen auch Meeresströmungen im Erdmagnetfeld elektrische Felder, die ebenfalls bei der M. eine Rolle spielen könnten. Ob die genannten Effekte jedoch tatsächlich zur M. verwendet werden, ist noch unbekannt. [4]
Magnetotaxis → Magnetfeldorientierung.
makrophage → Nahrungsverhalten.
Makrosmat, *Riechtier* (macrosmatic animals, keen scented animals): Säugetier mit sehr gut ausgeprägtem Riechvermögen. Die grobe Einteilung in M., → Mikrosmaten und → Anosmaten steht in Beziehung zur Ausbildung der Nasenregion und der dem Geruchsorgan zugeordneten Hirnregion (Lobi olfactorii). Die überwiegende Mehrzahl der Säuger dürften M. sein. Ihr Riechepithel ist stark vergrößert, drüsenreich und meist stark strukturiert. Die Oberfläche des Riechepithels beträgt z. B. beim Schäferhund etwa 150 cm^2, während sie beim Menschen, einem Mikrosmaten, nur 5 cm^2 umfasst. Kaninchen haben rund 100 Millionen, Schäferhunde 200 Millionen und Wölfe 300 Millionen Riechzellen, Menschen jedoch nur etwa 5 Millionen. Hunde sind für bestimmte Stoffe millionenfach empfindlicher als Menschen. Maulwürfe nehmen ihre Beute durch das Erdreich auf 6 cm Entfernung wahr, Braunbären Honig auf 20 m Entfernung und Eisbären die Robben durch die Eisschicht. Selbst in der Systematik der Primaten spielt die Ausprägung des Riechvermögens eine zunehmend größere Rolle. Neueste Definitionen dafür, welches Tier ein M. ist, beschränken sich ausschließlich auf das Vorhandensein eines funktionalen → Vomeronasalorgans. [4]
Männchenwahl, *Male-choice* (male choice): die Männchen wählen unter den konkurrierenden Weibchen ihren Paarungspartner aus. Obwohl aufgrund der umfangreicheren Investition und des damit größeren Risikos in der Reproduktion in der Regel die Weibchen → Female-choice betreiben, findet unter bestimmten Bedingungen eine M. statt. Das ist insbesondere dann der Fall, wenn Männchen in die Paarung oder die Aufzucht der Nachkommen Zeit und Energie investieren. So übernehmen Seenadeln wie *Sygnathus typhle* die Aufzucht der Jungen in einer Bruttasche. Ihre Reproduktionsrate ist geringer als die der Weibchen und sie sind deshalb wählerischer. Gleichzeitig ist die Konkurrenz unter

den Weibchen größer, sodass sie intensiver als die Männchen um den Zugang zu Paarungspartnern kämpfen. Mormonengrillen-Männchen *Requena verticalis* übertragen bei der Paarung eine gelatinöse, nahrhafte Substanz (→ Spermatophylax) an die Weibchen. Bevor sie sich mit einem Weibchen paaren, lassen sie diese auf ihrem Rücken aufreiten und werfen zu leichte und damit zu wenig fekunde Partnerinnen ab (→ Fekundität). [2]

Manteln (covering the prey with the wings): angeborenes Verhalten zahlreicher Greifvögel zur Abwehr von Beutedieben. M. wird nach dem Schlagen der Beute im Sitzen gezeigt. Dabei hängen die Flügel herab und verbergen die Beute, der Schwanz ist gefächert und nach unten abgewinkelt, der Kopf geduckt, Rücken- und Brustfedern sind gesträubt. [1]

Markerrhythmus, *Referenzrhythmus* (marker rhythm): Rhythmus, der zur Charakterisierung der subjektiven Phasenlage eines Organismus geeignet ist. Bezüglich der circadianen Phasenlage werden meist Rhythmen herangezogen, die unmittelbar vom zentralen circadianen Schrittmacher, z.B. dem → suprachiasmatischen Nukleus (SCN) der Säugetiere, gesteuert werden. Hierfür kommt eine Reihe von Parametern in Betracht, die sich hinsichtlich des methodischen Aufwandes sowie des Einflusses exogener Faktoren unterscheiden. Sehr gute Markerrhythmen sind die circadianen Änderungen des → Melatonins sowie des Corticosterons/Cortisols, für deren Erfassung jedoch Blutentnahmen notwendig sind. Auch der Tagesrhythmus der Körpertemperatur wird unmittelbar durch den SCN gesteuert. Mittels telemetrischer Verfahren ist die Messung auch relativ einfach möglich. Allerdings wird der Temperaturrhythmus durch das Aktivitätsverhalten, den Schlaf, die Nahrungsaufnahme etc. maskiert, was eine nachträgliche Bereinigung der Messdaten erfordert. Am einfachsten und praktisch rückwirkungsfrei zu erfassen ist der Aktivitätsrhythmus, der jedoch multioszillatorisch kontrolliert und durch Prozesse außerhalb der SCN moduliert wird.

Für Tierversuche und insbesondere bei Verhaltensexperimenten, ist die Erfassung des Aktivitätsrhythmus als M. zu empfehlen. Der Experimentator sollte über die tageszeitliche Verteilung der Aktivität seiner Tiere (→ Muster) Bescheid wissen und er kann anhand des Aktivitätsrhythmus abschätzen, ob sie gut synchronisiert sind. Ein stabiler Rhythmus mit hoher Amplitude ist zudem ein guter Indikator für Gesundheit und Wohlbefinden. → Zeigerrhythmus. [6]

Markierungsverhalten (marking behaviour): Setzen von Duft- oder Sichtmarken bzw. Gesang zur Kennzeichnung von Revieransprüchen (Abb.). Reviermarken werden vor allem an den Hauptwechseln und Hauptfunktionsorten im Territorium sowie

Markierungsverhalten der Katze durch Wangenreiben und Kratzen. Aus R. Gattermann et al. 1993.

an speziellen Markierungspunkten, wie Malbäumen und Kotplätzen, angebracht. Sie hemmen die Aggressivität von Reviernachbarn und Reviersuchenden.
Manche Bienenarten sowie Ameisen markieren die Wege zu Futterquellen oder neuen Neststandorten. So entstehen regelrechte Duftstraßen. In hochentwickelten Tiersozietäten wie Insektenstaaten und Nagetiersippen, aber auch bei Hundeartigen und Huftieren markieren sich die Gruppenmitglieder gegenseitig, um ihre Zugehörigkeit an diesem Gruppenduft identifizieren zu können. M. kann auch zur Rangdemonstration genutzt werden. So zeigen Ranghohe besonders häufig → Erwiderungsmarkieren. → Duftmarkieren, → Genitalpräsentieren. [1]

Maskierung, *Verdeckung* (masking): **(a)** beschreibt den direkten Einfluss eines äußeren Faktors auf die Ausprägung eines biologischen Rhythmus. Seine Wirkung hält nur so lange an wie der Stimulus präsent ist und hat keinen dauerhaften Einfluss auf den endogenen Rhythmus. So kann beispielsweise der 24-stündige Licht-Dunkel-Wechsel den circadianen Aktivitätsrhythmus eines Tieres synchronisieren (Zeitgeberwirkung). Licht und Dunkel können aber auch einen direkten, maskierenden Einfluss auf das Aktivitätsniveau haben. Während man unter ökophysiologischem Aspekt von einem Adaptationsvorgang an sich ändernde Umweltbedingungen sprechen würde, handelt es sich in Bezug auf einen biologischen Rhythmus um eine M. So kann bei dunkelaktiven Tieren Licht deren Aktivität unterdrücken (negative M.), Dunkelheit dagegen stimulieren (positive M.). Auch andere Umweltfaktoren, insbesondere die Tem-

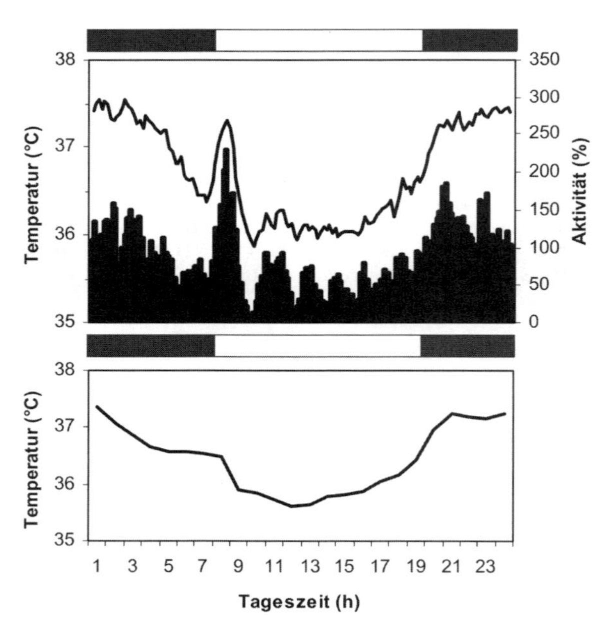

Maskierung des Tagesrhythmus der Körpertemperatur durch motorische Aktivität. Die obere Grafik zeigt die Körpertemperatur (Kurve) sowie die motorische Aktivität (Säulen) einer männlichen Labormaus in Abhängigkeit von der Tageszeit (Mittelwerte über 28 Tage). Beide Verläufe zeigen einen hohen Grad der Übereinstimmung. Nach Eliminierung des maskierenden Einflusses der Aktivität (untere Grafik) ist die Temperaturkurve nahezu sinusförmig. Dies entspricht in etwa dem endogenen, circadianen Rhythmus. Nach D. Weinert und J. Waterhouse 1998. [6]

peratur, können maskieren. M. ist somit ein komplementärer Mechanismus zur circadianen Kontrolle des Aktivitätsverhaltens, der einem Tier hilft, sich in die für ihn optimale Zeitnische (Tag, Nacht, Dämmerung etc.) einzuordnen. M.seffekte betreffen aber nicht nur das Aktivitätsverhalten sondern auch die Körpertemperatur, das → Melatonin und andere rhythmische Messgrößen (Abb.).
Durch M. können auch biologische Rhythmen vorgetäuscht werden, die jedoch beim Wegfall der externen Einflüsse verschwinden. Ein Beispiel ist die bekannte 7-Tage-Rhythmik in Versuchstierräumen, die sich anhand umfangreicher Verhaltensänderungen und physiologischer Reaktionen der Tiere bemerkbar macht, wenn sie über längere Zeit nur einmal wöchentlich und immer am gleichen Wochentag versorgt werden (→ circaseptaner Rhythmus). Nicht immer ist jedoch eine Unterscheidung von synchronisierenden und maskierenden Einflüssen einfach. So wurden die täglich wiederkehrenden überschießenden Verhaltensäußerungen bei manchen Nutz- und Zootieren unmittelbar vor der Fütterung lange Zeit als Maskierungseffekt betrachtet. Es handelt sich jedoch um die Synchronisation (→ Mitnahme) eines → fütterungsabhängigen Oszillators durch die auf bestimmte Tageszeiten begrenzte Fütterung. → Zeigerrhythmus, → paradoxe Maskierung.
(b) bei der akustischen Kommunikation die Störung einer Signalübertragung durch Kanalrauschen oder gezielt gesendete Störgeräusche.
(c) in der Psychoakustik die Verhinderung der Wahrnehmung eines reinen Tons durch → Rauschen oder durch andere Töne. Der maskierte und maskierende Ton (masker) müssen dazu nicht unbedingt gleichzeitig (simultaneous masking) dargeboten werden. Töne können auch maskiert werden, wenn sie zeitlich davor (premasking) oder dahinter (postmasking) liegen. Ein Ton verdeckt innerhalb eines „critical band" um ihn herum Töne mit geringerer Intensität. Die genaue Kenntnis aller Phänomene der M. und der Psychoakustik ermöglicht die Entwicklung zunehmend besserer Kompressionsmethoden (z.B. ATRAC, MP3). In der Bioakustik muss jedoch streng darauf geachtet werden, dass diese Methoden ausschließlich für Menschen optimiert wurden. Die Individualerkennung bei Pinguinen z.B. funktioniert auch dann noch, wenn ihnen lediglich digitale Schallaufnahmen vorgespielt werden. Sie versagt jedoch bei der Verwendung komprimierter Daten.
(d) bei anderen Wahrnehmungen Verdeckung eines Reizes durch einen anderen. M. tritt z.B. häufig im optischen Bereich auf, sowohl bei simultanen als auch bei zeitlich aufeinander folgenden Reizen. [4] [6]

Massensiedlungseffekt, *Gedrängeeffekt, Dichteeffekt, Crowding, Übervölkerungseffekt* (overpopulation effect, crowding effect): Sozialstress, der bei zu hoher Populationsdichte eintritt und eine dichteregulierende Funktion hat. Die Überbevölkerung führt zu gegenseitigen Beunruhigungen, vermehrten Aggressionen, Nahrungsmangel, verminderter Fruchtbarkeit, größerer Infektionsanfälligkeit und schließlich zum Zusammenbruch der Population. Der M. ist wahrscheinlich Bestandteil der natürlichen biorhythmischen Populationsschwankungen. [1]

Massenvermehrung → Gradation.

Mate-copying (mate copying): besagt, dass Weibchen Männchen präferieren, wenn sie diese bei der Paarung mit anderen Weibchen beobachtet haben. Die Weibchen des Amazonenkärpflings *Poecilia formosa* vermehren sich parthenogenetisch durch → Gynogenese. Damit sich ihre Eizellen teilen und entwickeln können, müssen sie sich mit Männchen der nahe verwandten Arten *P. mexicana* und *P. latipinna* paaren. Männchen dieser Arten werden von den arteigenen Weibchen als Partner bevorzugt, wenn sie von ihnen bei Paarungen mit *P. formosa* Weibchen beobachtet wurden. [2]

Mate-guarding (mate guarding): ständige Bewachung von Weibchen durch das Männchen, um Kopulationen mit anderen zu verhindern (→ Kleptogamie). Bekannt ist M. im Zusammenhang mit der Bildung von Harems bei Huftieren und Primaten. Bei Huftieren wird das M. auch *Herden* (herding) gennant. Dabei treibt der Platzhirsch alle Weibchen, die das Rudel verlassen wollen zurück und vertreibt alle Rivalen. H. kommt aber auch bei Krebsen, Insekten und Fröschen vor, die solange auf dem Weibchen sitzen bleiben oder es umklammern, bis die Eiablage beendet ist. Auf diese Weise wird verhindert, dass sich ein anderes Männchen mit diesem Weibchen verpaart. Auch die Männchen der Schwalben, Elstern u. a. bleiben zur Zeit der Eiablage immer in der Nähe des Weibchens, um jederzeit eine Fremdkopulation zu verhindern. Eine Sonderform des H. stellt die Bewachung ohne Körperkontakt (non contact guarding) durch einen → Vaginalpfropf dar. [1]

maternale Prägung, *mütterliche Prägung* (maternal imprinting): ein prägungsähnlicher Vorgang, bei dem die Mutter während einer sensiblen Phase auf den Nachwuchs geprägt werden soll. Entsprechende Belege stehen noch aus. Als Fehlinterpretation hat sich die „Prägung" der Ziegenmütter auf ihre Jungen erwiesen. Diese akzeptieren junge Lämmer nur dann als ihre eigenen, wenn sie die innerhalb von 5 bis 20 min nach der Geburt durch die Mutter beim Belecken und Säugen erzeugten Geruchsmarken aufweisen. Tragen die Lämmer Geruchsmarken fremder Muttertiere, werden sie abgelehnt. Was zunächst wie eine m. P. aussah, erweist sich damit als Markierungsvorgang. [1]

maternaler Effekt (maternal effect): Einfluss der Mutter auf die Fitness der Jungtiere, der nicht auf die genetische Konstitution des Weibchens zurückzuführen ist. In Abhängigkeit von den Umweltbedingungen investieren Mütter ihre Ressourcen unterschiedlich in die Jungen, um sie damit auf zu erwartende Bedingungen vorzubereiten. So sind Gelegegröße, Eizahl und Zusammensetzung der Eier bei verschiedenen Vogelarten den aktuellen Umweltbedingungen angepasst. Beim Goldhamster *Mesocricetus auratus* haben Töchter von unterernährten Müttern trotz Futter im Überfluss kleinere Würfe mit weniger Männchen als Kontroll-Töchter normal ernährter Mütter. [2]

matrilinear *matrilineal, Mutterfolge* (matrilineal): bezeichnet alle Abstammungs- und Verwandtschaftsverhältnisse, die von der Mutter ausgehen. So kann beispielsweise der Rangstatus oder der Territoriumsbesitz von der Mutter auf ein Jungtier übergehen. → patrilinear. [1]

Matriphagie (matriphagy): die Nutzung des Muttertiers als Nahrung für den Nachwuchs. M. ist von einigen Insekten und Spinnentieren bekannt. Diese Form extremer → Semelparitie wird bei sozialen Spinnen wie der Röhrenspinne *Stegodyphus lineatus* beobachtet. Eine besondere Form der für männliche Nachkommen obligatorischen M. findet sich bei der Käferart *Micromalthus debilis* (→ Parthenogenese). [2] [4]

Maulkampf (mouth fight): aggressive Auseinandersetzung bei verschiedenen Fischarten, z. B. Buntbarschen, *Cichlidae* und Schwertträgern *Xiphophorus*. Dabei verbeißen sich die beiden Kämpfer mit den Kiefern oder pressen nur die Mäuler (Maulklatschen) aufeinander. Durch Schieben und Ziehen (Maulzerren) wird die Auseinandersetzung um Rangpositionen, Territorien oder Weibchen entschieden. In Verkennung der Situation erhielt ein Fisch, der besonders häufig und lang anhaltende Maulkämpfe austrägt, den Namen Küssender Gurami *Helostoma temmincki*. [1]

Mauserzug → Migration.

Maximum-Entropie-Spektralanalyse → Zeitreihenanalyse.

Mechanokommunikation (mechanical communication): Kommunikation mittels mechanischer Schwingungen. Die M. kann in → akustische und → taktile Kommunikation unterteilt werden. Ein Teilbereich der taktilen Kommunikation wiederum ist die → vibratorische Kommunikation. Der Übergang zwischen diesen drei Arten der Kommunikation ist fließend. Oft gibt es zwar getrennte Rezeptoren, z. B. für akustische und vibratorische Signale, jedoch sind diese meist auch für den jeweils anderen Bereich empfindlich. In einigen Fällen wird sogar die gesamte M. durch ein und denselben Rezeptor realisiert. Voraussetzung für die M. ist die Wahrnehmung von Dehnung, Druck, Schwerkraft (→ Propriorezeptor), Vibrationen oder Schall (→ Hören). [4]

MEDEA-Gene → Genegoismus.

Meideverhalten (avoidance behaviour): Ausweichen vor Orten, Reizen oder Situationen, die entweder von Geburt an oder durch negative Erfahrungen als schädlich oder gefährlich bewertet werden. Kommt es in Folge der klassischen Konditionierung zu M., spricht man von → bedingter Aversion. M. ist häufig mit starken Emotionen wie → Angst verbunden. Das M. erfolgt auf eine Distanz, die außerhalb des akuten Gefahrenbereiches liegt. M. und Fluchtverhalten ergeben zusammen das orientierte Aversionsverhalten. [5]

Meiotic-drive (meiotic drive, segregation distortion): Phänomen, bei dem ein einzelnes Allel die Meiose dahingehend beeinflusst, dass es mit einer höheren Wahrscheinlichkeit als 50 % in den Gameten vorhanden ist. M.-Allele prosperieren in einer Population trotz möglicher negativer Fitnesseffekte. So genannte Supressorgene wirken M.-Genen entgegen. Ein Beispiel für M. ist das *Sd*-System in *Drosophila melanogaster*, welches aus dem drive-Allel *Sd*/Sd^+ und dem responder-Allel Rsp^s/Rsp^i besteht. Männchen, die doppelt heterozygot für Sd^+,Rsp^s/*Sd*, Rsp^i sind, produzieren nur Gameten mit *Sd*, Rsp^i. Das drive-Allel *Sd* kodiert für ein Toxin, das Rsp^s erkennt und das entsprechende Chromosom zerstört. *SdSd*-Homozygote zeigen dabei aber extrem reduzierte Fertilität. Drive-resistente Chromosomen Sd^+, Rsp^i entstehen durch crossing over. M. existiert außer in Pflanzen und Pilzen auch in Fliegen und Säugern. Ein Beispiel bildet der *t*-Locus in der Hausmaus *Mus musculus*. Wenn Geschlechtschromosomen von M. betroffen sind, kommt es zu einer Veränderung des Geschlechterverhältnisses (*Drosophila*, Lemminge). M.-Gene sind ein Argument dafür, dass egoistische Genelemente eine Rolle bei der Herausbildung von Partnerwahlverhalten spielen könnten. [3]

Melanopsin (melanopsin): Sehpigment der Säugetiere. M. befindet sich in einer Untergruppe retinaler Ganglienzellen, die lichtsensitiv sind. Ihre Axone bilden den → retino-hypothalamischen Trakt, der die photische Information zum → suprachiasmatischen Nukleus leitet. Auf diesem Wege kann, unabhängig von den für den gewöhnlichen Sehprozess zuständigen Stäbchen und Zapfen der Netzhaut, die Synchronisation der → circadianen Rhythmen mit dem täglichen Licht-Dunkel-Wechsel erfolgen.
Über dieses separate photosensitive System können einige Blinde trotz des fehlenden Sehvermögens ihre circadianen Rhythmen mit dem Licht-Dunkel-Wechsel synchronisieren. [6]

Melatonin (melatonin): Hormon der Epiphyse. Bei Säugern ist M. an der Steuerung von → Jahresrhythmen, insbesondere der Fortpflanzung, aber auch von → Tagesrhythmen beteiligt. Die Regulation der M.synthese erfolgt bei den Säugern tagesrhythmisch über den → suprachiasmatischen Nukleus (SCN). Unabhängig vom Aktivitätstyp wird M. nur in der Nacht synthetisiert und freigesetzt, Licht wirkt bei allen Arten hemmend. Mit zunehmender Dunkelzeit, etwa in den Wintermonaten, verbreitert sich auch der nächtliche M.gipfel. Somit ist M. ein geeignetes Signal für saisonale Änderungen, insbesondere im Reproduktionsverhalten. Ob M. die Reproduktion stimuliert oder hemmt, hängt von der Tierart ab (→ Kurztagtiere, → Langtagtiere).
Der SCN steuert nicht nur den Tagesrhythmus des M. Er besitzt auch M.rezeptoren. Damit wird eine Rückkopplung des endogenen M. auf den SCN möglich. Deren funktionelle Bedeutung ist aber weitgehend ungeklärt. M. beeinflusst die Sensitivität des circadianen Systems für Licht. Neben direkten Effekten auf den SCN, könnte M. auch die Photorezeptoren im Auge sowie die afferenten Leitungsbahnen zum SCN beeinflussen. M.rezeptoren wurden nicht nur im SCN, sondern auch in verschiedenen anderen Organen nachgewiesen. Damit wäre eine Beteiligung des Hormons an der internen Synchronisation peripherer circadianer Oszillatoren möglich. Gut untersucht ist die Synchronisation der circadianen Rhythmen von Föten über den mütterlichen M.rhythmus.
Im Alter nimmt die Amplitude des M.rhythmus durch eine Verminderung seiner nächtlichen Produktion drastisch ab. Dies könnte zur Beeinträchtigung der → Zeitordnung beitragen. Umgedreht hat eine gezielte Behandlung mit M.präparaten einen stabilisierenden Effekt auf die Circadianrhythmik. M. kann, in Abhängigkeit von der Tageszeit, das Einschlafen fördern. Vermutlich spielt hierbei der hypotherme Effekt des M. die entscheidende Rolle. M. fördert die periphere Durchblutung. Durch den damit verbundenen erhöhten Wärmeverlust sinkt die Körperkerntemperatur, was wiederum eine Voraussetzung für das Einschlafen ist. M. hat aber auch eine Phasenverschiebende Wirkung und wird als → Chronobiotikum eingesetzt. Zusätzlich zu seiner klassischen Rolle als Hormon, ist M.

ein potenter Radikalfänger. Da freie Radikale zellschädigend wirken und somit wahrscheinlich am Alterungsprozess ursächlich mitbeteiligt sind, wird dem M. eine zellprotektive und damit lebensverlängernde Wirkung zugesprochen. [6]

melliphag, *mellivor* (melliphagous, mellivorous): Tiere, die sich von Bienenhonig ernähren, wie die Bienenlaus *Braula coeca* oder der Honigdachs *Mellivora capensis*. [1]

Melotop (melotope): heute nur noch selten verwendeter Begriff zur Charakterisierung der akustischen Besonderheiten im Lebensraum einer Tierart, welche sich der akustischen Kommunikation bedient. Die akustischen Verhältnisse werden durch viele Faktoren beeinflusst. So gibt es jahres- und tageszeitliche Veränderungen in der Temperaturschichtung des jeweiligen Übertragungsmediums (Luft oder Wasser), in der relativen Feuchte (bei Luft als Medium) und in der Verteilung und Größe von Schwebstoffen und Gasbläschen (bei Wasser als Medium), sowie in der Konzentration der gelösten Substanzen (z.B. Salze und Gase in Wasser). Alle diese abiotischen Faktoren können durch Brechung, Streuung und Dämpfung die Ausbreitung des Schalls in Richtung und Intensität frequenzabhängig beeinflussen. Ähnliches gilt für biotische Faktoren wie Vegetationsstrukturen, die je nach Art, Größe und Form der Belaubung, Durchmesser und Höhe von Stängeln oder Stämmen usw. ebenfalls dämpfen, streuen und reflektieren. Der Signal-Rausch-Abstand (→ Rauschen) und damit die Übertragungsqualität verringert sich durch Wind- und Wassergeräusche (abiotisch) sowie durch die Laute anderer Tiere (biotisch). Untersuchungen an Insekten, Fischen, Vögeln und Säugern haben gezeigt, dass es eine Reihe evolutiver Anpassungen an das jeweilige M. gibt. Sie spiegeln sich beispielsweise wider

- in Verschiebungen der Tonhöhe in akustisch günstige Bereiche,
- in der Erhöhung der Lautaktivität in Zeiten mit günstigen Schallausbreitungsbedingungen,
- im Aufsuchen einer optimalen räumlichen Position zur bestmöglichen Schallabstrahlung oder
- im häufigen Wiederholen von Signalen in akustisch belasteten Lebensräumen. [4]

Mem, *Mempool* (meme, meme pool): von Richard Dawkins (1978) abgeleitet von memory. Ein M. ist ein hypothetisches Element der kulturellen Evolution, analog dem biologischen Genbegriff. Es ist erblich und repliziert sich. M. können Ideen oder Gedanken sein, die im Gehirn verankert sind. Phänotypische Effekte eines solchen M. wären Musik, technische Fertigkeiten, kreative Vorstellungen. M. verbreiten sich, indem sie von Personen aufgegriffen werden und sich im Gehirn dieser manifestieren (missionarische Wirkung). Auf M. wirkt die Selektion, d.h. Gedanken, die zu Handlungsweisen führen, welche einer Umwelt- oder Kultursituation widersprechen, verschwinden aus dem Mempool. Im Gegensatz zu Genen können M. „sterben“ und zu einem späteren Zeitpunkt wiedererstehen. Mithilfe der M.theorie wird versucht, Formen des kulturellen Wandels oder die Verbreitung von Technologien und moralischen Werten zu erklären. [3]

Menotaxis (menotaxis, transverse taxis): Form der räumlichen Orientierung, bei der Ausrichtung und Bewegung in einem bestimmten Winkel zur Reizquelle erfolgen. Nach Art der Reizquelle wird differenziert in Photo-M., Geo-M. oder Anemo-M. Viele Insekten und Wirbeltiere nutzen z.B. Lichtquellen zur Orientierung, ohne sich aber wie bei der Photo-Telotaxis direkt auf sie zu bzw. bei der negativen Phototaxis davon weg zu bewegen. Sie halten einen festen Winkel zu einer Lichtquelle und können so mithilfe der M. eine gerade Bewegungsrichtung beibehalten. Dies gilt allerdings nur, wenn die Lichtquelle sehr weit entfernt ist, wie dies bei der Sonne oder dem Mond der Fall ist. Ist die Lichtquelle relativ nah, dann kann M. bei nachtaktiven Schmetterlingen zu einer Flugbahn in der Form einer Spirale führen, die z.B. an einer Straßenlaterne endet. Der menotaktische Kurs kann angeboren (Zugvögel, Wanderfalter, Fische, Strandfloh *Talitrus*) oder erlernt sein (Bienen, Ameisen), aber auch zufällig eingeschlagen werden (Ameisen, Mistkäfer *Geotrupes*). Zur M. gehören auch alle Formen der Kompassorientierung. [4]

Menschenprägung (imprinting on humans): eine Fehlprägung von Tieren auf Menschen, wie sie immer wieder bei handaufgezogenen Tieren zu beobachten ist. [1]

mentales Lexikon (mental lexicon): Teil des menschlichen Langzeitgedächtnisses, welches das gesamte aktive Wissen über die Sprache enthält. Es umfasst phonologisches, artikulatorisches, morphologisches, syntaktisches und semantisches Wissen über Wörter. Außerdem sind dort auch Informationen über die Rechtschreibung und motorische Befehle zum Schreiben gespeichert. Ein m. L. enthält je nach Bildungsgrad zwischen 30.000 und 50.000 Eintragungen. [4]

Mesor (midline estimating statistic of rhythm, mesor): Gleichwert, der mittels → Cosinor-Verfahren angepassten Kosinus-Funktion. Bei äquidistanten → Zeitreihen, d. h. bei Messreihen mit identischen Messintervallen, die eine oder mehrere vollständige → Perioden umfassen, entspricht der Mesor dem Mittelwert über die interessierende Periode, z.B. dem Tagesmittelwert. Häufig werden Daten aber nicht äquidistant erhoben, z.B. in kürzeren Intervallen während des Tages und längeren während der Nacht. Dann wäre das Gesamtmittel nicht repräsentativ, da die Tagwerte überwiegen. [6]

Metakommunikation (metacommunication): eine Kommunikation über Kommunikation, bei Tieren meist eine zeitlich vorher stattfindende Verständigung darüber, wie die sich unmittelbar anschließenden Signale interpretiert werden sollen. M. wird häufig dem → Spielverhalten vorangestellt und zeigt durch einleitende Signale an, dass alle folgenden Signale abweichend von ihrer ursprünglichen Funktion gebraucht werden. Ein typisches Beispiel ist die Spieleinleitung bei Hundeartigen und Löwen, deren feste Bewegungsabläufe eine M. darstellt (Abb.). Nach der typischen Einleitung verlieren Verhaltensweisen wie beispielsweise das Drohen und das Unterwerfen für die Zeit während des „Spielens" ihre ursprüngliche Bedeutung. [4]

Metöstrus → Östrus.

MHC (major histocompatibility complex): ein Komplex von Genen bei Vertebraten, die hauptsächlich an der Regulation der Immunantwort beteiligt sind. Die von MHC-Ge-

Metakommunikation, das Löwenmännchen fordert das Junge zum Spielen auf. Aus R. Gattermann et al. 1993.

nen kodierten Proteine präsentieren Fremdproteine gegenüber T-Zellen. Der MHC wird auch als H-2 bei der Hausmaus oder HLA-System beim Menschen bezeichnet. Er wird als Einheit (Haplotyp) vererbt und ist sehr polymorph. Eine individuenspezifische Allelausstattung am MHC bewirkt Unterschiede in der Parasitenresistenz oder in der Anfälligkeit für Autoimmunkrankheiten. Lösliche Proteine des MHC, die unter anderem im Urin oder Schweiß vorhanden sind, spielen eine wichtige Rolle bei der Geruchserkennung. Sie sind in der Lage, flüchtige Moleküle zu binden und die bakterielle Darmflora zu beeinflussen. Der MHC ist damit ein wichtiger Faktor bei der → Verwandtenerkennung und wird als ursprüngliches System für die Vermeidung von Inkompatibilitäten bzw. Inzucht angesehen. Es gibt eine Reihe von Hinweisen für eine MHC-basierte Auswahl von Paarungspartnern vor allem in Säugern, obwohl nicht immer zwischen den MHC-Genen selbst und anderen eng gekoppelten Genen unterschieden werden kann. Die meisten Studien zur Rolle des MHC bei der Partnerwahl zeigen, dass Partner mit Allelen ungleich zu den eigenen bevorzugt werden (maximale Diversität). In anderen Fällen, werden aber auch Partner mit möglichst vielen Allelen ausgewählt, unabhängig von der eigenen genetischen Ausstattung. Die MHC-vermittelte Partnerwahl kann durch Lernvorgänge beeinflusst werden, was in cross-fostering Experimenten bei Hausmäusen belegt wurde. Bei weiblichen Hausmäusen wurden Hinweise auf eine Selektion von Spermien mit unterschiedlichen MHC-Genotypen gefunden. [3]

Migration, *Wanderung*, *Zugverhalten* (migration, migratory behaviour): gerichteter aktiver Ortswechsel mit der Rückkehr. M. ist eine Hin- und Rückwanderung zwischen dem *Ursprungsgebiet* (breeding area, area of residence) oder auch *Sommerquartier* (sommer ground), in dem das Tier hauptsächlich lebt und sich fortpflanzt und davon fernen Aktionsbereichen, die als *Winterquartier* (winter ground) entweder Nahrungsgründe, Mauserplätze oder *Ruhequartiere* (resting ground) sind. M. finden jährlich oder auch nur einmal im Leben statt. Die Wanderungen von und zum Ursprungsgebiet nennt man *Weg-* und *Heimzug* (outward and return journey). Werden beide Male dieselben Routen benutzt, so handelt es sich um einen *Pendelzug* (to and from migration) wie beim Singschwan. Bei kreis- oder achtförmigen Wanderwegen spricht man vom *Schleifenzug* (loop migration), z. B. Neuntöter *Lanius collurio* und Großer Sturmtaucher *Puffinus gravis* oder vom Doppelschleifenzug beim Kurzschwanzsturmtaucher *Puffinus tenuirostris*.
Weitere Formen der M. sind
– die *Arealpulsation* (areal pulsation): ein Teil der Population verlässt während der günstigen Jahreszeit das ganzjährig nutzbare Ursprungsgebiet, um sich fortzupflanzen. Danach wandern die Eltern und der Nachwuchs ins Ursprungsgebiet zurück (Distelfalter, Tagpfauenauge, Teichralle, Ringeltaube).
– der *Teilzug* (partial migration): nicht alle Populations- oder Artangehörigen wandern, ein Teil verbleibt im Ursprungsgebiet (Wintergoldhähnchen, Zilpzalp, Bachstelze).
– die *Folgewanderung* (persuing migration): die Wanderer folgen ihren Nahrungspflanzen oder Beutetieren (Fichtenkreuzschnabel *Loxia curvirostra*, Löwen in der Serengeti)
– die *Substitutionswanderung* (substition migration): die Wintergäste aus höheren Breiten ersetzen die abgewanderten Populationen (Amerikanische Wiesenlerche *Sturnella magna*, Wacholderdrossel, Lachmöwe).
– das *Überwandern* (leap frog migration): kommt bei Populationen vor, deren Angehörige weite oder kurze Strecken zurücklegen. Dabei überqueren die Weitzieher die Brutgebiete und Winterquartiere der Kurzzieher (Amerikanische Fuchsammer *Passerella iliaca*, Sandregenpfeifer).
– *Mauserzug* (moult migration): dabei ziehen die Vögel zu abgelegenen Mauserplätzen (Ohrentaucher *Dytes auricus* und Brandgans *Tadorna tadorna*). → Dismigration, → Vogelzug. [1]

mikrophage → Nahrungsverhalten.

Mikrosmat (microsmatic animals): Säugetier mit einem relativ schwach ausgebildeten Riechvermögen und meist fehlendem funktionalen → Vomeronasalorgan. Hierzu gehören die Bartenwale, einige Fledermausarten, die Robben, der Mensch und vermutlich alle anderen Primaten der Unterordnung Trockennasenaffen (Haplorhini) einschließlich der Koboldmakis (Tarsiidae). Die früher so genannten Halbaffen gehören mit Ausnahme der Koboldmakis zur heutigen Unterordnung Strepsirrhini (Feuchtnasenaffen, z. B. Loris und Lemuren) und sind → Makrosmaten. Bei einer Begriffserweiterung auf alle Wirbeltiere wären auch Fische und Vögel zu den M. zu rechnen, bei den Reptilien jedoch nur die Krokodile. [4]

Miktion, *Urinieren, Harnen* (miction, urination): Abgabe von Urin (Harn), die bei Säugern im Allgemeinen mit besonderen Verhaltensformen verbunden ist. M. ist ein motiviertes Verhalten. Sein Appetenzverhalten besteht z. B. im Aufsuchen eines Harnplatzes (Katzen, Goldhamster, Schweine), in einer Geruchskontrolle (Hunde, Füchse), im Scharren (Tiger) oder, damit der Körper nicht benässt wird, im Einnehmen einer bestimmten Köperhaltung (Beinheben, Schwanzabstellen, Kauern, Krümmen, Strecken u. a.). Anschließend wird kontinuierlich der Urin abgegeben (Gegensatz → Urinspritzen). Zum Abschluss zeigen viele Arten Schwanzwedeln (Paarhufer), Wittern am Urin (Hunde, Wölfe, Löwen, Schweine, Zebras), Zuscharren des Urinplatzes mit der Schnauze oder den Extremitäten (Katzen, Hunde) und einige auch das → Flehmen. Oft wird zusammen mit dem Urin auch Kot abgegeben (→ Defäkation). Mit dem Urin werden zahlreiche Duftstoffe ausgeschieden, sodass der M. auch Funktionen im Zusammenhang mit dem Sozial- und Sexualverhalten zukommen (Urinmarkieren, Urinprüfen, Urintrinken). Erfolgt die M. in bedrohlichen Situationen, so ist es ein → Angstharnen. Viele Säugerjunge können nicht spontan urinieren, ihre M. muss durch → Anogenitalmassage angeregt werden. [1]

Milchgeschwister → Amme.

Milchtritt (treading, kneading): während des Saugens zu beobachtende Tret- oder Streckbewegungen der Jungtiere mit den Vorder- oder (seltener) Hinterbeinen an die Zitzen der Mutter. Der M. tritt bei zahlreichen Säugerarten auf, ist angeboren, reift in den ersten Lebenstagen aus und soll zusammen mit den Saugbewegungen den Milchfluss anregen. Beim Hund leitet sich das charakteristische Pfötchengeben vom M. her. [1]

Milgram-Experiment (Milgram experiment): wissenschaftliche Versuchsanordnung zum Test auf bedingungslosen Gehorsam gegenüber Autoritäten. Das M. wurde erstmals 1962 von dem New Yorker Psychologen Stanley Milgram durchgeführt. Er wollte die unvorstellbaren Verbrechen aus der Zeit des Nationalsozialismus sozialpsychologisch erklären. Beim M. muss der Proband in der Rolle eines Lehrers auf Anweisung des Versuchsleiters einen Schüler für falsche Antworten mit Elektroschocks bestrafen. Schüler ist ein Schauspieler, der qualvolle Schmerzen in Abhängigkeit von der Stromstärke vortäuscht. Die Mehrzahl der Probanden folgte nicht dem Gewissen sondern den Anweisungen der Autorität und steigerte die elektrischen Schläge von 15 bis auf 450 Volt. [5]

Milieubindung (milieu bonding): besondere Beziehung eines Individuums zu Elementen der nichtsozialen Umwelt wie Boden, Vegetation, Klima, Nahrungsverfügbarkeit und Schutzmöglichkeiten (z. B. Bausysteme). → Ortsbindung. [5]

Milieuprägung, *Biotopprägung, Umgebungsprägung, Heimatprägung, ökologische Prägung* (milieu imprinting, habitat imprinting, environment imprinting, ecological imprinting): ein schneller Lernvorgang (→ prägungsähnlicher Vorgang), der eine feste Bindung an einen bestimmten Lebensraum zur Folge hat. M. ist vor allem von wandernden Tieren bekannt, die immer in ihre Ursprungsgebiete zurückkehren (→ Heimfindevermögen). Ihre M. erfolgt häufig erst in den letzten Wochen vor dem Wegzug.

Als Sonderfall der M. kann die *soziale Prägung* (social imprinting) betrachtet werden, bei der das Individuum seine Position in der Sozietät erlernt. So werden beispielsweise Rhesusaffen bis zum Alter von zwei bis drei Monaten durch die Aggressivität ihrer Mütter geprägt, und Haushunde erleben in der 3. bis 14. Woche eine sensible Phase für die Anpassung an das soziale Milieu in ihrer Familie. → Sozialisation, → Objektprägung. [1]

Milieutheorie *Environmentalismus* (learning theory): veraltete und inzwischen auch widerlegte Auffassung, wonach die Entwicklung eines Individuums primär durch seine Umwelt bestimmt wird, während seinen Erbanlagen nur eine sekundäre Bedeutung zukommt. Diese Extremposition, nach der erfolgreiches Verhalten allein eine Funktion gegenwärtiger und vergangener Reize ist, führte zu der Annahme, dass Mensch und Tier gewissermaßen als Tabula rasa („unbeschriebenes Blatt") ohne Vergangenheit geboren werden und ihr Verhalten, abgesehen von einfachsten Reflexen, erst durch Lernprozesse und weitestgehend nach Maßgabe der Umweltbedingungen erwerben müssen und dadurch unendlich formbar sind. Heute gibt man der → Konvergenztheorie den Vorzug, nach der eine Einheit von Angeborenem und Erworbenem bzw. von Phylogenese und Ontogenese besteht. [5]

Mimese (mimesis): Nachahmung von Objekten aus der Umgebung, um von Fressfeinden oder Parasiten nicht als Beute oder Wirt erkannt zu werden. Die M. kann die visuelle Rezeption (Gestalt, Färbung und Bewegung) betreffen, aber auch den Geruch und die Lautgebung. Bei der *Zoo-M.* (zoomimesis) dienen tierische, bei der *Phyto-M.* (phytomimesis) pflanzliche und bei der *Allo-M.* (allomimesis) unbelebte Objekte (z. B. Steine oder Kot) als Vorbilder.

Phyto-M. findet sich bei vielen Insekten, z. B. bei Stabschrecken und Spannerraupen (trockene Zweige), bei Laub- und Feldheuschrecken (welke Blätter) und bei den so genannten Wandelnden Blättern der Familie Phylliidae (grüne Blätter, manchmal einschließlich Fraßspuren). Im Gegensatz zur → Tarnung, durch die ein Tier gar nicht erst entdeckt werden soll, bleibt das Tier bei einer M. durchaus sichtbar. Es wird jedoch vom Fressfeind oder Parasiten nicht als geeignet erkannt, z. B. von einem Fleisch fressenden Tier als Pflanze oder als Tier, das nicht in das Beuteschema passt.

Nicht immer ist eine klare Abgrenzung zwischen M. und Tarnung möglich. Bei Fetzenfischen der Gattungen *Phyllopterxy* und *Phycodurus* z. B., die mit ihren Körperanhängen wie Algenbüschel aussehen, geht die M. in einem Algenbestand in Tarnung über. Die Fetzenfische nutzen die M. aber auch gleichzeitig, um sich unbemerkt ihrer Beute (z. B. Garnelen) zu nähern. In diesem Falle spricht man von einer → Angriffsmimese, während die hier definierte M. eine *Verteidigungsmimese* (protective mimesis) ist. [4]

Mimik (facial expression): im Dienst der Kommunikation stehende angeborene und erworbene Gesichtsausdrücke der Säugetiere und des Menschen (→ Ausdrucksverhalten). Eine relativ einfache M. ist bei Hunden, Katzen und anderen Raubtieren sowie Huftieren (→ Flehmen) zu beobachten, während die der Menschenaffen der komplizierten und ausdrucksstarken M. des Menschen nahe kommt.

M. widerspiegelt Motivationen. Sie wird häufig als → Droh-M. eingesetzt. Menschliche M. gehört zu den Universalien des Verhaltens, d. h. sie wird in allen Kulturkreisen gleichermaßen gebraucht und verstanden. → Körpersprache. [1]

Mimikry (mimicry): Gestalt- oder Verhaltensnachahmung von gefährlichen, giftigen oder ungenießbaren Tierarten zum eigenen Schutz. In diesem Sinne ist M. immer eine *Verteidigungs-M.* (protective mimicry). Ganz eng definiert bezieht sich der Begriff M. nur auf die so genannte *Batessche M.* (Batesian mimicry), bei der die Nachahmer selbst wehrlos, ungiftig und genießbar sind. Diese Form der M. wurde zuerst 1862 von Henry Walter Bates beschrieben. Sie findet sich in vielfältiger Ausprägung, so z. B. in der Nachahmung der Färbung und Gestalt von Faltenwespen (durchsichtige Flügel, gelb-schwarze Streifenmuster auf dem Hinterleib) durch harmlose Schwebfliegen (viele Arten der Familie Syrphidae), Holzwespen (z. B. die Riesenholzwespe *Sirex gigas*) oder Schmetterlinge (z. B. den Hornissenschwärmer *Sesia apiformis*). Einige Käfer, Wanzen und Spinnen imitieren die Gestalt von Ameisen. Dies wird auch als *Myrmecomorphie* (myrmecomorphy) bezeichnet, im Falle des Zusammenlebens mit den Ameisen auch als *Wasmannsche M.* (Wasmannian mimicry). Bei einigen myrmecomorphen Spinnen und Insekten kann es sich allerdings um → Angriffsmimikry handeln.

In vielen Fällen wird zusätzlich zu Gestalt und Färbung auch das Verhalten nachgeahmt. So ist z. B. der Hinterleib der Spinne *Orsima formica* wie der vordere Teil (Kopf und Brust) einer schmerzhaft stechenden weiblichen Spinnenameise (Familie Mutillidae) gestaltet und gefärbt. Um die Ähnlichkeit weiter zu vergrößern, bewegt die Spinne zwei stark verlängerte Spinnwarzen wie die Fühler ihres Vorbilds. Ein anderes Beispiel für ein Verhalten zur Verbesserung der Ähnlichkeit in der Gestalt ist die neotropische Wanze *Hiranetis braconiformis*, die wie eine Brackwespe (Braconidae) gefärbt ist und sich auch in der typischen Weise bewegt. Im Falle einer Gefahr hebt die Wanze ein Hinterbein und legt es so an ihren Hinterleib, dass es wie ein Legebohrer aussieht, mit dem das Vorbild schmerzhafte Stiche austeilen kann. Zuweilen werden bei einer Batesschen M. nur bestimmte Teile eines Tiers nachgeahmt, z. B. die Augen (→ Augenfleck). In diesem Falle spricht man auch von einer *partiellen M.* (partial mimicry).

Bei der von Fritz Müller (1878) erstmals beschriebenen *Müllerschen M.* (Mullerian mimicry) ist der „Nachahmer" selbst ebenfalls gefährlich, giftig oder ungenießbar. Hierbei handelt es sich jedoch nicht um eine M. im strengen Sinne, sondern um die Herausbildung von Gruppen aus ganz unterschiedlichen Tierarten mit einer gemeinsamen Gestalt, Färbung, Bewegung, Lautgebung usw. Da es kein festes Vorbild gibt, vermeiden viele Autoren den Begriff M. und sprechen von einer *Müllerschen Ähnlichkeit* (Mullerian resemblance). Beispiele für eine solche Ähnlichkeit sind die auffällige gelbschwarze Färbung von Faltenwespen oder die Mischung aus roten bis orangenen Farbtönen mit Mustern aus weißen Flecken auf schwarzem Untergrund, wie sie bei vielen ungenießbaren Schmetterlingen (z. B. Monarchfalter der Familie Danaidae) und Käfern (einige Ölkäfer der Familie Meloidae), aber auch bei schmerzhaft stechenden Hautflüglern (z. B. Familie Mutillidae) zu finden sind. Vollkommen außerhalb des hier definierten Begriffs der M. liegt die → Angriffsmimikry. [4]

Minierer (plant mining insect): Insekt, das im Pflanzengewebe lebt und Fraßgänge anlegt. Zu unterscheiden ist zwischen den Pflanzen- und Blattminierern. Seit etwa 30 Jahren breitet sich die aus Asien stammende Rosskastanienminiermotte *Cameraria ohridella* in Europa aus und richtet beachtliche Schäden an, da natürliche Feinde fehlen. [1]

Minutenrhythmus → Kurzzeitrhythmen.

Mischsänger (mixed singer): Vogel, der seinen Gesang aus Elementen, Phrasen oder Strophentypen mehrerer Arten oder auch Dialektpopulationen (→ Gesangsdialekt) zusammensetzt. [4]

Missbrauch → Sucht.

Mitnahme (entrainment): ein Prozess, bei dem ein biologischer Oszillator durch eine Umweltperiodizität synchronisiert wird. Dabei bedeutet „Mitnehmen" sowohl die Anpassung der endogenen → Periodenlänge des biologischen Rhythmus als auch die Herstellung einer festen Phasenbeziehung zur Umweltperiodizität. M. und → Synchronisation werden in der chronobiologischen Literatur häufig synonym verwendet. Im Falle des synchronisierenden Einflusses einer Umweltperiodizität (→ Zeitgeber) ist jedoch der Begriff M. vorzuziehen.

Erfolgt die M. durch den Licht-Dunkel-Wechsel spricht man von *photischer M.* (photic entrainment), in allen anderen Fällen von *nicht-photischer M.* (nonphotic entrainment). M. ist nur innerhalb bestimmter Grenzen möglich, dem → Mitnahmebereich. [6]

Mitnahmebereich, *Ziehbereich* (range of entrainment): umfasst den Bereich von Zeitgeberperioden innerhalb dessen der Zeitgeber in der Lage ist, einen biologischen Rhythmus „mit zu nehmen", d. h. zu synchronisieren. Für → circadiane Rhythmen liegt der M. etwa zwischen 20 und 28 h, hängt aber auch von der → Spontanperiode (τ) ab. Ist $\tau < 24$ h, wird sich der M. zu kürzeren Zeitgeberperioden hin verschieben und umgekehrt. In beiden Fällen wird sich die Mitnahme aber nur im Bereich von $\tau \pm 4$h bewegen, d. h. biologische Rhythmen können nicht beliebig beschleunigt oder verlangsamt werden.

Die Untersuchung des M. wird zur Beurteilung der → Zeitgeberstärke einer Umweltperiodizität genutzt. Ein schmaler M. weist auf einen schwachen Zeitgeber hin bzw. der Organismus ist nicht in der Lage, die Zeitgeberinformation ausreichend zu verarbeiten. Beispielsweise nimmt der M. mit zunehmendem Alter ab. Darin kommt eine verminderte Synchronisationsfähigkeit zum Ausdruck. [6]

Mittelwertschronogramm (mean value chronogram): mittlere Änderung einer Messgröße im Verlaufe einer definierten Periode

(z. B. eines Tages oder Jahres). Hierfür werden für jeden Zeitpunkt innerhalb eines Zyklus, z. B. eines Tages, die Messwerte der verschiedenen Individuen (→ Transversalstudie) oder der aufeinander folgenden Tage (→ Longitudinalstudie) gemittelt und einschließlich eines geeigneten Streuungsmaßes (Standardabweichung, Standardfehler), gegen die Zeit aufgetragen. Bei dieser Darstellungsform geht zwar die Information über die Musterunterschiede zwischen den Individuen bzw. den aufeinander folgenden Tagen weitgehend verloren, aber die mittlere Kurvenform, das *Grundmuster* (general pattern) tritt deutlicher hervor. Aus Gründen der Anschaulichkeit werden häufig 1,5 Perioden gezeichnet. [6]

Mittenfrequenz → Bandbreite.

Mnemotaxis (mnemotaxis): räumliche Orientierung auf der Basis von Erinnerungen. M. umfasst so komplexe Verhaltensabläufe wie → Sichtnavigation oder → Koppelnavigation und wird heute nur noch selten verwendet. [4]

Mobbing (mobbing): Sozialstress am Arbeitsplatz, in der Schule oder einer anderen Ausbildungseinrichtung. Das Opfer wird von Kollegen oder Vorgesetzten regelmäßig, systematisch und über einen längeren Zeitraum mehr oder weniger von der Gemeinschaft ausgeschlossen, permanent kritisiert und beleidigt sowie dem Klatsch und Tratsch ausgesetzt. → Stress. [1]

mobiles Territorium (floating territory, drifting territoriality): ein Territorium, dass an die räumliche Position seines Besitzers gebunden ist. Bitterlinge der Gattung *Rhodeus* legen ihre Eier in die Mantelhöhle von Muscheln ab und verteidigen ein Territorium um die sich langsam bewegende Muschel. Ein entsprechendes Verhalten zeigen auch die verpaarten Männchen der Maras *Dolichotis*, die beweglicheTerritorien einrichten. Auch Treiber- oder Wanderameisen haben m. T. [1]

Mobilität (mobility): **(a)** Beweglichkeit eines Organismus oder einer Gruppe in Raum und Zeit, um z. B. andere Lebensräume aufzusuchen → Vagilität. **(b)** beschreibt beim Menschen die Änderung des Wohnsitzes oder den Positionswechsel innerhalb eines gesellschaftlichen Gebildes. **(c)** willkürliche Bewegungen im Gegensatz zur → Motilität. → Bewegungstyp. [1]

Modalität → Reiz.

Modelllernen (observational learning): nach Albert Bandura (1963) eingeführte Bezeichnung für einen kognitiven Lernprozess, der vorliegt, wenn ein Individuum als Folge der Beobachtung des Verhaltens anderer Individuen sowie der darauf folgenden Konsequenzen sich neue Verhaltensweisen aneignet oder schon bestehende Verhaltensmuster weitgehend verändert. Der Lernprozess verläuft in den beiden Phasen *Akquisition* oder *Aneignungsphase* (acquisition) und *Performanz* oder *Ausführungsphase* (performance). Die Akquisition beginnt mit der *Aufmerksamkeitszuwendung,* in der das lernende Individuum das geeignete Modell (z. B. Alpha-Tier, Mutter) beobachtet und typische Charakteristika imitiert. In der *Behaltensphase* wird dann das beobachtete Verhalten in erinnerliche Schemata umgeformt und im Gedächtnis gespeichert. In der Akquisition erfolgt somit der Erwerb von Verhaltensweisen durch Lernprozesse und unter dem Einfluss von Verstärkern. Sie dient z. B. bei der sexuellen Prägung dem Sammeln sozialer Präferenzen; während der späteren Konsolidierungsphase erfolgt dann die Umwandlung in sexuelle Präferenz.

An die Akquisition schließt sich die Performanz an. Hier kommt es zunächst während der *motorischen Reproduktionsphase* zur konkreten Ausführung der erlernten Verhaltensweise. Das lernende Individuum erinnert sich an das Modell und versucht, das beobachtete Verhalten zu reproduzieren. Um das Verhalten tatsächlich auszuführen, muss das Individuum auf die gespeicherte Information zurückgreifen und entsprechend motiviert sein. Das M. wird mit der *Verstärkungs- und Motivationsphase* abgeschlossen, in der das Individuum den Erfolg des von ihm reproduzierten Verhaltens reflektiert. War das gelernte Verhalten erfolgreich, steigt die Motivation, den Lernerfolg zu optimieren und durch Wiederholung zu perfektionieren. Andernfalls wird das Gelernte wieder gelöscht.

In der Verhaltensbiologie kann M. auch Bestandteil der → Nachahmung sein. [5]

Modifikation → Verhaltensmodifikation.

Modifikatorgen (modifier gene): ein Gen, das einen geringen quantitativen Effekt auf die Expression anderer Gene ausübt. M.

können z. B. eine wichtige Rolle bei der Wirkung sexuell-antagonistischer Gene spielen. So haben zwei Gene für Thyroidhormon-Rezeptoren gegensätzliche Effekte auf das weibliche Sexualverhalten von Mäusen. Wahrscheinlich wird die Expression dieser Gene über M. beeinflusst. [3]

Modulation (modulation): zeitliche Veränderung der Parameter eines Trägersignals zum Zwecke der Informationsübertragung. In der Bioakustik spielen praktisch nur Veränderungen der Amplitude (*Amplituden-M.*, AM, amplitude modulation) und der Frequenz (*Frequenz-M.*, FM, frequency modulation) des Schallsignals eine Rolle. Die graphische Darstellung der zeitlichen Veränderung der Amplitude nennt man auch *Hüllkurve* (envelope). Sie kann in einem akustischen Signal durch Demodulation, besser jedoch durch Hilbert-Transformation, ermittelt werden. Selten sind akustische Signale ausschließlich in der Amplitude oder in der Frequenz moduliert, meist handelt es sich um Kombinationen aus beiden. Fledermäuse erzeugen je nach Zweck und Art unterschiedliche Ortungssignale, die über die gesamte Dauer des Lautes entweder in der Frequenz nahezu konstant (*CF-Laute*, constant frequency, wichtig für die Ausnutzung des Doppler-Effekts) oder stark frequenzmoduliert sind (*FM-Laute*, wichtig für die spektrale akustische „Farbanalyse" des reflektierten Signals). Häufig werden kombinierte Ortungssignale ausgesendet, die beide Bestandteile hintereinander enthalten, z. B. die so genannten CF-FM-Laute. Eine besondere Form der Amplitudenmodulation ist das Aussenden einzelner kurzer → Schallimpulse mit nahezu konstanter Amplitude, die durch kurze oder längere lautlose Pausen unterbrochen sind. Diese nahezu 100%ige Amplitudenmodulation mit einer Rechteck-Hüllkurve findet sich häufig bei der Schallerzeugung durch → Stridulationsorgane als → Chirps oder → Trills. [4]

molekulare Uhr (molecular clock): **(a)** Methode zur zeitlichen Einordnung phylogenetischer Ereignisse. Sie beruht auf der Annahme, dass DNA-Basensubstitutionen (oder Aminosäureaustausche) mit einer konstanten Rate während der Trennung zweier Arten stattfinden. Damit ist es möglich einen Zeitrahmen für die Trennung zweier Arten (Populationen) über die Anzahl der beobachteten genetischen Unterschiede (→ genetische Distanz) zu berechnen. Das Prinzip einer konstanten m. U. wird heute stark kritisiert, da sowohl Unterschiede in den Substitutionsraten zwischen Linien, Populationen und Genen auftreten können. **(b)** in der Chronobiologie häufig als Synonym für → circadianes Uhrwerk verwendet. [3]

molluskivor (molluscivorous): Tiere, die sich von Schnecken, Muscheln und anderen Weichtieren ernähren. [1]

Mondorientierung → Lunarorientierung.

Mondrhythmus *Lunarrhythmus* (lunar rhythm): biologischer Rhythmus mit einer Periodenlänge, welche der des Mondphasenwechsels (29,54 Tage) entspricht. Obwohl ein Einfluss des Mondes auf Organismen sicher vorhanden ist, fehlen eindeutige Belege für die Existenz von Mondrhythmen. Es ist auch nicht belegt, ob Lebensvorgänge etwa über das Mondlicht synchronisiert werden. Demgegenüber haben die durch den Mond verursachten Gezeiten einen nachweisbaren Effekt (→ Gezeitenrhythmus). So ist bei einigen Meeresorganismen, wie der Mücke *Clunio marinus*, die Fortpflanzung an die Spring- oder Nippflut gekoppelt, was einem halben lunaren Zyklus entspricht (semilunare Periodik) und eher eine Folge der Gezeiten als ein M. ist (→ circalunarer Rhythmus). [6]

Mondtäuschung → optische Täuschung.

Monochromat (monochromat): Tier, das nicht in der Lage ist, unterschiedliche Farben zu sehen. M. besitzen neben Stäbchen unter Umständen auch noch Zapfen, allerdings nur einen Typs. Da sich die optimalen Helligkeitsbereiche sehr stark unterscheiden, ist trotz unterschiedlicher Farbempfindlichkeit der Stäbchen und Zapfen Farbsehen kaum möglich.

In spärlich beleuchteter Umgebung, in der Tiefsee oder nachts ist Farbsehen nicht möglich (→ Sehen). Nachtaktive Säuger ohne oder mit nur schwach ausgeprägter Fähigkeit zum Farbsehen sind z. B. Ratten, Mäuse, Opossums, Waschbären, Ginsterkatzen, Galagos, Eulenaffen und Fledermäuse. [4]

Monogamie, *Einehe* (monogamy): Paarungssystem mit kurzfristiger oder lebenslanger Paarbindung. Bei der *seriellen M.*

(breeding saison monogamy) beschränkt sich die Paarbindung auf nur eine Fortpflanzungssaison bzw. Brutzeit. So suchen beim Amerikanischen Hummer *Homarus americanus* die Weibchen vor der Häutung die Verstecke dominanter Männchen auf, paaren sich mit ihnen und verlassen die Höhle nach einigen Tagen.
Lebenslange M. (lifetime monogamy) ist z.B. für Graugans und Kolkrabe, aber auch für Säugetiere wie Biber oder Klippschliefer beschrieben. Es wird weiterhin zwischen sozialer, sexueller und genetischer M. unterschieden. *Soziale M.* (social monogamy) beschreibt das gemeinsame Zusammenleben von Männchen und Weibchen (gemeinsames Territorium, räumliche Paarbindung) wobei allerdings → Extrapair copulation bzw. → Extrapair-paternity auftreten können. *Sexuelle M.* (sexual monogamy) beinhaltet eine exklusiv sexuelle Beziehung zwischen den Geschlechtern, die auf der Beobachtung des Sexualverhaltens basiert. Wird diese Beziehung durch DNA-Analysen untermauert, ist der Begriff *genetische M.* (genetic monogamy) gerechtfertigt.
Weibchen erhöhen durch M. in der Regel ihren Fortpflanzungserfolg, während sie für Männchen nur dann eine Alternative zur → Polygynie ist, wenn Mangel an paarungsbereiten Weibchen besteht (→ Geschlechterverhältnis), diese weit verstreut sind oder bei begrenzten Ressourcen durch väterliche Brutpflege die Anzahl der Nachkommen erhöht wird (→ Kosten-Nutzen-Rechnung). M. kommt bei 95 % aller Vogelarten vor (Männchen können brüten und füttern), ist bei anderen Tiergruppen jedoch eher selten. So leben nur ca. 4 % der Säugetiere monogam (nur die Weibchen können trächtig werden und laktieren). In Abhängigkeit vom Einfluss der Geschlechter lassen sich folgende Formen unterscheiden:
- *Kooperative M.* (mate assistence monogamy): besteht in der gemeinsamen Jungenaufzucht und Revierverteidigung mit Fitnessvorteilen für beide Geschlechter. So bedeutet bei den meisten Greifvögeln der Verlust eines Partners das Ende der Brut. Beim Amerikanischen Totengräber *Nicrophorus americanus* füttern beide Geschlechter die Larven mit regurgitierter Nahrung und verteidigen die Jungen gegenüber anderen Käfern.
- *Weibchenkontroll-M.* (mate guarding monogamy): Das Männchen bewacht sein Weibchen, beteiligt sich aber nicht an der Jungenaufzucht. Zum Beispiel nehmen die Männchen bei Flohkrebsen der Gattung *Gammarus* oder der Clown-Garnele *Hymenocera picta* engen physischen Kontakt zu den Weibchen auf, um so Kopulationen mit anderen Männchen zu verhindern.
- *vom Weibchen erzwungene M.* (female enforced monogamy): Weibchen paaren sich nicht mit Männchen, die bereits verpaart sind oder sie hindern die Rivalinnen an der Verpaarung mit „ihrem" Männchen wie es bei der Heckenbraunelle *Prunella modularis* beobachtet wurde. [2]

Monogynie (monogyny): das Vorhandensein von nur einem reproduktiven Weibchen (einer funktionellen Königin) pro eusozialem Verband. Man unterscheidet zwei Arten der M.: die *primäre M.*, die aus der Nestgründung durch eine einzige Königin hervorgeht, und die *sekundäre M.*, bei der die Gründung zunächst durch mehrere Königinnen erfolgt. Nach dem Schlüpfen der ersten Arbeiterinnen erfolgt jedoch eine Reduktion auf nur eine Königin. → Ologogynie, → Polygynie. [4]

Monolog, *unidirektionale Kommunikation* (monologue): Begriff aus der Bioakustik, der alle über eine längere Zeitdauer vorgetragenen Rufe oder Gesänge von Wirbeltieren oder Gliederfüßern (z.B. Insekten, Krebstiere) umfasst, die nicht akustisch beantwortet werden (→ Spontangesang). [4]

monophag (monophagous): Tiere, die als Nahrungsspezialisten an nur einer Wirtsart oder Wirtsgattung leben. M. sind hauptsächlich Pflanzenfresser. Pflanzen haben im Verlauf der Evolution vielfältige chemische Abwehrmechnismen entwickelt, deren Überwindung aufwändig ist und nur Spezialisten gelingt. Strikt m. ist z.B. die Olivenfliege *Bactocera oleae*, während die Mittelmeerfruchtfliege *Ceratis capitata* als → polyphage Art in über 300 Wirtspflanzen nachgewiesen wurde. [1] [4]

monophasisch → Muster.

monöstrisch → Östrus.

monozyklisch (monocyclic): Tiere, die sich einmal im Jahr fortpflanzen. → polyzyklisch. [1]

moralanaloges Verhalten (moral like behaviour): ein von Konrad Lorenz eingeführter Begriff für das bei vielen sozialen Tieren zu beobachtende „Schonungsverhalten" gegenüber Artgenossen, eine „Humanisierung" des Kampfverhaltens. Inzwischen wird der Begriff des m. V. z. B. auch auf die Fütterung und Betreuung der Jungen, die Verteidigung von Artangehörigen, das Akzeptieren von Partnerbindungen und Rangplätzen oder die Beachtung der erfahrenen Alten ausgedehnt. Die Normen dieser Strategien und Verhaltenselemente, die auf den Menschen so wirken, als würden ihnen moralische Prinzipien zugrunde liegen, sind biologisch vorgegeben und damit wertfrei. Es ist noch unzureichend bekannt, welche Leistungen z. B. im Sozial- und Pflegeverhalten des Menschen ausschließlich auf gesellschaftlich moralischen Voraussetzungen beruhen. Auch in der menschlichen Gemeinschaft gibt es biologisch begründete, emotional bestimmte, angeborene, erlernte oder tradierte Leistungen für Andere, die unabhängig von moralischen Interpretationen wirksam werden. Das Verständnis dieser Funktionen kann helfen, verantwortlich und vernünftig zu handeln und die biologischen Grundlagen kultureller Tabus von Werten, Gesetzen und moralischen Prinzipien zu verstehen. Eine Werteskalierung nach dem Gegensatz von Gut und Böse ist sowohl naiv als auch unwissenschaftlich. [5]

Morgentyp → Chronotyp.

Moro-Reflex (Moro reflex): angeborener Klammerreflex des Primatensäuglings, der im Fallen ruckartig die Arme ausbreitet, die Handflächen öffnet und die Finger spreizt. Danach werden die Arme schnell wieder nach innen, zum Körper hin bewegt und die Hand zur Faust geschlossen. Der M. sichert das Nachgreifen im Fell und verhindert das Herunterfallen. Er reift beim Menschen in der 9. Schwangerschaftswoche aus und verliert sich im 3./4. Lebensmonat. Der M. ist ein Indiz, dass menschliche Säuglinge zu den → Traglingen gehören. [1]

Morphem → Phonem.

morphologisches Artkonzept → Artkonzept.

Motilität (motility): **(a)** Bewegungsmöglichkeit, Fähigkeit eines Organismus sich fortzubewegen oder Bewegungen zu vollführen. **(b)** unwillkürliche Bewegungen im Gegensatz zur → Mobilität. [1]

Motiv → Gesang.

Motivation, *Verhaltensbereitschaft, motiviertes Verhalten* (motivation, motivated behaviour): interne Bereitschaft zur Auslösung eines bestimmten Verhaltens und Voraussetzung für das Wirksamwerden der Kenn- und Signalreize. Aufgabe der M. ist es, das Verhalten des Individuums artgemäß und situationsgerecht zu aktivieren, um seine inneren und äußeren Gleichgewichte (Homöostase) aufrecht zu erhalten. Der Aufbau einer M. basiert auf komplexen neuronalen und hormonalen Aktivitäten, aber auch auf externen Faktoren, bestimmten Erfahrungen und emotionalen Einstellungen. Diese Komplexität ist nicht zugänglich und einfache Modelle reichen zur Erklärung der M. nicht aus (→ psychohydraulische Modell, → Triebtheorie, → Motivationsanalyse).

Letztendlich werden M. durch innere Ungleichgewichte verursacht. Das können stoffliche, energetische oder informationelle Defizite sein, z. B. Wassermangel (Durst) oder der allmähliche Anstieg von Sexualhormonen (Paarung). Die M. erniedrigt die Reizschwelle für das adäquate Verhalten, sodass die Ungleichgewichte leichter beseitigt werden können. Dazu löst die M. zuerst das → Appetenzverhalten aus, das der Suche nach den adäquaten → Kenn- oder Signalreizen dient. Sind die Reize identifiziert, kommt es zur → Endhandlung, die das Ungleichgewicht beseitigt, die M. abbaut und die Reizschwelle erhöht, sodass in dieser motivationalen Refraktärzeit das entsprechende Verhalten nicht mehr oder nur sehr schwer ausgelöst werden kann.

Motivation → Appetenzverhalten → Endhandlung → motivationale Refraktärzeit

Einige M. sind staubar, sie werden stärker, je länger die angestrebte Endhandlung nicht ausgelöst wurde (→ Staubarkeit von Handlungsbereitschaften). Andere hemmen sich gegenseitig, sodass es zu Konflikten bzw. zum → Übersprungverhalten kommt.

In der Vergangenheit wurden zahlreiche Konzepte zur internen Verhaltensbereitschaft erarbeitet, die aus heutiger Sicht alle unter dem Terminus M. subsumiert werden können: aktionsspezifische Energie, Antrieb, Antriebsspannung, Bereitschaft, Drang, Handlungsbereitschaft, spezifisches Aktionspotenzial und Trieb. [1]

Motivationsanalyse (motivational analysis): die Untersuchung der internen und externen Ursachen des motivierten Verhaltens. Da Motivationen nicht direkt messbar sind, müssen sie durch entsprechende Experimente aus dem Verhalten abgeleitet werden. Motivation beschreibt also eine logisch geforderte Ursache einer Verhaltensänderung in einer definierten Reizsituation, die sich auf den inneren Zustand des Tieres bezieht. Entscheidend ist, dass die Versuchsbedingungen völlig gleich sind. Wenn dann das Versuchstier auf gleiche Reize unterschiedlich reagiert, kann auf eine interne Veränderung der Motivation geschlossen werden. [1] [5]

Motivationswechsel → Umstimmung.

Motivgesang → Vollgesang.

motivierender Effekt *motivierender Reiz* (motivating effect, motivational effect, priming stimulus, motivating stimulus): beschreibt die reizbedingte Veränderung des inneren Zustandes (→ Motivation). Der m. E. überführt die zu ihm passende Motivation in das Stadium der Effektivität. Dabei kann es zu einer → Umstimmung, zum Wechsel der aktuell vorherrschenden Motivation kommen. Neben ihrem m. E. haben verhaltensrelevante Umweltreize meist auch auslösende und richtende Wirkungen (→ Auslöseeffekt). → Primer-Effekt. [5]

Motorik, *Bewegung* (motor behaviour): in der Verhaltensbiologie ein Sammelbegriff für alle aktiven Bewegungen eines Individuums. Dabei ist zwischen Bewegungen ohne Ortswechsel → Topomotorik und mit Ortswechsel → Lokomotorik zu unterscheiden. Die Koordination der M. erfolgt im Zentralnervensystem. Die Bewegungsmuster sind bei der *Erb-M.* angeboren (Erbkoordination), bei der *Erwerb-M.* erlernt (Erwerbkoordination). → Mobilität. [1]

motorische Ermüdung → Ermüdung.

motorische Nachahmung (motoric imitation): die physische → Nachahmung einer präsentierten körperlichen Bewegung. M. N. ist z. B. bei Primaten ein Teil des sozialen Lernens. [5]

motorische Prägung (program imprinting): ein obligatorischer Lernvorgang, in dessen Verlauf es zur Übernahme von Verhaltensprogrammen bzw. Bewegungsmustern von Vorbildern bzw. zu eigenem motorischen Lernen am Erfolg nur während sensibler Phasen kommt (→ Prägung). Das bekannteste Beispiel m. P. ist die Gesangsprägung bei Singvögeln. Zebrafinken-Männchen lernen den Gesang vom Vater, den sie zu einer Zeit hören, in der sie selber noch nicht singen. Ein weiterer motorischer Prägungsvorgang ist das Erlernen des Tötungsbisses bei Hauskatzen. Dieses lebenswichtige Element der Beutefanghandlung ist den Tieren nicht angeboren, sondern sie müssen es, speziell seine Ausrichtung auf den Nacken der Beute und die Stärke des Bisses, unter Aufsicht der Mutter individuell lernen. Die sensible Phase für diesen Lernprozess liegt zwischen der 6. und 20. Lebenswoche, wobei das Maximum der Prägbarkeit zwischen der 9. und 15. Woche gegeben ist. [5]

motorische Reproduktionsphase → Modelllernen.

motorisches Lernen (motorial learning): der zielgerichtete Lernprozess des Aneignens und Anwendens kontrollierter Bewegungshandlungen. Erfolgreiches m. L. setzt die Erfahrung der Wirkung aktiver Bewegungen voraus. → sensorisches Lernen, → kinästhetisches Lernen [5]

Müllersche Mimikry, Müllersche Ähnlichkeit → Mimikry.

multifunktionelles Verhalten → Vielzweckverhalten.

Multigamie → Polygynandrie.

Multi-male-species (multimale species): Arten mit polyandrischem oder promiskuitivem Paarungssystem wie Bonobos oder Schimpansen. Im Vergleich zu Arten mit Partnerbindung haben die Männchen dieser Arten größere Hoden und produzieren mehr Spermien, während der Geschlechtsdimorphismus geringer ausgeprägt ist. [2]

Multioszillatorsystem (multioscillatory system): Charakteristikum biologischer Systeme, welches besagt, dass eine Vielzahl separater Oszillatoren an der Generierung der biologischen Rhythmen beteiligt ist (Abb.). Die Vielfalt rhythmischer Phänomene, sowohl hinsichtlich der Periodenlänge als auch der Funktion, legte frühzeitig die Vermutung nahe, dass nicht nur eine biologische Uhr beteiligt sein kann. In Untersuchungen an Menschen unter Ausschluss jeglicher Zeitinformation wurde eine interne → Desynchronisation zwischen den frei laufenden circadianen Rhythmen des Schlaf-Wach-Verhaltens und der Körpertempera-

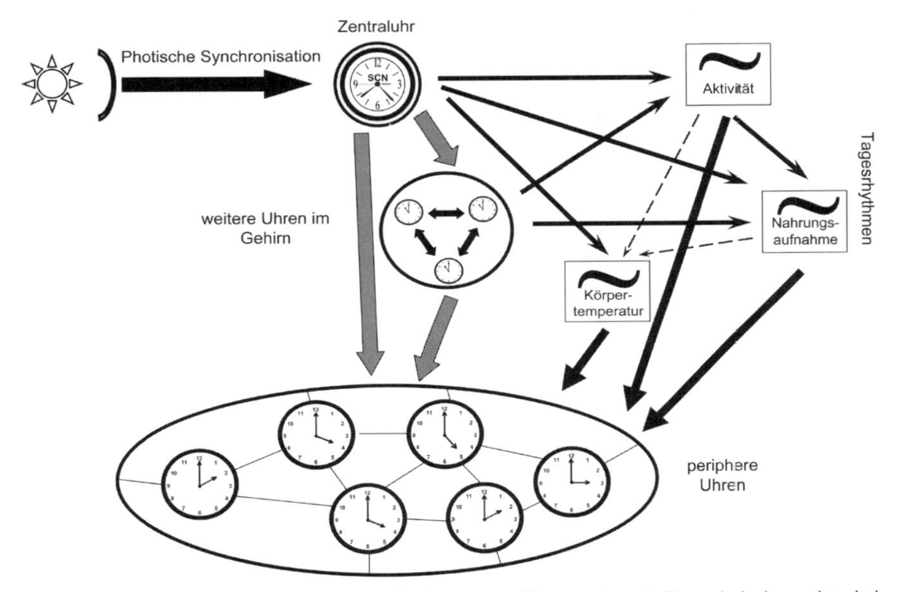

Multioszillatorsystem, das die circadianen Rhythmen von Säugern steuert. Exemplarisch wurden drei Rhythmen ausgewählt. Diese beeinflussen sich auch gegenseitig und sind an der Steuerung peripherer Uhren beteiligt. Die Synchronisation mit dem 24-h-Tag erfolgt nur über die Zentraluhr, den suprachiasmatischen Nukleus (SCN), der die Zeitinformation direkt oder indirekt an die anderen Uhren weiter gibt. Aus Gründen der Übersichtlichkeit wurde auf die Darstellung der Rückkopplungsschleifen verzichtet. Nach D. Weinert 2005. [6]

tur beobachtet, ein erster Hinweis auf ein M. Später konnte gezeigt werden, dass selbst ein und dieselbe Funktion von mehreren Oszillatoren gesteuert werden kann (→ Splitting). In einigen Fällen konnten diese Uhren lokalisiert werden (→ suprachiasmatischer Nukleus, → periphere Oszillatoren), in anderen steht der Nachweis noch aus. Man muss allerdings berücksichtigen, dass nicht jedem rhythmischen Phänomen eine Uhr zu Grunde liegt (→ ultradiane Rhythmen, → infradiane Rhythmen). Auch ist das M. hierarchisch strukturiert, d.h. nicht alle Oszillatoren sind gleichberechtigt. Häufig steht eine *Zentraluhr* (masterclock) an der Spitze des M., die auf direktem Wege mit der periodischen Umwelt synchronisiert wird. Bei Säugetieren ist das der → suprachiasmatische Nukleus. Die Zentraluhr steuert ihrerseits *untergeordnete Oszillatoren* (slave oscillators) und gibt die Zeitinformation der Umwelt weiter. [6]

multipar (multiparous): Bezeichnung für ein Säugerweibchen, das mehrfach Junge geboren hat. Diese Weibchen (Multipara) haben in der Regel ein komplettes Brutpflegeverhalten, die geringsten Aufzuchtverluste und eignen sich gut für Adoptionen und für die Fremdaufzucht. → primipar, → nullipar. [1]

Multiparasitismus (multiparasitism): beschreibt das gleichzeitige Vorkommen verschiedener Parasitenarten in einem Wirt. Das geschieht zufällig. In seltenen Fällen werden bereits befallene Wirte gesucht (→ Hyperparasitismus). → Superparasitismus. [1]

multivoltin, *plurivoltin* (multivoltine, plurivoltine): wirbellose Tiere mit mehr als einer Generation im Jahr. Sind es zwei oder drei dann ist die Art *bivoltin* (bivoltine) oder *trivoltin* (trivoltine) und bei nur einer Generation *univoltin* (univoltine). → semivoltin. [1]

Mundgraben → Graben.

Mundkuss → Kuss.
Mund-zu-Mund-Füttern (mouth to mouth feeding): **(a)** die Übergabe von zerkleinerter, vorgekauter Nahrung an den menschlichen Säugling, zumeist von der Mutter oder anderen bekannten Bezugspersonen, z. B. von Geschwistern. M. ist ein in vielen Kulturen vorkommendes, aber unregelmäßig auftretendes Verhalten, das auch für Menschenaffen belegt ist. **(b)** ein ritualisiertes Verhalten, das auf den Sexualpartner bezogen ist → Balzfüttern und → Kussfüttern und **(c)** im erweiterten Sinne die Nahrungsübergabe zwischen Altvogel und Jungvogel. [1]
Muster (pattern): im allgemeinen eine art- oder individualspezifische, reproduzierbare Folge von Verhaltensweisen z. B. Aktivitäts-M., Gesangs-M. etc.
In der Chronobiologie ist das M. eine grafische Darstellung von zeitabhängig registrierten physiologischen Parametern und Verhaltensweisen wie *Tagesmuster* (daily pattern) oder *Jahresmuster* (annual pattern). Die Klassifizierung der M. kann nach der Anzahl der Maxima erfolgen. M. mit ein, zwei oder mehr Maxima werden als uni-, bi-, oder polymodal, in der älteren Literatur auch als mono-, bi- oder polyphasisch bezeichnet. Tagesmuster der motorischen Aktivität weisen sehr häufig zwei Maxima auf, wobei eins meist größer ist (Hauptmaximum) und das kleinere (Nebenmaximum) sowohl in der Höhe als auch der zeitlichen Ausdehnung überragt. Das Nebenmaximum kann vor, *Alternans* (alternans), oder hinter, *Bigeminus* (bigeminus), dem Hauptmaximum liegen. Maximum und Minimum stellen den positiven und negativen Scheitelwert des M. dar. Die Differenz zwischen beiden heißt → Schwingungsbreite. Liegen die Messwerte in gleichen zeitlichen Abständen (äquidistant) und über eine volle Periode (oder ein geradzahlig Vielfaches) vor, entspricht deren arithmetisches Mittel dem *Niveau* (level) der Schwingung. Anhand der verschiedenen Aktivitäts-M. läßt sich der → Aktivitätstyp oder → Chronotyp bestimmen. [6]
Mutilation → Autotomie.
Mutterfamilie, *Gynopädium* (maternal family, mother family): Sozietät, die nur aus der Mutter mit ihren direkten Nachkommen besteht. Bleibt die Mutter nach der Eiablage oder dem Wurf bei ihren Nachkommen, hat sie die größte Elternschaftsgewissheit und Motivation zur Brutpflege. Bei vielen Nestflüchtern (Entenvögel und Huftiere wie Damhirsch und Reh) entwickeln die Jungtiere durch Nachfolgeprägung eine enge Bindung an die Mutter. Bei manchen Wirbellosen (Krebstiere, Spinnen) werden die Jungen von der Mutter herumgetragen oder bewacht. → Familie. [2]
Mutterfolge → matrilinear.
Mutter-Kind-Verhalten (mother child behaviour): ein Verhalten der Vögel und Säugetiere, zu dem alle wechselseitigen Interaktionen zwischen der Mutter und ihrem Nachwuchs gehören. M. ist hochspezialisiert und kann nicht auf das Brutpflegeverhalten reduziert werden. Es basiert auf einem Bindungsverhalten, das hauptsächlich durch Prägung unmittelbar nach der Geburt oder nach dem Schlüpfen zustande kommt und permanent gefestigt wird. M. ermöglicht auch die Weitergabe und Übernahme von Lerninformation (→ Tradition). Beim gestörten M. können beim Nachwuchs → Deprivationssyndrome auftreten. [1]
mütterliche Brutpflege → Brutpflege, → kooperative Brutpflege.
mütterliche Prägung → maternale Prägung.
Mutualismus (mutualism, symbiosis): **(a)** eine Form des interspezifischen Verhaltens, das für die beiden artverschiedenen Partner von gegenseitigem Vorteil ist. Im Gegensatz zur Symbiose sind die Beziehungen lockerer und nicht lebensnotwendig. Formen des M. sind die Allianz, Trophobiose, Symphilie und Putzsymbiose. Ebenso kann der reziproke Altruismus als M. verstanden werden (→ Altruismus). **(b)** manchmal steht M. auch für nicht altruistische Kooperation zwischen Individuen einer Art (→ Kooperation). **(c)** manche Autoren fassen unter M. auch die zwischen Pflanzen und Tieren bestehenden Beziehungen wie die Bestäubung der Blüten durch Insekten, Vögel oder Fledermäuse (→ Zoogamie) und die Verbreitung der Samen durch Ameisen, Vögel und Säuger (→ Zoochorie) zusammen. [1]
mutuelle Attraktion → Bindungsantrieb.
mykophag (mycophageous): Tiere, die sich von Pilzen ernähren, wie zahlreiche Insekten und Schnecken. [1]

Myrmecodomatium → Domatium.
Myrmecomorphie → Mimikry.
Myrmekochorie (myrmecochory): Verbreitung von Pflanzensamen durch Ameisen. → Zoochorie. [1]
myrmekophag (myrmecophageous): Tiere, die sich von Ameisen ernähren, wie der Ameisenbär *Myrmecophaga tridactyla*. [1]
Myrmekophilie (myrmecophily): beschreibt das sehr verschiedenartige Zusammenleben bzw. interspezifische Verhalten von Ameisen und → Ameisengästen sowie die → Trophobiose zwischen Ameisen und Pflanzenläusen. [1]

Nachahmung, *Beobachtungslernen* (imitation, imitative copying, observational learning): bezeichnet das Erlernen von Verhaltensweisen nach dem Vorbild anderer, eventuell sogar artfremder Individuen durch die Übernahme sozialer und nicht sozialer Verhaltensweisen. Durch N. lernen z.B. Vögel den artspezifischen Gesang und auch die Aufnahme fremder Lautäußerungen in das eigene Repertoire (→ Spotten).
Lernen durch N. spielt beim Menschen eine bedeutende Rolle für kulturabhängige Lernvorgänge und ist wesentlich für den Spracherwerb. Voraussetzung für diese kognitive Lernform (→ Lernformen) ist eine große Leistungsfähigkeit des Gehirns. N. durch soziale Anregung findet man aber auch bei anderen höheren Wirbeltieren wie Katzen, Ratten und Primaten, wo es eine wichtige Voraussetzung für die Bildung von → Traditionen darstellt. Auf diese Weise lernen Schimpansen Gesten oder Handhabung von Gebrauchsgegenständen. Ein Tier schaut von einem anderen eine Technik ab und übernimmt sie dann, wobei sie durch eigenes Ausprobieren selbst erlernt werden muss (→ operante Konditionierung).
Lernen durch N. setzt voraus, dass es Vorbilder geben muss. Um das Vorbild nachzuahmen, muss man (1) dem Vorbild Aufmerksamkeit widmen, (2) sich an das erinnern, was das Vorbild getan hat, und (3) das vom Vorbild gelernte in eine Handlung umsetzen. Jungkatzen lernen das Hebeldrücken in der Skinner-Box bedeutend schneller und mit höherer Wahrscheinlichkeit, wenn sie es von ihrer eigenen Mutter demonstriert bekommen. Kinder imitieren gern für sie wichtige und attraktive Personen wie die Eltern, Erwachsene allgemein sowie bestimmte Idole und zwar auch dann, wenn sie selbst noch gar keine funktionelle Verwendung für deren Verhalten haben und das nachgeahmte Verhalten nicht adäquat belohnt wird (→ latentes Lernen). Gelegentlich wird zwischen akustischer N. (→ Spotten) und → motorischer N. differenziert. → allelomimetisches Verhalten, → Prägung, → Modelllernen. [5]
Nachbalz (postcopulatory behaviour): Zusammenfassung aller Verhaltensweisen, die unmittelbar nach der Kopulation auftreten (Abb.). Durch die N. können Erregungen abgebaut, aggressives Verhalten gedämpft und Partnerbindungen gefestigt werden. Außerdem hält sie die Partner zusammen, sodass weitere Kopulationen möglich sind. [1]
Nachfolgeprägung, *Nachlaufprägung* (filial imprinting): Prägung von Jungtieren auf die Erkennungsmerkmale der Mutter oder des Vaters als Voraussetzung für das angeborene Nachfolgeverhalten.
Bei vielen Wirbeltierarten ist zwar die Nachfolgereaktion angeboren, nicht aber die Kenntnis des Erscheinungsbildes, dem nachzufolgen ist. Besonders bei Nest- oder Platzflüchtern ist es lebenswichtig, die Bindung zwischen Elter und Jungtier so früh wie möglich herzustellen. Dazu eignet sich die Prägung wie kein anderer Lernvorgang, denn sie ist schnell und präzise zugleich.
Während frisch geschlüpfte Stockentenküken die Lockrufe der Mutter angeborenermaßen erkennen, müssen sie sich deren Aussehen erst einprägen. Sie folgen dabei jedem nicht zu großen und nicht zu kleinen Objekt, das sich während der sensiblen Phase für eine gewisse Dauer vor ihnen herbewegt und die natürlichen oder denen vergleichbare Lockrufe äußert. Die sensible Phase der N. ist besonders kurz. Sie beginnt etwa mit der 10. Stunde nach dem Schlupf und endet mit der 20. Stunde. Die stärkste Prägbarkeit ist zwischen der 13. und der 16. Stunde gegeben. In dieser Zeit läßt sich das Entenküken am schnellsten auf die eigene Mutter prägen; im Minimum genügt dazu eine Minute. Im Experiment

Nachbalz der Katze mit Pfotenschlagen in Richtung des Katers (a), intensives Belecken der Genitalregion (b) und Rollen als typisches Zeichen für eine erneute Kopulationsbereitschaft (c). Aus R. Gattermann et al. 1993.

gelingt es aber auch, die Küken im Verlauf einer Stunde auf einen bunten Ball, aus dem der Lockruf erschallt, zu prägen. Ebenso ist eine Fehlprägung auf den Menschen möglich. Wird die sensible Phase für die N. ganz verpaßt, reagieren die Stockentenküken auf die sonst auslösenden Objekte sehr scheu und lassen sich überhaupt nicht mehr prägen. In der Natur erhält sich die N. der Stockenten bis zum Selbständigwerden und dem Zerfall der Familienverbände. [1]

Nachfolgeverhalten (following behaviour, following response): Folgeverhalten einzelner Jungtiere brutpflegender Arten (→ Nachfolgeprägung), aber auch erwachsener Tiere (→ Tandemlauf). N. basiert auf angeborenen Dispositionen und tritt bei Fischen (Maulbrüter) und vor allem Nestflüchtern auf. So folgen Hühner- und Entenküken sowie Huftierjunge ihren Müttern (Ausnahme ist das → Abliegen). N. lässt sich auch bei in Gruppen lebenden Tieren beobachten, wo das einzelne Tier der Gruppe oder einem Leittier folgt. [1]

Nachricht → Signal, → Zoosemiotik.

Nachrichtenaustausch → Kommunikation.

Nachrichtenübertragung → Informationsübertragung.

nachtaktiv → Aktivitätstyp.

Nachwuchsfürsorge, Nachwuchsvorsorge → Brutfürsorge.

Nachwuchspflege → Brutpflege.

Nackenbiss (neck bite): **(a)** ein gezielter Biss zum Töten der Beute. Er gehört zum Beutefangverhalten der katzenartigen Raubtiere (Tiger, Gepard), die ihre Beute nicht totschütteln. **(b)** ein Bestandteil des Paarungsverhaltens bei katzenartigen Raubtieren, Pferdeartigen (Pferd, Esel, Zebra) und Vögeln (Schwäne, Enten, Gänse, Hühner). Er wird vom Männchen angewendet, dient zum Festhalten und unterdrückt das aggressive Verhalten des Weibchens. So greift z. B. das Katzenweibchen sofort nach der Kopulation und dem Lockern des N. den Kater an und verletzt ihn, wenn er nicht schnell genug flieht. [1]

Nackengriff (neck grip): von Raubtieren und Nagern angewandter Griff zum Transportieren der Jungtiere (→ Eintragen), die durch den N. in eine Tragstarre verfallen können. In den ersten Lebenstagen werden die Jungen noch an den verschiedensten Körperstellen gepackt, erst mit Zunahme der Körpermasse wird der N. vervollkommnet. [1]

Nahfeld (near field): akustisches Signal nahe an der Quelle. In einem Abstand vom Sender, der klein gegenüber der Wellenlänge und den Abmessungen der Schallquelle ist, sind Schallwechseldruck und Schallschnelle (Geschwindigkeit der schwingenden Moleküle) nicht phasengleich. In Abhängigkeit von der Größe der Schallquelle relativ zur Wellenlänge und von der Art der Abstrahlung kommt es im N., verglichen mit den Verhältnissen im → Fernfeld, unter Umständen zu einer noch wesentlich stärkeren Abnahme der Schallintensität (→ akustisches Signal). Dieser Effekt ist nicht nur nachteilig, sondern er kann z. B. auch dazu beitragen, Störungen benachbarter Kommunikationssysteme zu vermeiden. Bei der → Bienensprache werden Flügelvibrationen beim Schwänzeltanz über Molekülbewegungen der Luft von den nachfolgenden Bienen im N. über → Johnstonsche Organe in den Fühlern wahrgenommen. [4]

Nahorientierung (orientation within the home range): Raumorientierung, bei der das Ziel (z. B. Partner, Beute, Unterschlupf) direkt mit den Sinnesorganen wahrgenommen werden kann. → Fernorientierung. [1]

Nahrungsaustausch → Futterübergabe.

Nahrungserwerb → Nahrungsverhalten.

Nahrungsprägung (food imprinting): schneller und dauerhafter Lernvorgang, der zur Bevorzugung einer bestimmten Nahrung führt. Dabei ist es nicht immer einfach zu entscheiden, ob es sich um eine Prägung oder um einen prägungsähnlichen Vorgang handelt.

Durch N. lernen heranwachsende Jungtiere die artspezifische Nahrung zu bevorzugen. So müssen beispielsweise Haushunde auf Fleisch geprägt werden, damit es für sie zum unbedingten Reiz wird. Hauskatzen verfolgen Mäuse angeborenermaßen, müssen aber den Tötungsbiss erlernen (→ motorische Prägung). N. spielt auch bei parasitischen Insekten, die ihre Eier auf Pflanzen oder Tieren ablegen, eine große Rolle.

Durch N. lernen Jungtiere, eine zu gegebener Zeit reichlich vorhandene Nahrung auszunutzen. Damit ist es möglich, dass sich die Nahrungsbevorzugung von Generation zu Generation neu prägt. → Objektprägung. [1]

Nahrungsrevier → Territorium.

Nahrungsverhalten, *Nahrungserwerb, Fouragieren* (food behaviour, foraging, foraging behaviour): alle Verhaltensweisen im Dienst der Ernährung, d. h. die Aufnahme von Nähr- und Ballaststoffen (Fressen bzw. Essen) und Wasser (Saufen bzw. Trinken). N. ist ein motiviertes Verhalten und besteht aus der Nahrungssuche, der Nahrungswahl und der Nahrungsaufnahme.

Die *Nahrungssuche* (Appetenz I) äußert sich bei festsitzenden und freibeweglichen Tieren in gesteigerter Aktivität, die die Wahrscheinlichkeit des Auffindens von Nahrung vergrößert. Daran beteiligt sind vor allem die Fernsinne wie Geruchssinn, optischer und akustischer Sinn. Sie kann einzeln oder in Gruppen (Wölfe, Löffelhunde u. a.) stattfinden.

Die *Nahrungswahl* (Appetenz II) erfolgt sogleich nach dem Erkennen der Nahrung und hauptsächlich mithilfe des Geruchs-, Geschmacks- und Temperatursinns. Ausgewählt werden z. B. die schmackhaftesten Futterpflanzen, das gut zugängliche Beutetier, eine geeignete Stelle zum Blutsaugen, ein sicherer Platz für die Wasseraufnahme. Beendet wird die Nahrungswahl durch ein Festhalten oder Betäuben der Nahrung. Dafür lassen sich die unterschiedlichsten Organe und Mittel einsetzen, z. B. Gebiss, Schnabel, Mandibel, Krallen, Fangarme, der gesamte Körper (Schlangen), Klebezungen, Giftzähne, Giftstachel, elektrische Organe, Fallen (Spinnennetze, Klebfäden, Sandtrichter) u. a. Oft kommt es in dieser Phase auch zu einer Nahrungszubereitung wie dem Zerkleinern (außerhalb der Mundöffnung), Einspeicheln oder Öffnen von Muscheln, Schnecken, Eiern, Nüssen u. a.

Die *Nahrungsaufnahme* (Endhandlung) besteht in der mechanischen Zerkleinerung der Nahrung und im Schlucken, wobei mit dem chemischen Sinn eine letzte Prüfung auf Genießbarkeit erfolgt. Nach der Art der Nahrungsaufnahme werden *mikrophage* (microphagous) Tiere, die kleinste Nahrungspartikel aufnehmen, ohne sie zu zerkleinern und *makrophage* (macrophagous) unterschieden. Mikrophag sind die → Partikelfresser (Strudler und Filtrierer), → Substratfresser, → Säftesauger (Lecker und

Stechsauger) und die → parenteralen Tiere. Zu den Makrophagen gehören die → Schlinger, → Zersetzer und → Zerkleinerer. Für das Verhalten bei der Flüssigkeitsaufnahme konnten bisher nicht so klare Einteilungsprinzipien aufgestellt werden (→ Saugverhalten, → Saugtrinken, → Urintrinken).
Mit der Nahrungsaufnahme werden die dem N. zugrunde liegenden Motivationen abgebaut. Das sind bestimmte physiologische Zustände, die sich mit Hunger oder Durst umschreiben lassen. Ihre neurophysiologischen Mechanismen sind noch nicht vollständig aufgeklärt. Bei Säugern existieren im Zwischenhirn jeweils zwei unterschiedliche hypothalamische Zentren für die Futter- und Wasseraufnahme. Das sog. Fresszentrum setzt das artspezifische N. in Gang, und wenn die Sättigung erreicht ist, entscheidet das Sättigungszentrum über das Ende der Futteraufnahme. Analog und unabhängig von der Futteraufnahme arbeiten das Wasseraufnahme- und Wassersättigungszentrum. Integriert werden Informationen über die Beschaffenheit der Nahrung, den Füllungsgrad des Magens, den Gehalt des Blutes an Wasser, Glucose, Fetten, Insulin u. a. (→ lipostatische Regulation).
Das N. ist artspezifisch und auf unterschiedliche Nahrungsquellen gerichtet. Entsprechend können vier große Gruppen unterschieden werden: → Herbivora (Pflanzenfresser), → Carnivora (Fleischfresser), → Nekrophaga (Aas- und Leichenfresser) und → Omnivora (Allesfresser). Es kann aber auch während der Individualentwicklung oder im Verlauf eines Jahres zu Nahrungsumstellungen kommen. Kaulquappen der Frösche und Kröten sind z. B. herbivor, nach der Metamorphose sind die Tiere carnivor. Der Buntspecht ernährt sich während des Winters von Samen und im Sommer hauptsächlich von Insekten.
Obwohl das N. angeboren ist, müssen einige Tierarten die Art der Nahrung (Nahrungsprägung) und ihre Beschaffung (z. B. Beuteschlagen, Nüsseöffnen) erlernen. [1]
Nahrungswahl → Nahrungsverhalten.
Nasengruß (nose greeting): verhaltenes Einanderberühren oder Aneinanderreiben der Nase bei der Begrüßung auf Nahdistanz, immer von Blickkontakt, häufig von Lächeln und Hand- oder Armkontakt in der Schulterregion begleitet.
Der N. ist eine kulturelle Tradition und bei Inuits, Indonesiern, Papuas und Polynesiern nachgewiesen; er ist häufig im Umgang mit Säuglingen. Er ist oft mit tieferer Ein- und Ausatmung verbunden und wird deshalb als unbewusste geruchliche Prüfung angesehen, die nach neuen Befunden in Sozialkontakten des Menschen eine weit größere Bedeutung hat als man bisher gelten lassen wollte. Dafür sprechen sowohl Formulierungen wie „ich kann Dich nicht riechen“ als auch die Herstellung von Kosmetik, die bei geruchlicher Information Zuwendung fördern sollen. (Karl Meißner 1993). [1]
Nash-Gleichgewicht → Spieltheorie.
Natal-dispersal → Ausbreitung.
Natalität, *Geburtenziffer* (natality, birth rate): Anzahl der neuen Nachkommen in einer Population. Bezogen auf eine Zeiteinheit, spricht man von der *N.rate* oder *Geburtsrate* (natality rate, birth rate). → Fekundität. [1]
natürliche Auslese → Selektion.
natürliche Photoperiode → Photoperiode.
natürliche Selektion, *natürliche Auslese* (natural selection): ein Prozess, der durch die natürliche Umwelt bedingte Unterschiede in der Sterberate und der Reproduktion zu einer verbesserten Anpassung führt. N. S. basiert auf den adaptiv wirksamen genetischen Unterschieden zwischen Individuen oder Populationen und wirkt damit der genetischen Variabilität entgegen. Allele, die einer gegebenen Umweltsituation besser entsprechen, bewirken einen Reproduktionsvorteil (höhere Fitness) und sind dementsprechend häufiger in den nächsten Generationen vorhanden. Allgemein werden drei Haupttypen der n. S. unterschieden. Die *gerichtete Selektion* (directed selection) verschiebt die Frequenz von Allelen, die die Ausprägung alternativer Phänotypen bewirken. Direkte Selektion führte zum Beispiel zu einem verstärkten Auftreten der dunklen Farbvariante des Birkenspanners *Biston betularia* in Gebieten mit starker industrieller Belastung. Die helle Farbvariante war auf der Rinde verschmutzter und flechtenfreier Bäume sehr auffällig für Prädatoren.
Im Verlauf der *stabilisierenden Selektion* (stabilising selection) werden Allele für extreme Phänotypen eliminiert und es steigt

die Frequenz von Allelen in der Nähe eines Optimums. Die Sterberate von Säuglingen ist z.B. höher bei denen mit sehr geringen oder extrem hohen Geburtsgewichten. Stabilisierende Selektion wirkt besonders in Populationen mit hoher genetischer Variabilität und einer homogenen Umwelt, wenn alle ökologischen Nischen besetzt sind. Es kommt zu keinem adaptiven Wandel.
Von *disruptiver Selektion* (disruptive selection) spricht man, wenn Allele für extreme Phänotypen gefördert werden. Das geschieht in einer heterogenen Umwelt. Es entstehen gleichzeitig mehrere Optima. Die disruptive Selektion führt zur schnellen Differenzierung von Organismengruppen und kann die genetische Variabilität einer Population erhöhen. Disruptive Selektion ist wahrscheinlich der Grund für viele alternative Verhaltensweisen ohne Zwischenformen z.B die Existenz alternativer Reproduktionsstrategien wie Kämpfer und Sneaker bei Lachsen und Rothirsch.
Die Intensität der n. S. kann sich entsprechend der Häufigkeit von Allelen oder der Dichte von Individuen in einem Lebensraum ändern. Bei der *frequenzabhängigen Selektion* (frequency dependent selection) geht man davon aus, dass eine inverse Beziehung zwischen Genotypenfrequenz und relativer Fitness besteht. Seltene Genotypen/Allele verbleiben in der Population, da sie einem geringeren Selektionsdruck unterliegen als häufigere Genotypen/Allele (z.B. verstärkte Beutepräferenz bei Prädatoren für häufige Farbmorphen) bzw. andere Selektionsmechanismen wirksam werden (z.B. höhere sexuelle Attraktivität der Männchen, die homozygot für ein seltenes Allel sind → Rare-male-effect). Der Tanganjika-Cichlide *Perissodus microlepis* ernährt sich von Schuppen anderer Fische, die er überfallartig aus deren Flanken reißt. Dabei kommen zwei Formen vor, die aufgrund unterschiedlicher asymmetrischer Maulstellungen (links- oder rechtsständig) die eine oder die andere Flanke ihrer Beute bevorzugt attackieren. Die Maulstellung wird durch ein Gen determiniert, wobei „rechts“ über „links“ dominiert. Mitunter kommt es zum häufigeren Auftreten einer der *Perissodus* Formen. Beutefische stellen sich dann verstärkt auf Angriffe auf die entsprechende Körperseite ein. Nun haben *Perissodus* Formen einen Vorteil, die den selteneren Maultyp tragen und die etwas weniger bewachte Seite der Beutefische angreifen. Es stellt sich ein neues Gleichgewicht zwischen beiden Maulstellungen ein.
Von *dichteabhängiger Selektion* (density dependent selection) spricht man, wenn die Häufigkeit von Genotypen/Allelen von der Individuenzahl in einem begrenzten Habitat bestimmt wird. Experimente mit dem marinen Kleinkrebs *Tisbe reticulata* haben gezeigt, dass Tiere, die heterozygot für ein bestimmtes Pigmentallel waren, eine deutliche höhere Überlebenschance bei mittleren und hohen Individuendichten besaßen (→ Überdominanz). Frequenz- und dichteabhängige Selektion sind Formen der *balancierenden Selektion* (balancing selection), die die genetische Variabilität von Population unterstützt.
Eine vieldiskutierte Frage der Selektionstheorie ist die nach der Grundeinheit der n. S. Die von Darwin aufgestellte Definition bezog sich hauptsächlich auf die Individuen (→ Individualselektion). Die Populationsgenetiker und Soziobiologen dagegen postulieren eine n. S., die auf Gen-Ebene wirkt (→ Genselektion). [3]

Navigation (navigation): besteht aus drei Teilen: der Bestimmung der eigenen Position im Raum durch → Ortung oder → Orientierung, der Ermittlung des Weges zum Ziel und schließlich der zum Ziel führenden Bewegung (Laufen, Fliegen, Schwimmen), vor allem durch Halten des optimalen Kurses. N. führt daher im Idealfalle von einem unbekannten Startpunkt zu einem bekannten Ziel (z.B. Sporttauben). Manche Tiere können das Umsetzen auf einen neuen Startpunkt nicht kompensieren. So fliegen z.B. junge Stare ohne Zugerfahrung nach dem Umsetzen in die ursprünglich richtige Richtung, kommen dadurch jedoch nicht im richtigen Zielgebiet an. Stare mit Zugerfahrung kennen Start und Ziel und können richtig navigieren. Je nach Art der Bestimmung der eigenen Position unterscheidet man → astronomische N., → terrestrische N., Koppel-N. und → Sicht-N. [4]

Nebenbuhler → Rivale.

Necken (teasing): aktive, auch mehr oder weniger aggressive Strategie der Kontaktaufnahme, in der herausfordernde Verhaltensweisen und besonders sprachliche

Äußerungen Auskunft über Ablehnung des neckenden Partners oder über die Bereitschaft zur Zuwendung geben. Beide Bereitschaften können dabei über längere Zeit wechseln. N. ist häufig in ein soziales Beziehungsgefüge eingeordnet (z. B. geschlechtsgebundene Gruppenbildung), dass dem Neckpartner Sicherheit gibt (soziale Exploration). Es ist typisch für erste partnerschaftliche Kontakte in der Pubertät („was sich neckt, das liebt sich"). Die differenzierte Strategie hat immer Zuwendung zum Ziel und wird permanent an der Erfolgswahrscheinlichkeit gemessen und optimiert. Ihr sind insbesondere mimische Ausdrucksweisen und eine hohe Variabilität im stimmlichen Ausdruck zugeordnet, die zum Distanzieren, Bleiben oder Annähern führen (Karl Meißner 1993). N. mit Worten wird *Frotzeln* (mocking) genannt. [1]

Negativdressur (negative conditoning): Dressur mit negativen Verstärkern. → Positivdressur. [5]

Nein-sagen → Kopfschütteln.

Nekrophaga, *Saprophaga, Aasfresser, Leichenfresser* (necrophagous animals, saprophagous animals): Sammelbezeichnung für Tiere, die sich von toter tierischer Substanz ernähren. Dazu gehören z. B. die im Meeres- oder Landboden lebenden Faden- und Ringelwürmer, Springschwänze, Asseln, zahlreiche Insekten und deren Larven (z. B. Aaskäfer, Fliegenlarven), viele Seegurken (Holothurien), Schleimfische, Geier und Hyänen (die sich aber nicht nur von Kadavern ernähren). Zu den N. gehören auch alle im Nahrungsverhalten auf Haare, Federn oder Wachs spezialisierten Speckkäfer, Wachs-, Pelz- und Kleidermotten und die Kotfresser (→ Koprophagie). → Phytosaprophaga. [1]

Nekrophorie, *Nekrophorese* (necrophoric behaviour, necrophoresis): eine Form der Nesthygiene, die im Entfernen gestorbener Nest- bzw. Koloniemitglieder besteht. N. kann bei sozialen Hautflüglern (Ameisen, Honigbienen, Faltenwespen) und einigen Vögeln beobachtet werden. Honigbienen z. B. packen tote Stockangehörige mit den Extremitäten und lassen sie beim Fliegen in einiger Entfernung vom Stock fallen (→ Wabensäuberungsverhalten). Viele Ameisenarten transportieren ihre toten Artgenossen mithilfe der Mandibel aus dem Nest und legen sie in einiger Entfernung ab. Unter den Vögeln sind es z. B. die Störche, die tote Jungstörche – aber auch verschmutztes Nistmaterial und faule Eier – über den Nestrand werfen. [1]

nektarivor (nectarivorous): Tiere, die sich von Nektar aus Blüten oder extrafloralen Nektarien ernähren. [1]

Neophilie → Neugier.

Neophobie (neophobia): permanente Angst vor Neuem, eine Verhaltensstörung des Menschen. In der Verhaltensbiologie wird mit N. fälschlicherweise die angeborene Vorsicht gegenüber neuem Futter umschrieben. → Xenophobie. [1]

Neotenie (neoteny): Erreichen der Geschlechtsreife im larvalen Zustand oder das Beibehalten juveniler Merkmale bei adulten Organismen. Beim mexikanischen Salamander *Ambystoma mexicanum* wird das Larvenstadium mit Kiemenatmung zeitlebens beibehalten. Die so genannten Axolotl verlassen das Wasser nicht und zeigen auch als Larven das komplette Fortpflanzungsverhalten. Ihre Schilddrüse produziert entweder nicht genügend Hormone oder die produzierten Hormone werden nicht über das Blutgefäßsystem abtransportiert. Exogene Zufuhr von Schilddrüsenhormonen (Verfütterung von Schilddrüsen anderer Wirbeltiere) leitet die Metamorphose und das Verlassen des Wassers ein. [2]

Nepotismus, *Vetternwirtschaft* (nepotism): bezeichnet die bevorzugte Unterstützung von Verwandten, um so die → inklusive Fitness zu steigern. → Verwandtenselektion. [2]

Nestbauverhalten (nest building behaviour): Bestandteil des Bauverhaltens. N. findet sich vor allem bei Vögeln und Säugern, aber auch Reptilien, Fischen und Insekten. Besonders gut untersucht ist davon das N. der Vögel. Sie bauen neben Schlaf- und Balznestern hauptsächlich Brutnester, in denen die Eier bebrütet und bei Nesthockern auch die Jungen aufgezogen werden. Säuger bauen → Schlafnester und können diese zum Wurfnest ausbauen.

Das N. ist angeboren und wird durch Lernen nur noch geringfügig vervollkommnet. Die Bereitschaft zum N. wird überwiegend hormonell gesteuert. N. besteht in der Regel aus der Nistplatzwahl, dem Sammeln und Eintragen sowie Ablegen und Verbauen

von Nistmaterial. Die Suchbilder sind angeboren, sodass die artspezifischen, vor Feinden, Niederschlägen u. a. geschützten Nistplätze und die geeigneten Nistmaterialien sicher erkannt werden.
Nester können nur von den Weibchen (Buchfink, Stieglitz, Rebhuhn), nur von den Männchen (Rohrschwirl, Zaunkönig) oder in der Mehrzahl von beiden gemeinsam gebaut werden, wobei meist das Männchen Nistmaterial herbeischafft und das Weibchen die Verarbeitung übernimmt. Das einfachste Nest ist eine flache, ausgescharrte oder ausgedrehte *Bodenmulde* (Seeschwalben, Austernfischer). Andere *Bodenbrüter* erhöhen den Nestrand der Mulde durch Pflanzenmaterial (Pieper, Enten), bauen *Kugelnester* (Laubsänger) oder tragen faulende Pflanzen zusammen (Taucher). Die *Hochbrüter* errichten in Büschen und Bäumen zuerst Plattformen und bauen darauf ihr Nest (Amsel, Elster, Ringeltaube), flechten *Hängenester* (Beutelmeise, Webervögel) oder knüpfen das Nest an senkrechte Rohrhalme (Rohrsänger). Die *Höhlenbrüter* nutzen fertige Höhlen und Halbhöhlen in Felsen, Mauerwerken oder Bäumen (Fliegenschnäpper, Hohltaube, Rotschwanz) oder sie graben Erdhöhlen (Uferschwalbe, Eisvogel) und meißeln Baumhöhlen (Spechte, Weidenmeise). Schwalben bauen Nester aus Lehm und Speichel. Die Nester der Salanganen *Collocalia* bestehen nur aus Speichel; sie werden in China gesammelt und als Delikatesse verzehrt. Der Kleiber verkleinert zu große Nesthöhlenöffnungen mit lehmiger Erde, und das Weibchen des Nashornvogels wird für die Zeit des Brütens vom Männchen in der Bruthöhle bis auf einen schmalen Spalt zum Füttern eingemauert. [1]

Nestflüchter, *Platzflüchter* (nidifugous nestling, precocial young, nest fugitive): junge Vögel (Hühner, Gänse, Enten, Kraniche, Taucher) und Säuger (Huftiere, Meerschweinchen und andere → Laufsäuglinge), die befiedert oder behaart, mit weitgehend funktionstüchtigen Sinnesorganen, vollkommener Thermoregulation und gut entwickelter Motorik zur Welt kommen und nach einer relativ schnellen Prägung gemeinsam mit einem oder beiden Eltern den Schlupf- bzw. Geburtsplatz verlassen können. N. werden im Gegensatz zu Nesthockern, Platzhockern und Traglingen nach relativ längerer Brut- bzw. Tragzeiten in einem reiferen Entwicklungszustand und mit umfangreicherem Verhaltensrepertoire zur Welt gebracht. [1]

Nestgeruch (nest odour): spezifischer Geruch eines Säugernestes. Der N. ermöglicht die Unterscheidung des Nestes von der Umgebung und das Erkennen der Jungen und erleichtert aus dem Nest geratenen Jungtieren die Orientierung. Bei Bienen wird der N. auch als → Stockgeruch bezeichnet. → Gruppenduft. [4]

Nesthocker (nidicolous nestling, altrical young, nest dweller): junge Vögel (Singvögel, Tauben, Greifvögel, Eulen, Papageien) und Säuger (Insektenfresser, Kaninchen, viele Nager und einige Raubtiere), die im Gegensatz zu den Nestflüchtern, Platzhockern und Traglingen nach dem Schlupf bzw. der Geburt relativ hilflos sind. N. können nicht laufen oder klammern, haben geschlossene Augenlider und Gehörgänge, sind kaum befiedert oder behaart und ihre Wärmeregulation ist unvollständig. Der von den Eltern zu investierende Brutpflegeaufwand ist sehr groß. Die N. stellen den ursprünglichen Typus dar, von dem sich die anderen ableiten lassen. [1]

Nesthygiene (nest hygiene): Sammelbezeichnung für alle Verhaltensweisen zur Reinhaltung des Nestes (Vögel und Säuger), des Stocks (Bienen) oder der Kolonie (Ameisen).
Die Nestlinge der Sperlingsvögel und des Kuckucks geben unmittelbar im Anschluss an die Fütterung Kotballen ab, die von einem dünnen Häutchen umschlossen sind. Der fütternde Altvogel nimmt den Kotballen direkt von der Kloakenöffnung und trägt ihn im Schnabel fort. Bei manchen Jungvögeln ist die Kloakenöffnung durch einen weißen oder anders gefärbten Federkranz gekennzeichnet, der durch das Anheben des Hinterleibs sichtbar gemacht wird und die Abnahme des Kotballens auslöst. Junge Raubvögel, Störche, Reiher, Kormorane u. a. spritzen ihren Kot in einem weiten Bogen über den Nestrand hinweg. Ebenso verhalten sich die Jungen des Wiedehopfs, der entgegen anderer Meinungen doch N. betreibt. Zur N. gehört auch das Forttragen der Eischalen nach dem Schlupf der Jungen (z. B. bei der Mehrzahl der Singvögel),

damit deren weiße Innenseiten nicht den Neststandort verraten. N. ist auch bei zahlreichen Säugern zu beobachten. Die Mütter nehmen den Harn und Kot der Jungtiere auf, halten so das Wurfnest sauber und erschweren Feinden das Aufspüren der Jungen. Andere Formen der N. sind das Wabensäuberungsverhalten der Honigbiene und das Entfernen der toten Nestinsassen bei Vögeln und sozialen Hautflüglern (→ Nekrophorie). [1]

Nestparasitismus (nest parasitism): **(a)** Verhalten wirbellose Tiere, die als Schmarotzer im Nest ihres Wirtes leben. **(b)** → Brutparasitismus. [1]

Nestzeigen („showing the nest" behaviour): Teil des Balzverhaltens einiger Fische (z. B. Stichlinge) und Vögel (z. B. Zaunkönig, Beutelmeise). Dabei führt das Männchen das Weibchen zum Nestplatz bzw. zur Nisthöhle, um es so zur Kopulation und Eiablage zu motivieren (→ Sexualverhalten). Zuvor wird bei den meisten Vögeln nach dem N. das vom Männchen allein gebaute Nest vom Weibchen verfeinert und vollendet, indem es z. B. die Innenauspolsterung vornimmt. [1]

Neugier, *Neophilie* (curiosity): das Streben von Menschen und Tieren nach allem Neuen: nach neuen Personen oder Sozialpartnern, Zusammenhängen, Sachen, Landschaften, Erlebnissen und Wissen. N. basiert auf einer heterogenen Motivation und der Bereitschaft zum Lernen auf Vorrat (→ latentes Lernen) und hat sowohl einen rationalen als auch einen emotionalen Anteil. N. kann durch geeignete Vorbilder geweckt und verstärkt werden und ist wesentliche Voraussetzung für den Lernerfolg. N. kann darüber hinaus durch Faktoren wie Neuartigkeit, Komplexität, Ungewissheit und Konflikt hervorgerufen werden. N. umfasst → Erkundungsverhalten → Neugierverhalten, → Nachahmung und → Spielverhalten. N. und Spielverhalten finden nur im entspannten Feld statt, d. h. nicht unter Funktionsdruck oder bei Ernstbezug. N. dient vor allem in der Jugendphase dem aktiven Informations- und Erfahrungserwerb. Die Befriedigung von N. wirkt verstärkend. [5]

Neugierverhalten (curiosity behaviour): exploratives Handeln meist im Zusammenhang mit Lokomotion und Manipulation. N. spiegelt eine wichtige Motivation nach gerichtetem, zielstrebigem Aufsuchen von Neuem wider und geht meist mit vorsichtigem Annähern, Untersuchen und Ausprobieren neuer Orte, Objekte, Situationen oder Partner einher. Es regt zu äußerem und innerem Probehandeln an mit dem Ziel, im Ernstfall zweckmäßig zu agieren und sich optimal anzupassen. N. kann aus Erkundungsverhalten hervorgehen und fließend in Spielverhalten übergehen. [5]

Neuroethologie (neuroethology): Wissenschaftsdisziplin, die Ethologie, Neurologie, Neurobiologie und Sinnesphysiologie miteinander verbindet. N. untersucht proximate Mechanismen der neurophysiologischen Verhaltenskoordination und -steuerung. Zum methodischen Repertoire der N. zählen die elektrische und chemische Stimulation von Hirnarealen sowie ihre spezifische Schädigung durch → Läsionen und nachfolgender Untersuchung der Ausfallerscheinungen. So konnten neurophysiologische Korrelate von Motivationen (→ intrakranielle Selbstreizung) und verschiedene Motivationszentren im Gehirn (z. B. Sättigungszentrum, Sexualzentrum) lokalisiert werden. [5]

Neurogenetik (neurogenetics): Wissenschaftszweig, der sich mit der genetischen Basis der Entwicklung und Funktion des Nervensystems beschäftigt. Schwerpunkte sind dabei nicht nur die Untersuchung neuronaler Grundlagen von Verhalten, Intelligenz, Gedächtnis etc., sondern auch die Erblichkeit neurodegenerativer Erkrankungen (Alzheimersche Krankheit, Parkinson, Kreutzfeld-Jacob-Krankheit). Die *Verhaltensneurogenetik* (behavioural neurogenetics) untersucht dabei ganz gezielt die Interaktionen von Gen, Gehirn und Verhalten. Sie leistet damit vor allem einen Beitrag zum Verständnis der Wechselwirkung zwischen genetischen und Umweltfaktoren bei der variablen Ausprägung von Formen typischer und atypischer Entwicklungen beim Menschen.

Kognitive Leistungen scheinen mit Gehirnstrukturen und Regionen verbunden zu sein, die unter größerem genetischem Einfluss stehen, z. B. Broca- und Wernicke-Areale. Verschiedene Allele des Serotoninrezeptor-Gens bewirken Unterschiede in den Gedächtnisleistungen. Mutationen im

X-chromosomalen FMR1-Gen verringern u.a. die Synthese von FMR1-Protein. Dies führt zu anormalen Dendritenverbindungen im Kortex und damit zu verminderten Lern- und Gedächtnisleistungen. [3]

neurologische Mutante (neurological mutant): ein Organismus, der eine genetische Mutation aufweist, die mit einem veränderten neurologischen Phänotyp assoziiert ist. N. M. geben die Möglichkeit, die durch ein defektes oder fehlendes Genprodukt auf den verschiedenen Ebenen bis hin zum Verhalten ausgelösten Veränderungen im Zusammenhang zu untersuchen. Von besonderem Interesse sind für die Mutationsforschung vor allem Knockout- und transgene Tiere. Maus-Modelle lieferten u.a. wichtige Erkenntnisse zur Entstehung neurodegenerativer Erkrankungen, wie spinocerebellare Ataxie, Chorea Huntington, Alzheimer und Parkinson. Ein sehr alte n. M. ist die → Tanzmaus. → Neurogenetik. [3]

Neurotheologie (neurotheology): Bezeichnung für eine relativ junge und emotional belastete Richtung der kognitiven Psychologie, der „Neurophysiologie religiöser Erfahrung", die versucht, religiöses Erleben wissenschaftlich zu erklären und den Ursprung der Religiosität zu erfassen. Ihre Aufgabe besteht darin, herauszufinden, in welcher Gehirnregion die Spiritualität ihren Sitz hat und welche Teile des Gehirns aktiviert werden, wenn Menschen an Gott denken und religiöse Empfindungen haben. Durch Experimente mittels induzierter Hirnströme konnte bereits gezeigt werden, dass religiöse Erfahrungen eine neurologische Entsprechung im Gehirn haben. [5]

nichtsoziale Bindung (non social bond): besondere Beziehung zwischen einem Individuum und Orten, Bezugsobjekten oder Milieufaktoren in der nichtsozialen Umwelt. → Ortsbindung, → Objektbindung, → Milieubindung. [5]

Nickerchen → Schlaf-Wach-Rhythmus

Nistgemeinschaft → Brutkolonie.

Nistmaterialüberreichen → Balzfüttern.

Nomadismus, *Nomadentum* (nomadism): opportunistisches Umherwandern innerhalb eines nahrungsarmen Lebensraumes und ohne Ausbildung fester Heimbereiche. Diese Grundform des Wanderverhaltens zeigen beispielsweise Wanderheuschrecken in Jahren der Massenvermehrung, Invasionsvögel und Huftiere der Steppen und Wüsten samt einigen ihrer Raubfeinde. So wandern etwa 1,5 Millionen Gnus zusammen mit Zebras und anderen Pflanzenfressern durch die Serengeti innerhalb eines Jahres in Abhängigkeit von der Regenzeit im Uhrzeigersinn von Südosten (Januar) nach Norden (September) und wieder zurück. Ihr N. hängt vom Wachstum der Grassteppe ab. N. muss nicht wie in der Serengeti in eine Richtung erfolgen, er kann auch zufallsorientiert sein (→ Dismigration). [1]

Nomandentum → Nomadismus.

nominalistisches Artkonzept → Artkonzept

nonverbale Kommunikation → Körpersprache.

Normalgesang → Vollgesang.

Notruf → Alarmruf.

Nozizeptor → Schmerzrezeptor.

NREM-Schlaf → Schlaf.

Nuckeln → Beruhigungssaugen.

nullipar (nulliparous): Bezeichnung für ein Säugerweibchen, das noch keine Jungen geboren hat. Dennoch kann bei solchen Weibchen (Nullipara) Brutpflegeverhalten auftreten. Beispielsweise werden junge Goldhamster unter experimentellen Bedingungen auch von n. Goldhamsterweibchen eingetragen. → primipar, → multipar [1]

Nutztierethologie, *Haustierethologie, Ethopraxis* (ethology of domesticated animals): Wissenschaftszweig, der sich mit dem Verhalten der in menschlicher Obhut befindlichen Nutz-, Haus-, Labor- und Zootiere befasst. Im Vordergrund stehen die landwirtschaftlichen Nutztiere (Rind, Schwein, Schaf, Huhn u.a.), die im Vergleich mit ihren Stammformen keine artfremden Verhaltensweisen zeigen, aber andere Ansprüche stellen. Dem ist durch geeignete Umgebungsbedingungen sowie Haltungs- und Fütterungstechnologien Rechnung zu tragen. Es darf nicht versucht werden, das Tier an ein scheinbar ökonomisches Haltungssystem anzupassen, sondern das Haltungssystem muss den spezifischen Verhaltensweisen gerecht werden, nur so lassen sich Verhaltensstörungen vermeiden und stabile Leistungen erreichen. Entsprechendes gilt auch für die Haltung der Haus- und Heimtiere (Hund, Katze, Goldhamster,

Wellensittich u. a.), für Labortiere (Ratte, Maus, Meerschweinchen) und Zootiere. [1]
Nutzwild → Wild.

Oberton, *harmonische Frequenz, Partialton, Teilton* (harmonic frequency): Ton, dessen Frequenz dem ganzzahligen Vielfachen eines Grundtons, der *Grundfrequenz* (fundamental frequency) entspricht. Ist die Grundfrequenz f (erste Harmonische), dann ist 2f die Frequenz des ersten O. (der zweiten Harmonischen), 3f die des zweiten O. (der dritten Harmonischen) usw. Bei jeder natürlichen Tonerzeugung entstehen O., manchmal hauptsächlich mit ungeradzahligen Harmonischen. Schallerzeugung ohne Verwendung von Resonanzstrukturen ruft oft eine große Anzahl an O. relativ hoher Intensität hervor. Art, Anzahl und Intensität von O. beeinflussen ganz erheblich die menschliche Schallwahrnehmung, insbesondere auch die empfundene Tonhöhe (→ Psychoakustik). O. spielen auch in der Bioakustik eine große Rolle. Einige Fledermausarten z. B. orten mit dem Ultraschallsignal eines bestimmten O. Der Grundton und weitere O. werden im Nasen-Rachenraum ausgefiltert. O. können jedoch auch als methodenbedingte Artefakte auftreten, welche durch Verzerrungen in der Aufnahme- oder Wiedergabetechnik entstehen. [4]
Objektbindung (object bonding): besondere Beziehung eines Individuums zu arttypischen oder individualspezifischen Bezugsobjekten der nichtsozialen Umwelt, wie Nahrung, Nistmaterial oder Hilfsmittel für den aktiven oder passiven Werkzeuggebrauch. Soziale O. nennt man Partnerbindung. [5]
Objektorientierung (orientation towards objects, object fixation): Orientierung auf ein bestimmtes Objekt in der näheren Umgebung (im Gegensatz zur Orientierung an Landmarken), wie Beute, Bau, Nest, Partner oder auch Feind, Gefahrenquelle u. a. O. kann Zu- oder Abwendung auslösen. [1]
Objektprägung (object imprinting): Lernvorgang, bei dem bestimmte nicht angeborene, unbedingte Reize erlernt werden müssen (→ obligatorisches Lernen). Bei vielen Tierarten, die infolge ihrer hohen Entwicklungsgeschwindigkeit oder wegen häufiger gravierender Umweltschwankungen einem starken Anpassungsdruck unterliegen, sind nicht selten lebenswichtige Verhaltensweisen objektlos angeboren, d. h. nur die Verhaltensweisen sind angeboren, nicht aber die Erkennungsmerkmale der Bezugsobjekte. Diese Kenn- oder Signalreize müssen individuell gelernt werden. Dazu eignen sich besonders die Prägung oder prägungsähnliche Vorgänge. Sie besorgen den schnellen und sicheren Einbau der individuellen Erfahrung in erbliche Verhaltensprogramme.
Die bekanntesten O. sind die Nachfolgeprägung, die sexuelle Prägung, die Nahrungsprägung und die Milieuprägung. Bei diesen werden die Erkennungsmerkmale der nächsten Verwandten, der Nahrung und Umgebung gelernt, um das Pflegeverhalten bzw. die spätere Geschlechtspartnerwahl oder die artspezifischen Lebensbedingungen optimal abzusichern. [1]
Objektspiel → Spielverhalten.
obligatorisches Lernen (obligatory learning): alle lebensnotwendigen Ergänzungen angeborener Verhaltensprogramme durch Lernen. Zum o. L. gehören alle Formen der Prägung und prägungsähnlicher Vorgänge, aber auch Lernprozesse im Zusammenhang mit der Orientierung in Raum und Zeit. So muss beispielsweise gelernt werden, woran Artgenossen, Geschlechtspartner, Feinde, Nahrung u. a. zu erkennen sind. → fakultatives Lernen. [1]
Oddity-Lernen → Ungleichheitswahl.
Oestrus → Östrus.
Offenbrüter, *Substratbrüter, Freibrüter* (substrate breeder): **(a)** Bezeichnung für alle Fischarten, die ihre Eier auf dem freien Untergrund ablegen. Ihnen werden die Maulbrüter gegenübergestellt (→ Laichen). **(b)** Bezeichnung für Vogelarten, die nicht in Höhlen brüten und deren Junge in der Regel früher selbständig sind hinsichtlich Fortbewegung und Nahrungserwerb (→ Nestflüchter). [1]
offener Verband → Sozietät
Offenfeld → Open-field.
Öffnungslaut → Kontoid.
Ohrenstellung (ear position): bei zahlreichen Säugetieren Bestandteil des Ausdrucksverhaltens. Die O. zeigt insbesonde-

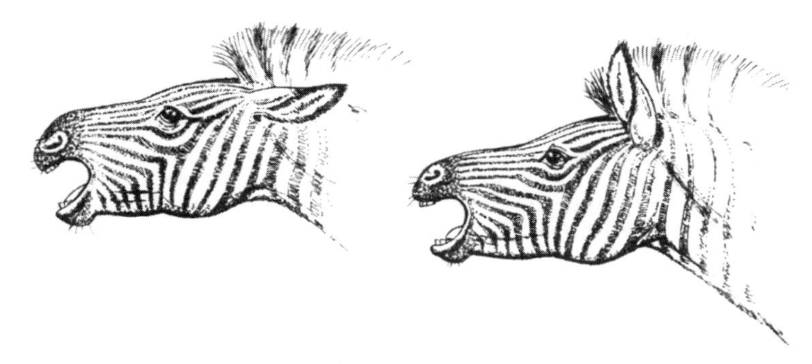

Ohrenstellung des Zebras beim Drohen (links) und bei der Begrüßung (rechts). Aus R. Gattermann et al. 1993.

re die Motivation des Tieres an. Beispielsweise richten angriffsbereite Hunde ihre Ohren auf, fluchtbereite legen sie an; bei Pferdeartigen ist es umgekehrt (Abb.). [1]
Ökoethologie → Ethökologie.
Ökofaktoren → ökologische Faktoren.
ökologische Faktoren, *Ökofaktoren, Umweltfaktoren* (ecological factors, ecofactors, environmental factors): Gesamtheit der Umgebungsfaktoren die sich auf **(a)** das Verhalten eines Individuums oder einer Gruppe auswirken (→ Randfaktoren) bzw. **(b)** eine Lebensgemeinschaft (→ Biozönose) auswirken. Ö. F. werden differenziert in → abiotische Faktoren und → biotische Faktoren. [1]
ökologische Prägung → Milieuprägung.
ökologisches Artkonzept → Artkonzept.
Ökomone → chemisches Signal.
Ökosystem (ecosystem): beschreibt die Beziehungen der Lebewesen untereinander (→ Biozönose) und mit ihrem Lebensraum (→ Biotop). [1]
Oktavfilter → Bandbreite.
olfaktorische Prägung → Geruchsprägung.
olfaktorisches Signal → chemisches Signal, → Chemokommunikation.
Oligogynie (oligogyny): bei eusozialen Insekten (besonders bei Ameisen) Existenz mehrerer getrennt lebender funktioneller Königinnen in einer Kolonie, die sich gegenseitig nicht tolerieren, aber von den Arbeiterinnen akzeptiert werden. → Polygynie. [4]
Oligolektie (oligolecty): Spezialisierung auf nur wenige Arten von Futterpflanzen, die als Nektar- oder Pollenquelle genutzt werden. → Polylektie. [1]
Omega-Tier (omega animal): Bezeichnung für das am Ende einer Rangordnung stehende Tier. Es zeigt bei einer Konfrontation mit Gruppenangehörigen Subdominanz-Verhalten. → Alpha-Tier. [1]
Omnivora, *Pantophaga, Allesfresser* (omnivorous animals, pantophagous animals): Sammelbezeichnung für Tiere, die zwar nicht alles fressen, aber sich sowohl von Pflanzen als auch Tieren ernähren und somit nicht zu den Herbivora, Carnivora oder Nekrophaga gestellt werden können (→ Nahrungsverhalten). Zu den O. gehören z. B. Schaben, Faltenwespen, zahlreiche Vögel, Ratten, Füchse, Bären, Schweine und auch der Mensch. [1]
Onomatopoietikon (onomatopoetic word): Wort in der menschlichen Sprache, dessen Klang mit einer charakteristischen Lautäußerung des Tiers oder einem typischen Geräusch des Gegenstands mehr oder weniger übereinstimmt. Häufig tauchen Onomatopoietika während des Spracherwerbs bei Kleinkindern auf (→ Babysprache) und spielen möglicherweise eine große Rolle bei der Evolution der Sprache. Allgemein gebräuchlich sind Onomatopoietika besonders bei Tiernamen, im Deutschen z. B. Kuckuck, Uhu und Zilpzalp. Manchmal ist die Anpassung an das jeweilige Lautsystem der Sprache soweit fortgeschritten, dass die Herkunft des O. nicht mehr unmittelbar auffällt, wie bei klatschen, patschen und knallen. Neuschöpfungen kommen oft aus

der Literatur, insbesondere aus Comics („Boom!!", „Krawumm!!"). Die meisten deutschen Neuschöpfungen dieser Art stammen von der bekannten Übersetzerin Erika Fuchs (1906–2005). Besonders zu beachten ist in diesem Zusammenhang, dass Kinder zwar häufig ein Comic-O. als Bezeichnung für ein Tier verwenden, wie „Miep-Miep!" für den Rennkuckuck *Geococcyx velox*. Tatsächlich handelt es sich dabei jedoch oft nur um ein O. für die Figur aus den entsprechenden Trickfilmen (in diesem Beispiel den „Roadrunner"), welches jedoch in keiner Weise den tatsächlichen Ruf des Vorbildes in der Natur widerspiegelt. [4]

Ontogenese des Verhaltens → Verhaltensontogenese

Oophagie (oophagy): beschreibt das Eierfressen. Es kann sein **(a)** eine Form der Ernährung wie bei der Eierschlange und bei den Königinnen einiger Bienen- und Ameisenarten, die ihren Nahrungsbedarf zu Beginn der Staatsgründung, bis die ersten Arbeiterinnen schlüpfen, durch O. decken **(b)** eine Stressreaktion die bei Nahrungsmangel und zu hohen Populationsdichten auftritt und bei zahlreichen Amphibienlarven verbreitet ist **(c)** eine Methode zur Kontrolle bzw. Verhütung der Fortpflanzung durch Arbeiterinnen der Honigbiene, die Eier anderer Arbeiterinnen fressen (→ worker policing) und **(d)** der Verzehr von Eiern im Uterus durch Embryonen (→ Adelphophagie). → Kannibalismus. [1]

Open-field, *Offenfeld* (open field): eine von C.S. Hall (1934) beschriebene Methode zur Messung der Angst bzw. Emotionalität von Ratten anhand der Harn- und Kotabgabe in unbekannter Umgebung, dem O.

Heute ist das O. eine Routinemethode der Verhaltenstoxikologie, die Aussagen über Störungen der Motorik, der räumlichen Orientierung, des stoffwechselbedingten Verhaltens, des Komfortverhaltens und des Erkundungsverhaltens erlaubt, sodass Schädigungen der unterschiedlichsten Organsysteme erkannt werden können. Ansonsten lassen sich mit dem O. art- und individualspezifische Erkundungsstrategien untersuchen, die allerdings nicht immer mit denen unter natürlichen Verhältnissen übereinstimmen. Auch ist die spontane Harnabgabe – wie man heute weiß – kein zuverlässiger Indikator für die Angst. Mäuse z. B. markieren auf diese Weise schon nach kurzer Zeit das O. als potenzielles Territorium.

Das O. ist ein von Wänden umgebener Raum mit unterschiedlichen Deckungsmöglichkeiten wie Ecken, Wänden und freien Flächen. Der Boden ist zur Erleichterung der Registrierung in Felder unterteilt. Das Versuchstier (Ratten, Mäuse, Goldhamster, Meerschweinchen, aber auch Hühner, Fische, Rinder und Insekten) kann aus seinem Käfig heraus das O. von allein betreten (*freiwilliger O.-Test*) oder es wird eingesetzt (*erzwungener O.-Test*). Über einen bestimmten Zeitraum (3 bis 15 min) werden in regelmäßigen Zeitabständen je nach Tierart die Verhaltensweisen Ambulation (Laufen), Aufrichten, Putzen, Schnüffeln, Scharren, Erstarren (Freezing), Harn- und Kotabgabe u. a. mittels Strichliste oder Computer registriert. Beispielsweise kommt es beim Goldhamster nach der Verabreichung von Ethanol dosisabhängig zur Steigerung der Ambulation und des Scharrens, während Aufrichten und Putzen vermindert sind. [1]

operante Konditionierung *instrumentelle Konditionierung, instrumentelles Lernen* (operant conditioning, instrumental learning, instrumental conditioning): eine Form des assoziativen Lernens, die im Unterschied zur klassischen Konditionierung eine → Motivation und aktive Beteiligung des Individuums voraussetzt. Eine zufällige spontane Aktion des Tieres führt zu einer Verstärkung (z. B. Belohnung mit Futter oder Bestrafung mit elektrischem Reiz) und kann nach einem Lernprozess zur Lösung von Aufgaben eingesetzt werden. Das Verhalten wird somit zum Instrument des Erfolgs und befriedigt die Motivation (→ bedingte Aktion, → bedingte Appetenz). Voraussetzung ist jedoch ein strenger zeitlicher Zusammenhang (→ Kontiguität) und eine Regelhaftigkeit (→ Kontingenz) zwischen Verhalten und Verstärkung.

Die ersten Beschreibungen stammen von Edward L. Thorndike, der zu Beginn des 20. Jahrhunderts beobachtete, wie sich Katzen aus Versuchskäfigen befreiten. Werden sie zum ersten Mal in einen Käfig gesperrt, versuchen sie alles Mögliche, um zu entkommen. Viele dieser Versuche führen zu keinem Ergebnis. Wenn aber eine Aktion zum Entkommen führt, wird diese beim erneu-

ten Einsperren frühzeitiger und sicherer eingesetzt (positive Verstärkung). Ist o. K. dagegen mit Bestrafung verbunden, zeigen die Tiere diese Aktionen seltener oder viel später in einer ähnlichen Situation (negative Verstärkung).
Im Unterschied zur → klassischen Konditionierung wird bei der o. K. eine prädikative Beziehung zwischen dem Stimulus und dem eigenen Verhalten aufgebaut. [5]
operationales Geschlechterverhältnis, *effektives Geschlechterverhältnis* (operational sex ratio, effective sex ratio): Verhältnis von paarungsbereiten Männchen zu paarungsbereiten Weibchen in einer Population zu einem gegebenen Zeitpunkt. → Geschlechterverhältnis. Das o. G. ist oft in einer Population zu ungunsten der Männchen verschoben. Insbesondere bei den Vögeln und Säugern stehen die brütenden oder trächtigen und mit der Aufzucht der Nachkommen beschäftigten Weibchen für diese Zeit nicht zur Verfügung. Bei anderen Arten versuchen die Männchen durch geeignete Methoden wie Bewachung des Partners, Vaginalpfropf oder Pheromone, die Weibchen als verpaart zu kennzeichnen, um → Spermienkonkurrenz zu vermeiden. Sie beeinflussen dadurch ebenfalls das o. G. [2]
Ophidiophobie → Phobie.
optimale Beutenutzung → optimaler Nahrungserwerb.
optimaler Nahrungserwerb, *Optimal-foraging, optimale Beutenutzung* (optimal foraging): günstiges Verhältnis zwischen dem Vorteil an Energiegewinn und den Kosten an Zeit, Energie und Risiko beim Suchen, Fangen, Verzehren und Aufbewahren der Nahrung. Besonders Räuber müssen sich aufgrund der Wehrhaftigkeit ihrer Beute an den o. N. halten (→ Raubfeindabwehr, → Raubtier-Beute-Beziehungen). [1]
Optimalitätsprinzip → Kosten-Nutzen-Analyse.
optische Kommunikation, *visuelle Kommunikation* (optical or visual communication): Informationsübertragung auf der Basis von Bewegungen, Mimik, Gestik, Formen- und Farbänderungen (→ Farbwechsel). Voraussetzung sind Sinneszellen mit Sehpigmenten oder ganze Sehorgane (Augen), die eine Bewertung der unterschiedlichen Lichtparameter (Wellenlänge, Intensität, Richtung, Schwingungsebene, Entfernung u. a.) vornehmen und unter Umständen eine komplexe Bildverarbeitung im Zentralnervensystem ermöglichen.
O. K. ist vor allem bei tagaktiven Tieren weit verbreitet, weil der Sender hier das Sonnenlicht als Energiequelle ausnutzen kann. Veränderungen im Wellenlängenspektrum des einfallenden Sonnenlichts werden durch Pigmente, Interferenz („schillernde" Farben) oder Reyleigh-Streuung an kleinsten Partikeln bewirkt. Zeitmuster können durch Verdecken oder Ausstülpen von Körperteilen, Positionsänderungen, Änderungen in der Durchblutung oder mittels Chromatophoren erfolgen. Langsame Farbänderungen (→ Farbwechsel) werden meist durch lokale Änderungen der Konzentration von Melanin erreicht. Für sehr schnelle Farbänderungen einiger Kopffüßer (Cephalopoda) sind besondere Chromatophoren mit Muskeln verantwortlich. Nachtaktive Tiere oder Tiere in dunkler Umgebung (Tiefsee, Höhlen, Gruben) müssen zur o. K. über spezielle Leuchtorgane verfügen und das Licht selbst oder über symbiontische Mikroorganismen erzeugen (Biolumineszenz).
O. K. ermöglicht den schnellsten Informationsaustausch, setzt aber immer Sichtkontakt voraus. Optische Signale tagaktiver Tiere müssen sich in Kontrast, Farbe und/oder Helligkeit auffällig und eindeutig von der Umgebung abheben, was unter Umständen den Sender gefährdet, da die Signale auch Prädatoren und Parasiten auffallen. Deshalb werden viele optische Signale nur kurzzeitig gezeigt, beispielsweise während der Balz. Zur o. K. gehören z. B. Augenflecken, Ausdrucksbewegungen, Beschwichtigungsverhalten, Bettelverhalten, Blickkontakt, Augengruß, Prachtkleider etc. Angelehnt an das Sehvermögen des Menschen unterscheidet man nach der Wellenlänge des Lichts drei Bereiche: → Infrarot, sichtbares Licht und → Ultraviolett. [4]
optische Täuschung, *visuelle Illusion* (optical illusion, visual illusion): Wahrnehmung, die nicht dem tatsächlichen räumlichen und zeitlichen optischen Muster entspricht. Täuschungen gibt es in der Wahrnehmung des Raumes, der Farben, des Kontrastes, der Geometrie, der Bewegung usw. Bei weitem nicht alle o. T. können heute ausreichend erklärt werden. Oft sind sie eine Mi-

schung aus psychologischen, physiologischen und physikalischen Wahrnehmungstäuschungen. Eine ausschließlich psychologisch begründbare o. T. ist die so genannte *Mondtäuschung* (moon illusion). Die Größe des Mondes, aber auch die der Sonne, wird in Abhängigkeit von der Höhe über dem Horizont unterschiedlich wahrgenommen. Dicht über dem Horizont erscheint der Mond erheblich größer als im Zenit, obwohl es dafür weder physikalische noch astronomische Ursachen gibt. Dagegen haben die *Machschen Streifen* (Mach bands), die man an den Grenzen zwischen Feldern unterschiedlicher Grautöne zu sehen glaubt, ihre Ursache in einer speziellen Informationsverarbeitung schon in der Netzhaut des Auges. Sie sind also sinnesphysiologisch zu erklären. Rein physikalische Ursachen hat z. B. eine Fata Morgana oder *Luftspiegelung* (mirage), denn dieser Effekt beruht auf einer Ablenkung des Lichtes an Luftschichten unterschiedlicher Temperatur. Wesentlich komplexer dagegen ist z. B. der *Pulfrich-Effekt* (Pulfrich effect). Er beruht darauf, dass dunkle optische Reize im Gegensatz zu hellen etwas mehr Zeit benötigen, bis sie im Gehirn wahrgenommen werden. Sieht man sich ein in einer Ebene schwingendes Pendel mit einem Graufilter vor einem der beiden Augen an, dann scheint das Pendel eine elliptische Bahn zu beschreiben. Der Pulfrich-Effekt wird manchmal ausgenutzt, um mit einem herkömmlichen Fernseh- oder Computerbildschirm räumliche Bilder wiedergeben zu können. Zum Betrachten solcher Bilder ist lediglich eine einfache Brille mit einem hellgelben und einem dunkelvioletten Filter nötig.

Rein physiologische Effekte, die zu einer o. T. führen, können über elektrische Ableitungen auch bei Tieren recht gut untersucht werden. So lässt sich z. B. die *Flickerfusionsfrequenz* (flicker fusion frequency) bei Insekten am unbeschädigten Tier durch elektrische Ableitung von der Oberfläche des Komplexauges ermitteln. Oberhalb der Fusionsfrequenz ist eine zeitliche Auflösung einzelner Helligkeitsänderungen durch das Tier nicht mehr möglich. Beim Menschen führt der Effekt dazu, dass hintereinander dargebotene Standbilder ab einer bestimmten Frequenz als kontinuierliche Bewegungen wahrgenommen werden (z. B. beim Film, im Fernsehen oder am Computerbildschirm). Auch dieses Verschmelzen ist genau genommen eine o. T. [4]

optisches Signal (optical signal): Signal, das mittels elektromagnetischer Wellen im Wellenlängenbereich von 200 bis 1000 nm (Ultraviolett bis Infrarot) übertragen wird. Die Signalintensität am Empfänger (Bestrahlungsstärke E) kann in W/m^2 (Leistung pro Fläche) gemessen werden. Da die Moleküle der Photopigmente in den optischen Sinneszellen auf einzelne Photonen reagieren und nicht auf deren Energie, ist die Angabe der Anzahl der Photonen, gemessen in Mol Photonen pro Quadratmeter sinnvoller. Ein Mol Photonen wurde früher auch zu der nicht SI-konformen Maßeinheit „Einstein" zusammengefasst. Die Anzahl der Photonen ist zwar keiner direkten Messung zugänglich, kann aber aus der Bestrahlungsstärke in Abhängigkeit von der Wellenlänge berechnet werden. Ausschließlich bei Untersuchungen am Menschen finden Maße Anwendung, die an das menschliche Sehvermögen angepasst sind (→ Photometrie). [4]

optomotorische Reaktion (optomotor response): charakteristische Änderung der Körperhaltung oder Ausrichtung (z. B. Drehung) der Körperachse eines Tieres auf sich bewegende Streifenmuster. O. R. sind für Insekten, Spinnen, Krebse und Wirbeltiere bekannt. Sie werden in der Sinnesphysiologie zur Bestimmung des Auflösungsvermögens der Augen genutzt, aber auch in der Verhaltensbiologie zur Untersuchung der Fähigkeit, zurückgelegte Entfernungen durch den Fluss optischer Muster zu messen. [4]

Organismus-Umwelt-Beziehung (organism-environment relationship): in der Verhaltensbiologie die Gesamtheit aller Beziehungen, die zwischen Tieren und Menschen und ihren konkreten → Umwelten bestehen und die über das Verhalten organisiert werden. Dabei sind die Organismen das aktive Element in diesem Beziehungsgefüge.

Das Verhalten ist in den O. auf die Sicherung der körperlichen Integrität, der ökologischen Anpassung (→ Optimalitätsprinzip) und der Fortpflanzung gerichtet (→ Fitness). [1]

Orgel → Temperaturorgel.
orientierendes und **orientiertes Verhalten** → Appetenzverhalten.
Orientierung (orientation): räumlich oder zeitlich geordnete, ererbte oder durch Lernprozesse erworbene individuell mögliche Bezugnahme auf Körper- und Umweltparameter. Die Raum-O. und die Zeit-O. (→ innere Uhr, → Biorhythmik) sind wesentliche Bedingungen für das Verhalten. Eine O. des Körpers oder einzelner Körperteile in Raum und Zeit ist unter Verwendung von Fremdinformationen (mit richtenden Außenreizen) oder von Eigeninformationen (ohne richtende Außenreize) möglich. [1] [4]
Orientierungsbewegung (orientation response): Körper- oder Kopfbewegung zur räumlichen Orientierung, die bei freibeweglichen Tieren → Taxis und bei sessilen (festsitzenden) → Tropismus genannt wird. [1]
Orientierungsflug (orientation flight): Rundflug, den manche Insekten und Vögel nach dem ersten oder nach jedem Verlassen des Nestes, Stockes oder Schlages (Tauben) vollziehen, um sich die Umgebung einzuprägen. Beispielsweise vollführt der Bienenwolf *Philanthus triangulum* jedes Mal nach Verlassen des Nestes einen O. Legt man um den Nesteingang einen Ring aus Zapfen, dann prägt er sich die neue Situation ein. Während seiner Abwesenheit kann man diese optische Markierung versetzen und der Bienenwolf wird nach der Rückkehr im Zentrum des Rings landen und vergeblich den Nesteingang suchen (→ Landmarke). Auch junge Honigbienen, die noch nie außerhalb des Stockes waren, finden nicht zurück, wenn sie aus dem Inneren der Beute entnommen und in etwa 50 m Entfernung freigelassen werden. Dies kann allerdings auch daran liegen, dass sie beim Versetzen keine → Wegintegration vornehmen konnten. [1] [4]
Ornamente (ornaments): auffällige morphologische oder farbliche Strukturen von Männchen, die ihnen Vorteile in der Reproduktion verschaffen (→ epigame Merkmale). Typische O. sind Schmuck- und Schwanzfedern, plakativ gefärbte Körperpartien, Mähnenbildungen etc. Wenn vergleichbare Bildungen wie Geweihe, Hauer, Sporne etc. bei agonistischen Auseinandersetzungen intrasexuelle Vorteile erbringen, sollten sie nicht als O. eingestuft werden. [2]
Ornithochorie (ornithochory): Verbreitung von Samen und Früchten durch Vögel. → Zoochorie. [1]
Ornithogamie → Zoogamie.
Orthokinese → Kinese.
Orthotaxis (orthotaxis): durch einen Reiz verursachte räumliche Orientierung, die auf einem Vergleich der Reizintensitäten an unterschiedlichen Orten und eine anschließende Geschwindigkeitsänderung bei der weiteren Fortbewegung beruht. Die O. ist der → Klinotaxie sehr ähnlich, wird aber fast ausschließlich von Einzellern genutzt. [4]
Ortsbindung (object bonding): Bindung eines Individuums an bestimmte Orte oder Gebiete des Lebensraumes wie Bau, Nistplatz, Tränke, Suhle, Sitzwarte, Wechsel u. a. → Milieubindung. [1]
Ortsprägung, *Heimatprägung* (locality imprinting): in der frühen Jugend erfolgender prägungsähnlicher Vorgang auf ein bestimmtes Gebiet (→ Ortstreue). Eine sensible Periode ist für die O. nachweisbar, aber das Lernresultat ist nicht immer stabil, in zahlreichen untersuchten Fällen kam es regelmäßig zu späteren Umsiedlungen.
Verfrachtungsexperimente mit Halsbandschnäppern *Ficedula albicollis* zeigen, dass eine O. etwa zwei Wochen vor dem Wegzug ins Winterquartier erfolgt. Amerikanische Indigoammern *Passerina cyanea* lernen nach dem Ausfliegen das Sternenmuster des Himmels und finden so ihr Brutgebiet wieder. Auch pazifische Lachse und Erdkröten suchen nach der O. zum Laichen ihre Heimatgewässer auf (→ Geruchsprägung). [1]
Ortssuche → Räuber.
Ortstreue, *Standorttreue* (fidelity to place, site tenacity): die Bindung eines Tieres an ein bestimmtes Gebiet. O. ist charakteristisch für Standvögel und Standwild, kommt aber auch bei wandernden Arten vor. So kehren Lachs und Dorsch, Erdkröten, zahlreiche Vögel und einige Fledermäuse an ihren Schlupf- bzw. Geburtsort zurück oder suchen Zugvögel immer dieselben Winterquartiere auf. In den meisten Fällen basiert die O. auf einer Ortsprägung. → Philopatrie. [1]
Ortung (location, positioning): Bestimmung der Position eines Objektes, das nicht aktiv

Signale aussendet (Positionsbestimmung eines Senders → Lokalisation). → Echoortung. [4]

Östrus, *Oestrus* (oestrus, estrus): kopulations- bzw. empfängnisbereite Zeit während des Fortpflanzungsverhaltens bzw. Sexualverhaltens eines Säugerweibchens. Der Ö. kann im Jahr einmal (z. B. Pferd, Rind, Wildschwein, Bär, Biber), zweimal (z. B. Hund, Katze) oder mehrmals (z. B. Spitzmäuse, Mäuse, Ratten, Hamster) eintreten. Dem entsprechend sind die Arten *monöstrisch* (monoestrous, monestrous), *diöstrisch* (dioestrous, diestrous) oder *polyöstrisch* (polyoestrous, polyestrous). Die Phase zwischen den Östri heißt *Anöstrus* (anoestrus, anestrus). Während dieser Zeit findet kein Sexualverhalten statt.

Der Ö. ist durch umfangreiche hormonelle Umstellungen und Verhaltensänderungen gekennzeichnet. Die Weibchen sind kaum aggressiv, zeigen mehr Kontaktverhalten, bewegen sich sehr viel, fressen weniger, beginnen mit dem Nestbau und sind kopulationsbereit. Gleichzeitig ist das äußere Genitale, die Vulva, geschwollen (besonders auffällig beim Schimpansen), werden vermehrt Schleim und Pheromone (Sexuallockstoffe) abgegeben, und es kommt im Eierstock zur Vorbereitung der Ovulation (Follikelsprung) und in der Gebärmutter zur Auflockerung der Schleimhaut und weiteren Veränderungen. Nach dem auffälligen Verhalten während des Ö. spricht man z. B. von *Raunze* (Katze), *Hitze* oder *Läufigkeit* (Hündin), *Rosse* (Stute), *Rindern* (Kuh), *Bocken* (Ziege) und *Rausche* (Schwein).

Viele Kleinsäugerweibchen haben einen *Ö.zyklus* (estrous cycle) mit Periodenlängen von vier bis sieben Tagen, der sich in vier Phasen untergliedern lässt:

- *Proöstrus* (proestrus): Das Verhalten der Weibchen ist sexuell und aggressiv motiviert. Sie attackieren ein paarungsbereites Männchen nur schwach und zeigen eine unvollkommene Kopulationsstellung.
- *Östrus* (oestrus, estrus): Das Weibchen ist sexuell motiviert und nimmt sehr bald die Kopulationsstellung (→ Lordose) ein.
- *Metöstrus* (metoestrus, metestrus): Das Verhalten ist wie beim Proöstrus ambivalent.
- *Diöstrus* (dioestrus, diestrus): Es kommt zu keinem Sexualverhalten.

Beim Menschen und den Menschenaffen tritt ein dem Ö.zyklus analoger Menstruationszyklus auf. Menschen- und Bonobofrauen und sind unter Umständen immer paarungsbereit, jedoch nicht empfängnisbereit (→ Pseudokopulation). [1]

Oszillator (oscillator): ein System, das in der Lage ist, regelmäßige Schwankungen einer physiologischen oder anderen Größe um einen Mittelwert zu generieren. In der → Chronobiologie wird der Begriff für den molekularen Mechanismus innerhalb einer Zelle benutzt, der selbsterregte Rhythmen generiert. → circadianes Uhrwerk. [6]

Output-Gene → Uhrgene.

Oviparie (oviparous, oviparity): Ablage von Eiern. Diese Eier können im Körper (Vögel, Reptilien), außerhalb des Körpers, z. B. bei Fischen und Amphibien, oder während des Ablegens, z. B. Insekten, Schnecken und Spinnen, befruchtet werden. Manche Arten betreiben Brutfürsorge, echte Brutpflege ist selten. → Ovoviviparie, → vivipar. [1]

Ovoviviparie (ovoviviparous, ovoviviparity): Ablage von Eiern, die bereits einen mehr oder weniger entwickelten Keimling enthalten, wie bei manchen Insekten und Würmern und bei den meisten Kriechtieren und allen Vögeln, die vor und nach dem Schlüpfen intensive Brutpflege betreiben. Manchmal reißen die Eihüllen unmittelbar bei der Geburt, z. B. beim Feuersalamander *Salamandra salamandra*. → Ovoparie, → vivipar. [1]

Paarbalz → Balzverhalten.

Paarbildung (pair formation): Etablierung einer Geschlechtspartnerbindung unter natürlichen Bedingungen (→ Anpaarung). Hauptelemente der P. sind das Erkennen der Artzugehörigkeit, der Individualmerkmale und der Fortpflanzungsbereitschaft. Danach erfolgt die Überwindung anfänglicher Kontaktscheu oder Aggressivität beim Partner sowie die Ausbildung eines raumzeitlichen Zusammenhalts. [5]

Paarbindung (mateship): im Gegensatz zur Promiskuität eine mehr oder weniger feste Partnerbindung zwischen Männchen und Weibchen in mono- oder polygamen Paarungssystemen. Aktuelle Untersuchungen bei Krallenaffen *Callithrix jaccus* und Präriewühlmäusen *Microtus ochrogaster* zeigen, dass die Hormone Prolactin und auch Oxytocin bei der P. eine Rolle spielen. [5]

Paarfüttern → Balzfüttern.

Paargesang → Duettgesang.

Paarsitzen (pair sitting, spatial bond): eine Form der Partnerbindung, bei der nur mit dem Partner Körperkontakt gehalten wird. Der Begriff des P. wurde von Uta Seibt und Wolfgang Wickler (1972) für das entsprechende Verhalten der im Indischen und Pazifischen Ozean lebenden Garnele *Hymenocera picta* geprägt. P. kommt aber auch bei dem südamerikanischen Nagetier, dem Großen Mara *Dolichotis patagonum* vor. [1]

Paarung → Kopulation.

Paarungseinleitung → Balzverhalten.

Paarungskreisen, *Kreisen* (display circling, circling): Teil des Balzverhaltens zahlreicher Säuger (z.B. Hirsche, Rinder, Kaninchen und Nager), bei dem Männchen und Weibchen in Antiparallelstellung in engen Kreisen auf der Stelle laufen und oft eine wechselseitige → Anogenitalkontrolle vornehmen. In der Jägersprache heißen die vom P. der Hirsche und Rehe zurückbleibenden Spuren *Hexenkreise* (witches circles). So entstehen manchmal in Getreidefeldern außergewöhnliche Muster, die von Medien als Aktivitäten Außerirdischer dargestellt werden. [1]

Paarungsrad (copulatory wheel): spezielles Sexualverhalten, das ausschließlich bei Libellen vorkommt. Wie bei anderen Insekten auch, münden die Samengänge der männlichen Libellen am Hinterleibsende. Das Begattungsorgan befindet sich jedoch vorn auf der Unterseite des zweiten und dritten Hinterleibssegments. Die dort befindliche Samenblase muss vor der Begattung gefüllt werden. Dies geschieht meist im Anschluss an einem *Tandemflug* (tandem linkage), bei dem das Männchen mit speziellen Greifwerkzeugen am Hinterleibsende das Weibchen hinter dem Kopf festhält. Bei der eigentlichen Begattung biegt das Weibchen sein Hinterleibsende unter dem Männchen nach vorn, um die Spermien aus dem Begattungsorgan zu empfangen. Die bei dieser Stellung entstehende herzförmige Figur wird P. genannt und dauert je nach Art zwischen einer halben Minute bis zu mehreren Stunden. Anschließend erfolgt die Eiablage, die meist von den Männchen bewacht wird und bei einigen Arten ebenfalls im Tandem stattfindet. Ein Tandemverbund wird selbst dann nicht aufgegeben, wenn die Weibchen bestimmter Arten während der Eiablage an Pflanzen vollkommen im Wasser untertauchen. [4]

Paarungsrevier → Territorium.

Paarungsruf (mating call): in engem zeitlichen Zusammenhang mit der Kopulation geäußerter Ruf, der entweder die Paarung einleitet oder den Abschluss der Paarung anzeigt. [4]

Paarungssystem (mating system): Form der Partnerbeziehungen während der Reproduktionszeit. In Abhängigkeit von der Anzahl der beteiligten Paarungspartner sowie der Dauer der Paarbindung werden → Monogamie, → Polygynie, → Polygamie und → Promiskuität (Polygynandrie) unterschieden. Als das ursprüngliche P. wird aufgrund des → Geschlechterkonflikts die Polygynie (ein Männchen geht Paarbindungen mit mehreren Weibchen ein) angesehen. Spezifische Umweltbedingungen haben das Ausweichen auf andere P. zur Folge, da so ein höherer Reproduktionserfolg erzielt werden kann. Der Begriff P. wird oft synonym zu → Fortpflanzungssystem gebraucht. Andere Autoren beschränken das P. auf die Art der sexuellen Beziehungen der Paarungspartner, während das Fortpflanzungssystem Brutfürsorge und Brutpflege mit einschließt. [2]

Paarungsverhalten → Sexualverhalten.

Paarungszentrum (mating centre): für männliches und weibliches Sexualverhalten verantwortliches Zentrum im Hypothalamus (Zwischenhirnteil) der Säugetiere und des Menschen, hier auch *Erotisierungszentrum* genannt. Das P. ist männlich oder weiblich organisiert und kontrolliert das geschlechtsspezifische Sexualverhalten. Das männliche Sexualverhalten wird hauptsächlich von der medialen präoptischen Region und das weibliche vom Nukleus ventromedialis reguliert. In enger topographischer Nachbarschaft befindet sich ein ebenfalls männlich oder weiblich differenziertes hypothetisches *Sexualzentrum* (sexual centre), das über Gonadotropin-Releasinghormone die Freisetzung der Gonadotropine aus der Hypophyse (Hirnanhangsdrüse) und damit auch die Sexualhormonspiegel an Androgenen und Östrogenen reguliert. Diese Freisetzung erfolgt beim Männchen kontinuierlich (tonisch) und beim Weibchen zyklisch (→ infradiane Rhythmik, → Östrus).

Die geschlechtsspezifische Differenzierung des P. erfolgt unter dem Einfluss der von Testosteron während einer artspezifisch unterschiedlichen kritischen Differenzierungsphase. Es bildet sich ein männliches P. heraus, wenn ein hoher Testosteronspiegel vorhanden ist. Bei niedrigem Testosteronspiegel wird das P. weiblich. Entsprechendes gilt für die Sexualzentren. Für den Menschen wird zusätzlich ein sog. *Geschlechtsrollenzentrum* vermutet, das durch Testosteron eine männliche und beim Fehlen von Testosteron eine weibliche Funktionsweise erhält. Kommt es während der kritischen Differenzierungsphase zu Störungen, so können Fehldifferenzierungen eintreten, indem sich zu den genetisch festgelegten normal entwickelten männlichen und weiblichen Geschlechtsorganen ein entgegengesetztes P. organisiert. Diese Tiere oder Menschen verhalten sich später, nach Eintritt der Geschlechtsreife, bi- oder homosexuell. Die kritische Differenzierungsphase liegt beim Menschen zwischen dem 4. bis 7. Schwangerschaftsmonat, beim Meerschweinchen ebenfalls vor der Geburt, bei der Ratte um die Geburt herum und beim Goldhamster dauert sie bis zum 8. Tag nach der Geburt an (→ Androgenisierung). Nach Abschluss dieser Phase ist keine Umstimmung oder Therapie mehr möglich. [1]

Pacing (pacing): andauerndes stereotypes Auf- und Ablaufen bei gekäfigten Raubtieren. Es tritt hauptsächlich vor der Fütterung auf (→ antizipatorische Aktivität). P. kann in wenigen Fällen durch eine → Umweltanreicherung und durch variable Fütterungszeiten reduziert werden. [1]

Pädomorphie (paedomorphie): die Beibehaltung jugendlicher Merkmale im Adultalter. Anzeichen hierfür können geringe Körpergröße, Reduktion von Behaarung oder Beschuppung, verringerte Zahl von Wirbeln oder kompletten Organsystemen (z. B. Seitenliniensystem), unvollständiger Verknöcherungsgrad sowie ein insgesamt jugendlicher Gesamthabitus und auch infantiles Verhalten sein. [5]

Paedogenese → Parthenogenese.

Panikreaktion → Wehrreaktion.

Panmixie (panmixis, panmixia): steht für eine freie Partnerwahl bzw. die zufallsbedingte Paarung der Individuen einer Population als Voraussetzung für eine zufallsbedingte Mischung der Erbanlagen. Eine Einengung der P. durch Selektion oder Isolation kann zur Bildung von Rassen und letztlich von Arten führen. [1]

Pantophaga → Omnivora.

Parabiose, *Probiose, Amensalismus* (parabiosis, parasymbiosis, amensalism): eine Form des interspezifischen Verhaltens, bei der nur einer der Partner Vorteile genießt; der andere erleidet keinen Schaden, er toleriert den Artfremden. So nisten vor allem Sperlinge in den großen Horsten von Raubvögeln, Störchen und Reihern. Sperbergrasmücken *Sylvia nisoria* brüten bevorzugt in enger Nachbarschaft des wehrhaften Neuntöters *Lanius collurio* und auch die einheimische Brandgans *Tadorna tadorna* brütet gelegentlich in noch bewohnten Dachs- und Kaninchenbauen, ohne vom eigentlichen Inhaber gestört zu werden. Diese Form der P. wird auch *Parökie* (paroecy) genannt.

Zahlreiche Gliedertiere leben in den Bauten der sozialen Insekten, *Synökie* (synoecy) genannt (→ Inquilien). Lebt ein Partner in Körperhöhlen des anderen ohne Schaden anzurichten bzw. Nutzen zu erbringen, so spricht man von *Einmietertum* oder *Entökie* (entoecy). Schwämme z. B. werden von verschiedenen Würmern und Kleinkrebsen besiedelt. Befindet sich der Partner auf der Körperoberfläche, dann handelt es sich um *Aufsiedlertum* oder *Epökie* (epoecy). Solches Verhalten zeigen vor allem die im Wasser lebenden sessilen (festsitzenden) und halbsessilen Tiere, wie die Seepocke *Balanus balanoides* oder die Dreikantmuschel *Dreissena polymorpha,* die nicht nur Gegenstände, sondern auch Krebse, Schildkröten und Wale besiedeln. Dieses Verhalten leitet über zur → Phoresie, bei der ein artfremder Partner als Transportmittel benutzt wird. [1]

paradoxe Maskierung (paradoxical masking): Maskierung, bei der ein unerwarteter

Effekt auftritt. Normalerweise unterdrückt Licht die Aktivität nachtaktiver Tiere (negative → Maskierung). In bestimmten Fällen kann aber auch Aktivität induziert werden, dann würde man von positiver p. M. sprechen. Negative p. M. liegt vor, wenn sich die Aktivität eines nachtaktiven Tieres mit abnehmender Lichtintensität verringert.
P. M. wurde bei der tagaktiven Nil-Grasratte *Arvicanthis niloticus* beobachtet. Die Tiere zeigen eine erhöhte Aktivität zu Beginn der Dunkelzeit (positive p. M.). Nachtaffen *Aotus lemurinus griseimembra* sind dunkelaktiv, steigern jedoch ihre Aktivität während der hellen Mondnächte (negative p. M.). Auch nachtaktive Mäuse erhöhen ihre Laufradaktivität, wenn sie während der Dunkelzeit für eine Stunde einem schwachen Dämmerlicht ausgesetzt werden. [6]
paradoxer Schlaf → Schlaf.
parapatrische Artbildung (parapatric speciation): Artbildung innerhalb einer Population mit eingeschränktem Genfluss. Man unterscheidet zwei Formen: *Gradienten-Speziation* (clinal speciation) und *Trittstein-Speziation* (stepping stone speciation). Das Gradientenmodell beruht auf der Annahme der relativen reproduktiven Isolation der Randpopulationen innerhalb eines Gradienten. Das Aussterben der Zwischenpopulationen könnte dann zur Artbildung führen. Das Trittsteinmodell beruht auf einer Unterteilung der Gesamtpopulation in diskrete Teilpopulationen mit unterschiedlichen Adaptationen und Paarungspräferenzen. Modelle der p. A. sind nicht immer klar von → allopatrischen oder → sympatrischen Modellen zu trennen. [3]
Parasitenlast (parasite load, parasite burden): die gesamte Zahl der Parasiten, die einen Wirt befallen haben. Eine zu hohe P. wirkt sich z. B. negativ auf → epigame Merkmale aus. → Feinddruck. [1]
Parasiten-Taktik (parasitic tactic, parasitic reproductive behaviour): Fortpflanzungstaktik, bei der die Männchen keine Ressourcen monopolisieren, sondern versuchen, Weibchen oder deren Gelege in den Territorien anderer Männchen (Bourgeois-Männchen) zu befruchten. Im Gegensatz zur → Bourgeois-Taktik sparen Männchen mit P. wie → Sneaker die Energieinvestitionen zur Ausbildung epigamer Merkmale, für die Verteidigung eines Territoriums oder den Erwerb eines Paarungspartners. Sie investieren häufig in → Spermienkonkurrenz. Es gibt Hinweise, dass Männchen mit P. früher geschlechtsreif sind, größere Hoden haben und mehr Sperma produzieren als Bourgeois-Männchen. So haben hornlose Mistkäfer-Männchen *Ontophagus binodis* im Vergleich zu horntragenden Männchen größere Hoden. [2]
Parasitismus, *Schmarotzertum* (parasitism): eine Form des interspezifischen Verhaltens, bei dem der eine Partner, der Parasit, den anderen, den Wirt, schädigt. Parasiten ernähren sich von der Körpersubstanz des Wirtes und schädigen ihn durch toxisch wirksame Stoffwechselprodukte oder mechanische Verletzungen. Kommt es dadurch zum Tod des Wirtes, so tritt der nicht wie beim Episitismus (→ Räuber-Beute-System) sofort ein, sondern erst später und ganz allmählich (→ Parasitoismus).
Zu unterscheiden ist zwischen Endo-P. und Ekto-P. Die *Endoparasiten* (endoparasite) wie Einzeller, Leberegel, Rund- und Bandwürmer, Insektenlarven u. a. leben im Wirtsorganismus und sind meist hochspezialisiert in Körperbau, Physiologie und Fortpflanzungsverhalten. Beispielsweise sind die Bewegungs- und Verdauungsorgane reduziert und dafür komplizierte Haftorgane und Genitalien ausgebildet, die Fernsinne fehlen, die Vermehrungsrate ist infolge vegetativer und parthenogenetischer Entwicklungsabschnitte enorm groß, häufig ist die Entwicklung mit einem Wirtswechsel verbunden. Aber auch die Wirte haben Abwehrmechanismen entwickelt, um die Schäden durch Parasiten einzuschränken.
Ektoparasiten (ectoparasite) wie Blutegel, Kleinkrebse, Milben, Läuse, Fliegen u. a. leben auf der Körperoberfläche ihres Wirtes. Auch sie zeigen zahlreiche Anpassungen an die parasitische Lebensweise, z. B. Haftnäpfe, Haken, Klammerbeine, Stech- und Saugapparate. Besonders gut entwickelt sind die Rezeptoren und Verhaltensweisen für das Auffinden der Wirte. Aus den Eiern schlüpfende Larven des Holzbocks *Ixodes ricinus* z. B. klettern immer dem Licht entgegen und nach oben. Dann lauern sie an Gräsern und im Buschwerk geduldig auf Säugetierwirte. Sie erkennen den Wirt mit ihrem empfindlichen Erschütterungssinn und über den chemischen Sinn am But-

tersäuregeruch, der für alle Säuger charakteristisch ist. Befindet sich der Wirt unterhalb des Lauerplatzes, lässt sich die Larve fallen und sucht mithilfe des Tast- und Temperatursinns eine geschützte Körperstelle (z. B. die Achselhöhle), wo sie sich einbohrt und Blut saugt. Sonderformen des P. sind der → Parasitoismus, → Hyperparasitoismus, → Multiparasitismus sowie der → Brutparasitismus und → Sozialparasitismus. [1]

Parasitoid *Raubparasit* (parasitoid): ein parasitisches Tier, das seinen Wirt am Ende seiner Entwicklung tötet. Der P. steht zwischen den Parasiten (→ Parasitismus) und den Räubern (→ Räuber-Beute-Verhalten). Bekannte Beispiele sind die Schlupfwespen und die Raubfliegen, deren Larvenstadien in Wirten leben, die am Ende der Larvenentwicklung sterben. Der Wirt überlebt lange Zeit, weil sich der P. zuerst vom Fettkörper des Wirtes ernährt und seine lebensnotwendigen Organe verschont. P. werden häufig zur biologischen Schädlingsbekämpfung in Gewächshäusern eingesetzt. [1]

Parasitoismus, *Raubparasitoismus* (parasitoism): eine Form des interspezifischen Verhaltens bzw. des Parasitismus, bei der der Nutznießer, der → Parasitoid, seinen Wirt allmählich tötet. [1]

parasozial → Sozietät.

Parenchymsauger → Pflanzensaftsauger.

parentale Brutpflege → Brutpflege, → kooperative Brutpflege.

Parental-manipulation-hypothesis (parental manipulation hypothesis): Hypothese zur Evolution von eusozialen Verbänden. Danach manipulieren Eltern unter bestimmten Umweltbedingungen einen Teil ihres Nachwuchses so, dass er steril wird bzw. auf eigene Reproduktion verzichtet und sie bei der Pflege der übrigen Nachkommen unterstützt. Diese Eltern sollen mehr Enkel haben als Eltern, die alle Nachkommen gleich behandeln. [2]

parenteral (parenteral): in der Verhaltensbiologie eine besondere Form des → Nahrungsverhaltens, bei der die Tiere (Parasiten wie Protozoen, Bandwürmer, Kratzer u. a.) ihre Nahrung nicht über den Mund oder die Darmwand, sondern über die Körperoberfläche aufnehmen. [1]

Parökie → Parabiose.

Parsimonie → Phylogenie.

Parsimonie-Verfahren, *Sparsamkeitsprinzip* (parsimonious hypothesis): eine molekulargenetische Methode der phylogenetischen Systematik, bei der anhand so genannter abgeleiteter Merkmale ein Verzweigungsschema erstellt wird. Als Entscheidungskriterium wird dabei das der sparsamsten Erklärung herangezogen. Diejenige Stammbaumtopologie, die die wenigsten Mutationsschritte benötigt, wird als beste Hypothese der Verwandtschaftsbeziehungen gewertet. [5]

Parthenogenese, *Jungfernzeugung* (parthenogenesis, virgin birth): Form der eingeschlechtlichen sexuellen Vermehrung, bei der sich eine unbefruchtete Eizelle zu einem vollständigen Organismus entwickelt. P. ist von einigen Rädertierchen, Bärtierchen, Insekten, Milben, Krebstieren (*Cladocera*, *Daphnia*), Spinnentieren (manche Skorpione), Schnecken (z. B. *Melanoides tuberculata*), Fischen und Amphibien (manche Frösche und Salamander), aber auch von Reptilien bekannt (bestimmte Gecko- und Schlangenarten). Bei Säugern kann P. nur künstlich hervorgerufen werden. Für mehr als 0,1 % der bisher beschriebenen Tierarten ist P. eine wichtige, häufig auch die einzige Form der Vermehrung. Aus unbefruchteten Eizellen können Nachkommen beiderlei Geschlechts hervorgehen (→ Amphitokie), es können aber auch ausschließlich männliche (→ Arrhenothokie) oder weibliche Tiere entstehen (→ Thelytokie). Einen saisonalen Wechsel zwischen P. und zweigeschlechtlicher Fortpflanzung (z. B. bei Gallwespen der Familie Cynipidae oder bei Blattläusen) nennt man *zyklische P.* oder *Heterogonie* (cyclic parthenogenesis, heterogony). Muss die Eizelle erst, wie bei einigen Käfern und Schmetterlingen, durch ein Spermium aktiviert werden, welches dann jedoch keinen genetischen Beitrag zum entstehenden Individuum liefert, dann spricht man von *Pseudogamie* (pseudogamy, gynogenesis, → Gynogenese).

Eine der wohl eigenartigsten Lebenszyklen der mehrzelligen Tiere mit einem Gemisch aus vielen Formen der P. zeigt der Käfer *Micromalthus debilis*. Die Larve dieses Käfers kann noch im Larvenstadium funktionelle Ovarien bekommen, aus denen sich Nachkommen über P. entwickeln. Letzteres wird als *Paedogenese* (paedogenesis) bezeichnet. Die Larve kann sich jedoch auch verpuppen, ohne funktionelle Ovarien zu entwickeln. Dadurch gibt es vier unterschiedliche Wege: entweder schlüpft (beim Vorliegen eines Puppenstadiums) ein diploides voll entwickeltes Käferweibchen, oder es gehen Nachkommen über Thelytokie, Arrhenotokie oder Amphitokie aus einer weiblichen Larve hervor. Thelytoke Larven sind lebend gebärend (vivipar) und bringen aktive erste Larvenstadien hervor, während die wesentlich seltener vorkommenden arrhenotok reproduzierenden Larven jeweils nur ein einziges Ei erzeugen, welches sich zu einer Larve entwickelt, die ihre Mutter auffrisst (→ Matriphagie) und seinerseits über ein Puppenstadium zu einem vollständigen (haploiden) Käfermännchen heranwächst. Im Falle einer amphitoken P. können die paedogenetischen Tiere sogar beide reproduktive Wege hintereinander beschreiten. Die obligatorische Matriphagie lässt sich bei diesen Käfern durch die Lebensweise der Larven erklären, die sich ab dem zweiten Stadium von verrottetem Holz ernähren. Das Holz können sie nur mithilfe bestimmter Bakterien verdauen. Diese Bakterien sind aber in männlichen Larven degeneriert und müssen deshalb durch Kannibalismus eines weiblichen Tieres aufgenommen werden. [4]

Partialton → Oberton.

Partikelfresser (particle feeder): ein Tier, das unzerkleinert Plakton und Detritus als Nahrungspartikel aus dem Wasser aufnimmt (→ Nahrungsverhalten). *Strudler* (suspension feeder) erzeugen mithilfe von Wimpern einen Wasserstrom und strudeln so suspendierte Nahrungsteilchen in ihren Körper (Pantoffeltierchen, Rädertiere, Schwämme, Muscheln, Borstenwürmer und Landzettfischchen). *Filtrierer* (filter feeder) nutzen Filter-, Reusen- und Seiheinrichtungen zum Festhalten der Nahrungspartikel. Hierzu gehören unter anderem Stechmückenlarven, Wasserflöhe, Enten, Gänse und Flamingos (Seihschnäbel) sowie die Bartenwale (Barten). [1]

Partner (partner): ein Individuum, zu dem eine soziale Beziehung besteht, z.B. Kooperations-P., Gechlechts-P., Ehe-P., Spiel-P., Kommunikations-P. etc. → Rivale. [1]

Partneransprüche → Ansprüche.

Partnerbindung (partner bonding): soziale Bindung zwischen zwei Individuen über einen längeren Zeitraum. P. ist charakteristisch für die Geschlechtspartner in monogamen Paarungssystemen. [2]

Partnerfüttern → Balzfüttern.

Partnerwahl, *Geschlechtspartnerwahl* (partner choice, mate choice): **(a)** im Allgemeinen die Wahl eines → Partners. **(b)** die Wahl eines Sexual- oder Lebenspartners. Diese P. basiert auf dem → Geschlechterkonflikt. Deshalb ist zwischen → Männchenwahl und → Weibchenwahl zu unterscheiden. [1]

Passgang → Gangart.

Passworthypothese → Beau-Geste-Hypothese.

Patellarsehnenreflex → Kniesehnenreflex.

paternale Brutpflege *väterliche Brutpflege* (paternal care, uniparental male care): die Jungenaufzucht wird ausschließlich vom Vater vollzogen (Stichling, Seepferdchen, Straußenhahn) oder das Männchen beteiligt sich an der Jungenaufzucht. P. B. ist häufiger bei Fischen und Vögeln zu finden. Bei Fischen sind p. B. und Territorialverhalten gekoppelt, d.h. die Männchen sichern ihr Territorium und bewachen zugleich die befruchteten Eier, während die Weibchen sofort nach dem Ablaichen sich davon stehlen. Sehr selten ist p. B. bei den Säugern, sie kommt nur bei etwa 10 % der Arten vor. Eine Ursache ist die Vaterschaftsungewissheit (→ Geschlechterkonflikt). P. B. entlastet das Weibchen (z.B. → Laktationshyperthermie), verbessert die Überlebenschancen des Nachwuchses und kann so die väterliche Fitness steigern.

Manchmal wird zwischen direkter und indirekter p. B. unterschieden. Zur direkten p. B. gehören das Wärmen, Füttern, Putzen, Eintragen, Verteidigen etc. der Jungen, d.h. Verhaltensweisen, die eindeutig die Fitness des Vaters mindern. Als indirekte p.B. werden z.B. das Verteidigen des Territoriums, die Beteiligung am Nestbau und beim Errichten eines Erdbaues oder am Anlegen von Futtervorräten angesehen. [1]

patrilinear, *patrilineal, Vaterfolge* (patrilineal): bezeichnet alle Abstammungs- und Verwandtschaftsverhältnisse, die vom Vater ausgehen. → matrilinear. [1]

Patrogynopädium → Elternfamilie.

Patropädium → Vaterfamilie.

Pawlowsche Konditionierung → klassische Konditionierung.
Peckhamsche Mimikry → Angriffsmimikry.
pelagisch (pelagic): Tiere, die im freien Wasser (Meere, Binnengewässer) leben, passiv treibend als Plankton oder aktiv schwimmend als Nekton. [4]
Pelotaxis (pelotaxis): gerichtete räumliche Orientierung nach Schlamm. Die am letzten Hinterleibssegment der im Wasser lebenden Larven der Stelzmücken (Limnobiidae) befindlichen paarigen Organe wurden früher als „Schlammsinnesorgane" (pelotaktische Organe) gedeutet, sind vermutlich jedoch außerdem (oder sogar ausschließlich) Gleichgewichtsorgane (→ Propriorezeptoren), die mit Schlammpartikeln als körperfremde Statolithen arbeiten. Noch unklar ist, weshalb diese Organe über einen extra Muskel zum schnellen Wasserwechsel verfügen, bei dem auch Schlammpartikel mit ausgestoßen und neue wieder angesaugt werden können. [4]
Pendelbox → Shuttle-box.
Performanz → Modelllernen.
***per*-Gen** → Uhrgene.
perinatal (perinatal): bezeichnet bei höheren Wirbeltieren die Zeit um die Geburt bzw. den Schlupf herum, während der Fetus bzw. das Neugeborene oder frisch Geschlüpfte umfangreiche physiologische und verhaltensbiologische Anpassungsleistungen erbringt. → pränatal, → postnatal. [1]
Periode (period): bei periodischen Ereignissen die kleinste Zeitspanne, in der sie sich nahezu identisch wiederholen. Gemessen wird die P. meist vom Beginn eines Ereignisses bis zum Beginn des nächsten als → Periodenlänge oder als deren Kehrwert, die → Frequenz oder Rate. [4]
Periodenantwortkurve (period response curve): beschreibt die Änderung der Periodenlänge eines biologischen Rhythmus nach einem externen Stimulus in Abhängigkeit von der Phase der Einwirkung. Werden z. B. im Dauerdunkel gehaltene Tiere einem Lichtpuls ausgesetzt, kann dieser neben Phasenverschiebungen (→ Phasenantwortkurve) auch Periodenänderungen des frei laufenden Rhythmus induzieren (→ Freilauf). In Abhängigkeit von der → circadianen Zeit des Stimulus kann sich die Periodendauer verlängern oder verkürzen, aber auch gleich bleiben. Dieser Zusammenhang kann in einer P. dargestellt werden, wobei positive Werte einer Periodenzunahme und negative einer Periodenabnahme entsprechen. Perioden- und Phasenantwortkurven verlaufen in etwa invers. Allerdings sind die Periodenantworten weniger gut reproduzierbar als die Phasenantworten. [6]
Periodenlänge, *Periodendauer, Schwingungsdauer* (period length): beschreibt die Zeitdauer, nach der eine definierte Phase eines Rhythmus wiederkehrt bzw. die Dauer eines kompletten Zyklus eines rhythmischen Prozesses. Die P. von biologischen Rhythmen wird mit dem Symbol τ (Tau) und die der → Umweltperiodizitäten mit T gekennzeichnet. Einheiten sind Sekunde, Minute, Stunde, Tag, Woche, Monat oder Jahr. Der Kehrwert der P. ($1/\tau$ bzw. $1/T$) ist die → Frequenz (Anzahl der Schwingungen pro Zeiteinheit). [6]
Periodizität (periodicity): die Eigenschaft biologischer (und anderer) Systeme, in regelmäßigen Zeitabständen bestimmte Zustandsformen zu durchlaufen. → biologischer Rhythmus → Umweltperiodizität. [6]
Periodogramm (periodogram): tabellarische oder graphische Darstellung der spektralen Zusammensetzung eines rhythmischen Prozesses. Das P. wird in der Chronobiologie bevorzugt, während z. B. in der Bioakustik die Darstellung der Frequenzen stärker verbreitet ist (→ Frequenzspektrum). Auf der Abszisse des P. werden die → Periodenlängen abgetragen. Das kann kontinuierlich oder auch diskontinuierlich, wie etwa bei einer harmonischen Analyse, erfolgen. Letztere berücksichtigt nur Schwingungen, deren Periodenlängen in ganzzahligem Verhältnis zueinander stehen. Die Ordinate enthält die Amplituden zu den jeweiligen Periodenlängen (Amplitudenspektrum) oder ein Maß der Intensität als Leistungsspektrum oder Leistungsdichtespektrum (→ Frequenzanalyse) bzw. des relativen Varianzanteils (Chi^2-Periodogramm). → Zeitreihenanalyse. [6]
periphere Oszillatoren (peripheral oscillators): Oszillatoren außerhalb des → suprachiasmatischen Nukleus (SCN), die in der Lage sind, physiologische Prozesse rhythmisch, insbesondere circadian zu steuern. P. O. wurden sowohl in verschiedenen Hirngebieten (Cortex, Hippocampus, neuroen-

dokrine Kerne) als auch Organen (Leber, Pankreas, Niere, Herz, Lunge, Muskulatur) nachgewiesen. Die → Synchronisation mit der periodischen Umwelt erfolgt in der Regel über den zentralen circadianen Schrittmacher, den SCN. Im Englischen spricht man daher auch von „slave oscillators“. Die Signalübertragung kann dabei direkt, auf neuronalem oder humoralem Wege, oder indirekt über die vom SCN generierten → Tagesrhythmen der Aktivität, der Nahrungsaufnahme oder der Körpertemperatur erfolgen. P. O. können aber auch durch nichtphotische → Zeitgeber, wie einer zeitrestriktiven Fütterung synchronisiert werden. Die Phase des zentralen Schrittmachers wird dabei nicht verändert, sodass es zu einer Abkopplung der p. O. kommen kann (→ fütterungsabhängiger Oszillator). → Multioszillatorsystem. [6]

permanente Kommunikation (permanent communication): ständiger Informationsaustausch zwischen Angehörigen von Vergesellschaftungen aller Art. P. K. basiert vor allem auf nichtadressierten Nachrichten, die als potenzielle Informationen in allen Gebrauchshandlungen der Angehörigen einer Gemeinschaft enthalten sind. Es finden sich aber auch Belege für eine adressierte p. K., z. B. bei sozialen Insekten. Die Bienenkönigin von *Apis mellifera* gibt ein Sekret aus ihren Mandibeldrüsen („Königinnensubstanz“) an die Arbeiterinnen weiter. Dieses Sekret zeigt dem gesamten Bienenvolk die Existenz und Leistungsfähigkeit der Königin an und unterbindet damit unter anderem die Aufzucht einer weiteren Königin. [4]

persönliches Kennen → individuelles Kennen.

Peter-Prinzip (Peter Principle): Nach diesem in Laurence J. Peter und Raimond Hulls Buch „The Peter Principle“ (1969) formulierten, ursprünglich auf die menschliche Gesellschaft bezogenen Grundsatz, tendiert in einem hierarchisch organisierten Unternehmen jeder Angestellte dazu, bis zur Stufe seiner Inkompetenz aufzusteigen. Da jedoch kaum Rückstufungen erfolgen, soll mit der Zeit die Unfähigkeit der Leitung des Unternehmens zunehmen.
Auf evolutive Vorgänge bezogen können Arten aufgrund gegenseitiger Konkurrenz dazu tendieren, sich bei zunehmender Komplexität zur Grenze ihrer adaptiven Kompetenz zu entwickeln und somit aussterben. Die ständige Bevorzugung epigamer Merkmale in der sexuellen Selektion würde ihre Ausprägung ausufern lassen. Hirsche mit immer größerem Geweih werden von den Weibchen bevorzugt, sind aber aufgrund eingeschränkter Fluchtmöglichkeit häufiger Opfer von Prädatoren und werden so durch die natürliche Selektion ausgelesen. [2]

Pflanzenfresser → Herbivora.

Pflanzengalle → Cecidium.

Pflanzensaftsauger (plant sap feeder): Insekt, das sich aus Pflanzensäften ernährt. Dabei sind insbesondere Xylem-, Phloem- und Parenchymsauger zu unterscheiden. Größere Zikadenarten, Mottenschildläuse (Aleyrodina), Napfschildläuse (Lecanidae bzw. Coccidae), Schmierläuse (Pseudococcidae) und die meisten Blattläuse (Aphidina) sind *Phloemsauger* (phloem feeder). Sie stechen einzelne Siebröhren direkt an oder entnehmen Säfte zumindest aus dem benachbarten Interzellularraum. Durch den geringen Gehalt z. B. an Aminosäuren müssen Phloemsauger viel Flüssigkeit aufnehmen und zusammen mit großen Mengen an Sacchariden wieder abgeben, meist als → Honigtau. Einige wenige Insektenarten haben sich sogar als *Xylemsauger* (xylem feeder) spezialisiert. Sie müssen große Mengen an Wasser aufnehmen und wieder abgeben, denn der Stickstoffgehalt in ihrer Nahrung liegt oft unter 0,1%. Außerdem herrscht im Xylem häufig ein Unterdruck. Xylemsauger besitzen deshalb kräftige Saugpumpen und sind, um die Wassermengen verarbeiten zu können, meist relativ groß. Kleinere Zikadenarten, einige Blattläuse (z. B. Reblaus *Viteus vitifolii* und Gallenläuse, Familie Adelgidae), Deckelschildläuse (Diaspididae) und Fransenflügler (Thysanoptera) sind *Parenchymsauger* (parenchym feeder). Sie saugen den wesentlich nährstoffreicheren Inhalt einzelner Pflanzenzellen aus, benötigen dafür jedoch kräftigere Saugpumpen. [4]

Pflegeeltern (nursing parents): erwachsene Tiere oder auch Menschen, die fremde Junge aufziehen (→ Adoption, → Fremdaufzucht, → Amme). Im Gegensatz zu den Helfern (→ Allomutter) versorgen P. die Jungen allein. [1]

Pflegesignal (care signal): Signal zur Kommunikation während der Brutpflege, das der Synchronisation des Verhaltens zwischen Eltern und Jungtieren dient. Durch P. können verschiedene Formen des Pflegeverhaltens, wie Schützen, Wärmen, Füttern usw., gesteuert werden. Dazu werden verschiedene Signalmodalitäten genutzt, bei Wirbeltieren besonders der akustische. Ein spezielles P. ist der → Ruf des Verlassenseins. [4]

Pflegeverhalten (care giving behaviour): Gesamtheit aller Verhaltensweisen, die der Betreuung des Nachwuchses oder dem Aufrechterhalten von Partnerbindungen dienen. → Nachwuchspflege, → Brutpflege, → epimeletisches Verhalten, → et-epimeletisches Verhalten, → Bindung, → Fremdputzen. [1]

Pflügen → Wühlen.

Pfotentrommeln (drumming with paws): Warnverhalten zahlreicher Nager und der Hasenartigen, das überwiegend mit den Hinterpfoten ausgeführt wird. Während beispielsweise Kaninchen bei Gefahr nur kurz mit den Hinterläufen auf den Boden schlagen, vollführen Rennmäuse ein länger anhaltendes P. ebenfalls mit den Hinterpfoten. → Trommeln. [1]

Phallusdrohen (phallic threat): bei Primaten zu beobachtende Demonstration des erigierten Penis in der Begegnung mit Artgenossen. Beim Totenkopfäffchen *Saimiri sciureus* ist P. Element des angeborenen Ausdrucksverhaltens, in dem durch Imponieren der eigene Platz in der Gruppe behauptet wird (→ Genitalpräsentieren). Bei Arten die → Wachesitzen, sind die Genitalien zusätzlich durch kräftige rot-blaue Farben besonders auffällig, wie bei der Grünen Meerkatze *Cercopithecus aethiops*. [1]

Phalluspräsentieren → Genitalpräsentieren.

Phänotypenvergleich, phänotypische Marker → Verwandtenerkennung.

phänotypische Plasitizität (phenotypic plasticity): die Expression verschiedener Phänotypen von einem einzelnen Genotyp aufgrund von Umwelteinflüssen. Viele Kaulquappen verändern sowohl Aktivität als auch ihre Morphologie relativ schnell, wenn sie einem größeren → Räuberdruck ausgesetzt werden. [3]

Phase (phase): (**a**) der jeweilige Schwingungszustand einer Welle (an einem festen Ort) oder eines Oszillators, gemessen von einem festgelegten zeitlichen Nullpunkt aus. Die P. kann als Absolutwert (z.B. in ms, s, h, Tagen) oder als Verhältniswert zur → Periodenlänge angegeben werden, bei sinusförmigem Schwingungsverlauf auch als Winkel zwischen 0° und 360° (oder 0 und 2π). (**b**) → Akrophase; **(c)** umgangssprachlich und in der Verhaltensbiologie der jeweilige Zustand oder ein längerer, meist periodisch auftretender Zeitabschnitt, z.B. eine Aktivitäts-, Ruhe- oder Fortpflanzungs-P. [4] [6]

Phasenantwortkurve (phase response curve, PRC): beschreibt die Änderung der Phasen eines biologischen Rhythmus nach einem externen Stimulus in Abhängigkeit vom Zeitpunkt der Einwirkung. Auf der Abszisse wird die → circadiane Zeit abgetragen, auf der Ordinate Betrag und Richtung der Phasenverschiebung. Dabei entsprechen die positiven Werte → Phasenvorverlagerungen, die negativen → Phasenverzögerungen. Die P. sind die Grundlage für die nicht-parametrische (phasische) Wirkung von → Zeitgebern.

Zur Erstellung von P. werden z. B. im Dauerdunkel gehaltene Tiere zu verschiedenen circadianen Zeiten Lichtpulsen ausgesetzt und die induzierten Phasenänderungen gemessen (Abb.). Zu Beginn der subjektiven Nacht wird ein Lichtpuls zu einer Phasenverzögerung führen (delay zone), gegen deren Ende zu einer Phasenvorverlagerung (advance zone). Während des subjektiven Tages sind die Phasenantworten zumeist gering oder bleiben ganz aus (dead zone). Dieser generelle Verlauf der P. unterliegt artspezifischen Modifikationen, die die Breite der Zonen sowie den Betrag und den exakten Zeitpunkt der maximalen Auslenkung betreffen. Bei Tieren mit einer Spontanperiode < 24 h werden Phasenverzögerungen überwiegen, bei Tieren mit einer Spontanperiode > 24 h Phasenvorverlagerungen.

P. liegen mittlerweile auch für den Menschen vor. Der Nachweis regelhafter Phasenantworten auf Lichtpulse war entscheidend für die Akzeptanz des Licht-Dunkel-Wechsels als Zeitgeber. Zunächst ging man davon aus, dass die circadianen Rhythmen beim Menschen über soziale Zeitgeber synchronisiert werden.

Phasenänderungen können auch durch Änderungen der Lichtintensität, den Über-

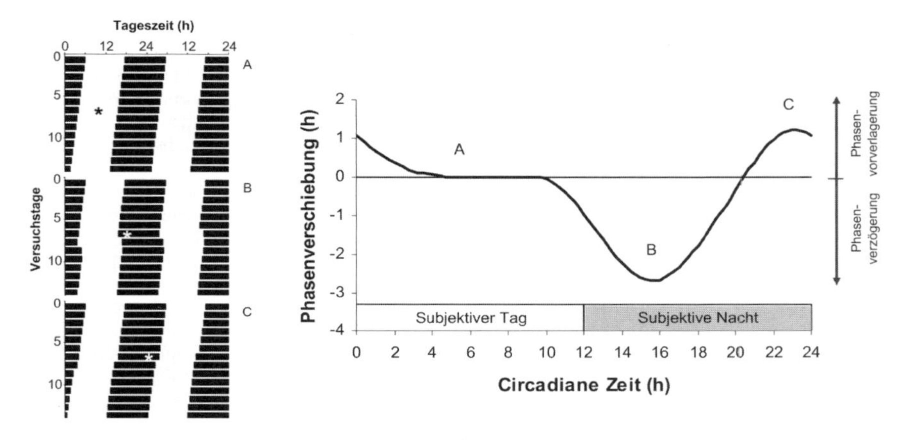

Phasenantwortkurve (rechts) als Ergebnis von Lichtpulsen (Sternchen) auf einen frei laufenden Aktivitätsrhythmus (A-C). Während in der Mitte des subjektiven Tages keine Phasenantwort induziert wird (A), erzeugen Lichtpulse zu Beginn der subjektiven Nacht Phasenverzögerungen (B) und an deren Ende Phasenvorverlagerungen (C). [6]

gang von Dauerlicht zu Dauerdunkel bzw. umgekehrt sowie durch Dunkelpulse bei in Dauerlicht gehaltenen Tieren induziert werden. Neben den *photischen P.* (photic PRC) gibt es aber auch *nicht-photische P.* (nonphotic PRC). Beispielsweise kann mit einem Aktivitätsschub, induziert durch ein Laufrad, eine Phasenverschiebung hervorgerufen werden. Betrag und Richtung hängen wie bei der photischen P. von der circadianen Zeit ab. Allerdings haben photische und nicht-photische P. einen nahezu inversen Verlauf. → Periodenantwortkurve. [6]

Phasendifferenz *Phasenbeziehung, Phasenwinkeldifferenz* (phase difference, phase relation): Differenz zwischen den → Phasen zweier Schwingungen. Zur Bestimmung der P., beispielsweise zwischen zwei Zeitsignalen in der Bioakustik, setzt man oft die so genannte Kreuzkorrelation ein, bei der eines der beiden Signale schrittweise zeitversetzt mit dem anderen verglichen wird. Zwei Signale mit 0° P. werden gleichphasig, solche mit 180° P. gegenphasig genannt. Zwei rhythmische Prozesse mit konstanter Phasenverschiebung werden „synchron" genannt. Der Begriff der P. kann auf zwei Zeitsignale erweitert werden, die sich in ihrer Frequenz um ganzzahlige Vielfache unterscheiden.

In der Chronobiologie interessiert vor allem die P. zwischen zwei biologischen Rhythmen bzw. einem biologischen Rhythmus und der Zeitgeberperiodik. Referenzpunkte sind markante Phasen, z.B. die Maxima zweier Hormonrhythmen oder die Aktivitätsmaxima in Beziehung zu Licht-an bei lichtaktiven Organismen bzw. zu Licht-aus bei dunkelaktiven. Die Angabe der P. erfolgt meist in Zeiteinheiten (z.B. Stunden), aber auch als Winkeldifferenz in Grad (360° = 1 Zyklus) oder Radiant (2π = 360° = 1 Zyklus). Letzteres bietet sich vor allem bei freilaufenden Rhythmen an, da sich bei diesen die Phase in Bezug zur astronomischen Zeit mit jedem Zyklus ändert → Freilauf).

Eine negative oder positive P. bedeutet, dass der Referenzpunkt des betrachteten Rhythmus später oder früher auftritt als der Referenzpunkt des Vergleichszyklus. Beispielweise erfolgt der morgendliche Temperaturanstieg beim Menschen vor dem Aufwachen. Somit weist der Anstieg des Aktivitätsniveaus in Bezug zur Temperaturerhöhung eine negative P. auf. Ein anderes Beispiel betrifft den Aktivitätsbeginn nachtaktiver Tiere, der häufig noch vor dem Eintritt der Dunkelheit liegt. Somit ist die P. bezüglich des LD-Zyklus positiv. → Phasenverschiebung [4] [6]

Phasenkarte (phase map): vergleichende Darstellung der → Phasen verschiedener → biologischer Rhythmen. Auf der Abszisse wird die Zeit (z. B. Tageszeit oder Jahreszeit) abgetragen und auf der Ordinate die jeweiligen rhythmischen Funktionen. Damit ist eine sehr anschauliche Darstellung der inneren Phasenbeziehungen möglich. Die Angabe der 95%-Konfidenzbereiche (oder eines anderen Maßes für die Varianz) erlaubt eine visuelle Beurteilung, inwieweit die Phasen differieren oder überlappen. [6]
Phasenkopplung (phase locking): beschreibt die Kopplung der Phase eines biologischen Rhythmus an eine bestimmte Phase eines anderen Rhythmus oder einer Umweltperiodizität. So kann beispielsweise der Aktivitätsbeginn eines Tieres fest an den Zeitpunkt Licht-aus eines künstlichen Licht-Dunkel-Wechsels gekoppelt sein, d. h. eine konstante Phasendifferenz zum Beginn der Dunkelzeit aufweisen. → Kopplung. [6]
Phasenlage, *Phasenpostion* (phase position): umgangssprachlich für die → Phase eines biologischen Rhythmus oder auch dessen → Phasendifferenz zur periodischen Umwelt. [6]
Phasenraumdarstellung → Lorenz-Plot.
Phasensprung (phase jump): plötzliche Änderung der Phase einer Schwingung. Hierbei kann es sich um einen P. des → Zeitgebers handeln, wie er z. B. bei → Transmeridianflügen auftritt. In der Chronobiologie werden P. des Zeitgebers als experimentelles Paradigma zur Untersuchung der Synchronisationsfähigkeit eines Organismus bzw. der Zeitgeberstärke einer → Umweltperiodizität genutzt. Bei biologischen Rhythmen können P. z. B. durch Lichtpulse (→ Phasenantwortkurve) induziert werden. → Phasenverschiebung. [6]
Phasenumkehr → Inversion.
Phasenverschiebung (phase shift): die Differenz zwischen zwei Schwingungen unterschiedlicher Phase (→ Phasendifferenz) bzw. die Änderung der Phase. In der Chronobiologie wird unter P. zumeist eine einmalige, stabile Änderung der → Phase eines biologischen Rhythmus infolge einer → Zeitgeberverschiebung oder eines Lichtpulses (→ Phasenantwortkurve) verstanden. Liegt die Phase des untersuchten Rhythmus nach der P. früher, handelt es sich um eine positive P. (→ Phasenvorverlagerung). Andernfalls spricht man von negativer P. (→ Phasenverzögerung). Praktische Beispiele für notwendige P. sind → Transmeridianflüge oder Schichtarbeit. [6]
Phasenverzögerung (phase delay): das spätere Auftreten einer bestimmten Phase eines biologischen Rhythmus, das mit „-" gekennzeichnet wird. So erreichen beispielsweise Abendtypen (→ Chronotyp) das Maximum ihrer Leistungsfähigkeit zu einer späteren Tageszeit als Morgentypen, d. h. sie sind phasenverzögert. Ein → Transmeridianflug Richtung Westen erfordert eine P., da die Körperzeit der Ortszeit vorauseilt. Aus den Beispielen wird deutlich, dass es sich bei P. sowohl um einen Prozess (→ Phasenverschiebung) als auch einen Zustand (→ Phasendifferenz) handeln kann. → Phasenvorverlagerung. [6]
Phasenvorverlagerung (phase advance): das frühere Auftreten einer bestimmten Phase eines biologischen Rhythmus, das „+" gekennzeichnet wird. So ist beispielsweise der → Schlaf-Wach-Rhythmus bei alten Menschen häufig phasenvorverlagert, was sich in einem früheren Zu-Bett-Gehen und entsprechend früheren Aufstehen äußert. Auch ein → Transmeridianflug Richtung Osten erfordert eine P., da die Ortszeit der Körperzeit voraus ist. Aus den Beispielen wird deutlich, dass es sich bei P. sowohl um einen Prozess (→ Phasenverschiebung) als auch einen Zustand (→ Phasendifferenz) handeln kann. → Phasenverzögerung. [6]
Phasenwinkeldifferenz → Phasendifferenz.
Pheromon, *Ektohormon, Ethohormon* (pheromone): von Peter Karlson, Adolf Butenandt und Martin Lüscher (1959) geprägter und definierter Begriff zur Bezeichnung für Substanzen oder Substanzgemische, die von einem Individuum nach außen abgegeben werden und bei einem anderen Individuum der gleichen Art eine spezifische Reaktion auszulösen, z. B. ein bestimmtes Verhalten oder einen physiologischen Vorgang. P. dienen damit der Kommunikation zwischen Artgenossen (→ Chemokommunikation). Entsprechend der Funktion lassen sich z. B. → Sexual-P., → Aphrodisiaka, Erkennungs-P. (→

Anogenitalkontrolle, → Nestgeruch), Rekrutierungs-P. (recruitment pheromone) Markierungs-P. (→ Duftmarkierung), → Alarm-P., Spur-P. (→ Duftspur), Dispersions-P. und → Aggregations-P. unterscheiden.
Primer-P. (primer pheromone, priming pheromone) haben eine entwicklungsbiologische oder physiologische Langzeitwirkung. So beschleunigt z. B. der Harn männlicher Hausmäuse den Sexualzyklus der Weibchen. Die *Königinsubstanz* (queen substance) hemmt die Entwicklung weiterer Königinnen im Staat der Honigbiene. *Releaser-P.* (signaling pheromone, releaser pheromone, releasing pheromone) haben eine Sofortwirkung wie z. B. Alarmsubstanzen bei Ameisen oder Fischen.
P. werden oft in speziellen Drüsen gebildet, können aber auch in Exkrementen (Kot), Exkreten (z. B. Harn, Ausscheidungen der Malpighischen Gefäße) oder in Sekreten der Haut (z. B. Schweiß, Schleim, Kutikularwachse) enthalten sein oder durch Zersetzung (chemische Reaktionen unter dem Einfluss von Sauerstoff, Ozon oder UV-Licht, mikrobiologischer Abbau) aus diesen Ausscheidungen entstehen. Spezielle Pheromondrüsen können an nahezu allen Körperstellen vorkommen und werden nach dem Ort, zuweilen auch nach dem Autor benannt, der diese Drüse zuerst beschrieben hat. Bei Insekten kennt man unter anderem folgende Drüsen als Pheromonquellen: die *Mandibeldrüsen* (mandibular gland), *Maxillardrüsen* (maxillar gland), *Labialdrüsen* (thorax labial gland), *Pavandrüsen* (Pavan's Gland), *Dufourdrüsen* (Dufour's gland), *Analdrüsen* (anal gland) und → Duftschuppen. Auch die *Giftdrüse* (poison gland) einiger Insekten enthält z. B. Alarm-P. Bei Säugern kommen beispielsweise *Anal-* (anal gland), *Kaudal-* (caudal gland), *Präputial-* (preputial gland), *Flanken-* (flank gland), *Ventral-* (ventral gland), *Dorsal-* (dorsal gland), *Präorbital-* (preorbital gland), *Suborbital-* (suborbital gland), *Backen-* (cheek gland), *Zwischenzehen-* (interdigital gland), *Lauf-* (tarsal gland) und *Plantardrüsen* (plantar gland) in Betracht. Männliche Salamander haben eine *Mentaldrüse* (mental gland) am Unterkiefer, die während des Paarungsspiels eine Rolle spielt. Viele Eidechsen markieren mit P. aus ihrer *Schenkeldrüse* (femoral gland) an Steinen ihr Revier.
Das erste P., dessen chemische Struktur vollständig aufgeklärt werden konnte, war das Sexual-P. des Seidenspinners *Bombyx mori*.
Natürliche und synthetische P. werden in Lockfallen oder als → Repellents (z. B. zur Verhinderung der Eiablage) zum Schädlingsmanagement verwendet. Zunehmend findet auch die *Verwirrungsmethode* (mating disruption method) Anwendung. Dabei werden z. B. im Weinbau Sexal-P. der Schadtiere wie dem Traubenwickler der Gattung *Lobesia* an vielen unterschiedlichen Orten und in teilweise hohen Konzentrationen angeboten, damit die arteigenen Männchen sich nicht mehr chemotaktisch orientieren können und dadurch „verwirrt" sind und nur schwer ihre Sexualpartner finden.
Auch bei Verhaltensexperimenten an Menschen werden zunehmend Hinweise auf P. gefunden. Die vielfältig kommerziell angebotenen „Sexual-P." dürften jedoch weitgehend wirkungslos sein (→ Aphrodisiakum). [4]

Philopatrie (philopatry): **(a)** Verhalten, bei dem die Nachkommen von Vögeln oder Säugern nach der Geschlechtsreife in der Elternfamilie oder der Sozietät bleiben, ohne sich fortzupflanzen. Bei eusozialen Verbänden von Säugetieren wie dem Nacktmull *Heterocephalus glaber* wandern die Nachkommen des Stammweibchens nicht ab, sondern übernehmen Helferaufgaben in der Kolonie. **(b)** beschreibt auch die Tendenz eines Tieres, an bestimmten Plätzen zu verbleiben oder zumindest zum Fressen oder Ruhen immer wieder dahin zurück zu kehren. → Ortstreue. [2] [5]

Philotaxis → Taxis.

Phloemsauger → Pflanzensaftsauger

Phobie (phobia): ein primär menschliches Verhalten, das sich in übermäßiger Angst oder Furcht vor Objekten, Räumlichkeiten, Situationen, Personen und Tieren äußert. Bekannt sind beispielsweise die *Agora-P.* (Platzangst), *Klaustro-P.* (Angst vor Aufenthalt in geschlossenen Räumen), *Karzino-P.* (Krebsfurcht), *Erythro-P.* (Errötungsangst), *Logo-P.* (Sprechangst) oder *Avio-P.* (Flugangst). P. sind zum Teil angeboren, können aber durch verhaltenstherapeutische Methoden beherrscht werden. Bei der Desensibilisierungtherapie wird die P.situation immer wieder unter Kontrolle des Therapeuten absichtlich erzeugt, bis eine Gewöhnung eintritt.

P. lassen sich auch für Tiere nachweisen, wie die *Akro-P.* (Höhenangst, → Klippenmeideverhalten) sowie die *Ophidio-P.* (Schlangenfurcht) und *Arachno-P.* (Spinnenfurcht). Backenhörnchen *Spermophilus beecheyi* zeigen gegenüber Schlangen ein typisches Hassen, und auch Präriehunde *Cynomys ludovicanus* nähern sich Schlangen mit besonderer Vorsicht. Das Verhalten der Primaten ist unterschiedlich; während für Rhesusaffen keine universelle Schlangenfurcht nachweisbar ist, verfügen Grüne Meerkatzen *Ceropithecus aethiops* über einen speziellen Laut, mit dem sie vor Schlangen warnen. Beim Menschen reift die Schlangenfurcht in der Kindheit aus. Kleinkinder nähern sich Schlangen noch ohne Hemmungen. [1]

Phobotaxis (phobotaxis): veralteter Begriff für alle nicht an einem Reiz ausgerichteten Reaktionen, die heute mit → Kinese umschrieben werden. [1]

Phonation → Lautbildung.

Phonem (phoneme): die kleinste bedeutungsunterscheidende Einheit in einem menschlichen Sprachsystem. P. können entsprechend dem Internationalen Phonetischen Alphabet (IPA) notiert werden (üblicherweise in Schrägstrichen). Das P. /x/ z.B., das häufig für „ch" in der deutschen Sprache steht, kann wie in „ich" oder wie in „ach" gesprochen werden. Diese Tatsache ist aber nicht bedeutungsunterscheidend. Wird /x/ in „ich" wie /x/ aus „ach" gesprochen, dann leidet die Verständlichkeit nicht und Verwechslungen mit anderen Bedeutungen sind kaum möglich. Der unterschiedliche Klang des /x/ sind zwei verschiedene *Phone* (phones), die meist mit Lautzeichen in eckigen Klammern notiert werden.

Das passive „Einhören" von Kleinkindern in die P. der Sprache seiner Umgebung (Muttersprache) ist meist bis zum sechsten Lebensmonat abgeschlossen. Danach wird es für den Menschen schwerer, eine andere Sprache zu erlernen. Das kommt daher, weil es bei der Zuordnung (Generalisierung) von akustischen Signalen zu P. zu Fehlern kommt, insbesondere bei nahe beieinander liegenden P., was bei nicht optimaler Aussprache oder schlechter Übertragungsqualität weiter verschärft wird. Im Gegensatz zum P. ist ein *Morphem* (morpheme) die kleinste bedeutungstragende Einheit. [4]

Phonotaxis (phonotaxis): räumliche, auf die Reizquelle gerichtete Orientierung anhand von Schallwellen in der Luft oder unter Wasser. P. setzt einen gut ausgebildeten Hörsinn voraus (→ Hören). Auf der Grundlage der positiven P. können Geschlechtspartner oder Rivalen (Frösche, Vögel, Säuger und Insekten, unter Wasser einige Krebstiere und Wasserwanzen der Gattung *Corixa*), Junge (Vögel und Säuger), Beutetiere (durch Räuber) oder Wirte (durch Parasiten oder Parasitoide) gefunden werden. Selbst einige Fledermausarten, z.B. das Große Mausohr *Myotis myotis* setzen neben der aktiven → Echoortung auch passive positive P. ein, indem sie auf Bewegungsgeräusche am Boden lebender Beutetiere achten.

Negative P. kombiniert mit besonderen Ausweichmanövern senkrecht zum Schallstrahl hilft einigen nachtaktiven Fluginsekten, z.B. Florfliegen der Gattung *Chrysoperla*, sich rechtzeitig vor ortenden Fledermäusen in Sicherheit zu bringen. In vielen Fällen ist ein Entkommen jedoch auch ohne echte P. möglich. Ein einfaches Totstellen (→ Akinese) und Fallenlassen beim Wahrnehmen von Ultraschalllauten führt oft ebenfalls zum Ziel, da sich die akustischen Echos der Beutetiere bei fehlendem Flügelschlag entweder nicht genügend von der Umgebung abheben oder die Fledermäuse frei fallende Objekte nicht als Beute erkennen. [4]

Phoresie, *Phoresieverhalten* (phoresis, phoretic behaviour): eine Form der Parabiose, bei welcher der Phoret einen artfremden Partner kurzzeitig als Transportwirt (Phorent) benutzt, dabei keine Schädigung und nur minimale zusätzliche Energiekosten verursacht. P. kommt häufig bei Aas und Dung bewohnenden Fadenwürmern, Milben und Käferlarven vor, die nicht von selbst ihre weit verstreuten Substrate erreichen können. Mistkäfer der Gattung *Geotrupes* werden regelmäßig von Käfermilben der Gattung *Parasitus* als Transportmittel benutzt. Letztere klammern sich an die Unterseite des Käfers, wenn der Dung älter als

acht Tage ist, aber auch bei Nahrungsmangel oder Trockenheit. Beendet wird die P., sobald sich der Käfer auf frischem Dung niederlässt. Es ist nicht bekannt, nach welchen Reizen die Milben die Substratqualität beurteilen. P. zeigen auch Pseudoskorpione, die sich mit ihren Scheren an Fliegen, Käfern usw. festhalten, und ungeflügelte Haar- und Federlinge (*Mallophaga*), die sich von Stechmücken und Lausfliegen zu ihren Nahrungsquellen (Vögel, Säuger) bringen lassen.
P. ist häufig bei Parasitoiden anzutreffen. In einigen Fällen lassen sich deren Weibchen von den Wirtsweibchen transportieren. Ein Beispiel dafür ist die Zehrwespe *Mantibaria manticida*. Sie ist Eiparasit der Gottesanbeterin (*Mantis*) und läßt sich unter Umständen auch von männlichen Wirten transportieren, wechselt spätestens bei der Kopulation auf ein Weibchen und sucht kurz vor der Ablage des Eikokons deren Genitalbereich auf. Eine sofortige Parasitierung der frisch gelegten Eier ist unabdingbar, da später die erhärtete Schutzhülle der Ootheka eine Eiablage verhindern würde. Transportiert werden auch die Eier oder die Erstlarven von Parasiten, Parasitoiden oder anderen Wirten. Häufig gibt es in solchen Fällen speziell angepasste Erstlarven, die sich vom Phorenten zum Endwirt transportieren lassen, sich dann zur Zweitlarve häuten und eine völlig andere morphologische Form annehmen. Eine Form der spezialisierten Erstlarven sind die so genannten Triungulinus-Stadien mancher Ölkäfer (Meloidae) und Fächerkäfer (Rhipophoridae), die sich mit ihren dreiklauigen Beinen an einem Wirt (z. B. eine Biene) festklammern. Die entsprechenden ersten Larvenstadien von Hymenopteren und Dipteren werden oft als Planidium-Stadien bezeichnet. Eine weitere Form der P. nutzen die Raupen der Ameisenbläulinge *Maculinea*. Während sie sich anfangs von Blüten ernähren, lassen sie sich später fallen und werden von bestimmten Ameisen in das Nest eingetragen. Sie sind für diese Ameisen interessant, weil sie bestimmte Pheromone der Ameisen kopieren und über eine spezielle „Honigdrüse" nahrhafte Sekrete ausscheiden. Die von den Ameisen eingetragenen Raupen leben fortan räuberisch von der Ameisenbrut und verpuppen sich auch anschließend im Ameisennest.
Unter den Wirbeltieren kommt P. bei den Schiffshaltern *Echeneis* vor. Sie heften sich mit ihrer Kopfsaugscheibe an größere Fische, Wale oder Schiffe, genießen so einen gewissen Schutz und werden energiesparend in neue Nahrungsgründe verfrachtet. [4]

Photometrie (photometry): messtechnische Nachbildung der Lichtwahrnehmungen des menschlichen Auges. Photometrische Maßeinheiten sind daher nur auf den Menschen anwendbar, anderenfalls sollten radiometrische Maßeinheiten zum Einsatz kommen (→ optische Signale).
Grundlage für die P. ist die Helligkeitsempfindlichkeitskurve V(λ), die ihr Maximum für Tagsehen (photopisches Sehen) bei einer Wellenlänge von 555 nm (grün) hat. Das physikalisch definierte photometrische Strahlungsäquivalent (683 lm/W) entspricht in etwa der menschlichen Lichtwahrnehmung für Tagsehen und vermittelt zwischen photometrischen Maßeinheiten und ihren radiometrischen Entsprechungen (Maßeinheit des Raumwinkels: sr – Steradiant; maximal 4π sr bei kugelförmiger Abstrahlung in alle Raumrichtungen). Die SI-Basiseinheit der P. ist das Candela.
Für Nachtsehen (skotopisches Sehen; an Dunkelheit adaptiertes Auge) verschiebt sich das Maximum der V(λ)-Kurve auf etwa 510 nm (türkis/blau) bei einer Lichtwahrnehmung von etwa 1700 lm/W. [4]

Photometrische Maßeinheit	Radiometrische Entsprechung
Lichtstärke cd (Candela)	Strahlstärke/Strahlintensität W/sr
Lichtstrom/Lichtfluss lm (Lumen, cd/sr)	Strahlungsfluss W (Watt)
Lichtmenge lm s	Strahlungsmenge J (Joule, W s)
Beleuchtungsstärke lx (Lux, lm/m^2)	Bestrahlungsstärke W/m^2
Leuchtdichte/Luminanz cd/m^2	StrahldichteW/sr/m^2.

Photoperiode (photoperiod): Dauer der Lichtzeit in einem Licht-Dunkel-Zyklus. Während die P. in einem künstlichen → Lichtregime von gleich bleibender Dauer ist, ändert sich die *natürliche P.* (natural photoperiod) saisonal. Im Frühjahr nimmt die P. zu (→ Langtag). Wird dabei die *kritische P.* (critical photoperiod) überschritten, dann pflanzen sich → Langtagtiere fort (Abb.). Im Herbst nimmt die P. wieder ab und die Reproduktion wird eingestellt (→ Kurztag). Umgedreht wird bei → Kurztagtieren mit Unterschreiten einer kritischen P. reproduktives Verhalten initiiert. Der Begriff kritische P. ist für Vögel und Säugetiere irreführend, denn bei ihnen ist → Melatonin das entscheidende Signal für die saisonale Variation der Reproduktion. Menge und Zeitdauer des produzierten Melatonins hängen allein von der Dauer der Dunkelphase ab. [6]

photoperiodische Zeitmessung (photoperiodic time measurement): die Perzeption

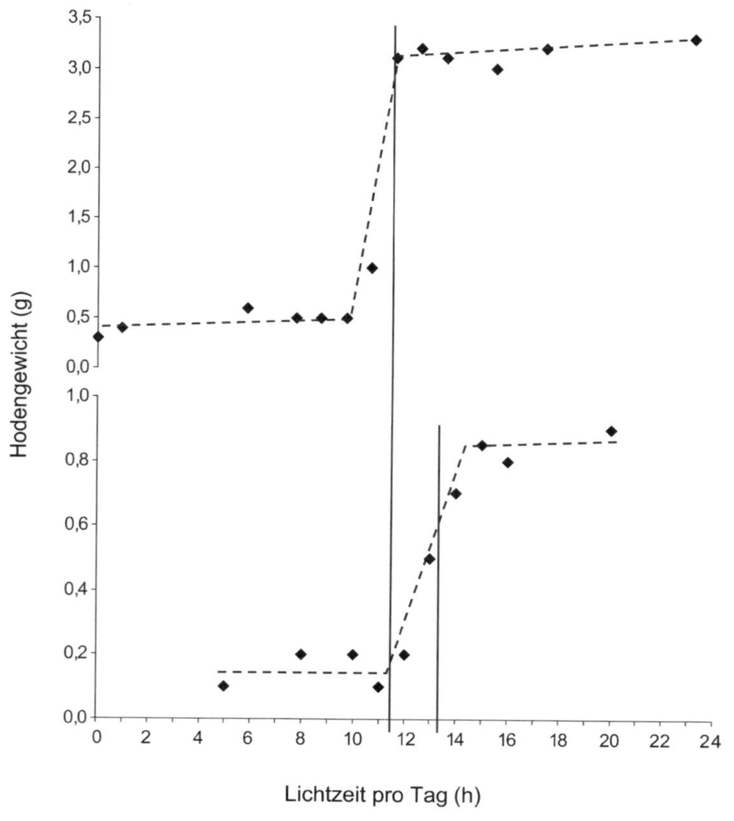

Photoperiode und ihr Einfluss auf die Reproduktion. Goldhamster (oben) sowie Dsungarische Zwerghamster (unten) wurden im künstlichen Licht-Dunkel-Wechsel mit unterschiedlich langer Lichtzeit (Abszisse) gehalten und nach etwa 90 bzw. 45 Tagen die Hodengewichte (Ordinate) ermittelt. Die Abhängigkeit ist nicht linear, sondern entspricht eher einer Alles-oder-Nichts-Reaktion. Bei Verlängerung der Lichtzeit kommt es mit Erreichen einer kritischen Photoperiode zur Stimulation der Hoden. Beim Goldhamster muss die Lichtzeit länger als 12 h sein, beim Dsungarischen Hamster länger als 14 h. Nach K. Hoffmann 1979. [6]

von Änderungen der Tageslänge zur Bestimmung der Jahreszeit. [6]

Photoperiodismus (photoperiodism): Nutzung von jahreszeitlichen Änderungen der Beleuchtungsdauer (Tageslänge, Photoperiode) zur Steuerung saisonaler Änderungen in Physiologie und Verhalten. Von der Länge der → Photoperiode hängen beispielsweise die Funktion der Gonaden von Vögeln und Säugern, Fortpflanzungszeiten, der Haarwechsel, der Vogelzug und der Beginn des Winterschlafes ab. Dabei treten sog. kritische Photoperioden (Tageslängen) auf, anhand derer z. B. → Langtagtiere und → Kurztagtiere unterschieden werden (→ Bünning-Hypothese).

P. basiert auf der Messung der Tageslänge durch das circadiane System, setzt jedoch nicht unbedingt → circannuale Uhren voraus. [6]

Phototaxis (phototaxis): auf die Reizquelle gerichtete räumliche Orientierung anhand des Lichtes. P. setzt nur einen einfachen optischen Sinn (→ Sehen) voraus und ist deshalb weit verbreitet. Erfolgt die Orientierung zur Lichtquelle hin, dann spricht man von positiver P., im umgekehrten Fall von negativer P. Wird ein bestimmter Winkel eingehalten, dann handelt es sich um Meno-P. (→ Menotaxis). Die P. ist angeboren, artspezifisch, aber auch von der Wellenlänge und Polarisation des Lichtes (→ Infrarot, → Ultraviolett, → polarisiertes Licht), vom Alter, vom Motivationszustand oder von der circadianen Phase abhängig. Die Larven der Taufliegen *Drosophila* sind negativ phototaktisch, die erwachsenen Tiere positiv phototaktisch. Das einzellige Augentierchen *Euglena* schwimmt bei hoher Lichtintensität von der Lichtquelle weg und bei geringer zu ihr hin. Bienen und Ameisen nutzen Meno-P. bei der Futtersuche, um sich mittels → Sonnenkompassorientierung wieder zum Nest zurück zu finden. Zahlreiche tagaktive Insekten sind zu Beginn der Aktivitätszeit positiv und am Ende negativ phototaktisch, was das Verlassen und Auffinden von Verstecken erleichtert. [1] [4]

Phrase → Gesang.

phyllophag → folivor.

Phylogenie des Verhaltens → Verhaltensphylogenese.

Phylogenie, *Stammesgeschichte* (phylogeny): die Verwandtschaft evolutionärer Linien von Organismen. Phylogenetische Stammbäume zeigen die Verzweigungen von Verwandtschaftsverhältnissen zwischen systematischen Einheiten (z. B. Arten). Ausgangspunkte für Verzweigungen stellen dabei einen gemeinsamen (unbekannten) Vorfahren dar. P. besitzen eine zeitliche Komponente, die sich von der Wurzel (älteste Verzweigung) zur Spitze des Stammbaumes (jüngste Verzweigung) erstreckte. Die Gruppierung von Organismen innerhalb einer P. erfolgt über deren Ähnlichkeiten z. B. zwischen DNA-Sequenzen, Aminosäuresequenzen, metrische oder nicht-metrische anatomische Merkmale. Im Wesentlichen gibt es zwei Methoden für die Erstellung von P. Das → Parsimonie-Verfahren gruppiert Organismen aufgrund der geringsten möglichen Anzahl evolutionärer Schritte zwischen den Linien. Distanzbasierende Algorithmen gruppieren Organismen zusammen, die die größte Anzahl gemeinsamer Merkmale besitzen. Phylogenetische Analysen sind ein wichtiges Hilfsmittel, um die Herausbildung und Verbreitung verschiedener Verhaltensweisen zu untersuchen. In solitären Hamstern Cricetinae entwickelten sich soziale Toleranz und biparentales Verhalten in nur einer phylogenetischen Linie *Phodopus*, aber nicht in anderen mitunter sympatrischen Arten wie bei der Gattung *Cricetulus*. [3]

phylogentisches Artkonzept → Artkonzept.

physikalische Faktoren → abiotische Faktoren.

physiologische Uhr (physiological clock): dient nach Erwin Bünning (1963) zur Zeitmessung bei Pflanzen und Tieren mittels physiologischer Eigenschwingungen. Heute wird der Begriff → biologische Uhr bevorzugt. [6]

physiologisches Alter → biologisches Alter.

Phytomimese → Mimese.

Phytophaga → Herbivora.

Phytosaprophaga *Detritusfresser* (phytosaprophaga, phytosaprophagous animals, detritus feeder): Tiere, welche sich von verwestem, faulem oder morschem pflanzlichen Substrat ernähren. → Phytosarcophaga. [4]

Phytosarcophaga (phytosarcophaga): Tiere, welche sich von toten Pflanzenteilen

ernähren, die nicht verwest, verfault oder morsch sind, z.B. von Borke, Kork, Mark, Holz, Exsudaten oder Nektar. → Phytosaprophaga. [4]
Pilotieren (pilotage, piloting): die Bewegung zu einem bestimmten Ort hin, bei der die Orientierung nicht direkt, sondern sukzessiv von einer vertrauten Landmarke zur nächsten erfolgt. Im Gegensatz zur → Koppelnavigation hat P. den Vorteil, dass sich Fehler nicht fortwährend addieren können. [4]
Pinzettengriff → Präzisionsgriff.
piszikol (piscicolous): Tiere, die in oder an Fischen leben, wie die Karpfenlaus *Argulus foliaceus*. [1]
piszivor → ichthyophag.
Planhandlung → Lernen durch Einsicht.
Planktonfresser, *planktivor* (plankton feeder, planktivorous): Tiere, die sich von Plankton ernähren. → Partikelfresser. [1]
Plantigrada → Sohlengänger.
Platzflüchter → Nestflüchter.
Platzhocker (altricial young): junge Vögel (Möwen, Pinguine) und Säuger (Hasen, Schweine), die sich nach dem Schlupf bzw. der Geburt in Bezug auf die Entwicklung von Verhalten, Wärmeregulation, Motorik und Sensorik zwischen Nesthocker und Nestflüchter eingliedern lassen. Sie halten sich nicht in einem Nest auf, folgen aber auch keinem Elternteil über lange Strecken, sondern verharren an einem Ort, wo sie täglich ein- oder mehrmals von der Mutter versorgt werden (→ Abliegen).
Einige Verhaltensbiologen betrachten auch den Tragling als P. (Elternhocker). [1]
Plazentophagie (placentophagy): Auffressen der Plazenta (Mutterkuchen, Nachgeburt) durch die Mutter. Dieses Verhalten ist unter den Säugetieren weit verbreitet, es fehlt bei im Wasser lebenden Säugern, Primaten und in allen menschlichen Kulturen. Die Bedeutung der P. ist noch nicht restlos geklärt. Mütter von Nesthockern halten durch P. das Nest sauber (→ Nesthygiene) und können sich mehr den Jungen widmen, da ihr Wasser- und Nährstoffbedarf zumindest für einige Zeit durch die P. gedeckt ist. Pflanzenfresser, deren Junge nicht sofort nach der Geburt folgen können (Wildrinder), fressen die Plazenta, damit keine Räuber angelockt und auf die Jungen aufmerksam werden. Ansonsten verlassen Mutter und Jungtier den Geburtsplatz, und die Plazenta bleibt unverzehrt liegen (Wildpferde). Experimentell ist bei Ratte und Rind nachgewiesen, dass die P. für den Hormonhaushalt der Mutter bzw. für die Mutter-Kind-Beziehung bedeutungslos ist. Diskutiert wird aber der Einfluss der P. auf das mütterliche Immunsystem. [1]
Pleiotropie, *Polyphänie* (pleiotropy, pleiotropia): ein Phänomen, bei dem ein Gen an der Ausprägung verschiedener Phänotypen beteiligt ist. Die meisten Verhaltensweisen sind pleiotrop und damit das Resultat komplexer Gen- (und Umwelt-!) Interaktionen. → Polygenie. [3]
Pleometrose → Polygynie.
plurivoltin → multivoltin.
Pod (pod): **(a)** besonderes Schwarmverhalten der Fische und Krebse, bei dem Körperkontakt besteht und **(b)** Bezeichnung für eine Familiengruppe der Wale. [1]
poikilotherm → thermoregulatorisches Verhalten.
Point-of-no-return (point of no return): beschreibt die Unumkehrbarkeit von Evolutionsvorgängen. So wird im Honigbienenstaat die Evolution der Eusozialität durch besondere Verwandtschaftsbeziehungen (→ Haplodiploidie) der Arbeiterinnen erklärt. Diese idealen theoretischen Bedingungen sind aber nur bei der Paarung eines Männchens mit der Königin gegeben. Eine Königin paart sich jedoch während des Hochzeitsflugs mit bis zu 19 Drohnen und gibt deren Erbinformation auch weiter. Ein Zerfall des Staates in einzelne Fraktionen scheint somit vorprogrammiert. Die eusoziale Lebensweise stellt für das Individuum aber solch einen Evolutionsvorteil dar, dass sie durch die geringere Verwandtschaft der Arbeiterinnen nicht infrage gestellt ist. Es wird allgemein davon ausgegangen, dass die das Verhalten im Sinne der Eusozialität steuernden Gene sich gegen alternative Allele durchsetzen. [2]
polarisiertes Licht (polarized light): Licht, das nur eine Schwingungsrichtung der elektromagnetischen Transversalwelle enthält (linear p. L.). Unter bestimmten Umständen entstehen auch Überlagerungen aus zwei Lichtstrahlen mit senkrecht zueinander stehenden Polarisationsebenen (zirkular oder elliptisch p. L.). Linear p. L. entsteht zum Beispiel bei der wellenlän-

genabhängigen Streuung an Molekülen der Luft, die auch für das Himmelsblau verantwortlich ist (Reyleigh Streuung, atmosphärische Polarisation) und bei der Reflexion oder Brechung an Wasseroberflächen. In seltenen Fällen ist Licht in der Natur vollständig linear polarisiert. Man spricht in diesem Falle von teilweise linear p. L. Insbesondere Insekten und Krebstiere, aber auch Kopffüßer und einige Wirbeltiere können mit ihren Augen die Richtung der Polarisationsebene von teilweise oder vollständig linear p. L. auswerten und verhaltensrelevant reagieren (→ Polarotaxis). Zirkular p. L. entsteht bei der Fluoreszenz von Chlorophyll, bei der Lichtstreuung an pflanzlichem Plankton, bei der Biolumineszenz (Leuchtkäfer: Lampyridae) und bei der Reflexion von Sonnenlicht an biologischen Oberflächen, z. B. am Exoskelett von Blatthornkäfern (Scarabaeidae). Es ist jedoch weder bekannt, ob zirkular p. L. in der Verhaltensbiologie eine Rolle spielt, noch weiß man, ob bestimmte Tieraugen in der Lage sind, solche Schwingungsformen zu erkennen. [4]

Polarotaxis (polarotaxis): räumliche Orientierung anhand des polarisierten Lichtes. Mit polarisiertem Licht ist es vielen Insekten möglich, den Sonnenstand auch dann zu ermitteln, wenn die Sonne selbst hinter Wolken verborgen ist und lediglich kleine wolkenfreie Ausschnitte des Himmels zu sehen sind. Genau senkrecht zur Sonne ist das Himmelsblau auf einem Großkreis an der Himmelssphäre vollständig linear polarisiert (→ polarisiertes Licht). Auf diese Weise wird eine → Kompassorientierung nach der Sonne relativ störsicher. Im Gegensatz zu direktem Sonnenlicht, das nicht polarisiert ist, ist direktes Mondlicht aufgrund seiner Entstehung teilweise linear polarisiert und kann daher ebenfalls zur P. verwendet werden (Pillendreher *Scarabaeus*). Außerdem erkennen fliegende Insekten Wasseroberflächen anhand der optischen Polarisation und können dadurch solche Flächen meiden (negative P.: z. B. meiden Wanderheuschrecken Flüge über das Meer) oder bevorzugen und gezielt zur Landung aussuchen (positive P.: Wasserwanzen, Wasserkäfer). Fliegende Wasserinsekten kommen häufig um, wenn sie versehentlich auf Flächen landen, die ähnliche optische Eigenschaften wie Wassergrenzflächen haben (z. B. Teerdächer, deren Oberfläche in der Sonnenhitze flüssig geworden ist). Eine weitere wichtige Bedeutung kommt polarisiertem Licht in Bereichen zu, in denen Farbsehen kaum oder überhaupt nicht mehr möglich ist, nämlich in tieferen Wasserschichten. Kontrastverstärkung, Brechen von Tarnungen, Objekt- und Signalerkennung sind dort durch Einschränkungen im Wellenlängenbereich weniger durch Farbunterschiede als durch Unterschiede in der Polarisation des an Tieroberflächen reflektierten Restlichtes möglich (Haut, Schuppen, Exoskelett). Dieser Umstand dürfte der Grund dafür sein, dass insbesondere Krebstiere, Kopffüßer und einige Fische in der Lage sind, die Richtung der Polarisationsebene wahrzunehmen. P. könnte in diesem Lebensraum in größerem Umfang der Kommunikation dienen, als bisher bekannt ist. Andere Wirbeltiere sind aufgrund des Aufbaus ihrer optischen Rezeptoren nur sehr begrenzt zur P. befähigt (z. B. Tauben, Menschen, → Haidinger Büschel). [4]

Pollenfresser, *pollenophag* (pollen feeder, pollenophagous): ein Tier (Insekt, Vogel, Fledermaus, Kleinsäuger), das sich von Pollen oder Nektar ernährt und dabei den Pollen von einer Blüte auf andere überträgt. → Zoogamie. [1]

Polyandrie, *Vielmännerei* (polyandry): Paarungssystem, bei dem ein Weibchen mit mehreren Männchen Paarbindungen eingeht. P. ist eher selten, da sie zunächst weder für Männchen (→ Spermienkonkurrenz) noch für Weibchen (Energie- und Zeitverlust) Vorteile bietet. So kann P. nur in spezifischen Situationen angetroffen werden:

- *Spermaersatz-P.* (sperm replenishment polyandry): Durch Verpaarungen mit mehreren Männchen in kurzen Zeitabständen erhöhen die Weibchen die aufgenommene Spermienzahl und können so mehr befruchtete Eier ablegen. Die Vorteile gegenüber der Spermabevorratung liegen im Zeit- und Energiegewinn, da keine Spermatheken unterhalten werden müssen. So legen Taufliegen *Drosophila melanogaster* die sich mehrfach paaren konnten, deutlich mehr Eier als einfach verpaarte Tiere.
- *Spermienkonkurrenz-P.* (genetic benefit polyandry, better sperm polyandry): Die

Weibchen verpaaren sich mit mehreren Männchen, um deren Spermien konkurrieren zu lassen. Durch dieses → cryptic female choice werden Widerstandsfähigkeit und genetische Variabilität der Nachkommen erhöht (→ extrapair copulation).
– *Ressourcenverteidigungs-P.* (resource defence polyandry): Die Weibchen besetzen Territorien und verteidigen sie gegen Rivalinnen. Beim Drosseluferläufer *Actitis macularia* treffen die Weibchen zuerst an den Brutplätzen ein. Später lassen sich mehrere Männchen im Territorium eines Weibchens nieder, verpaaren sich mit dem territorialen Weibchen und jedes Männchen zieht ein Gelege auf.
– *Männchenverteidigungs-P.* (male defence polyandry): Die Weibchen verteidigen ihre Partner, die mit der Aufzucht der Jungen beschäftigt sind. Beim Odinshühnchen *Phalaropus lobatus* bewacht das Weibchen einen oder mehrere Männchen, die ihre Gelege bebrüten.
– *Kooperative-P.* (convenience polyandry): Mehrere genetisch verwandte Männchen verpaaren sich mit einem Weibchen und beteiligen sich gemeinsam an der Brutpflege. So paaren sich in Kolonien des Graumulls *Cryptomys anselli* neben dem Stammmännchen mehrere Söhne mit dem Stammweibchen. Sie verbleiben in der Kolonie und beteiligen sich durch Fouragieren, Verteidigen der Baue, Eintragen der Jungtiere an der Aufzucht der Nachkommen.
Im kargen tibetanischen Hochland heiratet nur der älteste Sohn, seine jüngeren Brüder schließen sich der Ehe an, alle haben gemeinsame Kinder und kooperieren bei der arbeitsintensiven Landwirtschaft.
– *Opportunistische-P.* (material benefit polyandry): Prostitution der Weibchen, die durch Verpaarung materielle Vorteile erhalten. P. kann außer in menschlichen Gesellschaften auch bei anderen Primaten beobachtet werden. So werden Schimpansen- und Bonobo-Weibchen mit Futtergaben für Paarungswilligkeit belohnt. Beim Granatkolibri *Eulampis jugularis* paaren sich Weibchen mit mehreren Männchen, um die von ihnen kontrollierten Nektarblüten zu nutzen. [2]

polydom (polydomous): bei eusozialen Insekten (Ameisen, Termiten) Sozietät, die sich über mehrere Neststandorte erstreckt. [4]

Polyethismus, *Verhaltenspolymorphismus* (polyethism): Spezialisierung des Verhaltens von Individuen in einer → Sozietät. Die Übernahme bestimmter Rollen im Sinne einer → Arbeitsteilung kann altersspezifisch wechseln oder ist zeitlebens festgelegt und dann oft von morphologischen Besonderheiten begleitet. In den Kolonien des Nacktmulls *Heterocephalus glaber* ist die Übernahme bestimmter Aufgaben mit dem Alter bzw. der Körpermasse der Tiere assoziiert (*Alters-P.*). Kleinere Tiere beiderlei Geschlechts kümmern sich um die Erhaltung der Kolonie, indem sie Futter- und Nestmaterial eintragen. Die Exploration der Gänge sowie die Verteidigung des Bausystems obliegen hingegen den größeren und schwereren Tieren. In Insektenstaaten ist die morphologische Differenzierung deutlicher und die → Kasten sind zeitlebens festgelegt. So existieren bei Termiten große, sterile Soldaten mit stark ausgebildeten Mandibeln neben kleineren Arbeitern, die für die Nahrungssuche verantwortlich sind. [2]

Polygamie (polygamy): Sammelbegriff für Paarungssysteme, in dem ein oder mehrere Vertreter des einen Geschlechts mit mehreren Individuen des anderen Geschlechts sexuelle Beziehungen eingeht. Polygame Paarungssysteme sind → Polygynie, → Polyandrie und → Polygynandrie.
In menschlichen Gesellschaften wird P. als Ehe eines Mannes mit mehreren Frauen und somit synonym zu Polygynie verwendet. [2]

Polygenie (polygenie, polygenetic): ein Phänomen, bei dem mehrere Gene an der Ausprägung eines Merkmals beteiligt sind. Polygene Merkmale werden auch als quantitative Merkmale bezeichnet. → QTL. [3]

polygonale Dominanz → zirkuläre Dominanz.

Polygynandrie, *Multigamie* (polygynandry, multigamy): Paarungssystem, bei dem Paarbindungen zwischen mehreren Männchen und mehreren Weibchen bestehen. P. tritt meist in polygynen Paarungssystemen auf, wenn die Aktionsbereiche der Weibchen aufgrund ihrer Größe nicht mehr vom Männchen kontrolliert werden können. So kann bei der Heckenbraunelle *Prunella modularis* manchmal in einer ursprünglich polygynen Verpaarung mit zwei Weibchen das dominante Männchen einen subordinierten Konkurrenten nicht vertreiben, sodass beide Weibchen Paarbindungen mit beiden Männchen eingehen. [2]

Polygynie *Vielweiberei* (polygyny): **(a)** Paarungssystem, bei dem ein Männchen mit mehreren Weibchen Paarungen eingeht und sich nicht an Brutfürsorge oder Brutpflege beteiligt. Aufgrund unterschiedlicher Investments und Risiken der Geschlechter (→ Geschlechterkonflikt) ist P. das dominierende Paarungssystem tierischer und menschlicher Populationen. Der männliche Reproduktionserfolg wird durch die Anzahl der Weibchen bzw. deren Zugang begrenzt, während der weibliche Reproduktionserfolg von den zur Verfügung stehenden Ressourcen (z.B. Nahrung, Nistplätze) limitiert wird. Männchen sollten also entweder um die Weibchen direkt oder um ressourcenreiche Plätze konkurrieren.

– *Weibchenverteidigungs-P., Harem* (female defence polygyny, harem polygyny): Die Männchen scharen mehrere Weibchen um sich, denen sie keine Paarungen mit anderen Partnern erlauben. Die Anzahl monopolisierter Weibchen ist begrenzt durch den Aufwand, den ein Männchen leisten muss. Durch Östrussynchronisation oder lange Paarungszeiten wird dieser Aufwand erhöht. Als Vorteile für die Weibchen können größerer Schutz vor Feinden und bessere Ausnutzung des Nahrungsangebots im Verband angenommen werden. Diese Form der P. ist bei Primaten (z.B. Gorilla) häufig. Männliche Dickhornschafe *Ovis canadensis* monopolisieren wandernde Weibchengruppen und verteidigen sie gegenüber anderen Männchen.

- *Ressourcenverteidigungs-P.* (resource defense polygyny): Setzt sich insbesondere beim Vorkommen „geklumpter“ Ressourcen durch, wo die Männchen um günstige Territorien wetteifern und diese verteidigen. So ist der Reproduktionserfolg der Männer auch in menschlichen polygynen Gesellschaften größer, wenn sie der reicheren Schicht angehören, wie Untersuchungen am turkmenischen Volksstamm der Yomut im Iran ergaben. Nach dem → P.schwellen-Modell verzichten Weibchen darauf, eine monogame Paarbindung einzugehen, wenn ihr Reproduktionserfolg als Zweitweibchen eines Männchens mit einem besseren Territorium größer ist.

– *Lek-P.* (lek polygyny): Von einzelnen Männchen werden zwar ebenfalls kleine Territorien (→ Balzarenen, Leks, Hotspots) verteidigt, diese enthalten aber keinerlei Ressourcen. Die Männchen stellen hier nur ihre epigamen Merkmale zur Schau, während die Weibchen die attraktivsten Männchen auswählen. Männchen von Rauhfußhühnern wie dem Birkhuhn *Lyrurus tetrix,* die sich im Zentrum der Balzarena befinden, kopulieren am häufigsten, während Hähne in der Peripherie nahezu erfolglos sind. So versuchen diese Männchen sofort in die Mitte des Leks vorzudringen, wenn die dominanten Hähne sterben oder ihre Kräfte nachlassen.

– *Opportunistische oder Scramle-competition-P.* (scramble competition polygyny): Kommt ohne Monopolisierung von Weibchen oder Territorien aus, die Männchen stehen hier im Wettbewerb bei der Suche nach den Weibchen. Begünstigt wird diese Form der P. durch ein weit verstreutes Vorkommen der Weibchen oder eine kurze Paarungszeit. Den größten Reproduktionserfolg haben nicht die aggressivsten Männchen, sondern die mit der größten Ausdauer. So sind in manchen Populationen des Waldfroschs *Rana sylvatica* die Weibchen nur in einer Nacht paarungsbereit, sodass es für die Männchen sinnlos erscheint Territorien zu verteidigen.

(b) das Vorhandensein von mehreren reproduktiven Weibchen (funktionellen Königinnen) in einer eusozialen Insektengemeinschaft. Man unterscheidet zwei Arten der P.: die *primäre P.*, die aus der Nestgründung durch mehrere Königinnen, eine sog. *Pleometrose* (pleometrose), hervorgeht, und die *sekundäre P.*, bei der begattete Jungköniginnen nachträglich durch eine Sozietät aufgenommen werden (→ Oligogynie, → Monogynie). [2] [4]

Polygynieschwellen-Modell (polygyny threshold model): beschreibt die Entstehung der Ressourcenverteidigungs-Polygynie aus weiblicher Sicht anhand der Rückkehr von Zugvögeln aus dem Überwinterungsgebiet. Die Weibchen unterliegen danach einem → Trade-off zwischen den Vorteilen der Monogamie in einem ressourcenarmen Ter-

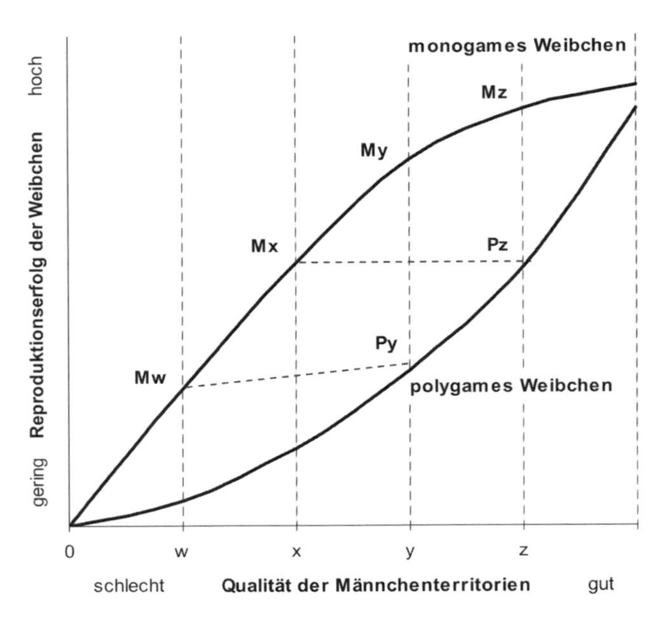

Polygynieschwelle. Die Grafik soll die Entscheidung von Vogelweibchen für Polygynie in Abhängigkeit von der Qualität des Territoriums der Männchen verdeutlichen (Erläuterungen im Text). Nach Daly and Wilson 1983. [2]

ritorium und der anteiligen Ressourcennutzung in einem reichen Territorium als Zweitweibchen eines bereits verpaarten Männchens. Ist der Reproduktionserfolg des Weibchens auch nach Teilung der Ressourcen und des paternalen Investments größer als der eines monogamen Weibchens in einem ressourcenarmen Territorium, so wird sich das Weibchen für → Polygynie entscheiden. (Abb.).

Die Männchen besetzen im Brutgebiet Territorien unterschiedlicher Qualität (W = schlechtes Territorium, Z = gutes Territorium). Die ersten ankommenden Weibchen (MZ und MY) paaren sich mit dem Ziel eines hohen Reproduktionserfolgs monogam mit den Männchen in der Reihenfolge der Qualität ihres Territoriums. Weitere ankommende Weibchen erreichen aufgrund schlechter Territorien der verbleibenden unverpaarten Männchen evtl. einen höheren Reproduktionserfolg als sekundäres Weibchen eines bereits verpaarten Männchens mit besserem Territorium. So hat in der Abb. das Weibchen MX als primäres Weibchen im Territorium X den gleichen Reproduktionserfolg wie als Zweitweibchen (PZ) eines verpaarten Männchens im Territorium Z. Ein weiteres Weibchen (MW) hätte einen deutlichen höheren Reproduktionserfolg als sekundäres Weibchen (PY) im Territorium Y. [2]

Polylektie (polylecty): Nutzung eines breiten Artenspektrums von Futterpflanzen, die als Nektar- oder Pollenquelle dienen. → Oligolektie. [1]

polymodal → Muster.

polyöstrisch → Östrus

polyphag (polyphagous): Tier, das nicht auf eine Nahrung spezialisiert ist und sich von Pflanzen (→ Herbivora) oder Tieren (→ Carnivora) oder beiden (→ Omnivora) ernährt. → monophag. [1]

Polyphänie → Pleiotropie.

polyphasisch → Muster.

Polyterritorialität (polyterritoriality): es werden mehrere Territorien zur gleichen Zeit errichtet. Soweit bekannt, sind es Fortpflanzungsterritorien, die von Männchen etabliert werden. So verteidigen die männlichen Trauerschnäpper *Ficedula hypoleuca* eine Nisthöhle und locken Weibchen an. Nach der Verpaarung und Eiablage verteidigen sie fernab von der ersten eine zweite Nisthöhle und verpaaren sich wiederum erfolgreich mit einem zweiten Weibchen, das im Gegensatz zum ersten aber keine Unterstützung in der Brutpflege durch das Männchen erhält. [1]

polyzyklisch (polycyclic): Tier, das sich mehrmals im Jahr fortpflanzt. → monozyklisch. [1]

Population (population): Gemeinschaft von Individuen einer Art, die einen bestimmten zusammenhängenden Lebensraum bewohnen und sich in freier Wahl fortpflanzen können (→ Panmixie). [1]

Positivdressur (positive conditioning): Dressur mit positiven Verstärkern. → Negativdressur. [5]

postnatal (postnatal): bezieht sich auf neugeborene Säuger oder gerade geschlüpfte höhere Wirbeltiere und bezeichnet die Zeit nach der Geburt bzw. dem Schlupf. Während dieser Zeit müssen die Jungen versorgt werden und es laufen besondere Lernprozesse ab (→ Brutpflege, → Prägung). → pränatal, → perinatal. [1]

Prachtkleid (nuptial dress, nuptial plumage, nuptial colouration): bei Arten mit Geschlechtsdimorphismus auffallende Form- und Farbmerkmale, die ganzjährig oder nur zur Fortpflanzungszeit ausgebildet werden. Ist Letzteres der Fall, so werden sie auch *Hochzeitskleid* genannt und dem → Schlichtkleid gegenübergestellt.

P. sind meist sexuelle und aggressive Auslöser und werden in der Regel vom Männchen getragen. Beispiele sind die farbenprächtigen Brutgefieder der Erpel, die Schwanzfedern des Pfaus, die Rückenkämme der Molche, die übergroßen Flossen der Kampffische und die Mähne der Löwenmännchen. [1]

Prädation, *Räubertum* (predation): interspezifisches System, das aus dem → Räuber und der → Beute besteht. → Räuber-Beute-System. [1]

Prädator → Räuber.

Präferenz (preference): Bevorzugung bestimmter ökologischer (Temperatur, Feuchte, Helligkeit, Nahrung, Lebensraum u.a.) und sozialer Faktoren (Geschlechtspartner, Nachkommen, Verwandte u.a.) in einer Wahlsituation. P. sind angeboren oder auch erworben, art-, geschlechts- und individualspezifisch, vom Entwicklungs-, Gesundheits- oder allgemeinen Zustand abhängig und können mit dem Alter, der Jahres- und Tageszeit wechseln. Beispielsweise ist die Süß-P. weit verbreitet im Tierreich und unter den Säugern häufig bei Jungtieren und Weibchen ausgeprägter. Oft sind es aber nicht nur einzelne Faktoren, sondern Faktorenkomplexe, die über P. entscheiden.

P. können im Wahlversuch und mithilfe sog. Orgeln (→ Temperaturorgel) bestimmt werden. [1]

Pragmatik → Zoosemiotik.

Prägung, *Prägungslernen* (imprinting): einmaliger und unumkehrbarer Einbau spezifischer individueller Erfahrungen in erbliche Verhaltensprogramme. Bei dieser Sonderform des assoziativen Lernens besteht während bestimmter ontogenetischer Entwicklungsetappen für eine begrenzte Zeitspanne eine verstärkte Lernbereitschaft für spezifische Reize, Situationen und Verhaltensprogramme (→ sensible Phase), sodass P. sehr schnell vonstatten gehen (→ prägungsähnliche Vorgänge). Inhalte der P. können bestimmte nicht angeborene unbedingte Reize (→ Objektprägung), besondere Umweltbeziehungen (→ Milieuprägung) oder das Erlernen motorischer Programme (→ motorische Prägung) sein. P.vorgänge gehören zum obligatorischen Lernen. Sie sind im ererbten Entwicklungsprogramm zwingend vorgesehen. Ihr Vollzug unter unnatürlichen Randbedingungen oder ein völliger Ausfall führt zu Verhaltensstörungen (→ Fehlprägung).

P. vereint die Vorteile individuellen Anpassungsvermögens mit der Stabilität und Präzision angeborener Verhaltensmechanismen. Sie ist besonders für Tierarten wichtig, deren ontogenetische bzw. phylogenetische Entwicklungsgeschwindigkeit hoch ist. Das gilt beispielsweise für Nest- oder Platzflüchter, die trotzdem einer intensiven Pflege durch die Eltern bedürfen. Die Bindung des menschlichen Säuglings beruht wahrscheinlich auf einem prägungsähnlichen Vorgang.

P. ist Präferenzverhalten, d.h. in Wahlsituationen wird das P.objekt bevorzugt, aber nicht ausschließlich gewählt. [1]

prägungsähnliche Vorgänge (imprinting like phenomena): Lernvorgänge, die der Prägung ähneln, weil sie entweder auf sensible Phasen begrenzt sind, in einer frühen Lebensphase erfolgen, nachhaltige Folgen haben oder auch nur sehr schnell ablaufen, nie aber alle diese Merkmale zugleich aufweisen. Obwohl die Abgrenzung zu den echten Prägungen umstritten ist, werden meist die Nahrungsprägung, die Heimat- und die soziale Prägung (→ Milieuprägung, → maternale Prägung) sowie die motorischen Prägungen, darunter die Gesangsprägung, zu den p. V. gezählt. Beim Menschen liegt die sensible Phase der p. V. zwischen dem ersten Lebensmonat und dem Ende des zweiten Lebensjahres. Dabei erfolgt die Bindung an eine Bezugsperson, die nicht die leibliche Mutter sein muss.
Dass auch wirbellose Tiere zu p. V. befähigt sind, zeigen Versuche mit Taufliegen *Drosophila*, die auf Fischmehl bzw. Schalen reifer Bananen gehalten, als geschlechtsreife Vollinsekten genau jenes Substrat zur Eiablage bevorzugen, auf dem sie sich selbst entwickelt haben. [1]
Prägungslernen → Prägung.
pränatal (prenatal): bezieht sich auf höhere Wirbeltiere und beschreibt alle Entwicklungsvorgänge, Verhaltensweisen, Einflüsse u. a. während der Zeit vor der Geburt bzw. dem Schlupf. → postnatal, → perinatal, → Verhaltensontogenese. [1]
präsentieren (presentation): Vorzeigen bestimmter Körperteile. P. ist besonders bei Affen verbreitet, kommt aber auch beim Menschen vor. Vorzugsweise werden die Anal- oder Genitalregion präsentiert (→ Gesäßweisen, → Genitalpräsentieren, → Phallusdrohen). [1]
präsozial (presocial):Vergesellschaftung von Individuen mit Ansätzen von sozialem Verhalten, hauptsächlich im Brutpflegebereich. Meist synonym zu subsozial oder parasozial (→ Sozietät) verwendet. [2]
Präzisionsgriff (precision grip): bei Primaten unter optischer und mechanischer Kontrolle ablaufendes Ergreifen sowie Halten und Manipulieren von kleinen Objekten, wobei der opponierbare Daumen gegen das Endglied des Zeigefingers oder von Zeigefinger und Mittelfinger geführt wird (Abb.). Das Verhalten hat gegliederte und über Gelenke gegeneinander bewegliche, freie Finger ebenso zur Voraussetzung wie die Steuerung und Regelung aus dem Zentralnervensystem (Rinde des Neocortex). Nur beim Menschen steht der Daumen weit genug ab und ist zugleich so lang, dass er eine kräftige Muskulatur trägt. Mit ihm ist über ein basales Sattelgelenk ein fester und zugleich differenzierender P. möglich.
Das Grundmuster unterliegt einem Reifungsprozess und wird besonders durch Lernen am Erfolg optimiert. Beim menschlichen Säugling wird das Bewegungsmuster um den 12. Lebensmonat als *Zangengriff* (Daumen und Zeigefinger zueinander gebeugt) aus dem *Pinzettengriff* (Daumen und Zeigefinger gestreckt gegeneinander bewegt) entwickelt. Der P. hat sich in der Primatenevolution vor allem im Zusammenhang mit der Ernährung von tierischen und pflanzlichen Kleinobjekten (Insekten und deren Larven, Würmer, Sämereien, Früchte, Schösslinge, Blätter) sowie mit dem ausgeprägten Erkundungsverhalten, in dem Gegenstände und Geräte manipuliert werden, ausdifferenziert. Er ist auch in der charakteristischen sozialen Hautpflege bedeutungsvoll (Karl Meißner 1993). [1]

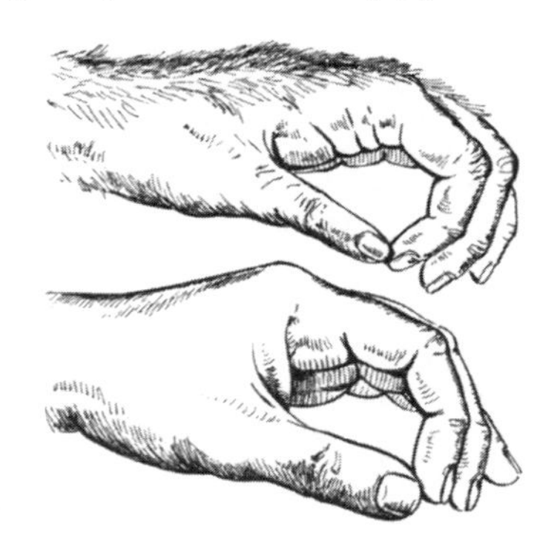

Präzisionsgriff bei Schimpanse und Mensch. Aus R. Gattermann et al. 1993.

Pregnancy-Block-Effekt → Bruce-Effekt.
prehensives Verhalten (prehensive behaviour): nicht mehr gebräuchliche Bezeichnung für auf die Umwelt bezogenes aktives Verhalten, im Gegensatz zum protektiven Verhalten (→ Schutzverhalten). [1]
primäres Geschlechterverhältnis → Geschlechterverhältnis.

Primer-Effekt, *Umstimmung* (primer effect): die Wirkung eines Kenn- oder Signalreizes, der allmählich eine Verhaltensänderung auslöst, die zumeist auf der Grundlage umfangreicher physiologischer Änderungen basiert. Beispielsweise hat der Gesang des Vogelmännchens einen P., er bewirkt beim Weibchen hormonale Veränderungen, die letztendlich zur Eiablage und zum Brüten führen. → Releaser-Effekt, → motivierender Effekt. [1]

Primer-Pheromon → Pheromon.

Priming-System → Gedächtnis.

primipar (primiparous): Bezeichnung für ein Säugerweibchen, das erstmals Jungtiere geboren hat. Im Gegensatz zum multiparen Weibchen, das bereits mehrfach geworfen hat, ist sein Brutpflegeverhalten unter Umständen noch nicht vollkommen. Primipara sind unerfahrener, haben kleinere Würfe, es kommt öfter zu Störungen der Milchsekretion (Laktation) und die Sterblichkeit unter den Jungtieren ist größer. [1]

primitiv eusozial (primitively eusocial): Bezeichnung für Sozietäten, die Merkmale wie überlappende Generationen, kooperative Brutpflege und Bildung von reproduktiven Kasten aufweisen, aber nicht durch morphologische Unterschiede der Kasten gekennzeichnet sind. So bilden Arten der Wespengattung *Polistes* relativ kleine Kolonien mit weniger als 100 Individuen, die morphologisch nicht differenziert und relativ flexibel in der Übernahme sozialer Rollen sind. [2]

Prinzip der Antithese (antithesis principle): von Charles Darwin (1874) beschriebene Regel zur Erklärung der Entstehung des Emotionsausdrucks und der gestisch mimischen Kommunikation. Sie besagt, dass entgegengesetzte Bedeutungen durch entgegengesetzte Verhaltensweisen zum Ausdruck gebracht werden. Besonders augenfällig wird das P. d. A. beim Vergleich von Dominanz und Subdominanzgesten (Abb.). Das dominante Tier bewegt sich frei und offen; es macht sich groß und zeigt seinem Gegner die Stirn (→ Drohverhalten). Das subdominante Individuum ist dagegen gehemmt; es hält sich allgemein zurück und versucht bei unmittelbarer Konfrontation mit einem Ranghohen durch Ablenkung oder Unterwerfung zu beschwichtigen (Beschwichtigungs- u. Demutverhalten). [5]

Probiose → Parabiose.

Problemkäfig (problem box, puzzle box): von Edward Lee Thorndike (1898) verwendeter Latten- oder Drahtkäfig, in den ein hungriges Versuchstier (Hund, Katze oder Huhn) gesetzt wurde, um zu beobachten, wie das Tier durch „Versuch und Irrtum" lernt, wieder herauszukommen. Als zusätzliche Belohnung wurde außerhalb des P. Nahrung angeboten. Beim ersten Einsperren zeigten die Versuchstiere meist starke Unruhe und versuchten, oftmals unkoordiniert oder gewaltsam, aus dem Käfig auszubrechen. Sie pressten sich in Zwischenräume, scharrten und bissen in die Latten, Stäbe und Drähte. Von allen diesen beding-

Prinzip der Antithese beim Hund. Das linke Tier zeigt Dominanz- und das rechte Subdominanzverhalten an. Aus R. Gattermann et al. 1993.

ten Aktionen führte aber nur eine zum Erfolg, und zwar das zunächst zufällig ausgeführte Betätigen eines Schnurzuges. Über die Schnur war es möglich, den Sperrriegel zu lösen und die Käfigtür zu öffnen. Bei dieser Versuchsanordnung zeigte sich mit zunehmender Erfahrung der Versuchstiere eine allmähliche Verkürzung der Zeit, die benötigt wurde, um die richtige Reaktion hervorzubringen. Thorndike erklärte diesen Lernverlauf damit, dass das Versuchstier durch Weglassen der „falschen" Reaktionen und durch neue Assoziationen im Gehirn allmählich das „richtige" Verhalten, also am Erfolg lernt (→ konnektionistisches Lernen). [5]

Problemlösungsverhalten (problem solving behaviour): alle Verhaltensweisen, die auf der Basis individueller Erfahrung und des erworbenen Wissens der Erlangung eines motivationsgerechten Endzustandes dienen. Der Erfolg des P. beruht dabei zum einen darauf, wie gut und genau ein Organismus die entsprechenden Umweltsignale mit den zur Verfügung stehenden sensorischen Möglichkeiten wahrnimmt. Zum anderen sind die kreative und situationsgerechte Analyse dieser Informationen, die Integration ins bestehende zentrale Steuerungssystem sowie ihre Transformation in das angemessene Verhalten erforderlich. Durch P. können sowohl schwierige oder gefährliche Lebenssituationen gemeistert als auch die Lösung unklarer Organismus-Umwelt-Beziehungen erreicht werden. Dabei spielen Lernen, Spielverhalten und Denken, Werkzeuggebrauch sowie zielbezogene soziale Interaktion eine wichtige Rolle. [5]

proctodeale Trophallaxis → Trophallaxis.

Progradation → Gradation.

Programm, *Verhaltensprogramm* (behaviourial program, program): gespeicherte Erfahrungen (Informationen), die während der Stammesgeschichte und Individualentwicklung erworben wurden (→ Verhaltensphylogenese, → Verhaltensontogenese). Im Genom (Erbmaterial) sind alle ererbten oder angeborenen Verhaltensanteile fixiert, während die erlernten oder erworbenen Verhaltensanteile im Gedächtnis gespeichert sind. Die Mehrzahl der P.e wird aus beiden Anteilen aufgebaut (→ Angeborenes-Erworbenes). Fast alle Verhaltensweisen sind in derartigen P. als Wenn-dann-Entscheidungen niedergeschrieben und können entsprechend dem aktuellen internen Status oder der Umweltsituation abgerufen werden und dem Organismus die optimale Anpassung ermöglichen.

Ist ein Verhalten überwiegend angeboren und sehr formstarr, spricht man von einem *geschlossenen P.* (closed behavioural program), in das nichts mehr hineingelernt werden kann. Können neue Erfahrungen das Verhalten modifizieren, ist ein Hineinlernen möglich, so handelt es sich um ein *offenes P.* (open behavioural program). Manche P. sind angeboren und nur zu bestimmten Zeiten offen, so die Erfahrungen, die während der frühen Jugend gemacht werden müssen (→ Prägung, → obligatorisches Lernen). Die Gesamtzahl der P., insbesondere die der offenen P., nimmt mit der phylogenetischen Höherentwicklung zu und damit auch die Möglichkeit einer besseren und schnelleren Anpassung an die sich ständig ändernde Umwelt (→ Verhaltensstrategie). Der Mensch verfügt über eine Vielzahl offener P. und kann sehr viele einzelne P.teile frei kombinieren. [1]

Projektion (projection): im engeren Sinne die Informationsübertragung innerhalb des Zentralnervensystems (ZNS). In etwas unscharfer Begriffsfassung werden auch die Erregungsübertragung von Rezeptoren bzw. Sinnesorganen zu neuronalen Zentren des ZNS und von dort zu den Effektoren als P. bezeichnet. [6]

Promiskuität (promiscuity): Sexualverhalten beider Geschlechter mit wechselnden Partnern innerhalb einer Sozietät. Im Gegensatz zur → Polygynandrie findet keine Paarbindung statt. P. tritt häufig in ressourcenreichen Gebieten auf, wo die Bildung von Territorien den Männchen oder Weibchen keine Reproduktionsvorteile verschafft. Bonobos *Pan paniscus,* die sich hauptsächlich herbivor ernähren, legen täglich lange Streifzüge zur Nahrungssuche zurück, während derer alle Gruppenmitglieder genügend Nahrung finden. Ihr promiskes Sexualverhalten trägt dabei auch zur Reduzierung von Konflikten und zum Zusammenhalt der Gemeinschaft bei. [2]

Proöstrus → Östrus.

Propriorezeptor *Propriozeptor* (proprioreceptor, proprioceptor): Sinneszellen oder Sinnesorgane zum Empfang von Reizen des eigenen Körpers oder der Schwerkraft. Sie messen z. B. die Druckverhältnisse im Körperinneren, die Stellung von Körperteilen zueinander, oder dienen dem Lage- und Beschleunigungssinn. Stellungen von Körperteilen werden über Muskelspindeln, Sehnenspindeln, bei Gliederfüßern auch über mechanische Sinneshaare auf dem Außenskelett registriert. Beschleunigungssinnesorgane und Gleichgewichtsorgane enthalten Anordnungen von mechanischen Sinneszellen, die Bewegungen von körpereigenen oder körperfremden Flüssigkeiten oder Festkörpern messen. Wirbeltiere haben im *Vestibularapparat* (vestibular apparatus) des Innenohrs oberhalb der Hörschnecke je drei senkrecht zueinander liegende flüssigkeitsgefüllte Bogengänge, die schnelle Linear- und Drehbeschleunigungen registrieren können. Der statische Gleichgewichtssinn, der ebenfalls zum Vestibularapparat gehört, arbeitet mit Gelklumpen (Otoconia), die feste Statolithen aus Kalziumkarbonat enthalten und sich in zwei Aussackungen des häutigen Labyrinths befinden (Utriculus und Sacculus).
Vielfältige Formen von Organen bei Insekten dienen höchstwahrscheinlich ebenfalls dem statischen Sinn. Je nach Bau unterscheidet man das Grabersche Organ, das Palmensche Organ, das Schlammsinnesorgan (→ Pelotaxis) und die Statozysten. Das *Grabersche Organ* (Graber's organ) befindet sich im Hinterleib von Bremsenlarven (Tabanidae) und ist ein stark innerviertes Sinnesorgan aus bilateral-symmetrisch gebauten, hintereinander liegenden Kammern mit gestielten Chitinkugeln. Das *Palmensche Organ* (Palmen's organ) im Kopf von Eintagsfliegenlarven (Ephemeroptera) dient nachweislich dem statischen Sinn und besteht aus einer Chitinkugel, die an vier blinden Ästen der Tracheen frei aufgehängt ist. Wozu adulte Eintagsfliegen ebenfalls noch ein Palmensches Organ besitzen, ist noch ungeklärt. *Statozysten* (statocysts) bei Insekten wurden am 10. und 11. Hinterleibssegment der Larven einer Faltenmücke *Ptychoptera contaminata* gefunden und enthalten, ähnlich dem Sacculus der Wirbeltiere, einen frei beweglichen Statolithen aus körpereigenem Material in einem flüssigkeitsgefüllten Hohlraum.
Statozysten sind im Tierreich weit verbreitet und besitzen meist frei bewegliche oder an Sinneshaaren festsitzende Statolithen aus körpereigenem Material, die häufig ektodermaler Herkunft oder durch Biomineralisation entstanden sind, z. B. bei Rippenquallen (Ctenophora), Planarien (Turbellaria), Schwebgarnelen (Mysidacea), Weichtieren (Mollusca) und bei einigen Ringelwürmern (Annelida). Flusskrebse haben an der Basis des ersten Antennenpaars ebenfalls eine Statozyste. Als Statolith dient hier allerdings ein körperfremdes, vom Krebs selbst vom Bodengrund aufgehobenes Steinchen, das bei der Häutung verloren geht und wieder ersetzt werden muss. Bietet man den Flusskrebsen „Steinchen" aus Eisen an, dann werden diese ebenfalls eingesetzt. Mit einem seitlich angelegten Magnetfeld kann nun ihr statischer Sinn gezielt gestört und untersucht werden. [4]

Protandrie (protandry): zeitlich früheres Auftreten männlicher Geschlechtstiere vor dem der Weibchen innerhalb einer Entwicklungsperiode. P. ist häufig bei Insekten anzutreffen, aber auch von anderen Tieren bekannt. Bei vielen protandrischen Insektenarten finden sich, geleitet durch → Sexualpheromone, die geschlechtsreifen Männchen dort ein, wo der Schlupf eines Weibchens kurz bevor steht. Dieses Verhalten hat z. B. bei der Lagererzwespe *Lariophagus distinguendus* dazu geführt, dass auch die Männchen vor dem Schlupf das Sexualpheromon der Weibchen absondern. Dadurch werden andere Männchen, die bereits geschlüpft sind, getäuscht. Sie warten unter Umständen an einem Ort, an dem statt des erhofften Weibchens ein Männchen schlüpft, was für die später erscheinenden Männchen von Vorteil ist. Bei manchen Schmetterlingsarten kopulieren die Männchen sogar schon erfolgreich mit der weiblichen Puppe. [4]

Protected-invasion-Theorie (protected invasion theory): besagt, dass der Grad mit dem ein seltenes, vorteilhaftes und sexspezifisches Allel vor dem Verlust durch genetische Drift geschützt ist, von der Populationsstruktur und dem betroffenem Geschlecht abhängt. Mit der P. wird z. B. versucht, die überproportionale Häufung von

Eusozialität und maternaler Brutpflege bei haplodiploiden Insekten gegenüber diploiden Insekten zu erklären. Ein Allel für maternale Brutpflege wird in einem haplodiploiden System zweimal häufiger in Weibchen (diploid) exprimiert als ein paternales Allel in Männchen (haploid). Es hat damit eine höhere Chance positiv selektioniert zu werden. Gleichzeitig wird postuliert, dass Gene, die mit elterlicher Fürsorge assoziiert sind, im Wesentlichen auf Geschlechtschromosomen liegen, die im homogametischen Elter vorliegen. Argumente dafür seien ein höherer Anteil alloparentaler Brutpflege bei den Vögeln im Vergleich zu den Säugern. Das seltene Auftreten von alloparentalen Verhalten in Beuteltieren könnte auf die bevorzugte Deaktivierung des väterlichen X-Chromosoms zurückzuführen sein. Außerdem wird postuliert, dass das sexdeterminierende System von Schmetterlingen und Vögeln (Männchen: ZZ, Weibchen: ZW) die Evolution übersteigerter epigamer Merkmale in Männchen durch sexuelle Selektion forciert. Beim Bärenspinner *Utetheisa ornatrix* haben die Töchter großer Väter ihrerseits eine sexuelle Präferenz für große Männchen. Die verantwortlichen Präferenzgene werden dabei ausschließlich über den Vater auf die Töchter übertragen. [3]

proteisches Verhalten (protean behaviour): Fluchtverhalten, das genügend unsystematisch auftritt, damit der Verfolger zu keiner Zeit die Fluchtstrategie exakt abschätzen kann. Es ist aber ein wohlgeordnetes Verhalten, das nur aus der Sicht des Verfolgers chaotisch erscheint. Zum p. V. gehören beispielsweise das *Hakenschlagen* der Hasen und Kaninchen, die chaotische Flucht der Gazellen und das zickzackartige Schwimmen der Fische. [1]

protektives Verhalten → Schutzverhalten.

Proterandrie Proterogynie → Hermaphroditismus.

Proxemik (proxemics): eine Forschungsrichtung, die 1966 durch Edward T. Hall begründet wurde und sich mit verhaltensbiologischen, kulturellen und soziologischen Aspekten des menschlichen Raumverhaltens als Teil der nonverbalen Kommunikation beschäftigt. So lassen sich in Abhängigkeit von der Situation eine intime (bis 45 cm), persönliche (45 bis 120 cm), soziale (120 bis 360 cm) und eine öffentliche Distanz (über 360 cm) unterscheiden. [1]

proximate Faktoren (proximate factors, proximate causes): alle unmittelbar wirksamen Voraussetzungen für ein Verhalten bzw. ein Merkmal. Welche physiologischen u. a. Mechanismen und Umweltbedingungen bewirken dieses Verhalten? Die Untersuchung der p. F. ist primär eine Aufgabe der Verhaltensphysiologie. So wird beispielsweise der Vogelzug in unseren Breiten durch stoffwechselphysiologische Änderungen in Abhängigkeit von der sich ändernden Tageslänge ausgelöst. [1]

Prüfungsangst (test anxiety): negativ bewerteter emotionaler Zustand in entsprechenden Testsituationen. P. erschwert ein der Situation angemessenes Verhalten und kann in die beiden Komponenten *Besorgtheit* (worry) und *Erregung* (emotionality) untergliedert werden. Sie beeinflusst das Selbstwertgefühl, den sozialen Status und die berufliche Entwicklung des Prüflings. P. kann akut massiv in das endokrine und das immunologische Geschehen eingreifen und dadurch mitunter auch länger andauernde pathologische, physiologische und psychologische Symptome auslösen. Untersuchungen ergaben, dass ein moderates Prüfungsangstniveau förderlich für ein gutes Prüfungsergebnis ist. → Stress. [5]

pseudaposematisches Verhalten (pseudaposematic behaviour): Verhaltensweisen, die einem potenziellen Angreifer vortäuschen sollen, dass das betreffende Tier wehrhaft, ungenießbar oder giftig ist, obwohl es problemlos eine geeignete Beute darstellen würde. Das p. V. gehört zum Schutzverhalten und wird meist als Batessche Mimikry bezeichnet (→ Mimikry). [4]

Pseudarrhenotokie → Arrhenotokie.

Pseudogamie → Parthenogenese.

Pseudogravidität, *Scheinträchtigkeit* (pseudopregnancy): häufig Folge einer sterilen, ein- oder mehrmaligen Kopulation oder anderer manueller, ovulationsauslösender Genitaltraktreizungen. P. geht mit umfangreichen physiologischen Veränderungen einher, die sich insbesondere auf den endokrinen Zustand der scheinträchtigen Weibchen auswirken. Bei Hündinnen kann es im Anschluss an die Läufigkeit, sofern sie in dieser nicht gedeckt wurden, zu einer P. kommen. Sie zeigen dann Verhaltensmuster und körperliche Veränderungen einer trächtigen Hündin, die Milchdrüsen schwellen an, es wird Milch produziert und sie zeigen verstärkte Anhänglichkeit und Unruhe. Sie befinden sich etwa zwei Monate nach ihrer Läufigkeit in einer ähnlichen hormonellen Situation wie ein tatsächlich gravides Tier, was sie befähigt, sich im Wildrudel an der Ernährung der Welpen der Leithündin als Amme zu beteiligen. [5]

Pseudokommunikation (pseudo-communication): früherer Begriff für die Einflussnahme eines Senders auf den Inhalt einer Information, mit dem Ziel, Verhaltensweisen des meist artfremden Empfängers zu beeinflussen. Da in vielen unterdessen veralteten Konzepten nur dann von einer echten Kommunikation gesprochen wurde, wenn auch der Empfänger von der Informationsübertragung profitiert, musste beispielsweise eine Signalfälschung zum Nachteil des Empfängers der P. zugeordnet werden (→ Kommunikation). [4]

Pseudokonditionierung (pseudo conditioning): ein Begriff aus der Lernforschung, der eine scheinbare klassische Konditionierung auf einen neutralen Reiz hin beschreibt. Im Gegensatz zur klassischen Konditionierung löst hier ein neutraler Reiz eine unkonditionierte Reaktion aus. Dabei folgt der neutrale Reiz einer Reihe von unkonditionierten Reizen, die zuvor eine unkonditionierte Reaktion auslösten. Der neutrale Reiz war aber niemals mit den unkonditionierten Reizen direkt gekoppelt. Typischerweise tritt P. dann auf, wenn es sich bei den unkonditionierten Reizen um aversive Reize wie Elektroschocks handelt. Des Weiteren konnten bei Affen Schreckreaktionen durch Blitzlicht hervorgerufen werden. Nachdem dieses Licht in mehreren Versuchsdurchgängen die Affen erschreckt hatte, wurde es durch einen Ton ersetzt. Trotzdem erschreckten sich die Affen, obwohl der Ton niemals mit dem Blitzlicht gekoppelt war. Ursache der P. können erhöhte Aufmerksamkeit oder Generalisation sein. [5]

Pseudokopulation, *Scheinpaarung* (pseudo copulation): eine Kopulation, die nicht der Befruchtung dient. P. kommen bei Fischen, Vögeln und Säugern zwischen gleich- und verschiedengeschlechtigen Individuen vor. In der Regel wird nur die Kopulationsstellung eingenommen, ohne dass es zum Einführen des Penis kommt. Beim Menschen sind P. aus verhaltensbiologischer Sicht *Bindungskopulationen* (bond oriented copulations), bei denen der Penis eingeführt wird. Sexualdimorphismus und Arbeitsteilung führten während der Evolution des Menschen dazu, dass Frauen, Kinder und ältere Gruppenangehörige an festen Lagerplätzen zurückblieben und auf die zur Jagd ausgezogenen Männer und auf die proteinreiche Beute warten mussten. Wahrscheinlich gewährleisteten, neben anderen Faktoren, die P. und die ständige sexuelle Attraktivität der Frauen eine feste Bindung und damit auch die Rückkehr der Männer. Die heute primär partnerbindende Funktion der P. kommt auch in der Schwangerschafts- und Alterssexualität des Menschen zum Ausdruck (→ Sexualverhalten). Der Zwergschimpanse oder Bonobo *Pan paniscus* führt sehr häufig P. aus. Sie werden hauptsächlich zur Begrüßung und Konfliktbewältigung eingesetzt. Bei anderen Primaten werden P. auch für das Aufrechterhalten der Rangordnung genutzt. Bei Streitigkeiten beispielsweise fordern rangniedere Primaten als Zeichen ihrer Unterordnung durch entsprechende Positionen die ranghöheren zum Aufreiten auf, die das auch kurz vollführen. Solche Rangdemonstrationen sind auch für andere Säuger beschrieben worden.

Homosexuelle Männchen vollführen des Öfteren P., wahrscheinlich wird dadurch die Paarungsbereitschaft bewahrt (→ homosexuelles Verhalten). In Belastungs- und Konfliktsituationen kann P. als Übersprungverhalten auftreten. So reiten in großen Gruppen gehaltene Kälber häufiger auf. Allerdings sind P. bei Kälbern und anderen Jungtieren auch Bestandteil des Spielverhaltens und dienen zum Sammeln sexueller Erfahrungen. [1]

Pseudomännchen (pseudomale): genetisch weibliches Individuum, das männliches Sexualverhalten zeigt. Durch einen Überschuss von Androgenen im Blut während der kritischen Differenzierung des Zwischenhirns verhalten sich weibliche Wirbeltiere nach der Geschlechtsreife wie Männchen (→ Paarungszentrum). So bespringen P. von Kleinsäugern wie Ratten, Meerschweinchen oder Goldhamstern ihre weiblichen Geschlechtsgenossen und versuchen sich mit ihnen zu paaren. [2]

Pseudopolygynie (pseudopolygyny): bei eusozialen Insekten ein Zustand, in dem mehrere unbegattete, aber im Prinzip reproduktionsfähige Weibchen mit einem begatteten, Eier legenden Weibchen (Königin) koexistieren. Die P. ist eine funktionelle Monogynie. Der Begriff P. wird selten verwendet. [4]

Pseudoweibchen (pseudofemale): **(a)** genetisch und morphologisch erkennbares Männchen, das weibliches Sexualverhalten zeigt. So lassen sich in gleichgeschlechtlichen Gruppen des Hausmeerschweinchens *Cavia aperea* subdominante Männchen von Geschlechtsgenossen bespringen. P. mancher Fischarten wie die des Zwergbuntbarschs *Apistogramma borellii* ahmen in der Färbung Weibchen nach, um aggressiven Auseinandersetzungen zu entgehen.

(b) genetisches Männchen von Wirbeltieren, das durch einen Mangel an Androgenen in der kritischen Differenzierungsphase des Zwischenhirns (→ Paarungszentrum) oder nach Hormonbehandlung im Jugendalter weibliches Verhalten zeigt und sogar lebensfähige Nachkommen erzeugen könnte. So können die Männchen mehrerer Fischarten, beispielsweise die des Blauen Tilapia-Barsches *Oreochromis aureus,* durch Gabe von Östrogenen zur Ablage von Eiern gebracht werden, aus denen dann lebende Jungtiere schlüpfen. [2]

Pseudozahmheit (pseudo-tameness): in freier Wildbahn bei Tieren ohne Feinddruck zu beobachtende Vertrautheit gegenüber Menschen. So fehlt z. B. zahlreichen Vögeln und Echsen der Galapagos-Inseln oder vielen Pinguinen der Antarktis die Fluchttendenz; sie lassen nicht nur eine Annäherung, sondern auch eine Berührung zu. P. ist übernommen oder angeboren und nicht wie die echte Zahmheit erlernt (→ Zähmung). P. tritt aber auch infolge von Krankheiten (Tollwut) auf. [1]

Psyche (psyche): ist die Einheit von *Geist* (mind) und *Seele* (soul) und eine Instanz des Menschen, die für sein Verhalten verantwortlich ist. Die P. lässt sich nicht mit exakten naturwissenschaftlichen Methoden erfassen und interpretieren. Sie ist deshalb nicht Gegenstand der Verhaltensbiologie. Mit der P. beschäftigt sich die → Psychologie. Bei Krankheiten der P. und für deren Heilung sind die Psychiatrie und die Psychotherapie zuständig. [1]

psychische Kastration → reproduktive Unterdrückung.

Psychoakustik (psychoacoustics): ein Teilgebiet der Psychophysik, das sich mit der Beschreibung der menschlichen Empfindung von Schall befasst. Zweckmäßigerweise werden in der P. rein physikalische Parameter wie Pegel, Frequenz, Bandbreite, Dauer oder Modulationsgrad auf Parameter der Schallempfindung wie Lautheit, Tonhöhe, Schwankungsstärke, Schärfe und Rauhigkeit abgebildet. In der Regel wirken dabei jeweils mehrere physikalische Größen auf eine psychoakustische Größe ein, welche als einzelne Empfindung unabhängig von anderen Empfindungen beurteilt werden können. Die Ergebnisse der P. finden Anwendung in der Schallwirkungsforschung, der Telekommunikation, dem Sounddesign oder der Audiokompression (z. B. MP3, → Masking), aber auch in der möglichst korrekten räumlichen Aufnahme und Wiedergabe von Schallereignissen (→ Stereophonie).

Ein grobes Maß für das Schallempfinden ist der *Lautstärkepegel* (loudness level), der in Phon gemessen wird. Die Werte in Phon entsprechen im Zahlenwert dem absoluten Schallpegel in dB bei 1 kHz, weichen bei anderen Frequenzen jedoch erheblich ab. Für eine bestimmte Frequenz und einen bestimmten Schalldruck kann immer ein entsprechender Lautstärkepegel errechnet oder in einer Kurvenschar abgelesen werden, spiegelt aber selten das Empfundene genau wider. Dies vermag erst die *Lautheit* (loudness). Sie ist als Maß für die Lautstärkeempfindung eine grundlegende Größe der P. und wird in „sone" gemessen. 1 sone entspricht per Definition der Lautstärke einer reinen Sinusschwingung mit einer Frequenz von 1 kHz und einem absoluten Schallpegel von 40 dB. Bei jeder Schallpegelerhöhung um 10 dB verdoppelt sich die Lautheit annähernd, sodass bei 100 dB rund 64 sone erreicht werden. Unterhalb von 40 dB gilt diese Gesetzmäßigkeit nicht mehr. 1/64 sone entspricht nicht -20 dB, sondern 9 dB. Die Lautheit ist von sehr vielen Faktoren abhängig, wobei auch zeitli-

che Effekte, Masking usw. zu berücksichtigen sind.
Tonhöhenempfindungen (pitch) werden in „mel“ gemessen und entsprechen bei 40 dB und reinen Tönen bis etwa 500 Hz im Zahlenwert der Frequenz (440 Hz entsprechen folglich 440 mel), weichen bei höheren Tönen jedoch zunehmend ab (8 kHz entsprechen nur 2.100 mel). Bittet man Testpersonen, ausgehend von 8 kHz die halbe Tonhöhe (eine Oktave tiefer) zu ermitteln, dann wird statt 4 kHz im Mittel ein Wert um 1,3 kHz (1050 mel) gewählt. Die empfundene Tonhöhe ist darüber hinaus vom Schallpegel abhängig und zeigt beim Auftreten weiterer Töne oder gar bei komplexen Tongemischen eine Vielzahl weiterer Besonderheiten, die unter anderem für einige interessante akustische Täuschungen verantwortlich sind.
Lautstärkeschwankungen des Schalls im Bereich um 4 Hz beeinflussen ganz erheblich den Klang. Sie werden mit der *Schwankungsstärke* (fluctuation strength) in „vacil“ gemessen. 1 vacil entspricht der Schwankung eines 1 kHz-Tones bei 60 dB, der mit 4 Hz zu 100 % moduliert ist.
Hochfrequente Anteile des Schalls lassen ihn scharf klingen. Die empfundene *Schärfe* (sharpness) ist weitgehend pegelunabhängig und wird in „acum“ gemessen. Das Bandpassrauschen bei 1 kHz mit einem Pegel von 60 dB und einer Bandbreite von 200 Hz definiert die empfundene Schärfe von 1 acum.
Klänge werden oft als rau empfunden, wenn sie im Bereich zwischen 20 und 150 Hz moduliert sind. Die so entstandene *Rauhigkeit* (roughness) wird in „asper“ gemessen. 1 asper entspricht einer 100%igen Modulation eines 1 kHz-Tones mit 70 Hz bei einem absoluten Schalldruckpegel von 60 dB. [4]

Psychobiologie, *evolutionäre Psychologie* (psychobiology, evolutionary psychology): eine relativ junge, naturwissenschaftlich orientierte Disziplin, die menschliches Verhalten aus seinen biologischen Grundlagen heraus verstehen will. Sie grenzt sich durch ihre überwiegend naturwissenschaftliche Orientierung von der → Biopsychologie ab. Die P. stützt sich gleichermaßen auf die Verhaltensbiologie, Neurobiologie und Evolutionsbiologie. Die Existenz biologischer Wurzeln der menschlichen Psyche und ihrer Entwicklung in der Phylogenese war lange Zeit umstritten. Heute ist anerkannt, dass die P. einen wesentlichen Beitrag zum Verständnis des Denkens, Wollens und Handelns einschließlich des Fehlverhaltens leisten kann. Diese überwiegend naturwissenschaftlich orientierte P. wird jedoch von einigen Psychobiologen unterwandert, die auf der Grundlage der P. versuchen, sozialpolitische Probleme zu lösen und neue Gesellschaftsmodelle zu erstellen. [1]

Psychoethologie → Tierpsychologie.

Psychogenetik (psychogenetics): Wissenschaftsdisziplin, die sich mit den genetischen Grundlagen der menschlichen Psyche beschäftigt. Sie geht davon aus, dass nicht nur das Verhalten selbst, sondern die gesamte geistige Leistungsfähigkeit des Menschen einschließlich der Fehlfunktionen und Erkrankungen, eine erbliche Komponente hat. Sie untersucht die erblichen Komponenten von Stoffwechselstörungen mit Schädigungen des Nervensystems (z. B. Phenylketonurie), Neurosen und Psychosen sowie der normalen Variation von Leistungen des Zentralnervensystems (z. B. Intelligenz). So wird bei → Phobien ein autosomal dominanter Erbgang postuliert. Allerdings sind bisher nur wenige Gene identifiziert worden, die als mögliche Ursache für eine Prädisposition infrage kommen. Dazu gehören u. a. Katechol-O-Methyltransferase (COMT) und Serotonin-Transporter (SLC6A4). Eine Mutation im Gen für Monoaminoxidase A, welches die Neurotransmitter Serotonin, Dopamin und Noradrenalin metabolisiert, konnte mit verstärkt asozialem Verhalten in Verbindung gebracht werden. Eineiige Zwillinge zeigen eine signifikant höhere Übereinstimmung beim Seitensprungverhalten (→ Extrapair copulation) und in den Scheidungsraten als nicht-identische Zwillinge. Ein Polymorphismus im Dopamin D4-Rezeptor (multiple Wiederholung eines 48-bp-Motivs) ist mit verstärkter Neugier und Risikobereitschaft assoziiert, allerdings nur bei ca. 4 % der Bevölkerung. [3]

psychohydraulisches Modell (psychohydraulic model): von Konrad Lorenz (1950) entwickeltes Modell, das die Staubarkeit von Handlungsbereitschaften, die doppelte Quantifizierung und die triebverzehrende

Wirkung des äußeren Verhaltens (→ Triebtheorie) veranschaulicht (Abb.). Der Handlungsbereitschaft entspricht die Höhe der Wassersäule im Vorratsgefäß. Sie wächst nach Maßgabe der endogenen Produktion aktionsspezifischer Energie. Der ständigen Sofortentladung dieser Handlungsbereitschaft wirkt das Federventil entgegen; es symbolisiert die Schwelle. Die doppelte Quantifizierung des Ausgangsverhaltens kommt in diesem Modell dadurch zustande, dass die antriebsbezogenen Außenreize in der gleichen Richtung auf das Federventil wirken wie die Handlungsbereitschaft. In einer neueren Variante des Modells hebt Lorenz (1978) den Triebcharakter des Verhaltens noch stärker hervor, indem er die motivierende Wirkung der Außenreize als weitere Zuflüsse der Handlungsbereitschaft darstellt, sodass die Waagschale entfällt. Obwohl das p. M. die physiologischen Grundlagen des Verhaltens nicht erklären kann, vermittelte es dennoch Anregungen zu neuen Forschungshypothesen. Es gilt heute jedoch als überholt, da die zentrale Annahme der aktionsspezifischen Energie nicht verifiziert werden konnte. [5]

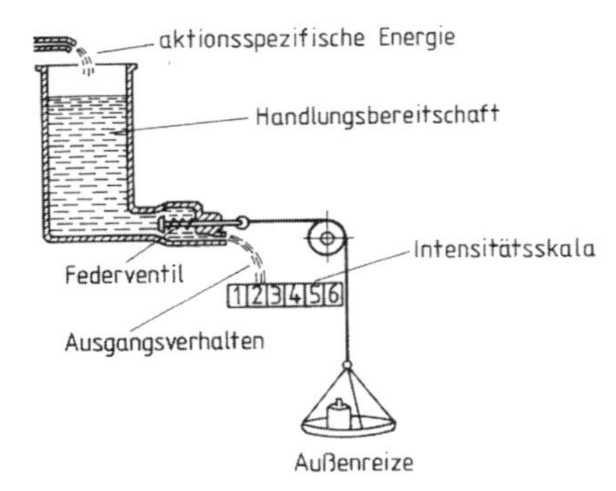

Psychohydraulisches Modell zur Staubarkeit von Handlungsbereitschaften und der doppelten Quantifizierung des Verhaltens. Die Höhe der Wassersäule im Vorratsgefäß entspricht der Handlungsbereitschaft, die durch die aktionsspezifische Energie wächst. Der ständigen Sofortentladung dieser Handlungsbereitschaft wirkt das Federventil als Schwelle entgegen. Die doppelte Quantifizierung des Ausgangsverhaltens kommt dadurch zustande, das die Außenreize in der gleichen Richtung auf das Federventil wirken wie die Handlungsbereitschaft. Aus R. Gattermann et al. 1993.

Psychologie, *Seelenlehre* (psychology): ist die Wissenschaft vom Erleben und Verhalten des Menschen. Im Zentrum steht die → Psyche. P. ist eine integrative Disziplin, die vor allem auch Methoden und Erkenntnisse der Geistes-, Sozial- und Naturwissenschaften nutzt. Brücken zwischen der P. und der Verhaltensbiologie bestehen vor allem mit der → Psychobiologie, → Biopsychologie und → Entwicklungspsychologie, nicht jedoch zur → Neurotheologie. [1]

Psychoneuroimmunologie (psychoneuroimmunology): Zweig der Neurowissenschaften, der sich unter Berücksichtigung von psychischen Zuständen mit Wechselwirkungen zwischen Umweltreizen, dem Nervensystem und dem Immunsystem beschäftigt. So konnte gezeigt werden, dass soziale Belastungen und psychischer Stress das Immunsystem beeinträchtigen und dadurch die Entstehung von Krankheiten begünstigen. → Verhaltensimmunologie. [5]

Psychopharmaka, *Psychotropika* (psychoactive drugs, psychotropic drugs): Substanzen bzw. Arzneimittel, die auf die → Psyche des Menschen einwirken, sein Denken, Fühlen und Wollen und somit sein Verhalten beeinflussen. Entsprechende Wirkungen und Verhaltensänderungen lösen die P. auch bei Tieren aus. [1]

Psychopharmakologie (psychopharmacology): Wissenschaftsdisziplin, die die Wirkungen der Psychopharmaka und auch die psychotropen Nebenwirkungen anderer Arzneimittel auf die → Psyche und das Verhalten des Menschen – und in orientierenden Vorversuchen auch auf das der Tiere – untersucht. [1]

Psychophysik (psychophysics): Untersuchung von Zusammenhängen zwischen physikalischen Reizen und den Empfindungen, die sie bei Menschen auslösen. Die Einführung der P. durch den Philosophen und Naturforscher Gustav Theodor Fechner in der Mitte des 19. Jahrhunderts gilt als der Beginn der Psychologie auf naturwissenschaftlicher Grundlage. Das → Weber-Fechner-Gesetz gilt noch heute als Grundgesetz der P. Allen psychophysikalischen Ansätzen ist gemein, dass sie in psychologischen Experimenten versuchen, einer physikalischen Eigenschaft eines Reizes (Reizgröße) eine subjektive Empfindung zuzuordnen (Empfindungsgröße). In der → Psychoakustik, einem wichtigen Teilgebiet der P., haben solche Untersuchungen zur Einführung von Messgrößen geführt, die von nationalen und internationalen Normungsorganisationen standardisiert wurden. Akustische und optische Täuschungen gehen häufig auf Phänomene der P. zurück. [4]

Psychose (psychosis): Sammelbezeichnung für schwere psychische Erkrankungen des Menschen, die hauptsächlich aufgrund von Wahnvorstellungen und Halluzinationen zu vielfältigen Verhaltensstörungen führen. [1]

Psychotropika → Psychopharmaka.

Pterophagie, Pterotillie → Federpicken.

Puberty-accelerating-Pheromon → Vandenbergh-Effekt.

Pulfrich-Effekt → optische Täuschung.

Pupillenreaktion (pupillary response): subjektiv nicht wahrnehmbare und bewusst nicht steuerbare Änderung des Pupillendurchmessers infolge unterschiedlicher Kontraktionszustände der Irismuskulatur als Reaktion auf die Lichtmenge, die auf die Photorezeptoren auftrifft. Daneben gibt es auch P., an denen verschiedene Bereiche des Zentralnervensystems beteiligt sind. Eine Aktivierung der Großhirnrinde (Cortex) führt ebenso zur Erweiterung wie die Aktivierung des Sexualzentrums im verlängerten Mark (Medulla oblongata). Im Experiment vorgeführte Bilder führten bei jeweils konstant gehaltener Lichtmenge kurzfristig zur Pupillenerweiterung, wenn den Versuchspersonen etwas sympathisch war oder besonders gefiel, dagegen zur Pupillenverengung, wenn sie etwas unsympathisch fanden oder ablehnten. Die Pupille erweiterte sich z. B. bei heterosexuellen Männern und sie verengte sich bei homosexuellen Männern, wenn ihnen Bilder nackter Frauen gezeigt wurden. Heterosexuelle Frauen reagieren auf weibliche Akte mit geringerer, auf männliche Akte mit starker Pupillenerweiterung. Personen mit generell größerem Pupillendurchmesser werden länger angeschaut, wecken Interesse und erreichen stärkere Zuwendung als Menschen, deren Pupillen naturgemäß einen sehr kleinen Durchmesser haben. So nutzten z. B. schon im Rokoko die Hofdamen das Atropin (Belladonna), um die Pupillen zu vergrößern und ihren Augen Glanz zu geben. [5]

Purging (purging): Prozess, bei dem die Selektion die Frequenz nachteiliger Allele erniedrigt oder eliminiert. P. kommt in sehr kleinen Populationen mit starker Inzucht vor, in denen rezessive nachteilige Allele besonders häufig im homozygoten Zustand vorliegen. P. wirkt effizienter bei nachteiligen Allelen mit starker Wirkung als bei Allelen mit geringen Effekten. P. findet nicht an überdominanten Loci statt. Die mit dem Partnerwahlverhalten wirkende sexuelle Selektion kann z. B. zum P. von nachteiligen Allelen führen, die mit Genen für das präferierte Merkmal gekoppelt sind. [3]

Putativeltern (putative parents): vermeintliche Eltern, die als *Putativmutter* (putative mother) oder *Putativvater* (putative father) nach einer → Extrapair copulation des Partners gemeinsam oder allein die Brutpflege bzw. Aufzucht der Nachkommen übernehmen, aber nicht die biologischen Eltern sind. [2]

Putting-through-Methode → kinästhetisches Lernen.

Putzerkunde, Putzerstation → Putzsymbiose.

Putzstellungen → Putzverhalten.

Putzsymbiose (cleaning symbiosis): eine besondere Form von Partnerbeziehungen (→ Mutualismus), bei der ein Partner den anderen von Ektoparasiten (z. B. Kleinkrebse, Egel, Würmer, Insektenlarven, Zecken) oder Hautresten befreit und dadurch Nahrung und gegebenenfalls Schutz erhält. Als Putzer betätigen sich Garnelen, Fische und Vögel. Garnelen und Fische suchen den Körper der zumeist größeren Fische nach Parasiten ab. Putzerfische zeigen durch bestimmte Körperhaltungen und auffällige Schwimmweisen ihre Putzbereitschaft an. Diese an Nichtartgenossen gerichtete Nachricht (interspezifische Kommunikation) wird von den Partnern verstanden. Ebenso geben auch die *Putzerkunden* (clients) durch Putzaufforderungstellungen zu verstehen, dass sie geputzt werden wollen. Sie verweilen am Ort, öffnen das Maul, spreizen die Flossen und Kiemendeckel und lassen den Putzer gewähren. Bevor sie weiter schwimmen, zeigen einige Arten die Bereitschaft zum Ortswechsel durch kurze ruckartige Bewegungen an. Viele der Putzerfi-

sche besitzen Reviere, sog. *Putzerstationen* (cleaning stations), wo sie täglich Hunderte von Kunden putzen und ihre Putzbereitschaft mit einer Tanzaufführung signalisieren. Der Säbelzahnschleimfisch *Aspidontus taeniatus* sieht dem Putzerfisch *Labroides dimidiatus* sehr ähnlich und führt denselben Tanz auf. Doch statt die anderen Fische zu reinigen, beißt er Haut- und Flossenstücke heraus (→ Angriffsmimikry).
Unter den Vögeln sind es hauptsächlich die afrikanischen Madenhacker *Buphagus* und die amerikanischen Stärlinge *Molothrus*, die mit größeren Säugern, Krokodilen, Schildkröten und Leguanen eine P. eingehen. [1]
Putzverhalten (grooming behaviour (mammals, insects); preening behaviour (birds)): Teil des Komfortverhaltens, das der Säuberung (Schmutz, Fremdkörper, Parasiten) und Pflege (Ordnen und Einfetten), aber auch der Massage und Stimulation dient. Bei Gliederfüßern werden durch P. auch die Antennen und anderen Sinnesorgane gereinigt und sehr wahrscheinlich auch sensibilisiert. P. ist überwiegend angeboren und ein motiviertes Verhalten, bei dem Appetenzphasen und Endhandlung sehr schnell ineinander übergehen. Für das P. nehmen die Tiere artspezifische *Putzstellungen* ein und benutzen auch *Putzwerkzeuge.* Das können körpereigene Putzorgane (Extremitäten, Zähne) oder körperfremde Putzhilfen (Scheuerbäume, Artgenossen, → Putzsymbiose) sein. P. ist primär ein Selbstputzen, ohne soziale Funktion wie beim → Fremdputzen. Häufig tritt P. in Konfliktsituationen als Übersprungverhalten auf und wird dann *Übersprungputzen* genannt. [1]
Putzwerkzeuge → Putzverhalten.

QTL (quantitative trait locus): ein DNA-Abschnitt, der an der Ausprägung eines quantitativen Merkmals, d.h., durch mehrere Gene beeinflusst, beteiligt ist (→ Polygenie). Quantitative Merkmale zeigen eine variable Phänotypenausprägung, welche häufig einer unimodalen Verteilung entspricht. Beispiele für quantitative Merkmale sind Aggressivität, Spielverhalten, Intelligenz, Balz und Open-field-Verhalten. QTL-Analysen bestimmen den Grad der Kopplung von definierten Chromosomensegmenten mit dem gesuchten Phänotyp. Innerhalb dieser Bereiche befinden sich dann Gene (Kandidatengene) mit einem potenziellen Effekt. Eine QTL-Studie zum Paarungsverhalten von *Drosophila melanogaster* ergab z.B. sieben neue Gene, die vorher nicht mit einer solchen Verhaltensäußerung in Verbindung gebracht wurden. [3]
quasisozial → Sozietät.
Quefrency → Frequenzanalyse.
Quieszenz → Dormanz.

Radfahrerreaktion → umorientiertes Verhalten.
Rafting → Verdriftung.
Rahmenhandlung (structural activity): alle Verhaltensweisen, die nicht unmittelbar Bestandteil eines bestimmten Verhaltens sind, aber mehr oder weniger häufig davor oder danach auftreten. R. sind z.B. das Gähnen vor dem Aufsuchen des Schlafplatzes oder das Wittern am eignen Harn und das Zuscharren nach dem Absetzen des Harns. [1]
Räkelsyndrom → Rekelsyndrom.
Randbedingungen (peripheral conditions): Komplex von Umwelteinflüssen, die zwar in keinem unmittelbaren Zusammenhang mit dem gerade vollzogenen Verhalten stehen, aber den motivationellen Zustand des Individuums ändern und dadurch sein Verhalten modifizieren können. Dazu zählen z.B. Witterungsbedingungen, Bodeneigenschaften, Besiedelungsdichte und Verfügbarkeit von Sozialpartnern, Geräuschpegel sowie das Vorhandensein bevorzugter Örtlichkeiten wie Schlaf- und Balzplätze oder Winterquartiere. [5]
Rangdemonstration (rank demonstration): alle Verhaltensweisen, die den Rang innerhalb der Hierarchie anzeigen und zu ihrer Erhaltung und Stabilisierung beitragen (→ Rangordnung). Die R. wird hauptsächlich von Ranghöreren gegenüber Rangniederen, aber auch entgegengesetzt vorgenommen (Abb.). Ranghöhere Individuen zeigen aggressive Verhaltensweisen (→ Drohen), während rangniedere beschwichtigen. Zur R. gehören z.B. Aufrichten, Breitseitstellen, Haare- und Federnsträuben, Stoßen, Beißen, Aufreiten und

Rangdemonstration beim Rhesusaffen in subdominanter (a) und dominanter (b) Position. Aus R. Gattermann et al. 1993.

Verfolgen sowie Sich-Klein-Machen, Urinieren, Ausweichen, Wegsehen oder auch → Genitalpräsentieren. [1]

Rangordnung, *Dominanzhierarchie, soziale Hierarchie* (rank order, ranking order, dominance order): hierarchische Ordnung zwischen den Mitgliedern einer Sozietät. Hauptformen einer R. sind die → Despotie, → lineare Hierarchie und → zirkuläre Dominanzbeziehung. Dabei nennt man das Individuum an der Spitze *Alpha-Tier.* Ihm folgen *Beta-Tier* und *Gamma-Tier* usw. Am Ende der Rangskala steht jeweils das *Omega-Tier.*

Nach der Stärke und Einheitlichkeit der interindividuellen Dominanzbeziehungen unterscheidet man verschiedene Dominanzgrade. Eine *absolute R.* ist allgegenwärtig. Sie gilt unabhängig von Ort, Zeit und Funktionsbezug der Tiere. Bei Arten mit *relativer R.* gibt es in Abhängigkeit von der Begegnungssituation verschiedene Rangbeziehungen zwischen den Tieren und demzufolge unterschiedliche R. In diesem Fall kommt die soziale Dominanz nur im Kampfverhalten der Gruppenmitglieder in konkurrenzneutralen Situationen zum Ausdruck, wenn die Tiere nicht um Futter, Wasser oder ähnliches streiten. Relative R. ergeben sich auch, wenn die interindividuellen Dominanzbeziehungen in einer Gruppe durch die Anwesenheit Dritter beeinflusst werden (→ Grundrang, → abhängiger Rang).

Hinsichtlich der biologischen Bedeutung der R. sind ihre Vor- und Nachteile für das Individuum oder die Gruppe auseinander zuhalten. Zu den wesentlichen Vorteilen dominanter Individuen gehören der größere Handlungsspielraum, der Vorrang in Konkurrenzsituationen – in vielen Fällen auch bei der Fortpflanzung –, die Fähigkeit, die Aggressivität und die Sexualität bei Subdominanten zu hemmen (→ psychische Kastration), und die Möglichkeit, Versorgungskrisen in besserer Verfassung überstehen zu können als die subdominanten Konkurrenten. Dominante Individuen besitzen aber nicht nur Vorrechte, sie haben auch spezifische Pflichten, wie die Gruppe gegen Angriffe von außen zu schützen und Auseinandersetzungen unter den subdominanten Gruppenmitgliedern zu schlichten. Das verlangt von ihnen erhöhte Aufmerksamkeit und ständige Verteidigungsbereitschaft.

Eine R. bietet auch den subdominanten Individuen bestimmte Vorteile. Zunächst einmal genießen sie genau wie ihre dominanten Partner die allgemeinen Vorteile der sozialen Lebensweise beim Schutz vor Raubfeinden, gruppenfremden Konkurren-

ten und widrigen Umweltbedingungen sowie beim kollektiven Nahrungserwerb. Sie gewinnen sogar an den rangbedingten Erfolgen der Überlegenen ihrer Sozietät, wenn diese mit ihnen verwandt sind (inklusive Fitness). Die R. sichert den subdominanten Individuen das Überleben in der Gesellschaft überlegener Konkurrenten. Sie bietet die Möglichkeit zur Risikokalkulation, zur sozialen Einnischung und zur Koexistenz. Schließlich bleibt den subdominanten Individuen die Chance, später aufzurücken oder durch Auswanderung neue Ressourcen zu erschließen. Für die Gruppe als Ganzes ist die R.
– ein notwendiger Kompromiss zwischen den Vorteilen des Gruppenlebens und dem Fortbestehen innerartlicher Konkurrenz,
– ein Regelmechanismus oder sozialer Kontrakt, die Ressourcen von der Spitze her zu teilen und notwendige Verminderungen der Populationsdichte vom entgegengesetzten Ende der Rangskala zu beginnen,
– ein Ordnungssystem, das die Häufigkeit, die Dauer und Intensität des Kampfverhaltens sowie die sozialen Spannungen und den sozialen Stress limitiert und damit allen Gruppenmitgliedern Zeit, Energie und Risiko erspart. Ein Nachteil für die Gruppe entsteht durch die Aktivierung der interindividuellen Dominanzbeziehungen bei Gefangenschaftshaltung. Was im Freileben angepasst ist, kann bei der Intensivhaltung landwirtschaftlicher Nutztiere nachteilig werden (U. Lundberg 1993).
Manchmal wird die R. als *soziale R.* (social hierarchy) der → biologischen R. gegenübergestellt. [1]

Rare-male-Effect (rare-male effect, rare-male mating advantage): Phänomen, bei dem Männchen mit einem seltenen Genotyp einen Paarungsvorteil besitzen. Wird dieser Genotyp häufig, dann schwindet dieser Vorteil oder wirkt sogar nachteilig. So scheinen Guppy-Weibchen *Poecilia reticulata* die Männchen einer neuen Farbvariante gegenüber Männchen einer ihnen schon bekannten Farbvariante zu bevorzugen. Auch beim Hauszaunkönig *Troglodytes aedon* bevorzugen die Weibchen für ihre Seitensprünge Männchen mit seltenen Allelen. [3]

Rate → Frequenz.

Räuber, *Prädator, Episit, Freßfeind* (predator, episit): Sammelbezeichnung für alle Tiere, die Vertreter anderer Arten fangen, töten und mehr oder weniger vollständig verwerten. R. sind nicht nur die Großbeutejäger, sondern auch die Filtrierer und Strudler (Partikelfresser), nicht aber die Parasiten.
Dem Verhalten des R. liegt eine artspezifische Beutefangmotivation zugrunde, die im Suchen und Erkennen (Appetenz I), Fangen und Töten (Appetenz II) und in der Verwertung (Fressen, Vergraben u. a.) der Beute (Endhandlung) besteht (→ Beuteerwerb). In der Regel ist dieses Verhalten angeboren (Wirbellose) und muss durch Lernen vervollkommnet werden. Vertreter der Katzenartigen können angeborenermaßen zubeißen und festhalten, aber das Wie und Wo, der Nackenbiss, muss erlernt werden. Entsprechendes gilt für das Suchen der Beute. Man unterscheidet:
– die *Ortssuche* oder *Streifsuche*, bei der sich der R. sehr viel bewegt und seinen Lebensraum nach Beute absucht (z. B. Raubvögel und Raubtiere),
– die *Wartesuche*, bei der der R., der *Lauerjäger* (ambush predator, ambusher, lie-in-wait predator), am Ort verharrt und Fangeinrichtungen wie Netze, Köderattrappen, Duftstoffe u. a. nutzt (z. B. Spinnen, Insektenlarven, Anglerfische) und
– die *Wechsel-Wartesuche*, bei der der R. nach einer bestimmten Zeit den Ort der Wartesuche wechselt.
Beutetiere verfügen gegenüber ihren Fressfeinden über ein artspezifisches Schutzverhalten, sodass ein stabiles Gleichgewicht zwischen beiden besteht. [1]

Räuber-Beute-System (predator-prey system): interspezifische Wechselbeziehungen, die auf dem Konflikt zwischen den Nahrungsansprüchen des Räubers und den Schutzansprüchen der Beute basieren. Das R. ist das Resultat einer wechselseitigen evolutionären Anpassung (→ Koevolution). Der größere Selektionsdruck ist dabei auf Seiten der Beute, denn ein Fehlverhalten bedeutet für Beute den Tod und für den Räuber ein leerer Magen. Zwischen Räuber und Beute besteht ein Gleichgewicht, das die Populationsdichten der betreffenden Arten stabilisiert. Der Räuber dezimiert seine Beute, löscht sie aber nie völlig aus. Die Beute zeichnet sich durch höhere Fortpflanzungsraten und Populationsdichten aus und sie wehrt sich mit antipredatorischem Verhalten (→ Raubfeindabwehr). Die Wehrhaftigkeit der Beute wiederum macht den Beuteerwerb für den Räuber risikoreich und aufwendig. [1]

Räuberdruck (predator pressure): die gesamte Zahl der Räuber, die einem Beutetier entgegensteht. → Feinddruck [1]

Räubertum → Prädation.

Raubfeindabwehr (anti predator behaviour): Verhalten von potenziellen Beutetieren gegenüber Raubfeinden. Beutetiere können einzeln oder getrennt grundsätzlich zwei Abwehrstrategien einsetzen: zum einen ein Schutzverhalten, das sich gegen einzelne (oder alle) Elemente des Beuteerwerbs richtet, und zum anderen eine vermehrte Fortpflanzung.

Die R. kann im Gegensatz zum Beuteerwerb also auch punktuell und indirekt erfolgen und sie kann neben antagonistischen Formen, d. h. gegen den Raubfeind gerichtete, auch nichtantagonistische, dem Konflikt ausweichende Formen annehmen. Da die Initiative in den Räuber-Beute-Beziehungen vom Raubfeind ausgeht, besitzt die R. eine dem Beuteerwerb spiegelbildliche Struktur. Zur R. gehören beispielsweise ein vorsorgliches Vermeiden von Raubfeindkontakten, das Abwandern in (zumindest zeitweilig) raubfeindfreie oder geschützte Lebensräume, der Wechsel des tageszeitlichen (circadianen) Aktivitätsmusters, die Vereinzelung der Beute im Raum (→ Dispersion), die Gruppenbildung zur Vergrößerung der Abstände zwischen benachbarten Beuteansammlungen, die Tarnung (Schutzfärbung, Schutzverhalten) und das Fluchtverhalten. Die Früherkennung von Raubfeinden wird z. B. durch spontanes Sichern, Ausbildung eines Feindschemas, Aufstellung von Wachposten, gegenseitiges Warnen durch Rufe und Geräusche oder → Alarmpheromone gewährleistet. Morphologische und Verhaltensanpassungen gegen die Beutefanghandlung sind beispielsweise der Einsatz von Warntrachten (→ Mimikry), die Gruppen- oder Schwarmbildung, welche einen Raubfeind irritiert und bei der Auswahl eines bestimmten Angriffszieles stört (→ Konfusionseffekt), die schützende Vergesellschaftung mit wehrhaften Tierarten (z. B. Anemonenfische in Nesseltieren) und die Ablenkung des Raubfeindes durch Autotomie und Verleiten. Ebenso gehören das Droh- und Kampfverhalten und auch die Minderung der eigenen Verwertbarkeit als Beute durch Panzerung, Stachel- oder Haarkleider sowie durch Ungenießbarkeit oder schmerzhafte Stiche zur R. [4]

Raubparasit → Parasitoid.

Raubparasitoismus → Parasitoismus.

Raubwild → Wild.

Rauhigkeit → Psychoakustik.

Raumansprüche → Ansprüche.

Raumbegriff, *kognitive Landkarte* (cognitive map, mental map): Fähigkeit, mithilfe des Nervensystems Navigationsaufgaben so zu lösen, als stünde eine Landkarte der Umgebung zur Verfügung. Eine averbale Begriffsbildung bezüglich der räumlichen Umwelt wird immer dann sichtbar, wenn ein Individuum Umwege und Abkürzungen ohne Probierphase findet („Raumintelligenz“). Diese Fähigkeit wurde für manche Säuger (z. B. Laborratten) und Vögel nachgewiesen, aber auch für Insekten (z. B. Honigbienen und einige Ameisenarten). In der Psychologie wird der Begriff der kognitiven Landkarte auch erweitert auf mentale Modelle komplexer Zusammenhänge. [4]

Raumorientierung → Orientierung.

Raum-Zeit-System (spatio-temporal system): räumliche und zeitliche Abstimmung des Verhaltens in der Umwelt. In der Ethometrie wird es nach den Grundfragen Was? (→ Ethogramm), Wo? (→ Topogramm) und Wann? (→ Chronogramm) untersucht. Aus der Zusammenfassung von Etho-, Topo- und Chronogramm erhält man das R. des Verhaltens. In der Praxis hat es sich bewährt, die Teilaspekte paarweise zu kombinieren. Bekannte Beispiele dafür sind das circadiane und das annuale Etho- bzw. Topochronogramm, die den Tages- oder Jahresgang des Verhaltens bzw. der Ortswechselbewegungen darstellen. → Zeitordnung. [1]

Raum-Zeit-Territorium → Zeitplanrevier.

Raunze, Rausche → Östrus.

Rauschen (noise): nicht periodische zufällige (stochastische) oder scheinbar zufällige (quasistochastische) zeitliche Änderungen einer physikalischen Größe, welche die periodischen Komponenten eines Chronogramms oder das Nutzsignal eines Kommunikationssystems überlagern. R. kann aus der Umwelt oder aus dem Körperinneren stammen. Es stört jede Art von Kommunikation sowohl während der Informationsübertragung auf dem Kanal als auch die Auswertung verhaltensrelevanter zeitlich periodischer Veränderungen. Zur Klassifikation betrachtet man das R. oft als ein Gemisch von zahlreichen Frequenzen. Bei akustischen, aber auch bei elektrischen Signalen unterscheidet man je nach dem Frequenzspektrum weißes und farbiges, sowie breitbandiges und schmalbandiges R. Beim *weißen R.* (white noise, random noise) sind alle Frequenzen mit gleicher Intensität (Leistungsdichte) vertreten, was sich im Leistungsdichtespektrum in einer parallel zur Grundlinie verlaufenden Gerade ausdrückt. Praktisch ist das bei endlicher Leistung natürlich nur in einem begrenzten Frequenzbereich möglich. Bei einem *breitbandigen R.* (broad-band noise) finden sich relativ gleich hohe Intensitäten über einen großen Frequenzbereich bis hin zu einer Grenzfrequenz verteilt, während sie bei *schmalbandigem R.* (narrow-band noise) eng um eine Mittenfrequenz konzentriert sind. *Farbiges R.* (coloured noise) wird durch eine gesetzmäßige Verteilung der Intensitäten bezüglich der einzelnen Frequenzen gekennzeichnet. Bei *Rosa R.* (pink noise) z. B. fällt die Leistungsdichte umgekehrt proportional zur Frequenz ab, bei *Rotem* oder *Braunem R.* (brown noise) umgekehrt proportional zum Quadrat der Frequenz. In der natürlichen Umwelt vorhandene biogene (z. B. Laute anderer Arten) oder abiogene (z. B. Wind- und Wassergeräusche) Störungen werden durch kurzzeitige Veränderungen des Signals, z. B. durch Erhöhung der Lautintensität und damit des *Signal-Rausch-Abstandes* (signal-to-noise ratio), oder durch evolutive Anpassungen umgangen, z. B. durch die Nutzung störarmer Zeiten oder wenig belasteter Frequenzbänder sowie Verwendung redundanter oder multimodaler Signale. Beispiele für eine evolutive Anpassung sind die speziellen Lautparameter von Vögeln und Säugern, die in extrem windbelasteten Lebensräumen leben (→ Melotop). [4]

Reafferenz (reafference): Bezeichnung für Sinneserregungen (→ Afferenz), die durch Eigenbewegungen des Organismus hervorgerufen werden. Die Rückmeldung über die damit einhergehenden motorischen Zustandsänderungen (→ Propriozeptor) werden mit der im Zentralnervensystem vorliegenden Efferenzkopie verglichen, beide gemeinsam bilden die Grundlage für das → Reafferenzprinzip. [5]

Reafferenzprinzip (reafference principle): ein von Erich v. Holst und Horst Mittelstedt (1950) entworfenes und experimentell gestütztes Regelprinzip über das Zusammenwirken von aktiver Motorik und afferenter, sensorischer Information zur Trennung der eigenverursachten Bewegung und der Bewegung in der Umwelt, das grundlegende Mechanismen der Informationsverarbeitung beschreibt. Nach dem Schema eines Regelkreises wird für jede → Efferenz eine Efferenzkopie im Zentralnervensystem als Sollwert hinterlegt, die ständig mit der → Reafferenz, dem Istwert, verglichen wird. Bei Nichtübereinstimmung wird solange ein neues Efferenzmuster aufgebaut und umgesetzt, bis keine Korrekturen mehr notwendig sind. Damit können Bewegungsabfolgen, die von anderen übergeordneten Zentren oder von außen beeinflusst werden, kontrolliert und geregelt werden. Nach dem R. erfolgen z. B. die Feinabstimmung der Motorik sowie die Unterscheidung von Körperbewegungen (z. B. der Augen) und Bewegungen der Umgebung. Weiterhin bildet das R. die Grundlage für das → funktionelle System. [5]

Reaktion (reaction, response): Sammelbezeichnung für Verhalten, das im Gegensatz zur Aktion allein durch Reize aus der Umwelt ausgelöst wird. [1]

Reaktionskette → Handlungskette.

Reaktionsnorm (reaction norm, disposition): artspezifischer Bereich im Verhalten gegenüber Auslösern oder Umweltfaktoren. [1]

Recording-rules (recording rules): beschreiben den zeitlichen Rahmen der Anwendung verschiedener → Sampling-rules bei der Verhaltensbeobachtung. Zu differenzieren ist dabei zwischen kontinuierlicher und in Intervalle gegliederter Beobachtung:

– *continuous recording, kontinuierliche Beobachtung*: jedes Auftreten aller Verhaltensweisen wird gemeinsam mit der Zeit des Auftretens registriert. Man misst somit die exakten Frequenzen bestimmter Ereignisse oder die Dauer bestimmter Zustände der Verhaltensweisen. Das Problem ist die Datenfülle. Übliche Messgrößen sind die Latenzzeit (latency), die Zeit von Beobachtungsbeginn bis zum ersten Auftreten eines Verhaltens; die Dauer d (duration), die ununterbrochen registrierte Zeit des Verhaltens in der Beobachtungszeit t und die Frequenz f (frequency), die Anzahl des aufgetretenen Verhaltens in der Beobachtungszeit. Neben der prozentualen Dauer einer Verhaltensweise (d/t in %) wird die mittlere Dauer der Verhaltensweise (d/f) angegeben.

– *time sampling, periodische Beobachtung*: die Beobachtungszeit wird in Intervalle untergliedert. Die Intervalle sollten so kurz wie möglich und so lang wie nötig sein. Die Vorteile dieser Intervallbeobachtung bestehen darin, dass eine größere Anzahl von Tieren und Verhaltensweisen erfassbar ist und eine höhere Verlässlichkeit der Daten erreicht werden kann. Von Nachteil ist, dass weniger Informationen als bei kontinuierlicher Beobachtung gewonnen werden. Registriert wird, ob ein vorher festgelegtes Verhalten zu einem bestimmten Zeitpunkt (instantaneous sampling) oder in einem bestimmten Intervall (one-zero sampling) auftritt. Das *instantaneous sampling* liefert dimensionslos das Verhältnis der Zeitpunkte, an denen ein Verhalten auftritt zu allen Zeitpunkten der jeweiligen Beobachtungssitzung. Das *One-zero-sampling* ergibt ebenfalls dimensionslos das Verhältnis der Intervalle, in denen ein Verhalten auftritt zu allen Intervallen der jeweiligen Beobachtungssitzung. Es können jedoch nur ein oder zwei Individuen und von diesen eher Zustände als Ereignisse erfasst werden. → Ethogramm. [2]

Redundanz → Kodierung.

Referenzrhythmus → Markerrhythmus.

Reflex (reflex): eine in immer gleicher Weise eintretende unmittelbare gesetzmäßige Reaktion eines Erfolgsorgans auf einen spezifischen Reiz. R. unterliegen einer starken Reiz-Reaktionskopplung, daran beteiligt sind Rezeptor, Reflexzentrum und Effektor sowie vermittelnde afferente (sensible) und efferente (motorische) Nervenfasern. Der Rezeptor dient der Reizaufnahme und transformiert den Energie- und Informationsgehalt des Reizes zu Erregungen, die über afferente Fasern zum entsprechenden R.zentrum geleitet werden. In den Zentren, die bei Wirbeltieren hauptsächlich im Rückenmark und in den stammesgeschichtlich älteren Hirnabschnitten liegen, erfolgt bei ausreichender Erregung die Umschaltung auf efferente Fasern. Sie stellen die Verbindung zum Effektor her, der die Verhaltensreaktion ausführt (→ Reflexbogen).

R. können angeboren (unbedingt) oder erworben (bedingt) sein. Angeboren sind z. B. viele Schutz-R. (Klammer- oder Lidschluss-R.). Liegt der Verbindung dagegen eine → Konditionierung zugrunde, so handelt es sich um einen → bedingten R. Zum anderen unterscheidet man *Eigen-R.*, bei denen sich Rezeptor und Effektor in einem Organ befinden (→ Kniesehnenreflex), und *Fremd-R.*, bei denen Rezeptor und Effektor in unterschiedlichen Organen liegen und die immer polysynaptisch verknüpft sind. Hierher gehört die Mehrzahl der R. Eigen-R. ermüden im Gegensatz zu Fremd-R. kaum.

Verhaltensweisen, die ausschließlich auf R. basieren, kommen sehr selten vor (→ Reflextheorie des Verhaltens). R. sind aber häufig Bestandteile des Verhaltens. So bestimmen Stell- und tonische R. die Körperhaltung mit, Saug- und Schluck-R. sind an der Nahrungsaufnahme beteiligt, Nies-, Husten- und Wisch-R. sorgen für die Beseitigung von Fremdkörpern. [5]

Reflexbluten → Wehrsekret.

Reflexbogen, *Reflexkreis, Reflexbahn* (reflex arc, reflex circuit): morphologisch-anatomisches Substrat eines Reflexes mit Rezeptor, Reflexzentrum, Effektor sowie afferenten (sensiblen) und efferenten (motorischen) Nervenbahnen, deren Erregung seinen Ablauf vermittelt und steuert. Bei funktioneller Betrachtung können zahlreiche R. zu Reflexkreisen geschlossen werden, denn häufig ist die Reaktion des Effektors auf eine Veränderung oder Auslöschung des reflexauslösenden Reizes gerichtet, z. B. bei Wisch-, Nies- und Schluckreflexen. [5]

Reflexkette → Kettenreflex.

Reflextheorie des Verhaltens (reflex model of behaviour): auf die philosophischen Anschauungen René Descartes (1596–1650) zurückgehende Theorie, nach der der Organismus als eine Art von Maschine auf äußere Reize reagieren. Als grundlegender

Mechanismus wurde später der physiologische Reflex beschrieben. Iwan Petrowitsch Pawlow (1927) führte schließlich sämtliche Erscheinungsformen des Psychischen, einschließlich der sog. höheren Nerventätigkeit, auf Reflexe zurück. In der Psychologie entwickelten sich aus dieser Sicht Reiz-Reaktions-Theorien, die die eigentlichen psychischen Faktoren stark vereinfachten und in Behaviorismus und Milieutheorie gipfelten. In der klassischen Ethologie wurde schließlich aus der R. die Instinkttheorie des Verhaltens. [1]

Refraktärperiode (refractory period): Zeitabschnitt nach einem bestimmten Verhalten, in dem es nicht erneut ausgelöst werden kann. In der Psychologie wird R. als ein „Flaschenhals der Informationsverarbeitung" bezeichnet. Werden zwei Stimuli fast unmittelbar nacheinander dargeboten, tritt eine Verlangsamung der Reaktion auf den zweiten Stimulus auf. Durch diesen aktiven Inhibitionsprozess ist gewährleistet, dass gerade ablaufendes Verhalten vor Unterbrechungen geschützt wird. [5]

Regelkreis (feedback system): ein dynamisches und geschlossenes System, in dem die Regelgröße (Istwert) fortlaufend erfasst und mit der Führungsgröße (Sollwert) verglichen wird und dieser möglichst folgen soll. Ein R. stabilisiert den Zustand eines Systems gegenüber Störungen und optimiert die Stoff- und Energiewechselprozesse eines Organismus (→ Homöostase). Dazu wird zunächst ein Fühler benötigt, der als Rezeptor den aktuellen Istwert des zu regelnden Parameters misst. Dieser wird dann im Verlauf der Regelstrecke mit der konstant zu haltenden Regelgröße, dem Sollwert verglichen, von dem er in biologischen Systemen meist periodisch oszillierend abweicht. Zusätzlich wirken hier Störgrößen ein, die verrechnet und möglichst korrigiert werden müssen. Dies erfolgt durch den Regler, indem er am Messort den aktuellen Ist- und Sollwert miteinander vergleicht und durch sein Stellglied beeinflusst. Ein klassisches Beispiel für einen R. in biologischen Systemen stellt die Regulierung der Körpertemperatur dar. Alle Tiere haben eine Körpertemperatur, die nach oben durch die Denaturierung der Eiweißstoffe und nach unten durch die Bildung von Eiskristallen in Zellen gekennzeichnet und begrenzt ist. Viele biochemische Prozesse besitzen eine optimale Temperatur zwischen diesen beiden Extrembereichen. Warmblüter sind in der Lage, ihre Körpertemperatur (Regelgröße) weitgehend unabhängig von der von außen einwirkenden Hitze oder Kälte (Störgröße) durch endogene Stoffwechselvorgänge oder Zittern und Schwitzen (Stellgröße) selbst mit dem Sollwert (abhängig von der Tierart, beim Mensch ca. 37 °C) zu vergleichen und zu regeln. Dafür sind Neuronengruppen im Hypothalamus (Regler) verantwortlich, die durch Wärme- und Kälterezeptoren auf der Haut (Fühler) innerviert werden und die empfindlich auf Temperaturabweichungen reagieren. Je nach Messwert aktivieren sie dann Muskeln, Blutgefäße oder komplexe Stoffwechselprozesse (Stellglieder) und erreichen so eine weitgehend konstante Körpertemperatur. Bei der Verhaltensregulation arbeiten häufig mehrere R. zusammen. Trinkverhalten z. B. wird bei Vögeln und Säugern sowohl durch den Anstieg des osmotischen Druckes im Blut als auch durch eine Abnahme der Blutmenge aktiviert. Die Rezeptoren für den osmotischen Druck befinden sich im präoptischen Hypothalamus. Das Blutvolumen messen Dehnungsrezeptoren im linken Herzvorhof; auch ihre Meldungen gelangen zum Hypothalamus. Dieser steuert durch die Ausschüttung von Vasopressin eine Verringerung der Wasserausscheidung in den Nieren und löst Trinken oder Saugen aus. → thermoregulatorisches Verhalten, → thermisches Präferendum [5]

Regressionsverhalten → Infantilismus.

Regurgitation (regurgitation): Hervorwürgen von Nahrung zur Weitergabe an Nachkommen und Sozialpartner (→ Trophallaxis) z. B. bei Honigbienen, Ameisen, Tauben und Wölfen. Stereotype R. und wieder auffressen kommt auch als Verhaltensstörung bei Menschenaffen in Gefangenschaft vor. Im Gegensatz zum Erbrechen wird bei der R. keine Antiperistaltik eingesetzt. [1]

Reifung (maturation): Vervollkommnung angeborenen Verhaltens ohne Lernen (Üben). Wie alle Organsysteme und physiologischen Funktionen, so reifen auch viele Verhaltensweisen bis zur vollen Funktionstüchtigkeit (Abb.). In der Regel reifen sie mit ihren ausführenden Organen, manchmal

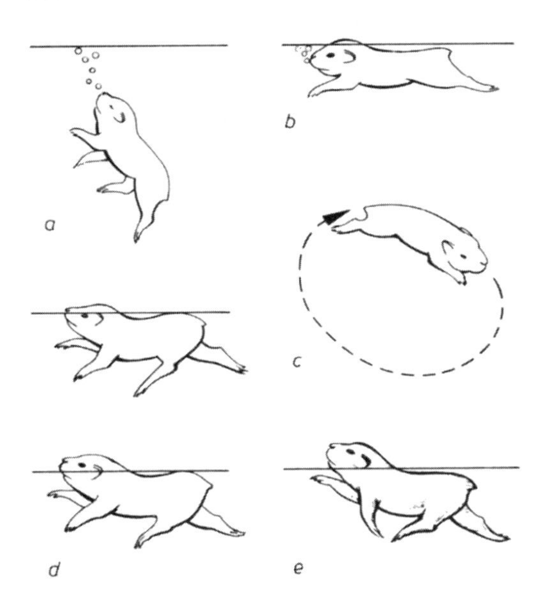

Reifung des Schwimmverhaltens beim Goldhamster. In der ersten Lebenswoche können die Jungen gar nicht schwimmen und gehen unter (a), am 10./11. Lebenstag erreichen sie die Wasseroberfläche, können aber Mund und Nase noch nicht aus dem Wasser heben (b). Das gelingt am 12./13. Lebenstag, allerdings ist die Koordination der Beine noch nicht exakt abgestimmt, so dass es zum Kreisbahnschwimmen kommt (c). Am 16./17. Lebenstag können sie schon geradeaus schwimmen und den Kopf für etwa 10 Sekunden aus dem Wasser heben (d). Mit 21 Lebenstagen ist ihr Schwimmverhalten ausgereift, sie schwimmen wie adulte Tiere (e). R. Gattermann 1986.

aber auch schneller oder langsamer. Wenige Tage alte Goldhamster z. B. vollführen Putzbewegungen mit den Hinterbeinen, ohne dass diese den Körper erreichen, sie sind noch zu kurz und zu unbeweglich.
Eine klare Trennung zwischen (angeborenen) R.vorgängen und (erworbenen) Lernanteilen gelingt sehr selten (→ Kaspar-Hauser-Versuch). Beispielsweise zog man Tauben in Tonrohren auf, sodass sie Flugbewegungen nicht üben konnten. Später wurden sie freigelassen, und sie flogen genauso gut wie normal aufgezogene Tiere. Ein Beweis dafür, dass ihr Flugvermögen heranreift. Bei Säugern und Vögeln kann die R. durch Spielverhalten und Handling gefördert werden. → Verhaltensontogenese. [1]
Reinforcement : **(a)** Verstärkung von Isolationsmechanismen (z. B. Balzverhalten, Gesang, morphologische Merkmale) beim sympatrischen Vorkommen von Arten durch natürliche Selektion. Da Hybride häufig Fitnessnachteile besitzen, werden Merkmale betont, die besonders arteigene Paarungspartner ansprechen. Frösche der Gattung *Gastrophryne* zum Beispiel erhöhen ihre Rufdauer und Ruffrequenz, wenn verwandte Arten im gleichen Habitat vorkommen. Allopatrische Populationen dieser Arten zeigen sehr ähnliche Rufmuster. **(b)** in Lernexperimenten die → Verstärkung. [3]
Reiz, *Stimulus* (stimulus): Informationen bzw. energetische Zustände oder deren Änderung aus der Umwelt oder dem Organismus, die ein geeigneter Rezeptor aufnehmen kann. Die R.aufnahme besteht bei Tieren mit einem Nervensystem in der Umwandlung des R. in ein elektrisches Aktionspotenzial, das im physiologischen Sinne eine → Erregung darstellt. Entsprechend der Art der Information, der *Modalität* (modality), unterscheidet man chemische und physikalische (mechanische, thermische, optische, akustische, vibratorische, elektrische oder magnetische) R. Dabei gibt es, außer bei → Schmerzrezeptoren, für jeden Rezeptor eine spezifische Modalität, d. h. einen *adäquaten R.* (adequate stimulus), der schon bei einer geringen R.intensität eine Erregung auslöst. Die Mindestintensität zum Auslösen einer Erregung heißt *R.schwelle* (stimulus threshold). Auf *inadäquate R.* (inadequate stimulus) reagieren Rezeptoren nicht oder nur bei sehr großer Intensität. Um die zu verarbeitende Informationsmenge optimal zu reduzieren, kann die R.schwelle

starr festgesetzt sein oder auch variabel eingestellt werden (→ Reizfilterung). In der Verhaltenbiologie spricht man auch dann von einer R.filterung, wenn streng physiologisch betrachtet, erst die durch R. verursachten Erregungen im peripheren oder zentralen Nervensystem verarbeitet werden. Dieser Unterschied in der Sichtweise hat seinen Ursprung darin, dass die Untersuchungsobjekte der Verhaltensbiologie im klassischen Sinne ausschließlich vollständig intakte Organismen sind, nicht jedoch deren innere physiologischen Vorgänge. Verhaltensauslösende R. sind in der Realität oft sehr komplex und stellen R.kombinationen dar (→ Reizsummenregel) und heißen, wenn sie aus der Umwelt kommen → Kennreize und wenn sie der Kommunikation dienen → Signalreize. → Cue. [4]

Reizadaptation (stimulus adaptation): in der klassischen Ethologie das allmähliche Erlöschen der Antwortreaktion auf die stetige Wiederholung eines Reizes als Folge einer Schwellenerhöhung (→ Schwellenwertänderung). Als Ursachen kommen neben der motorischen Ermüdung vor allem die Adaptation afferenter Mechanismen (aktionsspezifische Ermüdung) und Lernvorgänge (Habituation) in Betracht. [5]

Reizbarkeit, *Irritabilität* (irritability): veralteter Begriff für eine der Grundeigenschaften des Lebens, der heute durch den Terminus → Informationswechsel ersetzt wird. [1]

Reizentzug → Deprivation.

Reizfilterung, *Filterung* (stimulus filtering, filtering): die selektive Aufnahme von → Kennreizen aus dem Reizangebot der Umwelt. Dies ist eine zentrale Voraussetzung für das Überleben, da auf jedes Lebewesen ständig wesentlich mehr Informationen einströmen, als die potenziell reizempfänglichen Rezeptoren verarbeiten könnten. Da nicht alle Reize (Informationsträger) relevant und auswertbar sind, muss eine Auswahl und Klassifizierung erfolgen, die als *periphere R.* (peripheral filtering of stimuli) von den Sinnesorganen oder als *zentrale R.* (central filtering of stimuli) vom Zentralnervensystem vorgenommen wird. Bei der peripheren R. nehmen die Rezeptoren einzelne Reize unterhalb so genannter Reizschwellen nicht auf oder leiten sie nicht weiter (→ Schwellenwertänderung). Hierdurch wird der wahrnehmbare Bereich auf die Reize eingeschränkt, die für die Überlebenssituation eines Lebewesens relevant sind. Ein Beispiel ist die Hörschwelle, durch die vermieden wird, dass irrelevante und störende Geräusche zu akustischen Wahrnehmungen führen, wie das Blut-Rauschen in den Ohrgefäßen oder die Geräusche des Herzschlags. Die eigentliche R. besteht jedoch in der zentralen R. an den unterschiedlichsten, noch immer nicht bekannten Stellen des Gehirns. Sie beschränken die Wahrnehmung der Reize auf den für diese Situation angemessenen Bereich. Die Mechanismen der R. sind weitgehend unbekannt. Sehr wahrscheinlich vollzieht sich die R. von der Peripherie bis zum Zentrum nicht nur an zwei, sondern stufenweise, an verschiedenen Orten des Nervensystems. [5]

Reiz-Reaktions-Beziehung (stimulus response relationship): **(a)** auf Verhaltensebene die qualitativen und quantitativen Zusammenhänge zwischen Reizsituationen und den durch sie ausgelösten bzw. beeinflussten Verhaltensweisen. Relativ einfache und starre R. finden sich bei Reflexen. Angeborene und besonders erworbene Auslösemechanismen weisen dagegen in Abhängigkeit von der Entwicklungsstufe des Organismus sehr komplexe und variable R. auf. Außerdem sind die R. von internen Faktoren und Lernprozessen abhängig.
(b) auf physiologischer Ebene die Art der Reaktion eines Rezeptors auf einen adäquaten Reiz. Den häufigsten Typ stellen proportionale differentiale Rezeptoren dar, bei denen die zum Zentralnervensystem geleiteten Erregungen proportional zur Reizstärke bzw. zu ihrem Logarithmus sind. [5]

Reizschwelle → Reiz.

reizspezifische Ermüdung → Habituation, → Ermüdung.

Reizsummenregel, *Reizsummation* (law of heterogeneous summation): ein in der klassischen Ethologie verwendeter Begriff für das Phänomen, dass ein Verhalten oft durch unterschiedliche Schlüsselreize ausgelöst werden kann, wobei die Reaktionsstärke durch wechselseitige Verstärkung und multiplikatives Zusammenwirken mehrerer Schlüsselreize und Auslöser bestimmt wird, die zu einem angeborenen

Auslösemechanismus gehören. Attrappenversuche haben gezeigt, dass für die Ei-Einrollbewegung der Silbermöwe Größe, Fleckung und Grundfarbe der Eiattrappe wesentliche Merkmale sind (größer > kleiner, gefleckt > ungefleckt, grünlich > bräunlich). Die experimentelle Kombination aller positiven Merkmale löst die stärkste Reaktion aus. Generell können derart auslösbare Verhaltensreaktionen in gewissen Grenzen durch übernatürliche Reize weiter verstärkt werden (→ übernormale Reize). [5]

Reizunterscheidungslernen → Diskriminationslernen.

Rekelsyndrom, *Räkelsyndrom* (stretching syndrome): angeborene Verhaltenskombination, die aus Gähn- und Streckbewegungen besteht und hauptsächlich intern ausgelöst wird. Beide Anteile können aber auch getrennt auftreten (Gähnen, Sichstrecken). [1]

Rekrutierung (recruitment): bei sozialen Insekten das Heranziehen von Nestgenossen zur Erledigung einer gemeinsamen Aufgabe, wie der Futtersuche oder Verteidigung. [1]

relative Stimmungshierarchie (relative mood hierarchy): von Paul Leyhausen (1965) beschriebenes Phänomen, dass aus den Beutefanghandlungen Finden, Fangen und Fressen jede zur erstrebten Endhandlung werden kann, wenn ihre spezifische Handlungsbereitschaft gerade relativ hoch ist und die der anderen relativ niedrig sind. Diese Auffassung basiert auf der Erkenntnis, dass die Verhaltensregulation hierarchisch aufgebaut ist. Bei höher entwickelten Arten gibt es jedoch keine streng lineare Anordnung, sondern vielmehr ein Beziehungsgeflecht von Motivationen, sodass jeweils situationsbedingt unterschiedliche Endhandlungen auftreten können. Die Beobachtung einer mit einer Maus spielenden Hauskatze zeigt, dass die Beseitigung des Hungers nicht automatisch auch die Handlungsbereitschaften zum Auflauern und Angreifen auslöscht. Die Katze setzt die Maus wieder frei oder wirft sie in die Luft, um sie erneut anzuschleichen und abzufangen (→ Hierarchie der Antriebe). [5]

relative Wahl (relative discrimination): eine Form des Unterscheidungs- oder Diskriminationslernens, in dessen Verlauf ein Individuum eine erlernte Reizunterscheidung (→ absolute Wahl) auf eine neue, ähnliche Lernsituation überträgt. → Transposition. [5]

relatives Gehör (relative hearing): die Fähigkeit, ein gegebenes Tonintervall richtig zu bezeichnen oder gesanglich zu transponieren bzw. frei wiederzugeben. → absolutes Gehör. [4]

Releaser-Effekt (releaser effect): die Wirkung eines Kenn- oder Signalreizes, der sofort eine Verhaltensänderung auslöst. Beispielsweise löst der Angriff eines Räubers sofort Fluchtverhalten aus. → Primer-Effekt. [1]

Releaser-Pheromon → Pheromon.

REM-Schlaf → Schlaf.

Rennspiel → Spielverhalten.

Repellent, *Repellentium* (repellent):

(a) Sammelbezeichnung für alle chemischen Verbindungen oder Gemische daraus, die Artfremde oder Artangehörige abwehren. Dazu gehören die intraspezifisch wirkenden Dispersionspheromone (→ Pheromone) und die interspezifischen → Allomone. Zu den R. gehören aber auch Stoffe, die Pflanzen absondern, um z. B. Insektenfraß zu verhindern oder die Eiablage zu unterbinden. Der Einsatz von R. im Pflanzenschutz und gegen Vorratsschädlinge war bisher zumeist wenig erfolgreich.

(b) im engeren Sinne ein Mittel, welches Stechmücken, Zecken und andere Gliederfüßer daran hindern soll, Blut zu saugen und dabei Unannehmlichkeiten zu bereiten oder gar Krankheiten zu übertragen. Nachweislich gut funktionieren nur R., die auf die Haut oder die Kleidung aufgetragen werden, und z. B. DEET (N,N-Diethyl-m-toluamid) in Konzentrationen von 5–20 % enthalten.

(c) künstliches akustisches Signal, das Tiere abwehren soll. Die Erfolge dabei sind oft gering. Geräte, die mit Ultraschall Stechmücken abwehren sollen, haben sich bei allen bisherigen wissenschaftlichen Untersuchungen als vollkommen unwirksam erwiesen. [4]

Replikator (replicator): eine der natürlichen Selektion unterliegende, zur Selbstvermehrung (Autoreproduktion) befähigte biologische Einheit. Je nach Art der Selektionstheorie versteht man darunter Gene, Individuen oder kulturelle Merkmale (→ Mem).

Als aktive R. werden z. B. codierende DNA-Abschnitte angesehen, die über Proteinsynthese einen phänotypischen Effekt bewirken, der die eigene Replikation beeinflusst. Dagegen steht nichtkodierende DNA für einen möglichen passiven R. *Keimbahn-R.* (germline replicator) sind Gene, die über die Keimbahn weitergegeben werden. RNA gilt als frühester R. und damit als möglicher Startpunkt der Evolution (RNA-Welt). [3]

Reproduktionsrate → Fortpflanzungsrate.

Reproduktionsstrategie → Fortpflanzungsstrategie.

reproduktive Asymmetrie (reproductive skew): eine ungleiche Verteilung der Reproduktion unter den adulten und potenziell fortpflanzungsfähigen Mitgliedern einer sozialen Gruppe. R. A. kann zu einer strikten Trennung in reproduktive und nicht-reproduktive Individuen führen (→ Kaste). Bei starker r. A. ist die Reproduktion auf nur ein oder aber wenige Tiere eines Geschlechts beschränkt, während sich alle anderen Gruppenmitglieder nur sehr selten oder aber überhaupt nicht reproduzieren. [5]

reproduktive Unterdrückung *psychische Kastration* (reproductive suppression, psychological castration): beschreibt das Phänomen bei sozialen Säugern, dass sich einige adulte subordinierte Mitglieder sozialer Gruppen trotz gegebener Fortpflanzungsfähigkeit aufgrund sozialer Faktoren nicht erfolgreich reproduzieren. R. U. führt zur → reproduktiven Asymmetrie und kann durch Töten der Jungtiere der subordinierten Individuen zustande kommen. Darüber hinaus können sie aktiv von den dominanten Tieren an Paarungsmöglichkeiten gehindert bzw. davon ausgeschlossen werden. Schließlich kann es beispielsweise durch Pheromone zu physiologischen Veränderungen wie verzögerte Geschlechtsreife, Verhinderung des Eisprunges oder der Implantation des befruchteten Eies sowie zum spontanen Abort kommen. Inzwischen liegen zahlreiche Hinweise für r. U. bei Säugetieren vor. So attackieren bei Wölfen die dominierenden Rudelmitglieder Tiere niedrigeren Rangs, wenn diese sich paaren wollen. Unter den in Familienverbänden zusammenlebenden Mongolischen Wüstenrennmäusen *Meriones unguiculatus* hat in der Regel nur das ranghöchste Weibchen einen Östrus; es kann aber von allen männlichen Gruppenangehörigen gedeckt werden, die keiner r. U. unterliegen. Die anderen Weibchen sind nur fortpflanzungsfähig, wenn sie die Gruppe verlassen oder das dominante Weibchen seine Position verliert. Bei den als eusozial beschriebenen Nacktmullen *Heterocephalus glaber* werden die subordinierten adulten Gruppenmitglieder durch das aggressive Verhalten des reproduktiven Weibchens (der „Königin") an eigener Fortpflanzung gehindert. [1] [5]

Requisiten (requisites): verhaltensrelevante Ausstattungen und Funktionsorte im Lebensraum wie Zufluchtsorte, Nistplätze, Wege, Sitzwarten, Schutzstellen und ähnliches. R. können zerschlissen, aber nicht konsumiert werden (→ Ressourcen). [1]

Resident (resident): **(a)** Inhaber eines Territoriums, eines Baus oder eines Brutplatzes. **(b)** allgemeine Bezeichnung für Arten oder Individuen, die nicht abwandern oder kein Zugverhalten aufweisen. → Standvogel. [2]

Ressourcen (ressources): lebenswichtige Verbrauchsgüter wie Nahrung, Wasser, Atemluft, Rohstoffe, Baumaterialien, aber auch Raum und Zeit. R. stehen für Quantitäten, während → Requisiten eher die Qualitäten im Lebensraum repräsentieren. [1]

Ressourcenallokation (ressource allocation): Aufteilung bzw. Zuordnung der zur Verfügung stehenden → Ressourcen eines Individuums an verschiedene Funktionen mit dem Ziel der Erreichung maximaler Gesamtfitness. Insbesondere unter restriktiven Umweltbedingungen müssen brutpflegende Säuger- oder Vogelweibchen entscheiden, wie lange sie auf Kosten ihrer eigenen Konstitution und damit weiterer Reproduktion in den aktuellen Wurf bzw. das aktuelle Gelege investieren. Der unter pessimalen Umweltbedingungen zu beobachtende → Kronismus bzw. die Resorption oder der Abort von Säugerjungen könnten als Folge der R. gedeutet werden. Auch bei geringer Wurf- oder Gelegegröße ist es oft vorteilhafter, die Nachkommen zu töten und damit die Reproduktionsfähigkeit schnell wieder herzustellen. So werden beim Hausschwein bei zu erwartender Wurfgröße von weniger als 5 Jungen, die Embryonen am 12. Tag der Trächtigkeit abgestoßen. Die Mutter ist dann nach etwa

10 Tagen wieder empfängnisbereit. → Allokation. [2]

Resynchronisation (resynchronization): Wiederanpassen eines freilaufenden biologischen Rhythmus an einen Zeitgeber bzw. die Wiederanpassung nach einer Phasenverschiebung des Zeitgebers (→ Freilauf, → Zeitgeberverschiebung, Abb.). Während der R. befindet sich ein Organismus im Zustand der internen und externen → Desynchronisation. Im Ergebnis der R. werden die normalen Phasenbeziehungen zum Zeitgeber sowie der circadianen Rhythmen untereinander wieder hergestellt (Synchronisation). Die Dauer der R. hängt von der → Phasendifferenz des freilaufenden Rhythmus zum Zeitgeber bzw. vom Ausmaß der Zeitgeberverschiebung ab. Je geringer die Differenz zwischen alter und neuer Phase, umso schneller vollzieht sich die R. Die Dauer ist aber auch von der Zeitgeberstärke und der Richtung der Phasenverschiebung abhängig. Liegt die neue Phase später als die aktuelle, vollzieht sich die R. schneller. Die Geschwindigkeit der R. nimmt mit dem Alter ab. Hinzu kommen individuelle und Artunterschiede. Durch Maskierungseffekte kann u. U. eine sehr schnelle R. vorgetäuscht werden. [6]

retino-hypothalamischer Trakt, *RHT* (retino-hypothalamic tract): eine direkte Projektion von der Retina zum suprachiasmatischen Nukleus (SCN), die bei allen bisher untersuchten Säugetieren gefunden wurde. Der RHT dient zur Weiterleitung der photischen Zeitgeberinformation, die durch spezielle retinale Ganglienzellen perzipiert wird. Deren Axone formieren den RHT, der den optischen Nerv im Bereich des optischen Chiasmas auf der Dorsalseite verlässt. Der RHT endet im ventrolateralen Teil des SCN. Neurotransmitter sind excitatorische Aminosäuren, insbesondere N-Acetylaspartylglutamat. Der RHT ist nicht die alleinige,

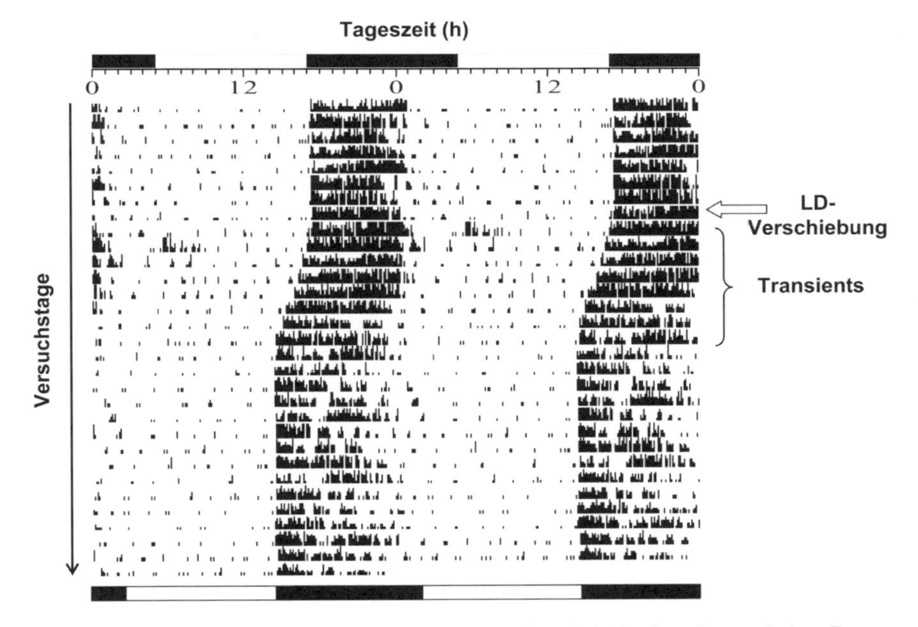

Resynchronisation des Tagesrhythmus der lokomotorischen Aktivität eines Dsungarischen Zwerghamsters *Phodopus sungorus* nach einer Vorverlagerung des Licht-Dunkel-Wechsels (Zeitgeberverschiebung) um +3 h. Die Anpassung erfolgt im Verlaufe von etwa 8 Tagen über so genannte → Transients. [6]

aber die wichtigste Projektion zum SCN. → geniculo-hypothalamischer Trakt. [6]

Retrogradation → Gradationen.

Revier → Territorium.

Reviergesang, *Revierverteidigungsgesang* (territorial song): spezielle Gesangsform, die angeblich ausschließlich der Distanzregulation und damit der Reviermarkierung dienen soll. Der Begriff R. wird zuweilen bei Vögeln und Säugern (dort auch als *Revierlaut*) verwendet, obwohl es bisher kaum Belege für eine ausschließlich territoriale Funktion des Gesangs gibt (→ Gesangsrepertoire). Bei der Froschart *Eleutherdactylus coqui* konnte experimentell nachgewiesen werden, dass von den beiden unterschiedlichen Elementen im Gesang der Männchen eins vorrangig der Reviermarkierung dient (→ diffuges Signal für Männchen), während das andere Geschlechtspartner anlockt (→ affines Signal für Weibchen). Hier handelt es sich also um eine Kombination aus R. und Lockgesang. [4]

Reviermarkierung, *Territoriumsmarkierung* (marking of territory, territorial marking): Gesamtheit aller Verhaltensweisen zur Kennzeichnung eines Territoriums. R. erfolgt z. B. durch Ablaufen, Abfliegen oder Abschwimmen des Reviers oder der Reviergrenzen bei gleichzeitiger Präsentation optischer Signale (z. B. bei Fischen mit ihrer Zeichnung und bei Prachtlibellen mit farbigen Flügeln), durch Rufe und Gesänge (Säuger, Frösche), oft von einer → Singwarte aus (Vögeln und Insekten), oder durch das Setzen von Duftmarken (Säuger). Schwachelektrische Fische markieren ihr Revier mithilfe elektrischer Signale (→ Elektrokommunikation). → Markierverhalten. [4]

Reviersuche (spacing): eine Form der → Dismigration zur Etablierung eines eigenen Territoriums. [1]

Revierverhalten → Territorialverhalten.

Reynoldszahl → Schwimmen.

Rezeptor (receptor): auf der zellulären Ebene innerer oder äußerer Messfühler, der bestimmte chemische oder physikalische Reize aufnimmt und in Erregungen umwandelt. Bei mehrzelligen Organismen sind die R. meist *Sinneszellen* (sensory cell), die Reize in elektrische Signale umwandeln, denn nur solche Signale können über das afferente Nervensystem zur Verarbeitung weitergeleitet werden. Grundlage für die Funktion der Sinneszellen sind meist spezielle Proteine in Membranen, z. B. der Zellmembran. Diese Proteine werden auf der molekularen Ebene ebenfalls als R. (Membranrezeptoren) bezeichnet. Sinneszellen bilden zusammen mit Schutz- und Hilfseinrichtungen die Sinnesorgane. Je nach dem, ob Reize außerhalb oder innerhalb des Körpers erfasst werden, unterscheidet man zwischen *Extero-R.* (exteroceptor) und *Intero-R.* oder *Entero-R.*, (interoceptor, enteroceptor). R., welche die Stellung von Körperteilen zueinander registrieren, bezeichnet man stets als → Proprio-R. Nicht ganz eindeutig ist die Zuordnung von R., welche die Lage des eigenen Körpers im Schwerefeld der Erde oder Beschleunigungen registrieren. Häufig werden solche R. ebenfalls den Proprio-R. zugeordnet, von manchen Autoren jedoch getrennt behandelt (z. B. als Vestibularapparat bei Wirbeltieren). Der Begriff „Proprio-R." wird zuweilen auf sämtliche Intero-R. ausgedehnt und umfasst dann selbst Rezeptoren für das Schmerzempfinden (→ Schmerzrezeptor). [4]

reziproker Altruismus → Altruismus.

reziprokes Sozialverhalten (reciprocal social behaviour): ist die kooperative Antwort eines Individuums auf das freundliche Verhalten anderer, oder eine entsprechend aggressive Reaktion auf unfreundliche Annäherung. Zwillingsstudien haben einen hohen Grad an Erblichkeit für r. S. ergeben, welches auf additiver Genwirkung beruht. Der → Autismus gilt als pathologische Störung des r. S. [3]

Rheotaxis (rheotaxis): gerichtete räumliche Orientierung in der Wasserströmung. Viele Fische, Krokodile, wasserbewohnende Amphibienlarven sowie viele Wasserinsekten und andere wasserbewohnende Kleinlebewesen nehmen Wasserbewegungen wahr und stellen sich bei einer bestimmten Geschwindigkeit mit dem Kopf gegen die Strömung (positive R.), um die Abdrift zu kompensieren. Negative R., d. h. Bewegung mit der Strömung, ist selten und nur von wenigen Fischarten und einigen Vertretern des Zooplanktons bekannt. Analog zur → Anemotaxis in Luft kann R. auch für Strategien zum Auffinden von Beutetieren oder Geschlechtspartnern im strömenden Wasser verwendet werden, wenn sie mit chemischen Sinnen kombiniert wird (z. B.

Krebse). Fische nehmen Wasserbewegungen sowohl mithilfe ihres → Seitenliniensystems wahr, aber auch visuell anhand von Schwebeteilchen und Gasblasen. Letzteres ist, ebenso wenig wie die Auswertung von Meeresströmungen über elektrische Felder (Haie und Rochen), keine echte R. [1] [4]

Rho, ϱ (rho): Anteil der Ruhezeit bzw. der Zeit fehlender motorischer Aktivität am circadianen Ruhe-Aktivitäts-Zyklus, sowohl unter synchronisierten als auch zeitgeberlosen Bedingungen. → Alpha → circadiane Regel. [6]

RHT → Retino-hypothalamischer Trakt.

Rhythmus (rhythm): regelmäßig wiederkehrende und somit in gewissen Grenzen vorhersagbare (periodische) Komponente einer (biologischen) → Zeitreihe. → biologischer Rhythmus, → Biorhythmologie. [6]

Rhythmusmutante → Clock-Mutante.

Richtungshören → akustische Lokalisation.

Richtungsorientierung → Taxis.

Richtungsweisung (direction indication): besondere Fähigkeit der Honigbienen, Artgenossen über die Himmelsrichtung zu informieren, in der z.B. eine neue Futterquelle liegt (→ Bienensprache). [4]

Riechen (smell): Fernsinn, mit dessen Hilfe chemische Stoffe in der Luft im gasförmigen Zustand oder, bei unter Wasser lebenden Tieren, im Wasser gelöst über entsprechende Rezeptoren wahrgenommen werden. Geeignete Stoffe für den Luftraum müssen flüchtig sein, d.h., sie müssen bei der Umgebungstemperatur einen hohen Dampfdruck besitzen und bestehen deshalb meist aus relativ kleinen Molekülen. Häufig handelt es sich bei Riechstoffen in der Luft um organische Verbindungen mit maximal etwa 20 Kohlenstoffatomen. R. dient dem Finden geeigneter Nahrung, der Orientierung und der Kommunikation (→ Chemokommunikation). Je nach Riechvermögen unterscheidet man bei Säugern, manchmal auch bei anderen Wirbeltieren, → Makrosmate, → Mikrosmate und → Anosmate. [4]

Riechstoff → Duftstoff.

Riechtier → Makrosmat.

Rindern → Östrus.

Ritual (ritual): auf zumeist kulturellem Brauchtum beruhende Verhaltensweisen des Menschen, die nach starren Vorschriften ablaufen, z.B. zahlreiche religiöse Handlungen, Begrüßungen, Feierlichkeiten, Bestattungen, Wettkämpfe oder Beschwörungs-R. Häufig werden R. und → Zeremonie synonym gebraucht. [1]

Ritualisation, *Ritualisierung* (ritualization): Prozess, in dessen Verlauf eine Gebrauchshandlung, die z.B. im Dienste der Fortbewegung oder des Schutzes steht, so abgewandelt wird, dass sie „nur noch" einer kommunikativen Funktion dient. Beispielsweise wurde das ursprünglich im Dienst der Regelung der Körpertemperatur stehende Fedesträuben von Vögeln im Verlauf der stammesgeschichtlichen Entwicklung im Zusammenhang mit dem Kampfverhalten oder der Balz im Sinne der Körpervergrößerung ritualisiert, um Überlegenheit zu signalisieren.

R. ist nicht nur ein stammesgeschichtlicher Prozess. Sie kann auch im Verlauf der Individualentwicklung auftreten. So wird aus dem variablen Subsong von Singvögeln nach einem Lernprozess der wenig variable Balzgesang erwachsener Vögel. Ritualisierte Verhaltensweisen unterscheiden sich von nicht ritualisierten durch Vereinfachung, Übertreibung oder Formalisierung. Durch mehrmalige Wiederholung und das Präsentieren zusätzlicher Signale (z.B. Farbzeichen) kann die Wirkung der ritualisierten Verhaltensweisen zusätzlich verstärkt werden. [4]

ritualisiertes Futterbetteln (ritualized begging): Verhalten, das nicht dem Erwerb von Futter dient, sondern sich als Balzfüttern und Begrüßungsfüttern (→ Begrüßungsverhalten) äußert. [1]

Rivale, *Konkurrent*, *Nebenbuhler* (rival): Artgenosse in einer Konkurrenzsituation um Geschlechtspartner, Nahrung oder Territorien. → Partner. [1]

Rivalengesang (aggressive song, rival song): bei Insekten anzutreffende Gesangsform, die beim Aufeinandertreffen arteigener Männchen von mindestens einem der Rivalen vorgetragen wird. Der R. bei Heuschrecken und Grillen geht meist aus dem Lockgesang hervor und hat in der Regel die gleiche → Trägerfrequenz und Schallimpulsrate (→ Schallimpuls), zeichnet sich aber durch länger anhaltende Folgen (→ Chirp oder → Trill), eine größere Schallintensität oder eine größere Schallimpulsbreite aus. Bei einigen Grillenarten folgen dem R. häufig Kampfhandlungen. [4]

Rivalenhemmung → soziale Hemmung.

Rolle (role): Aufgabe eines Individuums bei der → Kooperation zur → Arbeitsteilung. [1]

Rollenspiel → Spielverhalten.

Rosse → Östrus.

Rotationsorientierung → Taxis.

Rote-Königin-Effekt (Red Queen Principle, Red Queen Effect, Red Queen's Race, Red Queen Equilibrium): benannt nach einer Figur in Lewis Carroll's Kinderbuch „Alice hinter den Spiegeln". In dieser Spiegelwelt muss man sich möglichst schnell bewegen, um überhaupt an Ort und Stelle stehen bleiben zu können. Der R. wurde zur Metapher einer Erkenntnis der Evolutionstheorie, die darin besteht, dass ständige Weiterentwicklung einer Art nötig ist, um die gegenwärtige Fitness relativ zu den Arten beizubehalten, mit denen sie koevolviert. Beispiele sind der Wettlauf zwischen Räuber und Beute oder zwischen Parasit und Wirt. So erschweren Wirte durch sich ständig ändernden genetischen Code (höhere genetische Variabilität) Viren den Angriff auf ihre Zellen, da die Hüllen der Zellen den Parasiten als fremd erkennen und Abwehrmechanismen aktivieren. Die Viren versuchen als Gegenmaßnahme die Hüllproteine der Zellen des Wirtes nachzuahmen und können so in die Wirtszelle eindringen.

Der R. wird als wesentlicher Vorteil sexueller Fortpflanzung angesehen, da durch die ständige Rekombination die genetische Variabilität vergrößert wird. [2]

r-Selektion, *r-Strategie* (r-selection, r-strategy): Prozess, der die positive Selektion von Merkmalen (bzw. Genen) beschreibt, die das Überleben unter instabilen Umweltbedingungen gewährleisten (→ K-Selektion). Wesentlichstes Merkmal der r-S. ist eine hohe Vermehrungsrate unter günstigen Lebensbedingungen, welche häufig zu einer starken Ausbreitungstendenz der Population führt. Merkmale für *r-Strategen* (r-strategists) sind eine frühe Geschlechtsreife, hohe Nachkommenzahlen, minimale Brutpflege, anonyme Sozialverbände und eine geringe Lebensdauer der Individuen. Ihre hohe Fortpflanzungsfähigkeit befähigt r-Strategen auch kurzzeitig nutzbare Lebensräume schnell zu besiedeln. Nach dieser Eigenschaft, genauer gesagt nach der maximalen Wachstumsrate der Population, dem sog. Malthus-Parameter r, wurden sowohl die Reproduktionsstrategie als auch die ihr zugrunde liegende Art der natürlichen Selektion benannt. Die Kehrseite der r-S. ist, dass die Populationen aufgrund ihrer hohen Vermehrungsrate über kurz oder lang an die äußeren Grenzen des Wachstums stoßen und die → Tragekapazität der Habitate sprunghaft überschreiten. Die sich dann anschließende Sterbephase ist durch eingeschränkte Fortpflanzung, erhöhte Jungtiermortalität oder durch regelrechte Populationszusammenbrüche gekennzeichnet. Diese Phase überleben nur verhältnismäßig wenige Individuen. Von diesen geht dann ein neues Populationswachstum aus. r-Strategen unterliegen auch unter gleich bleibenden Umweltbedingungen starken Populationsschwankungen.

Typische r-Strategen sind viele Parasiten, aber auch die meisten Kleinsäuger, die wechselnden Lebensbedingungen ausgesetzt sind oder hohem Räuberdruck unterliegen wie Wühlmäuse u. a. Als r-Strategen bezeichnet man auch Tiere mit äußerer Befruchtung, wie Fische und Lurche, deren Embryonal- und Jugendstadien starkem Selektionsdruck durch Raubfeinde unterliegen.

r- und K-Strategien sind Extremvarianten eines weiten Spektrums. Zwischen ihnen gibt es viele gemischte Fortpflanzungsstrategien. Ein Beispiel dafür liefern die Honigbienen, die hohe Vermehrungsraten mit intensiver Brutpflege verbinden. [3]

Rudel (pack, pride): Großfamilie bei Hirschen, Löwen, Wölfen und einigen anderen Hundeartigen. [1]

Ruf des Verlassenseins (loneliness cry, lost call): vorwiegend von Jungtieren vorgebrachte Lautäußerung nach dem Verlust des sozialen Kontaktes zu Eltern oder Geschwistern. Der R. d. V. kommt besonders häufig bei Nestflüchtern vor. Bekannt ist z.B. das „Weinen" bei Enten- und Gänseküken. Beim R. d. V. handelt es sich meist um wiederholt geäußerte Rufreihen, welche die Elterntiere veranlassen, ihre Jungen zu suchen. In manchen Fällen werden die eigenen Jungtiere sogar individuell erkannt.

Auch menschliche Säuglinge äußern einen typischen R. d. V. beim Fehlen sozialer Kontakte (→ Schreiweinen). [4]

Ruf, *Laut, Call* (call, vocal, sound): Bezeichnung für eine diskrete, meist kurze und aus einem oder nur wenigen Elementen bestehende akustische Struktur, die in bestimmten, mehr oder weniger spezifischen Situationen auftritt und zuweilen dem Gesang gegenüber gestellt wird. Manche Tierarten verfügen über ein spezifisches R.-Repertoire. Bei Säugetieren wird häufig anstelle der Bezeichnung R. der Begriff Laut verwendet. Oft werden R. in Anlehnung an ähnliche Situationen im menschlichen Bereich nach ihrer Funktion als Alarm-, Warn-, Droh-, Lock- oder Bettel-R. oder nach einer vermuteten Motivation als Angst- oder Hunger-R. bezeichnet. Für eine objektive Beschreibung sind jedoch phonetische Eigenschaften der R. (z. B. Zischlaut) oder die Angabe der Situation (Flug-R., Stimmfühlungs-R., Sozial-R.) günstiger. Der englische Begriff „Call" ist wesentlich weiter gefasst und umschreibt alle Signale, die anlocken oder zumindest Aufmerksamkeit hervorrufen sollen. Außerdem ist „Call" nicht nur auf akustische Signale beschränkt, sondern wird auch dann noch verwendet, wenn es sich beispielsweise um Pheromone handelt. [4]

Rufdialekt (call dialect): Rufvariante innerhalb einer Vogelart, die mehrere Individuen gemeinsam hervorbringen. Neben den bekannten → Gesangsdialekten konnten bei einigen Vogelarten auch R. gefunden werden. Manche Vögel beherrschen gleichzeitig zwei unterschiedliche R., die sie gleichberechtigt nebeneinander einsetzen. Dabei kommen manchmal auch Mischlaute vor. Ein gut untersuchtes Beispiel für einen R. ist der so genannte Regenruf (Rülschen) des Buchfinken. Regional kommen in größeren Gebieten oft gleiche Ruftypen vor, zuweilen kommt es aber auch zum Auftreten mehrerer Varianten innerhalb kleinerer Areale. Mit großer Wahrscheinlichkeit spielt beim Erlernen der R. auch → Imitation eine Rolle. → Dialekt. [4]

Ruhe-Aktivitäts-Zyklus → Schlaf-Wach-Rhythmus.

Ruhekleid → Schlichtkleid.

Ruhequartier → Migration.

Ruhestellung → Schlafstellung.

Ruhetorpor, *tageszeitlicher Torpor, Tagesschlaflethargie* (daily torpor): ein aktives Absenken der Körpertemperatur und des Stoffwechsels während des Tages (Fledermäuse, Spitzmäuse, Zwerghamster) oder in der Nacht (Kolibris) zur Energieeinsparung (→ Torpor). Es sind relativ kleine Säuger oder Vögel mit einem enormen Grundumsatz oder die zum Fliegen sehr viel Energie benötigen. Sie sind in ihrer Ruhezeit für 10–12 h torpide und sparen so bis 65 % Energie pro Tag ein. Intensität und Häufigkeit des R. variieren von Tag zu Tag, sie sind dem aktuellen Nahrungsangebot angepasst. So zeigen Mauersegler *Apus apus* während der Schlechtwetterperioden häufiger R. als an anderen Tagen mit intensivem Insektenflug. [1]

Ruheverhalten (resting behaviour): Zustand körperlicher Inaktivität, der bei allen Tieren innerhalb eines Tages regelmäßig mit der Aktivität wechselt (→ Circadianrhythmik). Im Gegensatz zum Schlaf der Wirbeltiere, sind beim R. die Hirnaktivitäten nicht so sehr gehemmt und ist eine sensorische Kontrolle der Umgebung immer gegeben. Eine Grenzziehung zwischen R. und Schlafverhalten ist schwierig, die Übergänge sind fließend (→ Vigilanz). Länger andauernde Ruhezustände wie Winterstarre und Winterschlaf sind Sonderformen des R.

Das R. ist motiviert und besteht aus der Suche nach einem Ruheplatz (Appetenzverhalten I), dem Vorbereiten des Ruheplatzes (Appetenzverhalten II) und dem Einnehmen der artspezifischen Ruhestellung (Endhandlung), die zum Schlaf überleiten kann. Der Ruheplatz muss Schutz vor ungünstigen Witterungseinflüssen, Feinden, aber auch störenden Artgenossen bieten. Soziale Tiere ruhen auch gemeinsam (Schlafgemeinschaft). Ist der geeignete Ruheplatz gefunden, so verkriecht man sich oder gräbt sich ein, umhüllt sich mit Blättern oder anderen Pflanzenteilen, legt sich nieder und dergleichen mehr. Die Ruhestellungen sind recht verschieden (→ Schlafstellung). [1]

Runaway-selection (runaway selection): eine Form der sexuellen Selektion, die stattfindet, wenn die von Weibchen bei der Partnerwahl entwickelte Präferenzen für bestimmte männliche Merkmale eine posi-

tive Rückkopplung erzeugen. Ist ein Signal (z. B. größere Schwanzlänge) mit leicht erhöhter Fitness (z. B. bessere Parasitenresistenz) gekoppelt, besitzen Weibchen mit einer Präferenz für dieses Merkmal einen Selektionsvorteil. Gene, die eine Präferenz für etwas größere Schwanzlängen bewirken, breiten sich in der Population aus. Dementsprechend haben die Gene der Männchen einen Vorteil, die an der Ausbildung immer längerer Schwänze beteiligt sind. Das Merkmal wird immer extremer. Dieser Prozess setzt sich weiter fort (Koevolution), bis das von Weibchen präferierte Merkmal (sexuelle Selektion) für das Männchen einen Fitnessnachteil bildet. So können zu lange Schwänze Männchen bei der Flucht vor Prädatoren beeinträchtigen (natürliche Selektion). [3]
Rundtanz → Bienensprache.

SAD → saisonabhängige Depression.
Säftesauger (sap feeder): Tiere, deren Mundwerkzeuge zu Saug- oder Leckeinrichtungen umgewandelt sind, sodass flüssige Nahrung (Blut, Lymphe, Pflanzensäfte, verflüssigte Gewebe) oder kleine Beutetiere besser aufgenommen werden können (→ Nahrungsverhalten). *Stechsauger* (piercer-and-sucker) und *Sauger* (sap sucker) besitzen Stech- und Sägeapparate zum Durchbohren des Gewebes und spritzen vor der Nahrungsaufnahme Speichel in die Wunde, damit eine schnelle Blutgerinnung verhindert oder besondere Gewebereaktionen, z. B. Gallbildungen, ausgelöst werden. Gallbildner sind Mücken, Fliegen, Wanzen, Zikaden, Blattläuse, Flöhe, Zecken, Saugwürmer, Blutegel, Fischegel, Neunaugen u. a. *Lecker* (licker) besitzen oft lange und bewegliche Rüssel bzw. Zungen, wie Schmetterlinge, Bienen, Kolibris, Spechte, Flughunde, Ameisenbären und Gürteltiere. [1]
saisonabhängige Depression, *SAD, saisonale affektive Störung* (seasonal affective disorder): eine jahresperiodisch auftretende Beeinträchtigung der Stimmung sowie der Leistungsfähigkeit des Menschen. SAD tritt insbesondere im Winterhalbjahr (→ Winterdepression), aber auch während der Sommermonate (→ Sommerdepression) auf. Da die Winterdepression die häufigste und zugleich schwerste Form der SAD ist, werden beide Begriffe oft synonym verwendet. [6]
saisonale Variation (seasonal variation): jahreszeitliche Änderung einer biologischen Funktion. Im Unterschied zu den → Jahresrhythmen liegt den s. Ä. kein endogener Rhythmus zu Grunde (→ circannualer Rhythmus). Sie werden direkt durch jahreszeitliche Änderungen der Umwelt (Temperatur, Photoperiode usw.) hervorgerufen. Unter konstanten Laborbedingungen kann eine s. Ä. nicht persistieren. → Zyklus [6]
saisonaler Rhythmus → Jahresrhythmus.
Saisonfamilie → Familie.
Saisontracht (seasonal colouration): jahreszeitabhängige Änderungen der Körperfärbungen. Bekannt sind die winterlichen Umfärbungen zu Weiß beim Schottischen Moorschneehuhn *Lagopus scoticus* und Hermelin *Mustela erminea*. [1]
Sampling-rules (sampling rules): Formen des methodischen Vorgehens beim Protokollieren von Verhaltensbeobachtungen. Typische S. sind
– *ad libitum sampling*: erfasst werden alle Verhaltensweisen aller Tiere, es gibt keinerlei systematische Vorgaben. Dabei tritt das Problem auf, dass herausragende Verhaltensweisen und/oder Individuen überbetont werden. Trotzdem ist diese Methode für informelle Beobachtungen oder zur Registrierung seltener aber wichtiger Ereignisse sinnvoll.
– *focal sampling*, *Fokus-Tier-Methode*: vorher ausgewählte Verhaltensweisen und Interaktionen eines Individuums, aber auch eines Wurfes oder einer Gruppe werden für eine bestimmte Zeit registriert. Es ist die geeignete Form für das Studium kleiner Tiergruppen.
– *sequence sampling*: alle Verhaltensweisen einer bestimmten Verhaltenssequenz werden erfasst. Geeignet ist diese Methode vor allem für soziale Interaktionen. Die Aufnahme beginnt, wenn die Interaktion beginnt. Sie endet, wenn die Interaktionssequenz beendet ist oder unterbrochen wird. Das Problem dieses Verfahrens besteht darin, den Anfang und das Ende einer Sequenz zu bestimmen.
– *scan sampling*: das momentane Verhalten einer Gruppe oder eines Individuums

wird in Intervallen oder zu bestimmten, vorher festzulegenden Zeitpunkten erfasst. Diese Methode beschränkt den Beobachter auf eine oder wenige Verhaltensweisen (z. B. Tier ruht oder ist aktiv) und registriert Zustände, keine Ereignisse. Sie ist vor allem für die Erfassung der prozentualen Anteile verschiedener Verhaltensweisen geeignet. Das Verhalten muss klar und schnell erfassbar sein. Es tritt das Problem auf, dass herausragende Verhaltensweisen und/oder Individuen überbetont werden.
– *behaviour sampling, all occurrence sampling*: jedes Auftreten bestimmter Verhaltensweisen (z. B. Kampf oder Kopulation) eines Individuums oder einer Gruppe wird erfasst. Es bietet sich besonders für die Aufnahme seltener, aber bedeutsamer Verhaltensweisen an. → Recording-rules, → Ethogramm. [2]

Sandbaden → Staubbaden.

Saprophaga → Nekrophaga.

Satellitenmännchen (satellite male, peripheral male): geschlechtsreifes Männchen mit → alternativer Fortpflanzungsstrategie oder -taktik, die sich am Rand oder in Territorien anderer Männchen aufhalten, um sich in geeigneten Momenten Reproduktionsvorteile zu erschleichen. Im Gegensatz zu den → Sneakern täuschen die S. nicht als Weibchen, sondern werden als Männchen geduldet. So gibt es beim Kampfläufer *Philomachus pugnax* territoriale Männchen, deren Halskrause und Kopfschmuck während der Balz dunkel gefärbt sind, und S., die an weißen Federpartien zu erkennen sind (Abb.). Nähert sich ein Weibchen, so balzen beide Männchen intensiver und in der Regel ist der Territoriumsbesitzer erfolgreicher. Häufig muss er jedoch sein Territorium verteidigen, das nutzt das S. und kopuliert mit dem angelockten Weibchen. Bei der Kreuzkröte *Bufo calamita* versuchen kleinere Männchen als S. Weibchen auf dem Weg zu den laut rufenden Männchen (Rufer) abzufangen. Aus Untersuchungen ergab sich ein Verhältnis Rufer zu S. von 60:40, wobei auf die Rufer 80 % aller Verpaarungen entfielen. Die Entscheidung für die Satellitenstrategie hängt dabei vom Ausmaß der Konkurrenz durch größere und lauter rufende Männchen ab (→ evolutionsstabile Strategie). Manchmal werden die Termini S. und → Sneaker synonym verwendet. [2]

Satellitenmännchen beim Kämpfläufer (unten), das eine weiße Halskrause trägt, während die des territorialen Männchens dunkel gefärbt ist. Aus R. Gattermann et al. 1993.

Säugen (nursing): die Ernährung junger Säugetiere mit Milch aus Milchdrüsen. Dabei ist zwischen dem mütterlichen S. (nursing) und dem *Saugen* (suckling) des Jungtieres zu unterscheiden. → Saugverhalten, → Beruhigungssaugen. [1]
Sauger → Säftesauger, → Pflanzensaftsauger.
Saugordnung → Zitzenpräferenz.
Saugverhalten (suckling behaviour): Verhalten junger Säuger zur Milchaufnahme aus dem Gesäuge (Zitze, Brust). Eine angeborene Koordination von Atmen und Schlucken sowie die Lage des Kehlkopfes sichern die langdauernde Nahrungsaufnahme. Das Saugen erfolgt im Stehen, z. B. bei Huftieren, wobei das Jungtier unter oder neben dem Muttertier steht, im Liegen, z. B. bei Raubtieren und Nagern, oder beim Tragen, z. B. bei Fledermäuse und Primaten. Stoßende Bewegungen mit Extremitäten (Milchtritt) oder mit dem Kopf stimulieren den Milchfluss ebenso wie das Pumpsaugen und das Lecksaugen des menschlichen Säuglings, bei dem rhythmischer Unterdruck und massierende Zungenbewegungen starke taktile Reize setzen. → Säugen, → Stillen, → Brustsuchen, → Suchautomatismus, → Zitzenpräferenz. [1]
Scatter-hoarding → Futterhorten.
Schafberg-Experiment → Bienensprache.
Schallimpuls (sound pulse): akustisches Signal, das einige wenige bis einige hundert Schwingungen einer Trägerfrequenz enthält. Frequenz und Intensität der Schwingung (Amplitude) bleiben während des gesamten S. mehr oder weniger konstant. Gruppen aus S. werden → Chirps oder → Trills genannt. [4]
Schampräsentieren, Schamweisen → Genitalpräsentation.
Schar (flock): eine Ansammlung von Vögeln, die sich am Boden aufhält, z. B. *Gänse-S.* (gaggle). [1]
Schärfe → Psychoakustik.
Scharren (scratching): Bestandteil der Futtersuche bei einigen Vögeln und Säugern. Beim für Hühner typischen *Laufscharren* (alternating scratching) kratzen beide Beine abwechselnd am Boden, während beim *Hüpfscharren* (jump scratching) die Finken, Drosseln u. a. mit beiden Beinen nach vorn und sofort wieder zurück springen und dabei mit den Zehen den Boden aufreißen.
Säuger setzen in der Regel nacheinander beide Vorderbeine oder Hinterbeine ein (→ Graben). Einzelne Arten der Huftiere zeigen bei Erregung einseitiges S. mit einem Vorderlauf. [1]
Scharrgraben, Schaufelgraben → Graben.
Schauflug → Imponierflug.
Scheinangriff (sham attack): ritualisiertes Drohverhalten gegenüber Artgenossen und Raubfeinden. Dabei wird ein Angriff nur angedeutet oder ausgeführt, dann aber kurz vor dem Gegner abgebrochen. Zu den S. gehört auch das Hassen der Vögel. [1]
Scheinäsen (pseudo-browsing): Übersprungverhalten bei vielen pflanzenfressenden Säugern, die in Kampfpausen oder in unsicheren Situationen den Kopf zum Boden senken, ohne dabei Futter aufzunehmen. [1]
Scheinbeißen (pseudo-biting, play biting): **(a)** Bestandteil des Spielverhaltens der Säuger, bei dem ohne Ernstbezug Beißen nur angedeutet wird. **(b)** zum Beißkuss ritualisiertes Verhalten beim Flirt. [1]
Scheinpaarung → Pseudokopulation.
Scheinpicken (sham pecking): Übersprungverhalten der Vögel, die während des Kampfes oder Drohens auf den Boden picken, ohne Futter aufzunehmen. Ein Verhalten, das sehr gut bei kämpfenden Hähnen zu beobachten ist. Bei Möwen äußert sich S. als Grasabrupfen. [1]
Scheinputzen (sham preening, sham grooming): Übersprungverhalten vieler Vögel, das häufig neben dem Scheinpicken auftritt. Bei zahlreichen Entenvögeln gehört S. als Demonstrationsverhalten zur Balz. So fahren die Erpel mit putzartigen Kopfbewegungen über einen Flügel und weisen mit dem Schnabel auf ihre meist farbenprächtigen Spiegel. [1]
Scheinschlafen (pseudo-sleeping):
(a) Schutzverhalten einiger Säuger, z. B. Hasen, die bei einem sich nähernden Raubfeind regungslos verharren und erst auf kürzeste Distanz fliehen.
(b) Übersprungverhalten der Schlammläufer und Watvögel (*Limicola*), die mitten im Kampf Schlafstellungen einnehmen. [1]
Scheinträchtigkeit → Pseudogravidität.

Schlaf (sleep): aktiver physiologischer Prozess, der mit Bewusstseinsverlust einhergeht und bei dem die Aktivitäten einzelner Hirnteile gehemmt (vor allem das Großhirn und das aufsteigende aktivierende System der Formatio reticularis, ARAS), die Aufnahme von Umweltreizen vermindert, der Muskeltonus herabgesetzt und weitere vegetative Funktionen, z. B. Thermoregulation und Verdauungsprozesse, verändert sind. S. dient nicht nur der Wiederherstellung körperlicher Funktionen, sondern hat auch Bedeutung für den Prozess der Informationsaufbereitung im Gehirn. Dem S. bzw. Schlafverhalten geht, von wenigen Ausnahmen abgesehen, das Ruheverhalten voraus. Ruhe, S. und Aktivität wechseln einander regelmäßig innerhalb von 24 h ab, sie werden circadianrhythmisch gesteuert (→ biologischer Rhythmus).

Echter S. wird hauptsächlich anhand von EEG-Stadien definiert und er konnte bisher nur für Fische, Reptilien, Vögel und Säuger, nicht aber für Amphibien nachgewiesen werden. Während des S. können vier oder fünf Schlafstadien registriert werden (Abb.). Dabei treten zwei unterschiedliche Schlafzustände auf, der REM-S. und der NREM-S. Die niedrigste Stufe des NREM-S. wird *Tiefschlaf* (slow wave sleep) genannt, sie geht über in den REM-S. Der *REM-S.* (rapid eye movements) oder *paradoxe S.* bzw. *Traum-S.* ist durch schnelle Augenbewegungen, beschleunigtes, aber unregelmäßiges Atmen, eine Zunahme der Herzfrequenz und des Blutdrucks, Peniserektionen und motorische Unruhe charakterisiert. Während dieser Zeit wird vermehrt geträumt und der Schlafende kann nur sehr schwer geweckt werden. REM-S. dient der Festigung neuronaler Verschaltungen und somit der Informationsspeicherung. Beim Menschen setzt der REM-S. etwa 1,5 h nach dem Einschlafen ein. Während einer Nacht treten fünf bis sieben solcher Phasen auf. Nach Alkoholgenuss oder Schlafmitteleinnahme sind es weniger bzw. fehlen sie völlig. Während des *NREM-S.* (non-REM) oder *langsamen S.* bzw. *synchronisierten S.* sind die Muskulatur erschlafft, der Körper ruhig, die Herzfrequenz und der Blutdruck vermindert und die Atmung langsam und regelmäßig.

Im Meer lebende Delphine und tagelang in der Luft bleibende Vögel wie Mauersegler und Fregattvögel haben keinen REM-S. und schlafen alternierend immer nur mit ei-

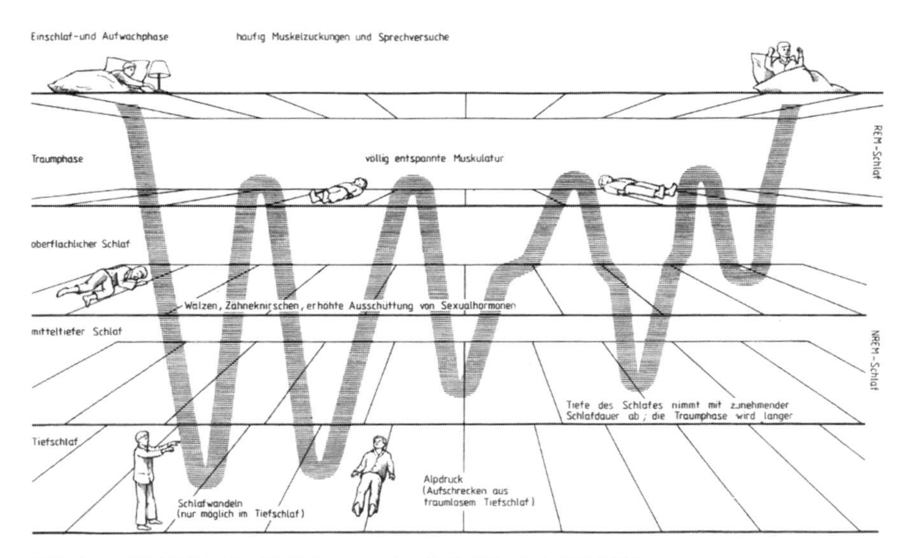

Schlaf und Schlafphasen beim Menschen. Aus R. Gattermann et al. 1993.

ner Hirnhälfte. So bekommt das Gehirn seinen S. und es bleibt die Körpermotorik erhalten. So wird das Ertrinken oder Abstürzen während des S. vermieden. Andere Autoren nutzen nicht die EEG-Stadien, sondern verhaltensbiologische Kriterien für die Erkennung von S., das sind
- das Aufsuchen spezifischer S.plätze
- das Einnehmen einer typischen Körperhaltung (→ Schlafstellung)
- physische Ruhe
- erhöhte Weckschwelle
- schnelle Umstellbarkeit zwischen Ruhe-Aktivität-Ruhe sowie
- S.kompensation nach S.entzug.

Danach ist S. auch bei Amphibien und Wirbellosen wie Bienen, Schaben und Skorpionen zu beobachten. [1]

Schlafgemeinschaft (sleeping group): eine Ansammlung von Individuen auf engsten Raum zum Zwecke der Ruhe und des Übernachtens. S. beruhen zumeist auf ökologischen Faktoren wie die von Schmetterlingen, Schlangen und Fledermäusen im Winterquartier. Dabei kommt es häufig zu engem körperlichen Kontakt mit Unterschreiten der Individualdistanz. S. können über Jahre hinweg konstant sein oder dauernd wechseln oder auch nur zu bestimmten Jahreszeiten bestehen. So sammeln sich in Städten überwinternde Saatkrähen und Dohlen Abend für Abend an ihren traditionellen Schlafplätzen in hohen Bäumen, während ziehende Schwalben bevorzugt im Schilf übernachten. Individuelle, auf Partnerpräferenzen beruhende S. kommen bei sozial lebenden Säugern wie Ratten und Mongolischen Wüstenrennmäusen *Meriones unguiculatus* vor. [1]

Schlaflied, *Wiegenlied* (lullaby): besondere Form des Gesangs für Säuglinge und Kleinkinder, der ruhig vorgetragen wird und sich durch eine langsame Melodie und gleichbleibende Rhythmik (vorzugsweise im 6/8 Takt) auszeichnet. Das S. beruhigt und fördert das Einschlafen. S. sind in allen Kulturen zu finden. [1]

Schlafnest (sleep nest, roosting nest): durch Nestbauverhalten errichtete Nester, die nur zum Schlafen benutzt werden. Alle Säuger, die Baue anlegen oder entsprechende Unterschlupfmöglichkeiten aufsuchen, errichten auch mehr oder weniger komfortable S., die vor allem der Wärmeregulierung dienen. Menschenaffen fertigen jeden Abend innerhalb von 5 min neue S. aus belaubten Zweigen an, Schimpansen und Orang-Utans auf Bäumen, Gorillas am Boden. Kleinsäuger bauen kurz vor der Geburt ihrer Jungen ihr S. zum *Wurfnest* aus. Andere Säuger errichten nur zum Werfen ein Nest, wie die Wildscheinweibchen *Sus scrofa* aus Schilf, Blättern oder Zweigen.
Viele Singvögel nutzen ausgediente Brutnester als S., einige Arten wie Sperlinge und Zaunkönig stellen S. her, die jede Nacht aufgesucht werden. Der Waldbaumläufer *Certhia familiaris* reißt solange Späne aus morschem Holz und weicher Rinde, bis eine Schlafmulde entsteht. [1]

Schlafstellung, *Ruhestellung* (sleeping posture, resting posture): während des Schlafens oder Ruhens eingenommene artspezifische Körperhaltung. Säuger verfügen meist nicht nur über eine, sondern über mehrere S. Häufig sind es gestreckte oder eingerollte Bauchlagen (z.B. Kaninchen, Kamele, Rinder), Seitenlagen (Hamster, Katzen, Kängurus, Schweine) und Rückenlagen (Bären, Löwen, Gürteltiere). Andere ruhen auch im Sitzen (Affen, Robben), Stehen (Pferde, Elefanten, Rinder), in Hängehaltung (Fledermäuse, Faultiere) oder in einer Schwimmlage (Seelöwen, Seeotter, Seehunde).
Vögel schlafen in Bauchlage (Enten, Strauße) oder stehen auf einem Bein und verbergen den Kopf im Schultergefieder, aber niemals unter dem Flügel. Fledermauspapageien hängen wie Fledermäuse und Flughunde mit dem Kopf nach unten an Ästen. Mauersegler *Apus apus* schlafen wahrscheinlich im Flug.
Fische ruhen in gestreckter Bauch-, Seiten- oder Rückenlage am Boden und auf anderen Unterlagen, oder sie lassen sich in einer dieser S. an der Wasseroberfläche treiben.
Wirbellose Tiere ruhen nach dem Aufsuchen des Ruheplatzes in normaler Fortbewegungslage mit angelegten Fühlern, Extremitäten, Flügeln und anderen Körperanhängen, andere schmiegen sich fest an das Substrat oder halten sich mit Mandibeln und Tarsen fest und lassen sich hängen. [1]

Schlafstörung (sleep disorder): jegliche Abweichung in der Schlafstruktur, der

Schlafdauer oder der Schlafenszeit. S. können sehr unterschiedliche Ursachen haben, ein Großteil hängt jedoch ursächlich mit Veränderungen im → circadianen System zusammen. Dies betrifft S. mit stark vorgezogenen oder verzögerten Schlafzeiten (→ Syndrom der vorgezogenen Schlafphase, → Syndrom der verzögerten Schlafphase). Des Weiteren entwickeln vor allem Senioren einen *irregulären Schlaf-Wach-Rhythmus* (irregular sleep wake pattern), der durch die Lebensbedingungen (z.B. Heimaufenthalt) und hirnorganische Erkrankungen (z.B. Demenz) verstärkt werden kann. Die Betroffenen leiden unter nächtlicher Schlaflosigkeit, die mit einem verstärkten Schlafdrang zu bestimmten Zeiten des Tages einhergeht. Die Menge des Schlafes pro 24 h ist nicht grundsätzlich vermindert. Der Schlaf tritt jedoch nicht zur gewünschten Zeit auf und wird als oberflächlich und wenig erholsam beschrieben. Manchen Menschen gelingt es trotz aller Bemühungen nicht, ihren → Schlaf-Wach-Rhythmus an die Periodik des 24-Stundentages anzupassen (non 24 hour sleep wake disorder). Sie haben sehr unregelmäßige Einschlafzeiten oder verschieben diese jeden Tag weiter nach hinten, sodass gesundheitliche Probleme auftreten, die denen des Jetlag sehr ähneln.

S. können aber auch durch Störungen der circadianen → Zeitordnung infolge eines schnellen Wechsels in andere Zeitzonen (→ Jetlag) oder bei Schichtarbeit auftreten. Ursache ist eine Diskrepanz zwischen den endogenen circadianen Rhythmen und den durch die äußeren Umstände aufgezwungenen Lebensrhythmen. Sowohl bei Schichtarbeit als auch beim Zeitzonenwechsel kommt es entweder zu Problemen beim Einschlafen oder der Betreffende wacht zu früh wieder auf, je nachdem, ob die innere Uhr der Ortszeit nachhängt oder vorauseilt. Während Jetlag-Beschwerden nur vorübergehend auftreten, entwickeln durch Schichtarbeit Schlafgestörte häufig Folgeerkrankungen und sind in ihrer beruflichen Leistungsfähigkeit erheblich beeinträchtigt.

S., die ihre Ursache in einer Fehlfunktion der inneren Uhr oder einer mangelhaften Anpassung an die periodische Umwelt haben, können erfolgreich mithilfe einer → Lichttherapie behandelt werden. Auch → Melatonin wird eingesetzt, wobei man weniger auf seine schlaffördernde als seine chronobiotische, phasenverschiebende Wirkung setzt. [6]

Schlafverband → Schlafgemeinschaft.

Schlafverhalten (sleeping behaviour): alle Verhaltensweisen, die unmittelbar zum Schlaf gehören. S. kommt mit Ausnahme der Amphibien bei Wirbeltieren vor. Es ist motiviert und äußert sich im Aufsuchen des Schlafplatzes (Appetenzverhalten I), der Schutz bieten muss und bei Vögeln und Säugern die Wärmeregulation nicht belasten darf, im Herrichten des Schlafplatzes (Appetenzverhalten II), beispielsweise durch den Bau von Schlafnestern, und im Einnehmen der arttypischen Schlafsstellung (Endhandlung).

Die Dauer des S. ist unterschiedlich, bei Tieren mit großem Feinddruck ist es kürzer. So dauern die Schlafperioden bei Antilopen 2–10 min, beim Hasen nur wenige Minuten und beim Indischen Flussdelphin *Platanista* nur Sekunden. Die tägliche Schlafdauer beträgt im Mittel beim Pferd und Kaiman 3 h, bei der Gans 6 h, bei der Taube 10 h, beim Waldkauz 16 h und beim nordamerikanischen Opossum 19 h. Für den erwachsenen Menschen werden 6–8 h angegeben. [1]

Schlaf-Wach-Rhythmus, *SWR* (sleep-wake rhythm): regelmäßiger Wechsel von Schlaf- und Wachphasen beim Menschen im Verlaufe eines Tages, der dem *Ruhe-Aktivitäts-Zyklus* (rest-activity cycle) bei Tieren entspricht.

Der SWR wird sowohl circadian als auch homöostatisch reguliert („Zweiprozess-Modell" des Schlafs). Die circadiane Komponente bestimmt die optimale Tageszeit zum Einschlafen bzw. Aufwachen. Die homöostatische Komponente besteht in einem Sanduhrmechanismus, der die Dauer der Wachphase bzw. die zunehmende Müdigkeit misst. Beide Prozesse müssen zeitlich koordiniert ablaufen, d.h. der Mensch muss zur optimalen Tageszeit müde sein. Andernfalls kann es zu Einschlafproblemen kommen oder der Schlaf ist nicht effektiv, d.h. weniger erholsam. Zeitliche Diskrepanzen zwischen beiden Prozessen treten z.B. nach Transmeridianflügen (→ Jetlag) sowie bei Schichtarbeit auf.

An der circadianen Regulation des SWR ist der Körpertemperaturrhythmus entscheidend mitbeteiligt. Voraussetzung für das Einschlafen ist die Abnahme der Körpertemperatur, für das Aufwachen deren Zunahme. Das wird hauptsächlich über eine Zunahme bzw. Abnahme der peripheren Durchblutung realisiert. Die damit verbundene Änderung der Temperatur der Extremitäten scheint sogar das entscheidende Signal zu sein: Warme Füße fördern das abendliche Einschlafen, während kalte Füße am Morgen zum Aufwachen führen.
Der SWR des gesunden Erwachsenen ist durch je eine zusammenhängende Schlaf- und Wachphase gekennzeichnet. Neugeborene haben einen zunächst 3–4stündigen SWR. Mit zunehmendem Entwicklungsstand fallen die nächtlichen Wachzeiten weg und der Schlaf am Tage wird weniger. Somit bildet sich schrittweise ein 24-h-SWR heraus. Der SWR alter Menschen ist häufig durch einen verfrühten Schlafbeginn, der mit einem früheren Aufwachen einhergeht, gekennzeichnet. Auch kann der Nachtschlaf unterbrochen sein. Das daraus resultierende Schlafdefizit wird durch *Nickerchen* (naps) am Tage kompensiert (→ Schlafstörungen). [6]

Schlammorientierung → Pelotaxis.

Schlängeln (snake, wriggle, undulation): typische Fortbewegung ohne Extremitäten am Boden, im Wasser und im Geäst. S. kommt bei Schlangen, Blindschleichen, Aalartigen, aber auch bei Schwanzlurchen mit Extremitäten vor. Otter, Robben und Delphine schlängeln nur mit einzelnen Körperteilen. Die Mehrzahl der Fische führt mit der Schwanzflosse Schlängelbewegungen aus und erzeugt so den Vortrieb (→ Schwimmen).
Beim S. wird durch wechselseitiges Kontrahieren von Längsmuskeln der Körper vom Kopf zum Schwanz in der Waagerechten wellenförmig verbogen. Die Verbiegung erzeugt eine seitwärts gerichtete Kraft, die Rückwärtsverschiebung der Verbiegungswelle dagegen eine nach hinten gerichtete Kraft. Die Resultante wirkt schräg nach hinten gegen den Widerstand des Wassers oder Untergrundes. Durch aufeinander folgende Verbiegungswellen werden die Seitwärtskräfte aufgehoben und die nach hinten gerichteten summiert, sodass letztendlich eine Vorwärtsbewegung entsteht. Eine direkte Vorwärtsbewegung können Schlangen auch mit ihren vielen Rippenmuskeln vollführen, in dem sie Wellenbewegungen über die Bauchseite erzeugen. Daneben zeigen Schlangen auch *Ziehharmonika-S.*, das aus einem Wechsel zwischen Strecken und Mäandrieren (Einkrümmen) besteht. Die höchsten Geschwindigkeiten werden mit dem *Seitenwinden* oder *Seitwinden* (sidewinding) erreicht. Es ist hauptsächlich eine Fortbewegung der wüstenbewohnenden Vipern und Grubenottern. Sie gleiten seitlich in s-förmigen Windungen über den heißen Sand und berühren dabei immer nur an zwei Stellen den Boden (Abb.). [1]

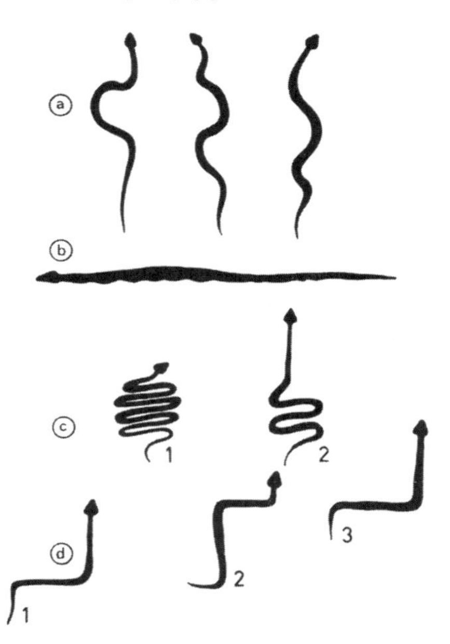

Schlängeln durch wechselseitiges Kontrahieren der Längsmuskeln (a), ventrale Wellenbewegungen (b), Ziehharmonikabewegungen (c) und Seitenwinden (d). Aus G. Tembrock 1982.

Schlängelschwimmen → Schwimmen.

Schlichtkleid *Ruhekleid* (eclipse plumage, eclipse dress): alle unauffälligen Körperbedeckungen und Anhänge, die vorwiegend von Weibchen getragen werden, deren

Männchen ganzjährig oder zeitweilig → Prachtkleider ausbilden. [1]

Schlinger (gorger): eine Form des → Nahrungsverhaltens, bei der größere Beutestücke unzerkleinert verschlungen und verdaut werden. S. gibt es z. B. bei Polypen, Quallen, räuberischen Fischen, Amphibien, Schlangen u. a. Reptilien, Raubvögeln, Zahnwalen und Raubtieren. [1]

Schlüsselreiz (key stimulus, sign stimulus): sind nach der Instinkttheorie spezifische Umweltreize oder eine Kombination bestimmter Merkmale, die mit einer situationsgerechten Instinktbewegung beantwortet werden. Diesem von K. Lorenz (1937) geprägten sehr anschaulichen Begriff liegt die Vorstellung zugrunde, dass die auslösenden Merkmale angeborenermaßen ohne individuelle Erfahrung einem Schlüssel gleichen, der passgenau in ein Schloss eingeführt werden kann und dieses öffnet. Die Bauteile des Schlosses und deren Anordnung entsprechen dem angeborenen Auslösemechanismus. S. haben Symbolcharakter und sind oft sehr einfache, auffällige und eindeutige Merkmale. Das Erkennen von S. erfolgt häufig durch Attrappenversuche.

Der Begriff des S. wird heute von vielen Autoren durch → Kennreiz ersetzt, denn erstens beschränkt sich das Konzept von S. und Auslöser auf das angeborene Verhalten und gehört zur Instinkttheorie des Verhaltens, zweitens betont die Vorstellung von Schlüssel und Schloss den reaktiven Charakter des Verhaltens, eine Vorstellung, die ebenfalls überholt ist (→ Reflextheorie des Verhaltens). Diese definitorischen Schwierigkeiten, Unsicherheiten beim exakten Beschreiben der Merkmale, die einen S. ausmachen und das Fehlen jeglicher physiologischen Entsprechung zu aktionsspezifisch bereitgestellten „Energien" haben viele Ethologen dazu veranlasst, auf diesen Begriff zu verzichten. [5]

Schmarotzertum → Parasitismus, → Brutparasitismus, → Raubparasitismus, → Sozialparasitismus.

Schmecken (taste): Kontaktsinn, mit dessen Hilfe chemische Stoffe wahrgenommen werden, die Festkörpern anhaften. Bei an Land lebenden Tieren ist S. auch auf Stoffe ausgedehnt, die in Flüssigkeiten gelöst und kaum flüchtig sind. S. kann dem Finden geeigneter Nahrung dienen, wird aber auch zum Empfang → chemischer Signale eingesetzt. [4]

Schmerzrezeptor, *Nozizeptor* (nociceptor): freie Nervenendigungen (Dendriten) mit einer relativ hohen Reizschwelle, die potenziell oder tatsächlich Gewebe schädigende Reize (noxious stimulus) aufnehmen und als elektrisches Aktionspotenzial weiterleiten. Der Schmerz kann chemisch (durch Rezeption von Stoffen, die bei Gewebeschäden freigesetzt werden), mechanisch (Druck, Dehnung), thermisch (große Hitze oder Kälte) oder elektrisch (Stromschlag) ausgelöst werden. S. nennt man polymodal, wenn sie sowohl auf chemische als auch auf physikalische Reize ansprechen. In einigen Fällen erfolgt eine Reflexbewegung aufgrund der Information aus einem S. sehr schnell und noch bevor der Schmerz als solcher mit dem Gehirn wahrgenommen wird. Freie Nervenendigungen als S. finden sich vermutlich bei fast allen Wirbeltieren und sind für Säuger und Vögel gut untersucht, für einige Amphibien und Knochenfische nachgewiesen. Die mögliche chemische Auslösung von S. wird in einigen Fällen auch beim Abwehrverhalten von Insekten gegen Räuber ausgenutzt. Während Gewebe zerstörende oder die Reizschwelle der S. herabsetzende Stoffe oft nur sehr langsam ihre Wirkung entfalten, rufen einige Insektenstiche (z. B. die von Spinnenameisen der Gattung *Dasymutilla* oder Wegwespen der Gattung *Pepsis*) durch besondere chemische Beimischungen eine sofortige Schmerzwirkung hervor. Die Beimischungen enthalten Stoffe, die auf chemischem Wege augenblicklich Gewebeschäden vortäuschen, ohne diese tatsächlich zu verursachen. Starkelektrische Fische nutzen ihre elektrischen Organe außer zum Beutefang auch noch zur Abwehr, indem sie auf elektrischem Wege Schmerzen auslösen. [4]

Schmollen (pouting behaviour): charakteristisches Ausdrucksverhalten des Menschen zur zeitweiligen Kontaktverweigerung mit vorgeschobenen Lippen (Schmollmund), Blickabwendung und gesenktem Kopf. Die Situation ist bei Kindern durch Aufnahme oder Abbruch des Kontakts in einem sozialen Bezug und in einem sozialen Kontakt gekennzeichnet, wenn angestrebte Ziele und Ergebnisse aktiv nicht zu erreichen sind oder blockiert werden. Das Verhalten macht den Schmollenden auffällig, beschwichtigt andere und löst zugleich Aufmerksamkeit, Zuwendung sowie (Wieder-)Aufnahme des Kontakts aus. S. wurde in vielen Kulturen in gleichen Zusammenhängen und mit identischem Ablauf nachgewiesen (Karl Meißner 1993). [1]

Schnäbeln (billing): Schnabelkontakt zwischen Vogelpartnern, die in Dauerehe leben, wie zahlreiche Sittiche. Dabei verschränken beide Partner ihre Schnäbel, oder bei der Begrüßung umfasst der ankommende Partner den Schnabel des anderen. S. hat eine partnerbindende Funktion und ist symbolisches Balzfüttern bzw. ritualisiertes Jungenfüttern (→ Ritualisation). [1]

Schnarren → Fluggeräusch.

Schönheit → Attraktivität.

Schönheitsideal (ideal of beauty): eine bestimmte Vorstellung vom Aussehen eines Menschen. Schönheit ist ein abstrakter, gesellschaftlich determinierter Begriff. Man betrachte nur den Wandel des S. im Verlauf der Zeiten. Mit der Ausnahme, dass in allen Kulturkreisen Schönheit und Jugend assoziiert werden, gibt es kein angeborenes, universelles S. So entsprechen in der Mehrzahl der Kulturen, in denen aufgrund der klimatischen Verhältnisse und der fehlenden Speichermöglichkeiten die Nahrungsversorgung instabil ist, eher korpulente Frauen dem S. Das gilt auch, je nördlicher die Kulturen angesiedelt sind. Körperfett scheint ein Indikator für Überlebensfähigkeit und Fruchtbarkeit zu sein. Unser westliches Schlankheitsideal ist deshalb eher die Ausnahme. → Attraktivität, → Asymmetrie. [1]

Schreckmauser (fright moult): ein spezielles Autotomieverhalten der Vögel. In Bedrängnis, aber ohne Gewaltanwendung, oder nach plötzlich auftretenden psychischen Reizen (Angst) stoßen sie Teile des Gefieders, vor allem Schwanz- und Bauchfedern ab, was Raubfeinde ablenkt und die Flucht erleichtert. Bisher konnte dieses Verhalten für über 50 Arten beobachtet werden, besonders bei Hühnervögeln, Tauben und Singvögeln. [1]

Schreckreaktion (startle response, startle reflex): heftige, unwillkürliche (reflektorische) Reaktion auf einen unerwarteten, starken Reiz. S. sind angeborene, nichtorientierte Verhaltensweisen, die sich in Form eines Zusammenzuckens äußern und Angst auslösen können. → Moro-Reflex. [1]

Schreckstellung (phobic posture): bei plötzlich auftretender Gefahr eingenommene starre Körperhaltung. Sie ist eine Form des Schutzverhaltens und bietet dem Überraschten die Möglichkeit, die Gefahrenquelle zu orten und zu bewerten, ohne dabei gesehen zu werden. Typische S. sind die Akinese, die Thanatose und das Einfrieren. [1]

Schreckstoff → Alarmpheromon.

Schreiten → Gangart.

Schreiweinen (intense crying): eine Form des Weinens und ein angeborenes Ausdrucksverhalten des menschlichen Säuglings, das Unwohlsein, fehlenden Körperkontakt, Angst, Furcht oder Verlassensein (→ Ruf des Verlassenseins) signalisiert. S. ist bei geschlossenen Augen und besonderem Atemrhythmus, mit senkrechten Stirnfalten sowie verkrampfter Mimik und Motorik bedeutend lauter und intensiver als Weinen. Auf S. sollte seiner biologischen Funktion entsprechend sofort mit Zuwendung reagiert werden. Kinder, die unter mangelhaften sozialen Kontakten aufwachsen, äußern kein S. mehr (→ Deprivationssyndrom). [1]

Schriftsprache → Sprache.

Schritt → Gangart.

Schrittmacher (pacemaker): Struktur, die in der Lage ist, Rhythmen zu generieren und andere → Oszillatoren zu steuern. Zentraler S. bei den Säugetieren ist der → suprachiasmatische Nukleus (SCN), der eine Vielzahl biologischer Prozesse sowie → peripherer Oszillatoren steuert. Bei Vögeln, Fischen und Reptilien übernimmt die → Epiphyse die Funktion des S. Bei Insekten sind es die optischen Loben und bei den Mollusken retinale Ganglienzellen. [6]

Schule (shoal, school): besondere Form des Schwarms bei Fischen, Delphinen und Großwalen, die sich an besonders exakter Koordination und Synchronisation des Verhaltens erkennen lässt. Bei Fischen sind es hauptsächlich die Jungfische, die sich zu S. zusammenschließen. Deshalb bildet über die Hälfte der 20.000 Fischarten einmal im Leben eine S. [1]

Schütteltanz → Bienensprache.

Schutzanpassung → Schutzverhalten.
Schutzansprüche → Ansprüche.
Schutzfärbung (concealing colouration, protective colouration): eine Form der Schutztracht. Einerseits kann eine S. verbergend sein, wie das weiße Winterfell des Hermelins oder das Wintergefieder des Schneehuhns. Andererseits gibt es auch auffällige Schutzfärbungen, wie die schwarz-gelbe Färbung der Feuersalamander, die ein → aposematisches Signal darstellen. → Mimese, → Mimikry. [4]
Schutztracht (protective habit): Sammelbezeichnung für alle Körpermerkmale (Formen und Farben), die das Schutzverhalten ergänzen und unterstützen. Zu unterscheiden sind unauffällige, an die Umgebung angepasste S. zur → Tarnung und auffällige Trachten, welche die Giftigkeit, Wehrhaftigkeit oder Ungenießbarkeit ihres Trägers anzeigen sollen (→ aposematisches Signal). [4]
Schutzverhalten, *protektives Verhalten, Schutzanpassung, Feindanpassung* (protective behaviour, protective adaptation, protective device, anti-predator adaptation): Sammelbegriff für alle Verhaltensweisen, die hauptsächlich dem Schutz vor Feinden dienen. Ein vollkommenes S. gibt es nicht, weil die Anpassungen immer wechselseitig sind (→ Räuber-Beute-Beziehung). S. ist deshalb recht komplex und vielfältig (→ Raubfeindabwehr, → Gefahrvermeidung, → Mimikry, → Mimese, → Warnverhalten, → Schutztracht, → Akinese, → Verleiten, → Hassen, → Autotomie, → Thanatose, → Einfrieren, → Schreckstellung, → proteisches Verhalten). [1]
Schwankungsstärke → Psychoakustik.
Schwänzeltanz → Bienensprache.
Schwanzhaltung (tail posture): Bestandteil des Ausdrucksverhaltens von Säugern und Vögeln, an dem aktuelle Motivationen erkannt werden können. Bei den Hundeartigen zeigen nach oben gestellte Schwänze Dominanz und Selbstsicherheit an. Untergeordnete oder fluchtbereite Artgenossen tragen den Schwanz nach unten oder klemmen ihn bei großer Unsicherheit zwischen den Hinterbeinen am Bauch anliegend ein. Bei zahlreichen Huftieren dagegen wird Fluchtbereitschaft durch aufgerichtete Schwänze übermittelt. [1]
Schwanzrasseln (tail rattling): besondere Lautäußerung, die durch schnelles Schütteln der am Schwanz umgebildeten Schuppen (Klapperschlange) oder Stacheln (Stachelschwein) hervorgerufen wird. S. wird hauptsächlich bei Erregung geäußert, um abzuschrecken. [1]
Schwanzsträuben (piloerection of the tail): eine bei Spitzhörnchen *Tupaia* zu beobachtete Reaktion auf unterschiedliche Stressoren, die im Aufrichten der Schwanzhaare besteht und ein Indikator für Stress ist. Je mehr Schwanzhaare über längere Zeit gesträubt werden, umso größer ist die induzierte Belastung. Kämpfen beispielsweise unter Laborbedingungen zwei Spitzhörnchen miteinander und haben sie danach Sichtkontakt, so zeigt der Unterlegene bis zu seinem Tod S. Der Tod tritt nicht durch Verletzungen ein, sondern ist ein Resultat des → Sozialstress. Unter natürlichen Bedingungen würde der Unterlegene sofort das Revier des Gewinners verlassen und demzufolge überleben. [1]
Schwarm (flock, school, swarm): einheitlich formierter, dreidimensionaler mobiler Verband bei wasserbewohnenden oder flugfähigen Tierarten, dessen Untereinheiten gelegentlich auch Schar, Schof oder Schule genannt werden. Im S. sind Tempo und Bewegungsrichtung aufeinander abgestimmt.
Koordinierte Schwärme beruhen auf der sozialen Appetenz der Individuen gegenüber dem Gesamtverband (Gruppenbindung) und auf der Einhaltung ganz bestimmter Positionen zwischen den Nachbarn (Schwarmverhalten). *Unkoordinierte Schwärme* bezeichnet man je nach dem Anteil der sozialen Bindungskräfte als → Konglobationen, → Assoziationen oder → Aggregationen. [1]
Schwarmtraube (swarm cluster, cluster): **(a)** Zusammenschluss zahlreicher Honigbienen nach dem Verlassen des Stockes (Schwärmen). Die S. ist ein wohlgeordnetes Gebilde, das in der Regel an einem Ast, Mauervorsprung oder ähnlichem hängt. Ihre Hülle wird von dichtsitzenden Arbeiterbienen gebildet, die nur an einer Stelle ein Flugloch freilassen. Das Innere besteht aus Bienenketten, zwischen denen sich Jungbienen und die Königin aufhalten. Ältere Bienen, die Kundschafterinnen, verlassen

immer wieder die S., um eine neue Behausung aufzuspüren. Ist eine gefunden, so wird das durch die → Bienensprache mitgeteilt und sobald sich die Mehrheit entschieden hat, löst sich die S. auf und der gesamte Schwarm zieht ein.
(b) haufenförmige Versammlung von Mauerseglern bei Kälte und Nässe, in der die Tiere in einem Starrezustand bei herabgesetzter Körpertemperatur die Zeit des Nahrungsmangels überdauern. [1]
Schwarmtrieb → Schwarmverhalten.
Schwarmverhalten (swarming behaviour): Gesamtheit aller Verhaltensweisen, die dem → Schwarm dienen. S. kommt vor allem bei Wasserflöhen, Heuschrecken, Schmetterlingen, Kaulquappen, zahlreichen Fischen, Vögeln und Säugern (→ Herde) vor. Es ist angeboren und basiert auf einer sozialen Appetenz, die früher *Schwarmtrieb* (swarm drive) genannt wurde. Beim S. werden bestimmte Abstände zwischen den Nachbarn eingehalten (Ausnahme → Pod). S. kann kurzzeitig (temporär) oder langfristig (permanent) auftreten. Zu *temporären Schwärmen* vereinigen sich z. B. die Zugvögel oder die Jungfische zahlreicher Buntbarsch-Arten. *Permanente Schwärme* werden unter anderem von den obligatorischen Schwarmfischen gebildet, die vom Schlupf bis zum Tod S. zeigen, wie der Hering *Clupea*
S. ist hauptsächlich Schutzverhalten gegenüber Fressfeinden, die vom Schwarm nachweislich früher entdeckt werden, und die Schwierigkeiten mit dem → Konfusionseffekt haben. S. erleichtert die Nahrungssuche, denn viele Schwarmangehörige können Nahrungsquellen schneller finden als einzelne Tiere. Das gilt auch für die Vermehrung, innerhalb eines Schwarms lassen sich paarungsbereite Partner sehr schnell finden. Für Schwarmfische ist nachgewiesen, dass sie weniger Energie für die Fortbewegung aufwenden müssen. Sie nutzen die durch die Schwimmbewegungen des Vorderfisches entstehende Saugwirkung und den abgegebenen Körperschleim, der die bremsenden Turbulenzen reduziert. Schwarmfische schwimmen deshalb immer in einem Medium geringerer Reibung. [1]
Schwebung (beat): durch die Überlagerung (Addition) zweier harmonischer Schwingungen mit geringfügig unterschiedlicher Frequenz resultierende Schwingung. Die Frequenz der S. ist gleich der Differenz der Frequenzen der überlagerten Schwingungen. In Anlehnung an diese Definition aus der Schwingungslehre werden auch Oszillationen, die aus der Überlagerung von → biologischen Rhythmen oder biologischen und Umweltrhythmen unterschiedlicher Periodenlänge resultieren, als S. bezeichnet. Beispielsweise kann es bei Erkrankungen oder Belastungssituationen zur → Desynchronisation circadianer Rhythmen kommen, die dann mit unterschiedlichen → Spontanperioden frei laufen. Die Folge sind periodische Änderungen im Wohlbefinden oder im Krankheitsverlauf. Auch bei → erzwungenen Desynchronisationen kann es zu S. kommen. Immer dann, wenn der vorgeschriebene Schlaf-Wach-Rhythmus mit dem endogenen Rhythmus, d. h. der inneren Uhr in Phase ist, können die Probanden gut schlafen. Bei gegenläufigen Phasen werden ein häufiges Aufwachen während der Nacht sowie ein erhöhtes Schlafbedürfnis am Tage beobachtet. Ähnlich kann es Blinden ergehen, wenn diese nicht in der Lage sind, ihre innere Uhr mit dem natürlichen Licht-Dunkel Wechsel zu synchronisieren. Versuchen sie nun, ihren Schlaf-Wach-Rhythmus an den 24-h Tag anzupassen, sind periodische Änderungen der Schlafqualität die Folge. → circaseptaner Rhythmus, → infradianer Rhythmus. [6]
Schwelle (threshold): in der klassischen Ethologie der Widerstand, den ein Kenn- oder Signalreiz zur Auslösung des adäquaten Verhaltens überwinden muss. Diejenige Reizmenge, die gerade noch in der Lage ist, das passende Verhalten auszulösen, bezeichnet man als S.wert. S. und S.wert sind keine absoluten und konstanten Größen (→ Schwellenwertänderung). [5]
Schwellenwertänderung (threshold change): die Änderung in der Auslösbarkeit einer Verhaltensweise. Sie kann kurzfristig durch Adaptation, Habituation und Motivationsänderungen sowie langfristig durch Reifungs- und Lernvorgänge erfolgen und wird von verschiedenen äußeren und inneren Faktoren bestimmt. Wird die Schwelle erhöht, so führt dies zu einer erschwerten Auslösbarkeit der Reaktion. Kommt es dagegen zu einer Schwellenerniedrigung, kann die entsprechende Reaktion des Indi-

viduums leichter ausgelöst werden. Je länger sich beispielsweise die Motivation zu einem bestimmten Verhalten aufgestaut hat, desto niedriger ist die Schwelle, d.h. desto geringere Anforderungen werden an die auslösenden Reize gestellt. So balzen männliche Guppies nach längerer Trennung von weiblichen Artgenossen selbst kleine und unscheinbar gefärbte Weibchen an. Extreme Schwellenerniedrigung kann zu Ersatzhandlungen oder Leerlaufhandlungen führen. [5]

Schwerkraftorientierung → Geotaxis.

Schwimmen (swimming): vom Grund losgelöste Fortbewegung unter Wasser oder teilweise eingetauchte auf der Wasseroberfläche. Da sich die Dichte des tierischen Gewebes und des umgebenden Wassers kaum unterscheiden, lässt sich ein statischer Auftrieb auf einfache Weise durch Ein- oder Anlagerung von Stoffen mit einer kleineren Dichte erzeugen und meist auch regulieren, z.B. mithilfe einer gasgefüllten Schwimmblase (bei vielen Knochenfischen) oder durch gasgefüllte Kammer (im Schulp von *Sepia*, im Gehäuse der Perlboote *Nautilus* oder in der Schale des Posthörnchens *Spirula*), durch Fette, Öle oder ähnliche Stoffe (z.B. Sqalen in der Leber von Tiefseehaien), durch den Ersatz von Natrium- durch Ammoniumionen (im Muskelgewebe vieler Tiefseekalmare) oder mit Luftvorräten im oder am Körper (in der Lunge, im Gefieder, im Fell usw.). Dynamischer Auf- oder Abtrieb kann mit geringem Energieaufwand auch durch Schwimmbewegungen erfolgen, z.B. bei den Haien und Rochen oder bei Knochenfischen, die aufgrund ihrer Lebensweise die Schwimmblase sekundär zurückgebildet haben (Plattfische, Schleimfische, Anglerfische, viele Grundeln).

Die meiste Energie wird beim S. für den Vortrieb benötigt. Der Vortrieb wird durch zwei sehr unterschiedliche Kräfte behindert, die beide auch bei konstanter Schwimmgeschwindigkeit ständig aufgebracht werden müssen. Eine dieser Kräfte ist die trägheitsbedingte Widerstandskraft. Das vor dem Körper ruhende Wasser muss zum Vorwärtsschwimmen „angestoßen" und seitlich „weg geschoben" werden. Diese Widerstandskraft nimmt sowohl mit der Geschwindigkeit (quadratisch) als auch mit dem Querschnitt des Schwimmers zu. Die zweite Widerstandskraft ist bedingt durch die Zähigkeit (Viskosität) des Wassers. Sie nimmt linear mit der Geschwindigkeit zu und ist proportional zur Oberfläche des Schwimmers und umgekehrt proportional zur Dicke der körpernahen Grenzschicht, in der Verschiebungen des Mediums auftreten. Der Quotient aus Trägheitswiderstand und Zähigkeitswiderstand ist eine maßeinheitslose Größe, die so genannte *Reynoldszahl* (Reynold number).

Bei relativ großen Tieren und relativ hohen Schwimmgeschwindigkeiten (z.B. Fische und Wale) ist die Reynoldszahl viel größer als 1 (meist $>$ 1.000). In diesem Bereich spielt ausschließlich die Trägheit eine Rolle und die gegenüber Luft etwa 800fache Dichte des Wassers ist zu berücksichtigen. Bei solchen Verhältnissen ist es möglich, sich durch geeignete Schlängel- oder Ruderbewegungen vom ruhenden Wasser „abzustoßen". Die erreichte Geschwindigkeit beim *Schlängelschwimmen* (anguiliform locomotion) ist zwar relativ gering, die Fische (z.B. Aal) können jedoch mit diesen Bewegungen auch im Schlamm graben, in Spalten eindringen und außerhalb des Wassers kriechen. Die höchsten Geschwindigkeiten werden beim S. mithilfe der Schwanzflosse erreicht (thunniform locomotion). Die Bewegung der Schwanzflosse erzeugt Vortrieb als dynamische Kraft in ähnlicher Weise, wie ein Kolibri dynamischen Auftrieb im Schwirrflug erzeugt. Thunfische erreichen damit Schwimmgeschwindigkeiten bis zu 80 km/h. Fische können auch durch Bewegungen anderer Flossen oder Flossengruppen schwimmen. S. mithilfe der unpaaren Flossen wird durch undulierende Bewegungen der After- und Rückenflossen erreicht. Sie ermöglichen eine exakte Steuerung sowie ein Vorwärts- und Rückwärtsschwimmen. Diese Form des S. dient hauptsächlich dem unbemerkten Annähern an Beutetiere. Schwimmen mithilfe der Brustflossen ist durch komplizierte und noch immer nicht vollständig erforschte, von vorn nach hinten laufende Wellenbewegungen bestimmt. Es verbessert die Manövrierfähigkeit der Fische und ist gut an den Bewegungen der großen Brustflossen der Rochen zu erkennen. Die Mehrzahl der Fische beherrscht mehrere

Schwimmtypen. Dazu kommen Bremsbewegungen durch das Ausstoßen von Wasser aus dem Maul und das Aufrichten der Flossen sowie Wendungen durch asymmetrische Bewegungen und Haltungen der Flossen und des Körpers.
Bei sehr kleinen Reynoldszahlen (Einzeller und kleine Krebstiere) spielt ausschließlich die Zähigkeit des Wassers eine Rolle. Die Probleme des S. unter solchen Bedingungen sind für uns kaum vorstellbar. Wird die Antriebskraft ausgesetzt, dann kommt der Schwimmer schlagartig zur Ruhe und ein Vortrieb durch starre Ruder ist nicht mehr möglich. Jedes auch noch so langsame Zurückholen des Ruders in die Ausgangslage würde den Schwimmer wieder in die Ausgangsposition vor der Schlagphase zurückversetzen. In diesem Reynoldszahl-Bereich darf es keine form- oder bewegungsidentische Rückbewegung geben. Lediglich fadenförmige kontinuierlich undulierende oder rotierende Geißeln (Flagellen) sowie Wimpern (Cilien) mit kurvenförmigem Schlag führen bei extrem kleinen Reynoldszahlen zum Ziel.
Ist die Reynoldszahl etwa 1, dann ist sowohl die Zähigkeit als auch die Trägheit zu berücksichtigen. Kleine Wasserinsekten sind daher oft nicht stromlinienförmig, sondern eher kugelförmig und verwenden speziell konstruierte Körperanhänge (z. B. Ruderfüße), die beim Rückholen ihre Form oder Bewegung erheblich ändern.
Viele Tiere nutzen für den Vortrieb auch das Rückstoßprinzip, indem sie Wasser aus Körperhöhlen ausstoßen (z. B. Kopffüßer oder Großlibellenlarven). Mit Ausnahme einiger Affenarten und der Giraffen können wohl alle Säugetiere schwimmen. S. ist angeboren, muss aber ausreifen, wie es das Beispiel der Entwicklung des S. beim Goldhamster zeigt. Bei den Landbewohnern ist S. ein einfaches „Laufschwimmen"; sie bewegen ihre Extremitäten wie beim Laufen. Erst in Anpassung an die aquatische Lebensweise kommt es vom Bein-Schwanz-S. (Biber) über das Rumpf-Schwanz-S. (Fischotter) zum alleinigen Schwanz-S. (Wale). Der Vorschub kann aber auch nur von den Vorderbeinen (Eisbär, Flusspferd) oder den Hinterbeinen (Seehund, Walross) erzeugt werden. [4]

Schwimmgraben → Graben.

Schwingphase → Gangart.

Schwingungsbreite (range of oscillation, magnitude of oscillation): die Differenz zwischen der maximal positiven und der maximal negativen Auslenkung einer Schwingung. Bei harmonischen Schwingungen entspricht die S. der doppelten Amplitude. In der Chronobiologie wird mit S. die Differenz zwischen dem Maximal- und dem Minimalwert, z. B. eines Tagesmusters (→ Muster), bezeichnet. Wird zur Beschreibung des biologischen Rhythmus eine Kosinus-Funktion angepasst (→ Cosinor-Verfahren), dann entspricht die S. der doppelten Amplitude. [6]

Schwingungsdauer → Periodenlänge.

SCN → suprachiasmatischer Nukleus.

Scoloparium, *Scolopidialorgan, scolopales Sinnesorgan* (scolopidial organ): mechanisches Sinnesorgan, das aus stiftführenden Sinneszellen (stiftführende Sensillen, Scolopidien) zusammengesetzt ist. Man unterscheidet tympanale (→ Tympanalorgan) und atympanale Scoloparien. Zu den atympanalen Scoloparien gehören → Chordotonalorgane und → Johnstonsche Organe. [4]

Scramble-competition (scramble competition): Wettbewerb um Nahrung oder Paarungspartner, wobei die Ressource nicht geklumpt vorhanden ist und deshalb keine direkte Auseinandersetzung zwischen den Individuen zu registrieren ist. → Contest-competition [2]

Scramble-competition-Polygynie → Polygynie.

Seasonal-breeder (seasonal breeder): Tiere, deren Fortpflanzungszeiten streng an Jahreszeiten gekoppelt sind. Die Kontrolle erfolgt über die sich saisonal ändernde Tageslänge (→ Photoperiode). Die Mehrzahl der Tiere in unseren Breiten sind S., da sich die Lebensbedingungen im Jahresgang ändern und die photoperiodische Kontrolle der Fortpflanzung ein entscheidender Selektionsvorteil ist. In Abhängigkeit davon, ob die Reproduktion oberhalb oder unterhalb einer kritischen Photoperiode erfolgt, werden → Langtagtiere und → Kurztagtiere unterschieden. → annual breeder [6]

Seele → Psyche.

Segelflug → Gleitflug.

Sehen, *visuelle Wahrnehmung* (vision): Wahrnehmung von optischen Reizen und

Signalen mittels spezieller Sinnesorgane (Augen). Die alleinige Unterscheidung von Hell und Dunkel mittels einzelner Sinneszellen (Photorezeptoren) wird meist noch nicht als S. bezeichnet. In einem Auge kann es unterschiedliche Photorezeptoren geben, beim Menschen z. B. *Stäbchen* (rod) für kleine Lichtintensitäten, das sog. *Hell-Dunkel-S.* (scotopic vision, twilight vision), und *Zapfen* (cone) für das *Farb-S.* (colour vision, chromatic vision). Grundlage für die Wahrnehmung von Licht ist bei allen Tieren ein Sehpigment, das Rhodopsin genannt wird. Rhodopsin besteht aus zwei Komponenten, dem Retinal, ein vom Vitamin A_1 abgeleitetes Molekül mit konjugierten Doppelbindungen, und dem Opsin, ein Protein. Farb-S. kann erreicht werden durch chemische Veränderungen im Retinal, durch Modifikation des Opsins (mit dadurch verursachter Veränderung in der Bindung zum Retinal) oder durch Farbfilter (farbige Öltröpfchen vor einzelnen Photorezeptoren). In Abhängigkeit von der Anzahl der unterschiedlichen Farbrezeptoren unterscheidet man → Mono-, → Bi- und → Trichromaten. Es gibt allerdings auch Tiere mit vier oder gar fünf Farbrezeptortypen (Vögel, Schildkröten, einige Süßwasserfische und Schmetterlinge). Bei Tetrachromaten sind die unterschiedlichen Photorezeptortypen jedoch meist auf bestimmte Raumwinkelbereiche konzentriert und durch Farbfilter im Wellenlängenbereich stark eingeengt. Es muss daher vermutet werden, dass hier eine Abstimmung auf besondere Signale und Umweltreize vorliegt, aber keine Verbesserung des Farb-S. durch Erhöhung der Anzahl an Farbrezeptortypen erreicht wird. Je nach Tierart kann sich der Empfindlichkeitsbereich der Photorezeptoren auch in Farbbereiche erstrecken, die für den Menschen nicht sichtbar sind (→ Infrarot, → Ultraviolett). In Abhängigkeit vom Aufbau der Photorezeptorzelle und von der Ausrichtung der Rhodopsin-Moleküle kann, insbesondere bei Insekten und Fischen, auch die Polarisationsrichtung des Lichts detektiert werden (→ polarisiertes Licht). Um den enormen Informationsgehalt von Bildern handhaben zu können, werden bei einigen Tieren die Daten schon im Auge vorverarbeitet (periphere Filterung). Zur Steigerung der Helligkeitsempfindlichkeit haben die Augen vieler nachtaktiver Tiere hinter den Photorezeptoren eine reflektierende Schicht (z. B. Tapetum hinter der Retina vieler Wirbeltiere). Über den Vergleich der Bilder aus zwei Augen können räumliche Informationen gewonnen werden (binokulares S.). Die Messung von Entfernungen kann allerdings auch bei monokularem S. über die Akkomodation (Fokussierung) erfolgen (Chamäleon), sowie durch Verrechnung von Bildern von unterschiedlichen Standorten. [4]

Seitabstrecken → Sichstrecken.

Seitenliniensystem (lateral line system): Sinnesorgansystem zur Aufnahme feinster Druckänderungen unter Wasser. S. finden sich ausschließlich bei aquatischen Tieren: bei fast allen Fischen (nicht jedoch z. B. bei Heringen), bei aquatischen Amphibien (bei saisonal aquatischen auch nur in dieser Zeit ausgeprägt, z. B. bei Unken und Molchen) und bei Krokodilen. Das S. besteht aus Hunderten oder gar Tausenden von Mechanorezeptoren, so genannten *Neuromasten* (neuromast), die an beiden Körperseiten ursprünglich in drei Reihen angelegt (bei den Neunaugen der Gattung *Petromyzon* und bei Amphibienlarven noch so zu finden), oft jedoch auf eine oder zwei Reihen reduziert sind. Die Neuromasten enthalten 5 bis 40 Haarsinneszellen und liegen entweder oberflächlich in Gruppen zusammen oder sind unter der Haut entlang von Kanälen angeordnet, die durch Öffnungen mit der Außenwelt in Verbindung stehen und *Kanalorgan* (canal organ) genannt werden. Das S. erscheint von außen betrachtet oft als eine gestrichelte Linie (daher der Name). Es ist ein wichtiges Sinnesorgansystem für die → Rheotaxis, wird aber auch zur Wahrnehmung sehr tiefen Unterwasserschalls verwendet. Viele Süßwasserfische sind durch ihr S. dazu befähigt, selbst kleinste Erschütterungen des Ufers über große Entfernungen wahrzunehmen. Sardinen *Sardina pilchardus* synchronisieren über das S. die plötzlichen Wendebewegungen innerhalb ihrer großen Schwärme. Krallenfrösche *Xenopus laevis* können mit ihrem besonders gut ausgeprägten S. im halb untergetauchten Zustand auch die Wellen auf der Wasseroberfläche vermessen und damit sehr genau rekonstruieren, „wo – was“ passiert. Aufgrund dieser Informationen können sie gezielt Beutetiere finden oder vor Räubern flüchten. Bei einigen Fischen haben sich Teile des S. im Laufe der Evolution zu Elektrorezeptoren umgewandelt (→ Elektrorezeption). Knorpelfische (Haie und Rochen) besitzen entlang ihres S. freie, nicht in einem Kanal liegende Neuromasten, so genannte → *Grubenorgane.* [4]

Seitensprung → Extrapair-copulation.

Seitenwinden, Seitwinden → Schlängeln.

Seitigkeit → Lateralität.

sekundäres Geschlechterverhältnis → Geschlechterverhältnis.

Sekundenrhythmus → Kurzzeitrhythmen.

Selbstdressur, *Eigendressur* (self conditioning): Selbstkonditionierung von Heim-, Nutz-, Zoo- oder Zirkustieren. → Dressur. [5]

Selbsterfahrungsgruppe → Encounter.

selbstgewähltes Nahrungsverlangen → Self-demand-feeding.

Selbstmarkierung → Automarkieren.

Selbstputzen (autogrooming, autopreening): alle Putzhandlungen oder im weiteren Sinn alle Körperpflegehandlungen, die auf den eigenen Körper gerichtet sind und keine soziale Funktion besitzen, wie das → Fremdputzen. [1]

Selbstverstümmelung → Autotomie.

Selective-sweep (selective sweep): beschreibt ein Phänomen, bei dem die Selektion die Frequenz eines vorteilhaften Allels erhöht und dabei gleichzeitig die Häufigkeit anderer Allele genetisch gekoppelter Loci beeinflusst. S. vermindert damit die Variabilität neutraler Loci in der näheren Umgebung eines Gens unter Selektion. Ein S. wird als Ursache für die ungewöhnliche Populationsstruktur von Monoaminoxidase A (MAO-A) beim Menschen angenommen. Mutationen im MAO-A-Gen sind mit leichter geistiger Behinderung und verstärkt aggressivem Verhalten assoziiert. [3]

Selektion, *Auslese* (selection, selective breeding): ein Mechanismus, der die Häufigkeit von Allelen in der nachfolgenden Generation beeinflusst. Unterschiede im Reproduktionserfolg begründen sich in Überlebenswahrscheinlichkeit und Fertilität. Die S. ist damit die einzige evolutive Kraft, die zu einer verbesserten Anpassung an gegebene Umweltbedingungen führt. Neben der → natürlichen S. werden noch → sexuelle S. und künstliche S. (→ Domestikation) unterschieden. Sämtliche S.formen wirken auf der Basis genetischer Variabilität (beeinflusst durch Mutation, genetische Drift und Migration) und verändern die Allelhäufigkeiten in einer Population. Mithilfe des S.koeffizienten s kann die relative Fitness einzelner Genotypen veranschaulicht werden. Die Fitness eines Genotyps ist dabei $1 - s$. [3]

Selektionsdruck (selection pressure): Summe der Faktoren, die die Richtung der Selektion bestimmen. [1]

Self-demand-feeding, *selbstgewähltes Nahrungsverlangen* (self demand feeding): chronobiologische Methode zur Ernährung menschlicher Säuglinge, bei der nicht die Mutter, sondern der Säugling die Anzahl und den Zeitpunkt der Mahlzeiten bestimmt (Abb.). Er bekommt immer dann die Brust oder Flasche angeboten, wenn er durch

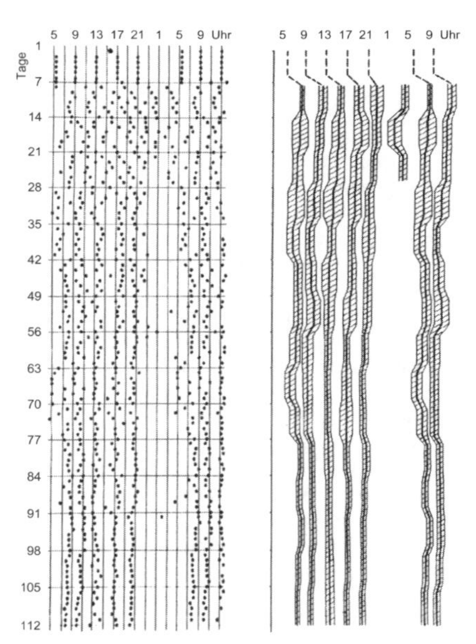

Self-demand-feeding bei einem menschlichen Säugling. Jeder Punkt repräsentiert eine Mahlzeit (links). In der ersten Lebenswoche bekam der Säugling seine Mahlzeiten entsprechend der starren Klinikordnung, danach konnte er frei wählen. Anhand der Mittelwerte und Streubereiche (rechts) sind schließlich die 5 Mahlzeiten und die Nachtpause erkennbar. R. Gattermann 1993.

entsprechendes Schreien Hunger anzeigt. In den ersten Lebenstagen geschieht das etwa fünf- bis sechsmal am Tag im Abstand von zweieinhalb bis fünf Stunden. Individuell sehr verschieden stabilisieren sich die selbstgewählten Zeiten (in der Abbildung anhand der immer kleiner werdenden Streuungsbereiche zu erkennen) und die Nachtmahlzeiten werden plötzlich oder ganz allmählich ausgelassen. Das entspricht dem natürlichen Reifungsprozess. Deshalb ist es unnatürlich, gesunde Säuglinge nach einem starren Regime zu füttern und vor allem die Nachtpause durch strikten Nahrungsentzug zu erzwingen. Durch S. erhält der Säugling immer dann Nahrung, wenn auch sein Verdauungssystem dazu bereit ist. Außerdem entfällt das für alle Familienangehörige belastende und unter Umständen stundenlange Schreien des hungrigen Säuglings während der Nacht. → ultradianer Rhythmus. [1]

Semantik → Zoosemiotik.

Semelparitie, *Semelparie* (semelparity, semelpary): artspezifische Fortpflanzungsstrategie, bei der sich die Individuen nur einmal im Leben fortpflanzen und danach sterben (→ Big-bang-Fortpflanzung). Es sind relativ kurzlebige Arten, wie die Mehrzahl der Insekten, aber auch einige Lachsarten. Die Individuen semelparer Arten investieren wenig in Überlebensfähigkeit, sondern eher in die Fortpflanzung (→ Allokation). → Iteroparitie. [1] [2]

Semiochemikalien → chemisches Signal.

semisozial → Sozietät.

semivoltin (semivoltine): wirbellose Tiere, die zwei oder mehr Jahre für eine Generation benötigen. → multivoltin. [1]

Sender → Kommunikation.

senil, *Senium* (senile, old age, senility): letzter Lebensabschnitt (Greisenalter) in dem Fortpflanzung nicht mehr möglich ist und es zum körperlichen und geistigen Verfall kommt. Es ergeben sich umfangreiche Verhaltenseinschränkungen bis schlussendlich der biologische Tod eintritt. Aufgrund des Räuberdrucks und der Parasitenlast wird im natürlichen Lebensraum das Senium nicht oder außerordentlich selten erreicht. → Verhaltensontogenese. [1]

sensible Phase, *kritische Periode* (sensitive phase, critical period): **(a)** eine Phase der individuellen Entwicklung, in der bestimmte individuelle Erfahrungen in angeborene Verhaltensprogramme eingebaut werden (→ Prägung). Während dieser Zeitspanne ist die spezifische Lernbereitschaft des Individuums stark erhöht, sodass die Prägung sehr schnell ablaufen kann. Sobald die Prägung vollzogen ist, sinkt die betreffende Lernbereitschaft völlig ab (Abb.). Da-

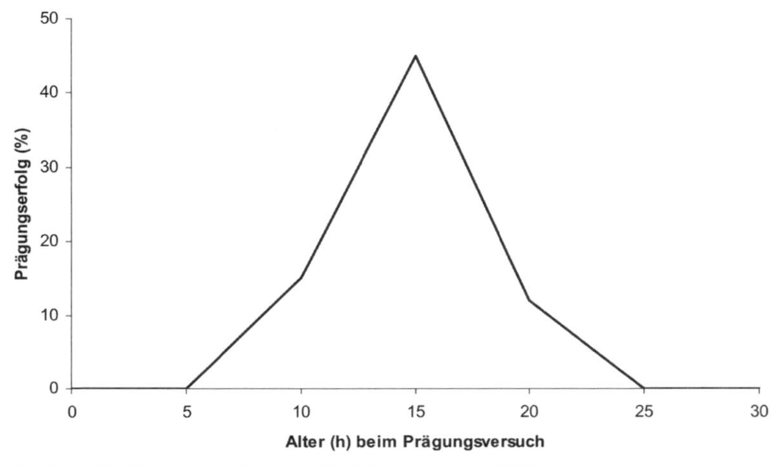

Sensible Phase für Stockentenküken. Aus R. Gattermann et al. 1993.

mit ist die einmal eingespeicherte Erfahrung vor Überlagerungen durch neue Eindrücke gesichert. Die Störung oder Verhinderung artspezifischer Prägungsvorgänge führt zu Verhaltensstörungen (→ Fehlprägung). Jede Art der Prägung hat ihre eigene s. P. Bei frischgeschlüpften Stockentenküken dauert sie für die Nachfolgeprägung etwa von der 10. bis zur 20. Stunde nach dem Schlüpfen. Die sexuelle Prägung erfolgt erst später. Hier liegt das Maximum der Prägungsbereitschaft zwischen dem 1. und 7. Lebenstag. Anders liegen die s. P. bei Nesthockern. Die sexuelle Prägung männlicher Zebrafinken *Taeniopygia guttata* beginnt bereits im Nest und ist mit 15 bis 20 Tagen abgeschlossen. Bei der Dohle *Corvus monedula* liegt die s. P. der sexuellen Prägbarkeit sogar vor der der Nachfolgereaktion. Während sich die sexuelle Prägung schon im Nest vollzieht, beginnt die Nachfolgeprägung erst kurz vor dem Flüggewerden, wenn die Jungen den Eltern folgen müssen. Huftiermüttern, die auf ihre neugeborenen Laufsäuglinge geprägt werden, haben mit jeder Geburt eine s. P. (→ maternale Prägung)
(b) empfindlicher Zeitabschnitt in der Entwicklung eines Tieres, in dem z.B. durch äußere Faktoren die Diapause induziert und beendet werden kann (→ Dormanz). [1]

Sensitisierung (arousal): eine → nicht-assoziative Lernform, die mit einer allgemeinen Zunahme der Reaktionsbereitschaft und Empfindlichkeitssteigerung nach einem besonders intensiven Reiz einhergeht. Das Individuum befindet sich nach einer solchen Stimulation in einem erhöhten Erregungszustand und reagiert nachfolgend auch auf geringere Reizstärken. Sowohl die Zunahme der Reaktionsbereitschaft als auch die jeweilige Reaktionsstärke sind dabei auf den Kontext bezogen, in dem der sensitisierende Stimulus auftritt. Auch nicht-habituierte Tiere (→ Dishabituation) reagieren häufig mit verstärkten Reaktionen und höheren Reizempfindlichkeiten auf starke und bedeutungsvolle Reize. [5]

sensorische Erregung (sensory arousal): durch Reize ausgelöste Aktionspotentiale, die entlang einer sensorischen Bahn in das Zentralnervensystem (ZNS) übertragen werden und Voraussetzung für jedes Verhalten sind. [5]

sensorische Falle → ehrliches Signal.

sensorisches Lernen (sensory learning): Erlernen von visuellen, auditiven, haptischen, gustatorischen und/oder olfaktorischen Reizen und ihrer Bedeutung. → motorisches Lernen. [5]

serielle Monogamie → Monogamie.

sessil (sessile): Tiere, die sich nicht aktiv fortbewegen können, wie Schwämme, Polypen, Seepocken oder Seescheiden. → hemisessil, → Vagilität [1]

Sex-Allokation (sex allocation, sex ratio adjustment): Anpassung des Geschlechterverhältnisses. Eine Verschiebung des Geschlechterverhältnisses zu Gunsten des Geschlechts mit der höheren relativen Fitness. Eine Verschiebung zu Gunsten der Männchen ist z. B. dann sinnvoll, wenn Weibchen mit sehr attraktiven Männchen verpaart sind (→ Sexy-Son-Hypothese). Die Produktion von mehr Söhnen erhöht die Chance auf eine größere Anzahl Enkel (u. a. Halbringschnäpper, Zebrafink, Blaumeise). Bei Tieren mit kooperativer Brutpflege fungieren Nachkommen eines Geschlechts (meist Weibchen) mitunter als Helfer. Mehr Junge mit dem Helfer-Geschlecht würden die Wahrscheinlichkeit erhöhen, Unterstützung bei der Aufzucht der nachfolgenden Bruten zu erhalten. Ein bemerkenswertes Beispiel bietet der Seychellenrohrsänger *Acrocephalus sechellensis*. Bei dieser Art helfen in der Regel die Weibchen. Brutpaare in Territorien mit guter Qualität und ohne Helfer produzieren deshalb bis zu 80 % weibliche Nachkommen. [3]

Sexualkannibalismus (sexual cannibalism): Weibchen töten und fressen ihre Männchen während oder nach der Paarung auf. Ein Verhalten, das bisher zweifelsfrei für einige Arten der Spinnen, Insekten und Flohkrebse (Amphipoda) nachgewiesen wurde. Eine Ausnahme bildet der Flohkrebs *Gammarus pulex,* hier fressen die Männchen zuweilen die Weibchen. S. tritt häufig auf, ist aber bei allen Arten kein generelles Prinzip. Durch den S. verbessern die Weibchen ihren Ernährungszustand und ihre Fruchtbarkeit (Fekundität). Die Vorteile für die Männchen sind bisher nicht zweifelsfrei erkennbar. → Kannibalismus. [1]

Sexualpheromon, *Sexuallockstoff* (sexual pheromone, sex attractant): Pheromon zum

Anlocken von Geschlechtspartnern. S. werden hauptsächlich von Weibchen abgegeben und sind zuweilen auf große Entfernungen wirksam, bei Schmetterlingen unter günstigen Windbedingungen weiter als einen Kilometer. Durch Adolf Butenandt wurde 1959 erstmalig ein S. in seiner chemischen Struktur vollständig aufgeklärt. Es war das Bombykol des Seidenspinners *Bombyx mori*. Bombykol wird in speziellen Duftdrüsen gebildet, die das Weibchen am Hinterende ausstülpt. Die Männchen nehmen es mithilfe ihrer hochempfindlichen Sensillen wahr, die sich auf den stark gefiederten Fühlern befinden. Zur Annäherung an das Weibchen nutzen die männlichen Schmetterlinge eine einfache, durch das S. gesteuerte → Anemotaxis. Auch zeigen viele Säugerweibchen ihre Paarungsbereitschaft durch S. an. [4]

Sexualverhalten, *Paarungsverhalten, Kopulationsverhalten* (sexual behaviour, ma-

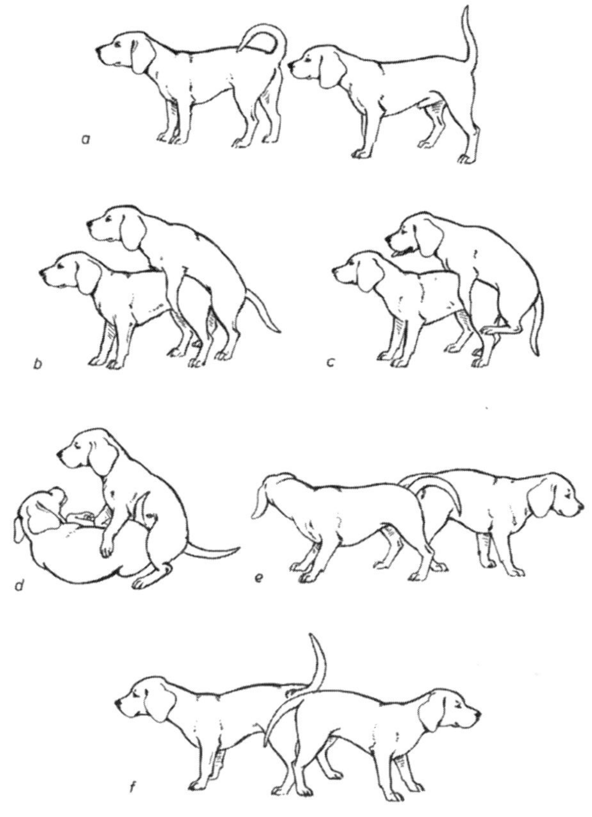

Sexualverhalten des Hundes mit der Paarungsaufforderungsstellung der Hündin und der Anogenitalkontrolle des Rüden (a). Danach erfolgt das Aufreiten und der Rüde vollführt stoßende Beckenbewegungen (b), nach Einführung des Penis vollführt er für 15 bis 30 Sekunden sehr intensive Beckenbewegungen (c). Dabei schwillt der Penis beträchtlich an und zieht sich die Scheidenmuskulatur zusammen, so dass beide Tiere nach dem Absteigen des Rüden (d) für 10 bis 30 Minuten fest miteinander verbunden sind. Während des sog. Hängens wird das Sperma überführt (e, f). Aus R. Gattermann et al. 1993.

ting behaviour, pairing behaviour, mating, copulation): ein Teil des Fortpflanzungsverhaltens, der primär alle Verhaltensweisen umfasst, die der Sexualität, d.h. der Genneukombination nach der Verschmelzung von Gameten (Eier und Spermien) dienen. S. findet immer zwischen zwei sexuell differenzierten Artgenossen (Partnern) statt und sorgt letztendlich für die Arterhaltung (Darwinismus) bzw. die Weitergabe von Genen an die nächste Generation (Soziobiologie). S. ist ein typisch motiviertes Verhalten, das aus der Partnersuche (Appetenzverhalten I), der Partnerwahl (Appetenzverhalten II) und der Kopulation (Endhandlung) besteht (Abb.). Dabei kann der Geschlechtspartner mehr oder weniger zufällig gefunden oder aktiv gesucht werden. Paarungsbereite Tiere sind in der Regel lokomotorisch aktiver und geben entsprechende chemische, akustische oder optische Signale ab. Ist ein Partner gefunden, so muss er als Artangehöriger des anderen Geschlechts erkannt werden und zur Kopulation bereit sein. Sind mehrere Partner vorhanden, dann wird meist der mit der größten individuellen Fitness ausgewählt. Diese selektive Partnerwahl nimmt in der Mehrzahl der Fälle das Weibchen vor (→ female choice). Bei vielen Arten ist das Balzverhalten Hauptbestandteil der Partnersuche und -wahl. Den Abschluss des S. bildet die Begattung oder Kopulation. Dabei können die Spermien und auch Eizellen lose in das Wasser abgegeben werden. Die Spermien können auch unverpackt oder verpackt (Spermatophore) mit und ohne Kopulationsorgane im Körper des Weibchens deponiert werden. Die Kopulation kann einmal oder mehrfach, mit einem oder mit mehreren Partnern vollzogen werden. Danach können die Beteiligten zusammenbleiben oder sich sofort wieder trennen (→ Paarungsverhalten, → Fortpflanzungssystem). An der Steuerung und Regulation des S. sind sowohl das Nervensystem als auch Hormonsystem beteiligt (→ Ethoendokrinologie). Beispielsweise wird männliches und weibliches S. der Wirbeltiere neuroendokrin reguliert (→ Paarungszentrum), durch Sexualhormone aktiviert, durch Signalreize (z.B. Sexuallockstoffe) ausgelöst und durch Lernprozesse vervollkommnet. Zu den Sexualhormonen gehören die hauptsächlich von den Hoden gebildeten Androgene – das bekannteste ist das Testosteron – die männliches S. beeinflussen und die hauptsächlich von den Ovarien und der Plazenta gebildeten Östrogene und Gestagene – das bekannteste Gestagen ist das Progesteron – die weibliches S. beeinflussen.
S. ist bei Tieren an bestimmte Jahreszeiten gebunden (→ Östrus, Jahresrhythmus). Werden die Keimdrüsen entfernt, dann kommt es zur drastischen oder völligen Reduzierung des S. (→ Kastration). Beim Menschen hat das S. aus verhaltensbiologischer Sicht primär eine partnerbindende Funktion (→ Pseudokopulation). Es weist Besonderheiten auf, die ohne Parallelen im Tierreich sind. So findet S. auch während der Schwangerschaft (Schwangerschaftssexualität) und jenseits des gebär- bzw. zeugungsfähigen Alters (Alterssexualität) statt. Außerdem gibt es im Gegensatz zu den Tieren nicht nur eine Kopulationsstellung (→ Koitusposition). [1]

Sexualzentrum → Paarungszentrum.

sexuelle Anziehung → Attraktivität.

sexuelle Auslese → sexuelle Selektion.

sexuelle Fehlprägung → Fehlprägung.

sexuelle Monogamie → Monogamie.

sexuelle Prägung, *Geschlechtspartnerprägung* (sexual imprinting): Erlernen der Erkennungsmerkmale von Geschlechtspartnern durch Prägung. Sie ist eine Form der → Verwandtschaftserkennung und dient primär der Vermeidung von Inzest. Im Gegensatz zu anderen Prägungsformen dauert bei der s. P. die sensible Phase länger und zwischen der Prägung im Jugendalter und ihre Umsetzung im Erwachsenenalter besteht eine größere Zeitspanne. S. P. lässt sich für alle Jungtiertypen nachweisen. Unterschiede kann es zwischen den Geschlechtern geben. So werden bei vielen Entenarten meist nur die männlichen Jungvögel sexuell geprägt. Die Weibchen dagegen erkennen angeborenermaßen ihre Geschlechtspartner an deren sehr unterschiedlichen Prachtkleidern. Bei der Chilenischen Krickente *Anas flavirostris* sind beide Geschlechter verhältnismäßig einheitlich und unauffällig gefärbt und in diesem Falle müssen Männchen und Weibchen sexuell geprägt werden. Sexuelle → Fehlprägungen sind möglich und kommen häufig bei handaufgezogenen Vögeln und Säugern vor. [1]

sexuelle Segregation (sexual segregation): Männchen und Weibchen trennen sich nach der Geschlechtsreife und halten sich außer zur Fortpflanzung in gleichgeschlechtlichen Gruppen auf. Neben vielen Huftieren wird s. S. bei Tieren mit sexuellem Dimorphismus wie manchen Walen und Kängurus beobachtet. Die Individuen vieler Fledermausarten ruhen in sexuell getrennten Gruppen. Auch beim Menschen wird in Kindergruppen s. S. registriert. Die Ursachen sind noch nicht geklärt. [2]

sexuelle Selektion, *sexuelle Auslese* (sexual selection): ein Mechanismus, der die Frequenz eines Merkmals in der Population erhöht, das dem Träger einen Vorteil bei der Erlangung eines Paarungspartners verschafft. S. S. findet statt, wenn sich der Anteil der Genotypen reproduktionsfähiger Weibchen und Männchen von der Genotypenverteilung tatsächlich erfolgreicher Paarungspartner unterscheidet.

S. S. tritt in zwei Formen auf, als *intrasexuelle Selektion* (intra-sexual selection) bei der Männchen-Konkurrenz (male competition) und als *intersexuelle Selektion* (intersexual selection) bei der Partnerpräferenz (male oder female choice). Die s. S. führt zur Evolution offensiver Männchen-Strategien (z. B. das aktive Entfernen von Spermien fremder Männchen aus dem reproduktiven Trakt des Weibchens) oder epigamer Merkmale (Schmuckfedern, Geweihe). Sie wird als entscheidende Kraft bei der Herausbildung des Geschlechterdimorphismus angesehen.

Der Begriff s. S. wurde früher in Anlehnung an Charles Darwin (1859) auch *geschlechtliche Zuchtwahl* genannt. [3]

sexueller Konflikt → Geschlechterkonflikt.

Sexy-Son-Hypothese (sexy son hypothesis): besagt, dass Weibchen Männchen mit bestimmten Merkmalen (große Federhauben, lange symmetrische Schwanzspieße) bevorzugen, da deren Söhne wiederum attraktiver für Weibchen sind. → Chaseaway-selection, → Runaway-selection. [3]

Shuttle-Box, *Pendelbox* (shuttle box): eine Versuchsanordnung zum experimentellen Nachweis des Flucht- und Vermeidungslernens nach dem Prinzip der operanten Konditionierung. Die S. besteht aus zwei Kammern A und B, zwischen denen das Versuchstier frei wechseln kann. Nach einem Signal (z. B. Warnton) erhält das Tier in der jeweiligen Aufenthaltskammer A einen Strafreiz, z. B. einen elektrischen Fußschock, wenn es nicht rechtzeitig in die Kammer B ausweicht. Anfangs erfolgt eine Fluchtreaktion, später bildet sich schon nach einem relativ kurzen Training das Vermeidungsverhalten heraus. Verwendung findet die S. in der Verhaltenspharmakologie, Verhaltenstoxikologie und Lernforschung. [5]

Siblizid → Geschwistertötung.

Sichern (vigilant behaviour): spontanes Erkundungsverhalten im Dienst des Schutzverhaltens. Dabei werden Verhaltensweisen wie Nahrungsaufnahme, Körperpflege oder Ruhen unterbrochen, um aufzumerken und alle Sinnesleistungen auf eine bestimmte Richtung zu orientieren (→ Scheinäsen, → Faszinationsverhalten). [1]

Sichschütteln (shaking, wet-dog shake behaviour): angeborenes Komfortverhalten der Vögel und Säuger. Das charakteristische Schütteln des Körpers wird nach dem Baden, Staubbaden oder Wälzen vollzogen, um Wasser und Schmutz aus dem Fell bzw. Gefieder zu entfernen. Den Primaten fehlt dieses Verhalten. Dennoch kann S. manchmal beim Menschen, speziell bei Kleinkindern, während oder unmittelbar vor der Harnabgabe beobachtet werden. [1]

Sichstrecken (self stretching): angeborenes Komfortverhalten, das allein durch interne Faktoren verursacht wird und oft in Verbindung mit dem Gähnen auftritt (→ Rekelsyndrom).

Das *Sukzessivstrecken* (successive stretching) folgt meistens der sog. Vorn-Hinten-Regel: nach dem Gähnen werden die Vorderextremitäten, der Kopf-Hals-Bereich, dann der mittlere Teil des Körpers und zum Schluss die hinteren Extremitäten und häufig auch der Schwanz gestreckt. Der Streckimpuls geht bis in die Zehen hinein. Beim *Simultanstrecken* (simultaneous stretching) werden die beteiligten Muskeln nahezu gleichzeitig aktiviert. Im Gegensatz zu den Vierfüßern strecken sich Vögel einseitig. Bei diesem *Seitabstrecken* (lateral stretching) werden der ausgebreitete Flügel und das dazugehörige Bein gleichzeitig nach hinten gestreckt. [1]

Sichtnavigation (visual navigation, eyesight navigation): vorrangig über Land eine

Form der Navigation, bei der die Bestimmung der eigenen Position durch → Landmarke (ähnlich wie bei der → terrestrischen Navigation) bzw. durch Vergleich mit einer erlernten oder angeborenen „Landkarte" erfolgt. [4]
Sichtotstellen → Akinese.
Sigmatik → Zoosemiotik.
Signal (signal): die kodierte (verschlüsselte) Nachricht eines Senders, die über einen Kanal zum Empfänger gelangt (→ Kommunikation). *Nachrichten* (message) sind dabei Informationen, die vom aussendenden Individuum semantisch, d.h. mit Inhalt, belegt werden. Nach Übertragung des S. über einen Kanal wird es im Empfänger dekodiert (entschlüsselt) und löst eine → Aktion (bzw. ein Verhalten) aus. Wichtiges Merkmal eines S. ist, dass dessen Energie nicht ausreicht, um die Aktion selbst anzutreiben. Die meisten Nachrichten sind durch auffällige, nicht zu verwechselnde S., die zusätzlich mehrfach wiederholt werden, weitgehend gegen Störungen geschützt kodiert (→ Signalhandlung). In Abhängigkeit von den Kanalmodalitäten unterscheidet man → chemische, → optische, → akustische, → taktile, → vibratorische, → elektrische und thermische S. [4]
Signalfälschung → Mimikry.
Signalhandlung, *Signalverhalten* (signaling behaviour): Verhalten, das speziell dem Aussenden eines Signals dient. Eine S. kann sich durch Ritualisierung aus einer Gebrauchshandlung entwickeln (Laufen, Springen, Fliegen, Fressen, der Urin- und Kotabgabe, physiologischen Farbveränderungen, dem Muskelzittern usw.). Am Ende können hoch entwickelte Signalsysteme mit speziellen Organen zur Erzeugung akustischer, optischer, chemischer und elektrischer Signale stehen. [4]
Signalmotorik (intentional signal): alle Körperbewegungen im Dienste der → Kommunikation. Dazu gehören Mimik und Gestik, aber auch die Lautbildung (Artikulationsmotorik). [1]
Signal-Rausch-Abstand → Rauschen.
Signalreiz (signal): nur noch selten gebrauchter Begriff für einen Reiz, der von einem Sender ausgeht und das Verhalten des Empfängers beeinflusst. Der S. trägt im Gegensatz zum → Kennreiz kommunikativen Charakter. Wenn es nicht auf das Wortpaar Signalreiz-Kennreiz ankommt, sollte besser der Begriff → Signal verwendet werden. [4]
Signal-Set → Information.
Signalsystem (signal system): **(a)** die funktionelle Einheit von Signalstruktur und Signalhandlung. So bilden z.B. Flügelfarbe, -stellung und -bewegung ein S. **(b)** in der klassischen Lernbiologie die Einheit von bedingten Reizen und unbedingten Reflexen. Nach Iwan P. Pawlow (1927) gehören alle averbalen bedingten Reflexe zum S. 1. Ordnung, während sich das S. 2. Ordnung in der Einheit von Sprache und Verhalten widerspiegelt. [5]
Signalverhalten → Signalhandlung.
Silbe (syllable): **(a)** in der Bioakustik der zeitliche Ausschnitt aus einem längeren akustischen Signal, der einen kompletten Zyklus aus An- und Entspannung der Muskeln des den Schall erzeugenden Organs enthält. Der Begriff S. wird meist angewendet bei Lauten, die durch ein → Stridulationsorgan erzeugt werden, aber auch bei anderen Tierlauten. Die *Silbenrate* (syllable rate) ist die Anzahl der Silben pro Sekunde (→ Frequenz). Die *Silbenperiode* (syllable period, syllable repetition intervall, SRI) ist dazu reziprok (→ Periode). Innerhalb einer einzigen Silbe können mehrere Schallimpulse erzeugt werden, z.B. bei Laubheuschrecken der Gattung *Metrioptera* zwei Schallimpulse (einer während der Ein- und ein weniger intensiver während der Auswärtsbewegung der Vorderflügel) oder auch nur ein einziger, z.B. bei Grillen nur während der Einwärtsbewegung. Wird von einer *Silbendauer* (syllable duration) gesprochen, dann ist meist die Dauer eines einzelnen → Schallimpulses gemeint.
(b) zu einer Einheit zusammengefasste Laute (Phoneme) der menschlichen Stimme, die sich in einem Zug aussprechen lassen (Sprecheinheit). Die S. ist eine phonetische und keine Sinneinheit. Die Einteilung in S. stimmt oft nicht überein mit der Einteilung in Einheiten, die eine Bedeutung tragen (Morpheme). → Gesang. [4]
Silberrücken (silverback): Bezeichnung für die älteren Männchen der Gorillas, die mehrere Weibchen besitzen (Harem), im Gegensatz zu den jüngeren, niederrangigen Männchen (Schwarzrücken) ohne Weibchen. [1]
silvikol (silvicolous): Tiere, die in Wäldern leben. [1]

simultanes Duett → Duettgesang.
Simultanstrecken → Sichstrecken.
Simultanwahl → Wahlversuch.
Singflug → Imponierflug, → Gesang.
Singwarte (song post): Objekt der Umwelt (z. B. Baum, Stein, Antenne), das von singenden oder rufenden Vögeln oder Insekten benutzt wird. Die S. kann ein auffälliges Objekt sein, welches bei der optischen Lokalisation des Senders hilft. Meist aber ist die S. ein Platz, von dem aus die Umgebung gut beobachtet werden kann oder an dem das Tier günstige mikroklimatische oder akustische Bedingungen vorfindet (→ Melotop). So singt z. B. das Grüne Heupferd *Tettigonia viridissima* tagsüber in hoher Bodenvegetation, nachts aber auf einem Baum. Vermutlich berücksichtigt das Insekt dabei die Umkehrung des Temperaturgradienten in den Luftschichten, welche zu unterschiedlichen Krümmungen der Schallausbreitung führen. Bei Rohrsängern z. B. konnte durch den Vergleich physikalischer Parameter des Gesangs festgestellt werden, dass die jeweils im Schilf ausgewählte S. eine optimale Ausbreitung des Reviergesangs ermöglicht. Bei Vögeln hat jedes Individuum in seinem Revier meist eine Anzahl bevorzugter S., die oft über Jahre hinweg genutzt werden. [4]
Sinn (sense): die Fähigkeit, adäquate Reize aufzunehmen und zu bewerten. Ein S. setzt demzufolge Rezeptoren und für die Bewertung zentralisierte Nervensysteme voraus. Nach der Energieform der Reize unterscheidet man mechanische (Druck-, Tast-, Vibrations-, Gleichgewichts- oder Schwere-S.), akustische (Hör-S.), optische (Licht- oder Gesichts-S.), chemische (Geschmacks- und Geruchs-S.), thermische (Temperatur-S.), elektrische und magnetische S. Dazu kommt bei hochentwickelten Wirbeltieren ein Schmerz-S., der nicht wie die anderen S. auf eine Reizmodalität, sondern auf verschiedene anspricht (→ Schmerzrezeptor). [1]
Sinneszelle → Rezeptor.
Sippe (kingroup): Gemeinschaft, bei der die Nachkommen nach der Geschlechtsreife nicht abwandern, sondern bei den Eltern bleiben und sich dort fortpflanzen. Auch die weiteren Nachkommen bleiben komplett oder teilweise im Verband. S. sind eher selten. Einige Spinnenarten wie die Kräuselspinnen *Mallos gregalis* und *Uloborus republicans* leben zu Hunderten in mehreren Generationen in einem Gespinst zusammen und ernähren sich gemeinsam von einer Beute. Bei den Huftieren und Walen ziehen Töchter und Schwestern mehrerer aufeinander folgender Generationen ihre Jungen in einer S. einzeln oder gemeinsam auf. [2]
Sippenduft → Gruppenduft.
situationsbedingte Dominanz → Dominanzgrad.
Skelettphotoperiode (skeleton photoperiod): ein Lichtregime, bei dem an Stelle von Licht-an und Licht-aus nur kurze Lichtpulse (Sekunden) gegeben werden, ansonsten bleibt es dunkel. Es handelt sich um ein experimentelles Paradigma zur Untersuchung der nicht-parametrischen Zeitgeberwirkung des Lichtes (→ Zeitgeber). Während die Zeitgeberwirkung eines vollständigen Licht-Dunkel-Wechsels sowohl auf parametrischen (tonischen) als auch auf nicht-parametrischen (phasischen) Effekten beruht, wird bei der S. der parametrische Anteil durch das Dauerdunkel konstant gehalten. Die Synchronisation der Tiere erfolgt lediglich durch die phasenverschiebende Wirkung der Lichtpulse. → Phasenantwortkurve. [6]
Skinner-Box (Skinner box): eine nach ihrem Erfinder, dem amerikanischen Psychologen Burrhus Frederic Skinner (1938) benannte Apparatur zur automatischen Untersuchung der individuellen Lernfähigkeit von Tieren (→ operante Konditionierung). Das Versuchstier kommt, meist einzeln, in hungrigem oder durstigem Zustand in die S. und muss dann in mehreren Durchgängen lernen, durch Betätigung eines Hebels Futter oder Wasser zu erlangen. Während in der Spontanphase (→ Lernkurve) der Hebel nur zufällig betätigt wird, richtet sich in der Lernphase die ganze Aufmerksamkeit des Versuchstieres auf den Hebel des Futter- oder Wasserspenders, denn jeder Hebeldruck wird belohnt. Durch die Versuche mit der S. erhält man Hinweise über die Lerngeschwindigkeit bzw. darüber, wie schnell eine Verbindung zwischen der Handlung und der Belohnung hergestellt wird. [5]
Sklavenhalterei → Dulosis.
Sneaker (sneaker): Männchen, das eine → alternative Reproduktionsstrategie oder

-taktik verfolgt und sich an Paarungen von territorialen Männchen mit laichbereiten Weibchen heranschleicht, um durch Abgabe von Spermien zur Fortpflanzung zu kommen. Der Vorteil der S. gegenüber den territorialen Männchen besteht dabei in einer zeitigeren Fortpflanzungsfähigkeit, da nicht auf die Ausbildung → epigamer Merkmale gewartet werden muss. Im Gegensatz zum Satellitenmännchen nehmen S. oft weibliche Morphologie an (→ Weibchenmimikry), die ihnen die Duldung durch das territoriale Männchen erleichtert. Beim Sonnenbarsch *Lepomis macrochirus* und beim Lippfisch *Symphodus ocellatus* ahmen kleinere Männchen Weibchen nach und halten sich in der Nähe der territorialen Männchen auf. Insbesondere beim Sonnenbarsch ist diese Strategie wohl genetisch determiniert, da S. niemals zu territorialen Männchen werden.
Voraussetzung für das Funktionieren dieser S.-Strategie ist natürlich ein bestimmter Anteil territorialer Männchen, sodass sich in der Population ein ausbalanciertes Verhältnis einstellt (→ evolutionsstabile Strategien). Manchmal werden die Termini S. und Satellitenmännchen synonym verwendet. [2]

Social-support → soziale Unterstützung.

Sohlengänger, *Plantigrada* (plantigrade): Säugetiere, die beim Laufen die ganze Fußsohle auf dem Boden aufsetzen, wie Bären, Nagetiere, Insektenfresser und Primaten, einschließlich des Menschen. → Gangart, → Zehengänger, → Zehenspitzengänger. [1]

solitär (solitary): Individuen oder Arten, die außer Sexualverhalten während der Fortpflanzung kein Sozialverhalten oder soziale Appetenz aufweisen. Männchen und Weibchen halten sich in getrennten Revieren auf und treffen sich nur zur Paarung. Viele Säugetierarten wie Feldhamster, Orang Utan und Tiger, aber auch einige Vögel (Kasuare, Kuckuck, Rotkehlchen) leben solitär. → Sozietät. [2]

solitäre Spiele → Spielverhalten.

Solitärparasitismus (solitary parasitism): parasitische Insektenweibchen, die in jedem Wirt nur ein Ei ablegen. → Gregärparasitismus. [1]

Somatolyse → Tarnung.

somatosensorische Kommunikation (somatosensoric communication): Kommunikation, bei der Rezeptoren in der Haut des Empfängers eine Rolle spielen. Prinzipiell sind deshalb Schmerz-, thermische und taktile Signale für den Informationsaustausch denkbar. Praktisch dürfte es sich in den meisten Fällen jedoch um eine → taktile Kommunikation handeln. [4]

Sommerdepression (summer depression): seltenere Form der saisonabhängigen Depressionen. Ein Sommer mit vielen trüben und verregneten Tagen schlägt nach Erfahrung von Psychologen vielen Menschen auf das Gemüt. Im Unterschied zur → Winterdepression ist die S. jedoch keine behandlungsbedürftige Krankheit. [6]

Sommerquartier → Migration.

Sommerschlaf, *Ästivation, Estivation* (sommer sleep, aestivation, estivation): durch Hitze und Trockenheit ausgelöster Zustand der Starre oder Ruhe mit verminderter Körperfunktion (→ Torpor). In ihn verfallen sowohl einige Vertebraten als auch Evertebraten der Tropen und anderer sehr warmer Klimaten in Reaktion auf hohe Temperaturen oder der Gefahr des Austrocknens. S. ähnelt physiologisch dem Winterschlaf. Bekannt für ihren S. sind die afrikanischen Lungenfische der Gattung *Protopterus.* Diese luftatmenden Fische überleben so Trockenperioden, in deren Verlauf ihre Wasserlöcher austrocknen, in der immer noch feuchten Erde, bis der nächste Regen wieder für ausreichend Wasser sorgt. Die Lungenfische mauern sich dabei in einen Kokon ein, in dem eine enge Röhre vom Maul des Fisches zur Oberfläche führt, mit deren Hilfe das Tier seine Lungen ventilieren kann. Einige kleine Säuger wie das Columbia-Erdhörnchen *Spermophilus columbianus* verbringen den heißen Spätsommer inaktiv in ihren Bauten, wobei sie ihre Körpertemperatur auf 20–30 °C, aber nicht unter das Niveau der Umgebungstemperatur absenken. Der einheimische Siebenschläfer *Glis glis* verfällt im Juni/Juli in einen S., der bei Regen und Kälte länger ausfällt. Nach diesem Verhalten wird der 27. Juni *Siebenschläfer* genannt. Fällt an diesem Tag Regen, so soll einer Bauernregel zufolge eine kalte und regnerische Periode von sieben Wochen folgen. [1] [5]

Sonagramm (sonagram): grafische Darstellung eines tierischen akustischen Signals oder der menschlichen Stimme. Das S.

ist ein → Spektrogramm des Schalls und zeigt die (meist logarithmische) Schallleistung (häufig farb- oder graustufenkodiert) in Abhängigkeit von der Frequenz (Ordinate) und der Zeit (Abszisse). Die *Sonagraphie* (sonagraphy) dient der Analyse von Signalen in der → Bioakustik und der Phonetik (Lautanalyse, Sprachanalyse). Der Begriff *Sonogramm* (sonogram) wurde früher teilweise synonym verwendet. Heute wird er bevorzugt für die Bild gebende Darstellung mittels Ultraschall, der *Sonographie* (sonography), genutzt, z. B. bei Ultraschalluntersuchung in der Materialforschung oder Medizin. [4]

Sonagraphie → Sonagramm.

Sonnenbaden (sunbathing): bei den gleichwarmen (homoiothermen) Vögeln und Säugern primär ein Komfortverhalten, bei den wechselwarmen (poikilothermen) Insekten, Kriechtieren u. a. hauptsächlich ein thermoregulatorisches Verhalten. Nicht immer ist eine deutliche funktionelle Trennung möglich. Zum S. suchen die Tiere geeignete Plätze auf und nehmen spezifische Körperstellungen ein. Dabei werden die großen Körperpartien der Sonne zugewandt, die Federn so gesträubt, dass die Sonnenstrahlen bis auf die Haut gelangen können, sowie die Extremitäten abgespreizt.
Außer der Erhöhung der Körpertemperatur bei wechselwarmen Tieren wird durch S. die Hautdurchblutung verbessert, die Synthese von Prävitamin D_3 durch den UV-Anteil angeregt, die Sekretion der Bürzeldrüse und anderer Hautdrüsen beeinflusst und die Mauser erleichtert. Infolge der höheren Temperaturen bewegen sich auch eventuelle Ektoparasiten mehr, sodass sie leichter erkannt und abgesammelt werden können. [1]

Sonnenkompassorientierung (sun compass orientation): eine Form der Kompassorientierung, bei der ausschließlich der Sonnenstand ausgewertet wird. Dazu ist eine interne Kenntnis der Tageszeit (→ Zeitsinn) erforderlich, denn die Einhaltung einer bestimmten Himmelsrichtung kann nur unter Verrechnung des sich gesetzmäßig verändernden Sonnenstandes erfolgen. Die S. ist gut untersucht bei Honigbienen (→ Bienensprache), wird aber auch von vielen anderen Insekten, von Krebstieren und Vögeln genutzt. Aufgrund der Möglichkeit, die Schwingungsrichtung von → polarisiertem Licht messen zu können, sind viele Insekten selbst dann noch in der Lage, eine S. durchzuführen, wenn die Sonne durch Wolken verdeckt ist. [4]

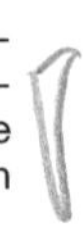

Sonogramm, Sonographie → Sonagramm.

sozial, *gesellig* (social): wertfreie Bezeichnung für Organismen, die sich aktiv und mehr oder weniger regelmäßig in kleineren oder größeren Gruppen zusammenschließen (→ Sozietät). Der Zusammenhalt der Gruppen wird dabei durch soziale Appetenz und nicht durch äußere Faktoren gesteuert. Merkmale solcher Gruppen sind interindividuelle Kommunikation, Kooperation und Arbeitsteilung sowie Konkurrenz und Aggression. Obligatorisch soziale Organismen in eusozialen Verbänden wie → Tierstaaten sind aufgrund hohen Spezialisierungsgrades als Einzelwesen nur beschränkt oder überhaupt nicht lebensfähig. [2]

Sozialdistanz (social distance): die maximale Entfernung, um die sich ein Individuum von den Mitgliedern seiner Sozietät entfernt (→ Individualdistanz). So entfernen sich Küken von der Glucke nicht weiter als 2 m. Die S. ist ein Merkmal für positive Gruppenbindung. [1]

Sozialduft → Gruppenduft.

soziale Anregung, *soziale Erleichterung, soziale Stimulation* (social facilitation): allgemein aktivierende Wirkung, die von der Anwesenheit und dem Verhalten vertrauter Partner auf ein Individuum ausgeht. Ihr Fehlen wirkt auf soziale Lebewesen belastend (→ sozialer Stress). Beim Einzeltier kann s. A. Mach-mit-Verhalten oder Konkurrenzverhalten auslösen und isolationsbedingte Hemmungen beseitigen. In der Gruppe sorgt s. A. für Stimmungsübertragung und Verhaltenssynchronisation, so bei der Flucht oder der Fortpflanzung (→ Fraser-Darling Effekt). In der Tiermast kann die s. A. ausgenutzt werden, indem man Tiere einzeln vorfüttert und anschließend mit der Gruppe noch einmal ans Futter lässt. Sie verzehren dann mehr, als zu ihrer Sättigung nötig wäre. → soziale Hemmung, → Gruppeneffekte. [5]

soziale Appetenz, *Geselligkeitsbedürfnis* (social tendency): individuelle Motivation zur Errichtung bzw. Aufrechterhaltung sozialer Bindungen. Sie tritt insbesondere bei sozial lebenden Individuen auf und äußert sich in spontanem Such- und Orientierungsverhalten. S. A. kann durch die soziale Attraktion der Partner sowie durch länger anhaltende soziale Deprivation noch verstärkt werden. Häufig kommt es in Folge der s. A. zur Ausbildung spezifischer sozialer Präferenzen. [5]

soziale Attraktion (social attraction): Anziehungskraft, die ein Individuum oder eine ganze Gruppe auf ein anderes Individuum ausübt und die zu einer Annäherung führt. S. A. bewirkt soziale Appetenz und ist insbesondere bei sozial lebenden Tieren Voraussetzung für die Aufnahme sozialer Bindungen und Gruppenbildungen. [5]

soziale Balz → Gruppenbalz.

soziale Belastung → Sozialstress.

soziale Bindung (social bond): besondere Beziehung zwischen zwei oder mehr Individuen, die meist mit einem gewissen Abhängigkeitsverhältnis einhergeht. S. B. beruhen auf individuellem Erkennen sowie auf sozialer Attraktion und sozialer Appetenz. Die am häufigsten vorkommenden s. B. bestehen zwischen Paarpartnern, zwischen Jungtieren bzw. Kindern zur Mutter bzw. ihren Eltern, oder zwischen den Angehörigen einer Gruppe. Sie bestehen bereits von Geburt/Schlupf (→ Prägung) an oder werden auf der Basis einer speziellen Motivation (→ Bindungsantriebes) und individueller Erfahrungen ausgebildet. S. B. sind ausschließlich oder überwiegend auf ein bestimmtes Individuum gerichtete soziopositive Verhaltensweisen wie gegenseitige Fellpflege oder durch Körperkontakt charakterisiert (→ Bindung). [5]

soziale Deprivation → Hospitalismus.

soziale Hemmung, *Rivalenhemmung* (social inhibition): Sammelbezeichnung für alle hemmenden Wirkungen die vom Sozialpartner ausgehen. So hemmt der Ranghohe in Konkurrenzsituationen das Verhalten des Rangniederen (→ Dominanz), aber auch der Unterlegene kann die Aggressivität seines Gegners beschwichtigen (Angriffshemmung). Weitere Beispiele für s. H. sind die psychische Kastration, der Bruce- und der Vandenbergh-Effekt. [1]

soziale Intelligenz (theory of mind): Fähigkeit, anderen Personen Bewusstseinszustände mit bestimmten Annahmen und Absichten wie Intentionen, Wissen, Überzeugungen, Wünsche, Denken und Wollen zuzuschreiben und diese mit den eigenen zu vergleichen. Die evolutiven Vorteile liegen in der Vorhersagbarkeit und Erklärung von Verhalten anderer, dem Erkennen von Täuschungen sowie der Fähigkeit, sich in andere Menschen einfühlen zu können. Kernkonzepte der s. I. sind Überzeugungen („beliefs"), Wünsche („desires") und Handlungen („actions"). Überzeugungen und Wünsche führen im Zusammenspiel zu Handlungen: Menschen handeln, um ihre Wünsche zu befriedigen. Die Handlungen werden außerdem von ihren Überzeugungen, von den mentalen Repräsentationen der Wirklichkeit, bestimmt. Diese mentalen Repräsentationen bilden jedoch nicht immer den wahren Zustand der Welt ab, wie zum Beispiel beim falschen Glauben. [5]

soziale Kompetenz (social competence): jene Fertigkeiten, die es einem Individuum erlauben, enge Beziehungen zu einem anderen zu beginnen, auszubauen und aufrechtzuerhalten, die für erfolgreiche soziale Interaktion nützlich oder notwendig sind. Der Terminus kommt aus der Psychologie, findet aber auch bei der Charakterisierung von Menschenaffen Verwendung. [1]

soziale Konsistenz (social consistency): beschreibt den raum-zeitlichen Zusammenhalt einer Gemeinschaft auf der Basis von → Synlokation und → Synchronisation. [1]

soziale Körperpflege → Fremdputzen.

soziale Prägung → Milieuprägung.

soziale Spiele → Spielverhalten.

soziale Stimulation (social stimulation): Anregung durch Artgenossen, die bei fast allen sozialen Kontakten auftreten kann und sich beispielsweise im gemeinsamen Handeln aller Mitglieder eines Sozialverbandes zeigt. → Stimmungsübertragung, → Gruppeneffekt, → Synchronisation. [1]

soziale Unterstützung, *Social-support* (social support): durch die Anwesenheit oder durch Handlungen eines Sozialpartners wird physischer oder psychischer Stress gemindert. S. U. führt zur Steigerung des Wohlbefindens sowie der Vermeidung bzw. Genesung von Krankheiten. Dabei sind die Wahrnehmungen und Bewertungen der Beteiligten von essenzieller Bedeutung. Zur Wirkung der s. U. existieren zwei Modelle

– main effect model: hier wirkt s. U. permanent auf das Individuum ein, unabhängig von der jeweiligen Situation, also auch davon, ob es aktuell Stress erfahren hat oder nicht,
– buffer model: die s. U. mindert nur den erfahrenen Stress, sie erfolgt also situationsbezogen. [5]

soziale Unterwerfung (social subjugation): Reaktion sozial lebender Individuen als Folge permanenter Bedrohung und aggressiver Attacken, aus denen sie immer oder zum ganz überwiegenden Teil als Verlierer hervorgehen. Diese Tiere zeichnen sich im Verlauf durch eine verringerte Aggressivität aus und werden verstärkt Opfer aggressiver Interaktionen. Hält der Zustand an bzw. kann sich das betroffene Tier der Situation nicht entziehen, kommt es zur → erlernten Hilflosigkeit, Kontrollverlust, sowie endokrinen Veränderungen sowohl in der Peripherie als auch im Zentralnervensystem (ZNS). Dies alles sind Anzeichen von sozialem Stress, der schließlich sogar bis zum Tod der betroffenen Individuen führen kann, selbst wenn keine lebensbedrohliche Verletzung seitens des Aggressors beigebracht wurde. [5]

soziale Verstärkung → Stimmungsübertragung.

sozialer Effekt → Gruppeneffekt.

sozialer Instinkt → Bindungsantrieb.

sozialer Stress → Sozialstress.

sozialer Werkzeuggebrauch (social tool using): die Zuhilfenahme von Artgenossen in sozialen Auseinandersetzungen. Beim *agonistic buffering* werden Jungtiere zur Beschwichtigung präsentiert. Rangniedere Berberaffen-Männchen *Macaca sylvana* greifen sich Jungtiere und strecken sie dem Alphamännchen entgegen. Das schreiende Junge löst bei beiden Männchen wechselseitiges Putzen und friedfertiges Verhalten aus.
Mantelpavian-Weibchen *Papio hamadryas* drohen einer überlegenen Rivalin, wenn ein Männchen in der Nähe ist. Dabei wenden sie ihm das Hinterteil zu (Demutverhalten) und provoziert in Richtung Rivalin. Bei diesem *protected threat* wird jeder Angriff der Rivalin sofort vom Männchen unterbunden. Ähnliches kann bei Kleinkindern beobachtet werden, die an der sicheren Seite der Mutter einem anderen die Zunge zeigen. [1]

sozialer Zeitgeber → Zeitgeber.

soziales Lernen (social learning): Lernprozesse im sozialen Kontext durch soziale Anregung. S. L. basiert auf Vorbildern (→ Modelllernen) und Verstärkungen durch Artgenossen oder sozialen Gruppen, die einfachste Form ist das Lernen im geschützten sozialen Milieu. Ein Beispiel dafür liefern die Katzenjungen, die von ihrer Mutter leicht verletzte, aber noch lebende Mäuse vorgelegt bekommen. Damit erhalten die Jungen Gelegenheit, unter der Aufsicht der Mutter an einem relativ harmlosen Objekt eigene Erfahrungen im Beutefang zu sammeln. Die Hauptform des s. L. bei Tieren ist das Lernen durch Beobachtung und Nachahmung. S. L. kann auch zur Ausbildung von Traditionen führen. Die höchste Form des s. L. gibt es nur beim Menschen, es ist das Lernen mittels sprachlicher Kommunikation. Es dient wesentlich dem Erwerb → sozialer Kompetenz. [5]

soziales Wissen (social cognition): ist das Wissen über den Partner und die Fähigkeit, sein Verhalten vorausschauend einschätzen zu können. In der Verhaltensbiologie wird hauptsächlich an Primaten untersucht, welche sozial relevanten Informationen wahrgenommen, abgespeichert und wie sie in bestimmten sozialen Situationen genutzt werden. → Kognition. [1]

Sozialisierung (socialization): ein Entwicklungsabschnitt, der die allmähliche Eingliederung eines Jungtieres in einen sozialen Verband charakterisiert. Wie alle Verhaltensweisen, so reift auch das Sozialverhalten zu bestimmten Zeiten und unter bestimmten Umgebungsbedingungen. Beispielsweise müssen junge Haushunde zwischen der 3. und 14. Lebenswoche Kontakte mit Artgenossen haben, damit sie später deren Verhalten, die Verständigungssignale u. a. richtig interpretieren und sich entsprechend verhalten können. [1]

Sozialparasitismus (social parasitism): Form des Parasitismus, bei dem eine Art aus dem Sozialverhalten der anderen Nutzen zieht. So werden Futtervorräte (→ Kleptoparasitismus), sowie Wohn- und Schutzmöglichkeiten mitgenutzt (→ Symphilie, → Inquilin), Pflegerinnen für die eigene Brut gewaltsam beschafft, oder man lässt die eigenen Jungen durch Pflegeeltern aufziehen (→ Brutparasitismus). Häufig werden S. und *Inquilinismus* (inquilinism) synonym verwendet. [1]

Sozialspiel → Spielverhalten.

Sozialstress, *soziopsychischer Stress, sozialer Stress, soziale Belastungen* (social stress, sociopsychic stress): ein überwiegend psychischer Stresszustand, der durch Artgenossen ausgelöst wird. Manche Autoren engen S. auf den allein psychisch ausgelösten Stress ein.

S. im weiteren Sinne tritt bei zu vielen, zu wenigen (Abb.) oder zu aggressiven Artgenossen auf oder wenn unter künstlichen Bedingungen zu wenig strukturierte Gruppen, d. h. nur Tiere eines Geschlechts oder eines Alters, zusammengestellt werden, sodass das Individuum seine Umweltansprüche, insbesondere Raum- und Sozialansprüche, über längere Zeit nicht verwirklichen kann. Unter solchen Verhältnissen kommt es beispielsweise bei Säugern zu psychischen Störungen, die sich unter Beteiligung von Hypothalamus, Sympathicus, Hypophyse, Nebennieren, Gonaden und weiteren Organen in hormonellen Störungen sowie in umfangreichen Verhaltensänderungen und Verhaltensstörungen äußern können. Lässt sich S. nicht mehr kompensieren (→ Coping), so sterben die Tiere ohne erkennbare äußere Verletzungen. Als Todesursache kommen unter anderem Stoffwechselstörungen, Herz-Kreislauf-Versagen und Infektionen in Folge des geschwächten Immunsystems infrage.

S. tritt hauptsächlich bei Tieren in Menschenobhut auf (→ Schwanzsträubeffekt, → Nutztierethologie), kann aber auch unter natürlichen Bedingungen beobachtet werden (→ Massensiedlungseffekt). [1]

Sozialstruktur → Gruppenstruktur.

Sozialsystem (social system, social organization): umfasst die Struktur, die sozialen Beziehungen sowie das Verhalten einer Gemeinschaft. Zu den wichtigsten Merkmalen zur Klassifizierung eines S. gehören beispielsweise der Typ (anonym oder individualisiert, offen oder geschlossen), der Verwandtschaftsgrad, die hierarchische Struktur (→ Rangordnung), das → Paarungssystem, die Bildung von Untergruppen im System, deren Stabilität und ihre Beziehungen zueinander, der Grad der vorhandenen Arbeitsteilung oder Kooperation sowie die räumliche Struktur (Streifgebiete, Gruppenterritorium). Weitergehende Fragestellungen beschäftigen sich mit der stammesgeschichtlichen Entstehung des betreffenden S. → Sozietät. [2]

Sozialverhalten (social behaviour): Gesamtheit aller Verhaltensweisen, die Interaktionen von Individuen begleiten. Formen des S. sind unter anderem agonistisches Verhalten, Stimmungsübertragung, Fremdputzen, Bindungsverhalten, Dominanz- und Subdominanzverhalten, Pflegeverhalten (→ epimeletisches Verhalten), Pflegeverlangen (→ et-epimeletisches Verhalten), Imponierverhalten, Fortpflanzungsverhalten, sozialer Werkzeuggebrauch und Sozialspiel. Hauptmechanismen des S. sind Kooperation und Konkurrenz. [2]

Sozietät (society): Zusammenschluss von Individuen einer Art, der im Gegensatz zur → Assoziation durch innere Faktoren wie → soziale Appetenz, → Partnerbindung oder → Kooperation und Arbeitsteilung gekennzeichnet ist. Die S. verbessert unter bestimmten Umweltbedingungen die Fit-

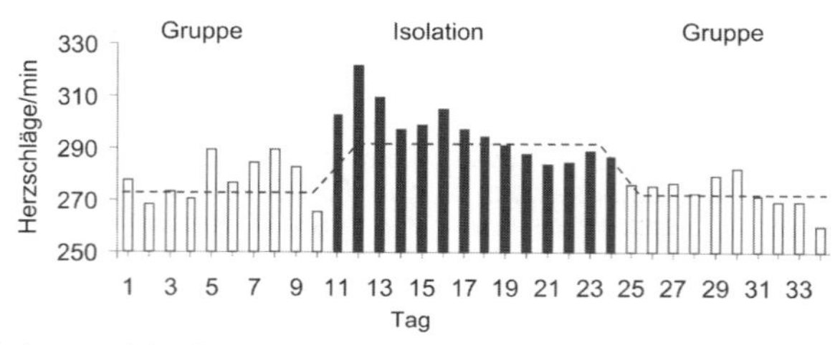

Sozialstress beim eusozialen Graumull *Cryptomys anselli.* Von der Gruppe isolierte Individuen haben in dieser Zeit eine deutlich höhere Herzfrequenz (schwarze Säulen) als während der Integration in der Kolonie (weiße Säulen). P. Fritzsche und R. Gattermann 2002.

Sozietät und die Schlüsselkriterien zur groben Klassifizierung des Sozialisationsgrades. [2]

	Sozialisationsgrad		
	Kooperative Brutpflege	Arbeitsteilung bzw. Kastenbildung	Überlappende adulte Generationen
solitär, subsozial, kommunal	nein	nein	nein
quasisozial	ja	nein	nein
semisozial	ja	ja	nein
eusozial	ja	ja	ja

ness ihrer Mitglieder im Vergleich zu solitärer Lebensweise. Für das Zustandekommen der S. ist ein unterschiedliches Maß → sozialer Attraktion verantwortlich. Zu Sozietäten können entweder beliebig weitere Individuen hinzukommen oder dies wird durch spezielle Gruppenmerkmale verhindert. Die Gruppenstruktur wird dadurch bestimmt, inwieweit sich die Gruppenmitglieder individuell erkennen können. Nach diesen Kriterien können vier Kategorien unterschieden werden:
– *anonyme, offene Verbände*: kein individuelles Erkennen, Gruppenmitglieder sind beliebig austauschbar, z. B. Fisch- oder Vogelschwarm, Säugetierherde,
– *anonyme, geschlossene Verbände*: kein individuelles Erkennen, jedoch ist durch die Ausbildung von Gruppenmerkmalen wie Gruppenduft, die Aufnahme neuer Individuen erschwert oder nicht möglich, z. B. Bienenstaat, Kolonien der Nagetiere,
– *individualisierte, offene Verbände*: die Mitglieder der Gruppe erkennen sich individuell, fremde Individuen können sich der Gruppe anschließen, z. B. Trupp vom Mantelpavian,
– *individualisierte, geschlossene Verbände*: neben der Ausbildung von Gruppenmerkmalen erkennen sich die Gruppenmitglieder individuell und bilden eine → Rangordnung aus, fremde Individuen werden nicht geduldet, z. B. Wolfs- oder Löwenrudel.
Der Grad der Vergesellschaftung kann nach dem Vorhandensein der drei Schlüsselkriterien kooperative Brutpflege, Arbeitsteilung (→ Kasten, → Polyethismus) und überlappende adulte Generationen in der Sozietät bestimmt werden:
– *solitär* (solitary): keines der Kriterien für Vergesellschaftung trifft zu,
– *subsozial* (subsocial): Brutpflege durch die Eltern,
– *kommunal* (communal): Angehörige einer Generation verbleiben im Nest, beteiligen sich aber nicht an der Brutpflege,
– *quasisozial* (quasisocial): Angehörige einer Generation verbleiben im Nest und beteiligen sich an der Brutpflege,
– *semisozial* (semisocial): wie quasi-sozial, es findet aber eine Arbeitsteilung statt,
– *eusozial* (eusocial): überlappende Generationen im Nest mit kooperativer Brutpflege und Arbeitsteilung in der Reproduktion und anderen Aufgaben (→ Polyethismus).
Bei einigen Arten können Zwischenstufen auftreten, die durch Sozietäten mit überlappenden Generationen ohne Arbeitsteilung und ohne (intermediär subsozial I) oder mit (intermediär subsozial II) kooperativer Brutpflege gekennzeichnet sind. Als primitiv subsozial, primitiv sozial oder *parasozial* (parasocial) kennzeichnen manche Autoren erste Anfänge sozialer Interaktionen von Angehörigen einer Generation ohne Vorhandensein der drei Schlüsselkriterien (Tab.). [2]

Soziobiologie (sociobiology): ist eine Verhaltenswissenschaft, die evolutionären Ursachen und inneren Wechselbeziehungen von tierischer und menschlicher Vergesellschaftung untersucht. Ihre Etablierung begann spätestens mit dem Erscheinen des Buches „The Selfish Gene", 1976, dt. „Das egoistische Gen", 1978 von Richard Dawkins, in dem er bewusst anthropomorphistisch und pointiert das Individuum bzw. dessen Erbanlagen als zentrale Angriffspunkte der Selektion darstellt. Die bis dahin in der Verhaltensbiologie vertretenen Thesen zur Erklärung sozialen oder gar altruistischen Verhaltens, die auf Arterhaltung und Gruppenselektion beruhten, konnten nun auf der Ebene individueller Anpassung erklärt werden. Nach Dawkins müssen Gene „egoistisch" sein, da sich nur so Evolution in all ihren Facetten erklären lässt. Da Individuen „Vehikel" der Gene sind, müssen sie sich primär auch egoistisch verhalten. Sozialverhalten steht dazu nicht im Widerspruch, da unter bestimmten Umweltbedingungen nach einer → Kosten-Nutzen-Analyse Zusammenarbeit Vorteile für das Individuum bringt: „der wahre Egoist kooperiert". Die höchste Stufe der Vergesellschaftung erreichen → eusoziale Verbände, in denen Einzelorganismen sich scheinbar selbstlos der Gruppe unterordnen. Solcher Altruismus als Selbstaufopferung zugunsten der Fortpflanzung anderer wurde durch das auf William D. Hamiltons (1964) genetischer Theorie des Sozialverhaltens fußendem Prinzip der → Verwandtenselektion sowie der → inklusiven Fitness erklärbar, ohne Arterhaltungskonzepte bemühen zu müssen. Da auch selbstloses Verhalten Nichtverwandten gegenüber als → reziproker Altruismus eingeordnet werden kann, steht altruistisches Verhalten der Individuen praktisch immer im Dienste egoistischer Genverbreitung. Die Vielfalt strategischer und taktischer Varianten des Sozialverhaltens von Individuen zur Maximierung ihrer Fitness stellt die S. immer wieder vor neue Herausforderungen. [2]

Sozioethologie, *Ethosoziologie* (socioethology, ethosociology): älterer, kaum noch verwendeter Begriff für eine Forschungsrichtung, die das Sozialverhalten der Tiere untersuchte. [1]

Soziogramm (sociogram): **(a)** grafische Darstellung der Gruppenstruktur. **(b)** Ethogramm des Sozialverhaltens. [1]

Soziomatrix (sociomatrix): Tabelle mit sozialen Interaktionen. [1]

Soziometrie (sociometry): Messung und quantitative Analyse des Verhaltens und der sozialen Beziehungen in einer Sozietät oder Population. S. ergibt Aufschluss über soziale Attraktivität, Rangordnung, Aggression und Partnerbindung. Messwerte können beispielsweise Art und Anzahl der Interaktionen oder der interindividuelle Abstand sein. [2]

soziopsychischer Stress → Sozialstress.

Soziotomie (sociotomy): Teilung einer Insektenkolonie und Bildung von Tochterkolonien. S. tritt z. B. bei individuenstarken polygynen Ameisenarten auf, in dem sich ein Teil der Kolonie mit einer oder mehreren Königinnen absondert. Das Schwärmen der Bienen gehört ebenfalls zur S. [1]

Sparsamkeitsprinzip → Parsimony-Verfahren.

Spektralanalyse → Frequenzanalyse.

Spektrogramm, *TFR* (spectrogram, time frequency representation): Darstellung der zeitlichen Veränderung eines Frequenzspektrums. Im Prinzip handelt es sich dabei um eine dreidimensionale Kurve mit der Zeit als X-Achse, der Frequenz als Y-Achse und der Intensität als Z-Achse. Als zweidimensionale Darstellung wählt man oft hintereinander gereihte Spektralkurven („Wasserfalldarstellung") beziehungsweise Farb- oder Graustufenkodierungen für die Intensitätswerte. Häufig wird das S. durch fortgesetzte gefensterte Fourieranalyse (→ Frequenzanalyse) berechnet. In Verbindung mit speziellen Algorithmen (*Fast-Fourier-Transform*, FFT) ermöglicht die heutige Computertechnik den Einsatz dieser Methode auch schon für eine zeitgleiche Online-Analyse von akustischen Signalen (→ Sonagramm). Bedingt durch die zeitlich konstante Fensterbreite ist die Auflösung im Frequenzbereich bei solchen S. frequenzabhängig und wird bei tieferen Frequenzen sehr schlecht. Diesen Nachteil versucht man oft durch den Einsatz so genannter *Wavelets* zu umgehen. Aber auch dieses Verfahren kann nicht verhindern, dass eine Verbesserung der zeitlichen Auflösung des damit ermittelten S. eine Verschlechterung der Frequenzauflösung nach sich zieht und umgekehrt. Um auch dieses Problem noch zu lösen, werden ständig neue TFR-Verfahren entwickelt, z. B. speziell angepasste Wigner-Transformationen oder verschiedene Adapted-Optimal-Kernel-TFRs, welche allerdings eine höhere Rechenleistung erfordern und deshalb derzeit noch keine Online-Analysen erlauben. [4]

Spektrum → Frequenzanalyse.

Spermatophylax (spermatophylax): eine gelatineartige, nahrhafte Substanz mit der die Männchen bestimmter Insekten ihre Spermatophore umgeben, nachdem sie in den Genitaltrakt der Weibchen eingebracht wurde. Während die Weibchen den S. konsumieren, verlassen die Spermien die Spermatophore. Bei der Mormonengrille *Requena verticalis* führt diese männliche Investition in die Fortpflanzung zu → Männchenwahl, bei dem die schwersten Weibchen bevorzugt werden. [2]

Spermienkonkurrenz (sperm competition): Wettstreit der Spermien verschiedener Männchen um die Befruchtung der Eizellen. S. kommt vor im Genitaltrakt von Weibchen, die sich mit mehr als einem Partner kurzzeitig nacheinander paaren oder die Spermien in speziellen Organen (Receptaculum seminis) speichern. Die Weibchen nutzen S., um über → cryptic female choice männliches Erbgut zu selektieren. Männchen dagegen versuchen durch verschiedene Strategien, weitere Verpaarungen der Weibchen bzw. die Übertragung der Spermien anderer Männchen zu verhindern. Solche Strategien sind beispielsweise die Erzeugung von Pfropfen oder Plomben, die den Genitaltrakt der Weibchen verschließen (Gelbrandkäfer *Dytiscus marginalis*, einige Spinnen, Bienen und Säugetiere → Vaginalpfropf), eine Duftmarkierung der Weibchen als „bereits verpaart" oder „nicht fortpflanzungsbereit" (Schmetterling *Heliconius erato*, Rotseitige Strumpfbandnatter *Tamnophis sirtalis*); die Bewachung des Partners (Bachflohkrebse *Gammarus*, verschiedene Libellen, Rüsselkäfer *Rhinostomus barbirostris*), verlängerte oder wiederholte Kopulationen (Wanze *Neacoryphus bicrucis*, Totengräber-Käfer der Fam. Silphidae), Entfernen bereits vorhandener Spermien (Prachtlibelle *Calopteryx maculata*, einige Haie), enorme Spermamengen mit großer Spermienanzahl (Bonobos) oder Übertragung von Riesenspermien, die den Genitaltrakt der Weibchen ausfüllen (Federflügler der Fam. Ptillidae). [2]

Sperren (gaping): angeborenes Verhalten der jungen Singvögel, das im Aufreißen des Schnabels bei gestrecktem Hals besteht, um Futter zu erhalten. Bei den noch blinden Nestlingen lösen Erschütterungen, wie sie durch den Altvogel beim Aufsetzen auf den Nestrand hervorgerufen werden, das S. gegen die Schwerkraft und damit immer nach oben aus (Abb.). Sehende Jungvögel sperren nur noch in Richtung des Altvogels. Satte Junge zeigen kein S. mehr. Viele Ar-

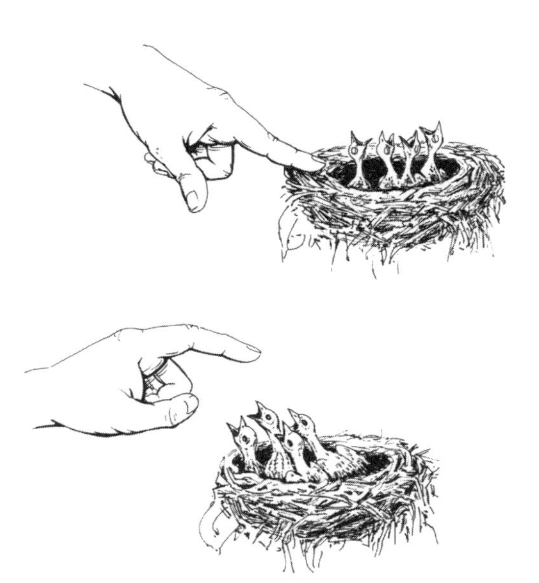

Sperren bei Nestlingen unterschiedlichen Alters. Bei noch blinden Nestlingen lösen allein die Erschütterungen des Nestes ungerichtetes Sperren gegen die Schwerkraft aus (oben), während sehende Jungvögel sich optisch orientieren und in Richtung des Altvogels bzw. der Handattrappe sperren. Aus R. Gattermann et al. 1993.

ten äußern beim S. auch spezifische Bettellaute oder bieten eine farbige Rachenzeichnung (Sperrachen) an, die als Kennreiz beim Altvogel das Füttern auslöst. [1]

Spezialisation, *Differenzierungshemmung* (specialization): erfahrungsbedingte aktive Hemmung der Generalisation bedingter Reize bei bedingten Reaktionen oder beim Diskriminationslernen. S. ist für die Analyse der Umwelt und der Orientierung von wesentlicher Bedeutung. Durch sie ist ein Individuum in der Lage, Reize zu unterscheiden, die sich in ihren Erscheinungen ähneln. [5]

Spezialisten (specialists): Sammelbegriff für alle Tiere, die in ihrem Verhalten und ihren Ansprüchen an die Umwelt hoch spezialisiert sind und relativ schmale ökologische Nischen besetzen, im Gegensatz zu den → Generalisten. S. sind z. B. zahlreiche Parasiten, Bewohner widriger Lebensräume, wie Wüsten, Hochgebirge, Tiefsee, oder Nahrungs-S. [1]

spezifische Ermüdbarkeit → Ermüdung.

spezifisches Aktionspotenzial (specific action potential): veralteter, nur noch selten verwendeter Begriff, dessen Bedeutung besser mit der → Motivation umschrieben wird. [1]

Spiegeltest (mirror test): ein von Gordon Gallup zu Beginn der 1970er Jahre eingeführter Verhaltenstest zum Nachweis für Ichbewusstsein. Beim S. bekommen die Versuchstiere oder Kleinkinder, denen man unbemerkt eine Farbmarkierung im Gesicht anbrachte, einen Spiegel vorgesetzt. Einige der Menschenaffen fassen sich nach dem Blick in den Spiegel selbst an die Stirn, d. h., sie erkennen sich in dem Spiegel und beweisen damit Ichbewusstsein. Voraussetzung für dieses Selbsterkennen und Reagieren, das erst nach etwa drei Tagen Übung auftritt, ist, dass die Affen eine normale Entwicklung mit ausreichenden sozialen Beziehungen durchlaufen haben. Bei Kleinkindern zeigt der S. an, dass ihr Ich-Bewusstsein ab dem 18. Lebensmonat entwickelt ist. Inzwischen wurde die Fähigkeit zur Selbst-Erkenntnis mittels S. auch bei Delphinen nachgewiesen. [5]

Spielsignal (play signal): spezielles Signal, das die Bereitschaft zum Spielverhalten anzeigt. Es vermeidet Missverständnisse und signalisiert, dass das folgende Verhalten ohne spezifischen Ernstbezug ist. Nur so kann beispielsweise aggressives Verhalten geübt werden, ohne dass es zu Verletzungen kommt. S. sind recht vielfältig. Dazu gehören z. B. das Spielgesicht mancher Primaten und Raubtiere, das Vorn-Tief-Gehen (→ Taxierstellung) oder auffordernde Weglaufen der Hundeartigen, das mit der Schnauze In-die-Seite-Boxen der Schweine und der Hoppelgalopp der Huftiere. [1]

Spieltheorie (game theory): Simulation bzw. mathematische Modellierung interaktiver Verhaltenstrategien von Individuen. Die Modelle der S. können überall dort eingesetzt werden, wo die Konkurrenz um Ressourcen beschrieben werden soll. Mit ihrer 1944 erschienenen Veröffentlichung „Theory of Games and Economic Behaviour" begründeten John von Neumann und Oskar Morgenstern die S. als eigenständige Wissenschaft. Der spieltheoretische Ansatz geht davon aus, dass die Spieler bzw. Individuen ihren Gewinn maximieren wollen. Alternative Verhaltensstrategien sind Kooperation oder Konfrontation der beteiligten Individuen. Am Ende der Simulation besteht die optimale Strategie darin, dass unabhängig von der Strategie des Partners die maximale Auszahlung erreicht wird. Der Zustand des Gleichgewichts der Strategien bei dem keiner der Spieler für sich einen Vorteil erzielen kann, indem er allein seine Strategie verändert, wird nach John Forbes Nash Jr. (1950) als *Nash-Gleichgewicht* (Nash equilibrium) bezeichnet. Viel zitierte Beispiele für spieltheoretische Ansätze sind das Gefangenendilemma (→ Evolutionsstabile Strategie) oder die → Tit-for-tat Kooperation. [2]

Spielverhalten (play behaviour): lustbetontes Ausprobieren motivierten Verhaltens ohne den dafür typischen Ernstbezug. Es ist ein Lernen durch wiederholte Simulation motorischer Programme, Situationen und Rollen an harmlosen Objekten oder Partnern, an sicheren Orten und in einem Lebensalter, das der funktionellen Anwendung des betreffenden Verhaltens vorausgeht (Selbsterziehung im entspannten Feld mit Lustgewinn).

S. dient dem Gewinn von Erfahrungen über den eigenen Körper, *Bewegungs-* und *Rennspiele* (motoric play, chasing play), das Verhalten gegenüber Artgenossen, *So-*

Spielverhalten junger Füchse. Aus R. Gattermann et al. 1993.

zial- und Kontaktspiele (contactual play) und der Umgebung, *Objektspiele* (object play). Es findet nur im entspannten Feld statt, d.h., wenn keine andere Motivation vorhanden ist. S. ist wahrscheinlich eigenmotiviert und enthält angeborene und erworbene Elemente aus den unterschiedlichsten Funktionskreisen, die frei miteinander kombiniert werden können.
Erkennungsmerkmale für S. sind
- Übertreibung und Wiederholung der Handlungsabläufe oder Handlungsfragmente,
- erhöhte Variabilität der Ausführung, z.B. Bruchstückhaftigkeit bzw. Umkehr der Reihenfolge,
- gehäufte Nutzung von Ersatzobjekten,
- rascher Situations- und Rollenwechsel,
- Weglassen oder Begrenzen der eigentlichen Endhandlung und Ausbleiben der ernsten Folgen im Sinne des motivierten Verhaltens (z.B. → Beißhemmung),
- Lustbetontheit, ansteckende Wirkung (→ allelomimetisches Verhalten),
- Einsatz spezieller Signale zur Spielaufforderung (Spielgesicht, Hoppelgalopp u.a.).

S. kann vor allem bei Säugetieren, bei einigen Vögeln – hauptsächlich Rabenvögeln – und in Einzelfällen bei Reptilien, Fischen und Kopffüßern beobachtet werden. Es ist ein typisches Verhalten der Jungtiere, bleibt aber auch bei erwachsenen Nagern, Raubtieren, Walen (Delphine) und Primaten erhalten.
Solitäre Spiele (solitary play) sind auf den eigenen Körper, z.B. den „Schwanz fangen" bei Katzenartigen, oder Umgebungsobjekte bezogen. *Soziale Spiele* (social play) beginnen in der Regel mit Spielsignalen, die Artgenossen zum S. veranlassen sollen (Abb.). Im Spiel werden Bewegungen und Verhaltensabläufe geübt, die erst im Erwachsenenalter voll ausreifen (z.B. Sexual- und Beutefangverhalten). Typisch ist auch der ständige Rollentausch, z.B. bei Flucht- und Angriffsspielen. Soziale Beziehungen und Gesetzmäßigkeiten werden ebenfalls durch S. erlernt; es reduziert Aggressionen, stabilisiert Rangordnungen und festigt die → Gruppenbindung. Hunde beispielsweise erlernen die Beißhemmung erst im Spiel. Darüber hinaus fördert S. das fakultative Lernen und verbessert die allgemeinen Wahrnehmungsfähigkeiten (Sensorik).
Auch Kinder vervollkommnen durch S. ihre motorischen und geistigen (kognitiven) Fähigkeiten und erfassen im Spiel die Beziehungen und Zusammenhänge ihrer Umwelt. Im ersten Lebensjahr sind es Funktions- und Experimentierspiele, die vor allem die Hand-Auge-Koordination fördern (Spiel mit dem eigenen Körper, wie Strampeln, Kriechen oder Betasten von Gegenstän-

den). Im Kleinkind- und Kindergartenalter reift das S. voll aus, es kommen nun *Illusionsspiele* (eine Schachtel kann als Auto oder Garage verwendet werden), *Rollenspiele* (Vater-Mutter-Kind-Spiele) und *Konstruktionsspiele* (Turm bauen, Bild malen, Kette fädeln) hinzu. [1]

Spießrutenlaufen → Gauntlet-behaviour.

Spitzengänger → Zehenspitzengänger.

Split-brain-Versuche (split brain experiments): eine Durchtrennung des Hirnbalkens (Corpus callosum) und der neuronalen Verbindungen zwischen den beiden Großhirnhemisphären, sodass der Informationsaustausch zwischen ihnen nicht mehr möglich ist. Zunächst wurde dieses Verfahren zur Behandlung von sehr schweren, medikamentös nicht kontrollierbaren epileptischen Anfällen entwickelt, sodass der epileptische Herd, welcher einen Anfall auslöst, nicht mehr auf die andere Hirnhälfte übergreifen konnte. In der Folge wurden diese „Split-Brain"-Patienten untersucht, um so Informationen über die Funktionen der einzelnen Hirnhälften zu erlangen. Erstaunlicherweise treten unter normalen Bedingungen keine Verhaltensstörungen auf, ein Befund, der durch entsprechende Tierversuche bestätigt wurde. Daraus konnte auf eine grundsätzliche Dualität des Gehirns im Sinne von zwei voneinander unabhängigen Gehirnen nach einem solchen Eingriff sowie auf eine Bilateralsymmetrie der Informationseingänge geschlossen werden. Im Gegensatz zu den Gehirnen von Split-Brain-Labortieren sind sich die beiden Gehirnhälften von Split-Brain-Patienten aber nicht ähnlich, wenn es darum geht, bestimmte Aufgaben zu lösen. In speziellen Experimenten, bei denen die Eingangsinformation nur eine Hirnhälfte erreicht, konnte eine deutliche funktionelle Spezialisierung gefunden werden (→ Lateralität). So können beispielsweise in die rechte Hemisphäre projizierte Gegenstände nicht benannt werden, da die Information nicht an das in der linken Hemisphäre liegende Zentrum für jegliche Art von Benennungsprozessen weitergegeben werden kann. Die linke Hemisphäre wird als die dominante angesehen, da hier Sprache, Wortverständnis, Abstraktionsfähigkeit u. a. lokalisiert sind, während in der rechten Hemisphäre räumliche Orientierung, emotionale Vorgänge und musische Fähigkeiten organisiert sind. [5]

Splitting (splitting): beschreibt ein Aufspalten des Tagesmusters der lokomotorischen Aktivität. S. wurde zunächst bei der Haltung von Versuchstieren im Dauerlicht gefunden. Beim S. spaltet sich das geschlossene Aktivitätsmaximum in zwei Komponenten auf, die sich, vermutlich auf Grund verschiedener → Spontanperioden, zunehmend voneinander entfernen. Nachdem sie eine → Phasendifferenz von 180° (etwa 12 h) erreicht haben, laufen sie unter Beibehaltung dieser Spontanperiode weiter frei. Ein S. des circadianen Aktivitätsrhythmus wurde auch bei Mäusen im Dauerdunkel und bei Goldhamstern durch zeitlich limitiertes Einsetzen eines Laufrads erreicht. Eine befriedigende Erklärung der Mechanismen des S. steht jedoch noch aus. Höchstwahrscheinlich handelt es sich um eine Entkopplung von zwei normalerweise miteinander synchronisierten Oszillatoren, die jedoch bisher noch nicht spezifiziert werden konnten.

S. wurde auch für die circadianen Rhythmen der Futter- und Wasseraufnahme und der Körpertemperatur beschrieben. Dabei ist offen, ob dieses S. ebenfalls auf zwei Oszillatoren beruht, oder ob es sich um Maskierungseffekte durch den Aktivitätsrhythmus handelt (→ Maskierung). Das ist für den Körpertemperaturrhythmus sehr wahrscheinlich. [6]

spontane Desynchronisation (spontaneous desynchronization): Phänomen, bei dem zwei normalerweise miteinander gekoppelte Oszillatoren ihre → Phasendifferenz zueinander ändern. S. D. treten beispielsweise gehäuft im Alter auf. Normalerweise steigt bzw. sinkt die Körpertemperatur im Tagesgang vor der Aktivität. Durch die häufig bei alten Menschen zu beobachtende → Phasenvorverlagerung des Schlaf-Wach-Rhythmus (früherer Schlafbeginn, früheres Aufwachen) ändert sich die Phasenbeziehung zwischen beiden Rhythmen, da die Körpertemperatur ihre Phasenlage beibehält. Auch unter den Bedingungen einer zeitlichen Isolation treten s. D. auf (Abb.). Wenn Menschen keinerlei Kenntnis der Tageszeit haben, kann es zu einer völligen Entkopplung der Tagesrhythmen der Körpertemperatur sowie der Aktivität kom-

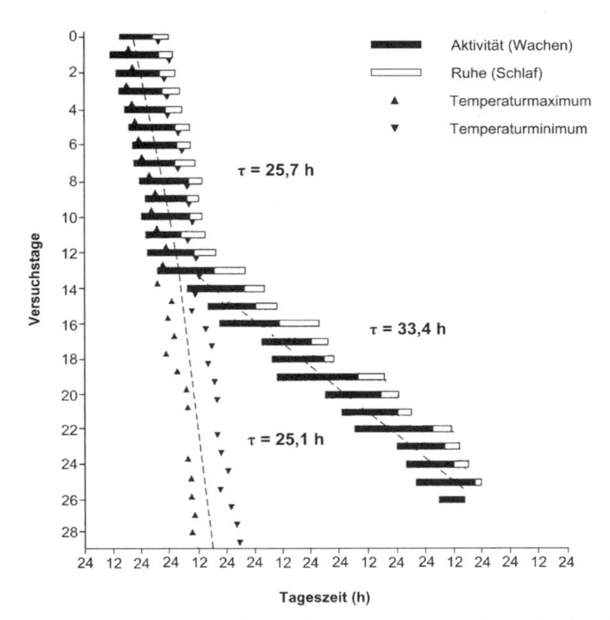

Spontane Desynchronisation der circadianen Rhythmen der Aktivität sowie der Körpertemperatur beim Menschen unter konstanten d.h. zeitgeberlosen Bedingungen. Während beide Rhythmen zunächst synchron, mit einer Spontanperiode von 25,7 h frei laufen, kommt es ab dem 15. Versuchstag zur Desynchronisation. Die Spontanperiode des Schlaf-Wach-Rhythmus verlängert sich beträchtlich, wogegen sich die des Temperaturrhythmus nur geringfügig verkürzt. Nach R. Wever 1975. [6]

men. Beide Rhythmen laufen dann mit verschiedenen → Spontanperioden frei. Auf Grundlage dieser Ergebnisse wurde ein → Multioszillatorsystem postuliert. [6]

spontanes Verhalten, **Spontanverhalten** → Aktion.

Spontangesang, *Spontanlaut* (spontaneous song): scheinbar ohne äußeren Anlass produzierter Gesang bei Insekten, Vögeln und Säugetieren. Es ist anzunehmen, dass der S. vieler Tiere durch Zeitgeber (z.B. bestimmte Umgebungshelligkeit oder Temperatur), durch den inneren Status (z.B. Paarungsbereitschaft) oder durch beides beeinflusst wird. Deshalb ist eine tatsächliche Spontaneität meist auszuschließen. Der S. von Insektenmännchen wird oft → Lockgesang genannt. [4]

Spontanperiode, *Freilaufperiode* (spontaneous period, free running period): entspricht der Periodenlänge des von einem Oszillator generierten Rhythmus. Bei → biologischen Rythmen handelt es sich um die angeborene, endogene Periode. Diese tritt unter zeitgeberlosen Bedingungen zu Tage, wenn der Rhythmus nicht mehr durch andere Periodizitäten synchronisiert wird und freiläuft (→ Freilauf). Dadurch ändert sich die Phasenlage in Bezug zur astronomischen Zeit kontinuierlich.

Am besten untersucht ist die S. der circadianen Rhythmen. Sie ist in gewissen Grenzen art- und individuenspezifisch, hängt aber auch von exogenen Faktoren ab. Während sich Temperaturänderungen nur geringfügig auswirken (→ Temperaturkompensation), ist der Einfluss der Lichtintensität beträchtlich (→ Aschoffsche Regel, → circadiane Regel). Änderungen der S. werden auch in Abhängigkeit vom Aktivitätsniveau und dem damit verbundenen Erregungszustand gefunden (→ Aktivitätsfeedback). Induziert man beispielsweise bei einem unter konstanten Lichtverhältnissen

(Dauerlicht bzw. Dauerdunkel) gehaltenen Tier mittels eines Laufrades zusätzliche Aktivität, dann verkürzt sich dessen S.; wird das Laufrad blockiert, so nimmt sie wieder zu. Die S. unterliegt auch altersbedingten Änderungen. Diese sind nicht, wie häufig angenommen, gerichtet, etwa erkennbar an der Abnahme der S. bei alternden Individuen, sondern eher zufällig. Durch die abnehmende Stabilität des endogenen Rhythmus werden wahrscheinlich spontane Änderungen der S. induziert.
Auch Gezeiten- und Jahresrhythmen laufen unter zeitgeberlosen Bedingungen frei. Die Eigenschaften der dabei auftretenden S. sind aber bisher recht wenig untersucht. [6]
Spotten (mocking, parroting, vocal mimicry): in der älteren ornithologischen Literatur verwendeter Begriff, der heute besser → Imitation genannt wird. Vom S. leitet sich die Bezeichnung für einige Vogelarten ab (z. B. Spottdrossel oder Gelbspötter). [4]
Spötter → Imitation.
Sprache (speech, language) **(a)** wichtigste Kommunikationsform des Menschen, die vorrangig für die Verständigung mittels akustischer Signale gebraucht wird, *Laut-S.* (oral language). S. kann auch durch visuell-räumliche Gebärden, *Gebärden-S.* oder *Zeichen-S.*, (sign language), oder in schriftlicher Form, *Schrift-S.*, (literary language) ausgedrückt werden. Die S. besitzt eine grammatikalische Struktur, welche die Verknüpfung der Zeichen untereinander regelt. Aus einer hohen Zahl an möglichen Zeichen und Kombinationen wird eine meist relativ kleine Zeichenmenge (Alphabet) ausgewählt und zu einer endlichen, aber erweiterbaren Menge von Wörtern zusammengesetzt. Neben der rein *verbalen Komponente* (verbal element) besitzt die S. weitere Komponenten (manchmal als *Parasprache* zusammengefasst), die je nach Autor unterschiedlich eingeteilt werden. Häufig ist eine *prosodische Komponente* (prosodic element) definiert, die z. B. Intonation, Akzent, Tonhöhe und Rhythmus umfasst und in der Schrift-S. durch Hervorhebungen und Interpunktion mehr oder weniger gut wiedergegeben werden kann. Dieser prosodischen Komponente stellt man zuweilen eine enger gefasste parasprachliche oder *paraverbale Komponente* (paraverbal element) gegenüber, die sich auf Annäherungs- und Distanzverhalten (→ Proxemik), Mimik, Gestik und Körperbewegungen, beschränkt. Der für die S. ebenfalls wichtige Kontext in Zeit und Raum zählt bei manchen Autoren zur so genannten *extraverbalen Komponente* (extraverbal element), die nach anderen Autoren jedoch auch allein oder zusätzlich bestimmte Teile der zuvor genannten Komponenten umfassen kann. Während es bisher kaum gelang, Menschenaffen die Laut-S. zu vermitteln, zeigt sich deren sprachliche Begabung in der Bewältigung von Grundelementen der *amerikanischen Gebärden-S., ASL* (american sign language). Die Schimpansen können mit entsprechenden Handzeichen mehrere Dutzend Begriffe wiedergeben und zu einfachen Sachverhalten kombinieren.
(b) jedes einzelne System, das der Verständigung zwischen Menschen dient, also z. B. die Einzelsprachen (Englisch, Deutsch, usw.), die Fachsprachen (beispielsweise Mathematik und Rechtssprache) oder die Programmiersprachen (C, Pascal usw.).
(c) jede Art der Kommunikation bei Tieren auf der Grundlage von chemischen, akustischen, vibratorischen oder optischen Symbolen (Zeichen), die für ein nicht präsentes Objekt oder einen momentan nicht vorliegenden Sachverhalt stehen. Zuweilen haben sich hierfür die Begriffe *Tier-S.* (animal language) oder *Symbol-S.* (symbol language) durchgesetzt (in der älteren Literatur auch „Zeichen-S."), z. B. bei der → Bienensprache oder bei der Duftsprache der Ameisen (→ Zoosemiotik). [4]
Springen, *Hüpfen* (jumping, hopping): Fortbewegung durch sehr schnelles Abstoßen des Körpers vom Untergrund, auch zur Flucht oder zum Beutefang benutzt. Die Sprunghöhe hängt nicht von der Masse, sondern ausschließlich von der erreichten Absprungsgeschwindigkeit ab. Gute Springer unter den Tieren erreichen aus dem Stand Absprungsgeschwindigkeiten von bis zu 6 m/s (22 km/h) und damit Sprunghöhen von rund 2 m. Dies gilt unabhängig davon, ob das Tier einige Meter oder nur etwa einen Zentimeter groß ist. Kleine Tiere haben allerdings weniger Zeit zum Beschleunigen und stoßen dadurch bezüglich der Muskelkontraktion an physiologische

Grenzen. Abhilfe schafft meist eine langsame Muskelkontraktion mit Energiespeicherung in einer elastischen Struktur (bei Heuschrecken Außenskelett der Sprungbeine und Sehnen der Sprungmuskeln, bei Flöhen elastisches Resilin), gefolgt von einem schnellen Entspannen mithilfe eines speziellen Auslösemechanismus. Tiere, die nur wenige Millimeter groß sind, haben als zusätzliches Problem den Luftwiderstand. Ihre Absprunggeschwindigkeiten werden in der Luft in kürzester Zeit auf nur noch 1–2 m/s abgebremst. Aus diesem Grunde können z. B. Flöhe maximale Sprunghöhen von höchstens 0,3 m erreichen. S. kann außer mit Extremitäten auch mit speziellen Körperanhängen erfolgen, z. B. mit der Springgabel (Furca oder Furcula) der Springschwänze (Collembola). Schnellkäfer (Elateridae) springen durch ein schnelles Einknicken zwischen Vorder- und Mittelbrust, das durch einen Sperrklinkenmechanismus ausgelöst wird. [4]

Sprödigkeitsverhalten (coyness, resistance as a ploy): Bestandteil des Balzverhaltens zahlreicher Säuger- und Vogelweibchen. Sie fliehen vor dem Männchen, aber immer nur so, dass es folgen kann. Ebenso sperren sie sich gegen eine Kopulation. S. ist eine ritualisierte Flucht (→ Ritualisation) und dient im Gegensatz zum echten Widerstand zur Prüfung der Qualität (→ Fitness) der Männchen. [1]

Spurpheromon → Duftspur.

stabilisierende Selektion → natürliche Selektion.

Stammesgeschichte → Phylogenie.

Stammmännchen (founding male): bei Säugetieren der Gründungsvater einer Familie oder eines eusozialen Verbandes, bei dem die Nachkommen in der Regel nicht abwandern (→ Philopatrie). Im Gegensatz zum → Stammweibchen stammt der Nachwuchs nicht nur vom S., denn auch die Söhne können sich mit dem Stammweibchen paaren. [2]

Stammtiere → Familie.

Stammweibchen (founding female, reproductive female): **(a)** Bezeichnung für das älteste reproduktive Weibchen in Familien oder eusozialen Verbänden von Säugetieren. Die anderen adulten Weibchen sind Töchter des S. und fungieren als Helfer ohne sich fortzupflanzen. Beim Nacktmull *Heterocephalus glaber* wird ihre Ovulation durch ständige Aggression des S. unterdrückt. Die Töchter des S. vom Graumull *Cryptomys anselli* hingegen sind fortpflanzungsfähig, es finden jedoch keine Paarungen mit den Männchen der Gruppe statt (→ Inzesttabu). **(b)** in eusozialen Insektengemeinschaften (Bienen, Termiten) wird das S. *Königin* (queen) genannt. [2]

Standorttreue → Ortstreue.

Standvogel (nonmigratory bird, resident): Vogelart, deren Angehörige nicht wandern, sondern ortstreu sind und das ganze Jahr über am selben Standort angetroffen werden. Hierzu gehören z. B. Spechte, Kleiber, Baumläufer, Grauammer und Rebhuhn. → Strichvogel, → Invasionsvogel, → Zugvogel. [1]

Standwild → Wild.

Status (status, state): **(a)** ein Begriff aus der Verhaltensregulation, der den inneren Zustand eines Individuums und sein Verhältnis zur Umwelt umschreibt, wie fortpflanzungsbereit, hungrig, krank etc.
(b) die soziale Stellung oder der Rang eines Individuums innerhalb einer Gemeinschaft oder Hierarchie, häufig angezeigt durch → Statussymbole. [1]

Statussignal (status signal): Sammelbegriff für alle Zeichen, die den physiologischen Zustand, das Alter oder die Rangposition (→ Rangordnung) eines Individuums anzeigen. Das können sekundäre Geschlechtsmerkmale (Körpergröße, Mähne, Geweih, Kamm u. a.), Körperzeichnungen (Eiflecke, Prachtkleid, Schlichtkleid), Geruchsstoffe (Pheromone), Laute (→ Gesang), Brunftschwellungen oder ähnliches (→ Östrus) oder charakteristische Verhaltensweisen (Drohen, Lordose u. a.) sein. [1]

Statussymbol (status symbol): ein optisches, akustisches oder olfaktorisches Zeichen, das den Status seines Trägers kenntlich macht (→ Ornamente). In menschlichen Sozietäten können bestimmte S. wie Doktortitel, militärische Ränge, exklusive Klubmitgliedschaften etc. durch spezifische Leistungen erworben oder mittels Geld und Beziehungen erschlichen werden. [1]

Staubarkeit von Handlungsbereitschaften (accumulation of drives): eine spontane Zunahme der Handlungsbereitschaft bzw.

Motivation bis zu einer Schwelle, ab der die Endhandlung vollzogen werden kann. Die Endhandlung verbraucht die Handlungsbereitschaft. Fehlt das Bezugsobjekt, dann kann aufgrund des Staues Leerlaufverhalten oder fehlgerichtetes Verhalten zustande kommen. Das Konzept ist überholt, das gilt auch für die Staubarkeit des sog. Aggressionstriebes. → Motivation, → Triebtheorie, → Spontaneität des Verhaltens. [1]

Staubbaden, *Sandbaden* (dustbathing, sandbathing): Badeverhalten vieler Vögel und einzelner Säuger (z. B. Zwerghamster, Känguruhratte, Elefant), das hauptsächlich der Reinigung und dem Entfetten des Gefieders bzw. der Haut dient.

Hühner scharren sich zum S. eine Mulde in lockerem, trockenem Boden und werfen dabei Bodenteile in das gelockerte Gefieder. Ist die Mulde tief genug, wälzen sie sich auf der Seite oder dem Rücken darin, bringen weiteren Staub oder Sand in das Gefieder und verharren liegend oder sitzend im Staubbad. S. findet vor allem während der Mittagsstunden statt und dauert beim Haushuhn durchschnittlich 30 min. Zum Schluss wird das Gefieder durch Schütteln vom Staub befreit. [1]

Stechsauger → Säftesauger.

Stellreflexe (posture reflexes): Sammelbezeichnung für alle durch den Gleichgewichtsapparat ausgelösten Reflexe. Effektoren sind neben der Skelettmuskulatur vor allem die Augen- (Augenreflexe), Kopf- (Kopf-S.) und Halsmuskeln (Halsreflexe). S. sind kompensatorische Reflexe, die den Lageänderungen des Körpers entgegengerichtet sind und beispielsweise nach dem Stolpern reflektorisch das Fallen verhindern. Auch sorgen sie dafür, dass bei Kopfbewegungen durch eine Gegenbewegung der Augen das Blickfeld nahezu erhalten bleibt. Dreht man Wirbeltiere mit gut ausgebildeten Hals oder menschliche Säuglinge (bei Erwachsenen sind diese S. durch die Willkürmotorik überlagert) frei in der Luft, dann halten sie ihren Kopf so, dass er immer am Ort bleibt und der Schädel nach oben weist (Abb.). In beiden Fällen wird die räumliche Orientierung nicht durch zu schnell wechselnde und dadurch nicht auswertbare Informationen gestört. [1]

Stellreflexe bei Ente, Kaninchen und menschlichen Säugling. Aus R. Gattermann et al. 1993.

Stemmphase → Gangart.

stenophag (stenophagous): Tier, das auf eine bestimmte Nahrung spezialisiert ist, z. B. Blutsauger. → euryphag. [1]

stereotypes Verhalten, *stereotype Bewegung* (stereotyped behaviour, stereotyped movement): alle natürlichen Bewegungen und Laute, die immer wieder und weitestgehend unverändert geäußert werden, z. B. das Wiederkauen der Paarhufer und das Gurren der Tauben. S. V. ist in den meisten Fällen angeborenes formstarres Verhalten und wird durch Erfahrungen (Lernen) nur noch geringfügig verändert. Es kann zum Zeitpunkt der Geburt bzw. des Schlupfes

vollständig abrufbar sein (Lokomotorik, Saugen, Klammern) oder es reift allmählich (Vogelsang). S. V. lässt sich aber auch Erlernen (Bettelverhalten bei Zootieren, Stricken beim Menschen) und in ritualisierter Form für die Kommunikation nutzen. So locken die Männchen der Winkerkrabben durch rhythmisches Bewegen ihrer überdimensionierten Schere Weibchen an.
Vom s. V. sind die zu den Verhaltensstörungen gehörenden Stereotypien und Tics abzugrenzen. [1]

Stereotypie, *Bewegungsstereotypie, Zwangsbewegung* (stereotypy): sich wiederholendes, weitgehend formkonstantes Verhalten, das der konkreten Umweltsituation nicht entspricht, nicht im Zusammenhang mit ihr steht und zwanghaften Charakter trägt. S. sind eine der häufigsten milieubedingten Verhaltensstörungen oder auch Ersatzhandlungen ohne erkennbare natürliche Funktion. Als wesentlicher Faktor für ihre Entstehung wird der Kontrollverlust eines Individuums über seine Umgebung angesehen. S. können daher auch als Anpassungsmechanismen interpretiert werden: das Individuum versucht, durch aktive Handlung einen Teil der Kontrolle über seine Situation zurück zu gewinnen. Eine begrenzt erfolgreiche Anpassungsstrategie könnte ein direkter Beruhigungseffekt durch das Ausführen von S. sein, etwa über die Ausschüttung endogener Opiate. Andererseits lassen sich S. auch als misslungener Versuch einer Anpassung und damit als krankhaft betrachten. Einmal etabliert, sind S. weitgehend unabhängig von Umgebungsreizen und therapeutisch kaum zu beeinflussen. Ihr Auftreten wird als Indikator für suboptimale Haltungsbedingungen betrachtet (→ Verhaltensstörung).
Zu den S. gehören alle auffallenden monotonen und unter Umständen über Stunden andauernden Schaukel- und Pendelbewegungen angeketteter Zirkuselefanten und Pferde (→ Weben), Drehbewegungen des ganzen Körpers bei Hunden, das ständige, auf festen Pfaden Hin- und Herlaufen der gekäfigten Raubtiere (→ Pacing) u. a. Diese gefangenschaftsbedingten S. dienen dem Abreagieren und haben ihre Ursachen in den eingeschränkten Bewegungsmöglichkeiten und in der reizarmen Umgebung (→ Coping). Zu den S. des Goldhamsters gehört das intensive Nagen an den Gitterstäben. Das stellen sie ein, sobald sie ihre überschüssige Energie in einem Laufrad ableisten können (Abb.).
Bei Ratten u. a. Tieren können S., wie übernormales Lecken, Beißen, Schnüffeln und Schwingen mit den Vorderpfoten, unter anderem auch durch zentralwirksame Sub-

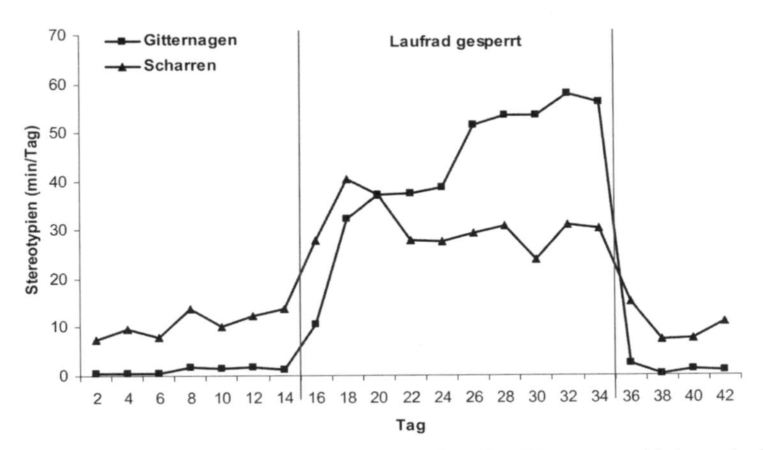

Stereotypien die beim Goldhamster auftreten, sind vor allem das Gitternagen und Scharren in der Einstreu. Beides sind milieubedingte Verhaltensstörungen, die dramatisch zurückgehen, sobald den Goldhamstern ein Laufrad angeboten wird. K. Schunke und R. Gattermann 2005.

stanzen wie Dopamin, Amphetamin, Serotonin usw. ausgelöst werden.
Aber auch Menschen zeigen bei gestörten Umweltbeziehungen verschiedenartige S. Das sind bei Säuglingen und Kleinkindern, die z. B. ohne feste Mutter-Kind-Bindung aufwachsen, rhythmische Körperbewegungen (Sichschaukeln) oder Kopfanschlagen, permanentes Daumenlutschen oder Zähneknirschen sowie stundenlanges Wimmern. Auch die bei Kindern und Erwachsenen auftretenden → Tics gehören zu den S. [1] [5]

Sterilisation (sterilization): Unfruchtbarmachen ohne Entfernen der Keimdrüsen (Gonaden). S. führt im Gegensatz zur → Kastration nicht zu umfangreichen Verhaltensänderungen, vor allem bleibt das Sexualverhalten weitestgehend erhalten. Beispielsweise können zur biologischen Schädlingsbekämpfung durch Strahlen oder Chemikalien im Labor sterilisierte Insektenmännchen freigelassen werden, die im Sexualverhalten den unbehandelten Männchen nicht unterlegen sind und die Weibchen begatten, ohne dass aus den abgelegten Eiern Nachkommen schlüpfen. [1]

Sternenorientierung, *Astrotaxis*, *Sternenkompassorientierung* (star orientation): Form der Kompassorientierung, die bei klarem Nachthimmel Sterne als Bezugsgröße verwendet. S. wurde zuerst für nachts fliegende Zugvögel postuliert und nachgewiesen (→ Tierwanderung). Zugunruhige Mönchsgrasmücken, *Sylvia atricapilla,* z. B. ziehen unter dem natürlichen Sternenhimmel im Herbst bevorzugt in südwestlicher Richtung, im Frühling in nordöstlicher Richtung, bei Bewölkung sind sie desorientiert. Unter dem künstlich gedrehten Sternenhimmel eines Planetariums ergaben sich völlig entsprechende Verteilungsmuster in der Richtungswahl, die entweder in die Überwinterungsregionen oder in die Brutgebiete führen. S. wird bei Grasmücken mit großer Wahrscheinlichkeit in einer sensiblen Phase der Ontogenese erworben, wobei die Sternenmuster der Himmelsachse unter Berücksichtigung ihrer Drehung zugeordnet werden. Für das Kalibrieren der S. verwenden Grasmücken das Erdmagnetfeld. [4]

Sterzeln → Fächeln.

Stigmergie (stigmergy): indirekte Kommunikation und Verhaltenskoordination in einem dezentral organisisierten System eusozialer Arten wie Termiten und Ameisen. Sie nutzen S. für ihr Bauverhalten. Das zunächst zufällige Bauverhalten jedes einzelnen Insekts verändert die lokalen Umweltbedingungen, die ihrerseits die Verhaltensweisen der anderen Insekten beeinflussen, sodass schließlich alle koordiniert an einem gemeinsamen Werk bauen. So markiert z. B. eine einzelne Waldameise die von ihr eingesammelte Kiefernadel mit einem Pheromon und platziert sie als Baumaterial an einer bestimmten Stelle im Nest. Die nächste Ameise wird angelockt von der Markierung ihr Baumaterial ebenfalls dort ablegen usw., bis letztendlich der charakteristische Ameisenhügel entsteht. [1]

Stillen (still, breast feeding): natürliche Ernährung des menschlichen Säuglings bei Fütterung aus der Brust. In den ersten Lebenswochen, vor dem nächtlichen Durchschlafen ist der Säugling etwa alle vier Stunden zur Nahrungsaufnahme bereit. Er wird dazu spontan munter, unruhig und bringt spezifische Laute hervor (Hungerschrei), die mit Beginn der Nahrungsaufnahme sofort beendet werden. Der Säugling wird „still“, der etymologische Hintergrund des Wortes S.
Stillende Mütter wenden sich dem Säugling mit dem Kopf und Körper zu, sie betreuen ihn intensiv, gehen zärtlich mit ihm um, sind freundlich und fördern den Augen- und Körperkontakt. Emotionale Belastungen reduzieren die Stillfähigkeit; Körperkontakte unmittelbar nach der Geburt fördern die Stillbereitschaft und Stillfähigkeit der Mutter. Bei der Fütterung nach Bedarf (→ Self-demand-feeding) werden anfangs fünf bis sieben Mahlzeiten, nach drei Monaten etwa fünf Mahlzeiten täglich verlangt. Empfohlen wird 6 Monate voll zu stillen und danach neben der Beikost noch bis zum zweiten Lebensjahr. Bei den sog. Naturvölkern beträgt die Stillzeit unter Zufütterung bis zu vier Jahre. → Säugen. [1]

Stimme → akustische Kommunikation.

Stimmfühlungslaut (contact call, social call): dient zur Aufrechterhaltung des akustischen Kontakts zwischen Angehörigen eines Paares, einer Familie oder eines Sozialverbandes. Dazu werden meist kurze, wenig variable Laute in mehr oder weniger regelmäßigen Abständen geäußert, z. B. die Gluck-Laute der Henne und das Piepsen der Küken. S. dienen den Artgenossen zur Bestimmung des Aufenthaltsortes (Richtung und Entfernung) des Senders. S. sind hauptsächlich bei sehr mobilen Arten, z. B. Vögeln, Bewohnern optisch undurchdringlicher Lebensräume wie Röhricht, Steppe oder Regenwald und nachtaktiven Arten, verbreitet. [1]

Stimmung (mood): in der Verhaltensbiologie ein veralteter, nur noch selten verwendeter Begriff, dessen Bedeutung besser mit der → Motivation umschrieben wird. [1]

Stimmungsübertragung, *ansteckendes Verhalten, allomimetisches Verhalten, Machmit-Verhalten, Handlungsangleichung, soziale Verstärkung, Angleichungstendenz* (social facilitation, contagion, mood induction, allomimetic behaviour, social reinforcement, assimilation tendency): innerhalb eines sozialen Verbandes die Übernahme von Motivationen bzw. Verhaltensweisen durch die Mehrzahl der Gruppenmitglieder. S. dient hauptsächlich der Synchronisation des Verhaltens innerhalb der Gruppe. In der Regel beginnt ein Tier und nach und nach werden die anderen angesteckt und machen mit. So erheben sich am Morgen zuerst einzelne Rinder und fangen an zu grasen und innerhalb von 30 bis 60 min ist die gesamte Herde bei der Futteraufnahme. Weitere Beispiele sind das gemeinsame Fluchtverhalten, die Gruppenlautäußerung, die Gruppenbalz, einzelne Gruppeneffekte und das ansteckende Gähnen.

S. ist kein Lernvorgang und darf nicht mit der Nachahmung verwechselt werden. [1]

Stimulantien → chemisches Signal.

Stimulus → Reiz.

Stockgeruch, *Volksduft* (hive odour, beehive odour): spezifischer Duft eines Bienenvolkes (→ Gruppenduft). Er beruht nicht nur auf Pheromonen, sondern ist hauptsächlich abhängig von der bevorzugt gesammelten Nahrung und ihrer spezifischen Aufbereitung in der Bienenbeute. S. dient dem gegenseitigen Erkennen der Angehörigen eines Bienenvolkes. Bienen mit fremdem S. werden sofort attackiert. → Nestgeruch. [1]

Stoffansprüche → Ansprüche.

stoffwechselbedingtes Verhalten (metabolically conditioned behaviour): Sammelbezeichnung für alle im Dienst des Stoffwechsels stehenden Verhaltensweisen. Der *Stoffwechsel* (Metabolismus) ist die Gesamtheit der im Organismus ablaufenden chemischen und energetischen Prozesse, die das Leben und Verhalten aufrechterhalten. Zum s. V. gehören die Verhaltensweisen bei der Stoffaufnahme, wie Fressen und Saufen (→ Nahrungsverhalten) sowie das Verhalten bei der Atmung (z. B. das regelmäßige Auftauchen der lungen- und tracheenatmenden Wassertiere), bei der Stoffverarbeitung (z. B. Motorik, Schlaf und thermoregulatorisches Verhalten) und bei der Stoffabgabe (Defäkation, Miktion und Sekretion. [1]

Strategie → Verhaltensstrategie.

Streifgebiet → Aktionsbereich.

Streifsuche → Räuber.

Stress, *Belastung* (stress, physiological arousal): in der Verhaltensbiologie ein durch

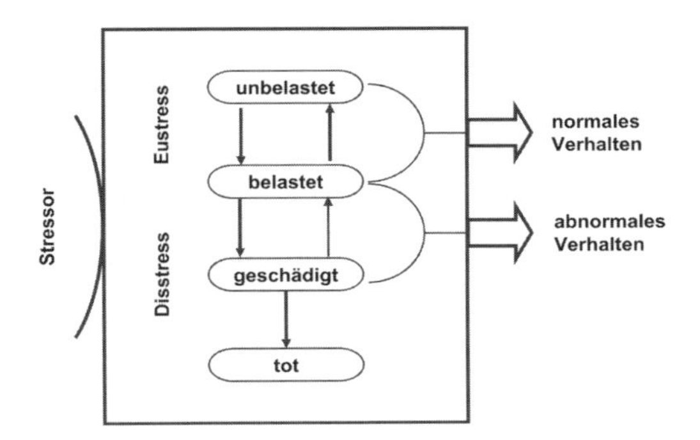

Stress und Verhalten. R. Gattermann 1987.

exogene und endogene Faktoren (Stressoren) ausgelöster Belastungszustand, der sich in einer Vielzahl von miteinander gekoppelten spezifischen und unspezifischen physiologischen Anpassungsreaktionen äußert, die von Verhaltensänderungen begleitet werden. S. ist kein Ausnahmezustand, sondern notwendiger Bestandteil des Lebens. Täglich entstehen physische und psychische Belastungszustände (*Eu-S.*), die durch adäquate Verhaltensänderungen abgebaut werden, was zur Erhaltung der Funktionstüchtigkeit der Organsysteme, Steigerung der Leistungsfähigkeit und Verbesserung der Adaptionsfähigkeit beiträgt (→ Coping). Erst bei stärkeren und länger anhaltenden Belastungen (*Dis-S.*) kommt es zu reparablen oder irreparablen Schäden, die mit Verhaltensstörungen einhergehen (Abb.). Die Tiere vernachlässigen die Körperpflege und die Jungenfürsorge, sie sind apathisch, nehmen kaum Nahrung auf, und in Ausnahmefällen tritt durch sekundäre Ursachen wie Infektionen, Stoffwechselstörungen u. a. der Tod ein. Die Übergänge sind fließend. S. zu quantifizieren ist schwierig, dennoch versucht die Verhaltenstoxikologie zwischen abnormem und adaptivem Verhalten zu differenzieren, um S. (Belastungen und Schädigungen) anhand des Verhaltens zu messen. [1]

Stressor (stressor): meist ein äußerer Faktor (Störreiz), der das dynamische Gleichgewicht zwischen Organismus und Umwelt stört und so interne Belastungen oder Schädigungen (→ Stress) auslöst. Nach der Herkunft können *chemische S.* (Umweltchemikalien, Pflanzenschutzmittel, Pharmaka u. a.), *physikalische S.* (z. B. Temperaturen, Strahlungen, Verletzungen) und *biologische S.* (Artgenossen, Krankheitserreger Parasiten, Räuber, Nahrung u. a.) unterschieden werden. Außer von der Stärke und der Dauer ist die Wirkung eines S. auf das Individuum einer Art vom Alter, Gesundheits- und Ernährungszustand sowie von der chronobiologischen Phasenlage, der Erfahrung, genetischen Disposition und sozialen Umwelt (→ Sozialstress) abhängig. [1]

Strichcode-Hypothese → Gruppenduft.

Strichvogel (bird of passage): Vogelart, bei der einzelne Individuen in einem weiten Gebiet umherstreifen, aber keine streng periodischen Wanderungen unternommen werden und keine typischen Ruhequartiere existieren. S. sind etwa 10 % der Kohlmeisen. Sie wandern bis zu 1.000 km vom Geburtsort in alle Richtungen ab, bevorzugen aber die Südwestrichtung. Bei den Blaumeisen ziehen alle Jungvögel fort, während die Alten → Standvögel sind. → Invasionsvogel, → Zugvogel. [1]

Stridulation, *Zirpen* (stridulation): eine Form der Erzeugung akustischer Signale, die hauptsächlich bei Insekten, Krebstieren, Spinnen und Skorpionen vorkommt und der Kommunikation dient. Bei der S. werden zwei Teile des harten Exoskeletts gegeneinander gerieben: eine so genannte Schrillkante (plectrum) gegen eine Schrillleiste oder Schrillfläche (pars stridens). Letztere besteht aus mehr oder weniger regelmäßig angeordneten Borsten, Zähnchen oder wellenförmige Erhebungen. S.-Organe haben sich bei vielen Arten unabhängig voneinander entwickelt. Sie können an fast allen möglichen Berührungsstellen zweier Teile des Exoskeletts ausgebildet sein. In einigen Fällen sind Vorder- oder Hinterbeine zu speziellen Zirpbeinen umgebildet, die dann kaum noch oder überhaupt nicht mehr der Fortbewegung dienen (südamerikanische Heuschrecke *Methone andersoni*, Larven mancher Käfer: *Geotrupes*, *Passalus*). Bei den meisten Langfühlerschrecken (Ensifera) reibt ein verstärkter Teil der Hinterkante des linken oder des rechten Vorderflügels gegen eine Zahnleiste auf der Unterseite des darüber liegenden anderen Flügels. Da bei Grillen meist der linke über dem rechten Vorderflügel liegt, reibt folglich die Schrillkante des rechten Flügels gegen die Schrillleiste des linken („Rechtsgeiger"). Die Schrillkante und die Schrillleiste des jeweils anderen Flügels bleiben unbenutzt. Diese → Lateralität findet sich nicht nur im Verhalten von Grillen, sondern auch in dem vieler Laubheuschrecken. Bei Letzteren spiegelt sich die Lateralität darüber hinaus auch in Ausbildung und Größe der Schrillleiste wider. Anders als bei Grillen findet sich die tatsächlich genutzte Schrillleiste bei diesen Tieren meist unter dem rechten Vorderflügel.

Kurzfühlerschrecken (Feldheuschrecken) reiben im Gegensatz zu Langfühlerschrecken meist beide Schenkel der Hinterbeine an Strukturen der Vorderflügel, wobei sich die Schrillleisten je nach Art auf den Flügeloberseiten oder auf den Innenkanten der Hinterschenkel befindet. Gekoppelt mit Resonanzstrukturen können durch S. → akustische Signale mit großer Intensität und hoher spektraler Reinheit erzeugt werden. S. ohne Resonanz ist meist von geringer Intensität, verursacht aber zuweilen Signale mit extrem breitem Frequenzspektrum. Manche nur wenige Millimeter große Insekten besitzen ebenfalls S.-Organe. Ohne besondere Vorrichtungen zur Verbesserung der Schallabstrahlung können solche Tiere jedoch nur → vibratorische Signale erzeugen, wie sie beispielsweise von einigen Ameisen zur Kommunikation innerhalb des Nestes genutzt werden. [4]

Strömungstier (rheobiontic animal): Tier, das in starker Strömung lebt, im Körperbau (platter Körper, Saugnäpfe, Haken etc.) und im Verhalten (Köcherbau) extrem angepasst ist. S. sind die Schwämme, Moostiere, Planarien oder die Steinfliegen- und Köcherfliegenlarven. [1]

Strophe, Strophentyp → Gesang.

Strudler → Partikelfresser.

Stuhl → Fäzes.

Stundenrhythmus → ultradianer Rhythmus.

Subdominanz (subdominance): Unterlegenheit gegenüber einem dominanten Partner bis hin zur zeitweiligen Unterordnung (Subordination). → Dominanz, → Submission. [1]

Subdominanzverhalten → Dominanz.

Subfertility-Hypothese (subfertility hypothesis): Theorie zur Erklärung der Evolution von eusozialen Verbänden. Danach entstehen infolge restriktiver Umweltbedingungen, wie unzureichender Ernährung im Larvenstadium, Weibchen, die nur schwer oder gar nicht in der Lage sind, sich selbst zu reproduzieren. Diese Weibchen sollen dann auf eigene Fortpflanzung verzichten und ihre Verwandten (Schwestern) bei deren Reproduktion unterstützen. [2]

subjektiver Tag, subjektive Nacht → circadiane Zeit.

Submission (submission): Unterwerfung vor einem dominanten Partner bis hin zur völligen Wehrlosigkeit, als Ausdruck gehemmter Aggressionsbereitschaft. → Subdominanz, → Demutverhalten. [1]

Subsong (subsong): leiser, variabler Gesang von Singvögeln, der meist ohne Unterbrechung längere Zeit vorgetragen wird. Er besteht aus differenzierten, hoch variablen Elementen und ist oft mit Imitationen angereichert. Ein S. tritt vor allem in der Übergangsphase zwischen Jugend- und Vollgesang auf, aber auch zwischen jahres- oder tageszeitlichen Phasen des Vollgesangs. [4]

Subsozial (subsocial): Bezeichnung für frühe Formen der sozialen Lebensweise von Arthropoden, wobei Individuen entweder in kleinen Gruppen ohne Arbeitsteilung und Kastenbildung zusammen leben oder Brutpflege nach der Eiablage betreiben. So bleiben die Weibchen der Fleckigen Brutwanze *Elasmucha grisea* auf ihrem Gelege sitzen und verteidigen es durch Flügelschwirren und mit einem Wehrsekret gegen Angreifer. Auch nach dem Schlüpfen bleibt die Mutter bei den Nachkommen und nach der ersten Häutung gehen die Junglarven gemeinsam mit der Mutter auf Nahrungssuche. → Sozietät. [2]

Substratbrüter → Offenbrüter.

Substratfresser (substrate feeder): Wasser- und Bodenbewohner, der Sand, Schlamm oder Humus und darin enthaltene Nährstoffe aufnimmt (→ Nahrungsverhalten). S. sind z. B. Regenwürmer, der Sandpierwurm, *Arenicola*, Seegurken (Holothuria) und Krabben. [1]

subterran, *subfossorisch* (subterraneous, semifossorial): **(a)** allgemein unter der Bodenoberfläche lebende Tiere. **(b)** Säugetiere, die in Bausystemen überwiegend unterirdisch leben, aber ihr Futter, Geschlechtspartner etc. oberirdisch suchen, wie Hamster und zahlreiche Mäusearten. → fossorisch, → hypogäisch. [1]

Suchautomatismus, *Kopfpendeln* (searching automatism, head wagging): ein bei Säugern auf das Finden der Milchquelle gerichteter, angeborener Bewegungsablauf, der spontan auftritt und mit Berührungsreizen in der Umgebung von Maul oder Mund orientiert werden kann. Das Suchverhalten wird beendet, wenn die Zitze bzw. Brustwarze mit den Lippen fest umschlossen ist, danach folgen Saugbewegungen. Ein S. ist besonders auffällig bei Nesthockern und Traglingen. → Brustsuchen. [1]

Suchbild (searching image): ein erlerntes, einfaches mentales Bild, das zum Auffinden von Nahrung (→ Beuteschema), Fortpflanzungspartner usw. genutzt wird. Das S. besteht nur aus einzelnen spezifischen Merkmalen des zu findenden Objektes. Das erleichtert die Konzentration und das schnelle Auffinden. [1]

Sucht, *Missbrauch, Drogenabhängigkeit* (drug addiction, drug dependence, liability): beim Menschen irreversibler Verlust an Verhaltenskontrolle durch übersteigertes, krankhaftes Verlangen nach Betäubungsmitteln und Rauschgiften (Alkohol, Schlafmittel, Morphin, Kokain, LSD u. a.), hervorgerufen durch die kontinuierliche Einnahme dieser Mittel. Nach einer Reduzierung der Dosis oder dem Absetzen kommt es zu Abstinenzerscheinungen wie Unwohlsein, Bewusstseinstrübungen, psychomotorische Unruhe, organische Störungen u. a.

In gleicher Weise können auch Versuchstiere süchtig gemacht werden und als S.modelle dienen (→ Verhaltenspharmakologie). Die Bewertung der S. erfolgt anhand der Abstinenzsymptome nach dem plötzlichen Entzug der Testsubstanz oder durch Selbstadministrationsversuche, bei denen die Tiere die Droge annehmen oder ablehnen können. Das Abstinenzverhalten morphinsüchtiger Ratten beispielsweise äußert sich als motorische Unruhe, extensives Putzen, Zähneknirschen, Tremor, Ataxien, übermäßiges Schütteln und Schreien bei Berührung. [1]

Suchtest → Verhaltenstoxikologie.

Sukzessivstrecken → Sichstrecken.

Sukzessivwahl → Wahlversuch.

supernormaler Auslöser → übernormaler Auslöser.

Superorganismus (superorganism): ein Überorganismus, das heißt ein aus Einzelorganismen bestehender eusozialer Verband oder Tierstock. Die Arbeitsteilung bzw. Spezialisierung der Individuen ist soweit fortgeschritten, dass sie als Einzelorganismus für längere Zeit nicht mehr lebensfähig sind. [2]

Superparasitismus (superparasitism): beschreibt das gleichzeitige Vorkommen mehrerer Parasiten der gleichen Art in einem Wirt. Das geschieht zufällig und kommt bei hoher Parasitendichte vor. → Multiparasitismus. [1]

Superschwester (super sister): Arbeiterinnen eusozialer Verbände, die auf → Haplodiploidie beruhen. Der → Verwandtschaftsgrad der S. ist mit r = 0,75 höher als von Schwestern (r = 0,5) oder Halbschwestern (r = 0,25). [2]

Suppressantien → chemisches Signal.

suprachiasmatischer Nukleus *SCN* (suprachiasmatic nucleus): neuronale Struktur, die insbesondere bei Säugetieren als zentraler Schrittmacher fungiert. Der SCN besteht aus zwei Kernen mit jeweils 8.000 bis 10.000 Neuronen, die im ventralen Hypothalamus bilateral symmetrisch vom dritten Ventrikel und unmittelbar über dem optischen Chiasma lokalisiert sind.

Der Nachweis, dass es sich beim SCN um den zentralen → Schrittmacher des → circadianen Systems handelt, erfolgte durch Läsions- und Reimplantationsexperimente. Nach Entfernung des SCN waren keine circadianen Rhythmen der motorischen Aktivität, der Futter- und Wasseraufnahme, des Corticosterons oder der Körpertemperatur mehr nachweisbar. Implantierte man diesen Tieren einen fötalen oder neonatalen SCN, dann stellte sich die circadiane Rhythmik wieder ein (→ Transplantationsexperiment).

Im SCN ist jedes einzelne Neuron mit einem autonomen intrazellulären Uhrwerk ausgestattet (→ circadianes Uhrwerk) und somit in der Lage, einen circadianen Rhythmus zu generieren. Durch interne Kopplungsmechanismen erfolgt deren Synchronisation, wodurch ein stabiler rhythmischer Output hoher Amplitude gewährleistet wird. Da die Periodenlänge nur etwa 24 h beträgt, ist eine Synchronisation mit der äußeren Tagesperiodik über → Zeitgeber notwendig. Diese Funktion übernimmt in erster Linie der Licht-Dunkel-Wechsel, der über distinkte retinale Ganglienzellen perzipiert und über deren Axone (→ retino-hypothalamischer Trakt, → geniculo-hypothalamischer Trakt) zum SCN weitergeleitet wird. Über weitere Afferenzen gelangen nicht-photische Informationen zum SCN. Mittels neuronaler und humoraler Signale steuert der SCN zahlreiche Prozesse im Gehirn und Körper circadianrhythmisch. Im Sinne eines → Schrittmachers unterstützt und synchronisiert der SCN auch Uhrmechanismen in anderen Körperzellen (→ periphere Oszillatoren). [6]

Supraindividuation (supraindividuation): auf Anschauungen Platons (427–347 v.u.Z.) zurückgehende Vorstellungen von der prinzipiellen Analogie zwischen Individuen und Tierstöcken sowie eusozialen Verbänden. Dabei wird die Arbeitsteilung der Organe in einem Organismus mit der Kooperation der Individuen in Tierstaaten oder Tierstöcken verglichen. → Superorganismus. [2]

supranormaler Auslöser → übernormaler Auslöser.

Symbiose (symbiosis, mutualism): eine Form des interspezifischen Verhaltens, bei der Angehörige verschiedener Arten, die *Symbionten* (symbiont), dauerhaft zum gegenseitigen Nutzen zusammenleben und über längere Zeit allein nicht existieren können. Eine klare Abgrenzung gegenüber dem Mutualismus, bei dem die Beziehungen nicht lebensnotwendig sind, ist schwierig und in der verhaltensbiologischen und ökologischen Literatur nicht einheitlich. Im Englischen ist symbiosis oft ein Oberbegriff für Parasitismus, Kommensalismus und Mutualismus.

Zu unterscheiden ist zwischen der Endo-S. und der Ekto-S. Bei der *Endo-S.* lebt ein Symbiont im anderen, z.B. verschiedene Mikroorganismen (Bakterien, Flagellaten, Ciliaten u.a.) im Darmtrakt von Nahrungsspezialisten, wo sie die einseitige Nahrung (Zellulose, Holz, Samen, Wirbeltierblut, Pflanzensäfte) aufschließen, sich vermehren und als Eiweiß- und Vitaminquelle dienen (→ Koprophagie, → Coecotrophie).

Schulbeispiel für eine *Ekto-S.*, ist das Zusammenleben von Einsiedlerkrebsen und Seerosen. Der weiche Hinterleib des Krebses *Eupagurus* steckt in einem leeren Schneckenhaus, das von einer oder mehreren Seerosen besiedelt ist. Sie bieten dem Krebs durch ihre Nesselzellen Schutz, leben von seinen Nahrungsresten und werden von ihm in neue Beutegründe und in frisches, sauerstoffreiches Wasser transportiert. Zieht der Krebs in ein neues Gehäuse um, so nimmt er die Seerosen mit. Sie lösen sich auf bestimmte, vom Krebs abgegebene Berührungsreize von der Unterlage und werden mittels der Scheren transportiert. [1]

Symbolhandlung (symbolic action, symbolic display): auffälliges Verhalten, das durch → Ritualisation aus Gebrauchshandlungen entstanden ist und seine ursprüngliche Funktion verloren hat. So picken zahlreiche Hühnervögel während der Balz symbolisch nach Futter, um auf diese Weise Partner anzulocken (→ Futterlocken). [1]

Symbolsprache → Sprache.

Sympaedium, *Geschwisterverband, Kinderfamilie* (sympedium): eine Gemeinschaft meist gleichaltriger miteinander verwandter Jungtiere, wie sie beispielsweise bei Jungspinnen und Schmetterlingsraupen vorkommt. [1]

sympatrische Artbildung (sympatric speciation): kontrovers diskutierte Form der Artbildung innerhalb einer sich frei kreuzenden Population. Zwei mögliche Mechanismen der s. A. sind die *disruptive sexuelle* und die *disruptive natürliche Selektion.* Voraussetzung der disruptiven sexuellen Selektion ist die Herausbildung von zwei Gruppen von Weibchen, die Männchen mit unterschiedlichen Merkmalen bevorzugen. Modellierungen haben ergeben, dass Unterschiede in der Partnerwahl allein keine dauerhafte Koexistenz distinkter Präferenzgruppen gewährleisten. Ein disruptiver Selektionsmechanismus kann bei der Anpassung an diskrete ökologische Nischen (discrete habitat model) oder bei der Aufteilung kontinuierlich verteilter Ressourcen (continuous resource model) wirken. Das *Discrete-habitat-Modell* erfordert Unterschiede in der Nischepräferenz, in der Fähigkeit zur Anpassung an diese Nischen, sowie eine strenge Präferenz für sexuelle Partner, die die gleiche Nische bewohnen. Das *Continuous-resource-Modell* geht von einer Normalverteilung der Ressourcen aus. Ein Merkmal zur Nutzung der Ressourcen (z.B. Saugrüssellänge bei Schmetterlingen) ist gleichfalls normalverteilt (viele Schmetterlinge haben mittellange Rüssel, da mitteltiefe Blüten besonders häufig sind). Populationswachstum bzw. verstärkte Konkurrenz kann nun eine positive Selektion auf extreme Merkmale (kurze und lange Rüssel) und damit eine verstärkte Nutzung von bisher wenig ausgebeuteten Ressourcen (besonders flache oder tiefe Blüten) bewirken. Die stabile Koexistenz beider Extremgruppen (kurze und lange Rüssel) wäre dann gewährleistet, wenn Gene für die Partnerpräferenz eines bestimmten „neutralen" Merkmals (z.B. Farbe) mit dem Gen für die Nutzung der jeweiligen Ressource schwach assoziiert sind. Selektion würde so die Kombination Farbe/Rüssellänge für die Nutzung der Extremressourcen fördern. Eine Form der s. A. wird auch für Fischarten in ostafrikanischen Seen diskutiert. [3]

sympatrische Prädatoren (sympatric predators): zwei oder mehrere nahe verwandte Räuberarten, die im selben Gebiet leben können, in dem sie unterschiedliche räumliche oder zeitliche Nischen nutzen. So jagen Stein- und Baummarder *Martes foina* und *M. martes* in verschiedenen Baumhöhen und finden so unterschiedliche Beute. → Zeitplanrevier. [1]

Symphagium, *Fressgemeinschaft* (symphagium, feeding aggregation): Ansammlung verschiedener Tierarten an einer Nahrungsquelle, wie beispielsweise Aasfresser an einem Kadaver. → Aggregation. [1]

Symphilie (symphily): eine Form des Zusammenlebens artverschiedener Tiere, die für die Angehörigen der einen Art vorteilhaft (nicht lebensnotwendig), für die andere jedoch nur von geringem und entbehrlichem Nutzen ist. Manche bei Ameisen lebenden Käfer geben Sekrete ab, deren Geruch und Geschmack für die Ameisen offenbar sehr interessant sind. Im Gegensatz zur → Trophobiose stellen die Sekrete jedoch keine gehaltvolle Nahrung dar. Durch diese Sekrete kommt es zu einer Duldung durch die Ameisen in ihrem Nest. Die Käfer profitieren von der Sicherheit vor Raubfeinden und Parasiten. Nicht in allen Fällen der S. ist der Nutzen für den anderen Partner vollständig bekannt. Im Falle der bei Ameisen lebenden Blattkäfer der Gattung *Clytra* könnte der Nutzen für die Ameisen in der Beseitigung von Abfällen wie Häutungsresten und toten Ameisen und dadurch in einer verbesserten Hygiene im Nest zu suchen sein. Allerdings ist es auch möglich, dass es sich bei dieser mutmaßlichen S. um eine Form des „Raumparasitismus“ handelt (→ Kleptobiose). → Mutualismus. [4]

synantrope Tiere → Kulturfolger.

Synchronie *Synchronität* (synchrony): Phasengleichheit von zwei oder mehr Oszillatoren identischer Periodenlänge. S. ist der häufigste, aber nicht der einzige stabile Zustand gekoppelter Oszillatoren. [6]

Synchronisation (synchronization): zeitliche Abstimmung physiologischer Prozesse, die *interne S.* (internal synchronization), und des Verhaltens zur Umwelt, die *externe S.* (external synchronization), einschließlich des Verhaltens von Artangehörigen und auch zwischen unterschiedlichen Arten. Synchronisiert werden bei Tieren und Menschen die verschiedenartigen → biologischen Rhythmen durch → Zeitgeber (→ Mitnahme). Für die meisten sozialen Verhaltensweisen ist ebenfalls eine zeitliche Koordination der Partner notwendig, man denke nur an die Balz, die gemeinsame Nahrungssuche, die Gruppenbildung, die Tierwanderungen etc. Mechanismen der S. sind hierbei die Kommunikation, die Stimmungsangleichung, das Mach-mit-Verhalten oder auch das ansteckende Gähnen. → Synchronie, → Desynchronisation. [6]

Synchronisator → Zeitgeber.

Syndrom der verzögerten Schlafphase, *DSPS* (delayed sleep phase syndrom): Schlafstörung, bei der Schlafbeginn und -ende chronisch verzögert sind. Manche der Betroffenen können vor 2 oder 3 Uhr morgens nicht einschlafen. Sie haben deshalb große Schwierigkeiten, morgens aufzuwachen und sind am Tage schläfrig. Das DSPS tritt insbesondere bei männlichen Jugendlichen auf und ist im Erwachsenenalter eher selten.

Mögliche Ursachen für das DSPS sind ein Fehlverhalten im Umgang mit der Einschlafzeit oder Schichtarbeit. Allerdings muss auch eine genetische Komponente ins Kalkül gezogen werden, denn bei den Betroffenen wurden sowohl ein Längen- als auch eine Strukturpolymorphismus im *per3*-Gen gefunden. [6]

Syndrom der vorgezogenen Schlafphase *ASPS* (advanced sleep phase syndrome): Schlafstörung, bei der Schlafbeginn und -ende gegenüber normalen Schlafzeiten um 3 bis 4 h vorgezogen sind. Der 24-h Rhythmus bleibt in der Regel erhalten und der Schlafablauf ist ungestört. Allerdings wachen die Betroffenen sehr früh aus ihrem Nachtschlaf auf und können auch nicht wieder einschlafen. Entsprechend zeitig werden sie müde. Ein therapeutischer Schlafentzug hilft nicht. Hält man die Betroffenen abends künstlich länger wach, so beenden sie dennoch morgens zu früh ihren Schlaf.

Zumindest bei einem Teil der Patienten konnte eine Mutation im *hper2*-Gen nachgewiesen werden. Dadurch war das Genprodukt (hPER2) in einer Weise verändert,

die seine Phosphorylierung erschwert, was schließlich zu einer Verkürzung der → Spontanperiode führt. Diese wiederum äußert sich in der vorverlagerten Schlafphase. Mit der Aufdeckung dieses Zusammenhangs wurde erstmalig gezeigt, dass die Mutation eines einzelnen Gens zur Veränderung eines komplexen menschlichen Verhaltens führen kann.
Auch Senioren haben häufig eine vorgezogene Schlafphase. Bisher ist allerdings unklar, ob dies ebenfalls durch eine Beeinträchtigung der Phosphorylierung von PER2 verursacht ist. → Syndrom der verzögerten Schlafphase [6]
Synechthrie (synechthry): selten verwendeter Begriff für eine „Vergesellschaftung" von räuberischen Tieren (hauptsächlich Gliederfüßern) mit Ameisen oder Termiten zum Schaden der eusozialen Insekten. Im Gegensatz dazu stehen die wohl definierten Ameisen- und Termitengäste, welche als echte → Symbionten auftreten, oder in → Symphilie bzw. Synoekie (→ Parabiose) mit den eusozialen Insekten zusammenleben. [4]
Synethie (synethy): ist ein Maß für die Synchronisation zwischen Partnern, das für die Gleichzeitigkeit identischen Verhaltens steht. So ist die S. z. B. bei einem Brandenten-Paar während der Brutzeit geringer als in der übrigen Zeit des Jahres. → Alloethie. [1]
Syngenophagie, *Verwandtenfresserei* (syngenophagy): eine Form des Kannibalismus, die das Sich-Einander-Auffressen innerhalb der Familie umschreibt. So können Jungtiere von ihren Geschwistern (Kainismus) oder Eltern (Kronismus) gefressen werden. [1]
Synlokation, *Gruppenkohäsion* (synlocation): beschreibt den räumlichen Zusammenhalt einer Gemeinschaft als Voraussetzung → sozialer Konsistenz. Eine typische Erscheinungsform der S. sind artspezifische Formationen. [1]
Synökie → Parabiose.
Synomon (synomone): chemische Substanz, die der zwischenartlichen Kommunikation dient und sowohl für den Empfänger als auch für den Sender von Vorteil ist. S. sind besonders bekannt und gut untersucht bei Pflanzen, die beim Befall durch phytophage Insekten besondere Signalstoffe (z. B. Terpene) als „Hilferufe" abgeben. Die entsprechenden S., die oft ausschließlich Fraß, nicht jedoch andere Beschädigungen anzeigen, locken spezifische Parasiten der Pflanzenfresser an. Im weiteren Sinne ist auch der Duft von Blüten ein S., wenn sowohl die Pflanze (Bestäubung) als auch das angelockte Insekt (Nahrung: Pollen, Nektar) einen Nutzen haben. In anderen Fällen werden Insekten durch die Pflanzen längere Zeit festgehalten oder es werden Sexualpartner vorgetäuscht. In solchen Fällen handelt es sich bei den verwendeten Duftstoffen nicht um S., sondern es liegt eine → Angriffsmimikry vor. [4]
Syntax → Zoosemiotik.
syntop (syntopic): Sammelbezeichnung für Arten und Populationen, die in einem Lebensraum vorkommen. Dabei kann es zur → interspezifischen Territorialität kommen. → allotop. [1]

T (T): Periodenlänge einer → Umweltperiodizität, insbesondere einer → Zeitgeberperiode. → Tau. [6]
tagaktiv → Aktivitätstyp.
Tagesmuster → Muster.
Tagesrhythmus, *24-Stunden-Rhythmus* (daily rhythm, 24 hour rhythm, diel rhythm): biologischer Rhythmus, der mit den 24-stündigen Änderungen in der Umwelt einhergeht. Tagesrhythmen stellen eine stammesgeschichtliche Anpassung an die seit Jahrmillionen existierende Tag-Nacht-Periodizität dar. Sie kommen in allen lebenden Organismen sowie auf allen Organisationsebenen von der Zelle bis zum Gesamtorganismus vor. Tagesrhythmen sind endogen (→ circadianer Rhythmus) und werden durch → Zeitgeber, vorwiegend durch den täglichen Licht-Dunkel-Wechsel, synchronisiert.
Tagesrhythmen sind ein wesentlicher Bestandteil der → Zeitordnung tierischer Organismen. Durch eine phasengerechte Einordnung in die geophysikalische Umwelt wird gewährleistet, dass bestimmte Aktivitäten jeweils zur optimalen Tageszeit stattfinden. So schlüpfen Insekten vorwiegend in den frühen Morgenstunden, wenn die Umgebungstemperatur noch relativ gering und die Luftfeuchte hoch ist, womit ein

Austrocknen verhindert wird. Tiere koordinieren ihre Tagesrhythmen aber auch mit ihrer biotischen Umwelt. So stimmen Geschlechtspartner ihre Aktivitätsrhythmen aufeinander ab. Anschauliches Beispiel ist die bei Lachtauben zu beobachtende Brutablösung. Die Weibchen sitzen vorwiegend tagsüber auf dem Nest, die Männchen während der Nacht. Damit wird gewährleistet, dass die Eier kontinuierlich bedeckt sind. Nahverwandte Arten können sich mittels ihrer Aktivitätsrhythmen zeitlich einnischen (→ Zeitnische). So ist von zwei Arten der Stachelmäuse *Acomys* bekannt, dass sie nachtaktiv sind. Kommen sie jedoch im gleichen Habitat vor, wird *A. russatus* tagaktiv, wogegen *A. cahirinus* nachtaktiv bleibt. Von Bedeutung ist auch die Koordination der Aktivitätsrhythmen von Räuber- und Beuteorganismen (→ Räuber-Beute-System). Die beschriebene Einordnung in die biotische und abiotische Umwelt gewährleistet die äußere Zeitordnung. Die innere Zeitordnung wird über definierte Phasenbeziehungen zwischen verschiedenen Tagesrhythmen realisiert. So ist beispielsweise der Tagesrhythmus der Körpertemperatur im Vergleich zu dem der Aktivität phasenvorverlagert. Durch den Anstieg der Temperatur erhöht sich der Erregungszustand (→ Arousal), die Tiere bzw. Menschen wachen auf und werden motorisch aktiv. Noch vor Ende der Aktivitätszeit sinkt die Körpertemperatur und der Organismus bereitet sich auf die Ruhephase vor. Ohne dieses prospektive Absinken der Temperatur käme es zu Einschlafproblemen.
Tagesrhythmen dienen aber auch der Zeitmessung (→ Zeitsinn) sowie der Orientierung im Raum (→ Sonnenkompass). Die endogene Natur der Tagesrhythmen ist von enormem Vorteil gegenüber rein exogen induzierten Variationen. Sie erlaubt es einem Tier, nicht nur auf Umweltänderungen zu reagieren, sondern sich prospektiv auf eine bevorstehende Phase (Ruhe oder Aktivität bzw. Tag oder Nacht) einzustellen. [6]
Tagesschlaflethargie → Ruhetorpor.
Tag-Nacht-Rhythmus (day night rhythm): Spezialfall eines → Tagesrhythmus, bei dem bestimmte Verhaltensweisen oder Lebensfunktionen ausschließlich mit der Tag- oder der Nachtzeit gekoppelt sind. Da die tageszeitliche Verteilung biologischer Prozesse aber wesentlich differenzierter ist, findet dieser Begriff heute keine Verwendung mehr. [6]
taktile Kommunikation (tactile communication): eine Form der Mechanokommunikation, die nur im Nah- und Kontaktfeld durch direkte Berührung (Kontaktkommunikation) oder über Vibrationen eines vermittelnden Mediums möglich ist. Im Falle von Vibrationen spricht man auch von → vibratorischer Kommunikation. Zur Wahrnehmung sind sehr unterschiedliche Sinneszellen und -organe fähig, so z. B. → Propriorezeptoren sowie Rezeptoren auf der Körperoberfläche oder in der Haut. [4]
Tandemflug → Paarungsrad.
Tandemlauf, *Folgeverhalten* (tandem running): Kontaktverhalten, bei dem ein Tier einem anderen folgt und dabei Körperkontakt hält. Dieses Nachfolgeverhalten ist unterschiedlich verbreitet. Am bekanntesten ist die Karawanenbildung der Feldspitzmaus *Crocidura leucodon*. Bei Beunruhigung reihen sich die Jungtiere hinter der Mutter auf, verbeißen sich in die Schwanzwurzel des vorderen Tieres bzw. der Mutter und fliehen gemeinsam. Beim analogen *Tandemschwimmen* (tandem swimming) halten sich die Männchen der Salinenkrebschen der Gattung *Artemia* mit den zu Greiforganen umgewandelten zweiten Antennen am Körper der Weibchen fest, und beide synchronisieren ihre Schwimmbewegungen. Einzelne Ameisen- und Termitenarten führen Unerfahrene durch Körperkontakt zu den Futterplätzen; der T. wird hier durch chemische Signale ausgelöst. [1]
Tandemschwimmen → Tandemlauf.
Tangled-bank-Hypothese (tangled bank hypothesis): geht zurück auf ein Zitat Darwins in seinem Buch "Die Entstehung der Arten" von 1859: „It is interesting to contemplate an entangled bank, clothed with many plants of many kinds, with birds singing on the bushes, with various insects flitting about, and with worms crawling through the damp earth, and to reflect that these elaborately constructed forms, so different from each other, and dependent on each other in so complex a manner, have all been produced by laws acting around us." Danach begünstigt ein reich strukturierter Lebensraum mit einer Vielzahl an ökologi-

schen Nischen und unterschiedlichsten Umweltfaktoren Populationen mit hoher genetischer Variabilität. Durch variable Umweltansprüche können unterschiedliche Stellen eines Lebensraums besiedelt werden. Arten mit ungeschlechtlicher Fortpflanzung sind dann im Nachteil. Ihre Anpassung lässt sie nur eine bestimmte Nische besetzen, was sehr schnell zur Konkurrenz zwischen den Individuen führt. Nachkommen von Arten mit geschlechtlicher Fortpflanzung sind hingegen variabel und können sich breiter einnischen. In dieser häufigkeitsabhängigen Selektion ist der Vorteil eines bestimmten Merkmals umso größer, je weniger es andere Individuen besitzen. [2]

Tante → Allomutter.

Tanzmaus (waltzer mouse): uralte Zuchtformen der Hausmaus *Mus musculus,* die unterschiedliche Verhaltensmutationen aufweisen wie motorische Störungen, insbesondere Hyperaktivität, mangelnde Bewegungskoordination und häufiges Laufen im Kreis, besonders bei Erregung. Der Prototyp ist die *Walzermaus*, deren Beschreibung bis auf das Jahr 80 v. u. Z. zurückgeht und die aus dem alten China über Japan nach Europa kam. Heute sind etwa 30 verschiedene Mutationen bekannt, die neben den genannten motorischen Störungen auch andere hervorrufen. So zeigen einige Mutanten zusätzlich Störungen im Schwimmverhalten und andere auch Defekte im Lern- und Erkundungsverhalten. Das pathologische Erscheinungsbild der T. ist sehr vielfältig und schließt Defekte des Innenohres und des Gehirns, insbesondere des Kleinhirns, ein. Bei bestimmten Hirnzellen wurden unter anderem mangelnde Differenzierungen, frühzeitige Degenerationen, Fehlpositionierungen und unvollständig ausgebildete Myelinscheiden beobachtet. [1]

Tanzsprache → Bienensprache.

Tarnung, *kryptisches Verhalten, Tarntracht, Verbergetracht, Tarnstellung* (camouflage, cryptic appearance, cryptic colouration, concealing pattern, concealing posture): alles, was dazu beiträgt, ein Tier in seiner Umgebung „verschwinden“ zu lassen, ohne das es sich verbirgt (z. B. eingräbt oder versteckt). T. geschieht häufig optisch. Weit verbreitet ist eine Gestaltauflösung, die so genannte *Somatolyse* (somatolysis) durch Lichtreflexionen, Körperzeichnungen, Anhänge oder Positionen, welche die Tiere mit ihrer Umgebung verschmelzen lassen. Erinnert sei in diesem Zusammenhang an die Flügelzeichnungen zahlreicher Schmetterlinge, z. B. die der Spanner (Geometridae). T. kann auch durch Angleichung an den Untergrund erfolgen, entweder unveränderbar, saisonal (z. B. jahreszeitlicher Farbwechsel des Schneehuhns) oder schnell veränderlich durch einen physiologischen oder morphologischen → Farbwechsel. Mithilfe eines schnellen physiologischen Farbwechsels tarnen sich beispielsweise zahlreiche Kopffüßer, manche Fische und Chamäleons.

Bei der T. gibt es zahlreiche Grenzfälle. Einen davon stellen sicher die Larven der Köcherfliegen (Trichoptera) dar. Sie tarnen sich durch selbst gefertigte Gehäuse, die mit Steinen und pflanzlichem Material aus der Umgebung beklebt werden. In diesem Falle kann man jedoch auch die Auffassung vertreten, dass sich die Larven in ihrem Köcher verbergen, also nicht tarnen. [4]

Tastverhältnis (duty cycle): in der Bioakustik Verhältnis zwischen der Dauer und der Periodendauer bei sich regelmäßig wiederholenden Schallimpulsen, meist in einem Chirp oder einem Trill. Das Tastverhältnis kann nur Werte zwischen 0 (Ruhe) und 1 bzw. 100 % (Dauerton) annehmen. [4]

Tau, τ (tau): Symbol für die Periodenlänge eines freilaufenden Rhythmus. → Spontanperiode. [6]

Tau-Mutante (tau mutant): Individuum mit einer genetisch bedingten Abweichung in der Spontanperiode. Die Existenz von T. war der erste eindeutige Beleg dafür, dass circadiane Rhythmen genetisch fixiert sind. Erwin Bünning beschrieb bereits 1932 einen Bohnenhybriden, der sich durch seine Periodenlänge unterschied und untersuchte mittels Kreuzungsexperimenten den Erbgang. Später wurden T. bei Algen, Pilzen und Insekten nachgewiesen. Bei der Taufliege *Drosophila melanogaster* wurden neben der Wildform drei Mutanten beschrieben: *PerS* mit einer sehr kurzen (18–20 h) sowie *PerL* mit einer sehr langen Spontanperiode (28–30 h) und die arhythmische *Per0* Mutante. Die Entdeckung dieser T.

und die Lokalisierung der entsprechenden Mutationen waren ein wichtiger Meilenstein zur Entschlüsselung des → circadianen Uhrwerks. Der erste Nachweis einer T. bei einem Säugetier erfolgte 1988 durch Martin Ralph beim Goldhamster. Während die Spontanperiode beim Wildtyp nur geringfügig von 24 h abweicht, beträgt sie bei der homozygoten Mutante etwa 20 h, bei der heterozygoten ca. 22 h. Mithilfe von Kreuzungsexperimenten wurde gezeigt, dass es sich um eine Mutation auf einem einzelnen, autosomalen Locus handelt und dass der Erbgang partiell dominant ist. Durch die Transplantation suprachiasmatischer Nuclei wurde bewiesen, dass die endogene Periodenlänge vom Spender auf den Empfänger übertragen werden kann (→ Transplantationsexperiment). Mittlerweile hat man die Mutation lokalisiert. Sie betrifft das Enzym Kaseinkinase Iε (→ Uhrgene), das derart verändert wird, dass es zu einer Hypophosphorylierung der PER-Proteine kommt. Dadurch läuft das circadiane Uhrwerk schneller. → Clock-Mutante. [6]

Täuschung: → akustische Täuschung, → Mimikry, → optische Täuschung, → Verleiten.

Taxierstellung (appraisal position, assessment position): typische Verhaltensweise der jungen und erwachsenen Caniden (Hunde, Wölfe). Dabei wird der Vorderkörper mit den Ellenbogen tief geneigt und das Hinterteil aufrecht gestellt. Der Kopf kann ebenfalls nach unten gehen oder erhoben bleiben. Diese Position wurde unter dem Begriff *Vorderkörper-Tiefstellung* als Spielaufforderung fehl interpretiert. Nach neueren Untersuchungen von Heinz Weidt und Sonja Züllig-Morf (2005) ist es eine Aufmerksamkeitshaltung zur Situationseinschätzung. Die sprungbereite Körperhaltung und gerichtete Aufmerksamkeit sind der Ausgangspunkt für ein optimales, situationsgerechtes Verhalten (Angriff, Flucht, Spiel). Die T. kommt bei Caniden auch beim Dehnen und Strecken (→ Komfortverhalten) vor. [1]

Taxis, *Lageorientierung, Richtungsorientierung, Rotationsorientierung* (taxis): durch einen Reiz verursachte gerichtete Bewegungen zur Orientierung im Raum (im Gegensatz zur → Kinese). Bei fest sitzenden Tieren nennt man solche Bewegungen oft auch → Tropismus. Taxien dienen zur gerichteten Bewegung zu Reizquellen hin (positive T., *Philo*-T.) oder von diesen weg (negative T., *Phobo*-T.) sowie zur Ausrichtung des Körpers an Umweltgradienten, um z.B. eine bestimmte Vorzugsposition zum Licht einzunehmen oder nach einem Sturz die Gleichgewichtslage wieder zu finden. Die positive T. kann durch richtungsempfindliche Rezeptoren ermöglicht werden (*Topo-T.*). In diesem Falle unterscheidet man:

– *Telo-T.*: zielgerichtete gerade Ausrichtung,
– *Meno-T.* oder *transverse T.*: Ausrichtung in einem bestimmten Winkel zur Reizquelle und
– *Tropo-T.*: Ausrichtung über die simultan verarbeitete Information aus zwei bilateralsymmetrisch angebrachten Rezeptoren.

Sind die Rezeptoren nicht richtungsempfindlich, dann ist die T. trotzdem möglich, indem die Reizstärken an unterschiedlichen Orten verglichen werden. Je nach der Strategie, nach der auf eine Verringerung oder Erhöhung der Reizstärke reagiert wird, spricht man von:

– *Klino-T.*: Veränderung der Fortbewegungsrichtung,
– *Meno-T.* oder *transverse T.*: Ausrichtung in einem bestimmten Winkel zur Reizquelle,
– *Tropo-T.*: direkte gerade Ausrichtung über die simultan verarbeitete Information aus zwei bilateral-symmetrisch angebrachten Rezeptoren und
– *Klino-T.*: Ausrichtung mithilfe nicht richtungsempfindlicher Rezeptoren durch Sammeln von Informationen während einer meist alternierenden Bewegung durch einen Reizgradienten.

Als *Ortho-T.* werden Bewegungen bezeichnet, die in Richtung der Reizquelle mit größerer Geschwindigkeit erfolgen als in anderen Richtungen. Der Begriff → Mnemo-T. umschreibt Orientierung nach der Erinnerung und wird meist für → Navigation unter Verwendung von Landmarken oder Umweltreizen verwendet.

Die Einteilung der Taxien erfolgt häufig auch nach der Art des orientierenden Reizes in:

– *Photo-.T.*: Orientierung nach dem Licht,
– *Polaro-T.*: Orientierung nach dem → polarisierten Licht,
– *Astro-T.*: Orientierung nach Himmelskörpern, speziell nach der Sonne: *Helio-T.*

– *Chemo-T.*: Orientierung nach chemischen Reizen, bei Nahrungsquellen auch *Tropho-T.* genannt,
– *Hygro-T.*: Orientierung nach der Feuchtigkeit,
– *Hydro-T.*: Orientierung nach dem Wasser,
– *Phono-T.*: Orientierung nach Schallsignalen,
– *Baro-T.*: Orientierung nach den Luftdruck,
– *Geo-T.* oder *Gravi-T.*: Orientierung nach der Schwerkraft,
– *Magneto-T.*: Orientierung im magnetischen Feld,
– *Galvano-T.* oder *Elektro-T.*: Orientierung in elektrischen Feldern,
– *Rheo-T.*: Orientierung nach und in Wasserströmungen,
– *Anemo-T.*: Orientierung nach und in Luftströmungen,
– *Thermo-T.*: Orientierung in einem Temperaturgradienten und
– *Thigmo-T.*: Orientierung nach Berührungs- und Tastreizen.

Die Begriffe können auch kombiniert werden. Bodenbewohnende Ringelwürmer beispielsweise zeigen eine negative Photo-T. und eine positive Geo-T., sie kriechen ins Dunkle und zur Schwerkraft hin und gelangen so in schützende tiefere Schichten des Erdreichs. [1] [4]

Taxiskomponente (taxis component): Teil einer Instinkthandlung, mit der ein Tier die Orientierung herstellt, um dann mit der Erbkoordination die Handlung abzuschließen. Heute stehen für T. und Erbkoordination Appetenz- und Endhandlung. [1]

Technopathien (technopathies): subsumiert bei Nutztieren alle durch die Haltungstechnik (mechanisierte Fütterung, Spaltenböden, Kunstlicht etc.) verursachten pathologischen Veränderungen wie Krankheiten und → Verhaltensstörungen. [1]

Teilton → Oberton.

Telotaxis (telotaxis): durch einen Reiz verursachte und auf dessen Quelle gerichtete räumliche Orientierung, bei der das Ziel fixiert und geradlinig angesteuert wird. T. gelingt auch mit nur einem richtungsempfindlichen Sinnesorgan, indem die Fixierungsstelle ständig beibehalten wird („nicht aus dem Auge verlieren"). Die Hinwendung zur Reizquelle erfordert keine eigene Ortsveränderung und keine alternierende Drehbewegungen zum Vergleich der Reizintensitäten. Eine T. erkennt man immer daran, dass von zwei dicht beieinander liegenden identischen Reizquellen, im Gegensatz zur → Tropotaxis, immer nur eine angesteuert wird. [4]

Temperament (temperament): im allgemeinen Sprachgebrauch ein Ausdruck für die Lebhaftigkeit bei Mensch und Tier. In der Verhaltensbiologie diente das T. früher zur Beschreibung der unterschiedlichen Reaktionen von Individuen in bestimmten Umweltsituationen. Heute wird der Begriff für Tiere nicht mehr verwendet, und auch beim Menschen sind die vier T.typen: Sanguiniker, Melancholiker, Choleriker und Phlegmatiker umstritten. [1]

Temperaturkompensation (temperature compensation): charakterisiert die Fähigkeit, den durch Temperaturänderungen hervorgerufenen Prozessen entgegenzuwirken. In der Chronobiologie bezeichnet man hiermit die weitgehende Unabhängigkeit der endogenen Periodenlänge (→ Spontanperiode) von der Temperatur. Die beobachteten Q_{10}-Werte liegen zwischen 1 und 1,1. Damit sind sie wesentlich geringer, als für physiologische Prozesse zu erwarten wäre. [6]

Temperaturorgel (temperature gradient apparatus): ein von Konrad Herter entwickelter Apparat zur Bestimmung der Vorzugstemperatur von Tieren (→ thermisches Präferendum). Die T. besteht aus einem der Tiergröße angepassten Behälter oder Aquarium, in dessen Inneren durch eine Heizung auf der einen und eine Kühlung auf der anderen Seite ein gleichmäßiges Temperaturgefälle erzeugt wird. Die Versuchstiere kommen nach einer gewissen Zeit im Bereich der bevorzugten Temperatur zur Ruhe.

Auf diesem Gradientenprinzip basieren auch die Feuchte-, Licht-, pH-, Bodensubstrat- u. a. Orgeln. [1]

temporale Konditionierung (temporal conditioning): die zeitlich begrenzte Ausprägung eines bedingten Reflexes durch das Erlernen eines bestimmten Reiz-Reaktions-Musters (→ bedingter Reiz). [5]

Temporialverhalten (temporial behaviour): alle Verhaltensweisen, die zur Inbesitznahme und Verteidigung eines zeitlich definierten Territoriums dienen. → Zeitplanrevier. [1]

Temporium → Zeitplanrevier.

Termitenangeln (termite fishing, fishing for termites): eine Form des Werkzeuggebrauchs und der Futtertradition, die zuerst von Jane Goodall in einer von ihr untersuchten freilebenden Schimpansengruppe beobachtet wurde. Die Tiere sammeln Zweige oder Halme auf, entblättern und entästen sie mit Händen und Zähnen und führen sie als Angeln in die von Termiten bewachten Gänge der Baue ein. Die sich an den Angeln festbeißenden Termiten werden abgestreift und abgeleckt. Jungtiere sehen ihren Müttern zunächst nur zu, beginnen aber im Alter von etwa drei Jahren ebenfalls mit dem T. [1]

Termitophilie (termitophily): das Zusammenleben und das interspezifische Verhalten zwischen Termiten (Isoptera) und Termitengästen. Bei der T. handelt es sich meist um einen → Mutualismus (z. B. eine → Symphilie, → Trophobiose oder → Kleptobiose), d. h., weder die Termiten noch ihre Gäste sind auf das Zusammenleben angewiesen. [4]

terrestrische Navigation (terrestrial navigation, coastal navigation): vorrangig auf See eine Form der Navigation, bei der die Bestimmung der eigenen Position anhand angepeilter → Landmarken erfolgt. Zur eindeutigen Bestimmung der eigenen Position ist die Bestimmung von mindestens zwei Winkeln zwischen mindestens drei Landmarken nötig (Horizontalwinkelmessung). Sind nur zwei Landmarken vorhanden, dann muss zusätzlich noch eine → Kompassorientierung (z. B. → Magnetfeldorientierung) vorgenommen werden, um eine eindeutige Ortsbestimmung zu gewährleisten. [4]

Territorialität (territoriality): Aufteilung von Lebensräumen durch die Inbesitznahme von Territorien. T. ist eine Form der Dispersion, der Aufteilung von Ressourcen, der Regulation der Populationsdichte und der Verbesserung der individuellen Fitness. Gleichzeitig reduziert T. die Aggressivität, denn einmal errichtete Territorien werden von Konkurrenten akzeptiert. Ein Sonderfall ist die → Polyterritorialität. [1]

Territorialverhalten, *Revierverhalten* (territorial behaviour): Gesamtheit aller Verhaltensweisen, die dem Erwerb, der Markierung, der regelmäßigen Kontrolle und der Verteidigung eines Territoriums gegenüber benachbarten oder fremden Artgenossen dienen. [1]

Territorium, *Revier* (territory): ein gegenüber Artgenossen abgegrenztes und verteidigtes Gebiet. Ein T. kann von einem Individuum als *Einzelrevier* (individual territory) oder einer Sozietät als → Gruppenterritorium abgegrenzt werden. Manchmal werden T. auch gegen Nichtartgenossen errichtet, wenn diese als unmittelbare Konkurrenten auftreten. Die Territorialgrenzen pendeln sich durch Angriff (im Zentrum) und Flucht (an der Peripherie) ein. Die Kennzeichnung erfolgt durch optische Muster (z. B. Fische), Rufe und Gesänge (z. B. Vögel) oder Duftmarken (z. B. Säuger: → Reviermarkierung). Territorien werden vor allem von Wirbeltieren, aber auch von Krebsen, Spinnen und Insekten errichtet. Sie dienen der Verteilung von Ressourcen und Requisiten, wie Nahrung, Nistplätze und Zufluchtsorte, aber

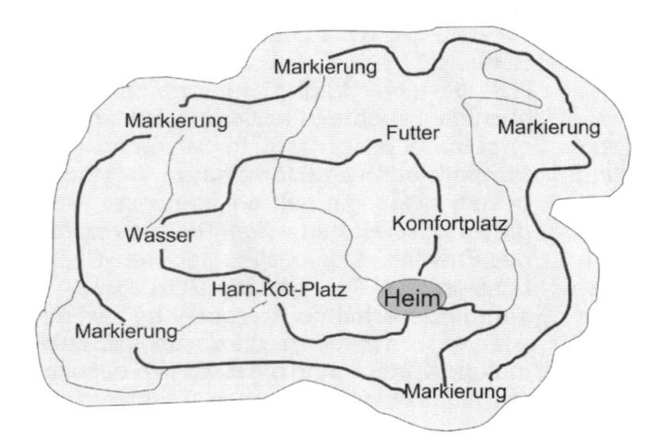

Territorium mit den charakteristischen Elementen. Im Zentrum befindet sich das Heim, das durch Haupt- (dicke Linien) und Nebenwechsel mit den unterschiedlichen Fixpunkten verbunden ist. [1]

auch der Geschlechtspartner (Abb.). Die Größe eines T. resultiert nach dem Optimalitätsprinzip aus dem Verhältnis von Nutzen und Aufwand. Territorien sind vielfältig und lassen sich grob unterscheiden in:
- *Vielzweckrevier* (multipurpose territory): in denen alle zum Leben notwendigen Bedingungen vorhanden sind (Brutreviere vieler Singvögel),
- *Fortpflanzungsrevier* (mating territory): in denen Paarung oder Jungenaufzucht erfolgen, während Nahrung oder Nistmaterial außerhalb gesucht werden (Brutkolonien von Vögeln, Robbenwurfplätze),
- *Paarungsrevier* (display territory, pairing territory): das die Männchen unter sich auskämpfen, um aus einer möglichst günstigen Position heraus paarungsbereite Weibchen anzulocken (→ Gruppenbalz) und das
- *Nahrungsrevier* (feeding territory): wie Fang- und Weideplätze oder Wasserstellen. Manche Raubvögel verteidigen bis zu zwei Quadratkilometer große Gebiete, in denen sie allein Beute schlagen.

Zum Erwerb, zur Kontrolle und zur Verteidigung eines T. dient das Territorialverhalten. Eine Sonderform stellen das → Zeitplanrevier und → mobile T. dar.

Die Begriffe Revier und T. werden in der Regel synonym gebraucht, wenngleich Revier von den Ornithologen bevorzugt wird. [1]

Territoriumsmarkierung → Reviermarkierung.

Terzfilter → Bandbreite.

Thanatose → Akinese.

Thelytokie (thelytoky, thelytokous parthenogenesis): Reproduktionsform, bei der aus unbefruchteten Eizellen weibliche Tiere hervorgehen. Bei dieser Form der → Parthenogenese sind Männchen für die Fortpflanzung prinzipiell nicht erforderlich. Die meisten Insekten und Milben mit obligatorischer T. umgehen zur Entwicklung der fertigen Eier die sonst übliche Reifeteilung (Meiose), z. B. einige Zuckmücken (Familie Chironomidae) und Schaben, viele Rüsselkäfer (z. B. *Otiorrhynchus*) und fast alle Blattläuse über längere Zeit (→ Amphitokie). Eine solche Form der Reproduktion nennt man *apomiktische T.* (apomictic thelytoky, ameiotic thelytoky). Das reife Ei entsteht nach ein bis zwei mitotischen Schritten, zuweilen aber auch ganz ohne Mitose und die Nachkommen haben alle einen mit dem der Mutter identischen Chromosomensatz. Dagegen beginnt bei allen Insekten mit fakultativer T. die Reifung der Eier mit einer Meiose, so z. B. einige Gespenstschrecken und Blattwespen, bei denen in seltenen Fällen auch Männchen vorkommen. Eine Meiose kommt aber auch bei einigen wenigen Schmetterlingen und Zweiflüglern mit obligatorischer T. vor. Die Diploidie wird anschließend durch Verschmelzung zweier haploider Kerne wieder hergestellt. Man spricht in diesem Falle von einer *automiktischen T.* (automictic thelytoky, meiotic thelytoky). Einige Skorpionsarten zeigen ebenfalls eine fakultative T. Von ihnen sind sowohl ein- als auch zweigeschlechtliche Populationen bekannt. Bei eusozialen Hautflüglern (z. B. der Honigbiene) kann eine fakultative T. auch dazu dienen, den Ausfall einer Königin zu ersetzen, in dem sich aus unbefruchteten Eiern einer Arbeiterin Weibchen entwickeln. Dieses Phänomen wurde erstmals in den zwanziger Jahren des 20. Jahrhunderts bei der Kap-Honigbiene *Apis mellifera capensis* beobachtet, ist aber vermutlich wesentlich weiter verbreitet.

T. ist bei vielen Gliederfüßern (Arthropoden) genetisch fixiert, wird jedoch zuweilen auch durch eine Infektion mit Bakterien verursacht. Bakterien können sogar zu haploiden Nachkommen führen, wie beispielsweise im Falle der Falschen Spinnmilbe *Brevipalpus phoenicis*. Bei einer Reihe von Insekten wird T. durch Bakterien der Gattung *Wolbachia* hervorgerufen. Für Bakterien ist die Beeinflussung des Geschlechts der Nachkommen der Gliederfüßer von Vorteil, da sie sich nur über Eizellen, nicht aber über Spermien, weiter verbreiten können. [4]

Theorie gekoppelter Oszillatoren (theory of coupled oscillators): Teilgebiet der Mathematik, welches das Verhalten → gekoppelter Oszillatoren beschreibt. [6]

thermische Kommunikation → Kommunikation.

thermisches Präferendum, *Vorzugstemperatur, thermische Neutralzone* (thermopreferendum, preferred temperature, thermal neutral zone): ein Temperaturbereich, bei dem ein homoiothermes Individuum die Körpertemperatur mit geringstem Energieaufwand durch passive Maßnahmen wie Vasodilatation oder Vasokonstriktion auf einer gewünschten Höhe halten kann. Die Temperatur innerhalb der thermischen Neutralzone, bei der der Ruheenergieumsatz am niedrigsten ist, ist die *Indifferenztemperatur.* Das t. P. gewährleistet optimale Verhaltens- und Lebensbedingungen und wird, wenn immer möglich, aktiv aufgesucht (→ thermoregulatorisches Verhalten). Das t. P. ist art- und individualspezifisch und auch vom Entwicklungsstadium sowie von der Jahres- und Tageszeit abhängig. Es beträgt z. B. für den bekleideten Menschen bei leichter körperlicher Arbeit + 19 °C und für den Goldhamster + 25 °C. Die Bestimmung des t. P. kann mithilfe einer → Temperaturorgel erfolgen. [1] [5]

Thermogenese, *zitterfreie Wärmebildung* (thermogenesis): die Bildung von Körperwärme durch erhöhte Aktivität des Fettstoffwechsels mit direktem Fettabbau. Wichtig für diese Art der chemischen Wärmeproduktion ist das braune Fettgewebe (brown adipose tissue), das auf bestimmte Körperregionen beschränkt ist (z. B. zwischen den Schultern und am Hals, im Brustkorb und an den Nieren) und nur bei Säugetieren und einigen Vogelarten vorkommt. Es ist darauf spezialisiert, nach Aktivierung durch das sympathische Nervensystem schnell und in großen Mengen Wärme direkt zu produzieren. Für das Überleben kleiner Spezies mit einem energetisch ungünstigen Oberflächen/Volumen-Verhältnis ist braunes Fettgewebe essenziell, es hilft Wärmeverluste schnell zu kompensieren. Dies gilt im Besonderen für winterschlafende Arten wie dem Feldhamster *Cricetus cricetus.* [5]

Thermokinese (thermokinesis): beschreibt den Einfluss der Temperatur auf die Bewegungsgeschwindigkeit eines Tieres. → Kinese. [1]

thermoregulatorisches Verhalten (thermal behaviour, behavioural thermoregulation): alle Verhaltensweisen im Dienst der Thermoregulation, d. h. der Aufrechterhaltung einer für das Individuum oder die Gruppe optimalen Temperatur. Alle Organismen benötigen für ihre Lebenstätigkeiten bestimmte Körpertemperaturen, die sie mehr (Homoiotherme) oder weniger (Poikilotherme) regulieren können. Zu den *homoiothermen* oder *gleichwarmen* (homoiothermic) Tieren gehören die Vögel und Säuger, deren Körpertemperatur und damit einhergehend der Stoffwechsel und die Leistungsfähigkeit trotz schwankender Umgebungstemperaturen nahezu konstant gehalten werden. Sie können Erhöhungen oder Senkungen der aktuellen Körpertemperatur durch chemische und physikalische Mechanismen (→ endotherm, → heterotherm) sowie durch das t. V. ausgleichen. Beispiele für t. V. sind das Aufsuchen kühlerer oder wärmerer Plätze (Abb.), das Suhlen (Rot- und Schwarzwild), das Baden (Elefanten), das Einspeicheln (Ratten und Katzen), das Ohren- und Schwanzwedeln (Elefanten und Antilopen) und das → Hecheln (Hunde, Wiederkäuer und Vögel). Zum t. V. gehört auch das Feder- und Haarsträuben, das Anlegen tieferer und kühlerer bzw. wärmerer Baue und größerer bzw. kleinerer Schlafnester. In Gruppen lebende Tiere oder Jungtiere rücken bei Kälte enger zusammen (Kontaktverhalten, Huddling).

Die Körpertemperatur der *poikilothermen* oder *wechselwarmen* (poikilothermic) Tiere ist hauptsächlich von der Umgebungstemperatur abhängig (→ ektotherm) und so besteht ihr t. V. hauptsächlich im Aufsuchen von wärmeren oder kühleren bzw. trockeneren oder feuchteren Plätzen. Auf diese Weise halten sie während der Aktivitätszeit ihre Körpertemperatur weitgehend konstant. Ebenso gelingt es den sozialen Hautflüglern (Honigbiene und Faltenwespen), durch t. V. die Temperatur des Brutnestes konstant zu halten. Bei der Honigbiene beträgt sie 35 °C. Sinkt die Temperatur, so wird durch das Muskelzittern der zahlreichen Stockangehörigen Wärme produziert. Steigt sie über 35 °C, dann tragen die Bienen solange verstärkt Wasser ein und schwirren mit den Flügeln (Fächeln), bis durch die Verdunstungskälte und die schnellere Ventilation der Sollwert wieder erreicht ist. [1]

Thermotaxis (thermotaxis): gerichtete Bewegung, bei der die Orientierung anhand von Temperaturdifferenzen erfolgt. Bei einer positiven T. wenden sich die Tiere der Wärmequelle zu, bei einer negativen von ihr weg. Durch positive T. finden einige der an Warmblütern saugenden Ektoparasiten ihre Wirte oder Nesthocker ihre Geschwister (→ Huddling). Eine Fernorientierung ist auf-

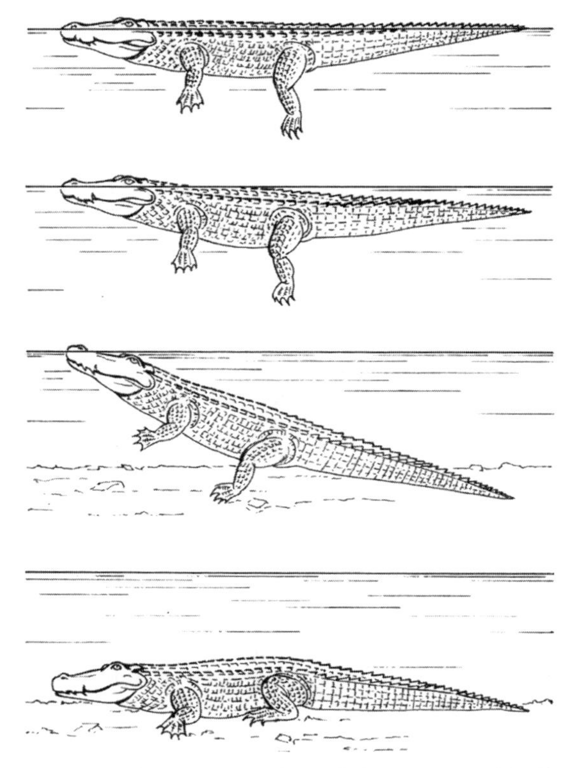

Thermoregulatorisches Verhalten beim Krokodil. Aus R. Gattermann et al. 1993.

grund der geringen Wärmeleitfähigkeit und Wärmekapazität meist nicht direkt über die Temperatur möglich, sondern wird über Infrarotstrahlung vermittelt (→ Infrarot). In diesem Falle handelt es sich dann eigentlich um einen Spezialfall der → Phototaxis. [4]

Thigmokinese (thigmokinesis): beschreibt den Einfluss eines Berührungsreizes auf die Bewegungsgeschwindigkeit eines Tieres. → Kinese. [1]

Thigmotaxis (thigmotaxis): gerichtete Bewegung, bei der die Orientierung nach Berührungs- und Tastreizen erfolgt. Bei der positiven T. wird maximaler Körperkontakt mit der Umgebung oder zu Artgenossen gesucht, bei negativer T. jedoch gemieden. Positive T. gehört zum Sozial- und Ruheverhalten vieler Tiere. Insekten z. B. suchen zum Ruhen Spalten, Ecken und andere Stellen mit möglichst vielen Kontaktpunkten auf. Ebenso versuchen Mäuse und andere Säuger in unbekannter Umgebung immer Körperkontakt an Gegenständen usw. zu halten, *Wandkontaktsuche* (wall seeking) genannt. Auch die von Menschen und einigen Heimtieren benötigten „Streicheleinheiten" sind Ausdruck positiver T. [1]

Tic (tic): eine reflektorische Körperbewegung des Menschen, die in sehr kurzen Abständen wiederholt wird (stereotypes Verhalten) und sich als Verhaltensstörung im Blinzeln, Augenbrauenheben, Stirnrunzeln, Grimassenziehen, Räuspern, Schnüffeln, Schnalzen, Schmatzen, Kopfschütteln, Schulterzucken und Gliedmaßenschlenkern äußert. T. sind meist erworben (milieubedingt), zeigen Stress an, können ihre Ursachen aber auch in zentralnervösen Erkrankungen haben. → Stereotypie.[1]

Tiefschlaf → Schlaf.

Tierbestäubung → Zoogamie.

Tierflüsterer → Tierpsychologie.

tierliches Verhalten (animal like behaviour): von Heini Hediger (1961) vorgeschlagener Begriff, um eine unbewusste Abwertung des Verhaltens der Tiere gegenüber dem des Menschen zu vermeiden. Analog zu kindisch und kindlich sollte anstelle von tierisch tierlich verwendet werden. Die Mehrzahl der Verhaltensbiologen nutzt – natürlich völlig wertfrei – dennoch den Terminus tierisches Verhalten. [1]

Tierpsychologie, *Psychoethologie* (animal psychology): eine Richtung aus den Anfangsjahren der Verhaltensforschung, die Begriffe, Methoden und Erkenntnisse der Humanpsychologie auf das Verhalten der Tiere übertrug. Da eine tierische Psyche nicht belegt werden kann, ist der Begriff umstritten und weitestgehend aufgegeben. T. erlebt derzeit eine Renaissance durch „Tierpsychologen“ oder „Tierflüsterer“ (animal whisperer), die bei Heim-, Zoo- und Zirkustieren das individuelle, subjektive Verhalten untersuchen und interpretieren sowie Verhaltensstörungen therapieren. [1]

Tiersoziologie (animal sociology): ein Teilgebiet der Verhaltensbiologie, das sich mit dem Sozialverhalten und den Sozialstrukturen der Tiere beschäftigt. Dabei interessieren vor allem der soziale Status des Individuums in der Gemeinschaft, der Charakter der Sozialbeziehungen und die Struktur der Gemeinschaften (Gruppenstruktur). Die T. wird gegenwärtig überwiegend von der Soziobiologie abgedeckt. [1]

Tiersprache → Sprache.

Tierstaat (animal society): eusozialer Verband mit morphologischer und funktioneller Differenzierung der zusammenlebenden Individuen. Dieser Polyethismus besteht in obligatorischer Arbeitsteilung und Kastenbildung. Die Individuen eines T. sind als Einzelwesen auf Dauer nicht lebensfähig. T. sind langlebig, ihre Existenz reicht mindestens über einen Jahreszyklus hinaus. Innerhalb der Insekten kommen T. bei etwa 8.000 Arten der Termiten, Ameisen, Wespen, Hummeln und Bienen mit bis zu 22 Mio. Individuen (Südamerikanische Wanderameisen) vor. Die streng eusoziale Lebensweise des Nacktmulls *Heterocephalus glaber* mit bis zu 300 Individuen lässt die Bezeichnung T. auch für seine Kolonien als gerechtfertigt erscheinen. [2]

Tierstock *Kormus, Kolonie* (cormus, colony): durch Knospung (ungeschlechtliche Vermehrung) entstandene Kolonie sessiler Tiere. Einen T. bilden beispielsweise Korallen, Schwämme, Moostierchen oder Einzeller wie die Glockentierchen (Ciliata). Teilweise lassen die Individuen eines T. eine Arbeitsteilung erkennen, sodass sie isoliert nicht existieren können. → Supraindividuation. [2]

Tierwanderung (animal migration): Sammelbegriff für das Zurücklegen größerer Entfernungen durch Gruppen oder Einzeltiere, die sich mit relativ konstanter Geschwindigkeit, nach artspezifischen Programmen, mehr oder weniger zielorientiert und von bestimmten Umweltansprüchen geleitet fortbewegen. T. werden durch verschiedenartige Bedingungen und Ursachen bestimmt. Zu unterscheiden ist zwischen der T. mit einer Rückkehr (→ Migration) und ohne Rückkehr (→ Dismigration). [1]

Time-lag-Hypothese (time lag hypothesis, lag load hypothesis): erklärt eine nicht perfekte Anpassung. Ein Merkmal (Verhalten) wurde in einem früheren Zeitraum unter hohem Selektionsdruck manifestiert und wird bis heute unter Bedingungen eines niedrigen Selektionsdruckes beibehalten. Beispielsweise legen Basstölpel *Sula bassan* nur ein Ei, obwohl sie nach entsprechend experimentellen Befunden zwei Junge problemlos aufziehen können. Das Legen eines Eies könnte eine Anpassung an vergangene nahrungsarme Umstände sein. Die Anpassung hinkt den ökologischen Veränderungen, z.B. besseres Nahrungsangebot, hinterher. [3]

Tit-for-tat-Kooperation (tit for tat cooperation): eine „wie-du-mir-so-ich-dir“-Verhaltensstrategie, die in spieltheoretischen Simulationen wie dem Gefangenendilemma (→ evolutionsstabile Strategie) angewandt werden kann. In einem 1980 durchgeführten Versuch hat Robert Axelrod an der Universität Michigan drei verschiedene Strategien miteinander verglichen. Die dazu eingeladenen Spieltheoretiker sollten in mehreren aufeinander folgenden Spielzügen auf die Strategie ihres Mitspielers entweder mit ständiger Kooperation, ständiger Verweigerung oder mit Tit-for-tat antworten. Der Tit-for-tat Stratege kooperiert im ersten Spielzug und trifft in den weiteren Zügen immer die gleiche Entscheidung wie sein Gegenüber im Spielzug zuvor. Dabei stellte sich die T. als die überlegene Strategie heraus. Unabhängig davon, ob der Gegenspieler eher zum Kooperieren oder Verweigern neigt, erreicht die T. immer das Auszahlungsmaximum. Diese spieltheoretische Simulation gibt Hinweise, dass kooperatives Verhalten sich in der Evolution gegenüber egoistisch orientiertem durchsetzen konnte. [2]

Tonhöhenempfindungen → Psychoakustik.

Tonhöhengedächtnis → absolutes Gehör.

Topogramm (topogram): ein Raumkatalog, der die Ortswechselbewegungen und Aufenthaltsverteilungen der Tiere erfasst und das Wo? und Wohin? bzw. die Auftrittsorte und Orientierungsrichtungen beschreibt. → Ethogramm, → Chronogramm, → Raum-Zeit-System. [1]

Topomotorik (topomotor behaviour): Sammelbezeichnung für Bewegungen ohne Ortswechsel, die Lageänderungen von Körperteilen oder des gesamten Körpers ermöglicht (Gegensatz → Lokomotorik). Hierzu gehören Putz-, Gähn-, Rekel-, Schlaf- und Zitterbewegungen, aber auch solche, die mit der Nahrungsaufnahme am Ort oder der Harn- und Kotabgabe verbunden sind und alle am Platz vollzogenen Signalhandlungen wie Mimik und Gestik (→ Signalmotorik) sowie die Ortungs- und Erkundungsbewegungen (→ Explorationsmotorik). [1]

Topotaxis (topotaxis): durch einen Reiz verursachte, direkt auf den Ort der Reizquelle oder in einem bestimmten Winkel zu dieser gerichtete räumliche Orientierung. Zur T. gehören alle → Taxien, die durch richtungsempfindliche Rezeptoren oder Sinnesorgane ermöglicht werden (→ Telotaxis, → Menotaxis und → Tropotaxis). Da die Richtungsinformation hierbei simultan ermittelt wird, sind keine Ortsveränderungen zum Ausrichten der Körperachse erforderlich. Manche Autoren fassen den Begriff der T. auch weiter und schließen die → Mnemotaxis oder selbst die → Klinotaxis mit ein, andere stellen die T. als positive Taxis der negativen Taxis oder Phobotaxis gegenüber. Weil alle Taxien letztendlich mit einer Ortsbestimmung verbunden sind, sollte der Begriff T. möglichst vermieden werden. [4]

Torpor, *Torbidität* (torpor, torpidity): bei homoiothermen bzw. endothermen Tieren eine aktive Senkung der Stoffwechselrate und der Körpertemperatur nahe der Umgebungstemperatur, um Energie zu sparen und um kalte und nahrungsarme Zeiten zu überstehen. T. bewirkt auch eine reduzierte Erregbarkeit und lokomotorische Inaktivität. Deshalb werden zuvor geschützte Plätze aufgesucht (→ Hibernakulum). In Abhängigkeit von der Dauer und dem Umfang der Körpertemperatursenkung unterscheidet man verschiedene T.arten. Beim → Ruhetorpor geschieht das für wenige Stunden eines Tages. Sind es mehrere Tage oder Wochen, dann sind es der → Sommerschlaf und die → Winterruhe, jeweils mit einer Absenkung der Körpertemperatur auf 33–20 °C. Beim → Winterschlaf wird die Körpertemperatur sogar auf 5–1°C reduziert. Nicht zum T. gehört die → Winterstarre, denn hier findet keine aktive Temperatursenkung statt. [1]

Totschütteln (death shake, shaking to death): Verhalten zahlreicher Raubtiere (Hundeartige, Marderartige, Schleichkatzen) zum Töten der Beute. Die einfache Art des T. ist das *Abschütteln* (throwing away), bei dem die kleineren Beutetiere mit den Zähnen lose an einer beliebigen Körperstelle gegriffen und sofort wieder weggeschleudert werden. Dadurch ist der Gleichgewichtssinn gestört und die Beute desorientiert, sie kann nicht fliehen und wird vom Räuber durch einen gezielten Biss getötet. Aus dem Abschütteln hat sich wahrscheinlich das eigentliche T. der Hundeartigen entwickelt. Sie halten die Beute fest im Maul und schütteln sie kräftig, bis der Tod durch Atemlähmung oder Genickbruch eintritt. Bei Katzenartigen fehlt ein T., zu ihrem Repertoire gehört der Nackenbiss. [1]

Totstellverhalten → Akinese.

Tötungshemmung → Angriffshemmung.

Tour → Gesang.

Trab → Gangart.

Trade-off, *Kompromiss* (trade off): eine Verhaltensentscheidung, die einen Kompromiss bei der Wahl zwischen Vor- oder

Nachteilen beinhaltet. T. treten oft auf, wenn dem Prinzip der Fitness-Maximierung Schranken durch Umweltbedingungen auferlegt werden. Nach einer → Kosten-Nutzen-Analyse entscheiden sich die Individuen für ein Verhalten, das den größten Reproduktionserfolg verspricht.
So stellen z. B. monogame Paarungssysteme für die Männchen einen T. dar. Dem Bestreben und der Möglichkeit der weiten Verbreitung der eigenen Gene stehen eine begrenzte Anzahl fortpflanzungsbereiter Weibchen entgegen. Die Reproduktion mit nur einem Weibchen mit Nachwuchssicherung durch Beteiligung an der Brutpflege erbringt dann einen höheren Reproduktionserfolg als Polygynie. → Kosten-Nutzen-Analyse. [2]

Tradition, *Tradierung, Überlieferung* (tradition, cultural transmission, cultural inheritance): die Weitergabe individueller, durch Lernprozesse erworbener Informationen, Wissensinhalte, Fähigkeiten sowie Sitten, Gepflogenheiten, Konventionen und Gebräuche innerhalb einer Gruppe und Generationen übergreifend. T. ist die Voraussetzung für die Ausbildung einer Kultur und der menschlichen Zivilisation, da das vorhandene Wissen über die individuelle Lebenszeit, z. B. durch den Einsatz von Sprache und Schrift erhalten bleibt und sich der Sozialverband auf diesem Wege beständig selbst zu optimieren vermag. Durch die Übernahme der Informationen von beliebig vielen Individuen können bestimmte Verhaltensweisen lokal verbreitet werden und es erfolgt eine Verknüpfung von Gegenwart und Zukunft. Die objektgebundene T. setzt die gemeinsame oder aufeinander folgende Beschäftigung von Übermittler und Empfänger an einem konkreten Objekt, z. B. der Nahrung voraus. Beispiele hierfür sind das Termitenangeln von Schimpansen sowie das Waschen von Süßkartoffeln bei japanischen Rotgesichtmakaken. Für die nicht objektgebundene T. kann die Information auch ohne die physische Präsenz des betreffenden Objektes in symbolischer Form weitergegeben werden. So können Honigbienen den Ort einer Futterquelle durch den Bienentanz anzeigen. *Direkte T.* setzt den unmittelbaren Informationstransfer von erfahrenem zu unerfahrenem Partner voraus. So lernen bei solchen Arten, bei denen mindestens zwei Generationen einer Population oder einer Sozietät zeitweise miteinander leben, die Kinder direkt von ihren Eltern durch → Nachahmung. Männliche Buchfinken verfügen über ein genetisch determiniertes Strophengerüst, in das sie während der frühen Ontogenese hineinlernen. Sie müssen dazu einen Buchfinken singen hören, und das ist der Vater zu einer Zeit, in der die Nachkommen selbst noch gar nicht singen können. Aufgrund der Bindung an bestimmte Brutplätze kommt es zur lokalen Modifikation der Strophen (→ Dialekt), deren Struktur von der nachfolgenden Generation übernommen wird und sich auf diese Weise erhält bzw. ausbreitet. Bei der *indirekten T.*, die im Rahmen der → Brutfürsorge auftritt, legen beispielsweise Insektenweibchen ihre Eier an bestimmten Wirtspflanzen ab, von denen sich dann die schlüpfenden Larven ernähren und somit auf diese geprägt werden. Sie suchen diese dann auch im Adultstadium für die eigene Eiablage auf, sodass die T. ohne direkten Kontakt der beteiligten Partner erfolgt. [5]

Tragekapazität (carrying capacity): die Anzahl von Individuen einer Population, die durch die in einem Habitat vorhandenen Ressourcen unterstützt wird. Ein weiteres Anwachsen der Population ist nicht mehr möglich, ohne die Regenerationsfähigkeit der Ressourcen auf lange Sicht zu überschreiten. Eine andere Definition beschreibt die T. als den Zustand einer Population, wenn kein Populationswachstum mehr erfolgt und die Geburtenrate gleich der Sterberate ist. Die T. hängt sowohl von der Ressourcenausstattung des Lebensraumes als auch von den Umweltansprüchen der Lebewesen ab. Sind diese variabel, so ist auch die T. keine statische Größe. → K-Selektion. [3]

Trägerfrequenz (carrier frequency): bei der Schallwelle eines akustischen Signals die mittlere Anzahl der an einem Ort gemessenen Partikel- oder Druckschwingungen pro Sekunde, z. B. in einem Schallimpuls. Eine direkte Übertragung der Information in Form von Druckschwankungen ist aufgrund der schlechten Abstrahlung im → Fernfeld nicht möglich. Die Information muss deshalb meist einem Träger aufmoduliert werden (→ Modulation), um sich über große Entfernungen durch das jeweilige Medium (Luft oder Wasser) als Welle ausbreiten zu können. [4]

Tragling, *Elternhocker* (parent clinger, clinging young, parent hugger): Bezeichnung für junge Affen, Menschenaffen, Fledermäuse und einige Faultiere, die sich alle schon bald nach der Geburt mehr oder weniger gut im Fell der Mutter reflektorisch festklammern können. Fledermausjunge saugen sich obendrein an der Zitze fest (Haftzitze). Junge Kängurus und andere Jungtiere, die sich im Beutel aufhalten, werden *passiver T.* genannt.

Bei den Menschenaffenjungen ist das Klammerverhalten schon nicht mehr vollkommen, sie werden deshalb beim Springen und Fliehen zusätzlich von der Mutter mit der Hand gehalten.

Der menschliche Säugling durchläuft wahrscheinlich das Nesthockerstadium im 3. bis 5. Entwicklungsmonat, wenn die Augen noch verschlossen sind. Er ist auch kein Nestflüchter oder Platzhocker, sondern ein typischer T., der sich allerdings nicht mehr im Fell der Mutter festhalten kann. Dennoch ist der Handgreifreflex kräftig entwickelt. Die Fußsohlen sind nicht nach unten, sondern seitwärts gerichtet und beim Liegen in der Rückenlage werden die Beine angewinkelt und gespreizt; alles Verhaltensweisen, die auf ein Festhalten am Körper der Mutter ausgerichtet sind. Umfangreiche anatomische Untersuchungen und Beobachtungen an Naturvölkern lassen erkennen, dass der Säugling ursprünglich auf der Hüfte reitend getragen wurde. [1]

Tragstarre (limp posture, immobility when carried): angeborenes Verhalten der Jungen von Nagern und Raubtieren, das eigentlich Tragschlaffe heißen müsste. Beim → Eintragen ins Nest erschlaffen die Jungtiere im Maul der Eltern, sie lassen bewegungslos Kopf und Beine hängen und können dadurch leichter transportiert werden. T. tritt nicht reflektorisch ein, denn nicht jeder Nackengriff löst automatisch dieses Verhalten aus. Es ist auch nur in einem bestimmten Alter zu beobachten, beim Goldhamster etwa bis zum 10. Lebenstag. [1]

Tränen (tears): Sekret der Tränendrüsen des Auges. T. kommen bei fast allen Säugern vor, mit Ausnahme der im Wasser lebenden. Sie dienen der Selbstreinigung des Auges und schützen die Hornhaut vor dem Eintrocknen. Menschen geben bei starken Emotionen wie Freude, Trauer und Schmerz vermehrt T. ab, ein Verhalten, das auch → Weinen genannt wird und auch bei einigen Säugern (Elefant, Gorilla) beobachtet werden kann. [1]

Transfer → Transposition.

Transient (transient): vorübergehender, temporärer Zustand eines Rhythmus in Folge veränderter → Zeitgeberbedingungen. T. treten z. B. während der → Resynchronisation nach einem Zeitzonenwechsel oder auch bei Schichtarbeit auf. Sie sind zumeist mit Unwohlsein, Müdigkeit und verminderter Leistungsfähigkeit verbunden (→ Jetlag). In der Chronobiologie werden → Phasenverschiebungen exogener Periodizitäten als experimentelles Paradigma benutzt, um die Anpassungsfähigkeit eines Organismus zu untersuchen bzw. die Zeitgeberstärke einer Umweltperiodizität zu testen. Dabei ist das Auftreten von T. notwendige Bedingung, da es sich um einen Resynchronisationsprozess handelt. Das Fehlen von T. deutet auf einen reinen oder einen überlagerten Maskierungseffekt hin (→ Maskierung). [6]

Translationsorientierung → Elasis.

Transmeridianflug, *Zeitzonenwechsel* (transmeridian flight, time zone transition): Flug, bei dem eine oder mehrere Längengrade (Meridiane) bzw. Zeitzonen überflogen werden. Da die Ortszeit von der Körperzeit abweicht (→ externe Desynchronisation) kommt es zu einem mehr oder weniger ausgeprägten → Jetlag. Der Zeitbedarf für die Anpassung an die Ortszeit hängt von der Zahl der übersprungenen Zeitzonen sowie der Richtung des T. ab. [6]

Transplantationsexperiment (transplantation experiment): experimentelles Paradigma zur Untersuchung der Funktion bestimmter Organe. In der Chronobiologie ist vor allem der → suprachiasmatische Nukleus (SCN) Gegenstand von T. Um Abstoßungsreaktionen so weit wie möglich zu vermeiden, wird Gewebe von Föten oder Neugeborenen verwendet.

Mittels SCN-Transplantation von intakten auf SCN-läsionierte Tiere konnten deren circadianen Rhythmen wieder hergestellt werden, wobei der Empfänger nunmehr Rhythmuseigenschaften des Spenders zeigte. Besonders eindrucksvoll waren in diesem Zusammenhang die T. mit SCN der → Tau-Mutante des Goldhamsters aufgrund der großen Unterschiede in der Spontanperiode. Wurde einem Goldhamster des Wildtyps der SCN der homozygoten Variante implantiert, zeigte er einen freilaufenden Rhythmus mit einer Spontanperiode von etwa 20 h anstelle von ca. 24 h. Umgekehrt konnte auch die Spontanperiode vom Wildtyp auf die homozygote Variante übertragen werden. T. wurden auch bei alten Tieren durchgeführt. So konnte durch Implantation fötaler SCN eine Reihe altersbedingter Veränderungen circadianer Rhythmen rückgängig gemacht werden.

Nach der Implantation von SCN in ein zuvor läsioniertes Tier dauert es einige Tage bis Wochen, bevor circadiane Rhythmen im Aktivitätsverhalten zu beobachten sind. Dies wurde mit der notwendigen Formierung synaptischer Kontakte begründet. Jedoch kommt es auch bei Einbettung der zu transplantierenden SCN in semipermeable Kunststoffkapseln, die die Bildung neuronaler Kontakte zum umgebenden Gewebe verhindern, zur Wiederherstellung circadianer Rhythmen. Damit konnte gezeigt werden, dass bei der Signaltransduktion vom SCN humorale Mechanismen eine Schlüsselrolle spielen. [6]

Transposition *Transfer* (transposition, transfer): nach Wolfgang Köhler (1918) die Übertragung erlernter Erfahrungen von einer Reizkonstellation auf ähnliche andere (→ Abstraktion, → Generalisation), von einer Sinnesmodalität zur anderen oder von einer Lernsituation auf die nächste (→ Lernen Lernen, → Begriffsbildung).

Köhler untersuchte eine solche T. der Musterwahl durch Schimpansen. Ein Individuum erlernt zunächst zwei Reize aufgrund ihrer Beziehung zueinander zu unterscheiden und überträgt das Unterscheidungsmerkmal dann auf die Wahl zwischen zwei anderen Reizen. In der ersten Lernaufgabe war ein Rechteck A der belohnungsanzeigende Reiz und das im Verhältnis dazu kleinere Rechteck B der zu diskriminierende, nicht belohnte Reiz. In dem sich anschließenden Test bekamen die Tiere zwei Rechtecke ohne Belohnung zur Auswahl geboten, ein großes Rechteck C und das im Verhältnis dazu kleinere Rechteck A. Bis auf wenige Ausnahmen entschieden sie sich für das größere von beiden, nämlich C! Sie hatten also nicht gelernt, dass Rechteck A die Belohnung anzeigt, sondern einen averbalen Begriff gebildet: Die Wahl des jeweils größeren Rechtecks wird belohnt. [5]

Transversalstudie, *Transversalprofil* (transverse study, transverse sampling): Untersuchung von mehreren Individuen zu jeweils anderen Zeiten eines Zyklus (z. B. Tag oder Jahr). Dabei kann jeder Messpunkt ein oder mehrere, aber immer verschiedene Subjekte repräsentieren. T. sind beispielsweise dann erforderlich, wenn die Datenerhebung mit einer Organentnahme verbunden ist. Auch längerfristige Änderungen, wie z. B. Alterungsprozesse können als Transversalprofil erfasst werden. In diesem Falle werden Gruppen unterschiedlichen Alters untersucht. In bestimmten Fällen können auch eine transversale und eine longitudinale Datenerfassung miteinander kombiniert werden (Hybridstudie). Dabei wird jedes Subjekt über einen Zyklus untersucht und die Daten aller anschließend zu einem mittleren Profil zusammengefasst. Ein Beispiel wäre die Erfassung des Körpertemperaturrhythmus von Neugeborenen am zweiten Lebenstag. Das Ergebnis einer T. ist ein Transversalprofil und wird als → Mittelwertschronogramm dargestellt. → Longitudinalprofil, → Zeitreihe. [6]

Traumschlaf → Schlaf.

Treiben (driving, precopulatory chasing): Paarungsverhalten der Wiederkäuer, bei dem der Bock das Weibchen nicht im Kreis (→ Paarungskreisen), sondern geradeaus treibt und dann den → Laufschlag vollführt. [1]

Trichobezoar, Trichophagie → Trichotillomanie.

Trichotillomanie, *Haareausreißen, Trichophagie,* (trichotillomania, hair pulling, barbering, wool pulling, trichophagy,): eine Verhaltensstörung, die sich im Beknabbern und Ausreißen eigener oder fremder Haare äußert. T. kommt häufig bei Schafen, Kaninchen, Meerschweinchen, Mäusen, Hunden und Katzen sowie unter mangelhaften Haltungsbedingungen auch beim Gorilla und bei mindestens sechs anderen Primatenarten vor. Beim Menschen wird die T. „Haarrupfsucht“ genannt. Neben den

Hautschädigungen und Sekundärinfektionen sind besonders die gefressenen oder verschluckten Haare gefürchtet. Sie können ein Haarknäuel, *Trichobezoar* (trichobezoar, haar ball) bilden, das zum Darmverschluss führt. [1]

Trichromat (trichromat): Tier, dessen Sehorgan drei Typen an Photorezeptoren mit unterschiedlichen Farbpigmenten etwa gleicher Lichtempfindlichkeit besitzt. T. haben ein hoch entwickeltes Vermögen zum Farbsehen. Beim Menschen z. B. finden sich die Farbpigmente in drei Arten von Zäpfchen mit unterschiedlichen wellenlängenabhängigen Empfindlichkeitsmaxima: L-Zäpfchen (langwellig, rotempfindlich, 570 nm), M-Zäpfchen (grünempfindlich, 540 nm) und K-Zäpfchen (kurzwellig, blauempfindlich, 420 nm). T. sind z. B. Menschenaffen, Altweltaffen, einige Süßwasserfische, tagaktive Reptilien und Amphibien, Krebstiere, viele Insekten und einige Spinnen. → Sehen. [4]

Trieb (drive): in der Verhaltensbiologie ein veralteter, nur noch selten verwendeter Begriff, dessen Bedeutung besser mit der → Motivation umschrieben wird. [1]

Triebstauhypothese → Aggressivität.

Triebtheorie (drive model): die wissenschaftlich nicht bewiesene Annahme im Rahmen der Instinkttheorie, dass Lebewesen das normale Maß an Verhaltensbereitschaft von sich aus durch endogenen Triebstau aufbringen. Der erzeugte Antrieb staut sich auf und führt zu wachsender Handlungsbereitschaft und Appetenzverhalten. Andererseits müssen aber die so aufgestauten Motivationen auch dann abgehandelt werden, wenn sie nicht abgefordert werden (→ fehlgerichtetes Verhalten). Es kann dann bei zunehmender Handlungsbereitschaft auch zu Leerlaufverhalten kommen, welches nicht von äußeren Ursachen ausgelöst wurde. Darüber hinaus kann sich das entsprechende Verhalten auch auf Ersatzobjekte richten. Eine schematische Darstellung der T. ist das → psychohydraulische Modell. [5]

Trigger (trigger): endogener Mechanismus, der nach Einwirkung von Kenn- und Signalreizen Veränderungen in Physiologie und Verhalten eines Individuums auslöst (Abb.). So kann die Balz von Männchen zur hormonalen Umstimmung von Weibchen beitragen. Nestbau, Paarung und Eiablage weiblicher Kanarienvögel *Serinus canaria forma domestica* werden durch den spezifischen Gesang der Kanarienhähne befördert. → Motivation, → Primer-Effekt. [2]

Trill, *Triller* (trill): in der Bioakustik Gruppe aus sehr vielen Schallimpulsen, die mehrere Sekunden oder Minuten dauert und

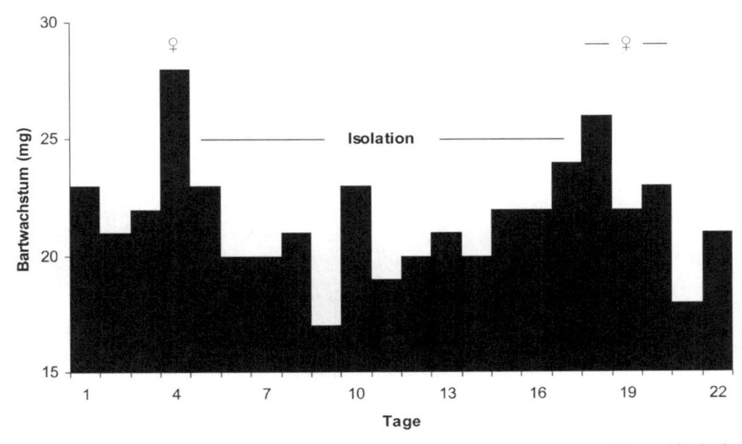

Trigger am Beispiel der Wirkung weiblicher Gesellschaft auf den Bartwuchs beim Mann. Nach der Rasur wurde die Barthaar-Masse während der Isolation auf einer einsamen Insel sowie an den Tagen vorher und nachher mit weiblicher Gesellschaft bestimmt. Nach Anon 1970. [2]

meist nicht regelmäßig wiederholt wird. Die *T.-Dauer* (trill duration) ist die Zeit von Beginn des ersten bis zum Ende des letzten Schallimpulses und das *T.-Intervall* (trill interval) die Zeit der Ruhe zwischen zwei aufeinander folgenden T. Die Dauer des T. stellt für den Empfänger des akustischen Signals keine wichtige Information dar. [4]

Trittstein-Speziation → parapatrische Artbildung.

Triumphgeschrei (triumph ceremony): Verhalten der Gänse im Dienst der Paarbindung. Dabei läuft das Männchen vom Weibchen fort, führt Scheinangriffe gegen feindliche Objekte aus und kehrt triumphierend zum angebalzten Weibchen zurück. Fällt sie in das T. mit ein, so ist das ein sicheres Zeichen für die Paarbindung (Abb.). [1]

trivoltin → multivoltin.

Trommellaut (drumming sound): akustisches Signal, das durch das rhythmische Schlagen auf einem Substrat bzw. die Körperoberfläche entsteht (Perkussionsgeräusche), oft jedoch auch Bezeichnung für einen Laut, der mit einem → Tymbalorgan erzeugt wird. Winkerkrabben *Uca* schlagen z.B. mit ihrer großen Schere auf den Boden. Ein langer Trommelwirbel zeigt Höhlenbesitz an, während ein kurzer zur Balz gehört. Auch zahlreiche Spinnen nutzen T. für die Balz. Bekannt ist das Trommeln der Spechte, das durch rhythmisches Schlagen des Schnabels auf ein geeignetes Substrat (in der Regel ein trockener Ast) erzeugt wird (→ Instrumentalverständigung). Es lässt sich phylogenetisch vom Hacken zur Nahrungssuche und zum Höhlenbau ableiten. Im Verlauf der Jugendentwicklung reift ein artspezifisches Trommelmuster heran. Die Artspezifität spiegelt sich im Zeit- und Intensitätsverlauf einer Trommelserie, so genannte *Wirbel* (burst) und bei einigen Arten, wie dem Kleinspecht *Dendrocopos minor,* in der Pausenlänge zwischen den Wirbeln wider. Zu den T. gehören auch das Brusttrommeln der Gorillas und Schimpansen und das Pfotentrommeln der Hasenartigen und Nager. [1] [4]

Trophallaxis (trophallaxis): die Weitergabe von flüssiger Nahrung und damit auch von Pheromonen bei staatenbildenden bzw. eusozialen Bienen, Ameisen und Termiten. T. steuert und gewährleistet die Aufrechterhaltung der komplizierten Strukturen dieser Insektenstaaten. Der Austausch erfolgt zwischen allen Angehörigen, d.h. Geschlechtstieren, Arbeiterinnen, Soldaten und Larven. In die „Futterkette" können sich aber auch Artfremde einschleichen. Verschiedene Käferarten beherrschen die T.signale der Ameisen und nehmen ihnen so Futter für die Ernährung der eigenen Brut ab. Die T. erfolgt zumeist durch → Regurgitation oder als *proctodeale T.* (proctodeal trophallaxis) über den Enddarm, z.B. bei Termiten. [1]

Triumphgeschrei und Paarbindung bei der Graugans. Aus R. Gattermann et al. 1993.

Trophobiose (trophobiosis): Form des Zusammenlebens artverschiedener Tiere, die für die Angehörigen der einen Art wichtig (nicht immer lebensnotwendig), für die andere mit einer Versorgung mit energiereicher Nahrung (Exkremente, Exkrete, Sekrete) verbunden ist. Einige Ameisenarten nutzen z. B. den → Honigtau von Blattläusen, Schildläusen oder Zikaden als Nahrung und bieten ihren Lieferanten gleichzeitig Schutz vor Raubfeinden und Parasitoiden. Eine Waldameisenkolonie kann pro Jahr mehrere Kilogramm Blattlausexkremente eintragen. Werden die Blattläuse „wie Milchkühe" gehalten, mit besonderen baulichen Einrichtungen geschützt oder aktiv vor Feinden in Sicherheit gebracht, dann wird die T. mehr und mehr zur → Symbiose. Manche Blattlausarten können ihre Ausscheidungen nur noch abgeben, wenn sie von „ihren" Ameisen durch Trillerschläge mit den Fühlern „gemolken" werden. Die Königinnen der südamerikanischen Ameisen der Gattungen *Acropyga* und *Azteca* nehmen beim Hochzeitsflug ein junges, bereits begattetes Schmierlausweibchen zwischen ihren Kiefern mit, damit später ihrem eigenen Nest Honigtauspender zur Verfügung stehen. Dieses Verhalten ist mindestens 15–20 Millionen Jahre alt, wie → Verhaltensfossilien aus dem Dominikanischen Bernstein belegen. → Mutualismus. [4]

Trophotaxis (trophotaxis): die Fähigkeit, Futter als Orientierungsreiz wahrzunehmen. Positive T. ermöglicht ein gerichtetes Aufsuchen von Futter zum Zwecke der Nahrungsaufnahme. Meist ist T. eine spezielle Form der → Chemotaxis. [4]

trophotrop (trophotropic): Bezeichnung für den allgemeinen Zustand eines Wirbeltieres, der durch eine Aktivierung des parasympathischen Nervensystems bedingt ist. Es ist der Erholungszustand, die Ruhezeit, währenddessen vor allem Verdauungs- und Assimilationsprozesse ablaufen. → ergotrop. [1]

Tropismus (tropism): analog zu dem Begriff in der Botanik alle Bewegungen festsitzender Tiere, die der räumlichen Orientierung in Bezug auf eine Reizquelle dienen. Das Hinwenden wird positiver T., das Abwenden negativer T. genannt. Die Einteilung der Tropismen erfolgt wie bei den Taxien der frei beweglichen Tiere nach der Reizmodalität (→ Taxis). [1] [4]

Tropotaxis (tropotaxis): durch einen Reiz verursachte und symmetrisch auf dessen Quelle gerichtete räumliche Orientierung, die auf eine simultane Verarbeitung von Informationen aus zwei bilateral-symmetrisch angeordneten Rezeptoren oder Sinnesorganen beruht. Eine Hinwendung zur Reizquelle erfordert keine eigene Ortsveränderung und keine alternierenden Drehbewegungen zum Vergleichen der Reizintensitäten. Zur T. ist es nicht nötig, dass jedes einzelne Sinnesorgan richtungsempfindlich ist. Im Falle des binauralen Hörens kann die Richtung der Schallquelle beispielsweise auch über die zeitliche Verschiebung zwischen den auf die beiden Hörorgane treffenden akustischen Signalen ermittelt werden. Eine vorliegende T. erkennt man meist daran, dass bei zwei dicht beieinander liegenden identischen Reizquellen die Körperachse, im Gegensatz zur → Telotaxis, auf die Mitte zwischen beiden gerichtet wird. Binokulare Lochkamera- oder Linsenaugen (z. B. auch Komplexaugen) mit einer Vielzahl an Lichtrezeptorzellen stellen bezüglich der Taxis eine Besonderheit dar. Solche Augen sind nicht (mehr) zum Zwecke der T. bilateral-symmetrisch angeordnet. Vielmehr befähigen sie bei Überschneidung der Sehbereiche zum räumlichen Sehen und damit auch zur Abschätzung von Entfernungen ohne eigene Standortveränderung. Mehrere Linsenaugen können aber auch eine gleichzeitige Überwachung eines möglichst großen Raumbereiches gewährleisten. Die zweidimensionale optische Abbildung in jedem einzelnen Linsenauge jedoch ermöglicht eine Vielzahl an Taxien, so zum Beispiel auch eine Telotaxis oder eine → Menotaxis. [4]

Trupp (troop): Bezeichnung für einen Sozialverband von Primaten, der auf der Suche nach Nahrung sein Streifgebiet durchwandert. Hinsichtlich des Umfangs eines T. wird der Begriff nicht einheitlich gebraucht. So können T. von wenigen oder wie beim Mantelpavian von bis zu 1.000 Tieren gebildet werden. → Horde. [2]

Turnierkampf → Kommentkampf.

Tymbalorgan, *Trommelorgan* (tymbal organ): Organ zur Erzeugung akustischer Signale bei männlichen Singzikaden (Cicadidae). Das T. besteht aus einem Paar Chitinplatten im ersten Hinterleibssegment. Sie sind nach außen gewölbt und durch Rippen verstärkt. Die Plattenteile werden von einem kräftigen Muskel rasch hintereinander eingebeult und kehren durch die eigene Elastizität wieder in ihre Ruhelage zurück. Als Resonanzkörper dient ein Luftsack im zweiten Hinterleibssegment. Das T. ist neben dem → Stridulationsorgan eine weitere Möglichkeit, langsame Muskelbewegungen in Schwingungen höherer Frequenz umzuwandeln. [4]

Tympanalorgan (tympanal organ): Hörorgan bei Gliederfüßern (Arthropoden), das durch eine elastische Membran (Tympanon) nach außen begrenzt wird. Es enthält im Inneren stiftführende Sinneszellen und gehört deshalb zu den → Scoloparien. T. dienen vorrangig der Rezeption von akustischen Signalen und Umweltreizen. Sie können in den Mundwerkzeugen (Schwärmer), in der Vorder- (einige Schmarotzerfliegen), Mittel- (Fangschrecken und einige Wasserwanzen) oder Hinterbrust (einige nachtaktive Schmetterlinge und Wasserwanzen), im ersten (Feldheuschrecken, einige Wasserwanzen, Schmetterlinge, Sandlauf- und Nashornkäfer) oder zweiten Hinterleibssegment (Singzikaden), in den Vorderschienen (Laubheuschrecken und Grillen) oder den Vorderflügeln vorkommen (z. B. Florfliegen und einige Schmetterlingsarten). Viele T. dienen der innerartlichen Kommunikation. Einige nachtaktive Fluginsekten nutzen T. besonders zur rechtzeitigen Erkennung jagender Fledermäuse. Manche Schmarotzerfliegen, die Heuschrecken oder Grillen parasitieren, finden ihre Wirte mithilfe von T. [4]

typologisches Artkonzept → Artkonzept.

Überdominanz, *Heterozygotenvorteil* (overdominance): besagt, dass die Fitness des heterozygoten Genotyps über denen der jeweilig homozygoten Genotypen liegt. Ü. ist eine Begründung für genetische Polymorphismen in Populationen. Es gibt eine Reihe von Beispielen die belegen, dass heterozygote Individuen einen Fitnessvorteil gegenüber homozygoten Individuen haben. Tauben, die heterozygot am Gen-Locus für das Protein Transferrin sind, haben eine größere Eischlupfrate als ihre homozygoten Artgenossen. Die Motivation für das extrapair copulation-Verhalten wird häufig damit erklärt, dass ein Weibchen dadurch versucht, die Heterozygotie ihrer Jungen zu erhöhen. Tatsächlich haben Untersuchungen bei Blaumeisen *Parus caeruleus* gezeigt, dass Weibchen die Heterozygotie ihrer Nachkommen erhöhen, indem sie extrapair copulations mit Männchen suchen, die nicht ihre unmittelbaren Nachbarn sind. Die resultierenden Nachkommen besaßen eine höhere Überlebenswahrscheinlichkeit, waren als Paarungspartner attraktiver (Männchen waren auffälliger gefärbt) und hatten einen deutlich erhöhten Reproduktionserfolg. [3]

Überlieferung → Tradition.

übernormaler Auslöser, *übernormaler Reiz, übernormaler Kennreiz, übernormale Attrappe, supranormaler Auslöser, supernormaler Auslöser* (supernormal stimulus, supranormal releaser, supernormal sign stimulus): Reiz oder Reizkombination, die im Gegensatz zum normalen, d. h., natürlichen Auslöser ein bestimmtes Verhalten besser auslöst. Ü. A. lassen sich mithilfe von Attrappen finden, denn so können die natürlichen Gegebenheiten vereinfacht und auch übertrieben werden. Bietet man einem Austernfischer *Haematopus ostralegus* ein normales Dreiergelege und ein Fünfergelege an, so wählt er das unnatürliche übernormale Gelege. Ebenso versucht er bei der Wahl zwischen seinem eigenen Ei, einem größerem Ei der Silbermöwe und einer fast körpergroßen Eiimitation, dass Riesenei ins Nest zu rollen.

Aber auch wir Menschen fallen auf ü. A. herein (Abb.). Von den beiden abgebildeten Babykopfprofilen spricht uns das linke, mit den übertrieben dargestellten Merkmalen des → Kindchenschemas stärker an. So wird das Phänomen der ü. A. auch in der Werbung für Produkte aller Art genutzt.

Unter natürlichen Bedingungen kommen ü. A. nur bei der zwischenartlichen Kommunikation vor, wie etwa der übernormal große Sperrrachen des Jungkuckucks, der auf die Stiefeltern attraktiver wirkt (→ Brutparasitismus). [1]

Übernormaler Auslöser und Kindchenschema. Aus R. Gattermann et al. 1993.

Übersprungputzen → Putzverhalten.

Übersprungverhalten (displacement behaviour): das plötzliche Auftreten einzelner Verhaltensweisen in falschen Funktionszusammenhängen, in denen sie kontextunabhängig und unpassend erscheinen. Das wohl am häufigsten angeführte Beispiel bezieht sich auf Beobachtungen an gleich starken Hähnen, die miteinander kämpfen. Plötzlich pickt einer der beiden auf dem Boden umher, als würde er Futter aufnehmen ohne dabei aber Nahrung aufzunehmen (Scheinpicken), und häufig folgt der andere umgehend dem Vorbild des Rivalen. Kämpferisch erregte Austernfischer können im Ü. sogar die Schlafstellung einnehmen. Auch im Zusammenhang mit dem männlichen Sexualverhalten wird häufig Ü. ausgeführt. So zeigen sexuell aktive Erpel auffällig oft Elemente des Gefiederputzens, und zwar immer dann, wenn sich das angebalzte Entenweibchen spröde verhält. Auch ein Mensch zeigt Ü. durch „verlegenes Sich-am-Kopf-kratzen", z. B. wenn er nicht weiß, ob er nach der Ampel rechts oder links abbiegen soll. Ähnlich verhält sich manch ein Redner vor einem größeren Publikum, der einerseits motiviert ist, das Publikum anzusprechen, andererseits sich der Situation am liebsten entziehen möchte. Als „irrelevante" Handlungen führt er diverse Übersprungbewegungen aus: sich über die Haare streichen, Brille auf- und absetzen, Brille putzen, an den Manschetten zupfen, Papiere ordnen etc.

Ü. tritt immer dann auf, wenn sich eine starke Motivation nicht entladen kann, entweder weil der Ablauf eines Verhaltens an einer bestimmten Stelle gestört ist oder weil es zu schnell oder zu einfach abläuft. Im ersten Fall können die zu dem Funktionskreis passenden Kenn- oder Signalreize fehlen. Im zweiten Fall ist der Antrieb noch nicht befriedigt, obwohl der eigentliche Zweck des Verhaltens bereits erfüllt ist; das Ü. ist dann ein Ventil für die überschüssige Handlungsbereitschaft. Eine zweite Ursachengruppe für das Ü. sind Antriebskonflikte, etwa zwischen Angriffs- und Fluchttendenz. Infolge der gegenseitigen Hemmung dieser antagonistischen Antriebe können dann andere, ursprünglich latente Motivationen, z. B. zur Nahrungsaufnahme oder zum Putzverhalten, durchbrechen.

Zur Erklärung des Ü. wurden bisher vor allem zwei Hypothesen herangezogen. Die *Übersprunghypothese* (displacement theory) nahm an, dass blockierte Antriebsenergien direkt auf andere Motivationen überspringen und so situationsfremde Verhaltensweisen auslösen (N. Tinbergen, 1940). Eine spätere Modifikation der Übersprunghypothese ging davon aus, dass Antriebsenergien nicht direkt überspringen, sondern durch Arousal (→ Aktivierungsniveau) auf andere Motivationen übertragen werden.

Im Gegensatz dazu erklärte die *Enthemmungshypothese* (disinhibition hypothesis) das Auftreten von Ü. damit, dass blockierte Antriebe ihre Hemmkraft gegenüber dritten, bisher von ihnen unterdrückten Motivationen einbüßen, sodass einzelne Verhaltensweisen, die zu diesen Motivationen gehören, durchbrechen können (P. Sevenster, 1961).

Ü. als Teil der stark mechanistischen Sichtweise der Instinkttheorie muss heute kritisch gesehen werden, da sich beispielsweise die postulierten Schwankungen der verhaltensauslösenden aktionsspezifischen Energien den verfügbaren Messverfahren entziehen und nicht verifiziert werden können. Darüber hinaus liegt der Definition des Ü. ein mit wissenschaftlichen Mitteln nicht überprüfbares Werturteil hinsichtlich der biologischen Bedeutung des Ü. zugrunde, das z. B. mit modernen Kosten-Nutzen-Erwägungen nicht in jedem Fall in Einklang zu bringen ist. [5]

Übervölkerungseffekt → Massensiedlungseffekt.

Überwinterung (overwintering): Überdauern der kalten und vor allem nahrungsarmen Jahreszeit. Vögel und Säuger suchen klimatisch günstigere Gegenden auf (→ Migration, → Vogelzug) oder nutzen den

→ Winterschlaf und die → Winterruhe. Wirbellose fallen in die → Winterstarre oder sie verzögern die Entwicklung durch → Dormanz. [1]

Uhrgene, *Uhrengene, Clock-Gene* (clock genes): Gene, die in den molekularen Mechanismus der Generierung circadianer Rhythmen involviert sind. U. wurden bei Tieren verschiedenster Taxa sowie in höheren Pflanzen, Pilzen und Bakterien nachgewiesen. Ein und dasselbe Gen kann jedoch eine unterschiedliche Funktion haben. Bei Säugern sind die *Per*- und die *Cry*-Gene das Kernstück des circadianen Uhrmechanismus (→ circadianes Uhrwerk). Daneben sind weitere Gene an der Feineinstellung der Uhr beteiligt. So ist das Gen, das für die Kaseinkinase Iε codiert, für die Genauigkeit der Periodenlänge von Bedeutung. Die Produkte der so genannten *Output-Gene* (clock-controlled genes, *ccgs*) spielen eine wichtige Rolle bei der Signaltransduktion zu anderen Zellen bzw. Organen.

U. wurden in den verschiedensten Organen nachgewiesen. Wahrscheinlich ist sogar jede Körperzelle potenziell in der Lage, eigene Rhythmen zu generieren (→ periphere Oszillatoren).

Defekte oder Fehlfunktionen der U. stehen in direktem Zusammenhang mit dem Auftreten bestimmter Krankheiten. So werden Schlafstörungen wie das → Syndrom der vorgezogenen Schlafphase durch eine Mutation im *Per2* Gen hervorgerufen, das → Syndrom der verzögerten Schlafphase durch einen Polymorphismus des *Per3* Gens. Aber auch bei Krankheiten, die nicht in einem so offensichtlichen Zusammenhang mit gestörten circadianen Rhythmen stehen, könnten U. beteiligt sein. Dies betrifft beispielsweise das Tumorwachstum, die Fettleibigkeit oder einen erhöhten Alkoholkonsum. [6]

ultimate Faktoren (ultimate factors, ultimate causes): alle mittelbar wirksamen Vorrausetzungen für ein Verhalten bzw. ein Merkmal. Welchen Zweck bzw. welche biologische Funktion erfüllt dieses Verhalten? Die Aufdeckung der u. F. ist vor allem eine Aufgabe der Soziobiologie und Evolutionsbiologie. U. F. für die Entstehung des Vogelzugs von Nord nach Süd könnten Nahrungsmangel und fehlende Fortpflanzungsmöglichkeiten gewesen sein. [1]

ultradianer Rhythmus, *Stundenrhythmus* (ultradian rhythm): biologischer Rhythmus mit einer Periodenlänge unterhalb des circadianen Bereiches (< 20 h). Die untere Grenze ist weniger genau definiert. Als u. R. im eigentlichen Sinne werden aber Rhythmen mit einer Periodenlänge ab etwa 1 h aufwärts bezeichnet (→ Kurzzeitrhythmen). Ultradiane Rhythmen sind z. B. erkennbar anhand der zeitlichen Verteilung der → Aktivitätsschübe, der Nahrungsaufnahme, von Darmbewegungen und Schlafstadien (→ Schlaf). U. R. treten gehäuft während früher Ontogenesestadien, im Alter sowie bei Krankheiten und in Belastungssituationen auf. Es gibt keine distinkten ultradianen → Oszillatoren. Vielmehr erfolgt ihre Genese über → Regelkreise, d. h. komplexe Rückkopplungsmechanismen, über die die jeweilige Funktion reguliert wird. Der Output eines jeden Regelkreises ist nie konstant sondern oszillierend, wobei Amplitude und Periodenlänge von den Eigenschaften und der Komplexität des Regelkreises abhängen.

Ein u. R. wird nicht durch äußere Zeitgeber synchronisiert. Durch circadiane Rhythmen kann jedoch eine Frequenzmodulation erfolgen, sodass die Verteilung der Aktivitäts- und Fressschübe in Abhängigkeit von der Tageszeit variiert. Die Frequenz des u. R. sollte ein ganzzahliges Vielfaches der circadianen betragen, da harmonische Frequenzverhältnisse Voraussetzung für eine effiziente → Zeitordnung sind.

Anschauliches Beispiel für u. R. ist die Rhythmik der Nahrungsaufnahme. So müssen beispielsweise Kleinsäuger mehrfach täglich Nahrung zu sich nehmen. Dies liegt vor allem im hohen Aktivitäts- und Stoffwechselniveau begründet. Die Frequenz der Fressschübe wird circadian moduliert. Sie ist während der Aktivitätszeit der Tiere höher als während ihrer Ruhezeit. Ähnlich ist die Situation bei menschlichen Säuglingen. Reifgeborene verlangen während der ersten Lebenswochen etwa aller 4 h Nahrung, Frühgeborene zunächst aller 3 h. Später verlängert sich das Intervall ebenfalls auf 4 h. Eine circadiane Modulation kommt darin zum Ausdruck, dass sukzessiv die Nachtmahlzeiten wegfallen. Damit verbunden ist auch die zunehmende Ausprägung eines 24-stündigen Schlaf-Wach-Rhythmus (→ Self-demand-feeding). In allen Fällen muss sorgfältig geprüft werden, ob es sich tatsächlich um ultradiane Rhythmen oder um Artefakte der → Spektralanalyse handelt. [6]

Ultraschall, *Ultraschalllaut* (ultrasound): Schall (→ akustisches Signal) mit Frequenzen oberhalb der menschlichen Hörgrenze (>16 oder 20 kHz) bis 1.000 kHz. Biologisch relevant sind nur Frequenzen bis etwa 200 kHz. U. hat eine für Schall relativ kurze Wellenlängen von unter 20 mm in Luft und unter 100 mm in Wasser. U. kann auch als Bestandteil hörbarer Laute auftreten (viele Nagetiere, Insektenfresser, Singvögel und Laubheuschrecken). Einige Tiere erzeugen reinen U. zur → Echoortung (Delphine, viele Fledermäuse) oder auch zur → akustischen Kommunikation. Vorteile des U. sind gute Reflexionseigenschaften und eine effektive Schallabstrahlung, selbst durch relativ kleine Tiere. Nachteilig ist die hohe Dämpfung, die in Luft oberhalb 20 kHz rasch zunimmt. [4]

Ultraviolett, *UV* (ultraviolet): kurzwelliges Licht (→ optische Signale), das von Menschen nicht mehr wahrgenommen werden kann. U.-Strahlung umfasst Wellenlängen von etwa 360 bis 5 nm. Die Sonnenstrahlung enthält hauptsächlich nur U.-Strahlung oberhalb 100 nm, wovon der so genannte UV-C-Anteil zwischen 100 und 280 nm in den obersten Schichten der Erdatmosphäre größtenteils absorbiert wird. Biologisch relevant sind daher nur die Bereiche 280–315 nm (*UV-B*) und 315–360 nm (*UV-A*, nahes U.). UV-A kann von Vögeln, Schildkröten, einigen Süßwasserfischen und Insekten mithilfe der Augen wahrgenommen werden. [4]

umadressiertes Verhalten → umorientiertes Verhalten.

Umgebungsprägung → Milieuprägung.

Umkehrdressur → Umlernen.

Umklammerung → Amplexus.

Umlernen, *Umkehrdressur* (reversal learning, retraining): aktive Veränderung von Lerninhalten durch neue Erfahrungen mittels Vergessen und Extinktion. Mehrfach *wiederholtes U.* (multireversal learning) kann zur Ausbildung von learning sets führen (→ Lernen Lernen). [5]

umorientiertes Verhalten, *umadressiertes Verhalten* (redirected behaviour): in Konfliktsituationen, in denen das motivierte Verhalten durch das natürliche Bezugsobjekt gleichzeitig aktiviert und gehemmt wird, kann das betreffende Verhalten auf ein *Ausweichobjekt* (neutral object) umadressiert werden. Das klassische Beispiel ist die sog. *Radfahrerreaktion*, bei der sich ein Individuum, das von einem Ranghöheren gereizt wurde, an einem Rangtieferen abreagiert. Als Ausweichobjekte kommen auch artfremde Lebewesen oder unbelebte Gegenstände infrage, wie das Grasrupfen bei kämpfenden Silbermöwen oder das „Auf-den-Tisch-Hauen" in einer hitzigen Diskussion (Abb.). U. V. gehört zum → fehlgerichteten Verhalten. Es darf nicht mit Ersatzhandlungen oder Übersprunghandlungen verwechselt werden. [5]

Umorientiertes Verhalten. Aus R. Gattermann et al. 1993.

Umprägung (reversal imprinting): das Aufheben einer Fehlprägung durch nachträgliches Prägen oder Umgewöhnen auf ein anderes Objekt oder die Artgenossen.
Echte U. ist jedoch nur innerhalb der jeweiligen → sensiblen Phase möglich. Sie ist eigentlich eine sukzessive *Doppelprägung*, d. h., das Tier ist dann beispielsweise auf den Menschen und seine Artgenossen geprägt. Umgewöhnung oder Umlernen ist bei einigen Tierarten auch noch nach der sensiblen

Phase möglich. Sie erfordert weitestgehende Abwesenheit des ursprünglichen Fehlprägungsobjektes. U. ist vor allem bei der Nachzucht von handaufgezogenen Haus- und Wildtieren erforderlich, wenn sie aufgrund einer sexuellen Fehlprägung ihre natürlichen Geschlechtspartner nicht erkennen. [1]

Umstimmung, *Motivationswechsel, Verhaltensumstimmung* (change of mood, change in motivation, motivational change, motivational switch): die Änderung der aktuell vorherrschenden Motivation oder die dauerhafte Verstellung der Handlungsbereitschaften etwa bei Eintritt der sexuellen Reife oder bei saisonalen Ereignissen wie jährlichen Wanderungen oder Winterschlaf. U. können endogen durch Veränderung des inneren Zustands oder durch äußere Reize hervorgerufen werden (→ motivierender Effekt). [5]

Umwegversuch (detour experiment): Methode zur Prüfung des schnellen Lernvermögens bzw. des einsichtigen Verhaltens. Beim U. wird Futter oder eine andere Bekräftigung für das Versuchstier sichtbar hinter einem Hindernis (z. B. Zaun), das zu umgehen ist, ausgelegt. Während beispielsweise Hunde diese Aufgabe relativ schnell lösen, gelingt es Hühnern gar nicht oder erst nach zahlreichen Versuchen. [1]

Umwelt (environment, umwelt): in der Verhaltensbiologie der Teil der objektiven Außenwelt, mit dem das Individuum direkt interagiert. Die U. stellt das Raum-Zeit-Gefüge dar, aus dem Stoffe, Energien und Informationen bezogen und gegeben werden, denn jeder Organismus ist wiederum Bestandteil der U. Da die U.ansprüche und die Leistungsfähigkeit der Sinnesorgane und Nervensysteme für jede Art bzw. jedes Individuum verschieden sind, sind auch ihre U. verschieden (→ Ansprüche), d. h. jedes Individuum lebt und verhält sich in seiner eigenen subjektiven U. Günter Tembrock (1978) unterscheidet drei U.klassen: die Eigen-U. (der eigene Körper), die informationelle oder nichtsoziale U. und die kommunikative oder soziale U. Die Humanethologen unterscheiden zwischen der natürlichen, sozialen und kulturellen U. des Menschen. [1]

Umweltanreicherung, *Enrichment* (enriched environment): ist eine Methode zur Verbesserung der Haltungsbedingungen und Lebensqualitäten von Tieren in menschlicher Obhut (Heim-, Zoo-, Zirkus-, Labor- und Nutztiere). Sie entwickeln unter nichtverhaltensgerechten Bedingungen sog. milieubedingte Verhaltensstörungen, die die Lebensqualität und das Leistungsvermögen einschränken. Durch U. kann ein großer Teil dieser Verhaltensstörungen therapiert werden. Die monotonen, sterilen Umgebungs- oder Käfigbedingungen werden durch vielfältige Beschäftigungsmöglichkeiten angereichert (enriched). So wird Futter nicht in Schüsseln gereicht, sondern in kleine Portionen versteckt. Affen bekommen Stroh, Pappkisten, Decken und andere Materialien zur Beschäftigung und zum Ausprobieren in den Käfig. Hühner erhalten Möglichkeiten zum Scharren und Sonnenbaden. Raubtierkäfige werden ab und an mit dem Dung ihrer Beutetiere beduftet usw. [1]

Umweltansprüche → Ansprüche.

Umweltfaktoren → ökologische Faktoren.

Umweltperiodizität (environmental periodicity): regelhafte Änderungen der abiotischen sowie der biotischen Umwelt eines Organismus (Abb.). Die abiotischen U. resultieren aus der Rotation der Erde um ihre Achse, dem Kreisen des Mondes um die Erde sowie der Wanderung der Erde um die Sonne. Sie sind durch eine definierte Periodenlänge (T) charakterisiert und mit regelhaften Änderungen geophysikalischer Umweltfaktoren verbunden, wie dem Tag-Nacht-Wechsel ($T = 24$ h), dem Gezeitenzyklus ($T = 12{,}4$ h), dem Wechsel der Mondphasen ($T = 29{,}5$ d) und dem Jahreszyklus ($T = 365{,}25$ d). Biotische U. resultieren aus dem Aktivitätsrhythmus von Artgenossen, Geschlechtspartnern, Räubern, Beuteorganismen, Nahrungskonkurrenten etc.

Da die Evolution unter dem Einfluss der U. vonstatten ging, hatten Organismen mit biologischen Rhythmen, deren Periodenlänge mit den U. übereinstimmte, einen Selektionsvorteil. Auf diese Weise sind die endogenen → biologischen Rhythmen entstanden. Neben dieser evolutiven Bedeutung spielen die U. als → Zeitgeber eine Rolle, sie synchronisieren die endogenen Rhythmen mit den U.en.

Die Bedeutung der U. für die biologischen Rhythmen ist durchaus verschieden. U. mit

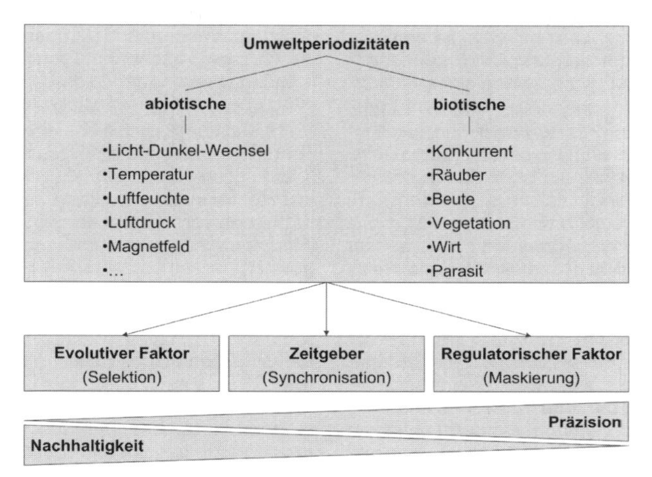

Umweltperiodizitäten und ihre Bedeutung für die biologischen Rhythmen sowie Präzision und Nachhaltigkeit der Anpassung der Organismen an die Umweltperiodizitäten. [6]

hoher ökologischer Valenz, wie die Periodik der Umgebungstemperatur oder der Luftfeuchte, haben eine große Rolle bei der Evolution der Rhythmen gespielt. Demgegenüber hat der Licht-Dunkelwechsel vorwiegend eine → Zeitgeberfunktion. Er enthält die notwendige Zeitinformation mit hinreichender Genauigkeit. Inwiefern andere U. wie der 11-Jahreszyklus der Sonnenfleckenaktivität von Bedeutung sind, wird kontrovers diskutiert. [6]

unbedingte Reaktion *unkonditionierte Reaktion* (unconditioned reaction): komplexe Verhaltensreaktion auf einen unbedingten Reiz. Klassisches Beispiel ist die Speichelsekretion (unbedingte Reaktion) des Hundes, nachdem ihm Fleischextrakt (unbedingter Reiz) ins Maul geblasen wurde. Im Gegensatz zum unbedingten Reflex enthält die u. R. auch spontane und nichtreflektorische, d.h. willkürliche Komponenten. → klassische Konditionierung. [5]

unbedingter Reflex (unconditioned reflex): eine angeborene, unwillkürliche, schwer ermüdbare und stereotyp ablaufende Reaktion auf einen unbedingten Reiz. Beispiele für u. R. sind der Lidschlussreflex, der Kniesehnenreflex, die Erweiterung/Verengung der Pupille bei wechselnder Beleuchtung, sowie der Schluckreflex. Darüber hinaus gehören zu den u. R. viele von Geburt an lebenswichtige Verhaltensweisen wie Atmung, Körperhaltung und einzelne Bewegungen, Nahrungsaufnahme sowie elementare Schutzreaktionen auf äußere Störgrößen wie schnelle Annäherung, Lichtblitze, Knallgeräusche, Lärm, Erschütterungen und schmerzauslösende Reize. U. R. im Zusammenhang mit der Pflege der Jungen sind die Tragstarre der Nesthocker sowie der Klammerreflex der Traglinge. Im Verlaufe der Höherentwicklung innerhalb des Tierreiches können sich u. R. zu → unbedingten Reaktionen entwickeln, die auch spontan, willkürlich auslösbare Komponenten enthalten. Durch die räumliche und zeitliche Verknüpfung (→ Kontiguität) von bedingten (konditionierten) und unbedingten Reizen erfolgt eine Assoziation, sodass sich unbedingte zu bedingten Reflexen oder Reaktionen wandeln (→ klassische Konditionierung). [5]

unbedingter Reiz, *unkonditionierter Reiz* (unconditioned stimulus): ein bedeutungsvoller Stimulus, dessen biologische Bedeutung entweder von Geburt an oder aufgrund einer Objektprägung erkannt wird (Kennreiz, Schlüsselreiz) und der eine bestimmte Verhaltensreaktion auslöst (→ unbedingte Reflexe, → unbedingte Reaktion).

Zu den u. R. gehören bei vielen Tieren der Geschmack von Nahrung, die Erkennungsmerkmale und Eigenschaften eines Schutzortes und des artgemäßen Lebensraumes, die Merkmale eines Artgenossen oder aber Störgrößen wie schnelle Annäherung, Lichtblitze, Knallgeräusche, Lärm, Erschütterungen, der Anblick von Raubfeinden und ähnliche Schreck- bzw. Schmerzreize. Sie können in Lernexperimenten als Verstärker dienen. Folgen u. R. auf indifferente Reize oder Zufallsverhalten, so bilden sich bedingte Reflexe oder bedingte Reaktionen, bedingte Appetenzen und bedingte Aktionen oder bedingte Aversionen und bedingte Hemmungen. [5]

unbenanntes Denken (nonverbal thinking): Fähigkeit zu bildhaftem, nichtsprachlichem Denken bei höher entwickelten Tieren und Menschen mittels wortloser Vorstellungen, Begriffe, Urteile und logischen Operationen (→ Begriffsbildung). Es erlaubt das Lösen von Problemen aufgrund der Kombination von Gedächtnisinhalten und damit die optimale Anpassung an veränderte Umweltbedingungen (→ einsichtiges Verhalten). [5]

Ungleichheitswahl, *Oddity-Lernen* (oddity learning): komplizierte Form des Diskriminationslernens, die gewöhnlich mit drei Reizen durchgeführt wird, von denen zwei, die sich gleichen, indifferent sind, während der dritte, der belohnungsanzeigende bedingte Reiz ist (Wahl des einzig Anderen). Besonders schwierig ist die U., wenn das lernende Individuum erst herausfinden muss, welche der verschiedenen Reizdimensionen (Form, Farbe, Größe u. a.) lernrelevant ist. [5]

Unguligrada → Zehenspitzengänger.

unidirektionale Dominanz → Dominanzgrad.

unidirektionale Kommunikation → Monolog.

unimodal → Muster.

Universalien (universals): angeborene Verhaltensweisen des Menschen, die in allen Kulturkreisen und Rassen nachweisbar sind und deren Bedeutung von allen universell verstanden wird. Die U. schließen bestimmte Gesten, z. B. der Begrüßung mit offen erhobener Hand, der Trauer, der Annäherung und Distanzierung, der Ablehnung und Aufforderung, ebenso ein wie verschiedene Formen der Mimik, z. B. Lächeln, Lachen, Weinen und Drohen. Aber auch Misstrauen, Ablehnung, Erstaunen, Überraschung, Zuwendung, Schmerz, Angst u. a. sind in ihren Grundmustern eindeutig genetisch bestimmt und nicht über Lernen und Tradition kulturbedingt. U. sind durch die biologische Evolution determinierte Elemente unseres Verhaltens und bestehen unter den verschiedenen gesellschaftlichen Bedingungen mitsamt ihren Funktionen fort. [1]

univoltin → multivoltin.

unkonditionierte Reaktion → unbedingte Reaktion.

unkonditionierter Reiz → unbedingter Reiz.

Unterlegenheitslaut, *Hemmlaut* (inhibition sound): Laut, der während agonistischer Auseinandersetzungen vom unterlegenen Tier zur Unterbindung des aggressiven Verhaltens geäußert wird. Da U. meist zusammen mit anderen Signalen (z. B. optischen) auftreten, haben sie vermutlich nur eine verstärkende Wirkung oder sie sichern die Kommunikation zusätzlich ab. U. ähneln sehr oft den Lautäußerungen der Jungtiere. So zeigen in Bedrängnis geratene Erwachsene der Hundeartigen (Gattung *Canis*) das charakteristische Winseln ihrer Welpen. U. treten auch beim Paarungsverhalten auf. [4]

Urin... → Harn...

Urinieren → Miktion.

Ursprungsgebiet → Migration.

Utilisation (utilization): ein der → Ritualisation entgegen gerichteter Prozess, der für die sekundäre Rückwandlung von Signalhandlungen in Gebrauchshandlungen steht. Ein Beispiel ist die Nutzung ursprünglicher Kommunikationslaute von Vögeln, Fledermäusen und Walen zur → Echoortung. [1]

Vagilität, *vagil* (vagility, vagile): Fähigkeit eines Individuums oder einer Population, die Grenzen des gegenwärtigen Lebensraumes zu verlassen und sich zu verteilen. → sessil. [1]

Vaginalpfropf (vaginal plug): ein aus Sperma und Scheidensekret bestehender Stopfen, der eine halbe bis acht Stunden nach der Besamung gebildet wird und die Scheide verschließt. Er ist typisch für Mäuse und

Ratten und verhindert wahrscheinlich weitere Verpaarungen (→ Spermienkonkurrenz, → Mate-guarding). Goldhamsterweibchen bilden regelmäßig im Östrus einen V., der aber nicht im Zusammenhang mit einer Kopulation steht. Seine Funktion ist unbekannt. [1]

Vandenbergh-Effekt (Vandenbergh effect): eine Beschleunigung der Geschlechtsreife bei weiblichen Mäusen, Ratten, Goldhamstern, Schweinen u. a. durch männliche Pheromone. So setzt die erste Ovulation bei Mäuseweibchen früher ein, wenn sie mit Urin geschlechtsreifer Männchen in Kontakt kommen (Vandenbergh, 1973). Verantwortlich ist das im Urin enthaltene „puberty accelerating" Pheromon → Androstenol. [1]

Vaterfamilie, *Patropädium* (father family): Sozietät, die nur aus dem Vater mit seinen direkten Nachkommen besteht. Die Brutpflege bzw. Aufzucht der Jungen wird ausschließlich vom Vater übernommen. V. treten vorzugsweise bei äußerer Befruchtung der Eizellen auf. Manche Fischarten wie der Dreistachlige Stichling *Gasterosteus aculeatus* bauen Nester, in die die Weibchen ihre Eier ablegen. Dort werden die Eier und Jungfische bis zum Freischwimmen vom Vater betreut. Auch beim Nandu *Rhea americana* baut das Männchen ein Nest, in das mehrere mit ihm verpaarte Weibchen ihre Eier ablegen. Die Bebrütung und Aufzucht der Jungen wird ausschließlich vom Vater übernommen. → Familie [2]

Vaterfolge → patrilinear.

väterliche Brutpflege → paternale Brutpflege.

Vaterschaftsanalyse → Verwandtschaftsanalyse.

Verband (association): größere Anzahl von Individuen, die untereinander soziale Beziehungen und teilweise gemeinsame Interessen aufweisen. Ein V. kann aus einer oder auch mehreren Gruppen bestehen. [2]

Verbergetracht → Tarnung.

Verbreitungsgebiet → Areal.

Verdeckung → Masking.

Verdrängung → Dominanzgrad.

Verdriftung, *Verfrachtung* (drifting, passive dispersal): im Gegensatz zur Lokomotorik eine passive Ortsveränderung durch Luft- oder Wasserbewegungen. Im Gegensatz zur *Drift* (drift), die ohne feste Hilfsmittel abläuft, werden beim *Rafting* (rafting) Genist, Getreibsel und Treibholz genutzt. Gegen eine V. in fließenden Gewässern schützen sich viele der Bewohner durch positive Rheotaxis. [1]

Verdünnungseffekt (dilution effect): beschreibt die Sicherheit und Überlebenswahrscheinlichkeit in Abhängigkeit von der Anzahl der Gruppenmitglieder. So ist die Wahrscheinlichkeit für Angehörige einer großen Gruppe von Prädatoren erbeutet zu werden geringer, als für die einer kleineren Gruppe. [1]

Verfrachtung → Verdriftung.

Vergesellschaftungsform (type of socialization): Grad der sozialen Integration. Neben → solitärer Lebensweise können sich Individuen zu → Gemeinschaften zusammenschließen. Nach dem Fehlen oder Vorhandensein sozialer Appetenz werden bei Letzteren → Assoziationen von → Sozietäten unterschieden. Sozietäten wiederum werden nach dem individuellen Erkennen ihrer Mitglieder und nach den Anschlussmöglichkeiten für Außenseiter beurteilt. [2]

Vergessen (forgetting): selektiver Verlust erlernter Gedächtnisinhalte (→ Gedächtnis). Dem V. kommt eine wichtige Funktion bei der Informationsverarbeitung zu und führt in der Regel zu einer Strukturierung der Gedächtnisinhalte, d. h. bedeutsame Dinge werden prägnanter. V. ist in den meisten Fällen ein → Verlernen durch neu hinzukommende, aktuellere Inhalte und eine für ein Individuum lebensnotwendige Fähigkeit zur permanenten Anpassung und Bewältigung einer sich wandelnden Umwelt. Mögliche Ursachen des V. sind wechselseitige Beeinflussungen (Interferenzen) durch vorangegangene oder nachfolgende Lernvorgänge, indem neue bzw. ältere Eindrücke die alten bzw. neuen Gedächtnisinhalte überlagern und so den Zugriff auf die alten bzw. neuen Erinnerungen erschweren. Je größer die Ähnlichkeit zwischen den Lerninhalten ist, umso größer ist die Interferenz zwischen ihnen beim Lernen bzw. der Erinnerung. In der Psychoanalyse wird der Schutz des Egos (Ichs) durch aktives Verdrängen negativer Erfahrungen als *motiviertes V.* (motivated forgetting) bezeichnet. Auch passive Abschwächung oder Umwandlung nicht benutzter Gedächtnisinhalte führen zum V. → Extinktion, → Umlernen, → Verlernen. [5]

Vergewaltigung (rape, forced copulation): ein Sexualverhalten, bei dem ein Männchen ein Weibchen unter Zwang besamt und so die individuelle Fitness des Weibchens reduziert. V. kommen im Tierreich häufiger vor als allgemein angenommen, wobei die Ursachen in den seltensten Fällen aufgeklärt sind. Männchen der Skorpionsfliege *Panorpa* überreichen den Weibchen vor der Kopulation tote Insekten oder Speicheldrüsensekret (Balzfüttern). Kleinere Männchen sind dazu nicht in der Lage, sie vergewaltigen die Weibchen und haben so, wenn auch geringere, Vermehrungschancen. Die schon begatteten eierlegenden Weibchen des afrikanischen Weißstirnbienenfressers *Melittophagus bullockoide* werden nach dem Verlassen der Nesthöhle von mehreren Männchen auf den Boden gedrückt und mit Kopulationsversuchen attackiert. Die Weibchen versuchen die Besamungen zu verhindern, indem sie ihre Kloake fest auf den Boden drücken.

Männchen der Krabbenfresser-Robben *Lobodon carcinophagus* spüren säugende Weibchen auf und vergewaltigen die zu dieser Zeit überhaupt nicht kopulationsbereiten Tiere auf der Eisscholle. Dabei geraten die Weibchen in einen Konflikt, sie müssen das Männchen abwehren und das Jungtier schützen. Es ist nicht eindeutig geklärt, ob hier eine normale oder abnorme Fortpflanzungsstrategie vorliegt.

Beim Menschen ist die V. eine kriminelle Verhaltensstörung, die zahlreiche Ursachen haben kann. Opfer sind in der Mehrzahl 20–30jährige Frauen, die von zumeist unverheirateten, mittellosen Männern vergewaltigt werden, die aus vielerlei Gründen nicht fähig sind, ihre sexuellen Wünsche auf normalem Weg zu realisieren. [1]

vergleichende Verhaltensforschung (comparative ethology): auch als Ethologie im klassischen Sinne bezeichnete Richtung verhaltensbiologischer Forschung, bei der der Vergleich der Arten im Vordergrund steht. Ihre Begründer Oskar Heinroth, Konrad Lorenz, Nikolaas Tinbergen u. a. wiesen nach, dass bestimmte Verhaltensweisen, die sog. Erbkoordinationen, genauso wie morphologische und physiologische Merkmale zur Artbeschreibung und Aufklärung von Evolutionsprozessen genutzt werden können. Die V. V. stand damals im Gegensatz zum Behaviorismus und wird heute nicht mehr herausgestellt, denn die Bedeutung der Verhaltensforschung für die Erforschung der Evolution ist unumstritten (→ Verhaltensphylogenese, → Soziobiologie). [1]

Verhalten (behaviour): Gesamtheit der intern verursachten Aktionen und der Reaktionen auf Umweltreize. V. dient der Selbstoptimierung des Individuums oder der biosozialen Gruppe (Sozietät). Es sichert Ansprüche und beim Menschen zusätzlich Bedürfnisse und ermöglicht eine schnelle Adaptation an die ständig wechselnden Umweltbedingungen.

V. basiert auf gespeicherten Erfahrungen (→ Programm), die während der Stammesgeschichte (Phylogenese) und Individualentwicklung (Ontogenese) erworben wurden. Im Genom fixiert sind alle angeborenen Verhaltensanteile. Die während der ontogenetischen Entwicklung erworbenen (erlernten) Verhaltensanteile sind in einem Gedächtnis gespeichert. Sie können nicht durch Vererbung, sondern allein durch Überlieferung (→ Tradition) weitergegeben werden. Weitere Grundlagen für das V. sind neben dem Stoff- und Energiewechsel der Informationswechsel. Damit V. stattfinden kann, müssen Informationen über die Umwelt und den Zustand des Körpers aufgenommen, bewertet und, da V. nicht nur Selbstzweck ist, an die Umwelt abgegeben werden.

Zum V. gehören alle sichtbaren (*äußeres V.*)
- Bewegungen und Stellungen des Körpers (Laufen, Fliegen, Putzen, Winken, Schlafstellungen, Sicht-Tot-Stellen),
- Farb- und Formänderungen, die kurzzeitig und reversibel sind (z. B. Erröten, aber keine Sommerbräune; Gefiedersträuben, aber nicht die Mauser),
- Lautäußerungen und andere Formen der Signalabgabe (Gesänge, Trommeln, Leuchtsignale, elektrische Signale), Absetzen von körpereigenen Produkten (Pheromone, Körperflüssigkeiten, Sekrete, Harn, Kot, Spermien, Eier, Nachkommen) und die internen Ursachen (*inneres V.*) wie Motivationen, Emotionen, biologische Rhythmen und das gesamte innere Milieu. [1]

Verhaltensadaptation → Adaptation.

Verhaltensanalogie (behavioural analogy): in der Stammesgeschichte (Phylogenese) als Ergebnis der Evolution entstandene Ähnlichkeit, die auf getrennten Informationsspeichern bei verschiedenen Arten bzw. Artengruppen basiert und durch die Funktionen des Verhaltens bestimmt ist. Die Ähnlichkeit ist Ergebnis von Wechselwirkungen zwischen dem Genpool von Populationen und den Umweltparametern und entsteht als Anpassungsähnlichkeit unter gleichgerichteten Selektionsdrücken (konvergente Evolution).

Analogien im Verhalten und im Körperbau finden sich besonders bei Artengruppen, die ähnliche ökologische Nischen wie Schilfwald, Wüsten, Felsenklippen, Höhlen, Sturzbäche u. a. besetzen konnten oder sich in besonderer Weise ernähren (Raubtiere unter den Beuteltieren und Echten Säugern, Aasfresser u. a.) oder fortbewegen (Grabeverhalten von Maulwürfen und Blindmäusen, die zu den Insektenfressern bzw. Nagetieren gehören). In Sturzbächen der Hochgebirgsregionen beispielsweise leben Arten, die zwar ganz verschiedenen Fischfamilien angehören, aber im Körper- und Flossenbau und im Schwimmverhalten außerordentlich gleichartig an den Aufenthalt unter hohen Strömungsgeschwindigkeiten angepasst sind.

Vögel richten den Schnabel beim Drohen und Angreifen direkt auf den Gegner aus. Der Bedrohte oder Angegriffene kann sich je nach Motivation ebenso verhalten oder beschwichtigen, wenn er den Schnabel nach oben, unten oder seitlich abwendet. Diese drei einzig möglichen Varianten werden in verschiedenen, nichtverwandten Vogelgruppen in ähnlicher Weise eingesetzt (Karl Meißner 1993. [1]

Verhaltensansprüche → Ansprüche.

Verhaltensatavismus (behavioural atavism): beschreibt das plötzliche Erscheinen von Verhaltensmerkmalen bei Bastarden (Kreuzungsprodukt verschiedener Arten oder Rassen), die nicht zum Repertoire der beiden Elternarten gehören, sondern bei anderen, ursprünglicheren Arten vorkommen. Nachgewiesen wurde V. beispielsweise bei Zwergpapageien *Agapornis* für das Zurichten und den Transport von Nistmaterial. Bekannter sind die morphologischen Atavismen, wie beispielsweise ein zweites Flügelpaar bei Fliegen, eine übermäßige Körperbehaarung, ein Schwanz oder zusätzliche Brustwarzen beim Menschen. Sie werden durch Bastardierung, Mutationen oder Störungen während der embryonalen Entwicklung verursacht. [1]

Verhaltensbiologie des Menschen → Humanethologie.

Verhaltensbiologie, *Verhaltensforschung, Ethologie* (behavioural biology, ethology): Lehre vom Verhalten der Tiere und den biologischen Grundlagen menschlichen Verhaltens. Die V. nutzt als eine exakte Wissenschaftsdisziplin die naturwissenschaftlichen, insbesondere die biologischen Methoden und Erkenntnisse. Die Untersuchungsobjekte der V. sind voll intakte Individuen und assoziative bzw. soziale Verbände.

Hauptuntersuchungsaspekte der V. sind die Struktur des Verhaltens (Verhaltensmorphologie), die Grundlagen des Verhaltens (Ethometrie, Verhaltensphysiologie, Verhaltensgenetik, Ethoendokrinologie), die individuelle und stammesgeschichtliche Entwicklung des Verhaltens (Verhaltensontogenese, Verhaltensphylogenese) und die auf diesen Wegen erreichte Angepasstheit des Verhaltens an die Umwelt (Soziobiologie, Ethökologie) sowie seine Individualität und Artspezifität.

Die historischen Wurzeln der V. liegen in der klassischen Ethologie, der Vergleichenden Verhaltensforschung, der Tierpsychologie und einigen mechanistischen Verhaltenswissenschaften wie Behaviorismus und Reflexlehre. Anregungen kamen von weiteren biologischen und nichtbiologischen Disziplinen (→ Verhaltenswissenschaften).

Die biologischen Nachbardisziplinen der V. sind die Tierphysiologie und die Ökologie. Während sich die Tierphysiologie von heute auf die Untersuchung der Leistungen und Funktionen im Inneren des Organismus konzentriert und dabei auch die sinnesphysiologischen, neurobiologischen, endokrinologischen und bewegungsphysiologischen Grundlagen des Verhaltens erfasst, beschäftigt sich die Ökologie mit überorganismischen Systemen wie Populationen und Biozönosen (Abb.). In den Grenzbereichen zu diesen Fachrichtungen werden in der V. physiologische und ökologische Untersuchungsmethoden parallel angewendet

(→ Verhaltensphysiologie, → Ethökologie). Die Hauptmethode der V. ist die quantitative Erfassung des Verhaltens im Freiland und in menschlicher Obhut durch Beobachten und Registrieren unter natürlichen, experimentellen und Belastungsbedingungen (→ Ethometrie → Recording und Sampling-rules). Neben dem artspezifischen Normalverhalten (→ Ethogramm) interessieren den Verhaltensbiologen in zunehmendem Maße die Individualität des Verhaltens, die Anpassungsreserven unter vom Menschen beeinflussten Umweltbedingungen und das gestörte Verhalten (→ Ethopathologie). Hauptanwendungsgebiete der V. sind die Tierproduktion (→ Nutztierethologie), die Versuchstierkunde (→ Verhaltenspharmakologie, → Verhaltenstoxikologie und → Verhaltensteratologie), die V. des Menschen (→ Humanethologie) und die Wildtierforschung (Artenschutz und Zootierethologie). [1]

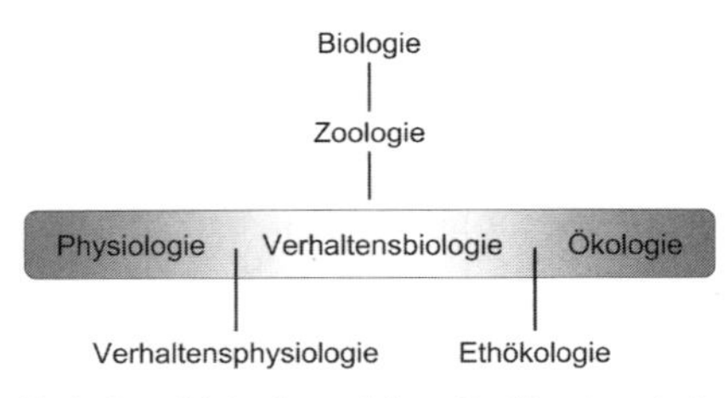

Verhaltensbiologie und ihre Position innerhalb der zoologischen Wissenschaften. [1]

Verhaltensembryologie (behavioural embryology): Spezialgebiet der Verhaltensontogenese, das die Entwicklung des Verhaltens vor der Geburt bzw. vor dem Schlupf aus dem Ei analysiert (→ pränatal). Während dieser Phase kommt es nach der Organanlage (Embryogenese) zur Herausbildung einfacher Verhaltensweisen, die immer komplexer und später durch *vorgeburtliches Lernen* (prenatal learning) ergänzt werden können. Insbesondere bei Vögeln ist nachgewiesen, dass es vor dem Schlüpfen ein sog. vorgeburtliches Lernen gibt, das auf einer zeitlich begrenzten und genetisch bestimmten Lernfähigkeit beruht. So antworten die Altvögel der Trottellumme *Uria aalge* auf die Rufe der noch nicht geschlüpften Küken. Da sich die Rufe des Elternpaares von denen anderer Eltern innerhalb der Brutkolonie unterscheiden, erkennen die Jungen über einen Lernvorgang den Lockruf ihrer Eltern und orientieren sich nach dem Schlupf daran. Auch bei Seeschwalben lernen die Jungen auf diese Weise ihre Eltern kennen. In einer Brutkolonie von *Sterna sandviciensis*, die aus etwa 2000 Elternvögeln bestand, riefen nicht einmal zwei Tiere übereinstimmend. Ohne Zweifel gibt es auch bei Säugetieren, einschließlich des Menschen, ein vorgeburtliches Lernen. Art und Umfang sind jedoch noch strittig. → Verhaltensontogenese. [1]

Verhaltensendokrinologie → Ethoendokrinologie.

Verhaltensforschung → Verhaltensbiologie.

Verhaltensfossilien (trace fossils): fossile Reste, die als Folge bestimmter Verhaltensweisen entstanden sind und Rückschlüsse auf das Verhalten ermöglichen. Die ersten wurmartigen bilateralsymmetrischen mehrzelligen Tiere aus dem Präkambrium sind nicht als Fossilien bekannt, da sie keine harten Körperbestandteile besaßen, die lange genug erhalten blieben, um eine Versteinerung zu ermöglichen. Sie hinterließen jedoch Bewegungsspuren und gegrabene Löcher im Meeressediment, die das Verhalten bei der Nahrungssuche (Fouragieren) zuweilen gut beschreiben. Die frühesten Spuren kreuzen sich oft selbst und erscheinen recht unregelmäßig. Schon im frühen Kambrium tauchen jedoch erste V. auf, die effektive Strategien beim Fouragieren zeigen: spiralige oder mäanderförmige Spuren, die sich nicht selbst kreuzen. Neben einfach gegrabenen Löchern gibt es zu dieser Zeit auch komplexere Bauten mit unterschiedlichen Ebenen und Verzweigungen im Schlick. An den V. des Kambriums erkennt man drei wesentliche Entwicklungen: die zunehmende Diversität der Tiere, die Verbesserung der Fähigkeit zum Graben und die zunehmende Komplexität des Nervensystems. In neuerer Zeit kommen dann auch Bohr- und Fraßgänge von Insektenlarven im fossilen Holz vor. Fußspuren von Sauriern oder fossilen Menschen ermöglichen Analysen der Schrittweite, der Gangart, der Geschwindigkeit usw.

Aber auch die Fossilien der Tiere selbst lassen Rückschlüsse auf deren Verhalten zu.

Frühe Fische aus dem Devon zeigen schon Körperstrukturen, die das Vorhandensein von Sinnesorganen zur Elektrolokalisation vermuten lassen. Das Auffinden von fossilen Arbeiterinnen legt nahe, dass die ersten Ameisen vor rund 140 Millionen Jahren bereits eusozial waren. Eine spezielle Ausbildung des Kehlkopfes fossiler Fledermäuse lässt auf die entwickelte Fähigkeit zur Echoortung mit Ultraschall schließen. Stridulationsorgane bei Heuschrecken und spezielle Resonanz-Organe bei bestimmten Sauriern ermöglichen eine näherungsweise Rekonstruktion der spektralen Zusammensetzung ihrer akustischen Signale. In seltenen Fällen sind Beutefang und Paarungsverhalten, insbesondere bei Spinnen und Insekten, sogar direkt erhalten und z. B. in Bernstein „eingefroren". [4]

Verhaltensgenetik (behavioural genetics, ethogenetics): Wissenschaftsdisziplin, welche die genetischen Grundlagen des Verhaltens untersucht. Sie beschäftigt sich mit der Frage: Inwieweit sind Verhaltensunterschiede in einer Population erblich? Verhalten wird dabei als der Selektion unterworfenen Anpassung im Verlauf der Evolution definiert. Ein wichtiges Augenmerk der V. liegt auf dem Zusammenspiel von Erbgut und Umwelt bei der Realisierung des Verhaltens während der Individualentwicklung → Angeborenes-Erworbenes. Probleme für die V. erwachsen aus der nicht immer klaren Abgrenzung einzelner Verhaltensmuster und der häufig komplexen Interaktion multipler Gene bei der Realisierung eines Phänotyps. Das Methodenspektrum der V. ist sehr umfangreich. Häufig werden aufwändige Familienanalysen durchgeführt, die zeigen, ob ein Verhaltensmerkmal über Generationen stabil weitergegeben wird. Mit Zwillings- und Adoptionsstudien lässt sich der Einfluss genetischer und Umwelteinflüsse besonders gut untersuchen. Der Vergleich von eineiigen (genetisch gleich) und zweieiigen Zwillingen unter identischen oder unterschiedlichen Umweltbedingungen liefert über den Konkordanz- (diskretes Merkmal, z. B. neurodegenerative Erkrankung) oder Korrelationskoeffizient (kontinuierliches Merkmal, z. B. Intelligenz) ein quantitatives Maß der Erblichkeit (→ Heritabilität). Experimente mit gut charakterisierten Modelltieren erlauben die Herstellung von Arthybriden oder Zuchtlinien mit ganz bestimmten Verhaltensweisen. Häufig zeigen Bastarde ein intermediäres Verhalten im Vergleich zu den Eltern (Nestbauverhalten bei Agaporniden, Gesänge von *Teleogryllus*), was auf eine additive Genwirkung deutet. Züchtungsexperimente mit Mäusen erbrachten innerhalb weniger Generationen stabile Linien aggressiver und ängstlicher oder lernfähiger und weniger lernfähiger Individuen. Verhaltensunterschiede zwischen Linien eines Inzuchtstammes (Individuen mit nahezu gleicher genetischer Ausstattung) unter gleichen Laborbedingungen lassen sich auf verbliebene oder neu entstandene (Mutation) genetische Variation zurückführen. Molekulargenetische Ansätze basieren häufig auf Kopplungsanalysen. Mithilfe von Familienstammbäumen wird ermittelt, inwieweit ein Kandidatengen (Allel) oder neutrales Markerallel (genetischer Polymorphismus) mit dem Merkmal gemeinsam weitervererbt wird (einen Haplotyp bildet). Unter Verwendung verschiedener Marker kann im Falle eines unbekannten Gens die Position des Kandidatengens weiter eingeengt werden. Kopplungsanalysen eignen sich aber nur für die Identifizierung von → Hauptgenen. In Genomscans (Polymorphismen decken weite Bereiche des Genoms ab) dagegen kann eine Vielzahl von Genregionen simultan auf Assoziation mit einem Verhaltensmerkmal getestet werden. Mit → QTL-Analysen können multiple Gene mit geringen Effekten nachgewiesen werden. Die gentechnische Herstellung von knock-out (beide Allele eines bestimmten Gens sind inaktiviert) und knock-in Organismen (ein zu untersuchendes Gen wird an eine bestimmte Stelle im neuen Genom plaziert) gestattet eine gezielte Analyse des Effektes, den ein Zielgen auf einen Verhaltensphänotyp ausübt. Mithilfe der genannten Techniken wurden bereits eine Reihe von Genen mit Verhalten in Verbindung gebracht, so z. B. Lernen, Gedächtnis, Sprache, Balzverhalten, Rhythmik und Brutpflege. Eine der ersten Verhaltensweisen, deren genetische Basis analysiert wurde, ist das → Wabensäuberungsverhalten der Honigbiene. [3]

Verhaltensimmunologie (behavioural immunology): eine neue Forschungsrichtung, die sich mit den Wechselbeziehungen zwischen dem Immunsystem, dem Hormonsystem, dem Nervensystem und dem Verhalten befasst. Im Mittelpunkt stehen die Auswirkungen des Verhaltens auf das Immunsystem bzw. der Einfluss des Immunsystems auf das Verhalten. Seit den 1970er Jahren ist belegt, dass das Immunsystem nach dem Prinzip der klassischen Konditionierung manipuliert werden kann. Bekommen durstige Ratten eine Zuckerlösung angeboten und kurz danach Cyclophosphamid injiziert, so löst das Übelkeit und immunologische Veränderungen aus. Nach der Konditionierungsphase löst allein die Zuckerlösung die Immunreaktionen aus. Weiterhin ist bekannt, dass der Immunstatus auch von der Rangposition und vom Stress abhängig ist. Bei der Partnerwahl präferieren besonders die Weibchen der höheren Wirbeltiere Männchen mit abweichenden Immunsystemen, die sie über phänotypische Marker erkennen (→ MHC, → Weibchenwahl). [1]

Verhaltensisolation, *ethologische Isolation* (behavioural isolation, ethological isolation): Fortpflanzungsbarriere zwischen Tierarten aufgrund des Verhaltens. Solche Barrieren sind besonders auffällig bei sympatrischen Arten mit gleichen Fortpflanzungszeiten. V. beinhaltet Merkmale, die die Attraktivität zwischen den oppositionellen Geschlechtern verschiedener Arten herabsetzt. In der Regel sind es paarungsstimulierende Signale des Männchens (Färbung, epigame Merkmale, Gesang, Balz etc.), die eine sexuelle Präferenz bei artgleichen, aber nicht bei artfremden Weibchen bewirkt. Männchen der ostsibirischen und westsibirischen Subspezies des Grünlaubsängers *Phylloscopus trochiloides* zeigen im Überlappungsgebiet deutliche Unterschiede im Gesang und in Gefiedermerkmalen, die die Weibchen der jeweils anderen Form nicht ansprechen. Die treibende Kraft der V. ist die sexuelle Selektion. Dabei kann es eine ursächliche Selektion auf Partnerpräferenz (z. B. höhere Chance auf Paarungspartner und Ressourcen, verbesserte Vermeidung von Nachteilen verbunden mit der Paarung) oder auf das Paarungssignal geben. So bewirkt z. B. die Veränderung eines Merkmals eine erhöhte Attraktivität des Trägers oder bietet Vorteile im direkten intra-sexuellen Konflikt. Die Evolution eines paarungsstimulierenden Merkmals durch sexuelle Selektion kann auch im Zusammenwirken mit einer Präferenzveränderung durch natürliche Selektion einhergehen (Arterkennungsprinzip). Die natürliche Selektion richtet sich dann gegen weniger fitte Hybride (→ Reinforcement). [3]

Verhaltenskonvergenz (behavioural convergence): bei unterschiedlichen Arten unabhängig erworbene, funktionell bedingte Ähnlichkeit im Verhalten als Anpassung an gleichartige oder ähnliche Lebensräume und Umweltbedingungen. V. sind Ergebnisse der Stammesgeschichte (Phylogenese); der Selektionsdruck liegt auf den Eigenschaften, die für die jeweilige Funktion gegeben sein müssen. Die Spindelform von Knorpelfischen (Haie), Knochenfischen (Thunfische) und Meeressäugern (Wale) ist als Angepasstheit an die Vorwärtsbewegung im freien Wasser in der Stammesgeschichte auf getrennten Wegen ausgebildet worden, ebenso wie der Schwirrflug und die dazugehörigen Ansatzflächen der Muskulatur bei Kolibris, Nektarvögeln und Honigfressern. Das Fliegen auf der Stelle hat sich im Zusammenhang mit dem Blütenbesuch zur Nektaraufnahme, also wenigstens dreimal konvergent entwickelt.

Das Maulbrüten, die Entwicklung der Eier in der Mundhöhle eines Elterntieres, ist in der Evolution der Fische mehrfach auf getrennten Wegen entdeckt und differenziert worden; so bei Arten aus den Familien der Buntbarsche, der Heringsfische, der Kletterfische und der Welse.

Beim Auftauchen von Luftfeinden stimmen die Alarmrufe bei nichtverwandten Singvögeln so weitgehend überein, dass sie über die Artgrenzen hinweg wirksam sind. In ihren sonstigen Lautäußerungen unterscheiden sich diese Arten sehr. Das Eingraben in den Boden mittels Grabbewegungen der Hinterbeine wurde bei Amphibien in fünf verschiedenen Familien mehrfach unabhängig voneinander entwickelt. Auch das Nickschwimmen der Putzerfische und der falschen Putzerfische (→ Putzsymbiose) ist ein konvergent entwickeltes Verhalten, die Putzkunden können beide nach der Schwimmweise und der Körperzeichnung kaum unterscheiden (Karl Meißner 1993). [1]

Verhaltensmimikry, *Ethomimikry* (behavioural mimicry, etho-mimicry): Sammelbe-

zeichnung für alle Nachahmungen von Verhaltensweisen einer anderen Art zum eigenen Vorteil.
Mit Mimikry und Mimese wurden in der älteren Literatur primär die morphologischen Imitationen beschrieben; mit dem Begriff V. bzw. *Verhaltensmimese* (behavioural mimesis) sollte auf entsprechende ethologische Anpassungen aufmerksam gemacht werden. Eine derartige Trennung zwischen Mimikry und Mimese auf der einen Seite und V. bzw. Verhaltensmimese auf der anderen, ist jedoch nicht gerechtfertigt. [1]

Verhaltensmodifikation (behaviour modification): **(a)** allein durch Umweltfaktoren im Laufe der Entwicklung und im Rahmen der erblich vorgegebenen Reaktionsbreite hervorgerufenen verhaltensbiologischen Änderungen. Zu den bekannten V. gehören das Süßkartoffelwaschen der Makaken, die Herausbildung von Dialekten und der Werkzeuggebrauch. Die V. kann nur von Individuum zu Individuum und von Generation zu Generation durch → Tradition weitergeben werden.
(b) in der Psychologie beschreibt V. eine Methode innerhalb der Verhaltenstherapie, mit der Verhaltensänderungen durch Umlernen herbeigeführt werden. [1]

Verhaltensmorphologie (behavioural morphology): ein aus der Anfangsphase der Vergleichenden Verhaltensforschung stammender Ansatz, der sich mit der Beschreibung und Benennung der qualitativen und quantitativen Parameter einzelner Verhaltenselemente oder des gesamten Verhaltensinventars befasste (→ Ethogramm). Die V. orientierte sich an den Methoden und der Erfahrungen der Anatomie und Morphologie. Heute wird die V. hauptsächlich interdisziplinär betrieben, beispielsweise in der Evolutionsforschung und der funktionellen Morphologie. [1]

Verhaltensmutante (behavioural mutant): ist ein Tier, bei dem es aufgrund einer Gen- oder Chromosomenmutation zu Änderungen im Verhalten kommt. Trotz der meist komplexen Geninteraktionen, die einem Verhaltensphänotyp zu Grunde liegen, konnte in einigen Fällen eine direkte Beziehung zwischen einem spezifischen Mutationsereignis und einer definierten Verhaltensänderung hergestellt werden (→ Verhaltensgenetik). Untersuchungen von V. im Vergleich zu entsprechenden Kontrolltieren liefern wichtige Informationen über die verschiedenen Komponenten des Verhaltens und seiner Funktionen. Darüber hinaus bieten V. wertvolles Material für die Erforschung neurobiologischer Korrelate des Verhaltens. → Neurogenetik, → neurologische Mutante, → Tanzmaus, → Clock-Mutante. [3]

Verhaltensneurogenetik → Neurogenetik.

Verhaltensökologie → Ethökologie.

Verhaltensontogenese, *Ethogenese, Ontogenese des Verhaltens* (behavioural ontogeny, ethogenesis, ontogeny of behaviour): Herausbildung und Änderung von Verhaltensweisen von der ersten pränatalen Verhaltensäußerung bis zum Tod. Wie alle Organe und physiologischen Funktionen, so unterliegt auch das Verhalten genetisch determinierten entwicklungsbedingten Veränderungen, die auf → Reifung und → Lernen beruhen. Verhalten wird aufgrund der V. mit dem Alter immer differenzierter und komplexer, sodass adulte Individuen ein umfangreicheres Verhaltensrepertoire besitzen. V. schließt aber auch den Abbau von Verhaltensweisen, insbesondere der larvalen und juvenilen, ein. Der Beginn der V. ist nicht eindeutig zu bestimmen (→ Verhaltensembryologie). Bei frühen Molch- und Krötenstadien sind in den Eihüllen z.B. als erste Verhaltensäußerungen aktive Dreh- und Krümmungsbewegungen zu beobachten, sobald die sich ausbreitenden Nervenfasern die Rumpfmuskulatur erreicht haben und so eine geordnete Verbindung zwischen Nervensystem und Muskulatur hergestellt ist.
Wie allgemein in der Ontogenese, die die Entwicklung eines Individuums von der befruchteten Eizelle bis zum Tod beschreibt, so wird auch die V. in die Entwicklungsabschnitte vor der Geburt oder dem Schlupf (→ pränatal) und danach (→ postnatal) mit den Phase Jugend- (→ juvenil), Erwachsenen- (→ adult) und Greisenalter (→ senil) unterteilt. [1]

Verhaltenspharmakologie (behavioural pharmacology): Wissenschaftsdisziplin, die Methoden und Erkenntnisse der Verhaltensbiologie und der Arzneimittellehre (Pharmakologie) zur Aufklärung der Wirkung neuentwickelter Pharmaka auf das tierische

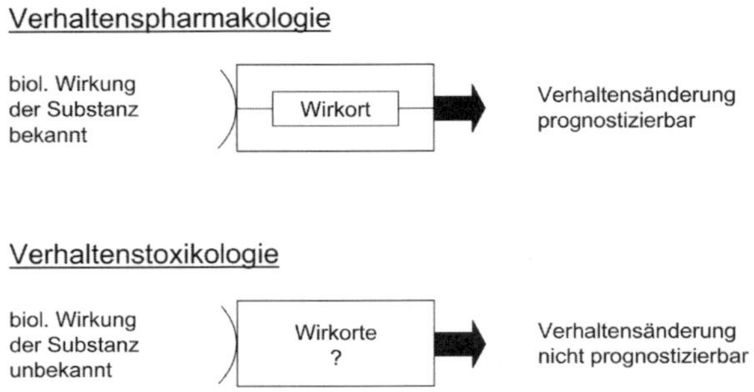

Verhaltenspharmakologie und ihre Abgrenzung zur Verhaltenstoxikologie. Nach R. Gattermann 1992.

und in einzelnen Fällen auch menschliche Verhalten nutzt. Weitere Ziele sind die Steuerung des Verhaltens, um Verhaltensstörungen zu behandeln und Grundlagen der Verhaltensregulation aufzudecken. Dabei wird mit körperfremden Stoffen gearbeitet und im Gegensatz zur Verhaltenstoxikologie so dosiert, dass der physiologische Bereich nicht verlassen wird, d.h., keine Schädigungen auftreten (Abb.). [1]

Verhaltensphylogenese, *Phylogenie des Verhaltens* (phylogeny of behaviour): befasst sich mit der stammesgeschichtlichen Herkunft und Entwicklung, d.h. der Evolution des Verhaltens. Wie alle morphologischen und physiologischen Merkmale, so unterliegen auch die Verhaltensmerkmale dem Einfluss von Evolutionsfaktoren. Während sich früher hauptsächlich die Vergleichende Verhaltensforschung mit der V. befasste, sind es heute vor allem Soziobiologie, Verhaltensökologie, Evolutionsökologie und Populationsgenetik, die sich mit der stammesgeschichtlichen Entwicklung und dem Überlebenswert von Verhaltensweisen befassen. [1]

Verhaltensphysiologie, *Ethophysiologie* (behavioural physiology, ethophysiology): Teilgebiet der Verhaltensbiologie, das sich mit den proximaten, also den unmittelbar auslösenden physiologischen Grundlagen des Verhaltens befasst. Im Mittelpunkt stehen dabei die Leistungen des Nervensystems und der Sinnesorgane sowie des Hormonsystems. Dem entsprechend haben sich zwei relativ eigenständige Disziplinen entwickelt, die → Neuroethologie und die → Ethoendokrinologie. [5]

Verhaltenspolymorphismus → Polyethismus.

Verhaltensprogramm → Programm.

Verhaltensrudiment (behavioural relict): historisch bedingte Reste von Verhaltensweisen, die während der Entwicklung einer Evolutionseinheit (Verwandtschaftsgruppe) ausgebildet wurden und bei stärker abgeleiteten, höheren Formen noch vorhanden sind, zugleich aber ihre Funktion teilweise oder ganz verloren haben.

Unter den Affen machen wenigstens vier verschiedene Makaken-Arten mit ihren Stummelschwänzen noch Balancierbewegungen; Nandus verfügen als flugunfähige Laufvögel noch über die Muskelkoordination der Flugbewegungen. Die Galapagos-Taube zeigt in Freilandexperimenten das → Verleiten, mit dem Raubsäuger von Nest und Jungen weggelockt werden. Da die ozeanischen Inseln aber von diesen Räubern stets frei waren, muss das Verhalten noch von der Ausgangsform stammen, die auf dem Festland lebte. Hirsche der Gattung *Cervus* drohen durch Kopfnicken und Anheben der Lippen, wobei sie die stark reduzierten oberen Eckzähne entblößen. Bei ihren urtümlichen Verwandten, wie Muntjak und Moschustier, werden dabei dolchartige Hauer demonstriert, die auch zum Kämpfen einzusetzen sind. Hier hat das Verhalten die dazugehörige morphologische Struktur gewissermaßen überlebt (Karl Meißner 1993). [1]

Verhaltenssterilität, *ethologische Sterilität* (behavioural sterility): beschreibt das Phänomen, dass fertile Hybride keine geeigneten Paarungspartner finden. Ursache dafür kann intermediäres Verhalten sein (Balzverhalten, Gesang), welches für jeweilige Paarungspartner unattraktiv ist (*extrinsische postzygotische Isolation*). Männliche Laubfrösche der Arten *Hyla cineria* und *H. gratiosa* zeigen deutlich differenzierte Rufmuster. Hybride produzieren Laute, die sich von ihren Elternarten unterscheiden und auf Weibchen beider Arten unattraktiv wirken. Auf der anderen Seite können Hybride neurologische oder physiologische Defekte aufweisen, die ein Balzverhalten ausschließen oder stark beeinträchtigen (*intrinsische postzygotische Isolation*). [3]

Verhaltensstörung, *abnormales Verhalten, Verhaltensanomalie* (abnormal behaviour, deviant behaviour, behaviour anomaly, behaviour disorder): kurzzeitige oder andauernde deutliche Abweichung vom normalen, artspezifischen Verhalten. Sie zu erkennen, ist nicht immer einfach und setzt umfangreiche Kenntnisse über das normale Verhalten voraus. So wurde bis vor kurzem das Töten der Löwenbabys durch den neuen Gruppenführer (→ Infantizid) aus Unkenntnis als V. eingestuft.

V. werden durch Änderungen im genetischen Material, durch mannigfaltige Störungen während der Individualentwicklung (Fehlprägung u. a.) sowie durch Krankheiten oder ungeeignete Umweltbedingungen verursacht. In allen Fällen ist eine artspezifische Adaptation an die Umwelt nicht möglich. Dennoch dient auch die V. der Selbstoptimierung, indem das Individuum versucht, durch verändertes Verhalten Mängel oder Belastungen (Stress) zu kompensieren und sogar → Wohlbefinden zu erreichen.

Eine V. kann sich als quantitative oder qualitative Abweichung vom normalen Verhalten äußern. Als Beispiel dafür seien genannt das bei Kälbern zu beobachtende exzessive Saugen an Stalleinrichtungen oder Artgenossen (Ohren und Hodensack), wenn sie aus dem Eimer getränkt werden, und das Schwanzbeißen der Schweine. Es ist in Großmastanlagen so verbreitet, dass prophylaktisch der Schwanz kupiert wird, eine Maßnahme, die früher nicht notwendig war. Damit ist angezeigt, dass viele V. bei landwirtschaftlichen Nutztieren zu beobachten sind. Die Ursachen sind mannigfaltig und ergeben sich vor allem aus den bei der Domestikation erwünschten bzw. unerwünschten genetischen Verhaltensänderungen sowie in der Schaffung einer zwar perfekt technisierten Umwelt, die aber nicht allen Ansprüchen der Nutztiere gerecht wird (→ Technopathien). Meist sind die Besatzdichten zu hoch (→ Sozialstress), stehen nicht genügend Bewegungsmöglichkeiten zur Verfügung, ist der Zugang zur Nahrung zu einfach und können keine stabilen sozialen Beziehungen (Prägung, Rangordnung) aufgebaut werden (Tab.). Erkennen, Erforschen und Vermeiden von V. sind Herausforderungen für die Nutztierethologie.

Am einfachsten lassen sich die milieubedingten V. beseitigen, beispielsweise durch artspezifische Haltungsbedingungen. So tritt bei Schweinen, die wühlen können, Schwanzbeißen seltener auf, Hühner, die ihr Futter durch Scharren in der Einstreu suchen müssen, unterlassen das → Federpicken, Lämmer, die genügend Möglichkeiten für die Prägung haben, werden später nicht zu → Milchräubern.

Das Schwanzkupieren (Schweine, Rinder), die Nasenklappen und Zungenoperationen bzw. das Einziehen eines Rings in das Zungenband (Rinder) oder chirurgische Eingriffe wie die Kopper-Operation (Pferd) sind ungeeignete Maßnahmen zur Beseitigung von V.

Auch beim Menschen treten angeborene, durch Krankheiten verursachte oder erworbene (milieubedingte) V. auf, z. B. Stottern, Bettnässen, Phobien, Stereotypien, Tics, Autotomien und Deprivationssyndrome. Sie alle sollten auch mit verhaltensbiologischen Methoden analysiert werden, um so die bestmögliche Therapie zu finden.

In der Verhaltenstoxikologie werden V. bei Labortieren (Ratte, Maus, Goldhamster) zur Einschätzung der Giftigkeit (Toxizität) bekannter oder neuer Wirkstoffe herangezogen. Solche experimentell ausgelösten V. zeigen sehr zuverlässig und frühzeitig funktionelle Störungen einzelner Organsysteme an, oft schon, bevor es zu morphologischen Schädigungen kommt.

Die Verhaltensteratologen behandeln trächtige Weibchen mit Prüfsubstanzen, um später anhand der V. bei den Nachkommen die pränatale, d. h. vorgeburtliche Toxizität abschätzen zu können. Unter natürlichen Bedingungen werden Tiere mit auffälligen V.

Verhaltensstörungen (Beispiele). [1]

Verhaltensstörung	Tierart	Ursachen	Folgen
Komfortverhalten			
Weben (Schaukeln des Vorderkörpers)	Pferd, Rind, Elefant	Bewegungs- und Reizarmut	Leistungsverluste, unnatürlich breiter Brustkorb
Stereotypes Hin- und Herlaufen	Raubtiere	Bewegungs- und Reizarmut	
Verlängerte Liegezeiten	Rind	Raummangel	Karpalgelenkschäden
Verringerte Aktivität	Schaf	Einzelhaltung	Leistungsverluste
Verringerte Schlafzeit	Schwein	zu hohe Besatzdichte, zu hohe Temperatur, Umstallungen	Magengeschwüre, schlechte Futterverwertung
Autotomie	Landwirtschaftliche Nutztiere, Zootiere	Bewegungs- und Reizarmut, Krankheiten, Parasiten	Todesfälle durch Infektionen, Leistungsverluste
Koppen (geräuschvolles Ein- und Ausatmen)	Pferd	Bewegungs- und Reizarmut	durch die verschluckte Luft können Koliken entstehen
Nahrungsverhalten			
Fremdsaugen (an Gegenständen und Artgenossen)	Rind, Schaf, Schwein	keine Befriedigung des natürlichen Saugaktes, zu hohe Besatzdichte	Entzündungen an Ohren, Hoden und Nabel
Milchräubern	Schaf	mangelhafte Prägung, da zu viele Schafe zur gleichen Zeit lammen, Milchmangel	Wachstumsstörungen, Euterschäden, Mastitisübertragung
Federpicken und Eierfressen	Hühner u. a.	Mineralstoffmangel, zu hohe Besatzdichte	Todesfälle, Leistungsverluste
Sozialverhalten			
Trichophaga (Selbstlecken und Haare verschlucken)	Rind, Kaninchen	Bewegungs- und Reizarmut, soziale Isolation	geringe Futteraufnahme, Wachstumsstörungen, Bezoare im Magen
Hyperaggressivität	Rind, Schwein	zu hohe Besatzdichte, zu wenig Fressplätze	Leistungsverluste, Todesfälle
Hyperphagie (Fresssucht)	Hund, Katze	zuviel Futter, Futteraufnahme wird durch Streicheln u. a. bekräftigt	geringere Lebenserwartung
fehlendes Fluchtverhalten und unnatürliche Zutraulichkeit	Wildtiere	Tollwutvirus	Infektionsgefahr, Todesfälle

in den meisten Fällen vom Gruppenleben und von der Fortpflanzung ausgeschlossen. [1]

Verhaltensstrategie (behavioural strategy): **(a)** Verhalten, dass sich in der Evolution zur Erreichung maximaler Fitness als erfolgreich erwiesen hat. In einer Population existieren möglicherweise mehrere genetisch determinierte V. oder ethologische Polymorphismen nebeneinander, die sich zumindest temporär als evolutionsstabil durchgesetzt haben. In Abhängigkeit von den vorherrschenden Umweltbedingungen oder der Anzahl der Individuen mit alternativer V. (→ alternative Reproduktionsstrategie) sind Individuen mit einer bestimmten V. mehr oder weniger bevorteilt. Es bildet sich so ein Gleichgewicht verschiedener V. heraus. Mithilfe der Spieltheorie kann die Wahrscheinlichkeit für den Erfolg einer V. in Konkurrenz zu anderen Strategien simuliert werden.
(b) Verhalten, das nach kognitiver Abwägung der speziellen Situation aus verschiedenen Alternativen heraus gewählt wird. Es setzt Abstraktion der entsprechenden Situation und gedankliches „Durchspielen“ verschiedener Strategien voraus und bleibt deshalb auf hoch entwickelte Primaten beschränkt. → soziale Intelligenz. [2]

Verhaltenssynchronisation (behavioural synchrony): beschreibt die Herstellung und Aufrechterhaltung von Gleichzeitigkeit im Verhalten zwischen den Mitgliedern einer Sozietät als *Gruppensynchronisation* (group synchrony), als Abstimmung im Fortpflanzungsverhalten einer Population oder Brutkolonie (→ Fraser-Darling-Effekt), zwischen den Weibchen einer Gruppe (→ Zyklussynchronisation) oder zwischen der Mutter und Nachwuchs (materno-filial synchrony). Eine generelle Schwierigkeit besteht in der Bewertung der V. Im einfachsten Fall differenziert man zwischen der kompletten bzw. 100 % -V. und der partiellen V., bei der mindestens 51 % der Individuen identisches Verhalten zeigen sollten. [1]

Verhaltenssyndrom (behavioural syndrome): eine mehr oder weniger starre Kopplung von Verhaltensweisen zu höheren Einheiten. Beispielsweise bilden alle Putzhandlungen das Putzsyndrom, als Folge des Verlustes sozialer Kontakte entsteht ein Deprivationssyndrom u. a. Heute wird der Begriff V. kaum noch verwendet. [1]

Verhaltensteratologie (behavioural teratology): eine spezielle Richtung der Verhaltenstoxikologie. Sie versucht anhand des Verhaltens vor der Geburt (pränatal) oder in den ersten Lebenstagen induzierte funktionelle Schädigungen aufzuspüren. Spätestens seit den 1960er Jahren als die Folgen der Contergan-(Thalidomid)-Einahme und des Herbizideinsatzes im Vietnamkrieg publik wurden, sind jedem die potenziellen Gefahren von Chemikalien für das ungeborene Leben bewusst geworden. Deshalb müssen alle Arznei- und Pflanzenschutzmittel vor der Zulassung im Tierexperiment hinsichtlich ihrer Wirkung auf Ungeborene und Säuglinge getestet werden. Dazu behandeln Verhaltensteratologen trächtige Weibchen oder Neugeborene mit der Prüfsubstanz und bewerten zu bestimmten Zeiten den Reifegrad ausgewählter Verhaltensweisen der Jungtiere, der mit dem der Jungtiere von unbehandelten Weibchen verglichen wird. Nach der abweichenden Entwicklung lässt sich das Ausmaß der Schädigung einschätzen. Dabei werden nicht nur eine Verhaltensweise sondern möglichst viele, vereinigt zu einer Testbatterie, untersucht. In den ersten Lebenstagen sind es Umdreh- und Greifreflexe, später kommen das Klippenmeideverhalten, die geruchliche Orientierung, das Lernvermögen, motorische Leistungstests und Tests zum Sozialverhalten hinzu. [1]

Verhaltenstest, *ethologischer Funktionstest* (behavioural test): eine Methode, bei der das Verhalten als Bioindikator genutzt wird, um vor oder nach der Geburt induzierte funktionelle Störungen aufzuspüren oder um neuentwickelte Arzneimittel zu prüfen. V. können auch für die Einschätzung von Umweltbedingungen, zum Verfolgen der normalen individuellen Entwicklung (Reifetests) und zur Beurteilung des jeweiligen physiologischen Zustandes verwendet werden, z. B. bei der künstlichen und natürlichen Besamung von Rindern, Schafen, Schweinen und Pferden in Herdenhaltung. Hier überlässt man das Aufspüren der brünstigen Weibchen freibeweglichen Männchen (Suchböcke), die das weibliche Sexualverhalten auslösen. Für Routineuntersuchungen zum agonistischen und sozialen

Verhalten konfrontiert man die Testtiere mit sog.n Standardopponenten als Auslöser. Auch in der Humanpsychologie werden zahlreiche V. für die Beurteilung der Leistungsfähigkeit und des inneren Zustandes angewandt. → Bioassay. [1]

Verhaltenstoxikologie (behavioural toxicology): ein interdisziplinärer Wissenschaftszweig, der Methoden und Erkenntnisse von Verhaltensbiologie und Toxikologie zusammenführt, um die bioindikatorischen Potenzen des Verhaltens zu nutzen. Dazu werden durch exogene Faktoren ausgelöste Verhaltensänderungen oder Verhaltensstörungen bei Tier und Mensch erfasst. Besonders Tiere reagieren in ihrem Verhalten sehr empfindlich und frühzeitig, oft bevor mit den üblichen toxikologischen Methoden Organschädigungen nachgewiesen werden können. Verhalten kann somit ein sehr sensitiver Indikator sein, der vor allem funktionelle Störungen durch Stressoren oder Noxen anzeigt (Abb.). Da die Mehrzahl der Stressoren oder Noxen gleichzeitig an verschiedenen Orten agiert und die vielfältigsten Funktionen beeinflusst und auf der anderen Seite das Verhalten multifaktoriell verursacht ist, kann es aufgrund dieser Komplexität nur ein unspezifischer Indikator sein, d.h., der Wirkort der Prüfgröße lässt sich in der Regel durch verhaltenstoxikologische Untersuchungen nicht identifizieren. Damit soll aber die Möglichkeit einer spezifischen Indikation mittels Verhaltensparameter nicht in Abrede gestellt werden. Es ist durchaus vorstellbar, dass in der Zukunft sehr fein regulierte kleinste Verhalteneinheiten oder Zeitkonstanten gefunden werden, die direkt zentrale und periphere Funktionszustände repräsentieren.

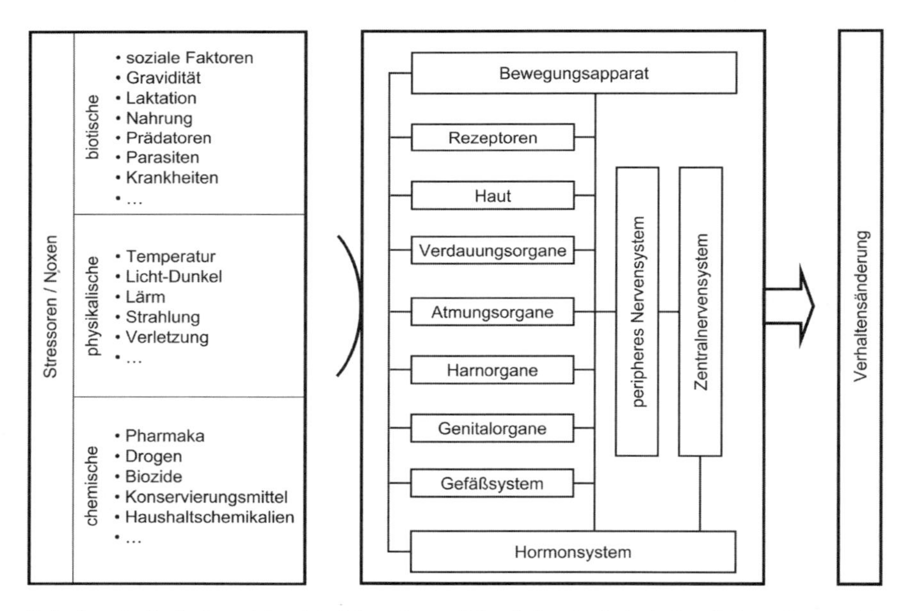

Verhaltenstoxikologie und ihre Arbeitshypothese: Bei verhaltenstoxikologischen Untersuchungen betrachtet man das Tier mit all seinen Organsystemen als Black-box und das zu prüfende biologische, physikalische oder chemische Agens als Input. Unter Laborbedingungen lassen sich die exogenen Faktoren, die das Verhalten beeinflussen könnten, so standardisieren, dass das zu beobachtende Verhalten weitestgehend von internen Faktoren, von der optimalen Funktionsfähigkeit aller Organsysteme abhängig ist. Wird durch die Behandlung irgendein System beeinflusst, dann wirkt sich das aufgrund des Vermaschungsgrades auch auf andere aus und äußert sich schließlich in einer Verhaltensänderung im Output-Bereich. R. Gattermann 1987.

Verhaltenstoxikologische Tests sollten primär als *Suchtest* (screening test) oder *Ersttest* (apical test) den spezielleren toxikologischen Untersuchungen vorangehen, um kosten- und zeitaufwendige Untersuchungen zu vermeiden. Außerdem sollten bei verhaltenstoxikologischen Untersuchungen nicht nur ein, sondern möglichst viele, zu unterschiedlichen Funktionskreisen gehörende Verhaltensparameter verfolgt werden, um Fehlschlüsse auszuschließen. Notwendig sind Testbatterien, wie sie heute vor allem in der Verhaltensteratologie Anwendung finden. → Bioassay. [1]

Verhaltensumstimmung → Umstimmung.

Verhaltenswissenschaften (behavioural sciences): Sammelbezeichnung für alle Disziplinen, die mit naturwissenschaftlichen Methoden das Verhalten der Tiere und des Menschen untersuchen. Das sind neben der Verhaltensbiologie, Verhaltensphysiologie, Soziobiologie, Ethökologie, Verhaltensgenetik, Verhaltenstoxikologie, Humanethologie, u. a. auch Teilgebiete der Ökologie, Evolutionsbiologie, Genetik, Soziologie und Psychologie. [1]

Verlegen (sideways building): eine angeborene Nestbaubewegung vieler auf dem Boden brütender Vögel. So nimmt der Höckerschwan *Cygnus olor* Nestmaterial mit langgestrecktem Hals auf und legt es, ohne den Körper zu bewegen, hinter sich auf den Nestrand. V. kann auch ritualisiert zur Partnerbindung genutzt werden. [1]

Verlegenheitsgebärde (gesture of embarrassment): mimisch-gestischer Ausdruck des Menschen in sozialen Konfliktsituationen, die eigenes Verhalten blockieren. Typisch sind Hemmung und Zeitdehnung der normalen Bewegungsmuster sowie spezifische Versuche des Kontaktabbruchs durch Wegsehen, Senken der Augen oder des Kopfes, und der erneuten Kontaktnahme, dabei oft sog. verschämtes Lächeln und Erröten. (Karl Meißner 1993) → Gesichtverbergen. [1]

Verleiten, *Ablenkungsverhalten, Täuschung, Feindablenkung* (distraction display, distraction, deception, predator diversions tactics, deflection display, diversionary display, mobile lure-display): besonderes Verhalten zahlreicher bodenbrütender Vögel, um potenzielle Bodenfeinde vom Nestplatz oder von den Jungen fortzulocken. Der Altvogel versucht durch auffällige Verhaltensweisen (Sichlahmstellen, Flügelverletzungen vortäuschen u. a.) die Aufmerksamkeit auf sich zu ziehen, damit der Räuber ihm folgt. Ist das Ablenkungsmanöver gelungen, so fliegt er auf und kehrt auf Umwegen zum Nest bzw. zu den Jungen zurück. Wahre Meister des V. sind Regenpfeifer und Kiebitze. [1]

Verleitruf → Alarmruf.

Verlernen (unlearning): die Auflösung der im Verlauf von Lernprozessen erworbenen Assoziationen durch Vergessen oder Extinktion. V. geht meist mit einer Verringerung des individuellen Verhaltensrepertoires einher. Gelegentlich ist es notwendig, nicht mehr benötigtes Wissen zu eliminieren, um neu lernen zu können. So müssen Stotterer zunächst das Stottern verlernen, bevor sie lernen, fehlerfrei zu sprechen.

V. kann durch Präsentation der ursprünglichen → Verstärkung wieder aufgehoben werden. Das vollzieht sich schneller als beim Erlernen. [5]

Vermeidungslernen (avoidance conditioning, avoidance learning): Lernvorgang der → operanten Konditionierung, bei dem das Versuchstier durch sein Verhalten einem Strafreiz entgeht. Es reagiert auf diesen aversiven Reiz mit Meideverhalten, das aus einer Hemmung der Annäherung oder Berührung oder aus Flucht bestehen kann. Bei *passivem V.* (passive avoidance), der Verhaltensunterlassung aufgrund negativer Konsequenzen, unterlässt das Individuum ein bestimmtes Verhalten, um weitere Strafreize zu vermeiden. Bei *aktivem V.* (active avoidance) erfolgt der Strafreiz nur in Verbindung mit einem verhaltensunabhängigen Signal (Lampe, Klingel). Das folgende Verhalten dient unter Nutzung des vorangehenden Signals der Vermeidung des Strafreizes. Beim aktiven V. muss ein Tier z. B. an einen Stab springen (Stabsprungtest), eine Plattform verlassen, ein Wasserbecken durchschwimmen (Wasserausstiegstest), einen Hebel oder Schalter betätigen (Skinner-Box) oder von einem Abteil in ein anderes laufen (Shuttle-Box). Als Routinetest wird das V. in der Verhaltenstoxikologie und Verhaltenspharmakologie genutzt. Häufig vereint man für Grundlagenuntersuchungen V. und Diskriminationslernen. [5]

Vers → Chirp.

versichernde Gebärden → Beschwichtigungsverhalten.

Verständigung → Kommunikation.

Verstärker, *Verstärkungsreiz* (reinforcer): äußere oder innere Reize, die in Abhängigkeit von der aktuellen Motivation das Auftreten bestimmter Verhaltensweisen begünstigen oder hemmen. V. bewirken im Verlauf der Selbstoptimierung während des Lernens eine adäquate Anpassung an die Umwelt. Voraussetzung für die Wirksamkeit von V. ist, dass sie unmittelbar, eindeutig und regelhaft erfolgen. Man kann zwischen primären V., die elementare Grundbedürfnisse wie Hunger, Sozialkontakte oder sexuelle Bedürfnisse befriedigen, und sekundären V., wie sozialer Status, unterscheiden. [5]

Verstärkung, *Bekräftigung* (reinforcement): die Konsequenz einer bestimmten Verhaltensweise bewirkt, dass die Auftretenswahrscheinlichkeit und/oder Intensität dieses Verhaltens erhöht wird. Die dabei wirksamen → Verstärker können nach ihrer Qualität in positive und negative V. unterschieden werden. *Positive V.* (reward) geht mit angenehmen motivationsadäquaten Konsequenzen einher und kann z. B. durch Nahrung, Wasser, gesellschaftliche Anerkennung, die Anwesenheit von Sozialpartnern oder durch eine vertraute Umgebung erzielt werden. *Negative V.* (negative reinforcement) bewirkt, dass eine Verhaltensweise verstärkt wird, um einen als unmittelbar unangenehm erfahrenen Zustand zu verringern oder zu beenden. Das Individuum entzieht sich durch sein aktives Verhalten einer negativen Konsequenz durch einen aversiven Stimulus wie Schmerz, soziale Isolation oder einer psychisch belastenden Situation (→ Bestrafung). Ist ein Individuum nicht in der Lage, einer solch unangenehmen Erfahrung durch aktives Handeln auszuweichen, kann es zu einem Zustand der → erlernten Hilflosigkeit und nachfolgend zu einer massiven Beeinträchtigungen des → Wohlergehens kommen. V. spielen vor allem in Versuchen zur → operanten Konditionierung eine wesentliche Rolle. [5]

Verstärkungsregime, *Verstärkungsschema* (schedule of reinforcement): beschreibt die Anordnung von Verstärkern in Lernexperimenten. V. ermöglichen dem lernenden Individuum durch ihre Regelhaftigkeit, das Auftreten der Verstärker zu antizipieren und das eigene Verhalten anzupassen. Dabei kann zunächst zwischen *kontinuierlicher* oder *Immerverstärkung* (continuous reinforcement), bei der jede lerngerechte Verhaltensweise belohnt wird, und *diskontinuierlicher* oder *gelegentlicher Verstärkung* (discontinous reinforcement) unterschieden werden. Letztere kann wiederum in *Häufigkeitsverstärkung* (ratio reinforcement) oder *Intervallverstärkung* (interval reinforcement) unterteilt werden. Alle Formen können auch miteinander zum *multiplen V.* (multiple reinforcement) kombiniert werden. [5]

Verstärkungsreiz → Verstärker.

verstoßene Familienmitglieder → Familie.

Versuch und Irrtum Lernen (learning by trial and error): von Edward Lee Thorndike (1911) eingeführter Begriff für graduelle Lernvorgänge, bei denen das Individuum so lange verschiedene, gegebenenfalls auch untaugliche (error) Lösungsmöglichkeiten ausprobiert (trial), bis das angestrebte Ziel und die Befriedigung einer Motivation erreicht wird (effect). Die dabei erworbene Erfahrung – Erfolg oder Misserfolg – kann zur weiteren Vervollkommnung des eigenen Verhaltens genutzt werden (→ Lernen am Erfolg). In den klassischen Experimenten wurden Katzen in einen Problemkäfig gesetzt, der nur durch einen Hebelmechanismus von innen geöffnet werden konnte. Zunächst probierten die Tiere, durch Klettern, Springen oder Kratzen herauszukommen. Hatten sie dagegen einmal den Hebel berührt und damit die Tür geöffnet, so gingen die untauglichen Verhaltensweisen bei nachfolgenden Versuchen in ähnlichen Käfigen zugunsten der neuen erfolgreichen Verhaltensweise zurück. Die Tiere hatten also am Effekt gelernt. [5]

Verteidigungsdistanz → kritische Distanz.

Verteidigungsgemeinschaft (mutual defense group): Zusammenschluss von Individuen zur gemeinsamen Abwehr von Feinden. V. sind weit verbreitet. Bienen und Wespen eines Volkes greifen als V. ebenso heftig an, wie das Mitglieder einer Vogelbrutkolonie tun. Bei einem Angriff der Wölfe stellen sich Moschusochsen kreisförmig, dicht bei dicht mit gesenktem Kopf nach außen auf und nehmen die Kälber in die schützende Mitte. In der Savanne lebende

Schimpansen umringen einen plötzlich auftauchenden Feind, rasen mit lautem Gebrüll von allen Seiten auf ihn zu und bewerfen ihn mit Stöcken, Steinen, Sand u.a. [1]

Verteidigungsmimese → Mimese.

Verteidigungsmimikry → Mimikry.

Verteidigungsruf → Alarmruf.

Verwandtenerkennung (kin recognition): die Fähigkeit eines Tieres, zwischen genetisch unverwandten und genetisch verwandten Individuen zu unterscheiden. V. erfordert neurophysiologische Mechanismen, die eine spezifische Verwandtenunterscheidung ermöglichen. Es ist allerdings umstritten, ob spezifische neuronale oder endokrine Mechanismen zur V. existieren. V. ist die wesentliche Grundlage für das Konzept der Verwandtenselektion, welches die Evolution von Sozialsystemen und Phänomene wie Altruismus, Helfer, Eusozialität etc. erklären soll. Man geht davon aus, dass die stammesgeschichtliche Herausbildung des Altruismus nur erfolgt, wenn er durch die natürliche Selektion zwischen verwandten Individuen begünstigt wird. V. ist aber auch für die Wahl des Sexualpartners notwendig, der als Nichtverwandter erkannt werden muss (Inzestvermeidung). So konnte mithilfe von Präferenztests gezeigt werden, dass männliche und weibliche Japanwachteln Cousins bzw. Cousinen ersten Grades als Fortpflanzungspartner bevorzugen. Den Verwandtschaftsgrad erkannten sie offenbar am Gefieder. Als Mechanismen für die V. werden diskutiert:

– die räumliche Verteilung der Partner, d.h., alle im Nest, Bau oder in der Kolonie anwesenden Individuen werden als Verwandte erkannt. Dieser Mechanismus ist streng genommen keine V., da in näherer Umgebung nicht zwischen verwandt und unverwandt unterschieden werden kann.

– Vertrautheit aufgrund früherer sozialer Bindungen, wie sie z.B. zwischen Wurfgeschwistern bestehen,

– dem *Phänotypenvergleich* (phenotype matching), bei dem Gefiedermuster, Individualgerüche u.a. von Bedeutung sind sowie

– angeborene Erkennungszeichen, sog. *phänotypische Marker* (phenotype marker), die genetisch bedingt sind. Es gibt einige wenige empirische Beweise für die Existenz von Erkennungsallelen (→ Grünbarteffekt). [3]

Verwandtenfresserei → Syngenophagie.

Verwandtenselektion, *Familienselektion, Sippenselektion* (kin selection): Theorie zur Erklärung → altruistischen Verhaltens. Natürliche Selektion führt zur Anreicherung von Allelen in einer Population, die altruistisches Verhalten begünstigen. Wenn altruistisches Verhalten die Wahrscheinlichkeit erhöht, dass die Kopien der eigenen Gene/Allele (einschließlich des „altruistischen Gens") in den nachfolgenden Generationen vertreten sind, dann sollte dieses einen Selektionsvorteil besitzen. Da die Wahrscheinlichkeit, dass ein „altruistisches Gen" zwischen Verwandten vorkommt höher ist als zwischen unverwandten Individuen, kommt Altruismus zwischen verwandten Individuen häufiger vor. Eusoziale Insekten, die einen extrem hohen Verwandtschaftsgrad aufweisen (z.B. 75 % zwischen Superschwestern) gelten als Beleg für die V. Altruistisches Verhalten tritt aber auch bei vielen Wirbeltieren auf. Ein interessantes Beispiel ist die Brüderbalz bei Rio-Grande-Truthähnen *Meleagris gallopavo intermedia*, bei denen nur einer der Brüder zum Reproduktionserfolg kommt. [3]

Verwandtenunterscheidung (kin discrimination): differenziertes Verhalten gegenüber Artgenossen in Abhängigkeit vom genetischen Verwandtschaftsgrad (Geschwister untereinander, Eltern-Nachkommen). V. setzt immer Verwandtschaftserkennung voraus. → Altruismus, → Helfer, → eusozial. [3]

Verwandtschaft (kinship): die im biologischen Sinn auf gemeinsamer Abstammung beruhende Beziehung zwischen Individuen von Familienverbänden (Sippen), Populationen, Arten oder höherer systematischer Einheiten. In der Soziobiologie interessieren vor allem die genetischen Gemeinsamkeiten, als Folge der geschlechtlichen oder ungeschlechtlichen Fortpflanzung. Maßstab der V. ist der → Verwandtschaftsgrad. [3]

Verwandtschaftsanalyse (kinship analysis): molekulargenetische Methode zur Identifizierung verwandtschaftlicher Beziehungen von Organismen auf Basis von genetischer Übereinstimmung. Von besonderem Interesse für die Verhaltensbiologie sind Tests auf Elternschaft, vor allem *Vaterschaftsanalysen* (paternity tests), um z.B. Informationen über Reproduktionsstrategien, Familienstrukturen oder die Motivation kooperativer Brutpflege zu erhalten. Eine bahnbrechende Methode ist das DNA-Fingerprinting. Sie beruht auf der Darstellung von Längenvariationen (Allele) an Loci mit repetitiver DNA. Fingerprinting bezieht sich ursprünglich auf die simultane Detektion multipler Mini- und Mikrosatellitenloci in einem Hybridisierungsverfahren mithilfe entsprechender Gensonden. Die heute meist gebräuchliche Form der Kombination einzelner PCR-amplifizierbarer Mikrosatelliten wird besser als *genetic profiling* bezeichnet. [3]

Verwandtschaftsgrad (relatedness coefficient, kinship coefficient): drückt die genetische Übereinstimmung von Individuen aus. Dabei ist zu unterscheiden zwischen dem relatedness coefficient, welcher definiert ist als der Anteil von Allelen gleicher Abstammung, der zwei Individuen gemeinsam ist, ohne Berücksichtigung von Inzucht und dem kinship coefficient.

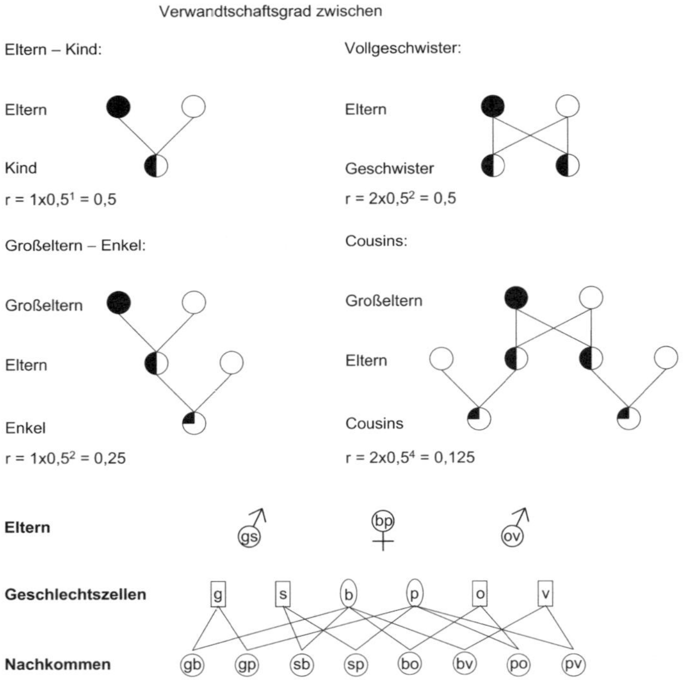

Verwandtschaftsgrad zwischen

Eltern – Kind:

Eltern

Kind

$r = 1 \times 0{,}5^1 = 0{,}5$

Vollgeschwister:

Eltern

Geschwister

$r = 2 \times 0{,}5^2 = 0{,}5$

Großeltern – Enkel:

Großeltern

Eltern

Enkel

$r = 1 \times 0{,}5^2 = 0{,}25$

Cousins:

Großeltern

Eltern

Cousins

$r = 2 \times 0{,}5^4 = 0{,}125$

Eltern gs bp ov

Geschlechtszellen g s b p o v

Nachkommen gb gp sb sp bo bv po pv

	bo	bv	po	pv	Summe
gb	0,5	0,5	0	0	1
gp	0	0	0,5	0,5	1
sb	0,5	0,5	0	0	1
sp	0	0	0,5	0,5	1

r = 4:16 = 0,25

Verwandtschaftsgrad und zwei Methoden seiner Bestimmung. Oben: mit der Stammbaumanalyse unter Berücksichtigung der bekannten Verwandtschaftsbeziehungen. Unten: Grafisch-tabellarische Methode unter Einbeziehung der möglichen Gametenkombinationen. Aus R. Gattermann et al. 1993.

Der *relatedness coefficient (r)* ist normalerweise doppelt so hoch wie der Inzuchtkoeffizient der möglichen Nachkommen. Der V. liegt zwischen 0 (genetisch unverwandt) z. B. bei Geschlechtspartnern, die nicht aus Inzucht hervorgegangen sind und 1 (genetisch identisch) bei eineiigen Zwillingen oder ungeschlechtlich erzeugten Nachkommen.
Der V. der unmittelbaren Nachkommen von zwei diploiden sich sexuell fortpflanzenden Eltern beträgt im Mittel r = 0,5 (ohne Berücksichtigung des Inzuchtgrades der Population). Die allgemeine Formel lautet: $r = 2f = A \times 0{,}5^L$. Darin sind f der → Inzuchtkoeffizient und A die Anzahl nächster gemeinsamer Vorfahren, die die Verwandtschaft bestimmen. Zwischen einem Elter oder Großelter und einem Kind oder Enkel beträgt A = 1, wenn die Eltern oder Großeltern nicht aus Inzucht hervorgingen. Halbgeschwister haben einen gemeinsamen Vorfahren (A=1). Vollgeschwister und Cousins oder Cousinen besitzen jeweils zwei gemeinsame nächste Vorfahren (A=2). L ist die Anzahl der Generationssprünge zwischen den Individuen, deren V. berechnet werden soll (Abb.)
Der V. berücksichtigt im Allgemeinen nicht, dass die zu betrachtenden Individuen einer Population aufgrund ihrer gemeinsamen Stammesgeschichte bereits eine große Anzahl von Allelen miteinander teilen. Deshalb wird der V. auch als *kinship coefficient* zwischen zwei Individuen berechnet, dann entspricht er der Wahrscheinlichkeit, dass zwei zufällig von ihnen ausgewählte Allele gleicher Abstammung sind. Der kinship coefficient ist gleich dem Inzuchtkoeffizient der möglichen Nachkommen dieser Individuen. Der V. ist ein wichtiges Maß, um Helfer- oder altruistisches Verhalten auf genetischer Grundlage zu erklären. [3]
Verwandtschaftstheorie (kinship theory): eine Theorie der Soziobiologie, welche die Bedeutung der genetischen Verwandtschaft der Individuen einer Art für die stammesgeschichtliche Entwicklung des Sozialverhaltens hervorhebt (→ genetische Theorie des Sozialverhaltens). Unter anderem sucht man nach Erklärungen für die Evolution des Altruismus, der Vorstellungen der Darwinschen Evolutionstheorie widerspricht. Grundpfeiler der V. sind die Verwandtschaftsselektion und die inklusive Fitness. [3]
Verwirrungsmethode → Pheromon.
Vestibularapparat → Propriorezeptor.
Vetternwirtschaft → Nepotismus.
vibratorische Kommunikation (vibrational communication): eine Form der → Mechanokommunikation, bei der die Signale durch Schwingungen eines festen Mediums oder durch Wellen an einer Grenzfläche (Wasseroberfläche) übertragen und von entsprechenden Sinneszellen oder Sinnesorganen (Mechanorezeptoren) empfangen werden. Erzeugt werden → vibratorische Signale meist mittels schwingender Körperteile. Durch v. K. können Informationen sehr schnell und ohne Sichtkontakt übertragen werden. Vorteil der v. K. ist in vielen Fällen die begrenzte Reichweite und die Beschränkung auf bestimmte Bereiche von Grenzflächen oder Festkörpern. Im Falle der v. K. einiger Zikaden, die mit dem Abdomen vibrieren, bleibt die Ausbreitung des Signals auf den Stängel einer Pflanze beschränkt. Bei Honigbienen werden Vibrationen vornehmlich durch harte Randstrukturen der Waben übertragen und liefern zusätzlich eine Richtungsinformation zur tanzenden Biene. → Bienensprache. [4]
vibratorisches Signal (vibrational signal): mechanische Schwingungen von Festkörpern oder an Grenzflächen wie Luft und Wasser bei den Wasserwellen. Wasserwellen werden z. B. von Wasserläufern und Taumelkäfern für die Kommunikation und zum Beutefang genutzt. Diese Grenzflächenwellen haben eine stark frequenzabhängige Ausbreitungsgeschwindigkeit mit einem Minimum von 0,23 m/s bei einer Frequenz von etwa 14 Hz. Die Geschwindigkeit steigt sowohl bei zunehmender Schwingungsfrequenz (wachsender Anteil der Oberflächenspannung als rücktreibende Kraft: Kapillarwellen) als auch bei abnehmender Frequenz stark an (wachsender Anteil der Schwerkraft: Schwerewellen). V. S. können Frequenz- und Zeitmuster beinhalten. Die Auswertung geschieht analog zu akustischen Signalen (→ akustische Kommunikation). [4]
Vielfachwahl → Wahlversuch.
Vielmännerei → Polyandrie.
Vielweiberei → Polygynie.
Vielzweckrevier → Territorium.
Vielzweckverhalten *multifunktionelles Verhalten* (multimodal behaviour): ein Sammel-

begriff, der Verhaltensweisen zusammenfasst, die zwei oder mehrere Funktionen haben, die auch ganz verschieden sein können, wie das Graben zur Nahrungssuche oder zum Anlegen eines Baus oder der Vogelgesang zur Territoriumsmarkierung und zum Anlocken eines Weibchens. Ein geradezu universelles Verhalten ist die Lokomotorik, die Bestandteil zahlreicher Funktionskreise ist. Das gilt auch für das aggressive Verhalten. [1]

Vigilanz, *Wachheit* (vigilance): die durch äußere Bedingungen beeinflusste Erregung des zentralen Nervensystems bzw. der Zustand der Funktionsbereitschaft des Organismus. Dabei können die Stadien relaxierter Wachzustand, wache Aufmerksamkeit und starke Erregung unterschieden werden. Die Bestimmung der V. geschieht z. B. durch Registrierung der Reaktionszeiten und Beobachtungsfehler im Rahmen von Lernexperimenten, die eine andauernde Aufmerksamkeit erfordern. [5]

visuelle Diskrimination (visual discrimination): optische Reizunterscheidung, die auf Größe, Form, Farbe, Muster oder Material basiert. → Diskriminationslernen, → Ungleichheitswahl, → Wahl nach Muster, → räumliche Diskrimination. [5]

visuelle Illusion → optische Täuschung.

vivipar *Viviparie* (viviparous, viviparity): Tier, das seine embryonale Entwicklung im Mutterleib absolviert und lebend geboren wird.V. kommt bei den Säugetieren (Marsupialia, Placentalia) sowie bei einigen Knorpel- und Knochenfischen, Amphibien und Reptilien, aber auch Wirbellosen wie Trichine und Tsetsetfliege vor. V. verursacht enorme Kosten, verbessert aber durch den Schutz im mütterlichen Körper die Überlebenschancen des Nachwuchses und somit die elterliche Fitness. Eine andere Hypothese besagt, dass mit der V. die Jungen den → Eltern-Jungtier-Konflikt zu ihren Gunsten entschieden haben. Sie sind bevorteilt, die Mutter liefert die Nahrung, ist eingeschränkt hinsichtlich ihrer Beweglichkeit, anfälliger gegenüber Räubern und ihre Fekundität ist reduziert. → Ovoparie, → Ovoviviparie. [1]

Vogeluhr → Zeitsinn.

Vogelzug (bird migration): von Zugvögeln vorgenommene Wanderungen zwischen Brutgebiet und Überwinterungsgebiet, die artspezifisch über bestimmte Richtungen und Entfernungen führen (→ Migration). Der V. ermöglicht einen Wechsel von Lebensräumen, der genetisch festgelegt und durch artspezifisches Lernen, einschließlich → Prägung, vervollkommnet ist. Voraussetzungen für den V. sind umfangreiche jahresperiodische physiologische Änderungen von Gonaden, Sexualhormonspiegel, Körpermasse, Fettdepot, Mauser, Nahrungsverhalten etc., sodass letztendlich auch eine → Zugunruhe sichtbar wird. Auslöser sind die Veränderungen in der Tageslänge, Temperatur und Nahrungsressourcen (→ Jahresrhythmik). Die meisten Arten reagieren flexibel, während andere sehr feste Zugtermine haben. So treffen Mauersegler *Apus apus* unabhängig von den aktuellen klimatischen Bedingen in Mitteleuropa um den 5. Mai ein und ziehen um den 5. August ab. Das gilt auch, wenngleich nicht so streng, für den Pirol *Oriolus oriolus* oder „Pfingstvogel“ und für den Kuckuck *Cuculus canorus*.

Beim V. werden bestimmte Zugstraßen eingehalten, die z. B. über Gibraltar, Sizilien oder den Bosporus nach Afrika führen. Ost- und westeuropäische Populationen derselben Art haben verschiedene Zugrichtungen, die unsichtbare Grenze wurde zuerst beim Weißstorch *Ciconia ciconia* als Zugscheide bezeichnet. Zugrichtung und Streckenlänge scheinen bei der Mehrzahl der Zugvögel angeboren zu sein, denn bei vielen Arten ziehen die Jungen früher und unabhängig von den Erwachsenen. Für die Orientierung werden jeweils mehrere Mechanismen genutzt, darunter die Magnetfeldorientierung, die Sternenorientierung und der Sonnenkompass (→ Navigation). So lassen sich auch Hindernisse (Berge, Meere) umfliegen und Windverdriftungen kompensieren. Im Mittel werden während des V. pro Tag 50–75 km zurückgelegt. Der Heimzug verläuft in der Regel hauptsächlich aufgrund der größeren Zugerfahrung ein Drittel schneller als der Wegzug. [1]

Vokalisation → Lautbildung.

Volksduft → Stockgeruch.

Vollgesang, *Motivgesang*, *Normalgesang* (full song, common song): lauter, voll differenzierter Gesang von Singvögeln, der überwiegend an die Fortpflanzungsphase gebunden und vom Hormonspiegel des

Sängers abhängig ist. Bei der Mehrzahl der Singvogelarten bringen nur die Männchen einen V. hervor. Trotzdem besitzen die Weibchen sowohl die sensorischen als auch die motorischen Voraussetzungen zur Produktion des V. Nach Injektion entsprechender männlicher Sexualhormone können sie die im Gedächtnis gespeicherten Strophen hervorbringen, die sie von einem arteigenen Vorbild übernommen haben. Vermutlich wählen Weibchen ihren Brutpartner aus, indem sie die gespeicherten Muster mit dem gehörten V. vergleichen. Dadurch werden Fremddialektsänger innerhalb der Population bei einigen Arten (Ortolan, Grauammer, Karmingimpel) von der Fortpflanzung ausgeschlossen. Erlernen diese jedoch den populationseigenen Dialekt, dann werden sie von den Weibchen akzeptiert. [4]

Vomeronasalorgan *Jacobsonsches Organ* (vomeronasal organ, Jacobson's organ): ein Sinnesorgan vieler Wirbeltiere, das für die olfaktorische Wahrnehmung von → Pheromonen verantwortlich ist. Es befindet sich in der Nasenhöhle und ist über einen winzigen Kanal im Dach der Mundhöhle mit dieser verbunden (Abb.). Beim Riechen mit dem V. ist der Gang offen, sodass die Pheromone leicht zu den Sinneszellen gelangen können (→ Flehmen). Während das Riechepithel der Nase vor allem kleinere und leichtflüchtige Moleküle detektiert, ist das V. für größere und schwerflüchtige Moleküle zuständig. Kurz gefasst: die Nase ist hauptsächlich für das Auffinden und die Kontrolle der Nahrung zuständig, während das V. vor allem Pheromone wahrnimmt, die für das Sexualverhalten bedeutsam sind. Beim Menschen ist das V. nicht mehr funktionstüchtig, hier werden Sexualpheromone wahrscheinlich über die Nasenschleimhaut perzipiert. [1]

Vorderkörper-Tiefstellung → Taxierstellung.

vorgeburtliches Lernen (prenatal learning): art- und individualspezifische Informationsaufnahme, Informationsverarbeitung und Informationsspeicherung vor dem Schlupf oder der Geburt. Das v. L. setzt die morphologisch funktionelle Entwicklung und Differenzierung von Sinnesorganen und Hirngebieten voraus und ist besonders gut für das akustische System der Vögel untersucht. Der erste experimentelle Nachweis des Eltern-Küken-Erkennens über die erlernte Zuordnung individueller Merkmale wurde für die Trottellumme *Uria aalge* erbracht. Diese Seevögel leben in großen Brutkolonien an felsigen Küsten. Die Eltern antworten, wenn das Junge im Ei ruft, mit einem Lockruf, dessen individuelle Strukturen bereits vor dem Schlupf erlernt werden und zugleich von den Rufen anderer Lummen zu unterscheiden sind. Mit dem Schlupf erfolgt dann die Zuordnung des Lautmusters und die Identifizierung des Altvogels. Auch für den Menschen mehren

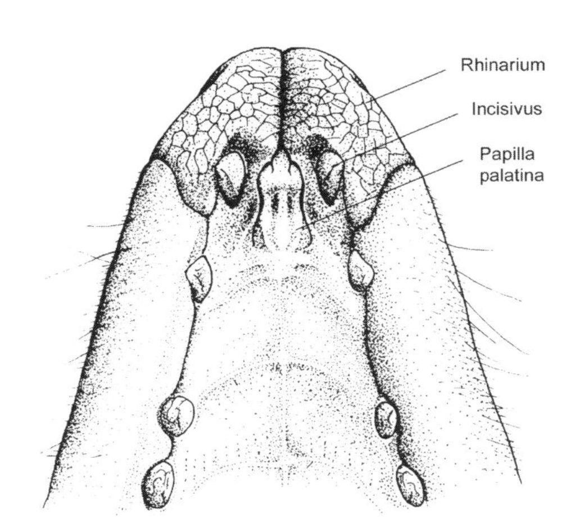

Vomeronasalorgan beim Tupaia. Der Zugang zum Vomeronasalorgan befindet sich an der Gaumenpapille (Papilla paltina), hinter der Riechplatte (Rhinarium) bzw. dem rechten und linken Schneidezahn (Incisivus). A. Wöhrmann-Repenning 1991.

sich die Hinweise, das v. L. einen wichtigen Einfluss auf die spätere Individualentwicklung nehmen kann. [5]

vorgeburtliches Lernen → Verhaltensembryologie.

Vorprogrammierung (pre-programmed behaviour): vor allem von Humanethologen verwendeter Begriff für angeborenes Sozialverhalten des Menschen. Dabei bleibt derzeit offen, inwieweit beispielsweise Bereitschaften zum Dominieren, Unterordnen, Imponieren, zur Kontaktaufnahme, aggressivem Handeln u. a. vorprogrammiert, d. h., angeboren sind. [1]

Vorratshaltung → Futterhorten.

Vorzugstemperatur → thermisches Präferendum.

W

Wabensäuberungsverhalten (hygienic behaviour of bees): eine Form der Nesthygiene bei der Honigbiene *Apis mellifera*, die sich hauptsächlich gegen den Befall ihrer Brut durch Bakterien wie *Bacillus larvae* und Pilze wie *Ascosphaera apis* richtet. Betroffene Wabenzellen werden von den Arbeiterinnen geöffnet und die befallenen Larven und Puppen entfernt. Nichthygienische Stämme zeigen kein W. Kreuzungsexperimente mit beiden Stämmen ergaben, dass das W. vor allem durch zwei nicht gekoppelte Gene u (uncapping, öffnen) und r (removal, entfernen) gesteuert wird. Die Hybriden beider Stämme (UuRr) verhalten sich nichthygienisch. Aus der Rückkreuzung mit dem hygienischen Stamm resultieren neben hygienischen und nichthygienischen Arbeitsbienen auch solche, die die Zellen der befallenen Waben zwar öffnen, aber nicht säubern, und Arbeitsbienen, die nicht in der Lage sind, Zellen zu öffnen, aber künstlich geöffnete Wabenzellen säubern (Abb.). Die vier Phänotypen treten in gleicher Häufigkeit auf, sodass ein dihybrider Erbgang angenommen wurde. Neuere Untersuchungen ergaben aber, dass W. wahrscheinlich einer komplexeren genetischen Kontrolle unterliegt. In Modellen geht man inzwischen von 3 bis 7 Genen aus. [3]

Wachesitzen (sentinel behaviour): ein Verhalten männlicher Affen, die größeren Sozialverbänden angehören, wie Meerkatzen und Paviane. Sie sitzen verteilt am Rande der Gruppe und beobachten die Umgebung. Neben Prädatoren gilt ihr Interesse hauptsächlich umherstreifenden fremden

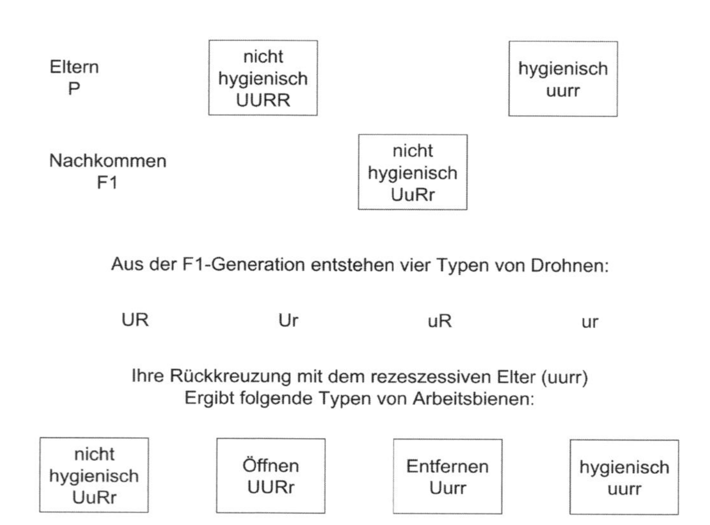

Wabensäuberungsverhalten und seine Vererbung bei der Honigbiene. Aus R. Gattermann et al. 1993.

Artgenossen, die fern gehalten werden sollen. Dazu werden bei gespreizten Oberschenkeln die Genitalien mit erigiertem Penis demonstriert oder der Penis richtet sich auf und wird rhythmisch bewegt (→ Phallusdrohen). [1]

Wachheit → Vigilanz.

Wahl nach Muster (match to sample): komplizierte Variante des → Diskriminationslernens, bei dem das Versuchstier der positiv verstärkende Reiz durch ein nicht belohntes visuelles Muster präsentiert wird, das von anderen ähnlichen Mustern zu unterscheiden ist. So erhielten Tauben mehrere Schalen mit unterschiedlich farbigem Kies simultan angeboten. Nur in einer Schale bedeckte der Kies das Futter, d.h., nur eine Farbe signalisierte den positiv verstärkenden Reiz „Futter". Um es zu finden, mussten die Tauben in allen Schalen suchen. Sie lernten, zwischen den Kiesarten zu unterscheiden und bildeten sehr schnell eine Kiesfarbe-Futterassoziation. [5]

Wahlversuch (choice experiment, discrimination test, preference test): Verfahren zur Ermittlung sozialer Präferenzen sowie zum Nachweis von Lern- und Unterscheidungsvermögen durch den zusätzlichen Einsatz von Verstärkern. Dabei werden dem Versuchstier gleichzeitig, *Simultanwahl* (simultaneous discrimination), oder nacheinander, *Sukzessiwahl* (successive discrimination), Reizkombinationen wie Objekte, Muster, Töne, Düfte oder Artgenossen angeboten und seine Reaktionen quantitativ erfasst. Entsprechend der Zahl der Reizkombinationen kann unterschieden werden zwischen der *Zweifachwahl* (double discrimination) und der *Vielfachwahl* (multiple choice). [5]

Wahrnehmungstäuschung (perceptual illusion): Abweichung zwischen Wahrnehmungserlebnis (Perzept) und tatsächlichem Objekt. W. können alle Sinne betreffen, sind aber am bekanntesten für den visuellen (→ optische Täuschung), den Hörsinn (→ akustische Täuschung) und den Tastsinn. Ein Beispiel für eine W. des Tastsinns ist die *Charpentiersche Täuschung*, auch *Größen-Gewichts-Täuschung* (GGT) genannt: beim gleichzeitigen Heben von zwei gleichgroßen Massen mit beiden Armen, wird das Objekt mit dem größeren Volumen oft unterschätzt (1 kg Blei erscheint im Simultanvergleich schwerer als 1 kg Hühnerfedern). Diese W. funktioniert selbst dann noch, wenn der visuelle Sinn ausgeschaltet ist und die Objekte sich lediglich in der Grundfläche unterscheiden, mit der sie auf die Hände drücken. W. können durch die physiologischen oder physikalischen Eigenschaften der Sinnesorgane hervorgerufen werden (→ Psychophysik), aber auch durch die Verarbeitung der Informationen im peripheren oder Zentralnervensystem. [4]

Wahrscheinlichkeitslernen (probability learning, matching behaviour): Lernform, bei der abgeschätzt werden muss, welches von zwei oder mehreren wahrscheinlichen Ereignissen eintritt. Da viele Umweltphänomene nicht deterministischer Natur sind, muss ein bestimmtes Verhaltensmuster erlernt und ausgeführt werden, das wiederum mit einer bestimmten Wahrscheinlichkeit zu dem gewünschten Ziel führt. Im Experiment kann getestet werden, ab welcher Abweichung von der Gleichverteilung (50:50) das lernende Individuum den Verstärkungsunterschied erkennt und sein Verhalten daran anpasst. Beispielsweise lässt sich das W. von Mäusen in einem → Y-Labyrinth untersuchen. Die Maus könnte mit Nahrung belohnt werden, sobald sie sich an der Weggabelung des Laufgeheges für den linken Weg entscheidet. Andere Verstärkungen weisen ein wahrscheinliches Rauschen auf, insofern die Entscheidung, an der Gabelung links abzubiegen, per Zufall nur in beispielsweise 70 % aller Fälle verstärkt wird. Entsprechend würden dann 30 % aller Fälle verstärkt, in denen rechts abgebogen wird, wobei die einzelne verstärkte Handlung ebenfalls per Zufall bestimmt wird. Die beiden häufigsten Strategien beim W. sind Maximierung und Wahrscheinlichkeitsangleichung. Bei positiver Verstärkung bedeutet Maximierung, dass die Belohnung stets zuerst beim häufiger belohnten Reiz und erst danach beim seltener belohnten Reiz gesucht wird. Wahrscheinlichkeitsangleichung heißt dagegen, dass die Suche in Übereinstimmung mit der prozentualen Verteilung der Belohnung öfter beim häufiger belohnten und seltener am anderen Suchort begonnen wird. [5]

Walzermaus → Tanzmaus.

Wanderverhalten (migratory behaviour): Sammelbezeichnung für alle Ortswechsel-

bewegungen über die Grenzen des Heimbereichs (home range). Dabei ist zu unterscheiden zwischen dem W. mit einer Rückkehr (→ Migration) und ohne Rückkehr (→ Dismigration).
Die biologische Bedeutung des W. steht in engem Zusammenhang mit dem Haupttrend der biologischen Evolution, der Eignungsmaximierung auf kurze und lange Sicht. Im Einzelnen können Wanderungen die Flucht vor widrigen Lebensbedingungen (wie Nahrungsmangel, Dichtestreß, Hochwasser, Kälte oder Insektenplage), die Besiedlung saisonal nutzbarer Lebensräume, die Homogenisierung der Verteilung im Raum (Dispersion) und die Erweiterung des Artareals ermöglichen. Des Weiteren fördert W. die Durchmischung des Genpools und die Stabilisierung der genetischen Variabilität. [1]
Wandkontaktsuche → Thigmotaxis.
Wangenkuss → Kuss.
Warnruf → Alarmruf.
Warnsignal → aposematisches Signal.
Warnverhalten, *aposematisches Verhalten* (warning behaviour, aposematic behaviour): alle Verhaltensweisen, die einem potenziellen Angreifer signalisieren sollen, dass das warnende Individuum wehrhaft, giftig oder ungenießbar ist. Manche Insekten (z.B. Raupen und Falter des Monarchen *Danaus plexippus*, einige pflanzenfressende Käfer, Wanzen und Heuschrecken) sind für einen Teil ihrer Raubfeinde deshalb ungenießbar, weil in ihrer Hämolymphe Herzglycoside gelöst sind, die nur bei Wirbeltieren wirken. Beim W. werden sehr häufig auffällige optische Signale verwendet, aber auch olfaktorische und akustische (→ aposematische Signale). Das W. ist nicht immer eindeutig vom Drohverhalten abgrenzbar, da es ebenfalls distanzregulierend sein kann (z.B. bei wehrhaften Tieren, nicht aber bei ungenießbaren). Bei Tieren, die Sozialverhalten zeigen, oder in größeren Gruppen zusammen leben, hat das ursprüngliche W. oft zusätzlich die Funktion eines → Alarmverhaltens erhalten. Im Falle einer Signalfälschung durch ein wehrloses, essbares und ungiftiges Tier spricht man nicht von einem W., sondern von einem pseudaposematischen Verhalten oder einer Batesschen Mimikry (→ Mimikry). [4]
Wartesuche → Räuber.
Wasmannsche Mimikry → Mimikry.
Wasserausstiegtest (water escape test): eine Methode des Vermeidungslernens nach dem Prinzip der operanten Konditionierung. W. ist vor allem ein Lerntest für Labornager (Mäuse, Goldhamster und Ratten), mit dem sich im Gegensatz zu anderen Lernexperimenten schon nach vier oder fünf Übungen stabile Lernerfolge nachweisen lassen.
Die Versuchstiere werden im Abstand von etwa 15 min in temperiertes Wasser gesetzt und müssen zu einem sichtbaren Ausstieg finden, den sie zuerst zufällig, aber bereits nach dem dritten oder vierten Test gezielt anschwimmen, gestoppt wird die Zeit. Anwendung findet der W. in der Verhaltenstoxikologie und Verhaltenspharmakologie zum Nachweis von Lern- und Gedächtnisschwächen. [1]
Wasserbaden (waterbathing): Badeverhalten der meisten Vögel und zahlreicher Säuger (Dickhäuter, Hunde, Bären u.a.) zum Zweck der Reinigung und der Regulation der Körpertemperatur. Singvögel baden kurz und vollführen dabei rasche Bewegungen, Tauben dagegen lange, mit langsameren Bewegungen. Sie nutzen für ihr W. Pfützen, Trinkgefäße und ähnliches. Zuerst picken sie mehrfach ins Wasser, stecken den Kopf unter Wasser und schütteln ihn, gehen ganz hinein und tauchen den Körper unter. Bei abgestellten Schwanzfedern wird dann durch wälzende Bewegungen und Flügelschlagen Wasser im Gefieder verteilt. Zum Schluss schütteln sie außerhalb des Bades das Wasser ab und ordnen mithilfe des Schnabels sowie durch typische Streckbewegungen das Gefieder (→ Sichstrecken). [1]
Weben (weaving): stereotype Pendelbewegungen des Kopfes und des Vorkörpers. Eine Bewegungsstereotypie, die hauptsächlich bei Pferden und Elefanten mit eingeschränkten Bewegungs- und Beschäftigungsmöglichkeiten vorkommt. Durch verbesserte Haltungsbedingungen kann manchmal das W. therapiert werden. [1]
Weber-Fechner-Gesetz, *Weber-Fechnersches Gesetz* (Weber-Fechner law): kein strenges Gesetz, sondern eine grobe Näherung zur Beschreibung des Zusammenhangs zwischen der Intensität eines → Reizes (Reizstärke) und der von bestimmten

adäquaten Rezeptoren oder Sinnesorganen an das Nervensystem weitergeleiteten Erregungsstärke. Nach Ernst Heinrich Weber (1834) muss der Reiz für einen Zuwachs an Empfindung in einem konstanten Verhältnis anwachsen. Gustav Theodor Fechner fand, dass eine Erhöhung der Reizenergie erst dann wahrgenommen wird, wenn die Energie um einen bestimmten Faktor ansteigt, die von ihm so genannte elementare Empfindungseinheit (Beispiel Mensch: optische Reize 1,01–1,02; mechanische Reize 1,03; chemische Reize 1,1–1,2). Fechner setzte Webers Annahme 1860 in die Formel $E = k * \log (R/R_0)$ um, wobei E die Empfindungsstärke, R die Reizstärke, R_0 die Schwellenreizstärke und k eine Konstante ist. Das W. gilt nur in mittleren Intensitätsbereichen und ist sehr gut anwendbar für viele optische, in beschränktem Maße auch für akustische Sinnesorgane und Empfindungen. Meist nicht anwendbar ist es für thermische sowie für Vibrations- und Berührungsrezeptoren. Aus diesem Grunde sind logarithmische Maßeinheiten lediglich für optische und → akustische Signale sinnvoll, haben sich aber nur bei Letzteren allgemein durchgesetzt. [4]

Wechselgesang (antiphonal duet, antiphonal singing): mehr oder weniger regelmäßig alternierende Lautgebungen zweier oder mehrerer Gesangspartner. Wechselgesänge kommen bei vielen akustisch kommunizierenden Insekten und Wirbeltieren vor. Sie stellen die erste Stufe der Herausbildung echter Gesangsduette dar und sind ein Beispiel für die bidirektionale Informationsübertragung. Für das Zustandekommen eines W. sind insbesondere feststehende Zeitstrukturen (z. B. Pausendauer zwischen aufeinanderfolgenden → Silben, → Chirps oder Strophen) von Lautsignalen eine wichtige Voraussetzung. Dabei müssen nicht immer lineare zeitliche Beziehungen bestehen. Es können auch Lernvorgänge beteiligt sein oder kompliziertere Zusammenhänge vorliegen, die durch äußere und innere Faktoren bestimmt sind. [4]

wechselwarm → thermoregulatorisches Verhalten.

Wechsel-Wartesuche → Räuber.

Wechselwild → Wild.

Wegberechnung → Wegintegration.

Wegintegration, *Wegberechnung* (path integration): Fähigkeit einiger Insekten (z. B. Honigbienen und Ameisen der Gattung *Cataglyphis*), während der Fortbewegung ständig die aktuelle direkte Richtung und kürzeste Entfernung zum Nest oder zum Stock zurück zu errechnen. Dadurch ist es ihnen möglich, nach beliebigen Suchwegen, z. B. im Bogen oder im Zick-Zack, auch nach Stunden oder Tagen auf geradem Wege zurück zu kehren. Als nötige externe Information zur W. müssen einige Arten lediglich den Sonnenstand ermitteln, was auch bei teilweise bewölktem Himmel möglich ist (→ Polarotaxis). Andere Insekten wiederum messen den Weg über den Fluss optischer Muster und können durch eine gering strukturierte Umgebung getäuscht werden. In vielen Fällen werden Fehler bei der W., die eine → Koppelnavigation ist, durch optische, vielleicht auch chemische und akustische Landmarken korrigiert. [4]

Wegsehen (facing away, cut off): Beschwichtigungsverhalten, bei dem Blickkontakt vermieden wird. Beispielsweise wenden unterlegene Lachmöwen *Larus ridibundus* bei agonistischen Auseinandersetzungen ihren Kopf und damit den gefährlichen Schnabel und die angriffsauslösende schwarze Kopfmaske vom Gegner weg, dessen Aggressivität dadurch stark gehemmt wird (Abb.). Beim Menschen löst Anstarren während aggressiver, verbaler oder physischer Auseinandersetzungen weitere Aggressionen aus, während W. oder Zubodenblicken beschwichtigend wirken. [1]

Wehrdistanz → kritische Distanz.

Wehrreaktion, *Panikreaktion, kritische Reaktion* (defence reaction, panic reaction): aggressives Abwehrverhalten (defensives Verhalten) in Gefahrensituationen, in denen dem Individuum die Fluchtmöglichkeiten abgeschnitten sind (→ kritische Distanz). Häufig erfolgt ein Angriff ohne Hemmung und unter hohem individuellem Risiko. W. werden zur Raubfeindabwehr, Verteidigung von Jungtieren und Territorien eingesetzt. → Kurzschlusshandlung, → Angstbeißer. [1]

Wehrsekret (defensive secretion): Sekret, das ein artfremdes Individuum direkt schädigt oder behindert. Ein W. muss kein → Repellent oder → Allomon sein. Viele Zielar-

Wegsehen bei Lachmöwe und Rotfuchs. Aus R. Gattermann et al. 1993.

ten von W. haben jedoch hoch empfindliche chemische Sensoren für solche Sekrete entwickelt. In diesem Falle sind W. im Laufe der Evolution auch zu Allomonen geworden.

W. sind z.B. die giftigen Sekrete, die von Kröten, Unken und Salamandern durch Hautdrüsen ausgeschieden werden. Die so genannten Nasensoldaten einiger Termiten *(Nasutitermes)* scheiden über die „Nase" klebrige oder ätzende W. aus, die eventuelle Angreifer (meist Ameisen) bewegungsunfähig machen oder schädigen. Die Arbeiter anderer Termiten, z.B. *Globitermes sulphureus,* lassen im Extremfalle ihren Hinterleib durch eine schnelle Kontraktion „explodieren" und können mit ihren inneren Organen Angreifer benetzen. Auch die Sekrete der Giftdrüsen vieler Gliederfüßer wie Skorpione und Stechimmen sind W., die in einigen Fällen sogar Stoffe enthalten, die direkt auf → Schmerzrezeptoren von Wirbeltieren wirken und nicht erst langsam über den Umweg der Zerstörung von Geweben. Eine weitere Form des Abgebens von W. ist das *Reflexbluten* (reflex bleeding), bei dem eine z.B. für Wirbeltiere giftige Hämolymphe aus Intersegmentalhäuten der Gelenke austreten kann, z.B. bei Blattkäfern (Chrysomelidae), Marienkäfern (Coccinellidae) oder Ölkäfern (Meloidae). „Blutspritzer-Grillen" der Gattung *Eugaster* können das Reflexbluten sehr gezielt über ihre Vorderbeine einsetzen und Hämolymphe bis zu 40 cm verspritzen. Manche Käfer können auch über → Explosionen W. freisetzen. [4]

Weibchenkontroll-Monogamie → Monogamie.

Weibchenmimikry (female mimicry): in Morphologie, Färbung oder Verhalten Weibchen imitierende Männchen, die sich mit → alternativer Fortpflanzungsstrategie als → Sneaker oder → Satellitenmännchen Reproduktionsvorteile in von Männchen beherrschten Territorien erschleichen. [2]

Weibchenschema (female schema, female pattern): Gesamtheit aller Merkmale und Eigenschaften, die beim Männchen Balzverhalten auslösen. Das W. ist angeboren oder durch einen Prägungsvorgang erworben. Es kann relativ einfach (Größe und Flügelbewegung bei Insekten sowie Pheromone und akustische Signale) oder sehr komplex (Säuger) sein. [1]

Weibchenverteidigungs-Polygynie → Polygynie.

Weibchenwahl *Female-choice* (female choice): Selektion männlicher Paarungspartner durch die Weibchen. Die Weibchen wählen i.d.R. aufgrund der umfangreicheren Investition und des damit größeren Risikos in der Reproduktion (→ Geschlechterkonflikt) ihre Geschlechtspartner sorgfältig aus. Hauptkriterium ist die maximale Fitness der Nach-

kommen durch optimale Aufzuchtbedingungen (→ Brutpflege) und eine möglichst hohe Resistenz der Nachkommen gegenüber Parasiten bzw. Krankheitserregern. Entsprechend der → Good-genes-Hypothese orientieren sich die Weibchen in erster Linie an → epigamen Merkmalen der Männchen und an den durch sie für die Reproduktion zur Verfügung gestellten Ressourcen wie Nahrung oder Territorien. Weiterhin wählen Weibchen aber auch Partner mit möglichst großer → genetischer Distanz, um die genetische Variabilität der Nachkommen zu erhöhen (→ MHC-Komplex). So bevorzugen weibliche Labortiere des Goldhamsters *Mesocricetus auratus* Männchen des Wildstammes mit höherem Heterozygotiegrad gegenüber den genetisch gleichförmigen Labormännchen.
Neben der direkten Wahl des Paarungspartners gibt es immer mehr Hinweise auf ein → Cryptic-female-choice. [2]

Weichkotfressen → Coecotrophie.

Weinen (crying, weeping): mimischer Ausdruck beim Menschen, der durch die Absonderung von → Tränen charakterisiert ist. Typisch sind dabei die breit und kinnwärts gezogenen Lippen und der schmale Lidspalt. W. ist an Emotionen gebunden und tritt hauptsächlich bei Schmerz, Kummer und Trauer auf. W. löst Zuwendung aus und führt unter Umständen zur Stimmungsübertragung. Säuglinge fordern mit W. die Betreuung (→ Schreiweinen). Bei Müttern erhöht das W. ihres Kindes die Durchblutung der Muskulatur und die Milchbildung in der Brust.
Tränen die beim Lachen abgegeben werden, beruhen nicht auf W., denn hier drücken die Lachmuskeln auf die Tränendrüsen und pressen die Flüssigkeit heraus. [1]

weißes Rauschen → Rauschen.

Werbegesang (courtship song): spezieller Gesang einiger männlicher Insekten, der erst nach Kontakt mit einem arteigenen Weibchen dargeboten wird und die Paarung einleitet. Bei Feldgrillen *Gryllus campestris* z.B. besteht der W. aus einzelnen → Schallimpulsen mit Trägerfrequenzkomponenten zwischen 10 kHz und 15 kHz (→ Trägerfrequenz). Die Schallimpulse werden etwa 3 Mal pro Sekunde wiederholt. Der W. unterscheidet sich bei allen bisher untersuchten Grillenarten erheblich vom → Lockgesang, enthält jedoch oft einige Rhythmuskomponenten aus diesem. Der Werbegesang bei Vögeln wird meist als → Balzgesang bezeichnet. [4]

Werbeverhalten → Balzverhalten.

Werkzeuggebrauch, *Gegenstandsgebrauch* (tool using): die Benutzung eines externen beweglichen Gegenstandes oder körperfremder Substanzen zur Erweiterung der Funktionen des eigenen Körpers als Hilfsmittel im Dienst des Verhaltens. Werkzeuge erweitern den Aktionsbereich des Individuums und erhöhen die Effektivität seines Verhaltens, vor allem bei der Körperpflege und Nahrungsbeschaffung bzw. -bearbeitung. Für W. liegt meist eine genetische Disposition vor, der effektive Einsatz muss aber individuell erlernt werden. Inzwischen liegen vielfältige Befunde für W. bei einer Reihe von Tierarten vor. So nehmen Grabwespen der Gattung *Ammophila* gelegentlich Steinchen zwischen ihre Mandibeln, um nach dem Zugraben ihrer Eikammer den losen Sand über dem Eingang festzustampfen. Der Spechtfink der Galapagos Inseln *Cactospiza pallida* benutzt einen Kaktusstachel oder ein gerades Hölzchen, das er sich selbst zurecht brechen kann, um damit in einem von ihm freigelegten Bohrgang im Holz nach Insekten zu stochern. Der Schmutzgeier *Neophron percnopterus* schleudert kleine Eier, die er im Schnabel halten kann, auf den Boden, bis sie zerbrechen. Will er die dicken Schalen von Straußeneiern aufsprengen, so schleudert er Steine gegen die großen Eier (Abb.). Der Seeotter *Enhydra lutris* legt sich, rücklings an der Wasseroberfläche schwimmend, einen Stein auf die Brust und zerschlägt daran Muscheln, Seeigel oder Krabben. Gelegentlich benutzt er den Stein auch als Schlagwerkzeug, in diesem Fall legt er die Beute gegen den Körper. Der Schützenfisch *Toxotes jaculatrix* ist in der Lage, mit einem Wasserstrahl auf bis zu 1 m über der Wasseroberfläche sitzende Insekten zu schießen. Neukaledonische Krähen *Corvus moneduloides* verbiegen Drähte, um damit Futter zu angeln. Die in den USA heimische Kanincheneule *Athene cunicularia* benutzt Kot als Köder zum Fangen von Käfern.
Besonders vielseitig ist W. bei Schimpansen. Sie benutzen Grashalme oder Äste,

Werkzeuggebrauch beim Schmutzgeier, hier beim Öffnen eines Straußeneies. Aus R. Gattermann et al. 1993.

um damit Termiten oder Ameisen zu angeln (→ Termitenangeln). Mit Blättern wischen sie Schmutz und Kot ab, oder sie verwenden sie, um Wunden zu reinigen. Eine Handvoll zerkauter Blätter ersetzt einen Schwamm, um Wasser aus Baumhöhlen aufzusaugen, in die sie mit dem Kopf nicht hineingelangen. Steine und Stöcke können sie als Waffe gegen Raubfeinde wie den Leoparden einsetzen. Nüsse knacken sie mithilfe von Hammer und Amboss. Dabei dienen schwere Holzstücke oder Steine als Hammer. Sie werden je nach Nusshärte ausgewählt und mitgebracht bzw. aufgehoben. Als Amboss dienen Holzwurzeln mit Schlagmulden.

Aktuell konnte W. auch für Meeressäuger belegt werden. So lösen einige Vertreter der Großen Tümmler *Tursiops truncatus* Schwämme vom Meeresboden ab und stülpen sie über ihre Schnauze. Die Schwämme dienen ihnen als eine Art Handschuh, um ihre Schnauze bei der Futtersuche im Boden zu schützen. [5]

Werkzeugherstellung (tool making): die Fähigkeit, Naturgegenstände so zu bearbeiten, dass ihr Funktionswert verbessert wird. Durch W., die sich bislang neben dem Menschen nur für einige Primaten nachweisen lies, wird die Durchführung bestimmter Aufgaben überhaupt erst ermöglicht. Erste Untersuchungen hierzu stammen von Wolfgang Köhler (1917). Er konnte beobachten, wie in Gruppen gehaltene Schimpansen, nachdem sie genügend Erfahrungen über den Funktionswert ihrer Werkzeuge gesammelt hatten, Stäbe herstellten, indem sie Äste abbrachen oder lange Splitter von Brettern abbissen, um damit Bananen durch das Gitter zu angeln. Sie steckten sogar zwei oder drei kurze Rohre und Stäbe zu einem langen Werkzeug zusammen und errichteten Türme aus bis zu vier Kisten, wenn anders die Belohnung nicht zu erreichen war. Bei diesen Untersuchungen war festzustellen, dass Werkzeugleistungen eine normale Individualentwicklung mit viel Spielverhalten und sozialer Anregung voraussetzen. [5]

Wertbegriff, *Wertkonzept* (value concept): die Fähigkeit von einigen Tieren zur Bildung einfacher Begriffe. Sie dient der materiellen

Bewertung der Umwelt und bedingt hoch entwickelte Gehirne. Durch den W. kann erlernt werden, dass symbolische und an sich wertlose Gegenstände wie Geldstücke, Plastikmarken oder ähnliches als bedingte Belohnungswerte gegen Verstärker eingetauscht werden können. So lernen Schimpansen, farbige Pokermarken als Tauschmittel für Futter, Wasser, Öffnen der Tür zum Nachbarkäfig und Spielen mit dem Wärter zu benutzen. Sie beginnen sehr schnell, die höherwertigen (blauen) Futtermarken zu bevorzugen, mehrere Marken zu sammeln, um sie später auf einmal einzutauschen, und sind auch bereit, für den Erhalt der begehrten Marken physische Anstrengungen (Hebeldrücken) auf sich zu nehmen. Dabei leisteten sie umso weniger, je mehr Marken sie besaßen. Rangtiefe Tiere erbettelten häufig Wertmarken, gaben selbst aber nur selten welche ab. Ranghohe Tiere teilten mit anderen, waren aber beim Betteln gehemmt. [5]

Whitten-Effekt (Whitten effect): beschreibt die Östrus-Induktion bei geschlechtsreifen Mäusen, Schafen, Rindern und Schweinen durch die Chemosignale von arteigenen Männchen (Witten 1955). Zur Stimulation reicht der Urin der Männchen. So können unregelmäßige Sexualzyklen stabilisiert und mit denen anderer Weibchen synchronisiert werden. [1]

Wiedererkennen → Gedächtnis.

Wiederkäuen (rumination): das nochmalige Kauen von bereits teilweise verdauter Nahrung, die durch reverse Peristaltik aus dem Pansen (Rumen) heraufgewürgt wird. W. findet bei der Kuh vorwiegend im Liegen und etwa 10–15mal pro Tag mit einer mittleren Dauer von ca. 30 min statt. Wiederkäuende Tiere werden zu einer Unterordnung (Ruminantia) zusammengefasst, zu der die Giraffenartigen (Giraffidae), Moschushirsche (Moschidae), Hirschferkel (Tragulidae), Gabelhornträger (Antilocapridae), Hirsche (Cervidae) und Rinderartige (Bovidae) gehören. [5]

Wiegenlied → Schlaflied.

Wild (game): weidmännischer Sammelbegriff für alle bejagten Säugetiere (Haar-W.) und Vögel (Feder-W.). Eine weitere Unterteilung erfolgt auch nach verhaltensbiologischen Kriterien in Nutz-W., das der menschlichen Ernährung dient, Raub-W., es schadet dem Nutz-W., Stand-W., das sehr ortstreu ist im Gegensatz zum Wechsel-W. [1]

Windorientierung → Anemotaxis.

Winkelsinn, *Gegendrehverhalten* (angle sense, reverse turning): die Fähigkeit, Ablenkungswinkel zu unterscheiden und in entsprechende Körpergegendrehungen umzusetzen. Das ist notwendig, wenn Hindernisse zu umgehen sind und die ursprünglich eingeschlagene Richtung beibehalten werden soll. Mittels → ideothetischer Orientierung wird die erzwungene Ablenkung bestimmt und die Fortbewegungsrichtung entsprechend korrigiert. Ein W. konnte z. B. für Skorpione, As- seln, zahlreiche Insekten, Hundertfüßer und Zwergwachteln nachgewiesen werden. [1]

Winter-Blues (winter blues): milde Form der → Winterdepression. [6]

Winterdepression (winter depression): häufigste Form der saisonabhängigen Depressionen. Betroffene Personen zeigen, etwa im November beginnend, Beeinträchtigungen der Stimmung und des Antriebes sowie der Leistungsfähigkeit. Sie schlafen meist länger, jedoch ohne das Gefühl, erholt zu sein. Viele ziehen sich sozial zurück. Durch einen regelrechten Heißhunger auf Süßigkeiten kommt es zu einem Gewichtsanstieg. Die Ursache der W. liegt vermutlich in einer Störung der → Zeitordnung. Durch die abnehmende Tageslänge in Verbindung mit einer geringen Aufenthaltsdauer im Freien ist die Zeitgeberwirkung des Licht-Dunkel-Wechsels zu gering und es kommt zur Desynchronisation circadianer Rhythmen von der 24 h-Umwelt. Auch → Melatonin scheint an der Manifestierung der W. ursächlich beteiligt zu sein, denn bei Depressiven wird das Hormon deutlich stärker ausgeschüttet.

Die Symptome der W. haben einen selbstverstärkenden Effekt. Anderseits kann W. mittels → Lichttherapie oder definierte morgendliche Aktivität (Fahrradergometer), u. U. auch eine gezielte Applikation von Melatonin, therapiert werden. Durch die genannten Behandlungen wird die Phase der gestörten circadianen Rhythmen wieder normalisiert, was mit einem Abklingen der Depression einhergeht.

Die Angaben, wie viel Prozent der Bevölkerung von W. betroffen sind, differieren stark, da das Spektrum von leichten Beeinträchtigungen des Wohlbefindens sowie der Leistungsfähigkeit (Winter-Blues) bis hin zu Formen, die therapiert werden müssen, reicht. Für die Vereinigten Staaten von Amerika werden z.B. 7,5 % angegeben, die Hälfte davon schwere Fälle. Hinzu kommt ein Nord-Süd Gradient. So sind in Florida etwa 1,4 % der Bevölkerung von W. betroffen, im Staate Washington dagegen 10,2 %. Für die nördlichen Regionen Norwegens (~ 69° N) werden sogar 27 % angegeben. Frauen sind anfälliger für W., sie machen etwa 75 % der Betroffenen aus. [6]

Winterquartier → Hibernaculum, → Migration.

Winterruhe (winter rest period): eine aktive Reduzierung der Körpertemperatur und des Stoffwechsels für mehrere Tage, um im Winter Energie zu sparen (→ Torpor). Im Gegensatz zum Winterschlaf sinkt bei der W. die Tempratur nur bis auf 32 bis 30 °C ab. Die Tiere werden relativ schnell wach und sind auch im unterkühlten Zustand zur Fortbewegung fähig. W. kommt bei Eichhörnchen, Dachs, Stinktier, Waschbär sowie Braun-, Schwarz-, Eis- und Grizzlybär vor. Sie verlassen zwischendurch ihre Ruhestätten, um Urin und Kot abzusetzen und um Nahrung zu suchen. [1]

Winterschlaf (hibernation): ein durch physiologische Umstimmungen und Verhaltensänderungen herbeigeführter Zustand bei homoiothermen Tieren zur Überwindung der kalten und nahrungsarmen Jahreszeit (→ Torpor). Zu den Winterschläfern gehören einzelne Säugerarten und wenige Vögel der gemäßigten und kalten Zonen, z.B. Igel, Fledermäuse, Murmeltiere, Ziesel, Bilche, Biber, Springmäuse und die nordamerikanische Nachtschwalbe, *Phalaenoptilus nuttallii*. Der W. wird hormonell und zentralnervös gesteuert und durch Zeitgeber aus der Umwelt synchronisiert. Auslöser sind der jahresperiodische Wechsel des Tag-Nacht-Verhältnisses und – sekundär – das Absinken der Umgebungstemperatur. In mitteleuropäischen Breiten dauert der W. von Oktober/November bis März/April. Lange vor Eintritt des W. legen einige Arten Nahrungsvorräte an (→ Futterhorten), vertiefen ihre Erdbaue und vergrößern die Schlafnester oder suchen geeignete W.plätze (→ Hibernaculum). Werden die artspezifische kritische Tageslänge und entsprechende Temperaturen erreicht, dann sinkt die Körpertemperatur auf 5 bis 1 °C, gehen Herz- und Atemfrequenz zurück und wird der gesamte Stoffwechsel gedrosselt. So können mehr als 90 % Energie eingespart werden. Alle drei Tage bis drei Wochen werden die *W.-Episoden* (hibernation bout) unterbrochen, um Nahrung aufzunehmen, um Kot und Harn abzusetzen oder um einen besseren Schlafplatz aufzusuchen. Das Erwachen und Reaktivieren des Stoffwechsels nimmt 1 bis 4 h in Anspruch. [1]

Winterstarre, *Kältestarre* (winter torpor, cold torpor, chill coma): ein bei niederen Umgebungstemperaturen und abnehmender Tageslänge eintretender Ruhezustand wechselwarmer (ektothermer) Tiere zum Überdauern der kalten Jahreszeit (→ Winterschlaf). Allgemein wird irrtümlich angenommen, dass die W. allein ein Resultat der im Herbst und Winter abnehmenden Temperatur ist. W. ist jedoch eine phylogenetische Anpassung an die jahresperiodisch wechselnden Bedingungen (Jahresrhythmik, Photoperiodismus). Auslöser sind die Temperatur und das wechselnde Tag-Nacht-Verhältnis. Wochen vor Eintritt der W. stellen die Tiere ihren Stoffwechsel um, ändern sich die Temperaturpräferenzen (Frösche), werden Gewässer (Molche), oberflächennahe Bodenschichten (Regenwürmer) und andere Aufenthaltsorte verlassen und geeignete Plätze zum Überwintern aufgesucht. → Torpor. [1]

Wirbel → Trommellaut.

Wirtsprägung (host imprinting): prägungsähnlicher Vorgang, mit dem Brutparasiten wie der Kuckkuck auf ihre Wirtsarten festgelegt werden (→ Brutparasitismus). W. findet mit großer Wahrscheinlichkeit während der Nestlingszeit statt, wenn die Jungen von den Wirtseltern aufgezogen werden. [1]

Wischreflex (wiping reflex, expulsion reflex): ein vor allem bei Amphibien ausgeprägter Reflex des Komfortverhaltens zum Entfernen von ungenießbaren Objekten aus dem Maul oder störenden Reizen von der Körperoberfläche. Dazu werden je nach Situation die vorderen oder hinteren Extremitäten eingesetzt. Für die Säuberung des Mauls wird mit einer Vorderextremität in starrer Folge von der Seite zur Mitte nach vorn gewischt. Der W. lässt sich auch bei hirnlosen, sog. spinalen Fröschen, auslösen; ein Beweis dafür, dass sich das Reflexzentrum des W. nicht im Gehirn, sondern im Rückenmark befindet. [1]

Wohlbefinden (welfare): ein subjektiver Zustand, der sich bei aktiver Auseinandersetzung und erfolgreicher Bewältigung der Umweltanforderungen einstellt. Da diese individuelle Reflektion relativer physisch-psychischer Unversehrtheit von Emotionen beeinflusst wird, ist eine exakte und einheitliche wissenschaftliche Definition allerdings schwierig. Die häufig angeführte Abwesenheit von Krankheiten als entscheidendes Kriterium für W. greift sicher zu kurz, generell ist bei Störungen der Gesundheit aber von einer Beeinträchtigung des W. auszugehen. Darüber hinaus sind subjektive Erwartungen und Bewertungen des Tieres oder Menschen zu berücksichtigen. → Wohlergehen. [5]

Wohlergehen (well-being): ein subjektiver Zustand, der sich durch objektiv erfassbare physiologische und verhaltensbiologische Parameter beurteilen lässt. Zu den Verhaltensindikatoren für W. gehören z. B. das Komfort-, Spiel- und Fortpflanzungsverhalten. → Wohlbefinden. [5]

Wohngebiet → Aktionsbereich.

Worker-policing (worker policing): beschreibt das Entfernen von Arbeiterinnen-Eiern durch Arbeiterinnen. Die Arbeiterinnen der eusozialen Insektenstaaten hindern sich so gegenseitig an der Fortpflanzung und pflegen nur die von der Königin abgelegten Eier bzw. deren Nachwuchs. So legen etwa 1 bis 2 % der Arbeiterinnen des Hornissenstaates *Vespa crabro* regelmäßig Eier, die aber sofort entdeckt und vernichtet werden. [2]

Wühlen *Pflügen* (plowing): ein Durcharbeiten des Erdreiches nur mit dem Kopf (→ Graben). W. wird primär zum gezielten Auffinden von Futter wie Samen, Früchte, Regenwürmer, Insektenlarven etc. genutzt. Es ist typisch für Schweine, kann aber auch bei Nagern beobachtet werden, die mit dem Kopf das lockere Erdreich oder die Einstreu im Käfig entsprechend bewegen. [1]

Wurfnest → Schlafnest.

Wutgähnen → Drohgähnen.

Wutkopulation (rage copulation): eine Form der Pseudokopulation, die Säuger zur Rangdemonstration nutzen. Sie tritt bei Primaten, Wölfen und Hausmäusen nach aggressiven Auseinandersetzungen im erregten Zustand auf. W. vollführt der Ranghöhere am Unterlegenen oder auch an unbeteiligten Artgenossen (→ umorientiertes Verhalten). [1]

Xenobiose (xenobiosis): eine auf das Zusammenleben von sozialen Insekten, insbesondere auf Ameisenarten beschränkte Bezeichnung. Dabei kann die eine Art bei der anderen Unterkunft und Schutz, z. B. *Formicoxenus nitidulus* im Nest der Roten Waldameise, *Formica rufa* Gruppe (→ Parabiose) oder zusätzlich Futter für die eigene Brut erhalten, z. B. *Megalomyrmex symmetochus* in der Kolonie von *Sericomyrmex amabilis* (→ Kommensalismus). [1]

Xenophobie, *Fremdenscheu* (xenophobia): angeborenes menschliches Verhalten bei Erwachsenen, das sich in allen Kulturen bei Erwachsenen als spontane Zurückhaltung gegenüber unbekannten, gruppenfremden Erwachsenen äußert. X. kann nicht als archaischer Mechanismus für die Verharmlosung und Rechtfertigung von Rassismus und Ausländerfeindlichkeit genutzt werden. → Fremdenfurcht, → Außenseiterreaktion. [1]

xylophag (xylophagous, xylophagous animals): Sammelbezeichnung für alle Holzfresser. Dazu gehören z. B. zahlreiche Käfer- und Schmetterlingslarven, Holzwespen, Termiten sowie die im Meer lebende Bohrmuschel *Teredo navalis* und die Bohrassel *Limnoria terebrans*. [1]

Y-Labyrinth, *Y-Kammer* (y-maze): aus drei Y- oder T-förmig (T-Labyrinth) angeordneten Gängen bestehendes Labyrinth, das für Präferenzversuche oder computergesteuerte Lernexperimente verwendet wird. Beim Präferenztest im T-Labyrinth wird das Versuchstier in den längeren Gang gesetzt und muss sich für den rechten oder linken Abzweig entscheiden, in dem sich die Wahlobjekte (Geschwister und Nichtgeschwister, Futter-A und Futter-B u. a.) befinden. Bei Lernexperimenten enthält der Boden des Y. Gitterroste und jeder Gang kann einzeln ausgeleuchtet oder verdunkelt werden. Nach einem akustischen oder anderen Signal muss das Versuchstier innerhalb einer festgelegten Zeit seinen Aufenthaltsort verlassen und den beleuchteten Gang aufsuchen. Der Computer legt nach dem Zufallsprinzip fest, welcher Gang hell bzw. dunkel ist, gibt das Signal, registriert und bewertet die Reaktion des Versuchstieres und setzt bei falscher Entscheidung die Bodenroste für kurze Zeit unter Strom (Strafreiz). [1]

Zahlbegriff → Zählvermögen.
Zählvermögen, *Zahlbegriff, averbales Zählen* (counting ability, number concept): bei Tieren und Menschen die Fähigkeit zur Erfassung von Mengen durch averbale Begriffe, die ein komplexes Zusammenspiel von Denken und Handeln in Übereinstimmung mit internen Repräsentationen erfordert. Die experimentelle Ausbildung des Z. durch Tiere wurde in der klassischen Tierpsychologie vor allem von Otto Koehler (1941) und seinen Schülern untersucht (Abb.). Dabei wurde festgestellt, dass bereits Tauben, Dohlen, Wellensittiche, Papageien und andere Vögel in der Lage sind, fünf bis acht Häufigkeitsstufen in optischen Mustern zu unterscheiden, nach optischen Anweistafeln Deckel von Futterbehältern zu öffnen oder aus einer größeren Menge z. B. sechs Erbsen aufzunehmen. Ebenso reagieren sie nach akustischen Anweisern auf optische Muster (→ Transposition) und sind in der Lage, Mengen in optischen Mustern wieder zu erkennen. Dass es sich bei diesen Leistungen tatsächlich um unbenanntes Zählen und nicht einfach um visuelles Diskriminationslernen handelt, wurde unter anderem durch die Beobachtung belegt, dass eine Dohle, die sich verzählt hatte, von vorn begann und richtig endete, also nachzählte. Inzwischen konnte für das unbenannte Zählen und die Verarbeitung von Anzahlen ein neurales Korrelat bei verhaltenstrainierten Affen gefunden werden. Es handelt sich dabei um Anzahl-selektive Neurone im lateralen Präfrontalcortex. [5]

Zählvermögen einer Dohle. Nach einem entsprechenden Training ist das Tier in der Lage, die präsentierte Menge (zwei) zu erfassen und in den beiden simultan zur Wahl stehenden optischen Mustern wieder zu erkennen. Aus R. Gattermann et al. 1993.

Zähmung (taming): Sammelbezeichnung für alle Maßnahmen, die der Gewöhnung wild lebender Tiere an den Menschen dienen. Dabei werden die natürlichen Flucht- und Abwehrtendenzen abgebaut oder völlig aufgehoben. Wichtige Elemente der Z. sind, die wiederholte Herstellung räumlicher Nähe zwischen Mensch und Tier (notfalls durch Gefangennahme), die weitestgehende Unterlassung jeglicher Beunruhigung und Gefährdung des Tieres und das Sichanbieten als Sozialpartner des Tieres (Futterbringer, Schutz-, Putz-, Spielpartner). Am Prozess der Z. sind Lernvorgänge wie Habituation, Konditionierung, Extinktion und Prägung beteiligt. Erfolgreiche Z. führt zu einem bestimmten Grad an Zahmheit; das Tier duldet entweder die Nähe des Menschen, nimmt in seinem Beisein Nahrung auf (Futterzahmheit) oder lässt sich berühren und streicheln (Handzahmheit). Z. ist eine Voraussetzung für die → Dressur und → Domestikation. → Pseudozahmheit. [1]
Zähnefletschen (bared teeth display): Drohverhalten der Raubtiere und vereinzelt auch der Primaten, bei dem die Zähne entblößt werden. [1]
Zähnewetzen, *Zähneknirschen* (teeth grinding): geräuschvolles Reiben der Zähne mit unterschiedlicher Funktion. Z. kommt bei Nagern, Wiederkäuern und Menschen vor und tritt während des Schlafens, unter der Geburt, bei Schmerzen, während der Nah-

rungsaufnahme und bei Bedrängnis auf. Ursprünglich dient Z. zum Putzen der Schneidezähne während des Fressens. Diese Geräusche sind z.B. beim Goldhamster kurz und leise. Bei Gefahr gibt er wesentlich lautere und länger anhaltende Wetzgeräusche von sich, indem er den Unterkiefer vorschiebt und sehr schnell die unteren Nagezähne an den oberen reibt. Diese Art Z. ist ritualisiert (→ Ritualisation) und gilt als aggressives Drohen (Drohwetzen). [1]

Zangengriff → Präzisionsgriff.

Zärtlichkeitsfüttern → Balzfüttern.

Zehengänger *Digigrada* (digitigrade): Säugetiere, die beim Laufen den Mittelfuß über den Boden heben und nur mit der Ventralfläche der Zehen den Boden berühren, wie Hund, Katze und andere Raubtiere. → Gangart, → Sohlengänger, → Zehenspitzengänger. [1]

Zehenspitzengänger, *Spitzengänger, Unguligrada* (unguligrade): Säugetiere, die beim Laufen nur mit dem Zehenendglied den Boden berühren. Bei den Paarhufern wie Schweine, Hirsche und Kamele sind es zwei Zehenspitzen und bei den Unpaarhufern wie Pferde, Nashörner und Tapire ist es nur noch eine Zehenspitze. → Gangart, → Sohlengänger, → Zehengänger. [1]

Zeichensprache → Sprache.

Zeigerrhythmus, *erkennbarer Rhythmus* (overt rhythm): direkt zu beobachtender Rhythmus, der das Resultat sowohl endogener, von der → inneren Uhr gesteuerter, als auch exogener Faktoren ist (Abb.). Die exogenen Faktoren können dabei sowohl direkt über die innere Uhr (synchronisierend) als auch indirekt (maskierend) wirken. Der Begriff Z. steht für den Vergleich mit den Zeigern einer mechanischen Uhr, die ebenfalls keine direkten Rückschlüsse auf die Funktionsfähigkeit des eigentlichen Uhrmechanismus (Pendel, Unruhe, Quarzkristall o ä.) erlauben. → Markerrhythmus. [6]

Zeitansprüche → Ansprüche.

Zeiteinschätzung, Zeitmessung → Zeitsinn.

Zeitgeber *Synchronisator* (zeitgeber, synchronizer): Umweltperiodizität, die einen biologischen Rhythmus synchronisieren kann. Neben der Anpassung der individuellen, endogenen → Periodenlänge schließt das auch die Realisierung adäquater → Phasenbeziehungen ein. So muss ein Z. beispielsweise den circadianen Aktivitätsrhythmus eines nachtaktiven Tieres auf 24 h korrigieren und mit der Dunkelzeit synchronisieren.

Der Begriff Z. wurde 1951 von Jürgen Aschoff eingeführt. Er hat sich weltweit durchgesetzt und wird zumeist ohne Übersetzung verwendet.

Als Z. kommen prinzipiell unterschiedliche abiotische (geophysikalische) und biotische → Umweltperiodizitäten infrage. Um nachzuweisen, dass eine bestimmte Umweltperiodizität als Z. wirksam ist und nicht

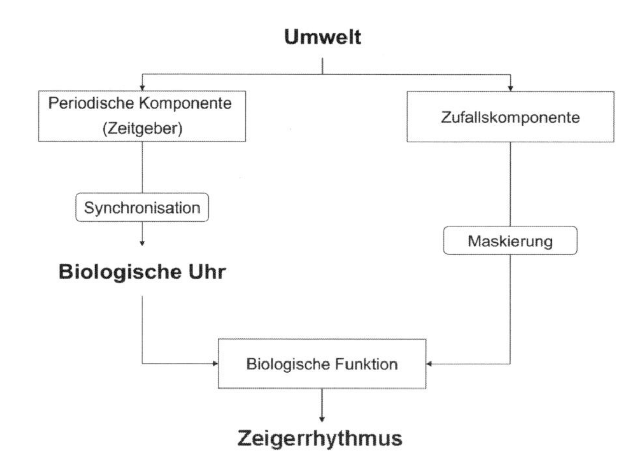

Zeigerrhythmus. [6]

durch → Maskierung eine Synchronisation vortäuscht, müssen verschiedene Kriterien erfüllt sein. Zunächst muss die Umweltperiodizität in der Lage sein, einen frei laufenden Rhythmus einzufangen. Nach dem Ausschalten der zu untersuchenden Umweltperiodizität, z. B. durch Dauerlicht oder Dauerdunkel anstelle eines Licht-Dunkel-Wechsels, muss der biologische Rhythmus wieder frei laufen (→ Freilauf). Schließlich muss er einer Phasenverschiebung des potenziellen Z. folgen. Wichtig ist, dass die Anpassung an die neuen Z.bedingungen schrittweise erfolgt (→ Transient), andernfalls kann eine Maskierung nicht ausgeschlossen werden.
Haupt-Z. für die circadianen Rhythmen ist der tägliche Licht-Dunkel (LD)-Wechsel. Dieser ändert sich im Gegensatz zu anderen Umweltperiodizitäten wie Temperatur, Luftfeuchte, Magnetfelder, Verhalten der Artgenossen etc. sehr regelmäßig im Verlaufe des Tages und enthält die gesamte notwendige Zeitinformation mit hinreichender Genauigkeit. Der LD-Wechsel hat eine sehr große → Zeitgeberstärke, sodass häufig Zyklen höherer und geringerer Lichtintensität bzw. Änderungen der Lichtqualität (spektrale Zusammensetzung) zur Synchronisation genügen. Beides ist vor allem in arktischen Breiten von Bedeutung.
Auch für den Menschen ist der LD-Wechsel der Haupt-Z. und nicht, wie lange Zeit angenommen, Periodizitäten in seiner sozialen Umwelt.
Photische Z. wirken direkt auf den zentralen Schrittmacher, den → suprachasmatischen Nukleus (SCN), wobei parametrische und nicht-parametrische Effekte zu unterscheiden sind. Der parametrische Effekt, in der älteren Literatur auch als proportionaler oder tonischer Effekt bezeichnet, beruht auf der Abhängigkeit der Spontanperiode von der Lichtintensität. Dabei ist neben Beleuchtungsstärke auch die Dauer der Lichtexposition von Bedeutung. Der nicht-parametrische, differentielle oder phasische Effekt beruht auf der Phasen-verschiebenden Wirkung der Übergänge von Licht zu Dunkel und umgedreht (→ Phasenantwortkurve).
Der Z. für die Jahresrhythmen ist das sich saisonal ändernde Tag-Nacht-Verhältnis bzw. die Licht-Dunkel-Relation.
Neben photischen Z. sind auch andere Umweltperiodizitäten prinzipiell in der Lage, einen biologischen Rhythmus zu synchronisieren. Intensiv untersucht wurden Zyklen der Umgebungstemperatur. Eine Z.wirkung konnte für circadiane Rhythmen poikilothermer Tiere, z. B. Eidechsen, eindeutig nachgewiesen werden. Die Existenz *sozialer Z.* (social zeitgeber) wird kontrovers diskutiert, obwohl eine ganze Reihe experimenteller Belege dafür sprechen. Eindeutig gezeigt wurde die soziale Z.wirkung bei Mäuseweibchen. Diese sind vorwiegend während der Lichtzeit bei ihren Jungen im Nest, während der Dunkelzeit jedoch außerhalb. Über diesen Anwesenheits-Abwesenheits-Zyklus üben sie eine direkte Z.wirkung auf den SCN der Jungtiere aus, was anhand der *per*-Gen Expression nachgewiesen werden konnte.
Auch ein zeitlich limitiertes Futterangebot (zeitrestriktive Fütterung) hat eine Z.wirkung, jedoch primär auf periphere Oszillatoren (→ fütterungsabhängiger Oszillator) ohne den zentralen Schrittmacher zu beeinflussen. [6]

Zeitgeberperiode (zeitgeber period): ist die Periodenlänge T des Zeitgebers. Die Z. stimmt in der Regel mit der Periodenlänge der entsprechenden Umweltperiodizität (Tag, Jahr etc.) überein. Chronobiologische Experimente werden aber auch unter abweichenden Z. (z. B. länger oder kürzer als 24 h) durchgeführt, um die Grenzen der Synchronisierbarkeit zu ermitteln (→ Mitnahmebereich). [6]

Zeitgeberstärke (zeitgeber strength): relatives Maß für die Fähigkeit einer Umweltperiodizität, einen biologischen Rhythmus zu synchronisieren. Die Z. kann an Hand der Stabilität der → Synchronisation oder des Zeitbedarfs für die → Resynchronisation nach einer Zeitgeberverschiebung ermittelt werden.
Die größte Z. für circadiane Rhythmen hat der Licht-Dunkel-Wechsel, wobei eine Relation von 12:12 h optimal ist. Die Z. nimmt mit der Amplitude der Zeitgeberperiodik zu. Für neugeborene Mäuse hat der Licht-Dunkel-Wechsel zunächst eine sehr geringe Z., Hauptzeitgeber ist die Mutter. [6]

Zeitgeberverschiebung (zeitgeber shift): Phasenverschiebung der Zeitgeberperiodik. Die Z. kann stufenweise oder sprung-

haft (→ Phasensprung) erfolgen. Ein positive Z. (→ Phasenvorverlagerung) wird durch einmalige oder wiederholte Verkürzung der Licht- oder Dunkelzeit erzielt. Der Beginn der Licht- sowie der Dunkelzeit erfolgt früher. Für eine negative Z. (→ Phasenverzögerung) wird die Lichtzeit oder die Dunkelzeit entsprechend verlängert.
Die Z. ist ein geeignetes experimentelles Paradigma zur Untersuchung der Synchronisationsfähigkeit eines Individuums an veränderte Umweltperiodizitäten oder auch der → Zeitgeberstärke einer → Umweltperiodizität. [6]
Zeitgeberzeit, *ZT* (zeitgeber time): Zeitangabe mit Bezug zur externen Zeitgeberperiode. Die Z. wird bei chronobiologischen Experimenten, die unter künstlichen Licht-Dunkel-Bedingungen durchgeführt werden, in „Stunden nach Licht-an“ oder HALO (hours after light on) angegeben. Da neben dem Licht-Dunkel-Wechsel als Hauptzeitgeber auch andere Umweltperiodizitäten einen Einfluss auf biologische Rhythmen haben können, hat sich jedoch die Angabe des jeweiligen Licht-Dunkel-Regimes in Ortszeit durchgesetzt. [6]
Zeitnische, *Chronotop* (temporal niche, chronotop): besondere Form einer ökologischen Nische. Die meisten Ressourcen und Feinde sind systematisch auf verschiedene Z. aufgeteilt. Durch die Besetzung unterschiedlicher Z. können Tiere mit vergleichbaren ökologischen Ansprüchen den gleichen Lebensraum nutzen (→ Tagesrhythmus). → Zeitplanrevier. [6]
Zeitordnung (temporal order): zeitlich koordinierter Ablauf von Verhaltens- und physiologischen Prozessen innerhalb eines Organismus (innere Z.) sowie mit den nichtstochastischen, zumeist periodischen Umweltänderungen (äußere Z.). Wesentlicher Bestandteil der inneren Z. sind → biologische Rhythmen mit definierten → Phasenbeziehungen und harmonischen, d. h. ganzzahligen Frequenzverhältnissen.
Äußere Z. meint vor allem die Koordination der biologischen Rhythmen mit den biotischen und abiotischen → Umweltperiodizitäten. Damit wird gewährleistet, dass bestimmte physiologische und Verhaltensprozesse unter optimalen Umweltbedingungen stattfinden sowie mit den Aktivitätsrhythmen der Artgenossen, Nahrungskonkurrenten, Räuber und Beute abgestimmt werden (→ Tagesrhythmus, → Jahresrhythmus, → Gezeitenrhythmus, → Mondrhythmus). → Zeitstruktur. [6]
Zeitplanrevier, *Raum-Zeit-Territorium, Temporium* (time plane territory, spatio-temporal territory): ein Territorium, das nur kurzzeitig (stundenweise) beansprucht wird, sodass im selben Lebensraum an einem Tag mehrere Z. etabliert werden können. Bekannt ist, dass männliche Hauskatzen bestimmte Teile ihres Lebensraumes, wie Zwangswechsel oder Nahrungsgründe, zu genau aufeinander abgestimmten Tageszeiten nacheinander nutzen, ohne sich dabei zu begegnen. Z. wurden auch für die Blaugrüne Mosaikjungfer *Aeschna cyanea*, eine Großlibelle an Seeufern, und für einige Ameisenarten beschrieben. → Temporialverhalten. [1]
Zeitreihe (time series): besteht aus Messwerten, die als Funktion der Zeit erhoben wurden. Biologische Z. bestehen immer aus einem Trend, einem periodischen Anteil und einer stochastischen oder Zufallskomponente (Rauschen). So nimmt z. B. bei jungen Mäusen oder Hamstern die Aktivitätsmenge zu (Trend). Die Tiere zeigen aber auch einen ausgeprägten Tagesrhythmus (periodische Komponente). Schließlich können stochastische Umwelteinflüsse sowie intrinsische Faktoren Aktivität stimulieren oder auch unterdrücken (Zufallskomponente).
Die Erfassung von Z. kann im Rahmen von → Longitudinal- oder → Transversalstudien erfolgen. Sollen → biologische Rhythmen untersucht werden, werden als Minimum sechs Messungen pro Zyklus empfohlen. Longitudinalprofile sollten wenigstens drei Zyklen des zugrunde liegenden Rhythmus erfassen.
Zur visuellen Beurteilung stehen verschiedene Verfahren der grafischen Präsentation zur Verfügung. Im einfachsten Falle werden die Rohdaten direkt als Funktion der Zeit dargestellt. Längere Z. werden als → Aktogramm oder → Mittelwertschronogramm dargestellt (Abb.). Mithilfe geeigneter Verfahren der → Zeitreihenanalyse können die einzelnen Komponenten getrennt und quantifiziert werden. [6]
Zeitreihenanalyse (analysis of time series): Untersuchung von Zeitreihen mit dem Ziel,

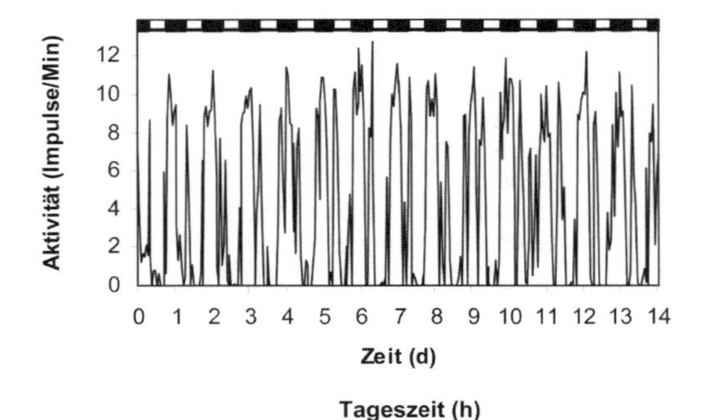

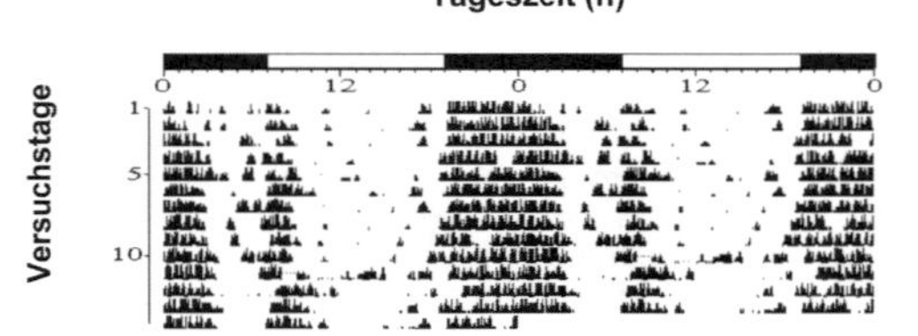

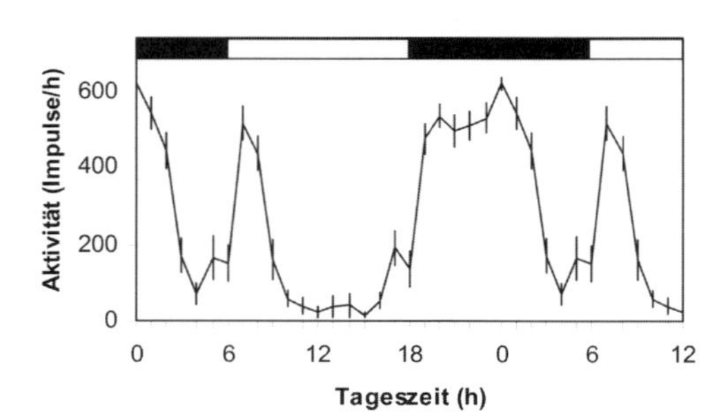

Zeitreihe in drei Darstellungsformen. Es liegen immer die gleichen Primärdaten zu Grunde: die lokomotorische Aktivität einer Labormaus registriert im 5-min-Raster über zwei Wochen. Damit sollen Vor- und Nachteile der einzelnen Varianten veranschaulicht werden. Die Darstellung der Messwerte in Abhängigkeit von der Zeit, d.h. als Zeitreihe (oben), ist nur für kurze Messreihen sinnvoll. Schon im vorliegenden Beispiel ist diese Form wenig anschaulich. Das → Aktogramm (Mitte) zeigt die tageszeitliche Verteilung der Aktivität wesentlich besser, insbesondere wenn die Daten als Doppelplot dargestellt werden. Der generelle Verlauf (Grundmuster) wird aus dem → Mittelwertschronogramm (unten) deutlich. Die hellen und dunklen Balken über den jeweiligen Grafiken symbolisieren die Licht- bzw. die Dunkelzeit. [6]

regelhafte, zeitabhängige Änderungen nachzuweisen und zu quantifizieren. In der Chronobiologie interessieren hierbei vor allem die rhythmischen Prozesse, wobei unterschiedliche *biorhythmische Kenngrößen* (rhythm characteristics) wie Periodenlänge, Amplitude, Phase oder Kurvenform, von Bedeutung sein können. Eine visuelle Analyse ist nur begrenzt möglich, da häufig geeignete Referenzpunkte fehlen. Aus diesem Grunde kommen biostatistische Verfahren zur Anwendung.

Die Z. erfordert oft eine Vorbehandlung der Messdaten, um einen Trend zu eliminieren sowie das Signal-Rausch-Verhältnis zu verbessern, d.h., die Zufallskomponente auszuschließen bzw. zu minimieren. Hierzu können Frequenzfilter geeigneter Bandbreite (→ Frequenzanalyse), die gleitende Mittelwertsbildung oder eine → Autokorrelation eingesetzt werden. Einige Verfahren der Z. erfordern auch äquidistante Zeitreihen, sodass fehlende Werte mittels geeigneter Algorithmen (Interpolation, Regression) ergänzt werden müssen.

Zur Untersuchung, ob eine Zeitreihe eine rhythmische Komponente enthält, stehen modellierende und modellfreie Verfahren zur Verfügung. Eine einfache Methode ist die Varianzanalyse (ANOVA). Mit ihrer Hilfe können Rhythmen beliebiger Form und Periodenlänge nachgewiesen werden. Die zu

testende Periodenlänge muss allerdings bekannt sein und es werden keine biorhythmischen Kenngrößen berechnet. Ein weiteres modellfreies Verfahren ist die Chi^2-Periodogramm-Analyse. Das Verfahren beruht darauf, dass man eine Zeitreihe nacheinander in Abschnitte verschiedener Länge unterteilt und die Variabilität zwischen den Messpunkten innerhalb dieser Abschnitte mit der Variabilität zwischen den Abschnitten ins Verhältnis setzt. Das Verfahren ist auch bei relativ kurzen Zeitreihen mit geringem Signal-Rausch-Verhältnis sehr leistungsfähig. Man muss allerdings berücksichtigen, dass das Chi^2-Periodogramm auch für die Vielfachen der Grundperiode Maxima ausweist. So kann man beispielsweise bei Neugeborenen mit einem reinen 4-h-Rhythmus der Nahrungsaufnahme scheinbar auch einen 24-h-Rhythmus „belegen".
Von den modellierenden hat vor allem das → Cosinor-Verfahren eine breite Anwendung gefunden. Allerdings wird es vorwiegend zur Charakterisierung von biologischen Rhythmen mit bekannter Periodenlänge benutzt. Die Analyse der spektralen Zusammensetzung einer Zeitreihe ist mithilfe der Fourier-Analyse möglich. Diese basiert darauf, dass jede Kurvenform mithilfe einer Summe von Sinusfunktionen beschreibbar ist. Ein Fourier-Spektrum widerspiegelt somit sehr gut den Verlauf eines rhythmischen Prozesses. Allerdings ist der statistische Nachweis einer bestimmten periodischen Komponente nicht gleichbedeutend, dass dieser Komponente tatsächlich ein rhythmischer biologischer Prozess zu Grunde liegt. Das ist insbesondere bei der Interpretation ultradianer und disharmonischer Komponenten zu berücksichtigen. Für kurze Zeitreihen mit einem hohen Rauschanteil hat sich die *Maximum-Entropie-Spektralanalyse* oder *MESA* (maximum entropy spectral analysis) als sehr leistungsfähig erwiesen. Hierbei handelt es sich um ein autoregressives Verfahren, basierend auf der Tatsache, dass der Verlauf einer periodischen Zeitreihe in bestimmten Grenzen vorhersagbar ist. Allerdings erfordert die Anwendung der MESA eine gewisse Erfahrung, da nicht korrekte Annahmen, z. B. bei der Festlegung der Modellordnung, zu Artefakten führen können. [6]

Zeitserie → Chronogramm.

Zeitsinn, *Zeitmessung, Zeiteinschätzung* (time sense): Fähigkeit zur Zeitmessung bzw. Bestimmung der „Uhrzeit". Beispiele sind das termingerechte, spontane Erwachen beim Menschen oder die Fähigkeit von Bienen, eine Futterstelle zu einer definierten Tageszeit aufzusuchen. Bienen nutzen diesen Z. für die optimale Nahrungsbeschaffung, indem sie sehr schnell lernen, wann welche Pflanze Nektar absondert. Dass die *Bienenuhr* (bee's clock) tatsächlich endogen fixiert ist, zeigen Experimente, bei denen man Bienen und andere Insekten zeitweilig im Dunkeln hielt oder sie per Flugzeug in eine andere Zeitzone verfrachtete. Ihr Z. wurde dadurch nicht gestört. Analoges konnte für Wirbeltiere nachgewiesen werden. Ornithologen wissen, dass jede Vogelart zu einer bestimmten Tageszeit mit dem Gesang beginnt. Die Genauigkeit ist erstaunlich, sodass man von einer *Vogeluhr* (bird's clock) spricht.
Über die zugrunde liegenden Mechanismen ist kaum etwas bekannt. Offensichtlich ist das → circadiane System beteiligt, denn es ist nicht möglich, Bienen auf adiurnale, d.h., von 24 h abweichende Intervalle zu trainieren. Bei den Experimenten mit definierten Fütterungszeiten könnte ein → fütterungsabhängiger Oszillator beteiligt sein. Möglicherweise können Tiere auch eine Jahresuhr zur Zeitmessung nutzen. Dies würde z. B. erklären, wieso Vögel termingerecht aus ihrem Winterquartier zurückkehren. → Sonnenkompass. [6]

Zeitstruktur (time structure): Gesamtheit aller nicht-stochastischen, zeitabhängigen Änderungen biologischer Funktionen. Die Z. schließt lineare und zyklische Komponenten ein. Lineare Abläufe sind auf ein bestimmtes Ziel gerichtet und damit zumeist zeitbegrenzt. Beispiele hierfür sind Wachstum, ontogenetische Entwicklung und Altern. Zyklische Abläufe sind dadurch charakterisiert, dass sich ein bestimmter Zustand regelmäßig wiederholt. Hierzu gehören insbesondere → biologische Rhythmen unterschiedlichster Periodenlänge. Die zeitliche Koordination aller linearen und zyklischen Komponenten bildet die Grundlage für die innere → Zeitordnung eines Organismus. → Raum-Zeit-System des Verhaltens. [6]

Zeitzonenwechsel → Transmeridianflug.
zentrale Ermüdung → Ermüdung, → Habituation.
Zentraluhr → suprachiasmatischer Nukleus, → Multioszillatorsystem.
Zeremonie (ceremony): ein Begriff aus der klassischen Ethologie zur Beschreibung von mehr oder weniger formstarr ablaufenden sozialen Verhaltensweisen wie Ablösungs-Z., Balz-Z, Beschwichtigungs-Z., Putz-Z. u. a. (→ Ritual). [1]
Zerkleinerer (comminutor, shredder): ein Tier, zu dessen → Nahrungsverhalten das Zerkleinern der Nahrung mithilfe der Kiefer, Zähne, Reibplatten (Radula der Schnecken), Chitinleisten (im Vorderdarm der Insekten) oder Steine (im Vogelmagen) gehört. [1]
Zersetzer (decomposer): ein Tier, dessen → Nahrungsverhalten die extraintestinale, d. h., außerhalb des Darmes stattfindende Verdauung einschließt. Z. speicheln ihre Nahrung mit Sekreten ein oder injezieren Sekrete, die reich an Verdauungsenzymen sind, sodass extraintestinal der Verdauungsprozess beginnt und sie vorverdaute Nahrung aufnehmen. Beispiele sind die Spinnen, die Larven des Gelbrandkäfers *Dytiscus* und des Glühwürmchens *Lampyris* sowie die Laufkäfer, Seesterne und einige Kopffüßer (Cephalopoda). [1]
Zickzacktanz → Balzkette.
Ziehbereich → Mitnahmebereich.
Ziehharmonikaschlängeln → Schlängeln.
Zielflucht → Fluchtverhalten.
Zielorientierung → Elasis.
Zirbeldrüse → Epiphyse.
Zirkeln (gaping, prying behaviour): ein von Katharina und Oskar Heinroth (1928) beschriebenes universelles Verhalten der Vögel, das mit der Einführung des geschlossenen Schnabels in Vertiefungen des Bodens, zwischen Pflanzenteile oder in weichen Untergrund beginnt und mit einem kraftvollen Spreizen des Ober- und Unterschnabels endet. Z. kommt bei Staren (Sturnidae), Stärlingen (Icteridae), Rabenvögeln (Corvidae), Webervögeln (Ploceidae) und anderen vor.
Mit dem Z. werden bodenbewohnende Würmer, Insekten oder deren Larven gefunden, Zapfen, Knospen, Früchte, geschlossene Blüten und zusammengerollte Blätter geöffnet, Nadelbüschel und Grashorste erweitert, Spalten und Öffnungen geschaffen, um Nahrung zu finden oder zu verstecken, oder auch Steine, Dung, Rindenstücke etc. gewendet oder losgesprengt. Z. wird aber auch von manchen Arten (Webervögel) beim Nestbau und zur Gefiederpflege eingesetzt. Z. basiert auf besonderen Merkmalen im Schädelbau und im Muskelansatz, außerdem sind die Augen in einer dem Schnabelspalt folgenden Achse angeordnet. [1]
zirkuläre Dominanz, *polygonale Dominanz* (circular dominance): von der linearen Rangordnung abweichende Strukturen. Während in einer linearen Rangordnung gilt A dominiert B, B dominiert C, C dominiert D etc., kommt es bei der z. D. auch zur Bildung von zirkulären Triaden, auch *Dreiecksverhältnis* (triangular relationship) genannt. Dabei kann A über B, B über C, C aber über A dominieren. → Rangordnung. [1]
Zirp → Chirp.
Zirpen → Stridulation.
zitterfreie Wärmebildung → Thermogenese.
Zittertanz → Bienensprache.
Zitzenpräferenz, *Saugordnung* (teat order, suckling preference): bevorzugte Benutzung und Verteidigung einer bestimmten Zitze oder eines Zitzenpaares durch saugende Jungtiere. Z. wurden vor allem bei Nesthockern mit größerer Jungenzahl (Nager, Raubtiere, Schweine) beobachtet. Ferkel z. B. saugen unmittelbar nach der Geburt scheinbar wahllos an mehreren Zitzen, und innerhalb von ein bis zwei Wochen bildet sich eine stabile Z. heraus, die bis zum Ende der Säugezeit beibehalten wird. Dabei beanspruchen die kräftigsten Ferkel die vordersten Zitzen, deren Milchleistung nachweislich besser ist. Die Orientierung auf diese Zitzen erfolgt anhand der von der Sau abgegebenen Grunzlaute, sodass der größere Milchfluss wahrscheinlich eine Folge der umfangreicheren Massage- und Saugaktivität der vitaleren Ferkel ist. Bei Katzen bezieht sich die Z. auf die mittleren Zitzen. [1]
Zoochorie (zoochory): Verbreitung von Pflanzensamen, Sporen und Früchten durch Tiere. Z. erfolgt als *Epizoochorie* (epizoochory) am Körper (Kletten) oder *Endozoochorie* (endozoochory) im Körper (über den Darmtrakt). [1]
Zoogamie, *Tierbestäubung* (zoogamy, animal pollination): Bestäubung von Blüten-

pflanzen durch Tiere. Bestäuber sind hauptsächlich Insekten, → Entomogamie, aber auch Vögel, *Ornithogamie* (ornithogamy) und Säugetiere, vor allem Fledermäuse, *Chiropterogamie* (chiropterogamy). Z. setzt eine komplizierte Ko-Evolution zwischen Pflanze und Tier voraus. Deshalb können die Pflanzen auch nach ihrem Bestäuber benannt werden wie Fliegen-, Bienen-, Käfer- oder Nachtschwärmerblumen. Unter den Fledermäusen gibt es einige hoch spezialisierte Vertreter der neuweltlichen Familie Blattnasen (Phyllostomidae) mit speziell ausgebildeter Zunge und häufig reduziertem Gebiss. Diese so genannten Blütenfledermäuse sind wie alle Fledermäuse farbenblind (→ Monochromat) und besitzen keine Zäpfchen in der Netzhaut, haben aber im Laufe der Evolution den Empfindlichkeitsbereich der Stäbchen in Richtung → Ultraviolett verschoben. Damit können sie, ähnlich wie die Insekten, Blüten am Tag und insbesondere auch während der Dämmerung besser erkennen. Schätzungen besagen, dass es rund 750 Pflanzenarten in etwa 65 unterschiedlichen Familien gibt, die spezielle Blüten für die Bestäubung durch Fledermäuse entwickelt haben. Dabei handelt es sich vielfach um Holzgewächse (also Bäume, Sträucher und holzige Lianen), allerdings auch um einige Kakteen, krautige Epiphyten, Stauden (z. B. Vertreter der Gattung Bananen *Musa*) und Kräuter.
Da bei der Z. Pollen übertragen, aber keine Befruchtung initiiert wird, verwenden manche Autoren heute den exakteren Begriff *Zoophilie* (zoophily). [1] [4]

Zoomimese → Mimese.

Zoomorphismus (zoomorphism): in Analogie zum → Anthropomorphismus eine Vertierlichung des Menschen. Dabei behandeln die Tiere den Menschen als Artgenossen und beziehen ihn in ihr artspezifisches Verhalten mit ein. Das geschieht aufgrund von Fehlprägungen oder im Zusammenhang mit der Zähmung. [1]

Zoophaga → Carnivora.

Zoophilie → Zoogamie.

Zoosemiotik, *Biosemiotik* (zoosemiotics, biosemiotics): von Thomas A. Sebeok (1963) eingeführter Begriff für ein Teilgebiet der Zeichenlehre (Semiotik), das die Kommunikationssysteme bei Tieren untersucht. Dabei spielen nicht nur optische und akustische Zeichen eine Rolle, sondern auch vibratorische, taktile, elektrische und chemische. Ein semiotischer Vorgang besteht auf der Seite des Adressaten aus: Empfangen des Reizes, Dekodieren des Signals, ermitteln der Nachricht und Interpretieren der Information. Deshalb kann man innerhalb der Z., genau wie in der Semiotik, folgende Ebenen unterscheiden: die *Sigmatik* (sigmatics) als Abbildung der reinen physikalischen oder chemischen Daten der empfangenen Reize, den *Syntax* (syntax) als bestimmte Regeln, nach denen Signale zusammengesetzt sind, entweder parallel als Kombination oder zeitlich hintereinander als Sequenz (→ Kodierung), die *Semantik* (semantics) als Zuweisung der Bedeutung, denn erst dann wird aus dem Signal eine Nachricht, und die *Pragmatik* (pragmatics) als Zweckbezug und Interpretation, damit aus der Nachricht eine Information wird. [4]

ZT → Zeitgeberzeit.

Zuchtwahl → sexuelle Selektion.

Zugunruhe (migratory restlessness, zugunruhe): Maß für die Stärke der Zugmotivation bei gekäfigten Vögeln. Da sie keine größeren Strecken fliegen können, äußern sich die endogen gesteuerte Aktivität sowie das artspezifische Zeitprogramm im Hüpfen, Flattern und Schwirren. Die Z. ermöglicht Einsichten in die Geheimnisse des Vogelzugs. So dauert sie z. B. bei den weiterziehenden Arten Fitislaubsänger *Phylloscopus trochilus* und Gartengrasmücke *Sylvia borin* deutlich länger als beim Weidenlaubsänger *P. collybita* und der Mönchsgrasmücke *S. atricapilla*. [1]

Zugvogel (migratory bird, bird of passage): Vogelart, deren Angehörige regelmäßig periodische Wanderungen unternehmen, um nicht den ungünstigen Bedingungen des Winters ausgesetzt zu sein (→ Vogelzug). Typische Zugvögel sind die Mehrzahl der Singvögel, Kraniche, Störche, Gänse, zahlreiche Enten und Watvögel. → Standvogel, → Strichvogel, → Invasionsvogel. [1]

Züngeln (tongue flicking): ist ein kurzzeitiges Vorstrecken und Zurückziehen der Zunge oder ihre Seitwärtsbewegung zwischen geschlossenen Lippen. Z. kommt in unterschiedlichen Situationen und bei ganz verschiedenen Tierarten vor. **(a)** bei Schlangen und vielen Echsen dient es zur Aufnahme von Duftstoffen, die über das → Vomeronasalorgan im Mundhöhlendach geprüft werden. Dabei züngeln Schlangen bei geschlossenem Maul durch eine kleine Ausbuchtung des Oberkiefers. Ihre Zunge ist gespalten und mittels der beiden Spitzen ist zusätzlich eine räumliche Orientierung möglich. Des Weiteren kommt bei einzelnen Arten *Droh-Z.* vor. **(b)** auch Säuger schieben beim Z., häufig kurz vor dem Flehmen, die Zunge am Gaumendach und der Nase vorbei und bringen so an der Zungenspitze anhaftende Duftstoffe zum Vomeronasalorgan und Riechepithel. (Abb.) **(c)** Hunde lecken sich blitzschnell mit der Zunge über die Nase oder das Maul. Hier zeigt Z. Beunruhigung und Unsicherheit an und soll zugleich beschwichtigen. **(d)** beim Menschen kommt Z. im sexuellen Kontext (Flirt, Werbung) vor. [1]

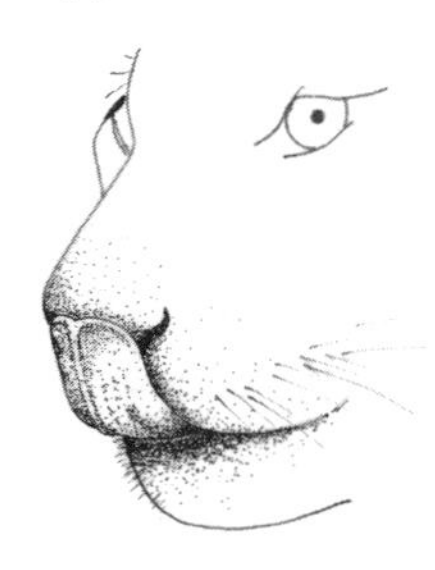

Züngeln beim Tiger, der so Duftstoffe zum Vomeronasalorgan und zur Nase bringt. M. Schmidt und A. Wöhrmann-Repenning 2003.

Zungenkuss → Kuss.

Zungenschnappen (tongue snapping): eine Form des Beutefangs bei Amphibien und Chamäleons. Die Zunge zahlreicher Amphibien (z. B. Echte Frösche, Kröten und Laubfrösche) ist vorn angewachsen und frei beweglich. Sie wird auf die Beute (Insekten) geschleudert, die am klebrigen Drüsensekret der Zungenspitze haften bleibt und so zum Abschlucken ins Maul befördert wird. Beim Chamäleon ist die Zunge viel länger und wird beim Herausschleudern aus dem Maul ausgerollt. Das Z. dauert etwa 1/125 Sekunde und die Zunge kann sich dabei auf die 2,5fache Körperlänge dehnen. [1]

Zungezeigen (sticking out the tongue): typisch menschliches Verhalten, bei dem die Zunge zwischen den geschlossenen Lippen weit nach vorn-abwärts geschoben wird. Z. wird in allen Kulturen als mimischer Ausdruck der Verachtung und Ablehnung verwendet. [1]

Zustandsverhalten, *inneres Verhalten* (internal state behaviour): veralteter Sammelbegriff für die internen Voraussetzungen eines Verhaltens wie Motivation, Instinkt-Dressur-Verschränkung, Hierarchie der Antriebe. Die Psychologie bezeichnet Z. als inneres Verhalten. → Ausgangsverhalten. [1]

Zwangsbewegung → Stereotypie.

Zweifachwahl → Wahlversuch.

Zwei-Mann-Team (two-male unit): soziale Untereineinheit in Primatenhorden. Das Z. bildet sich z.B. bei Mantelpavianen *Papio hamadryas* indem ein noch nicht geschlechtsreifes Männchen Anschluss an ein ranghohes Männchen sucht, um so Kontakte zu dessen Weibchen aufnehmen zu können (→ Ein-Männchen-Einheit). Beide Männchen teilen sich dann einen Harem und pflegen untereinander mannigfaltige soziale Beziehungen, die frei von den sonst zwischen Männchen üblichen Aggressivitäten sind. Auch wenn das ältere Männchen alle seine Weibchen verloren hat, bleibt es noch immer die entscheidende Autorität im Z. [1]

Zwergarbeiter (nanitics): bei eusozialen Insekten Arbeiterinnen, die wesentlich kleiner sind als normal. Z. kommen besonders in der Gründungsphase → claustraler Insektenstaaten vor, wenn die Ernährung noch nicht durch Arbeiterinnen sichergestellt werden kann. [4]

zwischenartliche Beziehungen → interspezifisches Verhalten.

Zwitter, *Zwittertum* (hermaphrodite, hermaphroditism): **(a)** Eizellen und Spermien werden in einem Organ produziert, z.B. in den Ovariotestes (Ovotestes) oder der Zwitterdrüse der Weinbergschnecke *Helix pomatia* und anderer Mollusken. **(b)** Synonym verwendet für → Hermaphroditismus. [1]

Zyklomorphose (cyclomorphosis): durch Umweltfaktoren ausgelöste regelmäßige Gestalts- und Verhaltensänderungen bei aufeinanderfolgenden Generationen. Häufig bei planktisch lebenden Süßwassertieren zu finden. So ändern die Kleinkrebse (Wasserflöhe) innerhalb eines Jahres in Abhängigkeit von der Wassertemperatur ihre Körperanhänge und können dadurch immer optimal schweben und ihren Räubern entkommen. [1]

Zyklus (cycle): nicht eindeutig abgegrenzter Begriff, der in der Verhaltensbiologie zur Bezeichnung von biologischen Rhythmen und Umweltperiodizitäten mit Periodenlängen von mehreren Tagen an aufwärts verwendet wird, z. B. Sexual-Z., Menstruations-Z., Fortpflanzungs-Z., Jahres-Z., Populations-Z. oder Sonnenflecken-Z. [1] [6]

Zyklusdesynchronisation → Zyklussynchronisation.

Zyklussynchronisation, *Brunstsynchronisation* (cycle synchrony, oestrous synchronization): die zeitliche Abstimmung der weiblichen Sexualzyklen hinsichtlich Physiologie und Verhalten. Sie erfolgt in der Regel durch saisonale, lunare oder tidale Zeitgeber, kann aber auch durch Verhaltensinteraktionen zwischen Männchen-Weibchen (intersexuell) und Weibchen-Weibchen (intrasexuell) verstärkt oder beschleunigt werden. Intrasexuelle Z. kommt bei Ratten-, Wildschwein- und Affenweibchen vor, sofern sie stabilen Sozietäten angehören und physische Kontaktmöglichkeiten haben. Ebenso kann bei Frauen, die in enger Wohngemeinschaft leben, eine Synchronisation der Menstruationszyklen nachgewiesen werden.

Im Gegensatz zu diesen Arten mit sozialer Lebensweise, kann bei den solitär lebenden Goldhamsterweibchen *Zyklusdesynchronisation* (cycle asynchrony) gefunden werden. Benachbarte Goldhamsterweibchen, deren Sexualzyklen zufällig synchron sind, können ihre Zyklen wechselseitig desynchronisieren (Abb.). Mithilfe von Modellberechnungen lässt sich belegen, dass dieses Verhalten bei geringer Populationsdichte oder hoher Winterschlafmortalität den Fortpflanzungserfolg der Weibchen erhöht.

In der Nutztierhaltung wird Z. primär aus ökonomischen Gründen durch hormonelle Behandlungen herbeigeführt. [1]

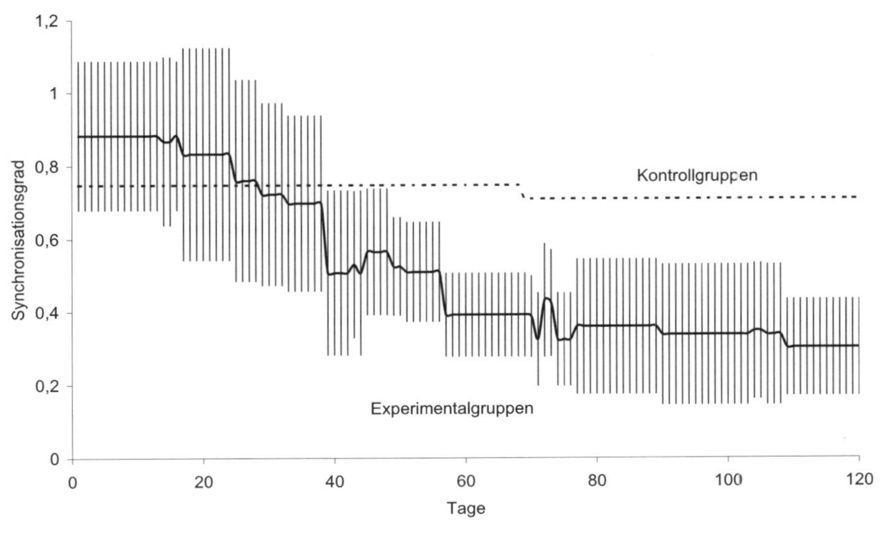

Zyklussynchronisation kommt bei sozial lebenden Säugerweibchen vor, während die solitären Goldhamsterweibchen ihre Sexualzyklen desynchronisieren können. Alle Weibchen wurden einzeln gehalten und hatten Kontaktmöglichkeiten über Drahtgitter zu ihren Nachbarinnen (Experimentalgruppen) oder nicht (Kontrollgruppen). Zu Beginn des Versuchs war der Synchronisationsgrad in allen Gruppen hoch. Während er bei den Weibchen der Kontrollgruppen stabil blieb, veränderten die Weibchen der Experimentalgruppen kontinuierlich ihre Zyklen bis zur maximalen Desynchronisation. R. Gattermann et al. 2002.

Register der englischen Fachbegriffe

Aufgelistet sind alle im Wörterbuch vorkommenden englischen Termini. Die zugeordneten deutschen Begriffe verweisen auf das Stichwort und entsprechen nicht immer der direkten Übersetzung aus dem Englischen.

24 hour rhythm → Tagesrhythmus
a posteriori probability → Information
a priori probability → Information
abiogenic factor → abiotischer Faktor
abiotic factor → abiotischer Faktor
abnormal behaviour → Verhaltensstörung
absolute discrimination → absolute Wahl
absolute hearing → absolutes Gehör
abstraction → Abstraktion
abundance → Abundanz
acclimation → Akklimation
acclimatization → Akklimatisation
accumulation of drives → Staubarkeit von Handlungsbereitschaften
acoustic fovea → Fovea
acoustical communication → akustische Kommunikation
acoustical illusion → akustische Täuschung
acoustical localization → akustische Lokalisation
acoustical signal → akustisches Signal
acquired behaviour pattern → Erwerbkoordination
acquired releasing mechanism → erworbener Auslösemechanismus
acquisition → Lernkurve, → Modelllernen
acrophase → Akrophase
acrophobia → Klippenmeideverhalten
action → Aktion
action chain → Handlungskette
action specific energy → aktionsspezifische Energie
action specific fatigue → aktionsspezifische Ermüdung
activation level → Aktivierungsniveau
active avoidance → Vermeidungslernen
active electrolocation → Elektroortung
activity → Aktivität
activity feedback → Aktivitätsfeedback
activity type → Aktivitätstyp
actogram → Aktogramm
actograph → Aktogramm
actography → Aktographie
ad lib → ad libitum
ad libitum sampling → Sampling-rules
adaptation → Adaptation
adaption → Adaptation
additive gene action → additive Genwirkung
additive genetic variance → additive genetische Varianz
additivity → additive Genwirkung
addressee → Adressat
adelphogamy → Adelphogamie
adelphoparasite → Adelphoparasit
adelphophagy → Adelphophagie
adequate stimulus → Reiz
adjacent marking → Erwiderungsmarkieren
adoption → Adoption
adult → adult
advance zone → Phasenantwortkurve
advanced sleep phase syndrome → Syndrom der vorgezogenen Schlafphase
aerial courtship → Imponierflug
aeronaut → Aeronaut
aestivation → Sommerschlaf
affective disorder → affektive Störung
afference → Afferenz
afferent fatigue → afferente Drosselung
afferent throttling → afferente Drosselung
affiliative behaviour → affiliatives Verhalten
affine signal → affines Signal
aggregation → Aggregation
aggregation of information → Informationsaggregation
aggregation pheromone → Aggregationspheromon
aggressive behaviour → aggressives Verhalten
aggressive inhibition → Angriffshemmung
aggressive mimesis → Angriffsmimese
aggressive mimicry → Angriffsmimikry
aggressive song → Rivalengesang
aggressiveness → Aggressivität
aggressivity → Aggressivität
agonistic behaviour → agonistisches Verhalten
agonistic buffering → sozialer Werkzeuggebrauch
aha experience → Einsichtslernen
akinesis → Akinese
alarm behaviour → Alarmverhalten
alarm call → Alarmruf

biosemiotics → Zoosemiotik
biotic factors → biotische Faktoren
biotope → Biotop
biparental care → biparentale Brutpflege
biparous → bipar
bipedy → Gangart
biphonation → Biphonation
bird migration → Vogelzug
bird of passage → Strichvogel, → Zugvogel
bird's clock → Zeitsinn
birth rate → Natalität
bite kiss → Beißkuss
bite order → Hackordnung
bivoltine → multivoltin
biwak → Biwak
black box method → Black-Box-Methode
blindsight → Blindsehen
blood-feeding animal → Blutsauger
blood-sucking animal → Blutsauger
blush → Erröten
body language → Körpersprache
body shaking → Kopfschütteln
bond → Bindung
bond oriented copulation → Pseudokopulation
bonding behaviour → Bindungsverhalten
bonding drive → Bindungsantrieb
bottleneck → Flaschenhals
bourgeois reproductive behaviour → Bourgeois-Taktik
bourgeois tactic → Bourgeois-Taktik
brain stimulation → Hirnreizung
breast beating → Brusttrommeln
breast feeding → Stillen
breast seeking → Brustsuchen
breeding area → Migration
breeding colony → Brutkolonie
breeding density → Brutdichte
breeding dispersal → Ausbreitung
bright light therapy → Lichttherapie
broad-band noise → Rauschen
brood → Brut
brood care → Brutpflege
brood parasite → Brutparasit
brood parasitism → Brutparasitismus
brood provisioning → Brutfürsorge
brood relief → Ablösungsverhalten
brown noise → Rauschen
Bruce effect → Bruce-Effekt
building behaviour → Bauverhalten
Bünning hypothesis → Bünning-Hypothese
burrowing → Bauverhalten, → Graben
burst of activity → Aktivitätsschub
buttocks display → Gesäßweisen
buzz → Fluggeräusch

caecotrophy → Coecotrophie
cafeteria diet → Cafeteria-Diät
cainism → Kainismus
call → Ruf
call dialect → Rufdialekt
call note → Führungslaut
calling song → Lockgesang
camouflage → Tarnung
canal organ → Seitenliniensystem
cannibalism → Kannibalismus
canonical babbling → Lallen
captivity degeneration → Gefangenschaftserscheinung
captivity releated phenomenon → Gefangenschaftserscheinung
care giving behaviour → Pflegeverhalten
care of young → Brutpflege
care signal → Pflegesignal
caress feeding → Balzfüttern
carnivorous animals → Carnivora
carpophagous → karpophag
carposis → Karpose
carrier frequency → Trägerfrequenz
carrying capacity → Tragekapazität
carrying in → Eintragen
caste → Kaste
castration → Kastration
casual worker → Kaste
catadromous → katadrom
catalepsy → Akinese
caudal gland → Pheromon
cavernicolous → kavernikol
cecidicolous → cecidikol
cecidium → Galle
cecidophagous → cecidophag
celestial navigation → astronomische Navigation
cenogenesis → Kainogenese
center frequency → Bandbreite
central nervous fatigue → Ermüdung
cepstral analysis → Frequenzanalyse
cepstrum analysis → Frequenzanalyse
ceremony → Zeremonie
cerophagous → cerophag
chain reaction → Kettenreflex
change in motivation → Umstimmung
change of function → Funktionswechsel
change of mood → Umstimmung
charging display → Imponierverhalten
chaseaway selection → Chaseaway-selection

crepuscular animal → Aktivitätstyp
criterion of learning → Lernkriterium
critical distance → kritische Distanz
critical period → sensible Phase
critical photoperiod → Photoperiode
cross cultural studies → Kulturenvergleich
cross fostering → Amme, → Fremdaufzucht
cross species rearing → Fremdaufzucht
cross suckling → Fremdsaugen
crowding effect → Massensiedlungseffekt
crying → Weinen
cryptic appearance → Tarnung
cryptic colouration → Tarnung
cryptic female choice → Cryptic-female-choice
cryptochrome → Cryptochrom
cuckoldry → Brutparasitismus
cue → Cue
cultural drift → kulturelle Drift
cultural ethology → Kulturethologie
cultural evolution → kulturelle Evolution
cultural inheritance → Tradition
cultural pseudospeciation → kulturelle Pseudospeziation
cultural transmission → Tradition
curiosity → Neugier
curiosity behaviour → Neugierverhalten
cut off → Wegsehen
cycle → Zyklus
cycle asynchrony → Zyklussynchronisation
cyclic parthenogenesis → Parthenogenese
cyclomorphosis → Zyklomorphose

daily pattern → Muster
daily rhythm → Tagesrhythmus
daily torpor → Ruhetorpor
damaging fight → Beschädigungskampf
dance language → Bienensprache
day night rhythm → Tag-Nacht-Rhythmus
dead reckoning navigation → Koppelnavigation
dead zone → Phasenantwortkurve
death shake → Totschütteln
deception → Verleiten
decoding → Kodierung
decomposer → Zersetzer
defecation → Defäkation
defence call → Alarmruf
defence reaction → Wehrreaktion
defensive behaviour → defensives Verhalten
defensive secretion → Wehrsekret
defensive threat → Drohverhalten
definitive host → Endwirt
deflection display → Verleiten
degree of social dominance → Dominanzgrad
delay zone → Phasenantwortkurve
delayed sleep phase syndrom → Syndrom der verzögerten Schlafphase
delousing → Fremdputzen
density dependent selection → natürliche Selektion
dependent dominance rank → abhängiger Rang
deprivation → Deprivation
deprivation syndrome → Deprivationssyndrom
descriptive ethology → deskriptive Verhaltensforschung
desertion → Imstichlassen
despoty → Despotie
desynchronization → Desynchronisation
detour experiment → Umwegversuch
detritus feeder → Phytosaprophaga
deuterotokous parthenogenesis → Amphitokie
deuterotoky → Amphitokie
developmental psychology → Entwicklungspsychologie
deviant behaviour → Verhaltensstörung
diadromous → diadrom
diagonal gait → Gangart
dialect → Dialekt
dialogue → Informationsübertragung
diapause → Dormanz
dichromat → Dichromat
diel rhythm → Tagesrhythmus
diestrous → Östrus
diestrus → Östrus
difference tone → Differenzton
differential conditioning → Differenzdressur
diffuge signal → diffuges Signal
digging → Graben
digitigrade → Zehengänger
dilution effect → Verdünnungseffekt
dioestrus → Östrus
direct actography → Aktographie
directed selection → natürliche Selektion
direction indication → Richtungsweisung
discontinous reinforcement → Verstärkungsregime
discrete habitat model → sympatrische Artbildung

egoism → Egoismus
elaboration → Elaboration
elasis → Elasis
electric fovea → Fovea
electric organ → elektrisches Organ
electric organ discharge → elektrisches Signal
electric signal → elektrisches Signal
electrical stimulation → Hirnreizung
electrocommunication → Elektrokommunikation
electrocyte → elektrisches Organ
electrolocation → Elektroortung, → Elektrolokalisation
electroreception → Elektrorezeption
element → Gesang
emasculation → Emaskulation
embryophagy → Adelphophagie
emergence → Emergenz
emigration → Emigration
emotion → Emotion
emotional behaviour → emotionales Verhalten, → Kurzschlusshandlung
emotionality → Prüfungsangst
encoding → Kodierung
encounter → Encounter
encounter group → Encounter
end act → Endhandlung
endemic → endemisch
endogenous → endogen
endoparasite → Parasitismus
endothermic → endotherm
endozoochory → Zoochorie
endozoon → Endozoon
enemy → Feind
enemy pressure → Feindruck
energy allocation → Allokation
engram → Engramm
enhancement → Enhancement
enriched environment → Umweltanreicherung
enteroceptor → Rezeptor
enterozoon → Enterozoon
entoecy → Parabiose
entomochory → Entomochorie
entomogamy → Entomogamie, → Zoogamie
entomophagous → insektivor
entomophily → Entomogamie
entrainment → Mitnahme
enurination → Harnspritzen
envelope → Modulation
environment → Umwelt
environment imprinting → Milieuprägung
environmental factors → ökologische Faktoren
environmental periodicity → Umweltperiodizität
environmental sex determination → Geschlechtsdetermination
epideictic behaviour → epideiktisches Verhalten
epideictic play → epideiktisches Verhalten
epigamic behaviour → epigames Verhalten
epigamic display → Imponierverhalten
epigamic features → epigame Merkmale
epigenetics → Epigenetik
epimeletic behaviour → epimeletisches Verhalten
episit → Räuber
episitism → Episitismus
episodic memory → Gedächtnis
epistasis → Epistasis
epitoky → Epitokie
epizoochory → Zoochorie
epizoon → Epizoon
epoecy → Parabiose
ergatomorphism → Ergatomorphie
ergotropic → ergotrop
erroneous imprinting → Fehlprägung
erythrophobia → Erröten
escape behaviour → Fluchtverhalten
escape call → Alarmruf
escape distance → Fluchtdistanz
estivation → Sommerschlaf
estrous cycle → Östrus
estrous synchronization → Zyklussynchronisation
estrus → Östrus
et epimeletic behaviour → et-epimeletisches Verhalten
etho-endocrinology → Ethoendokrinologie
ethogenesis → Verhaltensontogenese
ethogenetics → Verhaltensgenetik
ethogram → Ethogramm
ethological isolation → Verhaltensisolation
ethology → Ethologie, → Verhaltensbiologie
ethology of domesticated animals → Nutztierethologie
ethometry → Ethometrie
etho-mimicry → Verhaltensmimikry
etho-parasite → Ethoparasit
ethopathology → Ethopathologie
ethopathy → Ethopathie

Lombard effect → Lombard-Effekt
loneliness cry → Ruf des Verlassenseins
loner → Einzelgänger
long day → Langtag
long day breeder → Langtagtier
long term memory → Gedächtnis
longitudinal sampling → Longitudinalstudie
longitudinal study → Longitudinalstudie
loop migration → Migration
lordosis → Lordose
Lorenz plot → Lorenz-Plot
lost call → Ruf des Verlassenseins
loudness → Psychoakustik
loudness level → Psychoakustik
lullaby → Schlaflied
lunar orientation → Lunarorientierung
lunar rhythm → Mondrhythmus
lying out → Abliegen

Mach bands → optische Täuschung
macrophagous → Nahrungsverhalten
macrosmatic animals → Makrosmat
magnet effect → Magneteffekt
magnetic field orientation → Magnetfeldorientierung
magnitude of oscillation → Schwingungsbreite
major gene → Hauptgen
major histocompatibility complex → MHC
male choice → Männchenwahl
male defence polyandry → Polyandrie
mandibular gland → Pheromon
marker rhythm → Markerrhythmus
marking behaviour → Markierungsverhalten
marking of territory → Reviermarkierung
marriage → Ehe
masker → Maskierung
masking → Maskierung
mass reproduction → Gradation
mass spread → Gradation
match to sample → Wahl nach Muster
matching behaviour → Wahrscheinlichkeitslernen
mate assistence monogamy → Monogamie
mate choice → Partnerwahl
mate copying → Mate-copying
mate feeding → Balzfüttern
mate guarding → Mate-guarding
mate guarding monogamy → Monogamie
material benefit polyandry → Polyandrie
maternal care → Brutpflege
maternal effect → maternaler Effekt
maternal effect dominant embryonic arrest genes → Genegoismus
maternal family → Mutterfamilie
maternal imprinting → maternale Prägung
maternity benefit → Geburtshilfe
materno-filial synchrony → Verhaltenssynchronisation
mateship → Paarbindung
mating → Kopulation, → Sexualverhalten
mating behaviour → Balzverhalten, → Sexualverhalten
mating call → Paarungsruf
mating centre → Paarungszentrum
mating flight → Begattungsflug
mating strategy → Fortpflanzungsstrategie
mating system → Fortpflanzungssystem, → Paarungssystem
mating tactic → Fortpflanzungstaktik
mating territory → Territorium
matrilineal → matrilinear
matriphagy → Matriphagie
maturation → Reifung
maxillar gland → Pheromon
maximum entropy spectral analysis → Zeitreihenanalyse
maze experiment → Labyrinthversuch
mean value chronogram → Mittelwertschronogramm
mechanical communication → Mechanokommunikation
meiotic drive → Meiotic-drive
meiotic thelytoky → Thelytokie
melanopsin → Melanopsin
melatonin → Melatonin
meliphagous → meliphag
melotope → Melotop
meme → Mem
meme pool → Mem
memory → Gedächtnis
menotaxis → Menotaxis
mental gland → Pheromon
mental lexicon → mentales Lexikon
mental map → Raumbegriff
mesor → Mesor
message → Nachrichten
metabolically conditioned behaviour → stoffwechselbedingtes Verhalten
metacommunication → Metakommunikation
metestrus → Östrus
metoestrus → Östrus

parental manipulation hypothesis → Parental-manipulation-hypothesis
parenteral → parenteral
parent-offspring conflict → Eltern-Jungtier-Konflikt
paroecy → Parabiose
parroting → Spotten
pars stridens → Stridulation
parsimonious hypothesis → Parsimony-Verfahren
parsimony → Phylogenie
parthenogenesis → Parthenogenese
partial migration → Migration
partial mimicry → Mimikry
particle feeder → Partikelfresser
partner → Partner
partner bonding → Partnerbindung
partner choice → Partnerwahl
passive avoidance → Vermeidungslernen
passive dispersal → Verdriftung
passive electrolocation → Elektrolokalisation
password hypothesis → Beau-Geste-Hypothese
paternal care → paternale Brutpflege
paternal family → Familie
path integration → Wegintegration
patrilineal → patrilinear
pattern → Mittelwertschronogramm, → Muster
Pavan's gland → Pheromon
Pavlovian conditioning → klassische Konditionierung
peck distance → Hackabstand
peck order → Hackordnung
Peckhamian mimicry → Angriffsmimikry
pedal organ → Chordotonalorgan
peer group → Gruppe Gleichgestellter
pelagic → pelagisch
pelotaxis → Pelotaxis
perceptual illusion → Wahrnehmungstäuschung
perfect coding → Kodierung
performance → Modelllernen
perinatal → perinatal
period → Periode
period length → Periodenlänge
period response curve → Periodenantwortkurve
periodicity → Periodizität
periodogram → Periodogramm
peripatric speciation → allopatrische Artbildung
peripheral conditions → Randbedingungen
peripheral oscillators → periphere Oszillatoren
permanent communication → permanente Kommunikation
permanent family → Familie
persuing migration → Migration
Peter Principle → Peter-Prinzip
phallic threat → Phallusdrohen
phase → Phase
phase advance → Phasenvorverlagerung
phase delay → Phasenverzögerung
phase difference → Phasendifferenz
phase jump → Phasensprung
phase locking → Phasenkopplung
phase map → Phasenkarte
phase position → Phasenlage
phase relation → Phasendifferenz
phase shift → Phasenverschiebung
phase space display → Lorenz-Plot
phenotype marker → Verwandtenerkennung
phenotype matching → Verwandtenerkennung
phenotypic plasticity → phänotypische Plasitizität
philopatry → Philopatrie
phloem feeder → Pflanzensaftsauger
phobia → Phobie
phobic posture → Schreckstellung
phobotaxis → Phobotaxis
phonation → Lautbildung
phonotaxis → Phonotaxis
phoresis → Phoresie
phoretic behaviour → Phoresie
photic entrainment → Mitnahme
photometry → Photometrie
photoperiod → Photoperiode
photoperiodic time measurement → photoperiodische Zeitmessung
photoperiodism → Photoperiodismus
phototaxis → Phototaxis
phrase → Gesang
phyllophagous → folivor
phylogenetic species concept → Artkonzept
phylogeny → Phylogenie
phylogeny of behaviour → Verhaltensphylogenese
physical factor → abiotischer Faktor
physiological arousal → Stress
physiological clock → physiologische Uhr
physiological colour change → Farbwechsel

prey schema → Beuteschema
prey storing → Futterhorten
pride → Rudel
primary sex ratio → Geschlechterverhältnis
primer effect → Primer-Effekt
priming stimulus → motivierender Effekt
priming system → Gedächtnis
primiparous → primipar
primitively eusocial → primitiv eusozial
prisoner's dilemma → Evolutionsstabile Strategie
probability learning → Wahrscheinlichkeitslernen
problem box → Problemkäfig
problem solving behaviour → Problemlösungsverhalten
procedural memory → Gedächtnis
proctodeal trophallaxis → Trophallaxis
proestrus → Östrus
program → Programm
program imprinting → motorische Prägung
projection → Projektion
promiscuity → Promiskuität
proprioceptor → Propriorezeptor
proprioreceptor → Propriorezeptor
prosodic element → Sprache
protandry → Protandrie
protean behaviour → proteisches Verhalten
protected invasion theory → Protected-invasion-Theorie
protected threat → sozialer Werkzeuggebrauch
protective adaptation → Schutzverhalten
protective behaviour → Schutzverhalten
protective colouration → Schutzfärbung
protective device → Schutzverhalten
protective habit → Schutztracht
protective mimesis → Mimese
protective mimicry → Mimikry
proterandric hermaphroditism → Hermaphroditismus
proterandry → Hermaphroditismus
protogynic hermaphroditism → Hermaphroditismus
protogyny → Hermaphroditismus
provision for the brood → Brutfürsorge
proxemics → Proxemik
proximate causes → proximate Faktoren
proximate factors → proximate Faktoren
prying behaviour → Zirkeln
pseudaposematic behaviour → pseudaposematisches Verhalten
pseudarrhenotoky → Arrhenotokie
pseudo-biting → Scheinbeißen
pseudo-browsing → Scheinäsen
pseudo-communication → Pseudokommunikation
pseudo-conditioning → Pseudokonditionierung
pseudo-copulation → Pseudokopulation
pseudofemale → Pseudoweibchen
pseudogamy → Parthenogenese
pseudomale → Pseudomännchen
pseudopolygyny → Pseudopolygynie
pseudopregnancy → Pseudogravidität
pseudo-sleeping → Scheinschlafen
pseudo-tameness → Pseudozahmheit
psyche → Psyche
psychic sex → Geschlechtsdetermination
psychoacoustics → Psychoakustik
psychoactive drugs → Psychopharmaka
psychobiology → Psychobiologie
psychogenetics → Psychogenetik
psychohydraulic model → psychohydraulisches Modell
psychological castration → reproduktive Unterdrückung
psychology → Psychologie
psychoneuroimmunology → Psychoneuroimmunologie
psychopharmacology → Psychopharmakologie
psychophysics → Psychophysik
psychosis → Psychose
psychotropic drugs → Psychopharmaka
puberty accelerating → Vandenbergh-Effekt
pubic presentation → Genitalpräsentieren
Pulfrich effect → optische Täuschung
punishment → Bestrafung
pupillary response → Pupillenreaktion
purging → Purging
putative father → Putativeltern
putative mother → Putativeltern
putative parents → Putativeltern
putting through → kinästhetisches Lernen
puzzle box → Problemkäfig

quantitative trait locus → QTL
quasisocial → Sozietät
queen → Stammweibchen
queen substance → Hemmstoff
quefrency → Frequenzanalyse
quiescence → Dormanz

sex ratio → Geschlechterverhältnis
sex ratio adjustment → Sex-Allokation
sexual behaviour → Sexualverhalten
sexual cannibalism → Sexualkannibalismus
sexual centre → Paarungszentrum
sexual conflict → Geschlechterkonflikt
sexual imprinting → sexuelle Prägung
sexual misimprinting → Fehlprägung
sexual monogamy → Monogamie
sexual pheromone → Sexualpheromon
sexual segregation → sexuelle Segregation
sexual selection → sexuelle Selektion
sexy son hypothesis → Sexy-Son-Hypothese
shake dance → Bienensprache
shaking → Sichschütteln
shaking to death → Totschütteln
sham attack → Scheinangriff
sham grooming → Scheinputzen
sham pecking → Scheinpicken
sham preening → Scheinputzen
sharpening → Lernkurve
sharpness → Psychoakustik
Shepard scale → akustische Täuschung
shoal → Schule
short day → Kurztag
short day breeder → Kurztagtier
short term memory → Gedächtnis.
short term rhythms → Kurzzeitrhythmen
showing the nest behaviour → Nestzeigen
shredder → Zerkleinerer
shuffling → Federsträuben
shuttle box → Shuttle Box
sib cannibalism → Adelphophagie
sib mating → Adelphogamie
siblicide → Geschwistertötung
sibling conflict → Geschwisterkonflikt
sibling species → Geschwisterarten
sickness behaviour → Krankheitsverhalten
sideways building → Verlegen
sidewinding → Schlängeln
sigmatics → Zoosemiotik
sign language → Sprache
sign stimulus → Kennreiz, → Schlüsselreiz
signal → Signal, → Signalreiz
signal set → Information
signal system → Signalsystem
signaling behaviour → Signalhandlung
signal-to-noise ratio → Rauschen
silverback → Silberrücken
silvicolous → silvikol
simultan hermaphroditism → Hermaphroditismus
simultaneous discrimination → Wahlversuch
simultaneous stretching → Sichstrecken
sister species → Geschwisterarten
site tenacity → Ortstreue
skeleton photoperiod → Skelettphotoperiode
Skinner box → Skinner Box
sky compass orientation → Himmelskompassorientierung
slave oscillator → Multioszillatorsystem, → periphere Oszillatoren
slavery → Dulosis
sleep → Schlaf
sleep disorder → Schlafstörung
sleep nest → Schlafnest
sleeping behaviour → Schlafverhalten
sleeping group → Schlafgemeinschaft
sleeping posture → Schlafstellung
sleep-wake rhythm → Schlaf-Wach-Rhythmus
slow wave sleep → Schlaf
smell → Riechen
smiling → Lächeln
snake → Schlängeln
sneaker → Sneaker
sneaky mating → Kleptogamie
social → sozial
social attraction → soziale Attraktion
social behaviour → Sozialverhalten
social bond → soziale Bindung
social call → Stimmfühlungslaut
social cognition → soziales Wissen
social cohesion → Gruppenbindung
social cohesion hypothesis of play → Gruppenbindung
social competence → soziale Kompetenz
social consistency → soziale Konsistenz
social deprivation → Hospitalismus
social distance → Sozialdistanz
social drive → Bindungsantrieb
social effect → Gruppeneffekt
social facilitation → soziale Anregung, → Stimmungsübertragung
social grooming → Fremdputzen
social hierarchy → Rangordnung
social imprinting → Milieuprägung
social inhibition → soziale Hemmung
social learning → soziales Lernen
social monogamy → Monogamie
social odour → Gruppenduft

stimulus adaptation → Reizadaptation
stimulus control → Diskriminationslernen
stimulus deprivation → Deprivation
stimulus filtering → Reizfilterung
stimulus habituation → Habituation
stimulus model → Attrappe
stimulus response relationship → Reiz-Reaktions-Beziehung
stimulus specific fatigue → Ermüdung
stimulus threshold → Reiz
stool → Fäzes
stork greeting ceremony → Begrüßungsklappern
stress → Stress
stressor → Stressor
stretching syndrome → Rekelsyndrom
stride → Gangart
stridulation → Stridulation
strophe → Gesang
structural activity → Rahmenhandlung
subdominance → Subdominanz
subdominance behaviour → Dominanz
subfertility hypothesis → Subfertility-Hypothese
subgenual organ → Chordotonalorgan
subjective day → circadiane Zeit
subjective night → circadiane Zeit
submission posture → Demutverhalten
submissive behaviour → Demutverhalten
submissive gesture → Demutverhalten
suborbital gland → Pheromon
subsocial → Sozietät, → Subsozial
subsong → Dichten, → Subsong
substition migration → Migration
substitute activity → Ersatzhandlung
substitute object → Ersatzobjekt
substrate breeder → Offenbrüter
substrate feeder → Substratfresser
subterraneous → subterran
successive discrimination → Wahlversuch
successive stretching → Sichstrecken
suckling behaviour → Saugverhalten
suckling preference → Zitzenpräferenz
summer depression → Sommerdepression
sun compass orientation → Sonnenkompassorientierung
sunbathing → Sonnenbaden
super sister → Superschwester
supernormal sign stimulus → übernormaler Auslöser
supernormal stimulus → übernormaler Auslöser
superorganism → Superorganismus
superparasitism → Superparasitismus
supersedence → Dominanzgrad
superstitious behaviour → abergläubisches Verhalten
suppression by punishment → bedingte Hemmung
suprachiasmatic nucleus → suprachiasmatischer Nukleus
supraindividuation → Supraindividuation
supranormal releaser → übernormaler Auslöser
surrogate → Attrappe
surrogate mother → Amme
suspension feeder → Partikelfresser
swarm → Schwarm
swarm cluster → Schwarmtraube
swarm drive → Schwarmverhalten
swarming behaviour → Schwarmverhalten
swimming → Schwimmen
syllable → Gesang, → Silbe
syllable duration → Silbe
syllable period → Silbe
syllable rate → Silbe
syllable repetition intervall → Silbe
symbiont → Symbiose
symbiosis → Mutualismus, → Symbiose
symbol language → Sprache
symbolic action → Symbolhandlung
symbolic display → Symbolhandlung
sympatric predators → sympatrische Predatoren
sympatric speciation → sympatrische Artbildung
sympedium → Sympaedium
symphagium → Symphagium
symphily → Symphilie
synanthropic animals → Kulturfolger
synchronization → Synchronisation
synchronizer → Zeitgeber
synchronous duetting → Duettgesang
synchrony → Synchronie
synechthry → Synechthrie
synethy → Synethie
syngenophagy → Syngenophagie
synlocation → Synlokation
synoecy → Parabiose
synomone → Synomon
syntax → Zoosemiotik
synthetic song → Lautattrappe
syntopic → syntop
system of actions → Aktionssystem

vocal repertoire → Lautrepertoire
vocal stimulation → Lautattrappe
vocalization → Lautbildung
vocoid → Kontoid
vomeronasal organ → Vomeronasalorgan
vulva presentation → Genitalpräsentieren

waggle dance → Bienensprache
walking → Gangart
wall seeking → Thigmotaxis
waltzer mouse → Tanzmaus
warning behaviour → Warnverhalten
warning call → Alarmruf
warning signal → aposematisches Signal
Wasmannian mimicry → Mimikry
water escape test → Wasserausstiegtest
waterbathing → Wasserbaden
wavelet → Spektrogramm
weaning → Entwöhnung
weaving → Weben
Weber-Fechner law → Weber-Fechner-Gesetz
weeping → Weinen
welfare → Wohlbefinden
well-being → Wohlergehen
wet nurse → Amme
wet-dog shake behaviour → Sichschütteln
white noise → Rauschen
Whitten effect → Whitten-Effekt
windowed Fourier analysis → Frequenzanalyse
winter blues → Winter-Blues
winter depression → Winterdepression
winter ground → Migration
winter rest period → Winterruhe
winter torpor → Winterstarre
wiping reflex → Wischreflex
witches circles → Paarungskreisen
withdrawal distance → Ausweichdistanz
wool pulling → Trichotillomanie
worker → Ergat, → Kaste
worker policing → Worker-policing
worry → Prüfungsangst
wriggle → Schlängeln

xenobiosis → Xenobiose
xenophobia → Xenophobie
xylophagous → xylophag
xylophagous animals → xylophag

yawning → Gähnen
y-maze → Y-Labyrinth

zeitgeber → Zeitgeber
zeitgeber period → Zeitgeberperiode
zeitgeber shift → Zeitgeberverschiebung
zeitgeber strength → Zeitgeberstärke
zeitgeber time → Zeitgeberzeit
zoochory → Zoochorie
zoogamy → Zoogamie
zoomimesis → Mimese
zoomorphism → Zoomorphismus
zoophagous animals → Carnivora
zoophily → Zoogamie
zoosemiotics → Zoosemiotik
zugunruhe → Zugunruhe